科学经典品读丛书

撼动世界的量子力学元典

THE DREAMS THAT STUFF IS MADE OF

物质构成之梦

[英] 史蒂芬·霍金　编评

王文浩◎译

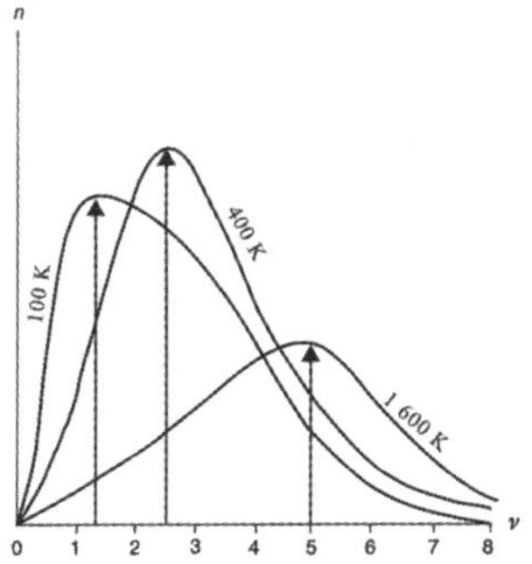

湖南科学技术出版社

导　言

斯蒂芬·霍金

物理科学的目标是解释宇宙是由什么组成的，以及它是如何运转的。自开普勒、伽利略和牛顿以来，我们一直借助于物理定律来表示我们对自然现象的认识。随着我们不断扩大观察领域，这些定律一直随时代变迁而更替。当20世纪初物理学家开发出用以研究原子结构及其与辐射之间的相互作用的工具后，他们发现，原先的那种基于对日常生活中物体的观察而确立的关于自然的图像，从根本上说是不完备的。本书以宏大的篇幅，采用原始文献来追溯那些为解释原子和亚原子尺度上自然景观所需的革命性新概念的发展轨迹。这是一个引人入胜的故事，一段关于一系列令人烦恼的观察以及由此带来的灵光闪现的深刻见解的传奇。这些见解导向一种新的世界观，它为那些诸如位置和动量等熟悉的属性赋予了新的意义，而像粒子的运动轨迹等概念则被抛弃，甚至像所谓预言到底是指的什么，这样的概念都不得不重新定义。

正是对发光物体所发出的光——所谓“黑体辐射”的观察，使得古老的“经典”图像的可信性第一次受到挑战。基于这种图像的理论不仅不符合实验观察结果，而且还预言这种发光物体将会释放出无限多的辐射。这显然是一个荒谬的结果。1899年，马克斯·普朗克表示，如果他采用在当时看来似乎是限定性的和临时的假设，他就能得到关于辐射体辐射的正确的数学描述。他的假设是：对任何频率的光，都存在基本能量单元。由此得到的结果是，黑体辐射的任何频率下的能量都必然是这个基本“量子”的整数倍。

差不多同时，经典图像也无法解释另一种现象——光电效应的性质。所谓光电效应是指光照在金属上会产生电流的效应。1905年，阿尔伯特·爱因斯坦运用普朗克的上述想法解释了其中奥秘。但爱因斯坦的解释的重要性远远超出了光电效应本身。通过采用量子概念来解释一种与黑体辐射无关的现象，爱因斯坦表明，普朗克的想法有着根本性的重要意义，量子不是黑体辐射所特有的神秘性质。量子物理学诞生了。

在随后的20年里，实验揭示出许多新的奥秘，而量子概念似乎总能够成为解决这些谜团的法宝。例如，厄内斯特·卢瑟福和汉斯·盖革进行的实验似乎表明，原子里的质子聚集在其中心原子核上，电子则在核的周围作轨道运动。但根据经典理论，以这种方式运动的带电粒子将辐射掉其能量而呈轨道半径逐渐收缩的内旋螺线运动。若果真如此，那么为什么原子又是稳定的呢？

尼尔斯·玻尔运用量子概念解释了这一点。他提出，电子的轨道半径，像能量一样，也是量子化的。这将意味着电子只能在距原子核一定的离散距离上运动，因此不可能螺旋向内收缩。在玻尔模型中，当电子从一个允许轨道跃迁到另一个允许轨道时，它会发出或吸收能量。正是通过这种方式，玻尔解释了氢原子光谱。

原子中的量子化轨道和能级的想法是量子原理的普遍性的另一个印记，但直到海森伯和薛定谔于1926年提出了他们各自的描述量子系统如何随时间演化及其受力作用的方程后，量子理论才成为一种充分成熟的理论。几年后，保罗·狄拉克展示了如何修改这一理论以便将狭义相对论包括进来。狄拉克的理论要求存在一种新的物质 —— 反物质。量子理论曾预言存在正电子，不久实验就发现了这种新粒子。

量子理论的成功及其解释提出了许多哲学问题，因为量子理论是非确定性的，这意味着当一个系统从某一给定状态出发后，其未来状态的测量结果一般来说不可能被准确地预言。人们可以计算得到不同结果的概率，但是，如果以相同的初始状态出发重复实验，所得到的将是不同的结果。量子理论的发展意味着这样一种理念的终结：只要有关于一个系统目前状态的足够充分的信息，原则上科学可以预言其今后所有的一切。这一点困扰了许多物理学家，如爱因斯坦和薛定谔，他们提出了反对量子理论的论据，但他们具体的反对意见最终都被证明是无效的。

今天，多亏了理查德·费曼，我们知道，量子理论意味着一个物理系统没有单一的历史，而是有多重历史，每一个历史关联着不同的概率。这一图像被用来创建量子电动力学理论，它解释了量子化粒子是如何与电磁场相互作用的，以及它们如何发射和吸收辐射。量子电动力学的预言与实验观察到的结果相吻合的精确度是其他科学无法相比的。

本书在追踪所有这些发展成就时，我们想起了罗素的名言：“我们都是从‘幼稚的实在论’，即从事情如同它看起来那样的学说出发。我们认为，草是绿的，石头是硬的，雪是冷的。但物理学让我们确信，草的绿色、石头的坚硬和雪的寒冷并不是我们从我们的经验所获知的那种绿色、硬度和寒冷，而是某种非常不同的性质……”①　正是这些梦想构成了本书的材料。

① 这一段话出自罗素的《意义与真理探讨》(*An Inquiry into Meaning and Truth*) 一书。——译注

目　录

编者注记

本书选辑的各篇文章均基于对原始文献的翻译。我们不试图将作者采用的独特的用法、拼写或发音做符合现代规范的处理，或做彼此一致的处理。

第 1 章

光的性质问题一直是大部分物理学史中的核心问题。牛顿理论认为，光是粒子状的东西 —— 光束就是微小的粒子流，正如同水流是由微小的水分子组成的一样。鉴于他作为伟大的物理学创始人之一的声誉，他的光学理论被广泛接受。然而，在1801年，托马斯·扬明确指出，牛顿的粒子理论不可能是对光的完整描述。他表明，光入射到两个紧密相邻的狭缝上会在远处的屏上产生干涉条纹。而干涉是一种波动现象，不能由光的粒子理论来解释。对光的粒子理论的另一个重大打击来自19世纪60年代，当时詹姆斯·克拉克·麦克斯韦将电学和磁学的理论统一起来并证明，光是一种电磁波。因此，光的波动理论有着非常良好的实验基础和理论依据。

然而，到了20世纪初，对两个令人不安的观察结果的开创性解释改变了我们对光的理解并开始了量子革命。我们发现，光和物质都是既有波动性又有粒子性。其中第一项解释便是对黑体辐射谱形状的说明。

我们都看到过热的东西会发光 —— 火的余烬或电炉的加热丝所发出的红光，普通白炽灯的钨丝产生的光，甚至太阳表面发出的明亮的白光，所有这些都是同一现象的例子。我们将明亮的灼热物体所产生的光称为黑体辐射。我们每天都会以各种不同的方式感受到它。它看似很普通，因此当人们意识到要理解黑体辐射需要突破经典物理学，开启量子力学革命之门时感到十分惊奇。但事情恰恰就是这样发生了。

黑体辐射被认为仅取决于物体的温度。较热的物体辐射出较多的能量，与此相应，发射光谱的峰值位置移向光的较高的频率处。作为一个例子，我们来考虑一根被加热的金属棒。起初，它看起来根本不发光。当然，实际上它仍在辐射能量，只不过所辐射的波主要在电磁波谱的红外区域，我们的眼睛看不见而已。当它被加热后，开始泛出暗红色，就是说它的发射光谱移到了可见光范围内。随着进一步加热，金属棒发出的光变为鲜红色，然后是橙色，再后来是黄色 …… 它的谱峰遍历电磁波谱的可见光部分。

黑体辐射产生的光谱是可以测量的，几位研究人员在19世纪下半叶对此进行了研究。然而，当时没有一种物理理论能够正确预言随着物体温度升高其频谱该如何变化。威廉·维恩发现了一种可用于描述高频情形下频谱的经验关系式。但他无法从先前发现的物理定律导出这一关系，因此这一经验公式从概念上说基础并不牢靠。换句话说，维恩定律好用，但没人知道为什么。更糟的是，在19世纪90年代末，人们对低频端的黑体辐射谱的观测表明，谱的低频部分完全背离了维恩定律的预言。

在“论正常频谱的能量分布律”一文中，马克斯·普朗克不仅解决了这种不一致性，而且导出了一个能够正确描述所有频率下的黑体辐射谱的数学表达式。为了做到这一点，普朗克不得不做出一项后来被认为是革命性的假设。他假设，黑体辐射是由大量的微观振子产生的，并且该黑体的总热能不是连续地分布于这些振子上，而是以有限的和离散的形式分布于振子上。换句话说，能量被“量子化了”，每个振子的能量都是某个小的能量单位的整数倍。普朗克证明了这种小的能量元正比于振子的频率。比例系数是一常量，他标记为 h，即著名的普朗克常数——它是量子力学的基本参数。它的值规定了尺度水平，而正是在这个地方经典物理学失效，我们需要用到量子物理学理论。

第二个无法用光的经典波动理论来解释的令人不安的现象称为光电效应。在20世纪初人们注意到，当光照在金属上时会有电流生产。在今天看来，这是一个众所周知且广为运用的概念。事实上，太阳能电池在太阳光照之下产生电力就是基于这一效应。然而在当时，光电效应却是个谜。乍一看，光的波动理论提供了一个简单的解释：光波冲击金属，将能量传递给了金属表面的电子，从而使这些电子脱离了束缚它们的原子。它们可以自由移动，所以能产生电流。根据波动理论，光越强，电子获得的能量就越多。但观察结果却不是这样。菲利普·勒纳德在1902年观察到，释放出的电子的能量与光强无关。光越强，产生的电子越多，但单个电子的能量则不受光强的影响，而是取决于光的颜色。这是一个奇怪的结果，因为光波的颜色（或频率）应该与波的能量无关。更奇怪的是，光电效应有一个截止频率，低于这个频率，无论光有多强，都不会有电子释放出来。要解释这些奇怪的细节，这已经超出了光的波动理论。

在“关于光的生产和转化的一个启发性观点”一文中，阿尔伯特·爱因斯坦运用普朗克的量子化原理能够解释这种光电效应。他的理论是，光射线的能量不是连续分布的，而是由有限数量的不可再分的“能量子”构成的。因此，单色光是由大量但数量有限的光的粒子构成的，每一个光粒子携带一份由普朗克常数与光的频率的乘积所确定的能量。光粒子现在被称为光子。单个光子只能以一个完整的单元被吸收。当电子吸收了一个光子后，正是光子的能量，而不是光强，决定电子获得了多少能量。在光电效应中，需要一定量的能量才能移除金属中的电子。如果光的频率太低，那么不管有多少光子存在(即不论光强有多强)，光子都没有足够的能量来除去电子。因此，借助于能量量子化的假设，爱因斯坦可以解释光电效应的奇怪的细节。

随着普朗克对黑体辐射的解释和爱因斯坦对光电效应的解释的发表，量子物理学的理论诞生了。对于所引入的这一概念的革命性本质，我们可以问，“普朗克是从何处获得灵感提出这个假设的？”对此，1909 年，普朗克在哥伦比亚大学所做的题为“物质的原子理论”的演讲中，透露了他是如何由统计力学的工作导致他做出能量量子化这一辉煌的假设的。不过，很可能普朗克和爱因斯坦都没有真正明白他们的工作结果会给物理学带来的深刻改变的程度，因为两人都反对量子物理学完全成熟后所带来的某些后果。在随后的章节里，我们将看到，我们在基本层面上对宇宙和实在的理解是如何因量子革命的影响而从根本上改变的。

论正常光谱的能量分布律

马克斯·普朗克

首次发表于《物理学年鉴》卷4，553页(1901年)

最近，由卢默(O. Lummer)和普林斯海姆(E. Pringsheim)做的光谱测量①，以及由鲁本斯(H. Rubens)和库尔鲍姆(F. Kurlbaum)取得的更为显著的结果②，都共同确认了贝克曼(H. Beckmann)此前所获得的结果③。这些结果表明，正常光谱的能量分布律——最先由维恩(W. Wien)从分子动力学的考虑推导出，后来我又从电磁辐射原理导出——一般来说是无效的。

这一理论无论如何需要修正。下面我将尝试基于我所发展的电磁辐射理论来实现这一点。为此目的，有必要首先从导致维恩能量分布律的条件中找出可以改变的那一项；然后就是如何从设定的条件中去除这一项，并用适当的量来取代它的问题了。

在我的上一篇文章④中，我证明了电磁辐射理论的物理基础，包括"天然辐射"假设。这些工作是经受得住最严厉的批评的；并且据我所知，计算中没有错误，下述原理是成立的：正常频谱的能量分布律是完全确定的，如果我们能够成功计算出单色辐射谐振子的作为其振动能 U 的函数的熵 S 的话。既然我们能够从关系 $dS/dU=1/\theta$ 得到能量 U 对温度 θ 的依赖关系，并且由于这个能量与相应频率的辐射密度存在简单关系⑤，因此我们也能够得到该辐射密度对温度的依赖关系。正常能量分布就是这样一种关系，其中所有不同频率下的辐射密度都具有相同的温度。

因此，整个问题简化为如何确定作为 U 的函数的 S。这一任务构成了以下分

---

① O. Lummer and E. Pringsheim, *Transactions of the German Physical Society*, **2** (1900), p. 163.（本书中凡未注明译者注的脚注均为文献作者本人的注。——中译者注）

② H. Rubens and F. Kurlbaum, *Proceedings of the Imperial Academy of Science*, Berlin. October **25**, 1900, p. 929.

③ H. Beckmann, *Inauguraldissertation*. Tübingen, 1898. 亦见 H. Rubens, *Weid. Ann.* **69** (1899), p. 582.

④ M. Planck, *Ann. d. Phys.* 1 (1900), p. 719.

⑤ 与公式（8）比较。

析中最重要的部分。最初我通过定义将 S 表示成 U 的简单函数而无需进一步基础，我曾满意地证明了由熵得到的该函数关系满足所有的热力学要求。当时我认为，这是唯一可能的表达式，因此由此得到的维恩定律必然具有普遍有效性。然而，后来经过更仔细的分析①，我意识到必定存在能给出相同结果的其他表达式，就是说，要想计算得出唯一的 S，无论如何还需要另一个条件。我相信原则上我已经找到了这样一个条件，当时在我看来下述分析是完全合理的：如果一个由处于相同的静态辐射场的 N 个全同谐振子构成的系统，在近热平衡附近有一个无限小的不可逆的变化，那么由此带来的总熵 $S_N = NS$ 的增加仅取决于它所关联的总能量 $U_N = NU$ 及其变化，而与单个谐振子的能量 U 无关。这个定理再次导出维恩能量分布定律。但由于后者没有被经验确认，因此我们不得不得出结论：甚至这一定理也不可能是普遍有效的，因此必须从理论上消除掉。②

因此，现在必须引入允许计算 S 的另一个条件，并且为了实现这一点，我们有必要更深入地考察熵这一概念的意义。以前所作的假设虽然站不住脚，但上面的讨论有助于我们确定思路的方向。下文所描述的方法将给出一种新的、更简单的熵的表达式，因此它也提供了一种新的辐射方程式，它似乎与迄今为止所确定的任何事实不相矛盾。

1. 作为谐振子能量的函数的熵的计算

§1. 熵取决于无序度。而这个无序度，根据处于恒定辐射场的单频振动谐振子辐射的电磁理论，取决于谐振子的振动幅度和相位的不断变化的无规则性，只要这种变化的时间间隔大于振动的周期但小于测量的持续时间。如果振动的幅度和相位均保持绝对不变，这意味着振动是完全均匀的，那么就不存在熵，振动能必将完全自由地被转换成功。因此单个恒定振荡的谐振子的恒定能 U 可看作是时间平均值，或换一种说法，可看成是处于恒定辐射场的 N 个全同谐振子的时间平均值，并且这些振子被充分地分开，以使其相互间不直接影响。正是在这个意义上，我们指称单个谐振子的平均能 U。于是对于由 N 个谐振子构成的这种系统的总能量

$$U_N = NU. \tag{1}$$

① M. Planck，前述引文，第730页.

② 而且我们应当比较 W. 维恩(Report of the Paris Congress 2，1900，p. 40)与 O. 卢默(同前，92页)以前对这一定理的批评。

相应存在该系统特定的总熵

$$S_N = NS \tag{2}$$

其中 S 表示单个谐振子的平均熵，熵 S_N 取决于总能量 U_N 在各个谐振子之间分布时的无序度。

§2. 现在我们设系统的熵 S_N 正比于其概率 W 的对数，其中可任意添加一定值，从而使 N 个谐振子具有总能量 E_N：

$$S_N = k\ \lg W + \text{常数} \tag{3}$$

在我看来，这个式子实际上可看成概率 W 的定义，因为在电磁理论的基本假设里，没有存在这种概率的明确证据。从其简单性及其与气体动力学理论的定理的紧密联系上看，这种表达式的适用性从一开始就是显而易见的①。

§3. 现在我们来求 N 个谐振子加起来具有振动能 U_N 的概率 W。另外，有必要说明，U_N 不是一个连续的、无限可分的量，而是一个由整数倍有限相等的量构成的离散量。我们称每一个这样的量为能量元 ε；因此，我们必须设

$$U_N = P\varepsilon \tag{4}$$

其中 P 通常表示一个很大的整数，而 ε 的值尚不能确定。

（上面这一段原文是德文。）

现在显而易见的是，P 个能量元在 N 个谐振子中的任何分布都只能导致一个有限的、整数的、确定的数。对于每一个这样的分布形式，我们沿袭 L. 玻耳兹曼在表述类似概念时所用的术语，称之为“复合数(complex)”。如果我们用数字 1，2，3，……，N 来标示各个谐振子，并按某个随机分布为每个谐振子配置其能量元的数目，由此可以得到按以下形式配对的每一对复合数：

1	2	3	4	5	6	7	8	9	10
7	38	11	0	9	2	20	4	4	5

这里，我们假设 $N = 10$，$P = 100$。对于给定的 N 和 P，显然所有可能的复合数的数目 R 等于我们对下行进行排列所得到的数目。为清楚起见，我们应当指出，如果两对复合数的相应序数下出现的是相同的能量元数目但总体排序不同，那么这两对复合数必须认为是不同的。

由组合理论可得到所有可能的复合数的数目：

$$R = \frac{N(N+1)(N+2)\cdots(N+P-1)}{1\cdot 2\cdot 3\cdots\cdot P} = \frac{(N+P-1)!}{(N-1)!\ P!}$$

① L. Boltzmann, *Proceedings of the Imperial Academy of Science*, Vienna, (II) 76 (1877), p. 428.

现在，根据斯特林定理，我们做第一次近似：

$$N! = N^N$$

因此，上式相应地可近似为：

$$R = \frac{(N+P)^{N+P}}{N^N \cdot P^P}$$

§4. 我们试图作为进一步计算基础的假设陈述如下：为使 N 个谐振子拥有总振动能 U_N，概率 W 必定正比于由总能量 U_N 在这 N 个谐振子上分布所形成的所有可能的复合数的数目 R，换句话说，任何给定的复合数都与任何其他数一样是可能的。这一点是否会在最后的分析中真实地发生在自然界中，我们只能根据经验来证明。但尽管经验具有最终决定权，我们仍然有可能从这个关于谐振子振动的特定性质的假设的有效性中得出进一步的结论；即克里斯(J. V. Kries) 提出的关于"初始振幅，大小上可比但彼此独立"的解释①。尽管这个问题成立，但要沿着这条思路进一步发展下去似乎还为时过早。

§5. 根据与公式(3) 相联系而引入的假设，在适当确定了加和性常数之后，所考虑的谐振子系统的熵可写为：

$$\begin{aligned} S_N &= k \lg R \\ &= k\{(N+P)\lg(N+P) - N\lg N - P\lg P\} \end{aligned} \tag{5}$$

考虑到(4) 式和(1) 式：

$$S^N = kN\left\{\left(1+\frac{U}{\varepsilon}\right)\lg\left(1+\frac{U}{\varepsilon}\right) - \frac{U}{\varepsilon}\lg\frac{U}{\varepsilon}\right\}$$

因此，按照公式(2)，作为其能量 U 的函数的振子的熵 S 可写为：

$$S = k\left\{\left(1+\frac{U}{\varepsilon}\right)\lg\left(1+\frac{U}{\varepsilon}\right) - \frac{U}{\varepsilon}\lg\frac{U}{\varepsilon}\right\} \tag{6}$$

2. 维恩位移定律的引入

§6. 在基尔霍夫关于发射与吸收能力成正比的定理之后，W. 维恩发现了以他的名字命名的所谓位移定律②。这一定律将有关总辐射对温度的依赖关系的斯特藩-玻耳兹曼定律作为其中的特例包括进来，它为牢固确立热辐射的理论基础

---

① Joh. v. Kries, *The Principles of Probability Calculation* (Freiburg, 1886), p. 36.

② W. Wein, *Proceedings of the imperial Academy of Science*, Berlin, February 9, 1893, p. 55.

提供了最有价值的贡献。按泰森(M. Thiesen)给出的形式①，该定律可写为：

$$E \cdot d\lambda = \theta^5 \psi(\lambda\theta) \cdot d\lambda$$

其中 λ 是波长，$E d\lambda$ 代表 λ 到 $\lambda + d\lambda$ 谱段上"黑体"辐射②的体积密度，θ 代表温度，$\psi(x)$ 代表的是仅有自变量 x 的某个函数。

§7. 现在我们来研究如何从维恩位移定律的角度来看待我们的谐振子的熵 S 对其能量 U 的依赖关系及其特有的周期性，尤其是对于谐振子处于任意透热介质中的一般情形。为此，我们接下来将辐射定律的泰森形式推广到带有光速 c 的任意透热介质的情形。因为我们不必考虑总的辐射，而是只考虑单色辐射，因此为了比较不同的透热介质，有必要采用频率 ν 而不是波长 λ。

为此，我们将谱段 ν 到 $\nu + d\nu$ 的辐射能体积密度定义为 $u d\nu$；然后用 $u d\nu$ 取代 $E d\lambda$；用 c/ν 取代 λ，用 $c d\nu/\nu^2$ 取代 $d\lambda$。由此得到

$$u = \theta^5 \frac{c}{\nu^2} \cdot \psi\left(\frac{c\theta}{\nu}\right)$$

根据著名的基尔霍夫-克劳修斯定律，单位时间里由透射介质黑体表面辐射出的频率 ν，温度为 θ 的能量反比于传播速度的平方 c^2，故能量密度 U 反比于 c^3，于是我们有

$$u = \frac{\theta^5}{\nu^2 c^3} \cdot f\left(\frac{\theta}{\nu}\right)$$

这里伴随函数 f 的常数与 c 无关。

如果 f 表示的是一个新的单变量函数，那么上式也可以写为

$$u = \frac{\nu^3}{c^3} \cdot f\left(\frac{\theta}{\nu}\right) \tag{7}$$

由这个式子我们看到，如众所周知的那样，给定温度和频率下的辐射能 $u \cdot \lambda^3$ 对所有透热介质都是一样的。

§8. 对于辐射场中以相同频率 ν 振荡的定态谐振子，为了从其能量密度 u 得到其总能量 U，我们采用我文章里关于不可逆辐射过程的公式(34) 所表示的关系③：

---

① M. Thiesen, *Transactions of the German Physical Society* **2** (1900), p. 66.

② 或许我们应更确切地称之为"白"辐射，以便推广到我们由总的白光所理解的一切辐射。

③ M. Planck, *Ann. D. Phys.* **1** (1900), p. 99.

$$K = \frac{\nu^2}{c^2} U$$

（K 是单色线偏振辐射线的强度。）上式结合下述著名公式：

$$u = \frac{8\pi K}{c}$$

便可得到下述关系：

$$u = \frac{8\pi\nu^2}{c^3} U \tag{8}$$

由这个式子和公式(7) 得到

$$U = \nu \cdot f\left(\frac{\theta}{\nu}\right)$$

这里 c 已不再出现。我们也可以将此式写为

$$\theta = \nu \cdot f\left(\frac{U}{\nu}\right)$$

§9. 最后，我们通过设

$$\frac{1}{\theta} = \frac{\mathrm{d}S}{\mathrm{d}U} \tag{9}$$

来引入谐振子的熵 S。由此得到

$$\frac{\mathrm{d}S}{\mathrm{d}U} = \frac{1}{\nu} \cdot f\left(\frac{U}{\nu}\right)$$

积分后得

$$S = f\left(\frac{U}{\nu}\right) \tag{10}$$

就是说，在任意透热介质中振荡的谐振子的熵仅取决于变量 U/ν，除此之外仅包含一个普适常数。这是我所知道的维恩位移定律的最简单的形式。

§10. 如果我们将上述形式的维恩位移定律应用到关于熵 S 的公式(6)，我们就会发现，能量元 ε 必定正比于频率 ν，于是有

$$\varepsilon = h\nu$$

同时有

$$S = k\left\{\left(1 + \frac{U}{h\nu}\right)\lg\left(1 + \frac{U}{h\nu}\right) - \frac{U}{h\nu}\lg\frac{U}{h\nu}\right\}$$

这里 h 和 k 均为普适常数。

将上式代入公式(9)，我们得到

$$\frac{1}{\theta}=\frac{k}{h\nu}\lg\left(1+\frac{h\nu}{U}\right)$$
$$U=\frac{h\nu}{e^{h\nu/k\theta}}-1 \tag{11}$$

再由公式(8)，于是能量分布律可以写成

$$u=\frac{8\pi h\nu^3}{c^3}\cdot\frac{1}{(e^{h\nu/k\theta}-1)} \tag{12}$$

或由 §7 节给出的替代关系式，便得到由波长 λ 而非频率 ν 所表示的式子：

$$E=\frac{8\pi ch}{\lambda^5}\cdot\frac{1}{(e^{ch/k\lambda\theta}-1)} \tag{13}$$

我计划另文推导透热介质中行波振子的辐射强度与其熵之间关系的表达式，以及在非定态辐射过程中总熵增的定理。

3. 数值结果

§11. 两个普适常数 h 和 k 的值可以借助于可行的测量被相当精确地计算出来。库尔鲍姆(F. Kurlbaum) 发现①，如果将 t ℃ 温度下 1 秒内经由 1 平方厘米黑体表面辐射到空气中的总能量定义为 S_t，则有

$$S_{100}-S_0=0.0731\ \mathrm{W/cm^2}=7.31\times10^5\ \mathrm{erg/(cm^2\cdot s)}$$②

由此我们可以得到绝对温度 1 度下空气中的总辐射能的能量密度：

$$\frac{4\times7.31\times10^5}{3\times10^{10}(373^4-273^4)}=7.061\times10^{-15}\mathrm{erg/(cm^3\cdot deg^4)}$$

另一方面，按照公式(12)，$\theta=1$ 的总辐射能的能量密度是

$$u^*=\int_0^\infty u\mathrm{d}\nu=\frac{8\pi h}{c^3}\int_0^\infty\frac{\nu^3\mathrm{d}\nu}{(e^{h\nu/k}-1)}$$
$$=\frac{8\pi h}{c^3}\int_0^\infty\nu^3(e^{-h\nu/k}+e^{-2h\nu/k}+e^{-3h\nu/k}+\cdots)\mathrm{d}\nu$$

并由逐项积分得：

$$u^*=\frac{8\pi h}{c^3}\cdot6\left(\frac{k}{h}\right)^4\left(1+\frac{1}{24}+\frac{1}{34}+\frac{1}{44}+\cdots\right)$$

① F. Kurlbaum, *Wied. Ann.* **65** (1898), p. 759.

② 1 erg = 10^{-7}J.

$$= \frac{48\pi k^4}{c^3h^3} \times 1.0823$$

如果令它等于 7.061×10^{-15}，那么由于 $c = 3 \times 10^{10}$ cm/s，我们得到

$$\frac{k^4}{h^3} = 1.1682 \times 10^{15} \tag{14}$$

§12. 卢默和普林斯海姆①确定了乘积 $\lambda_m\theta$，这里 λ_m 是温度为 0 度空气中最大能量的波长，等于 2.94×10^{-3} 度。因此，在绝对温标下

$$\lambda_m = 0.294 \text{ cm} \cdot \text{deg}$$

另一方面，由公式(13) 知，如果我们令 E 对 θ 的导数等于零，此时 $\lambda = \lambda_{max}$，得

$$\left(1 - \frac{ch}{5k\lambda_m\theta}\right) \cdot e^{ch/k\lambda_m\theta} = 1$$

并由这个超越方程得到：

$$\lambda_m\theta = ch/4.9651k$$

因此

$$h/k = (4.9561 \times 0.294)/(3 \times 10^{10}) = 4.866 \times 10^{-11}$$

由此式和公式(14)，便得到两个普适常数的值为

$$h = 6.55 \times 10^{-27} \text{erg} \cdot \text{s} \tag{15}$$

$$k = 1.346 \times 10^{-16} \text{erg/deg} \tag{16}$$

这些数值与我早先文章中给出的值是相同的。

① O. Lummer and Pringsheim, *Transactions of the German Physical Society* **2** (1900), p. 176.

关于光的产生和转化的一个启发性观点[①]

阿尔伯特·爱因斯坦

首次完稿于1905年3月17日，瑞士伯尔尼

在物理学家业已形成的关于气体和其他可度量物体的理论概念与关于所谓虚空空间中电磁过程的麦克斯韦理论之间，存在深刻的形式上的区别。与我们认为的物体的状态是由数目很大但仍属有限的原子和电子的位置和速度完全确定这一点不同，我们采用连续的空间函数来描述一个给定区域的电磁状态。因此，要完全确定这样一种状态，有限数目个参数不可能被认为就足够了。按照麦克斯韦理论，对于包括光在内的一切纯粹的电磁现象情形，能量应被视为连续的空间函数。而按照物理学家目前的概念，可度量对象的能量应由其中的原子和电子所携带能量的总和来表示。一个可度量物体的能量不可能分成任意多个或任意小的部分，而按照光的麦克斯韦理论(或者更一般地说，按照任何波动理论)，从点光源发射出来的光束的能量则是在一个不断增大的体积中连续分布的。

采用连续空间函数来运算的光的波动理论，在描述纯粹的光学现象时，被证明是十分有效的，而且似乎很难用任何别的理论来替代。然而，我们应当记住，光学观测所得到的是时间平均值而不是瞬时值。尽管这一理论在运用到衍射、反射、折射、色散等方面时已完全为实验所证实，但我们仍可以设想，当我们将采用连续空间函数进行运算的光的理论应用到光的发射和转化等现象上时，这个理论会导致与经验相矛盾。

在我看来，关于黑体辐射、荧光、紫外光产生阴极射线，以及其他有关光的产生和转化的现象，如果用光的能量在空间中并非连续分布这样的假说来解释，似乎更好理解。按照这里所设想的假设，从点光源发出的光线的能量不是连续分布在越来越广大的空间中，而是由数量有限的、局域于空间各点的能量子所组成，这些能量子运动时不再分开，它们只能整个地被产生或被吸收。

下面我将陈述我的思路以及导致我提出这一观点的一些事实，我希望这种处理对于一些研究者在他们的研究中会有用。

---

① 经许可重印自《美国物理学期刊》(*American Journal of Physics*) **33**, 367 - 374 (1965). 美国物理教师协会版权所有(© 1965, American Association of Physics Teachers)。—— 英译者注

1. 黑体辐射理论的一个困难

首先，我们仍从麦克斯韦理论和电子论的观点出发来考察下述情形。在一个由完全反射壁围起来的空间中，有大量的气体分子和电子，它们能够自由运动，并且当彼此接近时相互间施以保守力的作用，即它们能够像气体动理论中的气体分子那样相互碰撞。①此外，我们假设还有许多电子被力束缚在空间中彼此相距很远的各点上，力的大小正比于它们离这些点的距离。束缚电子还参与与自由分子和自由电子之间的保守力性质的相互作用，当后者趋近到离这些束缚电子很近的地方时。我们称这些束缚电子为“振子”：它们发射并吸收确定周期的电磁波。

按照目前关于光的起源的观点，我们所考虑的空间辐射(由麦克斯韦理论知，这种辐射是动态平衡下的辐射)必定等同于黑体辐射——至少在所有相关频率的振子都被视同存在的情形下是这样。

我们暂且将振子发射和吸收辐射的问题放在一边，先来探求与分子的和电子的相互作用(或碰撞)有关的动力学平衡的条件。气体动理论断言：电子振子的平均动能必定等于做平移运动的气体分子的平均动能。如果我们将电子振子的运动分解为 3 个相互垂直的振动分量，则可求得每个这样的线性分量的平均能量 $\bar{E}$ 为

$$\bar{E}=\left(\frac{R}{N}\right)T,$$

这里 R 是气体普适常数，N 是以物质的量为单位的“实际分子”数目，T 是绝对温度。由于振子的动能和势能的时间平均值相等，故能量 $\bar{E}$ 等于自由单原子气体分子的动能的2/3倍。如果不论出于什么原因——在我们的情形下就是出于辐射过程的原因——一个振子的能量出现大于或小于 $\bar{E}$ 的时间均值，那么，它与自由电子和分子之间的碰撞将导致气体得到或失去能量，平均来说，这个能量变化不等于零。因此，在我们所考虑的情形下，动力学平衡只有当每一个振子都具有平均能量 $\bar{E}$ 时才是可能的。

现在我们进一步对振子与空腔中辐射之间的相互作用作类似的考虑。普朗克

---

① 这个假设等价于下述假设：在热平衡状态下，气体分子和电子的平均动能彼此相等。众所周知，德鲁德(Herr Drude)先生曾借助这一假设推导出金属的热导率与电导率之比的理论表达式。

先生曾在将辐射看成一种完全的随机过程的假设下①推导出这种情形下的动力学平衡条件②。他发现：

$$(\bar{E}_\nu) = (L^3/8\pi\nu^2)\rho_\nu,$$

这里$(\bar{E}_\nu)$是具有本征频率ν的振子的（每个自由度上的）平均能量，L是光速，ν是频率，$\rho_\nu d\nu$是频率间隔ν到$\nu + d\nu$之间那部分辐射的单位体积能量。

如果频率ν的辐射能量不是持续地增大或减小，则必有下式成立：

$$(R/N)T = \bar{E} = \bar{E}\nu = (L^3/8\pi\nu^2)\rho_\nu,$$

$$\rho_\nu = (R/N)(8\pi\nu^2/L^3)T.$$

这些作为动力学平衡条件而被发现的关系非但不符合实验结果，而且还表明，在我们的模型中，根本谈不上以太和物质之间存在确定的能量分布。振子的波数范围越宽，空间辐射能就越大，在极限情形下我们有：

$$\int_0^\infty \rho_\nu d\nu = \frac{R}{N} \cdot \frac{8\pi}{L^3} \cdot T\int_0^\infty \nu^2 d\nu = \infty.$$

2. 关于普朗克对基本常数的确定

下面我们将指出，从某种程度上说，普朗克先生对基本常数的确定与他的黑体辐射理论无关。

迄今已得到充分证明的关于ρ_ν的普朗克公式是：③

$$\rho_\nu = \frac{\alpha\nu^3}{(e^{\beta\nu/T} - 1)},$$

---

① 这个问题可以表述如下。我们将任意一点的电性力(Z)在$t = 0$到$t = T$时间间隔中的Z分量展开成一个傅里叶级数（其中$A_\nu \geqslant 0$，$0 \leqslant \alpha_\nu \leqslant 2\pi$；这里$T$取远大于此处振动周期的时间）：

$$Z = \sum_{\nu=1}^{\nu=\infty} A_\nu \sin\left(2\pi\nu\frac{t}{T} + \alpha_\nu\right)$$

如果我们设想在给定空间点上，从随机选定的时间点开始，做任意多次这种展开，那么我们将得到不同的A_ν和α_ν的数值。因此对于不同数值的A_ν和α_ν出现的频度，存在如下形式的（统计）概率dW：

$$dW = f(A_1, A_2, \cdots, \alpha_1, \alpha_2, \cdots)dA_1\, dA_2\cdots d\alpha_1\, d\alpha_2\cdots,$$

于是，当

$$f(A_1, A_2, \cdots, \alpha_1, \alpha_2, \cdots) = F_1(A_1)\, F_1(A_1)\cdots f_1(\alpha_1)\, f_2(\alpha_2)\cdots,$$

即当A或α取某个特定值的概率独立于A或α取别的值时，辐射将是最无序的。这一条件越是接近满足（就是说，某个A_ν和α_ν的数值对取决于特定振子群的发射和吸收过程），那么所考察的辐射就将越接近于完全的随机态。—— 原注

② M. Planck, *Ann. Phys.* **1**, 99 (1900).

③ M. Planck, *Ann. Phys.* **4**, 561 (1901).

$$\alpha = 6.10 \times 10^{-56},$$
$$\beta = 4.866 \times 10^{-11}.$$

对于大的 T/ν 值，即对于大的波长和辐射密度，这个公式取如下形式：

$$\rho_\nu = (\alpha/\beta)\nu^2 T.$$

显然，这个公式等价于 §1 中由麦克斯韦理论和电子论求得的公式。令两式的系数相等，我们得到：

$$(R/N)(8\pi/L^3) = (\alpha/\beta)$$

或

$$N = (\beta/\alpha)(8\pi R/L^3) = 6.17 \times 10^{23}.$$

即一个氢原子的质量为 $1/N$ 克，即 1.62×10^{-24} 克。这正好是普朗克先生求得的数值，它与用其他方法得到的值相符。

由此我们得出结论：辐射的能量密度和波长越大，我们所采用的理论原理就越适用；但是，对于小的波长和小的辐射密度，这些原理就完全不适用了。

下面我们来考虑与黑体辐射有关的实验事实，这里不涉及关于辐射本身的产生和传播的模型。

3. 关于辐射的熵

下面的处理见 W. 维恩先生的著名工作，这里引述只是出于完整性起见。

设辐射占据的体积为 v。我们假设，当对所有频率辐射密度 $\rho(\nu)$ 给定时，辐射的可观察性质即完全确定①。由于不同频率的辐射在没有热或功的传输时可视为彼此无关，因此辐射的熵可用下式表示：

$$S = v\int_0^\infty \varphi(\rho,\ \nu)\,d\nu.$$

这里 φ 是变量 ρ 和 ν 的函数。

通过条件——辐射的熵在反射壁之间的绝热压缩过程中不会改变——φ 可以简化为单个变量的函数。但我们不讨论这个问题，而是直接研究如何从黑体辐射定律导出函数 φ。

在黑体辐射情形下，ρ 是 ν 的这样的函数：对于给定的能量值，熵取极大值，即当

① 这个假设具有任意性。我们很自然倾向于采用这种最简单的假设，只要它不与实验相矛盾。

$$\delta\int_0^\infty \rho \mathrm{d}\nu = 0$$

时，有

$$\delta\int_0^\infty \varphi(\rho,\ \nu)\mathrm{d}\nu = 0.$$

由此得出，对于 $\delta\rho$ 作为 ν 的函数的每一种选择，都有

$$\int_0^\infty \left(\frac{\partial\varphi}{\partial\rho} - \lambda\right)\delta\rho \mathrm{d}\nu = 0,$$

这里 λ 与 ν 无关。因此，在黑体辐射情形下，$\partial\varphi/\partial\rho$ 与 ν 无关。

当单位体积黑体辐射的温度增加 $\mathrm{d}T$ 时，有下述公式成立：

$$\mathrm{d}S = \int_{\nu=0}^{\nu=\infty} \left(\frac{\partial\varphi}{\partial\rho}\right)\mathrm{d}\rho \mathrm{d}\nu,$$

或由于 $\partial\varphi/\partial\rho$ 与 ν 无关，故有

$$\mathrm{d}S = (\partial\varphi/\partial\rho)\mathrm{d}E.$$

由于 $\mathrm{d}E$ 等于热的增量，且该过程是可逆的，故有下述结果：

$$\mathrm{d}S = (1/T)\mathrm{d}E.$$

通过比较我们得到：

$$\partial\varphi/\partial\rho = 1/T.$$

这就是黑体辐射定律。因此，我们可以从函数 φ 导出黑体辐射定律，反之，我们也可以通过积分导出 φ，只是应记住，当 $\rho = 0$ 时 φ 也等于零。

4. 低辐射密度情形下单色辐射的熵的极限定律渐近关系

现有的对黑体辐射的观察表明，W. 维恩先生最初确立的黑体辐射定律

$$\rho = \alpha\nu^3 e^{-\beta\nu/T}$$

不是严格有效的。但对于大的 ν/T 值，这个定律得到了实验的确认。我们将以这个公式作为分析的基础，但应记住，结果只在一定范围内有效。

由这个公式立即可以得到

$$(1/T) = -(1/\beta\nu)\ln(\rho/\alpha\nu^3),$$

然后，用上节求得的关系式，得到：

$$\varphi(\rho,\ \nu) = -\frac{\rho}{\beta\nu}\left[\ln\left(\frac{\rho}{\alpha\nu^3}\right) - 1\right].$$

假定我们在一个密闭的体积 v 内有能量为 E 的辐射，其频率介于 ν 到 $\nu + d\nu$ 之间。则该辐射的熵为：

$$S = \nu\varphi(\rho,\ \nu)d\nu = -\frac{E}{\beta\nu}\left[\ln\left(\frac{E}{\nu\alpha\nu^3 d\nu}\right) - 1\right].$$

如果我们仅限于研究熵对辐射所占体积的依赖关系，同时我们用 S_0 来表示体积为 ν_0 时辐射的熵，于是我们有：

$$S - S_0 = (E/\beta\nu)\ln(v/v_0).$$

这个等式表明，足够小能量密度的单色辐射的熵随体积变化的方式与理想气体或稀溶液的熵变规律相同。下面，我们将采用玻耳兹曼先生引入的物理学原理来解释这个等式，即系统的熵是其状态的概率函数。

5. 气体和稀溶液的熵对体积的依赖关系的分子运动论研究

在用分子运动论方法计算熵时，我们常常要在不同于概率计算的意义下来使用“概率”一词。特别是，当所用的理论模型已经明确到足以允许我们进行演绎而不是做假定的情形下，“等概率气体”还是经常会被假设性地规定。在另一篇论文中我将证明，对于热现象的处理，有所谓“统计概率”就完全够用了。因此我希望通过这样做，能够消除阻碍应用玻耳兹曼原理的逻辑困难。但在这里，我将仅给出其一般性公式和它在一些非常特殊的情形下的应用。

如果说“一个系统的状态的概率”这句话是有意义的，进而如果每一次熵增都可以理解为向概率更大的态的迁移，那么，一个系统的熵 S_1 就是它的瞬时状态的概率 W_1 的函数。因此，如果我们有两个不存在相互作用的系统 S_1 和 S_2，则可写出：

$$S_1 = \varphi_1(W_1),$$
$$S_2 = \varphi_2(W_2).$$

如果我们将这两个系统看作是熵为 S 且概率为 W 的单个系统，则有：

$$S = S_1 + S_2 = \varphi(W)$$

和

$$W = W_1 \cdot W_2.$$

后一个关系式是说，这两个系统的态是互不相关的。

从这些等式我们得到：

$$\varphi(W_1 \cdot W_2) = \varphi_1(W_1) + \varphi_2(W_2).$$

并最终有：

$$\varphi_1(W_1) = C\ln(W_1) + \text{const},$$
$$\varphi_2(W_2) = C\ln(W_2) + \text{const},$$
$$\varphi(W) = C\ln(W) + \text{const}.$$

量 C 因此是一个普适常数；气体动理论证明其数值等于 R/N，这里常数 R 和 N 的意义如前述。如果 S_0 表示系统处于某个初态时的熵，W 表示熵为 S 的某个态的相对概率，则一般可得到：

$$S - S_0 = (R/N)\ln W.$$

我们先来讨论下述的一种特殊情形。设在体积 v_0 中有一定数目(n) 的可移动质点(例如分子)。除了这些质点之外，空间中还可以有任意数目的其他任何类型的可移动质点。对于所考察质点在空间中运动所遵循的规律，我们不作任何假定，但就这种运动而言，空间没有任何部分(以及任何方向)可区分于其他部分(及其他方向)。此外，我们还假定这些可移动质点的数目是如此之少，以致于它们之间的相互作用可以忽略不计。

这个系统可以是(譬如说) 一种理想气体或是一种稀释了的溶液，它具有熵 S_0。让我们想象将所有这 n 个可移动质点转移到体积 v(v_0 的一部分) 中而不使系统有任何变化。这个态显然具有不同的熵值(S)，现在我们用玻耳兹曼原理来计算这个熵差。

我们要问：后面的态相对于初态的概率有多大？或者这么问：在任意取定的某个瞬间，给定体积 v_0 中所有 n 个可移动质点恰好都处于体积 v 内的概率有多大？

对于这个概率(它是“统计概率”)，我们显然可以得到：

$$W = (v/v_0)^n;$$

通过运用玻耳兹曼原理，我们得到：

$$S - S_0 = R(n/N)\ln(v/v_0).$$

值得指出的是，这个等式的推导——从中我们很容易得到波义耳和盖·吕萨克定律，以及热力学里类似于渗透压的定律①——没有对分子运动所遵循的定律作任

① 如果系统的能量为 E，我们得到

$$-\mathrm{d}(E - TS) = p\mathrm{d}v = T\mathrm{d}S = RT\cdot(n/N)\cdot(\mathrm{d}v/v);$$

因此，

$$pv = R\cdot(n/N)\cdot T.$$

何假定。

6. 运用玻耳兹曼原理解释单色辐射熵对体积的依赖关系的表示式

在 §4 中，我们已求得单色辐射的熵对体积的依赖关系的如下表示式：

$$S - S_0 = (E/\beta\nu)\ln(v/v_0).$$

如果我们把这个公式写成

$$S - S_0 = (R/N)\ln[(v/v_0)^{(N/R)(E/\beta\nu)}].$$

并将这个表示式与玻耳兹曼原理的一般公式

$$S - S_0 = (R/N)\ln W,$$

相比较，那么我们就可以得出如下结论：

如果频率为 ν 和能量为 E 的单色辐射被反射壁密闭于体积 v_0 中，那么在任意瞬间，全部辐射能量集中在体积 v(v_0 的一部分体积）内的概率为

$$W = (v/v_0)^{(N/R)(E/\beta\nu)}.$$

从这里我们进一步得出如下结论：从热力学上看，低能量密度的单色辐射（在维恩辐射公式的有效范围内）表现得如同它是由众多互不相关的、幅值为 $R\beta\nu/N$ 的能量子所组成一样。

我们还可以将黑体辐射能量子的平均幅值与同一温度下分子的平均平动动能进行比较。后者等于$(3/2)(R/N)T$，而根据维恩公式，能量子的平均值为：

$$\int_0^\infty \alpha\nu^3 e^{-\beta\nu/T}\mathrm{d}\nu \Big/ \int_0^\infty \frac{N}{R\beta\nu}\alpha\nu^3 e^{-\beta\nu/T}\mathrm{d}\nu = 3(RT/N).$$

如果单色辐射的熵对体积的依赖关系如同该辐射是由幅值为 $R\beta\nu/N$ 的能量子组成的不连续的介质一样，那么，下一步显然是研究光的发射和转化定律是否也具有这样的性质：它们可以用这种能量子组成的光来解释。下面我们来探讨这个问题。

7. 关于斯托克斯定则

按照上述结果，我们假定，当单色光通过光致发光转化为另一种不同频率的光后，入射光和出射光都由幅值为 $R\beta\nu/N$ 的能量子组成，其中 ν 是相应的频率。于是这种转化过程可以解释如下。每一个频率为 ν_1 的入射能量子被吸收，同时由其自身产生 —— 至少在足够低的入射能量子密度的情形下如此 —— 一个频率为 ν_2 的光量子；入射光量子的吸收也可以同时产生频率为 ν_3，ν_4 等的光量子以及其

他形式的能量（例如热）。是什么中间过程造成这个最终结果无关紧要。如果荧光物质不是一种永久性的能量源，那么由能量守恒原理可知，辐射出的能量子的能量不可能大于入射光量子的能量，因此必有下式成立：

$$R\beta\nu_2/N \leqslant R\beta\nu_1/N$$

或

$$\nu_2 \leqslant \nu_1.$$

这就是著名的斯托克斯定则。

需要特别强调指出的是，按照我们的观点，低亮度条件下（其他条件保持不变）辐射出的光的量必定正比于入射光的强度，因为每个入射能量子都会引起上述假定的基本过程，且与其他入射能量子的作用无关。特别是，激发荧光效应所需的入射光的强度不存在下限。

根据上述观点，背离斯托克斯定则只有在下述情形下才是可能的：

1. 单位体积内同时处于相互作用中的能量子的数目大到使得辐射出的光的能量子能够从几个入射能量子那里获得能量；

2. 入射（或者辐射出的）光不具有维恩定律适用范围内的黑体辐射那样的品质，就是说（例如）入射光是由这样一种高温物质所产生，该物质的温度已高到其辐射波长超出维恩辐射定律的有效范围。

第二种可能性特别有意义。按照我们前述的观点，我们不能排除这样一种可能性：甚低能量密度下的“非维恩辐射”可以展现出一种不同于维恩定律适用范围内黑体辐射行为的能量性态。

8. 关于固体受到辐照所产生的阴极射线

当我们试图解释光电现象时，那种通常认为光的能量是连续地分布在它所传播的空间中的观点便遇到了特别严重的挑战，勒纳德先生在其开创性的论文中就已指出了这一点①。

然而，按照入射光由幅值为 $R\beta\nu/N$ 的能量子组成的观点，我们可以设想用下述方式来理解光致电子发射的过程。能量子穿透物体表层，并且其能量至少有一部分转换为电子的动能。想象这种情形的最简单的方法是，光量子将其全部能量给予了单个电子：我们假定这就是所发生的情形。然而下述可能性不应被排

① P. Lenard, *Ann. Phys.*, **8**, 169, 170 (1902).

除：电子只从光量子那里接受了部分能量。

物体内部某个具有动能的电子在其到达物体表面时将失去部分动能。此外，我们还假设，每个电子在离开物体时必须做一定量的功 P(该物质的属性)。以最大法向速度脱离物体的出射电子将是那些紧邻表面的电子。其动能由下式给出：

$$R\beta\nu/N - P.$$

如果物体被充电到某个正电位 Π，且该物体被处于零电位的导体所包围，又假如 Π 恰好大到足以阻止物体损失电荷，那么将有下式成立：

$$\Pi\varepsilon = R\beta\nu/N - P,$$

这里 ε 表示电子电荷，或有下式：

$$\Pi E = R\beta\nu/N - P',$$

这里 E 是单价离子的电荷量，P' 是等量负电荷相对于该物体的电势①。

如果我们取 $E = 9.6 \times 10^3$，那么 $\Pi \cdot 10^{-8}$ 就是物体在真空中被辐照时所具有的以“伏特”为单位的电势。

为了看清上述导出的关系式在量级上是否与经验相符，我们取 $P' = 0$，$v = 1.03 \times 10^{15}$(相当于太阳光谱紫外端的极限)，$\beta = 4.866 \times 10^{-11}$。于是我们得到 $\Pi \cdot 10^{-8} = 4.3$ 伏特②，这个结论与勒纳德先生的结果③在量级上一致。

如果所导出的公式是正确的，那么 Π 作为入射光频率的函数，在笛卡儿坐标系下表示时必定是一条直线，其斜率与辐射物质的性质无关。

就我所知，这些观点与勒纳德先生观测到的光电效应的性质不矛盾。如果入射光的每一个能量子独立地将其能量传递给电子，那么，出射电子的速度分布将与入射光的强度无关；另一方面，如果其他条件保持不变，则离开物体的电子数将正比于入射光的强度④。

如果考虑到上述法则的有效性的假设性边界，那么对于假设性的偏离斯托克斯定则的情形，我们可以作类似的判断。

前面已经假定，至少有部分入射光的能量子将其能量完全传递给了单个电子。如果我们不作这种显而易见的假设，那么上述等式可替代为下述不等式：

---

① 如果我们假设，单个电子以消耗一定量的功为代价被光从一个中性分子中打出，那么这里导出的关系式不必作任何修改，只要把 P' 看成是两项之和即可。

② 该计算结果有误。取现今的 $R = 8.314$ J/(K · mol) 代入计算，知 $\Pi \cdot 10^{-8} = 4.34 \times 10$ 伏特。——中译者注

③ P. Lenard, *Ann. Phys.*, **8**, p. 163, p. 185, and Table 1, Fig. 2 (1902).

④ P. Lenard, *Ann. Phys.*, **8**, p. 150, and pp. 166 – 168 (1902).

$$\Pi E + P' \leqslant R\beta\nu.$$

对于阴极射线诱发的荧光 —— 前述过程的逆过程，通过类似的考虑我们得到：

$$\Pi E + P' \geqslant R\beta\nu.$$

对于勒纳德先生所研究的那些物质，PE 总是远远大于 $R\beta\nu$①，因为阴极射线为产生可见光所必须穿越的电势差在某些情形下有几百伏，在另一些情形下甚至有几千伏②。因此我们应当假设，电子的动能应能产生多个光能量子。

9. 关于用紫外光使气体电离

我们必须假设，在用紫外光电离气体时，单个光能量子被用于单个气体分子的电离。由此我们立即可得出，一个分子的电离功(即电离所需的理论上的功)不可能大于能够产生这一效应的被吸收光量子的能量。如果我们用 J 来表示每克当量(理论上的)电离功，那么将有下式成立：

$$R\beta\nu \geqslant J.$$

但是，根据勒纳德的测量，对于空气，最大的有效波长大约是 1.9×10^{-5} 厘米；因此

$$R\beta\nu = 6.4 \times 10^{12}\,\mathrm{erg} \geqslant J.$$

电离功的上限也可以从稀薄气体的电离电势得到。根据 J. 斯塔克的工作③，测得的空气的最小电离电势(铂阳极上)约为10伏④。因此我们得到 J 的上限值为 9.6×10^{12}，这个值差不多等于上面所求得的值。

还有另一个在我看来对其进行实验检验是十分重要的结论。如果每一个被吸收的光能量子都电离一个分子，那么被吸收光的量 L 与电离气体的克分子数 j 之间必定存在下述关系：

$$j = L/R\beta\nu.$$

如果我们的观点是正确的，那么这种关系必定对所有在没电离时不呈现明显的吸收作用(就相关频率而言)的气体都成立。

1905 年 3 月 17 日，伯尔尼

1905 年 3 月 18 日收到

---

① 应为 ΠE。—— 英译者注

② P. Lenard, *Ann. Phys.*, **12**, 469 (1903).

③ J. Stark, Die Electrizitët in Gasen (Leipzig, 1902, p. 57)

④ 然而在气体内部，负离子的电离电势要比这大 5 倍。

“物质的原子理论”①

马克斯·普朗克

在这一讲里，我们要讨论的问题是对物质的原子理论做深入研究。但是，我不打算引入这一理论而不做进一步拓展，也不想将其建立起来后就束之高阁，而不与其他物理理论联系起来。我的意图是先通过联系到目前理论物理的一般体系来阐明原子理论的特殊意义，因为只有以这种方式讲述，才有可能将整个系统当作一种包含自身在内的紧密统一的基本结构，从而实现这些讲座的主要目标。

因此，这一点是不言自明的：我们必须依靠我们在上周的课上已经认识到的作为基础的那种处理。也就是说，所有物理过程均可划分为可逆的和不可逆的这两种过程。此外，我们将确信，要实现这种划分，只有通过物质的原子理论才有可能，或者换句话说，这种不可逆性质必将导向核子物理学。

我在第一讲结束时曾提到这样一个事实，在纯热力学——这种理论对原子结构一无所知，并将所有物质看作是绝对的连续体里，可逆过程和不可逆过程之间的区别只能以一种方式来定义，而这种方式先验地带有权宜性质，并且经不起透彻地分析。这一点在我们考虑到下述事实后就会立即变得十分明白：不可逆性——这种性质源自这样一个判断，即自然属性的某种改变，例如热到功的转换，不可能在没有任何补偿的情形下实现的纯热力学定义，从一开始就预设了人的心智能力存在明确的限度，但同时，这种限制并不在现实中表现出来。与此相反：人类一直在尽一切努力来突破其能力的目前边界，我们希望以后可以做很多事情，很多也许目前人们认为不可能完成的事情。那么，一个在目前看来不可逆的过程就没有可能通过新的发现或发明被证明是可逆的吗？如果答案是肯定的，那么整个热力学第二定律就将无可否认地被推翻，因为对于单个过程的不可逆性，再多的其他条件都没用。

因此很显然，唯一办法就是确保第二定律在这里起作用，就是说，不可逆性独立于任何人，特别是与所有技术无关。

---

① 见《英文版理论物理学讲义》(Mineola：Dover Publications 1998)。首次发表于《英文版理论物理学讲义，1909 年哥伦比亚大学讲座》，作为《厄内斯特·肯普顿·亚当斯物理研究基金项目》于 11 月 3 日出版。

现在我们由不可逆的概念追溯到熵的概念。一个不可逆的过程总是与熵的增加相联系。问题是我们如何对熵的定义作适当的改进。按照克劳修斯的原始定义，熵是通过某种可逆过程来测量的，这个定义的弱点在于许多这样的可逆过程严格来说是不能够在实际中实现的。出于某种原因，也许有声音反对说，我们这里所谈的既非实际过程，操作者也不是真实的物理学家，而只是理想过程，即所谓思想实验；做实验的也是理想化的物理学家，他能以绝对的精度实施任何实验方法。但就是在这一点上也还是有难度：物理学家的这种理想化测量多好算足够？通过推演到极限，气体被等于气体压强的外加压强压缩，并由一个温度等于气体温度的热源加热，这都可以理解。但是，例如，饱和蒸汽须通过等温压缩过程以可逆的方式转变成液体，即部分蒸汽瞬间被冷凝，正如某些热力学考虑所假设的那样，这一过程肯定看起来可疑。然而还有更令人震惊的，那就是思想实验的自由性，而这在物理化学领域被理论家视为当然。利用理想化的半透膜——在实际情形下，这种东西只有在特定条件下，而且只是在一定的近似下，才是可行的——它能以可逆的方式分离各种物质，不仅是所有可能的分子，无论它们是处于稳定状态下还是处于不稳定的状态下，而且还能让带相反电荷的离子彼此分开，让它们从未离解的分子中分离出来。它既不担心巨大的静电力是否抵抗这种分离，也不在意实际情形下从分离一开始，分子就变得部分地被离解，而部分离子会再度复合。但是，为了使未离解的分子的熵与离解的分子的熵能够进行比较，这种理想化过程是必要的，因为热力学平衡的定律通常不允许按其他方式来推导，以免有人希望保留纯粹热力学作为基础。但明显的是，所有这些精巧思想实验过程的结果都被发现得到了经验的充分肯定，正如我们在上一讲中给出的例子所展示的那样。

另一方面，如果现在我们考虑这样一种情形，在所有这些结果中，实际进行每一项理想过程的每一种可能性都不存在——存在的只有直接可测量量（例如温度、热效应、浓度等）之间的某种关系——那么作用于这种理想化过程的假想力本身就成为一种非直接方法的基础，而专门引进的熵增原理及其所有结果就可以从最初的不可逆性思想中发展出来，或者也可以说，从第二类永动机的不可能性中发展出来，就像能量守恒原理的思想从第一类永动机的不可能性的法则中发展而来一样。

这一步——完全将熵的概念从实验艺术中解放出来，从而将第二定律提高到真正原理的高度——是路德维希·玻尔兹曼科学生涯中最重要的工作。简言之，它一般是指将熵的概念还原到概率的概念。同时，上述附加项（见第 17 页）的意义也由此得到说明。自然“偏爱”确定的态。自然倾向于更可能的状态而非可能性较小的状态，因为自然过程的发生都沿着较大概率的方向进行。热从温度较高的物体流向温度较低的物体，因为等温分布的状态要比非等温分布的状态更为可能。

通过这一概念，热力学第二定律一举摆脱了其孤立的境地，有关自然喜好的神秘性消失了，而熵增原理也使我们对概率运算法则的理解变得更充分。

在后续课程的讲述中，我将设法展示，熵的定义为物理学所有领域带来的如此“客观”的累累硕果。但是今天，我们主要是证明其可接受性。因为仔细考虑后我们会立即觉察到，熵的新概念带来了一系列的拷问、新的要求和困难的问题。第一个要求是将原子假说引入到物理系统。因为，如果我们想谈论一个物理状态的概率，也就是说，如果他想将一个给定状态的概率作为一个有明确定义的量引入到计算中来，那他只能这样来操作：像所有概率计算的情形一样，通过考虑该状态的多种可能性，即通过考虑有限数量的先验的机会均等的各种可能的配置（各种组合），对于这些配置中的每一种，该状态都可能实现。组合的数目越大，该状态的概率就越大。因此，例如，用两个普通的六面骰子掷出总和等于“4”的概率可由下面这 3 种可实现的组合来给出：

第一个骰子是“1”，第二个骰子是“3”；

第一个骰子是“2”，第二个骰子是“2”；

第一个骰子是“3”，第二个骰子是“1”。

另一方面，一次投掷两个骰子只能实现一种组合。因此，投出总和是“4”的概率是投出总和是“2”的概率的 3 倍。

现在，联系到我们所考虑的物理状态，以便能够将可实现的组合彼此完全分开，并为每一个状态配备一个确定的可计算的号码，显然唯一的办法就是将它看作是由众多离散的同质元素构成的 —— 因为在完全连续系统中不存在可数的元素 —— 由此给出原子论观点的一个基本要求。因此，我们得把自然界的所有物体，就眼下它们拥有熵这一点而言，都看成是由原子构成的，这样，我们在物理学里取得的物质概念等同于以前从化学所取得的物质概念。

由此我们可以立刻再前进一步。上面得出的结论不仅对关于实物物体的热力学成立，而且对热辐射过程也完全成立，由此知热辐射过程满足热力学第二定律。辐射热也具有熵这一点源于如下事实：一个发射辐射到周围透热介质的物体要经历热损失过程，因此其熵减少。由于一个物理系统的总熵只能增加，因此由物体和透热介质构成的整个系统的一部分熵必然包含在辐射热当中。如果我们由辐射热的熵回溯到概率的概念，那么我们将以类似于上述的方式得到结论：对于辐射热，原子概念具有明确的含义。但由于辐射热不直接与物质相联系，因此这里的原子概念不仅与物质有关，而且与能量有关。由此知，在热辐射过程中，某些能量元素起着重要作用。尽管这一结论显得如此奇异，尽管现今在许多场合下有强烈的反对意见要求抨击这一概念，但从长远来看，物理学研究不可能永远将其拒之门外，因为它以令人相当满意的方式得到了经验的证实。我们将在讨论热辐射的那一讲里再回到这一主题上来。这里我只想提及一点，将原子概念引入到热辐射理论中所带来的新颖性并非如乍看之下那么具有革命性。因为至少在我看来，没必要将完全真空下的热过程看作是原子过程，我们从辐射源上，即从那些在辐射的发射和吸收上起核心作用的过程中，就足以寻求原子的特征。这样麦克斯韦电动力学的微分方程组就可以完全保留其真空下的有效性，而且不仅如此，热辐射的离散性就被完全降级到仍很神秘的境地，在那里我们仍有足够大的余地来运用各种假设。

回到更一般的考虑。我们面临一个最重要的问题，那就是，引入原子概念并将熵与概率联系起来之后，熵增原理的内容是否能得到透彻地理解，或者说，是否还需要引入更多的物理假设来确保这一原理的全部意义。如果这个重要问题能够通过将原子论引入到热力学得到解决，那么原子论观点肯定能够幸免于大量可能的误解和合理的攻击。但事实上 —— 我们的进一步考虑将证实这个结论 —— 这样的原子论还没有什么作为，为了保证第二定律的有效性，其本身还需要在基础性推广方面做更多的工作。

我们必须首先考虑的是，按照第一讲(第7页)所确立的中心思想，第二定律必须具备作为客观物理学定律的有效性，即具有独立于物理学家个性的特征。我们可以想象，有这样一个物理学家 —— 我们称他为“微观”观察者 —— 其感觉是如此敏锐，以至于能够看到每个单个原子并跟踪其运动。对于这个观察者来说，每个原子的运动都严格符合物理学基本定律，即一般动力学理论赖以建立的那些定律。据我们所知，这些定律允许每一个过程存在逆过程。因此，这里既不存在概率问题，也不存在熵和熵增的问题。另一方面，设想存在另一位观察者，我们称其为“宏观”观察者，他将原子系综看成是均匀气体，就是说，我们可以用热力学定律来处理该体系的机械运动和其中的热过程。这样，对于这个观察者来说，根据热力学第二定律，其过程一般是不可逆的。于是现在第一位观察者可以正当地辩解说：“熵与概率之间的联系有其自身的起源，它在于这样一个事实：不可逆过程应通过可逆过程来解释。在我看来，这种处理程序无论如何都存在最高程度的怀疑。在任何情况下，我都可以将指定气体的原子系综所发生的每一个状态变化看成是可逆的，因此我不同意宏观观察者的观点。”据我所知，没有任何借口可以拿来反驳这些陈述的有效性。但难道因此我们就只能把自己置于法官的位置，在审判中面临宣判竞争的两党谁处于正确一方的痛苦境地，这时有第三方出来争辩说，只有这一方的当事人可以胜出时，于是我们只能宣告他为正确方这一条途径吗？幸运的是，我们发现自己处于更有利的位置。我们可以在双方之间斡旋，而不必要求这一方或那一方放弃自己的主要观点。更深入的考虑表明，这里的整个争论是基于一种误解——可见在开始争论前，掌握新的证据对于了解对方的观点显得多么必要。当然，一种给定的状态变化不可能既是可逆的又是不可逆的。但是，一个观察者对短语“状态变化”的理解可能与另一个观察者的理解完全不同。那么，在一般情形下，“状态变化”到底是指什么？对物理系统的状态的定义不可能还有比下述更好的表述：在给定的边界条件下，所有物理量的集合，及其随时间变化的瞬时值，被唯一地确定。如果我们现在要问，按照这个引入的定义，两个观察者如何给出他们对这个原子集合或气体的状态的理解？回答是他们将会给出相当不同的答案。微观观察者考虑的是确定所有单个原子的位置和速度的那些物理量。就目前最简单的情形——每个原子均视为质点——来说，所有原子的物理量的总和是原子个数的 6 倍，因为每个原子有 3 个位置坐标和 3 个速度分量；对于复合分子的情形，这些量还要更多。对他来说，状态和过程的进展最先被确定，如果所有这些不同的物理量被逐个给定的话。我们将这样定义的状态称为“微观态”。另一方面，宏观观察者需要的数据较少。他会说，他所考虑的均匀气体的状态是由气体在每一个空间点的密度、可见的速度和温度决定的，他会预期，如果这些量给定，它们随时间的变化，从而体系过程的进程，都将由两条热力学定律完全确定，因此体系将伴随着熵的增加。在这方面，他可以借助于经验，这些经验将充分证实他的预期。如果我们把这种状态称为“宏观态”的话，那么很显然，两条定律——“状态的微观变化是可逆的”和“状态的宏观变化是不可逆的”——分别处于完全不同的语境下，并且无论如何是不矛盾的。

但是现在，我们怎样才能将两位观察者的理解统一起来呢？这个问题的答案显然对原子理论具有根本的意义。首先，很容易看到，宏观观察者只能估计平均值，他所谓的气体密度、可见的速度和温度，均为平均值。而对于微观观察者来说，某些平均值、统计数据，都是以适当方式从原子的空间分布和速度分布中导出的。但微观观察者无法仅对这些值进行操作，因为，如果这些值都在某个时间瞬间给定，那么过程的进程就无法通盘确定。反过来，他可以很容易地将给定的平均值赋给大量原子的位置和速度的单个值，这样所有这些量都对应于相同的平均值，尽管这样将导致一种与平均值有关的完全不同的过程。这种必然性使得微观观察者要么放弃尝试根据经验去了解状态的宏观变化的具体过程 —— 这本是原子论的目标 —— 要么通过引入特定的物理假设，以合适的方式限定他所考虑的微观态的多个分支。当然，没有什么东西能阻止他去假设：并非所有可以想象的微观状态都能在自然界中实现，它们中的一些状态可以想象，但从来不曾真正实现。在这种假设的形式体系下，单从动力学原理来考虑当然找不到出发点，因为纯粹的动力学将这种情形视为未定的情形。但也正是在这一点上，任何动力学假设，如果它不进一步涉及自然界实现的微观状态的更具体的规定的话，肯定都是允许的。哪一种假设应被赋予优先地位只能通过比较结果来决定，就是对不同可能的假设在经验过程中所导致的结果加以比较。

为了限定这种调查方式，我们显然必须将注意力集中在所有可以想象的配置和单个原子的速度上，这些原子的速度应适于用来确定气体的密度、速度和温度值。或者换句话说：我们必须考虑所有那些被用于确定宏观状态的微观态，必须调查遵循由不同的微观态所确立的动力学法则的各种过程。现在，每一种情形下的精确计算总是给出这样一个重要结果：极其大量的这些不同的微观过程都与同一个宏观过程相联系，例外的情形非常少，而且这些例外明显与相邻原子的位置和速度所确定的特定条件有关。此外，它还表明，所得到的宏观过程之一正是宏观观察者所识别的那种过程，因此，它是与热力学第二定律不矛盾。

显然，这里提供了理解的桥梁。微观观察者只需要在他的理论中吸收这样一条物理假设：所有这些特殊情形，即在相互作用原子的相邻配置中存在特异条件，在自然界都不会发生，或换句话说，微观状态本质上是无序的。那么宏观过程的唯一性就有了保证，并且由此，熵增原理便得以在任何情形下实现。

因此，不是原子分布，而是基本无序这一假说，构成了熵增原理的真正核心，从而构成了熵的存在的基本条件。没有基本的无序，也就既不存在熵也不存在不可逆过程①。因此，单个原子可以从不具有熵。因为我们不可能将它与无序联系起来。但当存在相当多的原子时，譬如说有 100 个或 1 000 个，事情就完全不同了。这时我们可以肯定地来谈论无序的概念，在此情形下，原子的坐标值和速度分量都按概率分布律分布，因此是可以计算出给定状态的概率的。但我们如何将它与熵的增加联系起来呢？我们可以断言这 100 个原子的运动是不可逆的吗？当然不是。但这仅仅是因为 100 个原子的状态还不能在热力学意义上被定义，因为从宏观观察者的立场来看，这一过程不可能以唯一的方式进行，而且这一要求，正如我们在上面所看到的，构成了热力学状态定义的基础和先决条件。

如果我们因此问：那么一个过程要能够被认为是不可逆的，到底至少需要多少个原子？答案是：原子的数目要多到可以由此定义平均值，这些平均值规定了该过程在宏观意义上的状态。我们必须考虑到，为了确保熵增原理的有效性，原子的数目必须增加到基本无序条件成立，即所考虑的原子的数量大到足以使得有可能给出明确的平均值。热力学第二定律只有建立在这些平均值的基础上才是有意义的。但就平均值而言，它们是相当精确的，这种精确性是由概率的演算法则来保证的。例如，一个六面骰子如果投了足够多次数，那么其平均值是 3.5。

同时，这些考虑也能够给解答如下问题带来光明：熵增原理是否对理解悬浮颗粒的所谓布朗分子运动有意义？这种运动的动能是否代表有用功？应当说，对于单个悬浮颗粒，熵增原理就像对于单个原子一样是没什么意义的，因此这一原理不适用于几个悬浮颗粒的情形，只有当悬浮颗粒的数目大到足以能给出确定的平均值，这一原理才是有意义的。由此我们能够看出，是粒子还是原子这在统计上没有本质区别。因为一个过程的进行不取决于观测仪器的性能。至于有用功，应当说它在这个过程中不起任何作用。严格来说，在一般情况下，这个问题在这里不具有客观的物理意义。因为在没给出物理学家或技术人员如何利用这种功的方案的情况下，这个问题无法回答。因此，第二定律本质上与有用功的概念无关(参见第 1 讲，第 15 页)。

但是，如果熵增原理成立，那么进一步的假设就是必要的，这个假设是关于

---

① 尽管如此，但对于那些将基本无序假设视为不必要甚至不正确的物理学家来说，我想指出一个简单的事实：从分子运动论出发对摩擦系数、扩散系数或热传导系数等系数进行计算时，不论是默认还是明确指出，都会用到基本无序的概念，因此讲明这一条件要比无视甚至隐瞒这一条件实质上更正确。但对于认为基本无序假设是不言自明的的物理学家来说，需要提醒的是，按照庞加莱定律，对涉及这一基础的精确研究(这里我们扯得有点远)，即这一预设永远成立的假设性判断，并不能由带绝对光滑壁面的封闭空间这一条件来保证，反对它的人只需提及一点 —— 自然界不存在绝对光滑的壁面 —— 就足够了。

各种无序的粒子群的，这是一个共同默认的假设，虽然我们以前没有对其有明确表示。但是它的重要性决不亚于上面提到的那些假设。粒子必须实际上是同一种类的，或者它们必须至少形成多个相同种类的群，例如构成一种混合态，其中每一种粒子都有数量众多的个体。因为只有通过粒子的相似性，我们才能由较少的粒子得出适用于大量粒子的序和法则。如果气体分子全都彼此各不相同，那么气体的性质就永远也不能像热力学定律所表现的这么简单。事实上，对一个状态的概率进行计算的前提是，状态所对应的所有组合都是先验等同的。如果没有这个条件，那么我们几乎无法计算其给定状态的概率，例如，一个不等边的骰子怎么投其概率都是无法计算的。总之，我们因此可以说：作为客观的、物理学概念的热力学第二定律，与人的因素无关，是与由大量同类的无序粒子所形成的某种平均值相联系的。

熵增原理和热力学过程的不可逆性的正确性本质上完全是由这个形式化体系来保证的。引入基本无序假说后，微观观察者将不再信心满满地断言，他所考虑的每个过程在原子集合的意义上是可逆的，因为反序的运动并非总是满足该假说的要求。实际上，单个原子的运动总是可逆的，并且由此人们也许会和以前一样说，不可逆过程似乎可以还原到一个可逆过程，但这种现象从整体上看仍然是不可逆的，因为否则的话，众多单个的基本过程的无序性将被淘汰。我们要说，不可逆性是内在的，不是基于单个基本过程本身，而是唯一地由其不规则的组分决定的。正是这一点保证了宏观平均值的独特变化。

因此，例如，一个摩擦过程的逆进程是不可能的，因为这里预设了发生相互作用的相邻分子之间存在一种基本安排。对于任意两个分子之间的碰撞，也因此必然具有某种区别特征，因为两个碰撞分子的速度以确定的方式依赖于它们相遇时的位置。它只能以这样一种方式发生，就是在碰撞中像定向速度这样的特性会随之形成，因此才有可见的运动。

上面我们只是从运用到物质的原子理论的角度来谈基本无序原理。但我希望在此表明，这一原理对于辐射热理论也可以奏效，其基础与它在物质理论下有效的基础完全一样。例如，我们来考虑两个具有不同温度的物体之间通过辐射进行热交换的过程。在此情形下，我们同样可以想象有这么一位微观观察者，与普通的宏观观测者不同，他具有洞察与发射和吸收有关的电磁过程以及热辐射线传播过程的所有细节的能力。微观观察者会宣布，整个过程都是可逆的，因为所有的电动力学过程也都可以沿相反方向发生，并且所述的矛盾可以归结为热辐射线状态在定义上的差别。因此，与宏观观察者完全定义单色辐射线的传播方向、偏振态、颜色和强度等概念不同，微观观测者，为了拥有完整的电磁状态的知识，必然要求对最均匀的热辐射线的幅度和相位的所有众多不规则变化予以规定。这种不规则变化的实际存在直接源自这样一个众所周知的事实：颜色相同的两条射线从不发生干涉，除非它们来自同一光源。但除非这些涨落的所有细节都给定，否则微观观察者对该过程的进程可以说无从置喙。他也无法认定是否是两个物体之间的热辐射交换导致了二者之间温差的减小或增大。基本无序原理首先为这种辐射过程的发展趋势提供了充分的判据，即较冷物体的逐渐变热是以较热物体的冷却为代价的，其条件就是同一原理为经热传导的热交换的不可逆性所设定的条件。然而，比较这两种情形，可知它们的无序类型存在本质区别。对于热传导，无序的要素可由不同的分子来代表，而在热辐射情形下，存在的则是众多不同振动周期的热辐射线，其中辐射能量呈不规则分布。换句话说：分子间的无序是物质性的，而在热辐射中，无序表现为一种能量分布。这是两种无序之间最重要的区别。其共同特征是要求存在大量不协调的要素。正如只有当物体包含足够多的原子，以至于我们可以从中得到确定的平均值时，物体的熵才能够被定义为宏观状态的函数一样，对于热辐射线，只有当射线包含足够多的周期性振动，即持续足够长的时间，以至于射线强度的确定的平均值可以从连续的不规则的涨落幅度中求得，熵增原理对于热辐射线才有意义。

在我们引入并接受了基本无序原理作为自然界的通用法则之后，现在的基本问题是如何计算一个给定状态的概率，并切实地从中导出熵。关于热力学平衡状态的所有法则，不论是关于物质材料的，还是关于能量辐射的，都可以唯一地从熵的概念中导出。对于熵和可能性之间的联系，这可以从如下法则 —— 两个独立配置的概率由每个单个概率的乘积来表示 —— 中简单地推断出来：

$$W = W_1 \cdot W_2$$

而熵 S 则由每个个体的熵的和来表示：

$$S = S_1 + S_2.$$

因此，熵正比于概率的对数：

$$S = k \lg W, \tag{1}$$

其中，k 是一个普适常数。尤其是，这个公式在配置上对于原子与对于辐射是同样的，因为没有什么可以阻止我们假定 1 是指原子的配置，而 2 是指辐射的配置。如果 k 已被计算出来，譬如说通过辐射测量得到，那么原子过程的 k 必然具有相同的值。稍后我们将实施这一计算，以便利用气体动理论中的热辐射定律。现在，仍有最后一个也是最困难的问题，那就是给定的宏观状态下一个给定的物理配置的概率 W 的计算。今天，我们将通过对相当一般的问题的准备，来处理如下简单问题：求单个运动质点在给定保守力作用下的一个给定状态的概率。我们知道，状态取决于 6 个变量：3 个广义坐标 φ_1，φ_2，φ_3 和 3 个相应的速度分量 $\dot{\varphi}_1$，$\dot{\varphi}_2$，$\dot{\varphi}_3$，而且我们还知道这 6 个变量的所有可能的值构成一个连续流形。如果我们将这 6 个量看成是分别处在某个无限小的区间里，或者说，如果我们将这 6 个量看成是理想六维空间中直角坐标系下的一个点，那么所求的概率就是这个理想“状态点”处在一个给定的无限小“状态域”中的概率。由于这个域无限小，因此待求概率正比于该域的大小，即正比于

$$\int \mathrm{d}\varphi_1 \cdot \mathrm{d}\varphi_2 \cdot \mathrm{d}\varphi_3 \cdot \mathrm{d}\dot{\varphi}_1 \cdot \mathrm{d}\dot{\varphi}_2 \cdot \mathrm{d}\dot{\varphi}_3.$$

但这种表达式不能用作对概率的绝对量度，因为一般来说其幅度会随时间变化，如果每个状态点都按质点的运动规律运动的话。而一个状态必然来自另一个状态，其概率与另一个点上的概率必然是相同的①。现在，如众所周知，我们可以给出非常类似的另一种积分，来取代上述积分，这样做的好处是积分的值不随时间变化。其做法只需要将3个速度 $\dot{\varphi}_1$，$\dot{\varphi}_2$，$\dot{\varphi}_3$ 替换为3个所谓的动量 ψ_1，ψ_2，ψ_3，加上 3 个广义坐标 φ_1，φ_2，φ_3，来作为确定状态的坐标。这 3 个动量的定义如下：

$$\psi_1 = \left(\frac{\partial H}{\partial \dot{\varphi}_1}\right)_{\varphi}, \ \psi_2 = \left(\frac{\partial H}{\partial \dot{\varphi}_2}\right) \varphi, \ \dot{\varphi}_3 = \left(\frac{\partial H}{\partial \dot{\varphi}_3}\right)_{\varphi},$$

其中 H 表示的动能势(亥姆霍兹)。于是，在哈密顿形式下，运动方程变成：

$$\dot{\psi}_1 = \frac{\mathrm{d}\psi_1}{\mathrm{d}t} = -\left(\frac{\partial E}{\partial \varphi_1}\right)_{\psi}, \ \cdots, \ \dot{\varphi}_1 = \frac{\mathrm{d}\varphi_1}{\mathrm{d}t} = \left(\frac{\partial E}{\partial \psi_1}\right)_{\varphi}, \ \cdots,$$

E 是能量。从这些方程得到“不可压缩条件”：

$$\frac{\partial \dot{\varphi}_1}{\partial \varphi_1} + \frac{\partial \dot{\psi}_1}{\partial \psi_1} + \cdots = 0.$$

这个公式表明，在由坐标 φ_1，φ_2，φ_3，ψ_1，ψ_2，ψ_3 表示的六维空间下，当域内每个点按照质点运动规律改变其位置时，任意选定的状态域的大小，即

---

① 这句话实际上说的是概率密度在相空间内从一点运动到另一点时是不变的，即著名的刘维尔定理。——中译者注

$$\int \mathrm{d}\varphi_1 \cdot \mathrm{d}\varphi_2 \cdot \mathrm{d}\varphi_3 \cdot \mathrm{d}\psi_1 \cdot \mathrm{d}\psi_2 \cdot \mathrm{d}\psi_3$$

不随时间变化。因此，我们有可能利用这个域的大小作为对落入该域的状态点的概率的直接量度。

最后这个表达式可以很容易地推广到任意多变量的情形。接下来我们将就辐射能的情形以及实物物质情形来计算热力学状态的概率。

第 2 章

物质是否无限可分的问题困扰了哲学家数千年。在大约公元前 450 年，古希腊哲学家德谟克利特推测，一定存在某种最小的物质单元，世界上一切物质的东西都是由它们构成的。他称之为*原子*，这个词在希腊语里意味着“不可分割的”。然而，到了 19 世纪末，人们知道我们现今所称的原子其实是可分的。这并不是说德谟克利特错了，因为我们有充分的理由相信，像电子这样的基本粒子确实是基本的且不可分割的。只不过我们所说的原子指称对象有误。

在 19 世纪后半叶，原子被认为由带正电的质子和带负电的电子组成，但当时人们并不知道质子和电子在原子里是如何构建的。从 1909 年到 1911 年，厄内斯特·卢瑟福及其助手汉斯·盖革进行了一系列实验来探讨这个问题。他们的研究结果以题为“物质对 α 粒子和 β 粒子的散射及原子结构”的开创性论文发表出来。他们用 α 粒子轰击金箔，希望通过观察 α 粒子如何与金箔原子的相互作用来确定金原子的结构。α 粒子带有强的正电荷，因此它们非常适于用来研究原子中正电荷和负电荷的位置。实验似乎很简单，但卢瑟福和盖革所发现的结果却是完全出乎意料的。他们发现，所有的质子均非常紧密地凝聚在原子的中心，即我们现今所谓的原子核上。电子被发现处于核的周围。卢瑟福推测，电子绕核的轨道运动非常类似于行星绕太阳的轨道运动。因此，卢瑟福的原子模型被称为行星模型。行星模型完全出乎人们的预料，因为它似乎违反公认的物理定律。例如，我们知道，同号电荷相互排斥。既然所有质子都带正电荷，那么原子核中的质子应当强烈地互相排斥并使核分开才对 —— 但它们不！是什么使它们聚在一起的呢？卢瑟福不知道。他只是简单地推测，肯定有某种力使它们聚在一起。这个力不是很好理解，直到 20 世纪 70 年代量子色动力学诞生后，人们才搞清楚这一点。

原子的行星模型带来的另一个问题是，电子的绕核轨道应当是不稳定的。我们从电动力学理论里知道，带电粒子做轨道运动时将辐射出电磁波，这种辐射将使其失去能量并最终旋转着落到原子核上。但是，原子是稳定的 —— 原子中的电子并不如此。这是为什么呢？1913 年，尼尔斯 · 玻尔在他的题为“论原子和分子的结构”的论文中解决了这个问题。他的回答是量子力学发展过程中的重要的一步。他直接推测，电子的绕核轨道只有取某种离散的距离才被允许。换句话说，他假定原子中电子的轨道半径（等价地，电子的能量）是量子化的。这就好像是说允许的轨道是呈阶梯状的。例如，电子可以处在第三个台阶或第四个台阶上，但它不能处在两者之间。电子可以在两个台阶间跳跃，但它不能螺旋着奔向中心，因为那将会导致电子处于两个台阶之间的空间中。借助于这个假设，玻尔模型还可以解释氢原子光谱。当电子从较高能级跃迁到较低能级时，它辐射出与这两个能级的能量差相对应的电磁辐射。由于能级间的跃迁是离散的，因此原子光谱具有清晰、明锐的谱线。

玻尔模型立即被认为是革命性的，这一成果让他赢得了 1922 年度的诺贝尔物理学奖。然而，玻尔模型有许多缺点。它仅适用于单电子原子，即使对于单电子原子，它也不能解释原子光谱的精细结构，它也不能解释为什么电子能级必须是量子化的。直到 20 世纪 20 年代，当更完备的量子力学理论得到发展后，我们才明白为什么我们需要假定能级的量子化。

物质对 α 粒子和 β 粒子的散射及原子结构

厄内斯特·卢瑟福①

原载于《哲学杂志》，21 卷，第 6 期，第 669 ~ 688 页，1911 年 5 月

§ **1.** 众所周知，α 粒子和 β 粒子在遇到物质的原子时会偏离其原来的直线路径。这种散射在 β 粒子上表现得要比 α 粒子更严重，原因在于前者的动量和能量要小得多。有一点似乎毫无疑问，这种快速移动的粒子穿越了其路径上的原子，我们所观测到的偏转是该原子系统内的强电场所致。通常认为，一束 α 粒子或 β 粒子在穿越物质薄层时所受到的散射是物质原子引起的众多小散射的累积结果。但盖革和马斯登(Marsdent) 对 α 粒子的观测②表明，某些 α 粒子，大约 20 000 例中有一例，在穿越大约 0. 000 04 厘米厚的金箔时受到了平均 90 度角的散射。α 粒子在此所受到的阻止本领相当于穿越 1. 6 毫米厚的空气。盖革后来表明③，被偏转 90 度的 α 粒子束的最可能的偏转角是非常非常小的。此外，后面我们还将看到，α 粒子对不同的大偏转角的分布不遵从那种依据“这种大角度偏转是由众多小角偏转积累所致”的观点而预计的概率分布律。我们似乎可以合理地假设，大角度偏转是与原子的单次碰撞所致，在大多数情况下，再次发生这种大角度偏转的碰撞的机会必然是非常小的。简单的计算表明，原子中必定有强电场，唯有如此才会在一次碰撞中产生这么大的偏转。

最近，J. J. 汤姆孙爵士提出一种理论④来解释带电粒子在途径薄层物质时发生的散射。原子被认为是由均匀分布在整个球体内的 N 个带负电的微粒和与其相伴的带等量正电荷的微粒组成的。带负电的粒子在穿越原子时发生偏转可归结为两个原因：(1) 被原子内通体分布的带负电的微粒排斥；(2) 受到原子内带正电的微粒的吸引。粒子在穿越原子时发生的偏转应该不大，经过大量(m 次) 碰撞而形成的平均偏转角可取为 $m \cdot \theta$ 的[平方根]，这里 θ 是单个原子引起的平均偏

---

① 作者通信。本文的一个简要说明已于 1911 年 2 月递交曼彻斯特图书馆和哲学学会。

② *Proc. Roy. Soc.* lxxxii，p. 495 (1909).

③ *Proc. Roy. Soc.* lxxxiii，p. 492 (1910).

④ *Camb. Lit. & Phil. Soc.* xv pt. 5 (1910).

转角。克劳瑟(Crowther) 后来的文章①表明，原子内的电子数 N 可以从对散射的观察推断出来，并对此进行了实验验证。他的研究结果清楚地证实了上述理论的主要结论，并在假设正电荷为连续分布的前提下推导出原子内的电子数约为该原子的原子量的 3 倍。

J. J. 汤姆孙爵士的理论是基于这样的假设：与原子的单次碰撞引起的散射是小角度的，对于其直径与原子的影响范围的球形直径比起来小得微不足道的带正电的小球而言，这种预设的特定原子结构不允许它出现非常大的偏转。

由于 α 粒子和 β 粒子穿越原子，因此我们有可能通过对这种偏转性质的密切研究来形成关于原子结构的某些概念，正是这种结构造成了所观察到的效应。事实上，物质原子对高速带电粒子的散射是攻克这个问题的最有前途的方法之一。能够记录单个粒子的闪烁计数方法的发展为这一研究带来了非比寻常的好处，而且 H. 盖革通过这种方法的研究已经为我们增添了许多有关物质对 α 射线的散射的知识。

§ **2.** 我们先从理论上来考察与简单结构的原子发生单次碰撞的情形②，它能够造成 α 粒子的大角度偏转。然后将理论结果与现有的实验数据进行比较。

考虑这样一个原子，其中心有一个电荷量为 $\pm Ne$ 的电荷，四周围绕着含电荷量为 $\pm Ne$ 的电荷(注意：在发表的原始论文里，第二个正／负号是倒过来的负／正号)，假定这些电荷均匀分布在半径为 R 的整个球体内。e 为电荷的基本单位，在本文中取为 4.65×10^{-10} 静电单位。我们假定，中心电荷的距离小于 10^{-12} 厘米，且假定 α 粒子的电荷集中在一点上。可以证明，由该理论导出的主要结论与中心电荷是正还是负无关。为方便起见，我们假定中心电荷符号为正。在此我们不考虑原子的稳定性问题，因为这个问题显然既取决于原子的微小结构，又与带电体组分的运动有关。

为了对造成 α 粒子大角度偏转所需的力有一些基本概念，我们来考虑一个在其中心有正电荷 Ne，四周在半径为 R 的球体内均匀分布着等量负电荷的原子。原子内距原子中心距离为 r 的地方感受到的电性力 X 和电势 V 由下式给定：

---

① Crowther, *Proc. Roy. Soc.* lxxxiv, p. 226 (1910).

② 在本文中，粒子在与单个原子碰撞发生的大角度偏转被称为“单次”散射。粒子因多次小角度偏转积累而产生的偏转被称为“复合”散射。

$$X = Ne\left(\frac{1}{r^2} - \frac{r}{R^3}\right),$$

$$V = Ne\left(\frac{1}{r} - \frac{3}{2R} + \frac{r^2}{2R^3}\right).$$

假设一个质量为 m，速度为 u，电荷为 E 的 α 粒子直接射向原子的中心。在距中心距离为 b 的地方停了下来，于是有

$$\frac{1}{2}mu^2 = NeE\left(\frac{1}{b} - \frac{3}{2R} + \frac{b^2}{2R^3}\right).$$

可以看出，b 在以后的计算中是一个很重要的量。假设中心电荷量为 $100e$，于是可以算出，对于速度为 2.09×10^9 厘米每秒的 α 粒子，b 大约为 3.4×10^{-12} 厘米。在该计算中，b 被认为与 R 相比非常小。因为 R 被认为在原子的半径的量级，即 10^{-8} 厘米。显然，粒子在被偏转折回前贯穿到离中心电荷如此近的地方，以至于均匀分布的负电荷所形成的电场可以忽略不计。一般情况下，简单计算表明，对于所有大于某个角度的偏转，我们可以假设这种偏转皆由中心电荷场单独作用所致，由此引入的误差小到感觉不出来。由负电荷 —— 如果它们以微粒形式分布的话 —— 造成的可能的单次偏转，在理论的这个阶段未予考虑。以后我们将证明，一般来讲其效应与中心力场的作用比起来很小。

考虑一个正带电的粒子接近原子中心时的路径。假设粒子的速度在穿越原子时没有明显变化，那么该粒子在受到与距离平方成反比的排斥力的影响下的路径将是双曲线的一支，原子中心 S 位于该双曲线的外焦点上。假设粒子是以(图 1 中)PO 的方向射向原子，其逃离原子的运动方向为 OP'，则 OP 和 OP' 对焦点所在的轴线 SA 等角度，这里 A 是双曲线的顶点。$p = SN =$ 从原子中心到粒子初始运动方向的垂直距离。

令 $\angle POA = \theta$。

令 $V =$ 粒子进入原子时的速度，v 是粒子到达 A 点时的速度，然后由角动量守恒知

$$pV = SA \cdot v.$$

由能量守恒：

$$(1/2)\ mV^2 = (1/2)mv^2 - (NeE/SA),$$

$$v^2 = V^2(1 - (b/SA)).$$

由于偏心率等于 $\sec\theta$，故有

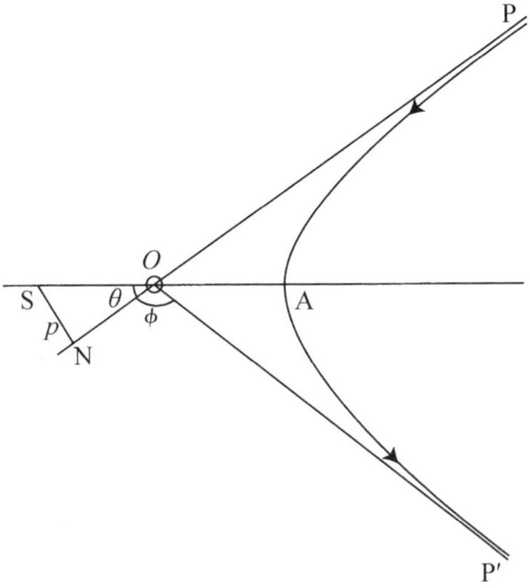

图 1

$SA = SO + OA = p\ \mathrm{cosec}\theta(1 + \cos\theta) = p\cot\theta/2$,

$p^2 = SA(SA - b) = p\cot\theta/2(p\cot\theta/2 - b)$,

因此，$b = 2p\cot\theta$.

粒子的偏转角 ϕ 为 $\pi - 2\theta$ 且有

$$\cot\phi/2 = 2p/b. \tag{1}$$①

这样，根据 b 和从原子中心到入射方向的垂直距离 p，就可求得粒子的偏转角。为了说明方便，我们将不同 p/b 值所对应的偏转角 ϕ 显示于下表：

表 1

p/b	10	5	2	1	0.5	0.25	0.125
ϕ	5°7′	11°4′	28°	53°	90°	127°	152°

3. 单次偏转任意角度的概率

假设一束带电粒子垂直入射到厚度为 t 的物质薄层上。除了个别粒子受到大角散射以外，大部分粒子都是以很小的速度变化几乎垂直地通过这一薄层。令 n = 材料的单位体积的原子数目。于是在厚度 t 的地方，粒子与半径为 R 的原子的

① 简单想一下即可知，如果力不是吸引性的而是排斥性的，偏转角不变。

碰撞次数为 $\pi R^2 nt$。

在距中心距离为 p 的范围内，粒子遇上一个原子的概率 m 由下式给出

$$m = \pi p^2 nt.$$

在半径 p 到 $p + \mathrm{d}p$ 区间内发生碰撞的机会 $\mathrm{d}m$ 由下式给出

$$\mathrm{d}m = 2\pi pnt \cdot \mathrm{d}p = (\pi/4) ntb^2 \cot\phi/2 \ \mathrm{cosec}^2\phi/2 \ \mathrm{d}\phi. \tag{2}$$

因为

$$\cot \phi/2 = 2p/b,$$

因此 $\mathrm{d}m$ 的值给出被偏转到 ϕ 到 $\phi + \mathrm{d}\phi$ 角度区间内的粒子总数的比例。

偏转角大于 ϕ 的粒子总数的占比 p 由下式给出

$$p = (\pi/4) ntb^2 \cot^2\phi/2. \tag{3}$$

偏转角在 ϕ_1 和 ϕ_2 之间的比例 p 由下式给出

$$p = (\pi/4) ntb^2 (\cot^2\phi_1/2 - \cot^2\phi_2/2). \tag{4}$$

为方便起见，表达式(2) 改为另一形式以便与实验进行比较。在 α 射线的情形下，以硫化锌屏幕的恒定区域出现的闪烁次数作为入射粒子的不同角度的计数。令 r 等于 α 粒子在散射物质上的入射点到接收屏的距离，如果 Q 为入射到散射物质上的粒子总数，那么落在单位面积屏上偏转角为 ϕ 的 α 粒子数 y 由下式给出：

$$y = Q\mathrm{d}m/2\pi r^2 \sin \phi \cdot \mathrm{d}\phi = (ntb^2 \cdot Q \cdot \mathrm{cosec}^4\phi/2)/16r^2. \tag{5}$$

由于 $b = 2NeE/mu^2$，因此由这个方程我们看到，对于由射线入射点到屏上给定距离 r，硫化锌屏上单位面积上的 α 粒子数(闪烁次数) 正比于

(1) $\mathrm{cosec}^4\phi/2$ 或 $1/\phi^4$，如果 ϕ 很小的话；

(2) 散射物质的厚度 t，只要该厚度是小的；

(3) 中心电荷 Ne 的大小；

(4) 但反比于$(mu^2)^2$，或反比于速度的 4 次方，如果 m 是恒定的话。

在这些计算中，我们假定发生大角散射的 α 粒子只偏转一次。要使这一假设成立，那么散射物质的厚度就必须足够薄，使得发生第二次大角散射的机会小到可以忽略不计。例如，如果穿过厚度 t 造成单次偏转角 ϕ 的概率为 1/1 000，那么连续两次偏转每次转过 ϕ 角的概率为 $1/10^6$，即小到可以忽略。

被薄金属片散射的 α 粒子的角分布是检验这种单次散射理论的总体正确性的最简单的方法之一。最近盖革博士利用 α 粒子已经做了这方面的实验检验①。他

① *Manch. Lit. & Phil. Soc.* 1910.

发现，被薄金箔散射的粒子其偏转角从 30° 到 150° 之间的角分布与理论值几乎完全一致。有关这些结果的更详细的说明，以及其他一些检验该理论的正确性的实验，将在稍后发表。

4. 原子碰撞引起的速度变化

截至目前，我们一直假设 α 或 β 粒子在导致粒子大角度偏转的与单个原子的碰撞中，其速度不会受到明显的变化。这种碰撞对粒子速度变化的影响，可以在一些假设下被计算出来。我们假设这种碰撞只涉及两个系统，即快速移动的粒子和原初静止的原子。假定动量守恒和能量守恒在此均成立，并且能量和动量均没有因辐射而有明显的损失。

令 m 为粒子的质量，

v_1 = 趋近速度，

v_2 = 退行速度，

M = 原子质量，

V = 碰撞传递给原子的速度。

令 OA（见图 2）表示入射粒子的动量 mv_1 的大小和方向，OB 为退行粒子的动量，它偏转了一个角度 $\angle AOB = \phi$。故 BA 表示反冲原子的动量 MV 的大小和方向。

$$(MV)^2 = (mv_1)^2 + (mv_2)^2 - 2m^2 v_1 v_2 \cos\phi, \qquad (1)$$

由能量守恒

$$MV^2 = mv_1{}^2 - mv_2{}^2, \qquad (2)$$

假设 $M/m = K$，$v_2 = pv_1$，其中 $p < 1$。则由式(1)和(2)得

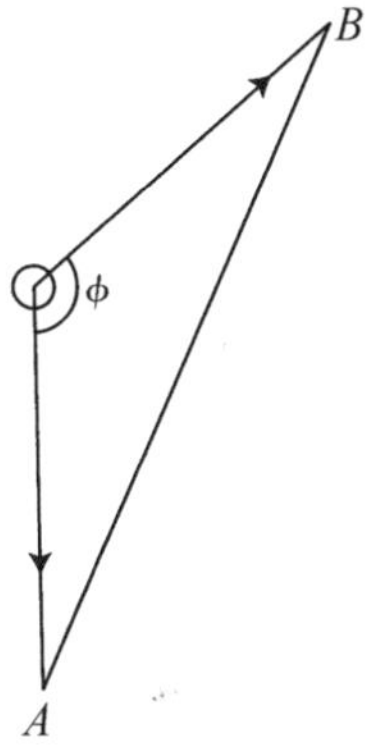

图 2

$$(K+1)p^2 - 2p\cos\phi = k - 1,$$

或

$$p = \frac{\cos\phi}{K+1} + \frac{1}{K+1}\sqrt{K^2 - \sin^2\phi}.$$

考虑原子量为 4 的 α 粒子与原子量为 197 的金原子发生 90° 偏转的碰撞情形。

由于近似有 $K = 49$,

$$p = \sqrt{\frac{K-1}{K+1}} = 0.979$$

或者说，粒子的速度因碰撞仅减小约 2%。

对于铝的情形，$K = 27/4$，对于 $\phi = 90°$，$p = 0.86$。

可以看出，根据这一理论，α 粒子如果碰撞的是较轻的原子，那么它的速度改变就较为明显。由于 α 粒子在空气或其他物质中的射程大约正比于其速度的三次方，因此可推算知，射程 7 厘米的 α 粒子在碰撞铝原子的阻遏形成单次 90° 偏转时，其射程将减少到 4.5 厘米。这个变化的大小很容易通过实验来检验。对于 β 粒子与原子的碰撞，由于 K 值非常大，因此由这个公式知，速度的降低是非常小的。

当 α 粒子与轻原子（例如氢原子或氦原子）碰撞时，如果考虑到速度的变化和散射粒子的分布，那么理论上将会出现一些非常有趣的情况。对这些情形和其他类似情形的讨论暂且保留，直到该问题得到实验检验后再议。

5. 单次散射和复合散射的比较

在进行理论结果与实验数据的比较之前，我们不妨先考虑单次散射与复合散射在确定散射粒子分布上的相对重要性。由于原子被认为是由中心电荷与围绕这个中心的在半径为 R 的球体上均匀分布的相反符号的电荷所组成，因此与单次大偏转比起来，与原子发生小偏转碰撞的机会要多得多。

J. J. 汤姆孙爵士在前述（§1）论文里对这种复合散射已进行过研究。按照本文的记法，他给出的由半径 R、带电量 Ne 的正电性球的电场引起的平均偏转角 ϕ_1 可表示为

$$\phi_1 = \frac{\pi}{4}\cdot\frac{NeE}{mu^2}\cdot\frac{1}{R}.$$

由 N 个均匀分布在球上的带负电的微粒引起的平均偏转角 ϕ_2 为

$$\phi_2 = \frac{16}{5}\frac{eE}{mu^2}\cdot\frac{1}{R}\sqrt{\frac{3N}{2}}.$$

正电荷和负电荷引起的平均偏转角可取为

$$(\phi_1^2 + \phi_2^2)^{1/2},$$

类似地，不难计算出本文所讨论的具有中心电荷的原子引起的平均偏转角。

由于距中心距离 r 处的径向电场 X 由下式给出

$$X = Ne\left(\frac{1}{r^2} - \frac{r}{R^3}\right),$$

不难证明，该电场造成的带电粒子的偏转角(假定很小)为:

$$\theta = \frac{b}{p}\left(1 - \frac{p^2}{R^2}\right)^{3/2},$$

其中 p 是从中心到粒子路径的垂直距离，b 取值如前所述。可以看出，θ 随 p 的减小而增大，并且对所有小的 ϕ 值，θ 都变得很大。

既然我们已经看到当粒子经过原子中心附近时偏转角变得非常大，因此通过预设 θ 很小来求其平均值是不正确的。

取 R 为 10^{-8} 厘米量级，对于 α 和 β 粒子的大角度偏转，p 的值为 10^{-11} 厘米量级。由于发生大角度偏转的碰撞的机会与发生小角偏转的机会比起来很小，因此简单考虑的话，如果忽略掉大角偏转，那么小角偏转的平均偏转角几乎是不变的。这个结果相当于忽略掉小的中心区域后对原子的小偏转那部分截面积分的结果。用这种方法可以证明，平均小偏转角由下式给出

$$\phi_1 = \frac{3\pi}{8}\frac{b}{R}.$$

由电荷集中于中心的原子模型得到的这个 ϕ_1 的值是具有同样 Ne 电荷量的 J. J. 汤姆孙爵士的原子模型下给出的平均偏转角的 3 倍。将电场引起的偏转与微粒引起的偏转结合起来，平均偏转角是

$$(\phi_1^2 + \phi_2^2)^{1/2} \quad \text{或} \quad \frac{b}{2R}\left(5.54 + \frac{15.4}{N}\right)^{1/2}.$$

稍后将会看到，N 的值几乎与原子量成正比，并且对于金，这个值约为 100。对于重原子，上述公式里的第二项所代表的单个微粒的散射效应与电场引起的散射比起来非常小。

忽略掉第二个项，每个原子的平均偏转角为 $3\pi b/8R$。现在我们来考虑单次

散射与复合散射对于确定散射粒子分布的相对重要性。按照J. J. 汤姆孙的论证，穿过厚度 t 的物质后平均偏转角 θ 与碰撞次数的平方根成正比，即

$$\theta_t = \frac{3\pi b}{8R}\sqrt{\pi R^2 \cdot n \cdot t} = \frac{3\pi b}{8}\sqrt{\pi n t},$$

其中 n 定义如前，等于单位体积中的原子数。

粒子偏转角大于 ϕ 的复合散射的概率 p_1 等于 $e^{-\frac{\phi^2}{\theta_t^2}}$。

因此

$$\phi^2 = -\frac{9\pi^3}{64}b^2 nt \lg p_1.$$

接下来假设单次散射也起作用。我们看到(§3)，偏转角大于 ϕ 的概率 p_2 由下式给出

$$p = (\pi/4)b^2 \cdot n \cdot t(\cot^2\phi/2).$$

通过比较两个公式知

$$p_2 \lg p_1 = -0.181\phi^2\cot^2\phi/2,$$

由于 ϕ 足够小，故有

$$\tan\phi/2 = \phi/2,$$

$$p_2 \lg p_1 = -0.72$$

如果我们假设

$p_2 = 0.5$，则 $p_1 = 0.24$.

如果

$p_2 = 0.1$，则 $p_1 = 0.000\ 4$。

由这个比较很容易看出，对于任何给定的偏转角，由单次偏转引起的概率总是比复合散射的概率大。当发生给定角度的散射的只有一小部分粒子时，这种差别尤其显著。从这个结果可知，对于薄板情形，与原子发生碰撞的粒子分布主要由单次散射决定。复合散射对散射粒子的分布的均衡性无疑起着一定作用，但散射到给定角度的粒子数的占比越少，这种作用相对来说就越小。

6. 理论与实验的比较

在本理论中，中心电荷值 Ne 是一个重要常数，对于不同的原子，我们来确定它的值。最简单的做法是通过确定速度已知的 α 或 β 粒子射向薄金属屏后被散射到 ϕ 到 $\phi+\mathrm{d}\phi$ 之间的粒子数的比例来进行，这里 ϕ 是偏转角。当这个比例很小

时，复合散射的影响应当很小。

在此方向上的实验正在取得进展。但在此我们不妨利用本文提出的理论对现已发表的有关 α 和 β 粒子散射的数据展开讨论。

我们将讨论以下几点：

(1) α 粒子的"发散性偏转"，即 α 粒子的大角度散射(盖革和马斯登)。

(2) 发散性偏转角随散射体的原子量的变化(盖革和马斯登)。

(3) α 射线束穿过薄金属板时的平均散射角(盖革)。

(4) 克劳瑟关于不同速度的 β 射线被各种金属散射的实验。

(1) 盖革和马斯登关于射向各种物质的 α 粒子出现发散性偏转的文章(见前注)表明，在由镭发出的射向厚的铂板的 α 粒子中，大约有 1/8 000 的 α 粒子被散射回来(沿入射方向的反方向飞行)。这个比例是按如下假设导出的：α 粒子被均匀地沿各个方向散射，观察结果可视为大约 90° 偏转的结果。实验的形式并不非常适于精确计算，但从已有的数据可以证明，按照本文的理论，如果铂原子中心具有大约 100 e 的电荷的话，所观察到的散射是可以预料到的结果。

在他们关于这一问题的实验中，盖革和马斯登给出了 α 粒子在相似条件下被不同的厚金属层发散性偏转的相对数目。他们得到的数据列于表 2，其中 z 代表散射粒子的相对数目，数据是在硫化锌屏上按每分钟的闪烁次数测得的。

表 2

元素	相对原子质量	z	$z/A^{3/2}$
铅	207	62	208
金	197	67	242
铂	195	63	232
锡	119	34	226
银	108	27	241
铜	64	14.5	225
铁	56	10.2	250
铜	27	3.4	243
		平均值	233

按照单次散射理论，α 粒子在穿越厚度为 t 的物质时被散射到任意给定角度

上的粒子数占总数的比例正比于 $n \cdot A^2 t$，假设中心电荷数正比于原子量 A。在当前的情形下，α 粒子能够穿越并在硫化锌屏上留下记录的物质厚度取决于金属种类。由于布拉格已经证明，原子对 α 粒子的阻止本领正比于原子量的平方根，因此对不同的元素，nt 的值正比于$\sqrt{1/A}$。在目前情况下，t 代表容许出现散射的 α 粒子的最大厚度，因此被厚层散射回来的 α 粒子的数目正比于 $A^{3/2}$，或者说，$z/A^{3/2}$ 应是常数。

为了将这个理论导出的结果与实验进行比较，表 2 的最后一列给出了商 $z/A^{3/2}$ 的相对值。考虑到实验的困难，我们认为理论与实验之间的一致性是相当好的①。

α 粒子的单次大角度散射在某种程度上明显影响到 α 粒子束的布拉格电离曲线的形状。当 α 粒子穿过高原子量的金属屏时，这种大角散射表现得很明显，但如果穿越的是低原子量的原子，则表现得不太明显。

(3) 盖革用闪烁计数的方法对 α 粒子穿过薄金属箔时所引起的散射作了仔细测定，推导出 α 粒子在穿过已知厚度的不同种类物质时最可能被偏转的角度。

实验中采用的射线源是一束很细的均匀 α 射线束。在穿过散射箔后，被偏转到不同角度上的 α 粒子的总数可直接测定。散射粒子数最大值所对应的角度取为可能性最大的角。最可能的角度随物质厚度的变化被确定，但用这些数据来进行计算因 α 粒子在穿过所述散射物质时存在速度变化而变得有些复杂。论文中考虑到 α 粒子的分布曲线(文献同上，第498页)后给出的结果表明，半数粒子被散射到该方向所对应的散射角要比最可几角度大 20%。

我们已经看到，当有大约半数的粒子被散射到给定的角度上时，复合散射就可能变得重要了，此时我们很难区分这两种散射的相对重要性。粗略的估计可以按如下方式进行：从 §5 我们可得到由下式给出的复合散射概率 p_1 与单次散射概率 p_2 之间的关系

$$p_2 \lg p_1 = -0.721,$$

在一阶近似下，二者的联合作用的概率 q 可取为

$$q = (p_1^{\ 2} + p_2^{\ 2})^{1/2}.$$

如果 $q = 0.5$，则有

$p_1 = 0.2$ 和 $p_2 = 0.46$。

---

① 在此计算中，原子碰撞造成的速度改变的效应被忽略。

我们看到，单次偏转角度大于 ϕ 的概率 p_2 由下式给出

$$p_2 = (\pi/4)n \cdot t \cdot b^2(\cot^2\phi/2).$$

因为实验中 ϕ 被认为相当小，故有

$$\frac{\phi\sqrt{p_2}}{\sqrt{\pi nt}} = b = \frac{2NeE}{mu^2}.$$

盖革发现，α 粒子在穿过等效厚度相当于阻止本领约为 0.76 厘米厚空气的金箔时的最可几散射角是 1°40′。因此半数散射粒子所对应的角度 ϕ 接近 2°。

$$t = 0.000\,17\ \text{厘米},\quad n = 6.07 \times 10^{22},$$

$$u(\text{平均值}) = 1.18 \times 10^9.$$

$$E/m = 1.5 \times 10^4\ \text{静电单位},\quad e = 4.65 \times 10^{-10},$$

取单次散射的概率 = 0.46，将上述值代入公式，对于金，得到 N 的值是 97。

对于厚度相当于阻止本领约为 2.12 厘米厚空气的金箔，盖革发现最可几角度是 3°40′。在这种情况下，t = 0.000 47，ϕ = 4°4′，平均 $u = 1.7 \times 10^9$，N 是 114。

盖革表明，对于原子散射，最可几偏转角几乎与其原子量成正比。由此可知，对于不同的原子，N 的值应当正比于其原子量，如果其原子量在金和铝之间的话。

由于铂的原子量接近于金，因此由上述考虑我们有：α 粒子受到金原子散射的大于 90° 的发散性偏转的大小与射线束通过金箔时的平均小角散射的大小都可以根据单次散射的假设来解释，在此假设中，金原子有一个大约 100 e 的中心电荷。

(4) 克劳瑟关于 α 射线散射的实验——现在我们来考虑克劳瑟关于不同速度的 β 粒子受到各种材料的散射在多大程度上能够用单次散射的一般理论来解释。根据这一理论，β 粒子被偏转到大于 ϕ 的比例 p 由下式给出：

$$p = (\pi/4)n \cdot t \cdot b^2(\cot^2\phi/2).$$

在克劳瑟的大多数实验中，ϕ 足够小使得 $\tan(\phi/2)$ 可等于 $\phi/2$ 而不会带来太大的误差。所以

$$\phi^2 = 2\pi n \cdot t \cdot b^2,\ \text{如果}\ p = 1/2.$$

根据复合散射理论，我们已经看到，粒子被偏转到大于 ϕ 的机会 p_1 由下式给出

$$\phi^2/\lg p_1 = -\frac{9\pi^3}{64}n \cdot t \cdot b^2.$$

因为在克劳瑟的实验中，物质的厚度 t 由 $p_1 = 1/2$ 确定，

$$\phi^2 = 0.96\pi ntb^2.$$

因此对于 1/2 的概率，单次散射理论和复合散射理论给出的结果在一般形式上是相同的，差别仅在于常数的数值。因此很显然，由克劳瑟实验检验的 J. J. 汤姆孙爵士的复合散射理论的主要关系在单次散射理论上同样是成立的。

例如，假设 t_m 是一半粒子被散射到角度 ϕ 所对应的厚度。克劳瑟证明了，对于给定的材料，当 ϕ 被确定后，$\phi/\sqrt{t_m}$ 以及 mu^2/E 乘以 $\sqrt{t_m}$ 均为常数。这些关系对于单次散射理论也成立。尽管在形式上存在这种明显的相似性，但这两种理论有根本的区别。在一种情形下，观察到的结果是由于小偏转累积效应造成的，而在另一种情形下，大的偏转角则假定是单次碰撞的结果。当大于 ϕ 的偏转的概率很小时，两种理论中散射粒子的分布则完全不同。

我们已经看到，由盖革发现的被散射的 α 粒子在不同散射角上的分布与单次散射理论预言的结果符合得相当好，但却不能单独由复合散射理论来解释。既然我们有充分理由相信 α 粒子和 β 粒子的散射非常相似，那么对于薄的物质，被散射的 β 粒子的分布规律也应当与 α 粒子情形相同。但由于 β 粒子的 mu^2/E 值在大多数情况下要远远小于 α 粒子的对应值，因此对于给定厚度的物质，β 粒子的单次大角偏转的机会要远远大于 α 粒子。由于按照单次散射理论，偏转角小于 ϕ 角的粒子数的占比正比于 kt(其中 t 是厚度，并假定很小；k 是常数)，因此偏转角小于该角度的粒子数正比于 $1 - kt$。而根据复合散射理论，J. J. 汤姆孙爵士推断，偏转角小于 ϕ 的概率正比于 $1 - e^{\mu/t}$，其中 μ 对 ϕ 的任何给定值是一个常数。

克劳瑟通过电学方法测量散射 β 粒子穿过对散射物质所张立体角为 36° 的圆孔的粒子数占比 I / I_0，来对后面这个公式的正确性进行检验。如果

$$I / I_0 = 1 - (1 - e^{\mu/t}),$$

则 I 的值在开始时随 t 的增大而非常缓慢地减小。克劳瑟用铝作为散射物质，他陈述道，对于小的 t，I/I_0 的变化与这种理论一致。另一方面，如果存在单次散射，因为它对于 α 射线无疑是正确的，因此 I/I_0 对 t 的关系曲线在初始阶段应该几乎是线性的。马斯登关于 β 射线的散射实验①，虽然所采用的铝箔的厚度没有

① *Phil. Mag.* xviii，p. 909 (1909).

克劳瑟实验中的那么薄，但当然也支持这一结论。考虑到这一点在有关问题上的重要性，对该问题作进一步实验是可取的。

从克劳瑟给出的 2.68×10^{-10} 厘米/秒的 β 射线对不同元素的 $\phi/\sqrt{t_m}$ 的数据表，我们可以由单次散射理论算得中心电荷的值 Ne。这里假定，如同在 α 射线的情形下一样，对于给定的 $\phi/\sqrt{t_m}$，被单次散射到角度大于 ϕ 的 β 粒子的占比取 0.46 而不是 0.5。

从克劳瑟的数据计算得到的值给出如下：

表 3

元素	相对原子质量	$\sqrt{\phi/t_m}$	N
铝	27	4.25	22
铜	63.2	10.0	42
银	108	29	138
铂	194	29	138

应还记得，对于金，由 α 射线散射导出的两次计算的 N 值分别为 97 和 114。这些值要比上面给出的铂的值(138)小，铂的原子量与金相差不大。考虑到所涉及的实验数据所带来的计算上的不确定性，我们认为二者是足够接近的。它表明，散射的这种一般性规律对于 α 和 β 粒子都成立，尽管这些粒子在相对速度和质量上存在巨大差异。

正如在 α 射线的情形，对于任何给定元素，N 的值由测定入射 β 粒子中发生大角散射的那一小部分粒子数来确定。在这种方式下，由于小角散射带来的可能误差将被忽略掉。

β 射线以及 α 射线的散射数据表明，原子中心电荷大约正比于原子量。这与施密特实验导出的结果相同①。在他的 β 射线吸收理论里，他假定，在穿过一薄片材料后，一小部分粒子(比例为 α)被停止，另一小部分(比例为 β)被反射或散射回入射方向。比较不同元素的吸收曲线，他推导出：对于不同的元素，常数 β 的值正比于 nA^2，其中 n 是单位体积的原子数，A 是该元素的原子量。这也正是单次散射理论所预料的关系，如果原子的中心电荷正比于其原子量的话。

① *Annal. d. Phys.* iv. **23**, p. 671 (1907).

7. 一般性考虑

本文通过理论与实验结果的比较，可得出以下几点结论：原子是由中心电荷被认为集中于一点的方式构成的，α 粒子和 β 粒子的单次大角度偏转主要是由于它们的路径穿过强的中心电场。那种认为正负电荷等量且相互抵消地均匀分布于整个球体的效应被忽略掉。我们现在来考虑一些支持这些假设的证据。具体来说，考虑一个 α 粒子高速穿过一个中心具有电荷量为 Ne 的正电荷、周围围绕着 N 个电子的补偿电荷的原子。由于 α 粒子的质量、动量和动能比起快速运动电子的相应值非常之大，因此从动力学上看，α 粒子似乎不可能因趋近电子而遭到大角度偏转，即使后者处于快速运动中并受到强电场的束缚。我们可以合理地假定，比起中心电荷效应来，由此造成的单次大角度偏转的机会即使不为零，也必定及其微小。

用现有的实验证据来检核中心电荷分布的线度有多广不失为一个有趣的问题。例如，假设中心电荷由 N 个单位的电荷组成，它们分布在这样一个体积上，使得单次大角度偏转主要是由这些组分电荷引起，而不是由电荷分布产生的外部电场引起。业已证明，大角度散射的 α 粒子的比例正比于 $(NeE)^2$，这里 Ne 是集中于一点的中心电荷，E 是被偏转粒子的电荷。但如果这个电荷是以一个单位分布的，那么散射到给定角度的 α 粒子的比例将正比于 Ne^2，而不是 N^2e^2。在作此计算时，组分粒子质量的影响已被忽略，只考虑其电场。由于业已证明，金的中心点电荷的值必定在 100 左右，因此要产生同样比例的单次大角偏转所需的分布电荷的值至少得有 10 000。而在这些条件下，组分粒子的质量比起 α 粒子的质量来将很小，这样要产生纯属单次大角度偏转就会变得非常困难。此外，具有如此多的电荷的分布将会使复合散射效应远远超过单次散射效应。例如，α 粒子束通过薄的金箔时引起的可能的小角度偏转将远远多于盖革在实验中观察到的数目。这样，大角和小角散射都不能用同值的中心电荷假设来说明。将这些证据作为一个整体来考虑，最简单的假设似乎是：原子有一个分布在非常小的体积上的中心电荷，单次大角偏转就是由这个以一个整体出现的中心电荷引起的，而不是由它的组分电荷引起的。同时，现有实验证据还没能精确到否定下述可能性：一小部分正电荷可能由散布在离中心一定距离上的绕中心旋转的微粒携带。关于这一点的证据可通过检查要解释 α 和 β 粒子的单次大角度偏转是否需要等量的中心电荷来实现，因为要受到同样大的偏转，α 粒子必须趋近到比具有同等速度的 β 粒子更接近中心电荷才行。

现有的一般数据表明，对于不同的原子，其中心电荷值差不多正比于其原子量，至少对比铝更重的原子是这样。如果我们能够实验检验对于较轻的原子是否也具有这种简单关系，那将非常有趣。对于偏转原子的质量与 α 粒子质量差不多的那些原子(例如氢、氦、锂等)，单次散射的一般理论将需要修改，因为这时有必要考虑原子本身的运动(见 §4)。

还应指出，长冈已经从数学上考虑了土星原子的性质①。他的这种“土星原子”是由一个中心吸引性质的大质量体加上环绕中心旋转的电子环构成的。他证明了，如果吸引力足够大的话，这样的系统是稳定的。但从他的论文的立论观点来看，不论原子呈盘状还是球状，大角度偏转的机会实际上是恒定不变的。还可以指出，业已发现的金原子的中心电荷的近似值($100e$) 正是所预料的，如果金原子是由 49 个氦原子组成的话，后者每个都有 $2e$ 个电荷。这可能只是一个巧合，但从放射性物质放出的氦原子携带 2 个单位电荷这一点来看，这种巧合肯定具有暗示性。

到目前为止，理论推导均与中心电荷的正负号无关，现在还没有确切的证据来确定它是正的还是负的。有可能通过考虑这两种假设下预期的 β 粒子的吸收规律的差异来解决正负号的问题。这里的差异是指，β 粒子与正电荷碰撞所引起的因速度减小而产生的辐射效应要比它与负电荷碰撞时的情形更加明显。如果中心电荷是正的，那么容易看出，带正电的质量体，如果它是从一个重原子的中心释放出来的话，在穿越电场时将获得大的速度。用这种方式有可能解释 α 粒子放出时的高速度而无需假设它们最初在原子内部是快速运动的。

进一步考虑将这一理论运用来解决这些或那些问题将留待以后的论文，那时理论导出的主要结果已经过实验检验。盖革和马斯登已经在着手进行这方面的实验。

曼彻斯特大学

1911 年 4 月

① Nagaoka, *Phil. Mag.* vii. p. 445 (1904).

论原子和分子的结构①

尼尔斯·玻尔②

原载于《哲学杂志》，26卷，第6期，第1～25页，1913年7月

为了解释 α 射线被物质散射的实验的结果，卢瑟福教授给出了一种原子结构理论③。根据这一理论，原子是由一个带正电荷的原子核和一群围绕原子核的电子组成的。电子通过核的吸引力保持在一起；电子的总的负电荷等于核的正电荷。另外，核被假定占有原子质量的绝大部分，且与整个原子的尺寸比起来，核的尺寸非常非常小。原子中电子的数目近似等于原子量的一半。这个原子模型引起了人们极大的兴趣。因为，正如卢瑟福已经表明的，存在这种核的这一假设，正如该问题中的其他假设一样，对于解释 α 射线大角度散射实验的结果④似乎是必要的。

然而，基于这一原子模型来解释某些物质属性时，我们遇到了电子系统稳定性方面的严重困难：这一困难在以前的原子模型里，例如 J. J. 汤姆孙爵士的模型⑤里，被刻意避开了。根据后者的理论，原子是由均匀带正电荷的球组成的，在其内部，电子作圆形轨道运动。

汤姆孙原子模型与卢瑟福模型的主要区别在于：在汤姆孙原子模型中，作用在电子上的力允许电子存在某些组态和运动，在这些组态下，系统是稳定平衡的。但这样的组态在第二种原子模型中显然不存在。如果我们注意到下述事实，该问题中这种差异的性质就会看得更清楚：在刻画第一种模型的原子的物理量中，有一个量——正电荷球的半径——具有长度的量纲，而且其大小与原子的线度同量级。而这样的长度在刻画第二种模型原子的诸量（例如电子和带正电的原子核的电荷和质量）当中是不存在的，它也不可能完全由后者的量来帮助确定。

---

① 玻尔在这一标题下的文章有3篇（3个部分），分别发表于《哲学杂志》第26卷的（首页页码）1，476和857页上。这里选编的是第一篇。——中译注

② 与E. 卢瑟福教授的通信.

③ E. Rutherford, *Phil. Mag.* xxi. p. 669 (1911).

④ 亦见 Geiger and Marsden, *Phil. Mag.* April 1913.

⑤ J. J. Thomson, *Phil. Mag.* vii. p. 237 (1904).

然而近年来，考虑这类问题的方法已经有了基本改变，这是由于能量辐射理论的发展，以及在这一理论中引入的新假设得到直接确认所致。支持新假设的实验证据来自非常不同的现象，如比热、光电效应、伦琴射线等。对这些问题展开讨论的结果似乎已形成共识：经典电动力学不足以描述原子尺度系统的行为①。不论电子的运动定律会有什么样的变更，似乎都有必要在各项定律中引入在经典电动力学看来非常陌生的量，即普朗克常数，或如通常所称的基本作用量子。通过引入这个量，原子中电子的结构稳定性问题得到根本性改变，因为从这个常数的尺度和大小，并且考虑到粒子的质量和电荷，即可断定它能够决定所需幅度量级的长度。

本文试图表明，上述思想在卢瑟福原子模型上的应用将成为原子结构理论的基础。作者还将进一步证明，从这个理论出发可得到分子结构理论。

在文章的第一部分中，我将联系普朗克理论来讨论正电性核对电子的约束。讨论将表明，从本文的观点出发，有可能用一种简单的方法来解释氢的线谱。此外，文中将给出后文中的考虑所基于的主要假设成立的理由。

我想在此表达我对卢瑟福教授的感谢。感谢他在支持本项工作中所表现出的善意和令人鼓舞的兴趣。

第一部分：正电性核对电子的约束

1. 一般性考虑

如果我们考虑一个由尺度非常小的带正电的原子核和一个绕核做闭合轨道运动的电子所构成的系统，那么经典电动力学不足以解释卢瑟福原子模型的原子特性这一点就会表现得很清楚。为简化起见，让我们假设，与核的质量相比，电子的质量小得可忽略不计。另外，该电子的速度与光速相比非常小。

首先，我们假设不存在能量辐射。在此情形下，电子将有稳定的椭圆形轨道。绕核转动频率 ω 和轨道的长轴 $2a$ 将取决于外界传递给系统以使电子脱离核的束缚逃离到无穷远的能量 W 的大小。记电子和核的电荷分别为 $-e$ 和 E，电子的质量为 m，于是我们得到

---

① 见 ‘ThÃ© orie du ravonnement et les quanta.’ Rapports de la rÃ© union Ã Bruxelles, Nov. 1911. Paris, 1912.

$$\omega = \frac{\sqrt{2}}{\pi} - \frac{W^{3/2}}{eE\sqrt{m}},\ 2a = \frac{eE}{W}. \qquad (1)$$

此外，容易证明，电子绕核转动一周的动能的平均值等于 W。我们看到，如果 W 的值不给定，那么刻画系统的 ω 和 a 的值就不存在。

现在让我们将能量辐射效应考虑进来，然后按通常的方式来计算电子的加速度。在此情形下，电子将不再有恒定轨道。W 将不断增大，而电子将不断趋近核，其轨道尺寸将变得越来越小，频率变得越来越高；平均而言，电子的动能变得越来越大，同时整个系统失去能量。这个过程将一直持续到轨道的尺寸大小与电子或核的尺寸同量级为止。简单的计算表明，在此过程中辐射所放出的能量远远大于普通的分子过程所释放的能量。

很明显，这种系统的行为与自然界中原子系统的表现非常不同。首先，处于稳恒态的实际原子似乎有固定的大小和频率。此外，如果我们考虑分子的过程，结果似乎总是这样：当系统辐射出一定量的特征能量后，该系统将再次回到稳定的平衡状态，其中粒子间距大小与此过程之前的是同一量级。

普朗克辐射理论的基本要点是，原子系统辐射出能量不是以普通电动力学所假定的连续方式发生的，而是以明显离散的方式进行的。从频率 ν 的原子振子单次辐射出的能量大小等于 $\tau h\nu$，其中 τ 是一个整数，h 是一个普适常数①。

回到上面所考虑的一个电子和一个正电性核的简单情形。让我们假设，在开始与核相互作用时，电子处于离核很远的距离处，且相对于核的速度很小。让我们进一步假定，电子在与核发生相互作用后稳定在一个绕核的静止轨道上。由于后述的原因，我们假定这一轨道是圆形的。但是，这个假设在对仅含单个电子的系统进行计算时将不作任何改变。

现在让我们假定，在电子被约束期间，均匀辐射以频率 ν 被发出，这个频率等于电子在其最后轨道上转动频率的一半。那么，根据普朗克理论，我们可以期望，该过程辐射的能量大小等于 $\tau h\nu$，其中 h 是一个普朗克常数，τ 是一个整数。如果我们假设该辐射是均匀的，那么关于辐射频率的第二个假设就有问题了，因为电子在辐射之初的频率为 0。关于这两条假设的严格有效性的问题，以及普朗克理论的应用问题，我们将在 §3 做更深入的讨论。

---

① 见 M. Planck, *Ann. d. Phys.* xxxi. p. 758 (1910); xxxvii. p. 642 (1912); *Verh. deutsch. Phys. Ges.* 1911, p. 138.

令

$$W = \tau h\omega/2, \tag{2}$$

借助于公式(1) 我们可以得到

$$W = \frac{2\pi^2 me^2E^2}{\tau^2h^2},\ \omega = \frac{4\pi^2 me^2E^2}{\tau^3h^3},\ 2a = \frac{\tau^2h^2}{2\pi^2 meE}. \tag{3}$$

在这些表达式中，如果我们给 τ 赋予不同的值，我们便得到 W，ω 和 a 的一系列值，它们对应于系统的一系列组态。根据上述考虑，我们得到如下假定：这些组态对应于系统的这样一些态，在这些态下，只要系统没受到外界扰动，就不存在能量辐射态，因此这些态是稳定的。我们看到，如果 τ 取最小值 1，那么 W 的值最大。因此这种情形对应于该系统的最稳定的状态，即它对应于电子的最强束缚态，电子跳出该态需要的能量最大。

在上述公式中令 $\tau = l$ 且 $E = e$，并引入实验值

$$e = 4.7 \times 10^{-10},\ e/m = 5.31 \times 10^{17},\ h = 6.5 \times 10^{-27}.$$

我们得到

$$2a = 1.1 \times 10^{-8}\ 厘米,\ \omega = 6.2 \times 10^{15}\ 秒^{-1},\ W/e = 13\ 伏特.$$

我们看到，这些值在量级上与原子的线度、光学频率和电离电势相同。

普朗克理论对于讨论原子系统的行为的一般重要性最初是由爱因斯坦指出的①。爱因斯坦的想法已被发展并应用到诸多不同的现象上，尤其是被斯塔克、能斯特，以及索末菲所发展［原文如此］。原子频率和线度的观测值与这些量基于类似上述考虑所得到的计算值之间在量级上的一致性已成为许多讨论的主题。哈斯②最先指出了这一点，当时他试图在 J. J. 汤姆孙原子模型的基础上，通过对氢原子的线性尺寸和频率的讨论来解释普朗克常数的含义和数值。

对于本文所考虑的系统类型，其中粒子间的力与其距离平方成反比，J. W. 尼科尔森曾将其联系到普朗克理论来讨论③。作者通过一系列论文表明，对星云和日冕光谱中那些迄今未知其起源的谱线进行说明似乎是可能的，只要我们假定在这些天体中存在某些假设性元素为其组分即可。这些元素的原子被认为都由一

① A. Einstein，*Ann. d. Phys.* xvii. p. 132 (1905)； xx. p. 199 (1906)； xxii. p. 180 (1907).

② A. E. Haas， *Jahrb. d. Rad. u. El.* vii. p. 261 (1910). 进一步见 A. Schidlof，*Ann. d. Phys.* xxxv. p. 90 (1911)；E. Wertheimer，*Phys. Zeitschr.* xii. p. 409(1911)，*Verh. deutsch. Phys. Ges.* 1912，p. 431；F. A. Lindemann，*Verh. deutsch. Phys. Ges.* 1911，pp. 482，1107； F. Haber，*Verh. deutsch. Phys. Ges.* 1911，p. 1117.

③ J. W. Nicholson，*Month. Not. Roy. Astr. Soc.* lxxii. p. 49，p. 130，p. 677，p. 693，p. 729 (1912).

个其线度小到可忽略的正电性核和一圈绕核运动的若干电子组成。通过将各谱线所对应的频率之间的比值与环电子的不同振荡模式所对应的频率比值进行比较，尼克尔森得到了一个与普朗克理论有关的公式。它表明，通过假设该系统能量与环电子转动频率之比等于普朗克常数的整数倍，日冕光谱中不同组谱线波长之间的比值就能以很高的精确度得到说明。尼克尔森针对能量给出的这个量值等于我们在前文中用 W 来表示的量的两倍。在最新的一篇论文里，尼科尔森认为该理论有必要取更复杂的形式，但能量与频率的比值仍然由全数字的简单函数来表示。

波长比值的计算值与实测值之间的这种良好的一致性似乎为尼科尔森的计算的基础的有效性提供了有力论据。

[下述] 这些异议内在地与所发射的辐射的均匀性问题相关联。在尼克尔森的计算里，线谱中谱线频率被等同于机械系统的振动频率，它清晰地指征一个平衡态。作为普朗克理论中的关系式的运用，我们可以预料这种辐射是以量子化方式发出的。但对于所述系统，其中的频率是能量的函数，这样的系统不可能发射出有限数量的均匀辐射。因为辐射的发射一经开始，系统的能量，从而其频率，便被改变。此外，根据尼克尔森的计算，系统对于某些振动模式是不稳定的。除了这些反对意见 —— 它们可能还只是形式上的 —— 还必须指出，现有的理论形式似乎不能解释迈纳和里德伯关于普通元素的线谱的谱线频率的著名定律。

现在我们将试图证明，如果从本文所采取的观点来考虑问题，那么有关的困难就将消失。在具体论述之前，有必要重申一下刻画第 5 页①上的计算的思想。那里所采用的主要假设是：

(1) 定态系统的动力学平衡可以借助于普通力学来讨论，而系统在不同定态之间的转换则不能在此基础上处理。

(2) 均匀辐射之后总是跟随着后一过程，对于这一过程，频率和所辐射能量的量之间的关系就是普朗克理论所给出的关系。

第一个假设似乎是自明的，因为众所周知普通力学不可能绝对有效，而只是在计算电子运动的某些平均值时才有用。另一方面，在计算粒子没有相对位移的定态的动力学平衡时，我们不必区分粒子的实际运动和它们的平均值。第二个假设明显有异于普通电动力学的概念，但为了说明实验事实，它似乎是必需的。

在第 5 页的计算里，我们还利用了更多的特定假设，即不同的定态对应于不

① 指本文前面的计算。原文登载在期刊的 1—25 页。下同。—— 中译注

同的普朗克能量量子数目的发射；系统从一个没有能量辐射的态过渡到某个定态所发射出的辐射的频率等于末态电子绕核转动频率的一半。但是，采用形式略微不同的假设，对于定态我们同样可以得到表达式(3)(见 §3)。因此，我们将对特定假设的讨论放到后面进行，先来说明如何借助于上述主要假设和定态的表达式(3) 来说明氢的线谱。

2. 线谱的发射

氢光谱。一般的证据表明，氢原子是由单个电子绕电荷为 e 的正电性核旋转构成的①。氢原子的重构，当电子被移到 —— 例如，通过真空管放电效应 —— 距离核很远的地方后，相应地对应于第 5 页所考虑的一个电子被一个正电性核所俘获。如果在(3) 式中我们令 $E=e$，那么我们便得到形成某个定态所辐射的能量总量：

$$W_\tau=\frac{2\pi^2me^4}{h^2\tau^2}.$$

系统从对应于 $\tau=\tau_1$ 的态跃迁到 $\tau=\tau_2$ 的态所放出的能量大小为

$$W_{\tau_2}-W_{\tau_1}=\frac{2\pi^2me^4}{h^2}\left(\frac{1}{\tau_2^2}-\frac{1}{\tau_1^2}\right).$$

如果现在我们假定所讨论的辐射是均匀的，辐射出的能量大小等于 $h\nu$，其中 ν 是辐射的频率，于是我们得到

$$W_{\tau 2}-W_{\tau 1}=h\nu,$$

并由此得到

$$\nu=\frac{2\pi^2me^4}{h^3}\left(\frac{1}{\tau_2^2}-\frac{1}{\tau_1^2}\right). \tag{4}$$

我们看到，这个表达式解释了氢光谱线的法则。如果我们令 $\tau_2=2$，并让 τ_1 变化，我们便得到普通的巴耳末系。如果我们令 $\tau_2=3$，我们便得到帕邢所观察到的红外波段的一系列谱线②，先前里兹曾怀疑这些谱线。如果令 $\tau_2=1$ 和 $\tau_2=4$，5，……，我们将分别得到远紫外和远红外的谱线，它们虽没有观察到，但可以

① 见 N. Bohr. *Phil. Mag.*，xxv. p. 24 (1913). 这篇文献得出的结论得到下述事实的强有力的支持：氢原子，在 J. J. 汤姆孙勋爵关于正电性射线的实验中，是唯一从不曾以携带多于一个电子所对应的正电荷方式出现的元素(比较 *Phil. Mag.* xxiv. p. 672 (1912))。

② F. Paschen，*Ann. d. Phys.* xxvii. p. 565 (1908).

预测其存在。

这种一致性既是定性的也是定量的。由

$$e = 4.7 \times 10^{-10},\ e/m = 5.31 \times 10^{17},\ h = 6.5 \times 10^{-27}.$$

我们得到

$$\frac{2\pi^2 me^4}{h^3} = 3.1 \times 10^{15}.$$

公式(4) 括号外的因子的观测值为 3.290×10^{15}。

理论值与观测值之间的一致性程度在理论值表达式中各常数的实验误差所引起的不确定性范围之内。我们将在 §3 再来考虑这种一致性的可能的重要性。

可能有人会提出，至今还无法在真空管进行的实验中观察到超过 12 条谱线的巴耳末系，而在某些天体的光谱里已经观测到 33 条线，这一事实正是我们根据上述理论所预测的。根据公式(3)，不同定态下电子轨道的直径正比于 τ^2。对于 $\tau = 12$，轨道直径等于 1.6×10^{-6} 厘米，或等于压强约为7毫米汞柱①的气体中分子之间的平均距离。对于 $\tau = 33$，轨道直径等于 1.2×10^{-5} 厘米，相当于 0.02 毫米汞柱压强下分子的平均距离。因此根据这一理论，存在大量谱线的必要条件是气体有一个非常小的密度。同时，为了得到强到足以被观察到谱线，气体所在的空间必须非常的大。如果这一理论是正确的，我们可能因此永远没指望能够从真空管的实验中观察到氢的巴耳末系的大数字的发射谱线，但有可能通过调查这种气体的吸收谱来观察这些谱线(见 §4)。

应当指出，我们按上述方式是得不到氢的其他线系的。例如皮克林首次在船尾座 ζ 星的光谱中观察到的线系②，以及最近福勒通过氢和氦的混合气体的真空管放电实验发现的一组系列谱线③。不过，我们应看到，借助于上述理论，我们可以自然地说明这些线系，如果我们将它们归因于氦的话。

根据卢瑟福理论，后一元素的中性原子由电荷为 $2e$ 的正电性核和两个电子组成。现在考虑氦核对单个电子的束缚，令第 5 页(3) 式中的 $E = 2e$，并按照与前述完全相同的方式，我们得到

$$\nu = \frac{8\pi^2 me^4}{h^3}\left(\frac{1}{\tau_2^2} - \frac{1}{\tau_1^2}\right) = \frac{2\pi^2 me^4}{h^3}\left(\frac{1}{\left(\frac{\tau_2}{2}\right)^2} - \frac{1}{\left(\frac{\tau_1}{2}\right)^2}\right).$$

---

① 1 毫米汞柱 = 0.133 kPa。—— 中译注

② E. C. Pickering, *Astrophys. J.* iv. p. 369 (1896); v. p. 92 (1897).

③ A. Fowler, *Month. Not. Roy. Astr. Soc.* lxxiii. Dec. 1912.

如果在这个公式里，我们令 $\tau_2=1$ 或 $\tau_2=2$，我们得到位于远紫外的线系。如果令 $\tau_2=3$，并让 τ_1 变化，我们便得到一个线系，它包含福勒观察到的两个线系，他称之为氢光谱的第一和第二主线系。如果我们令 $\tau_2=4$，我们便得到皮克林在船尾座 ζ 星的光谱中观察到的线系。这个线系的每第二条线都与氢光谱的巴耳末线系等同；因此，在这颗星里存在氢这一事实可以解释的为什么这些线要比该线系中其他线有更大的强度。福勒在其实验中也观察到该线系，并在他的论文中称其为氢光谱的锐线系。如果在上述公式中我们最终令 $\tau_2=5, 6, \cdots\cdots$，我们便得到这样一些线系，其强线可以预料处在红外波段。

上述光谱在普通的氦放电管的放电中观察不到的原因可能是，在这样的放电管中，电离不像恒星上或福勒实验中那么完全。福勒实验是对氢和氦的混合物进行强放电。根据前述理论，出现上述线谱的条件是存在处于失去两个电子的氦原子态。现在我们必须假定，用于去除氦原子的第二个电子的能量远远大于除去第一个电子所需的能量。此外，从关于正电性射线的实验已知，氢原子可带负电荷，因此在福勒的实验中，氢的存在可能会带来这样的影响：与仅有氦原子的情形相比，有更多的电子被从氦原子上除去。

其他物质的光谱。对含有较多电子的系统 —— 这符合实验结果 —— 我们必须预期其线谱有更复杂的规律。我将试图说明，不管何种情形，以上所采取的观点将允许我们对所观测到的规律取得某种理解。

根据里德伯理论 —— 后由里兹①给予推广 —— 元素谱线所对应的频率可表示如下：

$$\nu = F_r(\tau_1) - F_s(\tau_2),$$

其中 τ_1 和 τ_2 是整数；F_1，F_2，…… 是 τ 的函数，近似等于 $K/(\tau+a_1)^2$，$K/(\tau+a_2)^2$，……K 是一个普适常数，等于氢光谱公式(4) 中括号外的因子。如果我们令 τ_1 或 τ_2 等于某个固定的数，而让另一个变动，那么就能得到不同的线系。

频率能够写成两个整数的函数之差这一情况表明，谱线的起源类似于我们对氢光谱所假设的情形，就是说，谱线对应于系统在两个不同定态之间跃迁时发出的辐射。对于含有一个以上电子的系统，具体细节的讨论可能非常复杂，因为电子有许多不同的组态，这些组态都可以被看作定态。这也许可以解释物质发出的线谱为什么会有不同组的线系。这里我将借助于这一理论，仅就里德伯公式里的

① W. Ritz, *Phys. Zeitschr.* ix. p. 521 (1908).

常数 K 为什么对所有物质都相同这一点做一简单说明。

让我们假设，待考察的光谱对应于一个电子被约束时所发出的辐射。我们进一步假设，包括该电子的系统是电中性的。作用在离核很远的电子上的力，该电子先前是束缚电子，几乎与前述氢核对电子的束缚力相同。因此对于大的 τ，某个定态所对应的能量近似等于第 5 页上表达式(3) 给出的值，如果我们令 $E=e$ 的话。对于 τ 很大的情形，我们相应地有

$$\lim(\tau^2\cdot F_1(\tau))=\lim(\tau^2\cdot F_2(\tau))=\cdots=2\pi^2me^4/h^3.$$

它与里德伯理论是一致的。

3. 一般性考虑(续)

现在我们回到对推导第 5 页上公式(3) 时采用的特定假设的讨论(见第 7 页)上来。这个公式针对的是由一个电子绕核旋转所构成系统的定态情形。

在我看来，我们已假设不同定态对应于不同能量量子数目的发射。但在某些人看来，考虑到频率是能量函数的系统，这一假设可能不成立，因为一旦一个量子被发送出去，频率就会改变。现在我们将看到，我们可以放弃所使用的假设，同样能使第 5 页上的公式(2) 成立，从而在形式上类似于普朗克理论。

首先，我们将看到，为了借助于定态间跃迁的公式(3) 来说明光谱定则，没必要假设在任何情况下辐射都是以不止单个能量量子 $h\nu$ 的方式发射的。辐射频率的进一步信息可以通过下述比较来获得：将基于上述假设的慢振荡区域的能量辐射计算结果与基于普通力学的计算结果进行比较。众所周知，基于后者的计算结果与指定区域中能量辐射的实验结果是一致的。

我们假设，辐射总能量与不同定态下电子的绕核转动频率之比满足公式 $W=f(\tau)\cdot h\nu$，而不是由公式(2) 给出。对此情形用与前述同样的方式处理，我们将得到下式而不是公式(3)：

$$W=\frac{\pi^2me^2E^2}{2h^2f^2(\tau)},\ \omega=\frac{\pi^2me^2E^2}{2h^3f^3(\tau)}.$$

假定(如上述) 系统从 $\tau=\tau_1$ 的态跃迁到 $\tau=\tau_2$ 的态时放出的能量等于 $h\nu$，我们得到的是有别于(4) 式的下式

$$\nu=\frac{\pi^2me^2E^2}{2h^3}\left(\frac{1}{f^2(\tau_2)}-\frac{1}{f^2(\tau_1)}\right).$$

我们看到，为了获得与巴耳末线系相同形式的表达式，我们必须令 $f(\tau)=c\tau$。

为了确定 c，现在让我们考虑系统在两个相邻定态之间的跃迁，这两个定态对应于 $\tau = N$ 和 $\tau = N - 1$。引入 $f(\tau) = c\tau$，我们得到发射的辐射的频率

$$\nu = \frac{\pi^2 me^2 E^2}{2c^3 h^3} \cdot \frac{(2N - 1)}{N^2(N - 1)^2},$$

电子在辐射前和辐射后的绕核转动频率分别为

$$\omega_N = \frac{\pi^2 me^2 E^2}{2c^3 h^3 N^3} \quad 和 \quad \omega_{N-1} = \frac{\pi^2 me^2 E^2}{2c^3 h^3 (N - 1)^3}.$$

如果 N 很大，那么辐射前与辐射后的频率之比将非常接近于 1。对此，根据普通电动力学，我们应期望辐射的频率和绕核转动频率之间的比值也非常接近于 1。这个条件只有在 $c = 1/2$ 时才满足。然而，令 $f(\tau) = \tau/2$，我们便再次得到公式(2)，并因此有定态表达式(3)。

如果我们考虑系统在两个连续定态 $\tau = N$ 和 $\tau = N - n$ 之间的跃迁，这里 n 比 N 小，令 $f(\tau) = \tau/2$ 并采用上述同样的近似，我们得到

$$\nu = n\omega.$$

发射这种频率辐射的可能性也可以通过类比普通电动力学来解释，因为电子绕核作椭圆轨道转动也会发出辐射，根据傅里叶定理，这种辐射可以分解成齐次的分量，其频率为 $n\omega$，如果 ω 是电子的绕核转动频率的话。

因此，我们被引导到如下假定：公式(2) 不是被解释成不同的定态对应于不同数目的能量量子的发射，而是系统从一个未发射出能量的态跃迁到其他某个定态时所辐射的能量的频率，它等于 $\omega/2$ 的不同整数倍，其中 ω 是电子在所考虑的态下的绕核转动频率。从这个假设出发，我们得到与之前关于定态的完全相同的表达式。由这些结果，并借助于第 7 页上的主要假设，就可得到相同的氢光谱定则的表达式。因此，我们可以将第 5 页的初步考虑仅仅看作是这一理论结果的一种简单形式。

在我们结束对这个问题的讨论之前，我们暂且回到氢光谱的巴耳末系表达式(4) 中的常数项的观测值与计算值的一致性的意义这一问题上来。从上述考虑可知，从氢光谱定则的形式出发，并假设不同谱线对应于不同定态之间跃迁所发射的均匀辐射，那么我们便能够得到与(4) 式中完全相同的常数表达式，如果我们假设：(1) 该辐射以量子 $h\nu$ 发射，(2) 系统在两个连续定态之间跃迁时的辐射频率恰好等于电子在慢振荡区中的绕核转动频率的话。

由于用于理论的后一种表达方式的所有假设都是定性的，因此我们有理由期

待——如果这里的整个考虑都是合理的——该常数项的计算值与观察值之间具有绝对的一致性，而不只是近似的一致。因此公式(4)在讨论各常数e，m和h的实验确定的结果时可能是有价值的。

尽管本文显然谈不上给出了这一计算的力学基础，但是，我们可以说，通过借助于力学符号，我们给出了对第5页上计算结果的一个非常简单的解释。如果将电子绕核运动的角动量记为M，对于圆形轨道我们立即有$\pi M = T/\omega$，其中ω是电子的绕核频率，T是电子的动能。对于圆形轨道，我们进一步有$T = M$(见第3页)。由第5页的式(2)，我们还有

$$M = \tau M_o$$

这里$M_o = h/2\pi = 1.04 \times 10^{-27}$。

因此，如果我们假设定态电子的轨道是圆形的，那么第5页上的计算结果就可以简单地表示为这样一个条件：系统定态下电子绕核转动的角动量等于某个通用值的整数倍，而不依赖于核的电荷数。尼科尔森曾强调过在联系到普朗克理论来讨论原子系统时角动量的可能的重要性。①

除了通过考察辐射的发射和吸收之外，我们并不能观察到不同定态的大的数目。然而，在大多数其他物理现象中，我们只观察到处于一种独特的状态——即低温下的原子状态——下的物质原子。从前面的考虑我们立即可得出这样的假设："永久"态是定态中的这样一种态，在其形成过程中发射出去的能量最大。根据第5页的公式(3)，这种态对应于$\tau = 1$。

4. 辐射的吸收

为了说明基尔霍夫定律，有必要引入关于辐射的吸收机制的假设。这种辐射对应于我们前面所考虑的辐射。因此我们必须假设，一个由原子核和绕核转动的电子构成的系统，在某些情况下可以吸收这样的辐射，其频率等于系统在不同定态之间跃迁时所发射出的均匀辐射的频率。我们来考虑系统在两个定态A_1和A_2之间跃迁所发射出的辐射，两个态对应的τ值分别为τ_1和τ_2且$\tau_1 > \tau_2$。因为发生这种辐射的必要条件是存在处于态A_1的系统，因此我们必须假定辐射吸收的必要条件是存在处于A_2的系统。

这些考虑似乎与气体吸收的实验是一致的。例如对于普通条件下的氢气情

① J. W. Nicholson，见前述引文，第679页。

形，就不存在与这种气体的线谱相对应的频率的辐射吸收。这样的吸收只能在氢气的发光状态中被观察到。这正是我们根据上述考虑所预期的。我们在第 9 页已经假定，所讨论的辐射是在系统处于对应于 $\tau \geqslant 2$ 的定态之间跃迁时发出的。而在通常条件下，氢气的原子态对应于 $\tau = 1$。不仅如此，氢原子在普通条件下结合成分子，即处于其中的电子具有不同于原子态下的频率的体系中（见第三部分）。另一方面，某些物质，例如钠蒸气，在非发光状态下却能吸收与该物质的线光谱谱线相对应的辐射，由此我们可以断定，相关谱线是在该系统处于两种状态之间跃迁时产生的，其中一个的态是永久态。

上述考虑与基于普通电动力学的解释之间的差异到底有多大，这一点也许通过下述事实可以看得最清楚。为此我们得假设，电子体系吸收的辐射频率不同于按普通方式计算给出的电子振荡频率。在这方面，提及对上述考虑进行推广也许有点意思：我们是由光电效应实验出发来做这种考虑的，并且它能够为所讨论的问题指明方向。让我们来考虑系统这样的态，其中电子是自由的，即在该态下，电子具有足够大的动能逃离到距核无限远处。如果我们假设电子的运动是由普通力学支配，并且没有（明显的）能量辐射，那么所述系统的总能量——如同在上述考虑中的定态情形一样——将是恒定的。此外，在两种态之间存在完美的连续性，因为系统的频率和线度在连续定态之间的差异将随 τ 的递增而趋于无限减小。在以下的考虑中，为简单计，我们将有关的两种态称为“力学”态。采用这种提法只是想强调，在这两种情况下，电子的运动都可以由普通力学来说明。

循着这两种力学态之间的类比，我们也许能期望存在这样一种辐射吸收的可能性：这种辐射不仅对应于系统在两个不同定态之间的跃迁，而且还对应于一个定态与一个其中电子处于自由状态的态之间的跃迁。如同上述，我们可以预料，这种辐射的频率由公式 $E = h\nu$ 给出，其中 E 是系统在两种状态下的总能量之差。正如下面将看到的，对这种辐射的吸收正是我们在紫外线和伦琴射线电离实验上所观察到的。很明显，我们用这种方式得到了与爱因斯坦通过光电效应推断出的①相同的原子电离电子的动能表达式：$T = h\nu - W$，其中 T 是出射电子的动能，W 是电子从原始束缚态发射出来的总能量。

上述考虑还可以进一步用于对 R. W. 伍德的钠蒸气对光的吸收的实验的一些结果作出说明②。在这些实验中，除了对应于钠光谱主线系的许多谱线的吸收被

① A. Einstein, *Ann. d. Phys.* xvii. p. 146 (1905).

② R. W. Wood, *Physical Optics*, p. 513 (1911).

观察到，还观察到一种连续吸收，其起点始于主线系的端部，并一直延伸到远紫外区域。这种连续谱正是我们根据相关类比所预期的结果，并且，正如我们将要看到的，对上述实验做进一步研究将允许我们做进一步类推。在第 9 页曾提到，比起普通原子的线度，对应于高 τ 值的定态电子轨道的半径会非常大。这种情形可用作对真空管实验中为什么氢光谱的巴耳末线系中高级数的谱线看不到的一种解释。它也符合钠的发射光谱实验的结果：这种物质的发射谱的主线系中的谱线很少被观察到。在伍德的实验中，气压不是很低，因此对应于高 τ 值的态不出现；但在吸收谱上却检测到大约 50 条谱线。因此在这些实验中，我们观察到的是辐射的吸收，它不伴有两个不同定态之间的完整跃迁。根据本文的理论，我们必须假设在这种吸收之前一定存在系统跃迁回到原初定态期间的能量发射。如果不同系统之间不存在碰撞的话，这个能量将以与辐射吸收相同的频率的辐射被发射出去，这里不存在真正的吸收，只有原始辐射的散射。真正的吸收不会发生，除非所讨论的能量通过碰撞被转化成自由粒子的动能。通过类比我们现在可以从上述实验得出结论：束缚电子 —— 即那些未被电离的电子 —— 对均匀辐射会有吸收(散射)的影响，只要该辐射的频率大于 W/h，其中 W 是电子束缚过程中发出的总能量。这非常有利于将吸收理论看作为上面所概述的理论，因为在这种情况下，不存在辐射频率与电子的特征振动频率恰好一致的问题。我们进一步可看到，这一假设 —— 存在对对应于两个不同力学态之间跃迁的辐射的吸收(散射)—— 是与下述通用假设完全类似的：自由电子对任何频率的光具有吸收(散射)的影响。相应的考虑对于辐射的发射也成立。

本文中用到如下假设：线谱的发射是由于一个或几个被移去的轻度束缚电子被重新俘获形成原子所致。与此类似，我们可以假定，均匀的伦琴辐射是在系统中某个深度束缚电子在遭遇阴极粒子①的碰撞后逃逸的过程中被发射出来的。在本文处理原子构成的下一部分里，我们将更深入地考虑这个问题，并尝试表明，基于这种假设的计算结果与实验结果在定量上是一致的。在这里我们只简要地提及一个我们在这种计算中所遇到的问题。

关于 X 射线现象的实验表明，普通电动力学不仅无助于处理辐射的发射和吸收，甚至无法处理两个电子 —— 其中一个被原子束缚 —— 之间的碰撞过程。卢瑟福最近发表的关于放射性物质发出的 β 粒子的能量的非常富于启发性的计算也

① 比较 J. J. Thomson，*Phil. Mag.* xxiii. p. 456 (1912).

许最清楚地证明了这一点。这些计算强有力地暗示：高速电子在途经一个原子并与其中的束缚电子碰撞时，将以确定的有限的量子方式失去能量。由此我们立即看出，如果碰撞是受通常的力学定律支配的，那么其结果将很不同于我们所期望的结果。经典力学在这种问题上的失效，也可以预先从自由电子与原子的束缚电子之间不存在像动能均分这样的现象中预料到。然而，从"力学"态的观点我们看到，下述假设——它与上述类比是相容的——可能能够解释卢瑟福计算的结果，并说明动能均分的不存在：两个相互碰撞的电子，不论是束缚电子还是自由电子，在碰撞之前和之后，都将处于力学态下。显然，这一假设的引入并不要求对两个自由粒子之间碰撞的经典处理做出任何必要的改动。但是，如果考虑的是自由电子与束缚电子之间的碰撞，那么就可以推知，束缚电子在碰撞中不可能获得比相邻定态之间所对应的能量差更少的能量，因此，参与碰撞的自由电子也不可能失去比这更少的能量。

上述考虑的初步性质和假设性质无须强调。但是，其意图是要表明，定态理论框架的推广可能可以为说明普通电动力学无法解释的许多实验事实提供一个简明的基础，并且所采用的各项假设并不与那些已得到经典动力学和光的波动理论满意解释的实验现象相矛盾。

5. 原子系统的永久态

现在我们回到本文的主要目的上来，即讨论由原子核和束缚电子组成的系统的"永久"态。对于由原子核和一个绕核旋转的电子构成的系统，根据上述讨论，这种态由下述条件确定：电子绕核的角动量等于 $h/2\pi$。

依据本文的理论，唯一的包含单个电子的中性原子是氢原子。这个原子的永久态应对应于第 5 页上计算给出的 a 和 ω 的值。然而，不幸的是，由于普通温度下氢分子的离解度很小，因此我们对氢原子的行为知之甚少。为了与实验结果进行比较，有必要考虑更复杂的系统。

考虑到更多的电子被正电性核束缚的系统，以永久态呈现的一种电子组态是这样一种态：电子被安排成围绕核的一个环。如果是在普通电动力学的基础上来讨论这一问题，我们遇到的困难，除了能量辐射的问题外，还将有新的与环的稳定性问题有关的困难。我们暂且将这后一种困难放到一边，先来考虑与普朗克辐射理论有关的系统的尺度和频率。

让我们考虑一个由 n 个绕电荷为 E 的核转动的电子所构成的环，这些电子被等角间隔地安排在一个半径为 a 的圆周上。

电子和原子核组成的系统的总势能为①

$$P=-\frac{ne}{a}(E-es_n),$$

其中

$$s_n=\frac{1}{4}\sum_{s=1}^{s=n-1}\csc\frac{s\pi}{n}.$$

对于原子核和其他电子作用在一个电子上的径向力，我们有

$$F=-\frac{1}{n}\frac{\mathrm{d}P}{\mathrm{d}a}=-\frac{e}{a^2}(E-es_n).$$

用 T 表示一个电子的动能，略去电子运动引起的电磁力(见第二部分)，并令作用在电子上的离心力等于径向力，于是我们得到

$$\frac{2T}{a}=\frac{e}{a^2}(E-es_n),$$

或

$$T=\frac{e}{2a}(E-es_n).$$

由此我们得到电子绕核转动的频率：

$$\omega=\frac{1}{2\pi}\sqrt{\frac{e(E-es_n)}{ma^3}}.$$

为了将电子移到离核无穷远处且彼此分离得无穷远，所需转移到系统的总能量为

$$W=-P-nT=ne(E-es_n)/2a=nT.$$

即等于这些电子的总动能。

我们看到，上述公式与那些适用于单个电子绕核做圆轨道运动的公式的唯一区别是 E 换成了 $E-es_n$。我们还可以立即看出，与一个绕核做椭圆形轨道运动的电子相对应，存在一种 n 个电子参与的运动，其中每个电子均绕核做共焦点的椭圆轨道运动，而且在任意时刻，这 n 个电子都以相等的角间隔位于以核为圆心的圆上。在这种运动中，单电子的轨道长轴和频率将由第 3 页上的公式(1) 给出，只是现在 E 换成了 $E-es_n$，W 换成了 W/n。

---

① 本书原文该节以下部分中的公式皆遗漏。现参照 L. 罗森菲尔德主编、戈革译《尼尔斯·玻尔集》第二卷中的同篇论文补正。—— 中译注

现在让我们假设，排成一个环的 n 个绕核转动的电子所构成的系统，是以类似于单个绕核转动的电子的方式形成的。因此我们假定，电子在被核束缚之前与后者相距有很大的距离，且不具有明显的速度，而在被束缚的过程中发出均匀辐射。正如单个电子的情形，这里我们有系统形成过程中发射出的总能量等于各电子的末态动能。如果我们假定，在系统形成过程中，电子在任何时刻都等角间隔地位于以核为圆心的圆上，那么按照与第 5 页上类似的考虑，这里我们同样假定存在一系列稳定的组态，其中每个电子的动能都等于 $\tau h(\omega/2)$，其中 τ 是整数，h 是普朗克常数，ω 是电子绕核转动频率。如同前述，最大发射能量所对应的组态是 $\tau = 1$ 所对应的组态。我们将假定这个组态为该系统的永久态，如果在该态下电子被排列成一个环的话。一如单电子的情形，我们有每一个电子的角动量等于 $h/2\pi$。可以指出，这里我们不是考虑一个个的电子，而是将环作为一个整体来考虑。但导出的结果是一样的，因为在此情形下，转动频率 ω 将被普通电动力学计算给出的整个环的辐射频率 $n\omega$ 取代，T 则由总动能 nT 取代。

可能还存在许多其他的定态，它们对应于系统形成的其他方式。存在这些态的假设对于说明含多个电子的系统的谱线似乎是必要的(见第 11 页)。第 6 页上提到的尼克尔森理论也暗示了这一点，我们一会儿就会回来谈及这一理论。但是，在我看来，就光谱而言，没有任何迹象表明存在所有电子被布置在一个环上的定态，并且这些定态所对应的发射总能量的值要大于我们上述假定为永久态的值。

此外，一个由 n 个电子和一个电荷为 E 的核构成的系统，其中所有电子并不排列成一个环，也可能存在稳定的组态。但这样的稳定组态是否存在，对于我们确定永久态不是必需的，只要我们假设电子在系统的这个态下被安排成一个单一的环。对于更复杂的组态的系统，我们将在第 24 页予以讨论。

利用关系式 $T = h(\omega/2)$，并借助于上述 T 与 ω 的关系，我们得到对应于系统永久态的 a 和 ω 的值。它们与第 5 页上公式(3) 给出的值的差别仅在于 E 被 $E - es_n$ 取代。

电子环绕正电性核转动的稳定性问题已由 J. J. 汤姆孙爵士给予详细讨论①。对于这里所考虑的电子环绕一个线度小到可忽略不计的核转动的情形，尼克尔森曾给出了一种修正了的汤姆孙分析方法②。对所讨论问题的研究自然地分为两部

① 见前引文献。

② 见前引文献。

分：一是电子在环平面内的偏移的稳定性问题，另一个是在垂直于环平面方向上偏移的稳定性问题。正如尼克尔森的计算结果所表明的，稳定性问题的答案在两种情形下相差很大。虽然环对于后一种偏移通常是稳定的，如果电子的数目不是很多的话，但对于前一种偏移，在尼克尔森考虑的各种情形下，环都是不稳定的。

然而，根据本文的观点看，电子在环平面内的偏移的稳定性问题与核对电子的约束机制问题密切相关，并且像后者一样不可能在普通动力学的基础上得到处理。下面我们将采用的假设是，绕核转动的电子环的稳定性是由下述两个条件来保证的：一个是角动量的普适恒定性，另一个是这样一种粒子组态，其形成过程伴随放射出最大数量的能量辐射。正如将要证明的，就电子在垂直于环平面上的偏移的稳定性问题而言，这一假设与用于普通力学计算的假设是等价的。

回到尼科尔森关于在日冕光谱中所观测到的谱线的理论，现在我们将看到，在第 7 页上提到的他的困难可能只是形式上的。首先，从上述考虑的观点看，对电子在环平面上的偏离所引起的系统不稳定性问题提出的驳斥可能不是有效的。此外，对辐射以量子方式发射所提出的驳斥与相关的计算无关，如果我们假设在日冕光谱中，我们处理的不是真实的辐射发射，而只是辐射的散射的话。如果我们考虑到相关天体的条件，这个假定似乎是可能的；因为考虑到该天体上的物质极其稀薄，使得对定态产生扰动，从而引起对应于不同定态间跃迁的真实的光发射的碰撞非常少。另一方面，在日冕中，存在所有频率的光的强烈照射，它可以激发起处于不同定态下的系统的自然振动。如果上述假设是正确的话，我们立刻就能理解为什么尼克尔森讨论的谱线定律与本文所考虑的普通线谱的定律会是完全不同的了。

在考虑具有更复杂的结构的系统之前，我们将采用下述定理(其证明很简单)：

“在由电子和正电性核组成的每一个系统中，其中核是静止的，电子以小于光速的速度绕核转动，动能在数值上等于势能的一半。”

借助于这一定理，我们得到 —— 如同在前述的单电子或绕核转动电子环的情形一样 —— 结论：系统因从某个组态 —— 其中粒子间分开的距离无穷大，且彼此间相对速度为零 —— 形成而发射出的总能量，等于最终组态下各电子的动能。

通过与单环情形的类比，我们被导向这样的假设：对应于任一平衡组态，系统都存在一系列几何上相似的定态，其中每个电子的动能等于绕核转动频率乘以 $(\tau/2)h$，这里 τ 是一个整数，h 是普朗克常数。在任何这样的稳定组态系列中，对应于最大发射能量的组态是这样的组态：其中每个电子的 τ 等于 1。考虑到做圆形轨道旋转的粒子的动能对频率之比等于 π 乘以对轨道中心的角动量，因此我们将第 15 页和 22 页的假设简单推广如下：

“在任何由正电性原子核和电子构成的分子系统中，这里核处于彼此相对静止状态，电子沿圆形轨道运动，处于系统永久态下的每个电子绕其圆轨道中心的角动量等于 $h/(2\pi)$，其中 h 是普朗克常数。”①

与第 23 页上的考虑类似，我们假定：满足这一条件的组态是稳定的，如果系统的总能量小于满足同样的电子角动量的条件的相邻组态的能量的话。

正如导言中所提到的，上述假设将在后续的通信中被用作原子和分子结构理论的基础。我们将证明，它所导致的结果似乎与大量不同现象的实验结果是一致的。

这一假说的基础完全是在与普朗克的辐射理论联系起来寻求的，借助于后续的考虑，我们将试图从另一种观点出发来对其基础作进一步的研究。

1913 年 4 月 5 日

① 在导致这一假设的那些考虑中，我们假设电子的速度远小于光速。这一假设的有效性的范围将在第二部分中讨论。

原子结构

尼尔斯·玻尔

诺贝尔演讲，1922 年 12 月 11 日

女士们，先生们。今天，瑞典皇家科学院鉴于我在原子结构方面的工作，将今年度的诺贝尔物理学奖颁给了我，我感到非常荣幸，也因此有责任对这项工作的结果作一说明。我认为我应当遵循诺贝尔基金会的传统，在本报告里对近年来该领域的物理学进展做一综述。

1. 原子的一般图像

原子理论的目前状态可用这样一个事实来刻画，那就是我们不仅相信原子的存在已得到毫无疑问的确认，而且我们甚至相信我们已具备关于单个原子构造的内在知识。在这里我不可能对导致这一结果的科学发展予以全面概述，我只想回顾一下上世纪末关于电子的发现过程。这一发现为电性的原子本质的观念提供了直接证据，并导致对这一观念的结论性表述。自从法拉第发现电解基本定律，贝采尼乌斯(Berzelius)提出电化学理论以来，电性的原子观念就一直在发展，并在阿伦尼乌斯(Arrhenius)的电离解理论中取得巨大成功。电子的发现和对其性质的阐明是许许多多研究者工作的结晶，其中特别应提及的是勒纳德和 J. J. 汤姆孙。特别是 J. J. 汤姆孙，他在电子论的基础上发展原子结构的概念的天才尝试，对这一课题有着非常重要的贡献。然而，我们当前关于原子结构要素的知识是在发现原子核的基础上取得的。原子核的发现要归功于卢瑟福，他在上世纪末的关于放射性物质的发现的研究极大地丰富了物理学和化学。

按照我们现在的观念，元素的原子是由一个原子核和一些电子构成的。原子核带正电荷，并具有原子的绝大部分质量；所有电子都具有相同的负电荷和质量，它们在核的周围运动着，其离核的距离比核本身或电子本身的线度大得多。由这一图像我们立刻看出它与行星系 —— 例如我们所在的太阳系 —— 之间的惊人的相似性。支配太阳系运动的规律之所以简单，与运行的天体的尺度远小于其运动轨道的尺度这一状态有内在联系。与此相似，原子结构中的对应关系使我们可以依据元素的性质来解释自然现象的基本特征。这让我们立刻清楚地看到，这

些性质可分成明显不同的两类：

属于第一类性质的是物质的大多数普通的物理性质和化学性质，例如它们的聚集状态、颜色和化学活性。这些性质取决于电子体系的运动以及这种运动在不同的外部作用影响下的变化方式。由于核的质量远大于电子质量，且核的线度与电子轨道比起来非常小，因此电子的运动对核质量的依赖关系非常小，基本上仅取决于核的总电荷数。特别是，核的内部结构、核的电荷和质量在核内粒子间的分布方式，对于核周围电子体系的运动的影响小得可以忽略。另一方面，核结构决定了物质的第二类性质 —— 物质的放射性。在放射性衰变过程中，我们看到核发生了分裂。正电性的或负电性的粒子，即所谓 α 粒子和 β 粒子，以很高的速度被释放出来。

因此，我们的原子结构概念为我们提供了关于这两类性质之间缺失相互联系的一种直截了当的解释。这种缺失最突出地表现在存在如下物质这一事实中：这些物质的普通物理性质和化学性质极其相似，尽管它们的相对原子质量不同，且具有完全不同的放射性。这样的物质叫同位素，索迪(Soddy) 和其他研究者在研究放射性元素的化学性质时最先发现了同位素的存在。同位素的命名参考了元素按普通的物理性质和化学性质的分类。近年来，人们不仅在放射性元素中发现存在同位素，而且发现它也存在于普通的稳定元素中，有关这些发现的具体过程我就没必要在此详述了。事实上，许多早先被看成是简单物质的普通元素已经被阿斯顿(Aston) 的著名研究证明为具有不同相对原子质量的同位素的混合物。

我们对原子核的内部结构仍然知之甚少，虽然卢瑟福用 α 粒子轰击原子核使之分裂的实验方法提供了研究原子核的途径。的确，这些实验可以称得上开辟了自然哲学的新纪元，因为它们第一次实现了从一种元素到另一种元素的人为转变。但在下面，我们将仅限于描述元素的普通的物理性质和化学性质，并尝试在前述概念的基础上对这些性质做些解释。

众所周知，元素可以按它们的普通的物理性质和化学性质排列成一个“自然周期系”，它最具启发性地显示出不同元素之间的奇特关系。门捷列夫和罗塔尔 · 迈耶(Lothar Meyer) 最先认识到，当元素按它们的原子量顺序排列时，它们的化学性质和物理性质表现出明显的周期性。图 1 是这种所谓周期表的一种图表。但图中的元素不是按照通常的方式排列的，而是按修订后的朱利叶斯 · 汤姆森(Julius Thomsen) 给出的表的形式给出的。汤姆森也在这一领域对科学做出过重要贡献。在图中，元素均以通用的化学符号表示，不同的列给出所谓的周期。

相邻的列中具有相同化学性质及物理性质的元素以线相连。在靠后的周期中那些被方框框起来的元素的性质与前边周期元素的简单周期性有明显的偏差，这将在后面讨论。

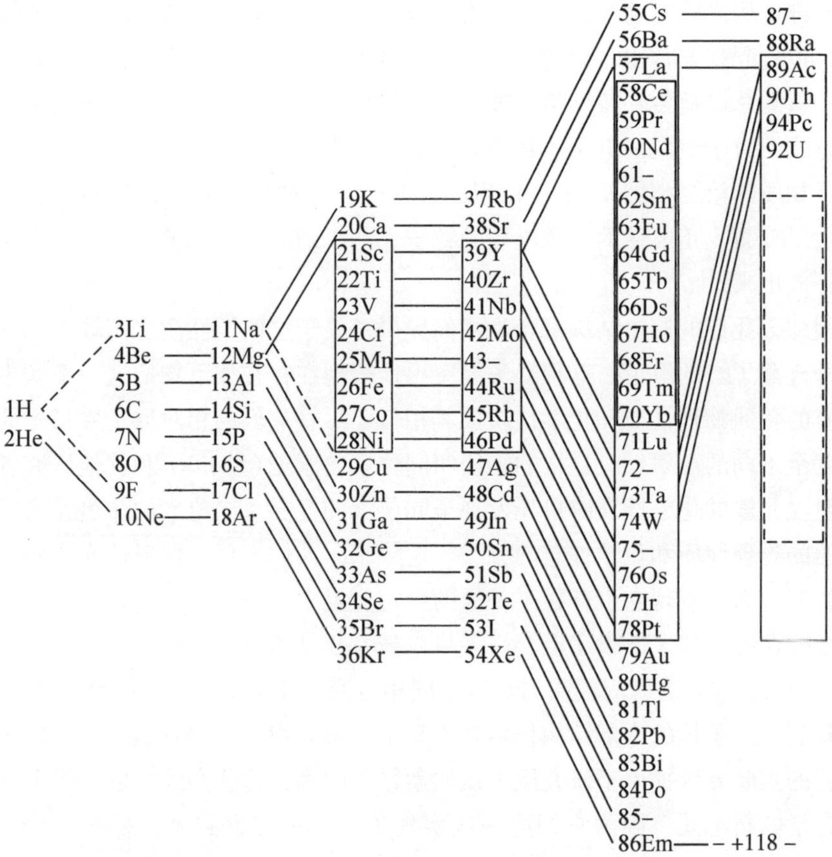

图 1

在原子结构理论的发展过程中，自然系统的特征性质已得到极为简单的解释。这导致我们提出假设，元素在周期表中的序数，即所谓原子序数，恰好等于中性原子中绕核运动的电子的数目。这一定律最先是由范登布洛克(Van den Brock) 以一种不完整的形式给出的，但 J. J. 汤姆孙在研究原子的电子数时，以及卢瑟福在测量原子核的电荷时也都曾预示过这一规律。下面我们将看到，从那以后，这条定律得到了各方面的有力支持，特别是莫塞莱(Moseley) 对元素的 X 射线谱的著名研究。我们或许还可以指出，原子序数与核电荷数之间的简单联系是如何被用于解释元素放出 α 粒子或 β 粒子后其化学性质变化所遵循的规律的，这一规律在所谓的放射性位移定律中得到了简明论述。

2. 原子的稳定性和电动力学理论

一旦我们试图找出元素的性质与原子结构之间更紧密的联系时，我们就会遇到很大困难。在这里，原子和行星系之间显露出本质的区别，尽管我们提到过二者的相似性。

行星系中天体的运动，尽管遵从万有引力定律，但并不完全由这一定律单独决定，而是在很大程度上取决于行星系过去的历史。因此“年”这个长度单位并不仅仅由太阳和地球的质量决定，还取决于太阳系形成时期存在的条件，尽管对这些条件我们还知之甚少。假如有一天一个庞大的外来天体穿越我们的太阳系，那么我们可以预料，在所有可能发生的效应中，有一个效应将是从这一天起，一年的长度将不同于目前的值。

原子的情形则很不相同。元素的确定性和不变性要求原子的状态不因外部作用而产生永久性改变。一旦外部作用消失，其组分粒子必将依旧按照完全取决于粒子的电荷和质量的方式来安排它们的运动。关于这一点，我们可以从光谱上——即从特定情形下物质的辐射特性上——得到最令人信服的证据。你可以用很高的精度对光谱进行研究。众所周知，在相同的外部条件下，一种物质的谱线的波长(在许多情形下，你可以用高于百万分之一的精度对其进行测量）在测量的误差范围内总是完全相同的，与该物质以前受到过怎样的处理无关。正是由于这一点，光谱分析才具有重要作用。光谱分析一直是化学家寻找新元素的有力工具，它还表明，甚至在宇宙最遥远的天体上，也存在着与地球上性质完全相同的元素。

根据我们的原子结构图像，如果我们仅限于采用常规的力学定律，我们就不可能阐明原子的稳定性，而这种稳定性是解释元素的性质所必需的。

这种情形即使是再考虑到著名的电动力学定律也无法改观。电动力学是麦克斯韦在奥斯特和法拉第于 19 世纪前半叶做出的伟大发现的基础上成功建立起来的。麦克斯韦的理论不仅能阐明已知电磁现象的全部细节，而且在预言存在电磁波这一点上取得了辉煌胜利。电磁波是由赫兹发现的，现在已广泛应用于无线电报。

曾有一段时间，电磁理论在洛伦兹和拉莫尔将其发展成一种与电的原子论概念相一致的形式之后，似乎能够成为从细节上解释元素性质的基础。对此我只想对大家提及一件事，就是在塞曼发现处于磁场中的辐射物质的谱线会发生特征性变化之后不久，洛伦兹便对这一现象的主要特征给出了一个自然且简单的解释，这件事引起了人们极大的兴趣。洛伦兹认为，我们在谱线上观察到的辐射是电子在平衡位置附近做简谐振动发出的，这与无线电报天线的电振荡发出电磁波的情形完全一样。他还指出，塞曼所观察到的谱线变化完全对应于磁场作用下电子振荡所发生的变化。

然而，洛伦兹理论不可能对元素光谱做更具体的解释，它甚至不能解释由巴耳末、里德伯和里兹等人建立起来的能够相当精确地计算谱线波长的具有普适形式的定律。在我们了解了原子构造的细节之后，这个困难就变得更加明显了。事实上，如果我们局限于经典电动力学理论，我们甚至完全不能理解为什么观察到的光谱由分立的谱线构成。甚至可以说，经典电动力学理论是与存在具有前述结构的原子这一假设不相容的，因为按照经典电动力学理论，电子的运动将导致原子连续辐射出能量，直到电子落在原子核上为止。

3. 量子理论的起源

但是，引入所谓量子理论的概念就有可能克服电动力学理论的各种困难。量子论与以前用于解释自然现象的思想完全不同。这一理论是普朗克在 1900 年研究热辐射规律时创立的。由于热辐射与物质的个体性质无关，因而它能很好地检验经典物理学定律对于原子过程的适用性。

普朗克研究了几个系统之间的辐射平衡，这些系统具有与洛伦兹建立塞曼效应理论时所考虑的系统相同的性质。但现在，普朗克不仅能够说明经典物理学无法解释的热辐射现象，并且表明，如果我们假设 —— 尽管这一假设与经典理论存在明显矛盾 —— 振荡电子的能量不能连续改变，而只能以使系统能量始终等于所谓能量子的整数倍的方式改变，那么我们就能得到与实验规律完全相符的结果。人们发现，这个能量子的大小正比于粒子的振荡频率。按照经典概念，这个频率也是所发出的辐射的频率，其比例系数是一个新的普适常数，此后被称作普朗克常数，它与光速、电子电荷和电子质量一样，是个不变的常数。

起初，普朗克的惊人结果在自然科学中完全是孤立事件，但在随后的几年里，由于爱因斯坦对这一课题的重大贡献，人们发现了它的各种应用。首先，爱因斯坦指出，粒子振动能的限制条件可以通过对晶体比热的研究来检验，因为在这些情形下，我们要处理的不是单个电子的类似振动，而是整个原子在晶格的平衡位置附近的振动。爱因斯坦能够证明，这个实验能够确认普朗克理论，而且后来的研究者的工作也相当圆满地证实了这种一致性。爱因斯坦还进一步强调了普朗克理论的另一结果，即辐射能量只能被振荡粒子以所谓“辐射量子”的形式发射或吸收，每个辐射量子的大小等于普朗克常数与频率的乘积。

为了解释这一结果，爱因斯坦提出了所谓“光量子假说”。按照这一假说，辐射能——与麦克斯韦的光的电磁理论相反——将不能像电磁波那样传播，而是以凝聚的光原子的形式传播，每个光原子的能量等于一个辐射量子的能量。这个概念导致爱因斯坦提出了他的著名的光电效应理论。这一完全不能用经典理论解释的现象由此得到了完全不同的处理。近几年来，爱因斯坦理论的预言得到了如此精准的实验确认，以至于可以说，对普朗克常数的最精确的测定就是通过光电效应测量来完成的。然而，尽管光量子假说很有启发性，但它与所谓的干涉现象却不相容，也不能阐明辐射的本质。在此我只想提醒大家，干涉现象是我们研究辐射特性的唯一方法，因此在爱因斯坦理论中用来确定光量子大小的频率，只有借助于干涉现象才有严格的意义。

在以后几年里，人们在将量子论的概念运用于处理原子结构问题方面做了许多努力，研究重点时而放在这个，时而放在那个由爱因斯坦从普朗克理论导出的结论上。在这一方向上，最著名的尝试当属斯塔克、索末菲、哈森诺尔（Hasenöhrl）、哈斯（Haas）和尼科尔森等人的工作。但他们的工作并未得出明确的结果。

比耶鲁姆（Bjerrum）对红外吸收带的研究也是从这个时期开始的，尽管此项研究并不直接针对原子结构问题，但却对量子论的发展有着重大意义。比耶鲁姆注意到这样一个事实，可以根据某些吸收谱线随温度的变化来研究气体分子的转动。同时他强调，这个效应不像经典理论所预言的那样是由谱线的连续展宽所致，经典理论对分子的转动没有任何限制。比耶鲁姆根据量子论预言，谱线应劈裂成若干组成部分，对应于一系列不同的可能的转动。这一预言在几年后被埃娃・冯・巴尔（Eva Von Bahr）所证实。这一现象还可被看成是量子论实在性的一个最有力的证据，尽管从我们目前的观点看，最初的解释在某些重要的细节上需要修正。

4. 原子结构的量子理论

在此期间，卢瑟福关于原子核的发现（1911 年）为量子论的进一步发展注入了新的活力。正如我们已看到的那样，这一发现清楚地表明，只用经典概念是不可能理解原子的最本质特性的。因此，人们开始寻求量子理论的原理性表述，它应能够即刻说明原子结构的稳定性以及原子发出的辐射的性质，这些性质都表现为我们所观察到的物质特性。我在 1913 年以两条公设的形式提出了这样一种表述，它们可陈述如下：

（1）在原子系统所有可能的运动状态中，存在一系列所谓"定态"。尽管处于这些态的粒子的运动在很大程度上遵从经典力学定律，但这些态却具有独特的、力学上无法解释的稳定性。原子系统的运动状态的每一个持久改变只能是从一个定态完全跃迁到另一个定态。

（2）与经典电磁理论认为的相反，定态原子不发生辐射，只有在两个定态之间的跃迁过程才伴有电磁辐射，这种辐射与以恒定频率作简谐振动的带电粒子按经典理论定律所发出的电磁辐射具有同样的性质。但这个频率 ν 与原子的粒子运动没有简单关系，而是由下式给出

$$h\nu = E' - E'',$$

这里 h 是普朗克常数，E' 和 E'' 是与辐射过程的初态和末态相对应的原子所处的两个定态的能量值。反之，若用这个频率的电磁波照射原子，则引起一个吸收过程。这时原子从后一个定态跃迁回到前一个定态。

第一条公设考虑的是原子的一般稳定性，第二条公设主要考虑的是存在着具有分立谱线的光谱。此外，第二条公设所引入的量子论条件为解释光谱系的规律提供了出发点。

这些规律中最普遍的一条当属里兹提出的组合原理，这一原理是说，元素光谱中每条谱线的频率 v 可用下式表示：

$$\nu = T'' - T',$$

这里 T'' 和 T' 是两个所谓的"光谱项"，我们用一组光谱项来表征被研究物质的特性。

根据我们的公设，这一规律可直接由下述假设来解释：光谱是一系列定态之间的跃迁发出的，处于这些定态的原子的能量值就等于光谱项的值乘以普朗克常数。只要我们认为原子的运动与所发出的辐射之间不存在简单的关系，那么组合原理的这种解释就与通常的电动力学概念有着本质的不同。然而，当我们观察到某一光谱项与另外两个不同的光谱项结合而出现两条谱线时，我们的上述考虑就明显地偏离了通常的自然哲学观念。因为出现两条谱线意味着从原子发出的辐射

性质不仅取决于辐射过程开始时原子的运动，而且还取决于该原子所跃迁到的状态。

因此初看起来人们可能会认为，我们对组合原理的表观解释与我们对原子结构的看法几乎没有直接关系，因为对原子结构的看法是基于实验事实，而实验事实是用经典力学和经典电动力学来解释的。然而通过进一步的研究，问题就会变得很清楚：在前述公设的基础上，我们可以得到元素的光谱与其原子结构之间的确定性关系。

5. 氢光谱

我们已知的最简单光谱是氢光谱。其谱线的频率可以用巴尔末公式精确地表示为：

$$\nu = K\left(\frac{1}{n''^2} - \frac{1}{n'^2}\right),$$

这里 K 是常数，n' 和 n'' 是两个整数。因此在氢光谱中，我们有形如 K/n^2 形式的单一光谱项序列，光谱项的大小随项数 n 的增大而有规律地减小。按照前述两条公设，我们可以假设，氢的每条谱线都是由氢原子的一系列定态中的两个态之间的跃迁产生的，这些定态的能量值等于 hK/n^2。

按照我们的原子结构图像，氢原子由一个带正电的核和一个电子组成。这个

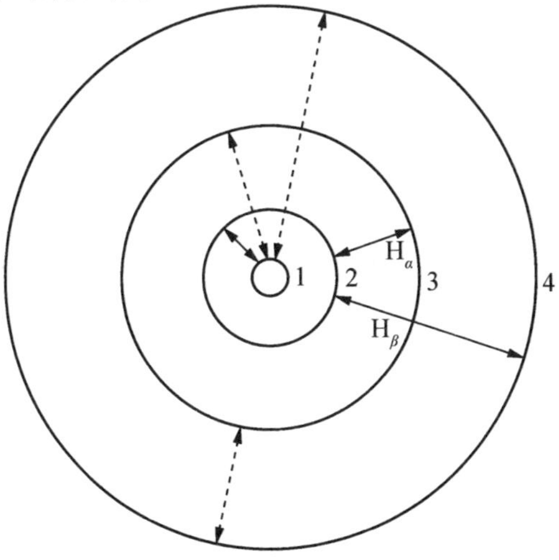

图 2

电子 —— 如果说普通的力学概念在此适用的话 —— 将可以被很好地近似描绘成做周期性的椭圆轨道运动，原子核即位于轨道的一个焦点上。轨道的长轴反比于电子完全脱离原子所需的功，并且，根据上述假设，这个功正好等于定态的能量 hK/n^2。由此我们得到许多定态，其电子轨道的长轴取与所有整数平方成正比的一系列分立值。图 2 示意性地给出了这些关系。为简单起见，图中定态的电子轨道用圆来表示，虽然实际上理论对于轨道的偏心率并没有设定限制条件，而只规定了长轴的长度。箭头表示对应于红的氢线（H_α）和绿的氢线（H_β）的跃迁过程，其频率可由巴尔末公式给出（在公式中分别取 $n''=2$，$n'=3$ 和 4）。图中还给出了与紫外谱系的前 3 条谱线相对应的跃迁。这一谱系是由赖曼于 1914 年发现的，其频率可在巴尔末公式里取 $n''=1$ 给出。图中还画出了几年前由帕邢发现的红外谱系的第一条谱线，其频率可在巴尔末公式里取 $n''=3$ 给出。

氢光谱起源的这种解释很自然让我们将该光谱看成是电子受原子核束缚过程的一种表现。项数为 1 的最大光谱项对应于束缚过程的最终阶段，项数值 n 较大的那些小光谱项则对应于束缚过程起始阶段的那些定态，这些态的电子轨道仍然较大，从这些态移走一个电子所需的功仍然较小。我们可以将束缚过程的最终阶段规定为原子的常态，其性质与其他定态的区别在于这样一个性质：按照前述的两条公设，原子状态只有在能量增加使得电子跃迁到与束缚过程较早阶段相对应的较大的轨道上时才能改变。

据上述光谱解释所计算得到的常态电子轨道的大小与依据气体分子运动论所求得的元素原子的大小基本一致。然而，前述公设要求定态具有稳定性，因此我们必须假设两个原子在碰撞期间的相互作用不可能完全用经典力学规律来描述，像这样的比较是不可能在上述考虑的基础上进一步进行下去的。

然而，通过对那些项数大的定态上电子的运动进行研究，光谱与原子模型之间更本质的联系已被揭示出来。当原子从这种大项数的一个定态跃迁到紧邻的另一个定态时，电子轨道的大小和转动频率的变化相对较小，因此有可能证明，如果两个定态的项数之差比项数值小时，则电子在这两个定态之间跃迁时所发出的辐射频率，将与电子运动所能分解成的谐频分量之一趋于一致，故而也就与通常的电动力学规律所确定的辐射波列之一的频率一致。

可以证明，在各定态间有差别但差别很小时，实现这种一致性的条件是巴尔末公式中的常数用如下关系式来表示：

$$K=\frac{2\pi^2e^4m}{h^3},$$

这里 e 和 m 分别是电子的电荷和质量，h 是普朗克常数。这个关系式已被证明在相当精确的范围内成立，特别是有了密立根的漂亮的实验，e、m 和 h 的值都已知。

这个结果表明，在氢光谱与氢原子模型之间存在一种联系。即使考虑到前述两条公设与经典力学和经典电动力学的背离，这种联系从整体上看也还是具有我们所期望的密切程度。同时，尽管存在这种本质上的背离，但这一结果仍然提供了我们如何感悟量子论作为经典电动力学理论基本概念的自然推广的指示。后面我们还将回到这个最重要的问题上来，但首先我们要讨论的是，为了阐明不同元素性质之间的关系，如何从几方面来证明我们在前述两条公设的基础上对氢光谱的解释是适当的。

6. 元素之间的关系

上面的讨论可以立即运用到具有任意给定电荷的核对一个电子的束缚过程。计算表明，对于给定 n 值所对应的定态，其轨道的大小与核的电荷数成反比，而移走一个电子所需的功正比于核电荷数的平方。因此电荷数是氢核的 N 倍的原子核俘获一个电子时所发出的光谱可用下式表示：

$$\nu = N^2 K\left(\frac{1}{n''^2} - \frac{1}{n'^2}\right),$$

如果公式中的 N 取 2，我们得到一个光谱，该谱在可见光波段有一组谱线，许多年前人们在某些恒星的光谱中就观察到了这组谱线。里德伯认为这些线也是氢的谱线，因为它们与巴尔末公式表示的谱线非常相似。可纯氢决不可能产生这些谱线。但就在氢光谱理论提出前夕，福勒(Fowler) 通过对氢氦混合气体的强放电，成功地观察到了这一线系。可福勒也认为它们是氢谱线，因为没有实验证据表明两种不同的物质在光谱上会如此相似。然而，氢光谱理论提出之后，事情变得很清楚，所观察到的谱线必定属于氦光谱，但它们与中性原子氦所发出的普通氦谱不一样，它们源自电离了的氦原子。这种电离氦原子是一个电子围绕着两个电荷的核运动。就这样，人们看到元素之间的关系还存在新的特征，它与我们目前的原子结构观念严格地一致，即一种元素的物理性质和化学性质首先取决于原子核的电荷。

这个问题解决之后不久，莫塞莱对元素的 X 射线特征谱的著名研究使人们看到，各种元素的性质之间存在一种相似的普适关系。元素的 X 射线谱的出现应归功于冯·劳厄(Von Laue)对晶体中X光干涉现象的发现，以及W. H. 布拉格和W. L. 布拉格对这一课题所做的研究。事实上，比起光学光谱来，不同元素的X射线谱的结构不仅要简单得多，而且也更为相似。特别是，从一种元素到另一种元素的X射线谱的变化遵从上述单个束缚电子的光谱公式，只要令N等于该元素的原子序数即可。如果n''和n'取小的整数的话，这个公式甚至能在有充分依据的近似情形下来表示最强X射线的谱线频率。

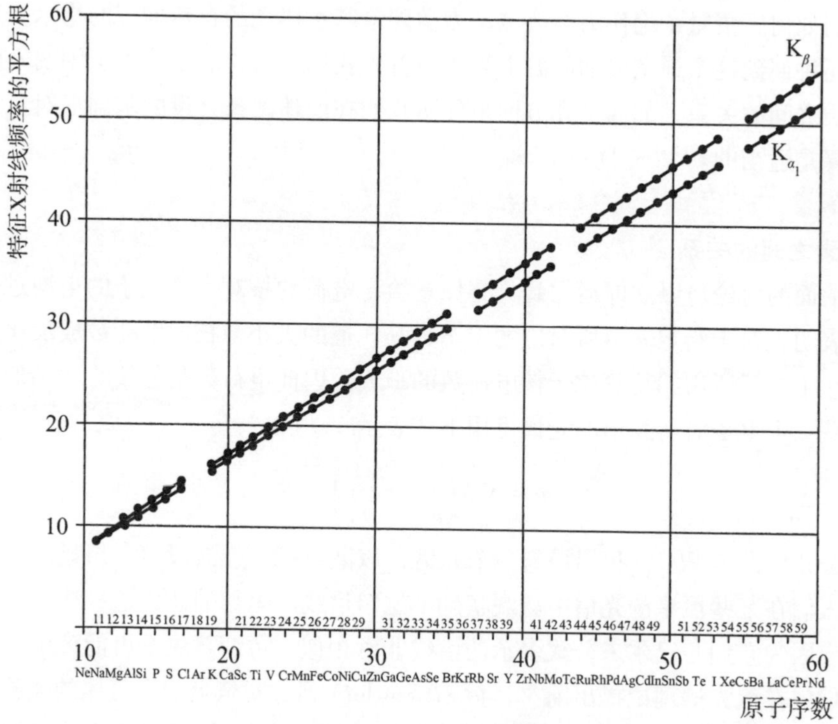

图3

这一发现具有多方面的重要意义。首先，不同元素的X射线谱之间的关系被证明是如此简单，以至于我们不仅可以用它来准确确定所有已知物质的原子序数，还可以用它来确切预言自然周期系中所有未知元素的原子序数。图3给出的是两条特征X射线频率的平方根如何随原子序数的变化曲线。这些谱线属于所谓的K线系，是穿透本领最大的特征谱线。图中的点几乎都落在直线上。这里不仅考虑了已知元素，而且像门捷列夫最初的元素周期表那样，在钼(42)和钌(44)之间预留了空位。

其次，X 射线谱的规律确认了有关原子结构以及解释光谱的基本思想等普适的理论概念。这样，X 射线谱与单个束缚电子的光谱之间的相似性就可以从以下事实得到简单的解释：X 射线谱所涉及的定态之间的跃迁反映的是原子内壳层上某个电子运动的变化，在这里核的引力作用要比其他电子的斥力大得多。

元素的其他性质之间的关系有更复杂的特征，它源于这样一个事实：我们要处理的是原子较外部分的电子的运动过程，在这里，电子之间的相互作用力与核对电子的引力具有相同的量级，因此电子之间相互作用的具体细节将起着重要作用。这种情况的一个典型例子是元素原子空间大小的影响。罗塔尔·梅耶本人曾注意到周期表中元素的相对原子质量与密度之比(即所谓原子体积)所展示的独特的周期性变化。图 4 展现了这些事实，其中原子体积被表示成原子序数的函数。图 4 与图 3 的差别大得难以想象。与 X 射线谱随原子序数均匀变化不同，原子体积显示出独特的周期性变化，这种周期性变化与元素的化学性质随原子序数的变化相当一致。

普通的光学光谱也有类似的表现。尽管这些光谱不尽相同，但里德伯还是成

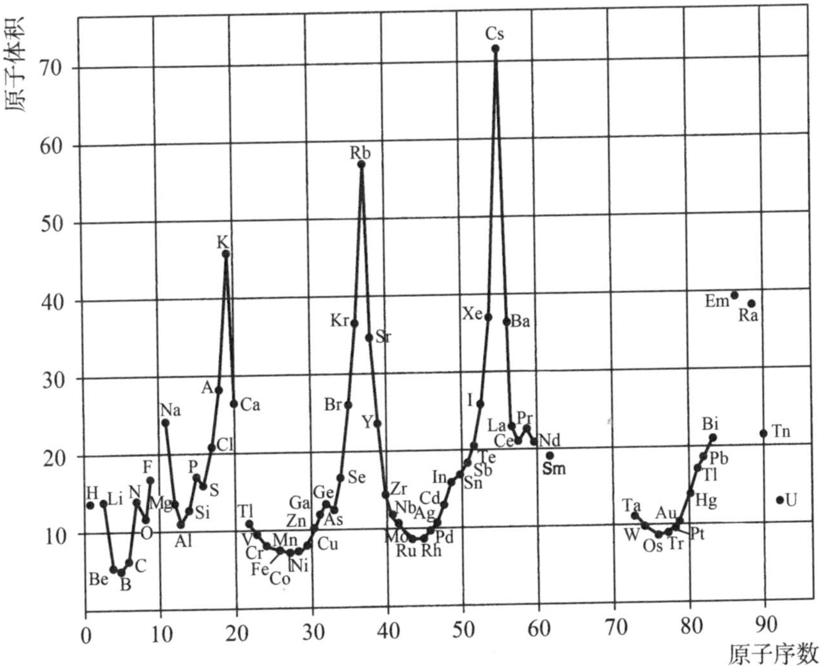

图 4

功地找出了氢光谱与其他光谱之间的某种普适关系。即使较高原子序数的元素的谱线表现为更复杂的光谱项的组合，且这些光谱项不构成简单的整数分之一序列，但这些光谱项仍可以被排成若干个序列，每一个序列都与氢光谱的光谱项序列非常相似。正如里德伯所指出的，这种相似性反映了这样一个事实：每一序列中的项都可以非常精确地用公式 $K/(n+\alpha)^2$ 来表示，这里的 K 与出现在氢光谱公式中的常数相同，通常称为里德伯常数，n 是项数，α 是一个对于不同序列有不同值的常数。

与氢光谱的这种关系使我们马上意识到，可将这些光谱看成是原子核逐个俘获并束缚电子形成中性原子这一过程的最后一步。事实已经很清楚，最后被俘获的电子，只要其轨道大于那些先被俘获的电子的轨道，它就将受到核力和那些电子的排斥力的共同作用。这与运动在相应尺寸轨道上的氢原子的电子所受的核的引力不同，但差别不大。

上述光谱，皆适用于里德伯定律，均可在通常条件下通过放电来激发，故通常称为电弧光谱。当受到特别强的放电时，元素还会发射出另一种光谱，即所谓火花光谱。迄今为止，我们还不能用阐明电弧光谱的方法来说明火花光谱。然而在对电弧光谱的起源有了上述看法之后不久，福勒发现（1914 年）可以给出火花光谱线的一个经验公式，它与里德伯定律符合得很好，只是常数 K 要用一个 4 倍的常数来替代。我们已经看到，氦核束缚一个电子时所发出的光谱里的常数正好等于 $4K$，因此很明显，火花光谱是由离子发出的，它们的辐射对应于相继俘获和束缚电子形成中性原子过程的倒数第二步。

7. 谱线的吸收和激发

对光谱起源的这种解释还能解释吸收光谱的特有规律。正如基尔霍夫和本森指出的那样，物质对于辐射的选择吸收和它们的发射光谱之间有密切联系，对天体进行光谱分析主要就是基于这一关系。然而，在经典电动力学理论的基础上，我们不可能理解为什么气态物质只吸收其发射光谱中的某些谱线而不吸收其他谱线。

在前述两条公设的基础上，我们可以假设，从原子的一个定态到低能态的跃迁发出一条谱线，当原子从后一状态返回到前一状态时，就发生与该谱线对应的辐射吸收。于是我们立即明白，在通常的情况下，气体或蒸气只表现出对某些谱线的选择性吸收，这些谱线产生于束缚电子从较早阶段所对应的态到正常态的跃迁。只有在温度较高时或在放电的影响下，才会有大量原子不断地离开正常态，此时我们才能期望对发射谱中其他谱线的吸收。这种认识与实验结果是相符的。

对光谱的基于两条公设的普适性解释的最直接确证也已经得到。这种实验验证是通过研究给定速度自由电子的碰撞所产生的谱线激发和原子电离来实现的。这方面的决定性进展是由弗兰克和赫兹(1914 年) 的著名实验取得的。他们的结果表明，用电子碰撞方法传递给原子的能量不可能是任意数量，而只能是原子从正常态跃迁到被光谱证明确实存在的另一个定态所对应的能量，这个能量份额可以从光谱项的大小求出。此外，根据公设，元素不同谱线的辐射过程具有独立性，这一点已有明确的证据。因而可以直接指出，以这种方式跃迁到较高能量的定态的原子能够在返回正常态的同时发出与单一谱线对应的辐射。

对电子碰撞的持续研究 —— 许多物理学家都参与其中 —— 还给出了对光谱系激发理论的详细验证。特别是我们有可能证明，使原子电离所需的电子碰撞能量正好等于理论给出的从原子中移走最后一个束缚电子所需的功。这个功可直接由普朗克常数与正常态所对应的光谱项的乘积确定。如上所述，该光谱项等于选择吸收光谱系的极限频率值。

8. 多重周期系统的量子理论

尽管由此我们可以用量子论的两条基本公设来直接阐明元素性质的某些一般性特征，但要对这些性质做更详细的说明，则需要对量子理论做进一步发展。在过去几年里，更一般的理论基础已通过形式方法的发展建立起来，使我们能够确定具有比迄今考虑过的定态更一般的形式的电子运动的定态。对于简单的周期运动，比如纯的谐振子，以及至少是在一级近似下，在电子绕正电荷核的运动中所遇到的情形，这时一组定态可以简单地由一个整数序列来表征。然而，对于前述更一般的运动，即所谓“多重周期” 运动，其定态则构成更复杂的组态。按照形式方法，这类组态中的每个定态都可以用几个整数，即所谓“量子数”，来表征。

在这一理论的发展过程中，许多物理学家都曾参与其中。引入多个量子数的作法可以追溯到普朗克本人的工作，但对进一步工作起推动作用的决定性一步是索末菲在解释氢谱线的精细结构时迈出的(1915 年)。当他用高分辨率分光仪进行观察时，氢谱线便显示出这种精细结构。这种精细结构的出现必然被归因为这样一种状况：即使是对于氢原子，我们需要处理的运动也不是一种严格意义上的简单周期运动。事实上，由相对论可知，电子质量会随运动速度而改变，其结果是电子轨道将在轨道平面内作缓慢的进动，因此电子的运动将是双重周期运动。这时定态的确定除了需要巴尔末公式中表示光谱项的数（我们称之为主量子数，因为它决定了原子的主要能量）之外，还需要另一个量子数，我们称之为副量子数。

图5给出了由此确定的电子在定态中运动的概貌。图中画出了电子轨道的相对尺寸及形状。每条轨道用符号 n_k 表示，这里 n 是主量子数，k 是副量子数。具有相同主量子数的所有轨道，在一级近似下，都有相同的长轴，具有相同 k 值的所有轨道都有相同的参数，即过焦点的最短弦都有相同的值。由于 n 的值相同而 k 的值不同的各态之间有小的能量差，因而对于巴尔末公式中不同的 n' 和 n'' 值所对应的每一条氢谱线，我们有许多不同的跃迁过程。对于这些跃迁过程，由第二条公设求出的辐射频率并不完全相同。正如索末菲指出的那样，在实验误差范围内，每条氢谱线的各个组分都与观察到的精细结构相符。图中用箭头标出了产生氢光谱中红线和绿线各成分的过程，它们的频率可在巴尔末公式中令 $n''=2$，$n'=3$ 或 4 分别求出。

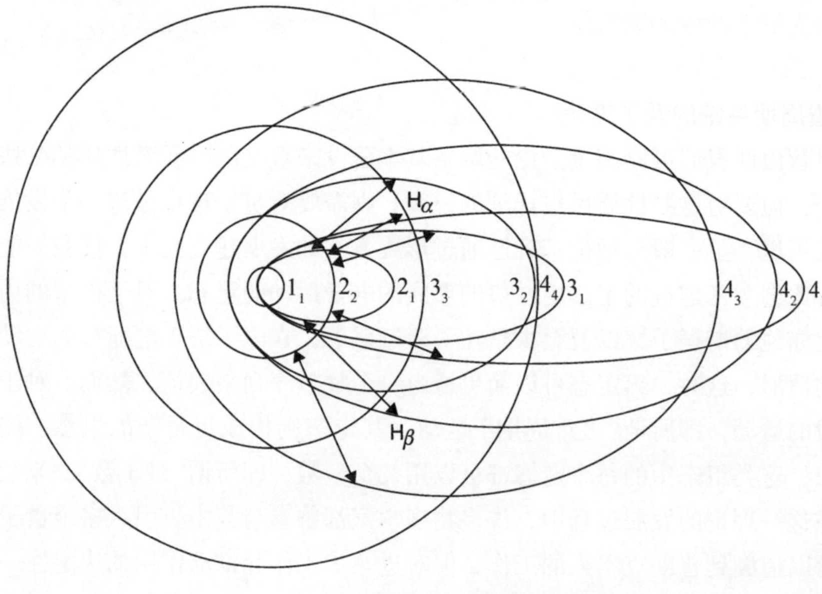

图5

在考虑图5时一定不要忘记，这里的轨道描绘并不完备，因为在所用的比例尺下缓慢的进动根本显示不出来。事实上，这种进动是如此之慢，以至于对于转动得最快的轨道，电子转了大约 4 万圈近核点的进动才转过一圈。尽管如此，这种进动却是引起由副量子数所表征的那些定态的多重性的唯一原因。例如，如果氢原子受到一个干扰其规则进动的小的微扰力的作用，那么定态电子轨道的形状就将与图中所示的完全不同。这意味着精细结构的性质将完全改变，但氢光谱仍将近似由巴尔末公式所给出的谱线组成，因为运动的近似周期性保持不变。只有当扰动力变得如此之大，以至于在电子转一圈的时间里轨道也会受到明显的扰动，这时光谱才会发生根本性变化。因此，经常听到的所谓“引入两个量子数是解释巴尔末公式的必要条件”的说法肯定是对这一理论的一种误解。

索末菲理论不仅能够说明氢谱线的精细结构，而且能够说明氦火花谱的精细结构。由于此时电子的速度更大，因而谱线劈裂的间隔也更大，测得的精度更高。这一理论还能阐明 X 射线谱精细结构的某些特点，这里我们遇到的频差甚至可能比氢谱线各成分之间的频差大一百万倍。

得到此结果之后不久，施瓦西(Schwarzchild) 和爱泼斯坦(Epstein) 采用类似的思路，同时成功地解释了电场中的氢谱线的特征性变化(1916 年)，这一现象是斯塔克于 1914 年发现的。接着，索末菲和德拜同时对氢谱线的塞曼效应的本性做出解释(1917 年)。在此，两条公设的应用还得出这样一个推断，即原子相对于磁场的取向只在某些方向上是允许的。量子理论的这一特定结论最近已从斯特恩(Stern) 和盖拉赫(Gerlach) 关于非均匀磁场中高速运动的银原子的偏转的出色研究而得到最直接的确认。

9. 对应原理

虽然光谱理论的这一发展是基于确定定态的形式方法取得的，但不久之后，本演讲者就通过进一步研究量子理论与经典电动力学在氢光谱上表现出的特征性联系，用新的观点阐明了这一理论。通过与埃伦菲斯特和爱因斯坦的重要工作相结合，这些努力导致了所谓对应原理的提出。根据这一原理，定态之间伴有辐射的跃迁可追溯到原子运动可能分解成的简谐分量。根据经典理论，这些简谐分量决定了粒子运动所产生的辐射特性。

根据对应原理，我们假设两定态之间的每个跃迁过程都可以如下方式与相应的简谐振动分量相对应，即跃迁发生的概率取决于振动幅度的大小。跃迁过程中发出的辐射的偏振状态取决于振动的更具体的性质，这与经典理论相似。根据经典理论，由于存在这种振动分量，原子辐射出的波列的偏振强度和偏振状态将分别由振动的幅度及其更进一步的特性决定。

借助于对应原理，我们可进一步确认并推广上述结果。由此我们可以对氢谱线的塞曼效应发展出一种完备的量子理论解释。这种解释在各方面都与洛伦兹当初根据经典理论所作的解释很相像，尽管这两种理论有着本质的不同。另一方面，对于斯塔克效应，经典理论完全不能解释，而借助于对应原理，量子理论对斯塔克效应的解释甚至可以深入到说明谱线劈裂形成的不同成分的偏振，并能阐明这些成分的强度分布特性。克喇末(Kramers)仔细研究过后一个问题，这里的附图将让我们对能够多么完备地说明这一现象有某种印象。

图 6 是一张斯塔克著名的氢谱线劈裂的照片。该图清楚显示了这一现象的性质以及从一种成分到另一种成分的强度变化。图中下边成分的偏振方向与外磁场垂直，上边成分的偏振方向与外磁场平行。

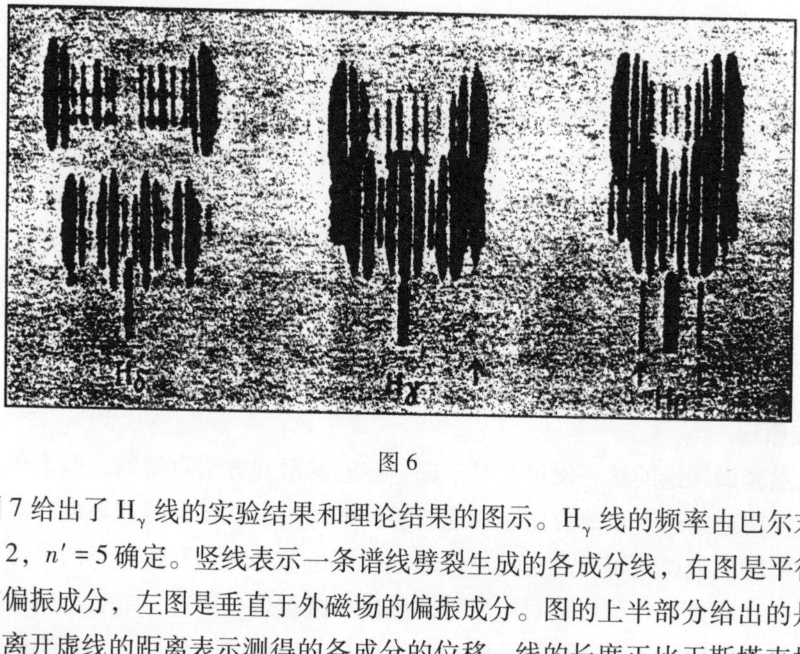

图 6

图 7 给出了 H_γ 线的实验结果和理论结果的图示。H_γ 线的频率由巴尔末公式取 $n''=2$，$n'=5$ 确定。竖线表示一条谱线劈裂生成的各成分线，右图是平行于外磁场的偏振成分，左图是垂直于外磁场的偏振成分。图的上半部分给出的是实验结果，离开虚线的距离表示测得的各成分的位移，线的长度正比于斯塔克根据照相底片的黑度而估算出的相对强度。图的下半部是克喇末论文中给出的用于对比的理论结果。

标在各条线下方的符号($n'_{s'}-n''_{s''}$)表示原子在电场中发出该成分谱线时两定态之间的跃迁。除了主量子数 n 外，各定态还用一个副量子数 s 来表征，它可正可负，但其意义与氢谱线精细结构的相对论解释中的量子数 k 完全不同，k 确定

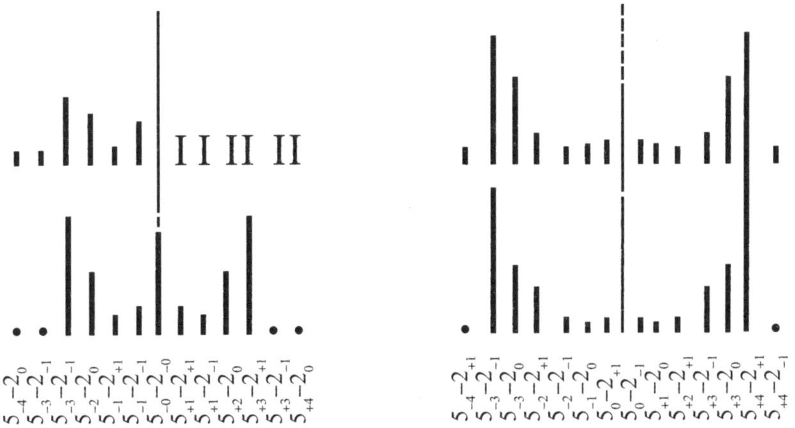

图 7

的是未扰动原子的电子轨道的形状。在电场的影响下，轨道的形状和位置都将发生很大变化，但轨道的某些性质却保持不变，副量子数 s 正是与这些性质有关。图 7 中各成分的位置对应于不同跃迁的频率，线的长度正比于由对应原理算出的跃迁概率，对应原理还可确定辐射的偏振。可以看出，理论结果完全再现了实验结果的主要特征。根据对应原理我们可以断言，斯塔克效应详尽地反映了电场对氢原子中电子轨道的作用。尽管与塞曼效应的情况相比，这种反映是如此反常，以至于几乎不可能在电磁辐射起源的经典概念基础上直接认识这种运动。

对于原子序数较大的元素的光谱也取得了有趣的结果。由于索末菲的工作 —— 为了描述电子轨道，他引进了几个量子数 —— 对这些光谱的解释也同时取得了重要进展。的确，借助于对应原理，我们有可能完全阐明那种支配组合谱线的看似神秘的法则。可以毫不夸大地说，量子理论不仅为组合原理提供了一个简单解释，而且还进一步澄清了应用这一原理时长期存在的迷雾。

这些观点在研究所谓的带状光谱时也是卓有成效的。与线系光谱不同，带状谱不是源于单个原子，而是源于分子。带状谱的谱线之所以如此丰富，是因为分子中原子核之间的相对振动以及整个分子的转动纠合在一起从而使运动变得复杂化。施瓦西最先将两条基本公设运用于这个问题，但赫林格(T. Heurlinger) 的重要工作则特别明确地揭示了带状谱的起源和结构。其中的思路可直接追溯到本文开始时提到的比耶鲁姆关于分子转动对气体的红外吸收线的影响的理论。的确，我们不再认为转动是按经典电动力学所要求的方式反映在光谱中的，而是认为谱线各成分产生于由转动带来的不同定态之间的跃迁。然而，这个现象之所以仍保留它的本质特性，则是对应原理的典型推断。

10. 元素的自然周期系

上面概述的有关光谱起源的思想为元素的原子结构理论奠定了基础。这一理论表明，正如自然周期系所展现的那样，它适于用来对元素性质的主要特征做出一般性解释。这一理论主要基于这样一种考虑：原子可以想象成是由电子逐个地被原子核俘获并束缚而建立起来的。正如我们看到的，元素的光学光谱为我们提供了这个建立过程的最后几步的证据。

由对光谱的更深入的研究所提供的这方面的信息可用图 8 来展示，它示意性地给出了与钾的电弧辐射谱所对应的定态运动轨道的表示。各曲线表示的是钾原子俘获最后一个电子时各定态的轨道形状，它们可看成是前 18 个电子已被束缚在各自正常轨道上之后第 19 个电子被束缚时的状态。为了不使这一图像复杂化，图中没有画出内电子的轨道，只用虚线圆圈画出了它们的活动区域。当原子有多个电子时，一般来说电子轨道都很复杂。然而，由于核周围力场的对称性质，每个电子的运动都可以近似描述为平面周期运动与轨道平面上的均匀转动的叠加。因此在一级近似下，每个电子的轨道呈双重周期性，需用两个量子数来确定，就像考虑到相对论进动时的氢原子的定态那样。

在图8中，与图5一样，电子轨道用符号 n_k 来表示，这里 n 是主量子数，k 是副量子数。对于量子数大的束缚过程的初态而言，最后俘获的电子的轨道完全处于先期束缚电子的轨道之外，但最后状态的实际情形却并非如此。因此，就钾原子而言，具有副量子数 2 和 1 的电子轨道，如图 8 中所示的那样，将部分地穿入内部区域。由于这种情况，轨道将严重偏离简单的开普勒运动图像，因为它们是由一系列相继的外圈组成，这些外圈都有相同的大小及形状，但每个圈相对于前一个圈均转过一个明显的角度。图中只画出了其中一个外圈。每个外圈都与开普勒椭圆的一部分密切重合，并如图 8 中所示的那样，它们与一系列性质复杂的内圈相连接，内圈中的电子离核很近。对副量子数是 1 的轨道，这种情形表现得尤为明显。仔细的研究表明，这个轨道比任何一个先束缚的电子离核更近。

考虑到这种贯穿到内部区域的情形，原子对这种轨道上的电子的束缚强度，将比氢原子中具有同样主量子数的轨道上的电子大得多，同时电子离核的最大距离也比氢的轨道上的情形小得多，尽管电子大部分是在与氢核周围具有同样性质

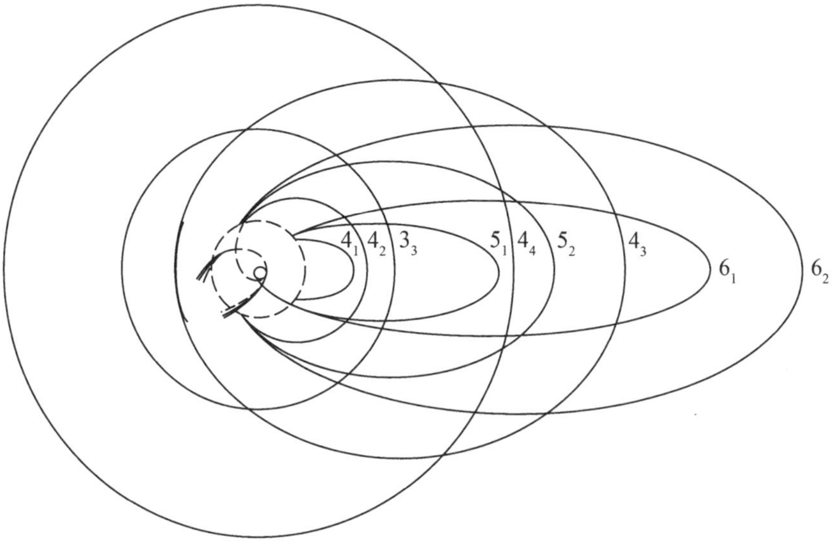

图 8

的力场中运动。我们将看到，多电子原子束缚过程的这种特征，对于理解周期系中显示出的元素的许多性质随原子序数变化的特征周期性是极为重要的。

附表(图 9) 概括了作者根据原子核逐次俘获和束缚电子的考虑得出的各元素的原子结构。不同元素符号前面的数字是原子序数，它给出中性原子中的电子总数。不同列中的数字给出与表头标注的主量子数和副量子数的值相对应的各轨道上的电子数。为简明起见，我们按照通常的用法，将具有主量子数 n 的轨道称作第 n 量子轨道。每个原子的第一个束缚电子所处的轨道与氢原子的基态相对应，其量子符号为 1_1。在氢原子中自然只存在一个电子，但我们必须假定，其他元素原子的下一个电子也将束缚于这个型为 1_1 的第 n 量子轨道上。如附表所示，后续电子被束缚在第 2 量子轨道上。起初，电子束缚在 2_1 轨道上，随后电子将束缚在 2_2 轨道上，到原子中束缚了前 10 个电子为止，我们得到了第 2 量子轨道的封闭构型，其中我们假定每种类型有 4 条轨道。这种构型首先出现在中性氖原子中，氖是元素系中第二周期的最后一个元素。我们继续做下去，后续电子将被束缚在第 3 量子轨道中，直到周期表的第 3 周期结束，我们才在第 4 周期的元素中第一次碰到第 4 量子轨道中的电子等。

这种原子结构的图像包括了以前的研究者的许多工作。因此，通过将电子分组的假设来解释周期系中元素之间的关系的尝试最早可追溯到 1904 年 J. J. 汤姆

	1_1	$2_1 2_2$	$3_1 3_2 3_3$	$4_1 4_2 4_3 4_4$	$5_1 5_2 5_3 5_4 5_5$	$6_1 6_2 6_3 6_4 6_5 6_6$	$7_1 7_2$
1 H	1						
2 He	2						
3 Li	2	1					
4 Be	2	2					
5 B	2	2(1)					
--	–	– –					
10 Ne	2	4 4					
11 Na	2	4 4	1				
12 Mg	2	4 4	2				
13 Al	2	4 4	2 1				
--	–	– –	– –				
18 Ar	2	4 4	4 4				
19 K	2	4 4	4 4	1			
20 Ca	2	4 4	4 4	2			
21 Sc	2	4 4	4 4 1	(2)			
22 Ti	2	4 4	4 4 2	(2)			
--	–	– –	– – –	–			
29 Cu	2	4 4	6 6 6	1			
30 Zn	2	4 4	6 6 6	2			
31 Ga	2	4 4	6 6 6	2 1			
--	–	– –	– – –	– –			
36 Kr	2	4 4	6 6 6	4 4			
37 Rb	2	4 4	6 6 6	4 4	1		
38 Sr	2	4 4	6 6 6	4 4	2		
39 Y	2	4 4	6 6 6	4 4 1	(2)		
40 Zr	2	4 4	6 6 6	4 4 2	(2)		
--	–	– –	– – –	– – –	–		
47 Ag	2	4 4	6 6 6	6 6 6	1		
48 Cd	2	4 4	6 6 6	6 6 6	2		
49 In	2	4 4	6 6 6	6 6 6	2 1		
--	–	– –	– – –	– – –	– –		
54 X	2	4 4	6 6 6	6 6 6	4 4		
55 Cs	2	4 4	6 6 6	6 6 6	4 4	1	
56 Ba	2	4 4	6 6 6	6 6 6	4 4	2	
57 La	2	4 4	6 6 6	6 6 6	4 4 1	(2)	
58 Ce	2	4 4	6 6 6	6 6 6 1	4 4 1	(2)	
59 Pr	2	4 4	6 6 6	6 6 6 2	4 4 1	(2)	
--	–	– –	– – –	– – – –	– – –	–	
71 Cp	2	4 4	6 6 6	8 8 8 8	4 4 1	(2)	
72–	2	4 4	6 6 6	8 8 8 8	4 4 2	(2)	
--	–	– –	– – –	– – – –	– – –	–	
79 Au	2	4 4	6 6 6	8 8 8 8	6 6 6		
80 Hg	2	4 4	6 6 6	8 8 8 8	6 6 6	2	
81 Tl	2	4 4	6 6 6	8 8 8 8	6 6 6	2 1	
--	–	– –	– – –	– – – –	– – –	– –	
86 Em	2	4 4	6 6 6	8 8 8 8	6 6 6	4 4	
87–	2	4 4	6 6 6	8 8 8 8	6 6 6	4 4	1
88 Ra	2	4 4	6 6 6	8 8 8 8	6 6 6	4 4	2
89 Ac	2	4 4	6 6 6	8 8 8 8	6 6 6	4 4 1	(2)
90 Th	2	4 4	6 6 6	8 8 8 8	6 6 6	4 4 2	(2)
--	–	– –	– – –	– – – –	– – – –	– – –	–
118 ?	2	4 4	6 6 6	8 8 8 8	8 8 8 8	6 6 6	4 4

图 9

孙的工作。随后，这种观点主要为科塞尔所发展(Kossel，1916)，他进一步将这种分组方法与对 X 射线谱规律的研究联系起来。

G. R. 刘易斯和 I. 朗缪尔也曾寻求过基于原子内电子组群来解释元素性质之间的关系。然而，这两位研究者假设电子不是绕核运动，而是占据平衡位置。因此他们没能在元素性质与有关原子结构的实验结果之间得出更密切的联系。事实上，即使电子与核之间的力近似遵从电荷之间的吸引和排斥规律，电子也不可能处在静态平衡位置。

基于这些后来的定律来解释元素性质的可能性表明，由量子理论建立起来的原子结构图像是相当有特色的。就这一图像而言，将电子分组与电子轨道按量子数递增来分类联系起来的思想，是基于莫塞莱发现 X 射线谱的规律以及索末菲对 X 射线的精细结构的研究工作而提出的。韦伽(Vegard)特别强调了这一点。几年前，他在研究 X 射线谱时提出了一种原子中电子的分组方法，这种方法在许多方面表现的与上表相似。

然而，只是在最近，这种原子结构图像的进一步发展的令人满意的基础，才通过对原子中电子的束缚过程的研究被建立起来。对于这种束缚，我们有光学光谱的实验证据，这种束缚的特征性质原则上已得到对应原理的阐明。正是在这一点上，对束缚过程起限制作用的基本条件(表现为原子正常态中存在具有较高量子数的电子轨道)才能够很自然地与定态之间发生跃迁的普适条件(由对应原理阐明)联系起来。

这个理论的另一个基本特点是，后束缚电子的轨道向先束缚电子的轨道区域的穿透对束缚的强度和轨道的大小有影响，我们在讨论钾光谱的起源时就已见识了这种影响。的确，这种情况可以被认为是元素性质具有周期性的根本原因，就是说，它意味着不同周期中的同族物质(比如碱金属)在原子尺寸和化学性质上所表现出的相似性，远大于直接比较最后束缚的电子轨道与氢原子中有同样量子数的电子轨道所能预期的相似性。

当我们沿着元素序列前进时遇到的那种主量子数的增大，也可直接用来解释在自然周期系中出现的偏离简单周期性的特征，图 1 中较后周期里那些被框起来的元素序列就表现出这种偏离。这种偏离首先出现在第 4 周期中，其原因可用钾原子中最后被束缚的那个电子的轨道图来简单地说明，钾是这个周期中的第一个元素。的确，在钾中，我们第一次遇到元素序列中的这种情况：在原子的正常态中，最后被束缚的那个电子的轨道主量子数要比较早束缚阶段的轨道主量子数大。在这里，正常态对应于4_1轨道，由于该轨道向内部区域贯穿，因此它对电子的束缚要比氢原子中第4量子轨道对电子的束缚强得多，实际上它甚至比氢原子第2量子轨道还要强，从而其强度是圆形的3_3轨道的两倍多。这个圆形的3_3轨道完全位于内部区域之外，它对电子的束缚强度与氢的第3量子轨道的束缚强度相差不大。然而，当我们考虑更高原子序数的物质中的第19个电子的束缚时，情况就不再如此了，这是因为先束缚的18个电子的区域内部的力场与区域外部的力场相差很小。对钙的火花光谱的研究表明，钙的4_1轨道对第19个电子的束缚只是比3_3轨道对电子的束缚稍强一些。而一旦趋近到钪，我们就必须假设此时3_3轨道代表的是正常态下第19个电子的轨道，因为这种类型轨道的束缚力要比4_1轨道更强。由于第2量子轨道中的电子群在第2周期末是完全占满的，因此第3量子轨道组态在第3周期中的占据的演化只能被描述为暂时完成。如附表所示，在第4周期的被框起来的元素中，这一电子群还将通过电子填充到第3量子轨道而经历进一步的发展阶段。

这种发展带来一些新的特征，即电子对第4量子轨道的占据进程将停下来，直到电子对第3量子轨道的占据达到它的最后闭合形式。虽然我们还不能从所有细节上说明第3量子轨道上的电子群是如何逐渐占据的，但我们仍然可以说，借助量子理论，我们立即能够看出为什么恰好是在元素系的第4周期中首次出现像“铁族”元素性质那样的彼此性质类似的相继元素。事实上，我们甚至能够理解为什么这些元素表现出众所周知的顺磁性质。早些时候，拉登堡(Ladenburg)在没有更多地论及量子论的情况下，就曾提出过将这些元素的化学性质和磁学性质与原子中内电子群的发展联系起来的思想。

我就不对更多细节做进一步讨论了，只想指出一点：我们在第5周期中遇到的奇特性质可以用类似于对待第4周期那样的方法来解释。因此，出现在附表中第5周期的方框中的那些元素的性质，取决于第4量子轨道上电子群的发展阶段。这个阶段始于4_3轨道电子进入正常态。在第6周期中，我们又遇到新的特征。在这个周期中，我们不仅遇到第5和第6量子轨道电子群的发展阶段，还遇到第4量子轨道电子群发展阶段的最后完成。这一发展阶段始于4_4型电子轨道第一次进入原子正常态，其特征是在第6周期中出现了奇异的元素族，即所谓“稀土”族。如我们所知，这些元素彼此的化学性质的相似程度要比铁族元素彼此间的相似程度还要大。这是因为这样一个事实：我们在这里遇到的情况与原子更深层的电子群的发展有关。有趣的是，这个理论还能很自然地解释这样一个事实：

这些元素，尽管在如此多的方面彼此相似，在磁性上却表现出很大的差异。

稀土元素的出现取决于内部电子群的发展这一概念，曾被人们从不同的角度提出过。在费伽的著作中可以发现这一概念。与我进行此项研究的同时，伯里（Bury）从朗缪尔的静态原子模型的观点出发来考察化学性质与原子内部电子分组之间的系统性联系后，也提出了这种思想。然而，虽然到目前为止，对于内部电子群的发展，我们还不能给出任何理论基础，但我们看到，我们对量子论的推广却为我们提供了一种绝非牵强的解释。的确，可以毫不夸张地说，即使稀土元素的存在没有被化学研究直接证实，我们也能从理论上预言，在元素周期系的第 6 周期中会出现具有这种性质的元素族。

当我们行进到第 7 周期时，我们第一次遇到第 7 量子轨道。我们预期将在这个周期中发现与第 6 周期本质上相像的特征，因为除了第 7 量子轨道发展的第 1 阶段外，我们必然预期能够看到第 6 或第 5 量子轨道电子群的进一步发展阶段。然而，直接证实这种预想是不可能的，因为只有第 7 周期中开头的几个元素是已知的。这种情况可能与大电荷量原子核的不稳定性有密切关系，这种不稳定性表现为原子序数高的元素普遍具有放射性。

11. X 射线谱和原子结构

在讨论原子结构概念时，我们一直把重点放在通过相继俘获电子形成原子的问题上。然而，如果不提及 X 射线谱的研究所提供的对这一理论的确认，我们的图像将是不完善的。由于莫塞莱的基础性研究因他的过早去世而中断，这些谱的研究便由伦德的西格巴恩（Siegbahn）教授以令人赞赏的方法而得以继续。在他和他的合作者获得的大量实验证据的基础上，最近我们已能对 X 射线谱进行分类，且这种分类可直接用量子理论来解释。首先，像光学光谱那样，X 射线谱的每条谱线的频率可以表示成相关元素特有的两光谱项之差；其次，可用下述假设——每个这样的光谱项与普朗克常数的乘积等于移走一个内电子所必须对原子做的功——将它与原子理论直接联系起来。事实上，按照前述俘获电子来形成原子的思想，从完整原子移走一个内电子会引起跃迁过程，移走电子所留下的空位将被束缚较松的电子群中的某个电子所占据，结果跃迁之后在束缚较松的电子群中留下一个空位。

于是，我们可将 X 射线谱线看成是原子在其内部受到扰动之后所经历的“重组”过程的各个阶段的表现。按照我们关于电子组态稳定性的观点，这种扰动必然是指从原子移去电子，或至少是指电子从正常轨道跃迁到具有比已填满电子的轨道更高量子数的轨道上去的过程。X 射线波段与光学波段在选择吸收上所表现出的特征性差异已清楚地表明了这一点。

前面我们提到索末菲和科塞尔的工作对 X 射线的分类做出了重大贡献。根据这种分类，最近我们已有可能通过仔细研究 X 射线谱中所出现的谱项随原子序数变化的方式来直接检验许多关于原子结构的理论结果。在图 10 中，横坐标是原子序数，纵坐标正比于光谱项的平方根，各谱项的符号 K，I，M，N，O 表示元素对 X 射线的选择吸收所特有的不连续性。这些结果最初是由巴克拉(Barkla) 发现的，当时还没有发现晶体的 X 射线干涉这种更精确的研究 X 射线谱的方法。虽然这些曲线总的来说都很平直，但它们还是表现出对直线的诸多偏离，最近特别是柯斯特(Coster) 的研究工作对此给予了关注，他在西格巴恩的实验室工作过几年。

直到上面讨论的原子结构理论发表之后，人们才发现存在这种偏离，且它们与理论的预言完全相符。图 10 横坐标下方的竖线表示在此处，按照理论，我们将首次预言，所标注类型的 n_k 轨道出现在原子的正常态中。我们已看出如何能够将每个光谱项的出现与一定类型的轨道电子的存在联系起来，这个光谱项显然就对应于该电子的移除。通常，每种类型的 n_k 轨道对应于不止一条曲线，这是因为光谱的复杂性(在这里讨论这种复杂性会使我们离题太远)，也可归因于同群中不同电子之间的相互作用所引起的电子运动对前述的简单类型运动的偏差。

在图 10 中，画在标有量子符号的两条竖线之间的横线表示元素周期系中的间隔。在这些间隔内，内电子群由于某种类型的电子轨道进入原子正常态而得到进一步发展。内电子群的这种发展在每条曲线上都有清楚的反映。特别是 N 曲线系和 O 曲线系可被认为是对第 4 量子轨道电子群的发展阶段的直接指示，稀土的出现就是很好的证明。虽然 X 射线谱完全没有反映出元素的大多数其他性质所表现出的复杂关系(而这正是莫塞莱的发现的典型且重要的特征)，但是从近几年的进展，我们仍然可以看出 X 射线谱与周期系中元素之间的普遍关系有着紧密的联系。

在结束报告之前，我想再谈一谈 X 射线的研究对检验理论的重要意义。这关系到迄今尚属未知的原子序数为 72 的元素的性质。在这个问题上，学界在从周期表的内在关系中可以得出什么样的结论方面是有分歧的，而且在周期表的许多种表示法中，都在稀土族为这号元素保留了空位。然而，在周期系的朱利叶斯·

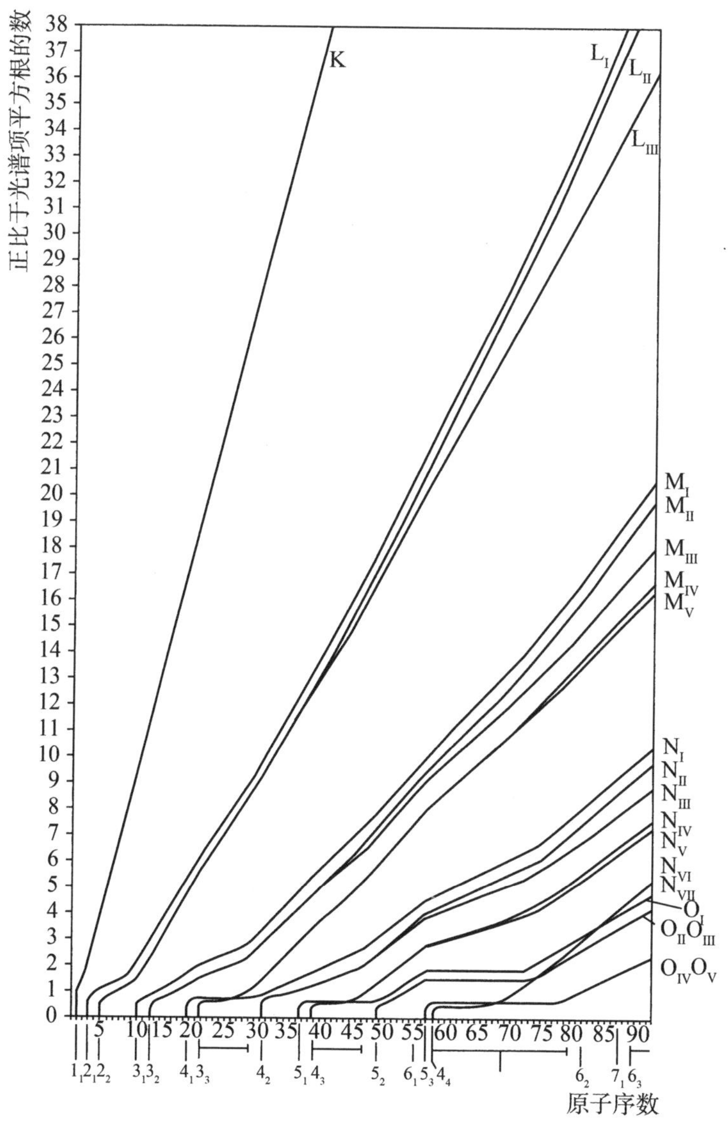

图 10

汤姆孙表示法中，这个假想元素被放在与钛、锆同族的位置，这与我们的图 1 给出的表示法相同。这种相互关系应被看作是上述原子结构理论发展的必然结论。在图 9 的表里，这一关系表现为这样一个事实：钛和锆的电子组态之间的相似性和差异与锆和原子序数为 72 的元素的电子组态之间的相似性和差异是一样的。伯里基于前述的他的原子中的电子群与元素性质之间存在联系的思想，也提出过相应的观点。

然而最近，多维利耶(Dauvillier)发表的文章宣称，在含稀土的一个样品的X射线谱中观察到了一些弱线，它们属于原子序数为72的、与稀土族中元素相同的一个元素。多年前于尔班(Urbain)也推测在他使用的样品中存在这种元素。然而，如果这个结论能够成立，那么它在理论上造成的困难即使不是不可克服的，也会是非常巨大的，因为这个结论要求电子的束缚强度随原子序数而变化，这与量子理论的条件似乎不相容。在这种情况下，在哥本哈根工作的科斯特博士和赫维西(De Hevesy)教授不久前研究了这个问题。他们采用X射线谱分析方法来检验含锆的矿物样品。这些研究已能确认，在所研究的矿物样品中确实存在少量的原子序数为72的元素。它的化学性质与锆非常相似，而与稀土的化学性质有明显的差别①。

我希望我已成功总结了近年来在原子理论领域取得的一些最重要的成果。最后我想再就评价这些结果的观点，特别是就我们能在“解释”这个词的日常意义下对这些结果“解释”到何种程度的问题，做些一般性的评论。所谓自然现象的理论解释，我们一般理解为借助于与其他观察领域的类比来对某领域的观察进行分类。而这个“其他观察领域”我们总是当然地将其作为简单现象来处理。人们对理论所能提出的要求至多不过是这种分类可以被推广得足够远，以至于能够通过预言新现象而对该观察领域的发展做出贡献。然而，当我们考虑原子理论时，我们便处在一种很特殊的境地——不存在上述意义的“解释”问题。因为这里碰到的现象，从本质上讲，要比任何其他观察领域的现象都简单，其他观察领域的现象总是以大量原子的综合作用为条件的。因此，我们对自己的要求必须恰当，必须满足于一些不提供直观图像的形式概念，尽管习惯上人们要求自然哲学所作的解释提供这种图像。了解了这一点之后，我想传递出这样一个印象：这些成果，从另一方面讲，至少在某种程度上满足了任何一种理论都抱有的那种期望。事实上，我一直试图说明原子理论的发展是如何对广阔的观察领域的分类做出了贡献。通过理论预言，它已经为完成这种分类指明了道路。然而，几乎无需强调，这个理论还处于很初级的阶级，许多基本问题还有待解决。

---

① 柯斯特和赫维西把这种新元素命名为铪，关于他们对这一元素的后续研究的结果，读者可参阅他们发表在1月20日，2月10日，2月24日和4月7日出版的《自然》上的文章。

第 3 章

下面几篇论文是量子力学发展过程中最核心的部分，它们的重要性怎么评价都不为过。在这些论文中，量子力学由最初松散的概念集合体转变为一种能够描述物理世界里众多现象的完全成熟的理论。如果不是因为这些论文所展现的思想，上世纪出现的许多技术革命都无从谈起。在本章中，我们从薛定谔的论文和海森伯的致辞中了解到这两种成熟、独立的量子力学理论是如何建立的。初看起来，这似乎是个问题：两种不同的理论如何能够描述同一个实在？1926 年，薛定谔本人证明了他的处理方法与海森伯的方法是等价的。

这里给出的海森伯的方法是他 1929 年在芝加哥大学作的系列讲座上给出的，他在 1933 年的诺贝尔获奖演说中对此作了总结。在海森伯理论里，可观察量，例如粒子的位置或能量，是由矩阵的平方来表示的。在数学上我们早已知道，矩阵的平方可由一组矢量(称为本征矢）和一组数(称为本征值）来刻画。在量子力学的海森伯矩阵表示里，本征值代表了该矩阵所表示的物理量的所有可能的实验观测值。例如，对应于粒子位置的矩阵本征值可以是该粒子能够占据的每一种可能的位置。当观测一经做出，某个本征值便被测得，相应的本征矢则代表了系统被观察后的即时的态。粒子的态被称为“塌缩”到由本征矢所代表的态。因此，测量这一动作本身改变了系统的态。这是量子力学最重要、最根本的结论之一。无论我们设计的实验多么精巧，我们永远不可能找到一种方法做到进行测量而不以某种方式改变系统的态。这个结论的数学表示就是海森伯的不确定性原理。

在数学上，矩阵乘法并不总是对易的。这意味着如果 **A** 和 **B** 是矩阵，那么 **A** 乘以 **B** 并不总是等同于 **B** 乘以 **A**。在海森伯的量子力学里，可观察量对应于矩阵，它们的非对易性相当于是说，测量一个量后再测量第二个量所得到的结果不同于先测量第二个量再测量第一个量所得到的结果。例如，先测量粒子的位置再测量其速度得到的值将不同于先测速度再测位置所得到的值。我们可以这样来理解这一结果：位置测量将改变初始态，故随后进行的速度测量是在改变后的状态下做出的，这样所得结果当然不同于在初态下测得的结果。我们对粒子的位置测得越精确，我们对态的改变就越厉害，因此我们就越不能知晓其初态时的速度。要同时对这二者进行测量是不可能的。这一思想对于当时的物理学家来说是极为革命性的。它要求他们放弃经典的粒子轨道概念（或称为粒子运动所取的路径）。当我们抛出一个球时，我们能够看清它的位置并测得它在路径上每一点的速度。但对于量子粒子这是不可能的。这种不可能性不是因为我们无力设计出足够精巧的实验，而是根植于自然的物理法则，海森伯的不确定性原理就是对这一法则的公式化。

在海森伯发表他的量子力学理论后不到一年，薛定谔以“作为本征值问题的量子化”为题，一连发表了 4 篇文章，提出了一种完全不同的方法。他的处理方法是受到爱因斯坦和德布罗意提出的波粒二象性的启发。在解释光电效应时爱因斯坦表明，电磁波可以像粒子一样起作用。德布罗意则更进一步，从理论上证明了凡那些明显被认为类似于粒子的物质皆可像波一样起作用。薛定谔接受了这一思想，并寻找可以描述物质的波动方程。在这 4 篇杰出文献的第一篇文献里，薛定谔对这个方程该是什么样进行了卓越的猜测。这个波动方程如今称为薛定谔方程。它确立了一种被用来导出量子体系在任意外力作用下的时间演化的方法。在量子力学里，它的地位相当于牛顿定律，后者是经典力学的基础性方程。薛定谔认识到，他可以用他的方程来求解氢原子中电子可能的态。在氢原子中，唯一的力是电子与核中质子之间的静电力。如果将他的方程的解与自旋（这个概念我们下一章里讨论）耦合起来，他便能够再次导出玻尔早先用平面模型来解释的氢原子光谱。玻尔的解释需要假定能量是量子化的，而这一点并没有很好的理论基础。现在，有了薛定谔和海森伯的量子理论，我们就能够理解为什么这个假定是必需的。所有这些细节综合一块儿形成了一种能够解释可观察世界里众多现象的量子理论。

量子理论的物理学原理(节选)*

沃纳·海森伯

英译者：卡尔·埃卡特 和弗兰克·C. 霍伊特

英文版序言

将海森伯教授的芝加哥讲座的讲义《量子理论的物理学原理》推介给更广大的读者是一件令人异常高兴的事儿。海森伯教授在新量子力学发展过程中的领袖地位早已为随这门学科的发展而成长的那一代人所熟知。事实上，正是他最先清楚地看到，在旧量子理论的形式下，我们用以描述光谱的原子机制并不能提供明确的知识；是他最先发现存在一种对光谱现象的解释(或至少是描述）方法，这种方法无须假设存在这种原子机制。同样，“不确定性原理”已成为所有大学里的一个常用短语。能有机会从提出这一原理的学者那里来学习这一原理的意义是一件特别幸运的事情。

新量子力学让我们对原子尺度上的事件有了更好的理解。它所显示的力量正变得越来越明显。氦原子结构，带状光谱的半整数量子数的存在，光电子在空间的连续分布和放射性崩解的现象，只需提及几个例子，我们就可以看出新理论的成就，因为这些问题都曾让旧的理论束手无策。虽然物理学史的这一篇章的书写毫无疑问还没有完成，但它已经发展到这样一个阶段，就是我们可以满意地停顿一下，回头看看走过的路，思考一下它的意义。在我们做这项研究时，我们的确很幸运有海森伯教授来指导我们的思想。

阿瑟·康普顿

---

* 本文基本完整收录了海森伯这份讲义除附录外的全部内容。但由于英文版原文未标出章节号，仅有标题名称，因此，为清楚起见，中译本为各章节标题添加了序号，并对正文中相应注录作了改动。——中译者注

序　言

这是我1929年春在芝加哥大学做的讲座。它使我有机会回顾一下量子理论的基本原理。自从玻尔在1927年的决定性研究以来，这些原理没有本质的变化，许多新的实验证实了这一理论的重要结果(例如，拉曼效应)。但即使在今天，物理学家对这些新原理的正确性的认识，与其说有清楚的理解，不如说更多的是出于一种信仰。出于这一考虑，我认为将这些芝加哥讲座结集成一本小书出版似乎是有道理的。

由于量子理论的形式化的数学工具可以在一些优秀的教科书中找到，而且很多人对这些数学公式要比对物理原理更熟悉，因此我将它们置于在书末，它们更像是一个公式集合①。在本教材中，我已尽力就目前可能只使用基本公式和计算。

在文中，我特别强调了粒子概念与波的概念的完全等价性。这一点清楚地反映在数学理论的新的公式中。书中在用词上反映出的“粒子”和“波”的对称性表明，根据二者中的某一个而不用另一个概念来讨论基本问题(如因果关系)是不会有任何收获的。我也试图尽可能明确地对时空中的波与位形空间下的薛定谔波做出区分。

总的来说，本书所包含的内容均可以从以前的出版物，尤其是玻尔的文献中找到。在我看来，如果它对传播“哥本哈根学派”的观点有所帮助的话，本书的目的就达到了。我想我可以这样来表达，这一观点一直指引着近代原子物理学的整个发展。

我要感谢的首先是芝加哥大学的C. 埃卡特和F. 霍伊特两位博士，他们不仅承担了繁重的英文翻译这一课前准备工作，而且在一些章节上对本书的改进做出了实质性的贡献，让我从他们的意见中受益匪浅。我还要感谢G. 贝克博士，他

① 英译者注：在英文版里，海森伯教授的量子理论的数学部分的讲座内容已充入更多细节。这似乎是必要的，因为一般变换理论的处理和波场的量子理论等内容在讲稿的准备期间还没有英文稿。前者在几本教材中已得到处理(F. U. Condonand P. M. Morse，*Quantum Mechanics*； A. E. Ruark and H. C. Urey，*Atoms*，*Molecules and Quantum*，均由McGraw－Hill出版公司出版)。

英文版还在其他几个地方与德文版有区别，但这些都不是重要的变化。

阅读了本书德文版的校样，并在手稿的准备过程中提供了宝贵的援助。

W. 海森伯
莱比锡
1930 年 3 月 3 日

1. 导言

1.1 理论和实验

物理学的实验及其结果可以用日常生活中的语言来进行描述。因此，如果物理学家并不需要一种理论来解释他的结果，就能够满足于譬如说对照相底片上出现的谱线的说明，那么一切就将非常简单，就没必要作认识论上的讨论。困难只是出现在你试图对结果进行分类和综合，试图在它们之间建立起因果关系——简言之，出现在构建理论上。这种综合过程不仅被应用于科学实验的结果，而且在岁月的进程中，被应用到日常生活中最简单的经验上，所有的概念都是以这种方式形成的。在这个过程中，实验证明的坚实基础经常被抛弃，理论概括则被全盘接受，直到理论与实验之间的矛盾最终变得明显为止。为了避免这些矛盾，似乎有必要要求，概念只能融入一个被实验验证了的理论，这种验证至少应达到该实验被该理论解释所需的相同的精度。不幸的是，实现这一要求是完全不可能的，因为最常见的想法和用词往往被排除在外。为了避免这些难以克服的困难，我们发现最好是将大量的概念未经严格证明就引入到一项物理理论中，然后让实验来决定哪些需要做必要的修正。

因此，正是狭义相对论的特性使得"测杆"和"时钟"等概念受到实验方面的严厉批评；这些普通概念里似乎包含了这样一个心照不宣的假设：存在（至少是原则上）以无限大速度传播的信号。当在自然界找不到这样的信号这一点变得很明显之后，在所有逻辑推理中消除这种默认的假设就成了需要完成的任务，其结果是对于原先看似不可调和的事实，人们找到了自洽的解释。对解释世界的经典概念的更激进的背离来自广义相对论。在这一理论里，只有时空中的符合概念是不加批判地被接受的。根据这一理论，日常语言（即经典概念）只适于描述那些在其中引力常数和光速的倒数可以被看作小到可忽略不计的实验。

虽然相对论对抽象思维能力的要求大大提高，但它仍然符合传统的科学要求，只要它允许将世界划分为主体与客体(观察者和被观察者)，从而有明确的因果律形式体系。正是在这一点上量子理论的困难开始显现。在原子物理学里，“时钟”和“测杆”的概念不需要立即考虑，因为这其中有大量的 $1/c$ 可以忽略不计的现象存在。另一方面，“时空符合”和“观察”等概念则确实需要彻底修正。接下来要讨论的重要特性是观察者与对象之间的相互作用。在经典物理理论里，我们总是要么假定这种相互作用小到可以忽略不计，要么假设其效应可以通过基于“可控”实验的计算从结果中剔除掉。这种假设在原子物理学里是不允许的。由于原子过程的不连续变化的特性，观察者和对象之间的相互作用将使得被观察系统变得不可控和大的改变。这种情况的直接结果是，通常每一项用以确定一些数值量的实验都会使另一些量的信息变得更为虚幻，因为对被观察系统的不可控的扰动改变了先前确定了的量的值。如果这种扰动出现在量化研究细节之后，那么在许多情况下，我们就不可能获得两个变量的同时值的准确确定，而是其精度有一个下限①。

对相对论提出批评的出发点是任何信号的传递速度都不能大于光速这一假设。类似地，某些变量可以同时确定的这个精度的下限可以被假定为自然法则(即以所谓的不确定性关系的形式)，并作为对后述主题提出批评的起点。这些不确定性关系给了我们一种限定随意使用经典概念的法则，这种限定对于自洽地描述原子过程是必需的。因此，我们将按照以下考虑来展开后文的讨论：首先，对描述原子实验所需引入的所有概念给出一般性介绍；其次，对这些概念应用范围加以限制；最后，证明这些受到限定的概念与量子理论的数学公式合在一起形成一个自洽的理论。

1.2 量子理论的基本概念

原子物理学的最重要的概念可以从下述实验中导出：

1.2.1 威尔逊②照片。放射性元素发出的 α 和 β 射线在穿越过饱和水蒸气时会引起微小液滴的冷凝。这些液滴不是随机分布，而是沿确定的径迹排布，在 α 射线的情形下(图 1)，这条径迹几乎是直线；而在 β 射线的情形下，则呈不规则的弯曲。存在径迹及其连续性表明，该射线可以被恰当地视为高速运动的微小粒子

① W. Heisenberg, *Zeitschrift für Physik*, **43**, 172, 1927.

② *Proceedings of the Royal Society*, A, **85**, 285, 1911; 亦见 *Jahrbuch der Radioaktivität*, **10**, 34, 1913.

流。如众所周知，这些粒子的质量和电荷可以由射线穿越电场和磁场时的偏转来确定。

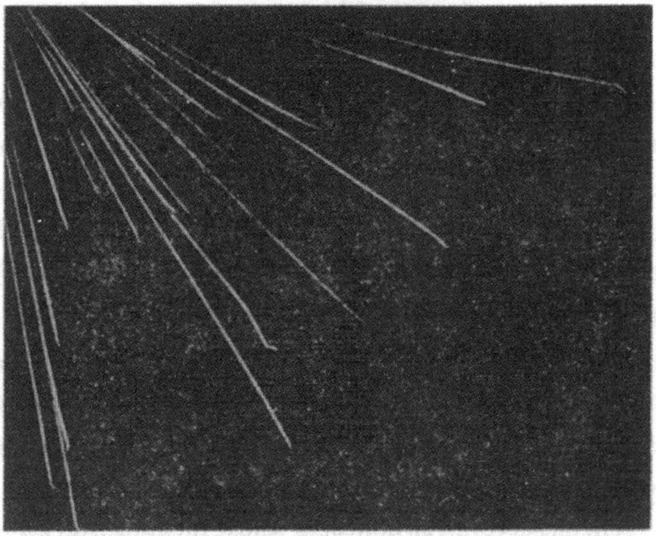

图1　威尔逊云室中的α粒子径迹。

1.2.2 物质波的衍射(戴维森和革末①；汤姆孙②；鲁普③)。β射线作为粒子流的概念在提出之后的15年里一直未受到任何挑战，但此后进行的另一系列实验表明，它们能够像波一样被衍射，并能够发生干涉。这些实验中的典型是G. P. 汤姆孙的实验。实验中一束中等能量的窄束人工β射线穿过一块薄的物质箔片。该箔片由随机取向的微小晶体组成，但每个晶体中的原子呈规则排列。接收到透射射线的照相底板上呈现黑化的环(图2)，就好像该射线是波，并受到微小晶体的衍射。这些波的波长可由环的直径和晶体结构参数来确定，发现它们满足关系式$\lambda = h/mv$，其中m是粒子的质量，v是粒子的速度，它们皆可由上述实验确定。类似的实验戴维森和革末、菊池④和鲁普也做过。

1.2.3 X射线衍射。一般来说，对光和电磁辐射做二象性解释是必要的。在牛顿反对光的波动说被驳倒，菲涅尔提出对干涉现象的解释之后，波动理论盛行

① *Physical Review*, **30**, 705, 1927; *Proceedings of the National Academy*, **14**, 317, 1928.

② *Proceedings of the Royal Society*, A, **117**, 600, 1928; A, **119**, 651, 1928.

③ *Annalen der Physik*, **85**, 981, 1928.

④ *Japanese Journal of physics*, **5**, 83, 1928.

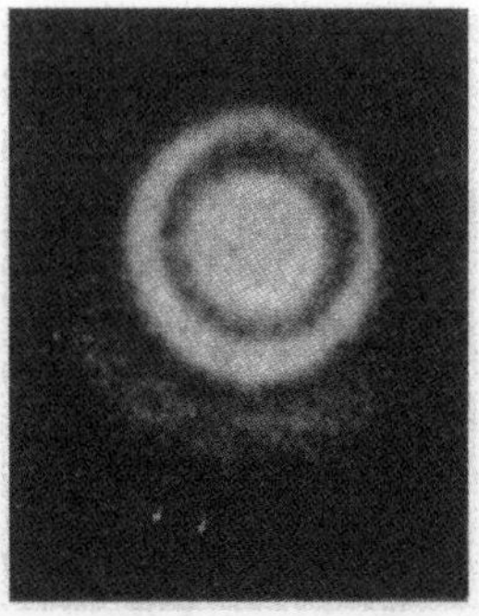

图 2　电子穿过薄的箔片时形成的衍射图案。

了许多年，直到爱因斯坦指出①勒纳德关于光电效应的实验只能用微粒理论来说明为止。爱因斯坦推测，假想粒子的动量与辐射的波长之间可由公式 $p = h/\lambda$ 联系起来(参见 §1.2.2)。两种解释的必要性在 X 射线的情形下变得特别明显：如果一束均匀的 X 射线穿过一块晶体，透射射线被照相底版接收到(图 3)，那么其结果很像 G. P. 汤姆孙的实验结果，由此可以得出结论，X 射线是一种波动形式，并有一个可确定的波长。

1.2.4 康普顿-西蒙实验②。当 X 射线束穿过过饱和水蒸气时，它被分子散射。散射的副产品是"反冲" 电子，这些电子显然具有相当大的能量，因为它们像 β 射线一样形成冷凝水滴的径迹。但这些径迹不是很长，其方向呈随机分布。它们显然是在区域内由穿过的初始 X 射线束引起的。散射的其他副产品是光电子，它也会留下冷凝水滴的径迹，只是径迹较长。在合适的条件下，这些径迹起始于初级 X 射线束外的点，但两种副产品不无联系。如果假定 X 射线束是由光粒子(光子) 流组成的，并且散射过程是光子与分子中的电子碰撞过程，其结果是电子在所观察的方向上反冲，爱因斯坦关于光子的能量和动量的假说可以用来计算出碰撞后光子的方向。这个光子随后又与第二个分子碰撞，并将其剩余能量传递给电子(光电子)。这个假设已经得到定量的验证(图 4)。

1.2.5 弗兰克-赫兹的碰撞实验③。当慢电子束以均匀速度穿过气体时，作为速度函数的电子电流在某个速度(能量) 值下会出现不连续的变化。这些实验的分析导致这样一个结论：该气体中的原子只能假定具有离散的能量值(玻尔假

① *Annalen der Physik*，**17**，145，1905.

② *Physical Review*，**25**，306，1925.

③ *Verhandlungen der Deutschen Physikalische Gesellschaft*，**15**，613，1913.

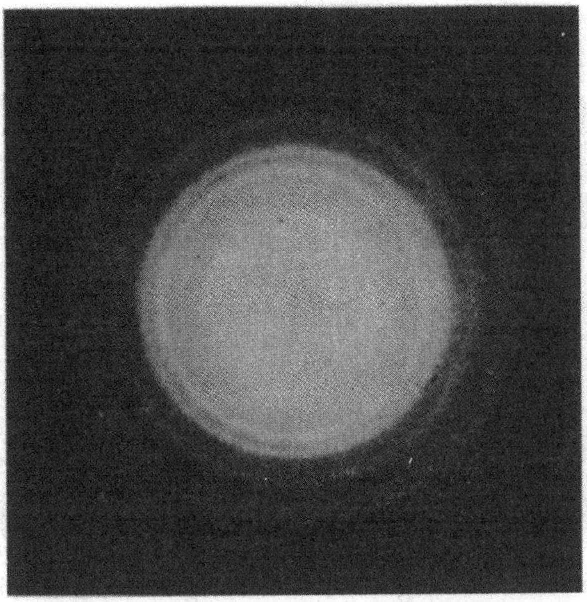

图 3　氧化镁(MgO) 粉末的 X 射线衍射图案。

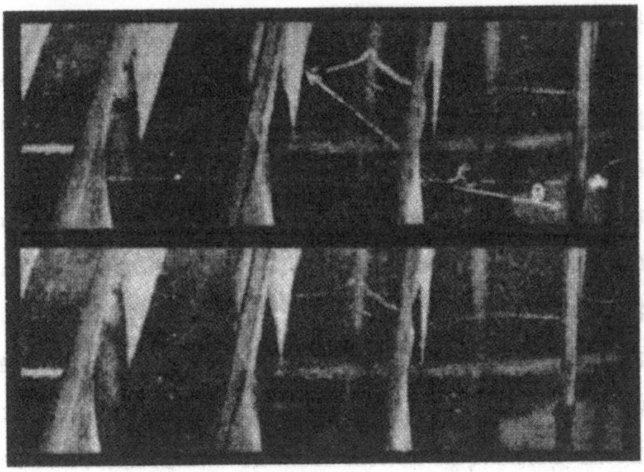

图 4　反冲电子和 X 射线打出的相关的光电子的照片。上面的照片有过润饰。

说)。当原子的能量是已知的，我们称之为“原子的定态”。当电子的动能太小，不足以使原子从其定态改变到较高的能态上时，电子与原子只能做弹性碰撞。但当动能大到足够用于激发时，一些电子就会将其能量传递给原子，所以作为速度函数的电子电流就会在临界区域内迅速变化。这些实验中所暗示的定态概念是对所有原子过程中的不连续性的最直接的表达。

从这些实验可以看出，物质和辐射都具有显著的二像性，因为它们有时表现出波的特性，在另一些时候则表现出粒子性。现在很明显，事物不可能既以波的形式运动，同时又由粒子组成 —— 这两个概念差异太大。我们确实可以提出这样的假定：两个独立的实体，一个具有粒子的所有属性，另一个具有波动的所有属性，二者以某种方式合并起来形成“光”。但是这样的理论无法带来两种实体之间的内在联系，而这种联系似乎是实验证据所要求的。事实上，实验只是确认了光在某些时候其行为表现出一些犹如粒子的属性，但没有实验能证明它具有粒子的所有属性。类似的断言对于物质和波动也成立。这一困难的结论是：实验导致我们形成的这两种心理图像 —— 粒子图像和波的图像 —— 都是不完全的，都只具有在极限情形下较为准确的类比上的有效性。常言说的好：“类比不能推得太远”，但这种类比被证明在描述那些我们用日常语言无法描述的事情上是有用的。光与物质都是单一实体，表观的二像性源自于我们的语言的局限性。

这并不奇怪，我们的语言不能够描述发生在原子中的过程，因为，正如前述，日常语言发明出来是为了描述日常生活的经验，这些生活经验反映的是由极其大量的原子参与其中的过程。此外，通过调整我们的语言使之适于描述这些原子过程是非常困难的。因为日常语词只能描述那些我们可以形成心理图像的事物，而这种能力同样也是日常经验的结果。幸运的是，数学语言不受此限制，我们可以发明一套数学方案 —— 量子理论 —— 它似乎完全足以处理原子过程。但从可具象的角度说，我们必须满足于两种不完整的类比 —— 波的图像和粒子图像。因此，这两种图像同时可适用性既是一项自然准则，用来确定每种类比可以被“外推”得有多远；又构成概念批评的明显的起点，这些概念在原子理论的发展过程中已成为其中的一部分，因为，很明显，对二者不加批判的外推将导致矛盾。通过这种方式，我们通过考虑波的概念获得了粒子概念的限定范围。正如N. 玻尔所阐明的①，这是粒子的坐标与动量之间不确定性关系的一个非常简单的推导的基础。同样，我们也可以通过与粒子概念的比较来推出波的概念的限定范围。

必须强调的是，如果不借助量子理论的数学工具，这种批评是无法彻底地进行的，因为在历史上后者的发展发生在物理原理的阐明之前。但为了避免过多的数学模糊了本质关系，将这些形式体系放到附录里似乎更可取。那里给出的对数

---

① *Nature*, **121**, 580, 1928; *Naturwisenschaften*, **16**, 245, 1928.

学原理的阐述未必十分完整，只是为读者提供一些公式，但它们对于本文中的证明是至关重要的。这个附录中的公式在正文中的著录格式为A(16)，等等。

2. 对物质微粒理论的物理概念的批评

2.1 不确定性关系

速度、能量等概念，已经从关于日常对象的简单实验中得到发展。在这些实验中，宏观物体的力学行为可以用日常语言来描述。随后，这些相同的概念被用于描述电子，因为在某些基础性实验中，电子表现出犹如普通经验里的物体的力学行为。但是，如众所周知，这种相似性只存在于某些有限范围的现象中，因此这种微粒理论的可适用性必须以相应的方式受到限制。根据玻尔的观点①，这种限制可以从下述原理推断出来——原子物理过程可以按波或粒子的图像被同等地看待。因此，"已知电子在时刻t在一定精度Δx范围内的位置②"这一陈述可以按波包的图像理解为在适当广延Δx范围内波包的位置。这里"波包"是指一种波状的扰动，其幅度仅在有限区域内明显不为零。一般来说，这个区域处在变动中，其大小和形状在不断变化，即扰动在传播。电子的速度对应于波包的速度，但后者不能被精确限定，因为它处于弥散状态。这种不确定性被认为是电子的一个基本特征，而不是作为波图像不适用的证据。如果我们将动量定义为$p_x = \mu v_x$（其中μ为电子质量，v_x为速度的x分量），那么速度上的这种不确定性将导致p_x的不确定性Δp_x。从最简单的光学定律，加上经验上公认的法则$\lambda = h/p$，可以很容易地证明有

$$\Delta x \Delta p_x \geqslant h. \tag{1}$$

假设波包是由一系列平面正弦波的叠加构成的，所有的波都具有近似λ_0的波长，那么，粗略地说，$n = \Delta x/\lambda_0$个波峰或波谷就会落入波包的边界范围内。在边界外，部分平面波必定干涉相消。这是可能的，当且仅当波包的分量波中至少有$n+1$个波落入临界范围内。使得

$$\frac{\Delta x}{\lambda_0 - \Delta\lambda} \geqslant n + 1,$$

① N. Bohr, *Nature*, **121**, 580, 1928.

② 以下的考虑同样适用于电子的3个空间坐标的任意一个，因此这里只对其中一维给予明确处理。

其中 $\Delta\lambda$ 是表示该波包所必须的波长的大致范围。因此有

$$\frac{\Delta x \Delta\lambda}{\lambda_0^2} \geqslant 1. \tag{2}$$

另一方面，波的群速度(即波包的速度) 由附录式 A(85) 知

$$v_g = \frac{h}{\mu\lambda_0}, \tag{3}$$

因此波包的扩展由速度范围刻画

$$\Delta v_g = \frac{h}{\mu\lambda_0^2}\Delta\lambda.$$

根据定义 $\Delta p_x = \mu\Delta v_g$，并且因此由公式(2) 得

$$\Delta x \Delta p_x \geqslant h.$$

这个不确定性关系规定了粒子图像可应用的极限。超出由公式(1) 给定的精确度范围，谈论“位置”和“速度”的任何用词，就像运用意义不明的用词一样，都是毫无意义的①。

这种不确定性关系也可以不明确采用波的图像来导出，因为它们很容易从量子理论的数学框架及其物理解释中获得②。电子的坐标 q 的任何信息可由概率幅 $S(q')$ 来表示，$|S(q')|^2 dq'$ 表示在 q' 与 $q' + dq'$ 之间找到电子的坐标数值的概率。令

$$\bar{q} = \int q' |S(q')|^2 dq' \tag{4}$$

是 q 的平均值。于是由下式定义的 Δq

$$(\Delta q)^2 = 2\int (q' - \bar{q})^2 |S(q')|^2 dq' \tag{5}$$

可称为电子位置的不确定性。完全类似地，$|T(p')|^2 dp'$ 表示在 p' 与 $p' + dp'$ 之间找到电子动量的概率。同样，$\bar{p}$ 和 Δp 可定义为

$$\bar{p} = \int p' |T(p')|^2 dp', \tag{6}$$

---

① 在这方面应该特别记住，人类的语言允许存在不包含任何后果的句子结构，因此这样的句子没有内容可言——尽管事实上这些句子能让我们的想象产生某种图像，例如下述陈述：在我们的世界之外存在着另一个世界，原则上我们无法与之取得任何联系。这样的陈述不会导致任何实验结果，但它能在脑海中产生一种图像。显然，这种陈述既不能证明也不能证伪。我们在使用诸如“实在”、“其实”等用词时要特别小心，因为这些词经常导致上述这类陈述。

② Kennard, *Zeitschrift für Physik*, **44**, 326, 1927.

$$(\Delta p)^2 = 2\int (p' - \bar{p})^2 \,|\, T(p') \,|^2 \mathrm{d}p'. \tag{7}$$

由公式 A(169)，概率幅之间关系由下式给出：

$$\left.\begin{aligned} T(p') &= \int S(q') R(q'p') \mathrm{d}q', \\ S(q') &= \int T(p') R^*(q'p') \mathrm{d}p', \end{aligned}\right\} \tag{8}$$

其中 $R(q', p')$ 是将希尔伯特空间下的 q 对角阵变换到 p 对角阵的变换矩阵。由公式 A(41) 我们有

$$\int p(q'q'') R(q''p') \mathrm{d}q'' = \int R(q'p'') p(p''p') \mathrm{d}p'',$$

由公式 A(42)，上式等价于

$$\frac{h}{2\pi i} \frac{\partial}{\partial q'} R(q'p') = p' R(q'p'), \tag{9}$$

其解为

$$R = c e^{\frac{2\pi i}{h}} p' q'. \tag{10}$$

经过归一化，知其中 c 的值为 $1/\sqrt{h}$。因此 Δp 和 Δq 的值不是彼此独立的。为了进一步简化计算，我们引入下列代换：

$$\left.\begin{aligned} & x = q' - \bar{q},\ y = p' - \bar{p} \\ & s(x) = S(q') e^{\frac{2\pi i}{h}} \bar{p} q', \\ & t(y) = T(p') e^{-\frac{2\pi i}{h} \bar{q}(p' - \bar{p})}. \end{aligned}\right\} \tag{11}$$

于是公式(5) 和(7) 变成

$$(\Delta q)^2 = 2\int x^2 \,|\, s(x) \,|^2 \mathrm{d}x, \tag{5a}$$

$$(\Delta p)^2 = 2\int y^2 \,|\, t(y) \,|^2 \mathrm{d}y, \tag{7a}$$

而式(8) 变成

$$\left.\begin{aligned} t(y) &= \frac{1}{\sqrt{h}} \int s(x) e^{\frac{2\pi i}{h} xy} \mathrm{d}x, \\ s(x) &= \frac{1}{\sqrt{h}} \int t(y) e^{-\frac{2\pi i}{h} xy} \mathrm{d}y. \end{aligned}\right. \tag{8a}$$

结合式(5a)，(7a) 和(8a)，$(\Delta p)^2$ 的表达式便可变换，给出

$$\begin{aligned}\frac{1}{2}(\Delta p)^2 &= \frac{1}{\sqrt{h}}\int y^2 t^*(y)\,\mathrm{d}y\int s(x)e^{\frac{2\pi i}{h}xy}\mathrm{d}x,\\ &= \frac{1}{\sqrt{h}}\int t^*(y)\,\mathrm{d}y\int s(x)\left(\frac{h}{2\pi i}\frac{\mathrm{d}}{\mathrm{d}x}\right)^2 e^{\frac{2\pi i}{h}xy}\mathrm{d}x,\\ &= \frac{1}{\sqrt{h}}\left(\frac{h}{2\pi i}\right)^2\int t^*(y)\,\mathrm{d}y\int \frac{\mathrm{d}^2 s}{\mathrm{d}x^2}e^{\frac{2\pi i}{h}xy}\mathrm{d}x,\\ &= \left(\frac{h}{2\pi i}\right)^2\int s^*(x)\,\frac{\mathrm{d}^2 s}{\mathrm{d}x^2}\mathrm{d}x,\end{aligned}$$

或

$$\frac{1}{2}(\Delta p)^2 = \frac{h^2}{4\pi^2}\int\left|\frac{\mathrm{d}s}{\mathrm{d}x}\right|^2\mathrm{d}x. \tag{12}$$

现在

$$\left|\frac{\mathrm{d}s}{\mathrm{d}x}\right|^2 \geqslant \frac{1}{(\Delta q)^2}|s(x)|^2 - \frac{\mathrm{d}}{\mathrm{d}x}\left(\frac{x}{(\Delta q)^2}|s(x)|^2\right) - \frac{x^2}{(\Delta q)^4}|s(x)|^2, \tag{13}$$

通过重新安排前述关系式可证明上式成立：

$$\left|\frac{x}{(\Delta q)^2}s(x) + \frac{\mathrm{d}s}{\mathrm{d}x}\right|^2 \geqslant 0. \tag{13a}$$

因此由式(12) 我们有

$$\left.\begin{aligned}&\frac{1}{2}(\Delta p)^2 \geqslant \frac{1}{2}\frac{h^2}{4\pi^2}\frac{1}{(\Delta q)^2},\\ \text{或}\quad &\Delta p\Delta q \geqslant \frac{h}{2\pi},\end{aligned}\right\} \tag{14}$$

它有待证明。式(14) 里等号仅当式(13a) 的左边为零时成立，即当

$$\left.\begin{aligned}&s(x) = ce^{-\frac{x^2}{2(\Delta q)^2}},\\ \text{或}\quad &S(q') = ce^{-\frac{(q'-\bar{q})^2}{2(\Delta q)^2}-\frac{2\pi i}{h}\bar{p}q'}\end{aligned}\right\} \tag{15}$$

时成立。其中 c 是任意常数。因此，高斯概率分布使乘积 $\Delta p\Delta q$ 取其最小值。

必须再次强调的是，这一证明在数学内容上与本节开头基于原子现象的波粒二象性图像给出的证明并没有什么不同。先前的证明，如果要精确地进行，也将包括式(4)—(14) 的所有公式。而这里的证明，从物理上说，似乎比先前的证明更为一般。因为先前的证明是在 x 是笛卡尔坐标这一假设下进行的，而且只是具体针对自由电子，因为证明里用到了关系式 $\lambda = h/\mu v_g$。另一方面，公式(14) 适

用于任何一对正则共轭坐标 p 和 q。但式(14) 的这种更大的一般性更多的是表观上的。正如玻尔强调的①，如果对电子的坐标的测量是完全可能的，那么电子必定是自由的。

2.2 不确定性关系的展示

不确定性原理是指量子理论中不同物理量的值能够被同时确定的可能性的不确定程度。它不限定对某个量单独测量的精度，例如仅作位置测量或仅作速度测量的精度。因此，假设自由电子的速度被精确测知，那么其位置就是完全未知的。故不确定性原理指出，对电子位置的每一次后续观察都将改变其动量，改变量的大小及其不确定性程度，取决于进行实验操作后我们对电子运动的掌握程度，二者间关系受到不确定性关系的限制。如果用简洁、一般性的术语来表达，就是说，每一次实验都破坏了前次实验所获得的系统的信息。下述表述讲得很清楚：不确定性关系不是指过去；如果电子的速度在开始时是已知的，然后对其位置做精确测定，那么在此次测量前不同时刻的位置是可以被计算出来的。而对于这些多次给出的过去的量，$\Delta p\Delta q$ 小于通常的限定值，但这种过去的信息纯粹是推测性的，因为它永远不能(由于位置测量引起的动量的未知改变) 被用作计算电子未来进程的初始条件，因此也不能得到实验验证。这样一种涉及电子过去历史的计算是否可归因于物理实在，是个人信念的问题。

2.2.1 自由粒子位置的确定。作为粒子的动量信息因仪器确定粒子的位置而遭到破坏的第一个例子，我们来考虑显微镜的使用②。让粒子在显微镜下移动这样一个距离，该距离散射的光线锥对物镜的张角为 ε。如果 λ 是照射在粒子上的光的波长，那么，根据刻画光学仪器分辨力的光学定律，x 坐标测量的不确定性(参照图 5) 为：

$$\Delta x = \frac{\lambda}{\sin \varepsilon}. \tag{16}$$

但是，对于任何可能的测量，至少有一个光子必须被电子散射，并通过显微镜进入观察者的眼睛。从这个光子上，电子受到量级 h/λ 的康普顿反冲。该反冲不可能精确测知，因为散射光子的方向在进入显微镜的光线集束中是不确定的。因此，反冲在 x 方向上的不确定性的大小为

---

① 引文同前。

② N. Bohr，引文同前。

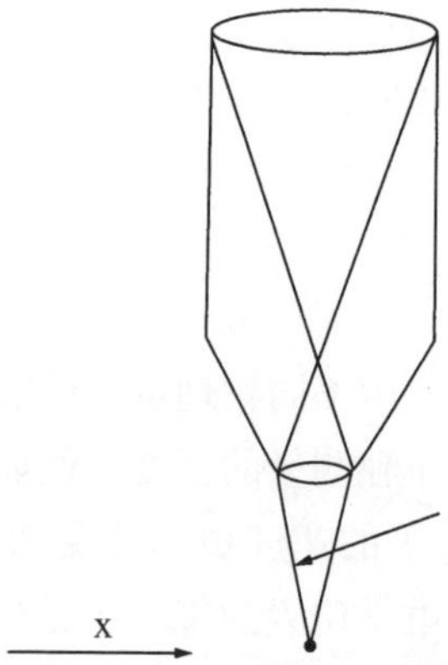

图 5

$$\Delta p_x \sim \frac{h}{\lambda}\sin\varepsilon, \tag{17}$$

对于实验操作后的运动，有

$$\Delta p_x \Delta x \sim h. \tag{18}$$

对于这样的考虑可能会有异议。反冲的不确定性源自光量子在光束内路径的不确定性，我们可以通过让显微镜可移动来寻求确定这一路径，并测量它受到的光量子的反冲。但是，这并不能绕过不确定性关系，因为它立即会引出显微镜位置的问题，它的位置和动量同样也受到公式(18) 的制约。如果通过移动显微镜可以同时观察到电子和固定标尺，那么显微镜的位置就不需要考虑。这看似可以逃过不确定性原理。但这一观察至少需要有两个光量子同时通过显微镜到达观察者 —— 一个来自电子，另一个来自标尺 —— 显微镜的反冲的测量不再足以确定被电子散射的光的方向。并且这种论证呈循环往复。

人们还可以尝试通过测量显微镜产生的衍射图案的最大值来提高测量精度。而这么做的唯一可能的条件是许多光子协同工作，并且计算表明，当 m 个光子产生条纹时，x 的测量误差被减小到 $\Delta x = \frac{\lambda}{\sqrt{m}\sin\varepsilon}$。另一方面，每个光子都对电子动量的改变有贡献，其结果是 $\Delta p_x = \frac{\sqrt{m}h\sin\varepsilon}{\lambda}$（独立误差之和）。因此并不能避开关系式(18)。

前面讨论的特点是在推导中同时采用了光的粒子说和波动说，因为，一方面，我们谈论到（仪器的）分辨本领；另一方面，又谈到光子和光子与所考虑粒子碰撞引起的反冲。这是就迄今所涉的光的理论而言，在下面的考虑中将避免这种做法。

如果电子被调制到穿过宽度为 d 的狭缝(图 6)，那么它们在缝宽方向上的坐标，在穿越狭缝后的一刹那便是已知的，其精确度为 $\Delta x = d$。如果我们假设，在这个方向上的动量在穿过狭缝之前为零(正入射)，那么似乎不确定性关系在此不满足。但是电子也可以被认为是一个平面德布罗意波，这样立刻就看得很清楚，狭缝必然产生衍射现象。出射束有一个有限的发散角 α，其大小由简单的光学定律可知为

$$\sin \alpha \sim \frac{\lambda}{d}, \tag{19}$$

其中 λ 是德布罗意波的波长。因而电子在平行于屏幕方向上的动量在穿过狭缝后是不确定的，其不确定性的大小为

$$\Delta p = \frac{h}{\lambda}\sin \alpha. \tag{20}$$

由于 h/λ 是电子在束方向上的动量，于是，由 $\Delta x = d$，知

$$\Delta x \Delta p \sim h.$$

在这个讨论中，我们避免了光的二象性，但广泛利用了两种电子理论。

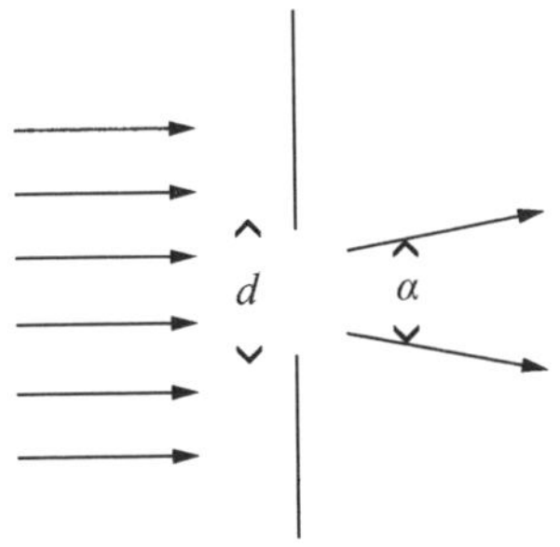

图 6

作为确定位置的最后一种方法，我们来讨论公认的观察 α 射线产生的闪烁荧光的方法。这种观察的对象可以是它们在荧光屏上留下的光点，也可以是其在威尔逊云室留下的轨迹。这些方法的关键点在于，粒子的位置由原子的电离来显示；很明显，这种测量的精确度的下限由原子的线度 Δq_s 给出，并且撞击粒子的动量在电离作用期间被改变。由于从原子打出的电子的动量是不可测量的，因此撞击粒子的动量变化的不确定性就等于 Δp_s，当在其未电离轨道上运动时，其动

量就在该范围内变动。这种动量的变化与原子的大小之间同样有下述不等式成立：

$$\Delta p_s \Delta q_s \geqslant h.$$

事实上，后面的讨论将显示，更一般的有①

$$\Delta p_s \Delta q_s \sim nh.$$

其中 n 是相关定态的量子数(参见下述 §2.2.3)。因此，不确定性关系也支配着这种类型的位置测量。在这里，处理的二象性退居幕后，而不确定性关系似乎更像是玻尔确定定态的量子化条件的结果，而不是量子化条件本身是二象性的一种自然表现。

2.2.2 自由粒子的速度或动量的测量。速度测量的最简单和最根本的方法取决于粒子在两个不同时刻的位置的确定。如果两次位置测量之间的时间间隔的跨度足够大，那么无须测量第二遍就能够以任何所需精度确定速度，但是对物理学家来说，重要的是这一测量之后的速度，而这个速度是不能精确测定的。这样，由最后一次观测必然产生的动量的改变同样服从这一不确定性，不确定性关系像上一节所证明的那样再次得到应验。

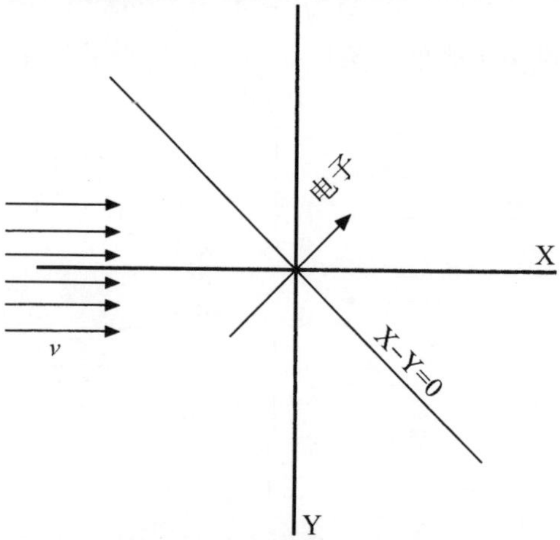

图 7

另一种常见的确定带电粒子速度的方法是利用多普勒效应。图 7 示意了这一测量的基本实验安排。假设电子动量的分量 p_x 已知，且具有理想的精确度，因此

① N. Bohr，引文同前。

其 x 坐标完全未知。另一方面，假定电子的 y 坐标被精确测定，相应地 p_y 未知。因此，问题是如何确定 y 方向上的速度，可以证明，这一测量将使 y 坐标的信息被破坏到不确定性关系所要求的程度。我们可以假定光沿 x 轴入射，在 y 方向上观察到散射光。(应当指出，如果电子沿直线 $x-y=0$ 运动，那么在这些条件下多普勒效应为 0。)在这种情形下，多普勒效应的理论等同于康普顿效应理论，这一点只需运用电子和光量子的能量和动量守恒定律即可得证。令 E 表示电子的能量，ν 为入射光的频率，并用撇号“′”来区分同一个量在碰撞前后的值，我们有

$$\left.\begin{aligned} &h\nu + E = h\nu' + E',\\ &\frac{h\nu}{c} + p_x = p'_x,\\ &p_y = \frac{h\nu'}{c} + p'_y \end{aligned}\right\} \tag{21}$$

而

$$\left.\begin{aligned} h(\nu-\nu') = E' - E, &\\ &= \frac{1}{2\mu}[p'^2_x + p'^2_y - p^2_x - p^2_y],\\ &\sim \frac{1}{\mu}[(p'_x - p_x)p_x + (p'_y - p_y)p_y],\\ &= \frac{1}{\mu}\left[\frac{h\nu}{c}p_x - \frac{h\nu'}{c}p_y\right],\\ &\sim \frac{h\nu}{\mu c}(p_x - p_y) \end{aligned}\right\} \tag{22}$$

由于假设了 p_x 和 ν 已知，因此测定 p_y 的精度仅由散射光的频率 ν' 的测量精度确定：

$$\Delta p'_y = \frac{\mu c}{\nu}\Delta\nu'. \tag{23}$$

为了以此精度确定 ν'，有必要观察一列有限长度的波，这反过来又要求一段有限的时间：

$$T = \frac{1}{\Delta\nu'}.$$

由于在这段时间的开头和结束光子是否与电子碰撞是未知的，因此在这段时间内

电子是否以速度 $(1/\mu)p_y$ 或$(1/\mu)p'_y$ 运动也是未知的。因此，由此产生的电子的位置的不确定性为

$$\Delta y = \frac{1}{\mu}(p_y - p'_y)T = \frac{h\nu}{c\mu}T,$$

故有

$$\Delta p_y \Delta y \sim h.$$

速度测量的第三种方法取决于带电粒子被磁场的偏转。为此目的，粒子束必由狭缝限定，狭缝的缝宽用 d 来表示。接着这一射线束进入一个均匀磁场，磁场的方向取垂直于图 8 的平面。射线在磁场区域的长度设为 a，离开这个区域后，射线穿过一段长度为 l 的无磁场区域，然后通过第二个宽度为 d 的狭缝穿出，其位置决定了偏转角 α。粒子在束方向上的速度由下式确定

$$\alpha = \frac{\frac{a}{v}He\frac{v}{c}}{\mu v} = \frac{aHe}{\mu vc} \tag{24}$$

相应的测量误差有下述关系：

$$\Delta\alpha = \frac{aHe}{\mu c}\frac{\Delta v}{v^2}$$

可以假定，粒子在射线方向上的位置最初被非常精确地确定。这是可以实现的，例如通过仅在非常短的时间间隔内打开第一道狭缝。但同样可证明，这些信息在实验过程中将以这样一种方式丢失：实验操作后所测量的不确定性满足关系式 $\Delta p \Delta q \sim h$。首先，使角度 α 得以确定的精确度明显为 $d/(l+a)$，但即使这个精度也只能在仅当射线的天然德布罗意散射角小于这个角的情形下实现。因此，

$$\Delta\alpha \geqslant \frac{d}{l+a},\ \Delta\alpha \geqslant \frac{\lambda}{d},$$

故有

$$(\Delta\alpha)^2 \geqslant \frac{\lambda}{l+a}.$$

射线中粒子的位置在实验操作后的不确定性等于穿过磁场并到达第二个狭缝所需时间与速度不确定性的乘积。即

$$\Delta q \sim \frac{l+a}{v}\Delta v,$$

故

$$\begin{aligned}\Delta q \Delta v &\sim \frac{(l+a)}{v}(\Delta v)^2,\\ &\sim \frac{(l+a)}{v}\left(\frac{\mu c v}{a H e}\right)^2(\Delta\alpha)^2,\\ &\geqslant \frac{\lambda}{v}\left(\frac{\mu c v^2}{a H e}\right)^2.\end{aligned}$$

圆括号里的项等于 v/α，且有 $\lambda = h/\mu v$，因此

$$\mu \Delta q \Delta v \geqslant \frac{h}{\alpha^2} \geqslant h,$$

因为公式(24)仅在α取小的值时方才有效。对于大角度偏转，这个推导需要很大的修改。必须记住，其他事项除外，这里所述的实验并不区分 $\alpha = 0$ 和 $\alpha = 2\pi$。

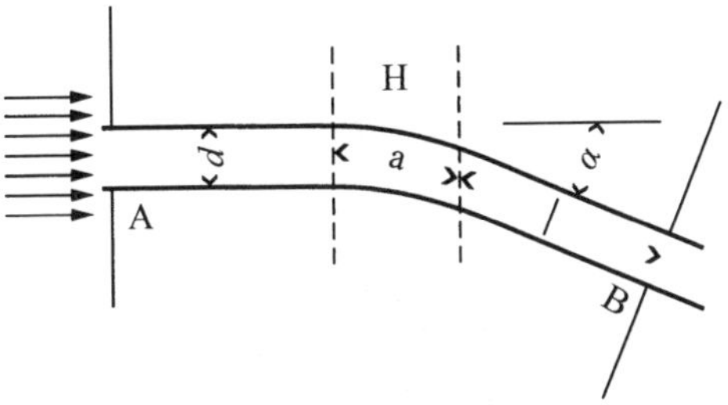

图 8

2.2.3 束缚电子。如果我们需要推导束缚电子的位置q与动量p的不确定性关系，有两个问题必须明确加以区分。第一个问题是假设系统的能量，即其定态能量，是已知的，然后问隐含在这一能量信息里(或与此兼容)的 p 和 q 的信息的准确性是多少；第二个问题提法不同，不管系统能量是否能够确定，而仅仅是问 p 和 q 同时可知的最大精确度是多少。在这第二种情形下，测量 p 和 q 所需的实验可能引起系统从一个定态跃迁到另一个定态；而在第一种情形下，测量方法必须选择得使这种跃迁不会发生。

我们详细考虑第一个问题。假定原子处于给定的定态。正如玻尔已证明的①，微粒理论将迫使我们得出结论，一般说来 $\Delta p \Delta q$ 大于 h。因为显而易见，我们关心的是当电子作轨道运动时其 p 和 q 的变化，它遵循

$$\int p \mathrm{d} q = nh, \tag{25}$$

① 同上。

即

$$\Delta q_s \Delta p_s \sim nh. \qquad (26)$$

从经典力学给出的相空间下的轨迹图(图9)很容易理解这一点。积分是在由轨道形成的闭区域上进行，$\Delta p_s \Delta q_s$ 显然有相同的量级。伴随这些不确定性的下标 s 只是要表明它们不是这些量的绝对最小值，而是当原子的定态信息同时精确已知这一情形下的特定值。这种不确定性具有实用上的特殊重要性，例如，在讨论用闪烁计数方法计数 α 粒子(§2.2.1)的情形下。在经典理论里，将它看成是基本的不确定性似乎有点奇怪，因为接下来的实验可以在不扰动轨道的条件下进行。然而量子理论表明，能量的信息是一种“确定的情形”①，即一种(在位形空间下)可由确定的波包的数学表达式来表示的情形，其中没有任何待定常数。这种波包是定态的薛定谔函数。如果对这个波包做16—19页的计算(即公式(4)—(14)式的计算——中译注)，我们将发现，$\Delta p_s \Delta q_s$ 的值将大一个特征函数所具有的节点数因子。如果我们在公式(12)里考虑函数 s，它具有 n 个节点，那么计算将表明

$$\Delta p_s \Delta q_s \sim nh.$$

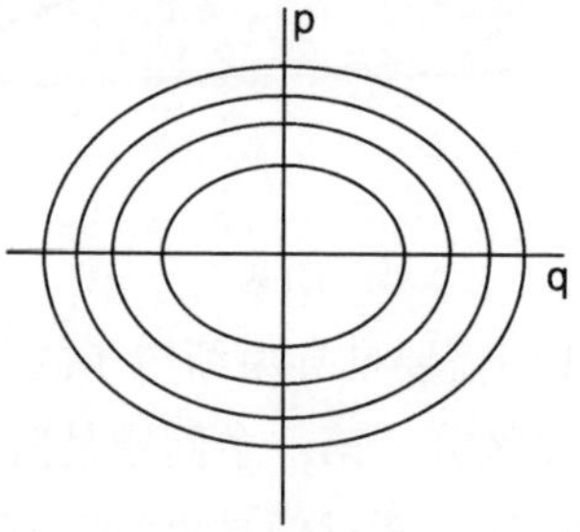

图9

现在看第二个问题。如果不考虑定态的信息，精度的最大值显然由 $\Delta p \Delta q \sim h$ 给定，那么就需要用诸如自由电子(仅受可忽略的作用)这样的厉害角色来进行测量。电子的动量很容易通过该电子与核之间的突然的相互作用(相邻电子的作用可忽略)来测定。作用后它会做直线运动，其动量可按前述的方法来测得。因此，对这种测量必然存在的扰动的幅度明显与电子的结合能同量级。

关系式(6)很重要，因为正如玻尔指出的，经典力学与量子力学在大量子数的极限情形下具有等价性。当我们对“轨道”概念的有效性进行检验时，即可看

① 英译者认为，该词所本的德语成语(“纯粹情形”)完全没有传递出这一概念的意义。

清这一点。由于可取得的最高精度是 $\Delta p\Delta q \sim h$，因此轨道必然是这样一条概率波包的路径：其截面($|S(p')|^2|S(q')|^2$) 大约等于 h。这样的波包可以描述有明确定义的、基本封闭的路径，仅当该闭合路径所围的区域远大于波包的截面。根据公式(26)，这只有在大量子数的极限情形下才是可能的。另一方面，对于小的 n，轨道概念失去其在相空间和位形空间下的所有意义。因此，系数 n 出现在公式(26) 的右侧被认为对于两种理论的这种极限情形下的等价性是必不可少的。

轨道概念在小量子数区域不适用这一点可以直接从以下的物理考虑看清楚：轨道是那些在其上电子被观察到的空间点的时间序列。原子的尺度在其最低能态下为 10^{-8} 厘米，因此，为了进行足够精确的位置测量，所采用的光的波长必须不大于 10^{-9} 厘米。但是，这种光的单个光子，由于康普顿反冲作用，足以将电子从原子中除去。因此可观察到的只是假想轨道的一个点。但是我们也可以对大量的原子重复这种单光子观察，从而获得电子在原子中的概率分布。根据玻恩的观点，在数学上说这由 $\psi\psi^*$ 给出(或者，对于几个电子的情形，由该表达式对原子的其他电子的坐标取平均值给出)。这便是这一陈述——$\psi\psi^*$ 是电子在给定点上被观察到的概率——的物理意义。这个结果要比它乍看之下的感觉要强。众所周知，ψ 随着与核的距离的增加呈指数递减。因此，总存在虽小但有限的在远离核中心的地方找到电子的概率。电子的势能在这样的点上为负，但非常小。动能总是正的。因此使得总能量肯定比所考虑的定态能量要大。这个矛盾在考虑到进行位置测量时光子将能量传递给电子后即得到消除。光子传递的这个能量远大于电子的电离能，因此足以防止出现任何违反能量守恒定律的情形，这一点通过康普顿效应的理论计算很容易得到澄清。

这个矛盾也是对过于简要地进行量子力学的“统计解释”的一种警告。由于薛定谔函数在无穷远处的指数行为，电子有时被发现远离核达(比如)1 厘米远。可能有人认为采用红光就有可能验证电子确实出现在这么远的点上。但红光不会产生任何明显的康普顿反冲，因此前述的悖论会再次出现。事实上，在进行这种测量时是不允许采用红光的；根据散射理论的公式，原子是以一个整体对光进行反应的，其结果不会产生任何关于给定电子在原子中位置的信息。如果我们记得(根据微粒说)，在红光的一个周期里，电子将绕核转很多圈，那么这种解释可以认为是合理的。因此，只有与那些能够实际观察到统计处理的现象的实验相结合，量子理论的统计预言才是有意义的。在许多情形下，我们最好不要谈电子的可能位置，而是谈其大小取决于所进行的实验。

轨道概念在运用到原子的高激发态时是有意义的。因此采用小于原子尺寸的不确定性来确定电子的位置肯定是可行的。正像我们从下式看到的，这样做不再导致电子将因康普顿反冲被从原子中除去。其必要条件是光的波长 λ 远小于 Δq_s，或由式(26)，

$$\frac{h}{\lambda} \gg \frac{\Delta p_s}{n}.$$

反冲传递给电子的能量约为

$$\frac{h}{\lambda}\frac{\Delta p_s}{\mu} \gg \frac{(\Delta p_s)^2}{n\mu} \sim \frac{|E|}{n} \tag{26a}$$

(E 是原子的能量，μ 是电子质量)。对于大的 n 值，这个反冲能量远小于电子的电离能 $|E|$。另一方面，与该区域频谱所对应的两相邻定态之间的能量差比起来，这个能量要大得多。在一般情形下，相邻定态间的能量差在 $|E|/n$ 的量级。事实上，从公式(26a) 立刻能推导出下式成立：

$$h\nu \geqslant \frac{|E|}{n},$$

即用于测量的光的频率与电子的轨道转动频率比起来是很大的。

康普顿效应带来的结果是，电子譬如说从 $n=1\ 000$ 的态跃迁到 n(比方说) 大于950但小于1 050的某个态。出于 §2.1.2节的考虑，电子跃迁到的具体轨道本质上仍是不确定的。因此位置测量的结果在数学上是由位形空间下的概率波包来表示的，这个空间是由 $n=950$ 到 $n=1\ 050$ 之间的态的特征函数构建的。其大小取决于位置测量的精确程度。这个波包描述了一条轨道，它类似于经典力学中的粒子轨道。但一般来说，轨道的尺寸会随时间扩展和增大。因此对位置的未来测量的结果只能进行统计上的预言。所述物理过程的数学表示随每次新的测量而不连续地改变。观察到的结果是从大量的可能的结果中挑出的一个已发生的结果。扩展的波包被代表该观察结果的较小的波包所替代。由于我们的系统信息在每一次观察后都发生了不连续的变化，因此其数学表示也必定发生不连续地改变。这在传统的统计理论和本文所述理论中均可找到。

不同的作者对概率波包的运动和扩展进行了研究①，因此这里没必要对其进

① Kennard，同上； C. G. Darwin， *Proceedings of the Royal Society*，A，**117**，258，1927.

行数学讨论。但我们不妨提一下埃伦菲斯特提出的一种简单考虑①。考虑单个电子在势为 $V(q)$ 的力场中的运动。其波函数满足[参见公式 A(80)]

$$-\frac{h^2}{8\pi^2\mu}\nabla^2\psi+eV\psi=-\frac{h}{2\pi i}\frac{\partial\psi}{\partial t},\tag{27}$$

q 的可能的值由公式(4)取 $\psi=S$ 给出。这里 q 是直角坐标 x，y，z 中的一个。然后对 t 微分：

$$\mu\dot{\bar{q}}=\mu\int q\left(\frac{\partial\psi}{\partial t}\psi^*+\psi\frac{\partial\psi^*}{\partial t}\right)\mathrm{d}\tau;$$

由式(27)代入 $\partial\psi/\partial t$ 和 $\partial\psi^*/\partial t$ 的值：

$$\mu\dot{\bar{q}}=\frac{h}{4\pi}\int q(-\psi^*\nabla^2\psi+\psi\nabla^2\psi^*)\mathrm{d}\tau;$$

分部积分后：

$$\mu\dot{\bar{q}}=\frac{h}{4\pi}\int\left(\psi^*\frac{\partial\psi}{\partial q}-\psi\frac{\partial\psi^*}{\partial q}\right)\mathrm{d}\tau.$$

这一处理过程可重复一次得到 $\mu\ddot{\bar{q}}$。由于计算冗长，尽管简单，故我们仅给出结果：

$$\mu\ddot{\bar{q}}=-e\int\frac{\partial V}{\partial q}\psi\psi^*\mathrm{d}\tau.\tag{28}$$

如果 ψ 代表这样一个波包，其空间大小比起 $\partial V/\partial q$ 发生明显变化的距离来说是小的，于是上式可写成

$$\mu\ddot{\bar{q}}=-e\frac{\partial V(\bar{q})}{\partial\bar{q}}.\tag{29}$$

这证明，只要波包保持很小，其中心的运动就可由电子的经典运动方程来描述。

这里有必要对波包的扩展速率作些评述。如果系统的经典运动是周期性的，那么有可能波包的大小在最初阶段只经历周期性变化。该波包在扩展到整个原子区域之前可能绕转的次数可定性地按如下方法计算：如果波包完全没有扩散，那么就能够对概率密度作傅立叶分析，其中只需考虑轨道基频的整数倍的分量。然而事实上，量子理论的“谐波”不完全是基频的整数倍。量子理论谐波的相位完全移离经典谐波的时间定性上与波包扩展所需时间相同。令 J 为经典理论的作用变量，那么这个时间为

---

① P. Ehernfest, *Zeitschrift für Physik*, **45**, 455, 1927.

$$t \sim \frac{1}{h\dfrac{\partial \nu}{\partial J}},$$

并且在此时间内绕转的次数为

$$N \sim \frac{\nu}{h\dfrac{\partial \nu}{\partial J}}. \tag{30}$$

在谐振子的特殊情形下，N变为无穷大——波包在所有时间上均保持很小。然而在一般情形下，N值与量子数n同量级。

与这些考虑相关联，我们来考虑另一个理想化实验(源自爱因斯坦)。我们设想一个由麦克斯韦波构建的波包所表示的光子①。对此它有一定的空间扩展并有一定的频率范围。通过半透镜的反射，这个波包可分解成两部分，一个反射波包和一个传输波包。这样，无论是在被分割波包的哪一个分支，总存在发现光子的确定的概率。经过足够长的时间，两部分将被分开到所期望的任何距离。现在，如果实验得到一个结果，比方说该光子位于波包的反射分支，那么在该波包的其他分支找到光子的概率立即变为零。因此，实验在反射波包的位置上对由传输波包所占据的远处的点施加了一种作用(波包的还原)。我们看到，这个作用是以大于光速的速度传播的。然而，同样明显的是，这种作用不能被用于信号的传输，使得它不与相对论的公设冲突。

2.2.4 能量测量。自由电子的能量的测量等同于对其速度的测量，从而使大多数可能的方法都已被处理过。一种尚未讨论的自由电子的能量测量方法是减速场所造成的运动。如果电子穿过这个场，习惯上我们总是假设产生的是经典理论的结果，即其能量E肯定大于该电场最高电势所对应的能量V；如果电子被反射，那么其能量将小于这个临界值。这种结论在量子理论下肯定是不正确的，因此这里将给出对该方法的一个简短的讨论。如果减速场势垒的宽度可与电子的德布罗意波长λ相比，那么就将有一定数目的电子穿过该电场，即使电子的能量E要小于经典理论下的临界值。这个数目随势垒宽度和$V-E$的增加而呈指数下降。反之，当$E>V$时，一定数目的电子将被反射回来，如果在一个λ的距离内电势有明显变化的话。在任何切实可行实验中，这些条件都是不可实现的，并且经典理论的结论可以没有明显错误地被采用。但是，前述情形下的数学处理是很

① 对于单个光子，位形空间只有三个维；光子的薛定谔方程因此在形式上可以等同于麦克斯韦方程。

重要的，因此我们将就电位分布突然不连续的情形进行说明。单个电子的薛定谔方程将被采用；这与物质的波理论的处理不相同。因为后者要考虑到波本身的反应。该电势分布见图10。对于区域$I(x<0)$的入射ψ波，我们很容易得到表达式

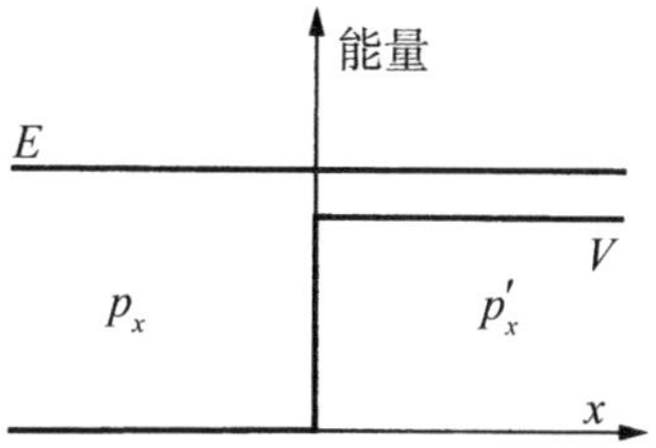

图 10

$$\psi_i=ae^{\frac{2\pi i}{h}(px-Et)},\ \frac{1}{2\mu}p^2=E,\ p>0. \tag{31a}$$

对于透射进区域 Ⅱ$(x>0)$的波,

$$\psi_t=a'e^{\frac{2\pi i}{h}(p'x-Et)},\ \frac{1}{2\mu}p'^2=E-V. \tag{31b}$$

而对于区域 Ⅰ 的反射波,

$$\psi_r=a''e^{\frac{2\pi i}{h}(-px-Et)}. \tag{31c}$$

如果p'是实数，它将取大于零的值；如果它是虚数，将发生全反射，并且取正虚数，因为ψ_t在$x\to\infty$时必然保持有限。在不连续处($x=0$)，ψ必定是连续的，并有一个连续的一阶导数；因此

$$\left.\begin{aligned}&\psi_i+\psi_r=\psi_t\\&\frac{\partial\psi_i}{\partial x}+\frac{\partial\psi_r}{\partial x}=\frac{\partial\psi_t}{\partial x},\end{aligned}\right\}\text{当 } x=0$$

或

$$a+a''=a'$$
$$p(a-a'')=a'p'.$$

解这个关于a'和a''的方程组:

$$\left.\begin{aligned}a''&=a\frac{(p-p')}{(p+p')},\\a'&=a\frac{2p}{(p+p')}.\end{aligned}\right\} \tag{32}$$

单位时间通过给定截面的电子数由波幅的绝对值平方乘以动量(假设它是实的)

给出。因此，当 $E > V$，入射波、透射波和反射波的强度分别正比于

$$\left.\begin{aligned} I_i &= |a|^2 p; \\ I_t &= |a|^2\left(\frac{2p}{p+p'}\right)^2; \\ I_r &= -|a|^2\left(\frac{p-p'}{p+p'}\right)^2. \end{aligned}\right\} \tag{33}$$

对于 p' 是虚数的情形，波 ψ_t 不代表电子流，而是一种静电荷分布，$I_t = 0$。由于此时 $|a''| = |a|$，故有 $I_r = -I_i$。在这两种情形下

$$I_i = I_t - I_r.$$

由式(33) 和(31)，电子反射波与透射波的相对概率是

$$\left.\begin{aligned} p'' &= \frac{I_r}{I_i} = \left|\frac{\sqrt{E}-\sqrt{E-V}}{\sqrt{E}+\sqrt{E-V}}\right|^2, \\ p' &= \frac{I_t}{I_i} = \sqrt{\frac{E-V}{E}}\left|\frac{2\sqrt{E}}{\sqrt{E}+\sqrt{E-V}}\right|^2. \end{aligned}\right\} \tag{34}$$

这些表达式见图 11 中的粗实线，细线是经典理论预期的曲线。

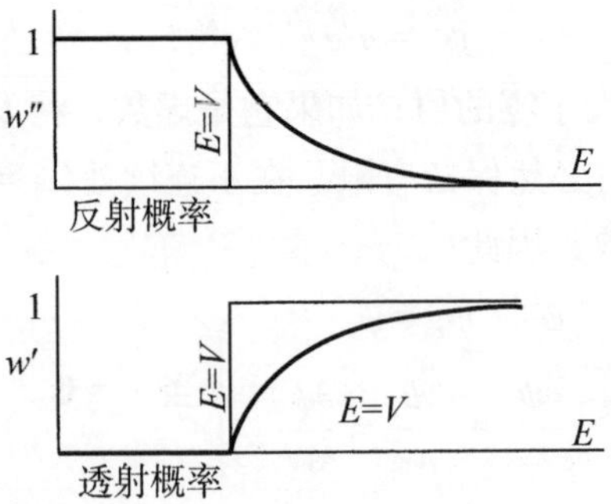

图 11

为了澄清量子理论的物理学原理，考虑原子的能量测量比考虑自由电子的能量测量更重要，这里将给出一种比以前更详细的说明。由于电子运动的相位是一个与能量正则共轭的变量，因此由不确定性原理可知，如果能量被精确确定的话，那么相位必然是完全不确定的。由于电子运动的相位决定了发射辐射的相位，而后者正是物理上要讨论的。我们将证明，任何将处于定态 n 的原子与处于定态 m 的原子分隔开来的实验都必定会破坏与 $n \rightleftharpoons m$ 跃迁相对应的辐射的相位的任何预先存在的信息。

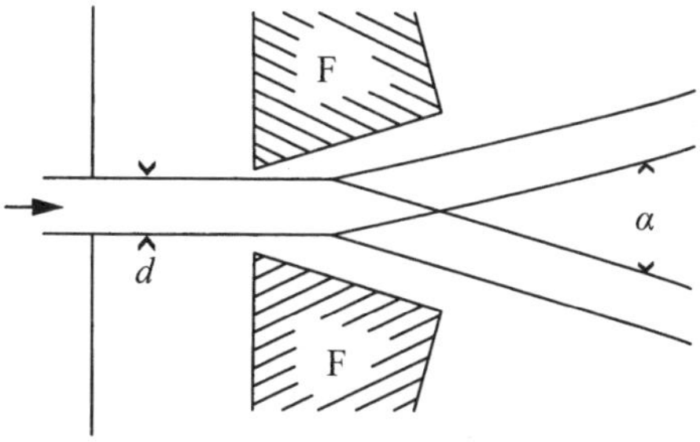

图 12

令 S 为原子束(图 12)，其 x 方向束宽为 d，这束原子被送入不均匀的场 F(它不必是如在斯特恩-盖拉赫实验中那样的磁场，也可以是电场或引力场)。原子在态 m 下的能量记为 E_m，它取决于该场 F 在原子重心处的幅度，因此场在 x 方向上的偏转力为 $\partial(E_m(F))/\partial x=(\mathrm{d}E_m/\mathrm{d}F)(\mathrm{d}F/\mathrm{d}x)$，并且对于不同态的原子是不同的。如果 T 是原子通过所述场所需的时间，p 是原子在束方向上的动量，则原子的角偏转为

$$\frac{\partial E_m}{\partial x}\frac{T}{P}.$$

原始束因此将被分成几个束，每个束只包含一个态的原子；分别包含 n 和 m 态两束原子的角分离度 α 因此为

$$\alpha=\left(\frac{\partial E_m}{\partial x}-\frac{\partial E_n}{\partial x}\right)\frac{T}{P}.$$

这个角度必须大于原子束的自然散射角宽，如果两种原子被分离开的话。故有

$$\alpha\geqslant\frac{\lambda}{d}=\frac{h}{pd}. \tag{35}$$

薛定谔函数 ψ_n 包含周期因子 $e^{\frac{2\pi i}{h}E_n t}$。因为 E_n 为 F 的函数，因此波的频率和相位在穿越场时均改变。这种变化在一定程度上是不确定的，因为它不可能分辨出是束的哪一部分原子在运动以及 F 是如何逐点变化的。因此，在时间 T 内，频率 $(E_m-E_n)/h$ 的辐射的相位变化的不确定性 $\Delta\phi$ 为

$$\Delta\varphi\sim 2\pi\left(\frac{\partial E_m}{\partial x}-\frac{\partial E_n}{\partial x}\right)\frac{Td}{h}=\frac{pd}{h}2\pi\alpha.$$

从式(35) 我们再次有

$$\Delta\varphi\geqslant 1. \tag{36}$$

这意味着相位是完全不确定的。

如果这里的场具体限定为磁场，那么上述计算可以更具体地进行。忽略电子自旋，众所周知，在磁场 H 的影响下，原子的进动犹如刚体的进动，其进动速度为

$$\omega = \frac{e}{2\mu c}H,$$

其轴向取与磁场方向一致。因为束的宽度和场的不均匀性，这个速度对于不同的原子是不同的。不同原子在进动上的这种差异会摧毁在最初出现的任何相位关系。对于 ω 的不确定性，我们很容易得到

$$\Delta\omega = \frac{ed}{2\mu c}\frac{\partial H}{\partial x},$$

两束的角分离为

$$\alpha = \frac{e}{2\mu c}\frac{\partial H}{\partial x}\frac{hT}{2\pi p};$$

由于 α 必须大于 h/pd，故

$$T\Delta\omega \geqslant 2\pi.$$

原初相位的所有痕迹就这样被实验破坏了。一些原子一次转过的角度要比别的原子大，并且所有中间的角度都是可能的。如果装置不能分辨这两束，那么并不必然导致这个结果。因为 α 有可能小于 h/pd。

玻尔已证明①，上述考虑解决了由于引入定态假设而带来的一个矛盾。如果一束原子，最初全都处于正常状态下，在谐振频率的光的照射下被激发而发出荧光，那么我们只能认为它们会相干地辐射。就是说，每一个原子将散射一个球面波，其相位由原子所在位置的入射平面波确定。于是基本球面波会如此相关，使得其叠加导致一个折射的平面波。从对这个波的观察上说，要确定这种发射器的量子状态 —— 甚至其原子特性 —— 是不可能的。但是如果该束离开了被照射区域，由一个非均匀的场来分析，则可知将只有激发态的原子束会发光。该束包含相对较少的原子，间隔较宽(相比于发射的波列的可能长度)。因此其辐射实际上必定等同于独立点源的辐射。如果我们坚持假设该装置的分辨能力将随着原子束宽的减小而无限制的增加，那么磁场的这种作用就将相当难以理解。

---

① 引文同前。

3. 对波动理论的物理概念的批评

在前述章节中，波动理论的最简单的概念 —— 它们无疑得到了实验的确认 —— 被毫无疑问地假定是“正确的”。它们被当作对微粒图像批评的基础，似乎这种图像只在一定限度内是可用的，而且这个限度是确定的。同样，波动理论也只在某些限定条件下是适用的，现在我们就来确定这些条件。正如在粒子情形下那样，波的表示的局限性最初没有被考虑到，因此历史上我们是先试图发展那种可以很容易具象的三维波动理论(麦克斯韦波和德布罗意波)。对于这些理论，“经典波动理论”的术语将被采用；它们与波的量子理论的关系恰如经典力学与量子力学的关系。波的经典理论和量子理论的数学框架可在附录中找到。(必须预先告诫读者的是，不要将经典波动理论与相空间里的波的薛定谔理论相混淆了。)在对粒子的概念作了批评，现在又对波的概念进行了批评之后，两者之间的所有矛盾就都烟消云散了 —— 只要我们对两种图像的适用性加以限定。

3.1 波的不确定性关系

波振幅 —— 如电场和磁场的强度、能量密度等 —— 的概念，最初源自日常生活的原始体验，如观察水波或弹性物体的振动。这些概念也广泛适用于光，甚至 —— 正如我们现在知道的 —— 物质波。但由于我们也知道，微粒说的概念适用于辐射和物质，可见波的图像也有其局限性。这种局限性可以从粒子的表示中看出来。现在我们就来考虑这些局限性，首先来考虑辐射情形。

但在正式开始这一主题的探讨之前，我们必须首先简要地讨论一下所谓波振幅 —— 例如电场或磁场强度 —— 的确切含义是什么。空间区域的每一点上(严格的数学意义上)的振幅的这种确切知识显然是一种抽象，它不可能在现实中实现。因为每一次测量得到的只能是非常小的空间区域上和非常短的时间间隔内的振幅的平均值。虽然原则上我们能够借助于测量仪器的不断精密化来将这些空间和时间间隔划分得无限小，但就波动理论概念的物理讨论而言，这样做将是有利的：对于测量中所涉的空间和时间间隔，先将它们取为有限值，在计算的末了再将它们趋于极限零。其实，这种做法正是波场的数学理论所采取的处理步骤(参见附录，§ 9)。量子理论的未来发展将会证明，极限零这样的间隔是一种没有物理意义的抽象。但就目前来说，似乎没有理由强加任何限制。

出于思维缜密的考虑，我们因此假设，我们的测量给出的都是非常小空间区域上的平均值 $\partial v = (\partial l)^3$，它取决于测量的方法。对于场强测量的问题，波长 λ 远小于 ∂l 的光将无法被实验检测到。比如说，测量给出场强的值为 $\boldsymbol{E}$ 和 $\boldsymbol{H}$(均为体积 δv 上的平均值)。如果这些 $\boldsymbol{E}$ 和 $\boldsymbol{H}$ 的值分别精确已知，这将与粒子理论相矛盾，因为该小体积 δv 上的能量和动量为

$$E = \delta v \frac{1}{8\pi}(\boldsymbol{E}^2 + \boldsymbol{H}^2),\ \boldsymbol{G} = \delta v \frac{1}{4\pi c}\boldsymbol{E} \times \boldsymbol{H}, \tag{37}$$

只要 δv 取得足够小，上式右边的项就可以足够小。这与粒子理论不一致，因为根据粒子理论，该小体积上的能量和动量的大小是分别由离散但有限的量 $h\nu$ 和 $h\nu/c$ 构成的。由于可检测的最高频率 $h\nu \leqslant (hc/\delta l)$，故很显然，公式(37)的右边必有这些量子幅度($h\nu$ 和 $h\nu/c$)的不确定性，以使不与粒子理论相矛盾。因此 $\boldsymbol{E}$ 和 $\boldsymbol{H}$ 的分量之间必有相应的不确定性关系，它们给出的 E 值的不确定性的幅度量级为 $hc/\delta l$，$\boldsymbol{G}$ 值的不确定性的幅度量级为 $h/\delta l$，这里 $\boldsymbol{E}$ 和 $\boldsymbol{G}$ 均由公式(37)来计算。令 $\Delta\boldsymbol{E}$ 和 $\Delta\boldsymbol{H}$ 为 $\boldsymbol{E}$ 和 $\boldsymbol{H}$ 的不确定性，那么 $\boldsymbol{E}$ 和 $\boldsymbol{G}$ 的不确定性分别为

$$\Delta E = \frac{\delta v}{8\pi}\{2|\boldsymbol{E} \cdot \Delta\boldsymbol{E}| + 2|\boldsymbol{H} \cdot \Delta\boldsymbol{H}| + (\Delta\boldsymbol{E})^2 + (\Delta\boldsymbol{H})^2\},$$

$$\Delta G_x = \frac{\delta v}{4\pi c}\{|(\boldsymbol{E} \times \Delta\boldsymbol{H})_x| + |(\Delta\boldsymbol{E} \times \boldsymbol{H})_x| + |(\Delta\boldsymbol{E} \times \Delta\boldsymbol{H})_x|\},$$

其中下标在 y 和 z 方向循环置换。

由于 $\boldsymbol{E}$ 和 $\boldsymbol{H}$ 的最可能的值可能为零，故上式右边只包含 $\Delta\boldsymbol{E}$ 和 $\Delta\boldsymbol{H}$ 的项必独自足以给出 $\boldsymbol{E}$ 和 $\boldsymbol{G}$ 的不确定性。这可由下式来实现

$$\Delta \boldsymbol{E}_x \Delta \boldsymbol{H}_y \geqslant \frac{hc}{\delta v \delta l} = \frac{hc}{(\delta l)^4}, \tag{38}$$

其中下标对其他分量循环置换。这些不确定关系是指在同一体积元里 E_x 和 H_y 同时所具有的信息；不同体积元里的 $\boldsymbol{E}_x$ 和 $\boldsymbol{H}_y$ 可以任何精确度被测知。

如同在粒子理论的情形下，关系式(38)也可直接从 $\boldsymbol{E}$ 和 $\boldsymbol{H}$ 的对易关系推导出来(参见附录，§9，§12)。如果空间被划分为大小为 δv 的有限体积，那么公式 A(97)的拉格朗日量对 $\mathrm{d}v$ 的积分就可以变成对所有体积元 δv 的求和。与第 r 个体积元的 $\psi_\alpha(r)$ 关联的动量为(参见 A(104))：

$$\delta v \frac{\partial L}{\partial \dot{\psi}_\alpha(r)} = \delta v \Pi_\alpha(r), \tag{39}$$

替换式 A(111),

$$\Pi_\alpha(r)\psi_\beta(s)-\psi_\beta(s)\Pi_\alpha(r)=\delta_{\alpha\beta}\delta_{rs}\frac{h}{2\pi i}\frac{1}{\delta v},\tag{40}$$

其中 δ_{rs} 是通常的 δ 函数:

$$\delta_{rs}=\begin{cases}1 & 当 r=s 时,\\0 & 当 r\neq s 时.\end{cases}$$

在 $\delta v\to 0$ 的极限下,式(40) 就变成了式 A(111)。

由式(40) 和应用到电场和磁场情形的式 A(134),立刻有

$$\boldsymbol{E}_i(r)\boldsymbol{\Phi}_\alpha(s)-\boldsymbol{\Phi}_\alpha(s)\boldsymbol{E}_i(r)=-2hci\delta_{rs}\delta_{\alpha i}\frac{1}{\delta v}.\tag{41}$$

我们还记得,对于源自 $\boldsymbol{\Phi}_k$ 的场强,不确定性 $\Delta\boldsymbol{\Phi}_k$ 给出场强的不确定性的量级为 $\boldsymbol{\Phi}_k/\delta l$,可以看出,式(41) 立即导致不确定性关系式(38)。

物质波可按完全类似的方式进行处理。但必须指出,没有实验能够直接测量这个振幅,因为德布罗意波是复数波。如果波振幅的交换关系形式上可以从 ψ 和 ψ^* 的关系中导出,其结果,可以肯定,在玻色-爱因斯坦统计的情形下物理上是合理的。然而,运用实验修正的费米-狄拉克统计给出的则是无意义的结果:不同空间点的 ψ 和 ψ^* 无法同时精确地测得。因此可以十分令人满意地断言:没有任何实验能在给定的时间、给定的空间点上测量 ψ。对此数学上的理由是,即使对于辐射与物质的相互作用,其拉格朗日量中关于物质的部分也仅包含形式为 $\psi\psi^*$ 的项。因此从刚刚给出的考虑也可以看出,玻色-爱因斯坦统计对于光量子具有物理上的必要性,如果我们十分自然地假定,在不同空间点上进行的电场和磁场测量必然是相互独立的的话。

3.2 电磁场实际测量的讨论

如同微粒图像的情形,电磁场测量的不确定性追寻到其实验根源必然是可能的。为此,我们讨论一个能够在同一体积元 δv 上同时测量 $\boldsymbol{E}_x$ 和 $\boldsymbol{H}_z$ 的实验。这可以通过观测两束沿 y 方向相向运动的阴极射线在 x 方向上的偏转来实现(参照图 13)。可以假定,这两束射线在 z 方向上的宽度为 δl,即体积元的总宽度,但它们在垂直方向上的宽度必须小于此,比如说为 d,以便它们可以互不扰动地横贯 δv。如果两束射线之间的距离为 δl 量级,那么在这个方向上的不均匀性也被平均掉了。为此目的我们也可以改变它们之间的距离。只要场的不均匀性不是很大,

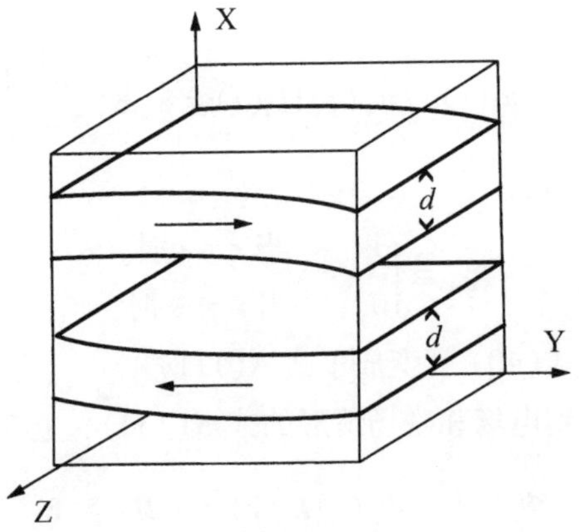

图 13

这一实验安排就能够用于测量 δl 内的 $\boldsymbol{E}_x$ 和 $\boldsymbol{H}_z$。如果这一条件不能满足，则该方法无法给出明确的结果，因为这时要么是场在射线宽度方向上必然没有明显变化，要么是这些射线变得弥散，没有简单的方法可确定偏转大小。

射线的偏转角 α 在距离 δl 上被观察到，并且这个偏转可以从下式计算得到

$$\alpha_{\pm} = \frac{e}{p_y}\left(\boldsymbol{E}_x \pm \frac{p_y}{\mu c}\boldsymbol{H}_z\right)\frac{\mu \delta l}{p_y}.$$

由于物质射线的自然展宽，测量精度由下式确定：

$$\Delta \boldsymbol{E}_x \geqslant \frac{h}{ed}\frac{p_y}{\mu \delta l},\ \Delta \boldsymbol{H}_z \geqslant \frac{h}{ed}\frac{p_y}{\mu \delta l}\frac{\mu c}{p_y}. \tag{42}$$

但还有一个基本因素有待考虑。同时通过 δv 的两个电子的每一个都会引起场的变化，从而引起其他电子的路径变化。这种变化的程度在一定程度上是不确定的，因为我们不知道电子是在阴极射线的哪一段上被发现。在实际的场的情形下，由此引起的不确定性为

$$\Delta \boldsymbol{E}_x \geqslant \frac{ed}{(\delta l)^3},\ \Delta \boldsymbol{H}_z \geqslant \frac{ed}{(\delta l)^3}\frac{p_y}{\mu c}, \tag{43}$$

故

$$\Delta \boldsymbol{E}_x \Delta \boldsymbol{H}_z \geqslant \frac{hc}{(\delta l)^4},$$

这就是要证明的。应当指出的是，对于所发生过程，同时考虑其粒子图像和波的图像是很重要的。如果阴极射线的微粒图像没有被考虑，那么射线的图像就会被假定为电荷连续分布，这样不确定性关系式(43) 将失效。

4. 量子理论的统计解释

4.1 数学上的考虑

将量子理论的数学工具与相对论的数学工具加以比较是有益的。在这两种情形下，都要用到线性代数理论。因此，我们可以对量子理论的矩阵与狭义相对论的对称张量做一比较。二者的最大区别是，量子理论的张量是无穷多维度的空间，这个空间不是实的，而是虚的。正交变换被所谓的“幺正”变换所替代。为了获得这个空间的图像，我们从这些差异中抽象出来，这种抽象至为基本。于是每个量子理论的“量”用一个张量来刻画，其主方向可以在该空间中画出(参照图14)。为了获得一个清晰的图像，我们可以回忆一下刚体转动惯量张量。在一般情形下，其主方向对每个量是不同的，只有彼此对易的矩阵有重合的主方向。任何动力学变量的数值的精确知识对应于在此空间中特定方向的确定，其方式同刚体转动惯量的精确知识确定了该转动惯量所属的主方向(假定不存在简并性)。因此，这个方向平行于张量 T 的第 k 个主轴，沿这个方向分量 T_{kk} 有测量值。在西空间下，方向的确切知识(除了一个绝对幅度为1的因子之外)是可获得的量子动力学变量的最大信息。外尔曾称这个信息度是一种确定的情形①。处于(非简并)定态的原子就呈现这样一种确定的情形：表征它的方向是张量 E 的第 k 个主轴，它属于能量值 E_{kk}。在这个方向上，谈论诸如“坐标 q 的值”等术语显然没有什么意义，正如关于某个非主方向轴的转动惯量的规定不足以确定任何类型的刚体运动一样，无论这种运动是多么简单。只有那些其主轴与 E 的方向重合的张量在这个方向上有值。例如，原子的总角动量可以与其能量同时被确定。如果 q 的值被测定，则该方向上的确切信息必然被不精确的信息所取代，这个不精确的信息可以被认为是原始方向 E_{kk} 的一种“混合”，其中每个方向都有某个概率系数。例如，当电子的位置由显微镜测量后，电子的不确定的反冲就将确定情形下的 E_{kk} 转换成这样的混合(参见 §2.2.1 节)。该混合必须是这样的：它也可以被认为是 q 的主方向的混合，虽然带有其他概率系数。测量从中选出一个特定值 q' 作为实际结果。由此我们得出，从确定 E 的实验结果不可能唯一地预言 q' 的值，因为系

① H. Weyl, *Zeitschrift für Physik*, **46**, 1, 1927.

统的扰动 —— 它必然在一定程度上是不确定的 —— 必将在所涉的两次实验之间发生。

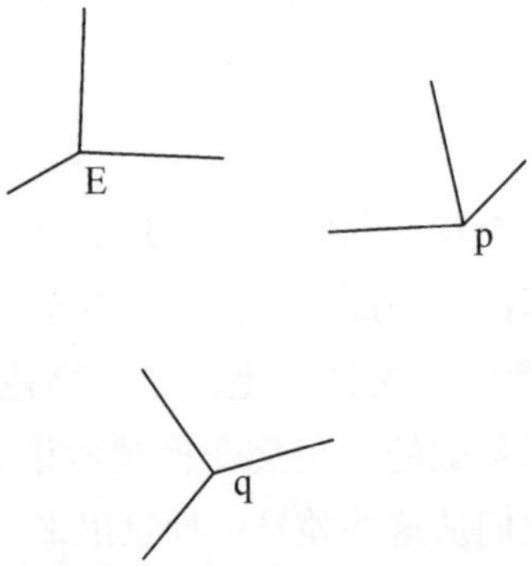

图 14

但这种扰动定性上是确定的，只要我们知道结果是 q 的精确值。在这种情形下，在测量 E 之后找到取值 q' 的概率由原始方向 E_k 与 q' 的方向之间的夹角的余弦的平方给出。更确切地说，通过类比到酉空间的余弦，这个概率为 $|S(E_k, q')|$。这个假设是量子理论的形式公设之一，它不能从任何其他考虑中推得。由此公设我们得到：两个力学量的值具有因果关联，当且仅当它们所对应的张量具有平行主轴。在所有其他情形下都没有因果关系。由概率系数给出的统计关系由测量仪器产生的对系统的扰动确定。除非这种扰动被产生，否则在酉空间中给定的、不平行于张量所对应主轴的方向上谈论变量的“值”或“可能值”就没有意义。因此，我们不考虑用于确定电子位置的实验就来谈电子的可能位置，就将陷入矛盾(参见 §2.2.4 节的负动能的悖论)。还须强调的是，这一关系的统计特性取决于这样一个事实：测量仪器的影响的处理方式不同于对各部分之间存在彼此相互作用的系统的处理。后者的相互作用也导致表示希尔伯特空间中系统的矢量方向的改变，但这些变化是完全确定的。如果我们将测量仪器处理成系统的一部分 —— 这对于希尔伯特空间的扩张是必需的 —— 那么上述考虑的不确定的变化似乎就将是确定的。但是这种确定性没什么用，除非对测量仪器的观察没有任何不确定性。但对于这些观察，同样的考虑与上述那些考虑一样是有效的，并且如果我们被迫(例如) 将我们的眼睛作为系统的一部分 …… 那么推而广之，则只有在将整个宇宙当作一个系统来考虑时，这一因果链才能得到定量的验证 —— 但这时物理学已经消失了，只有一个数学框架依然存在。将世界划分成观测系统和被观测系统，阻碍了因果律的那种断然的形式。(观测系统不一定总是人，它也可以是

无生命的装置，如照相底版。)

作为确实存在因果关系的例证，我们不妨提及以下事实：量子理论里包含了能量和动量守恒定理，因为同一个系统的不同部分的能量和动量是可交换的量。此外，q 在 t 时刻的主轴与 q 在 $t + dt$ 时刻的主轴之间的差别只有无穷小。因此，如果两个位置的测量是快速连续进行的，那么实际上可以肯定的是，电子在这两次测量中几乎处于同一个位置。

4.2 概率的互扰

从上述原理可推断许多似是而非的结论，如果测量仪器引入的扰动没有充分考虑的话。下面的理想化实验就提供了这种悖论的一个典型例子。

一束原子——其中所有原子最初都处于态 n——被射入场 F_1(图 15)。这个

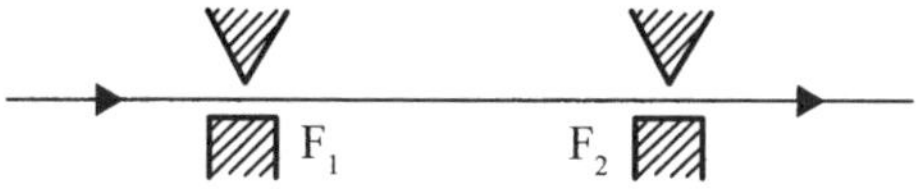

图 15

场将使原子跃迁到其他态，如果它们在束的方向上呈不均匀的话，但不会将处于一种态的原子与处于另一种态的原子分开。令 S'_{nm} 为该场 F_1 下跃迁的变换函数，则 $|S'_{nm}|^2$ 为穿出场 F_1 后处于 m 态的原子被找到的概率。原子穿出后又遇到第二个场 F_2，与在场 F_1 下的情形相似，在 F_2 下相应的变换函数为 S''_{ml}。这个场同样也无法区分不同态下的原子，但出了 F_2 后定态的确定可由第三个力场来给出。现在，对于那些穿出场 F_1 后处于 m 态的原子，在通过 F_2 时跃迁到 l 态的概率由 $|S''_{ml}|^2$ 给出。因此，出了 F_2 后处于 l 态的原子的可能占比应当由下式给出：

$$\sum_m |S'_{nm}|^2 |S''_{ml}|^2. \tag{44}$$

另一方面，根据公式 $A(69)$，F_1 和 F_2 的组合场转换函数为 $S'''_{nl} = \sum_m S'_{nm}S''_{ml}$，它给出的值为

$$|S'''_{nl}|^2 = \left|\sum_m S'_{nm}S''_{ml}\right|^2, \tag{45}$$

它与公式(44)表示的概率相同。

在我们指出公式(44)和(45)实际上指的是两种不同的实验后，矛盾便消解了。只有当允许确定原子的定态的实验是在 F_1 和 F_2 之间进行的，导致式(44)的推理才是正确的。正如我们在 §2.2.4 节中所展示的，这种实验过程必将改变处

于 m 态的原子的德布罗意波的相位，其改变量为量级为1的未知量。将式(45) 应用于该实验，求和中的每一项 $S'_{nm}S''_{ml}$ 因此必然要乘以一个任意因子 $\exp(i\phi_m)$，然后对所有的 ϕ_m 取平均。这个相位平均等同于式(44)，因此式(44) 在这个意义下适用于本实验。概率演算的法则仅当因果链实际上被前节解释的观察方式破坏后才可应用于 $|S_{nm}|^2$。如果没发生这种破坏就来谈处于 F_1 和 F_2 之间的定态原子以及量子力学法则的应用，是不合理的。

通过这个实验可以来说明 3 种一般的情形，它们必须运用一般原理来仔细区分。它们是：

情形 1：原子在 F_1 和 F_2 之间未受扰动。对此，出了 F_2 之后观察到态 l 的概率为

$$\left|\sum_m S'_{nm}S''_{ml}\right|^2.$$

情形 2：原子在 F_1 和 F_2 之间受到有可能确定定态的实验的扰动。但实验的结果没观察。这时态 l 的概率为

$$\sum_m |S'_{nm}|^2|S''_{ml}|^2.$$

情形 3：情形 2 的额外实验，其结果被观察到。原子在从 F_1 到 F_2 的过程中已知处于 m 态。这时原子处于态 l 的概率为

$$|S''_{ml}|^2.$$

情形2与情形3之间的差别在概率理论的所有处理中都是可认知的，但情形1和情形 2 之间的区别在经典理论中是不存在的，因为经典理论处理的是假定不受扰动的观察的概率。如果用足够一般的形式来陈述，那么这种区别正是整个量子理论的核心所在。

4.3 玻尔的互补性概念①

随着爱因斯坦的相对论的出现，人类首次有必要认识到，物理世界不同于我们依据日常经验所设想的理想世界。这一点已变得很明显：日常概念仅可应用于那种在其中光速被认为实际上是无穷大的过程。当代精细加工带来的实验材料的改进使得实验技术要求人们必须更新旧观念并获得新观念。但人们的思想在适应范围不断扩展的经验和概念方面总是显得很慢，相对论起初就因过于抽象而受到

---

① *Nature*, **121**, 580, 1928.

排斥。但不管怎样，对于这个难题，其解的简单性得到了普遍接受。正如我们在前面清楚阐述的，原子物理学的矛盾的解决只能通过进一步扬弃旧的、曾经珍爱的观念来实现。这其中最重要的观念就是自然现象严格遵从因果律法则的观念。事实上，我们日常关于自然的描述和精确法则的观念均建立在这样一个假设的基础之上：对现象的观察不会明显影响到被观察的现象。要使确切的因与确切的果相匹配，只有当这两者都能在没有外来因素干扰其相互作用的条件下被观察到才是有意义的。因果律就其本性而言，只能在孤立的系统中被定义，而在原子物理学中，甚至连近似孤立的系统都不可能观察到。这一点可能已有预见，因为在原子物理学中我们处理的是那种(至少就目前我们的知识而言)最终的和不可分割的实体，不存在能够借助于不引起明显扰动的观察而确立的无穷小实体。

其次，传统上对物理理论的要求是，它必须解释作为空间和时间上存在的对象之间关系的所有现象。这一要求在物理学的发展过程中已逐渐放宽。因此，法拉第和麦克斯韦将电磁现象解释成以太的应力和应变，但随着相对论的出现，这种以太消失了；但电磁场仍可以用时空上的一组矢量来表示。热力学是一个更好的例子，它表明理论的变量不可能由简单的几何解释来给出。现在，由于几何描述和运动学描述就意味着对一个过程的观察，因此对原子过程的这种描述就必然排除了因果律的精确有效性——反之一样。玻尔指出①，因此在量子理论里，我们不可能要求两方面的要求都能得到满足。它们体现了原子现象的那种互补的和互斥的特征。这种情况在已发展的理论中已有清晰的反映。已有一大套精确的数学法则，但这些法则不可能被解释为是对空间和时间中存在的对象之间简单关系的表达。这一理论的可观察的预言能够近似地描述这些项，但不是唯一的描述——波和粒子的图像都具有大致相同的有效性。过程图像的这种不确定性是“观察”概念的相互确定性的直接结果——哪些对象是被视为被观测系统的一部分，哪些是观察者仪器的部分，不可能不带有随意性。在理论公式中，这种随意性往往使我们有可能对单个物理实验采用不同的分析方法来处理。稍后将给出一些例子。严格来说，即使考虑到这种随意性，“观察”概念仍属于借鉴自日常生活经验的范畴②。它只能对原子现象进行，此时我们必须注意到在全时空的描述中由不确定性原理所设定的限制。

---

① 同上。

② 几乎不必指出，这里所用的术语“观察”不是指对照相底板上的辐射线等的观察，而是指对“单个原子中电子”等的观察，参见第 1 页。

这里讨论的一般关系可以归纳为以下图表形式①：

经典理论

依据空间和时间描述的因果关系

量子理论

或是		**或是**
依据空间和时间描述的现象		数学法则表达的因果关系
	统计上二者择一的关系	
但需考虑		**但需考虑**
不确定性原理		现象的物理描述在时空上是不可能的

只有在试图将时空描述和因果关系的基本互补性很好地融入我们的概念框架之后，我们才有资格来判断对量子理论（尤其是变换理论）的方法的一致性程度。将我们的思想和语言打造成适于原子物理学观察事实是一项非常困难的任务，这如同在相对论的情形下一样。在后者的情形下，这种改造被证明有利于回到对古老的空间和时间问题的哲学讨论。同样，现在它有利于评述我们对将世界的主观方面与客观方面分离开来这一困难的基本讨论，这个问题对于认识论极其重要。作为现代理论物理学特征的许多抽象在过去几个世纪的哲学中都可找到。那时，这些抽象可以被那些只关注实在的科学家们当作纯粹的精神体操而弃之不顾，但今天，在实验艺术不断精进的情势下，我们不得不认真对待它们。

5. 一些重要实验的讨论

在前面的章节中，我们讨论了量子理论的原理，但要获得对它们的真正理解，只有将它们与该理论必须解释的实验事实联系起来才有可能。这对于一般性的互补原理尤为如此。因此，在这里，对较之以前那些用于区分原理的实验不那么理想化的实验进行讨论是有必要的。

---

① 玻尔，引文同前。

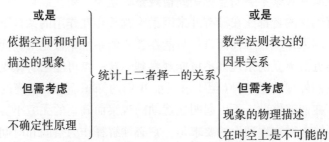

5.1 C. T. R. 威尔逊实验

威尔逊照相底版的本质特征借助于经典粒子图像是最容易得到解释的。这种解释从量子理论的角度来看也是完全合理的。不确定性关系对于解释 α 粒子径迹的直线性这一主要事实不是必需的。将经典理论运用于这类半宏观的现象总是正确的，量子理论只在解释精细特征时是必要的。

不过拿威尔逊照片来讨论量子理论将是有益的。在此我们立刻遇到前面提到的观察概念的随意性，它纯粹表现为：被电离的分子是属于被观测的系统呢还是属于观测设备？我们先考虑后者。被观察系统仅包括一个 α 粒子，电离位置的测量将在理论的数学框架下被表示成 α 粒子的坐标空间 $q = x, y, z$ 下的一个概率波包 $|\psi(q')|^2$。计算将只对 3 个自由度中的一个进行。

如果该确定的时间取为 $t = 0$，当然如果取先前确定的已知时间作为时间起点也是可以的。$t = 0$ 时刻粒子的动量可确定：设 $\bar{p}$ 和 $\bar{q}$ 分别表示此时刻动量和坐标最可能的值，Δp 和 Δq 为可能的误差。在任何实际情形下，产生的不确定性的值都将大于 h，但我们可以假设 $\Delta p\Delta q = h/2\pi$(参见前面有关闪烁测量的论述，第 2 章，§2a)。这是一个确定的情形，故下述已知量[公式(15)]为

$$\psi(q'_0) = e^{-(q'_0-\bar{q})^2/2(\Delta q)^2-\frac{2\pi i}{h}\bar{p}(q'-\bar{q})}.$$

(下标 0 表示 q'_0 是 $t = 0$ 时刻的坐标值。)量子理论下的运动方程为

$$p = p_0 = \text{const.},$$

$$\dot{q} = \frac{1}{\mu}p.$$

虽然 p 和 q 不能对易，但后一个方程仍可积分①，得到

$$q = \frac{1}{\mu}pt + q_0.$$

要获得 t 时刻概率幅 $\psi(q')$，必须从式 A(41) 和 A(42) 计算出变换函数：

$$\left(\frac{t}{\mu}\frac{h}{2\pi i}\frac{\partial}{\partial q'_0} + q'_0\right) S(q'_0 q') = q' S(q'_0 q').$$

这个方程的解是

$$S(q'_0 q') = a e^{\frac{2\pi i\mu}{ht}(q'q'_0 - q'^2_0/2)}; \tag{46}$$

① Kennard, *Zeitschrift für Physik*, **44**, 326, 1927.

于是由 A(69)，t 时刻的分布可从下式得到

$$\psi(q')=\int_{-\infty}^{+\infty}\psi(q'_0)S(q'_0q')\mathrm{d}q'_0,$$

经过积分它变成，

$$\psi(q')=be^{[\bar{q}+i(q'-\bar{p}t/\mu)]^2/[2(\Delta q)^2+(1+i/\beta)^2]}, \tag{47}$$

其中

$$\beta=\frac{h}{2\pi}\frac{t}{\mu}\frac{1}{(\Delta q)^2}=\Delta p\frac{t}{\mu\Delta q}.$$

故有

$$|\psi(q')|^2=b'e^{-(q'-p't/\mu-\bar{q})^2/[(\Delta q)^2+(t\Delta p/\mu)^2]}. \tag{48}$$

因此 q' 的最可能的值是 $(t/\mu)\bar{p}+\bar{q}$，这便是经典理论可以预料的结果。q' 的均方差 $(\Delta q)^2+(t\Delta p/\mu)^2$ 源自两项，分别对应于 q'_0 和 p'_0 的不确定性。其值同样与经典理论的计算结果一致。

如果这些方法应用到所有 3 个自由度 x，y 和 z 上，我们立刻可以看出，概率波包中心的路径是一条直线。但要注意，这个结果仅适用于 α 粒子的运动未受扰动的情形。水分子的每一次接续电离将波包(48) 转换成这种波包的集合体。如果电离伴随着对位置的观察，那么形如式(48) 但带新参数的较小的概率波包被分离出集合体。它构成新轨道的起点，等等。连续轨道段之间的角偏差由粒子与原子中与之相互作用的电子的相对动量确定，这就解释了 α 粒子和 β 粒子路径之间的差异。

至于上述计算的形式方面，可以指出的是，从 q'_0 到 q' 的变换也可以通过能量来进行。由公式 A(70)：

$$S(q'_0q')=\int S(q'_0E)S(Eq')\mathrm{d}E,$$

因此，

$$\psi(q')=\int S(Eq')\mathrm{d}E\int\psi(q'_0)S(q'_0E)\mathrm{d}q'_0.$$

函数 $S(q'E)$，$S(Eq'_0)$ 是自由电子的归一化薛定谔波函数。因此，函数 $\psi(q')$ 可以通过这种薛定谔函数的叠加建立起来。达尔文在研究概率波包的运动时就已采用过这一方法。

为了完成这里的讨论，我们最后在假设 —— 电离分子被当作系统的一部分 —— 下对威尔逊照片进行数学处理。这一过程要比前面的方法更复杂，但有一个

好处，就是概率函数的不连续变化缩减了一步，且似乎不与直观想法相冲突。为了避免复杂化，我们只考虑两个分子和一个 α 粒子，并假设前者的质心分别被固定在点 x_1，y_1，z_1；x_2，y_2，z_2。α 粒子在以动量 p_x，p_y，p_z 运动，其坐标是 x，y 和 z。分子中电子的坐标可以分别由单一的符号 q_1 和 q_2 来表示。因此，位形空间将只涉及 x，y，z，q_1 和 q_2。我们要求这两个分子都被电离的概率，并证明这个概率小到可忽略不计，除非它们之间的连线方向与矢量(p_x，p_y，p_z)有几乎相同的方向。两个分子之间的所有相互作用都将被忽略，它们与 α 粒子之间的相互作用被视为一个扰动①；这种相互作用的能量可以写成

$$\left.\begin{aligned} H^{(1)}(1)+H^{(1)}(2)=H^{(1)}(x-x_1,\ y-y_1,\ z-z_1,\ q_1) \\ +H^{(1)}(x-x_2,\ y-y_2,\ z-z_2,\ q_2) \end{aligned}\right\} \tag{49}$$

它被视为作用于薛定谔函数的算符。于是波方程为

$$\left.\begin{aligned} \underbrace{-\frac{h^2}{8\pi^2\mu}\nabla^2\psi}_{\alpha\text{ 粒子}}+\underbrace{H^0(q_1)\psi+H^0(q_2)\psi}_{\text{分子}}+\underbrace{\varepsilon[H^{(1)}(1)+H^{(1)}(2)]\psi}_{\text{相互作用}} \\ +\frac{h}{2\pi i}\frac{\partial\psi}{\partial t}=0 \end{aligned}\right\} \tag{50}$$

其中 $\nabla^2=\partial/\partial x^2+\partial^2/\partial y^2+\partial^2/\partial z^2$，$H^0(q_i)$ 是分子 i 的能量算符，ε 是波函数幂级数展开式中的扰动参数：$\psi=\psi^{(0)}+\varepsilon\psi^{(1)}+\varepsilon^2\psi^{(2)}+\cdots$ 将该展开式代入波动方程，并令 ε 的各次幂均等于零，我们得到

$$\left.\begin{aligned} -\frac{h^2}{8\pi^2\mu}\nabla^2\psi^{(0)}+H^{(0)}(1)\psi^{(0)}+H^{(0)}(2)\psi^{(0)}+\frac{h}{2\pi i}\frac{\partial\psi^{(0)}}{\partial t} \\ =0, \\ -\frac{h^2}{8\pi^2\mu}\nabla^2\psi^{(1)}+H^{(0)}(1)\psi^{(1)}+H^{(0)}(2)\psi^{(1)}+\frac{h}{2\pi i}\frac{\partial\psi^{(1)}}{\partial t} \\ =-[H^{(1)}(1)+H^{(1)}(2)]\psi^{(0)}, \\ -\frac{h^2}{8\pi^2\mu}\nabla^2\psi^{(2)}+H^{(0)}(1)\psi^{(2)}+H^{(0)}(2)\psi^{(2)}+\frac{h}{2\pi i}\frac{\partial\psi^{(2)}}{\partial t} \\ =-[H^{(1)}(1)+H^{(1)}(2)]\psi^{(1)}, \\ \cdots\cdots \end{aligned}\right\} \tag{51}$$

第一个方程的本征解为

---

① M. Born, *Zeitschrift für Physik*, **38**, 803, 1926.

$$\psi^{(0)} = e^{\frac{2\pi i}{h}\boldsymbol{p}\cdot\boldsymbol{x}}\varphi_{n1}(q_1)\varphi_{n2}(q_2)e^{-\frac{2\pi i}{h}E(0)t}, \tag{52}$$

其中

$$H^{(0)}(q)\varphi_n(q) = E_n\varphi_n(q), \tag{53}$$

和

$$E^0 = \frac{1}{2\mu}p^2 + E_{n_1} + E_{n_2}. \tag{54}$$

这些解对应于这样一种情形：α 粒子的动量已知恰好等于 $\boldsymbol{p}$，因此其位置完全不确定，而分子已知分别处于 n_1，n_2 态。所有相互作用被忽略，问题变成是要确定相互作用如何改变这种状态。

根据玻恩的方法，这可通过确定 $\psi^{(1)}$，$\psi^{(2)}$ 来解。先对这些量作正交函数 $\varphi_{m_1}(q_1)\varphi_{m_2}(q_2)$ 展开，

$$\psi^{(i)} = \sum_{m_1}\sum_{m_2} v_{m_1m_2}^{(i)}\varphi_{m_1}(q_1)\varphi_{m_2}(q_2), \tag{55}$$

其中 $v_{m_1m_2}^{(i)}$ 是的 x，y，z 和 t 的程函。这些量的意义如下：

$$\left|\sum_i \varepsilon^i v_{m_1m_2}^{(i)}\right|^2 \tag{56}$$

是观察到分子 1 处于态 m_1，分子 2 处于态 m_2，电子位于 x，y，z 的概率。

将式(55)(取 $i = 1$) 代入方程(51) 的第一式，我们得到

$$\left(-\frac{h^2}{8\pi^2\mu}\nabla^2 + E_{n_1} + E_{n_2} + \frac{h}{2\pi i}\frac{\partial}{\partial t}\right)v_{n_1m_2}^{(1)}$$
$$= -\left[h_{n_1m_2}(1)\delta_{n_2m_2} + h_{n_2m_2}(2)\delta_{n_1m_1}\right]e^{\frac{2\pi i}{h}[p\cdot x - E\cdot t]},$$

其中采用了缩并符号

$$\left.\begin{aligned} h_{n_1m_1}(1) &= \int\varphi_{m_1}^*(q_1)H^{(1)}(1)\varphi_{n_1}(q_1)\mathrm{d}q_1 \\ h_{n_2m_2}(2) &= \int\varphi_{m_2}^*(q_2)H^{(1)}(2)\varphi_{n_2}(q_2)\mathrm{d}q_2 \end{aligned}\right\} \tag{57}$$

因此坐标 q_1 和 q_2 通过进一步考虑被消去。函数 $h(1)$，$h(2)$ 分别是 x，y，z 和 x_1，y_1，z_1 或 x_2，y_2，z_2 的函数。这些方程可按下述方式进一步简化

$$v_{m_1m_2}^{(1)}(xyzt) = w_{m_1m_2}^{(1)}(xyz)e^{-\frac{2\pi i}{h}E\cdot t},$$

故

$$(\nabla^2 + k_{m_1m_2}^2)w_{m_1m_2}^{(1)} = \frac{8\pi^2\mu}{h^2}(h_{n_1m_1}(1)\delta_{n_2m_2} + h_{n_2m_2}(2)\delta_{n_1m_1})e^{\frac{2\pi i}{h}\boldsymbol{p}\cdot\boldsymbol{x}}, \tag{58}$$

其中

$$\frac{h^2}{8\pi^2\mu}k_{m_1m_2}^2=\left[E_{n_1}+E_{n_2}+\frac{1}{2\mu}p^2-E_{m_1}-E_{m_2}\right],\tag{59}$$

在这个表达式中，α 粒子的动能远大于其他项，以至于在足够近似的条件下，我们可以取

$$k_{m_1m_2}^2=k^2=\frac{4\pi^2p^2}{h^2}=\frac{4\pi^2}{\lambda_0^2}.\tag{60}$$

于是方程(58) 的总的形式为

$$(\nabla^2+k^2)w_{m_1m_2}^1=\rho_{m_1m_2}(xyz),\tag{61}$$

这就是普通的波动方程。$\rho_{m_1m_2}(xyz)$ 是产生波的振子密度，并且，由于它是复的，故还确定了其相位。方程(61) 的解由惠更斯原理给出如下式：

$$w_{m_1m_2}^1=\iiint\rho_{m_1m_2}(x'y'z')\frac{e^{-ikR}}{R}\mathrm{d}x'\mathrm{d}y'\mathrm{d}z',$$

其中 R 是从 x'，y'，z' 到 x，y，z 的距离。

因为，根据式(58)，$\rho_{m_1m_2}$ 为零，除非 $m_1=n_1$ 或 $m_2=n_2$，故所有的 $w_{m_1m_2}^{(1)}$ 将为零，除了 $w_{m_1n_2}^{(1)}$ 和 $w_{n_1m_2}^{(1)}$。对于一级近似，两个分子将只有一个被激发。这与经典理论是吻合的。经典理论认为，两次碰撞的概率是一个二阶量。定性上函数 $w_{m_1n_2}^{(1)}$ 和 $w_{n_1m_2}^{(1)}$ 的特征很容易确定，由式(57)

$$\rho_{m_1n_2}=\frac{8\pi^2\mu}{h^2}h_{n_2m_1}(x-x_1,\ y-y_1,\ z-z_1)e^{\frac{2\pi i}{h}\boldsymbol{p}\cdot\boldsymbol{x}}.$$

产生波的(虚拟) 振子因此全部位于 x_1，y_1，z_1 的区域 Γ_1 内(参照图 16)，其中 $h_{n_2m_1}$ 明显不为零。它们同步振荡，其相位主要由因子 $e^{\frac{2\pi i}{h}\boldsymbol{p}\cdot\boldsymbol{x}}$ 确定。图中画出了垂直于 $\boldsymbol{p}$ 的等相位线，它们之间的间距为 λ_0。根据公式(61)，振子发射的波长也是 λ_0，简单应用惠更斯原理即可看出，波的扰动仅在锥形阴影区有明显的幅度，该区域的轴向沿 $\boldsymbol{p}$ 的方向。该区域邻近 x_1，y_1，z_1 的截面由分子截面 Γ_1 确定。其张角也取决于 Γ_1，且在 Γ_1 小时较大的——即满足不确定性关系 $\Delta p_x\Delta x\sim h/2\pi$。将类似考虑运用到 $w_{n_1m_2}^{(1)}$，它仅在起源于 Γ_2 内的束内不为零，且同样也在 $\boldsymbol{p}$ 的方向上。

现在我们考虑二级近似：$v_{m_1m_2}^{(2)}$。它也可以写成 $w_{m_1m_2}^{(2)}\exp(-2\pi i/h)E^0t$，方程(51) 简化为

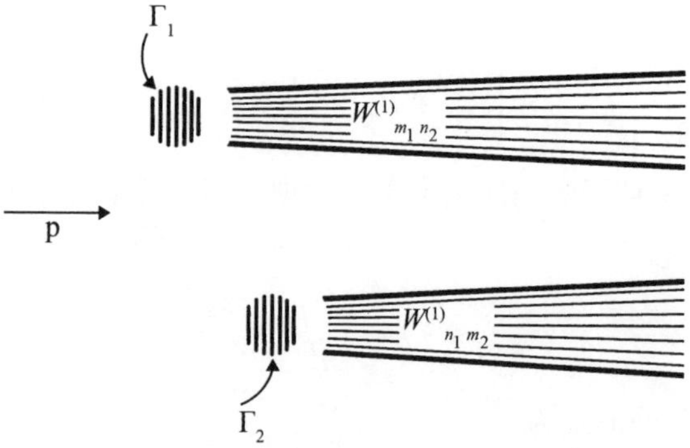

图 16

$$
\begin{aligned}
(\nabla^2 + k^2) w^{(2)}_{m_1 m_2} &= \frac{8\pi^2\mu}{h^2}\Big\{ \sum_l w^{(1)}_{l m_2} h_{l m_1}(1) + \sum_l w^{(1)}_{m_2 l} h_{m_2 l}(2) \Big\}, \\
&= \frac{8\pi^2\mu}{h^2}\{ w^{(1)}_{n_1 m_2} h_{n_1 m_1}(1) + w^{(1)}_{m_1 m_2} h_{m_2 n_2}(2) \}.
\end{aligned} \tag{62}
$$

该方程的右边将始终几乎为零，除非两个分子中的一个位于源自另一处的束内，因为 $w^{(1)}_{n_1 m_2}$ 仅在起源于 Γ_2 内的束内不为零，且 $h_{n1m1}(1)$ 只在 Γ_1 内。除非这两个区域相交，否则第一项将为零，第二项亦同样。因此，即使在二级近似下，两个原子被同时电离或激发的概率仍为零，除非它们的重心的连线实际上平行于 α 粒子的运动方向。这些考虑无需大改即可扩展到任意数量个分子的情形。对于每个附加分子，近似必须多做一步，但原理和结果是相同的。因此，我们证明了电离分子将几乎位于一直线上，其对直线的偏差满足不确定性关系。因此在被观察系统中包括有分子，就没有必要引入不连续变化的概率波包，但如果我们希望将能够实际观察到分子激发的方法考虑进来，那么这些不连续变化（现在是在位形空间 x，y，z，q_1，q_2 下的概率波包）将再次发挥作用。

5.2 衍射实验

光或物质通过光栅的衍射（戴维森-革末，汤姆孙，鲁普，菊池）借助于经典波动理论就可以得到最简单的解释。从量子理论的角度看，将时空波动理论应用到这些实验上是合理的，因为不确定性关系不会以任何方式影响到波的纯几何方面，而只是影响其振幅（参见 §3.1）。只有在讨论到涉及波的能量和动量方面的动力学关系时才需要诉诸量子理论。

就几何衍射图案而言，波的量子理论与经典理论是如此一致，以至于通过具体计算来证明这一点似乎毫无用处。另一方面，杜安(Duane)已从微粒图像的量子理论给出了一种对衍射现象的有趣的处理。为简单起见，我们想象这个粒子被一个平面光栅反射，其光栅常数为 d。

假设光栅本身是可移动的。它在 x 方向上的平移可看作周期性运动，眼下我们只考虑入射粒子与光栅的相互作用，鉴于整个光栅平移一个量 d 不会改变这种相互作用，由此我们可以得出结论：光栅在这个方向的运动被量子化，且其动量 p_x 可以假定只取 nh/d 的值(从理论的早期形式 $\int p\mathrm{d}q = nh$ 立刻有此结果)。因为光栅和粒子的总动量必须保持不变，故粒子的动量也只能变化一个量 mh/d(m 是整数)：

$$p'_x = p_x + \frac{mh}{d}.$$

此外，由于光栅的质量大，其能量的改变不可能大到可察觉出来，因此

$$p'^2_x + p'^2_y = p_x^2 + p_y^2 = p^2.$$

如果 θ 是入射角，θ' 是反射角，我们有

$$\cos\theta = \frac{p_y}{p},\quad \cos\theta' = \frac{p'_y}{p},$$

此处

$$\sin\theta' - \sin\theta = \frac{mh}{pd}.$$

从关于粒子波长的公式 A(83)，有

$$d(\sin\theta' - \sin\theta) = m\lambda.$$

此结果与普通波动理论的结果一致。

在所涉物理原理没得到清楚理解之前，物质和光的二像性曾引起很多困难。下面的悖论常常被讨论。光栅某一部分与粒子之间的力肯定随两者之间距离的增加而快速减小。因此反射方向只能由光栅上近邻入射粒子入射位置的那些部分来确定，但实际上我们却发现，光栅上分开最远的部分对于确定衍射最大级的锐度有着重要作用。这种矛盾的根源在于将两类不同的实验(情形 1 和 2) 混为一谈了。如果在粒子反射之前没有对其位置的确定做过任何实验操作，那么就不存在这种“观测上是否整个光栅都起作用”的矛盾。另一方面，如果进行实验来确定粒子将撞击光栅上长度为 Δx 的部分，那么粒子动量信息的不确定性基本上为 $\Delta p = h/\Delta x$。因此，其反射方向将有相应的不确定性。这种方向上不确定性的数

值大小可以从有 $\Delta x/d$ 条栅线的光栅的分辨本领计算出来。如果 $\Delta x \ll d$，那么干涉极大将完全消失；这种情形只有在粒子路径与经典粒子理论预期的路径适当可比的情形下才能达到，因为只有这时，粒子到底是撞击在一条直线上还是撞击在表面的部分平面上等等，才是确定的。

5.3 爱因斯坦和鲁普的实验①

另一个悖论被认为由以下实验呈现：一个原子（极隧射线）以速度 v 穿过宽度为 d 的狭缝 S 并在此期间发射出光。这道光可用置于 S 后的光谱仪来分析。由于光只能在时间间隔 $t = d/v$ 内到达光谱仪，因此待分析波列具有有限长度，并且光谱仪将其显示为一条线，其宽度对应的频率范围是

$$\Delta\nu = \frac{1}{t} = \frac{v}{d}.$$

另一方面，微粒理论似乎不允许存在这种展宽。原子发射单色辐射，其中每个粒子的能量均为 $h\nu$，光阑（由于其巨大的质量）将不能改变粒子的能量。

这里的谬误在于忽视了多普勒效应和光在狭缝处的衍射。从原子中出来到达 P 点的那些光子并不全是以垂直于极隧射线的方向发射的。光子束因衍射而成的角孔径为 $\sin\alpha \sim \lambda/d$。由此引起的多普勒频率变化为

$$\Delta\nu = \sin\alpha\,\frac{v}{c}\nu$$

或

$$\Delta\nu = \frac{\lambda v}{cd}\nu = \frac{v}{d}.$$

这与前面的结果一致。在该实验中，微粒的能量定律严格有效，这也符合经典光学的要求。

5.4 辐射的发射、吸收和色散

5.4.1 守恒定律的运用。存在定态的假设，结合光子理论，足以为原子的相互作用和辐射提供定性解释。这是玻尔理论的第一个决定性的成功。这一理论的最重要的成果可以简要概括如下。令原子的各定态编号为 1，2，3，……n……（图 17）。计数从正常状态始。例如，一个处于态 3 下的原子可以自发跃迁到态

① A. Einstein, *Berliner Berichte*, p. 334, 1926; A. Rupp, ibid., p. 341, 1926.

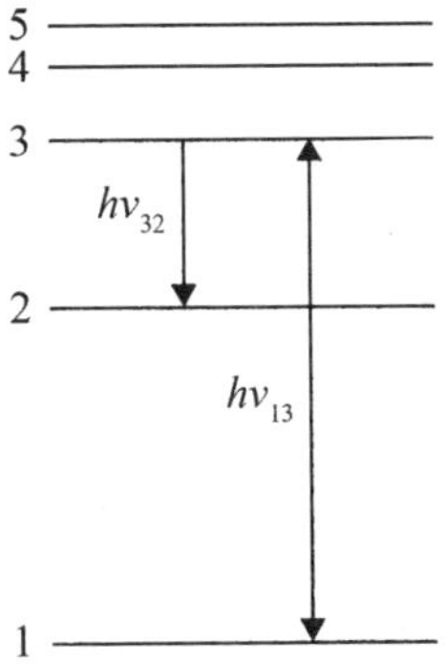

图 17

2，并放出一个能量为 $h\nu_{32} = E_3 - E_2$ 的光子。同样，处在态 1 的原子可以吸收一个能量为 $h\nu_{31} = E_3 - E_1$ 的光子从而被激发到态 3。必须强调的是，这些陈述都是实实在在的，而不是仅具象征性意义，因为原子在发射之前和之后的态都是可确定的(例如通过斯特恩-盖拉赫实验)。因此，发射线的强度正比于两种状态中处于上能级的原子的数量，而吸收线的强度则正比于较低能态上原子的数目。这些结果 —— 已得到实验上的充分证实 —— 完全体现了量子理论的特性，并且不可能从任何经典理论上推断出来，不论是波动理论还是粒子表示，因为离散的能量值不可能从经典理论里得到解释。

完全类似的情形也出现在散射的情形下。如果处于态 1 的原子吸收一个光子 $h\nu$ 被激发，它可以重新发射相同的光量子而不改变原状态(原子核的质量被认为是无限大)，或是发出一个能量为 $h\nu' = h\nu - E_2 + E_1$ 的光量子而跃迁到态 2(Smekal 跃迁①，参见图 18)。这两种散射光的强度成比于态 1 下原子的数目。如果处在态 2 的原子受到频率 v 的光的照射，则该原子可以跃迁到态 1 同时发射一个能量为 $h\nu' = h\nu + E_2 - E_1$ 的光量子，同样，这种“反斯托克斯”散射光的强度正比于态 2 下的原子数目。这已被拉曼实验②所证实。

5.4.2 对应原理和虚拟电荷方法。定态假设和光子理论，由于其本身的性质，既不可能产生关于辐射光干涉的信息，甚至也不能给出关于所涉跃迁的先验概率的信息。干涉性质完全可以用经典波动理论来说明，但反过来经典理论却无法说明跃迁。要成功处理这些辐射，自洽的量子理论是必需的。基于对应原理的

① *Naturwissenschaften*, **11**, 873, 1923.

② *Nature*, **121**, 501; **122**, 12, 1928.

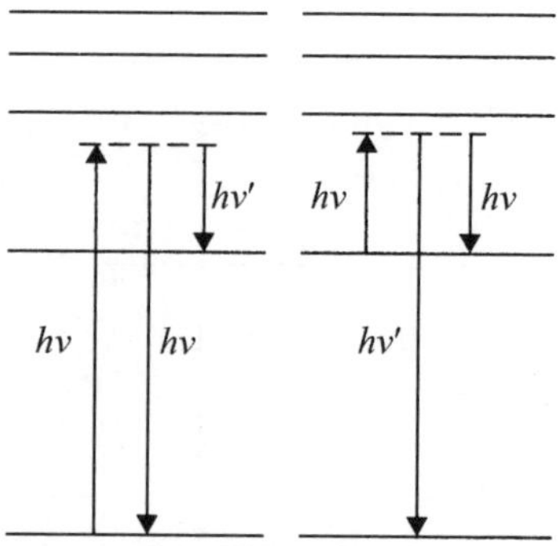

图 18

一种巧妙组合确实可以使关于物质的量子理论与关于辐射的经典理论联合起来定量给出跃迁概率的值，即或是用薛定谔的虚拟电荷密度，或是用其等价的表示原子的电偶极矩的矩阵元来定量给出跃迁概率的值。但这种处理辐射问题的方式远非令人满意，很容易导致错误的结论。这些方法只能十分小心地应用，下面是一些可以说明的例子。

首先考虑含单个电子的原子的情形，且假设原子核具有无限大的质量。如果 $x \equiv (x, y, z)$ 是电子的坐标，$\psi_0(x)$ 为其薛定谔函数，则

$$- ex_{nm} = - e\int x\psi_n\psi_m^* \mathrm{d}\tau \tag{63}$$

是代表该原子电偶极矩的矩阵元。严格来说，这个矩阵只能用于基于电子的量子理论原理的计算，而这一理论不涉及辐射。它也可以被理解为产生辐射的虚拟振子的偶极矩，这里说的辐射是指 $n \to m$ 跃迁过程中所发出的辐射。如果我们还记得在大量子数的极限情形下有 $x_{nm} \to x_n(n-m)$，这里 $x_n(n-m)$ 是经典运动的傅里叶系数，那么上式也可以从对应原理中导出。因此可以推测，x_{nm} 将以如同 $x_n(n-m)$ 一样的方式出现在确定辐射强度的公式里，即 $|x_{nm}|^2$ 将是 $n \to m$ 跃迁的先验概率。必须强调的是，这是一个纯粹的形式结果；它不是从量子论的任何物理原理中导出的。

另一点考虑可以更清晰地暴露出这种处理的不令人满意之处。前已指出，薛定谔方程的解 ψ_n 是对经典物质波方程的解（参见 A(8)）的一级近似。令 ψ^c 为后者的真解，则它所表示的电荷分布的辐射将由其偶极矩确定：

$$- e\int \psi^c \psi^{c*} x\mathrm{d}\tau$$

条件是这个分布的宽度与所发射的辐射的波长相比较小。现在

$$\psi^c \sim \sum_n a_n \psi_n e^{-\frac{2\pi i}{h}E_n t},$$

由此，利用这个经典分布的计算，辐射将由下式确定：

$$-e\sum_{nm} a_n a_m^* x_{nm} e^{\frac{2\pi i}{h}(E_n - E_m)t}. \tag{64}$$

这个公式是错误的，因为它是从纯粹的经典理论导出的。频率 $(E_n - E_m)/n$ 的辐射强度取决于终态的系数 a_m，以及初态的系数 a_n。这直接违反了玻尔的基本假设。这个矛盾可以通过将总和任意拆解为其离散的项，忽略掉违规因子，并将每一项关联到上能级来消除。这样，用于表示与跃迁相关联的虚拟偶极子的矩的式(63) 将再次出现。

5.4.3 辐射和物质的完整处理。辐射现象的自洽一致的处理需要将量子理论同时应用到辐射和物质上。在此情形下，到底是用粒子表象还是用波的表象自然是无关紧要的。狄拉克在他的辐射理论①中，采用的是粒子表象的语言，而且在他的哈密顿函数的推导中利用了由辐射的波动理论得出的结论。这里我们对这一理论的基本思想进行了简要概述。

原子由在静电力场 ϕ_0 中运动的单个电子来表示。根据狄拉克理论②，单个电子问题的相对论性不变量的方程为(ϕ_0 标量势，$\phi_i[i = 1, 2, 3]$ 为电磁势)：

$$p_0 + \frac{e}{c}\phi_0 + \alpha_i\left(p_i + \frac{e}{c}\phi_i\right) + \alpha_4 mc = 0, \tag{65}$$

或

$$H = -e\phi_0 - \alpha_i c\left(p_i + \frac{e}{c}\phi_i\right) - \alpha_4 mc^2, \tag{66}$$

(采用通常的求和约定。) 这里，和以前一样，p_i 是与 q_i 正则共轭的动量，算子 α 满足下述公式

$$\alpha_i\alpha_k + \alpha_k\alpha_i = 2\delta_{ik};\ \alpha_i\alpha_4 + \alpha_4\alpha_i = 0;\ \alpha_4^2 = 1. \tag{67}$$

从运动方程可以得出

$$\dot{p}_i = -\frac{\partial H}{\partial q_i} = \alpha_k c\frac{\partial \phi_k}{\partial x_i};\ \dot{q}_i = \frac{\partial H}{\partial p_i} = -\alpha_i c. \tag{68}$$

除了一个因子$(-c)$ 外，α_i 等同于速度矩阵。从式(66)，原子与辐射场的相互作用能量可以写成如下简单形式

① *Proceeding of the Royal Society*, A. **114**, 243, 710, 1927.

② 文献名同上，**117**, 610, 1928.

$$-\alpha_i e\phi_i = \frac{e}{c}\dot{q}_i\phi_i \tag{69}$$

因此原子加辐射场的完整系统的哈密顿函数是

$$H_{\text{total system}} = H_{\text{atom}} + \frac{e}{c}\dot{q}_i\phi_i + H_{\text{radiation field}} \tag{70}$$

这样，通过假设辐射场处于封闭系统内，这个问题有了一种简单的数学形式，其解为适当的边界条件下麦克斯韦方程解上的一组正交函数系。ϕ_i 可以在这个函数系下发展，系数[参见 A(123) 和 A(124)] 可写成如下形式

$$a_r = e^{-\frac{2\pi i}{h}\Theta_r}N_r^{1/2},$$

其中 N_r 是第 r 个固有振动的光量子数。在未考虑辐射场与原子相互作用时辐射场的总能量可以简单写成，

$$H_{\text{radiation field}} = \sum_r N_r h\nu_r \tag{71}$$

当 ϕ_i 在正交函数系下发展时，各项仍取决于原子在封闭系统中的位置。如果封闭系统足够大，那么由于这种依赖关系在最终结果中被平均掉了，因此我们可以方便地通过对原子处于所有可能位置时的真实幅度的平方取平均来引入一个方均幅度，由此给出 ϕ_i 的如下表达式：

$$\phi_i = \left(\frac{h}{2\pi c}\right)^{1/2}\sum_r \cos\alpha_{ir}\left(\frac{\nu_r}{\sigma_r}\right)^{1/2}\left[N_r^{1/2}e^{\frac{2\pi i}{h}\Theta_r} + e^{-\frac{2\pi i}{h}\Theta_r}N_r^{1/2}\right]. \tag{72}$$

这里 α_{ir} 是第 r 个固有振动的电矢量与 q_i 轴之间的夹角，σ_r 是频率间隔 $\Delta\nu_r$ 和立体角 $\Delta\omega_r$ 内的特征振荡数除以 $\Delta\nu_r\Delta\omega_r$。因此，整个体系的哈密顿函数为

$$\left.\begin{aligned} H = {} & H_{\text{atom}} + \sum_r N_r h\nu_r \\ & + \frac{e}{c}\left(\frac{h}{2\pi c}\right)^{1/2}\sum_r \dot{q}_r\left(\frac{\nu_r}{\sigma_r}\right)^{1/2}\left[N_r^{1/2}e^{\frac{2\pi i}{h}\Theta_r} + e^{-\frac{2\pi i}{h}\Theta_r}N_r^{1/2}\right]\end{aligned}\right\} \tag{73}$$

其中 $\dot{q}_r$ 是矢量 $\dot{q}$ 在第 r 个固有振动的电矢量方向上的分量。

从公式(73)，上面由守恒律得到的所有结果立即就可以推导出来。因此 H 的守恒性可以如在附录(§1)中那样被证明，并且还进一步有：对于光量子 $h\nu_r$ 的发射或吸收，要点是与有关跃迁相对应的 $\dot{q}_r$ 的矩阵元。除了某些没在此计算的数值因子，跃迁概率直接由该矩阵元的平方给出。如果要进行这种计算(交互项被视为微扰)，那么发射和吸收过程将以一级效应出现，色散现象以二级效应出

现。至于计算的细节，读者可参考狄拉克的论文①。

公式(73) 所给出的辐射问题的哈密顿量的形式有一个缺点：如果处理的是辐射的干涉和相干性质，它不会出现。但这种情形只在运用平均振幅时(如前述) 才如此。如果由 ϕ_i 在正交函数系下发展得到的正确的幅度被保留，那么这些函数作为麦克斯韦方程的解这一事实保证了对应于麦克斯韦方程的辐射的干涉和相干性质。例如，麦克斯韦方程的解以式 A(113) 中量 a_r 的因子出现，并且这些因子在原子所占据的位置处为零，此处矢量势因为干涉相消而为零。因此，在经典干涉理论认为没有东西存在的地方不存在光的吸收。从这些考虑我们立刻可得出：对于讨论所有关于相干和干涉的问题，经典波动理论就足够了。

5.5 干涉和守恒律

我们很难想象光子理论与麦克斯韦方程组的要求不冲突。人们曾做过很多尝试，试图找到后者的解[代表“针式”辐射(单向光束)]来避免这一矛盾，但结果都无法得到令人满意的解释，直到量子理论的原理得到阐明为止。这些结果向我们表明，每当一个实验能够给出有关光子发射的方向的信息时，其结果都与针型麦克斯韦方程组的解的预言精确地一致(参见波包的衰减，§2.2.3)。

作为一个例子，我们来讨论光子发射所产生的反弹。设原子从定态 n 跃迁到 m 态，并发射一个光子，其总动量也有适当的改变。由于我们只关心所发出辐射的相干特性，因此我们采用对应原理的方法，其中辐射按经典理论计算。作为辐射源，我们取这样一种电荷分布，它以物质波的经典理论给出的表达式为模型。原子由一个电子(质量为μ，电荷为 $-e$，坐标为 $\boldsymbol{r}_e$) 和一个核(质量为 M，电荷为 $+e$，坐标为 $\boldsymbol{r}_n$)。第 n 态的薛定谔函数(其中所述原子具有总动量 $\boldsymbol{P}$) 是

$$e^{\frac{2\pi i}{h}\boldsymbol{P}\cdot\boldsymbol{r}_c}\psi_n(\boldsymbol{r}_e-\boldsymbol{r}_n)e^{\frac{2\pi i}{h}Et},$$

其中 $\boldsymbol{r}_c=(\mu\boldsymbol{r}_e+M\boldsymbol{r}_n)/(\mu+M)$ 是原子重心的位矢。如果跃迁 $n\to m$，$\boldsymbol{P}\to\boldsymbol{P}'$，$E\to E'$ 的概率密度的矩阵元被计算出来，我们得到

$$e^{\frac{2\pi i}{h}(\boldsymbol{P}-\boldsymbol{P}')\cdot\boldsymbol{r}_c}\psi_n(\boldsymbol{r}_e-\boldsymbol{r}_n)\psi_m^*(\boldsymbol{r}_e-\boldsymbol{r}_n)e^{\frac{2\pi i}{h}(E-E')t}.$$

通过对核的坐标取平均，可以得到因电子的存在而造成的电荷密度；通过对电子的坐标取平均，可得到因核的存在而造成的电荷密度。总电荷密度是二者之

---

① 见前述引文。狄拉克用的是原始的薛定谔形式而不是哈密顿函数式(73)。用式(73) 会使计算更简单，因为 ϕ_i 的平方项随相互作用能下降。这些结果同狄拉克给出的结果。

和。这个密度被认为是所发射的辐射的虚拟源，至少就眼下研究其相干特性时我们这样看待。这两组密度（共同因子 e 被略去，$\boldsymbol{r}=\boldsymbol{r}_e-\boldsymbol{r}_n$ 是积分变量，$\mathrm{d}v$ 是体积元，$\gamma=M/(\mu+M)$）分别为

$$\rho_e=e^{\frac{2\pi i}{h}(\boldsymbol{P}-\boldsymbol{P}')\cdot\boldsymbol{r}_e}\int e^{\frac{2\pi i}{h}\gamma(\boldsymbol{P}-\boldsymbol{P}')\cdot\boldsymbol{r}}\psi_n\psi_m^*\,\mathrm{d}v\cdot e^{\frac{2\pi i}{h}(E-E')t},$$

$$\rho_n=e^{\frac{2\pi i}{h}(\boldsymbol{P}-\boldsymbol{P}')\cdot\boldsymbol{r}_n}\int e^{\frac{2\pi i}{h}\gamma(\boldsymbol{P}-\boldsymbol{P}')\cdot\boldsymbol{r}}\psi_n\psi_m^*\,\mathrm{d}v\cdot e^{\frac{2\pi i}{h}(E-E')t}.$$

因此总密度为

$$\rho=\text{const.}\ e^{\frac{2\pi i}{h}[(\boldsymbol{P}-\boldsymbol{P}')\cdot\boldsymbol{r}-(E-E')t]}.$$

其中常数值我们不感兴趣。电流密度由类似的表达式给出。这些电荷所发出的辐射可由下列延迟势计算出。

$$\Phi_0=\int\rho(t-R'/c)/R'\cdot\mathrm{d}v$$

是标量势，亦可得矢量势 Φ_i 的类似表达式。（R' 是从积分点 $\boldsymbol{r}$ 到观察点 $\boldsymbol{R}$ 的距离。）故结果为

$$\Phi_0=\text{const.}\int\frac{\exp\frac{2\pi i}{h}[(\boldsymbol{P}-\boldsymbol{P}')\cdot\boldsymbol{r}-(E-E')(t-R'/c)]}{R'}\mathrm{d}v.$$

如果我们假设，实验以给定的精度确定了原子的位置（相应地动量 $\boldsymbol{P}$ 的值必定是不确定的），那么这将意味着由前述表达式给出的密度 ρ 只能是有限体积 Δv 下的密度，其他地方均为零。如果辐射是从距 Δv 很远的地方发出的，那么 $\boldsymbol{R}'$ 将由 $\boldsymbol{R}$（观测点的坐标）和 $\boldsymbol{r}$（积分点的坐标）确定：

$$R'=R-\boldsymbol{R}_1\cdot\boldsymbol{r},$$

其中 $\boldsymbol{R}_1=\boldsymbol{R}/R$。于是标量势由下式给出

$$\Phi_0=\text{const.}\ e^{\frac{2\pi i}{h}(t-R/c)}\int(1/R)e^{\frac{2\pi i}{h}(\boldsymbol{P}-\boldsymbol{P}'-h\nu\boldsymbol{R}_1/c)\cdot\boldsymbol{r}}\mathrm{d}v,$$

其中 $h\nu=E-E'$。

这个积分仅在指数上 $\boldsymbol{r}$ 前的因子的绝对幅度小于 Δl 的倒数的区域明显不为零，这里 Δl 是 Δv 的线性尺寸。在所有其他区域，$\Delta\nu$ 的不同部分的辐射因干涉而相互抵消。因此有

$$\boldsymbol{P}-\boldsymbol{P}'=h\nu\boldsymbol{R}_1/c\ \pm h/\Delta l,$$

且原子以动量 $h\nu\boldsymbol{R}_1/c$ 反冲（除了天然的不确定性 $h/\Delta l$）。如果反冲的方向经某些实验程序得到确定，那么所发射的辐射就将表现得像一束单向束。但这只是在 $\boldsymbol{P}$

和 $\boldsymbol{P}'$ 被以足够的精度确定(因而重心的坐标相应地变得不确定)条件下的一种特殊情形。另一个极端是实验以比 $\Delta l = h/|\boldsymbol{P} - \boldsymbol{P}'| = c/\nu$，即比辐射波长更精确的方式来确定原子的位置。这时 Φ_0 代表一个普通的球面波，我们从反冲中得不出任何结论，因为它的不确定性大于其可能的值。

这个例子清楚地说明了量子理论是如何将原始的实在性从光波上剥离的，这种实在性被经典理论归因于光波。表示发出辐射的麦克斯韦方程的特解取决于原子质量中心的坐标的已知精度。

5.6 康普顿效应与康普顿和西蒙的实验

在康普顿效应的理论里有不少类似关系，但即使如此，其计算仍同于前段所述，这里给出对基本结果的一个概述。这里考虑束缚电子比考虑自由电子更有趣，因为这时(如果假设定态原子核的位置给定)存在关于散射电子位置的某些先验知识。守恒律导致如下公式

$$\left.\begin{aligned} &h\nu + E = h\nu' + E', \\ &\frac{h\nu}{c}\boldsymbol{e} \pm (\sim \Delta\boldsymbol{p}) = \frac{h\nu'}{c}\boldsymbol{e}' + p', \end{aligned}\right\} \tag{74}$$

其中不带撇字母代表碰撞发生前的变量，带撇的是碰撞后的变量；$\boldsymbol{p}$ 是电子的线性动量，e 和 e' 分别表示光量子运动方向的单位矢量；$\Delta\boldsymbol{p}$ 给出原子中电子的动量范围。如果 $\sim \Delta\boldsymbol{p}$ 与 $\boldsymbol{p}$ 和 $h\nu/c$ 相比是小量，那么式(74)能够得出方向 e' 与 $\boldsymbol{p}'$ 之间关系的确切结论。例如，如果 $\boldsymbol{p}'$ 在威尔逊云室中被测得，则辐射具有针式辐射的所有属性，因为光量子发射的方向是确定的。如果 $\boldsymbol{p}' \gg \Delta\boldsymbol{p}$，那么平移波函数就可以被看作是一个平面波，即 $\exp[2\pi i/h \cdot (\boldsymbol{p}' \cdot \boldsymbol{r} - E't)]$，其中 $\boldsymbol{r}$ 是电子位置矢量。设非扰动态 E(假定为正常态)的波函数是 $\psi_E(\boldsymbol{r})\exp(2\pi i/h \cdot E't)$，其中 ψ_E 在区间 $\Delta l(\Delta l \cdot \Delta p \sim h)$ 上不等于零。

这些波函数受到频率为 ν 的入射波的扰动，并且扰动函数是波长 $\lambda = c/\nu$ 的周期性空间函数。因此，对于扰动电荷分布的最终结果，我们得到以下表达式

$$\begin{aligned} \rho &= cf_E(\boldsymbol{r})e^{-\frac{2\pi i}{h}Et}e^{\frac{2\pi i}{h}\left(\frac{\boldsymbol{r}\cdot\boldsymbol{e}}{\lambda}-\nu t\right)}\ e^{-\frac{2\pi i}{h}(\boldsymbol{p}\cdot\boldsymbol{r}-E't)} \\ &= cf_E(\boldsymbol{r})e^{\frac{2\pi i}{h}\left[\left(\frac{h\nu}{c}e-\boldsymbol{p}'\right)\cdot\boldsymbol{r}-(E-E'+h\nu)t\right]}, \end{aligned} \tag{75}$$

其中 f_E 仅在区间 Δl 上不为零。如果我们写出距原子很远处某一点的推迟势，

则有①

$$\Phi_0(R)=ce^{-2\pi i\nu'\left(t-\frac{R}{c}\right)}\int_{\text{atom}}\frac{\mathrm{d}v'}{R'}f_E(\boldsymbol{r}')\,e^{\frac{2\pi i}{h}\left(\frac{h\nu}{c}\boldsymbol{e}-\boldsymbol{p}'-\frac{h\nu'}{c}\boldsymbol{e}'\right)\cdot\boldsymbol{r}'}. \tag{76}$$

在这个等式里，$h\nu'=E-E'+h\nu$，$\boldsymbol{r}'$是指向积分点的矢量，$\boldsymbol{R}$为指向观察点的矢量，$\boldsymbol{R}'=\boldsymbol{R}-\boldsymbol{r}'$。公式(76)里的时间因子表明，散射辐射的频率为$\nu'$，对应于公式(74)里相应的量。此外，公式(76)的右边的积分项因干涉相消，如果$\boldsymbol{r}'$前的因子明显大于原子直径的倒数的话。因此，由于$\Delta l\cdot\Delta p\sim h$，有

$$\frac{h\nu}{c}\boldsymbol{e}=\frac{h\nu'}{c}\boldsymbol{e}'+\boldsymbol{p}'\pm(\sim\Delta\boldsymbol{p}), \tag{77}$$

与公式(74)的第二式一致。因此，就其相干特性而言，散射辐射的行为类似于针式辐射。但是，光量子的方向不完全确定，它可以被看作是原初定态下动量不确定性的结果。如果实验中用的是更为松散的束缚电子，那么这种不确定性就可以减少，但这时原子截面也相应地更大。如果我们将这些考虑应用到激发态，则此时出现的是$\Delta l\cdot\Delta p\sim nh$而非$\Delta l\cdot\Delta p\sim h$；对于推迟势的计算，我们必须考虑$\psi_E(r')$的节点数。由于这仅涉及并非基本的复杂性，因此我们还是将讨论限定在正常态下。

如果我们希望基于反冲电子和散射光子的同时发射来解释盖革-波特实验，这时如果要采用这里介绍的对应原理方法，我们就必须处理只在有限时间间隔内发出辐射的电荷分布。电子的初态将由静止的波包给定，其大小取决于实验装置。终态将用一个行波波包来表示，并且由两个波函数的乘积给出的电荷密度将仅在两个波包重叠的时间内不等于零。因此所产生的辐射将是一个沿确定方向移动的有限波列。盖革-波特实验结果的更多的解释，即使在其所有要点上是等效的，只能从辐射的量子理论中获得。此外，如已证明的，在这个理论中，应用于光量子和电子的守恒律成立，因此我们无需任何疑虑就可以采用习惯的微粒理论于本实验。

5.7 辐射涨落现象

大均方值涨落，这个属于微粒理论处理范围，被包含在量子理论的数学框架内，如附录所示。然而，通过计算辐射场的涨落来研究量子理论处理所依据的不

① G. Breit, *Journal of the Optical Society of America*, **14**, 324, 1927.

同物理图像之间的关系，特别具有启发性。假设存在这么一个黑腔，其体积为 V，内含温度平衡下的辐射。根据普朗克公式，包含在小体积元 ΔV 中，频率 ν 到 $\nu+\Delta\nu$ 范围内的平均能量 $\overline{\mathfrak{E}}$ 为，

$$\overline{\mathfrak{E}} = \frac{8\pi^2 h\nu}{c^3}\frac{\Delta\nu\Delta V}{e^{h\nu/kT}-1}; \tag{78}$$

k 是玻尔兹曼常数，T 为温度。根据一般热力学定律①，对于 $\mathfrak{E}$ 的均方涨落有下列关系成立：

$$\overline{\Delta\mathfrak{E}^2} = kT^2\frac{\mathrm{d}\overline{\mathfrak{E}}}{\mathrm{d}T}.$$

代入公式(78)，爱因斯坦已证明有

$$\overline{\Delta\mathfrak{E}^2} = \underbrace{h\nu\overline{\mathfrak{E}}}_{\text{粒子}} + \underbrace{\frac{c^3}{8\pi^2\nu^2\Delta\nu\Delta V}}_{\text{波}}\overline{\mathfrak{E}}^2. \tag{79}$$

借助于经典理论只能得到均方涨落的这个值的部分结果。粒子观点给出

$$\overline{\mathfrak{E}} = h\nu\bar{n}. \tag{80}$$

因此经典的粒子理论只能给出式(79)的第一部分。另一方面，辐射的经典波动理论则精确给出式(79)的第二部分。这个计算将在后面与量子理论结合起来给出。因此，对于公式(79)的推导量子理论确实是必要的，至于我们在其中是运用波的图像还是粒子图像则无关紧要。

特别地，如果我们采用粒子位形空间来处理这个问题(尽管事实上对于光量子这尚未具体进行)，我们必须注意，该问题所有各项构成的系统可以划分成非结合的各个部分系统，从中可以选定某个确定的项作为一个解。因为有对易关系(84)，这一点从相应的不确定关系可知是显而易见的，该项系必须这样来选取：其特征函数在光量子坐标系下是对称的。这个选择导致光量子的玻色统计，而且正如玻色证明了的②，导致公式(78)。

如果采用波的图像，则从特征振荡的振幅可以得到与该振荡对应的光量子的数目，因此可以得到同样的数学形式。为了避免计算中不必要的复杂性，我们来处理长为 l 的振动弦而不是黑腔辐射。令 $\varphi(x,t)$ 为其横向位移，c 是弦上的声速。于是拉格朗日函数变为

① J. Gibbs, *Elementary Principles in Statistical Mechanics*, pp. 70－72, 1902.

② *Zeitschrift für Physik*, **26**, 178, 1924.

$$L=\frac{1}{2}\left[\frac{1}{c^2}\left(\frac{\partial\varphi}{\partial t}\right)^2-\left(\frac{\partial\varphi}{\partial x}\right)^2\right] \tag{81}$$

由此知(A § 9)

$$\Pi=\frac{1}{c^2}\frac{\partial\varphi}{\partial t}, \tag{82}$$

和

$$\bar{H}=\frac{1}{2}\int_0^l\left\{c^2\Pi^2+\left(\frac{\partial\varphi}{\partial x}\right)^2\right\}=\frac{1}{2}\int_0^l\left\{\frac{1}{c^2}\left(\frac{\partial\varphi}{\partial t}\right)^2+\left(\frac{\partial\varphi}{\partial x}\right)^2\right\}\mathrm{d}x. \tag{83}$$

下面的对易关系将被用到：

$$\Pi(x)\varphi(x')-\varphi(x')\Pi(x)=\delta(x-x')\frac{h}{2\pi i}. \tag{84}$$

引入

$$\varphi(x,t)=\sqrt{\frac{2}{l}}\sum_k q_k(t)\sin\frac{k\pi x}{l},$$

$\bar{H}$ 变为

$$\bar{H}=\frac{1}{2}\sum_k\left\{\frac{1}{c^2}\dot{q}_k^2+\left(\frac{k\pi}{l}\right)^2q_k^2\right\}. \tag{85}$$

引入伴随 q_k 的动量，

$$p_k=\frac{1}{c^2}\dot{q}_k, \tag{86}$$

方程(84) 变为

$$p_kq_l-q_lp_k=\delta_{kl}\frac{h}{2\pi i} \tag{87}$$

或

$$\left.\begin{aligned}p_k&=\sqrt{\frac{k\pi}{l}}\sqrt{\frac{h}{2\pi}}\{N_k^{\frac{1}{2}}e^{\frac{2\pi i}{h}\Theta_k}+e^{-\frac{2\pi i}{h}\Theta_k}N_k^{\frac{1}{2}}\}\\q_k&=\sqrt{\frac{k\pi}{l}}\sqrt{\frac{h}{2\pi}}\{N_k^{\frac{1}{2}}e^{\frac{2\pi i}{h}\Theta_k}-e^{-\frac{2\pi i}{h}\Theta_k}N_k^{\frac{1}{2}}\}\frac{1}{i}.\end{aligned}\right\} \tag{88}$$

弦的特征频率为 $\nu_k=k(c/2l)$，因此

$$\bar{H}=\sum_k h\nu_k\left(N_k+\frac{1}{2}\right). \tag{89}$$

但对于某一小段(0，a) 弦的能量，我们得到，

$$\mathfrak{E}=\frac{1}{l}\int_0^a\sum_{j,\ k}\left\{\frac{1}{c^2}\dot{q}_i\dot{q}_k\sin\frac{j\pi x}{l}\sin\frac{k\pi x}{l}\right.$$
$$\left.+q_iq_kjk\left(\frac{\pi}{l}\right)^2\cos\frac{j\pi x}{l}\cos\frac{k\pi x}{l}\right\}\mathrm{d}x. \tag{90}$$

如果从这个和中将 $j=k$ 的项挑出，那么根据所涉波长与 a 相比均较小这一明确的假设，我们可以取

$$\overline{\mathfrak{E}}=\frac{a}{l}\overline{H}.$$

由此我们通过忽略式(90) 中 $j=k$ 的项得到了涨落 $\Delta\mathfrak{E}=\mathfrak{E}-\overline{E}$。该积分得

$$\Delta\mathfrak{E}=\frac{1}{2l}\sum_{j\neq k}\left\{\frac{1}{c^2}\dot{q}_j\dot{q}_kK_{jk}+jk\left(\frac{\pi}{l}\right)^2q_jq_kK'_{jk}\right\}, \tag{91}$$

其中

$$\left.\begin{aligned}K_{jk}&=c\frac{\sin(\nu_j-\nu_k)a/c}{\nu_j-\nu_k}-c\frac{\sin(\nu_j+\nu_k)a/c}{\nu_j+\nu_k},\\K'_{jk}&=c\frac{\sin(\nu_j-\nu_k)a/c}{\nu_j-\nu_k}+c\frac{\sin(\nu_j+\nu_k)a/c}{\nu_j+\nu_k},\end{aligned}\right\} \tag{92}$$

因此，均方涨落由下式给出

$$\overline{\Delta\mathfrak{E}^2}=\frac{1}{2l^2}\sum_{j\neq k}\left\{\frac{1}{c^4}-\overline{\dot{q}_j^2}\ \overline{\dot{q}_k^2}K_{jk}^2+j^2k^2\left(\frac{\pi}{l}\right)^4\overline{q_j^2}\ \overline{q_k^2}K'_{jk}\right.$$
$$\left.+\left(\frac{\pi}{l}\right)^2\frac{jk}{c^2}(\overline{q_j\dot{q}_j}\ \overline{q_k\dot{q}_k}+\overline{\dot{q}_jq_j}\ \overline{\dot{q}_kq_k})K_{jk}K'_{jk}\right\}.$$

对 j 和 k 的求和分别被对频率 ν_j 和 ν_k 的积分取代，如果假定弦 l 很长，以至于其特征频率接近于连在一起的话。此外，我们最后假设 a 很大并利用下述关系

$$\lim_{a\to\infty}\frac{1}{a}\int_{-\nu_1}^{\nu_2}\frac{\sin^2\nu a}{\nu^2}f(\nu)\,\mathrm{d}\nu=\pi f(0), \tag{93}$$

如果 $\nu_1>0$，$\nu_2>0$ 的话。二重积分于是变成一个简单的积分，我们发现有

$$\overline{\Delta\mathfrak{E}^2}=\frac{a}{c}\int\mathrm{d}\nu\left\{\frac{1}{c^4}(\overline{\dot{q}_\nu^2})^2+\left[\left(\frac{2\pi\nu}{c}\right)^2\overline{q_\nu^2}\right]^2\right.$$
$$\left.+\frac{1}{c^2}\left(\frac{2\pi\nu}{c}\right)^2[(\overline{q_\nu\dot{q}_\nu})^2+(\overline{\dot{q}_\nu q_\nu})^2]\right\}. \tag{94}$$

由于对易关系(84)

$$\overline{q_\nu \dot{q}_\nu} = -\overline{\dot{q}_\nu q_\nu} = c^2 \frac{h}{4\pi i}, \tag{95}$$

故有

$$\overline{\mathfrak{E}} = \frac{a}{l}\int \mathrm{d}\nu Z_\nu h\nu\left(N_\nu + \frac{1}{2}\right), \tag{96}$$

其中，$Z_\nu \mathrm{d}\nu$ 表示频率间隔 $\mathrm{d}\nu$ 内特征频率的数目，或在此情形下，$Z_\nu = 2l/c$。如果积分被取在频率间隔 $\Delta\nu$ 上，我们得到

$$\overline{\mathfrak{E}} = \frac{a}{l}Z_\nu \Delta\nu h\nu\left(N_\nu + \frac{1}{2}\right), \tag{97}$$

$$\overline{\Delta\mathfrak{E}^2} = \frac{a}{c}\Delta\nu\left[\frac{1}{2}\left(\frac{\overline{\mathfrak{E}}c}{a\Delta\nu}\right)^2 - \frac{1}{2}(h\nu)^2\right). \tag{98}$$

我们将 $\overline{\mathfrak{E}}$ 细分成热能 $\overline{\mathfrak{E}^*}$ 和零点能：

$$\overline{\mathfrak{E}} = \overline{\mathfrak{E}^*} + \frac{a}{l}Z_\nu \Delta\nu \frac{h\nu}{2} = \overline{\mathfrak{E}^*} + a\Delta\nu h\nu,$$

并发现

$$\overline{\Delta\mathfrak{E}^2} = \frac{a}{2c}\Delta\nu\left[\left(\frac{\overline{\mathfrak{E}^* c}}{a\Delta\nu}\right)^2 + 2\frac{\overline{\mathfrak{E}^* c}}{a\Delta\nu}h\nu\right] = h\nu\,\overline{\mathfrak{E}^*} + \frac{\overline{\mathfrak{E}^{*2}}}{\Delta\nu}Z_\nu \frac{a}{l}. \tag{99}$$

此值恰好对应于式(79)。在经典波动理论里，相应关系可以通过在式(99)中取极限 $h = 0$ 来获得。因此经典波动理论只能给出公式(99)的第二项。而量子理论则能够给出完整的涨落公式，它既可以解释为一种粒子理论，也可以解释成一种波动理论，如何选择取决于我们看哪个合适。

5.8 量子理论的相对论性公式

在前述的大多数讨论中，相对性原理为所有物理理论所设定的条件被忽略，因此所得到的结果仅在光速可视为无穷大的条件下才是适用的。这种忽略的原因是，所有相对论性效应都属于量子理论的未知领域；本书已阐明的物理原理必须在这一领域是有效的，因此正确的选择似乎是不要用目前尚不能明确回答的问题来模糊这些原理。尽管如此，如果我们不对构建体现两套原理的理论尝试，以及这些尝试中所出现的困难做一简要的讨论，那么本书就显得太不完整了。

狄拉克①建立的波动方程对一个电子的情形是有效的，且该方程在洛伦兹变换下是不变的。它满足量子理论的所有要求，并能够对“自旋”电子现象给出一个好的解释，这种现象以前只能通过特定的假设来处理。但随相对论量子理论而出现的基本困难则无法消除。这一困难源自自由电子的能量和动量之间的如下关系：

$$\frac{1}{c^2}E^2=\mu^2c^2+p_x^2+p_y^2+p_z^2 \tag{100}$$

根据这个公式，对每一组 p_x，p_y，p_z 的值，能量 E 有两个值，且正负号不同。经典理论可以通过任意剔除一个正负号来消除这种矛盾，但根据量子理论的原理这是不可以的。这里到负能量态的自发跃迁是可以发生的，但由于这些跃迁从未被观察到，因此现有理论肯定是有错的。在这些条件下，非常显著的是正能级(至少在一个电子的情形下)与实际观察到的情形一致。

O. 克莱因通过计算②也揭示了公式(100)中的内在困难。他证明了，如果电子是受基于这一关系的方程支配，那么它就能无阻碍地通过势能大于 $2mc^2$ 的区域。如果我们只考虑式(31a)在 x 方向上的运动，则式(31c)变成

$$\frac{E^2}{c^2}=\mu^2c^2+p_x^2,$$

$$\frac{(E-V)^2}{c^2}=\mu^2c^2+p_x'^2,$$

此处

$$p_x'^2=p_x^2+\frac{((E-v)^2-E^2)}{c^2},$$

而波函数具有如下形式

$$e^{\frac{2\pi i}{h}(p_x'x-Et)},$$

对于非常小的 V 值，p_x' 是实的，并存在透射波，就像 §2.2.4 中情形一样。对于较大的 V 值，p_x' 变为纯虚数，使得波在间断点被全反射，并在区域 Ⅱ 呈指数下降。但对于非常大的 V 值，p_x' 再次变为实数，即电子波再次以恒定振幅穿透区域 Ⅱ。更精确的计算证实了这一结果。

根据相对论性理论，电子场的能量计算还产生了另一个性质稍显不同的困

① P. A. M. Dirac, *Proceedings of the Royal Society*, A, **117**, 610, 1928.

② *Zeitschrift für Physik*, **53**, 157, 1929.

难。众所周知，对于点电子(半径为零的电子)，甚至经典理论都会给出无穷大的能量值，因此我们需要引入一个普适的长度——“电子半径”。值得注意的是，在非相对论理论里，这个困难可以另一种方式——通过适当选择哈密顿函数的非对易因子的量级——来避免。这在相对论性量子理论里也是不可能的。

人们经常表示希望，在这些问题得到解决后，量子理论能在很大程度上，至少是在经典概念的意义上，成为一种基本理论。但对过去 30 年物理学发展趋势的一个肤浅调查表明，更有可能的却是：这些问题的解决将导致对经典概念的适用性的进一步限制，而不是导致对这些业已发现的问题的去除。对我们的理想世界进行修改和限制的列表——它现在包含了由相对论(以光速 c 为特征)和不确定性关系(由普朗克常数 h 表示)所要求的那些条件——将会因其他因素而加长，这些因素对应于 e，μ 和 M。但是，它们的特性尚未被预料到。

量子力学的发展

沃纳·海森伯

诺贝尔物理学奖获奖演说，1933 年 12 月 11 日

量子力学，我在此要论述的，就其正式内容来说，源自这样一种努力：通过凝练玻尔的思想精华，将他的对应原理扩展成一个完备的数学体系。不同的研究者通过对玻尔原子结构理论和光的辐射理论所面临的困难的研究，提出了将量子力学与经典物理区分开来的物理新概念。

1900 年，普朗克在研究他所发现的黑体辐射定律时觉察到，光学现象中存在一种完全不为经典物理所了解的不连续现象。几年后，这一现象借助于爱因斯坦的光量子假说得到了十分精确的说明。麦克斯韦理论与光量子假说中十分明确的概念之间的这种不可调和的矛盾迫使研究者们得出结论：辐射现象只有通过基本抛弃其直观图像才能被理解。由普朗克发现，并被爱因斯坦、德拜和其他人所运用的这个事实 —— 存在于辐射现象中的不连续性单元 —— 也在物质过程中起着重要作用，并在玻尔的量子理论基本假设中得到了系统的表述。玻尔的这一基本假设加上关于原子结构的玻尔-索末菲量子条件，使得原子的化学性质和光学性质得到定性的解释。接受量子理论的这些基本假设对于理解原子的性质是不可缺少的，尽管它们与将经典力学运用于原子系统（至少定性上允许这么做）存在着不可调和的矛盾。这种情况为支持下述假设提供了新的论据，即只有基本放弃直观描述，我们才能理解普朗克常数在其中起重要作用的那些自然现象。经典物理学似乎是本质上不可具象的微观物理学的一种可视化的极限情形，这种可视性实现得越精确，那么相对于体系的参数来说普朗克常数就显得越微不足道。这种将经典力学看成是量子力学的极限情形的观点还导致玻尔提出了对应原理。这一原理，至少从定性上说，将许多经典力学中的结论转移到了量子力学里。联系到对应原理，人们还讨论了量子力学法则原则上是否具有统计性质的问题，这种可能性在爱因斯坦推导普朗克辐射定律的过程中变得特别明显。最终，玻尔、克拉默斯和斯莱特对于辐射理论与原子理论之间关系的分析导致了以下科学结论：

根据量子论的基本假设，原子系统具有离散的、稳定的态，因而具有离散的能量值。根据这种原子能量，原子系统对光的发射和吸收是突然出现的，脉冲式

的。另一方面，辐射的直观性质可用波场来描述，该波场的频率与原子的初态和末态之间的能量差有如下关系：

$$E_1 - E_2 = h\nu.$$

原子的每个定态对应于一套完备的参数集，它规定了由这个态到其他态的跃迁概率。经典的轨道电子辐射与这些确定辐射概率的参数之间没有直接关系，然而玻尔的对应原理还是能使经典轨道的傅里叶展开式中的具体的项与原子的每一个跃迁相对应，并且定性上具体跃迁的概率遵循类似于傅里叶分量的强度所遵循的规律。因此，尽管在卢瑟福、玻尔、索末菲及其他人所做的研究中，将原子比作电子行星系可以定性地解释原子的光学和化学性质，但原子光谱与电子系的经典光谱之间的根本性差别仍迫使人们不得不放弃电子轨道的概念，放弃对原子的形象化描述。

确立电子轨道概念所需的实验也为修正这一概念提供了重要帮助。对如何才能看到原子内的电子轨道这一问题的最显然的回答也许是使用一台极高分辨率的显微镜。但由于这一显微镜下的样品必须用波长极短的光来照明，而根据康普顿效应，从光源发出的先到达电子再进入观察者眼中的第一个光量子就将把电子完全轰离其轨道。结果是在任何时刻，实验上可观察到的都只是轨道的一个点。

因此，在此情形下，应采取的策略显然是一开始就放弃电子轨道的概念，尽管其可靠性曾得到威尔逊的实验的支持，并因此有人试图搞清楚电子轨道的概念在多大程度上能引入到量子力学里。

在经典理论中，原子发出的所有光波的频率、振幅和相位的确定完全等价于原子的电子轨道的确定。由于从辐射光波的振幅和位相我们可以毫不含糊地推导出电子轨道的傅里叶展开式中相应项的系数，因此整个电子轨道都可以从全部已知的振幅和位相中导出。与此相似，在量子力学中，我们也可以将原子辐射的一组振幅和位相看成是对原子系统的完整描述，虽然这种辐射不可能在电子轨道的意义上得到解释。因此，在量子力学中，电子坐标的位置被对应于经典轨道运动的傅里叶系数的一组参数所取代，但这些参数不再是用态的能量和相应的谐振的数目来分类，而是在任何情形下都与原子的两个定态相联系，并且是对原子从一个定态到另一个定态的跃迁概率的量度。这种类型的参数系可以比之为线性代数中的矩阵。就是说，经典力学中的每个参数，例如电子的动量或能量，都可以用完全相同的方法配分到量子力学的对应矩阵里。从这里开始，为了超越仅依据事情的经验状态来描述一件事情，我们有必要系统地将配有不同参数的矩阵联系起来，就如同在经典力学中通过运动方程将相应的参数联系起来一样。为了让经典力学与量子力学尽可能密切地对应起来，我们试着将傅里叶级数的加法和乘法运算作为量子理论的加法和乘法运算的例子，这样由矩阵表示的两个参数的乘积最自然的就是用线性代数里的矩阵乘积来表示，这个假设已经在克拉默斯-兰登伯格的色散理论中提出过。

因此，将经典物理学的运动方程直接用于量子力学，将它们看成是表示经典变量的矩阵之间的关系看来是合理的。玻尔-索末菲量子条件也可以用矩阵之间的关系来重新解释，再加上运动方程，它们足以确定所有的矩阵，从而确定实验上可观察的原子特性。

玻恩、约尔丹和狄拉克的功绩在于将上述数学框架发展成一种自洽一致的且实用的理论。他们首先发现，量子条件可以写成表示电子动量和坐标的矩阵之间的对易关系，并给出以下方程(其中 p_r 是动量矩阵，q_r 是坐标矩阵)：

$$p_r q_s - q_s p_r = \frac{h}{2\pi i}\delta_{rs} \quad q_r q_s - q_s q_r = 0 \quad p_r p_s - p_s p_r = 0$$

$$\partial_{rs} = \begin{cases} 1 \text{ 当 } r = s \text{ 时} \\ 0 \text{ 当 } r \neq s \text{ 时} \end{cases}$$

运用这些对易关系，他们还能够在量子力学中得到一些在经典力学看来很基本的规律，即能量、动量和角动量不随时间改变的规律。

由此，得到的数学形式终于在形式上与经典理论有了广泛的相似性，所不同的只是表观上的对易关系，而正是这些对易关系使得我们可以从哈密顿方程得出运动方程。

然而在物理结果上，量子力学与经典力学之间存在着深刻差异，它迫使我们必须对量子力学的物理解释作深入的讨论。就目前而言，量子力学能够处理原子辐射、定态能量值以及表征定态的其他参数等，因此这一理论给出的结果与原子光谱所包含的实验数据是相符的。然而，对于所有要求对瞬态事件作直观描述的情形，例如要对威尔逊照片作出解释时，这一理论的形式体系似乎不足以充分表示实验结果。在此情形下，基于德布罗意博士论文发展起来的薛定谔波动力学为量子力学提供了支撑。

在薛定谔的研究中(他本人将在此作这一报告)，他将原子能量值确定的问题转变成特定原子系统的坐标空间下边值问题所确定的本征值问题。薛定谔的研究表明，他所发现的波动力学在数学上与量子力学是等价的。在这之后，这两个物理思想迥然不同的领域的富有成果的结合使得量子理论体系得到了极大的扩展和充实。首先，正是波动力学才使得复杂的原子系统的数学处理成为可能；其次，对这两种理论之间的联系的分析导致狄拉克和约尔丹提出著名的变换理论。由于篇幅所限，在这里我不可能对这一理论的数学结构作详细讨论，我只想指出它的基本物理意义。通过让量子力学的物理原理取其扩展后的形式，变换理论使我们能以完全一般的方式来计算原子系统在给定的实验条件下出现某种特定的、实验上可确知的现象的概率。由辐射理论推得并经玻恩的碰撞理论的精确概念阐明的假设，即波函数支配粒子出现的概率的假设，似乎是更为普适的自然法则的一种特殊情形，是量子力学基本假设的一个自然结果。薛定谔以及后来约尔丹、克莱因和维格纳等人的研究，成功地将德布罗意关于时空中可具象的物质波的原始概念——这一概念甚至形成于量子力学出现之前——发展为适用于量子论原理所允许的一切范围。但从波动力学的统计解释，从人们更强调薛定谔理论涉及的是多维空间下的波这一事实来看，薛定谔的概念与德布罗意的原始论文之间的联系肯定显得较为松散。因此在讨论量子力学的明确意义之前，我觉得有必要先简要地谈一下三维空间中物质波的存在性问题，因为只有将波与量子力学综合起来才能解决这问题。

早在量子力学发展之前，泡利就从元素周期表的规律中得出一条著名的原理，即任何时候一个特定的量子态只能被一个电子占据。基于下述这个初看起来令人惊奇的结果，将泡利原理移入量子力学被证明是可行的：一个原子系统可能具有的全部定态可以被划分成这样一些确定的类型，处于某种类型的态的原子在任何扰动作用下都不会变到属于另一种类型的态。正如维格纳和洪德的研究最终所阐明的，这类态具有如下特征：当交换两个电子的坐标时，薛定谔本征函数具有一定的对称性。由于电子是全同的，因此当两个电子发生交换时，原子对任何外界扰动都保持不变，从而也不引起不同种类态之间的转变。泡利原理和由此导出的费米-狄拉克统计等价于下述假设：只有当交换两个电子时本征函数改变符号的那一类定态才能在自然界中存在。根据狄拉克的观点，选用交换对称系统推导不出泡利原理，而只能得出玻色-爱因斯坦电子统计。

在服从泡利原理或玻色-爱因斯坦统计的不同类型的定态与德布罗意的物质波概念之间，存在一种特殊的关系。一个空间波现象可以按照量子力学原理作如下处理：用傅里叶定理对其进行分析，然后将量子力学的普遍规律应用到波动的各个傅里叶分量上(将其视为仅有一个自由度的系统)。这一处理程序被证明用于狄拉克辐射理论的研究也是卓有成效的。量子力学在处理波现象时将这一程序用于处理德布罗意的物质波，所得结果与根据量子力学和选择对称项系统来处理物质粒子系统所得的结果完全相同。约尔丹和克莱因认为，即使考虑到电子的相互作用，也就是说，即使在用德布罗意的波动理论作计算时将连续的空间电荷的场能也包括进来，这两种方法在数学上依然是等同的。薛定谔为物质波引进的能量-动量张量也可以作为这一理论体系的协调的组成部分而用于这一理论。约尔丹和维格纳的研究表明，若对量子波动理论下的对易关系进行修改，我们就可以导出与基于泡利不相容假设的量子力学体系等价的理论体系。

这些研究断定，将原子比作由原子核和电子组成的行星系并不是我们唯一可想象的原子图像。相反，将原子比作电荷云，并用这个概念产生的量子论体系去定性地推导原子的性质，显然也不失其正确性。然而，正是借助于波动力学我们才能得到这些结果。

我们由此回到量子力学体系上来。这一体系运用于物理问题之所以具有正当性，一方面是由于这一理论的最初的基本假设，另一方面是由于它在以波动力学为基础的变换理论上的发展。现在的问题是如何通过与经典物理学的比较来揭示这一理论的明确意义。

在经典物理学里，研究的目标是了解时空中发生的客观过程，并从初始条件出发找出支配这些过程的规律。在经典物理学里，如果某一现象被证明在时空中客观地发生，并被证明其过程遵循由微分方程表示的经典物理学的普遍规律，那么我们就认为这个问题得到了解决。我们获得每一过程的知识的方式，即采用什么样的观察有可能导致其在实验上得到确认，是完全不重要的，观察方式对于经典物理学的结论而言也是不重要的，观察只是为了证实理论的预言。然而在量子理论中情况却完全不同，量子力学体系不能被理解为是对时空中发生的现象的形象描述这一事实表明，量子力学绝不是关于如何客观地确定时空中发生的现象的学问。相反，量子力学体系应当这样来应用：在原子系统中，下一步实验结果出现的概率可以从当前的实验状况来确定，只要该系统除了受到进行这两次实验所必须的扰动之外不再受到其他扰动。然而，对系统作了充分的实验研究之后我们所能确知的唯一结果，是再进行这一实验会出现某个结果的概率。这一事实表明，每次观察必然会使描述原子过程的形式发生不连续的变化，因而物理现象本身也会发生不连续的变化。在经典理论中，观察的方式对事件不产生影响；与此不同，在量子理论中，对原子现象的每一次观察引起的扰动都具有决定性作用。

此外，由于一次观察的结果只能断言下一次观察中某些结果发生的概率，因此正如玻尔所指出的，每一次扰动中本质上不可检验的部分对于量子力学的无矛盾的运算来说必然是决定性的。当然，经典物理和原子物理的这种差别是可以理解的，因为对于像绕太阳运行的行星那样的重物体，其表面反射的阳光以及对其观察所需的阳光所产生的压强是可忽略不计的，而对于组成物质的最小单元，由于其质量很小，每一次观察对它们的物理行为都有决定性的影响。

在确定原子现象可作直观描述的极限方面，观察所引起的对于被观察系统的扰动也是一个重要因素。如果存在这样一些实验，它们可以对原子系统的用于计算其经典运动的所有特性进行精确测量，例如计算系统中每一个电子在某时刻的位置和速度的精确值，则这些实验的结果完全不能在量子理论体系下使用，而且与这一理论体系直接相冲突。因此，很明显，测量本身引起的对系统的干扰中那些本质上无法检验的部分阻碍着我们对客体的经典特性做精确确定，这时能用的是量子力学。对量子理论体系的进一步考察表明，在确定粒子位置的精度与同时确定其动量的精度之间存在一种关系，按照这一关系，位置测量产生的可能误差与动量测量产生的可能误差的乘积总是大于或等于普朗克常数除以 4π。因此，用普遍的形式来表示，我们有：

$$\Delta p \Delta q \geqslant h/4\pi,$$

这里 p 和 q 是正则共轭变量。测量经典变量所得结果的这些不确定性关系构成了量子理论体系下测量结果能够得到表示的必要条件。玻尔通过一系列例子表明，每次观察所必然伴随的扰动带来的误差确实不可能小于不确定性关系所设定的误差极限。玻尔坚持认为，在最终分析里，由测量概念本身引入的不确定性正是扰动无法得到根本了解的原因。无论什么时空事件，要想在实验上得到确定，就需要一个固定的参照系，例如观察者在其中处于静止状态的坐标系，所有的测量都是相对于这一参照系来进行的。参照系是“固定的”这一假设意味着从一开始就不考虑它的动量，因为“固定”当然是指对它进行任何动量传递都不会产生可感知的效应。在这一点上，基本必需的不确定性是由测量仪器传给原子事件的。

由于这种情况，人们不由得想到这样一种可能性：通过将观察对象、测量仪器和观察者合为一个量子力学系统来消除所有的不确定性。需要强调的是，测量行为必须是可觉察的，因为物理学最终只不过是对时空过程的系统化描述。因此观察者的行为以及他的测量仪器必须按照经典物理规律来讨论，否则就无所谓更深入的物理问题了。正如玻尔所强调的，就测量仪器而言，所有事件在经典理论的意义下都应被认为是确定的，这也是我们能够从测量结果明确知道发生了什么事件的先决条件。同样，在量子理论中，经典物理框架 —— 它通过假设时空中的各种过程遵从一些定律来使观察结果具体化 —— 也可以一直运用到这样一个点，在此处由普朗克常数所表征的原子事件的不可具象性质设立了基本极限。对原子事件的直观描述只有在某种精度极限的限定范围内才是可能的，而且在这些极限之内，经典物理学定律仍然适用。此外，由于这些精度的极限是由不确定性关系规定的，因此原子的直观图像是否能做到毫无歧义尚不能确定。相反，微粒和波的概念则都可以作为直观解释的基础。

量子力学法则从根本上说是统计性的。虽然原子系统的所有参数都可以由实验确定，但对系统作进一步观测所得的结果通常仍不可精确地预言。但在以后的任一时刻，都存在获得可精确预言结果的观测。对于其他的观测，实验只能给出出现某种具体结果的概率。量子力学法则具有的确定性的程度还反映在这样一个事实上：能量-动量守恒原理仍像以往一样严格成立。它们可以在任何精度上被检验，并且在任意精度上对它们的检验都表明它们是正确的。然而，量子力学法则的统计性质在如下的情况中变得非常明显，即对能量条件的精确研究使得不可能同时在时空中跟踪一个特定事件。

我们应感谢玻尔，他对量子力学的概念性原理作了最清楚的分析，特别是他将互补性概念用于解释量子力学法则的有效性。不确定性关系本身就提供了这样一个例证，说明在量子力学中，对一个变量的精确了解是如何排斥对于另一变量的精确了解的。一个客体和同一物理过程的不同方面之间的这种互补性关系的确是量子力学整个结构的特征。例如，我刚才提到过，能量关系的确定排斥对时空过程的详细描述。类似地，对分子的化学性质的研究与对分子中单个电子运动的研究构成互补，对干涉现象的观察与对单个光子的观察构成互补。最后，经典力学和量子力学的有效范围可以区别如下：经典物理学力图这样来了解自然：我们主要是通过观察来寻求得出关于客观过程的结论，在此期间不考虑每一次观察对于被观察客体的影响。因此经典物理学的应用极限是观察对事件的影响不再能被忽略。相反，量子力学通过部分地放弃对于原子过程的时空描述和具体化从而使对原子过程的处理成为可能。

为了不用过于抽象的术语谈论关于量子力学的解释，我想通过一个大家熟悉的例子来简要地解释一下，在多大程度上我们可以用原子理论来理解日常生活中的直观过程。研究者们的兴趣通常集中在液体(例如过饱和盐溶液）突然形成规则形状的晶体这一现象上。根据原子理论，从某种程度上说，这一过程的成形力在于薛定谔波动方程解的对称性质，在这种程度上，晶体化可用原子理论来解释。但不管怎么说，这一过程仍留有一种统计上的和——我们几乎可以说——无法进一步还原的历史原因：即使在晶体化之前液体的状态完全已知，晶体的形状也无法由量子力学法则来确定。形成规则形状的可能性要远比形成无定形物体的可能性大。但形成最终形状的原因部分是出于偶然性，对这种偶然性原则上不能作进一步分析。

在结束这篇关于量子力学的报告之前，请允许我简要讨论一下这一研究分支进一步发展的前景。不用说，发展肯定会持续，从其基础方面说，德布罗意、薛定谔、玻恩、约尔丹和狄拉克的研究同样重要。这里，研究工作的重点主要在如何使狭义相对论的要求和量子论的要求统一起来。狄拉克在这一领域取得了巨大进展，关于这一点他将在这里作报告，同时也留下了一个悬而未决的问题，即这两个理论提出的要求是否能在索末菲的精细结构常数没有同时得到确定的情形下得到满足。对此，至今在寻求量子理论的相对论形式方面所作的尝试都是以直观概念为基础进行的，这些概念太过于贴近经典物理学的概念，以至于看来不可能在这一概念体系下来确定精细结构常数。此外，我在这里所讨论的概念体系的推广与波场的量子理论的进一步发展紧密相连。在我看来，尽管这一体系已被不少科学家(狄拉克、泡利、约尔丹、克莱因、维格纳和费米等）彻底研究过，但似乎还有潜力可挖。有关原子核结构的实验也显示出量子力学进一步发展的线索。他们根据伽莫夫理论所作的分析表明，核内基本粒子之间的力似乎与决定原子壳层结构的那些力分属不同的类型。此外，斯特恩的实验似乎表明，重的基本粒子的行为不能用狄拉克的电子理论体系来说明。因此，我们必须为针对某些出乎意料的发现做进一步研究做好准备，这些发现既可能来自核物理领域，也可能来自宇宙射线的研究。但发展一直在深入进行，量子理论迄今所走过的道路表明，要想获得对原子物理学中那些尚不清楚的特性的理解，我们只能在更大程度上扬弃业已习惯的直觉化和具体化的做法。也许我们没有理由对此感到遗憾，因为一想到早先物理学中原子的形象化概念所遇到的认识论上的巨大困难，我们就看到这样一种希望：抽象的原子物理学的目前发展总有一天会以更加协调的姿态迈入科学大厦。

作为本征值问题的量子化(第一 ~ 第四部分)[①]

埃尔温·薛定谔

作为本征值问题的量子化(第一部分)

§**1**. 在本文中，我想先考虑简单的(非相对论性的和未受扰动的)氢原子的情形，并且证明，通常的量子化条件可以由另一条假设取代。在这一假设中，无须特意引入像“整数”这样的概念。如果确实出现了整数，其出现方式也是像振动弦上的节点数那样自然。我相信，这种新的观念是可以普遍化的，并且深刻触及量子规则的真正本质。

后者的通常形式与下述哈密顿-雅可比微分方程相联系，

$$H\left(q,\ \frac{\partial S}{\partial q}\right)=E. \tag{1}$$

这个方程的解可以表示为各函数的和，其中每个函数都是单个独立变量 q 的函数。

现在，我们用一个新的未知函数 ψ 来表示 S，使得 S 写成关于单个坐标的相关函数的积的形式，即我们令

$$S=K\lg\psi. \tag{2}$$

常数 K 的引入是出于量纲的考虑，它具有作用量的量纲。由此我们得到

$$H\left(q,\ \frac{K}{\psi}\frac{\partial\psi}{\partial q}\right)=E. \tag{1'}$$

现在，我们先不急于寻求方程(1′)的解，而是进行如下处理。如果我们忽略质量的相对论性变化，那么方程(1′)总可以变换成(ψ 及其一阶导数的)二次型等于零的形式。(对于单电子问题，这个形式即使对不忽略质量变化的情形也成

① 本译文选自单行本著作《关于波动力学的四次演讲》。该书初版于 1928 年格拉斯哥。承蒙美国数学学会许可重印。

立。）现在，我们来求函数 ψ，使得对它的任意变分，上述二次型在整个坐标空间上的积分①都是稳定的，ψ 是处处实的、单值的、有限的，且二阶连续可导。于是量子化条件被替换为这一变分问题。

首先，我们取 H 为开普勒运动的哈密顿函数，并证明对所有正的 E 的值，或仅对负的 E 值的离散集合，ψ 都可以这样来选取。就是说，上述变分问题有离散的和连续的本征值谱。

离散谱对应于巴耳末项，而连续谱则对应于双曲轨道的能量。为了数值上一致，K 的取值必须是 $h/2\pi$。

在给出变分方程时，坐标的选取是任意的，故我们取笛卡儿直角坐标系。于是方程(1′) 变成

$$\left(\frac{\partial\psi}{\partial x}\right)^2+\left(\frac{\partial\psi}{\partial y}\right)^2+\left(\frac{\partial\psi}{\partial z}\right)^2-\frac{2m}{K^2}\left(E+\frac{e^2}{r}\right)\psi^2=0; \qquad (1'')$$

其中 e 是电荷，m 是电子质量，$r^2=x^2+y^2+z^2$。变分问题由此变为

$$\delta J=\delta\iiint \mathrm{d}x\mathrm{d}y\mathrm{d}z\left[\left(\frac{\partial\psi}{\partial x}\right)^2+\left(\frac{\partial\psi}{\partial y}\right)^2+\left(\frac{\partial\psi}{\partial z}\right)^2-\frac{2m}{K^2}\left(E+\frac{e^2}{r}\right)\psi^2\right]=0. \qquad (3)$$

积分域取整个空间。由此我们得到通常形式

$$\frac{1}{2}\delta J=\int \mathrm{d}f\,\delta\psi\,\frac{\partial\psi}{\partial n}-\iiint \mathrm{d}x\mathrm{d}y\mathrm{d}z\delta\psi\left[\nabla^2\psi+\frac{2m}{K^2}\left(E+\frac{e^2}{r}\right)\psi\right]=0. \qquad (4)$$

因此必有下述事实成立，首先

$$\nabla^2\psi+\frac{2m}{K^2}\left(E+\frac{e^2}{r}\right)\psi=0, \qquad (5)$$

其次有

$$\int \mathrm{d}f\,\delta\psi\,\frac{\partial\psi}{\partial n}=0. \qquad (6)$$

$\mathrm{d}f$ 是积分所取的无穷大闭合曲面的面元。

（后面将证明，最后的这个条件要求我们对该问题补足一个关于 $\delta\psi$ 在无穷大处的性态的假定，以便确保存在上述本征值的连续谱。）

方程(5) 的解在譬如极坐标系(r，θ，ϕ) 下也是成立的，只要 ψ 被写成 3 个函数的乘积即可，其中每个函数分别仅为 r 的函数、θ 的函数和 ϕ 的函数。这种方法早已众所周知。角函数可证明是球面调和函数，如果将关于 r 的函数记作

① 我知道这一表述并不是完全无歧义的。

χ，那么我们很容易得到下述微分方程：

$$\frac{d^2\chi}{dr^2}+\frac{2}{r}\frac{d\chi}{dr}+\left(\frac{2mE}{K^2}+\frac{2me^2}{K^2r}-\frac{n(n+1)}{r^2}\right)\chi=0. \tag{7}$$

$$n=0,\ 1,\ 2,\ 3\cdots$$

n 必须限定为整数值，这样球面调和函数才是单值的。我们要求(7) 式的解对所有非负的实的 r 的值都是有限的。现在①，方程(7) 在复 r 平面上有两个奇点，分别位于 $r=0$ 和 $r=\infty$，其中第二个奇点对所有积分都是“无穷大点”(本性奇点)，而第一个则否(对任意积分)。这两个奇点恰好构成实区间的边界点。在此情形下，关于 χ 在边界点有限的假设等价于边界条件。这个方程一般不存在在两个端点都保持有限的积分；这种积分只对方程中某些特定的常数值才存在。现在的问题就是要确定这些特定值。这是整个研究的突破点②。

首先，我们来检查在 $r=0$ 处的奇点。确定积分在此点的性态的所谓指数方程为

$$\rho(\rho-1)+2\rho-n(n+1)=0, \tag{8}$$

其根为

$$\rho_1=n,\ \rho_2=-(n+1). \tag{8'}$$

因此，此点的两个正则积分有指数 n 和 $-(n+1)$。由于 n 为非负数，因此二者中只有前者对我们有用。由于它是较大的指数，因此可以表示为一个以 r^n 开始的普通幂级数。(另一个积分我们不感兴趣，它可以包含一个对数，因为两个指数之间的差为一个整数。) 第二个奇点位于无穷远，因此上述幂级数总是发散的，并可表示为一个超越积分函数。由此我们有以下结论：

所需的解为一个单值有限的超越积分方程(除非是一个常数因子)，它在 $r=0$ 处有指数 n。

现在，我们必须研究这个函数在正实数轴上无穷远处的性态。为此我们用代换

$$\chi=r^{\alpha}U, \tag{9}$$

来简化方程(7)，其中 α 的选择要确保该项呈 $1/r^2$ 衰减。于是，易于证明，α 必

---

① 关于对方程(7) 的求解的指导，我要感谢赫尔曼·外尔(Hermann Weyl)。

② 对于接下来的未加证明的部分，见 L. Schlesinger 的《微分方程》(Collection Schubert, No. 13, Goschen, 1900) 一书，特别是该书的第三章和第五章。

为 n 和 $-(n+1)$ 这两个值中的一个。于是方程(7) 变为

$$\frac{\mathrm{d}^2U}{\mathrm{d}r^2}+\frac{2(\alpha+1)}{r}\frac{\mathrm{d}U}{\mathrm{d}r}+\frac{2m}{K^2}\left(E+\frac{e^2}{r}\right)U=0. \tag{7'}$$

在 $r=0$ 处，该积分有指数0 和 $-2\alpha-1$。关于 α 的值，对于这些积分中的第一个，$\alpha=n$；而第二个 α 值为 $\alpha=-(n+1)$。这些积分中的第二个是一个积分函数，按照(9) 式，它给出所期望的单值解。因此，如果我们只取这两个 α 值中的一个，我们并不失去任何东西。故取

$$\alpha=n \tag{10}$$

于是方程的解 U 在 $r=0$ 处有指数0。方程(7′) 被称为拉普拉斯方程。其一般形式为

$$U''+\left(\delta_0+\frac{\delta_1}{r}\right)U'+\left(\varepsilon_0+\frac{\varepsilon_1}{r}\right)U=0. \tag{7''}$$

这里各常数的取值分别为

$$\delta_0=0,\ \delta_1=a(\alpha+1),\ \varepsilon_0=\frac{2mE}{K^2},\ \varepsilon_1=\frac{2me^2}{K^2}. \tag{11}$$

这类方程处理起来相对较为简单，其理由是：所谓拉普拉斯变换 —— 它通常给出的还是一个二阶方程 —— 在这里会给出一个一阶方程。这使得方程(7″) 的解可以用复积分来表示。这里仅给出这一结果①。积分

$$U=\int_L e^{zr}(z-c_1)^{\alpha_1-1}(z-c_2)^{\alpha_2-1}\mathrm{d}z \tag{12}$$

是方程(7″) 对积分路径 L 的一个解，对此

$$\int_L\frac{\mathrm{d}}{\mathrm{d}z}[e^{zr}(z-c_1)^{\alpha_1}(z-c_2)^{\alpha_2}\mathrm{d}z=0. \tag{13}$$

常数 c_1，c_2，α_1，α_2 有下述值。c_1 和 c_2 是下述二次方程的根，

$$z^2+\delta_0z+\varepsilon_0=0. \tag{14}$$

并且

$$\alpha_1=\frac{\varepsilon_1+\delta_1c_1}{c_1-c_2},\ \alpha_2=-\frac{\varepsilon_1+\delta_1c_2}{c_1-c_2}. \tag{14'}$$

对于方程(7′) 的情形，由式(11) 和(10)，这些常数变成

① 参见 Schlesinger 的《微分方程》。这一理论由 H. Poincaré 和 J. Horn 创立。

$$c_1=+\sqrt{\frac{-2mE}{K^2}},\ c_2=-\sqrt{\frac{-2mE}{K^2}};\tag{14''}$$

$$\alpha_1=\frac{me^2}{K\underset{+}{\sqrt{-2mE}}}+n+1,\ \alpha_2=-\frac{me^2}{K\underset{+}{\sqrt{-2mE}}}+n+1.$$

采用积分(12)的表示不仅允许我们考察解的总体在 r 以确定方式趋于无穷时的渐近性态，而且允许我们对某个定解的这种性态给出说明。这种说明通常是一项非常困难的任务。

我们先来排除 α_1 和 α_2 为实整数的情形。如果要发生这种情形，则当且仅当

$$\frac{me^2}{K\underset{+}{\sqrt{-2mE}}}=\text{实整数}.\tag{15}$$

时，这两个量才同时取实整数。因此我们假定式(15)不成立。

当 r 以确定方式趋于无穷远时——我们总是认为 r 经由正实数值趋于无穷远——解的总体的性态可由两个线性无关的解的性态来刻画①，我们不妨称这两个解为 U_1 和 U_2，它们可由下述积分路径 L 的具体化来获得。在每个解中，令 z 来自无穷远并沿同一路径回到无穷远，其路径取向满足

$$\lim_{z\to\infty}e^{zr}=0,\tag{16}$$

即 zr 的实部为负且趋于无穷。这样条件(13)便得以满足。在一种情形下(解 U_1)，令 z 沿点 c_1 走一圈，在另一种情形下(解 U_2)，z 沿 c_2 转一圈。

现在，对于 r 的非常大的正实数值，这两个解可渐近地表示为(在庞加莱的意义上)

$$\begin{cases}U_1\sim e^{c_1r}r^{-\alpha_1}(-1)^{\alpha_1}(e^{2\pi i\alpha_1}-1)\Gamma(\alpha_1)(c_1-c_2)^{\alpha_2-1},\\U_2\sim e^{c_2r}r^{-\alpha_2}(-1)^{\alpha_2}(e^{2\pi i\alpha_2}-1)\Gamma(\alpha_2)(c_2-c_1)^{\alpha_1-1},\end{cases}\tag{17}$$

其中我们可取 r 的负整数幂的渐近级数中的第一项。

现在，我们必须区分两种情形。

(1) $E>0$。这保证了式(15)不成立，因为它使得方程左边为一纯虚数。进而由式(14″)知，c_1 和 c_2 也为纯虚数。由于 r 为实数，因而式(17)中的指数函数成为取值有限的周期函数。式(14″)的 α_1 和 α_2 的值表明，U_1 和 U_2 都以 r^{-n-1} 趋于零。因此，这种情形对于前述超越积分的解 U——我们正在研究其性态——必

① 如果式(15)是满足的，那么文中描述的两条积分路径中至少有一条不能采用，因为它使结果为零。

然是成立的，但它可以是源自 U_1 和 U_2 的线性组合。不仅如此，式(9) 和(10) 表明，函数χ，即初始方程(7) 的超越积分的解，总是像 $1/r$ 一样趋于零，就像它是以 U 乘以 r^n 的形式出现时那样。因此我们可以说：

上述变分问题的欧拉微分方程(5) 对每个正的 E 都有解，这种解处处单值、有限且连续；它在无穷远处以 $1/r$ 的方式连续振荡地趋于零。这里曲面条件(6) 还有待讨论。

(2) $E<0$。在此情形下，不能排除式(15) 成立的可能性，但我们暂时维持这样一种排除。于是由式(14″) 和(17) 知，当 $r\to\infty$ 时，U_1 将毫无节制地增长，而 U_2 则以指数趋于零。对此，积分函数 U(χ 同此) 要保持有限，当且仅当 U 等同于 U_2，且至多只能相差一个数值因子。但这是不可能的，其证明如下：如果我们选择环绕两个点 c_1 和 c_2 的闭合回路为积分路径 L，则满足条件(13)，因为回路在被积函数的黎曼曲面上确实是闭合的。由于 $\alpha_1+\alpha_2$ 为一整数，故易于证明积分(12) 代表了积分函数 U。式(12) 可以展开为 r 的一个正的幂级数，对于足够小的 r，它的所有项都是收敛的。同时由于它满足方程(7′)，因此它必与 U 的级数重合。因此，只要 L 是环绕两个点 c_1 和 c_2 的闭合回路，U 即可由式(12) 来表示。然而，这一闭合回路可以变形得使它看上去为前述的分别属于 U_1 和 U_2 的两条路径的叠加；且因子非零，为 1 和 $e^{2\pi i\alpha_1}$。因此，U 不可能与 U_2 等同，而是必然包含 U_1。证毕。

因此，基于上述假说，积分函数 U——它单独地被看作是问题(7) 的解——对于大的 r 不是有限的。同时，我们暂不考虑完备性问题，即暂不证明这种处理是否允许我们发现该问题的所有线性独立的解，这样我们可以说：

对于不满足条件(15) 的负的 E 值，我们的变分问题没有解。

现在我们只需研究满足条件(15) 的那些负的 E 值的离散集合。α_1 和 α_2 都是整数。先前给出基本值 U_1 和 U_2 的第一条积分路径现在毫无疑问需要修改，以便给出非零的结果。由于 α_1-1 肯定为正值，因此点 c_1 既非分支点也不是被积函数的极点，而只能是一个寻常的零点。如果 α_2-1 也是非负数，那么点 c_2 也可以是正则的。然而在每一种情形下，我们都很容易找到两条合适的路径，并使积分完全由已知函数来定，因此，解的性态是能够得到充分研究的。

令

$$\frac{me^2}{K\sqrt{-2mE}}=l;\ l=1,\ 2,\ 3,\ 4\cdots \tag{15′}$$

于是由式(14″)，我们有

$$\alpha_1 - 1 = l + n,\ \alpha_2 - 1 = -l + n. \tag{14‴}$$

我们必须区分两种情形：$l \leqslant n$ 和 $l > n$。

(a) $l \leqslant n$。这时 c_1 和 c_2 均失去奇异性，成为积分路径的起点或终点，以便满足条件(13)。这里第三个特征点位于无穷远(负且实的)。这 3 个点中两点之间的每一条路径给出一个解，且在这 3 个解中，有两个解是线性独立的(如果我们计算出这个积分的话，很容易确认这一点)。特别是，超越积分的解由从 c_1 到 c_2 的路径给出。我们无须计算即可看出，这一积分在 $r = 0$ 处是正则的。我强调这一点，是因为实际计算中容易忽视这一点。但计算并不表明对于正的无穷大的 r 的值，该积分会趋于正无穷大。对于大的 r 值，其他两个积分中的一个保持为有限值，但对于 $r = 0$，它变为无穷大。

因此，当 $l \leqslant n$，此问题无解。

(b) $l > n$。这时由式(14‴)知，c_1 为零，而 c_2 至少是一阶积分的一个极点。于是我们得到两个独立的积分：一个取路径从 $z = -\infty$ 到 0，其中绕过极点；另一个由该极点的留数得到。后者是积分函数。我们将给出其计算值，但要乘以 r^n，以便按照式(9) 和(10)，我们能够得到初始方程(7) 的解 χ。(这里倍乘常数因子是任意的。) 我们发现：

$$\chi = f\left(r\frac{\sqrt{-2mE}}{K}\right);\ f(x) = x^n e^{-x}\sum_{k=0}^{l-n-1}\frac{(-2x)^k}{k!}\binom{l+n}{l-n-1-k}. \tag{18}$$

可以看出，这是可被采用的解，因为它对于 r 的所有非负的实数值均保持有限。此外，它满足曲面条件(6)，因为它在无穷远处指数地趋于零。这样，对于 E 为负数的情形我们有结论：

对于 E 为负数的情形，当仅且当 E 满足条件(15) 时，我们的变分问题有解。整数 n 只能取小于 l 的值(在我们的安排下至少会有一个这样的值)，这个 n 表示方程中出现的球面调和函数的阶数。解中依赖于 r 的部分由式(18) 给出。

考虑到球面调和函数中的常数(数值上已知为 $2n+1$)，可进一步发现有下述结果：

对于任何允许的$(n,\ l)$ 的组合，所发现的解正好有 $2n+1$ 个任意常数；因此对一个指定的 l 的值，有 l^2 个任意常数。

由此，我们已经确认我们最初给出的关于变分问题的本征值谱的主要论点，但仍然存在不足。

首先，我们需要关于上述本征函数系的完备信息，但在本文中我没有谈及这一问题。但从类似情形下的经验可知，可以认为本征值已无一遗漏。

其次，必须记住，对于 E 为正数的本征函数，并不能如起初所预设的那样来解变分问题，因为它们在无穷远处只以 $1/r$ 趋于零。因此 $\partial\psi/\partial r$ 在无穷大球面上只以 $1/r^2$ 趋于零。故曲面积分(6) 在无穷远处依然与 $\delta\psi$ 同阶。因此，如果要得到连续谱，对此问题就必须加上另一条件，即 $\delta\psi$ 在无穷远处趋于0，或至少趋于某个与所趋于无穷远的方向无关的常数值。在后一种情形中，球面调和函数导致曲面积分趋于0。

§**2**. 条件(15) 给出

$$-E_l=\frac{me^4}{2K^2l^2}. \tag{19}$$

由此我们得到著名的对应于巴耳末项的玻尔能级。对于式(2) 中出于量纲原因引入的常数 K，我们给出值

$$K=\frac{h}{2\pi}, \tag{20}$$

由此得

$$-E_l=\frac{2\pi^2me^4}{h^2l^2}. \tag{19'}$$

这里 l 是主量子数，$n+1$ 类似于角量子数。由球面调和函数的严格定义可知，这个角量子数的劈裂可以类比为将此角量子数分解为“轴向”量子数和“极向”量子数。这些量子数在此确定了球面上的节点-线系。“径向量子数”$l-n-1$ 正好给出了“节点球”的数目，因为这一点很容易证明：式(18) 中的函数$f(x)$ 正好有 $l-n-1$ 个正实根。正的 E 值对应于双曲轨道的连续区，在某种意义上，它可以看作是径向量子数取 ∞ 的情形。与此相应，所讨论问题中的函数以连续振荡的方式趋于无穷大。

有趣的是我们注意到存在这样一个范围，在此范围内，式(18) 的函数明显不等于0，而在该范围外，它们振荡衰减到零。在每种情形下，该范围的大小均与椭圆主轴的长短同量级。这个因子 —— 径向矢量与之相乘便成为不含常数的函数 f 的自变量 —— 自然是长度的倒数，这个长度为

$$\frac{K}{\sqrt{-2mE}}=\frac{K^2l}{me^2}=\frac{h^2l}{4\pi^2me^2}=\frac{a_l}{l}, \tag{21}$$

其中 a_l = 第 l 个椭圆轨道的半轴。(这个公式由式(19) 加上已知关系式 $E_l = -e^2/2a_l$ 导出。)

当 l 和 n 很小时，量(21) 给出根的范围大小。于是我们可以认为，$f(x)$ 的根在 1 的量级。当多项式的系数取大的数值时，这当然不再成立。眼下我不打算对根做更严格的计算，尽管我相信这样做能够较为彻底地确证上述断言。

§**3**. 当然，上述计算强有力地暗示，我们应当试着将函数 ψ 与原子中的某些振荡过程联系起来，这些过程也许比电子轨道更接近实际，后者的真实性如今已受到相当大的质疑。起初，我想用这种更直观的方法来找出新的量子化条件，但最终还是以上述更为中性的数学形式来给出它们，因为这种数学形式能够将真正本质的东西揭示得更清晰。在我看来，这种本质就是，我们不再需要在量子化规则上神秘地设置“整数”假设，而是通过一步步回溯问题，就会发现这种“整数性”源自特定空间函数的有限性和单值性。

在从新起点出发成功计算出更复杂的情形之前，我不想就这种振荡过程的可能的表示作进一步讨论。我们还无法确定这些结果是否仅仅是通常的量子理论结果的表现。例如，如果求解相对论性开普勒问题，我们发现这将明显导致半整数的部分量子(径向的和角向的)。

尽管如此，对这种振荡的表示做一些新的评述还是可以的。首先我想提及的是，我最初是受到 M. 路易斯·德布罗意的论文①的启发而进行这些思考的，其次是对那些“相位波”的空间分布的考虑。对于这些相位波，德布罗意已证明：总存在着一个整数，用以度量电子的每个周期或准周期的路径。主要的区别在于，德布罗意考虑的是行波，而我们导出的是定态的本征振荡，如果我们将前述公式理解为代表了这种振荡的话。以后我会证明②，爱因斯坦的气体理论也能够建立在这种定态本征振荡的基础上。德布罗意的相位波色散定律已被用于描述这种定态本征振荡。上述关于原子的思考可以被看成是对气体模型中相关概念的推广。

如果我们将离散函数(18) 乘以阶数 n 的球面调和函数作为对这些本征振荡过程的描述，那么量 E 必与所涉的频率有关。在振荡问题上，我们习惯于“参

① L. deBroglie, *Ann*, *de Physique* (10) **3**, p. 22, 1925. (Thèses, Paris, 1924.)

② *Physik. Ztschr.* **27**, p. 95, 1926.

量”(通常称为 λ) 正比于频率的平方。但在当下的情形下，首先，这样的表示对于负的 E 值会导致虚数频率；其次，我们本能地认为，能量必定与频率本身而不是其平方成正比。

这个矛盾可以这样来解释。对于变分方程(5) 的“参量”E，不存在自然的零能级，特别是当未知函数 ψ 是以乘以关于 r 的某个函数的面目出现时。这个关于 r 的函数可以改为某个常数，以满足 E 的零能级所对应的变化。因此，我们必须修正我们的预期，就是说，不是 E 本身，而是增加了某个常数所形成的 E(这里仍用同一个字符) 与频率的平方成正比。现在令这个常数比所有允许的负 E 值(它已被式(15) 限定) 都要大得多。于是首先，这个频率将变成实数；其次，由于 E 值只对应于相对小的频差，因此它们实际上非常近似于与这些频差成正比。这里再一次表明，“量子本能” 所能要求的就是这一点，只要能量的零能级不是固定不变的。

这一观点 —— 振荡过程的频率由

$$\nu = C' \sqrt{C + E} = C' \sqrt{C} + \frac{C'}{2\sqrt{C}}E + \cdots, \tag{22}$$

给出，其中 C 是一个比所有 E 值相都要大的常数 —— 还有一个非常值得赞许的好处，就是它使我们易于理解玻尔的频率条件。按照这一条件，辐射频率正比于 E 的差值，因此由式(22) 知，它也正比于那些假想的振荡过程的本征频率 ν 的差值。然而，与辐射频率相比，这些本征频率都非常大，而且它们彼此之间都非常接近。因此，这些辐射频率看上去像是本征振荡本身的深度“差音”。很容易想象，在能量从一种简正振荡到另一种简正振荡的跃迁中，某种具有与每一个频率差相关联的频率的东西 —— 我指的是光波 —— 将会出现。我们只需想象一下，光波与这样一种“拍” 存在因果关联，这种拍在能量跃迁中必然出现于空间中的每一点；光的频率被定义为每秒钟重复出现的拍的最大强度的次数。

有人或许会反对说，这些结论是以一种近似的形式(平方根展开后) 建立在关系 (22) 的基础上的，由此玻尔的频率条件本身似乎获得一种近似的性质。然而，这仅仅是表观上如此；当相对论性理论得到充分发展，从而有可能获得深刻的洞见后，这种近似性就能被完全避免。大的常数 C 很自然与电子的静能量 (mc^2) 密切相关。引入到频率条件中的看上去新颖且独立的常数 h(已由式(20) 引入) 也将由相对论性理论得到澄清，或者甚至去除。但不幸的是，后者的正确确立即刻遭遇到某些困难，这一点我们已经间接地提及。

几乎不必强调，在量子跃迁中，想象能量从一种振荡形式变化到另一种振荡形式要比想象一个跃迁电子更令人愉快。振荡形式的变化能够在空间和时间中连续发生，而且它能像经验上辐射过程(W. 维恩做的关于极隧射线的实验) 所能持续的时间一样的持久。然而，如果在此跃迁过程中，原子在相对短暂的时间里处于某个改变本征频率的电场中，那么拍频即刻就会随之改变，只要这个电场存在。众所周知，这一由实验所确立的事实迄今已成为最大的困难。参见玻尔、克拉默斯和斯莱特(Bohr，Kramers and Slater) 为此提出的著名的解决方案。

然而，在满足于这些问题上的进展时我们不要忘记，这样的概念(如果我们必须牢固树立这一概念的话)—— 无论何时，只要原子不辐射，它就只有一个本征振荡被激发 —— 已经偏离振荡系统的自然图像很远了。我们知道，一个宏观系统不会表现得这样，而是通常表现为各种本征振荡的混杂。但在这一点上我们也不必脑子转得过快。就单个原子而言，本征振荡的混杂也是允许的，因为依据经验，原子能够偶尔发射的无非就是这样的拍频。由同样的原子同时发射出许多光谱线的事实与经验并不矛盾。因此，我们可以想象，只有在正常状态(以及近似在某种“亚稳”态) 下，原子才以单一的本征频率振荡，也正是由于这一点，即不出现拍，原子才不辐射。激励可使得一种或多种本征频率被同时激发，拍便由此产生，并引起光的发射。

无论如何，我相信，拥有相同频率的本征函数一般是同时受激的。用以往的理论术语说，就是本征值的多重性对应于简并。简并系统的量子化的还原可能对应于能量在属于同一本征值的函数之间的任意配分。

1926 年 2 月 28 日添加的对校样的修正

在经典力学的保守系情形下，变分问题可用一种比前述更为优美的形式来表述，且无须引入哈密顿-雅可比微分方程。为此，令 $T(q, p)$ 为动能，它是坐标和动量的函数；V 为势能； $d\tau$ 为空间的体积元，在“合理的测度” 下，它不是 $dq_1 dq_2 dq_3 \cdots\cdots dq_n$ 的简单乘积，而是这个乘积除以二次形式的 $T(q, p)$ 的判别式的平方根(参见吉布斯的《统计力学》)。然后，令 ψ 为这样的波函数，它使得“哈密顿积分”

$$\int d\tau\left\{K^2 T\left(q, \frac{\partial\psi}{\partial q}\right) + \psi^2 V\right\} \tag{23}$$

为定态，同时满足附加的归一化条件

$$\int \psi^2 \mathrm{d}\tau = 1. \tag{24}$$

这样，这一变分问题的本征值就是积分(23)的定态值，按照我们的论文，就是能量的量子化能级。

值得注意的是，对于式(14″)里的量 α_2，我们基本上有著名的索末菲表达式 $-\frac{B}{\sqrt{A}}+\sqrt{C}$。(参见 *Atombau*，4th (German) ed.，p. 775.)

苏黎世大学　物理研究院

(收稿日期：1926 年 1 月 27 日)

作为本征值问题的量子化(第二部分)

(《物理学年鉴》(4) 第 79 卷，1926 年)

1. 力学与光学之间的哈密顿量的类比

在对特定体系的本征值问题作进一步考察之前，我们先将注意力集中到力学问题的哈密顿-雅可比微分方程与其“盟友”—— *波动方程* ——之间存在的一般对应关系上来。这里的波动方程是指第一部分给出的关于开普勒问题的方程(5)。迄今为止，我们只简要地通过变换(2)(其本身令人费解)和同样不易理解的另一种转换——从令某个表示式等于零变换到设立该表示式的空间积分应当为定态的假设——描述了这种对应关系的外在的解析方面。①

哈密顿理论与波传播过程之间的内在联系绝非什么新思想。哈密顿不仅熟知它，而且在他的力学理论中将其作为出发点，这一理论脱胎于②他的《非均匀介质光学》。可以证明，哈密顿的变分原理等价于描述波在位形空间(q 空间)中传

① 本文将不对这种处理作进一步讨论。这里只打算对于该波动方程与哈密顿-雅可比方程之间的外部联系作临时的、快速的考察。在第一部分的方程(2)所述的关系中，ψ 实际上不是确定性运动的作用量函数。另一方面，波动方程与变分问题之间的联系则十分真实；定积分的被积函数就是波动过程的拉格朗日函数。

② 例如参见 E. T. Wittaker 的《分析力学》，第 11 章。

播的费马原理；哈密顿-雅可比方程表达了描述这种波传播的惠更斯原理。不幸的是，在大多数现代版的相关著作的重新表述中，哈密顿的这种强有力的、十分重要的概念被当作徒有其表的附属物而被夺去了其优美的形式，代之以一种更为苍白的解析的对应关系的表述。①

让我们先来考虑经典力学中保守系的一般性问题。其哈密顿-雅可比方程为

$$\frac{\partial W}{\partial t} + T\left(q_k,\ \frac{\partial W}{\partial q_k}\right) + V(q_k) = 0. \tag{1}$$

这里 W 是作用量函数，即拉格朗日函数 $T - V$(它是端点和时间的函数) 沿系统路径的时间积分；q_k 为代表点的位置坐标；T 是动能，它是 q 和动量的函数，且取动量的二次形式；如所规定的那样，动量被写成 W 对 q 的偏导数；V 是势能。为求解这一方程，令

$$W = -Et + S(q_k), \tag{2}$$

并得到

$$2T\left(q_k,\ \frac{\partial W}{\partial q_k}\right) = 2(E - V). \tag{1'}$$

E 为任意积分常数，众所周知，它表示系统的能量。与通常做法不同，我们令函数 W 维持它在(1′) 中的形式，而不是引入与时间无关的坐标函数 S。这种差别仅具表观意义。

如果我们运用 H. 赫兹的方法，方程(1′) 现在可以变得非常简单。像所有关于位形空间(变量 q_k 的空间) 下的几何断言一样，如果我们借助于系统动能将一种非欧几里得的度规引入这一空间，那么方程(1′) 就可以变得特别简单和清晰。

令 $\bar{T}$ 表示动能，它是速度 $\dot{q}_k$ 的函数，而不是(如上所述那样) 动量的函数，并取线元有如下形式

$$\mathrm{d}s^2 = 2\bar{T}(q_k,\ \dot{q}_k)\,\mathrm{d}t^2. \tag{3}$$

右边现在只外在地包含 $\mathrm{d}t$，它表示 $\mathrm{d}q_k$ 的二次形式(因为 $\dot{q}_k\mathrm{d}t = \mathrm{d}q_k$)。

有了这项约定后，诸如两个线元之间的夹角，矢量的正交性、散度和旋度、

① 自 1891 年以来，F. 克莱因(Felix Klein) 在他的力学教程中，通过对高阶非欧几里得空间中的准光学处理，不断发展了雅可比理论。参见 F. Klein，*Jahresber. d. Deutsch. Math. Ver.* 1，1891 和 *Zeits. f. Math. u. Phys.* 46，1901 (*Ges. - Abh.* ii. p. 601 and p. 603). 在其讲义的第二版的附注中，克莱因用责备的口吻评述到，10 年前他在哈勒作讲座时就已讨论过这一对应关系，并强调了哈密顿的光学工作的重要性，但这些工作至今仍“未得到他(这里疑指哈密顿 —— 译者注) 所期待的普遍的重视”。在此我要感谢索末菲教授，他在与我友好的通信中向我讲述了克莱因的这些情况。亦可见 *Atombau.* 4th ed. P. 803.

标量的梯度、标量的拉普拉斯运算(= div grad)，及其他一些概念，用起来就都可以像在三维欧氏空间中一样简单。我们在思考问题时可以像在三维欧氏空间中那样毫无顾忌地运用这些概念，只是这些概念的解析表达式会变得有点复杂，例如必须处处用式(3) 所表示的线元来取代欧氏线元。我们规定：此后所有 q 空间中关于几何的陈述都是指这种非欧几何意义下的陈述。

对于计算最重要的调整是我们必须仔细区分矢量或张量的共变和反变分量。但这种复杂性并不比它在一组倾斜的笛卡儿坐标轴下所出现的复杂程度更甚。

dq_k 是共变矢量的原型。因此，形式 $2\bar{T}$ 的系数(它依赖于 q_k)具有共变性质，并构成基本的共变张量。$2T$ 是属于 $2\bar{T}$ 的反变形式，因为动量构成属于速度矢量 $\dot{q}_k$ 的共变矢量，因此动量为共变形式的速度矢量。方程(1′) 的左边现在简化为基本的反变形式，其中 $\partial W/\partial q_k$ 被作为变量引入。后者构成矢量(按其共变性质)

$$\text{grad } W$$

的分量。

(因此，动能用动量而不是用速度来表示这一点具有如下意义：共变矢量分量只能以反变的形式被引入，如果我们要得出某个可理解的(即不变的) 结果的话。)

这样，方程(1′) 等价于如下简单的表示

$$(\text{grad } W)^2 = 2(E - V), \tag{1″}$$

或

$$|\text{grad } W| = \sqrt{2(E - V)}. \tag{1‴}$$

这一要求很容易分析。假设我们找到了一个满足这一要求的形式(2) 的函数 W。那么对每个确定的 t，这一函数都可以被清晰地表示出来，如果 W = 常数的曲面族在 q 空间中得到描述，且对每一个曲面都被指定一个 W 的值的话。

现在，一方面，如下所示，方程(1‴) 给出了从任意一个曲面出发构造曲面族所有其他曲面并得到其 W 值的精确法则，如果该曲面及其 W 值是已知的话。另一方面，如果用于构造整个曲面族所需的唯一数据，即某个曲面及其 W 值，是以相当任意的方式给出的，那么按照该法则 —— 它只以两种方式呈现 —— 我们可以得到一个满足给定要求的 W 函数。在这里，时间暂时被看作常数。因此这一构造法则穷尽了上述微分方程的内容；它的每一个解都可由适当选择曲面及其 W 值来得到。

我们来考虑这种构造法则。在图 1 中，假设对某个任意曲面，其值 W_0 给

定。为了找出曲面 $W_0 + dW_0$，我们将给定曲面的某一侧取为正侧，在它的每一个点上竖起法线，并(按 dW_0 的正负号）切出步长。

$$ds = \frac{dW_0}{\sqrt{2(E-V)}}. \tag{4}$$

步长终点的连线就是曲面 $W_0 + dW_0$。对该曲面正负两侧采取类似的处理，我们便构造出整个曲面族。

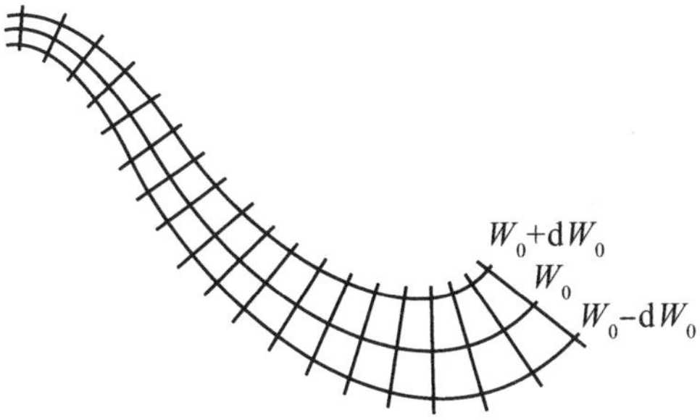

图 1

这一构造有着双重解释，因为给定曲面的另一侧也可以在一开始被取作是正的。但这种模棱两可性对于后面的步骤则不成立，即在这个过程的任何后续阶段，我们都不能任意改变我们已经取定的曲面两侧的正负号。因为一般来说这涉及到 W 的一阶微分系数的不连续性。此外，这两种情形下得到的两族曲面显然是相同的，差的只不过是 W 值的正负。

现在，让我们来考虑与时间有关的某种非常简单的情形。对此，由式(2) 可知，对于任意后续(或之前) 时刻 $t + t'$，同一组曲面展示的是 W 的分布，尽管不同的 W 值是与某个具体曲面相联系，即对于每个在 t 时刻指定的 W 值，必定存在减去 Et' 的另一个 W 值。W 值就像是按照一条明确而简单的法则从一个曲面游走到另一个曲面，这里正 E 的方向取 W 增方向。然而，我们还可以设想各曲面以这样一种方式游走：它们中的每一个前后相续地占位并取后续的精确形式，且总是携带着其 W 值。这种游走法则由如下事实给出：曲面 W_0 在时刻 $t + dt$ 必然到达这样一个位置，该位置在时刻 t 为曲面 $W_0 + Edt$ 所占据。根据式(4)，这一要求是可以满足的，只要曲面 W_0 的每一个点被允许在正法线方向上移动下述距离

$$ds = \frac{E\,dt}{\sqrt{2(E-V)}}. \tag{5}$$

即曲面以法向速度

$$u = \frac{\mathrm{d}s}{\mathrm{d}t} = \frac{E}{\sqrt{2(E - V)}} \tag{6}$$

移动。当常数 E 给定后，这个速度纯粹是位置的函数。

现在可以看出，曲面 W = 常数的体系可以看成是 q 空间中某个行波（驻波除外）运动的波振面系统。对于该波振面系，q 空间中每一点的相速度的值由式(6)给出。对于法向上波振面的构造，可由初级惠更斯波（其半径由式(5)给出）及其子波的包络面的结构①来取代。“折射率”正比于式(6)的倒数，且与位置有关，但与方向无关。因此，q 空间在光学上是非均匀的，但是各向同性的。初级波是“球面波”，尽管——我要再次重申这一点——是在线元(3)的意义上。

作用量函数 W 在我们的波系统中扮演着“相位”的角色。哈密顿-雅可比方程就是对惠更斯原理的表述。现在，如果费马原理可以写成

$$0 = \delta\int_{P_1}^{P_2} \frac{\mathrm{d}s}{u} = \delta\int_{P_1}^{P_2} \frac{\mathrm{d}s\sqrt{2(E - V)}}{E} = \delta\int_{t_1}^{t_2} \frac{2T}{E}\mathrm{d}t = \frac{1}{E}\delta\int_{t_1}^{t_2} 2T\mathrm{d}t, \tag{7}$$

那么我们直接就可以得到莫佩尔蒂（Maupertuis）形式的哈密顿原理。（这里取时间积分，即 $T + V = E$ = 常数，不能说没有疑问，甚至在变分中亦如此。）因此，“射线”，即波前在垂直于波面方向上的轨迹，是能量取 E 值的系统的路径，这与著名方程组

$$p_k = \frac{\partial W}{\partial q_k} \tag{8}$$

是一致的，这个方程组说的是，系统的一组路径可由每个具体的作用量函数导出，就像流体的运动可由它的速度势导出一样②。（动量 p_k 构成共变的速度矢量，方程(8)断言它等于作用量函数的梯度。）

虽然在这些关于波振面的考虑中，我们谈了传播速度和惠更斯原理，但我们必须将这种类比看作是力学与几何光学之间的类比，而不是与物理光学或波动光学之间的类比。因为“射线”的概念——在力学类比中具有根本性特征——属于几何光学，它只有在后者中才能得到清晰的定义。同样，费马原理也能应用于几

① 所谓惠更斯波是指球面波。惠更斯当年提出这一概念用以解释光的折射、衍射和干涉现象。初级球面波是母波，其波振面上的每一点均可视为次级球面波（子波）的波源，子波的波速和频率同母波的波速和频率。此后各时刻，这些子波波振面的包络面就是该时刻总的波传播的波面。——中文译者注

② 特别是见 A. Einstein，*Verh. d. Physik. Ges.* **19**，p. 77，p. 82，1917. 在过去所有的尝试中，量子化条件的制定是最接近目前这一尝试的。德布罗意已经回到这一点。

何光学而无须超越折射率的概念。被看作波面的 W 曲面系处于与力学运动的某种松散的关系中，因为力学系统的假想点并不沿着光线以波速 u 运动，相反，它的速度(对于常数 E) 正比于 $1/u$。这可由式(3) 直接得出

$$v = \frac{\mathrm{d}s}{\mathrm{d}t} = \sqrt{2T} = \sqrt{2(E - V)}. \tag{9}$$

这种不一致是明显的。首先，按照式(8)，当 W 的梯度很大时，即在 W 曲面密集拥挤的地方，亦即 u 很小的地方，系统的点速度是很大的；其次，由 W 作为拉格朗日函数的时间积分的定义知，W 在运动中是变化的(在时间间隔 $\mathrm{d}t$ 内变化 $(T - V)\mathrm{d}t$)，因此，假想点不可能连续地保持与同一 W 曲面的接触。

波动理论中的重要概念，如振幅、波长、频率等 —— 或者更一般地说，波形 —— 根本就无法做这种类比，因为力学上就不存在它们的对应物；波函数本身的概念就更不用提了，除了 W 有波的“相位”意义这一点外(而就是这一点的勉强类比也是因为波形未加定义所致)。

如果我们在整个类比中只是找到了一种令人满意的思考方式，那么这点不足不会令我们困扰，我们会将弥补它的任何尝试看作是无足轻重的，我们相信这种类比完全是与几何光学的类比，或至多是与波动光学的某种非常初级的形式的类比，而不是与非常成熟的波动光学的类比。几何光学只是对光的粗略近似，因而无关紧要。而要让 q 空间里的光学在沿着波动理论的路径进一步发展过程中始终保持这种类比，我们就必须十分小心，不要明显地偏离几何光学的界限，即必须选择①波长足够小，即与所有路径的尺度相比波长足够小。于是，这一补充并不会给我们带来任何新的收获，这一图像不过是添加了些无足轻重的装饰。

现在我们认为可以开始我们的考察了。在发展与波动理论进行类比的第一步就导致了惊人的结果 —— 一个相当不同的疑窦出现了：今天我们知道，事实上，经典力学在非常小的路径尺度上和曲率非常大的地方都失效。或许这种失效正是对几何光学 —— 即“无穷小波长的光学”—— 的失效的严格类比，一旦光路上的障碍物或小孔比起真实、有限的波长来不再是很大的时候，这种失效就变得一目了然。或许经典力学可以与几何光学作完全类比，而且正如这种类比(对于寻找一种合适的量子力学的表述方式来说 —— 中译者注) 是错的且与实际不相符

① 对于光学的情形，参见 A. Sommerfeld and Iris Runge, *Ann. d. Phys.* **35**, p. 290, 1911. 在那里(出自P. 德拜的口头评论)，业已表明，在波长趋近于零的极限情形下，关于相位的一阶二次方程(“哈密顿方程”) 如何能够从关于波函数的二阶一次方程(“波动方程”) 中精确地导出。

所表明的那样，一旦曲率半径和路径尺度与 q 空间里某个(具有真实意义的)波长相比不再是很大时，这种类比就失效了。这样，问题就变成了如何找到一种波动力学①，而最显然的方式就是从类比哈密顿方程出发，沿着波动光学的路径去寻找。

2. "几何"力学与"波动"力学

首先我们认为在扩展这一类比时，将上述波系统看成是由正弦波构成的是合理的。这是最简单和最明显的情形，但其任意性(这种任意性源自这一假设的基本意义)也必须被强调。波函数因此只在形为 sin(…) 的因子里包含时间，其中辐角是 W 的线性函数。W 的系数必有作用量的倒数的量纲，因为 W 具有作用量的量纲，而正弦函数的相位是无量纲的。我们认为采用如下假设具有普适意义：即这个系数不仅独立于 E，而且具有力学系统的性质。于是我们立刻可以用 $2\pi/h$ 来表示它。这样，时间因子写为

$$\sin\left(\frac{2\pi W}{h}+\text{const.}\right)=\sin\left(-\frac{2\pi Et}{h}+\frac{2\pi S(q_k)}{h}+\text{const.}\right). \tag{10}$$

于是波的频率 ν 由下式给出

$$\nu=\frac{E}{h}, \tag{11}$$

由此我们得到，q 空间中波的频率以一种不十分明显的人为方式正比于系统的能量②。当然，这一点的正确性仅当 E 是绝对的才成立，且如同经典力学中的情形，它对加性常数的大小是确定的。由式(6)和(11)知，波长独立于这个加性常数，为

$$\lambda=\frac{u}{\nu}=\frac{h}{\sqrt{2(E-V)}}, \tag{12}$$

并且我们知道根号下的项为动能的两倍。我们将这个波长与由经典力学给出的氢原子的电子轨道的大小作一初步的粗略比较。需要注意的是，q 空间中的"步长"不具有长度的量纲，而是长度乘以质量的平方根(由式(3)可导出)。λ 有着类似的量纲。因此，我们必须用 λ 除以轨道的大小(比如说 a 厘米)和 m(电子质量)的平方根。其商的大小的量级为

---

① 参见 A. Einstein, *Berl. Ber.* p. 9 *et seq.*, 1925.

② 在第一部分中，这一点只是作为由纯粹的猜测推导出的近似公式出现的。

$$\frac{h}{mva},$$

其中 v 代表电子的瞬时速度(厘米 / 秒)。分母 mva 具有力学的动量矩的量级，对于开普勒轨道，其大小至少约为 10^{-27} 量级。这可由电荷和质量的值计算得到，而与所有的量子理论无关。这样，我们就得到了经典力学的有效性的大致范围，如果我们认定常数 h 为普朗克作用量量子的话。这只算是一个初步的尝试。

如果在式(6) 中，E 由式(11) 的 ν 来表示，那么我们有

$$u = \frac{h\nu}{\sqrt{2(h\nu - V)}}. \tag{6a}$$

这样，波速对能量的依赖关系就变成了对频率的具体依赖关系，即它变成了波的散射定律。这个定律令人极感兴趣。我们已经在 §1 中表明，游走的波面仅与系统点的运动有着松散的联系，因为它们的速度是不相等，也不可能相等。按照式(9)、(11) 和(6′)，系统的速度 v 对于波也有着具体的意义。我们立即可以确认

$$v = \frac{\mathrm{d}\nu}{\mathrm{d}\left(\frac{\nu}{u}\right)}, \tag{13}$$

即系统点的速度是波的*群速度*，它包含在一个小范围的频率(信号速度) 中。这里，我们再一次发现了关于电子的“相位波” 的定理，它是由德布罗意借助于相对论推导出来的。他的这些细致研究①对我的这一工作有很大启示。我们看到，这一定理有着广泛的普适性，它并非只源于相对论，而是对一般力学中的每个保守系都有效。

我们可以利用这一事实，在波的传播和代表点的运动之间建立起比以往能够取得的更为内在的联系。我们可以尝试构建一个波群，它在各个方向都有相对较小的尺度。这种波群可认为遵从与力学系统中单个假想点同样的运动定律。这样，只要我们能把它看作近似于限定在一个点上，即只要与系统路径的尺度相比，其弥散程度可以忽略不计，那么它就等价于一个假想点。而这种情形只有当系统路径的尺度，尤其是路径的曲率半径，与波长相比很大时才成立。因为如上所述，类似于普通光学情形，显然不仅波群的尺度不会缩减到小于波长的量级，而且相反，波群会在各个方向上扩张到超过许多倍波长的大小，如果它被近似为单色波的话。但我们必须假设这一点成立，因为波群必须以一个整体以确定的群

① L. de Broglie，*Ann*，*de Physique* (10) **3**，p. 22，1925. (Thèses，Paris，1924.)

速度运动，并且相当于一个能量确定的力学系统(参见公式 11)。

依我所见，这样的波群可以建立在德拜①和冯·劳厄②在求解普通光学问题(给出光锥或光束的精确的解析表达式)时所采用的完全相同的原理上。由此将带来一种非常有趣的、与哈密顿-雅可比理论里那些我们在 §1 中未曾描述过的内容的关系，即著名的、通过哈密顿-雅可比方程的完全积分对于积分常数的微分来对积分形式的运动方程进行求导。正如我们很快就会看到的，用雅可比的名字命名的这组方程等价于这样一种表述：力学系统的假想点连续地对应于这样的点，在该点上，波列的某个连续谱等相位地聚合在一起。

在光学中，(基于严格的波动理论)的“光束”的表示——具有明确定义的有限截面，光先被聚焦，随后发散——是由德拜给出的。平面波列的连续谱叠加在一起，其中每个波列都能填满整个空间。这种连续谱是通过让波面法线在给定的立体角上变化而获得的。于是在某个双锥之外，波因为干涉而几乎完全彼此抵消。在波动理论里，它们严格代表了所期望的受限光束，而衍射现象也必然由此限制引起。我们可以用这种方式，像表示有限光锥那样来表示一个无穷小的光锥，如果我们允许波群的波法线仅在一个无穷小立体角内部变化的话。冯·劳厄在他关于光束的自由度的著名论文中采用的就是这种方法③。最后，如果我们用的不是纯粹的单色波(到目前为止我们一直默认这一点)，而是允许频率在一个无穷小间隔内变化，那么通过波幅和相位的适当分布，我们同样能将扰动限定在沿纵向的一个相当小的区域内。这样，我们便成功地解析表示出一个相当小尺度上的“能量包”，它以光速运动，或是在出现色散时以群速度运动。由此我们可以一种十分合理的方式给出能量包的瞬时位置——如果具体结构没有问题的话——它是空间中的这样一点，在该处所有叠加的平面波以完全相同的相位相遇。

现在，我们将这些考虑运用到 q 空间的波。在确定的时刻 t，我们在 q 空间中选定一点 P，波包沿给定方向 R 在该时刻通过 P 点。此外，令波包的平均频率 ν 或平均 E 值也给定。这些条件严格对应于这样的假定：在给定时刻，力学系统以给定的速度分量从给定位形出发(能量加上方向等价于速度分量)。为了进行光学构造，我们首先需要一组具有所需频率的波面，即对应于给定 E 值的哈密顿-雅可比方程(1′)的一个解。这个解(比如说为 W)具有以下性质：在时刻 t 通过 P

① P. Debye, *Ann. D. Phys.* **30**, p. 755, 1909.

② M. v. Laue, *idem* **44**, p. 1197 (§2), 1914.

③ 文献同前。

点的这组波面，我们不妨令它为

$$W = W_0 , \tag{14}$$

其法线方向在 P 点处必在规定方向 R 上。但这还不够。我们必须让这组波面 W 能以 n 重折叠的方式(n 为自由度数) 在一个无穷小的范围内变化，这样波面法线将在 P 点扫过一个无穷小的($n-1$) 维空间角，并使频率 E/h 在一个无穷小的一维区域中变化。这里需要注意的是，在时刻 t，这个无穷小 n 维波谱的所有成员都要在 P 点严格同相位会聚。于是，现在问题变成在其他某个时刻，如何找到一点，使波群在该点再次出现这种相位上的一致性。

要做到这一点，充分条件是我们能否有一个合意的哈密顿-雅可比方程的解 W，这个解不仅依赖于常数 E，这里记为 α_1，而且依赖于($n-1$) 个额外常数 α_2，α_3，…，α_n，其依赖方式是它不能被写成少于这 n 个常数所构成的 n 种组合的函数。为此，我们能做的首先是将 E 的值赋给 α_1，然后确定 α_2，α_3，…，α_n，使得该组波面在过 P 点时有规定的法线方向。自此，我们由 α_1，α_2，…，α_n 来理解这些值，并取式 (14) 为这组波面，它们在时刻 t 过 P 点。然后，我们来考虑属于 α_k 的一个无穷小邻域的 α_k 值的波群连续谱。众多的这种连续谱，即对于一组固定值 $d\alpha_1$，$d\alpha_2$，…，$d\alpha_n$ 和取不同常数所给定的集合，可由下式给出：

$$W + \frac{\partial W}{\partial \alpha_1} d\alpha_1 + \frac{\partial W}{\partial \alpha_2} d\alpha_2 + \cdots + \frac{\partial W}{\partial \alpha_n} d\alpha_n = \text{常数}. \tag{15}$$

这个集合的成员，即在时刻 t 过 P 点的单个波面，可由下述的常数选择方式来定义：

$$W + \frac{\partial W}{\partial \alpha_1} d\alpha_1 + \cdots \frac{\partial W}{\partial \alpha_n} d\alpha_n = W_0 + \left(\frac{\partial W}{\partial \alpha_1}\right)_0 d\alpha_1 + \cdots + \left(\frac{\partial W}{\partial \alpha_n}\right)_0 d\alpha_n , \tag{15'}$$

其中 $(\partial W/\partial \alpha_1)_0$ 等是在微分系数中代入 P 点的坐标和时刻 t 的数值后所得到的常数(后者实际上只出现在($\partial W/\partial \alpha_1$) 中)。

对于数值 $d\alpha_1$，$d\alpha_2$，…，$d\alpha_n$ 的所有可能的集合，波面(15′) 构成一个子集。它们都在时刻 t 过 P 点，其波面法线持续扫过一个小的($n-1$) 维立体角；此外，其 E 参数也在一个小的区域中变化。波面(15′) 的集合由这样形成：集合(15) 中的每一个波面提供了(15′) 的一个表示式，即在时间 t 通过 P 点的成员。

现在我们假设，属于集合(15) 的波函数的相角恰好与集合(15′) 的那些表示式精确一致。因此它们都在时刻 t 在 P 点重合。

现在我们要问：在任意时刻，是否存在这样一个点，使得集合(15′) 中的所有波面在该处相互切割，因此在该处，所有属于集合(15)的波函数的相位都同相？回答是：确实存在这种同相位的点，但它并非集合(15′)的波面的共同交点，因为这种交点在其后的任意时刻都不存在。不仅如此，同相位的点是这样产生的：集合(15)持续交换它们由(15′)给定的表示。

这一点证明如下。对于(15′)的所有成员的共同交点，在任意时刻必有下列各式同时成立：

$$W = W_0,\ \frac{\partial W}{\partial \alpha_1} = \left(\frac{\partial W}{\partial \alpha_1}\right)_0,\ \frac{\partial W}{\partial \alpha_2} = \left(\frac{\partial W}{\partial \alpha_2}\right)_0 \cdots \frac{\partial W}{\partial \alpha_n} = \left(\frac{\partial W}{\partial \alpha_n}\right)_0, \tag{16}$$

因为 $d\alpha_i$ 在小区域内是任意的。在这 $n+1$ 个方程中，方程右边均为常数，而左边是 $n+1$ 个量 q_1，q_2，…，q_n，t 的函数。这些方程满足系统初值，即 P 点的坐标和初始时刻 t。对于 t 的其他任意值，方程对 q_1，q_2，…，q_n 无解，但将不止是定义这些 n 个量的系统。

但我们可以这么来操作。我们先将第一个方程 $W = W_0$ 放在一边，并定义 q_k 作为时间 t 和由剩余的 n 个方程所确定的常数的函数。令这个点为 Q。自然，对此，第一个方程将不被满足，方程左边与方程右边将相差某个值。如果我们回到从(15′)到系统(16)的推导，那么我们刚才所说的就意味着，尽管对于集合(15′)的波面 Q 不是共同点，但它却是从(15′)导出的一组波面的共同点，如果我们将方程(15′)的右边改变一个量的话(这个量对于所有波面都是常数)。令这个新的方程组为(15″)。因此，对于这组方程，Q 为共同点。如上所述，这组新方程来自(15′)式，通过交换(15′)中的表示而得。这一交换由改变(15)中的常数引起(即对所有表示，改变一个相同的量)。因此所有表示的相角也改变一个相同的量。这些新的表示，即我们称之为(15″)的集合的成员，将交于 Q 点，且如同旧的集合一样有一致的相角。因此，这等于说：由 n 个方程

$$\frac{\partial W}{\partial \alpha_1} = \left(\frac{\partial W}{\partial \alpha_1}\right)_0,\ \cdots,\ \frac{\partial W}{\partial \alpha_n} = \left(\frac{\partial W}{\partial \alpha_n}\right)_0 \tag{17}$$

定义为时间函数的点 Q，仍为整个波面总集合(15)的同相位的点。

对于这所有 n 个波面——由(17)式知 Q 为其共同点——只有第一个波面是可变的；其余波面保持固定(方程组(17)中只有第一个方程含时间)。这 $n-1$ 个固定波面决定了 Q 点的路径为其交线。容易证明，这条线是集合 $W=$ 常数的正交轨迹。因为按照假设，W 等价于在 α_1，α_2，…，α_n 上满足哈密顿-雅可比方程(1′)。如果我们将这个哈密顿-雅可比方程对 α_k($k=2$，3，…，n)微分，我们得

到这样一个表述：在波面“$(\partial W/\partial\alpha_k)$ = 常数”的每一点上，其法线垂直于过该点的波面“W = 常数”的法线，即这两个波面中的每一个都包含另一个的法线。如果这 $n-1$ 个固定波面(17) 的交线没有分支，如通常情形那样，那么这条交线的每个线元，作为 $n-1$ 个波面的唯一共同的线元，与通过同样的点的 W 波面的法线共线，即交线是 W 波面的正交轨迹。证毕。

对于上述得到式(17) 的较为详细的讨论，我们可以简明地或以速记的方式总结如下：W 表示波函数的相角，它与其他表示仅相差一个普适常数$(1/h)$。如果我们现在处理的不只是一个波，而是一个波系的连续流形，并且如果这些波是由任意连续参量 α_i 来连续地安排的，则方程“$(\partial W/\partial\alpha_k)$ = 常数”表达了这样一个事实：这个流形的所有无限邻近的个体(波系统) 同相位。因此，这些方程确定了同相位点的几何轨迹。如果这些方程是充分的，那么这一轨迹将收缩到一点；于是这些方程定义了作为时间函数的这个同相位点。

由于方程组(17) 与已知的雅可比第二方程组一致，因此我们证明了：

包含 n 个参数的某个无穷小的波系统流形的同相位点，按照与力学系统的假想点同样的定律运动。

我认为，要严格证明下面这一点是非常困难的：这些波系统的叠加确实在同相位点的一个相对小的邻域上产生了显著扰动，而在所有其他地方，它们实际上因干涉彼此相消，或者说，上述陈述至少对于适当选择的振幅被证明是正确的，并且对于波面形式的特定选择可能是正确的。我将推进这一物理假说，我希望将其不加证明地附加到有待证明的理论框架中。后者仅当这一假说经受住了实验的检验，并且其应用要求有严格的证明时，才是值得的。

另一方面，我们可以确信，扰动受到限制的区域的各个方向上仍有很大数量波长的空间距离。这一点是显而易见的，首先，因为我们距同相位点只有几个波长的距离，因此相位的一致性几乎不受扰动，故干涉在这里就像在点本身上一样是有利的。其次，只需看一眼普通光学的三维欧几里得情形，就足以确保这种一般的行为。

现在，我明确给出如下假设：

真实的力学过程是以适当方式通过 q 空间的*波动过程*来实现或表示的，而不是以这种空间中的*假想点*的运动来实现或表示的。对假想点 —— 经典力学的对象 —— 的运动的研究，只是一种近似处理，就好比真正的波动过程用几何光学或“光线”光学来处理同样有一定的合理性一样。宏观力学过程可以被描述为上述的某种波信号。与路径的几何结构相比，这种波信号可足够近似地被当作局限于一点。我们已经看到，经典力学借助于假想点的运动所发展出来的运动定律，对于这种波信号或波群同样严格成立。然而，当路径结构与波长相比不再是很大时，这种处理方式就失去了其全部意义。此时，我们必须严格按照波动理论来处理，即为了形成各种可能过程的流形的图像，我们必须从波动方程出发，而不是从力学的基本方程出发来处理。这些力学方程对于阐明力学过程的微观结构是无用的，就像几何光学难以解释衍射现象一样。

作为对经典力学的补充，我们已经成功获得了对于这种微观结构的一种解释，尽管我们得承认，这是在新的和相当任意的假定下取得的。在实践上这种解释已带来了最高意义上的成功。在我看来，这一点是非常重要的，那就是这些理论 —— 我指的是为索末菲、施瓦西、爱泼斯坦和其他人所推崇的各种形式的量子理论 —— 与哈密顿-雅可比方程及其解的理论有着非常紧密的关系，即与那种非常清楚地指明了力学过程的波动特性的经典力学形式有着密切的联系。哈密顿-雅可比方程对应于(旧的简单形式的，而非基尔霍夫形式的）惠更斯原理。正如光的波动处理，尽管得到了某些法则的补充，在几何光学中仍显得不可理解(例如菲涅尔半波带法)，但它却可以在很大程度上说明衍射现象一样，通过作用量函数理论，光可以通过原子中的过程得到理解。但如果我们仍试图在这些过程中坚持用系统路径的概念，尽管这样很自然，我们就不可避免地卷入无法克服的矛盾；这就像我们发现，在衍射现象领域，追踪光线的路径是毫无意义的一样。

我们可以论证如下。但在这里我还不能给出实际过程的结论性图像，这种图像肯定不可能在一开始就达到，而只能通过对波动方程的研究来取得。我将限于定性地来说明问题。让我们想象一个其性质如上所述的波群，它以某种方式进入一个小的封闭“路径”，其尺度约为波长的量级，因而与波群自身的尺度相比是小的。显然，这种经典力学意义上的“系统路径”，即严格同相位点的路径，将完全丧失其独特性，因为在特定点的前后周围存在着整个的点的连续体，其中有着几乎完全一致的相位，它们描述的是全然不同的“路径”。换言之，波群不仅即刻充满了所有路径区域，而且在各个方向上都远远延伸到该区域外。

我正是在这个意义上来解释“相位波”的，按照德布罗意的观点，这种波伴随着电子的路径。因此从这个意义上说，电子路径本身没有特别意义(不管怎么说，至少在原子内部是这样)，更谈不上电子在其路径上的位置。在这个意义上，我来解释如今已日趋明显的观念。首先，电子在原子中运动的相位的真实意义必须被剔除；其次，我们决不能断言在某个确定的瞬间，电子一定处在某条由量子化条件规定的确定的量子路径上；第三，真正的量子力学定律不是由关于单一路径的确定性法则构成的，而是在这些法则中，系统的整个路径流形的元素都被约束在方程组下，因此在不同的路径之间存在着某种对易关系。①

不难理解，如果已知的实验事实是如上表述的真实过程结构的结果的话，那么对于实验上已知量的仔细分析就将导致这种断言。所有这些断言都系统地导向拒斥“电子的位置”和“电子的路径”这类概念。如果不放弃这些概念，矛盾就依然会存在。这种冲突是如此激烈，以至于让人怀疑原子中发生的事情究竟能否在这种时空框架下得到描述。从哲学观点看，我认为这样一种结论性的观点无异于完全投降。由于我们无法真正改变我们在空间和时间中的思考方式，因此对于我们在空间和时间中无法领会的东西，我们根本不可能了解。确实存在这样的东西——但我不认为原子结构是这样的东西。然而，从我们的观点看，没有理由存在这种怀疑，尽管，或者不如说是因为它的出现是非常能理解的。因此，或许一个非常熟悉几何光学的人，在多次尝试用(在宏观光学中值得信赖的)光线的概念来说明衍射但却无功而返后，至少会想到几何定律不适用于衍射，因为他不止一次地发现，他原以为做直线运动且彼此独立的光线，现在突然表现出，甚至在均匀介质中，十分引人注目的弯曲，和明显的彼此相互影响。我认为这种类比是非常严格的。即使对于无法解释的弯曲，原子中也不乏这种类比——不妨想一想“非力学力”，它被设想出来用以解释反常塞曼效应。

那么对于那些必然存在的力学的波动表示，我们该如何处理呢？我们必须从 q 空间下的波动方程出发，而不是从力学的基本方程出发，并依据该波动方程来考虑其过程可能的流形。这个波动方程并未在本文中明确地应用，甚至没有给出。关于其构造的仅有的数据是波速，它在(6)式或(6′)式中分别作为机械能参数和频率的函数形式给出。波动方程显然无法凭此数据唯一地确定。我们甚至不能确定它是否必须是二阶的。只是出于简单起见，我们才以此为出发点。因此我们说，对于波函数 ψ，我们有

$$\operatorname{div}\operatorname{grad}\psi-\frac{1}{u^2}\ddot{\psi}=0, \tag{18}$$

它对仅通过因子 $e^{2\pi i\nu t}$ 依赖于时间的所有过程均成立。因此，将(6)式、(6′)式和

① 具体可参见随后引用的海森伯、玻恩、约丹和狄拉克的论文，还可参见 N. Bohr, *Die Naturwissenschaften*, January, 1926.

(11) 式合起来考虑，我们分别有

$$\operatorname{div}\operatorname{grad}\psi+\frac{8\pi^2}{h^2}(h\nu-V)\psi=0, \tag{18a}$$

和

$$\operatorname{div}\operatorname{grad}\psi+\frac{8\pi^2}{h^2}(E-V)\psi=0. \tag{18b}$$

这个微分运算被理解为是关于线元(3) 的。但即使是在二阶的假设下，上述方程也并非唯一与(6) 式一致的方程。因为我们可以将 div grad ψ 代换为下式进行推广：

$$f(q_k)\operatorname{div}\left(\frac{1}{f(q_k)}\operatorname{grad}\psi\right), \tag{19}$$

其中 f 可以是 q 的任意函数，后者必须以某种合理的方式依赖于 E、$V(q_k)$ 以及线元(3) 的系数。(例如，$f=u$) 做此假设还是出于简单性的考虑，而我认为在这个例子中，错误的推导并非不可能①。

在原子问题中，用偏微分方程来取代动力学方程乍一看是很有问题的，因为这种方程有不止一个解。经典动力学现已给出的不只是一个解，而是数量相当大的解流形，即给出的是一个连续集，而所有经验似乎表明，这些解里只有离散数量的解能够实现。按照流行的观点，量子理论的问题，就是如何依据"量子化条件"，从经典力学给出的可能的连续路径集合中选出离散的实际路径集合。对于在此方向上的新的尝试而言，如果可能的解的数目是增加而不是减少了的话，这似乎不是个好的开端。

确实，经典动力学的问题也可以以偏微分方程，即哈密顿-雅可比方程的形式呈现。但问题的解流形并不对应于方程的解流形。方程的一个任意"完备的"解完全地解决了力学问题，任何其他完备的解给出的是同样的路径 —— 它们只不过是以另一种方式被包含在路径的流形中。

对于将方程(18) 作为原子动力学的基础这一点，无论表示什么样的担心，我都不会主动断言它不需要进一步的附加定义。但这些定义可能不再会像"量子化条件" 那样让我们感到其性质完全是陌生的和不可理解的，而是我们在物理学中习惯于去寻找的诸如偏微分方程的初始条件和边界条件那样的东西。它们与量

① $f(q_k)$ 的引入意味着不仅"密度"，而且"弹性" 也随位置变化。

子化条件没有任何可比性 —— 因为我到目前为止所讨论的所有经典动力学的情形都证明，方程(18) 自身就带有量子化条件。在某些情形下，特别是在那些经验所要求的地方，这一点本身就很突出：对于稳态过程，某些频率或能级本身就是可能的，无须任何进一步的假设，有别于通常的最明显要求是：作为一个物理量，ψ 必须在整个位形空间上是单值、有限和连续的。

这样，在任何涉及能级，或者让我们说得更慎重些，在涉及频率的情形里，上述担心转向其反面。(对于"振荡能" 问题，这一点不言而喻。我们必须牢记，只是在单电子问题中，我们才需要这种看成是真实三维空间中的振荡的解释。) 在下述两个分离的阶段里不再需要对量子能级进行定义：(1) 所有路径的定义在动力学上都是可能的；(2) 通过特定假设来选定一些解，并抛弃掉其余的大部分的解。相反，量子能级被即刻定义为方程(18) 的本征值，它本身就带有其天然的边界条件。

至于在更为复杂的情形中，这种做法在多大程度上对简化分析有效，我现在还没有定论。然而，我期望如此。大多数解析研究者都有这样一种感觉，在上述两阶段过程中，必然给出(1) 比最终结果所需的更为复杂问题的解：(通常) 作为量子数的非常简单的有理函数的能量。如已知的情形里，哈密顿-雅可比方程的应用创造了极大的简单性，结果力学解的实际计算就被免去了。估算代表动量的积分就足够了，这个积分仅对于闭复路径进行，而不是对变上限进行，因此免去了很多麻烦。哈密顿-雅可比方程的完备解仍必须是真实已知的，即通过求积分给出，以使力学问题的积分原则上必须对任意初值均有效。在求微分方程的本征值时，实际上我们通常都必然这样来进行：我们先在既不考虑边界条件也不考虑连续性条件的情形下求解，然后由解的形式来挑选参数值，使得解满足给定条件。本文第一部分提供了这样一个例子。但我们从这个例子 —— 典型的本征值问题 —— 也看到，这种解通常只能以一种极其难懂的解析形式给出(见上述引文式(12))，但它对于那些属于"自然边界条件" 给出的本征值而言则显得过于简化了。这么说可能不是十分有把握：我怀疑计算本征值的直接方法是否已经发明出来。我们知道的是已有的方法只适用于计算高阶本征值的分布。但这里对这种极限情形不感兴趣，它只适用于经典的宏观力学。对于光谱学和原子物理学，一般我们仅对前5 ~ 10级本征值感兴趣；甚至第1级就已是很重要的结果 —— 它定义了电离势。从下面这个勾勒清楚的概念 —— 每一个本征值问题都允许自身被当作极大值或极小值问题来处理，而无须直接与微分方程联系起来 —— 来看，起码在我看来，一旦出现迫切需要，用于本征值计算(至少是近似)的直接方法很有可能被找出来。至少应当有可能在个别情形下，对那些数值上已达到光谱学所有期望精度的本征值是否满足这一问题加以检验。

这里我想提及一下，目前正由海森伯、玻恩、约丹和其他杰出的科学家进行着一项研究来去除量子困难①。这项研究已经取得的成功使我们无法怀疑其中至少包含着部分真理。从倾向上看，海森伯的尝试非常接近于上述我们目前的工作。但其方法是如此地全然不同，我还没能成功地找到两者间的联系。我当然希望这两项进展之间彼此不相抵触，而且恰恰因为它们彼此的出发点和方法全然不同，因此能够相互补充，一方能在另一方失败的地方取得进展。海森伯纲领的力量在于它承诺给出谱线强度，而这是我们现在还达不到的。而我们的尝试的力量——如果允许我就此做出评论的话——在于引导。从物理学的观点看，这种引导在宏观与微观物理过程之间建立了桥梁，使得二者所要求的明显不同的处理模式变得可以理解。就我个人而言，在前一部分结尾所提到的将发射频率看作"拍"的概念有着特殊的魅力，我相信它将导致对于强度公式的一种直观的理解。

3. 应用实例

现在，我们将给出第一部分讨论的开普勒问题的更多例子，它们都具有非常简单的性质，因为我们暂时将讨论限定在经典力学范围内，且无磁场②。

3.1 普朗克振子，简并问题

首先，我们考虑一维振子。设坐标 q 为位移乘以质量的平方根，故动能的两种形式为

$$\bar{T}=\frac{1}{2}\dot{q}^{2},\ T=\frac{1}{2}p^{2}. \tag{20}$$

势能为

① W. Heisenberg, *Ztschr. F. Phys.* **33**, p. 879, 1925; M. Born and Jordan, 出处同上, **34**, p. 858, 1925; M. Born, W. Hensenberg, and P. Jordan, 出处同上, 35, p. 557, 1926; P. Dirac, *Proc. Roy. Soc.* London, 109, p. 642, 1925.

② 在相对论力学并考虑磁场的情形下，哈密顿-雅可比方程的表述变得更为复杂。在单电子情形下，它断言作用量函数的四维梯度，被给定矢量(四维势)减去后具有一个常数值。而要将这一表述转换成波动理论的语言会有很多困难。

$$V(q)=2\pi^2\nu_0^2q^2, \tag{21}$$

其中 ν_0 为力学意义上的本征频率。于是方程(18) 在此情形下变为

$$\frac{\mathrm{d}\psi^2}{\mathrm{d}q^2}+\frac{8\pi^2}{h^2}(E-2\pi^2\nu_0^2q^2)\psi=0. \tag{22}$$

为简明计，令

$$a=\frac{8\pi^2E}{h^2},\ b=\frac{16\pi^4\nu_0^2}{h^2}. \tag{23}$$

因此

$$\frac{\mathrm{d}^2\psi}{\mathrm{d}q^2}+(a-bq^2)\psi=0. \tag{22′}$$

引入独立变量

$$x=q\sqrt[4]{b}, \tag{24}$$

得到

$$\frac{\mathrm{d}^2\psi}{\mathrm{d}x^2}+\left(\frac{a}{\sqrt{b}}-x^2\right)\psi=0. \tag{22″}$$

这一方程的本征值和本征函数是已知的①。按这里采用的符号，本征值为

$$\frac{a}{\sqrt{b}}=1,\ 3,\ 5,\ \cdots,\ (2n+1),\ \cdots \tag{25}$$

本征函数为厄米正交函数，

$$e^{-\frac{x^2}{2}}H_n(x). \tag{26}$$

$H_n(x)$ 是第 n 阶厄米多项式，其表达式为

$$H_n(x)=(-1)^ne^{x^2}\frac{\mathrm{d}^ne^{-x^2}}{\mathrm{d}x^n}, \tag{27}$$

或展开为

$$\begin{aligned}H_n(x)=&(2x)^n-\frac{n(n-1)}{1!}(2x)^{n-2}\\&+\frac{n(n-1)(n-2)(n-3)}{2!}(2x)^{n-4}-\cdots\end{aligned} \tag{27′}$$

---

① 参见柯朗、希尔伯特合著，《数理方法》第一卷，(Berlin，Springer，1924)，§ 9，261 页，公式(43)，以及第二卷，§10，4，76 页。

这些多项式的前几项为

$$H_0(x)=1 \qquad H_1(x)=2x$$
$$H_2(x)=4x^2-2 \qquad H_3(x)=8x^3-12x \tag{27''}$$
$$H_4(x)=16x^4-48x^2+12\cdots$$

接下来考虑本征值，我们从式(25) 和(23) 得到

$$E_n=\frac{2n+1}{2}h\nu_0;\ n=0,\ 1,\ 2,\ 3,\ \cdots \tag{25'}$$

这样，振子的量子化能级便出现了奇特的所谓“半整数” 倍“能量子”，即奇数倍的 $h\nu_0/2$。能级之间间隔——其本身对于辐射就很重要——与前述理论给出的形式一样。值得注意的是，我们的量子能级正是海森伯理论中的那些能级。在比热理论中，这种对先前理论的背离不无重要性。首先，当本征频率 ν_0 因热耗散而变化时，这种背离就变得重要起来。形式上看，它必须处理“零点能” 这个老问题，这个问题与如何在普期克理论的第一种形式和第二种形式之间做出选择相关。顺便指出，附加项 $h\nu_0/2$ 也影响到边带定律。

如果我们再次从式(24) 和(23) 中引入原初的 q，则本征函数(26) 变为

$$\psi_n(q)=e^{-\frac{2\pi^2\nu_0q^2}{h}}H_n\left(2\pi q\sqrt{\frac{\nu_0}{h}}\right). \tag{26'}$$

由(27″) 式知，$n=0$ 的第一级函数是高斯误差曲线，第二级本征函数在原点为零，在正 x 轴上取值时对应于二维的“麦克斯韦速度分布”，当 x 取负值时以奇函数形式连续。第三级函数是偶函数，在原点处为负，在 $\pm 1/\sqrt{2}$ 时，有两个对称的零点等。这些曲线很容易粗略地画出，并可以看出前后相续的多项式的根彼此分开。由式(26′) 我们还可以看出，本征函数的特征点，诸如半宽(对于 $n=0$)、零点以及最大值等，从量级上看均在振子的经典振荡范围内。对于第 n 级振荡，易知其经典振幅由下式给出

$$q_n=\frac{\sqrt{E_n}}{2\pi\nu_0}=\frac{1}{2\pi}\sqrt{\frac{h}{\nu_0}}\sqrt{\frac{2n+1}{2}}. \tag{28}$$

然而在我看来，一般来说，本征函数曲线上的经典转向点的精确的横坐标没有明确的意义。但我们可以猜想，转向点对于相空间的波具有这样一种重要性，即在这些点上，传播速度的平方变为无穷大，而在更远的距离上则变为负数。但在微分方程(22) 式中，这只意味着 ψ 的系数的趋近于零，但不会出现奇点。

这里我想指出(而且这一评述具有普遍有效性，不限于振子情形)，传播速

度的这种趋近于零和变为虚数很具有特征性。我们之所以能够仅仅依据本征函数应当保持有限这一条件来选取确定的本征值，其解析上的理由正是这一点。关于这一点我想进一步做些说明。具有实的传播速度的波动方程意味着这样一种情形：在所有那些在该点上的值低于邻近点的平均值的点上，本征函数的值都存在加速增长，反之亦然。这种方程，如果其暂态行为和持久行为不是像热传导方程那样，那么随着时间持续，它将导致极端值的拉平，并且不允许函数在任何点上有过度增长。而具有虚的传播速度的波动方程的意义则恰恰相反：高于周边平均值的函数值将经历加速增长(或迟缓地减小)，反之亦然。因此我们看到，由这种方程所代表的函数具有超过周边增长的最大风险，我们必须很有技巧地来处理以避免这种风险。而明显确定的本征值正好能带来这种可能性。我们在第一部分中所处理的例子中确实可以看到，只要我们将量 E 选取为正，对十分确定的本征值的这一要求立即得到满足，因为这使得波速在整个空间中均为实的。

下面，我们回到振子情形，讨论如果允许振子有 2 个或 3 个自由度(空间振子，刚体)，那么情形会有怎样的改变。如果不同的力学本征频率(v_0 值) 分属于不同的坐标，那么什么都没改变。ψ 被看作函数的乘积，每个都是单个坐标的函数；问题被剖分成多个上面所处理过类型的单个问题，其数量与出现的坐标数一样多。本征函数是厄米正交函数的积，整个问题的本征值表现为这些单个问题的本征值的每一种可能的组合的和。没有本征值(对于整个系统) 是多重的，如果我们假设这些 ν_0 值之间不存在有理运算关系的话。

然而，如果存在这样一种有理关系，那么同样的处理仍是可能的，但它肯定不是唯一的。这时会出现多重本征值，“离散性”肯定只出现在其他坐标之间，例如，球极坐标下的各向同性空间的情形便是如此①。

然而，我们在每一种情形下得到的本征值确实都是相同的，至少对于我们能证明的，以一种方式获得的本征函数系统的“完备性”这一点来说是这样。这里我们看出，存在一种与以往采用量子化方法处理简并问题时所遇到的著名关系完全平行的关系。只是在一点上有着并非不受欢迎的形式上的区别，那就是如果我

---

① 对此，我们面对的是一个关于 r 的方程，它可用本文第一部分中处理开普勒问题时所采用的方法来处理。此外，如果取 q^2 为变量，则一维振子给出同样的方程。我原先就是按这种方式来直接解这个问题。它是一个厄米多项式问题，关于这点提示，我必须感谢赫尔·菲斯(Herr E. Fues)。出现在开普勒问题中的厄米多项式(第一部分中的方程18) 是第$(n+l)$ 级拉盖尔多项式的$(2n+1)$ 阶微分系数，正如我后来发现的那样。

们不理会可能的简并来应用索末菲-爱泼斯坦量子化条件，那么我们总能得到同样的能级，但对于所允许的路径，则依据不同的坐标的选择得到不同的结论。

但这并非这里所述的情形。如果我们处理的（譬如）是这样一种振荡问题，它对应于抛物线坐标系下而非第一部分中所采用的极坐标系下的未扰动的开普勒运动，那么我们在此面对的确实是一个完全不同的本征值系统。然而，这并非只是一种给出可能的振荡态的单一的本征振荡，而是这种振荡的一种任意的、有限或无限的线性组合。用其他方式给出的本征函数总可以这样呈现，即它们可以任意方式给出的本征函数的线性集合的方式呈现，只要这些本征函数构成一个完备系。

能量如何在本征振荡之间真实分布的问题 —— 这个问题截至目前尚未予以考虑 —— 必须在某个时间给予处理。我们将借助于先前的量子理论，假定在简并情形下，属于某个确定的本征值的一组振荡的能量必须有某个指定的值，这个值在非简并的情形下则属于某个单一的本征振荡。但现在我仍然将这一问题悬置起来留待以后去解决。被搁置的还包括这样的问题：所发现的"能级"是否真是振荡过程的能量台阶，或它们仅仅有着频率的意义。如果我们接受拍理论，那么能级的意义对于说明锐发射频率就不再是必需的了。

3.2 定轴转子

考虑到没有势能且采用欧几里得线元，因此它是振荡理论中最简单的可想象的实例。设 A 为转动惯量，ϕ 为转角，于是我们可明确地得到振荡方程

$$\frac{1}{A}\frac{\mathrm{d}^2\psi}{\mathrm{d}\phi^2}+\frac{8\pi^2E}{h^2}\psi=0, \tag{29}$$

其解为

$$\psi=\frac{\sin}{\cos}\left[\sqrt{\frac{8\pi^2EA}{h^2}}\cdot\phi\right]. \tag{30}$$

这里，辐角必须为 ϕ 的整数倍，这是因为否则的话 ψ 将既不是单值的，也不会在坐标 ϕ 的整个范围内是连续的，如我们所知，$\phi+2\pi$ 与 ϕ 有着相同的意义。这一条件给出如下著名结果：

$$E_n=\frac{n^2h^2}{8\pi^2A}, \tag{31}$$

这一结果与先前的量子化的结果完全一致。

然而，对于带状光谱的应用，这个结果却没意义。因为，正如我们一会儿就知道的，一个特有的事实是：我们的理论给出了另一种关于自由轴转子的结果。而且一般来说这一结果是正确的。为了简化计算，对系统运动的自由度加设比实际更为严格的限制，甚至当我们从力学方程的积分中知道，在某个单一的运动中，有些确定的自由度并没有用后仍这么处理，这在波动力学里是不允许的。对于微观力学，采用力学的基本方程组的方法是绝对不可行的，因为它所处理的单一路径现在已不再单独存在。一个波动过程充满了整个相空间。众所周知，甚至波动过程发生所取的维度数目也是十分重要的。

3.3 自由轴的刚体转子

如果我们以原子核为原点引入球极坐标系(r，θ，ϕ)，那么对于作为转动惯量函数的动能，我们有

$$T = \frac{1}{2A}\left(p_\theta^2 + \frac{p_\phi^2}{\sin^2\theta}\right). \tag{32}$$

按照其形式，这是一个束缚在球面上运动的粒子的动能。因此拉普拉斯算子只是其空间拉普拉斯算子中依赖于极角的部分，且振荡方程(18″)取如下形式

$$\frac{1}{\sin\theta}\frac{\partial}{\partial\theta}\left(\sin\theta\frac{\partial\psi}{\partial\theta}\right) + \frac{1}{\sin^2\theta}\frac{\partial^2\psi}{\partial\phi^2} + \frac{8\pi^2 AE}{h^2}\psi = 0. \tag{33}$$

由假定知，ψ 在球面上应当是单值且连续的，故得本征值条件

$$\frac{8\pi^2 A}{h^2}E = n(n+1);\ n = 0,\ 1,\ 2,\ 3,\ \cdots \tag{34}$$

该本征函数一望便知是球面调和函数。因此能级为

$$E_n = \frac{n(n+1)h^2}{8\pi^2 A};\ n = 0,\ 1,\ 2,\ 3,\ \cdots \tag{34′}$$

这一定义不同于所有前述的定义(或许海森伯的除外？)。但来自实验的证据迫使我们在公式(31)中将 n 的取值定为“半整数”。容易看出，只要 n 取半整数值，式(34′)实际上与式(31)是一样的。因为

$$n(n+1) = \left(n + \frac{1}{2}\right)^2 - \frac{1}{4}.$$

差别仅在于一个小的加性常数。式(34′)中的能级差与从“半整数量子化”法则中得到的能级差相同。这个结果应用到短波带上也同样正确，这时转动惯量在初态

和终态是不同的，原因是存在“电子跃迁”。由于在能带的所有谱线上，至多只差一个小的常数部分，因此它被淹没在大的“电子项”或是“核振荡项”中。此外，我们以往的分析不允许我们以(比如说) 比下式更确定的方式来谈及这个小的部分

$$\frac{1}{4}\frac{h^2}{8\pi^2}\left(\frac{1}{A}-\frac{1}{A'}\right).$$

从这里发展出的思路很自然导向电子运动和核振荡的“量子化条件”所确定的转动惯量概念。我们将在下一节里说明，通过对 1 和 3 的所考虑的情形①的综合，我们如何能够至少是近似地同时处理核振荡和双原子分子的转动的。

我还想指出，值 $n=0$ 对应的不是波函数的零点，而是其某个常数值，与此相对应，整个空间中存在一种振幅不变的振荡。

3.4 非刚体转子（双原子分子）

根据第 2 节结束时的讨论，我们必须初步论述一下具有所有 6 个真实自由度的转子的问题。对于双原子分子，我们取笛卡儿坐标系，即设 x_1，y_1，z_1； x_2，y_2，z_2，并设质量分别为 m_1 和 m_2，r 为两原子之间的距离。故势能为

$$V=2\pi^2\nu_0^2\mu(r-r_0)^2, \tag{35}$$

这里

$$r^2=(x_1-x_2)^2+(y_1-y_2)^2+(z_1-z_2)^2.$$

而

$$\mu=\frac{m_1m_2}{m_1+m_2} \tag{36}$$

可称为“折合质量”。ν_0 是核振荡的力学本征频率，且将连接两个核的连线看成是固定不变的。而 r_0 则为势能取极小值所对应的距离。这些定义都是在普通的力学意义上给出的。

对于振荡方程(18″)，我们得到下列方程：

---

① 参见 A. Smmerfeld, *Atombau und Spektrallinien*, 4th edit., p. 833. 这里，我们不考虑势能中额外的非谐项。

$$\begin{cases}\frac{1}{m_1}\left(\frac{\partial^2\psi}{\partial x_1^2}+\frac{\partial^2\psi}{\partial y_1^2}+\frac{\partial^2\psi}{\partial z_1^2}\right)+\frac{1}{m_2}\left(\frac{\partial^2\psi}{\partial x_2^2}+\frac{\partial^2\psi}{\partial y_2^2}+\frac{\partial^2\psi}{\partial z_2^2}\right)\\ +\frac{8\pi^2}{h^2}[E-2\pi^2\nu_0^2\mu(r-r_0)^2]\psi=0.\end{cases}\tag{37}$$

引入新的独立变量 x，y，z，ξ，η，ζ，其中

$$\begin{aligned}&x=x_1-x_2;\ (m_1+m_2)\xi=m_1x_1+m_2x_2\\&y=y_1-y_2;\ (m_1+m_2)\eta=m_1y_1+m_2y_2\\&z=z_1-z_2;\ (m_1+m_2)\zeta=m_1z_1+m_2z_2.\end{aligned}\tag{38}$$

代换后得到

$$\begin{aligned}&\frac{1}{\mu}\left(\frac{\partial^2\psi}{\partial x^2}+\frac{\partial^2\psi}{\partial y^2}+\frac{\partial^2\psi}{\partial z^2}\right)+\frac{1}{m_1+m_2}\left(\frac{\partial^2\psi}{\partial\xi^2}+\frac{\partial^2\psi}{\partial\eta^2}+\frac{\partial^2\psi}{\partial\zeta^2}\right)\\&+[\alpha''-b'(r-r_0)^2]\psi=0\end{aligned}\tag{37'}$$

其中为简洁起见，令

$$a''=\frac{8\pi^2E}{h^2},\ b'=\frac{16\pi^4\nu_0^2\mu}{h^2}.\tag{39}$$

现在，我们可以将 ψ 视为相对坐标 x，y，z 的函数与质心坐标 ξ，η，ζ 的函数的乘积：

$$\psi=f(x,\ y,\ z)g(\xi,\ \eta,\ \zeta).\tag{40}$$

对于函数 g，我们有定义方程：

$$\frac{1}{(m_1+m_2)}\left(\frac{\partial^2g}{\partial\xi^2}+\frac{\partial^2g}{\partial\eta^2}+\frac{\partial^2g}{\partial\zeta^2}\right)+\text{const.}\ g=0.\tag{41}$$

它与质量为 (m_1+m_2) 的粒子在不受力情形下的运动方程形式相同。其中常数的意义为

$$\text{const.}=\frac{8\pi^2E_t}{h^2},\tag{42}$$

其中 E_t 为该粒子的平移动能。想象将该值代入式(41)。这样，是否容许 E_t 的值作为本征值的问题现在取决于这一点：对于原初的坐标，从而对于不考虑新势能的引力中心的坐标而言，是否能得到整个无限大的空间？在第一种情形下，E_t 取每个非负的值都是允许的，而每个负的值都是不允许的。因为当且仅当 E_t 为非负时，方程(41) 才有非零解，并在整个空间上保持有限。然而，如果分子被置于“容器”中，那么后者必然为函数 g 提供边界条件；或者换言之，由于引入了进一

步的势能，方程(41) 将在器壁处突然改变其形式，这样，一组离散的 E_t 值就将被选为本征值。这是一个“平移运动的量子化”的问题，我将在后面讨论其要点，讨论表明它给出爱因斯坦的气体理论①。

对于振荡函数 ψ 的作为相对坐标 x，y，z 的函数的因子 f，我们得到其定义方程

$$\frac{1}{\mu}\left(\frac{\partial^2 f}{\partial x^2}+\frac{\partial^2 f}{\partial y^2}+\frac{\partial^2 f}{\partial z^2}\right)+[a'-b'(r-r_0)^2]f=0, \tag{43}$$

其中为简明计，我们令

$$a'=\frac{8\pi^2(E-E_t)}{h^2}. \tag{39'}$$

现在我们不用坐标 z，y，z，而是引入球极坐标 r，θ，ϕ(与先前用的 r 一致)。乘以 μ 后我们得到

$$\frac{1}{r^2}\frac{\partial}{\partial r}\left(r^2\frac{\partial f}{\partial r}\right)+\frac{1}{r^2}\left\{\frac{1}{\sin\theta}\frac{\partial}{\partial\theta}\left(\sin\theta\frac{\partial f}{\partial\theta}\right)+\frac{1}{\sin^2\theta}\frac{\partial^2 f}{\partial\phi^2}\right\} \tag{43'}$$
$$+[\mu a'-\mu b'(r-r_0)^2]f=0.$$

现在分解 f。其中角函数因子是一个球面调和函数。设其级数为 n。花括号项给出 $-n(n+1)f$。将这一项看成是插入项，为简明计，现在令 f 代表仅依赖于 r 的因子。于是我们引入新的因变量

$$\chi=rf, \tag{44}$$

以及新的独立变量

$$\rho=r+r_0. \tag{45}$$

代入后得

$$\frac{\partial^2\chi}{\partial\rho^2}+\left[\mu a'-\mu b'\rho^2-\frac{n(n+1)}{(r_0+\rho)^2}\right]\chi=0. \tag{46}$$

到此为止的分析都是严格的。现在我们作近似，我清楚地知道，这种做法需要比我在这儿所给出的更为严格的证明。将式(46) 与前面讨论的式(22′) 比较。它们形式上相同，差别仅在于由 ρ/r 的相对级次给出的未知函数的系数。可以看出，如果我们做如下展开

$$\frac{n(n+1)}{(r_0+\rho)^2}=\frac{n(n+1)}{r_0^2}\left(1-\frac{2\rho}{r_0}+\frac{3\rho^2}{r_0^2}-+\cdots\right). \tag{47}$$

① *Physik. Ztschr.* **27**, p. 95, 1926.

然后代入到式(46)，并按 ρ/r 的幂次形式排列，同时我们引入一个新变量 ρ'，它与 ρ 仅相差一个小的常数，即

$$\rho' = \rho - \frac{n(n+1)}{r_0^3\left(\mu b' + \frac{3n(n+1)}{r_0^4}\right)}, \tag{48}$$

于是方程(46) 的形式变为

$$\frac{\partial^2 \chi}{\partial \rho'^2} + \left(a - b\rho'^2 + \left[\frac{\rho'}{r_0}\right]\right)\chi = 0, \tag{46'}$$

这里我们已经令

$$\begin{cases} a = \mu a' - \frac{n(n+1)}{r_0^2}\left(1 - \frac{n(n+1)}{r_0^4 \mu b' + 3n(n+1)}\right) \\ b = \mu b' + \frac{3n(n+1)}{r_0^4}. \end{cases} \tag{49}$$

式(46) 中的符号 $\left[\frac{\rho'}{r_0}\right]$ 表示与保留的 $\frac{\rho'}{r_0}$ 的级数项相比为小量的项。

现在我们知道，方程(22′) 的第一级本征函数，就是我们将其与方程(46′) 进行比较的函数，只在原点两侧的小邻域内明显不为零。只有那些高阶项有逐渐的延伸。对于中等级数的项，如果我们忽略掉 $\left[\frac{\rho'}{r_0}\right]$ 项，并记得分子常数的量级，那么方程(46′) 的值域与 r_0 相比确实很小。由此我们得出结论(我再重复一次，未做严格的证明)：对于第一级本征函数，同时也是对于第一级本征值，我们可以用这种方式得到一种有用的近似，其适用范围是这些函数明显不为零的区间内。从本征值条件式(25)，忽略掉为简明计的替代式(49)，(39′) 和(39)，转为引入小量

$$\varepsilon = \frac{n(n+1)h^2}{16\pi^4 \nu_0^2 \mu^2 r_0^4} = \frac{n(n+1)h^2}{16\pi^4 \nu_0^2 A^2}, \tag{50}$$

我们很容易导出下列能级

$$\begin{cases} E = E_t + \frac{n(n+1)h^2}{8\pi^2 A}\left(1 - \frac{\varepsilon}{1+3\varepsilon}\right) + \frac{2l+1}{2}h\nu_0\sqrt{1+3\varepsilon} \\ (n = 0,\ 1,\ 2,\ \cdots;\ l = 0,\ 1,\ 2,\ \cdots). \end{cases} \tag{51}$$

其中

$$A = \mu r_0^2 \tag{52}$$

仍表示转动惯量。

按经典力学的用法，ε 为转动频率与振荡频率 v_0 的比值的平方；因此，在应用于分子时它确实为一小量。除了这一小的修正和另一点已提及的差异外，公式(51)具有通常的结构。它是式(25′)和(34′)的综合，其中增加的 E_t 表示平移动能。必须强调的是，这个近似值之所以可用，其判断不只在于 ε 是一小量，而且还在于 l 不能太大。实际上，对 l 我们只考虑取小的数值。

式(51)中 ε 的修正并不能说明为什么核振荡偏离纯的谐振。因此，将它与克拉策(Kratzer)的公式(见索末菲的前述引文)做比较，或与实验结果进行比较，都是不可能的。我只是想临时性地提一下这个例子，用以表明这样一种直观的核系统的平衡位形概念在波动力学中同样具有意义，并表明，只要在平衡位形的一个小邻域中波的振幅明显不为零的话，这么做就是行得通的。但不管怎么说，在最初，这种对三维空间里的 6 个变量的波函数的直接解释都遇到了抽象本性的困难。

如果考虑到结合能中的非调和项，那么双原子分子的转动-振荡问题就必须重新处理。这种方法，克拉策曾熟练地用来处理经典力学问题的方法，也适用于波动力学。然而，如果我们想把这一计算推广到用于处理谱带的精细结构，那么我们就必须运用本征值和本征函数的微扰理论。这个理论的做法是，给微分方程中的未知函数的系数加一个小的“扰动”后，观察这一方程的本征值和所属的本征函数经历的变动。这种“微扰论”是经典力学的微扰论的完全类推，只是更简单些，因为在波动力学中，我们处理的总是线性关系。作为第一级近似，我们可以这样表述：本征值的微扰等于微扰项对“未扰动运动”取平均。

微扰理论极大地拓宽了新理论的分析范围。作为实践上的一个重要的成功范例，在此我要说一级斯塔克效应确实与爱泼斯坦公式完全相符，这一点经过实验的确认已经无可怀疑了。

苏黎世大学　物理研究院

（收稿日期：1926 年 2 月 23 日）

作为本征值问题的量子化(第三部分)

微扰理论，以及对巴耳末谱线的斯塔克效应的应用

(《物理学年鉴》(4) 第 80 卷，1926 年)

引言·摘要

正如上篇论文①结束时所说，借助于较为基本的方法，本征值理论的应用范围能扩展到超出“直接可解问题”的范围之外；因为对于那种与直接可解问题足够密切相关的边界值问题，本征值和本征函数都能迅速近似地确定。类似于一般力学，我们将这种方法称为微扰方法。这种方法是基于本征值和本征函数所具有的连续性这一重要性质②，就我们的目的而言，它主要是基于二者对于微分方程系数的连续依赖，对定义域范围和边界条件的依赖倒在其次。因为在我们的情形下，定义域(“整个 q 空间”) 和边界条件(“保持有限”) 在未扰动问题和微扰问题上通常是相同的。

这一方法与瑞利勋爵在他的《声学理论》(第 2 版，第 1 卷，115—118 页，伦敦，1894 年) 中研究弱不均匀性弦振动时所采用的方法③本质上是相同的。这是一种特别简单的情形，因为未扰动问题的微分方程有常系数，只有扰动项是沿着弦的任意函数。一种完全的推广不仅对于这些点是可能的，而且对于非常重要的有若干个独立变量的情形，即对于偏微分方程，也是可能的。在这些情形下，未扰动问题出现多重本征值，扰动项的添加则引起这些本征值的劈裂，从而构成光谱学中最令人感兴趣的问题(塞曼效应、斯塔克效应、多重性)。对于下面第一节所发展的微扰问题，在数学家看来并不新鲜，我看重的不是将其推广到最大可能的范围，而是以尽可能清楚的方式给出非常简单的初步形式。从后者出发，任何想要的推广都可以在需要时几乎自动地呈现出来。在第二节，作为一个实例，我们用两种方法来讨论斯塔克效应，第一种类似于爱泼斯坦的方法，他先是在经典力学的基础上用这种方法求解该问题④，然后再辅之以量子化条件；第二种方

① 第二部分的最后两段。

② Curant-Hilbert, chap. vi. § § 2, 4, p. 337.

③ Curant-Hilbert, chap. v. § 5. 2, p. 241.

④ P. S. Epstein, *Ann. d. Phys.* **50**, p. 489, 1916.

法则更为一般化，类似于通常的微扰方法①。第一种方法用于展示，在波动力学中，微扰问题也能在抛物线坐标架下被"分解"，微扰理论将首先被应用到这样一种常微分方程：其初始振荡方程是劈裂的。因此这一方法仅仅接过了旧理论中由索末菲优美的复积分所承担的计算量子积分的任务②。按第二种方法，通过斯塔克效应这一案例可发现，对于微扰问题恰好也存在一种严格分离的坐标系，因此微扰理论可直接应用于偏微分方程。这后一种处理被证明在波动力学中更为麻烦，尽管它在理论上是优越的，且更具推广的潜力。

第二节还简略讨论了斯塔克效应中各分量的强度问题。计算结果将以表格的方式呈现。从整体上看，这一结果与实验的相符程度甚至比克拉斯借助于对应原理给出的著名的计算结果③更好。

对于塞曼效应的应用(尚未完成)自然更令人感兴趣。看上去这个问题似乎与表述相对论性问题的波动力学语言给出的正确公式有着不可分解的联系，因为在四维表述中，矢势的秩自动地等于标势的秩。在本系列论文的第一部分已经提到，相对论性氢原子的确可以无须进一步讨论就得到处理，但它导出的是"半整数"角量子数，与经验相矛盾。因此"肯定还有某些东西没被发现"。自那时以来，我从 G. E. 乌伦贝克和 S. 戈德施米特的最重要的文章④里，以及后来在与巴黎(朗之万)和哥本哈根(泡利)的口头和书面交往中知道了所缺的是什么，如果用电子轨道理论的语言来表述，那就是电子绕其自身轴的角动量。这个角动量使电子有了一种磁矩。这些研究者的见解，加上另两篇分别由斯拉特⑤和由索末菲、翁泽尔德⑥撰写的讨论巴耳末光谱的十分重要文章一起，明确证明了，通过引入看似自相矛盾但却令人高兴的自旋电子的概念，轨道理论将能够克服那些令人烦恼的困难，这些困难后来开始累积(如反常塞曼效应、巴耳末谱线的帕邢-贝克效应、规则与不规则的伦琴双线，后者与碱金属双线的类似性等)。我们必须将乌伦贝克和戈德施米特的概念吸收到波动力学中来。我相信，后者对于这一概念会是非常肥沃的土壤，因为电子在这里不是被设想为点电荷，而是连续地流过

① N. Bohr, *Kopenhagener Akademic* (8), IV., 1, 2, p. 69 *et seq.*, 1918.

② A. Sommerfeld, *Atombau*, 4th ed., p. 772.

③ H. A. Kramers, *Kopenhagener Akademic* (8), III., 3, p. 287, 1918.

④ G. E. Uhlenbeck and S. Goudsmit, *Physica*, 1925; *Die Naturwissenschaften*, 1926; *Nature*, 20th Feb., 1926; 还可见 L. H. Thomas, *Nature*, 10th. April, 1926.

⑤ J. C. Slater, *Proc. Amer. Nat. Acad.* **11**, p. 732, 1925.

⑥ A. Sommerfeld and A. Unsöld, *Ztschr. f. Phys.* **36**, p. 259, 1926.

空间①，从而避免了令人不快的“旋转点电荷”的概念。但本文并不打算吸收这一概念。

第三节是“数学附录”，其中收集了众多不那么令人感兴趣的计算 —— 主要是第二节所需的本征函数乘积的积分计算。附录中的公式均标以（101）、（102）等序号。

第一节　微扰理论

§1. 单个独立变量的情形

让我们考虑一个线性、均匀、二阶的微分表示式。为不失一般性，我们假设它具有自伴形式，即

$$L[y]=py''+p'y'-qy. \tag{1}$$

其中 y 为相关函数，p，p' 和 q 为独立变量 x 的连续函数，且 $p\geqslant 0$。撇号表示关于 x 的微分（因此 p' 表示 p 的微商，这是自伴条件）。

现在令 $\rho(x)$ 为 x 的另一个连续函数，它非负，且通常不为零。我们来考虑施图姆和刘维尔问题的本征值②

$$L[y]+E\rho y=0. \tag{2}$$

这个问题首先是要找出所有那些使方程（2）有解 $y(x)$ 的常数 E 值（“本征值”），这些值是连续的，并在某个定义域内不同时为零，且在边界点满足某些“边界条件”；其次是要找出这些解（“本征函数”）本身。在原子力学所处理的情形下，定义域和边界条件总是“自然的”。例如当 x 表示径向矢量的值或内在地为正的抛物线坐标值，且边界条件在这些情形下保持有限时，定义域为从 0 一直到 ∞；或是当 x 表示方位角时，定义域为从 0 到 2π，而此时的边界条件为：在区间端点重复 y 和 y' 的初始值（“周期性边界条件”）。

只有在周期性条件的情形下，对于单个独立变量，才会出现多重的，即二重的本征值。对此我们理解为，几个（在特定情形下是两个）线性独立的本征函数属于相同的本征值。为简单起见，我们现在排除这种情形，因为它很容易与下一

---

① 见前述论文的最后两页。

② 参见 Courant - Hilbert，chap. v. § 5，1，238 页及以下部分。

段所述的发展联系起来。此外，为了简化公式，我们特地不考虑定义域扩展到无穷时出现"带状光谱"(即本征值的连续统)的可能性。

现在令 $y = u_i(x)$，$i = $ i，2，3，… 为施图姆-刘维尔本征函数系；于是函数序列 $u_i(x)\sqrt{\rho(x)}$，$i = 1, 2, 3, \cdots$，构成这一定义域下的完备正交系，即首先，如果 $u_i(x)$ 和 $u_k(x)$ 分别为属于本征值 E_i 和 E_k 的本征函数，则

$$\int \rho(x) u_i(x) u_k(x) \mathrm{d}x = 0 \quad \text{对于 } i \neq k. \tag{3}$$

(在本文中，不定积分均是对整个定义进行的。)上述所谓"完备的"是指我们只需假设一个原初的任意连续函数必与所有的 $u_i(x)\sqrt{\rho(x)}$ 函数正交，故可断定它等同于零。(简言之："该函数系不存在更多的正交函数。")我们可以并总是将一般讨论中的本征函数 $u_i(x)$ 视为"归一化的"，即我们想象存在这样的常数因子，在说明式(2)的均匀性时，其中的每一个依然是任意的，并以这样一种方式来确定：对于 $i = k$，积分(3)取值为1。最后，我们再次提醒读者，式(2)的本征值当然都为实数。

现在，设本征值 E_i 和本征函数 $u_i(x)$ 为已知。从现在起，让我们将注意力主要集中在某个确定的本征值(比如说 E_k)和相应的本征函数 $u_k(x)$ 上，我们要问，当我们仅在式(2)的左边添加一个小的"扰动项"而不作其他改变时，本征值和本征函数会如何变化。设所加的扰动项的初始形式为

$$-\lambda r(x) y. \tag{4}$$

其中 λ 是一小量(扰动参量)，而 $r(x)$ 为 x 的某个任意连续函数。因此这不过是微分表示式(1)中的系数 q 有一微小变动的问题。由引言中提到的本征量的连续性可知，改变后的施图姆-刘维尔问题现在写成

$$L[y] - \lambda r y + E\rho y = 0. \tag{2'}$$

对于 λ 足够小的任何情形，上式在 E_k 和 $u_k(x)$ 的邻域附近都必有本征量，我们可以试着将它们写作

$$E_k^* = E_k + \lambda \varepsilon_k; \quad u_k^* = u_k(x) + \lambda v_k(x). \tag{5}$$

代入方程(2′)，并记住 u_k 满足式(2)。忽略掉 λ^2 项，并截去因子 λ，我们得到

$$L[v_k] + E_k \rho v_k = (r - \varepsilon_k \rho) u_k. \tag{6}$$

对于本征函数的微扰项 v_k 的确定，正如比较式(2)与(6)所表明的，我们由此得出一个非齐次方程，它正好属于我们的未扰动本征函数 u_k 所满足的齐次方程。(因为在式(6)中，特定的本征值 E_k 占据了 E 的位置。)在这个非齐次方程的右

边，除了已知量外，还出现了本征值的未知微扰 ε_k。

ε_k 的出现用作在计算 v_k 之前计算这个量。我们知道，非齐次方程 —— 整个微扰理论的出发点 —— 要对齐次方程的本征值有解，当且仅当其右边与所有联合本征函数正交①(在多重本征值的情形下，与所有联合函数正交)。(对于弦振动，这一数学定理的物理解释是，如果这个力与一个本征振荡发生共振，那么它必定以一种非常特殊的方式分布在整个弦上，即，使得它对该振荡不起作用；否则振幅将增大到超出所有限度，稳态条件不可能成立。)

因此，(6) 式的右边必与 u_k 正交. 即

$$\int(r-\varepsilon_k\rho)u_k^2\mathrm{d}x=0, \tag{7}$$

或

$$\varepsilon_k=\frac{\int ru_k^2\mathrm{d}x}{\int\rho u_x^2\mathrm{d}x}, \tag{7'}$$

或者，如果我们将 u_k 设想成已经归一化了，则表达式更简单：

$$\varepsilon_k=\int ru_k^2\mathrm{d}x. \tag{7''}$$

这一简单公式用微扰函数 $r(x)$ 和未扰动本征函数 $u_k(x)$ 表达了(一阶) 本征值的微扰。如果我们认为问题的本征值表示的是机械能或类似的物理量，并且本征函数 u_k 相当于"以能量 E_k 运动"，那么我们看到，(7″) 式完全类同于经典力学微扰理论中的著名定理，即在一级近似下，能量的微扰等于微扰函数对未扰动运动取平均。(或许可以顺便评论一下，作为一条明智的，或至少是美学上的法则，最好能在对整个定义域取所有积分时将被积函数中的因子 $\rho(x)$ 凸现出来。如果我们要这么做的话，那么在积分(7″) 式中，我们必须用 $r(x)/\rho(x)$ 而不是 $r(x)$ 作为微扰函数，并在表达式(4) 中做出相应的改变。但由于这一点并不十分重要，因此我们仍将坚持用现有符号。)

我们还得从(6) 式来定义 $v_k(x)$ —— 本征函数的微扰。我们通过将 v_k 写成本征函数的级数来解此非齐次方程②，即令

$$v_k(x)=\sum_{i=1}^{\infty}\gamma_{ki}u_i(x), \tag{8}$$

① 参见 Courant - Hilbert，chap. v. § 10，2，p. 277.

② 参见 Courant - Hilbert，chap. v. § 5，1，p. 279.

对上式右边作展开，并除以$\rho(x)$，得到一个类似的本征函数的级数，即

$$\left(\frac{r(x)}{\rho(x)}-\varepsilon_k\right)u_k(x)=\sum_{i=1}^{\infty}c_{ki}u_i(x),\tag{9}$$

其中

$$\begin{cases}c_{ki}=\int(r-\varepsilon_k\rho)u_ku_i\mathrm{d}x\\=\int ru_ku_i\mathrm{d}x\qquad \text{当 } i\neq k \text{ 时}\\=0\qquad \text{当 } i=k \text{ 时.}\end{cases}\tag{10}$$

最后这个等式得自于(7) 式。如果我们将式(8) 和(9) 代入(6) 式，便得到

$$\sum_{i=1}^{\infty}\gamma_{ki}(L[u_i]+E_k\rho u_i)=\sum_{i=1}^{\infty}c_{ki}\rho u_i.\tag{11}$$

由于现在u_i满足$E=E_i$的方程(2)，故有

$$\sum_{i=1}^{\infty}\gamma_{ki}\rho(E_k-E_i)u_i=\sum_{i=1}^{\infty}c_{ki}\rho u_i.\tag{12}$$

令方程两边的系数相等，这样除了γ_{kk}项之外，所有的γ_{ki}都得到确定。从而有

$$\gamma_{ki}=\frac{c_{ki}}{E_k-E_i}=\frac{\int ru_ku_i\mathrm{d}x}{E_k-E_i}\qquad \text{当 } i\neq k \text{ 时},\tag{13}$$

同时，如所理解的那样，γ_{kk}仍是完全不确定的。这种不确定性对应于这样一个事实：对受到微扰的本征函数仍可用归一化的假设。如果我们在式(5) 中应用式(8)，并认为$u_k^*(x)$与$u_k(x)$一样有同样的归一化(忽略λ^2级的量)，那么显然有$\gamma_{kk}=0$。由式(13)，现在我们得到受微扰的本征函数：

$$u_k^*(x)=u_k(x)+\lambda\sum_{i=1}^{\infty}{}'\frac{u_i(x)\int ru_ku_i\mathrm{d}x}{E_k-E_i}.\tag{14}$$

($\sum$上的一撇表示$i=k$的项未计入。) 由上可知，联合微扰的本征值为

$$E_k^*=E_k+\lambda\int ru_k^2\mathrm{d}x.\tag{15}$$

通过代入式(2′)，我们可确信，在所设的近似程度上，式(14) 和(15) 确实满足本征值问题。这种确认是必要的，因为按式(5) 的假定，按微扰参量的整数幂次的展开不一定就是连续性的必然推论。

这里用最简单的例子予以详细解释的这种程序可以按多种方式加以推广。首先，我们当然能以一种十分类似的方式考虑λ的二阶，然后是三阶等的微扰，在

每一种情形下，首先得到本征值的下一级近似，然后是本征函数的相应的近似。在某些情形下，这么做可能是可取的：将微扰函数本身看作是 λ 的幂级数，其各项按离散的台阶一项接一项地起作用 —— 就像在力学的微扰理论中所做的那样。这些问题在赫尔·菲斯(Herr E. Fues) 的工作中有详尽的讨论，这些工作现在已被运用在带状谱理论中。

其次，我们还能够以十分类似的方式将微分算子(1) 中以 y' 表示的微扰项看成我们上面所考虑的项 $-qy$。这个事例很重要，因为塞曼效应无疑就导致这种类型的微扰，尽管那是有几个变量的方程。这个方程因微扰失去了其自伴形式，尽管这在单变量的情形下并非重要的事情，但在偏微分方程中，失去这种自伴形式就可能导致微扰本征值不再是实数，尽管微扰项是实的；当然反过来也成立：一个虚的微扰项可以有实的、物理上有意义的微扰作为其结果。

我们还可以走得更远，来考虑由 y'' 表示的微扰。一般而言，的确可以添加一个任意“无穷小的”线性①、齐次的微分算子，甚至高于二阶的算子，作为微扰项，用以与上述相同的方式来计算微扰。但在这些情形下，我们将运用这样一种优势，即本征函数的二阶和更高阶的微商可以由带零阶或一阶微商的微分方程本身来表示。这样，在某种意义上，这种一般情形就可以简化为两种特殊情形。可考虑的第一种情形是：由 y 和 y' 表示的微扰。

最后，将方程扩展到高于二阶的情形显然是可行的。

然而，最重要的无疑是推广到几个独立的变量的情形，即推广到偏微分方程。因为这才是真正的一般情形下的问题，并且只有在例外的情形下，才可能通过引入适当的变量将受扰动的偏微分方程分离成单独的单变量微分方程。

§2. 几个独立变量(偏微分方程)的情形

我们将在公式中用一个符号 x 来表示几个独立变量，并将多维区域上的积分简写为 $\int dx$(而不是写作 $\int\cdots\int dx_1 dx_2\cdots$)。这种记号方式已通行于积分方程理论，并具有这样一种优势，即公式的结构不随自变量数目的增加而改变，而是基本上只在遇到新的相关事件时才改变。

因此，现在令 $L[y]$ 表示一个自伴的二阶线性偏微分表达式，我们不必规定其显形式。接下来令 $\rho(x)$ 仍为独立变量的正函数，它通常不为零。“自伴性”假

① 甚至“线性”的限定也不是绝对必需的。

设现在变得很重要，因为这一性质现在无法像单变量情形时那样通常经由适当选取的 $f(x)$ 相乘即可获得。但具体到波动力学的微分表示，这种做法依然有效，因为它由变分原理产生。

按照这些定义或约定，我们仍可以将 §1 中的方程 (2)

$$L[y] + E\rho y = 0, \tag{2}$$

看作是多变量情形下的施图姆-刘维尔本征值问题的公式表示。当所有本征值均为单值，且如果我们采用上述简化的符号记法，那么那里所述的关于本征值和本征函数的一切性质，例如正交性、归一化性质等，即那里发展的整个微扰理论 —— 简言之，整个 §1 节 —— 都将保持有效而无任何改变。只有一件事不能保持有效，即它们现在必须是单值的。

不管怎么说，从纯数学的立场看，对于多变量方程，各根之间全都彼比各异被认为是一般情形，而重根则被看作是特殊情形，在说明微分表达式 $L[y]$（及“边界条件”）的特别简单和对称的结构时，它被公认为是应用通则。本征值的多重性对应于条件周期性系统理论的*简并性*，因而量子理论对它特别感兴趣。

对于 $E = E_k$，当方程(2) 有不止1个，而是恰好 α 个线性独立且满足边界条件的解时，我们称本征值 E_k 是 α 重的。我们将其记为

$$u_{k_1},\ u_{k_2},\ \cdots,\ u_{k_\alpha}. \tag{16}$$

因此，这 α 个本征函数中每一个都与属于另一个本征值的其他本征函数中的每一个正交（因子 $\rho(x)$ 被包括在内，参见式(3)）。相反，如果我们仅仅假设这 α 个函数是关于 E_k 的 α 个线性独立的本征函数，那么它们彼此之间通常不是正交的。鉴于此，我们可以用由它们本身构成的 α 个任意的、线性独立的（具有常系数的）线性组合来同等地取代它们。由此我们可以用其他形式来表示它们。就具有常系数、且有非零的行列式的线性变换而言，函数序列(16) 最初是*无限的*，这种变换通常*破坏*了相互正交性。

但通过这种变换，这种相互正交性总能产生，而且是以无穷数目的方式；后一种性质源自于正交变换并不破坏相互正交性。现在我们通常习惯于在归一化时就将这一点简单地包含在内，由此对所有本征函数，甚至对那些属于同一本征值的本征函数，其正交性得到保证。我们假定，我们的 u_{ki} 已经是按这种方式归一化，并且当然是对于每一个本征值而言。于是我们必定有

$$\int \rho(x) u_{ki}(x) u_{k'i'}(x)\,\mathrm{d}x = \begin{cases} 0 & \text{当}(k,\ i) \neq (k',\ i')\ \text{时} \\ 1 & \text{当}\ k' = k\ \text{且}\ i' = i\ \text{时}. \end{cases} \tag{17}$$

这个由常数 k 和变量 i 得到的本征函数 u_{ki} 的有限序列的每一项将只是不确定到这种程度，即它从属于一个正交变换。

现在，我们先用文字而不是用公式来讨论，当一个微扰项被添加到微分方程(2) 后会带来什么结果。一般来说，微扰项的添加会消除上面提及的微分方程的对称性，本征值(或其中一些) 的多重性正是起因于这种对称性。但由于本征值和本征函数连续地依赖于微分方程的系数，因此一个小的微扰会导致 E_k 值附近的一组 α 个彼此相近的本征值取代 α 重本征值 E_k。后者因此劈裂。当然，如果对称性并没有完全被微扰破坏，那么这种劈裂就可以是不完全的，原来 E_k 的位置上仍将有几个相等的本征值(仍存在部分多重性，“简并只是部分去除”)。

至于受扰动的本征函数，其中那些属于来自 E_k 的 α 个本征值的成员，同样由于连续性，显然仍将处于无限接近属于 E_k 的未扰动函数的位置，即 $u_{ki}(i = 1, 2, 3, \cdots, \alpha)$。但我们必须记住，刚提到的函数序列，正如我们前面已建立的那样，就任意正交变换而言，是无限的。这无穷多个函数中的一个 —— 它可以是函数序列 $u_{ki}(i = 1, 2, 3, \cdots, \alpha)$—— 将无穷接近于这个受扰动函数序列；并且如果值 E_k 完全劈裂，那么它将是非常确定的一个。因为对于离散的简单本征值来说，这些值可能都是劈裂产生的，所属的本征函数都是唯一确定的。

这种对于未扰动本征函数的独特的特殊规定(或许可以恰当地称其为受扰动函数的“零阶近似”)，它取决于微扰的本性，通常自然与我们在开始时偶然采用的未扰动函数的定义不一致。后者的每一组 —— 属于确定的 α 重本征值 E_k—— 得先经过由这种类型扰动所定义的正交代换，然后才能用作受扰动本征函数的更严格定义的出发点，即“零阶近似”。这些正交代换 —— 每个多重本征值对应一个 —— 的确定是唯一本质上的新颖之处。这种新颖性源自变量数目的增加，或源自多重本征值的出现。这些代换的确定与条件周期性系统理论中扰动运动要寻找的近似的离散系统正好构成对等。正如我们马上就会看到的，这些代换的确定总是可以用一种理论上简单的方式来给出。对于每一个 α 重本征值，它仅要求 α 个(即有限数目的) 变量的二次型的对角元素变换。

一旦实现了这种代换，一阶近似计算就几乎是逐字逐句地重复 §1 中的陈述。唯一不同的是，方程(14) 中 $\sum$ 上的撇号现在是指，在所有属于本征值 E_k 的本征函数的求和中，所有其分母为零的项都必须舍去。顺便指出，在一阶近似计算时，完全没必要对所有多重本征值完成正交代换，而只要对本征值 E_k 这么做就足够了，我们感兴趣的是它的劈裂。至于高阶近似，我们当然也需要。但考虑到所有其他方面，这些高阶近似计算从一开始就可以像对简单本征值那样进行。

当然，正如前述，无论是一般性近似还是在近似的初始阶段，本征值 E_k 都有可能劈裂得不完全，因此仍留有多重性（“简并”）。这一点从下述事实就可以看出来：对于经常提及的代换，仍有某种不确定性，它要么一直存在，要么在随后的近似中被一步步地去除。

现在我们用公式来表示上述这些想法。像在 §1 进行的那样，考虑由式(4)引起的微扰

$$-\lambda r(x)\,y, \tag{4}$$

即我们将该本征值问题想象成属于式(2) 要解决的范畴，现在来考虑其严格对应的问题(2′)：

$$L[y]-\lambda r(x)y+E\rho y=0. \tag{2′}$$

我们再次将注意力集中到某个确定的本征值 E_k 上。令式(16) 为一个属于 E_k 的本征函数系，并假设它（在上述意义上）是归一化且彼此正交的，但在所解释的意义上尚不满足具体微扰，因为要找出这种满足所述微扰的代换正是我们现在的主要任务！为了替代 § 1 中的(5) 式，现在我们必须提出下述形式的微扰量

$$E_{kl}^{*}=E_k+\lambda\varepsilon_l;\ u_{kl}^{*}(x)=\sum_{i=1}^{\alpha}\kappa_{li}u_{ki}(x)+\lambda v_l(x)\qquad (l=1,\ 2,\ 3\cdots\alpha), \tag{18}$$

其中 $v_l(x)$ 是函数，ε_l 和 κ_{li} 是待定常数，我们开始时并不对其加以限定，尽管我们知道系数 κ_{li} 系统必然①构成一个正交代换。指标 k 原本是指量的 3 种类型，以便表明整个讨论指向未扰问题的第 k 个本征值。我们之所以没有这么做，是为了避免指标令人糊涂的累加。因此在下面的整个讨论中，指标 k 被设定为固定的，直到相反的情形得到说明为止。

让我们给式(18) 中的指标 l 指定一个确定的值，由此选出一个受扰动本征函数和本征值，同时我们将式(18) 代入微分方程(2′)，并按 λ 的幂次排列。这样，如同 §1 的情形，不依赖于 λ 的项消失了，因为根据假设，未受扰的本征量满足方程(2)。只有包含 λ 的一次幂的项被保留下来，因为我们可以删去其余项。略去因子 λ，得到

① 由一般性理论可知，如果微扰完全去除了简并，受扰动函数系 $u_{kl}^{*}(x)$ 必为正交的，因此可预设其为正交，尽管情形并非如此。

$$L[v_1] + E_k\rho v_l = \sum_{i=1}^{\alpha} \kappa_{li}(r - \varepsilon_l\rho)u_{ki}, \tag{19}$$

由此，我们再次就本征函数的微扰项 v_l的确定得到一个非齐次方程，它对应于带特定值 $E = E_k$ 的非齐次方程(2)，即函数集 $u_{ki}(i = 1, 2, 3, \cdots, \alpha)$ 所满足的方程。方程(19) 左边的形式独立于指标 l。

待定常数 ε_l 和 κ_{li} 出现在方程右边，我们甚至能在计算 v_l 之前就估算出它们。为使方程(19) 有一个解，其充分必要条件就是其右边应当与属于 E_k 的齐次方程(2) 的所有本征函数正交。因此，我们必然有

$$\sum_{i=1}^{\alpha} \kappa_{li}\int(r - \varepsilon_l\rho)u_{ki}u_{km}\mathrm{d}x = 0 \quad (m = 1, 2, 3, \cdots, \alpha), \tag{20}$$

考虑到归一化式(17)：

$$\kappa_{lm}\varepsilon_l = \sum_{i=1}^{\alpha} \kappa_{li}\int r u_{ki}u_{km}\mathrm{d}x \quad (m = 1, 2, 3, \cdots, \alpha). \tag{21}$$

如果我们简写常数的对称阵，那么它可由求积分计算出来：

$$\int r u_{ki}u_{km}\mathrm{d}x = \varepsilon_{im} \quad (i, m = 1, 2, 3, \cdots, \alpha), \tag{22}$$

于是我们有

$$\kappa_{lm}\varepsilon_l = \sum_{i=1}^{\alpha} \kappa_{li}\varepsilon_{mi} \quad (m = 1, 2, 3, \cdots, \alpha) \tag{21'}$$

并从中得到计算这 α 个常数 $\kappa_{lm}(m = 1, 2, \cdots, \alpha)$ 的 α 个线性齐次方程构成的方程组，式中本征值的微扰 ε_l 仍将出现在常数中，并且其本身是未知的。但是这个方程组允许我们在计算 κ_{lm} 之前就用于计算 ε_l。我们知道，线性齐次方程组(21′)要有解，当且仅当其行列式为零。由此得到下述关于 ε_l 的 α 阶代数方程：

$$\begin{vmatrix} \varepsilon_{11} - \varepsilon_l, & \varepsilon_{12}, & \cdots\varepsilon_{1\alpha} \\ \varepsilon_{21}, & \varepsilon_{22} - \varepsilon_l, & \cdots\varepsilon_{21} \\ \cdots\cdots & \cdots\cdots & \cdots\cdots \\ \cdots\cdots & \cdots\cdots & \cdots\cdots \\ \varepsilon_{\alpha1}, & \varepsilon_{\alpha2}, & \cdots\varepsilon_{\alpha\alpha} - \varepsilon_l \end{vmatrix} = 0. \tag{23}$$

我们看到，这个问题与系数为 ε_{mi} 的 α 个变量的二次型到其对角阵的变换式完全等价。“特征方程”(23) 给出 ε_l 的 α 个根，“对角元平方的倒数”通常是不同的，并且考虑到 ε_{mi} 的对称性，它总是实的。由此我们同时得到全部 α 个本征值的微扰($l=1, 2, \cdots, \alpha$)，并且导出 α 重本征值严格劈裂成 α 个简单值，通常它们是不同的，即使我们并没有假设这一点，它也是十分显然的。对这 ε_l 个中的每一个，式(21′) 给出一组值 κ_{li}($i=1, 2, \cdots, \alpha$)，并且如所知道的那样，只要所有的 ε_l 都彼此不同，那么这样的一组值就只有这一组(一般常数因子除外)。此外，我们还知道，由 α^2 个系数 κ_{li} 组成的整个数组构成一个系数正交系，如通常所知，在主轴问题上，它定义了新坐标轴相对于旧坐标轴的方向。我们可以用前面提到的不确定因子来使 κ_{li} 完全归一化，使之成为“方向余弦”，而且容易看出，由式(18) 知，这使得受扰动本征函数 $u_{ki}^*(x)$ 再次归一化，至少在“零级近似”下(即 λ 项除外) 是这样。

如果方程(23) 有重根，那么就会存在前述的微扰没完全去除简并的情形。这时受扰动方程也就有多重本征值，常数 κ_{li} 的确定变得有部分是任意的。其后果不外是(多重本征值的情形总是如此)，我们必须并且可以默许，甚至在微扰实施之后，本征函数系在许多方面仍是任意的。

利用这种到主对角元的变换，我们的主要任务已经完成；我们经常会发现，它在应用于量子理论时足以确定本征值到一级近似，确定本征函数到零级近似。常数 k_{li} 和 ε_{li} 的计算不可能总是能实施，因为它依赖于 α 阶代数方程的解。但即使在最坏情形下，也还总有一些方法①，通过合理的处理来给出任何所需近似下的估算结果，因此我们可将这些常数看成是已知的。出于完备性考虑，下面给出本征函数近似到一级的计算。其做法完全同 § 1。

我们必须求解方程(19)，为此，我们将 v_l 写成关于式(2) 的整个本征函数集的级数：

$$v_1(x)=\sum_{(k'i')}\gamma_{l,k'i'}u_{k'i'}(x). \tag{24}$$

其中 k' 的求和范围是从 0 到 ∞；对每一个固定的 k'，i' 的变化范围是属于 $E_{k'}$ 的本征函数的有限数目。(现在，我们开始考虑那些不属于我们一直关注的 α 重本征值 E_k 的本征函数。) 接下来，我们将方程(19) 的右边各项除以 $\rho(x)$，并展开成关于整个本征函数集的级数形式，

① Courant-Hilbert, chap. i. § 3.3, p. 14.

$$\sum_{i=1}^{\alpha}\kappa_{li}\left(\frac{r}{\rho}-\varepsilon_l\right)u_{ki}=\sum_{(k'i')}c_{l,ki'}u_{k'i'}, \tag{25}$$

其中

$$\begin{cases} c_{l,k'i'} = \sum_{i=1}^{\alpha}\kappa_{li}\int(r-\varepsilon_l\rho)u_{ki}u_{k'i'}\mathrm{d}x \\ \quad = \sum_{i=1}^{\alpha}\kappa_{li}\int ru_{ki}u_{k'i'}\mathrm{d}x \quad \text{对于 } k'\neq k \\ \quad = 0 \quad \text{对于 } k'=k \end{cases} \tag{26}$$

(后面的两个等式分别得自式(17) 和(20)。) 将式(24) 和(25) 代入式(19), 我们得到

$$\sum_{(k'i')}\gamma_{l,k'i'}(L[u_{k'i'}]+E_k\rho u_{k'i'})=\sum_{(k'i')}c_{l,k'i'}\rho u_{k'i'}. \tag{27}$$

由于 $u_{k'i'}$ 满足 $E=E_k$ 的式(2), 由此给出

$$\sum_{(k'i')}\gamma_{l,k'i'}\rho(E_k-E_{k'})u_{k'i'}=\sum_{(k'i')}c_{l,k'i'}\rho u_{k'i'}. \tag{28}$$

令等式左右两边的系数相等, 这样, 除了那些 $k'=k$ 的项之外, 所有的 $\gamma_{l,\ k'i'}$ 都得到确定。因此

$$\gamma_{l,k'i'}=\frac{c_{l,k'i'}}{E_k-E_{k'}}=\frac{1}{E_k-E_{k'}}\sum_{i-1}^{\alpha}\kappa_{li}\int ru_{ki}u_{k'i'}\mathrm{d}x \quad (\text{对于 } k'\neq k). \tag{29}$$

而那些 $k'=k$ 的 γ 项当然无法由式(19) 确定。这再次应验了这样一个事实: 我们只能在零级近似下对式(18) 的受扰动函数 u_{kl}^* 做临时性归一化(通过 κ_{li} 的归一化)。这让我们再次意识到, 必须令所有的 γ 量为零, 以便使 u_{kl}^* 甚至能在一阶近似下归一化。通过将式(29) 代入式(24), 然后将式(24) 代入式(18), 我们终于得到受扰动本征函数的一阶近似:

$$u_{kl}^*(x)=\sum_{i=1}^{\alpha}\kappa_{li}\left(u_{ki}(x)+\lambda\sum_{(k'i')}{}'\frac{u_{k'i'(x)}}{E_k-E_{k'}}\int ru_{ki'}u_{k'i'}\mathrm{d}x\right) \tag{30}$$
$$(l=1,\ 2,\ \cdots,\ \alpha).$$

第二个 $\sum$ 上的撇号表示所有 $k'=k$ 的项都被忽略。在这公式的应用中, 对于任意的 k, 可看到 κ_{li} 仍然依赖于指标 k, 如同我们前面专门讨论过的本征值 E_k 的多重性 α 一样, 尽管这一点没在符号上表现出来。我们在此重申一下, κ_{li} 的计算由方程(21′) 的解系给出, 其归一化由平方和等于 1 给出, 其中方程的系数由式(22) 给出。对于方程(21′) 中的量 l, 可取式(23) 的一个根。这个根给出联合微扰的

本征值，这由

$$E_{kl}^{*} = E_k + \lambda \varepsilon_l. \tag{31}$$

可知。公式(30) 和(31) 是 §1 中式(14) 和(15) 的推广。

无须多言，在 §1 的节末提到的扩展和推广在这里当然也有效。但费力进行这些一般化的推广很难说是值得的。如果我们不是运用现成的公式，而是直接运用简单的基本原理 —— 这些原理在本文中已得到解释，或许解释得过于详细 —— 那么我们在任何特例中都将取得成功。我只想简单考虑一下我已在 §1 的节末提到的那种可能性，即如果微扰项中也包含了未知函数的微商，那么式(2) 或许会失去(并且在多变量的情形下已经不可挽回地失去了) 其自伴性。由一般性定理我们知道，这样的话，微扰方程的本征值就不必再是实的。我们可以进一步说明这一点。通过本小节的展开，我们很容易看出，当微扰项包含微商时，行列式(23) 的元素就不再是对称的了。众所周知，在这种情形下，方程(23) 的根不再要求为实数。

为了取得本征值或本征函数的一级或零级近似，需要将某个函数展开为本征函数的级数，这种做法会变得非常不方便，或至少是在诸如扩展谱与点谱并存，或是点谱在有限距离上有极限点(累积点) 的情形下，使计算变得相当复杂。而这正是量子理论中出现的情形。幸运的是，就微扰理论的目的而言，这样做常常(也许总是) 是可能的，那就是摆脱这种通常非常麻烦的扩展谱，从这样一种方程 —— 它不具有这种谱，其本征值在有限值附近不累积，而是随指数增长超越任何极限 —— 出发，来发展微扰理论。下一节我们将接触到这样的一个例子。当然，这种简化只有在我们对扩展谱的本征值不感兴趣时才是可能的。

第二节　对斯塔克效应的应用

§3. 运用类似于爱泼斯坦的方法进行频率计算

如果我们将势能 $+ eFz$ 添加到系列论文第一部分描述开普勒问题的波动方程(5) 上，这相当于在电荷为 e 的负电性的电子上施加一个沿正 z 方向、场强为 F 的电场，由此我们得到下述关于氢原子的斯塔克效应的波动方程：

$$\nabla^2 \psi + \frac{8\pi^2 m}{h^2}\left(E + \frac{e^2}{r} - eFz\right)\psi = 0, \tag{32}$$

它构成本文余下部分的基础。在 §5 中，我们将 §2 中给出的一般微扰理论直接应用到这一偏微分方程上。但现在，我们将通过引入空间抛物线坐标架 λ_1，λ_2，ϕ 来减轻我们的任务。坐标变换见下述方程：

$$\begin{cases} x = \sqrt[+]{\lambda_1\lambda_2}\cos\phi \\ y = \sqrt[+]{\lambda_1\lambda_2}\sin\phi \\ z = \frac{1}{2}(\lambda_1 - \lambda_2) \end{cases} \tag{33}$$

λ_1 和 λ_2 的取值范围从 0 到无穷远；对应的坐标曲面为两组缠绕的共焦抛物面，它们以原点为焦点，正的(λ_2) 和负的(λ_1)z 轴分别作为轴线。ϕ 的取值范围从 0 到 2π，所属的坐标面为 z 轴所限定的半个平面的集合。坐标的关系是唯一的。对于函数行列式，我们有

$$\frac{\partial(x,\ y,\ z)}{\partial(\lambda_1,\ \lambda_2,\ \phi)} = \frac{1}{4}(\lambda_1 + \lambda_2). \tag{34}$$

空间体积元因此为

$$\mathrm{d}x\mathrm{d}y\mathrm{d}z = \frac{1}{4}(\lambda_1 + \lambda_2)\mathrm{d}\lambda_1\mathrm{d}\lambda_2\mathrm{d}\phi. \tag{35}$$

作为式(33) 的结果，我们注意到

$$x^2 + y^2 = \lambda_1\lambda_2;\ r^2 = x^2 + y^2 + z^2 = \left\{\frac{1}{2}(\lambda_1 + \lambda_2)\right\}^2. \tag{36}$$

如果我们乘以式(34)①(以恢复自伴形式)，那么在所选择的坐标架下，式(32) 的表达式变为

$$\begin{aligned} &\frac{\partial}{\partial\lambda_1}\left(\lambda_1\frac{\partial\psi}{\partial\lambda_1}\right) + \frac{\partial}{\partial\lambda_2}\left(\lambda_2\frac{\partial\psi}{\partial\lambda_2}\right) + \frac{1}{4}\left(\frac{1}{\lambda_1} + \frac{1}{\lambda_2}\right)\frac{\partial^2\psi}{\partial\phi^2} \\ &+ \frac{2\pi^2 m}{h^2}\left[E(\lambda_1 + \lambda_2) + 2e^2 - \frac{1}{2}eF(\lambda_1^2 - \lambda_2^2)\right]\psi = 0. \end{aligned} \tag{32'}$$

这里我们可以再次将函数 ψ 取为 3 个函数的乘积(这是解线性偏微分方程的所有

① 就所涉分析的实际细节而言，得到式(32′) 的最简单的方式，或更一般地，得到任何特定坐标架下波动方程的最简单的方式，变换的不是波动方程本身，而是相应的变分问题(参见论文第一部分，第 12 页)，并由此重新得到作为欧拉变分问题的波动方程。这样，我们就免去了对二阶导数进行估计的麻烦。参见 Courant - Hilbert，chap. iv. §7，p. 103.

“方法”的缘由)，因此有

$$\psi = \Lambda_1 \Lambda_2 \Phi, \tag{37}$$

其中的每一个函数都仅依赖于一个坐标。对于这些函数，我们得到常微分方程：

$$\begin{cases} \dfrac{\partial^2 \Phi}{\partial \phi^2} = - n^2 \Phi, \\ \dfrac{\partial}{\partial \lambda_1}\left(\lambda_1 \dfrac{\partial \Lambda_1}{\partial \lambda_1}\right) + \dfrac{2\pi^2 m}{h^2}\left(-\dfrac{1}{2}eF\lambda_1^2 + E\lambda_1 + e^2 - \beta - \dfrac{n^2 h^2}{8\pi^2 m}\dfrac{1}{\lambda_1}\right)\Lambda_1 = 0, \\ \dfrac{\partial}{\partial \lambda_2}\left(\lambda_2 \dfrac{\partial \Lambda_2}{\partial \lambda_2}\right) + \dfrac{2\pi^2 m}{h^2}\left(\dfrac{1}{2}eF\lambda_2^2 + E\lambda_2 + e^2 + \beta - \dfrac{n^2 h^2}{8\pi^2 m}\dfrac{1}{\lambda_2}\right)\Lambda_2 = 0, \end{cases} \tag{38}$$

其中n和β为(除E之外的)两个有待确定的“类本征值”积分常数。通过对其中第一个的正负号的选择，我们来考虑到这样一个事实：如果Φ和$\partial\Phi/\partial\phi$均为方位角$\phi$的连续单值函数，那么方程(38)中的第一式要求$n$取整数值。于是我们有

$$\Phi = \begin{matrix}\sin \\ \cos\end{matrix} n\phi \tag{39}$$

如果我们不考虑负的n值，那么上式显然是充分的。因此

$$n = 0, 1, 2, 3, \cdots \tag{40}$$

在考虑第二个常数β的正负号时，我们遵循索末菲的做法(*Atmbau*, 4th edit., p. 821)以便容易比较。(类似地，下面采用A，B，C，D。)我们将式(38)的后两个方程一并处理后，其形式为

$$\frac{\partial}{\partial \xi}\left(\xi \frac{\partial \Lambda}{\partial \xi}\right) + \left(D\xi^2 + A\xi + 2B + \frac{C}{\xi}\right)\Lambda = 0, \tag{41}$$

其中

$$\left.\begin{matrix}D_1 \\ D_2\end{matrix}\right\} = \mp \frac{\pi^2 meF}{h^2},\ A = \frac{2\pi^2 mE}{h^2},\ \left.\begin{matrix}B_1 \\ B_2\end{matrix}\right\} = \frac{\pi^2 m}{h^2}(e^2 \mp \beta),\ C = -\frac{n^2}{4}, \tag{42}$$

正负号中上面的符号适用于$\Lambda = \Lambda_1$，$\xi = \lambda_1$；下面的符号适用于$\Lambda = \Lambda_2$，$\xi = \lambda_2$。(不幸的是，我们不得不用ξ来取代更为合适的λ，以免与§1和§2中一般理论中的微扰参量λ相混淆。)

如果我们一开始就忽略掉式(41)中的斯塔克效应项$D\xi^2$，将其视为微扰项(零场强时的极限情形)，那么这个方程就与论文第一部分中的方程(7)有同样的一般结构，定义域也一样，从0到∞。讨论也几乎一样，逐句复述，并且同样给出非零解，这个解与其导数一样是连续的，并在取值范围内保持有限，其存在当

且仅当要么 $A>0$(扩展谱，对应于双曲轨道)，要么

$$\frac{B}{\underset{+}{\sqrt{-A}}}-\underset{+}{\sqrt{-C}}=k+\frac{1}{2};\ k=0,\ 1,\ 2,\ \cdots \tag{43}$$

如果我们将此应用于方程(38)的最后两式，并且用下标 1 和 2 来区分两个 k 值，则得到

$$\begin{cases}\underset{+}{\sqrt{-A}}\left(k_1+\frac{1}{2}+\underset{+}{\sqrt{-C}}\right)=B_1\\ \underset{+}{\sqrt{-A}}\left(k_2+\frac{1}{2}+\underset{+}{\sqrt{-C}}\right)=B_2.\end{cases} \tag{44}$$

通过加和、平方并由式(42)，我们发现

$$A=-\frac{4\pi^4 m^2 e^4}{h^4 l^2}\quad 和\quad E=-\frac{2\pi^2 m e^4}{h^2 l^2}. \tag{45}$$

这便是著名的巴耳末-玻尔椭圆能级，其中 l 作为主量子数出现

$$l=k_1+k_2+n+1. \tag{46}$$

我们用一种较为简单的方式得到了离散谱项及联合本征函数。如果按下述方法应用数学文献中的已知结果来求解该问题，那么我们得先按式(41)对应变量 λ 作变换，为此设

$$\Lambda=\xi^{\frac{n}{2}}u, \tag{47}$$

然后对自变量 ξ 设

$$2\xi\sqrt{-A}=\eta. \tag{48}$$

我们将 u 作为 η 的函数，于是有方程

$$\frac{\mathrm{d}^2u}{\mathrm{d}\eta^2}+\frac{n+1}{\eta}\frac{\mathrm{d}u}{\mathrm{d}\eta}+\left(\frac{D}{(2\underset{+}{\sqrt{-A}})^3}\eta-\frac{1}{4}+\frac{B}{\underset{+}{\sqrt{-A}}}\frac{1}{\eta}\right)u=0. \tag{41'}$$

这个方程与拉盖尔多项式有着非常密切的联系。在数学附录中，我们将表明，$e^{-x/2}$ 与$(n+k)$次拉盖尔多项式的第 n 阶导数的乘积满足下述微分方程

$$y''+\frac{n+1}{x}y'+\left(-\frac{1}{4}+\left(k+\frac{n+1}{2}\right)\frac{1}{x}\right)y=0, \tag{103}$$

并且，对固定的 n，当 k 取所有非负整数时，所涉函数构成上述方程的本征函数的完备系。由此得出，对于 D 为零的情形，方程(41′)有如下本征函数：

$$u_k(\eta)=e^{-\frac{\eta}{2}}L_{n+k}^{n}(\eta), \tag{49}$$

并且其本征值为

$$\frac{B}{\underset{+}{\sqrt{-A}}}=\frac{n+1}{2}+k\quad(k=0,\ 1,\ 2,\ \cdots)\tag{50}$$

且无它值！（见数学附录，它涉及到变换(48)引起的扩展谱的明显去除；这种去除使得微扰理论的发展变得非常容易。）

现在我们必须从 §1 的一般理论出发来计算本征值式(50)的微扰。这个微扰由包括式(41′)中的含 D 的项所引起。如果我们将该项乘以 η^{n+1}，那么方程将变成自伴的。这样，一般理论的密度函数 $\rho(x)$ 变成 η^{n}。作为微扰，函数 $r(x)$ 变成

$$-\frac{D}{2(\underset{+}{\sqrt{-A}})^{3}}\eta^{n+2}.\tag{51}$$

（我们形式上令微扰参量 $\lambda=1$；如果我们愿意，我们可以令它等于 D 或 F。）现在，对于第 k 级本征值的微扰，公式(7′)给出

$$\varepsilon_{k}=-\frac{D}{(2\underset{+}{\sqrt{-A}})^{3}}\frac{\int_{0}^{\infty}\eta^{n+2}e^{-\eta}[L_{n+k}^{n}(\eta)]^{2}\mathrm{d}\eta}{\int_{0}^{\infty}\eta^{n}e^{-\eta}[L_{n+k}^{n}(\eta)]^{2}\mathrm{d}\eta}.\tag{52}$$

对于分母中的积分，它仅用于归一化，附录中公式(115)给出值

$$\frac{[(n+k)!]^{3}}{k!},\tag{53}$$

而分子中的积分给出的值为

$$\frac{[(n+k)!]^{3}}{k!}(n^{2}+6nk+6k^{2}+6k+3n+2).\tag{54}$$

结果有

$$\varepsilon_{k}=-\frac{D}{(2\underset{+}{\sqrt{-A}})^{2}}(n^{2}+6nk+6k^{2}+6k+3n+2).\tag{55}$$

式(41′)中第 k 级受扰本征值的条件，以及因此对于原初式(41)的第 k 级离散本征值，要求

$$\frac{B}{\underset{+}{\sqrt{-A}}}=\frac{n+1}{2}+k+\varepsilon_{k}\tag{56}$$

（为简洁起见，同时保留了 ε_{k}）。

这个结果被两次用于式(38)的后两个方程，即通过代入常数A，B，C，D数值的两个方程组(42)使然。可以看出，n在两种情形下是相同的数，而两个k值则如上所述由角标 1 和 2 得以区分。首先我们有

$$\begin{cases}\dfrac{B_1}{\underset{+}{\sqrt{-A}}}=\dfrac{n+1}{2}+k_1+\varepsilon_{k_1}\\[2ex] \dfrac{B_2}{\underset{+}{\sqrt{-A}}}=\dfrac{n+1}{2}+k_2+\varepsilon_{k_2},\end{cases}\tag{57}$$

据此有

$$A=-\frac{(B_1+B_2)^2}{(l+\varepsilon_{k_1}+\varepsilon_{k_2})^2}\tag{58}$$

(对主量子数式(46)应用了缩并)。为求近似，我们对小量ε_k做展开，得到

$$A=-\frac{(B_1+B_2)^2}{l^2}\left[1-\frac{2}{l}(\varepsilon_{k_1}+\varepsilon_{k_2})\right].\tag{59}$$

在计算这些小量时，我们可以用式(45)的A的近似值代入式(55)中。这样，我们由式(42)得到两个D值，

$$\begin{cases}\varepsilon_{k_1}=+\dfrac{Fh^4l^3}{64\pi^4m^2e^5}(n^2+6nk_1+6k_1^2+6k_1+3n+2)\\[2ex] \varepsilon_{k_2}=-\dfrac{Fh^4l^3}{64\pi^4m^2e^5}(n^2+6nk_2+6k_2^2+6k_2+3n+2).\end{cases}\tag{60}$$

此外，经过简单化简后，有

$$\varepsilon_{k_1}+\varepsilon_{k_2}=\frac{3Fh^4l^4(k_1-k_2)}{32\pi^4m^2e^5}.\tag{61}$$

如果我们将这一结果和式(42)给出的A，B_1和B_2代入式(59)，化简后得到

$$E=-\frac{2\pi^2me^4}{h^2l^2}-\frac{3}{8}\frac{h^2Fl(k_2-k_1)}{\pi^2me}.\tag{62}$$

这是我们的临时结果。它就是著名的爱泼斯坦关于氢原子光谱的斯塔克效应项的求值公式。

k_1和k_2完全对应于抛物线量子数，它们可以取值为零。同样，整数n，显然相当于赤道量子数，由式(40)看出，它也可以取值为零。但由式(46)可知，这 3 个数的和必须加上 1 才能给出主量子数。因此是$(n+1)$而不是n对应于赤道量

子数。数值 0 对于后者被波动力学自动排除，正如同被海森伯力学①所排除一样。完全不存在本征函数，即不存在振动态，它相当于这样一种子午轨道。这个重要且令人满意的情形在本论文第一部分计及常数时，以及其后在第一部分第 2 节，通过不存在对应于穿核轨道的振动态而与角量子数联系起来时，就已显露出来。但它的全部意义，只有通过刚才引用的两位作者的评述我才完全弄明白。

为以后应用考虑，我们在此对"零级近似"下的式(32)或(32′)的本征函数系作一说明。这个本征函数系属于本征值(62)式。它的取得来自式(37)、结论(39)和(49)、对变换(47)和(48)的考虑，以及对 A 的近似值(45)式的考虑。为简明计，我们称 a_0 为"氢的第一轨道半径"。于是我们得到

$$\frac{1}{2l\sqrt{-A}}=\frac{h^2}{4\pi^2me^2}=a_0. \tag{63}$$

而本征函数(尚未归一化！)则为

$$\psi nk_1k_2=\lambda_1^{\frac{n}{2}}\lambda_2^{\frac{n}{2}}e^{-\frac{\lambda_1+\lambda_2}{2la_0}}L_{n+k_1}^{n}\left(\frac{\lambda_1}{la_0}\right)L_{n+k_2}^{n}\left(\frac{\lambda_2}{la_0}\right)\begin{matrix}\sin\\ \cos\end{matrix}n\phi. \tag{64}$$

它们属于本征值(62)，其中 l 的意义由式(46)给出。对于三元组 n，k_1 和 k_2 的每一个非负整数，依据 $n>0$ 或是 $n=0$，属于(按双重符号 $\begin{matrix}\sin\\ \cos\end{matrix}$)两个或是一个本征函数。

§4. 尝试计算斯塔克效应模式的强度和偏振

我最近已证明②，从本征函数出发，通过微分和积分，我们可以计算这样的矩阵元，它们在海森伯力学中与关于广义位置坐标和广义动量坐标的函数相关联。例如，对于第$(r\,r')$项矩阵元；按照海森伯理论，它属于广义坐标 q 本身，我们有

$$q^{rr'}=\int q\rho(x)\psi_r(x)\psi_{r'}(x)\,\mathrm{d}x\cdot\left\{\int\rho(x)[\psi_r(x)]^2\mathrm{d}x\cdot\int\rho(x)[\psi_{r'}(x)]^2\mathrm{d}x\right\}^{-\frac{1}{2}}. \tag{65}$$

这里，对于我们的情形，每一个离散指标代表一个三元组 n，k_1 和 k_2，此外 x 代表 3 个坐标 r，θ 和 ϕ。$\rho(x)$ 是密度函数。(我们可以将自伴方程(32′)与一般形

---

① W. Pauli, jun., *Ztschr. f. Phys.* **36**, p. 336, 1926; N. Bohr, *Die Nature*. 1, 1926.

② 本文集后续文章。

式(2) 作比较。) 式(65) 中的“分母”(……)$^{-1/2}$ 必须放入，因为我们的函数系(64) 尚未归一化。

现在，按照海森伯①，如果 q 表示笛卡儿直角坐标，那么矩阵元(65) 的平方就是对从第 r 个状态到第 r' 状态的“跃迁概率” 的量度，或者更准确地说，是对受该跃迁约束，沿 q 方向偏振的辐射强度的量度。从这一点出发，我在上一篇论文中证明，如果我们对于“力学场标量”ψ 的电动力学意义作某种简单的假定，那么所讨论的矩阵元就可以在波动力学中得到一种非常简单的物理解释，即实际上：它是原子的周期性振荡的电矩振幅的分量。“分量” 一词在这里有双重意义：(1)q 方向上的分量，即在所讨论的空间方向上的分量；(2) 在时间上以辐射光频率 $|E_r - E_{r'}|/h$ 作正弦变化的只有这一空间分量。(这是一个傅里叶分析的问题：不是以谐振频率的方式，而是以实际辐射频率。) 然而，波动力学的概念不是从一个振动状态突然跃迁到另一种振动状态，而是*部分动量* —— 正如我将简单提及的 —— 从同时存在的两种本征振荡中凸现出来，其持续时间与二者同时被激发的持续时间一样长。

此外，上面所确认的 $q^{rr'}$ 与部分动量成正比这一事实由此得以更精确的表达。例如，$q^{rr'}$ 对 $q^{rr''}$ 的比值等于当本征函数 ψ_r 与 $\psi_{r'}$ 及 $\psi_{r''}$ 受激时产生的部分动量的比值，第一项具有*任意强度*，而后两项的强度*彼此相等*，即相当于归一化。要计算强度比，q 的商首先必须平方，然后乘以辐射频率的四次幂。但后者与斯塔克效应分量的强度比毫无关系，因为在这里，我们只是比较有实际同样频率的谱线强度。

已知的斯塔克效应各分量的*选择定则和偏振法则*几乎无须计算就可以分别从式(65) 的分子的积分和式(64) 中的本征函数的形式上获得。它们来自对 ϕ 的等于零或不等于零的积分。通过用式(33) 中的 z 来取代式(65) 中的 q，我们得到电矢量振动方向平行于外场的分量，即 z 方向的分量。z 的表达式，即 $\left(\frac{1}{2}\lambda_1 - \lambda_2\right)$，并不包含方位角 ϕ。因此我们从式(64) 立刻看出：对 ϕ 积分后的非零结果只能出现在我们将其 n 相等(即其赤道量子数相等，事实上等于 $n+1$)的本征函数组合起来的情形下。对于垂直于外场的振动分量，我们必须令 q 等于 x 或 y (参见式(33))。这里出现了 $\cos\phi$ 或 $\sin\phi$，我们看到(几乎像前面一样容

① W. Heisenberg, *Ztschr. f. Phys.* **33**, p. 879, 1925; M. Born and P. Jordan, *Ztschr. f. Phys.* **34**, p. 867, p. 886, 1925.

易)，两个复合本征函数的n值必须严格相差1，如果对ϕ的积分要给出非零结果的话。由此已知的选择定则和偏振法则得到证明。进一步地，应当再次重申：我们不必通过额外考虑来剔出任何n值，而在旧的理论里，为了与经验结果一致，这一点是必须的。我们的n比赤道量子数小1，并且从一开始就不能取负值(我们知道，在海森伯理论里，这一点是相同的)①。

式(65)中对λ_1和λ_2的积分的数值计算非常冗繁，尤其是对分子的计算。同样的计算已在式(52)的估值中起过作用，只是问题更具体一些，因为两个(广义的)拉盖尔多项式(其乘积待要积分)没有相同的自变量。好在在我们主要感兴趣的巴耳末线系中，两个多项式之一L_{n+k}^{n}，即与二重量子态有关的那一个，要么是一个常数，要么是其自变量的线性函数。这种计算方法在数学附录中有更全面的描述。下列图表给出了巴耳末线系前四项的结果，用以与斯塔克在10万伏每厘米场强下测得的实验强度的结果②进行对比。第一列表明偏振态；第二列是通常的描述方法给出的光谱项的组合，即我们的符号所表示的两组三元数：(k_1，k_2，$n+1$)，第一组表示较高的量子态，第二组表示二重量子态。第三列标以符号Δ，给出光谱项分解后$3h^2F/8\pi^2me$的重数(见方程(62))。后面一列给出斯塔克观测的谱线强度，“0”表示未观察到。数字后的问号为斯塔克所加，表示这条线可能是不相干的线，或者是所谓“幽灵线”而无法保证其真确性。按照斯塔克的解释，由于在摄谱仪上两种偏振状态的减弱不相等，因此振动的平行分量与垂直分量之间是不能彼此比较的。最后一列给出的是我们的以相对数形式的计算结果，对于一条线(例如H_α线)的各分量(∥和⊥)，这些数是可比较的，但H_α与H_β等的分量之间则是不可比较的。这些相对数被约化为它们的最小整数，就是说，这4个表的每一个表中的数字都是彼此间互素的。

① W. Pauli, jun., *Ztschr. f. Physik.*, **36**, p. 336, 1926.

② J. Stark, *Ann. d. Phys.* **48**, p. 193, 1915.

巴耳末线系的斯塔克效应的强度比较

表 1

H_α

偏态	组合	Δ	观测强度	计算强度
‖	(111)(011)	2	1	729
	(102)(002)	3	1.1	2304
	(201)(101)	4	1.2	1681
	(201)(011)	8	0	1
				总和 4715
⊥	(003)(002)	0	} 2.6	{ 4608
	(111)(002)	0		882
	(102)(101)	1	1	1936
	(102)(011)	5	0	16
	(201)(002)	6	0	18
				总和* 4715

* 未置换的分量折半

表 2

H_β

偏态	组合	Δ	观测强度	计算强度
‖	(112)(002)	0	1.4	0
	(211)(101)	2	1.2	9
	-	(4)	1	0
	(211)(011)	6	4.8	81
	(202)(002)	8	9.1	384
	(301)(101)	10	11.5	361
	-	(12)	1	0
	(301)(011)	14	0	1
				总和 836

续表

偏态	组合	Δ	观测强度	计算强度
⊥	–	(0)	1.4	0
	(112)(011)	2	3.3	72
	(103)(002)	4	12.6	384
	(211)(002)	4		72
	(202)(101)	6	9.7	294
	–	(8)	1.3	0
	(202)(011)	10	1.1?	6
	(301)(202)	12	1?	8
				总和 836

表 3

H_γ

偏态	组合	Δ	观测强度	计算强度
∥	(221)(011)	2	1.6	15 625
	(212)(002)	5	1.5	19 200
	(311)(101)	8	1	1 521
	(311)(011)	12	2.0	16 641
	(302)(002)	15	7.2	115 200
	(401)(101)	18	10.8	131 769
	(401)(011)	22	1?	729
				总和 300 685
⊥	(113)(002)	0	7.2	115 200
	(221)(002)	0		26 450
	(212)(101)	3	3.2	46 128
	(212)(011)	7	1.2	5 808
	(203)(002)	10	4.3	76 800
	(302)(002)	10		11 250

续表

偏态	组合	Δ	观测强度	计算强度
⊥	(302)(101)	13	6.1	83 232
	(302)(011)	17	1.1	2 592
	(401)(002)	20	1	4 050
				总和* 300 685

* 未置换分量折半

表 4

H_δ

偏态	组合	Δ	观测强度	计算强度
‖	(222)(002)	0	0	0
	(321)(101)	4	1	8
	(321)(011)	8	1.2	32
	(312)(002)	12	1.5	72
	(411)(101)	16	1.2	18
	(411)(011)	20	1.1	18
	(402)(002)	24	2.8	180
	(501)(101)	28	7.2	242
	(501)(011)	32	1.7	2
				总和 572
⊥	(222)(011)	2	1.3	36
	(213)(002)	6 }	3.2	{ 162
	(321)(002)	6 }		{ 36
	(312)(101)	6	2.1	98
	(312)(011)	14	1	2
	(303)(002)	18 }	2.0	{ 90
	(411)(002)	18 }		{ 9
	(402)(101)	22	2.4	125
	(402)(011)	26	1.3	5
	(501)(002)	30	1?	9
				总和 572

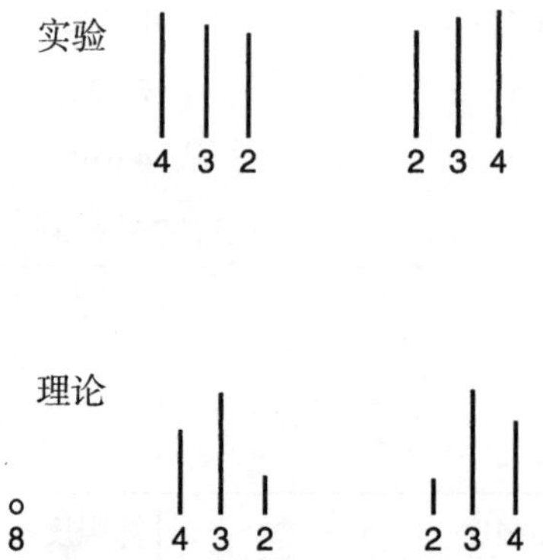

图 1　H_{α} ∥ 分量

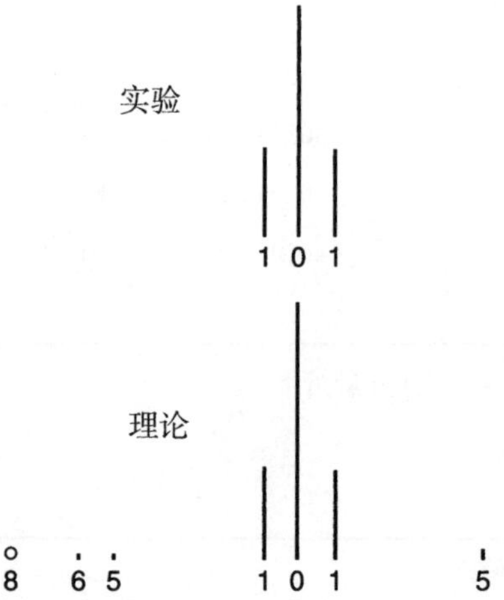

图 2　H_{α} ⊥ 分量

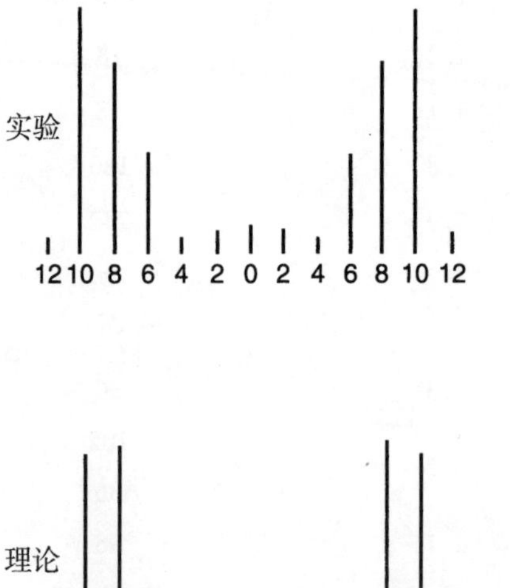

图 3　H_{β} ∥ 分量

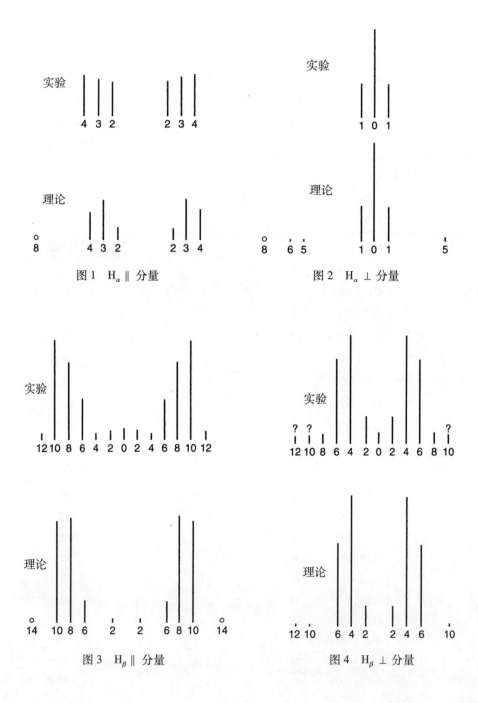

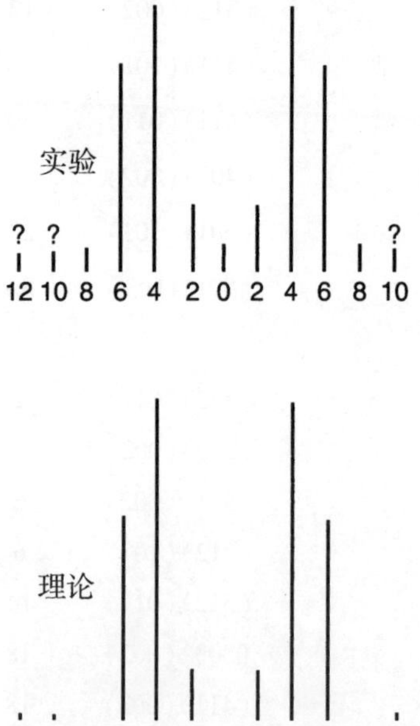

图 4　H_{β} ⊥ 分量

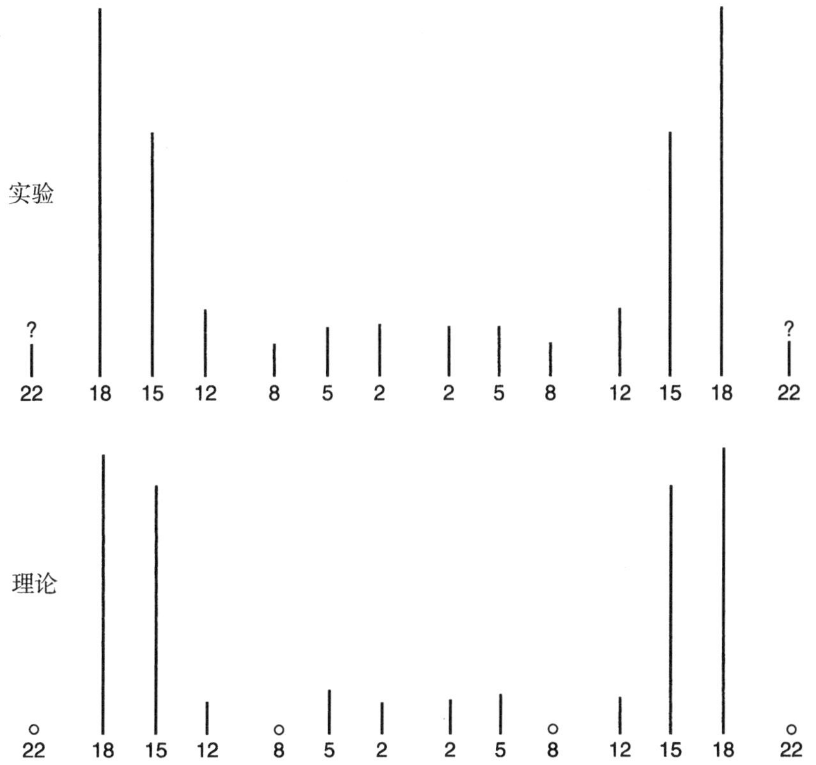

图 5　H_γ ‖ 分量

从图表上我们注意到，鉴于理论强度存在巨大差异，因此某些理论强度没法在同一标尺下表现出来，因为它们太弱了。对于这些强度，我们用小圆圈标示。

由图表可以看出，对于几乎所有强的分量，其理论强度与实验强度的一致性都相当好，而且总体上看，某种程度上要好于由对应性考虑而给出的值①。例如，它消除了一个最严重的矛盾。这个矛盾产生于如下事实：对应原理给出的 H_β 的两条强的垂直分量($\Delta=4$ 和 $\Delta=6$) 的强度比是颠倒的且十分离谱，事实上其比值几乎达到了 1∶2，而实验要求的是 5∶4。类似的事情也出现在 H_γ 的平均 ($\Delta=0$) 垂直分量上。它的强度在实验上明显占优，而对应原理给出的强度却过于弱小。这一点在我们的图表中也有所反映，通常人们认为，理论上要求的这种强分量的强度比与实验给出的强度比呈"颠倒" 关系并非十分稀奇的现象。理论

① H. A. Kramers，*Dänische Akademie* (8)，iii. 3. p. 333，1919.

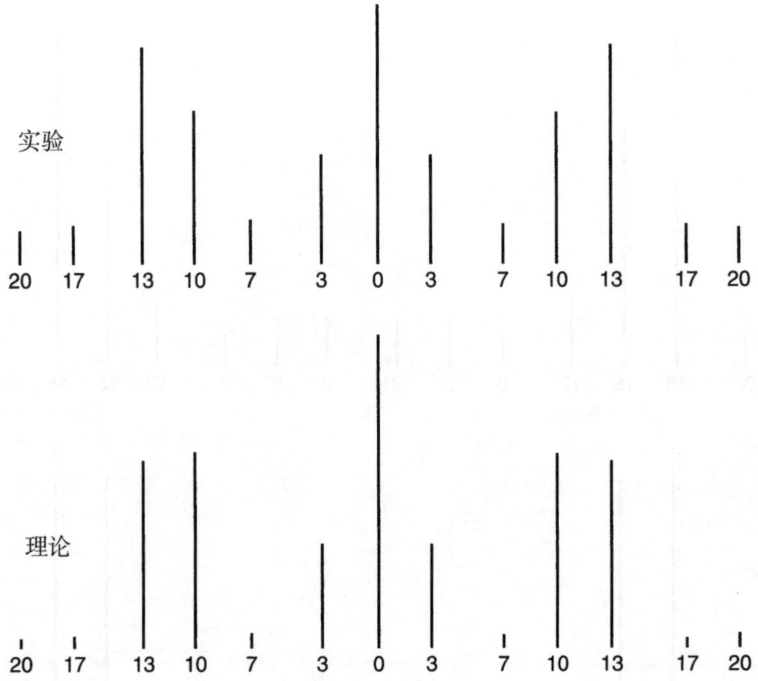

图 6　H_γ ⊥ 分量

给出的 H_α 的最强平行分量($\Delta = 3$) 最突出，而实验上其强度则位于相邻分量之间。H_β 的两条最强的平行分量和 H_γ 的两条最强的垂直分量($\Delta = 10$，13) 也与理论结果“颠倒”。当然，在这两种情形下，不论是实验的强度比还是理论的强度比，都非常接近于 1。

现在来看较弱的分量。首先我们注意到，某些观察到的 H_β 的弱分量与选择定则和偏振法则有矛盾，这个矛盾当然在新理论中仍然存在，因为新理论给出的这些规则与旧理论是一致的。然而，大部分极弱的分量理论上认为是不可观察的，或是说即使观察到也是很成问题的。弱分量之间的强度比，或是弱分量与强分量之间的强度比，几乎从未哪怕是近似正确地给出过，尤其是(参见)H_γ 和 H_δ。在实验上确定这些谱线时，当然不可能存在这些严重缺点。

考虑到所有这些，我们倾向于认为下述论点很值得怀疑：式(65) 的积分或是它们的平方是对谱线强度的量度。我绝不想将这一论点表述得不可反驳似的。对此我们依然有许多可想象的选择，当理论被进一步拓展时，出于内在的理由，这些取舍或许是必须的。但下述论断应当记取。已有的整个计算是对未受扰动的

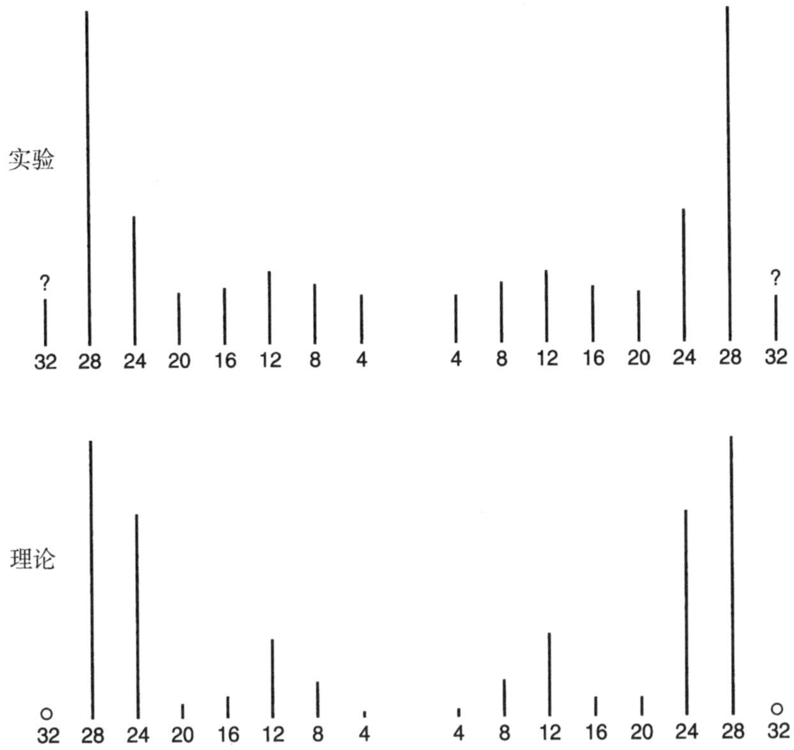

图 7　H_δ ‖ 分量

本征函数进行的，或更准确地说，是对受扰动函数的零级近似进行的(参见上述 § 1.2)。因此它代表了一种零场强的近似！但是，我们应预料到，这种弱的或是几乎为零的分量，理论上说，随着场强的增强，会有一个较明显的指数增长。其理由如下：按照波动力学的观点，正如本节开始时所解释的，积分(65) 代表的是部分电极矩的大小，它是由原子范围内绕核流动的电荷分布的微扰产生的。对于线分量，作为零级近似，我们得到的是一个非常弱甚至接近零的强度，它绝不是由下述事实引起的：同时存在的两个本征振荡仅对应于一个很不明显的电运动，甚至对应于零电运动。电的振动质量 —— 如果允许用这一含糊概念来表示的话 —— 在基于归一化的所有分量中的表示是一样的。我们宁可这样说，在电运动中发现的具有高度对称性的弱线强度，是由小的(甚至等于零的) 电偶极运动产生的(要不就是由譬如电四极运动产生)。因此可以预料，在存在任何类型微扰的情形下，线分量趋于零是一种相当不稳定的条件，因为此时对称性可能被

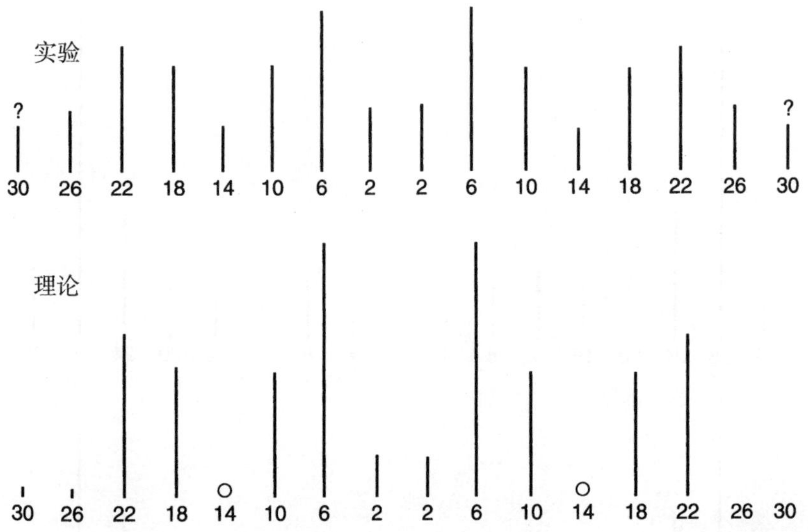

图 8　H_δ ⊥ 分量

微扰破坏了。由此可预期，随着场强的增大，弱的或接近于零的分量会很快变大。

事实上这一点现在已经被观察到。在场强大约为 10 000 高斯及以上的外磁场下，谱线强度比确实随场强有相当大的变化。如果我理解得正确的话，其变化方式正是我们眼下所讨论的一般方式①。至于这种理解是否真能解释这种偏差所需的某些信息，当然只能由对下一级近似的持续计算来给出，但这非常麻烦和复杂。

当然，目前的分析不过是将玻尔提出的运用对应原理来计算谱线强度的著名做法②“转译”成新理论的语言。

表中给出的理论强度满足基本要求。这一要求不仅由直觉所确立，也通过平行分量强度之和等于垂直分量强度之和这一点被实验所确立③。（在加和之前，未置换分量必须折半，作为对出现在两侧的所有其他分量的加倍的补偿。）这使得这一算法得到了深受欢迎的“控制”。

通过表中给出的 4 个“和”来比较 4 条线的总强度同样令人感兴趣。为此，我

① J. Stark, *Ann. d. Phys.* **43**, p. 1001, 1914.

② N. Bohr, *Dänische Akademie* (8), iv., 1.1, p. 35, 1918.

③ J. Stark, *Ann. d. Phys.* **43**, p. 1004, 1914.

要在我的数值计算中放回 4 个因子，它们曾经被忽略掉，为的是能够表示出最小可能整数给出的 4 组线中每一组的强度比。现在这些强度比分别要乘上这 4 个因子。此外，我还要分别乘上适当的辐射频率的四次幂。这样，我们便得到下述 4 个数字：

$$\text{对 } H_\alpha \cdots \quad \frac{2^6 \cdot 23 \cdot 41}{3^2 \cdot 5^9} = 0.003\,433\cdots$$

$$\text{对 } H_\beta \cdots \quad \frac{4 \cdot 11 \cdot 19}{3^{12}} = 0.001\,573\cdots$$

$$\text{对 } H_\gamma \cdots \quad \frac{2^6 \cdot 3^6 \cdot 11^2 \cdot 71}{5 \cdot 7^{13}} = 0.000\,831\,2\cdots$$

$$\text{对 } H_\delta \cdots \quad \frac{11 \cdot 13}{2^{15} \cdot 3^2} = 0.000\,484\,9\cdots$$

这些数字所保留的位数要比以前多，因为理论上我对这一频率的四次幂没把握。我最近发表的研究①似乎要求六次幂。上面的计算方法严格对应于玻恩、约丹和海森伯的假设②。图 9 示意性地给出了这一结果。

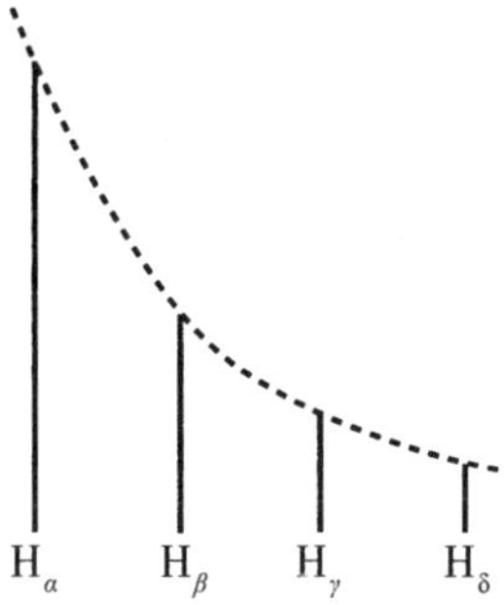

图 9　总强度

实际测得的辐射线强度 —— 众所周知它严重依赖于激发条件 —— 自然不能用在这里与经验比较。R. 拉登伯格从关于 H_α 和 H_β 相邻谱线的色散和磁致旋转

---

① 本文集前一篇文章末尾的式(38)。允许用到第四次幂是缘于这样一个事实：辐射缘于加速度的平方，而非电极矩本身。在式(38) 中还出现了另一个因子 $(E_k - E_m)/h$。这是因为在式(36) 中出现了 $\partial/\partial t$ 的情形。校样修正附注：现在我认识到，这个 $\partial/\partial t$ 是不正确的，虽然我希望它能使后面的相对论性推广变得更容易些。上述引文中的式(36) 将被 $\psi\bar{\psi}$ 所代替，这样关于四次幂的疑问便消解了。

② 参见 M. Born and P. Jordan, *Ztschr. f. Phys.* **34**, p. 887, 1925.

的研究①出发，与F. 赖歇一道②，对这两条谱线的所谓“电子数”的比值进行计算，给出的数值是4. 5(极限值是3和6)。如果我假设上述数字能与拉登伯格的表达式③

$$\sum \frac{g_k}{g_i} a_{ki} \nu_0$$

成比例，那么通过除以 $\nu_0{}^3$，即可约化为(相对)“电子数”，即分别为

$$\left(\frac{5}{36}\right)^3, \left(\frac{3}{16}\right)^3, \left(\frac{21}{100}\right)^3 \text{和} \left(\frac{2}{9}\right)^3,$$

这样，我们得到4个数：

1. 281，0. 238 6，0. 089 75，0. 044 18.

第一个对第二个的比值为5. 37，这与拉登伯格的数值符合得非常好。

§5. 用类似于玻尔的方法来处理斯塔克效应

本小节主要是为了给出 §2 中的一般理论的一个例子，概述一下对方程(32)的本征值问题的处理，这样做想必是合适的，如果我们不介意扰动方程在抛物坐标架下也是严格“可分离的”的话。为此，我们现在仍取球极坐标 r，θ，ϕ. 并用 $\cos\theta$ 取代 z。我们还通过下述变换引入一个新变量 η 来取代 r：

$$2r\sqrt{-\frac{8\pi^2 mE}{h^2}} = \eta, \tag{66}$$

(它非常类似于抛物线坐标 ξ 的变换(48))。对式(45) 的某个未扰动本征值，我们由式(66) 得到

$$\eta = \frac{2r}{la_0}, \tag{66'}$$

其中 a_0 是与式(63) 中一样的常数(“氢原子最内壳层轨道半径”)。如果我们将这个变换和未扰动本征值(45) 引入待处理的方程(32)，则得到

$$\nabla'^2\psi + \left(-\frac{1}{4} - g\eta\cos\theta + \frac{l}{\eta}\right)\psi = 0. \tag{67}$$

---

① R. Ladenburg，*Ann. d. Phys.* (4)，**38**，p. 249，1914.

② R. Ladenburg and F. Reiche，*Die Naturwzssenschaften*，1923，p. 584.

③ R. Ladenburg and F. Reiche，见上述引文中第二栏的第一个公式，p. 584. 式中因子 v_0 来自这样一个事实：“转换概率”a_{ki} 仍须乘上“能量量子”才能给出辐射强度。

为简明计，其中

$$g=\frac{a_0^2Fl^3}{4e}. \tag{68}$$

拉普拉斯算子上的撇号仅表示其中字符 η 应理解为径向矢量。

在方程(67) 中，我们将 l 理解为本征值，含 g 的项看作微扰项。在一级近似中，无须顾虑微扰项包含本征值。如果我们忽略掉这个微扰项，那么方程便具有像自然数这样的本征值：

$$l=1,\ 2,\ 3,\ 4,\ \cdots \tag{69}$$

并且没有其他值。(通过代换式(66)，扩展谱再次被切除，这对于较接近的近似是有价值的。) 联合本征函数(尚未归一化) 为

$$\psi_{lnm}=P_n^m(\cos\theta)\frac{\cos}{\sin}(m\phi)\cdot\eta^n e^{-\frac{\eta}{2}}L_{n+l}^{2n+1}(\eta). \tag{70}$$

这里 P_n^m 表示 m 阶 n 次“连带”勒让德函数，而 L_{n+l}^{2n+1} 是$(n+l)$ 次勒让德多项式的第$(2n+1)$ 阶导数①。因此我们必然有

$$n<l,$$

否则 L_{n+l}^{2n+1} 将会等于零，因为微商次数将会大于幂次数。关于这一点，球面调和函数的级次表明，l 是未受扰动方程的 l^2 重本征值。现在我们来研究一个确定的 l 值的劈裂，假设该劈裂在加入微扰项后按如下所述方式确定。

为此我们首先需要将我们的本征函数(70) 按照 §2 归一化。经过冗繁的运算(借助于附录中的公式②，这一计算可以轻易地进行)，我们得到如下归一化因子(如果 $m\neq 0$)：

$$\frac{1}{\sqrt{\pi}}\sqrt{\frac{2n+1}{2}}\sqrt{\frac{(n-m)!}{(n+m)!}}\sqrt{\frac{(l-n-1)!}{[(n+l)!]^3}}. \tag{71}$$

但对于 $m=0$，则归一化因子为上式乘以 $1/\sqrt{2}$。其次，我们需要按照式(22) 来计算常数 ε_{im} 的对称矩阵。那里的 r 等同于③这里的微扰函数 $-g\eta^3\cos\theta\sin\theta$，本征函数，在那里称为 u_{ki}，等同于这里的函数(70)。刻画本征值的固定下标 k 对应于

① 我最近给出的本征函数是式(70)(见本系列论文第一部分)，但没有说明它们与拉盖尔多项式的联系。关于上述表达式的证明，见“数学附录”第一小节。

② 我们注意到，通常由 $\rho(x)$ 定义的密度函数在式(67) 里具体为 $\eta\sin\theta$，因为这个方程必须乘以 $\eta^2\sin\theta$，以便得到自伴形式。

③ 同上注②。

这里ψ_{lnm}的第一个下标l，而u_{ki}的另一个下标i现在对应于ψ_{lnm}的另一对下标n和m。在我们的情形下，常数矩阵(22)是一个由l^2行和l^2列构成的方阵。运用附录中的公式，求积分非常容易，并得到以下结果。那些矩阵元不为零的条件是，两个组合的本征函数ψ_{lnm}和$\psi_{ln'm'}$同时满足下列条件：

1. “连带勒让德函数”的上标必须一致，即$m = m'$。
2. 两个勒让德函数的次数必须严格相差1，即$|n - n'| = 1$。
3. 对于每一组的三元指标lnm，如果$m \neq 0$，则按照(70)，两个勒让德函数，从而两个本征函数ψ_{lnm}，彼此只能包含不同的因子，一个包含因子$\cos m\phi$，则另一个包含因子$\sin m\phi$。这第三个条件应理解为：我们只能有正弦与正弦的组合，或是余弦与余弦的组合，不能有正弦与余弦组合。

所需矩阵的其余非零矩阵元必须从开始就用两对指标(n, m)和$(n+1, m)$来刻画。(我们不想明确采用l指标。)由于矩阵是对称的，一个指标对(n, m)就足够了，如果我们规定第一个指标，比如说n，任何时候都是指两个次数n和n'中较大的那一个的话。

于是，计算给出

$$\varepsilon_{nm} = -6lg\sqrt{\frac{(l^2 - n^2)(n^2 - m^2)}{4n^2 - 1}}. \tag{72}$$

现在我们必须从这些矩阵元中得到行列式(22)。将该矩阵的行和列按下述原理来排列是有利的。(为明确起见，我们来讨论列，即讨论两个勒让德函数中第一个的指标对。)因此最先处理的是所有$m = 0$的项，然后是所有$m = 1$的项，接着是$m = 2$的项等，最后是所有$m = l - 1$的项，这最后一项是m(像n一样)能取到的最大值。在这些群的每一群里，我们这样来排列这些项：首先是所有带$\cos m\phi$的项，其次是所有带$\sin m\phi$的项。在这些“半群”里，我们按n的升阶来排，其值从m，$m+1$，$m+2$，…，$l-1$即所有$(l-m)$的值。

如此操作后我们会发现，式(72)的非零矩阵元仅限于两条第二级对角线，它们紧临主对角线。主对角线上是取负值的有待确定的本征值微扰项，而其他各处的矩阵元都是零。此外，这两条二级对角线在这样一些地方被零中断：这里它们以非常便捷的形式突破了所谓“半群”之间的边界。由此整个行列式分解为众多较小行列式的乘积，这些小行列式以“半群”呈现，个数是$(2l-1)$。我们只需考虑其中一个就足够了。我们将它写在这里，待定的本征值微扰用ε(没有下标)

来表示：

$$\begin{vmatrix} -\varepsilon & \varepsilon_{m+1,\,m} & 0 & 0 & \cdots & 0 \\ \varepsilon_{m+1,\,m} & -\varepsilon & \varepsilon_{m+2,\,m} & 0 & \cdots & 0 \\ 0 & \varepsilon_{m+2,\,m} & -\varepsilon & \varepsilon_{m+3,\,m} & \cdots & 0 \\ 0 & 0 & \varepsilon_{m+3,\,m} & -\varepsilon & \cdots & 0 \\ \cdots & \cdots & \cdots & \cdots & \cdots & \cdots \\ \cdots & \cdots & \cdots & \cdots & \cdots & \cdots \\ 0 & 0 & 0 & 0 & \varepsilon_{l-1,\,m} & -\varepsilon \end{vmatrix} \tag{73}$$

如果我们用 ε_{nm} 的公因子 $6lg$(参见式(72)) 来除每一项，并在眼下将其视为未知数

$$k^* = -\frac{\varepsilon}{6lg}, \tag{74}$$

那么上述$(l-m)$ 次方程的根为

$$k^* = \pm(l-m-1),\quad \pm(l-m-3),\quad \pm(l-m-5)\cdots \tag{75}$$

这个序列依次数$(l-m)$ 是偶数还是奇数而结束于 ± 1 或0(含在内)。遗憾的是其证明没在附录中给出，因为我还没能成功地得到它。

如果我们对 $m=0,\ 1,\ 2,\ \cdots,\ (l-1)$ 的每一个值都给出序列(75)，那么在数目上我们有

$$\varepsilon = -6lgk^* \tag{76}$$

个主量子数 l 的微扰的完备集。为了找出方程(32) 的受扰本征值 E(项的层级上)，我们只需将式(76) 代入下式：

$$E = -\frac{2\pi^2 me^4}{h^2(l+\varepsilon)^2}. \tag{77}$$

考虑到缩写 g 和 a_0 的意义(分别见式(68) 和(63))，对上式化简后，得到

$$E = -\frac{2\pi^2 me^4}{h^2 l^2} - \frac{3}{8}\frac{h^2 Flk^*}{\pi^2 me}. \tag{78}$$

与式(62) 比较后可以看出，k^* 是抛物线量子数的差 k_2-k_1。由式(75)，并记住前述 m 的取值范围，我们看出，k^* 同样也可以取这个差值，即 0，1，2，⋯，$(l-1)$。同样，如果我们费力将它算出来，会发现，多重性 —— 其中 k^* 和 k_2-k_1

均出现——取相同的值，即 $l-|k^*|$。

由此我们还从一般理论得到了一阶本征值微扰。下一步将就 κ 量求解一般理论的线性方程组(21′)。按照式(18)(暂令 $\lambda=0$)，这些 κ 量将产生零阶的受扰动本征函数；这不过是本征函数(64) 作为本征函数(70) 的线性形式的表示。在我们的情形下，式(21′) 的解因为根 ε 的可观的多重性自然不是唯一的。如果我们注意到，将这个方程分解成($2l-1$) 个群(其个数恰如式(73) 所包含的因子行列式的个数一样多)，或保留前述半群表达式，它带有完全分离的变量，那么这个解求起来会简单得多。如果我们进一步注意到，在我们选定 ε 值后，这么做是允许的：只将某个单半群的变量 κ 看作不等于零，事实上，这些半群对于选定的 ε 值其行列式(73) 为零。因此变量的这种半群的定义是唯一的。

但是我们的目标，即通过一个例子来展示 §2 的一般方法，已经充分实现了。由于继续计算下去在物理上并没有多少特别的意义，因此我不必费力将行列式的商——我们由此可立即得到系数 κ——以一种更清楚的形式给出，或是用其他办法给出它到主对角线形式的变换。

总之，我们必须承认，在目前情形下，特征微扰方法(§5) 要比直接应用分离系统(§3) 麻烦得多。我相信在其他情形下也会是这样。如我们所知，在普通力学中，通常情形恰好相反。

第三节　数学附录

序注：这里不打算提供论文中被略去的所有计算细节。没有这些细节，本文已经够长的了。一般来说，只有那些对于做类似工作的其他人有用的计算方法才被简略地描述。

§1. 广义拉盖尔多项式和正交函数

k 次拉盖尔多项式 $L_k(x)$ 满足如下微分方程①

$$xy''+(1-x)y'+ky=0. \tag{101}$$

① Courant-Hilbert, chap. ii. § 11, 5, p. 78, quation (72).

如果我们先用 $n+k$ 取代 k，然后对上式微分 n 次，我们便得到 $(n+k)$ 阶拉盖尔多项式的第 n 阶导数，我们将它记为 L_{n+k}^{n}，它满足方程

$$xy'' + (n+1-x)y' + ky = 0. \tag{102}$$

此外，通过简单变换，我们发现，对 $e^{-\frac{x}{2}}L_{n+k}^{n}(x)$，有下述方程成立：

$$y'' + \frac{n+1}{x}y' + \left(-\frac{1}{4} + \left(k + \frac{(n+1)}{2}\right)\frac{1}{x}\right)y = 0. \tag{103}$$

这个式子被应用于 §3 的方程(41′)。联合广义拉盖尔正交函数为

$$x^{\frac{n}{2}}e^{-\frac{x}{2}}L_{n+k}^{n}(x). \tag{104}$$

顺便指出，它满足如下方程：

$$y'' + \frac{1}{x}y' + \left(-\frac{1}{4} + \left(k + \frac{n+1}{2}\right)\frac{1}{x} - \frac{n^2}{4x^2}\right)y = 0. \tag{105}$$

让我们回到方程(103)，考虑 n 是一个固定(实) 整数，k 是本征值参量。于是根据前述，在定义域 $x \geqslant 0$ 的区域，该方程有本征函数：

$$e^{-\frac{x}{2}}L_{n+k}^{n}(x), \tag{106}$$

它属于本征值

$$k = 0, 1, 2, 3, \cdots \tag{107}$$

在文中，k 不再有其他值，而且首先它给出的不是连续谱。这对于下述方程像是有矛盾：

$$\frac{d^2y}{d\xi^2} + \frac{n+1}{\xi}\frac{dy}{d\xi} + \left(-\frac{1}{(2k+n+1)^2} + \frac{1}{\xi}\right)y = 0. \tag{108}$$

这个方程是式(103) 通过下述代换变换来的：

$$\xi = \left(k + \frac{n+1}{2}\right)x, \tag{109}$$

而方程(108) 确实有连续的谱，如果在其中我们将

$$E = -\frac{1}{(2k+n+1)^2} \tag{110}$$

看作是本征值参量，即所有 E 的正值都是本征值(参见第一部分对方程(7) 的分析) 的话。式(103) 的本征值 k 不能对应于这些正的 E 值的原因是，由式(110) 知，所讨论的 k 值将是复数，而这依据一般定理①是不可能的。按照式(110)，式

① Courant-Hilbert, chap. iii. § 4, 2, p. 115.

(103) 的每一个实的本征值均给出式(108) 的一个负的本征值。不仅如此，我们知道(参见第一部分)，式(108) 所拥有的负的本征值无非都是来自序列(107)(像在式(110) 情形下一样)，除此绝不再有其他负的本征值。因此只剩下一种可能性，那就是在序列(107) 中某些负的 k 值缺失，这种情形在求解(110) 的 k 时出现过，原因是当求根时存在双值性。但这也是不可能的，因为所讨论的 k 值被证明在代数上小于 $-n+1/2$，因此，按一般定理①，不可能是方程(103) 的本征值。因此数值序列(107) 是完备的。证毕。

上述补充论证表明，函数(70) 是式(67) 的本征函数(其微扰项被抑制)，且与本征值(69) 相关。我们只能将(67) 的解写成 θ，ϕ 的函数与 η 的函数的乘积。含 η 的方程很容易转成式(105) 的形式，唯一区别在于我们目前的 n 总是奇数，即总是以 $(2n+1)$ 形式出现。

§2. 两个拉盖尔正交函数乘积的定积分

拉盖尔多项式都可以按下述方式，在所谓“生成函数”②序列展开式中作为辅助变量 t 的指数的系数来获得：

$$\sum_{k=0}^{\infty} L_k(x)\frac{t^k}{k!}=\frac{e^{-\frac{xt}{1-t}}}{1-t}. \tag{111}$$

如果我们用 $n+k$ 取代 k，然后对 x 微分 n 次，我们便得到广义多项式的生成函数

$$\sum_{k=0}^{\infty} L_{n+k}^{n}(x)\frac{t^k}{(n+k)!}=(-1)^n\frac{e^{-\frac{xt}{(1-t)}}}{(1-t)^{n+1}}. \tag{112}$$

为了借助于它来计算首次出现在文中表达式(52) 中的积分，或更一般地，计算出现在 §4 中(以及在 §5 中) 求解式(65) 所必需的积分，我们按下述方式来进行。为此我们将式(112) 重新写出来，并给固定指标 n 和变动指标 k 加上撇号，同时用 s 取代 t。然后将这两个方程相乘，即左边与左边相乘，右边与右边相乘。然后再乘以下式：

$$x^p e^{-x} \tag{113}$$

并对 x 从 0 到 ∞ 积分，这里 p 为一个正整数——这对我们的目标来说已经足够了。这个积分是可行的，因为方程右边只需采用基本方法，对此我们得到

---

① Courant-Hilbert, chap. v. § 5, 1, p. 240.

② Courant-Hilbert, chap. ii. § 11, 5, p. 78, equation (68).

$$\sum_{k=0}^{\infty}\sum_{k'=0}^{\infty}\frac{t^k s^{k'}}{(n+k)!\,(n'+k')!}\int_0^{\infty}x^p e^{-x}L_{n+k}^{n}(x)L_{n'+k'}^{n'}(x)\,\mathrm{d}x$$
$$=(-1)^{n+n'}p!\,\frac{(1-t)^{p-n}(1-s)^{p-n'}}{(1-ts)^{p+1}}. \tag{114}$$

现在，在方程左边，我们有了所需的积分，就像线上的珍珠，在求右边的 $t^k s^{k'}$ 的系数时，我们只需根据需要取摘取。这个系数总是一个简单的和，事实上，在文中的情形下，总是少数几项(至多 3 项) 的有限和。一般地，我们有

$$\int_0^{\infty}x^p e^{-x}L_{n+k}^{n}(x)L_{n'+k'}^{n'}(x)\,\mathrm{d}x=p!\,(n+k)!\,(n'+k')!$$
$$\cdot\sum_{\tau=0}^{\leqslant k,\,k'}(-1)^{n+n'+k+k'+\tau}\binom{p-n}{k-\tau}\binom{p-n'}{k'-\tau}\binom{-p-1}{\tau}. \tag{115}$$

求和截止于 k 和 k' 两个数中的较小者。在实际情形下，这种运算经常始于一个正值的 τ，作为二项式系数，当组合数下面的数大于上面的数时，该组合数为零。例如，在式(52) 的分母的积分中，我们令 $p=n=n'$，且 $k=k'$。于是 τ 就只能取一个值 k，故我们能确立文中对式(53) 的表述。在式(52) 的分子的积分中，只有 p 有另一个值，即 $p=n+2$。现在 τ 取值为 $k-2$，$k-1$ 和 k，经简单化简，我们得到文中的公式(54)。出现在 §5 中的积分可以同样方式由拉盖尔多项式算出。

因此，现在我们可以将式(115) 这一类型的积分看作已知，我们只需关注出现在 §4 中的强度计算里的那一类积分(参见表达式(65) 和在那里被代换的函数(64))。在这类积分中，两个拉盖尔正交函数(它们的积被积分) 没有相同的自变量，但在我们的情形下，它们分别有自变量 λ_1/la_0 和 $\lambda_1/l'a_0$，其中 l 和 l' 分别为我们组合的两个能级的主量子数。作为典型，让我们考虑积分

$$J=\int_0^{\infty}x^p e^{-\frac{\alpha+\beta}{2}x}L_{n+k}^{n}(\alpha x)L_{n'+k'}^{n'}(\beta x)\,\mathrm{d}x. \tag{116}$$

现在，我们可以用一种表面上看似不同的方式来进行。首先，前述处理过程依然平稳地进行，只是式(114) 的右边的表达式看起来稍显复杂一些。分母上出现了四项式的幂，而不是前述的二项式的幂。这使得问题有些让人糊涂，因为这里式(114) 的右边变成了五重的而不是三重的，从而使式(115) 的右边变成三重的而不是简单求和。我发现下列代换可使问题变得清晰些：

$$\frac{(\alpha+\beta)}{2}x=y. \tag{117}$$

因此有

$$\begin{cases}\alpha x = \left(1 + \dfrac{\alpha - \beta}{\alpha + \beta}\right) y \\ \beta x = \left(1 - \dfrac{\alpha - \beta}{\alpha + \beta}\right) y.\end{cases} \tag{118}$$

在将这两个多项式按其泰勒级数展开后（它们是有限的，且有着类似于系数的级数），利用下述代换

$$\sigma = \frac{2}{\alpha + \beta},\ \gamma = \frac{\alpha - \beta}{\alpha + \beta}, \tag{119}$$

我们得到下述结果

$$J = \alpha^{p+1} \sum_{\lambda=0}^{k} \sum_{\mu=0}^{k'} (-1)^{\mu} \frac{\gamma^{\lambda+\mu}}{\lambda!\ \mu!} \int_0^{\infty} y^{p+\lambda+\mu} L_{n+k}^{n+\lambda}(y) L_{n'+k'}^{n'+\mu}(y)\, \mathrm{d}y. \tag{120}$$

由此，J 的计算化简为较为简单的积分类型(115)。在巴耳末线系的情形下，式(120) 中的双重求和相对而言是容易处理的，因为两个 k 值中的一个，即表示二量子能级的那一个，绝不会超过1，因此 λ 最多有两个值，并且如所证明的，μ 最多只有 4 个值。表示二量子能级的多项式的情形表明，能够出现的无非就是

$$L_0 = 1,\ L_1 = -x + 1,\ L_1^1 = -1,$$

这种情形允许我们做进一步简化。不过，我们得计算出许多表格，而非常遗憾的是，文中的这些表格中表示强度的数字无法让人看出其一般性结构。好在平行分量和垂直分量之间的加和关系保持得很好，由此我们可以，至少是某种可能，感觉到在算术上没出大错。

§3. 勒让德函数的积分

在连带勒让德函数之间存在 3 个积分关系，它们对于 §5 中的计算是必需的。为了方便他人，我在这儿给出这些计算，因为我在文中找不到合适的地方来给出它们。我们用通常的定义

$$P_n^m(\cos\theta) = \sin^m \theta \frac{\mathrm{d}^m p_n(\cos\theta)}{(\mathrm{d}\cos\theta)^m}. \tag{121}$$

于是有下式成立

$$\underset{\text{(归一化关系)}}{\int_0^{\pi} [P_n^m(\cos\theta)]^2 \sin\theta\, \mathrm{d}\theta = \frac{2}{2n+1} \frac{(n+m)!}{(n-m)!}}. \tag{122}$$

此外，

$$\left\{ \underset{\text{对}\ |n-n'|\neq 1}{\int_0^{\pi} P_n^m(\cos\theta) P_{n'}^m(\cos\theta) \cos\theta \sin\theta\, \mathrm{d}\theta = 0}. \right. \tag{123}$$

另一方面，

$$\int_0^{\pi} P_n^m(\cos\theta) P_{n-1}^m(\cos\theta)\cos\theta\sin\theta\,\mathrm{d}\theta$$
$$=\frac{n+m}{2n+1}\int_0^{\pi}[P_{n-1}^m(\cos\theta)]^2\sin\theta\,\mathrm{d}\theta=\frac{2(n+m)!}{(4n^2-1)(n-m-1)!}. \tag{124}$$

最后两个关系式决定了对文章 408 页上行列式①中各项的“选择”。此外，它们对于光谱理论有着根本的重要性，因为很显然，角量子数的选择定则取决于它们(以及另外两个关系式，后者用 $\sin^2\theta$ 取代了 $\cos\theta\sin\theta$)。

附注：对校样的修正

沃尔夫冈 · 泡利告诉我，通过对本附录 § 2 中给出方法的修正，他已经得到下述用于计算赖曼系和巴耳末系总强度的闭合公式。对于赖曼系，它们是

$$v_{l,1}=R\left(\frac{1}{1^2}-\frac{1}{l^2}\right);\ J_{l,1}=\frac{2^7\cdot(l-1)^{2l-1}}{l\cdot(l+1)^{2l+1}};$$

对于巴耳末系，它们是

$$v_{l,2}=R\left(\frac{1}{2^2}-\frac{1}{l^2}\right);\ J_{l,2}=\frac{4^3\cdot(l-2)^{2l-3}}{l\cdot(l+2)^{2l+3}}(3l^2-4)(5l^2-4).$$

在讨论的序列范围内，总辐射强度(幅度的平方转为频率的四次方)正比于这些表达式。对于巴耳末系，由这些公式得到的数值与第 404 页到 405 页②给出的数据完全相符。

苏黎世　大学物理学研究院

(收稿日期：1926 年 5 月 10 日)

① 即式(73). —— 译注

② 即 § 4 的结尾几段。—— 译注

作为本征值问题的量子化(第四部分①)

(《物理学年鉴》(4) 第81卷，1926年)

摘要：§ 1. 从振动方程中消去能量参量。实波动方程。非保守系。§ 2. 将微扰理论推广到含时微扰情形。色散理论。§ 3. 对 § 2 的补充。激发态原子，简并系统，连续谱。§ 4. 谐振情形讨论。§ 5. 推广到任意微扰。§ 6. 基本方程推广到相对论性和有磁场情形。§ 7. 关于场标量的物理意义。

§1. 从振动方程中消去能量参量。实波动方程。非保守系

第二部分的波动方程(18) 或(18″)，即

$$\nabla^2\psi - \frac{2(E-V)}{E^2}\frac{\partial\psi}{\partial t^2} = 0 \tag{1}$$

或

$$\nabla^2\psi + \frac{8\pi^2}{h^2}(E-V)\psi = 0, \tag{1'}$$

构成了本系列论文力图重建力学的基础。但它的缺陷是它所表达的“力学场标量”ψ 的变化规律既不平稳，也不普适。方程(1) 包含能量(或频率) 参量 E，并且正如在第二部分中明确强调的，对带有插入的*确定的* E 值，它对那些仅通过一个*确定的*周期因子而依赖于时间的过程是有效的：

$$\psi \sim (e^{\pm\frac{2\pi iEt}{h}}) \text{ 的实部.} \tag{2}$$

由此可见，方程(1) 实际上并不比方程(1′) 普遍，后者考虑到上面所提到的情况，并且根本不包含时间。

因此，当我们在不同的情形下将方程(1) 或(1′) 称为“波动方程”时，我们实际上是错了，或许称它为“振荡”方程或“振幅”方程更为准确。然而，我们发现这样称呼有充分的理由，因为它与施图姆-刘维尔本征值问题相联系，正如从数学上说，这类问题属于严格类似的弦和膜的自由振动问题，而不是真正的波动方程。

① 前三部分参见 *Ann. d. Phys.* **79**, p. 361, p. 489; **80**, 437, 1926. 此外，与海森伯理论的联系，见同一期刊，**79**, p. 734 (p. 45).

至于在这里，我们迄今为止一直假设势能 V 为坐标的纯函数，且不明显依赖于时间。然而，这对于将这一理论推广到非保守系提出了一个急迫的要求，因为只有在这种体系下我们才能研究系统在规定的外力 —— 如光波，或某个飞过的奇异原子 —— 的影响下所表现出的行为。一旦 V 包含时间，函数 ψ 显然就不可能满足方程(1) 或(1′)，该函数依赖时间的方式要由式(2) 给出。因此我们发现，振幅方程不再是充分的，必须寻找真正的波动方程。

对于保守系，后者很容易找到。式(2) 等价于

$$\frac{\partial^2\psi}{\partial t^2} = -\frac{4\pi^2E^2}{h^2}\psi. \tag{3}$$

我们可以通过微分从式(1′) 和(3) 中消去 E，得到下述方程，这里用易于理解的符号写出：

$$\left(\nabla^2 - \frac{8\pi^2}{h^2}V\right)^2\psi + \frac{16\pi^2}{h^2}\frac{\partial^2\psi}{\partial r^2} = 0. \tag{4}$$

每个如式(2) 那样依赖于时间的 ψ 必定都满足这一方程，尽管其中 E 是任意的。因而每个能展开为关于时间的傅里叶级数(自然这时坐标函数作为系数) 的 ψ 也都满足这一方程。因此方程(4) 显然是关于场标量 ψ 的均匀且普适的波动方程。

这个方程显然不再是源自振动膜的简单类型，而是四阶的、类似于出现在弹性理论[①] 中的许多问题的类型。然而，我们无须害怕这一理论过于复杂，或是必须修改与式(1′) 相关的前述方法。如果 V 不包含时间，我们可以从式(4) 出发，应用式(2)，然后将算子作如下分解：

$$\left(\nabla^2 - \frac{8\pi^2}{h^2}V + \frac{8\pi^2}{h^2}E\right)\left(\nabla^2 - \frac{8\pi^2}{h^2}V - \frac{8\pi^2}{h^2}E\right)\psi = 0. \tag{4′}$$

运用试探法，我们可将这个方程分解成两个“备选” 方程，即分解为方程(1′) 和另一个方程，后者与(1′) 的差别仅在于其本征值参量被称作负 E 而不是正 E。按照式(2)，它并不导致新的解。式(4′) 的分解不是绝对令人信服的，因为定理“乘积因子中只要有一个因子为零该乘积即为零” 对于算子并不有效。然而，这种说服力的缺乏是所有偏微分方程解法的共同特征。而其解法的合法性可由下述事实得到证明：我们可以证明所找出的，作为坐标函数的本征函数的完备性。这种完备性，与这一事实 —— 式(2) 中的虚部与实部都满足方程(4)—— 相结合，

---

① 例如，对一个振动板，$\nabla^2\nabla^2 u + \frac{\partial^2 m}{\partial t^2} = 0$。参见 Courant -Hilbert，chap. v. § 8，p. 256.

允许 ψ 和 $\partial\psi/\partial t$ 满足任意初始条件。

由此我们看到，波动方程(4)，其自身包含色散定律，确实可以作为前面所发展的保守系理论的基础。但不管怎么说，时变势能函数情形的推广必须十分小心，因为此时会出现含 V 的时间导数的项，而方程(4)，由于我们获取它的方式，对此却不能给我们提供任何相关的信息。事实上，如果我们试图像在非保守系情形下那样运用方程(4)，我们就会遇到麻烦。这个麻烦似乎源自 $\partial V/\partial t$ 项。因此在下述讨论中我将取道稍许不同的途径，它容易计算，并且我认为它原则上是正当的。

要去除能量参量，我们不必将波动方程的阶数提升到 4 阶。ψ 对时间的依赖 —— 如果式(1′) 成立，这种依赖性必然存在 —— 可表示为

$$\frac{\partial\psi}{\partial t} = \pm\frac{2\pi i}{h}E\psi, \tag{3'}$$

就像由式(3) 来表示一样。由此我们得到两个方程中的一个

$$\nabla^2\psi - \frac{8\pi^2}{h^2}V\psi \mp \frac{4\pi i}{h}\frac{\partial\psi}{\partial t} = 0. \tag{4''}$$

我们将要求复波动函数 ψ 满足这两个方程中的一个。由于共轭复函数 $\bar{\psi}$ 满足另一个方程，我们可以取 ψ 的实部作为实波动函数(如果我们需要的话)。在保守系的情形下，式(4″) 本质上等价于式(4)，因为实算子可以分解为两个共轭复算子的乘积，如果 V 不包含时间的话。

§2. 将微扰理论推广到含时微扰情形。色散理论

我们的主要兴趣不在于那些其势能 V 的时间和空间变化处于同一量级的系统，而是那些其本身为保守系，但其势能却受到一个小的给定含时(及坐标)函数微扰的系统。对此，我们将势能写成

$$V = V_0(x) + r(x, t). \tag{5}$$

这里，一如以往，x 代表整个位形空间坐标。我们将未扰动的本征值问题($r = 0$)*看作已经解决*。于是微扰问题可以通过*求积分*来解。

但我们不是立即去处理一般性问题，而是从大量的重要应用中挑选出色散理论问题来研究。由于其显著的重要性，这类问题确实需要分开来处理。这里，微扰力源自一个交变的电场，它在原子区域中做着均匀、同步振荡；因此，如果我们处理的是一个频率为 v 的线性偏振的单色光，那么我们可以将其写作

$$r(x,\ t)=A(x)\cos 2\pi\ \nu t, \tag{6}$$

并因此有

$$V=V_0(x)\ +A(x)\cos 2\pi\ \nu t. \tag{5'}$$

这里，$A(x)$ 是光的振幅与坐标函数的乘积的负值，按照普通力学，后者表示原子电极矩在电的光矢量方向上的分量(例如，$-F\sum e_i z_i$，其中 F 为光的振幅，e_i 和 z_i 分别是粒子的电荷和 z 坐标，光的偏振方向沿 z 方向)。我们仍像以前在处理开普勒问题时那样(当时我们借的是常数部分)，或多或少正确地从普通力学中借来势函数的时变部分。

运用式(5′)，方程(4″) 变成

$$\nabla^2\psi-\frac{8\pi^2}{h^2}(V_0+A\cos 2\pi\nu t)\psi\mp\frac{4\pi i}{h}\frac{\partial\psi}{\partial t}=0. \tag{7}$$

对于 $A=0$，这些方程通过代换

$$\psi=u(x)e^{\pm\frac{2\pi iEt}{h}} \tag{8}$$

(现在这只是字面上的代换，而非意味着真实的代换) 变为未扰动问题的振幅方程(1′)，而且我们知道(参见 §3)，未扰动问题的解的总体就是用这种方式发现的。令

$$E_k\ 和\ u_k(x);\ k=1,\ 2,\ 3,\ \cdots$$

分别是未扰动问题的本征值和归一化本征函数，我们将它们看作*已知的*，并且假设它们是*离散的且彼此不同*(不具连续谱的非简并系统)，这样我们就无须涉及需要专门考虑的次生问题。

正如不含时间的扰动势的情形，我们必须在未扰动问题的*每一个*可能解的邻域内，即在具有常系数的 u_k 的任意线性组合的邻域内，来寻找扰动问题的解。(由式(8)知，这里 u_k 与适当的时间因子 $\exp(\pm 2\pi iE_kt/h)$ 组合在一起。)位于确定的线性组合邻域内的受扰动问题的解有如下物理意义：当光波到达时，如果恰好存在确定的自由本征振荡的线性组合(也许“激发”过程中还带点小变化)，那么率先出现的就正是这个解。

然而，由于受扰动问题的方程也是*齐次的* —— 这里强调一下与声学中“受迫振荡”的类比意图 —— 因此足以让我们在每个*离散的*邻域内找到这种受扰动解：

$$u_k(x)e^{\pm\frac{2\pi iE_kt}{h}}, \tag{9}$$

然后我们可以将它们作任意线性组合，正如对未受扰的解所做的那样。

为了解式(7) 中的第一个方程，因此现在我们令

$$\psi = u_k(x) e^{\frac{2\pi i E_k t}{h}} + w(x, t). \tag{10}$$

（“±”中下面的符号，即式(7)中的第二个方程，暂且放一边，因为它不会给出新的东西。）附加项 $w(x, t)$ 可视为一小量，它与微扰势的乘积被略去。在将式(10)代入式(7)时记住这一点，同时我们还记得 $u_k(x)$ 和 E_k 分别是未扰动问题的本征函数和本征值，因此我们得到

$$\begin{aligned} \nabla^2 w - \frac{8\pi^2}{h^2} V_0 w - \frac{4\pi i}{h}\frac{\partial w}{\partial t} &= \frac{8\pi^2}{h^2} A\cos 2\pi\nu t \cdot u_k e^{\frac{2\pi i E_k t}{h}} \\ &= \frac{4\pi^2}{h^2} A u_k \cdot \left(e^{\pm\frac{2\pi i t}{h}(E_k + h\nu)} + e^{\frac{2\pi i t}{h}(E_k - h\nu)} \right). \end{aligned} \tag{11}$$

容易看出，这一方程满足下列代换：

$$w = w_+(x) e^{\frac{2\pi i t}{h}(E_k + h\nu)} + w_-(x) e^{\frac{2\pi i t}{h}(E_k - h\nu)}, \tag{12}$$

其中两个函数 $w_\pm$ 分别服从如下两个方程：

$$\nabla^2 w_\pm + \frac{8\pi^2}{h^2}(E_k \pm h\nu - V_0) w_\pm = \frac{4\pi^2}{h^2} A u_k. \tag{13}$$

这一步相当关键。初看起来，我们好像可以给式(12)加上任意一个未扰动本征振荡的集合。但这个集合必须假设是一小量，并且是一阶的(因为这是对 w 的假设)，因此我们眼下对此不感兴趣，因为它最多只能产生二阶扰动。

在方程(13)中，我们最终有了那些我们一直期望的非齐次方程，尽管(如前面强调的)缺少与真实受迫振动的类比。这一类比的缺乏是极端重要的，并且在方程(13)上有下述两点特殊表现。首先，作为“二阶量”(“激发力”)，扰动函数 $A(x)$ 并不单独存在，而是以与已有的自由振荡的幅度相乘的形式存在。如果适当考虑到问题的物理背景，这一点是不可避免的，因为原子对入射光波的反应几乎完全取决于原子在那一刻的状态，而我们知道，膜、平板等的受迫振动基本上与这些材料的本征振荡无关，后者是叠加在前者上的，因此，这种类比将会造成对我们的情形一种错误的表示。其次，在式(13)左边的本征值——即“激发频率”——的位置上，我们没有发现微扰力独自的频率 ν，而是在一种情形下被加载到已存在的自由振动频率上，而在另一种情形下则被减去。这同样也是不可避免的。否则的话，本征频率本身，它对应于项频率，将像谐振点而不是本征频率的差起作用，而后者是所要求并真正由方程(13)给出的结果。此外，我们满意地看到，后者给出的仅仅是实际被激发的本征频率与所有其他频率之间的差，而不是那些没有二阶量被激发的本征频率对之间的差。

为了更深入地考察这一点，我们来完成这一求解过程。运用著名的方法①，我们发现方程(13)有如下简单的解：

$$w_{\pm}(x)=\frac{1}{2}\sum_{n=1}^{\infty}\frac{a'_{kn}u_n(x)}{E_k-E_n\pm h\nu},\tag{14}$$

其中

$$a'_{kn}=\int A(x)u_k(x)u_n(x)\rho(x)\,\mathrm{d}x.\tag{15}$$

$\rho(x)$ 是"密度函数"，即位置坐标的函数，方程(1′)必须乘上它才能成为自伴的。$u_n(x)$ 被假设是归一化的。此外我们进一步假设 $h\nu$ 并不与任何本征值的差 E_k-E_n 严格一致。这一"谐振情形"将在后面处理(参见 §4)。

如果我们现在运用式(12)和(10)，从式(14)构造完整的受扰动振荡，则得到

$$\psi=u_k(x)e^{\frac{2\pi iE_kt}{h}}+\frac{1}{2}\sum_{n=1}^{\infty}a'_{kn}u_n(x)\cdot\left(\frac{e^{\frac{2\pi it}{h}(E_k+h\nu)}}{E_k-E_n+h\nu}+\frac{e^{\frac{2\pi it}{h}(E_k-h\nu)}}{E_k-E_n-h\nu}\right).\tag{16}$$

因此，在受扰动情形下，跟着每个自由振荡 $u_k(x)$ 一起出现的还有所有那些小振幅的振荡 $u_n(x)$，对此 $a'_{kn}\neq 0$。后者是这样的一种振荡，如果它们作为自由振荡与 u_k 一起存在，那么它们将引起辐射，这种辐射的(全或部分)偏振的取向将与入射波的偏振方向一致。因为除了一个因子，a'_{kn} 正是原子电极矩(在这个偏振方向上)的分量振幅。按照波动力学，它以频率 $(E_k-E_n)/h$ 振荡，并且当 $u_k(x)$ 和 $u_k(x)$ 一起存在时出现②。然而，这种同时振荡既不与本征频率为 E_n/h 的振荡(相对于前者显得有些怪异)一起发生，也不与光波频率 ν 一起发生，而是与 ν 与 E_n/h(即某个现存的自由频率)的和和差一起发生。

式(16)的实部或虚部可以被当作实际的解来考虑。但在下面，我们将着手处理复数解本身。

为了看清这一结果在色散理论中的重要性，我们必须考察由受激受迫振荡和原有的自由振荡同时存在时所产生的辐射。为此目的，我们按照前面已经采用的方法③(评述见 §7)来构建复波函数(16)与其共轭的乘积，即给出复波函数 ψ 的

① 参见本系列论文第三部分，§1 和 §2，方程(8)和(24)前后的段落。

② 参见下述和 §7。

③ 参见海森伯等人的量子力学论文的末尾，也可参见本系列论文第三部分关于斯塔克效应的强度的计算。在首次引用的地方，提出的是 $\psi\bar{\psi}$ 的实部，而不是 $\psi\bar{\psi}$。这是一个错误，在本系列论文第三部分得到纠正。

模。我们注意到，扰动项较小，因此其平方项和乘积项均可忽略。经简单的化简①，得到

$$\psi\bar{\psi} = u_k(x)^2 + 2\cos 2\pi\nu t\sum_{n=1}^{\infty}\frac{(E_k - E_n)a'_{kn}u_k(x)u_n(x)}{(E_k - E_n)^2 - h^2\nu^2} \tag{17}$$

按照关于场标量 ψ 的电动力学意义的试探性假说，目前这个量——不考虑乘积性系数——代表了作为空间坐标和时间的函数的电密度，如果 x 仅代表三维空间坐标，即我们处理的是单电子问题的话。我们记得，同样的假说使我们得到了正确的选择定则和偏振法则，并在我们讨论氢的斯塔克效应时给出了令人满意的强度关系表示。通过对这一假说的自然的推广——在 §7 中有更详细的叙述——我们将下列陈述看做是对电性密度的一般情形的表示。这种电性与经典力学中的一个粒子"相伴随"，或是"起源于该粒子"，或是"对应于波动力学中的粒子"：$\psi\bar{\psi}$ 的积分取遍系统的所有那些坐标，而在经典力学中，它相当于固定其余粒子的位置，乘上某个常数，即为第一个粒子的经典的"电荷"。因此，所得到的空间任意一点上的电荷密度由这种取遍所有粒子的积分的和来表示。

因此，为了找到作为时间函数的总的波动力学偶极矩的空间分量，我们必须基于这样一个假设：如果我们要处理（例如）y 方向上的偶极矩，我们必须用这样一种坐标函数乘以表达式（17），这种坐标函数给出经典力学中作为质点系统的位形函数的 y 方向的偶极矩分量：

$$M_y = \sum e_i y_i. \tag{18}$$

然后对全部位形坐标积分。

我们来对此作出计算，用缩略形式

$$b_{kn} = \int M_y(x)u_k(x)u_n(x)\rho(x)\,\mathrm{d}x. \tag{19}$$

我们来进一步明晰 a'_{kn} 的定义式（15）。回顾一下，如果入射的电光矢量由下式给出，

$$\mathfrak{E}_z = F\cos 2\pi\nu t, \tag{20}$$

那么

① 为简单起见，我们同前一样假设本征函数 $u_n(x)$ 是实的，但注意到，如果它与实本征函数的复数集合结合在一起有时要方便得多，有时甚至是必须的，例如在开普勒问题中，它与 $\exp(\pm im\phi)$ 结合在一起，而不是与 $\begin{matrix}\cos\\ \sin\end{matrix} m\varphi$ 结合在一起。

$$\begin{cases} A(x) = -F \cdot M_z(x) \\ \text{这里 } M_z(x) = \sum e_i z_i. \end{cases} \tag{21}$$

通过类比于式(19)，令

$$a_{kn} = \int M_z(x) u_k(x) u_n(x) \rho(x) \mathrm{d}x, \tag{22}$$

因此有 $a'_{kn} = -Fa_{kn}$，通过算出上述积分，我们得到

$$\int M_y \psi \bar{\psi} \rho \mathrm{d}x = a_{kk} + 2F\cos 2\pi\nu t \sum_{n=1}^{\infty} \frac{(E_n - E_k) a_{kn} b_{kn}}{(E_k - E_n)^2 - h^2\nu^2}. \tag{23}$$

这个电极矩被认为是由入射波(20) 产生的次级辐射造成的。

当然，这种辐射仅依赖于(随时间变化的) 第二项，而第一项代表的是不随时间变化的偶极矩分量，它可能与最初存在的自由振荡有关。这一变化部分似乎很有用，可以满足我们通常对“色散公式” 提出的所有要求。首先，让我们指出一点，出现的这些所谓“负” 项，按通常的说法，对应于跃迁到一个较低能级($E_n < E_k$) 的概率。这一点最早是由克拉默斯①从对应原理的观点出发注意到的。总的来说，我们的公式 —— 尽管思路和表达式非常不同 —— 形式上确实与克拉默斯的次级辐射公式相同。次级辐射系数 a_{kn} 和自发辐射系数 b_{kn} 之间的重要联系被揭示出来，而且次级辐射确实是根据偏振条件得到准确描述②。

我倾向于认为，散射辐射或感生偶极矩的绝对值也由公式(23) 正确地给出，虽然显然存在这样的可能性：在应用上面引入的试探性假设时可能会出现数值因子上的误差。但毕竟物理量纲是正确的，从式(18)、(19)、(21) 和(22) 可知，a_{kn} 和 b_{kn} 都是电极矩，因为本征函数的平方积分已被归一化到1。如果 v 被从所讨论的发射频率中去掉，那么感应偶极矩与自发偶极矩的比就与附加势能 Fa_{kn} 与“能级差”$E_n - E_k$ 的比在同一个量级上。

§3. 对 § 2 的补充。激发态原子，简并系统，连续谱

为清楚起见，我们在前一节做了一些特殊假定，并将许多问题放在一边。现

---

① H. A. Kramers, *Nature*, May 10, 1924；同前，August 30, 1924；Kramers and W. Heisenberg, *Ztschr. f. Phys.* **31**, p. 681, 1925. 后一篇文章中，由对应原理给出的对散射光的偏振(公式 27) 的描述，形式上几乎与我们的完全一致。

② 几乎无须指出，我们(为简单起见) 分别称之为“z 方向” 和“y 方向” 的两个方向不需要彼此精确垂直。一个是入射光的偏振方向；另一个是我们特别感兴趣的次级波的偏振分量。

在我们在这里以补正的方式对这些内容进行讨论。

首先，当光波遇到原子时会发生什么？这里后者所处的态不是迄今为止所假定的单一的受激自由振荡 u_k 的状态，而是几种振荡（比如说两种，u_k 和 u_l）共存的状态。如上所述，在受扰动情形下，我们需要将下标 k 和 l 所对应的两个受扰动解（16）叠加起来，在此之前我们已经给它们提供了常（可能是复数）系数，这些系数对应于给定的自由振荡的强度以及它们受激时的相位关系。不用进行实际演算我们就可看到，在 $\psi\bar{\psi}$ 的表达式以及导出的电极矩的表达式（23）中，不仅有前已获得的项的相应的线性叠加，即用 k 给出的式（17）或（23）与随后用 l 写出的式（17）或（23）的相应的线性叠加，我们还有"组合项"，即首先考虑量级最高的项：

$$u_k(x)u_l(x)e^{\frac{2\pi i}{h}(E_k-E_l)t}, \tag{24}$$

它再次给出自发辐射，与两个自由振荡的同时存在密切相关；其次是一阶微扰项，它与微扰场的振幅成正比，且对应于受迫振荡 u_k 与自由振荡 u_l 之间的相互作用（以及受迫振荡 u_l 与自由振荡 u_k 之间的相互作用）。出现在式（17）和（23）中的这些新的项的频率不是 ν，而是

$$|\nu \pm (E_k - E_l)/h|, \tag{25}$$

这一点无须计算就容易看出。（然而，新的"共振分母"没在这些项中出现。）因此，在这里我们必须处理次级辐射，其频率既不与激发光的频率相同，也不与系统的自发频率相同，而是这二者的组合频率。

这种引人注目的次级辐射的存在，最先是由克拉默斯和海森伯从对应原理的考虑给出的（见前引文），后来玻恩、海森伯和约丹从海森伯量子力学的考虑①又再一次给出。据我所知，这一点尚未得到实验的验证。目前的理论还清楚地表明，这种散射辐射依赖于特定的条件，为此需要我们对这一研究有明确的安排。首先，两个本征振荡 u_k 和 u_l 必须被强激发，这使得所有建立在常态原子上的实验（绝大部分情形都是如此）都被排除。其次，必须存在至少三分之一的本征振荡态（即它们必须是可能的——无须被激发），当它们与 u_k 以及与 u_l 复合后将导致强有力的自发辐射。异常散射辐射——还有待发现——正比于所讨论的自发发射系数的乘积（$a_{kn}b_{ln}$ 和 $a_{ln}b_{kn}$）。组合（u_k，u_l）本身不必引发强辐射。用旧理论的语言来说就是，它是否是"禁戒跃迁"并不重要。而实际上，我们还必须要求

① Born, Heisenberg, and Jordan, *Ztschr. f. Phys.* **35**, p. 572, 1926.

这条线(u_k, u_l) 在实验中被很强地发射出来，因为这是确保下述这点的唯一手段：两个本征振荡既在同样的单个原子中被激发，又在数目足够多的原子中被激发。如果我们考虑到，在被重点考察的主要项系中，即在通常的 s 线，p 线，d 线和 f 线系中，与第三项强烈复合的两项之间的关系通常并不如此，因此，研究对象和条件的特定选择似乎是必须的，如果我们期望所要的散射辐射具有确定性，特别是其频率并非激发光的频率，从而它不产生色散或偏振平面的旋转，而只能作为向各个方向散射的光被观察到的话。

在我看来，上面提到的海森伯、玻恩和约丹的色散理论并不允许我们作这样的考虑，尽管在形式上它与眼下的理论有很大的相似性。因为它只考虑了原子对入射辐射做出反应这么一种方式。它将原子想象为永恒的实体，迄今为止仍不能用其自身的语言来表述这样一个确定无疑的事实：原子在不同的时间能够处于不同的状态，从而 —— 如已经证明的 —— 可以不同的方式对入射辐射做出反应。①

现在，让我们转向另一个问题。在 §2 中，集体本征值被假定是离散的且彼此不同的。现在，我们暂且不讨论第二个假说，而是问：当出现多重本征值，即当出现简并时，什么会有改变？或许我们预料会出现一些复杂的情形，类似于我们在时间为常数的微扰下所遇到的情形(第三部分，§ 2)，即(适用于特定微扰的) 未扰动原子的本征函数系统，必须被定义为一个“久期方程”的解，并应用于微扰计算。事实上，在(由式(5) 中 $r(x, t)$ 所代表的) 任意微扰的情形下确实如此，但在由入射光波的微扰情形下(式(6)) 情况却并非如此 —— 不管怎样，对于通常的一阶近似，只要我们假设光的频率 ν 并不与所考虑的任何自发辐射频率相同。因此，就受扰动振荡的幅度来说，二重方程(13) 中的参数值不是本征值，这一对方程总是有明确的一对解(14)，其中即使当 E_k 为一多重值时，也不会出现分母为零的情形。因此，求和中 $E_n - E_k$ 的项没被忽略，虽然我们会这样想，而不只是 $n = k$ 的项。值得注意的是，通过这些项 —— 如果其中某一项确实出现，即具有非零 a_{kn} —— 共振频率中也将出现 $\nu = 0$ 的频率。当然，这些项对“寻常”散射没有贡献，因为 $E_k - E_n = 0$，如我们从式(23) 中所看到的。

如果我们不要求特地考虑是否会出现任何可能的简并，至少在一级近似中是

---

① 特别是参见海森伯最近对其论文的说明中的结论性文字，*Math. Ann.* 95，p. 683，1926. 与这种理解上困难有关的“事件的时间过程”。

这样，那么简化总是可以的①，条件是微扰函数的时间平均值为零，或当后者的傅里叶时间展开式中不包含常数项，即不包含与时间无关的项。光波就是这样一种情形。

虽然我们关于本征值——这些本征值应当是单值的——的第一个假设因此被证明确实是过分谨慎了，但未加讨论的第二个假设——其中本征值绝对应当是离散的——尽管原则上不导致变化，但在计算的外观上却带来了相当可观的变化：对方程（1′）的连续谱所取的积分被加到式(14)，(16)，(17)和(23)中的离散和上。这种积分表示理论业已由 H. 外尔所发展②，虽然它只适用于常微分方程，但允许拓展到偏微分方程。为简明起见，对这一情形做如下处理③。如果非齐次方程(13)——即未受扰动系统的振荡方程(1′)——对应的齐次方程除了点状谱之外还具有连续谱，这个连续谱(比如说)从 $E=a$ 延伸到 $E=b$，那么任意函数 $f(x)$ 自然无法仅做如下关于归一化离散本征函数 $u_n(x)$ 的展开：

$$f(x)=\sum_{n=1}^{\infty}\phi_n\cdot u_n(x)，\text{其中 }\phi_n=\int f(x)u_n(x)\rho(x)\,\mathrm{d}x, \tag{26}$$

而必须加上一个属于本征值 $a\leqslant E\leqslant b$ 的本征解 $u(x,E)$ 的积分。于是我们有

$$f(x)=\sum_{n=1}^{\infty}\phi_n\cdot u_n(x)+\int_a^b u(x,E)\phi(E)\,\mathrm{d}E, \tag{27}$$

这里为了强调类比，对于"系数函数"$\phi(E)$，我们故意选用与离散系数 ϕ_n 相同的字符来表示。如果我们一劳永逸地通过给 $u(x,E)$ 附加一个合适的 E 的函数来以如下方式归一化本征解 $u(x,E)$：

$$\int\mathrm{d}x\,\rho(x)\int_{E'}^{E'+\Delta}u(x,E)u(x,E')\,\mathrm{d}E'=1\text{ 或 }=0. \tag{28}$$

按照 E 是否属于区间$(E',E'+\Delta)$。于是式(27)中积分号下的被积函数可以代换为，

$$\phi(E)=\lim_{\Delta=0}\frac{1}{\Delta}\int\rho(\xi)f(\xi)\cdot\int_E^{E+\Delta}u(\xi,E')\,\mathrm{d}E'\cdot\mathrm{d}\xi, \tag{29}$$

---

① 进一步讨论见 §5。

② H. Weyl, *Math. Ann.* **68**, p. 220, 1910; *Gött. Nachr.* 1910. 也可参见 E. Hilb, *Sitz.-Ber. d. Physik. Mediz. Soc. Erlangen*, **43**, p. 68, 1911; *Math. Ann.* **71**, p. 76, 1911. 我必须谢谢外尔，不仅因为他提供了这些参考文献，还因为他对这些不十分简单的问题提出了非常宝贵的口头说明。

③ 对这一说明，我必须感谢 Herr Fues。

其中第一个积分所针对的总是变量 x 群的定义域①。假设式(28)被满足，展开式(27)存在——外尔针常微分方程的情形已对这一陈述予以证明——那么式(29)中的“系数函数”的定义几乎与著名的傅里叶系数一样显然。

在具体情形下，最重要也是最困难的任务，是对 $u(x, E)$ 进行归一化，即找到这样的 E 函数，我们将其乘上(因为尚未归一化)连续谱的本征解，以便使条件(28)得以满足。上面引述的外尔的工作包含了对完成这一实际任务非常有价值的指导，以及一些已经完成的例证。赫尔·菲斯(Herr E. Fues)在最近一期的《物理学年鉴》上的一篇论文给出了一个关于带状谱强度的原子动力学的案例。

让我们将它应用于我们的问题，即应用到方程(13)关于受扰动振荡的振幅 $w_{\pm}$ 的解。这里我们一如既往地假定，有一个受激自由振荡 u_k 属于离散的点状谱。我们按照式(27)的方式对式(13)的右边进行展开，故有

$$\frac{4\pi^2}{h^2}A(x)u_k(x) = \frac{4\pi^2}{h^2}\sum_{n=1}^{\infty} a'_{kn}u_n(x) + \frac{4\pi^2}{h^2}\int_a^b u(x, E)a'_k(E)\,\mathrm{d}E, \tag{30}$$

其中 a'_{kn} 由式(15)给出，而源自式(29)的 $a'_k(E)$ 为

$$a'_k(E) = \lim_{\Delta=0}\frac{1}{\Delta}\int\rho(\xi)A(\xi)u_k(\xi).\int_E^{E+\Delta}u(\xi, E')\,\mathrm{d}E'\cdot\mathrm{d}\xi. \tag{15'}$$

如果我们想象将展开式(30)代入式(13)，然后将所要求的解 $w_{\pm}(x)$ 按照本征解 $u_n(x)$ 和 $u(x, E)$ 展开，并注意到对式(13)中左边最后命名的函数取值

$$\frac{8\pi^2}{h^2}(E_k \pm h\nu - E_n)u_n(x)$$

或

$$\frac{8\pi^2}{h^2}(E_k \pm h\nu - E)u(x, E),$$

这样，通过“系数比较”，我们得到了式(14)的推广

$$w_{\pm}(x) = \frac{1}{2}\sum_{n=1}^{\infty}\frac{a'_{kn}u_n(x)}{E_k - E_n \pm h\nu} + \frac{1}{2}\int_a^b\frac{\alpha'_k(E)u(x, E)}{E_k - E \pm h\nu}\mathrm{d}E. \tag{14'}$$

进一步的处理完全类似于 §2 中的处理。

最后，我们得到式(23)的附加项：

---

① 正如 Herr E. Fues 向我指出的，实际过程中我们经常会略去求极限的过程，将其中的积分写成 $u(\xi, E)$，如果 $\int\rho(\xi)f(\xi)u(\xi, E)\mathrm{d}\xi$ 总是存在的话。

$$+ 2\cos 2\pi\nu t\int d\xi\rho(\xi)M_y(\xi)u_k\xi\int_a^b \frac{(E_k - E)a'_k(E)u(\xi, E)}{(E_k - E)^2 - h^2\nu^2}dE \qquad (23')$$

这里，我们或许不能总是未经进一步考察就改变积分的次序，因为关于 ξ 的积分可能是不收敛的。然而，作为对严格求解（这里可以将它免去）的一种权宜之计，我们可以将积分 $\int_a^b$ 分解成许多小的部分，每一部分有一区间 Δ，它足够小，允许我们在每一部分中将所有 E 的函数看做是不变的，$u(x, E)$ 除外，因为我们从一般理论知道，它的积分不能通过这样一种与 ξ 无关的固定的分割来获得。于是，我们可从分部积分中取出剩余的函数，并且作为次级辐射的电偶极矩(23)的附加项，最终得到如下结果：

$$2F\cos 2\pi\nu t\int_a^b \frac{(E - E_k)\alpha_k(E)\beta_k(E)}{(E_k - E)^2 - h^2\nu^2}, \qquad (23'')$$

其中

$$\alpha_k(E) = \lim_{\Delta=0}\frac{1}{\Delta}\int\rho(\xi)M_z(\xi)u_k(\xi).\ \int_E^{E+\Delta}u(\xi, E')dE'd\xi, \qquad (22')$$

$$\beta_k(E) = \lim_{\Delta=0}\frac{1}{\Delta}\int\rho(\xi)M_y(\xi)u_k(\xi).\ \int_E^{E+\Delta}u(\xi, E')dE'd\xi \qquad (19')$$

（请注意，上式与 §2 中不带撇的同样数字的公式完全类似。）

当然，上述计算仅仅是一种一般性的概括，只是为了表明，有过许多讨论的连续谱对于色散——实验①似乎已表明它的存在——的影响从预期的形式上看正是目前理论所需的，并且它概述了问题的计算得以解决的方式。

§4. 谐振情形的讨论

迄今为止，我们总是假设光波的频率 ν 与任何必须考虑的发射频率都不一致。现在我们假设，比如说

$$h\nu = E_n - E_k > 0, \qquad (31)$$

此外，为简单起见，我们回归到 §2 中的极限条件（单值的、离散的本征值，单个受激自由振荡 u_k）。为此，在方程对(13)中，本征值参数取如下值

$$E_k \pm E_n \mp E_k = \begin{cases} E_n \\ 2E_k - E_n \end{cases} \qquad (32)$$

① K. F. Herzfeld and K. L. Wolf, *Ann. d. Phys.* **76**, p. 71, p. 567, 1926; H. Kollmann and H. Mark, *Die Nw.* **14**, p. 648, 1926.

即对于取上下记号中上面记号的情形，只存在一个本征值，即E_n。这有两种可能的情形。第一种，方程(13)的右边乘以$\rho(x)$，它可以正交于E_n所对应的本征函数$u_n(x)$。即我们有

$$\int A(x)u_k(x)u_n(x)\rho(x)\mathrm{d}x = a'_{kn} = 0, \tag{33}$$

在物理上这意味着：如果u_k和u_n都以自由振荡的形式一并存在，那么它们将不会产生自发辐射，或其偏振方向与入射光的偏振方向垂直的辐射。在这种情形下，临界方程(13)仍只有一个解，这个解如此前一样仍由式(14)给出，其中灾难性的项消失了。这在物理上意味着(用旧的术语来说)“禁戒跃迁”不可能通过共振来激发，或是一个“跃迁”，即使不是禁戒的，也不能由这样的光引起，这种光的振荡取向垂直于“自发跃迁”所发射的光的偏振方向。

第二种可能的情形则不同，式(33)不被满足。对此临界方程没有解。这时式(10)——它假设了一个与原初存在的自由振荡差别非常微小(仅为光的振幅F的量级)的振荡——所表述的是这一假设下最一般的可能情形，由此无法达到其目的。因此不存在与原初的自由振荡仅相差F量级差异的解。因此入射光对于系统的状态有一种变化着的影响，它与光的振幅大小无关。这种影响是什么呢？对此我们无须进一步计算就可以判断，如果我们从共振条件(31)不是严格满足，而只是近似满足这一情形出发的话。于是，我们由式(16)看到，由于分母小的缘故，$u_n(x)$在一种非常强的受激振荡中被激发。并且并非不重要的是，这些受激振荡的频率趋近于本征振荡u_n的自然本征频率E_n/h。(所有这些非常类似于我们在其他地方遇到的共振现象，当然每种情形都有各自不同的形式，否则我就不如此详细地讨论它了。)

在对临界频率的逐渐趋近中，先前并未激发的本征振荡u_n(其可能的存在引起了这一危机)被激励到愈来愈强的程度，并且愈来愈接近自身的本征频率。与通常的共振现象形成对比的是，存在这么一个点，甚至在到达临界频率之前，我们的解就不再能正确地代表这种环境，甚至在假设——我们明显的“无阻尼”波的公设严格有效——下也不行。因为我们事实上已将受迫振荡w看作与存在的自由振荡相比是很小的，并且忽略了(方程(11)中的)平方项。我相信，目前的讨论已足够清晰地表明，在共振情形下，理论事实上给出了它应当给出的结果，以便与伍德的共振现象一致。伍德的共振现象是指这样一种导致危机的本征振荡u_n，它增强到一个与原初存在的振荡u_k可比的有限幅度，由此导致光谱线

($u_k \quad u_n$)的“自发发射”的结果。但在这里我并不试图去完全计算这一共振情形，因为只要不考虑所发出的辐射对发射系统的反应，这一结果就没什么价值。这种反应必然存在，这不仅是因为系统自身发射的波原则上与外来的入射波本质上没有区别，而且还因为否则的话，如果一个系统中几个本征振荡被同时激发，那么自发辐射将无限期地持续下去。这要求反馈耦合必须起作用，使得在此情形下，随着光的辐射，振幅较高的本征振荡被逐渐衰减掉，并最终只留下对应于系统常态的基本振荡。反馈耦合显然完全类似于经典电子理论中的辐射反应$\left(\frac{2e^2}{3mc^3}\ddot{v}\right)$。这一类比也缓解了我们由先前忽略了这一反馈耦合所引起的忧虑。波动方程中相关的项(或许不再是线性的)的影响通常较小，正如辐射对电子的反压与惯性力和外部场强的作用相比通常非常小一样。但在共振情形下，如同在电子理论中一样，与本征光波的耦合将与同入射波的耦合处于同一量级，因此必须加以考虑，如果要正确计算不同本征振荡之间的“平衡”(其确定取决于给定的辐射)的话。

但我们要明确指出：反馈耦合项并非是避免共振灾难所必需的！它可能在任何情形下都不会发生，因为按照下面 §7 所证明的归一化持续性定理，$\psi\bar{\psi}$ 的位形空间积分总是保持被归一到同一个值，即使是在任意外力的影响下。而且作为波动方程(4″)的结论，确实是自动如此的。因此，ψ 振荡的振幅不可能无限增大；“平均”来看，它们总是取同一个值。如果一个本征振荡增大，那么另一个就必然减小。

§5. 到任意微扰的推广

如果所讨论的任意微扰取 §2 开始时的式(5)所假设的形式，那么我们就可将微扰能量 $r(x, t)$ 展开为傅里叶级数，或是对时间的傅里叶积分。因此展开式的项具有光波的微扰势(6)的形式。我们立即可以看出，对于式(11)的右边，我们得到的是两个 e 的虚幂的级数(或是积分)，而不仅仅是两项。如果激发频率全都与临界频率不一致，那么我们得到的是与 §2 中所描述的方式完全相同的解，但当然是关于时间的傅里叶级数(或是傅里叶积分)。这里不必写出它的形式表达式，将问题做更严格的区分超出了本文的范围。但要点，在 §3 中已提及，必须指出。

在方程(13)的临界频率中，还出现了由 $E_k - E_k = 0$ 得出的频率 $\nu = 0$。因为在这一情形中，在方程左边还有一个作为本征值参量出现的本征值，即 E_k。因此，如果频率 0，即一个与时间无关的项，出现在微扰函数 $r(x, t)$ 的傅里叶展开式中，我们就不能用以前的方法来达到我们的目标。然而，我们很容易看出如何对它实施必要的修改，因为这种定常的微扰在前面的工作中已经知晓(参见本系列论文第三部分)。因此我们必须同时考虑到受激自由振荡的本征值的一个小的变动和可能的分裂，即在方程(10) 的右边第一项的 e 的幂指数中，我们必须用 E_k 加上一个小的常数 —— 本征值的微扰 —— 来取代 E_k。正如在本系列论文第三部分的 §1 和 §2 中所述，这一微扰由下述假设规定：方程(13) 中临界傅里叶分量的右边正交于 u_k(或可能正交于所有属于 E_k 的本征函数)。

属于本节讨论的具体问题的数量非常多。通过将恒常电场或恒常磁场产生的微扰与光波叠加，我们得到磁和电的双重折射，以及偏振平面的磁致旋转。磁场下的共振辐射也归在这一标题下，但为此目的，我们必须先得到 §4 中讨论的共振情形的精确解。此外，我们可以这种方式来处理从原子旁飞过的 α 粒子或电子的作用①，如果相遇的距离不是太近，使得两个系统的每一个的微扰都可以从另一个的未受扰运动的状态计算出来的话。只要未受扰系统的本征值和本征函数是已知的，那么所有这些问题就都不过是计算问题。因此，我们希望对重原子也可以成功地(至少是近似地) 确定这些函数，就像是近似地确定属于不同类型项的玻尔电子轨道一样。

§6. 基本方程到相对论性且有磁场情形的推广

作为对刚才提到的物理问题的补充，我想在此简略地给出基本方程(4″) 到相对论性且有磁场情形的可能的推广。截至目前，磁场的重要作用在本系列论文中被完全忽略了，尽管它有着重要作用。这里的推广我只能就单电子问题来进行，并且留有最大可能的保留 —— 这种保留出于两个理由。首先，这一推广暂时还只是基于纯形式的类推；其次，正如在第一部分中提到的，尽管它确实在形式上由开普勒问题导出了索末菲的带有“半整数”角向和径向量子数的精细结构公式，而且这在今天通常被看作是正确的，但毕竟这种处理仍缺乏补正，而这种补正对于确保数值上正确的氢线劈裂图是必需的。在玻尔理论中，这种能级劈裂是由戈德斯密特和乌伦贝克借助于电子自旋来给出的。

① E. 费米曾做过一个非常有趣和成功的尝试，即通过各自的场的傅里叶分量来比较飞行荷电粒子的作用与光波的作用，见 H. Fermi，*Ztschr. f. Phys.* **29**，p. 315，1924.

关于洛伦兹电子的哈密顿-雅可比偏微分方程可以容易地写出：

$$\left(\frac{1}{c}\frac{\partial W}{\partial t}+\frac{e}{c}V\right)^{2}-\left(\frac{\partial W}{\partial x}-\frac{e}{c}\mathfrak{A}_{x}\right)^{2}-\left(\frac{\partial W}{\partial y}-\frac{e}{c}\mathfrak{A}_{y}\right)^{2}-\left(\frac{\partial W}{\partial z}-\frac{e}{c}\mathfrak{A}_{z}\right)^{2}-m^{2}c^{2}=0. \tag{34}$$

其中 e，m，c 分别是电子的电荷、质量和光速；V 和 $\mathfrak{A}$ 分别为电子所处位置外部电磁场的静电电势和电磁势，W 是作用量函数。

现在，我尝试从经典(相对论性) 方程(34) 出发，通过下述纯形式的程序，导出电子的波动方程。我们很容易验证，如果将该程序应用于普通(非相对论性) 力学中任意力场下粒子运动的哈密顿方程，将导出方程(4″)。在方程(34) 中，在取平方后，我将下述各量

$$\begin{cases}\dfrac{\partial W}{\partial t},\ \dfrac{\partial W}{\partial x},\ \dfrac{\partial W}{\partial y},\ \dfrac{\partial W}{\partial z}\\ \text{分别代换为以下各算符}\\ \pm\dfrac{h}{2\pi i}\dfrac{\partial}{\partial t},\quad \pm\dfrac{h}{2\pi i}\dfrac{\partial}{\partial x},\quad \pm\dfrac{h}{2\pi i}\dfrac{\partial}{\partial y},\quad \pm\dfrac{h}{2\pi i}\dfrac{\partial}{\partial z}.\end{cases} \tag{35}$$

将由此得到的双线性算符应用到波函数 ψ 上，并令结果等于零，得到

$$\begin{aligned}&\nabla^{2}\psi-\frac{1}{c^{2}}\frac{\partial^{2}\psi}{\partial t^{2}}\mp\frac{4\pi ie}{hc}\left(\frac{V}{c}\frac{\partial\psi}{\partial t}+\mathfrak{A}\ \mathrm{grad}\ \psi\right)\\&+\frac{4\pi^{2}e^{2}}{h^{2}c^{2}}\left(V^{2}-\mathfrak{A}^{2}-\frac{m^{2}c^{4}}{e^{2}}\right)\psi=0.\end{aligned} \tag{36}$$

(这里符号 ∇^2 和梯度具有基本的三维欧几里得空间下的意义。) 式(36) 是单电子情形下的式(4″) 的相对论性且有磁场情形下的推广，因而可以类似地理解为复波函数必须满足方程对的两个式子中的一个。

从式(36) 出发，严格按照本系列论文第一部分所述方法操作，我们便可得到氢原子的索末菲精细结构公式，我们还可以导出(忽略掉 $\mathfrak{A}^2$ 中的项) 正常塞曼效应和著名的选择定则和偏振法则，以及强度公式。它们源自第三部分结尾处引入的勒让德函数之间的积分关系。

出于本节第一段中给出的理由，我在这里不再给出这些计算的详尽过程。同样，下一节也只涉及“经典” 情形，而不讨论尚不完善的相对论性且有磁场的理论。

§7. 关于场标量的物理意义

关于场标量 ψ 的电动力学意义的启发性假说 —— 过去曾用于单电子问题 —— 被推广到 §2 中任意带电粒子系统，我们在那里承诺要给出对这一处理程序的较彻底的描述。我们已经计算了在如下空间中任意一点上的电荷密度。现在我们选择单个粒子，保持在普通力学中描述其位置的三元坐标不变；然后令 $\psi\bar{\psi}$ 对系统所有其余的坐标积分，并将结果乘以一个常数 —— 所选粒子的“电荷”。然后我们对每个粒子(三元坐标组）做相同的运算，即对每个选定粒子的位置 —— 即我们想知道该点上电荷密度的那些空间点的位置 —— 做上述运算。这一密度等于部分结果的代数和。

这一运算规则现在等价于下述概念，它允许 ψ 的真实意义被更清晰地突出出来。$\psi\bar{\psi}$ 是系统位形空间下的一种*权重函数*。系统的波动力学位形是许多 —— 严格来讲是*所有的* —— 运动学上可能的点的力学位形的*叠加*。因此，每个点的力学位形对真正的波动力学位形都有某种权重的贡献，这个权重正是由 $\psi\bar{\psi}$ 给出的。如果我们喜欢用似非实是的说法，我们可以说，该系统同时存在于所有运动学上可以想象的位置上，只不过各处的重要性不全相等。在宏观运动中，权重函数实际上集中在一个很小的、无法实际分辨的位置区域内。这个区域在位形空间下的引力中心走过一段宏观上可觉察的距离。而在微观运动中，我们是处在相互作用中，只不过在有些情形下这种相互作用是*主要的*，它体现为该区域下不同的*分布*。

乍一看，这种新的解释会让我们吃惊，因为我们以前经常是以一种直观具体的方式将“ψ -振荡”看成是某种相当真实的东西。但现在，某种确实真实的东西却掩藏在目前这一概念的背后，这种真实的东西就是电荷空间密度的电动力学上的有效涨落。ψ 函数的作用，恰恰在于允许这些涨落的总体能以单个偏微分方程的形式从数学上予以把握和考察。我们已经反复强调了[①]这样一个事实：ψ 函数本身不可能也不可以直接以三维空间的概念来解释 —— 在这一点上，单电子问题就很容易误导我们 —— 因为通常来说，它是位形空间下的函数，不是真实空间下的函数。

至于上述意义下的这种权重函数，我们希望它对整个位形空间的积分能够归

---

① 见第二部分结尾(39 页)；关于海森伯量子力学的文章(第 60 页)。

一化到同一个不变的值，最好是1。我们很容易证实：如果系统的总电荷在上述定义下保持不变，那么这是必然的。即使对非保守系，显然也必须假设存在这个条件。因为很自然，系统的电荷在下述这些过程中是不变的：例如光波作用于系统，持续一段时间后终止的过程。（注意：这对于电离过程也有效。一个被瓦解的粒子仍然包含在系统内，除非这种分离在逻辑上——通过位形空间的分解——也完成。）

现在出现的问题是：这个假设性的归一化的持久性是否真能由式(4″)得到保证，其中ψ是考虑对象。如果情形并非如此，那么我们的整个概念实际上都将失效。幸运的是情形正是如此。令

$$\frac{\mathrm{d}}{\mathrm{d}t}\int\psi\bar{\psi}\rho\,\mathrm{d}x=\int\left(\psi\,\frac{\partial\bar{\psi}}{\partial t}+\bar{\psi}\,\frac{\partial\psi}{\partial t}\right)\rho\,\mathrm{d}x. \tag{37}$$

现在，ψ满足式(4″)的两个方程中的一个，$\bar{\psi}$满足另一个。因此，除了一个乘积性常数外，这一积分变成

$$\int(\psi\,\nabla^2\bar{\psi}-\bar{\psi}\,\nabla^2\psi)\rho\,\mathrm{d}x=2i\int(J\,\nabla^2R-R\,\nabla^2J)\rho\,\mathrm{d}x. \tag{38}$$

其中我们暂且令

$$\psi=R+iJ.$$

按照格林定理，积分(38)恒等于零；对此，函数R和J唯一需要满足的必要条件——在无穷远处以足够大的程度趋近于零——在物理上无非是说，所考虑的系统实际上应局限于一个有限区域。

我们可以一种稍许不同的方式来考虑这个问题，不是通过对整个位形空间的积分，而只是通过格林变换将权重函数的时间导数改为散度。通过这个变换，我们将问题变成了关于权重函数流的问题，即关于电性流的问题。两个方程

$$\begin{aligned}\frac{\partial\psi}{\partial t}&=\frac{h}{4\pi i}\left(\nabla^2-\frac{8\pi^2}{h^2}V\right)\psi\\ \frac{\partial\bar{\psi}}{\partial t}&=-\frac{h}{4\pi i}\left(\nabla^2-\frac{8\pi^2}{h^2}V\right)\bar{\psi}\end{aligned} \tag{4″}$$

分别乘上$\rho\bar{\psi}$和$\rho\psi$后相加。由此得

$$\frac{\partial}{\delta t}(\rho\psi\bar{\psi})=\frac{h}{4\pi i}\,\rho\cdot(\bar{\psi}\,\nabla^2\psi-\psi\,\nabla^2\bar{\psi}). \tag{39}$$

为了对方程右边进行转换，我们必须记得多维非欧拉普拉斯算子的明确表达式①：

$$\rho \nabla^2 = \sum_k \frac{\partial}{\partial q_k}\left[\rho T_{pk}\left(q_l, \frac{\partial \psi}{\partial q_l}\right)\right]. \tag{40}$$

通过一个小变换，我们很快得到

$$\frac{\partial}{\partial t}(\rho\psi\bar{\psi}) = \frac{h}{4\pi i}\sum_k \frac{\partial}{\partial q_k}\left[\rho\bar{\psi}T_{pk}\left(q_l, \frac{\partial \psi}{\partial q_l}\right) - \rho\psi T_{pk}\left(q_l, \frac{\partial \bar{\psi}}{\partial q_l}\right)\right]. \tag{41}$$

右边可看成是多维实矢量的散度，它显然可以被解释为位形空间下权重函数的流密度。方程(41) 是权重函数的连续性方程。

由此，我们可以得到电流的连续性方程，而且这种离散的方程对“源自每个离散粒子的”电荷密度确实有效。例如，我们固定第 α 个粒子，设其“电荷”为 e_α，质量为 m_α，为简单起见，其坐标空间由笛卡儿坐标系 x_α，y_α，z_α来描述。我们用 $\mathrm{d}x'$ 来简记其余坐标的微分的乘积。保持 x_α，y_α，z_α 不变，将方程(41) 对 $\mathrm{d}x'$ 积分。结果，方程右边除了 3 项外其他全部为零，因此我们得到

$$\begin{aligned}\frac{\partial}{\partial t}\left[e_\alpha\int\psi\bar{\psi}\mathrm{d}x'\right] &= \frac{he_\alpha}{4\pi i m_\alpha}\left\{\frac{\partial}{\partial x_\alpha}\left[\int\left(\bar{\psi}\frac{\partial\psi}{\partial x_\alpha} - \psi\frac{\partial\bar{\psi}}{\partial x_\alpha}\right)\mathrm{d}x'\right]\right. \\ &\quad \left. + \frac{\partial}{\partial y_\alpha}\left[\int\left(\bar{\psi}\frac{\partial\psi}{\partial y_\alpha} - \psi\frac{\partial\bar{\psi}}{\partial y_\alpha}\right)\mathrm{d}x'\right] + \cdots\right\} \\ &= \frac{he_\alpha}{4\pi i m_\alpha}\mathrm{div}_\alpha\left[\int(\bar{\psi}\ \mathrm{grad}_\alpha\psi - \psi\ \mathrm{grad}_\alpha\bar{\psi})\mathrm{d}x'\right].\end{aligned} \tag{42}$$

在这个方程中，散度和梯度具有通常的三维欧氏空间下的意义，而 x_α，y_α，z_α 被理解为实空间的笛卡儿坐标。因此这个方程就是“源自第 α 个粒子的”那个电荷密度的连续性方程。如果我们以类似方式给出所有其他粒子的方程，并将它们加和，我们就得到了总的连续性方程。当然，我们必须强调，像其他所有这类情形一样，将方程右边的积分理解为电流密度的分量并非绝对必须的，因为它可以加上一个无散度的矢量。

为了给出一个例证，在保守的单电子情形下，如果 ψ 由下式给出，

---

① 参见关于海森伯理论的论文中的式(31)。在那里，我们的“密度函数”$\rho(x)$ 由量 Δ_D - 1/2 来代表(例如，在球极坐标下为 $r^2 \sin\theta$)。T 是动能，它是位置坐标和动量的函数，T 的下标表示对动量的区分。在上述引文中的方程(31) 和(32) 中，很遗憾下标k被错误地用了两次，一次表示求和，然后又被用于表示函数的自变量的下标。

$$\psi = \sum_k c_k u_k e^{2\pi i \nu_k t + i\theta_k}(c_k,\ \theta_k \text{ 为实常数}), \tag{43}$$

我们得到流密度 J

$$J = \frac{he_1}{2\pi m_1} \sum_{(k,\ l)} c_k c_l (u_l \operatorname{grad} u_k - u_k \operatorname{grad} u_l) \times \sin[2\pi(\nu_k - \nu_l)t + \theta_k - \theta_l]. \tag{44}$$

我们看到，它对一般保守系均有效。同时我们注意到，如果只是单个本征振荡被激发，那么电流分量消失，电流的分布在时间上为常数。后面这一点从 $\psi\bar{\psi}$ 变成不随时间变化的常数这一事实可以看得很清楚。即使当有几个本征振荡被激发时，如果它们都属于同一个本征值，那么情形也依然如此。另一方面，电流密度由此不再需要为零，而是呈现为(通常也是)一种稳态的流分布。由于不管怎样，在未扰动的常态下总会发生这个或那个本征振荡，因此在某种意义上我们可以说回复到静电的和静磁的原子模型。如此，通常状态下辐射的缺失就很容易找到简单的说明。

我希望并且相信，眼下的这种陈述将被证明对于原子和分子的磁性质的说明是有用的，并且对于说明固体中的电流也是有用的。

同时，在运用复波函数方面无疑存在着某种粗糙。如果原则上这是不可避免的，而不仅仅是计算上的简单化，那么这可能意味着原则上就存在着两种波函数，它们必须一起应用，才能获得系统状态的信息。我认为：这个有点让人无法接受的推论允许一种非常合适的解释：系统状态是由实函数及其时间导数给定的。对于这一点我们之所以不能给出更为精确的信息，是与下述事实密切相关的：在方程对(4″)中，我们面前只有这样一个替代品——计算上它确实非常好使——但对于可能为四阶的实波函数，就非保守系情形而言，我还没能成功地构造出它。

苏黎世大学　物理研究院

（收稿日期：1926 年 6 月 23 日）

第 4 章

量子力学的海森伯表述和薛定谔表述都是非相对论性的，即它们不包含爱因斯坦的狭义相对论。为了描述甚快运动的量子粒子，我们需要发展相对论性量子理论。1928 年，保罗·狄拉克的一篇题为“电子的量子理论”的杰出论文给出了一种相对论性量子理论，其中替代薛定谔方程的相对论性方程就是现今著名的狄拉克方程。出人意料的是，狄拉克理论要求存在反粒子，尽管当时没人料想到会有这种东西。由此他能够预言存在正电子(电子的反粒子)，后来人们才在实验中探测到这种粒子。同样令人震惊的是，狄拉克能够证明，通过将相对论结合进量子力学，他能够解释电子的内秉角动量或曰“自旋”，自从它发现以来人们一直没能解决这个问题。

人们业已发现，自旋是以 $\hbar/2$ 为单位量子化的 —— 就是说，所有粒子都具有整数倍的 $\hbar/2$(这里 $\hbar$ 是普朗克常数除以 2π)。在他的论文“自旋与统计的联系”一文中，沃尔夫冈·泡利通过证明具有半整数自旋的粒子必定服从费米-狄拉克统计进一步发展了自旋理论。这些粒子现在叫费米子。泡利还证明了那些具有整数自旋的粒子服从玻色-爱因斯坦统计，因此称它们为玻色子。

费米-狄拉克统计是那种应用于服从泡利著名的不相容原理的粒子的统计体系。不相容原理是说，同一体系内没有两个全同的费米子可以处于全同的态。泡利的不相容原理可以解释很多物理现象，包括元素周期表中的许多结构。我们已经看到，原子是由带正电的核和周围的电子“云”构成的。电子是费米子，因此只有一个可以处于基态(最低能量态)。其他电子必须占据较高的能态。原子内的所有电子必须逐渐占据高能级壳层这一事实解释了其他许多事情，例如金属为什么闪闪发亮，为什么具有优异的导电性能，等等。它还解释了为什么某些元素在室温下呈气态，而另一些元素则呈固态。事实上，不同元素的处于不同态下的电子之间的多种相互作用造就了大部分化学领域。如果没有不相容原理，化学将是一个非常不同的领域!

不相容原理的另一个应用是白矮星的稳定性。白矮星是一度活跃的恒星的残迹。它们不再有内部能源来平衡其自身引力引起的坍缩。那么它们为什么不坍缩了呢？答案就在于泡利不相容原理。白矮星的一个电子不可能太靠近临近电子的态。这提供了一种压强，正是这个压强抵御了白矮星的自身引力，使其稳定。

玻色子的基本性质正好与费米子相反。它们不服从泡利不相容原理。事实上，玻色子"喜欢"都处于同一个态。光子是玻色子，它们喜欢同处一态的事实之一是激光。它可以解释为什么激光器能够产生这样一种相干的单色光。有关玻色子的最有趣的一件事情是它们的许多性质都可以在宏观尺度上被见证，而不只是在典型的量子理论的尺度上才表现出来。这是它们能够占据同一量子态的直接结果。如果一团由全同玻色子组成的气体足够冷，那么气体中的所有粒子都将趋于占据最低能态，并发生相干作用。这种气体叫作玻色-爱因斯坦凝聚。如果气体中的粒子数非常多，那么整个气体就会在宏观尺度上表现出独特的量子力学性质。在过去20年里，制备超冷气体的技术已经得到很大发展，人类首次实现了玻色-爱因斯坦凝聚。随着这些技术的进一步完善，研究那些在宏观世界里可观察的独特的量子现象将是一件十分有趣的事情。

电子的量子理论

保罗·狄拉克

《伦敦皇家学会论文集·A 辑·数学和物理学类论文》117 卷，778 号
(1929 年 2 月 1 日)，610—624 页

新量子力学，当应用到带有点电荷电子的原子结构问题上时，无法给出与实验观测一致的结果。这种失调构成了所谓“两难”现象 —— 观察到的原子中电子的定态数是理论给出的定态数的两倍。为了克服这一困难，戈德施米特和乌伦贝克引入了电子具有半整数量子数的自旋角动量和一个玻尔磁子的磁矩的设想。这一电子模型已经被泡利整合进新力学①，从事一种等价的理论的达尔文证明了②，这种设想给出的结果在一阶近似的精度上与类氢光谱的实验结果一致。

但问题 —— 大自然为什么要选择这种古怪的电子模型而不取点电荷模型 —— 依然存在。人们可以从以前将量子力学应用到点电荷电子上的许多方法里找出某种不完备性。例如，当移去这种电子时，如果没有任何假设，整个两难现象就会跟着出现。本文将证明，这是这样一种情况，以前的理论的不完备性在于它们与相对论不一致，或者说，与量子力学的一般变换理论不一致。点电荷的满足相对论和一般变换理论要求的最简单的哈密顿量似乎无需进一步假设就能给出对所有两难现象的解释。同样，自旋电子模型包含了许多真理，至少在一级近似下是这样。这个模型最重要的失误，就像模型让我们预期的那样，似乎是在中心力场下做轨道运动的电子的轨道角动量不是个常数。

§ 1. 前相对论处理

按照经典力学，在具有标量势 A_0 和矢势 $\boldsymbol{A}$ 的任意电磁场里运动的点状电子的相对论性哈密顿量为

$$F \equiv \left(\frac{W}{c} + \frac{e}{c}A_0\right)^2 + \left(\boldsymbol{p} + \frac{e}{c}\boldsymbol{A}\right)^2 + m^2c^2.$$

① Pauli, *Z. f. Physik*, vol. **43**, p. 601 (1927).

② Darwin, *Roy. Soc. Proc.*, A, vol. **116**, p. 227 (1927).

这里 $\boldsymbol{p}$ 是动量矢。按戈登的建议①，量子力学波动方程的算符应通过与非相对论理论下同样的处理从这个 F 获得，即，在 F 中令

$$W = ih\frac{\partial}{\partial t},$$

$$p_r = -ih\frac{\partial}{\partial x_r},\ r = 1,\ 2,\ 3,$$

由此给出波动方程

$$F\psi = \left[\left(ih\frac{\partial}{c\partial t} + \frac{e}{c}A_0\right)^2 + \sum_r\left(-ih\frac{\partial}{\partial x_r} + \frac{e}{c}A_r\right)^2 + m^2c^2\right]\psi = 0, \qquad (1)$$

波函数 ψ 是 x_1，x_2，x_3，t 的函数。它造成了两个困难。

第一个困难与 ψ 的物理解释有关。戈登和克莱因②各自独立地从考虑守恒定理出发，做了如下假设：如果 ψ_m，ψ_n 是两个解，那么

$$\rho_{mn} = -\frac{e}{2mc^2}\left\{ih\left(\psi_m\frac{\partial\bar{\psi}_n}{\partial t} - \bar{\psi}_n\frac{\partial\psi_m}{\partial t}\right) + 2eA_0\psi_m\bar{\psi}_n\right\}$$

和

$$I_{mn} = -\frac{e}{2m}\left\{-ih(\psi_m\,\mathrm{grad}\,\bar{\psi}_n - \bar{\psi}_n\,\mathrm{grad}\,\psi_m) + 2\frac{e}{c}A_m\psi_m\bar{\psi}_n\right\}$$

就可以分别理解为与 $m \rightarrow n$ 跃迁有关的电荷和电流。这对于解释迄今的辐射的发射和吸收现象似乎是令人满意的，但它不具有像非相对论量子力学的解释那样的一般性。后者已经发展到③足以回答这样的问题：如果系统可以用一个给定的波函数 ψ_n 来表示，那么一个动力学变量在规定时刻具有处在两个规定极限值之间的某个值的概率是多大？戈登-克莱因解释可以回答这样的问题——如果问题中只涉及电子的位置（通过利用 ρ_{nn}）但不涉及其动量或角动量或其他任何动力学变量的话。我们预计，相对论性理论的解释将具有与非相对论性理论解释一样的一般性。

非相对论性量子力学的一般性解释是基于变换理论，其波动方程具有如下形式：

$$(H - W)\psi = 0, \qquad (2)$$

---

① Gordon，*Z.f.Physik*，vol. **40**，p. 117 (1926).

② Klein，*Z.f.Physik*，vol. **41**，p. 407 (1927).

③ Jordan，*Z.f.Physik*，vol. **40**，p. 809 (1927). Dirac， *Roy. Soc. Proc.*，A，vol. **113**，p. 621 (1927).

即W或$\partial/\partial t$呈线性，使得任意时刻的波函数决定了其后时刻的波函数。相对论性理论的波动方程必须使W仍是线性的，如果一般解释是可能的话。

戈登解释的第二个困难源自这样一个事实：如果我们取方程(1)的共轭虚部，便得到

$$\left[\left(-\frac{W}{c}+\frac{e}{c}A_0\right)^2+\left(-\boldsymbol{p}+\frac{e}{c}\boldsymbol{A}\right)^2+m^2c^2\right]\psi=0.$$

这个方程在我们将e代换为$-e$时是不变的。因此，波动方程(1)对于具有电荷e的电子和具有$-e$的电子是一样的。如果我们就确定性来考虑一种大量子数的极限情形，我们将发现，这个波动方程的某些解是这样一种运动的波包，它就像经典理论里带电荷$-e$的粒子在运动，而另一些解则像经典理论里带电荷e的粒子运动的波包。对于这第二类解，W有负值。在经典理论里我们克服这个困难的办法是通过随意剔除这些具有负值W的解。但在量子理论里我们不能这么做，因为一般来讲扰动将引起态从具有正W值的态向具有负W值的态跃迁。这种跃迁在实验上即表现为电子突然从带$-e$电荷变成带e电荷，这种现象在实验上还未被观察到。因此，真正的相对论性波动方程应当是这样的：其解分成不相混合的两组，分别对应于电荷$-e$和e。

在本论文中，我们将仅考虑如何去除这两个困难中的第一个的问题。由此得到的理论因此仍然只是一种近似，但它似乎好到足以不用添加任何假设就能够说明所有两难现象。

§2. 无场情形下的哈密顿量

我们的任务是要得到形如式(2)的波动方程，它在洛伦兹变换下将是不变的，并在大量子数的极限情形下等价于式(1)。我们先来考虑无场的情形，此时方程(1)简化为

$$(-p_0^2+\boldsymbol{p}^2+m^2c^2)\psi=0, \tag{3}$$

如果我们令

$$p_0=\frac{W}{c}=ih\frac{\partial}{c\partial t}$$

的话。

相对论所要求的p_0与p_1，p_2，p_3之间的对称性表明，由于我们要的哈密顿量对p_0是线性的，那么它必然对p_1，p_2，p_3也是线性的。因此我们的波动方程具有

如下形式：

$$(p_0 + \alpha_1 p_1 + \alpha_2 p_2 + \alpha_3 p_3 + \beta)\psi = 0, \tag{4}$$

这里，就目前而言，所有已知的动力学变量或算符 α_1，α_2，α_3，β 均与 p_0，p_1，p_2，p_3 无关，即它们与 t，x_1，x_2，x_3 对易。由于我们考虑的是粒子在真空空间中运动的情形，因此空间中的所有点都是等价的，我们预料哈密顿量应不涉及 t，x_1，x_2，x_3。这意味着 α_1，α_2，α_3，β 均与 t，x_1，x_2，x_3 无关，即它们与 p_0，p_1，p_2，p_3 对易。因此我们除了电子的坐标和动量外，还可以有其他动力学变量，以便使 α_1，α_2，α_3，β 可以是它们的函数。于是波函数 ψ 必定包括比 x_1，x_2，x_3，t 更多的变量。

由方程(4) 导出

$$\begin{aligned}0 &= (-p_0 + \alpha_1 p_1 + \alpha_2 p_2 + \alpha_3 p_3 + \beta)(p_0 + \alpha_1 p_1 + \alpha_2 p_2 + \alpha_3 p_3 + \beta)\psi \\ &= [-p_0^2 + \sum \alpha_1^2 p_1^2 + \sum (\alpha_1\alpha_2 + \alpha_2\alpha_1)p_1 p_2 + \beta^2 + \sum (\alpha_1\beta + \beta\alpha_1)p_1]\psi,\end{aligned} \tag{5}$$

这里求和号对下标 1，2，3 轮换进行。它与式(3) 是一致的，如果有

$$\left.\begin{aligned}&\alpha_r^2 = 1, \quad \alpha_r\alpha_s + \alpha_s\alpha_r = 0(r \neq s) \\ &\beta^2 = m^2c^2, \quad \alpha_r\beta + \beta\alpha_r = 0\end{aligned}\right\} r,\ s = 1,\ 2,\ 3$$

成立的话。如果我们令 $\beta = \alpha_4 mc$，那么这些条件变为

$$\alpha_\mu^2 = 1 \quad \alpha_\mu\alpha_v + \alpha_v\alpha_\mu = 0(\mu \neq v) \quad \mu,\ v = 1,\ 2,\ 3,\ 4. \tag{6}$$

我们可以假设 α_μ 用矩阵来表示，α_μ 的矩阵元譬如写成 $\alpha_\mu(\zeta',\ \zeta'')$。现在波函数 ψ 必定是 ζ 和 x_1，x_2，x_3，t 的函数。α_μ 乘以 ψ 的结果是构成一个关于 x_1，x_2，x_3，t，ζ 的函数 $(\alpha_\mu\psi)$：

$$(\alpha_\mu\psi)(x,\ t,\ \zeta) = \sum_{\zeta'} \alpha_\mu(\zeta\zeta')\psi(x,\ t,\ \zeta').$$

现在我们必须找出 3 个矩阵 α_μ 来满足条件(6)。我们采用如下矩阵：

$$\sigma_1 = \begin{pmatrix}0 & 1\\ 1 & 0\end{pmatrix} \quad \sigma_2 = \begin{pmatrix}0 & -i\\ i & 0\end{pmatrix} \quad \sigma_3 = \begin{pmatrix}1 & 0\\ 0 & -1\end{pmatrix}$$

它们是泡利引入①用来描述自旋角动量的 3 个分量的。这些矩阵恰有如下性质：

$$\sigma_r^2 = 1,\ \sigma_r\sigma_s + \sigma_s\sigma_r = 0,\ (r \neq s) \tag{7}$$

这正是我们的 α 所需要的性质。但我们不能直接将 σ 取作 α，因为这样我们找不

① Pauli，出处同前。

到第四项。我们必须扩充 σ 的对角线使之增加两行和两列，这样我们可以引入另 3 个像 σ_1，σ_2，σ_3 一样但有不同的行和列的矩阵 ρ_1，ρ_2，ρ_3：

$$\sigma_1=\begin{Bmatrix}0&1&0&0\\1&0&0&0\\0&0&0&1\\0&0&1&0\end{Bmatrix}\quad \sigma_2=\begin{Bmatrix}0&-i&0&0\\i&0&0&0\\0&0&0&-i\\0&0&i&0\end{Bmatrix}\quad \sigma_3=\begin{Bmatrix}1&0&0&0\\0&-1&0&0\\0&0&1&0\\0&0&0&-1\end{Bmatrix}$$

$$\rho_1=\begin{Bmatrix}0&0&1&0\\0&0&0&1\\1&0&0&0\\0&1&0&0\end{Bmatrix}\quad \rho_2=\begin{Bmatrix}0&0&-i&0\\0&0&0&-i\\i&0&0&0\\0&i&0&0\end{Bmatrix}\quad \rho_3=\begin{Bmatrix}1&0&0&0\\0&1&0&0\\0&0&-1&0\\0&0&0&-1\end{Bmatrix}$$

ρ 是通过对 σ 的第二行与第三行交换、第二列与第三列交换得到的。现在方程 (7) 得到了扩充，我们有

以及
$$\left.\begin{aligned}\rho_r^2=1,\ \rho_r\rho_s+\rho_s\rho_r=0\ (r\neq s),\\ \rho_r\sigma_t=\sigma_t\rho_r.\end{aligned}\right\}\tag{7'}$$

如果现在我们取

$$\alpha_1=\rho_1\sigma_1,\ \alpha_2=\rho_1\sigma_2,\ \alpha_3=\rho_1\sigma_3,\ \alpha_4=\rho_3,$$

那么所有条件(6) 都能得到满足，例如

$$\begin{cases}\alpha_1^2=\rho_1\sigma_1\rho_1\sigma_1=\rho_1^2\sigma_1^2=1,\\ \alpha_1\alpha_2=\rho_1\sigma_1\rho_1\sigma_2=\rho_1^2\sigma_1\sigma_2=-\rho_1^2\sigma_2\sigma_1=-\alpha_2\alpha_1.\end{cases}$$

为便于以后运用，在此列出下述方程：

$$\left.\begin{aligned}\rho_1\rho_2=i\rho_3=-\rho_2\rho_1\\ \sigma_1\sigma_2=i\sigma_3=-\sigma_2\sigma_1\end{aligned}\right\},\tag{8}$$

以及对下标进行轮换所得的方程。

波动方程(4) 现在取形式

$$[p_0+\rho_1(\boldsymbol{\sigma},\ \boldsymbol{p})+\rho_3 mc]\psi=0,\tag{9}$$

这里 $\boldsymbol{\sigma}$ 代表矢量(σ_1，σ_2，σ_3)。

§ 3. 洛伦兹变换下不变性的证明

用 ρ_3 左乘以方程(9)。并借助于式(8)，得到

$$[\rho_3\rho_0+i\rho_2(\sigma_1\rho_1+\sigma_2\rho_2+\sigma_3\rho_3)+mc]\psi=0.$$

令

$$p_0 = i\rho_\mu,\ \rho_3 = \gamma_4,\ \rho_2\sigma_r = \gamma_r,\ r = 1,\ 2,\ 3, \tag{10}$$

我们有

$$[i\Sigma\gamma_\mu\rho_\mu + mc]\psi = 0,\ \mu = 1,\ 2,\ 3,\ 4. \tag{11}$$

对 p_μ 按下述法则作洛伦兹变换：

$$p'_\mu = \sum\nolimits_\nu a_{\mu\nu}p_\nu$$

其中系数 $a_{\mu\nu}$ 是满足下式的 c 数：

$$\sum\nolimits_\mu \alpha_{\mu\nu}a_{\mu\nu} = \delta_{\nu r},\ \sum\nolimits_r a_{\mu r}a_{\nu r} = \delta_{\mu\nu}.$$

因此波动方程变换为

$$[i\sum\gamma'_\mu p'_\mu + mc]\psi = 0, \tag{12}$$

这里

$$\gamma'_\mu = \sum\nolimits_\nu a_{\mu\nu}\gamma_\nu.$$

像 α_μ 一样，现在 γ_μ 满足

$$\gamma_\mu^2 = 1,\ \gamma_\mu\gamma_\nu + \gamma_\nu\gamma_\mu = 0,\ (\mu \neq \nu)$$

这些关系可以总结在一个方程里

$$\gamma_\mu\gamma_\nu + \gamma_\nu\gamma_\mu = 2\delta_{\mu\nu}.$$

我们有

$$\begin{aligned}\gamma'_\mu\gamma'_\nu + \gamma'_\nu\gamma'_\mu &= \sum\nolimits_{\tau\lambda} a_{\mu r}a_{\nu\lambda}(\gamma_\tau\gamma_\lambda + \gamma_\lambda\gamma_\tau) \\ &= 2\sum\nolimits_{\tau\lambda} a_{\mu\tau}a_{\nu\lambda}\delta_{\tau\lambda} \\ &= 2\sum\nolimits_\tau a_{\mu\tau}a_{\nu\tau} = 2\delta_{\mu\nu}.\end{aligned}$$

因此 γ'_μ 满足与 γ_μ 同样的关系。于是我们可仿照式(10) 令

$$\gamma'_4 = \rho'_3,\ \gamma'_r = \rho'_2\sigma'_r$$

这里 ρ' 和 σ' 都很易验证满足对应于式(7)，(7′) 和(8) 的关系，如果 ρ'_1 和 ρ'_2 按 $\rho'_2 = i\gamma'_1\gamma'_2\gamma'_3$，$\rho'_1 = -i\rho'_2\rho'_3$ 定义的话。

现在我们利用正则变换来证明，ρ' 和 σ' 可转变成 ρ 和 σ 的形式。从方程 $\rho_3'^2 = 1$ 可知，ρ'_3 的可能的特征值只有 ± 1。如果我们对 ρ'_3 运用带变换函数 ρ'_1 的正则变换，结果为

$$\rho'_1\rho'_3(\rho'_1)^{-1} = -\rho'_3\rho'_1(\rho'_1)^{-1} = -\rho'_3.$$

由于正则变换不改变特征值，因此 ρ'_3 必然有与 $-\rho'_3$ 一样的特征值。因此 ρ'_3 的特征值是两个 $+1$ 和两个 -1。对其他的 ρ' 和每一个 σ' 可运用同样的处理。

由于ρ_3'和σ_3'可对易，因此它们可同时通过正则变换变成对角形式。于是它们有对角元两个 +1 和两个 -1。因此，通过适当安排行和列，它们就能分别取ρ_3和σ_3的形式。($\rho_3' \pm \sigma_3'$的可能性因存在这样的矩阵而被排除：这种矩阵可与其中之一对易，但不与另一个对易。)

任何含四行四列的矩阵均可表示为

$$c + \sum_r c_r\sigma_r + \sum_r c_r'\rho_r + \sum_{rs} c_{rs}\rho_r\sigma_s, \tag{13}$$

这里的16个系数c，c_r，c_r'，c_{rs}均为c数。通过用这种方法来表示σ_1'，我们从它与$\rho_3' = \rho_3$对易，与$\sigma_3' = \sigma_3$反对易①的事实看出，它必取如下形式

$$\sigma_1' = c_1\sigma_1 + c_2\sigma_2 + c_{31}\rho_3\sigma_1 + c_{32}\rho_3\sigma_2,$$

即有形式

$$\sigma_1' = \begin{Bmatrix} 0 & a_{12} & 0 & 0 \\ a_{21} & 0 & 0 & 0 \\ 0 & 0 & 0 & a_{43} \\ 0 & 0 & a_{43} & 0 \end{Bmatrix}$$

条件$\sigma_1'^2 = 1$表明，$a_{12}a_{21} = 1$，$a_{34}a_{43} = 1$。如果我们现在这样来运用正则变换：第一行乘以$(a_{21}/a_{12})^{1/2}$，第三行乘以$(a_{43}/a_{34})^{1/2}$，第一和第三列别除以同样的表达式，那么σ_1'就将变成σ_1的形式，对角阵σ_3'和ρ_3'将不变。

如果我们将ρ_1'表示成式(13)的形式，并利用它与$\sigma_1' = \sigma_1$和$\sigma_3' = \sigma_3$对易，与$\rho_3' = \rho_3$反对易的条件，我们看到，它必具有如下形式

$$\rho_1' = c_1'\rho_1 + c_2'\rho_2.$$

条件$\rho_1'^2 = 1$表明，$c_1'^2 + c_2'^2 = 1$，或$c_1' = \cos\theta$，$c_2' = \sin\theta$。因此ρ_1'有形式

$$\rho_1' = \begin{Bmatrix} 0 & 0 & e^{-i\theta} & 0 \\ 0 & 0 & 0 & e^{-i\theta} \\ e^{i\theta} & 0 & 0 & 0 \\ 0 & e^{i\theta} & 0 & 0 \end{Bmatrix}$$

如果我们现在这样来运用正则变换：第一行和第二行乘以$e^{i\theta}$，第一列和第二列除以同一个表达式，则ρ_1'转为ρ_1的形式，而σ_1，σ_3和ρ_3则不变。ρ_2'和σ_2'现在必定取ρ_2和σ_2的形式，因为有关系$i\rho_2' = \rho_3'\rho_1'$，$i\sigma_2' = \sigma_3'\sigma_1'$。

因此通过一系列正则变换(它们可以综合成一个正则变换)，ρ'和σ'都可变

---

① 我们说a与b反对易是指$ab = -ba$.

成ρ 和σ 的形式。新的波动方程(12) 可通过这种方法变回到原初的波动方程(11) 或(9) 的形式，这样，由这个原初波动方程而得到的结果必定与所用的参照系无关。

§4. 任意场下的哈密顿量

为了得到在具有标势A_0和矢势$\boldsymbol{A}$的电磁场里的电子的哈密顿量，我们通常采用$p_0+(e/c)A_0$来代替p_0，用$\boldsymbol{p}+(e/c)\boldsymbol{A}$来代替无场哈密顿量里的$\boldsymbol{p}$。由此，从方程(9) 我们得到

$$\left[p_0+\frac{e}{c}A_0+\rho_1\left(\boldsymbol{\sigma},\ \boldsymbol{p}+\frac{e}{c}\boldsymbol{A}\right)+\rho_3 mc\right]\psi=0. \tag{14}$$

这个波动方程看起来足以说明所有的两难现象。因为矩阵ρ 和σ 有4行4列，因此它的解的数目是非相对论波动方程的解的数目的4倍，是以前的相对论性波动方程(1) 的解的数目的两倍。由于半数的解必须因电子具有正电荷$+e$而被丢弃，故正确的数目将被剩下用以解释两难现象。在前节里关于洛伦兹变换下不变性的证明同样可以用于更广泛的波动方程(14)。

对于式(14) 如何不同于以前的相对论性波动方程(1)，我们可以通过像式(5) 那样将它倍增起来从而得到一个粗略的概念。

如果我们用e'来替代e/c，将得到

$$\begin{aligned}0&=[-(p_0+e'A_0)+\rho_1(\boldsymbol{\sigma},\ \boldsymbol{p}+e'\boldsymbol{A})+\rho_3 mc]\\&\quad\times[(p_0+e'A_0)+\rho_1(\boldsymbol{\sigma},\ \boldsymbol{p}+e'\boldsymbol{A})+\rho_3 mc]\psi\\&=[-(p_0+e'A_0)^2+(\boldsymbol{\sigma},\ \boldsymbol{p}+e'\boldsymbol{A})^2+m^2c^2\\&\quad+\rho_1\{\boldsymbol{\sigma},\ \boldsymbol{p}+e'\boldsymbol{A})(p_0+e'A_0)-(p_0+e'A_0)(\boldsymbol{\sigma},\ \boldsymbol{p}+e'\boldsymbol{A})\}]\psi.\end{aligned} \tag{15}$$

现在我们采用一般性公式，如果$\boldsymbol{B}$和$\boldsymbol{C}$是两个与$\boldsymbol{\sigma}$对易的矢量，则有

$$\begin{aligned}(\boldsymbol{\sigma},\ \boldsymbol{B})(\boldsymbol{\sigma},\ \boldsymbol{C})&=\sum\sigma_1^2B_1C_1+\sum(\sigma_1\sigma_2B_1C_2+\sigma_2\sigma_1B_2C_1)\\&=(\boldsymbol{B},\ \boldsymbol{C})+i\sum\sigma_3(B_1C_2-B_2C_1)\\&=(\boldsymbol{B},\ \boldsymbol{C})+i(\boldsymbol{\sigma},\ \boldsymbol{B}\times\boldsymbol{C}).\end{aligned} \tag{16}$$

取$\boldsymbol{B}=\boldsymbol{C}=\boldsymbol{p}+e'\boldsymbol{A}$，我们得到

$$\begin{aligned}(\boldsymbol{\sigma},\ \boldsymbol{p}+e'\boldsymbol{A})^2&=(\boldsymbol{p}+e'\boldsymbol{A})^2+i\sum\sigma_3[(p_1+e'A_1)(p_2+e'A_2)\\&\quad-(p_2+e'A_2)(p_1+e'A_1)]=(\boldsymbol{p}+e'\boldsymbol{A})^2+he'(\boldsymbol{\sigma},\ \mathrm{curl}\,\boldsymbol{A}).\end{aligned}$$

因此式(15) 变成

$$0 = \left[-(p_0 + e'A_0)^2 + (\boldsymbol{p} + e'\boldsymbol{A})^2 + m^2c^2 + e'h(\boldsymbol{\sigma},\ \text{curl}\ \boldsymbol{A}) - ie'h\rho_1\left(\boldsymbol{\sigma},\ \text{grad}\ A_0 + \frac{1}{c}\frac{\partial \boldsymbol{A}}{\partial t}\right)\right]\psi$$

$$= [-(p_0 + e'A_0)^2 + (\boldsymbol{p} + e'\boldsymbol{A})^2 + m^2c^2 + e'h(\boldsymbol{\sigma},\ \boldsymbol{H}) + ie'h_{\rho 1}(\boldsymbol{\sigma},\ \boldsymbol{E})]\psi.$$

这里 $\boldsymbol{E}$ 和 $\boldsymbol{H}$ 分别是场的电矢量和磁矢量。

这个式子要比式(1) 的 F 多了两项：

$$\frac{eh}{c}(\boldsymbol{\sigma},\ \boldsymbol{H}) + \frac{ieh}{c}\rho_1(\boldsymbol{\sigma},\ \boldsymbol{E}).$$

这两项如果除以因子 $2m$，可被理解成电子因其新的自由度而得到的附加势能。因此电子的行为就像它具有磁矩$(eh/2mc)\boldsymbol{\sigma}$和电矩$(ieh/2mc)\rho_1\boldsymbol{\sigma}$。这个磁矩正是自旋电子模型中假设的东西。而电矩，一个纯属想象的量，我们不期望它出现在模型里。电矩是否有物理意义很值得怀疑，因为式(14) 里的哈密顿量是实的，而虚的部分只有当我们人为地乘上它以便使其类似于以前理论下的哈密顿量时才出现。

§5. 中心力场下运动的角动量积分

我们来更深入地考虑电子在中心力场下的运动。我们令 $\boldsymbol{A} = 0$，$e'A_0 = V(r)$，$V(r)$ 是半径 r 的任意函数，这样，式(14) 里的哈密顿量变成

$$F \equiv p_0 + V + \rho_1(\boldsymbol{\sigma},\ \boldsymbol{p}) + \rho_3 mc.$$

我们来确定波动方程 $F\psi = 0$ 的周期性解，这意味着 p_0 被视为一个参数而非算符，事实上，它恰是能级的 $1/c$ 倍。

我们先来找出该项运动的角动量积分。轨道角动量 $\boldsymbol{m}$ 定义为

$$\boldsymbol{m} = \boldsymbol{x} \times \boldsymbol{p},$$

它满足如下的“费陶雄斯(Vertauschungs)”关系：

$$\left.\begin{array}{ll} m_1x_1 - x_1m_1 = 0, & m_1x_2 - x_2m_1 = ihx_3 \\ m_1p_1 - p_1m_1 = 0, & m_1p_2 - p_2m_1 = ihp_3 \\ \boldsymbol{m} \times \boldsymbol{m} = ih\boldsymbol{m}, & \boldsymbol{m}^2m_1 - m_1\boldsymbol{m}^2 = 0 \end{array}\right\} \qquad (17)$$

以及由轮换下标所得到的类似关系。$\boldsymbol{m}$ 既与 $\boldsymbol{r}$ 对易，也与 p_r——$\boldsymbol{r}$ 的正则共轭动量 —— 对易。

我们有

$$\begin{aligned} m_1F - Fm_1 &= \rho_1\{m_1(\boldsymbol{\sigma}, \boldsymbol{p}) - (\boldsymbol{\sigma}, \boldsymbol{p})m_1\} \\ &= \rho_1(\boldsymbol{\sigma}, m_1\boldsymbol{p} - \boldsymbol{p}m_1) \\ &= ih\rho_1(\sigma_2p_3 - \sigma_3p_2), \end{aligned}$$

故

$$\boldsymbol{m}F - F\boldsymbol{m} = ih\rho_1\boldsymbol{\sigma} \times \boldsymbol{\rho}. \tag{18}$$

因此 $\boldsymbol{m}$ 不是运动常数。我们进一步还有(借助于式(8))

$$\begin{aligned} \sigma_1F - F\sigma_1 &= \rho_1[\sigma_1(\boldsymbol{\sigma}, \boldsymbol{p}) - (\boldsymbol{\sigma}, \boldsymbol{p})\sigma_1] \\ &= \rho_1(\sigma_1\boldsymbol{\sigma} - \boldsymbol{\sigma}\sigma_1, \boldsymbol{p}) \\ &= 2i\rho_1(\sigma_3 p_2 - \sigma_2 p_3), \end{aligned}$$

故有

$$\boldsymbol{\sigma}F - F\boldsymbol{\sigma} = -2i\rho_1\boldsymbol{\sigma} \times \boldsymbol{p}.$$

因此

$$\left(\boldsymbol{m} + \frac{1}{2}h\boldsymbol{\sigma}\right)F - F\left(\boldsymbol{m} + \frac{1}{2}h\boldsymbol{\sigma}\right) = 0.$$

由此知，$\boldsymbol{m} + \frac{1}{2}h\boldsymbol{\sigma}$($=\boldsymbol{M}$，暂且记为 $\boldsymbol{M}$)是一个运动常数。我们可以将这个结果理解为电子有一个 $\frac{1}{2}h\boldsymbol{\sigma}$ 的自旋角动量，它加上轨道角动量 $\boldsymbol{m}$ 给出总角动量 $\boldsymbol{M}$，$\boldsymbol{M}$ 是一个运动常数。

如果将 $\boldsymbol{M}$ 写成 $\boldsymbol{m}$ 的形式，则费陶雄斯关系(17)全部成立。特别是

$$\boldsymbol{M} \times \boldsymbol{M} = ih\boldsymbol{M}, \quad \boldsymbol{M}^2M_3 = M_3\boldsymbol{M}^2.$$

M_3 是系统的作用变量。由于 m_3 的特征值必须是 h 的整数倍，这样波函数才会是单值的，因此 M_3 的特征值必为 h 的半奇数的整数倍。如果我们令

$$\boldsymbol{M}^2 = \left(j^2 - \frac{1}{4}\right)h^2, \tag{19}$$

j 是另一个量子数，则 M_3 的特征值将从 $\left(j - \frac{1}{2}\right)h$ 延伸到 $\left(-j + \frac{1}{2}\right)h$。① 因此 j 取整数值。

由式(18)我们很容易验证 $\boldsymbol{m}^2$ 不与 F 对易，因此不是个运动常数。这一点使得本理论与以前的自旋电子理论有了区别，在以前的理论里，$\boldsymbol{m}^2$ 是常数，并通

① 见 *Roy. Soc. Proc.*, A. vol. **111**, p. 281 (1926).

过类似于式(19)的关系定义了角量子数 k。我们将发现，这里的 j 扮演着以前理论中 k 的角色。

§6. 中心力场下运动的能级

现在我们将得到作为 r 的微分方程的波动方程，其变量规定了整个系统移动时的取向。我们只需利用下述基本非对易代数就可以做到这一点。

在公式(16)里取 $\boldsymbol{B}=\boldsymbol{C}=\boldsymbol{m}$。由此得到

$$\begin{aligned}(\boldsymbol{\sigma},\ \boldsymbol{m})^2 &= \boldsymbol{m}^2+i(\boldsymbol{\sigma},\ \boldsymbol{m}\times\boldsymbol{m})\\ &=(\boldsymbol{m}+\frac{1}{2}h\boldsymbol{\sigma})^2-h(\boldsymbol{\sigma},\ \boldsymbol{m})-\frac{1}{4}h^2\boldsymbol{\sigma}^2-h(\boldsymbol{\sigma},\ \boldsymbol{m})\\ &=\boldsymbol{M}^2-2h(\boldsymbol{\sigma},\ \boldsymbol{m})-\frac{3}{4}h^2.\end{aligned}\tag{20}$$

因此有

$$\{(\boldsymbol{\sigma},\ \boldsymbol{m})+h\}^2=\boldsymbol{M}^2+\frac{1}{4}h^2=j^2h^2.$$

截至目前，我们只是通过 j^2 定义了 j，因此只要我们愿意，我们就可以取 jh 等于 $(\boldsymbol{\sigma},\ \boldsymbol{m})+h$。这可能不是太方便，因为我们希望 j 是运动常数，而 $(\boldsymbol{\sigma},\ \boldsymbol{m})+h$ 却不是，虽然它的平方是。事实上，通过式(16)的另一项应用，我们有

$$(\boldsymbol{\sigma},\ \boldsymbol{m})(\boldsymbol{\sigma},\ \boldsymbol{p})=i(\boldsymbol{\sigma},\ \boldsymbol{m}\times\boldsymbol{p}),$$

由于 $(\boldsymbol{m},\ \boldsymbol{p})=0$，且类似有

$$(\boldsymbol{\sigma},\ \boldsymbol{p})(\boldsymbol{\sigma},\ \boldsymbol{m})=i(\boldsymbol{\sigma},\ \boldsymbol{p}\times\boldsymbol{m}).$$

故

$$\begin{aligned}(\boldsymbol{\sigma},\ \boldsymbol{m})(\boldsymbol{\sigma},\ \boldsymbol{p})+(\boldsymbol{\sigma},\ \boldsymbol{p})(\boldsymbol{\sigma},\ \boldsymbol{m}) &= i\sum\sigma_1(m_2p_3-m_3p_2+p_2m_3-p_3m_2)\\ &= i\sum\sigma_1\cdot 2ihp_1=-2h(\boldsymbol{\sigma},\ \boldsymbol{p})\end{aligned}$$

或

$$\{(\boldsymbol{\sigma},\ \boldsymbol{m})+h\}(\boldsymbol{\sigma},\ \boldsymbol{p})+(\boldsymbol{\sigma},\ \boldsymbol{p})\{(\boldsymbol{\sigma},\ \boldsymbol{m})\}=0.$$

因此 $(\boldsymbol{\sigma},\ \boldsymbol{m})+h$ 与 F 中的一项(即 $\sigma_1(\boldsymbol{\sigma},\ \boldsymbol{p})$)反对易，与其余三项对易。因此 $\rho_3\{(\boldsymbol{\sigma},\ \boldsymbol{m})+h\}$ 与所有 4 项对易，因此它是一个运动常数。而且 $\rho_3\{(\boldsymbol{\sigma},\ \boldsymbol{m})+h\}$ 的平方等于 j^2h^2。因此我们取

$$jh=\rho_3\{(\boldsymbol{\sigma},\ \boldsymbol{m})+h\}.\tag{21}$$

通过进一步运用式(16)我们有

$$(\boldsymbol{\sigma}, \boldsymbol{x})(\boldsymbol{\sigma}, \boldsymbol{p}) = (\boldsymbol{x}, \boldsymbol{p}) + i(\boldsymbol{\sigma}, \boldsymbol{m}).$$

现在 p_r 的可允许的定义是

$$(\boldsymbol{x}, \boldsymbol{p}) = rp_r + ih,$$

且由式(21)

$$(\boldsymbol{\sigma}, \boldsymbol{m}) = \rho_3 jh - h.$$

因此有

$$(\boldsymbol{\sigma}, \boldsymbol{x})(\boldsymbol{\sigma}, \boldsymbol{p}) = rp_r + i\rho_3 jh. \tag{22}$$

引入下述定义的 ε：

$$r\varepsilon = \rho_1(\boldsymbol{\sigma}, \boldsymbol{x}). \tag{23}$$

由于 r 与 ρ_1 对易，也与$(\boldsymbol{\sigma}, \boldsymbol{x})$ 对易，因此它必与 ε 对易。故我们有

$$r^2\varepsilon^2 = [\rho_1(\boldsymbol{\sigma}, \boldsymbol{x})]^2 = (\boldsymbol{\sigma}, \boldsymbol{x})^2 = \boldsymbol{x}^2 = r^2$$

或

$$\varepsilon^2 = 1.$$

到目前为止，就角动量而言，由于 $\boldsymbol{x}$ 与 $\boldsymbol{p}$ 之间存在对称性，因此 $\rho_1(\boldsymbol{\sigma}, \boldsymbol{x})$，像 $\rho_1(\boldsymbol{\sigma}, \boldsymbol{p})$ 一样，必与 $\boldsymbol{M}$ 和 j 对易。因此 ε 与 $\boldsymbol{M}$ 和 j 对易。不仅如此，ε 必与 p_r 对易，因为我们有

$$(\boldsymbol{\sigma}, \boldsymbol{x})(\boldsymbol{x}, \boldsymbol{p}) - (\boldsymbol{x}, \boldsymbol{p})(\boldsymbol{\sigma}, \boldsymbol{x}) = ih(\boldsymbol{\sigma}, \boldsymbol{x}),$$

它给出

$$r\varepsilon(rp_r + ih) - (rp_r + ih)r\varepsilon = ihr\varepsilon,$$

该式简化为

$$\varepsilon p_r - p_r\varepsilon = 0.$$

由式(22) 和(23)，我们现在有

$$r\varepsilon\rho_1(\boldsymbol{\sigma}, \boldsymbol{p}) = rp_r + i\rho_3 jh$$

或

$$\rho_1(\boldsymbol{\sigma}, \boldsymbol{p}) = \varepsilon p_r + i\varepsilon\rho_3 jh/r.$$

因此

$$F = p_0 + V + \varepsilon p_r + i\varepsilon\rho_3 jh/r + \rho_3 mc. \tag{24}$$

方程(23) 表明，ε 与 ρ_3 反对易。因此我们可以通过正则变换(可能既包含 $\boldsymbol{x}$ 和 $\boldsymbol{p}$，也包含 $\boldsymbol{\sigma}$ 和 $\boldsymbol{\rho}$)，既不改变 ρ_3，也不改变式(24) 右边出现的其他变量(因为所有这些变量均与 ε 对易)，就将 ε 变成 §2 的 ρ_2 的形式。现在 $i\varepsilon\rho_3$ 将取 $i\rho_2\rho_3 = -\rho_1$ 的形式，因此波动方程取如下形式：

$$F\psi \equiv [p_0 + V + \rho_2 p_r - \rho_1 jh/r + \rho_3 mc]\psi = 0,$$

如果我们将这个方程完整地写出来，要求 ψ 的分量分别取矩阵 ψ_α 和 ψ_β 的第一行(列)、第三行(列)，则我们有

$$(F\psi)_\alpha \equiv (p_0 + V)\psi_\alpha - h\frac{\partial}{\partial r}\psi_\beta - \frac{jh}{r}\psi_\beta + mc\psi_\alpha = 0,$$

$$(F\psi)_\beta \equiv (p_0 + V)\psi_\beta + h\frac{\partial}{\partial r}\psi_\alpha - \frac{jh}{r}\psi_\alpha - mc\psi_\beta = 0.$$

第二和第四分量正好重复给出这两个方程。现在我们将消去 ψ_α。如果我们将 $p_0 + V + mc$ 写成 hB，那么上述第一个方程变成

$$\left(\frac{\partial}{\partial r} + \frac{j}{r}\right)\psi_\beta = B\psi_\alpha,$$

它给出如下微分：

$$\begin{aligned}\frac{\partial^2}{\partial r^2}\psi_\beta + \frac{j}{r}\frac{\partial}{\partial r}\psi_\beta - \frac{j}{r^2}\psi_\beta &= B\frac{\partial}{\partial r}\psi_\alpha + \frac{\partial B}{\partial r}\psi_\alpha \\ &= \frac{B}{h}\left[-(p_0 + V - mc)\psi_\beta + \frac{jh}{r}\psi_\alpha\right] + \frac{1}{h}\frac{\partial V}{\partial r}\psi_\alpha \\ &= -\frac{(p_0 + V)^2 - m^2c^2}{h^2}\psi_\beta + \left(\frac{j}{r} + \frac{1}{Bh}\frac{\partial V}{\partial r}\right)\left(\frac{\partial}{\partial r} + \frac{j}{r}\right)\psi_\beta.\end{aligned}$$

它简化为

$$\frac{\partial^2}{\partial r^2}\psi_\beta + \left[\frac{(p_0 + V)^2 - m^2c^2}{h^2} - \frac{j(j+1)}{r^2}\right]\psi_\beta - \frac{1}{Bh}\frac{\partial V}{\partial r}\left(\frac{\partial}{\partial r} + \frac{j}{r}\right)\psi_\beta = 0. \quad (25)$$

使这个方程在 $r = 0$ 和 $r = \infty$ 均有有限解的参数 p_0 的值为系统能级的 $1/c$ 倍。为了将这个方程与以前的理论的方程进行比较，我们令 $\psi_\beta = r\chi$，这样有

$$\begin{aligned}&\frac{\partial^2}{\partial r^2}\chi + \frac{2}{r}\frac{\partial}{\partial r}\chi + \left[\frac{(p_0 + V)^2 - m^2c^2}{h^2} - \frac{j(j+1)}{r^2}\right]\chi \\ &- \frac{1}{Bh}\frac{\partial V}{\partial r} - \left(\frac{\partial}{\partial r} + \frac{j+1}{r}\right)\chi = 0.\end{aligned} \quad (26)$$

如果我们略去最后一项(在 B 很大时它很小)，这个方程就变得与普通的带相对论修正项的系统薛定谔方程完全一样。由于 j(出于定义) 的特征值既有正整数的也有负整数的，因此我们的方程在最后一项不忽略的情形下其能级数将加倍。

现在我们来比较式(26) 的最后一项，其大小与相对论修正项(达尔文和泡利给出的自旋修正项) 有相同的量级。为了进行比较，我们必须通过对波函数做进

一步变换来略去 $\partial\chi/\partial r$ 项。我们令

$$\chi = B^{-\frac{1}{2}}\chi_1,$$

由此给出

$$\begin{aligned}&\frac{\partial^2}{\partial r^2}\chi_1 + \frac{2}{r}\frac{\partial}{\partial r}\chi_1 + \left[\frac{(p_0 + V)^2 - m^2c^2}{h^2} - \frac{j(j + 1)}{r^2}\right]\chi_1\\&+ \left[\frac{1}{Bh}\frac{j}{r}\frac{\partial V}{\partial r} - \frac{1}{2}\frac{1}{Bh}\frac{\partial^2 V}{\partial r^2} + \frac{1}{4}\frac{1}{B^2h^2}\left(\frac{\partial V}{\partial r}\right)^2\right]\chi_1 = 0.\end{aligned} \tag{27}$$

现在修正到一级近似：

$$\frac{1}{Bh}\left(\frac{j}{r}\frac{\partial V}{\partial r} - \frac{1}{2}\frac{\partial^2 V}{\partial r^2}\right),$$

这里 $Bh = 2mc$（只要 p_0 为正）。对于氢原子，我们令 $V = e^2/cr$。这样一级修正变为

$$-\frac{e^2}{2mc^2r^3}(j + 1). \tag{28}$$

如果我们将式(27) 中的 $j + 1$ 替换为 $-j$，我们并不改变表示未扰动系统的项，因此

$$\frac{e^2}{2mc^2r^3}j \tag{28'}$$

将给出同一个未扰动项的第二项可能的修正。

在泡利和达尔文的理论里，相应的修正项是

$$\frac{e^2}{2mhc^2r^3}(\boldsymbol{\sigma}, \boldsymbol{m}),$$

这里包含了托马斯因子 1/2。我们应记得，在泡利-达尔文的理论里，轨道角动量 k 起着我们这里的 j 的作用。因此我们必须这样来定义 k：

$$\boldsymbol{m}^2 = k(k + 1)h^2$$

而不是通过严格类比式(19)，这样它才能像 j 一样取整数特征值。由式(20) 我们有

$$(\boldsymbol{\sigma}, \boldsymbol{m})^2 = k(k + 1)h^2 - h(\boldsymbol{\sigma}, \boldsymbol{m})$$

或

$$\left\{(\boldsymbol{\sigma}, \boldsymbol{m}) + \frac{1}{2}h\right\}^2 = \left(k + \frac{1}{2}\right)^2 h^2,$$

因此

$$(\boldsymbol{\sigma}, \boldsymbol{m}) = kh \quad 或 \quad -(k+1)h.$$

由此修正项变成

$$\frac{e^2}{2mc^2r^3}k \text{ 或 } -\frac{e^2}{2mc^2r^3}(k+1).$$

它与式(28) 和(28′) 是一致的。因此，在一级近似下，本文所述理论可给出与达尔文得到的同样的能级，它与实验结果是一致的。

自旋与统计之间的联系①

沃尔夫冈·泡利②

摘　要

在下面的论文中，我们得出关于自由粒子的相对论性不变量的波动方程的结论：由公设(Ⅰ)，据此粒子能量必为正，具有任意半整数自旋的粒子必然服从费米-狄拉克统计；由公设(Ⅱ)，据此不同时空点上具有类空距离的可观察量是可对易的，具有任意整数自旋的粒子必然服从玻色-爱因斯坦统计。业已发现，将对洛伦兹变换不可约的量划分成具有如 +1，1，$+\varepsilon$，$-\varepsilon$ 且 $\varepsilon^2=1$ 的可交换乘法性质的 4 类对称性的量是有用的。

§1. 单位和符号

任何理论成立的基本条件是满足相对论和量子论的要求，因此采用真空中光速 c 和除以 2π 的普朗克常数(记为 $\hbar$)作为单位是自然的。这个约定意味着所有的量被置于长度的幂乘以 $\hbar$ 和 c 的幂次的量纲。对应于静止质量 m 的长度倒数记为 $\kappa=mc/\hbar$ 。

至于时间坐标，我们相应地采用光程的长度。但在特定情形下，我们不希望放弃使用虚拟时间坐标。因此，由小拉丁字母 i 标记的张量指数是指虚拟时间坐标，i 取值为 1 ~ 4。对复共轭作特殊约定似乎是可取的。对于下标为 0 的量，其带星号的量表示其普通意义上复共轭(例如，对于电流矢量 S_i，量 $S_0{}^*$ 是电荷密

① 本文是作者为1939年索尔维会议准备的报告的一部分，其中部分内容成文后有所改动。由于不利的时代因素，这次会议没有召开，报告的发表被无限期搁置。这里所讨论的自旋与统计之间的联系，与贝林芬特在一篇文章里基于电荷不变性的考虑所讨论的稍欠普适性的内容之间的关系，已由泡利和贝林芬特发文澄清，见. Pauli and J. Belinfante, *Physica* **7**, 177 (1940).

② 承蒙许可重印自 *Physical Review*, Volume **58**, p. 716, (1940). © 1940 by the American Physical Society.

度 S_0 的复共轭)。一般地，$U^*_{ik\ldots}$ 表示：$U_{ik\ldots}$ 的复共轭乘以$(-1)^n$，其中 n 是 i，k，…… 中数字 4 出现的次数(例如 $S_4 = iS_0$，$S_4{}^* = iS_4{}^*$)。

狄拉克的旋量 u_ρ，这里 $\rho = 1$，…，4 是一个总在数字 1 至 4 之间循环的希腊字符指标，u^*_ρ 表示普通意义下 u_ρ 的复共轭。

波函数，到目前为止它们是普通的矢量或张量，一般用大写字母 U_i，U_{ik}，…… 来表示。这些张量的对称性质通常必须显式添加。经典场 —— 电磁场和引力场，以及静质量为零的场 —— 具有特殊地位，因此分别用通常的字母 ϕ_i，$f_{ik} = -f_{ki}$ 和 $g_{ik} = g_{ki}$ 来表示。

能量-动量张量 T_{ik} 这样来定义：能量密度 W 和动量密度 G_k 以自然单位给出，即 $W = -T_{44}$ 和 $G_k = -iT_{k4}$，其中 $k = 1, 2, 3$。

§ 2. 不可约张量。自旋的定义

我们将仅利用这些量的某些一般属性，它们按照洛伦兹群的不可约表示作变换①。正常洛伦兹群是连续的线性群，其变换使形式

$$\sum_{k=1}^{4} x_k^2 = x^2 - x_0^2$$

保持不变。它们还满足如下条件：有行列式 +1 并且对时间不可逆。在这种群下具有不可约变换性质的张量或旋量可由两个正整数(p, q)来刻画。(于是对应的“角动量量子数”(j, k)由 $p = 2j + 1$，$q = 2k + 1$ 给出，这里 j 和 k 取整数或半整数。)②由(j, k)刻画的量 $U(j, k)$ 有 $p \cdot q = (2j+1)(2k+1)$ 个独立分量。因此$(0, 0)$对应于标量，$(1/2, 1/2)$对应于矢量，$(1, 0)$对应于自对偶斜对称张量，$(1, 1)$对应于具有零迹的对称张量等。狄拉克旋量缩并为两个不可约的量$(1/2, 0)$和$(0, 1/2)$，每个都由两部分组成。如果 $U(j, k)$ 按照如下表示作变换：

$$U'_r = \sum_{s=1}^{(2j+1)(2k+1)} \Lambda_{rs} U_s$$

则 $U^*(k, j)$ 按照复共轭表示 Λ^* 变换。因此对于 $k = j$，$\Lambda^* = \Lambda$。这仅当 $U(j, k)$ 和 $U(k, j)$ 的分量被适当排序后为真。对于分量的任意选择，必须加上 Λ 和 Λ^* 的相似变换。鉴于 § 1 我们关于 U^* 的一般表示，其变换等价于 Λ^*，如果 U 的变

① 见 B. L. v. d. Waerden, *Die gruppentheortische Methode in der Quantentheorie* (Berlin, 1932).

② 在旋量计算中，它是指带 $2j$ 个无点指标和 $2k$ 个有点指标的旋量。

换等价于 Λ 的话。

最重要的运算是两个量的乘积的缩并

$$U_1(j_1,\ k_1)\cdot U_2(j_2,\ k_2).$$

根据公认的角动量合成法则，上述量分解成若干个 $U(j,\ k)$，其彼此独立的 j，k 取值为

$$j=j_1+j_2,\ j_1+j_2-1,\ \cdots\cdots,\ |j_1-j_2|;$$
$$k=k_1+k_2,\ k_1+k_2-1,\ \cdots\cdots,\ |k_1-k_2|.$$

通过单独限定到空间转动子群的变换，j 和 k 这两个数字之间的区别消失了，$U(j,\ k)$ 在这个群下的表现如同两个不可约量的乘积 $U(j)U(k)$，而后者又可约化为几个不可约的 $U(l)$，每个 $U(l)$ 都有 $2l+1$ 个分量，且 l 为

$$l=j+k,\ j+k-1,\ \cdots,\ |j-k|.$$

在空间转动下，带整数 l 的 $U(l)$ 按单值表示变换，而半整数 l 的 $U(l)$ 按双值表示变换。因此，带整数(半整数)$j+k$ 的未约化的量 $T(j,\ k)$ 是单值(双值)的。

如果我们现在要确定属于给定场的粒子的自旋值，那么首先这些值由 $l=j+k$ 给出。然而这样的限定并不对应于物理事实，因为自旋值与独立平面波的数目之间不存在关系。对于相位因子 $\exp i(\boldsymbol{k}\cdot\boldsymbol{x})$ 中分量 k 的给定值，在没有相互作用的情形下，这些独立平面波的存在是可能的。为了以适当的方式定义自旋①，我们首先考虑其中所有粒子的静止质量 m 都不为零的情形。在这种情形下，我们做到粒子的静止参考系的变换，其中 k_i 的所有空间分量为零，且波函数仅依赖于时间。在这个参考系下，我们将场分量——根据该场方程，它们不必为零——减少到仅剩下对空间转动不可约的部分。对每个这样的部分，$r=2s+1$ 个分量属于 r 个不同的本征函数。这些本征函数在空间转动变换下变换到自身，它们属于自旋 s 的粒子。如果场方程描述的是只有一个自旋值的粒子，那么在这个静系下就只有一个这样的不可约分量组。由洛伦兹不变性可知，对于任意参考系，r 或 $\sum r$ 个本征函数总是属于一个给定的任意 k_i。然而，在一般的坐标系下，进入理论的量 $U(j,\ k)$ 的数目更复杂，因为这些量加上矢量 k_i 必须满足几个条件。

在零静质量的情形下，存在一种特殊的简并性，因为，正如菲尔兹(Fierz)

① 见 M. Fierz, *Helv. Phys. Acta* **12**, 3(1939)；亦见 L. de Broglie, *Comptesrendus* **208**, 1697(1939)；**209**, 263(1939).

已经证明的，这种情形允许第二类规范变换①。如果现在场描述的只是一类静质量为零且具有某个自旋值的粒子，那么对于一个给定的 k_i 值，只有两种状态，它们不能通过一个规范转换来彼此变换到对方。按目前的物理观点看，在此情形下，自旋的定义可能确定不了，因为场的总角动量不能分解成测得的轨道角动量和自旋角动量。但有可能利用以下性质作为自旋的定义。在 q 数理论中，如果我们考虑仅存在一个粒子情形下的态，则不是所有的角动量平方的本征值 $j(j+1)$ 都是可能的。但 j 始于某一最小值 s，并依次取值 s，$s+1$，…②这仅是 $m=0$ 时的情形。对于光子，$s=1$，$j=0$ 对于单光子是不可能的。③ 对于引力量子，$s=l$，而值 $j=0$ 和 $j=1$ 不出现。

在任意参考系下，对于任意静质量，所有变换皆根据半整数(整数）的 $j+k$ 按双值(单值）表示的量 U 只描述具有半整数(整数）自旋的粒子。只有当有必要确定理论是否描述了具有单个自旋值或多个自旋值的粒子时，专门的调查才是需要的。

§3. 整数自旋值情形下的电荷和半整数自旋值情形下的能量的不定特征的证明

我们首先考虑只包含带整数 $j+k$ 的 U 的理论，即 U 仅描述带整数自旋值的理论。这样，只有具有一个单值自旋值的粒子被描述，而且所有粒子都具有整数自旋。

我们把量 U 分为两类：(1) j，k 皆为整数的"+1类"；(2) j，k 皆为半整数的"-1类"。

这种表示法是合理的，因为根据有关一个乘积在洛伦兹变换下被约化成不可约成分的既定法则，两个 +1 类的量的乘积或两个 -1 类的量的乘积都只包含 +1 类的量，而 +1 类的量与 -1 类的量的乘积则只包含 -1 类的量。重要的是，其中 j 和 k 被互换的复共轭 U^* 属于与 U 同一类。从乘法法则容易看到，具有偶数(奇数）指标的张量只能约化到 +1 类(-1 类）的量。传播矢量 k_i 我们认为属于 -1

① 我们将"第一类规范变换"理解为 $U\to Ue^{i\alpha}$，$U^*\to U^*e^{-i\alpha}$ 的变换，这里 α 是任意空间时间函数。而"第二类规范变换"是指下述变换：

$$\varphi_k\to\varphi_k-\frac{1}{\varepsilon}i\frac{\partial\alpha}{\partial x_k}$$

如同电磁势那样的变换。

② 菲尔兹已给出其一般性证明，见 M. Fierz，*Helv. Phys. Acta* **13**，45(1940)。

③ 例如，见泡利的文章"Wellen - mechanik"，*Handbuch der Physik*，Vol. **24/2**，p. 260.

类，因为它与其他量相乘后的行为就像一个 - 1 类的量。

现在我们来考虑量 U 的齐次线性方程，但它不必一定要是一阶的。假设一个平面波，我们用 k_i 替代 $-i\partial/\partial x_l$。只考虑对正常洛伦兹群的不变性，它必有如下典型形式

$$\sum kU^+ = \sum U^-, \quad \sum kU^- = \sum U^+. \tag{1}$$

这个典型形式是指，可以存在的相同类型的不同的项的数目与 U^* 和 U^- 的数目一样多。不仅如此，在 U^* 中可能会出现 U^+ 和 $(U^+)^*$，而其他的 U 可满足实现性条件 $U = U^*$。最后，我们省略了偶数的 k 因子。这些因子可以依据这些方程的左边或右边的和而以任意数量出现。现在很明显，这些方程在下述代换下保持不变：

$$\begin{aligned} &k_i \to -k_i;\ U^+ \to U^+,\ [(U^+) \to (U^+)^*]; \\ &U^- \to -U^-,\ [(U^-)^* \to -(U^-)^*]. \end{aligned} \tag{2}$$

现在，让我们来考虑偶数阶张量 T(二阶标量、二阶斜对称或对称张量，等等)，它们由 U' 的平方项或双线性项组成。因此它们只能由偶数 j 和偶数 k 的量组成，且具有以下典型形式：

$$T \sim \sum U^+ U^+ + \sum U^- U^- + \sum U^+ kU^-, \tag{3}$$

这里同样是可能的偶数 k 因子被忽略，且 U 和 U^* 之间没有区别。在代换(2) 下它们保持不变，$T \to T$。

对于那些由具有半整数 j 和半整数 k 的量构成的奇数阶张量 S(矢量等) 的情形则不同。它们的典型形式是

$$S \sim \sum U^+ kU^+ + \sum U^- kU^- + \sum U^-, \tag{4}$$

因此在代换(2) 下改变符号，$S \to -S$。特别是对流矢量 s_i 正是这种情形。对于变换 $k_i \to -k_i$，属于这种情形的还有对任意波包的变换 $x_i \to -x_i$，值得注意的是，从方程(1) 只对正常洛伦兹群的不变性可导出对所有坐标的符号变化的一种不变性。特别是，可导出流密度和偶数自旋的总电荷的不定性质，因为对于场方程的每个解，总存在另一个解，对于这个解 s_k 的分量改变符号。因此，一个具有偶自旋、像矢量的 4 分量那样变换的确定的粒子密度是不可能有定义的。

现在我们来讨论稍复杂点的半整数自旋的情形。这里，我们将有半整数 $j+k$ 的量 U 按下述方式拆分：将 j 为整数 k 为半整数的归于(3)“$+\varepsilon$ 类”；将 j 为半整数 k 为整数的归于(4)“$-\varepsilon$ 类”。

(1)，……，(4) 类的乘法遵从法则 $\varepsilon^2=1$ 和乘法交换律。当 ε 替换为 $-\varepsilon$ 时，乘法法则不变。

我们可以将不同类之间的乘法法则总结如下表：

	1	−1	ε	−ε
1	1	−1	ε	−ε
−1	−1	+1	−ε	+ε
ε	−ε	−ε	+1	−1
−ε	−ε	ε	−1	+1

我们注意到，这些类具有克莱因“四元群”的乘法法则。

这里重要的是，j 和 k 被互换的复共轭的量不属于同一个类，而是有

$$U^{+\varepsilon},\ (U^{-\varepsilon})^* \text{ 属于 } +\varepsilon \text{ 类}$$
$$U^{-\varepsilon},\ (U^{+\varepsilon})^* \text{ 属于 } -\varepsilon \text{ 类.}$$

因此，我们应明确列举复共轭量。(有人可能会适当选择 $U^{+\varepsilon}$，使所有 $-\varepsilon$ 类的量取形式 $(U^{+\varepsilon})^*$。

现在我们得到的不是式(1)，而是如下典型形式：

$$\begin{aligned}\sum kU^{+\varepsilon}+\sum k(U^{-\varepsilon})^* &= \sum U^{-\varepsilon}+\sum (U^{+\varepsilon})^*\\ \sum kU^{-\varepsilon}+\sum k(U^{+\varepsilon})^* &= \sum U^{+\varepsilon}+\sum (U^{-\varepsilon})^*,\end{aligned}\tag{5}$$

因为因子 k 或 $-\mathrm{i}\partial/\partial x_l$ 总是从类 $+\varepsilon$ 或 $-\varepsilon$ 中的一种表达变到另一种。如上述，偶数 k 因子已被忽略。

现在，我们考虑代替(2) 的代换：

$$\begin{aligned}&k_i\to -k_i;\ U^{+\varepsilon}\to iU^{+\varepsilon};\ (U^{-\varepsilon})^*\to i(U^{-\varepsilon})^*;\\ &(U^{+\varepsilon}\to -i(U^{+\varepsilon})^*;\ U^{-\varepsilon}\to -iU^{-\varepsilon}.\end{aligned}\tag{6}$$

这符合变换到复共轭的代数要求，以及同类量(如 $U^{+\varepsilon}$，$(U^{-\varepsilon})^*$) 按同一种方法变换的要求。此外，它不会干扰到形如 $U^{+\varepsilon}=(U^{-\varepsilon})^*$ 或 $U^{-\varepsilon}=(U^{+\varepsilon})^*$ 的可能的实现性条件。式(5) 在代换(6) 下保持不变。

我们再来考虑偶数阶张量(二阶标量、张量等)，这些张量由 U 的双线性项或平方项及其复共轭组成。其原因与上述类似，它们必须是这样的形式

$$T \sim \sum U^{+\varepsilon}U^{+\varepsilon} + \sum U^{-\varepsilon}U^{-\varepsilon} + \sum U^{+\varepsilon}kU^{-\varepsilon} + \sum U^{+\varepsilon}(U^{-\varepsilon})^{*}$$
$$+ \sum U^{-\varepsilon}(U^{+\varepsilon})^{*} + \sum (U^{-\varepsilon})^{*}kU^{-\varepsilon} + \sum (U^{+\varepsilon})^{*}kU^{+\varepsilon} + \sum (U^{-\varepsilon})^{*}k(U^{+\varepsilon})^{*}$$
$$+ \sum (U^{-\varepsilon})^{*}(U^{-\varepsilon})^{*} + \sum (U^{-\varepsilon})^{*}(U^{+\varepsilon})^{*}. \tag{7}$$

此外，奇数阶张量(矢量等) 必须取形式

$$S \sim \sum U^{+\varepsilon}kU^{+\varepsilon} + \sum U^{-\varepsilon}kU^{-\varepsilon} + \sum U^{+\varepsilon}U^{-\varepsilon} + U^{+\varepsilon}(U^{-\varepsilon})^{*}$$
$$+ \sum U^{-\varepsilon}k(U^{+\varepsilon})^{*} + \sum U^{-\varepsilon}(U^{-\varepsilon})^{*} + \sum U^{+\varepsilon}(U^{+\varepsilon})^{*} + \sum (U^{-\varepsilon})^{*}k(U^{-\varepsilon})^{*}$$
$$+ \sum (U^{-\varepsilon})^{*}(U^{-\varepsilon})^{*} + \sum (U^{+\varepsilon})^{*}(U^{+\varepsilon})^{*}. \tag{8}$$

代换(6) 的结果与代换(2) 的结果正相反：偶数阶张量改变符号，奇数阶张量保持不变：

$$T \to -T;\ S \to +S. \tag{9}$$

因此，在半整数自旋的情形下，一个正定的能量密度，以及一个正定总能量，是不可能的。后者源自于如下事实，即在上述代换下，每个时空点上的能量密度改变其正负号，结果总能量也改变其符号。

应当强调的是，这里不仅没必要假设波动方程是一阶的①，而且仍没解决下述问题：这一理论对于空间反演 $x' = -x$，$x'_0 = x_0$ 是否也是不变的。也因此该方案涵盖了狄拉克的(静止质量为零的) 二分量波动方程。

这些考虑不证明对于整数自旋，总存在确定的能量密度；对于半整数自旋，总是存在确定的电荷密度。事实上，Fierz 已经证明②，对于自旋 > 1 的情形，这两个断言均不成立。但(在 c 数理论中) 对于半整数自旋存在确定的总电荷，对于整数自旋存在确定的总能量。通过确定的电荷密度可将自旋值 1/2 挑出来，通过确定的能量密度可将自旋值为 0 和 1 挑出来。尽管如此，本理论允许基本粒子的自旋量子数取任意值，静质量、电荷和粒子的磁矩均取任意值。

§4. 无相互作用的场的量子化。自旋与统计之间的联系

在 c 数理论中，对于整数自旋，物理上不存在令人满意的确定粒子密度的方法；对于半整数自旋，不存在确定的能量密度。这一事实表明，在单体问题所限

---

① 但我们排除了形如 $(k^2 + k^2)^{1/2}$ 这样的运算，这是在坐标空间下有限距离上的运算。

② M. Fierz, *Helv. Phys. Acta.* **12**, 3(1939).

定的范围内，这一理论不可能有令人满意的解释①。事实上，所有相对论性不变性理论都会给出这样的结果：在外场中，粒子可以被发射或被吸收，如果是带电粒子，这种发射和吸收以成对的带相反电荷的粒子形式出现，如果是中性粒子，则以单个粒子方式出现。因此场必须经过二次量子化。对此，我们不希望在这里运用正则形式，其中时间被不必要地与空间明确区分开来。只有当正则变量之间不存在附加条件时，这种形式才是适合的②。在这里，我们将运用这一方法的推广形式。这种方法最先被约旦和泡利运用到电磁场上③。这种方法在不存在相互作用时特别方便，这时所有的场 $U^{(r)}$ 都满足二阶波动方程：

$$\Box U^{(r)} - \kappa^2 U^{(r)} = 0,$$

这里

$$\Box \equiv \sum_{k=1}^{4} \frac{\partial^2}{\partial x_k^2} = \Delta - \frac{\partial^2}{\partial x_0^2},$$

k 是粒子在以 $hbar/c$ 为单位时的静质量。

二次量子化的重要工具是不变量 D 函数，它满足波动方程(9)，由本征函数的周期性体积 V 给出：

$$D(\boldsymbol{x},\ x_0) = \frac{1}{V}\sum \exp[i(\boldsymbol{kx})]\frac{\sin k_0 x_0}{k_0}. \tag{10}$$

或在 $V \to \infty$ 的极限情形下，

$$D(\boldsymbol{x},\ x_0) = \frac{1}{(2\pi)^3}\int \mathrm{d}^3 k \exp(\boldsymbol{kx})\frac{\sin k_0 x_0}{k_0}. \tag{11}$$

我们认为对于正的根

$$k_0 = + (k^2 + \kappa^2)^{1/2}, \tag{12}$$

D 函数由下述条件唯一地确定：

$$\begin{gathered}\Box D - \kappa^2 D = 0;\ D(\boldsymbol{x},\ 0) = 0; \\ \left(\frac{\partial D}{\partial x_0}\right)_{x_0=0} = \delta(\boldsymbol{x}).\end{gathered} \tag{13}$$

---

① 因此本文作者认为，狄拉克的原始论证不是结论性的。按照他的论证，场方程必须是一阶的。

② 因为存在这一条件，故正则形式不能运用到自旋大于 1 的情形，因此德威特基于这种形式的对自旋与统计之间的联系的讨论(J. S. de Wet，*Phys. Rev.* **57**，646(1940)) 不是足够一般性的。

③ 这种方法的自洽的发展导致狄拉克的“多时间形式”，它已由狄拉克给出，见狄拉克《量子力学》(牛津大学出版社，第二版，1935 年)。

对于 $\kappa=0$，我们直接有

$$D(\boldsymbol{x},\ x_0)=\{\delta(r-x)-\delta(r-x_0)\}/4\pi r. \tag{14}$$

这个表达式也决定了在 $\kappa\neq 0$ 时 $D(\boldsymbol{x},\ x_0)$ 在光锥上的奇异性。但在后一种情形下，D 在光锥的内部不再不为零。在此区域我们发现①

$$D(\boldsymbol{x},\ x_0)=-\frac{1}{4\pi r}\frac{\partial}{\partial r}F(r,\ x_0),$$

其中

$$F(r,\ x_0)=\begin{cases}J_0[\kappa(x_0^2-r^2)^{1/2}] & \text{对 } x_0>r\\ 0 & \text{对 } r>x_0>-r\\ -J_0[\kappa(x_0^2-r^2)^{1/2}] & \text{对 } -r>x_0\end{cases} \tag{15}$$

函数 F 在光锥上从 + 跳到 - 对应于 D 在此光锥上的 δ 奇点。具有决定性的重要意义的是，D 在光锥外（即当 $-r<x_0<r$ 时）为 0。

因子 d^3k/k_0 的形式由以下事实决定：d^3k/k_0 是四维动量空间 $(\boldsymbol{k},\ k_0)$ 的双曲面上的不变量。正是由于这个原因，故除了 D 只存在另一个函数，它是不变量，且满足波动方程(9)，即

$$D_1(\boldsymbol{x},\ x_0)=\frac{1}{(2\pi)^3}\int \mathrm{d}^3k\ \exp[i(\boldsymbol{kx})]\ \frac{\cos k_0x_0}{k_0}. \tag{16}$$

对于 $\kappa=0$，我们有

$$D_1(\boldsymbol{x},\ x_0)=\frac{1}{2\pi^2}\frac{1}{(r^2-x_0^2)}. \tag{17}$$

一般地，它给出下式

$$D_1(\boldsymbol{x},\ x_0)=\frac{1}{4\pi}\frac{1}{r}\frac{\partial}{\partial r}F_1(r,\ x_0).$$

$$F_1(r,\ x_0)=\begin{cases}N_0[\kappa(x_0^2-r^2)^{1/2}] & \text{对 } x_0>r\\ -iH_0^{(1)}[i\kappa(r^2-x_0^2)^{1/2}] & \text{对 } r>x_0>-r\\ N_0[\kappa(x_0^2-r^2)^{1/2}] & \text{对 } -r>x_0\end{cases} \tag{18}$$

这里 N_0 代表纽曼函数，$H_0^{(1)}$ 为第一汉克尔柱函数。D 在光锥面上的最强奇异性一般由式(17)确定。

但我们要特别假设：光锥以外（即对于 $|x'_0-x''_0|<|\boldsymbol{x}'-\boldsymbol{x}''|$）有限距离上

① 见 P. A. M. Dirac, *Proc. Camb. Phil. Soc.* **30**, 150(1934).

的所有物理量均可交换①。由此可知，所有满足无力波动方程(9) 的量的括号表达式都可以表示为函数 D 及其(有限次) 导数，而无须借助于函数 D_1。这对于带 + 号的括号也是成立的，因为否则的话将导致这样的规范不变量，它被从 $U^{(r)}$ 双线性地构造出来(例如电荷密度)，它在类空距离的两点上是不可交换的②。

这一假设的理由在于这样一个事实：类空距离上的两点上的测量永不互相干扰，因为没有信号可以大于光速传递。那些采用 D_1 函数的理论在其量子化方面得到的结果将非常不同于已有的理论。

我们立即能进一步得出关于在括号表达式中出现的 D 函数导数的次数的结论，如果我们考虑到理论在狭义洛伦兹群变换下的不变性，并利用前一节关于张量的类的划分的结果的话。我们假设量 $U^{(r)}$ 按这样的方式排列：每个场分量仅由同类的量构成。我们特别考虑场分量 $U^{(r)}$ 与其自身的复共轭构成的括号表达式：

$$[U^{(r)}(\boldsymbol{x}', x'_0), U^{*(r)}(\boldsymbol{x}'', x''_0)].$$

现在我们区分半整数自旋和整数自旋这两种情形。在前者的情形下，这个表达式在洛伦兹变换下作为奇数阶张量按照(8) 式变换。但在第二种情形下，它作为偶数阶张量变换。因此，对半整数自旋我们有

$$\begin{aligned}&[U^{(r)}(\boldsymbol{x}', x'_0), U^{*(r)}(\boldsymbol{x}'', x''_0)]\\&= \text{函数 } D(\boldsymbol{x}' - \boldsymbol{x}'', x'_0 - x''_0) \text{ 的奇数次导数},\end{aligned} \tag{19a}$$

同样，对于整数自旋

$$\begin{aligned}&[U^{(r)}(\boldsymbol{x}', x'_0), U^{*(r)}(\boldsymbol{x}'', x''_0)]\\&= \text{函数 } D(\boldsymbol{x}' - \boldsymbol{x}'', x'_0 - x''_0) \text{ 的偶数次导数。}\end{aligned} \tag{19b}$$

这必须这样来理解，在式子的右边，有可能出现所示类型的式子的复杂求和。现在，我们考虑下述表达式，它在两点上是对称的：

$$X \equiv [U^{(r)}(\boldsymbol{x}', x'_0), U^{*(r)}(\boldsymbol{x}'', x''_0)] + [U^{(r)}(\boldsymbol{x}'', x''_0), U^{*(r)}(\boldsymbol{x}', x'_0)]. \tag{19}$$

由于 D 函数在空间坐标下是偶的，在时间坐标下是奇的，这从式(11) 或式(15) 立即可以看出，因此从 X 的对称性可知，$X = (D(\boldsymbol{x}' - \boldsymbol{x}'', x'_0 - x''_0)$ 的偶数次类空导数乘以奇数次类时导数)。这与关于半整数自旋的假设(19a) 是完全一致的，但与关于整数自旋的假设(19b) 矛盾，除非 X 等于零。因此对整数自旋我们有

① 对于正则量子化形式，这一假设是默认满足的。但这一假设要比正则形式更一般。

② 见 W. Pauli，*Ann. de l' Inst. H. Poincare* **6**，137(1936)，esp. § 3.

结果：

$$[U^{(r)}(\boldsymbol{x}', x'_0), U^{*(r)}(\boldsymbol{x}'', x''_0)] + [U^{(r)}(\boldsymbol{x}'', x''_0), U^{*(r)}(\boldsymbol{x}', x'_0)] = 0. \quad (20)$$

到目前为止，我们还没有在玻色统计和不相容原理这两种情形之间做出区分。在前者的情形下，我们有普通的带负号的括号；在后一种情形下，根据约旦和维格纳，有带正号的括号

$$[A, B]_+ = AB + BA$$

通过将带正号的括号代入式(20)，我们有一个代数上的矛盾，因为公式左边对 $\boldsymbol{x}'=\boldsymbol{x}''$ 必须为正，且不为零，除非 $U^{(r)}$ 和 $U^{*(r)}$ 二者同时为零①。

由此我们得出结论：对于整数自旋，不可能根据不相容原理来量子化。这一结果带来的很重要的一点是：一般来讲，用 D_1 函数来代替 D 函数不可行。

另一方面，根据爱因斯坦-玻色统计，对于半整自旋，形式上该理论是可以量子化的。但根据上一节的一般结果，这样的话系统的能量将不为正。出于物理上的考虑，有必要假设这一点，我们必须将不相容原理与狄拉克的空穴理论联系起来。

对于这样一个确证 —— 一项带正的总能量的理论，依据其整数(半整数)自旋，是可以按照玻色统计(不相容原理)量子化的 —— 我们必须指出，这一点已由前述 Fierz 的文章给出。在 Fierz 和泡利的另一篇文章②中，我们已经讨论了外电磁场的情形，以及自旋 2 的特殊情形与爱因斯坦的引力理论之间的联系。总之，我们希望说明，根据我们的观点，自旋和统计之间的联系是狭义相对论的最重要的应用之一。

---

① 这个矛盾也可以从将 $U^{(r)}$ 根据下式解出本征函数上看出来

$$U^{*(r)}(\boldsymbol{x}, x_0) = V^{-1/2}\sum_k \{U_+^*(k)\exp[i\{-(\boldsymbol{kx}) + k_0x_0\}] + U_-(k)\exp[i\{(\boldsymbol{kx}) - k_0x_0\}]\}$$

$$U^{(r)}(\boldsymbol{x}, x_0) = V^{-1/2}\sum_k \{U_+(k)\exp[i\{(\boldsymbol{kx}) + k_0x_0\}] + U_-^*(k)\exp[i\{-(\boldsymbol{kx}) - k_0x_0\}]\}.$$

于是由式(21)导出下述关系式

$$[U_+^*(k), U_+(k)] + [U-(k), U_-^*(k)] = 0.$$

这个式子对于带正号的括号是不成立的，除非 $U_\pm(k)$ 和 $U_\pm^*(k)$ 均为零。

② M. Fierz and W. Pauli, *Proc. Roy. Soc.* A**173**, 211(1939).

不相容原理与量子力学

沃尔夫冈·泡利

诺贝尔物理学奖获奖演说，1946 年 12 月 13 日

“不相容原理”—— 我因此荣获 1945 年度诺贝尔奖 —— 发现的历史可追溯到我在慕尼黑的学生时代。早在维也纳上中学时，我已获得了一些有关经典物理学和当时新的爱因斯坦相对论的知识。正是在慕尼黑大学，索末菲向我介绍了从经典物理学观点来看有些古怪的原子结构概念。我不可能不震惊。当时的每一位习惯于经典思维方式的物理学家，在第一次得知玻尔的“量子理论的基本假设”时都经历过这样的震惊。那时，对于与作用量子有关的困难问题有两种解决办法。一种办法是通过找出将经典力学和电动力学转译为量子语言 —— 它构成对这两种理论的逻辑概括 —— 的密钥，从而使新思想变得抽象有序。这正是玻尔的“对应原理”所选取的方向。而索末菲，鉴于在运用运动学模型的概念时遇到的困难，更愿意依据整数来对光谱规律做尽可能与模型无关的直接解释，像开普勒进行行星系研究时所做的那样，他追求一种内在的和谐。这两种在我看来并非不可调和的方法都对我有影响。在慕尼黑大学，人们对给出化学元素系自然周期长度的整数序列 2，8，18，32，…… 进行了热烈讨论，其中就包括瑞典物理学家里德伯的观点。里德伯认为，这些数字构成简单的 $2n^2$ 序列，如果 n 取所有正整数的话。索末菲则特别想把数字 8 与立方体的角的数量联系起来。

我的科学生涯的新阶段始于我与尼尔斯·玻尔的初次会面。那是在 1922 年，玻尔在哥廷根作系列客座讲座。他在演讲中报告了他对元素周期系的理论研究。在此，我将简略回顾一下玻尔当时的考虑所带来的根本性进展。玻尔当时是想借助于球对称的原子模型来解释原子中间壳层的形成和稀土元素的性质。这个问题，即为什么原子内处于基态的所有电子不是被束缚在最内壳层，已经在玻尔的早期工作中作为根本性问题得到强调。在哥廷根的讲座上，玻尔着重探讨了氦原子最内的 K 壳层的闭合性以及它与氦的两组非复合谱 —— 正氦光谱和仲氦光谱 —— 之间的本质联系。但是在经典力学的基础上，并不能对这一现象做出令人信服的解释。给我强烈印象的是，玻尔在当时及以后的讨论中，一直在寻找一种关于每个电子壳层的封闭的站得住脚的一般性解释。在这种解释里，数字 2 就

如同索末菲处理中的数字 8 一样的基本。

1922 年秋天，应玻尔的邀请，我来到哥本哈根。在这里我做了一系列努力来解释所谓“反常塞曼效应”。光谱学家所称的“反常塞曼效应”，是指光谱线在磁场中发生的劈裂不同于正常塞曼效应的三重谱线的现象。一方面，反常劈裂呈现出优美而简单的规律性，朗德曾从所观察到的谱线劈裂中成功地找出了较简单的光谱项分裂规律，他的结果中最重要的是将半整数作为磁量子数来说明碱金属的双线。另一方面，从原子力学模型的立场来看，反常劈裂很难理解，因为从关于电子的一般性假设上说，不论是用经典理论还是用量子理论，给出的都是同样的三重谱线。对这个问题的更深入调查让我感到它不是一般的难处理。现在我们知道，当时人们同时面临着两个逻辑上迥异的困难：一个是缺乏一种通用方法将既定的力学模型转译成量子理论，尝试用经典力学来描述稳定的量子态是徒劳的；第二个困难是我们对是否存在一种适于推导外磁场中原子发射的谱线的反常劈裂的合适的经典模型这一点一无所知。因此，当时我找不到这个问题的满意的答案并不奇怪。但是我对朗德的强磁场下的光谱项分析工作成功地作了推广[2]。强磁场下的情形，作为磁-光转变(帕邢-巴克效应）的结果，在许多方面比较简单。这项早期工作对于发现不相容原理具有决定性意义。

1923 年，我回到汉堡大学不久，就在编外讲师的受聘仪式上发表了关于元素周期系的就职演讲。这次演讲的内容我非常不满意，因为电子壳层闭合的问题并没有得到进一步澄清。当时唯一清楚的就是这一问题与多重谱线结构理论之间必定存在着密切关系。因此，我试图再次就最简单的情形 —— 碱金属的双重谱线 —— 进行批评性考察。按照当时的正统观点，这也是玻尔在前述的哥廷根演讲中所持的观点，原子核的非零角动量被认为是造成这种双重结构的原因。

1924 年秋天，我发表了反对这种正统观点的一些论证。我明确抛弃了这种不正确的观点，并代之以一个关于电子的新的量子理论性质的假设，我称其为“经典理论无法描述的二值性”[3]。当时英国物理学家斯托纳写了一篇文章[4]。文中除了改进了支壳层电子的分类外，还给出了如下实质性评论：由于给定的主量子数的值就是外磁场中碱金属光谱给出的单电子所处的能级的数值，因此对应于这个主量子数的惰性气体的闭合壳层上的电子数均相同。

基于我早些时候关于强磁场中光谱项分类所得到的结果，我对不相容原理的一般性表述想得更清楚了。这一原理的基本思想可陈述如下：如果一个电子的 4 个量子数的值给定，使得壳层的划分变得如此清晰，以至于每一种简并都被去除了的话，那么支壳层上的复杂的电子数就会退化为简单的数字 1。一个完全非简并的能级已是“闭合”的，如果它被单个电子占据了的话；与这一公设相抵触的态必定是不容许的。1925 年春天，我在汉堡对不相容原理的这一一般性表述做了系统阐述[5]。在此之前，我在访问图宾根时，利用那里的光谱数据材料已能够就更复杂原子的反常塞曼效应对某些附带的结论进行确认。

除了从事光谱项分类的专家外，物理学家都感到不相容原理很难理解，因为根据模型看不出电子的第 4 个自由度有什么意义。这种认识上的差距因乌伦贝克和古德斯密特提出的电子自旋概念[6]而得以填补。有了自旋概念，我们只需假设一个电子的自旋量子数等于 1/2，且自旋引起的磁矩与力学角动量的比值是电子通常的轨道运动引起的磁矩与力学角动量的比值的 2 倍，那么对反常塞曼效应的理解就可能变得很简单。自此，不相容原理便与自旋的概念紧密联系在一起了。虽然最初我很怀疑这一概念的正确性，因为它有经典力学的性质，但在托马斯对双线劈裂的大小进行计算[7]后，我最终转变了对它的认识。另一方面，我早先的疑虑和谨慎的表述“经典理论无法描述的二值性”在后来的发展中得到了某种确认，因为玻尔已能够在波动力学的基础上证明，电子自旋不可能在经典描述的实验上(例如通过外加电磁场下的分子束偏转实验）来测得，因此它必须被视为电子的一种本质上属量子力学的性质[8, 9]。

其后的进展由于新的量子力学的出现而被决定。1925 年，即我发表关于不相容原理的论文的那一年，德布罗意系统地提出了物质波的思想，海森伯提出了新的矩阵力学，第二年紧跟着出现了薛定谔的波动力学。我不必在这里强调这些发现的重要性及其基本特征，这些物理学家已经在这里 —— 斯德哥尔摩 —— 亲自阐述了他们的主要思想的意义[10]。而且时间也不允许我详细阐述量子力学这一新学科的一般认识论意义。很多人在这方面做了大量工作，尤其是玻尔，他以“互补性”思想为新的核心概念撰写了大量文章[11]。我只回顾一点：量子力学的陈述涉及的仅仅是可能性，而非现实性。这些陈述会以这样的形式出现：“这是不可能的”或“不是这样就是那样总有一样是可能的”，但决不会说：“然后事情就将在那儿实际发生”。实际观测似乎是一个物理定律描述范围之外的事件，并且通常是对新理论的统计规律所预见的多种可能性做出一种择取其一的非连续性选择。只有抛弃这种对物理现象的客观描述的旧的要求，即要求这种描述独立于这些现象被观测的方式，我们才能重新取得量子理论的自洽。这种自洽性自普朗克发现作用量子之后就失去了。这里我不对现代物理学就诸如“因果性”和“物理实在”等概念，通过与旧的经典物理学的理解比较，来对其立场的变化做进一步讨论，而是着重论述不相容原理在新的量子力学中的地位。

正如海森伯最先表明的那样[12]，波动力学对全同粒子(如电子)和非全同粒子做出了性质不同的结论。我们不可能对全同粒子彼此之间做出区分，作为其推论，描述位形空间下由给定数目的全同粒子组成的集合的波函数，依其对称性被明确划分为不同的类型，不同类型的对称性之间从不因外部扰动而彼此转化。这里“位形空间”概念包括自旋自由度。对于单个粒子的波函数，自旋自由度由仅取有限数目的可能值的指标来描述。对于电子，这个数目是 2；因此 N 个电子构成的位形空间有 $3N$ 个空间维和 N 个“二值性”指标。在各种类型的对称性中，最重要的两类(而且是两个粒子只能各居其一)是对称类(两个粒子的空间坐标和自旋坐标发生交换时，其波函数的值不变)和反对称类(两个粒子的空间坐标和自旋坐标发生交换时，其波函数的正负号改变)。就现阶段理论而言，对于自然界中实际存在的若干全同粒子的集合，逻辑上可以提出 3 个不同的假设：

1. 这个集合是所有对称类型的混合。
2. 只出现对称类。
3. 只出现反对称类。

我们将看到，第一个假设不可能在自然界中实现。不仅如此，而且只有第三个假设与不相容原理相容，因为包含处于同态的两个粒子的反对称波函数等于零。因此可以认为第三个假设是正确的，而且它就是波动力学对不相容原理的一般性表述。电子实际拥有的正是这种可能性。

有一个重要方面，让我对这种局面感到失望。我在原始论文中曾强调，对于不相容原理，我无法给出一个逻辑上的理由，或者将它从某些更一般的假设中推演出来。我一直感到，今天仍是这么认为，这是个缺陷。最初，我当然希望新的量子力学能严格推导出不相容原理，就像它当初有助于导出那么多半经验公式一样。但与此愿望相反，就电子而言，仍然存在这样一种不相容性：不是个别类型的态，而是所有类型的态都具有这种排斥性，就是说，所有不同于反对称的各种类型的态都具有不相容性。这让我感到，在新量子力学成功的明媚阳光下，还不可避免地有某种不完备的阴影。当我们讨论到相对论性量子力学时，我们将再次回到这个问题上来，但在此我想先对波动力学在几种全同粒子系统中的运用所得到的进一步结果做出说明。

在海森伯的一篇我们要讨论的文章里，他也能对我在本演讲开始时提到的氦的两组非复合光谱线做出简明的解释。事实上，除了存在依据空间坐标和自旋指标共同对波函数的对称类型做严格区分的方式外，还存在仅根据空间坐标对波函数的对称类型做近似区分的方式。只要电子的自旋与轨道运动之间的相互作用可以忽略不计，后者就成立。按这种方式，正氦和仲氦的光谱可以仅根据空间坐标被理解为分别属于对称和反对称波函数的光谱。显然，这两类波函数对应能级之间的能量差与磁相互作用无关，它是一种新型的、数量级大得多的能量差，被称为交换能。

更具根本性意义的是对称类型与热的统计理论的一般问题之间的联系。众所周知，热的统计理论导致这样一个结果：一个系统的熵（除了常数因子）是由整个系统在所谓能级壳层结构上的量子态数目的对数决定的。起初人们以为，这个数字应该等于相应的多维相空间的体积除以 h^f，这里 h 是普朗克常数，f 是整个系统的自由度数。但结果却是，对于由 N 个全同粒子组成的系统，这个商还需要除以 $N!$ 才能得到相应的熵值，因为按照通常的均匀性假设，系统的熵正比于物质的给定内部状态下的质量。这样，一般的统计力学就可以分辨出全同粒子和非全同粒子之间的这种性质上的区别，吉布斯曾试图用他的类分相和特定相的概念来表示这一区别。按照波动力学有关对称性质的结果，这个除以 $N!$ 的商——它曾引起许多讨论——容易通过接受我们的假设 2 或 3 中的一个而得到解释。因为根据这两条假设，自然界只允许出现一种对称性。整个系统的量子态密度，与按照假设 1 所允许的所有对称类型条件下的量子态密度相比，要小一个因子 $N!$。

即使是分子间相互作用可忽略不计的理想气体，也必须考虑到它对一般状态方程的偏离，因为只要气体分子的平均德布罗意波长与两个分子间的平均距离可比，即在低温高密度的条件下，便只可能出现一种类型的对称性。反对称类的统计结果已由费米和狄拉克导出[13]，而对称类的统计结果则早在新量子力学创立之前就已由爱因斯坦和玻色给出[14]。前者适用于金属中的电子，并可用来解释金属的磁性及其他性质。

一旦弄清了电子的对称属性，其他粒子的对称性质问题便突显出来。人们很早就已知晓的仅具有对称波函数（假设 2）的粒子的一个例子是光子。光子不仅是普朗克推导热力学平衡态下辐射能量的谱分布所得到的直接结果，而且是将经典场的概念应用到极限情形下的光波上的必然结果。这里极限情形是指大量的、数量无法精确确定的光子出现在单个量子态上。我们注意到，光子这样的对称类是与其自旋值为整数 1 一起出现的，而电子这样的反对称类则总是伴有其自旋为半整数值 1/2。

然而，核的对称类这一重要问题也得到了研究。当然，这里说的对称类也是指两个全同核的空间坐标和自旋指标的置换。如果 I 是核的自旋量子数，它可以取整数，也可以取半整数，则自旋指标的值可假设为 $2I+1$。我要提及一个历史事实：早在 1924 年，即发现电子自旋之前，我就曾提出用核自旋的假设来解释光谱线的超精细结构[15]。这个建议一方面遭到来自多方面的强烈反对，但另一方面又对古德施密特和乌伦贝克提出电子自旋的主张有所影响。仅仅几年之后，我对解释超精细结构所做的尝试就得到了塞曼本人也参与了的实验研究所明确证实。这一研究还表明，存在我所预言的超精细结构的磁-光转换现象。从那以后，光谱线的超精细结构就成了确定核自旋的通用方法。

为了实验确定核的对称类型，其他方法也是必须的。最方便的方法，尽管不是唯一的，是对由两个全同原子组成的分子的带状光谱进行研究[16]。我们很容易推导出：当这种分子的电子组态处于基态时，其转动量子数为偶数和奇数值的态，对于两个核的空间坐标置换，分别是对称的和反对称的。而且在这一对核的 $(2I+1)^2$ 个自旋态中，有 $(2I+1)(I+1)$ 个态是自旋对称的，$(2I+1)I$ 个态是自旋反对称的，这是因为两个自旋在同一方向上的态有 $(2I+1)$ 个，这些态必然是对称的。因此我们得到这样一个结论：如果核的空间坐标和自旋指标的总波函数是对称的，那么转动量子数为偶数的态的权重与转动量子数为奇数的态的权重之比由 $(I+1)/I$ 给出。反之，如果核的总波函数是反对称的，那么这个比值为 $I/(I+1)$。一个转动量子数为偶数的态到另一个转动量子数为奇数的态之间的跃迁是极为罕见的，因为这种跃迁只能由核的轨道运动与自旋之间的相互作用所引起。因此，奇偶性不同的转动态的权重之比将给出两种不同的且具有不同强度的带状光谱系，它们的谱线是彼此交错的。

这种方法的首次应用得到的结果是：质子具有自旋 1/2，且像电子一样满足不相容原理。定量理解低温下氢分子比热的最初的困难是由丹尼森的假设[17] 去除的。这一假设认为，在这种低温条件下，氢分子的两种变体（正氢：转动量子数为奇数，质子自旋方向相同；仲氢：转动量子数为偶数，质子自旋方向相反）之间没有达到热平衡。正如你们所知，上述假设后来被邦赫费尔（Bonhoeffer）和哈特克（Harteck）的实验以及欧肯（Eucken）的实验所证实。实验显示出存在理论所预期的一种变体向另一种变体的缓慢转化。

在其他的核的对称类型中，其质量数 M 和核电荷数 Z 具有不同奇偶性的核特别有趣。如果我们考虑一个由数量分别为 A_1，A_2，…… 的不同成分所组成的复合系统，每种成分均满足不相容原理，其中有 S 种成分具有对称态，我们可根据 $A_1+A_2+\cdots\cdots$ 是偶数还是奇数来预言系统的对称态或反对称态。这一结论与 S 的奇偶性无关。早先曾有人假设，既然核由质子和电子组成，因此 M 就是质子数，$M-Z$ 则是核内的电子数。这样势必认为 Z 值的奇偶性决定了整个核的对称类型。然而人们很早就知道一个反例 —— 氮有自旋 1 并具有对称态[18]。中子发现后，人们又认为核由质子和中子按这样的方式组成：质量数为 M、电荷数为 Z 的核应由 Z 个质子和 $M-Z$ 个中子所组成。在中子具有对称态的情形下，我们仍可预料电荷数 Z 的奇偶性决定了核的对称类型。然而，如果中子满足不相容原理，就不得不设想 M 的奇偶性决定核的对称类型：对于偶数的 M，核应当总是具有对称态；对于奇数 M，核应具有反对称态。这后一个法则得到了实验毫无例外的证实，由此证明中子满足不相容原理。

对于 M 和 Z 具有不同奇偶性的核的最重要、最简单的关键性例证是重氢或称为“氘”。它的 $M=2$，$Z=1$，有对称态，且自旋 $I=1$。这些性质已被对两个氘组成的分子的带状光谱的研究所证实[19]。由氘的自旋值 1 能够得出结论：中子必有半整数自旋。最简单的可能的假设是中子的自旋等于 1/2，与质子和电子的自旋一样。后来证明这一假设是正确的。

我们希望，用轻核 —— 尤其是用质子、中子和氘核 —— 做的进一步实验能为我们提供关于核的各组成成分之间作用力性质的更多信息，目前这方面尚不是十分清楚。但现在我们已经可以说，这些相互作用与电磁相互作用有着本质区别。通过对中子–质子散射和质子–质子散射的比较甚至表明，这些粒子间的力在很大程度上是相同的，这意味着这种力与其所带的电荷无关。如果我们只能考虑相互作用能的大小，那么我们就应预料，一个稳定的双质子或 ${}^2_2He$（$M=2$，$Z=2$）具有与氘近似相等的结合能。但根据经验，这样的态是不相容原理所禁戒的，因为这种态需要有一个关于两个质子对称的波函数。这只是不相容原理应用于复合核结构的最简单的例子，对这种结构的理解，不相容原理是必不可少的，因为这些较重的核的组分，即质子和中子，均满足不相容原理。

为了准备讨论更基本的问题，我想在此强调一条具有普遍意义的自然规律，也就是自旋与对称类之间的联系。半整数值的自旋量子数始终与反对称态相关联（不相容原理），而整数自旋始终与对称态相关联。这一规律不仅对质子和中子成立，而且对质子和电子也成立。此外，我们容易看出，它适用于复合系统，如果它适用于所有组分的话。如果我们要寻求这一规律的理论解释，那么我们必须通过对相对论性波动力学的讨论，因为我们看到它不能用非相对论性波动力学来解释。

我们首先考虑经典的场[20]。像标量场、矢量场和张量场这样的场，在普通空间下按照转动群的单值表示来进行转动变换。在后文中，我们称这样的场为“单值”场。只要不考虑各种场之间的相互作用，我们就可以认为所有场分量应该满足一个二阶波动方程，并允许以平面波的叠加作为其通解。根据德布罗意的基本假设，这些平面波的频率和波数之间的联系由这么一条法则给出，这条法则可以通过相对论性力学所要求的粒子的能量和动量之间的关系除以一个常数因子（即普朗克常数除以 2π）来获得。因此，一般而言，在经典场方程中会出现一个量纲为长度倒数的新常数 μ，粒子图像中的静质量 m 与这个新常数之间可用 $m = h\mu/c$ 联系起来，此处 c 是真空中的光速。由场的单值性这一默认性质可以得出结论：对于一个非零的 μ，给定频率、波数和传播方向的可能的平面波的数量总是奇数。如果不对自旋的一般性定义作详尽讨论，我们可以将平面波的偏振性质当作场的特征，作为量子化的结果，这些场产生整数自旋值。

单值场的最简单的情形是标量场和那种由四维矢量和反对称张量构成的场（例如像麦克斯韦理论中由势和场强构成的场）。尽管标量场直接满足通常的二阶波动方程，其中必须包含与 μ^2 成正比的项，但其他的场则只能满足普罗卡方程，即在 $\mu = 0$ 的特定情形下的麦克斯韦方程的推广形式。对于单值场的这些最简单的情形，令人满意的是，能量密度为场量及其在某定点的一阶导数的正定的二次形。对于单值场的一般情形，至少可以做到，对空间积分后总能量始终取正值。

场分量可以假定是实数或复数。对于复数场，除了场的能量和动量之外，还可定义一个满足连续性方程的四维矢量，它可看作电流的四矢量，其第四个分量决定电荷密度，且符号可正可负。在宇宙射线中观测到的带电介子就有可能具有整数自旋，因此可用这样的复数场来描述。在实数场的特定情形下，这个电流四矢量恒等于零。

特别是从热力学平衡下的辐射性质上看，场源的各种比特性不再起任何作用，在场量子化的形式过程中，首先忽略场与场源之间的相互作用似乎是合理的。要处理这一问题，我们得设法运用与从经典系统过渡到由量子力学规律支配的相应系统时所采用的同样的数学方法。这种方法在从经典的质点力学过渡到波动力学时曾获得了很大成功。但不要忘记，场只有借助于与检验物体之间的相互作用才能被观察到，而检验物体本身也是场源。

场量子化形式过程的结果在一定程度上是令人鼓舞的。量子化了的波场可用一个波函数来刻画，这个波函数取决于作为变量的(非负)整数的无穷序列。由于在复数场的情形下，场的总能量、总动量及其总电荷被证明是这些数的线性函数，因此这些数可以理解为每个单个粒子均处于指定态的粒子的数目。通过采用一系列具有不同维数(它们对应于总粒子数的不同的可能值)的组态空间的概念，我们很容易证明，用依赖于整数的波函数对系统的这种描述等价于其组态空间里的对称波函数对粒子系综的描述。

此外，玻尔和罗森菲尔德[21] 在电磁场的情形下证明了，只要场源可作经典处理，原子结构可以忽略不计，那么对于在有限时空区域内的场强的平均值，由这一理论的形式对易法则导出的不确定关系就具有直接的物理意义。我们要强调这些对易法则的下列性质：两个世界点，如果其连接直线所表示的四矢量是类空的，那么这两个世界点上的所有物理量都是彼此对易的。从物理上说这一性质确实是必需的。因为在世界点 P_1 处的测量引起的任何扰动只能传递到这样的 P_2 点——矢量 P_1P_2 是类时的，就是说，这个 P_2 点必须满足 $c(t_1-t_2)>r_{12}$。如果 P_2 与 P_1 构成的是类空矢量，即 $c(t_1-t_2)<r_{12}$，那么这一扰动是传递不到 P_2 的。因此，在 P_1 和 P_2 的测量永远不会相互影响。

这个结果使我们有可能来研究具有整数自旋的粒子服从不相容原理的逻辑可能性。这种粒子可以用具有不同维数的一系列位形空间来描述，其波函数关于这些空间坐标是反对称的；或者也可由依赖于整数的一个波函数来描述，这些整数仍被看作是处于特定状态的粒子数，但现在它的数值只能取 0 或 1。维格纳和约丹[22] 证明了，在这种情形下，算符仍可定义为普通时空坐标的函数，而且这些算符可作用到这样的波函数上。这些算符不再满足对易关系：两个算符——它们按其因子的不同顺序而区别开来——的两种可能的乘积之和，而不是其差，现在被算符所必须满足的数学条件确定下来。这些条件中的正负号的简单改变完全改变了这一形式体系的物理意义。就不相容原理而论，永远不可能存在这些算符被经典场所取代的极限情形。运用维格纳和约丹的这种形式体系，我可以在非常一般的假设条件下证明，一个描述具有整数自旋、服从不相容原理的全同粒子系统的相对论性不变性理论，总是导致由类空矢量所关联的物理量的不可对易性[23]。这将违反这么一条合理的物理学原理，它对具有对称态的粒子成立。由此，再加上相对论不变性的要求和场量子化的性质，我们就可以在理解自旋和对称类之间的关联的问题上前进一步。

具有非零电流四矢量的单值复数场的量子化给出了进一步的结果：存在带正电荷和带负电荷的粒子，它们在外电磁场的作用下能够湮灭和产生[23]。理论提出的这种对的产生和湮灭使得有必要将电荷密度的概念与粒子密度的概念明确区分开来。后者的概念不会出现在相对论性波动理论中，无论这种理论描述的是携带一种电荷的场还是电中性的场。这一点是令人满意的，因为采用粒子图像和不确定性关系（例如通过分析 γ 射线显微镜的虚拟实验）也给出了粒子的定域性只在有限精度下才可能实现的结论[24]。这个结论对于具有整数自旋和半整数自旋的粒子都成立。如果一个粒子处于其能量平均值为 E，由平均频率为 $\nu=E/h$ 的波包所描述的态下，那么它只能被定域在误差 $\Delta x > hc/E$ 或 $\Delta x > c/\nu$ 的范围内。对于光子，定域的范围是其波长；对于具有有限的静止质量 m 和特征长度 $\mu^{-1}=\hbar/mc$ 的粒子，在描述该粒子状态的波包为中心的静止系下，定域的范围由 $\Delta x > \hbar/mc$ 或 $\Delta x > \mu^{-1}$ 给出。

到目前为止，我只谈了量子力学应用于适用的经典场所得到的结果。我们看到，这个理论关于有限时空区域上平均场强的表述具有直接的物理意义，而对于某一点的场强值则并非如此。不幸的是，在场能的经典表述中，用的是这一区域上场强平方的平均值，而不能用场强本身的平均值来表述。由此带来这样一个结果：由量子化场导出的真空零点能变成无穷大。这一结果与所考虑的系统有无穷多自由度这一点直接相关。显然，这种零点能并非物理实在，例如它不是引力场之源。形式上看，去掉这个与所考虑的状态无关且永远不变的常数无穷大的项是容易的，但在我看来，这一结果已经显露一个迹象：有必要对目前的量子场论的基本概念予以根本改变。

为了澄清相对论性量子理论的某些方面，我在此以不同于理论进展的历史顺序的方式首先讨论了单值场。实际上，狄拉克[25]此前已经用一对所谓旋量（每个旋量有两个分量）的概念系统地给出了具有 1/2 自旋的物质粒子的相对论性波动方程。他将这些方程应用到电磁场中单个电子的问题上。尽管这一理论在定量解释氢原子能级的精细结构以及计算一个光子被一个自由电子散射的散射截面方面取得了极大成功，但这一理论却存在一项显然与经验相矛盾的结果。根据这一理论，电子的能量既可以是正的，也可以是负的，而且在外加电磁场中，可以出现从一种符号的能量态向相反符号的能量态的跃迁。另一方面，这一理论中还存在这样的四矢量，它满足第四分量为正定密度的连续性方程。

可以证明，所有的场都存在类似的情形，这些场如同旋量场一样，在普通空间下按照二值表示进行转动变换，因此做完一次全转动后改变其正负号。我们将这种量简称为“二值”量。从这个量的相对论性波动方程出发，我们总能导出这样一个四矢量，它在场分量上是双线性的，且满足连续性方程，而且至少是在对空间积分后，该矢量的第四分量给出一个正定的量。另一方面，总能量表达式的符号既可以是正的，也可以是负的。是否存在某种方法去掉能量的负号回到四矢量密度呢？如果能做到这一点，那么四矢量密度就可以再度解释成与粒子密度相区别的电荷密度，而能量也会变成理所当然的正值。你们知道，狄拉克的回答是，运用不相容原理，这实际上是能够达到的。在斯德哥尔摩的此地所作的演讲[10]中，他亲自阐述了他对他的理论所作的新的解释。根据这一解释，在实际真空中，所有负能态都被占据了，只有对这种最小能态的偏离，即这些被占据的态的海中的空穴才被认为是可观察的。正是不相容原理确保了真空的稳定性，所谓真空就是全部负能态均被占据。此外，空穴具有带正能量和正电荷的粒子的全部性质，在外电磁场下，它们能成对地产生和湮灭。这些预言的正电子，即电子的严格的镜像粒子，实际上已经为实验所发现。

对狄拉克理论的这种新的解释显然原则上放弃了单体问题的立场，从一开始考虑的就是多体问题。我们不再认为狄拉克的相对论性波动方程是唯一可能的方程，但如果我们想得到关于自旋值为 1/2 的粒子的相对论性场方程的话，我们就必须采纳狄拉克方程。虽然从逻辑上讲，我们可以对这些方程进行像对经典场那样的量子化，由此给出由许多这类粒子组成的系统的对称态，但这将与系统能量实际上必须取正值的假设相矛盾。另一方面，如果我们运用不相容原理和狄拉克对真空和空穴的解释，同时用正粒子密度这一数学虚构来取代正负两种电荷密度的物理概念，那么这一假设是能够得到满足的。对于以二值变量作为场分量的所有相对论性波动方程，都有类似的结论。这是在指向理解自旋与对称类之间的联系的问题上迈出的又一步(在量子理论史上这是较早的一步)。

我只能扼要地指出，借助于此前约丹和维格纳的形式体系，狄拉克关于真空和负能态被占据的新解释可以用公式十分优美地表示出来。如果一对算符被用于原初的负能量态，那么通过简单地将一个算符的意义与其厄米共轭算符的意义互换，实际上就实现了从对狄拉克理论的旧的解释向新的解释的过渡。于是，被占据的负能态的无穷大“零电荷”在形式上便类似于量子化的单值场的无穷大零点能。而前一概念也没有物理实在的意义，并且不是电磁场的源。

尽管导向具有对称态的全同粒子集合的单值场量子化，与描述满足不相容原理的粒子的二值算符变量之间可以有形式上的类比——这种类比还取决于空间和时间坐标——但二者还是有着根本的区别。就后者而言，不存在数学算符能像经典场那样处理的极限情况。另一方面，我们可以预料，在电荷密度和粒子密度这两种不同概念中所表现出的空间和时间概念的应用的可行性和限定性，对于自旋为整数和半整数的带电粒子是同样的。

如果考虑到电磁场与物质的相互作用，那么由于电子在其自身场中的能量，即所谓自能，为人尽皆知的无穷大（这是一般微扰方法应用到该问题上的结果），目前理论的困难会更严重。这一困难的根源似乎在于场量子化方法的条件。只要场源能被作为连续分布来处理，从而遵循经典的物理定律，并且只有被用到场量在限空时区域的平均值上，场量子化的公式才具有直接的意义。而电子本身本质上却是一种非经典场源。

在结束本演讲之际，我要表达一下我的批评性意见，那就是一项正确的理论既不应导致无穷大的零点能，也不应导致无穷大的零电荷。我们不应采用数学技巧来消除无穷大或奇点，也不应发明一个“假设的世界”，在能够对实际的物理世界做出正确解释之前，它只不过是一个数学虚构。

从逻辑的观点看，我的这篇“不相容原理和量子力学”的报告没有结论。我认为只有在下述条件下才有可能得出结论：如果我们能建立起这样一个理论，它能够确定精细结构常数的数值，因而能解释电的原子结构，而这一结构具有实际出现于自然界的电场的所有原子起源的根本特征的话。

参考文献：

[1] A. Landé, *Z. Physik*, **5**(1921)231 和 *Z. Physik*, 7(1921)398, *Physik. Z.*, 22(1921)417.

[2] W. Pauli, *Z. Physik*, **16**(1923)155.

[3] W. Pauli, *Z. Physik*, **31**(1925)373.

[4] E. C. Stoner, *Phil. Mag.*, **48**(1924)719.

[5] W. Pauli, *Z. Physik*, **31**(1925)765.

[6] S. Goudsmit and G. Uhlenbeck, *Naturwiss.*, **13** (1925) 953, *Nature*, **117** (1926) 264.

[7] L. H. Thomas, *Nature*, **117** (1926) 514 和 *Phil. Mag.*, **3** (1927) 1. 还可见 J. Frenkel, *Z. Physik*, **37** (1926) 243.

[8] 比较 *Rapport du Sixième Conseil Solvay de Physique*, *Paris*, 1932, pp. 217–225.

[9] 关于不相容原理的早期历史，还可以参阅作者在 *Science*, **103** (1946) 213 上的评注，它与本文前一部分是部分一致的。

[10] W. 海森伯、E. 薛定谔和 P. A. M. 狄拉克的诺贝尔获奖致辞见 *Die moderne Atomtheorze*, Leipzig, 1934.

[11] N. 玻尔的文章被收录在《原子理论和对自然的描述》(*Atomic Theory and the Description of Nature*, Cambridge University Press, 1934) 一书中。亦见其文章“光与生命”, *Nature*, **131** (1933) 421, 457.

[12] W. Heisenberg, *Z. Physik*, **38** (1926) 411 and **39** (1926) 499.

[13] E. Fermi, *Z. Physik*, **36** (1926) 902. P. A. M. Dirac, *Proc. Roy. Soc. London*, A 112 (1929) 661.

[14] S. N. Bose, *Z. Physik*, **26** (1924) 178 and **27** (1924) 384. A. Einstein, *Berl. Ber.*, (1924) 261; (1925) 1, 18.

[15] W. Pauli, *Naturwiss.*, **12** (1924) 741.

[16] W. Heisenberg, *Z. Physik*, **41** (1927) 239, F. Hund, *Z. Physik*, **42** (1927) 39.

[17] D. M. Dennison, *Proc. Roy. Soc. London*, A **115** (1927) 483.

[18] R. de L. Kronig, *Naturwiss.*, **16** (1928) 335. W. Heitler and G. Herzberg, *Naturwzss.*, **17** (1929) 673.

[19] G. N. Lewis and M. F. Ashley, *Phys. Rev.*, **43** (1933) 837. G. M. Murphy and H. Johnston, *Phys. Rev.*, **45** (1934) 550 and **46** (1934) 95.

[20] 参见作者在下列文献中的报告，其中还给出了更早的文献：*Rev. Mod. Phys.*, **13** (1941) 203. 亦见 W. Pauli and V. Weisskopf, *Helv. Phys. Acta*, **7** (1934) 809.

[21] N. Bohr and L. Rosenfeld, *Kgl. Danske Videnskab. Selskab. Arlat. Fys. Medd.*, 12[8] (1933)

[22] P. Jordan and E. Wigner, *Z. Physik*, **47** (1928) 631. 亦见 V. Fock, *Z. Physik*, **75** (1932) 622.

[23] W. Pauli, *Ann. Inst. Poincare*, **6** (1936) 137 and *Phys. Rev.*, **58** (1940) 716.

[24] L. Landau and R. Peierls, *Z. Physik*, **69** (1931) 56. 亦见作者在下属文献中的文章 *Handbuch der Physik*, **24**, Part 1, 1933, Chap. A, §2.

[25] P. A. M. Dirac, *Proc. Roy. Soc. London*, A **117** (1928) 610.

第 5 章

在前几章的论文中，量子物理学的大量数学基础已臻完备。然而，在量子理论是如何看待实在的，哪一种对量子物理学的解释是“正确途径”等方面，还存在更多的哲学问题。量子力学的标准解释是由尼尔斯·玻尔及其合作者给出的，故它被命名为“哥本哈根解释”。哥本哈根解释的两个基本假设是：我们只应关心实际观察到的是什么；一个系统的量子波函数或状态矢量包含了该系统所有可能的信息。这两个假设看似很合理，但却导致了很多奇怪的结果。由于波函数包含了系统的所有可能的信息，因此理解这一点意味着什么非常重要。我们如何解释波函数？最广为接受的答案来自马克斯·玻恩。他认为，波函数（或更准确地说，波函数的振幅的平方）表示一个事件将要发生的概率。在这个意义上，量子力学是不确定的。在一个确定的理论里，当一个系统从一个给定的初态出发后，理论上可以计算给出它在任意时刻的终态。但量子力学却并非如此。由相同的初始条件开始的同一个实验可以产生不同的结果。我们所能做的就是计算出系统终止于某个终态的概率。

量子理论的这种内在的统计性质让许多物理家感到困扰。事实上，这一理论的一些最伟大的贡献者拒绝接受关于实在的这种量子力学似乎指明的陌生概念。其中最突出的当属阿尔伯特·爱因斯坦和埃尔温·薛定谔。薛定谔对下述概念感到困惑不解：根据量子力学的标准解释，一个系统实际上存在所有可能的状态，直到我们做出一个测量后，系统的波函数便坍缩到一个单态。在《量子力学的现状》一文中，薛定谔介绍了他的著名的猫实验，目的是要展现量子力学的哥本哈根解释的荒谬性。在这个思想实验中，他想象有这样一只猫，它与一个放射源和探测器被置于一个密闭的盒子里。当放射性衰变被探测到，氰化物便被释放出来杀死猫。根据哥本哈根的解释，只要观察没有做出，放射源就处在衰变和未衰变两种状态的叠加态中。薛定谔认为这将导致一个荒谬的结论，因为氰化物将同时处在释放和未释放的状态下，猫也同时处于死和生的状态，这当然是不可能的。

对量子理论的标准解释的另一种非难来自阿尔伯特·爱因斯坦、波利斯·波多尔斯基和内森·罗森合写的一篇论文。他们认为，量子力学不可能给实在一个完整的理论解释。像薛定谔一样，他们也受到量子理论的统计性质的困扰，他们想知道，在量子力学波函数所代表的东西的背后，是否还隐藏着一个更深层次的实在。他们对所谓量子纠缠的概念也很困扰。这个概念是说，如果两个系统被允许相互作用，然后被分离，那么对一个系统的测量所引起的波函数坍缩可以瞬间引起另一个系统的波函数的坍缩。爱因斯坦称其为"幽灵般的超距作用"，由此我们可以想象他对它有多讨厌。乍一看，这似乎违反他的相对论。似乎必定存在某种信号在两个系统之间瞬间传递测量已做出这一信息。但业已证明，在坍缩时实际上没有信息传递，所以它不违反相对论。尽管如此，瞬时坍缩的概念仍然困扰着许多物理学家。爱因斯坦、波多尔斯基和罗森得出结论，目前形式的量子力学对实在的描述不可能是完整的。换句话说，他们的结论是，必定存在量子力学不可见的"隐藏"的实在要素。当这些要素被考虑在内后，困扰着爱因斯坦的幽灵般的超距作用就会消失。这种认识似乎直到爱因斯坦去世都一直是他的希望：更完备的实在理论 —— 所谓局部隐变量理论 —— 总有一天会取代量子力学。

1952 年，戴维·玻姆发表了两篇文章。在文中他试图创立一种量子物理的隐变量解释。但为了使他的理论与实验观测相协调，他既无法做到让他的理论是完全确定的，也无法消除困扰着爱因斯坦的"非局域的"幽灵般的超距作用。事实上，爱因斯坦的不幸在于这样一种理论不像是能够存在的。约翰·贝尔在极富创意的论文"论爱因斯坦-波多尔斯基-罗森悖论"一文中表明，任何局部隐变量理论都会对可测量量做出不同于量子力学的预言。仔细的实验一直在不断地支持量子力学的预言。尽管爱因斯坦、波多尔斯基和罗森反对，但量子力学对实在的描述似乎是要比确定性的隐变量理论更准确。

量子力学的统计解释

马克斯·玻恩

诺贝尔物理学奖获奖演说，1954 年 12 月 11 日

让我荣获 1954 年度诺贝尔奖的这一工作不是发现了新的自然现象，而是为认识自然现象的新的思想方式提供了基础。这种思想方式已经渗透到实验物理学和理论物理学如此之深，以至于很难再就它谈出点前人未曾触及的新东西了。但是在这样一个对我而言的喜庆场合，我还是想就其某些具体方面做些讨论。首先要谈的一点是：哥廷根学派的工作，即我在 1926 年到 1927 年间所指导的工作，对解决因 1900 年普朗克的作用量子的发现所引发的科学上的智力危机有贡献。今天，物理学正处于一场类似的危机中 —— 这里我不是指它由于掌握了一种新的可怕的自然力而牵扯进政治和经济上的纠纷，我更多的是考虑由核物理所提出的逻辑上的和认识论上的问题。此刻回顾一下早先在类似情形下发生的事情，特别是这些事情并非不带点戏剧性，也许是合适的。

我要说的第二点是，当我说物理学家已经接受了我们那时发展起来的概念和思想方式时，我的这一说法不十分正确。因为有些非常值得注意的例外，尤其是那些在建立量子理论过程中做出过巨大贡献的工作者中间出现的例外。普朗克本人，直到去世都属于持怀疑态度者。爱因斯坦、德布罗意和薛定谔一直在不停地强调量子力学具有的令人不能满意的特征，并要求回到经典的牛顿物理学的概念，同时提出了若干不与实验事实相矛盾就可达此目的的方法。我们对这些权威性的观点不可能置之不理。尼尔斯·玻尔曾为反驳这些反对意见用尽心思，我也曾反复思考过这些意见，并且自信为澄清这一局面做过些贡献。这里所讨论的问题属于物理学和哲学之间的边缘地带，因此我的这个物理学演讲既带有历史色彩，又带有哲学色彩，为此我得请求你们谅解。

首先，我要说明一下量子力学及其统计解释是怎样产生的。在 20 世纪初，每一位物理学家，我想，都确信普朗克的量子假说是正确的。根据这个理论，具有特定频率 v 的振荡(例如光波中) 的能量是以有限个振幅为 $h\nu$ 的量子的形式出现的。无数实验都可以用这种方式得到解释，并且总能给出同样的普朗克常数 h 的值。此外，爱因斯坦认为的光量子具有动量 $h\nu/c$（其中 c 是光速）这一点已得

到实验(例如通过康普顿效应)的充分支持。这意味着，对于某些复杂现象，光的微粒说又复活了。而对其他一些过程，波动理论则仍能很好地适用。物理学家已经习惯了这种二象性，并在一定程度上学会了如何运用它。

1913 年，尼尔斯·玻尔利用量子理论解开了线光谱之谜，同时还广泛解释了原子令人惊异的稳定性、电子壳层结构和元素周期系。对后世而言，玻尔学说中最重要的假设是：原子系统不可能以一切可能的力学状态存在，从而形成一种连续统，而只能以一系列分立的“定”态存在。当系统从一个定态向另一个定态跃迁时，其能量差 $E_m - E_n$ 便以光量子 $h\nu_{mn}$ 的形式发射或吸收(视 E_m 是大于还是小于 E_n 而定)。这是运用能量概念对几年前 W. 里兹发现的光谱学基本定律所做的解释。这种情形按下述方式排列出来便一目了然：将定态的能级分别按水平方向和竖直方向排列，便得到一个方阵：

	$\boldsymbol{E}_1$	$\boldsymbol{E}_2$	$\boldsymbol{E}_3\cdots$
$\boldsymbol{E}_1$	11	12	13 ⋯
$\boldsymbol{E}_2$	21	22	23 ⋯
$\boldsymbol{E}_3$	31	32	33 ⋯
⋮	⋮	⋮	⋮　⋮

其中对角线上的位置对应于状态，非对角线位置对应于跃迁。

玻尔十分清楚，这样表述的法则是与力学相抵触的，因此这样来运用能量概念是有问题的。他将这种新旧之间的大胆融合建立在他的对应原理基础上。这一原理明确要求：通常的经典力学必须在定态的数目(即所谓量子数)非常大(即上述阵列中很靠右下方的那些态)的极限情形下，以很高的近似程度成立。因为在这些地方，系统从一个态跃迁到另一个态时能量的改变相对较小，实际上可看作连续变化。

理论物理学在接下来的十年中一直靠这个概念维系着。问题是，谐振不仅有频率，还有强度，上述阵列中的每一项跃迁都必然存在相应的强度。问题是如何通过对应关系找出这个强度。这意味着我们必须从已知的极限情形下的可用信息去猜测未知的结果。玻尔本人、克拉默斯、索末菲、爱泼斯坦以及其他许多人在这方面取得了相当大的成功。但决定性的一步还是爱因斯坦取得的。他采用新的方法对普朗克的辐射公式进行了重新推导，弄明白了为什么必须用跃迁概率的统计概念来取代经典的辐射强度概念。那就是，在上述阵列中的每一个位置上，除了频率 $\nu_{mn} = (E_n - E_m)/h$ 之外，都有一个与辐射的发射或吸收相关的确定的跃迁概率。

在哥廷根，我们也曾试图从实验结果中提取出未知的原子力学。但逻辑上的困难变得更加尖锐。对光的散射和色散的研究表明，爱因斯坦将跃迁概率概念用作对振动强度的量度与实际情形不相符，与每个跃迁相关联的振幅的概念必不可少。在这方面，兰登伯格①、克拉默斯②、海森伯③、约丹和我④的工作都应当提及。从经典公式推测出正确公式，但根据对应原理仍将前者作为一种极限情形包括在内，这种猜测艺术被锤炼到相当完美的程度。我在一篇论文里就针对原子系统的相互扰动给出过一个相当复杂的公式(至今仍有效)。这篇论文的题目中引入了"量子力学"一词，我想这是这个词的第一次使用。

海森伯 —— 当时还是我的助手 —— 使这段时期突然终止⑤。他运用一条哲学原理一下子解开了这个难解的结，从而用数学法则代替了猜想。这条哲学原理是说，那些无法与物理上可观察事实相对应的概念和表示不应被用于理论表述中。爱因斯坦在建立他的相对论时，就曾运用这一原理，摒弃了物体的绝对速度的概念和不同空间位置上的两个事件的绝对同时性的概念。海森伯抛弃了具有确定的半径和转动周期的电子轨道图像，因为这些量都是不可观察的，同时认为相关的理论应当用上述阵列的平方形式来建立。我们不应当用作为时间函数的坐标 $x(t)$ 来描述运动，而是应当确定由跃迁振辐 x_{mn} 组成的阵列。在我看来，他的工作中具有决定性意义的是要求确定一个法则，由它我们可以从给定的阵列

$$\begin{bmatrix} x_{11}\ x_{12}\cdots\cdots \\ x_{21}\ x_{22}\cdots\cdots \\ \cdots\cdots\cdots\cdots\cdots \end{bmatrix}$$

得到其平方阵列(或者更一般地说，确定这类阵列的乘法法则)：

$$\begin{bmatrix} (x^2)_{11}(x^2)_{12}\cdots\cdots \\ (x^2)_{21}(x^2)_{22}\cdots\cdots \\ \cdots\cdots\cdots\cdots\cdots\cdots \end{bmatrix}.$$

① R . Ladenburg , *Z. Physik*, **4** (1921) 451; R . Ladenburg and F Reiche, *Naturzviss.* , **11** (1923) 584.

② H. A. Kramers, *Nature*, **113** (1924) 673.

③ H. A. Kramers and W. Heisenberg, *Z. Physik*, **31** (1925) 681.

④ M. Born , *Z. Physik*, **26** (1924) 379; M. Born and P. Jordan, *Z. Physik*, **33** (1925) 479.

⑤ W. Heisenberg, *Z. Physik*, **33** (1925) 879.

通过对已由猜测方法解决的一些实例的观察分析，海森伯找到了这个法则，并成功地将其应用于诸如谐振子和非谐振子这样一些简单的例子中。

这件事发生在1925年夏季。当时海森伯患干草热过敏症，正要请假去海滨治疗，他交给我一篇他的用于发表的论文，让我看看是否能就这篇论文做些什么。

我很快就明白了他的这个想法的重要性，我将原稿寄送给《物理学杂志》。我心里总在思考海森伯的乘法法则。经过一周的反复琢磨和尝试后，我忽然想起在布雷斯劳时从我的老师罗莎尼斯教授那里学到的一种代数理论。这种平方阵列对于数学家是再熟悉不过了，它们被称为矩阵，有一套独特的乘法法则。我将这套法则应用于海森伯的量子条件，发现它对于对角元素是适用的。容易推断，阵列里其余各项必定为零。我眼前立刻呈现这样一个独特的公式：

$$pq - qp = h/2\pi i。$$

这意味着坐标 q 和动量 p 不能用数值来表示，只能用符号来表示，且二者的乘积取决于相乘的顺序——它们被称为“非对易的”。

这一结果令我激动，就好像水手经过长时间的航行终于遥望到了陆地一样。我感到遗憾的是，海森伯此时没在这里。我从一开始就确信我们走在正确的道路上。尽管如此，大部分工作仍是猜测性的，特别是上述阵列中非对角元素等于零这一点。为了解决这一问题，我得到了我的学生帕斯夸尔·约丹的协助与合作，我们仅用几天时间就证明了我的猜想是正确的。在约丹与我合写的论文①里，我们提出了一些最重要的量子力学原理，并将它们推广运用到电动力学上。接下来是一段我们三人之间合作的忙碌时期。这一合作因海森伯不在眼前而变得复杂，少不了频繁的信件往来。不幸的是，我写的信件在政治动荡中遗失了。合作的成果是三人联名发表了一篇论文②。这篇论文使研究得出的明确结论在形式上得到了完善。就在这篇论文面世之前，发生了第一个戏剧性的奇事：保罗·狄拉克就同一主题发表了一篇文章③。狄拉克从海森伯在剑桥的一次演讲中得到启发，由此得出了类似于我们在哥廷根所得到的结果，所不同的是，他没有采用数学家已知的矩阵理论，而是自己找到一种工具并构建了一套关于这种非对易符号的理论。

---

① M. Born and P. Jordan, *Z. Phys.*, **34** (1925) 858.

② M. Born, W. Heisenberg, and P. Jordan, *Z. Physik*, **35** (1926) 557.

③ P. A. M. Dirac, *Proc. Roy. Soc.* (London), A **109** (1925) 642.

此后不久，W. 泡利取得了量子力学的第一项非平庸的重要的物理应用①。他用矩阵方法计算了氢原子的定态能量值，发现他得到的结果与玻尔公式给出的结果完全一致。从此后，人们对这一理论的正确性就再也没什么怀疑的了。

然而，这个形式体系的真正意义却并不十分清楚。正如经常出现的情形，数学要比解释性思想聪明。就在我们讨论这个问题的时候，发生了第二个戏剧性的奇事——薛定谔的著名论文②面世了。他采取的是一条完全不同的思路，其源头可追溯到德布罗意③。

几年前，德布罗意经过非凡的理论思考，大胆断言，波粒二象性，就是那种物理学家所熟悉的光的性质，也一定适用于电子。每个不受力的运动电子都是一个有确定波长的平面波，其波长由普朗克常数和电子的质量决定。德布罗意的这篇令人激动的博士论文我们在哥廷根都很熟悉。1925 年，一天我接到 C. J. 戴维森寄来的一封信。信中谈到一些关于电子从金属表面反射的奇异结果。我，还有一位从事实验研究的同事詹姆斯·弗兰克，立即想到戴维森的这些曲线应该就是德布罗意电子波的晶格波谱。于是，我们安排一个名叫埃尔萨塞的学生去研究这件事④。他的结果为德布罗意的想法提供了第一份初步确认的证明。后来，这一想法又得到了戴维森和革末⑤、G. P. 汤姆孙⑥等独立进行的系统实验的证明。

但是，熟悉德布罗意的思路并未导致我们设法将它应用于原子的电子结构。这个任务留给了薛定谔。他将德布罗意的只针对自由运动的波动方程推广到有外力作用下的情形，并对他曾暗示的波函数 ψ 必须满足的附加条件给出了严格表述，即波函数必须是单值的，并在空间和时间上是有限的。他从他的波动方程的那些单色波解成功地推导出氢原子的定态，这些波动方程定域于有限区域。

1926 年初的一段时间里，似乎忽然有了两个自洽的，但在内容解释上相当不同的体系：矩阵力学和波动力学。但薛定谔本人不久就证明了这两个体系是完全等价的。

波动力学比哥廷根版或剑桥版的量子力学受欢迎得多。波动力学采用波函数

---

① W. Pauli, *Z. Physik*, **36** (1926) 336.

② E. Schrödinger, *Ann. Physik* (4), **79** (1926) 361, 489, 734; **80** (1926) 437; **81** (1926) 109.

③ L. de Broglie, *Thesis Paris*, 1924; *Ann. Phys.* (Paris), [10] **3** (1925) 22.

④ W. Elsasser, *Naturzviss.*, **13** (1925) 711.

⑤ C. J. Davisson and L. H. Germer, *Phys. Rev.*, **30** (1927) 707.

⑥ G. P. Thomson and A. Reid, *Nature*, **119** (1927) 890; G. P. Thomson, *Proc. Roy. Soc.* (*London*), A **117** (1928) 600.

ψ 的运算。至少在单粒子的情形下，这个波函数能够在空间中描绘出来，而且波动力学所采用的偏微分方程的数学方法也是物理学家所熟悉的。薛定谔认为，他的波动理论使得返回决定论的经典物理学有可能实现。他建议（最近他又再次强调了这个建议）完全放弃粒子表象，即不是将电子看成一种粒子，而是将它们视为一种连续的密度分布 $|\psi|^2$（或电荷密度分布 $e|\psi|^2$）。

在我们哥廷根学派看来，这种解释在公认的实验事实面前是不可接受的。因为当时已经可以利用闪烁体或盖革计数器来计数粒子，并能够借助于威尔逊云室对粒子径迹进行拍照。

我认为通过考虑束缚电子是得不到 ψ 函数的明确解释的。因此，早在 1925 年底，我就尝试着将矩阵方法 —— 它显然仅适用于振荡过程 —— 推广到适用于非周期性过程。当时我正做客美国麻省理工学院，发现那里的罗伯特 · 维纳是一位难得的合作者。我们合写了一篇论文①，在其中我们用算符这个一般概念代替了矩阵，这样便有可能描述非周期过程了。但我们没有找到正确的路径，这一工作是由薛定谔完成的。我立即采用了他的方法，因为这种方法有希望给 ψ 函数一种解释。在此爱因斯坦的想法再次引导我前行。他通过将光波的振幅平方解释成光子出现的概率密度，从而使得粒子（光量子或光子）和波的二象性变得易于理解。这一概念可立即推广到 ψ 函数上：$|\psi|^2$ 应该表示的是电子（或其他粒子）的概率密度。下此断言容易，但是怎么来证明这一点呢？

在这方面，原子碰撞过程本身提供了思路。一团来自无限远处的电子，它可由已知强度（即 $|\psi|^2$）的入射波表示，撞到一个障碍物上，譬如说一个重原子上。就像轮船产生的水波在遇到木桩会产生次级圆形波一样，入射电子波也会有一部分转化为次级球面波，其振幅 ψ 在不同方向上是不同的。在远离散射中心的地方，这个波的振幅的平方决定了作为方向函数的相对散射概率。不仅如此，如果散射原子本身可以处于不同的定态，那么薛定谔波动方程将自动给出这些态的激发概率，被散射的电子会失去能量，也就是说，发生的是所谓非弹性散射。这样，我们有可能为玻尔理论的假设提供一个理论基础②，玻尔的这些假设已经得到弗兰克和赫兹实验的证实。不久，温策尔③就从我的理论成功推导出卢瑟福著

---

① M. Born and N. Wiener, *Z. Physik*, **36** (1926) 174.

② M. Born, *Z. Physik*, **37** (1926) 863; **38** (1926) 803; *G? ttinger. Nachr. Math. Phys. Kl.*, (1926) 146.

③ G. Wentzel, *Z. Physik*, **40** (1926) 590.

名的 α 粒子散射公式。

然而，海森伯撰写的一篇论文①，就是内有著名的不确定性关系的那篇文章，为 ψ 函数的统计解释被迅速接受做出了比上述成就更大的贡献。正是通过这篇文章，新概念的革命性特征才变得清晰。事情现在很清楚，不仅经典物理的决定论必须抛弃，而且那种将原子物理学中的粒子看成极小的沙粒的朴素的实在观念也必须抛弃。在任何瞬间，一粒沙子都有确定的位置和速度，但电子并不是这种情形。如果它的位置被确定的精度越高，那么其速度的确定精度就越低，反之亦然。一会儿我将从更一般的意义上回到这些问题来，但在此之前我想先谈谈碰撞理论。

我最初所用的数学近似方法是相当简单的，但不久就得到了改进。这方面的文献可谓多得不胜枚举，我只能列举一些对理论的重大进步做出主要贡献的前几位作者，他们是：瑞典的法格森、挪威的霍尔茨马克②、德国的贝特③、英国的莫特和马西④。

如今，碰撞理论已成为一门专门的学科，已出版有多种厚重详实的大部头教科书，其堆垒起来的高度要超过我的头顶。当然，说到底，所有的现代物理学分支，包括量子电动力学，有关介子、核子、宇宙线、基本粒子及其变换等方面的理论，都包括在碰撞理论的范围之内，对它们的讨论不可能划出一条明确的界限。

我还想提一下，在 1926—1927 年间，我曾试着用另一种方法来证明量子力学的统计概念的合理性。这其中部分工作是与俄国物理学家福克合作进行的⑤。在前面提到的那篇三人合写的文章中，有一节预见到了薛定谔函数，只是没有将它看作是关于空间函数坐标的 $\psi(x)$，而只是看作关于离散下标 $n=1, 2, \cdots$ 的函数 ψ_n，这里 n 是定态的序号。如果所考虑的系统受到一个随时间变化的力的作用，那么 ψ_n 也是含时间的，$|\psi_n(t)|^2$ 表示系统在 t 时刻处于态 n 的概率。因此，从仅有一个态的初始分布出发，我们可得到跃迁概率，并能考察其性质。当时我特别感兴趣的是绝热极限的情形下出现的现象，即极端缓变作用下的问题。正如

---

① W. Heisenberg, *Z. Physik*, **43** (1927) 172.

② H. Faxén and J. Holtsmark, *Z. Physik*, **45** (1927) 307.

③ H. Bethe, *Ann. Physik*, **5** (1930) 325.

④ N. F. Mott, *Proc. Roy. Soc.* (*London*), A**124** (1929) 422, 425; *Proc. Cambridge Phil. Soc.*, **25** (1929) 304.

⑤ M. Born, *Z. Physik*, **40** (1926) 167; M. Born and V. Fock, *Z. Physik*, **51** (1928) 165.

所料，我们可以证明，此时跃迁概率变得非常小。狄拉克也独立发展了跃迁概率理论并取得了成功。可以说，整个原子物理和核物理的工作都是用这套概念系统来展开的，这里特别要提到，是狄拉克使这套系统具有了非常优美的形式①。几乎所有实验都导向关于事例相对概率的陈述，尽管这些陈述多以有效截面这样的名词出现。

那么，像爱因斯坦、薛定谔、德布罗意这些伟大的科学家为什么对这种状况仍不满意呢？当然，所有这些反对意见并不是针对量子力学形式系统的正确性，而是指向对它的解释。我们必须区分两种密切相关的观点：即关于决定论问题的观点和关于实在问题的观点。

牛顿力学在下述意义上是决定论性质的：

如果一个系统的初态（所有粒子的位置和速度）被精确给定，那么这之前和之后任何时刻的状态就都能由力学定律计算出来。经典物理学的其他所有分支都是根据这个模式建立起来的。于是，机械决定论便逐渐演变成一种信条：整个世界就是一部机器，一部自动机。就我所知，在古代和中世纪哲学里并不存在这种观念的先例，它是牛顿力学尤其是天文学的巨大成就的产物。在19世纪，它演变成全部精确科学的基本哲学原则。我曾问自己：这种观念是否真的合理。我们真的能基于经典力学的运动方程来绝对地预见到任何时刻的状态吗？通过简单的例子就容易看出，这种预见只有在假定我们能对包括位置、速度或其他物理量实施绝对精确测量的条件下才成立。我们来想象一个粒子在两个端点（两个壁）之间做无摩擦的直线运动的情形。粒子在端点处经受完全弹性的反冲，从而以等于其初速度v_0的恒定速度在两点之间作来回振荡。只要v_0精确已知，我们就能够说出它在给定时刻的准确位置。但是，如果允许v_0有一个小的不确定性Δv_0，那么所预言的t时刻的位置就也会有一个不确定性$t\Delta v_0$，这个不确定性随t增大。如果我们等待的时间足够长，直到$t_c = l/\Delta v_0$，这里l是两堵弹性壁之间的距离，那么不确定性Δx就将大到等于该线段的全长l。这样一来，我们就不可能对t_c时刻以后任何时刻t时的位置做出预言了。因此，只要速度数据被允许有哪怕最微小的不确定性，那么决定论就会完全变成非决定论。那么我们在何种意义下可以谈论绝对数据呢？——这里的“意义”我是指物理意义，而不是形而上的意义。我们说坐标值$x = \pi$厘米（这里3.1415…是一个熟知的超越数，即圆的周长与其直径之

---

① P. A. M. Dirac, *Proc. Roy. Soc.* (*London*), A **109** (1925) 642; **110** (1926) 561; **111** (1926) 281; **112** (1926) 674.

比）这是否恰当呢？作为数学工具，用无穷位的十进制小数来表示实数概念不仅极其重要，而且非常有用，但将它用作对物理量的量度却没有意义。如果将 π 取到小数点后 20 位或 25 位，所得到的两个数是无法用任何测量来加以区分的，也无法将它们与 π 的真值相区别。根据爱因斯坦在相对论中，以及后来海森伯在量子理论中，所采用的富于启发的原则，不与可设想的观察相对应的概念都应从物理学中清除出去。对于眼下的这个事例，我们只需将陈述“$x = \pi$ 厘米”改成如下陈述就可以毫无困难地做到这一点：“x 的值的分布概率在 $x = \pi$ 厘米处有最大值”，甚至可以再附上一句（如果想说得更确切些的话）：其分布宽度如何如何。简言之，普通力学也必然可以按统计的语言来表述。近来我一直在琢磨这个问题，发现做到这一点并不困难。但这里不是深入讨论这个问题的场合，我只想指出一点：经典物理学的决定论已被证明是一种错觉，一种因过分重视数理逻辑的概念结构而产生的错觉。它是一个偶像，不是科学研究的理想，因此不能被用作反对本质上属非决定论的量子力学统计解释的根据。

基于实在论的反对意见对付起来困难要大得多。粒子（例如一粒沙子）的概念隐含着这样一种观念：它有确定的位置，做确定的运动。但是根据量子力学，我们不可能以任意精确度同时确定粒子的位置和速度（更确切地讲是动量，即质量乘以速度）。于是出现了两个问题：第一，不管理论上是如何判断的，到底是什么阻碍我们在精密实验中将两个量测量到所要求的精度？第二，如果确实不可能实现上述精确测量的要求，那么我们还能够正当地粒子概念以及与此有关的想法运用到电子上吗？

关于第一个问题，显然，如果理论是正确的——我们有充分的理由相信这一点——那么阻碍对位置和运动（以及其他的这类所谓成对的共轭量）同时给予高精度测量的障碍必定就在于量子力学规律本身。事实也正是如此。但要讲清楚这一点并非易事。尼尔斯·玻尔本人曾费尽心力来发展测量理论①以澄清这个问题，并回应爱因斯坦发起的最精妙、最富智慧的挑战。爱因斯坦不断地想出测量方法，以图能够同时精确测量对象的位置和运动。由此形成了如下局面：要测量空间坐标和时间间隔，我们需要刚性的量尺和时钟；另一方面，要测量动量和能量，测量装置又必须具有可动的部分以便吸收测试对象的冲撞并给出它的动量值。如果考虑到量子力学能够处理待测对象与测量装置之间的相互作用这一事

① N. Bohr, *Naturwiss.*, **16** (1928) 245; **17** (1929) 483; **21** (1933) 13. “Kausalitat und Komplementaritat” (Causality and Complementarity), *Die Erkenntnis*, **6** (1936) 293.

实，就可看出任何实验安排都无法同时满足上述两方面的要求。因此，即使是互补性实验也存在互不相容特性，只有将它们看作一个整体，才能揭示我们关于一个物体所能知道的一切。

这种互补性思想现在已被大多数物理学家看作清楚地理解量子过程的关键。玻尔已经将这一思想推广到完全不同的知识领域，例如意识与大脑的联系，自由意志问题，及其他基本哲学问题。现在来谈谈最后一点：如果某个对象不能按通常方式与位置和运动的概念相联系，我们还能称它为一个物体或一个粒子吗？假如不能，那么我们创建的理论要描述的实在到底是什么呢？

对这个问题的回答已不是物理学而是哲学的任务了，予以通彻的讨论显然远远超出了本演讲的范围之外。我已经在其他地方阐明了我对这个问题的看法①。这里我只想说，我非常倾向于保留粒子概念。当然，这需要重新定义粒子概念的涵义。对于这一点，数学里就有非常成熟的概念可用，这就是变换不变性的概念。我们所感知的每一个物体都有无数个特性，物体的概念就是所有这些特性的一个不变量。从这个观点出发，目前普遍采用的概念体系，其中粒子和波同时出现，完全能够被证明是合理的。

但是，最近关于原子核和基本粒子的研究将我们推到了现行概念系统似乎不够用了这样一种极限。从我关于量子力学的起源的讲述中我们得到的教训是，数学方法再精致也不足以产生一种令人满意的理论，在我们的理论体系的某个地方，可能还隐藏着某个无法被经验证明为合理的概念，我们必须清除它才能扫清道路。

---

① M. Born, *Phil. Quart.*, **3** (1953) 134; *Physik. Bl.*, **10** (1954) 49.

量子力学的现状

埃尔温·薛定谔
译自薛定谔的“猫悖论”论文
译者：约翰 D. 特里默①

5. 可变的实在变模糊了?

我们甚至可以设定一种挺可笑的情形。一只猫被关在一个钢制的腔室里，室内还有以下设备(它们必须足够安全以防受到猫的直接干扰)：一支带有微量放射性物质的盖革计数管，这些放射性物质少到1小时内可能只有一个原子衰变，而且是等概率的衰变，要么放出一个粒子要么无。如果衰变发生，则计数管放电，并触发继电器放开小锤打破装有氰化物的小瓶。如果我们让这个系统放置1小时，那么我们说猫也许还活着，如果这段时间内没有原子衰变的话。整个系统的 ψ 函数将由活猫和死猫(请原谅我采用这种表达方式) 以同等概率的混合或叠加来表示。

它典型地反映了这样一些情形：最初限于原子尺度范围的不确定性转化为宏观的不确定性，后者可以通过直接观察来解决。它使我们无法天真地将一个“模糊模型”当作对实在的有效的表示接受下来。

① 这篇译文最初发表于《美国哲学学会文集》124卷，323—338页。[后成为《量子理论与测量》第1.11节(J. A. 惠勒和 W. H. 楚雷克编辑，普林斯顿大学出版社，新泽西州，1983年第一版)]。

能认为量子力学对物理实在的描述是完备的吗?①

阿尔伯特·爱因斯坦，波利斯·波多耳斯基，内森·罗森

在一种完备的理论中，对于每一个实在要素，都存在相应的一个要素。一个物理量具有实在性的充分条件是能够对它做出确定的预言而不对系统造成干扰。而在量子力学里，对于由非对易算符来描述的两个物理量，对一个物理量的了解妨碍到对另一个物理量的了解。因此，要么是(1)由量子力学波函数给出的关于实在的描述是不完备的；要么是(2)这两个量不可能同时具有实在性。对这样一个问题——将对一个系统的预言建立在对以前与它有过相互作用的另一个系统的测量的基础上——的考察表明，由此得到的结果是：如果(1)不成立，那么(2)也不成立。因此可得出结论：波函数给出的关于实在的描述是不完备的。

1

对于一种物理理论的任何严肃的考查，都必须考虑到客观实在——它独立于任何理论——与理论所运用的物理概念之间的区别。我们用这些概念来对应于客观实在，并用它们来描绘实在。

要判断一种物理理论是否成功，我们可以提出这样两个问题：(1)"这个理论是正确的吗？"(2)"这个理论给出的描述是完备的吗？"只有对这两个问题都给出肯定的回答，那么这一理论的概念才可以说是令人满意的。理论的正确性是通过理论的结论与人类经验的符合程度来判断的。唯有经验能使我们对实在做出推断。在物理学里，这些经验以实验和测量的形式呈现。它们在量子力学里的应用则是我们这里所要讨论的第二个问题。

无论在什么意义上运用"完备"一词，下述要求对于一种完备的理论都是必要的：物理实在的每一个要素都必须在物理理论中有与其相对应的概念。我们将

① 承蒙美国物理学会许可重印：N. Bohr, *Physical Review*, **48**, 1935. © 1935 by the American Physical Society.

这一要求称为完备性的条件。只要我们能够确定什么是物理实在的要素，那么第二个问题就容易回答了。

物理实在的要素不可能由先验的哲学思考来决定，而必须从实验和测量的结果中寻找。然而就我们的目的来说，我们并不需要一个关于实在的广泛的定义。我们将满足于下述判据，我们认为这个判据是合理的：*如果在一个没有任何干扰的系统中，我们能够确定地(即概率等于1)预言一个物理量的值，那么一定存在与此物理量相对应的一种物理实在要素*。我们觉得，这个判据虽然远远不能包括认识物理实在的一切可能方式，但只要具备了所要求的条件，它至少为我们提供了这样一种办法。只要不将这个判据看成是实在的必要条件，而是充分条件，那么这个判据与经典的以及量子力学的实在观念就都是相符的。

为了说明这一点，我们来考虑量子力学对只有一个自由度的粒子的行为的描述。这一理论中的基本概念是"状态"这个概念，并且假定它完全由波函数 ψ 来表征。ψ 是被选取出来用以描述粒子行为的变量的函数。对于每个可观察的物理量 A，都有一个相应的用同一字母命名的算符。

假定 ψ 是算符 A 的本征函数，就是说，如果

$$\psi' \equiv A\psi = a\psi, \tag{1}$$

这里 a 是一个数，那么无论何时，只要粒子处于由 ψ 给定的态，物理量 A 就有确定的值 a。依据我们对实在所提出的判据，对于一个处于由 ψ 给定的态下且 ψ 满足式(1)的粒子来说，就存在一个对应于物理量 A 的物理实在的要素。例如，令

$$\psi = e^{(2\pi i/h)p_0x}, \tag{2}$$

这里 h 是普朗克常数，p_0 是某个常数，x 是独立变量。由于对应于粒子动量的算符是

$$p = (h/2\pi i)\partial/\partial x, \tag{3}$$

故我们得到

$$\psi' = p\psi = (h/2\pi i)\partial\psi/\partial x = p_0\psi. \tag{4}$$

由此可见，在式(2)给定的状态下，动量具有确定的值 p_0。对此我们可以说，粒子处在由式(2)所给定的态下时，其动量是实的。

另一方面，如果式(1)不成立，那么我们就不能说物理量 A 具有某个具体值。例如，此时粒子的坐标就是这种情形。对应于该坐标的算符，比如说 q，就是该独立变量所乘的算符。因此有

$$q\psi = x\psi \neq a\psi. \tag{5}$$

按照量子力学，我们只能说，这个坐标的测量值处于 a 与 b 之间的相对概率是

$$P(a,\ b)=\int_a^b \bar{\psi}\psi \mathrm{d}x=\int_a^b \mathrm{d}x=b-a. \tag{6}$$

由于这个概率独立于 a，而只与差值 $b-a$ 有关，因此我们看到，坐标的所有值都具有相等的概率。

因此，对于一个处于式(2) 所给定的态下的粒子，确定的坐标值是不可预测的，而只能由直接测量来给出。但是这样的测量会干扰到粒子，从而改变它的状态。因此在坐标被确定后，粒子就不再处在式(2) 所给定的状态了。在量子力学中，通常由此所得出的结论是：当粒子的动量已知时，它的坐标就不具有物理实在性。

更一般地，我们可以证明，在量子力学中，如果对应于两个物理量(比如说 A 和 B) 的算符是不对易的，即如果 $AB \neq BA$，那么，要得到其中一个物理量的准确知识，就将使另一个物理量的知识变得非常不确定。不仅如此，任何从实验上来确定后者的尝试都将改变系统的状态，使得前者的知识被破坏。

由此可见，要么(1) 由波函数给出的量子力学对实在的描述是不完备的；要么(2) 当对应于两个物理量的算符不对易时，这两个量不可能同时是实在的。因为如果这两个量同时都是实在的——从而都具有确定的值——那么依照完备性条件，这些值就应都能得到完备的描述。于是，如果波函数能够提供对实在的这种完备的描述，那么它就应包含这些值；于是它们就都应是可预言的。但实际情形并非如此，因此我们就只剩下在上述两种断言中进行非彼即此的抉择了。

在量子力学中，通常假定：波函数包含着对处于它所对应的态下的系统的物理实在的完备描述。乍一看，这一假设是完全合理的，因为从一个波函数能得到的信息似乎严格对应于不改变系统状态就能测得的东西。但我们将证明：这个假设加上前述的关于实在的判据，将导致矛盾。

2

为此，我们假设有两个系统，Ⅰ 和 Ⅱ，从时间 $t=0$ 到 $t=T$，允许它们之间相互发生作用，而在此之后，假定二者之间不再有任何相互作用。我们进一步假定这两个系统在 $t=0$ 以前的状态都是已知的。这样我们就可以借助薛定谔方程来

算出此后任何时刻，特别是$t > T$的任意时刻，组合系统 Ⅰ + Ⅱ 的状态。让我们用$\boldsymbol{\psi}$来表示所对应的波函数。但我们无法算出在相互作用之后这两个系统中任何一个所处的状态。根据量子力学，这只能借助于进一步的测量来做到，即通过所谓波包坍缩的过程来达到。我们来考查一下这一过程的实质。

设a_1，a_2，a_3，… 是系统Ⅰ的某种物理量A的本征值，而$u_1(x_1)$，$u_2(x_2)$，$u_3(x_3)$，… 是相应的本征函数，这里x_1代表描述第一个系统的变量。因此$\boldsymbol{\psi}$作为x_1的函数，可以表示为

$$\boldsymbol{\psi}(x_1,\ x_2) = \sum_{n=1}^{\infty} \psi_n(x_2) u_n(x_1), \tag{7}$$

这里x_2代表描述第二个系统的变量，$\psi_n(x_2)$被看作是$\boldsymbol{\psi}$按正交函数$u_n(x_1)$展开的系数。现在假定对量A进行了测量，发现它有值a_k。于是我们得到结论：经过测量后，第一个系统处于波函数$u_k(x_1)$给定的状态，第二个系统则是处于波函数$\psi_k(x_2)$给定的状态。这就是波包坍缩的过程；无穷序列(7) 给定的波包坍缩到单一的项$\psi_k(x_2)u_k(x_1)$。

函数集$u_n(x_1)$由物理量A的选取决定。如果我们选取另一物理量，比如说B，来代替它，设B具有本征值b_1，b_2，b_3，…，并且具有本征函数$v_1(x_1)$，$v_2(x_2)$，$v_3(x_3)$，…。那么代替式(7)，我们将得到展开式：

$$\boldsymbol{\psi}(x_1,\ x_2) = \sum_{n=1}^{\infty} \varphi_s(x_2) v_s(x_1), \tag{8}$$

这里φ_s是新的系数。如果现在对量B进行测量，并且得知它具有值b_r，那么我们可有结论：在测量之后，第一个系统处在于$v_r(x_1)$所给定的状态，而第二个系统则是处于$\varphi_r(x_2)$所给定的状态。

由此我们可以看出：作为对第一个系统进行的两种不同的测量的结果，第二个系统可以处在由两个不同的波函数所规定的状态。另一方面，由于在测量时两个系统不再相互作用，因此，无论对第一个系统做什么，其结果都不会使第二个系统发生任何实际变化。当然，这只不过是对两个系统之间不存在相互作用这个意义的一种表述而已。因此，对于同一个实在(与第一个系统发生相互作用后的第二个系统)，有可能给以两种不同的波函数(在我们的例子中就是ψ_k和φ_r)。

现在，可能会出现这么一种情形：两个波函数ψ_k和φ_r是两个非对易算符的本征函数，这两个算符分别对应于某种物理量P和Q。我们最好用一个例子来表明这种实际可能的情形。我们假定这两个系统是两个粒子，并且

$$\boldsymbol{\psi}(x_1, x_2) = \int_{-\infty}^{\infty} e^{(2\pi i/h)(x_1 - x_2 + x_0)p} \mathrm{d}p, \tag{9}$$

这里 x_0 是某个常数。设 A 是第一个粒子的动量；那么，像我们在式(4) 中所见到的那样，本征值 p 所对应的本征函数将是

$$u_p(x_1) = e^{(2\pi i/h)px_1}, \tag{10}$$

由于这里我们考虑的是连续谱的情形，故式(7) 现在该写成

$$\boldsymbol{\psi}(x_1, x_2) = \int_{-\infty}^{\infty} \psi_p(x_2) u_p(x_1) \mathrm{d}p, \tag{11}$$

这里

$$\psi_p(x_2) = e^{-(2\pi i/h)(x_2 - x_0)p}. \tag{12}$$

然而这个 ψ_p 是算符

$$P = (h/2\pi i)\partial/\partial x_2, \tag{13}$$

的本征函数，它属于第二个粒子的动量的本征值 $-p$。另一方面，如果 B 是第一个粒子的坐标，那么它有属于本征值 x 的本征函数

$$v_x(x_1) = \delta(x_1 - x), \tag{14}$$

这里 $\delta(x_1 - x)$ 是著名的狄拉克 δ 函数。在这种情况下，式(8) 变成

$$\boldsymbol{\psi}(x_1, x_2) = \int_{-\infty}^{\infty} \varphi_x(x_2) v_x(x_1) \mathrm{d}x, \tag{15}$$

这里

$$\varphi_z(x_2) = \int_{-\infty}^{\infty} e^{(2\pi i/h)(x - x_2 + x_0)p} \mathrm{d}p = h\delta(x - x_2 + x_0). \tag{16}$$

但是这个 φ_x 是算符

$$Q = x_2 \tag{17}$$

的本征函数，它属于第二个粒子的坐标本征值 $x + x_0$。由于

$$PQ - QP = h/2\pi i, \tag{18}$$

因此我们证明了：一般来说，对于两个物理量，ψ_k 和 φ_r 可能是两个非对易算符的本征函数。

现在回到式(7) 和(8) 所考查的普遍情形。我们假定 ψ_k 和 φ_r 的确是非对易算符 P 和 Q 的本征函数，它们分别属于本征值 p_k 和 q_r。那么，通过测量 A 或者 B，在不对第二个系统作任何扰动的情形下，我们就能确定地预言量 P 的值(即 p_k) 或量 Q 的值(即 q_r)。依照我们关于实在的判据，在第一种情形下，我们必须将量 P 视为一个实在的要素；而在第二种情形下，将量 Q 视为一个实在的要素。但正如

我们所看到的，波函数 ψ_k 和 φ_r 却属于同一实在。

以上我们证明了：要么，(1) 由波函数给出的量子力学对实在的描述是不完备的；要么，(2) 当对应于两个物理量的算符非对易时，这两个量就不可能同时具有实在性。因此，从波函数确实给物理实在以完备的描述这一假定出发，我们得到这样一个结论：对应于非对易算符的两个物理量，是能够同时具有实在性的。于是，对(1) 的否定导致对唯一的另一个可能选择(2) 的否定。由此，我们不得不做出这样的结论：由波函数给出的量子力学对实在的描述是不完备的。

人们可以基于我们对实在的判据限制得不够严格这一理由来反驳这个结论。的确，如果人们坚持主张，两个或者两个以上的物理量，只有当它们能够同时被测量或者被预测时，才能被认为同时看作实在的要素，那么他们就不会得出我们这个结论。从这一观点来看，既然两个量 P 和 Q 只能有一个被预言，而不是两者同时都可能被预言，那么它们就不可能同时都是实在的。这就使得 P 和 Q 的实在性取决于第一个系统所进行的测量程序，而这个测量对于第二个系统是没有任何干扰的。但没有任何关于实在的合理定义会容许这一点。

尽管我们由此证明了波函数不提供对物理实在的完备的描述，但我们并没有解决这样的描述究竟是否存在的问题。可是我们相信，这样的一种理论是可能的。

能认为量子力学对物理实在的描述是完备的吗?[1]

尼尔斯·玻尔

A. 爱因斯坦、B. 波多尔斯基和 N. 罗森在最近合写的一篇与本文相同标题的文章中表明，某种“物理实在的判据”在被运用到量子现象时包含了一种本质的歧义性。对此，本文采用所谓“互补性”的观点予以解释。按照这种观点，物理现象的量子力学描述，在其适用范围内，似乎能够满足关于完备性的一切合理要求。

在最近的一篇与本文相同标题的文章[2]中，A. 爱因斯坦、B. 波多尔斯基和 N. 罗森提出了一些导致他们对所讨论问题得出否定性答案的论点。然而在我看来，他们的论证倾向似乎并不足以应付我们在原子物理学中所面临的实际情形。因此我很高兴利用这个机会来稍微详细地解释一下一种可恰当地名为“互补性”的一般性观点[3]，我在很多场合都曾阐明过这个观点。从这种观点看来，量子力学在其适用的范围内，似乎是对物理现象——例如我们在原子过程中所遇到的现象——的一种完全合理的描述。

对于像“物理实在”这种表达，其无歧义的程度当然不可能从先验的哲学观念推导出来，而必须——正如上述作者所强调的那样——直接建立在实验和测量的基础上。为此，他们提出了一条“实在性判据”：“如果在一个没有任何干扰的系统中，我们能够确定地预言一个物理量的值，那么一定存在与此物理量相对应的一种物理实在要素。”借助于一个有趣的例子(我们后面还将论及)，他们接下来证明道，在量子力学中，正如在经典力学中一样，在适当的条件下，有可能这样来预言一个力学系统所描述的任一给定变量的值：对之前与这个系统有过相互作用的另一个系统进行测量。由此，这些作者试图按照他们的判据来给这些变量所代表的每一个量赋予一种实在要素。而且，由于量子力学的现有表述形式的

① N. Bohr, *Physical Review*, Vol. **48**, 1935. 承蒙美国物理学会许可转载。

② A. Einstein, B. Podolsky and N. Rosen, *Phys. Rev*, **47**, 777 (1935).

③ 参阅 N. Bohr, *Atomic Theory and Description of Nature*, *I* (Cambridge, 1934).

众所周知的特点，即在对一个力学系统的态的描述中，永远不可能同时对两个正则共轭变量赋予确切的值，于是他们认为这种表述形式是不完备的，并相信一种更令人满意的理论可以被发展出来。

然而这种论证似乎不适于撼动量子力学描述的稳固性，因为这种描述是建立在一种自洽的数学表述形式基础上的，而这种表述形式自动包含了它们所指向的测量程序①。事实上，这种表观上的矛盾只是暴露了自然哲学在对我们在量子力学中所遇到的那种物理现象做合理说明时所采用的观点存在本质的不足。确实，由作用量子的存在本身所规定的测量对象和测量仪器之间的有限相互作用——由于我们不可能控制对象对测量仪器的反应，从而知晓这些仪器是否适合其目的——使得我们有必要最终放弃经典的因果性观念，并对我们看待物理实在的态度做出重大调整。事实上，正如我们将要看到的，像上述作者们提出的这类实在判据——不论其表述显得多么审慎——在用于我们在此所述的那些实际问题时都包含了一种本质的歧义性。为了尽可能清楚地论证这一点，我先来较详细地考察几个测量安排方面的简单例子。

让我们从一个粒子通过光阑上一条狭缝这一简单事例开始。这个光阑可以是一个不同复杂程度的实验装置的一部分。即使这个粒子的动量在它打到光阑上之前是完全已知的，狭缝引起的对平面波(粒子的态的符号表示)的衍射也将意味着粒子的动量在通过光阑后是一个不确定的量，而且狭缝越窄，这个量的不确定

---

① 在这方面，包含在所引文章中的那些演绎可以看成是量子力学变换定理的直接推论；这些变换定理对于保证其数学上的完备性及其与经典力学的合理对应关系也许比该表述形式的任何其他特点都更重要。事实上，在由两个(存在或不存在相互作用的)分系统(1)和(2)所构成的力学系统的描述中，我们总可以将分别属于分系统(1)和(2)，且满足通常的对易定则

$$[q_1p_1][q_2p_2] = ih/2\pi,$$

$$[q_1q_2] = [p_1p_2] = [q_1p_2] = [q_2p_1] = 0,$$

的任意两对正则共轭变量$(q_1\,p_1)$和(q_2p_2)替换成两对新的共轭变量(Q_1P_1)和(Q_2P_2)，后者通过一个简单的正交变换而与前者相联系，这种正交变换对应于平面$(q_1\,q_2)$，(p_1p_2)上的角度为θ的一个转动：

$$q_1 = Q_1\cos\theta - Q_2\sin\theta,\ p_1 = P_1\cos\theta - P_2\sin\theta,$$

$$q_2 = Q_1\sin\theta + Q_2\cos\theta,\ p_2 = P_1\sin\theta + P_2\cos\theta,$$

由于这些新变量满足类似的对易法则，具体来说就是有

$$[Q_1P_1] = ih/2\pi,\ [Q_1P_2] = 0,$$

因此可知，在对复合系统的态的描述中，不能对Q_1和P_1同时赋以确定的数值，但是我们显然可以对Q_1和P_2同时赋以确定的值，在此情形下，由这些变量的表示式$(q_1\,p_1)$和(q_2p_2)可进一步有以下结果，即

$$Q_1 = q_1\cos\theta + q_2\sin\theta,\ P_2 = -p_1\sin\theta + p_2\cos\theta,$$

由此可以进一步推知，对q_2和p_2的随后测量将分别使我们能够预言q_1和p_1的值。

性就越大。现在，如果缝宽大于波长，那么狭缝的宽度就可以看成是粒子相对于光阑在垂直于狭缝的方向上的位置的不确定性 Δq。而且，由动量与波长之间的德布罗意关系可以简单看出，粒子在这个方向上的动量的不确定性 Δp 与 Δq 之间通过海森伯的普遍原理

$$\Delta p \Delta q \sim h$$

而互相联系在一起。按量子力学的表述，这一原理是任意一对共轭变量的对易关系的直接推论。显然，不确定性 Δp 与粒子和光阑之间可能的动量交换存在不可分割的联系，而我们现在讨论的主要问题是，在多大程度上，这样交换的动量在所涉实验所研究的现象的描述中可以被考虑在内。对于这种实验安排来说，粒子通过狭缝可看成初始阶段。

让我们首先假设，在通常的关于电子衍射现象的实验里，光阑像仪器的其他部分 —— 例如带有若干平行于第一个光阑的狭缝的第二个光阑和照相底片 —— 一样，被刚性地固定在一个底座上，这个底座规定了空间参照系。于是粒子与光阑之间所交换的动量将和粒子对其他物体的反应一起传递到这个共同的底座上。因此在这里，在预言有关实验的最后结果 —— 例如粒子在照相底片上产生的斑点位置 —— 时，我们主动放弃了将这些反应分别予以考虑的可能性。实际上，对粒子与测量仪器之间的反应做进一步分析是不可能的。这种不可能性不是因为对实验过程的描述有什么独特之处，而是因为这是研究这类现象的任何实验安排的一种本质特征。对于这种现象，我们要处理的是一种完全超出经典物理学所理解范围的不可分割性质。事实上，就这种现象 —— 例如粒子在到达照相底片的途中通过第二个光阑上哪一条狭缝 —— 的“过程”而言，对粒子与仪器不同部分之间交换的动量的任何可能的考虑都将让我们立即得出结论：该现象与下述事实很难相容：粒子到达底片上给定面元的概率不取决于某个特定狭缝的存在，而是取决于从第一个光阑的狭缝出射的衍射波所到达的第二个光阑上所有狭缝的位置。

通过另一种实验安排，其中第一个光阑不与仪器的其他部分刚性连接，至少在原理上①能够在任意所需的精度下测得粒子在通过光阑前后的动量，因此我们能预言粒子在通过狭缝后的动量。事实上，这种动量测量仅需明白无误地运用经

① 我们现在所掌握的实验技术显然还不能进行这里和以后所讨论的这类测量步骤；但是这显然并不影响理论论证，因为这里所谈的步骤本质上与康普顿效应这样的原子过程是等价的，在这些过程中，对应于动量守恒定理的应用完全成立。

典的动量守恒定律即可，例如我们将其运用到光阑与某个检测对象之间的碰撞过程，这个检测对象在碰撞前后的动量均可得到合适的控制。显然，这种控制本质上取决于对那种可运用经典力学概念的过程的时空过程的检查。但如果所有空间尺度和时间间隔都取得足够大，那么这种检查显然在检测对象的动量的精确控制方面没有任何限制，而只会让我们放弃对时空坐标的精确控制。事实上这种放弃完全类似于前述实验装置中对固定光阑的动量控制的放弃，说到底还是取决于对测量仪器的纯粹经典的解释的要求。这种要求意味着，在我们对其行为的描述中，必须允许存在一种与量子力学不确定性关系相对应的自由度。

然而，这两种实验安排之间的主要区别在于，在适于用来控制第一个光阑的动量的实验安排中，该光阑不必再能够像处于同一目的的前一实验中那样被用作测量仪器的一部分，而是必须被看成 —— 就其相对于仪器其他部分的位置而言 —— 像通过狭缝的粒子那样的研究对象。就是说，关于它的位置和动量的量子力学不确定性关系式必须明确地被考虑在内。事实上，即使我们知道光阑在第一次测量其动量之前相对于空间参照系的位置，甚至它在最后一次测量之后的位置也可以精确确定，但是，由于光阑在与检测对象的每一次碰撞过程中存在不可控制的位移，因此在粒子通过狭缝后，我们便失去了光阑的位置信息。因此，整个实验安排显然并不适于研究前一实验中的同类现象。特别是我们可以证明，如果我们将光阑的动量测得足够精确，以至于允许就粒子通过第二个光阑的选定狭缝做出明确结论，那么即使第一个光阑的位置的最小的不确定性与这种信息是相容的，它也将意味着干涉效应 —— 粒子允许撞击的照相底片的区域 —— 被完全去除。这种干涉效应是在仪器的其他部分的相对位置都固定的情形下由第二个光阑的多个狭缝引起的。

在适于测量第一个光阑的动量的实验安排中，我们可以进一步清楚地看出，即使在粒子通过狭缝之前我们已经测量了这个动量，在粒子通过之后，我们仍可以自由选择是想知道粒子的动量还是想知道它相对于仪器其余部分的初始位置。在第一种情形下，我们只须对光阑的动量进行第二次测量，但这样粒子在通过狭缝时的确切位置就永远不可知。在第二种情形下，我们只须确定粒子相对于空间参照系的位置，但光阑和粒子之间的动量交换的信息便不可避免地丢失。如果光阑和粒子相比质量足够大，那么我们甚至可以适当安排测量程序，使得光阑在受到第一次动量测量后，其相对于仪器其他部分的未知位置仍保持静止，因此这一位置在以后各时刻的确定就简单地建立在光阑和公共底座的刚性连接上。

通过重述这些简单而基本上是众所周知的考虑，我的主要目的就是要强调一点：在所考虑的现象中，我们处理的不是一种不完备的描述，其特征是随意选取物理实在的不同要素并以牺牲其他要素为代价，而是对本质上不同的实验安排和程序做出一种合理区分。这些实验安排和程序，要么适于用空间定位概念来明确描述，要么适于用动量守恒定理来合理描述。除这两点外，在运用测量仪器方面我们有充分的自由，这是实验这一概念的本质特征。事实上，在每一种实验安排上，对物理现象的这两个方面的描述，我们总得放弃其中的一个方面 —— 这两种描述的结合正是经典物理学方法的特征，因此在这个意义上说，两种描述可以被认为是彼此互补的。在量子理论领域，这种互补性本质上取决于这样一种不可能性：我们既能精确控制测量对象对测量仪器的反作用，即位置测量中动量的传递，同时又能在动量测量中精确确定对象的位移。正是在这方面，量子力学与普通统计力学之间的任何比较 —— 不论这种比较对理论的表示多么有用 —— 本质上都是不可取的。事实上，在适于用来研究真正量子现象的每一种实验安排中，我们必须面对的不仅仅是对某些物理量的值的忽略，而且必须清楚，要无歧义地定义这些量是不可能的。

上述结论同样适用于前述的由爱因斯坦、波多尔斯基和罗森提出的特定问题。这个问题事实上并不比我们上面所讨论的那些简单例子有更大的困难性。他们用明确的数学表式所给出的那种两个自由粒子的量子力学态，至少在原理上可以用一种简单的实验安排来简化。这种实验安排包括一个有两道平行狭缝的刚性的光阑，狭缝的宽度比起狭缝间距离要小得多，一个给定初始动量的粒子可以自由地通过两道狭缝中的一道。如果在粒子通过狭缝前和通过后光阑的动量都被准确地测出，那么事实上我们是知道这两个逃逸粒子的动量在垂直于狭缝的方向上的分量之和的，我们也知道它们沿同一方向的初始位置的坐标之差，而共轭的量，即它们的动量分量的差和位置坐标的和则当然是完全未知的①。因此很显然，在这种安排下，单独再测一次其中某个粒子的位置或动量，那么我们就将以任意高的精度自动地分别确定了另一粒子的位置或动量，至少在每个粒子所对应的自由运动的波长比起狭缝的宽度为足够短时是如此。因此，正如上述作者所指出的那样，我们在此情形下所遇到的是一种完全自由的选择，不论我们是想通过

① 可以看出，这种描述，除了一个无关紧要的归一化因子外，恰好对应于前面脚注中所描述的那些变量的变换：如果 $(q_1 p_1)$，$(q_2 p_2)$ 分别代表两个粒子的位置坐标和动量分量，而 $\theta = -\pi/4$，那么我们还可以指出，由所引文章中的公式(9) 给出的波函数对应于 $P_2 = 0$ 的特定选择和两道无限窄狭缝的极限情形。

一个不与该粒子相干的过程来确定这两个量中的哪一个量。

正如上述简单例子——在是采用适于预言穿越光阑狭缝的单个粒子的位置的实验程序，还是采用适于预言其动量的实验程序之间进行选择——一样，在上述文章中的这种实验安排所提供的“选择自由”里，我们关心的只是在不同实验程序——这些程序允许我们明白无误地运用互补的经典概念——之间做出区分。事实上，测量其中一个粒子的位置无非是在该粒子的行为与固定在刚性底座（该底座定义了空间参照系）上的某台仪器之间建立起某种关联。因此，在所描述的实验条件下，这种测量还向我们提供了在粒子通过狭缝时光阑相对于该空间参照系的位置的信息，否则该信息将完全未知。事实上，我们只有用这种办法才能获得做出有关另一个粒子相对于仪器其余部分的初始位置的结论的基础。然而，考虑到从第一个粒子传递给底座的动量本质上是不可控的，因此经过这种程序，我们也就失去了在未来将动量守恒定律应用到由光阑和两个粒子构成的系统的任何可能性，从而也就失去了在预言第二个粒子的行为方面明白无误地运用动量概念的唯一基础。相反，如果我们选择测量其中一个粒子的动量，那么由于在这种测量中不可避免地存在不可控制的位移，因此我们将失去根据这一粒子的行为来推知光阑相对于仪器其余部分的位置的任何可能性，从而也就失去了预言另一粒子的位置的任何基础。

现在，从我们的观点我们看到，在爱因斯坦、波多尔斯基和罗森提出的物理实在的判据中，所谓“在一个没有任何干扰的系统中”的说法包含着歧义性。当然，在刚刚考虑的这一类事例中，在测量程序的最后关键阶段中确实不存在系统的机械扰动。但是即使在这个阶段，本质上也还存在对一些条件的影响，这些条件规定了我们可预言的系统未来行为的类型。由于这些条件构成了对一种现象（即与“物理实在”恰当关联的对象）的描述的内在要素，因此我们看到，上述作者的论证并不能证明他们的结论：量子力学描述本质上是不完备的。相反，从上述讨论可以看出，这一描述可以被认为是对测量结果的所有可能的明白无误的解释的合理运用的一种刻画。这些解释应与量子理论领域中客体和测量仪器之间有限而不可控制的相互作用相容。事实上，正是两种实验程序的互斥性，它们允许对互补性的物理量作明白无误的定义，为新的物理规律留下了余地，这些新规律的并存乍一看似乎与科学的基本原理不相容。互补性这一概念要刻画的正是物理现象描述上的这种全新的局面。

由于时间概念在描述这些现象中居次要地位，上述这些实验安排显示出一种特别的简单性。我们的确可以随意使用如“之前”和“之后”这样的隐含时间关系的措辞，但是在任何情况下，都必须考虑到某种不确定性。但只要所涉时间的间隔足够大(与所研究现象的进一步分析中的固有周期相比)，这种不确定性就是不重要的。只要我们尝试对量子现象给予更精确的时间描述，我们就会遇到一些众所周知的新悖论。要想澄清这些悖论，我们就必须将客体和测量仪器之间的相互作用的更多特征考虑进来。事实上，在这些现象中，我们处理的不再是那种由基本相对静止的仪器构成的实验安排，而是那些包含运动部件——例如光阑狭缝前面的快门——的实验安排，这些运动部件由定时装置控制。因此，上述观察对象与定义空间参照系的物体之间除了存在动量传递以外，在这种安排下我们还必须考虑对象与定时机构之间的能量交换。

量子理论中关于时间测量的决定性要点与上述关于位置测量的要点是完全类似的。正如我们看到的，动量到仪器各离散部分——它们的相对位置的信息是描述该现象所必需的——的传递是完全不可控制的，对象与仪器各部分——要运用这些仪器，它们之间的相对运动必须了解——之间的能量交换也不可能做进一步分析。事实上，想控制传给时钟的能量而不根本地干扰计时机构的使用，原则上是不可能的。事实上，这种应用完全依赖于这样一种假设的可能性，即我们能够依据经典物理学的方法来说明每一个钟表的功能并将它与其他钟表进行比较。因此从这一点上说，我们显然必须将能量平衡的变动范围考虑进来，这种平衡的变动范围对应于量子力学关于共轭的时间变量和能量变量之间的不确定性关系。正如以上所讨论的在量子理论中明白无误地运用位置和动量概念时具有互斥性一样，这里也正是这种情形：对原子现象的任何详细的时间上的说明，与通过对原子反应过程中能量传输研究所揭示的原子的内禀稳定性这种非经典性质之间，存在互补关系。

在每一种实验安排中，我们必须将物理系统中那些被认作测量仪器的部分，与那些构成研究对象的部分区分开来。事实上，这种必要的区分可以说构成了物理现象的经典描述与量子力学描述之间的主要区别。确实，在这两个例子中，每次测量时做出这种区分的界限该划在什么地方，很大程度上是出于方便的考虑。然而，在经典物理学中，对象和测量手段之间的区分并不造成对所研究现象的描述在性质上有什么不同。而在量子理论中，正如我们所看到的，这种区分的根本重要性在于，在对适当的测量结果进行解释时，我们免不了要用到各种经典概念，尽管经典理论不足以说明我们在原子物理学中所涉及的那些新的规律。根据这种情形，量子力学的符号的任何明白无误的解释，毫无疑问只能是那些众所周知的法则中所体现的那种解释。这些法则使我们能够预言一项给定的、完全由经典方式描述的实验安排所得到的结果，并且通过前述的变换定理，它们有其自身的一般表示。特别是，通过确保与经典理论之间的适当的对应关系，这些定理排除了量子力学描述中任何可以想象的不一致性。这种不一致性与对象和测量手段之间区分的界限的改变有关。事实上，上述论证的一个明显的推论是：在每一种实验安排和测量程序中，这种界限划分的自由选择只能在一定范围内成立，在该范围内，所涉过程的量子力学描述实际上与经典描述是等价的。

在结束本文之前，我还想强调一下广义相对论给出的重要结果与量子理论领域中的物理实在问题的关系。事实上，不管二者间的差别有多大，就对经典理论的推广而言，这两种理论都有着突出的相似性。我们曾多次提到过这种相似性。特别是，测量仪器在量子现象的（前述）说明中所具有的独特地位，与相对论中对所有测量过程坚持采用普通描述（包括对空间坐标和时间坐标的明确区分）的必要性之间，有着紧密的相似性，尽管这一理论的精华在于建立起一套新的物理定律，而要理解这些定律，我们就必须放弃通常所习惯的空间和时间相分离的观念①。在相对论里，标尺和时钟的一切读数对参照系的依赖性，甚至也可以和测量对象与定义时空参照系的仪器之间那种本质上不可控的动量或能量的交换相比拟，量子理论中的这种交换让我们不得不面对由互补性概念来刻画的局面。事实上，自然哲学的这种新特征意味着我们看待物理实在的态度需要做重大修正，这种修正可以和广义相对论提出的对物理现象的绝对性概念的根本性修正相比拟。

---

① 正是这一条件，加上量子力学的不确定性关系所具有的相对论性不变性，确保了本文的论证与相对论的所有重要结论之间的相容性。对这个问题的更详细的研究结果还在成文过程中。在那里，作者将专门讨论有关爱因斯坦将引力理论应用到能量测量上时所隐含的一个非常有趣的悖论，其结果为说明互补性观点的普适性提供了一个特别有启发的例证。在该文中，我们还将更彻底地讨论量子理论的时空测量，我们将给出所有必要的数学公式的推导和实验安排的框图，所有这些在这里都只能割舍了，本文的重点放在该问题的辩证方面。

根据“隐”变量对量子理论的一个建议性解释（Ⅰ）①

戴维·玻姆②

量子理论的通常解释是自洽的，但包含了一个假设，即不能进行实验检验，就是说，一个独立系统的全部可能性是由一个波函数来规定的，而该波函数能确定的只是实际测量过程的可能结果。调查这一假设的真实性的唯一途径是通过设法找到一些所谓的“隐藏”变量来重新解释量子理论。这些“隐”变量原则上决定了一个独立系统的精确行为，但在实践中它们被现在能够进行的各类量的测量平均掉了。本文和接下来的一篇文章提出了一种仅根据这种“隐”变量来解释量子理论的建议。文章将表明，只要数学理论保留其目前的一般形式，那么对所有物理过程，本文建议的解释就将精确给出与通常的解释完全相同的结果。不仅如此，本文所建议的解释提供了一个比通常的解释更广泛的概念框架，因为它可以给出，甚至在量子水平上，对所有过程的精确的和连续的描述。这个更广泛的概念框架在理论上允许我们有一个比通常解释所允许的更一般的数学形式体系。就目前而言，在外推到 10^{-13} 厘米或更小的距离上时，一般的数学形式体系似乎遇到了不可调和的困难。因此，这里提出的解释完全有可能是解决这一问题所必需的。不管怎么说，本文的解释可以证明，我们没有必要放弃一个在量子水平上对单个独立系统的精确、合理、客观的描述。

1. 引言

量子理论的通常解释是基于一个具有非常深远影响的假设，即：单个独立系统的物理状态由一个波函数完全确定，而这个波函数所确定的只是实际结果在类似实验的统计系综里可得到的概率。这个假设已受到严重的批评，尤其是来自爱因斯坦的批评。他始终认为，即使在量子水平上，也必然存在可精确定义的要素或动力学变量，它们（像经典物理学中情形一样）确定了各独立系统的实际行为，而不仅仅是其可能的行为。由于这些要素或变量现在没被包含在量子理论

---

① 承蒙美国物理学会许可重印自 D. Bohm，*Physical Review*，Volume **85**，Number 2，1952.

② 现供职于巴西圣保罗大学科学、哲学和文学学院。

内，也未在实验上被检测到，因此爱因斯坦一直认为量子理论的目前形式是不完备的，虽然他承认其内在协调性①~⑤。

大多数物理学家认为，爱因斯坦提出的这些异议是不相关的，首先，是因为目前的这种量子理论形式的概率解释与范围极其广泛的实验结果有良好的一致性，至少是在大于 10^{-13} 厘米的距离范围内是如此⑥；其次，是因为尚没有一种自洽的替代解释被提出。但本文（以及下一篇文章，后文中我们称其为论文 Ⅱ）的目的就是要建议这样一种替代的解释。与通常解释相比，这一替代解释使我们能够将每个独立系统想象成一种精确定义的状态，其随时间的变化由确定的、类似于（但不完全相同于）经典运动方程这样的定律决定。量子力学的概率被视为（就像它们在经典统计力学里的同类量那样）只是一种出于实际考虑的必要的表示方式，而不是表明在量子水平上物质性质内在地就缺乏完全的确定性。只要薛定谔方程的一般形式得以保留，那么用我们建议的替代解释得到的物理结果就将与通常解释所得到的结果完全一样。然而，我们将看到，我们的替代解释允许对甚至不能用通常的解释来描述的数学形式体系进行修改。不仅如此，这种修改很容易以这样一种方式公式化：它们的作用在原子领域，即目前的量子理论与实验结果取得很好的一致性的领域，是不重要的，但在 10^{-13} 厘米量级的领域却至关重要。在这里，正如我们已经看到的那样，目前的理论完全不能够有效。因此，按我们建议的替代解释而不是通常的解释可描述的修改，对于更深入地了解微尺度上的现象，可能是完全必要的。但我们在这些文章中不是要具体发展这种修正的理论。

本文完成后，作者注意到德布罗意在 1926 年对量子理论的替代解释提出过

---

① Einstein, Podolsky, and Rosen, *Phys. Rev.* **47**, 777(1933).

② D. Bohm, *Quantum Theory* (Prentice-Hall, Inc., New York, 1951), p. 611.

③ N. Bohr, *Phys. Rev.* **48**, 696(1935).

④ W. Furry, *Phys. Rev.* **49**, 393, 476(1936).

⑤ Paul Arthur Schilp, editor, *Albert Einstein*, *Philosopher-Scientist* (Library of Living Philosophers, Evanstone, Ilinois, 1949). 本书对整个论战做了全面系统的综述。

⑥ 在 10^{-13} 厘米或更小的距离上，对于这个距离量级的若干倍除以光速所得的时间尺度或更小的尺度，现有理论不是很充分，以至于通常认为它们可能是不适用的，除非是在一种非常粗糙的意义上。因此一般认为，关于与这种所谓“基本长度”相关的现象，我们可能需要一种全新的理论。我们希望这一理论不仅可以精确处理诸如介子产生和基本粒子散射这样的过程，而且它能够系统地预言大量已发现的所谓“基本粒子”的质量、电荷、自旋等性质，以及那些有待未来发现的新粒子的性质。

类似建议①，但后来被他放弃了，部分原因是泡利提出了某些批评②，部分是因为德布罗意自己提出的附加反对意见③。然而，正如我们在论文Ⅱ的附录B所证明的，如果德布罗意只是要把他的思想贯彻到逻辑结论，那么德布罗意和泡利的所有反对意见都可能遇到。化解这一矛盾的重要的新的一步是将我们的解释运用到测量过程本身的理论以及对所观察的系统的描述上。测量理论的这种发展由论文Ⅱ给出④，它将从细节上证明，对于所有实验，我们的解释将给出与通常的解释完全相同的结果。本文给出这种解释的基础。在此我们发展了我们的解释的基础，将其与通常的解释进行对比，并将其应用到几个简单的例子，以说明所涉及的原理。

2. 量子理论的通常的物理解释

量子理论的通常的物理解释主要围绕不确定性原理展开。现在，不确定性原理可以用两种不同的方法得到。首先，我们可以从爱因斯坦所批评的假设开始。这个假设认为，不管怎样，唯一决定实际实验结果的概率的波函数提供了单个系统的所谓“量子态”的最完整的可能的规定。借助于这个假设和德布罗意的$\boldsymbol{p}=h\boldsymbol{k}$的关系(其中$\boldsymbol{k}$是与波函数的一个特定的傅里叶分量相关联的波数)，不确定性原理很容易推导出来⑤。从这个推导中，我们被导向这样一个解释：不确定性原理作为一种内在的、不可约化的精度限定，正确地给出了我们能够同时确定动量和位置大小的极限。正如量子理论的通常解释一样，如果波的强度被认为唯一决定了一个给定位置的概率，如果波函数的傅里叶$\boldsymbol{k}$分量被认为唯一决定了相应的动量$\boldsymbol{p}=h\boldsymbol{k}$的概率，那么要求一个态的动量和位置同时被精确确定就成了一个

① L. de Broglie, *An Introduction to the Study of Wave Mechanics* (E. P. Dutton and Company, Inc., New York, 1930)，见第6，9，10章。亦见*Compt. rend.* **183**, 447(1926)；**184**, 273(1927)；**185**, 380(1927).

② *Reports on the Solvay Congress* (Gauthiers-Villars et Cie., Paris, 1928), see p. 280.

③ 校样附注：迈德伦也提出了类似的量子理论的解释，但像德布罗意一样，他也没将这种解释贯彻到给出逻辑结论。见E. Madelung, *Z. I. Physik* **40**, 332(1926)，亦见G. Temple, *Introduction to Quantum Theory* (London, 1931).

④ 在论文Ⅱ的第9节，我们还讨论了冯·诺依曼对量子理论不可能根据“隐”参量的统计分布来理解的证明(J. von Neumann, *Mathematische Grundlagen der Quantenmechanik* (Verlag, Julius Springer, Berlin, 1932))。我们将在此证明，他的这个结论不能运用到我们的解释上，因为他隐含了这样的假设：隐参量必定只能与被观察系统相联系。然而正如我们这两篇论文所表明的，我们的解释要求隐参量还与测量仪器相关联。

⑤ 见前注文献2，第5章。

矛盾。

不确定性原理的第二种可能的推导是基于对过程的理论分析，借助于这个过程，有重要物理意义的量，如动量和位置，就可以得到测量。在这个分析中，我们发现，由于测量仪器与被观测系统之间通过不可分离的量子而存在相互作用，因此对系统的某项被观测特性总存在不可约化的干扰。如果这种干扰的精确影响可以得到预测或控制，那么我们就可以纠正这些影响，因此，原则上我们仍可以无限的精度同时测量动量和位置。但是如果我们能做到这一点，那么不确定性原理将失效。然而，正如我们看到的，不确定性原理是下述假设的必然结果：波函数及其概率解释提供了对单个系统状态的最完整的可能的规定。为了避免与这个假设的可能的矛盾，玻尔①等人提出了一个额外的假设，即，单个量子从被观测系统到测量仪器的传输过程本质上是不可预知、无法控制的，且不遵从详细的理性分析或描述。借助于这个假设，我们可以证明，相同的不确定性原理，既可以从波函数及其概率解释推断出，也可以从作为所有可能的测量的一种内在的和不可避免的精度限制得到。因此，我们能够获得一组假设，它允许量子理论的通常解释有一个自恰的形式体系。

玻尔利用"互补原理"对上述观点做了最一致的系统表述。在制定这一原理时，玻尔认为，在原子水平上，我们必须放弃我们迄今为止一直将一个系统视作一个统一的、精确定义的整体的成功实践。其特征，在某种意义上说，就是我们能够同时明确地把握相关的概念。这种概念系统，有时称为"模型"，在刻画——也可能还包括——数学概念时不需要受到限制，只要这些概念与被描述的对象之间存在精确的(即一对一的)对应关系。但是，互补原理则要求我们甚至放弃数学模型。因此，在玻尔看来，波函数决不是单个系统的概念模型，因为它与这种系统的行为之间不存在一种精确的一一对应，而只存在统计上的对应。

为了取代精确定义的概念模型，互补原理陈述道，我们仅限于给出一对本质上不能准确定义的概念，如位置和动量，粒子和波等之间的互补关系。一对这样的概念中的某一概念能够获得精确定义的最大程度，取决于它与配对概念的相互关系。这种内在地缺乏完全精确性的必然性可以从两方面来理解。首先，它可以被视为下述事实的结果：对互补性变量对中的一个变量进行精确测量所需的实验装置必然总是排斥对另一个变量进行同时的和精确的测量。其次，单个系统完全

① N. Bohr, *Atomic Theory and the Description of Nature* (Cambridge University Press, London, 1934).

由波函数及其概率解释确定这一假设意味着在概念结构上就不可避免地丧失了相应的精确性，我们只能借此考虑和描述系统的行为。

只有在经典水平上，我们才能正确地忽略掉这种存在于所有概念模型内的缺乏精确性的内在属性；这时，由不确定性原理所隐含的物理属性的这种不完全确定性所引起的效应小到没有任何实际意义。然而，我们依据可精确定义的模型来描述经典系统的能力是理论的一般性解释的不可分割的一部分。如果没有这样的模型，我们将无法描述 —— 甚至无法思考 —— 观察结果，当然这些观察最后总是要在经典的精度水平上进行。但如果一组给定的、可经典描述的现象之间的关系严重取决于物质的量子力学性质，那么互补原理认为没有一种模型能够对这些现象之间的联系提供一个精确的合理分析。在这种情况下，我们不应（例如）试图详细描述未来现象是如何产生于过去的现象。相反，我们应无须进一步分析就直接接受这样一个事实：未来现象确实在某种程度上可以设法产生，但其细节则必然超出了我们所能描述的范围。因此数学理论的唯一目的是预言这些现象之间的统计关系，如果存在的话。

3. 对量子理论的通常解释的批评

对量子理论的通常解释的批评可以基于许多理由。然而在本文中，我们只强调这样一个事实：它要求我们放弃甚至精确设想是什么决定了量子水平上单个系统的行为的可能性，而无需提供足够的证据证明这种放弃是必要的[9]。不可否认，通常的解释是前后一致的；但仅仅是这样一种一致性的示范并不能排除存在其他同样是一致的解释的可能性。后者会涉及额外的要素或参数，它们允许我们对整个过程做详细的因果性和连续性描述，而不是要求我们放弃用量子水平上的精确术语来构想的可能性。从通常解释的观点来看，这些附加要素或参数可以被称为“隐藏的”变量。事实上，以前无论何时，只要我们用到统计理论，我们最终总会发现，支配统计系综内单个成员的定律可以用这样的隐变量来表达。例如，从宏观物理学的角度来看，单个原子的坐标和动量是隐变量，在大尺度系统中它们表现为统计平均值。那么，我们现在的量子力学的平均值同样可视为隐变量的体现，只是它们没有被直接探测到罢了。

现在，我们可以问：为什么这些隐变量这么长时间里未被发现？要回答这个问题，考虑将原子理论的早期形式作为类比是有帮助的。在早期原子论中，原子的存在是假设用以解释某些大尺度效应的，如化合定律、气体定律等，另一方面，同样是这些效应，我们也可以用现有的宏观物理学的概念(如压力、流量、温度、质量等)来直接描述。在用这些术语进行正确描述时并不需要借助于任何原子的概念。然而，当人们发现有些效应与纯物理理论外推到尺度非常小的领域所做的预测发生矛盾时，人们最终认识到，这些效应只能在物质的原子组成的假设下才能得到正确的理解。同样，我们认为，如果目前的量子理论里包含隐变量，那么很可能在原子领域，它们将导致某些用通常的量子力学概念就可以充分描述的影响。而在更小尺度的领域，如 10^{-13} 厘米量级的"基本长度"范围，隐变量可能会导致全新的效应，而这些效应是现有的量子理论外推到这个水平所不能解释的。

如果这确实是完全可能的，那么我们要进行小尺度上的正确描述，这些隐变量实际上是必需的。如果仅限于量子理论的通常解释 —— 这种解释将排斥隐变量作为一项原则 —— 我们会很容易地长时间行进在错误的轨道上。因此，研究为什么我们说通常的物理解释很可能是貌似正确的理由是非常重要的。为此，我们将从复述通常的解释赖以为基础的两个相互一致的假设(见第 2 节)开始：

(1) 具有概率解释性质的波函数决定了一个独立系统状态的最完全的可能的规定。

(2) 单个量子从被观测系统传输到测量装置的过程本质上是不可预知的、无法控制且不可分析的。

现在让我们探讨这样的问题：是否存在可以对这些假设进行检验的实验？关于这个问题经常听到的陈述是：量子理论的数学工具及其物理解释构成一个协调一致的整体，这个数学工具和物理解释的组合系统得到了非常广泛的实验的充分检验，这些实验的结果都与该系统给出的预言相一致。如果假设(1) 和(2) 暗示了一种独特的数学形式体系，那么这个结论将是有效的，因为如果有矛盾，那么通过对实验上的预言的检验就清楚地表明，这些假设是错误的。虽然假设(1) 和(2) 不限定数学理论的可能形式，但它们也没限定这些形式足以给出一套原则上允许这样的实验检验的独特的预言。因此，我们实际上可以考虑哈密顿算符的任意变化，例如，它可以包括这样的假设：范围无限的新型介子场，每个介子有几乎任何可以想象的静止质量、电荷、自旋、磁矩等等。如果这个假设被证明是不充分的，那么可以想象，我们可能不得不引入非局域算子、非线性场、S 矩阵等，这意味着，当理论被发现不充分时(就像现在所发生的，例如，在 10^{-13} 厘米量级的距离上），那么做出如下假设总是可能的，而且事实上这么做通常也是很自然的：我们只需在数学形式上进行某些未知的改变，而无须在物理解释上做根本性变化，这个理论就可以做到与实验结果相一致。这意味着只要我们接受量子理论的通常的物理解释，我们就不可能被任何可以想象的实验引向放弃这个解释，即使它可能是错误的。因此通常的物理解释在我们面前呈现为一种相当大的落入由循环假设自闭链构成的陷阱的危险。原则上我们无法验证这个自闭链的真假。避免落入这种陷阱的唯一途径是从一开始就研究与假设(1)和(2)相矛盾的假设的结果。对此，我们可以假设，每个单独测量过程的精确结果原则上是由一些在目前看来为“隐藏的”要素或变量确定的。接着我们可以尝试寻找一些实验，它们以独特的和可重复的方式依赖于这些隐藏的要素或变量的假设状态。如果这样的预言得到验证，那么我们就得到了有利于存在隐变量的假设的实验证据。但如果这些预言没有被验证，量子理论的通常解释的正确性也不是就必然得到证明，因为它只是表明我们可能有必要改变理论的具体性质，这些性质被认为描述了所假设的隐藏变量的行为。

因此我们的结论是，量子理论的目前解释的选择涉及对我们希望考虑的理论类型的实际的物理限制。但从这里给出的论据来看，似乎不存在可靠的实验上或理论上的基础让我们得以进行这样的选择，因为这种选择所凭借的假设不可能得到实验验证，还因为我们现在有另一种解释。

4. 薛定谔方程的新的物理解释

现在，我们将对我们建议的量子理论目前的数学形式体系的物理解释给出一个一般性的描述。在本文随后的章节中我们将进行更详细的描述。

我们先从单粒子的薛定谔方程开始，然后将其推广到任意数量的粒子上。这个波动方程为

$$ih\partial\psi/\partial t = -(h^2/2m)\nabla^2\psi + V(\boldsymbol{x})\psi. \tag{1}$$

这里 ψ 是一个复函数，可以表示为

$$\psi = R\exp(iS/h), \tag{2}$$

其中 R 和 S 均为实数。我们很容易验证，R 和 S 的方程为

$$\frac{\partial R}{\partial t} = -\frac{1}{2m}[R\nabla^2 S + 2\nabla R\cdot\nabla S], \tag{3}$$

$$\frac{\partial S}{\partial t} = -\left[\frac{(\nabla S)^2}{2m} + V(\boldsymbol{x}) - \frac{h^2}{2m}\frac{\nabla^2 R}{R}\right]. \tag{4}$$

写成 $P(\boldsymbol{x})=R^2(\boldsymbol{x})$，或 $R=P^{1/2}$ 是方便的，这里 $P(\boldsymbol{x})$ 是概率密度。于是我们得到

$$\frac{\partial P}{\partial t}+\nabla\cdot\left(P\frac{\nabla S}{m}\right)=0, \tag{5}$$

$$\frac{\partial S}{\partial t}+\frac{(\nabla S)^2}{2m}+V(\boldsymbol{x})-\frac{h^2}{4m}\left[\frac{\nabla^2 P}{P}-\frac{1}{2}\frac{(\nabla P)^2}{P^2}\right]=0. \tag{6}$$

现在，在经典极限($h\to 0$)条件下，上述方程有很简单的解释。函数 $S(\boldsymbol{x})$ 是哈密顿-雅可比方程的解。如果我们考虑一个粒子系综，其轨迹是上述运动方程的解，那么我们便得到著名的力学定理：如果所有这些轨迹均垂直于常数 S 的某个给定表面，那么它们也垂直于常数 S 的所有曲面，并且 $\triangle S(\boldsymbol{x})/m$ 等于过点 $\boldsymbol{x}$ 的粒子的速度矢量 $\boldsymbol{v}(\boldsymbol{x})$。因此方程(5) 可以改写为

$$\partial P/\partial t+\nabla\cdot(P\boldsymbol{v})=0. \tag{7}$$

这个方程表明，它与将 $P(\boldsymbol{x})$ 看成系综粒子的概率密度是一致的。因为在这种情况下，我们可以将 $P\boldsymbol{v}$ 看成这个系综的粒子平均电流，因此式(7) 直接表示为概率守恒。

现在让我们看看在什么程度上这种解释可以在即使 $h\neq 0$ 也有意义。为了做到这一点，让我们假设每个粒子不仅受到“经典”势 $V(\boldsymbol{x})$ 的作用，而且还受到“量子力学”势的作用：

$$U(\boldsymbol{x})=\frac{-h^2}{4m}\left[\frac{\nabla^2 P}{P}-\frac{1}{2}\frac{(\nabla P)^2}{P^2}\right]=\frac{-h^2}{2m}\frac{\nabla^2 R}{R}. \tag{8}$$

于是式(6) 仍可以被视为我们的粒子系综的哈密顿-雅可比方程，$\nabla S(\boldsymbol{x})/m$ 仍可以作为粒子的速度，式(5) 仍可以作为对我们的系综的概率守恒的描述。因此，在这里我们似乎有薛定谔方程的另一种解释的核子。

以更明确的方式发展这一解释的第一步，是使一个粒子所结合的每个电子精确具有可定义的和连续变化的位置和动量的值。修正的哈密顿-雅可比方程(4) 的解定义了这个粒子可能的轨迹的系综，它可以通过对速度 $\boldsymbol{v}(\boldsymbol{x})=\nabla S(\boldsymbol{x})/m$ 积分从哈密顿-雅可比函数 $S(\boldsymbol{x})$ 上得出。然而，S 的方程意味着粒子在一个力的作用下运动，这个力完全不是从经典势 $V(\boldsymbol{x})$ 导出，而是得自“量子力学”势 $U(\boldsymbol{x})=(-h^2/2m)\times\nabla^2 R/R$ 的贡献。函数 $R(\boldsymbol{x})$ 不是完全任意的，而是通过对式(3) 的微分部分决定于 $S(\boldsymbol{x})$。因此，R 和 S 可以说是彼此相互决定的。事实上，通常获得 R 和 S 的最方便的方式是解关于薛定谔的波函数 ψ 的方程(1)，然后利用关系

$$\psi=U+iW=R[\cos(S/h)+i\sin(S/h)],$$

$$R^2 = U^2 + V^2;\ S = h\ \tan^{-1}(W/U).$$

由于作用在粒子上的力现在取决于由该粒子实际位置计算得到的波函数 $\psi(\boldsymbol{x})$ 的绝对值 $R(\boldsymbol{x})$ 的函数，因此我们被有效地引导到将单个电子的波函数视作一个客观真实的场的数学表示。这个场对粒子施加一个力，其方式在某种程度上类似于，但不完全等同于，电磁场在电荷上施加的力，以及介子场施加在核子上的力。当然，在最近的分析里，对于为什么一个粒子不考虑受到 ψ 场的作用，或受到电磁场、引力场、一组介子场，以及其他尚未被发现的场的作用，我们还给不出理由。

与电磁（和其他）场的类比很值得玩味。正如电磁场遵循麦克斯韦方程组一样，ψ 场服从薛定谔方程。在这两种情形下，场在某个瞬时在空间每一点上的完全规定决定了场在所有时间的值。在这两种情形下，一旦我们知道了场函数，我们就可以计算出作用在粒子的力，这样，如果我们还知道粒子的初始位置和动量，那么我们就可以计算出它的整个轨迹。

这方面值得回顾一下，在求解一个粒子的运动轨迹时，运用哈密顿-雅可比方程只是出于方便，原则上，我们总能够运用牛顿运动定律和正确的边界条件来直接求解。受到经典势 $V(\boldsymbol{x})$ 和“量子力学”势（式(8)）作用的粒子的运动方程是

$$m\mathrm{d}^2\boldsymbol{x}/\mathrm{d}t^2 = -\nabla\{V(\boldsymbol{x}) - (h^2/2m)\nabla^2 R/R\}. \tag{8a}$$

正是在与运动方程相联系的边界条件上，我们找到了 ψ -场与其他场，例如电磁场，之间的唯一的根本区别。因为要获得等价于量子理论通常解释的结果，我们需要将粒子初始动量的值限定为 $\boldsymbol{p} = \nabla S(\boldsymbol{x})$。将哈密顿-雅可比理论应用到式(6) 可以看出，这种限制从下述意义上看是自洽的：如果它在初始时刻成立，那么它在所有时间上均成立。但是我们认为，新的量子理论的解释意味着，这个限制在概念结构上不是固有的。例如，我们将在第 9 节看到，我们对理论的精心修改的解释是相当一致的，它允许 $\boldsymbol{p}$ 和 $\nabla S(\boldsymbol{x})$ 之间是任意关系。但在原子尺度上，作用在粒子上的力的法可以这样来选择：$\boldsymbol{p}$ 非常接近 $\nabla S(\boldsymbol{x})/m$，而在涉及非常小的距离的过程时，这两个量可能有很大的不同。这样，我们可以改进 ψ -场与电磁场之间的类比（以及量子力学和经典力学之间的类比）。

ψ -场与电磁场之间的另一个重要区别是，虽然薛定谔方程对 ψ 是齐次的，但麦克斯韦方程对电场和磁场却不是齐次的。因为这种非齐次性是产生辐射所需的，这意味着我们现在的方程表明 ψ -场是不辐射或吸收的，而只是改变它的形式，其积分强度保持不变。然而，对齐次方程的这个限制就像对 $\boldsymbol{p} = \nabla S(\boldsymbol{x})$ 的限

制一样，不是我们的新解释的概念结构所固有的。因此，在第 9 节我们将证明，我们可以自恰地假设支配 ψ 的方程是非齐次的，它只在非常小的距离上产生重要影响，而在原子尺度上的影响可以忽略不计。如果这种非齐次性是实际存在的，那么 ψ -场将被发射和吸收，但只有在非常小的距离才存在相关的过程。一旦但是，ψ -场被辐射出来，它会在所有的原子过程中以很好的近似性简单地服从薛定谔方程。不管怎么说，在非常小的距离上，这个 ψ 场的值，如同电磁场的情形下一样，一定程度上取决于粒子的实际位置。

现在我们来考虑粒子的统计系综的概率密度等于 $P(\boldsymbol{x}) = R^2(\boldsymbol{x}) = |\psi(\boldsymbol{x})|^2$ 的假设的意义。从式(5) 知，只要 ψ 满足薛定谔方程，且 $\boldsymbol{v} = \nabla S(x)/m$，这个假设就是自洽的。数值上这个概率密度等于通常解释中给出的粒子的概率密度。但在通常的解释里，这个概率描述需要理解成物质结构中固有的特性(见第 2 节)，而在我们的解释里，正像我们在第二篇文章里所看到的，它的出现是因为在一次测量到下一次测量之间，我们不可能实际预言或控制粒子的精确位置，这是测量仪器带来的相应的不可预测和不可控制的结果。因此，在我们的解释中，采用统计系综(如同经典统计力学的情形) 只是出于实用上的必要性，而不是一种对精确性的固有限制的反映。我们认为，通过定义系统状态的变量，这种精确性是可实现的。而且，很明显，如果在非常小的距离上，我们最终被迫放弃 ψ 满足薛定谔方程且 $\boldsymbol{v} = \nabla S(\boldsymbol{x})/m$ 的特殊假设，那么 $|\psi|^2$ 将不再满足守恒方程，因此也不能代表粒子的概率密度。然而，仍然存在一个真实且守恒的粒子概率密度。因此原则上，事情可能变成如何去寻找这样一些实验，其中 $|\psi|^2$ 可以与概率密度区分开来，从而证明通常的仅将 $|\psi|^2$ 视为概率的解释是不充分的。不仅如此，我们在第二篇论文中将看到，借助于这种理论修正，原则上我们可以精确测量粒子的位置和动量，从而否定不确定性原理。然而，只要我们满足条件：薛定谔方程得到满足且 $\boldsymbol{v} = \nabla S(\boldsymbol{x})/m$，那么不确定性原理就仍将是对测量精度所设的有效限制。这意味着目前的粒子的位置和动量应视为“隐” 变量，因为正如在第二篇文章里所看到的，我们现在无法获得能够将它们定位到小于 ψ -场强度明显可测的尺度的实验。因此，我们还不能从实验上明确给出这些变量的假设的必要性的证明，虽然在非常小的距离上我们完全能够认为在理论上必须引入新的修正，它将允许我们给出明确存在待求粒子的位置和动量的证明。

我们的结论是：我们建议的量子理论的解释提供了一种比通常解释更广泛的概念框架，通常解释的所有结果都可以从我们的解释里得到，如果我们做出以下

3 个相互一致的假设的话：

(1) ψ -场满足薛定谔方程。

(2) 粒子动量被限定为 $\boldsymbol{p} = \nabla S(\boldsymbol{x})$。

(3) 我们无法预测或控制粒子的精确位置，但在实践中有统计系综，其概率密度为 $P(\boldsymbol{x}) = |\psi(\boldsymbol{x})|^2$。但统计方法的使用并不是概念结构所固有的，而仅仅是我们无法确知粒子的初始条件的结果。

正如我们将在第 9 节看到的，我们完全有可能给出一种更好的理论来解释有关 10^{-13} 厘米或更小距离上的现象。这种理论需要我们超越这些特殊假设的局限性。本文(以及第二篇文章) 的主要目的是要证明，如果我们做出这些特殊的假设，那么我们的解释将导致所有可能的实验，它们能给出通常解释所得到相同的预言。

现在很容易理解为什么采用通常的量子理论的解释会导致偏离我们所建议的替代解释的方向。在包含隐变量的理论中，人们通常会想到，单个系统的行为不应依赖于它所在的统计系综，因为系综指的是在相同的初始条件下进行一系列类似但无关联的实验给出的结果。然而，在我们的解释中，作用在单个粒子上的“量子力学”势 $U(\boldsymbol{x})$ 取决于波强度 $P(\boldsymbol{x})$。这个 $P(\boldsymbol{x})$ 数值上等于我们的系综的概率密度。在量子理论的一般解释的语境里，我们心照不宣地假定波函数只有一个解释，即概率解释，而我们提出的新解释看起来更像是个体对它所属的统计系综具有某种神秘的依赖关系。在我们的解释里，这种依赖是完全合理的，因为波函数可以被自洽地解释成既是一种力，也是概率密度。①

对薛定谔场和其他类型的场做进一步类比是有益的。为此，我们可以从哈密顿泛函导出波动方程(5) 和(6)。首先，我们像通常的量子理论那样写下平均能量的表达式：

$$\overline{H} = \int \psi^* \left(-\frac{h^2}{2m} \nabla^2 + V(\boldsymbol{x}) \right) \psi \mathrm{d}\boldsymbol{x}$$

$$= \int \left\{ \frac{h^2}{2m} |\nabla \psi|^2 + V(\boldsymbol{x}) |\psi|^2 \right\} \mathrm{d}\boldsymbol{x}.$$

记 $\psi = P^{1/2} \exp(iS/h)$，我们得到

---

① 这种自洽性是由守恒性式(7) 来保证的。关于为什么一个任意的统计系综会衰变到具有概率密度等于 $\psi^* \psi$ 的系综的问题，将在第二篇文章第 7 节里讨论。

$$\overline{H}=\int P(\boldsymbol{x})\left\{\frac{(\nabla S)^{2}}{2m}+V(\boldsymbol{x})+\frac{h^{2}}{8m}\frac{(\nabla P)^{2}}{P^{2}}\right\}\mathrm{d}\boldsymbol{x}. \tag{9}$$

现在我们将$P(\boldsymbol{x})$重新解释成定义在每个点$\boldsymbol{x}$上的场坐标。我们姑且假设$S(\boldsymbol{x})$是正则共轭于$P(\boldsymbol{x})$的动量。这样，在哈密顿泛函等于$\overline{H}$(见式(9))的假设下，通过寻找关于$P(\boldsymbol{x})$和$S(\boldsymbol{x})$的哈密顿运动方程，我们就可以合适地验证这个假设。这些运动方程是

$$\dot{P}=\frac{\delta\overline{H}}{\delta S}=-\frac{1}{m}\nabla\cdot(P\nabla S),$$

$$\dot{S}=-\frac{\partial\overline{H}}{\partial P}=-\left[\frac{(\nabla S)^{2}}{2m}+V(\boldsymbol{x})-\frac{h^{2}}{4m}\left(\frac{\nabla^{2}P}{P}-\frac{1}{2}\frac{(\nabla P)^{2}}{P^{2}}\right)\right].$$

但这些方程等同于正确的波动方程式(5)和(6)。

现在我们可以证明，粒子能量的系综平均值就等于通常的量子力学里的哈密顿量的平均值$\overline{H}$。为此我们注意到，根据方程(3)和(6)，粒子的能量是

$$E(\boldsymbol{x})=-\frac{\partial S(\boldsymbol{x})}{\partial t}=\left[\frac{(\nabla S)^{2}}{2m}+V(\boldsymbol{x})-\frac{h^{2}}{2m}\frac{\nabla^{2}R}{R}\right]. \tag{10}$$

粒子的平均能量可由$E(x)$对加权函数$P(x)$平均后得到。我们得到

$$\begin{aligned}\langle E\rangle_{\substack{\text{ensemble}\\\text{average}}}&=\int P(\boldsymbol{x})E(\boldsymbol{x})\mathrm{d}\boldsymbol{x}\\&=\int P(\boldsymbol{x})\left[\frac{(\nabla S)^{2}}{2m}+V(\boldsymbol{x})\right]\mathrm{d}\boldsymbol{x}-\frac{h^{2}}{2m}\int R\nabla^{2}R\mathrm{d}\boldsymbol{x}.\end{aligned}$$

通过分部积分给出

$$\langle E\rangle_{\substack{\text{ensemble}\\\text{average}}}=\int P(\boldsymbol{x})\left[\frac{(\nabla S)^{2}}{2m}+V(\boldsymbol{x})+\frac{h^{2}}{8m}\frac{(\nabla P)^{2}}{P^{2}}\right]\mathrm{d}\boldsymbol{x}=\overline{H}. \tag{11}$$

5. 定态

现在，我们将展示如何按我们的量子理论的解释来处理定态问题。

以下是我们关于定态的解释所提出的合理要求：

(1) 粒子能量应该是一个运动常数。

(2) 量子力学势应与时间无关。

(3) 统计系综中的概率密度应与时间无关。

很容易验证，这些要求对如下假设是可以满足的：

$$\psi(\boldsymbol{x},t)=\psi_{0}(\boldsymbol{x})\exp(-iEt/h)=R_{0}(\boldsymbol{x})\exp[i(\Phi(\boldsymbol{x})-Et)/h]. \tag{12}$$

从上述公式，我们得到 $S=\Phi(\boldsymbol{x})-Et$。根据广义哈密顿-雅可比方程(4)，粒子能量由下式给出：

$$\partial S/\partial t=-E.$$

因此，我们验证了粒子的能量是一个运动常数。此外，由于 $P=R^2=|\psi|^2$，这表明 P(和 R) 独立于时间。这意味着无论是系综的概率密度还是量子力学势，也都是与时间无关的。

读者很容易验证，薛定谔方程不存在其他形式的满足我们关于定态的 3 个标准的解。

由于 ψ 现在被视为客观真实的力场的一种数学表示，因此必有(如电磁场那样)它应该是处处有限的、连续的和单值的。在实践中这些要求将保证在所有情形下定态允许的能量值以及相应的本征函数与量子理论的通常解释所得到的结果是一样的。

为了更详细地说明在我们的解释里定态意味着什么，现在我们来考虑 3 个定态的例子。

案例 1：“s” 态

我们要考虑的第一种情形是“s” 态。在“s” 态下，波函数是

$$\psi=f(r)\exp[i(\alpha-Et)/h], \tag{13}$$

其中 α 是任意常数，r 是从原子中心起算的半径。我们给出的哈密顿-雅可比函数为

$$S=\alpha-Et.$$

粒子速度是

$$\boldsymbol{v}=\nabla S=0。$$

因此，粒子呆在原地不动，无论它在哪里。这怎么才能做到呢？不运动是可能的，因为粒子所受的力 $-\nabla V(\boldsymbol{x})$ 被作用于粒子的薛定谔 ψ-场产生的“量子力学”力 $(h^2/2m)\nabla(\nabla^2R/R)$ 所平衡。然而，粒子的可能位置有一个统计系综，其概率密度为 $P(\boldsymbol{x})=(f(r))^2$。

案例 2：非零角动量状态

对于典型的非零角动量状态，我们有

$$\psi=f_n^l(r)P_l^m(\cos\theta)\exp[i(\beta-Et+hm\phi)/h], \tag{14}$$

这里 θ 和 ϕ 分别是余纬度角和方位角，P_l^m 是第二类勒让德多项式，β 是常数。哈密顿-雅可比函数是 $S=\beta-Et+hm\phi$。从这个结果我们可得到如下推断，角动量

的 z 分量等于 hm。为了证明这一点，我们写出

$$L_z = xp_y - yp_x = x\partial S/\partial y - y\partial S/\partial x = \partial S/\partial \phi = hm. \quad (15)$$

因此，我们得到轨迹的统计系综，这些轨迹可以有不同的形式，但其角动量的 z 分量都具有相同的“量子化”的值。

案例 3：散射问题

现在让我们考虑散射问题。因为它比较容易分析，我们来讨论一个假想实验：一个初始动量为 p_0 的电子沿 z 方向射入一个双狭缝系统①。电子穿过狭缝系统后的位置通过(例如)感光板来检测和记录。

现在，按量子理论的通常解释，电子由波函数描述。入射时的波函数为 $\psi_0 \sim \exp(ip_0z/h)$；但当波穿过狭缝系统后，因干涉和衍射效应而被调整，因此当它到达位置测量仪器时，在屏上呈现为具有特征强度分布的图样。电子在 $\boldsymbol{x}$ 和 $\boldsymbol{x} + \mathrm{d}\boldsymbol{x}$ 之间被检测到的概率为 $|\psi(\boldsymbol{x})|^2\mathrm{d}\boldsymbol{x}$。如果在相同的初始条件下将实验重复许多次，我们最终在感光板上得到一个电子点击出的图样，它很容易让人联想到光学干涉图案。

在量子理论的通常解释里，形成这种干涉图案的原因是很难理解的。因为当两个狭缝全打开时，某些点的波函数为零；但当只有一个狭缝打开时，该点则不为零。为什么打开另一个狭缝能够阻止电子到达该狭缝关闭时电子本可到达的某些点？如果电子完全像一个经典粒子，这种现象根本无法解释。显然，电子的波特性想必在产生干涉条纹方面起着某种作用。然而，电子不可能等同于它所关联的波，因为后者会扩散到一个大的区域。另一方面，当我们测量电子的位置时，它总是出现在探测器的某个位置上，就如同它是一个局域的粒子。

量子理论的通常解释不仅不试图为上述现象的生产提供一个精确定义的概念模型，而且还断言，甚至可以想象不存在这样的模型。正如我们在第 2 节所指出的，它提供的不是一个精确定义的概念模型，而是一对互补的模型，即粒子和波的模型，在一定的条件下，每一个都可以做出更精确的预言，其代价就是另一方的预言精度相应地降低。因此，当电子穿过狭缝系统时，它的位置被认为内在地就是不确定的，因此，如果我们希望得到干涉图样，那么问是哪一个电子实际通过了哪一个狭缝是没有意义的。在电子的位置没有意义的空间域内，我们可以运用波模型，从而描述由此生产的干涉。但是，如果我们试图通过测量来更精确地确定电子穿越狭缝系统时的位置，那么测量仪器产生的干扰就会破坏这种干涉图

① 这个实验的细节讨论见文献 2 的第 6 章第 2 节。

样。因此，粒子模型变得更精确的条件是以波模型的确定性的相应减少为代价的。当电子的位置在感光板上被测量时，粒子模型给出的结果越精确，波模型付出的代价就越大。

在我们对量子理论的解释里，这个实验可以用单个精确定义的概念模型来给予因果关联的和连续的描述。正如我们已经表明的，我们必须采用与通常解释相同的波函数，但我们不是将它看成是对决定作用在粒子上的力的部分的客观真实的场的数学表示。粒子的初始动量可以从入射波函数 $\exp(ip_0z/h)$ 得到，因为 $p=\partial s/\partial z=p_0$。然而，实际上我们并不能控制粒子的初始位置，因此尽管它穿过一个确定的狭缝，但我们不能预测它穿过的是哪一个狭缝。粒子在任何时候都受到“量子力学”势 $(h^2/2m)\nabla^2R/R$ 的作用。当粒子入射时，这个势为零，因为 R 是一个常数；但在它穿过狭缝系统后，粒子遇到一个随位置迅速变化的量子力学势。随后的粒子运动可能因此变得相当复杂。但不管怎样，粒子进入给定区域 $\mathrm{d}\boldsymbol{x}$ 的概率等于 $|\psi(\boldsymbol{x})|^2\mathrm{d}\boldsymbol{x}$，这与通常的解释是一样的。因此，我们推断粒子可能永远无法到达波函数为零的那些位置。其原因是“量子力学”势 U 在 R 变成零时将变得无穷大。如果这种接近无穷大的途径是通过 U 的正势区，那么粒子就会受到一个离开原点的无穷大的排斥力。如果这种接近取道 U 的负势区，那么粒子将会以无穷大的速度飞跃该点，从而停在那里的时间为零。不管哪一种情况，我们都有一个简单而精确定义的概念模型，用以解释为什么粒子不能处在波函数为零的地方。

如果关闭一个狭缝，“量子力学”势相应地发生改变，因为 ψ -场变了，这时粒子可以到达那些两个狭缝都打开时无法到达的位置。因此狭缝只能通过它对薛定谔 ψ -场的影响间接地影响到粒子的运动。此外，我们将在文章 Ⅱ 看到，如果我们在电子正穿过狭缝系统的时候测量其位置，那么正像通常解释所述的那样，测量装置将产生干扰，破坏干涉图案的形成。但在我们的解释中，这种破坏的必然性并不是概念结构所固有的。正如我们将看到的，干涉图案的破坏原则上可以通过采取其他测量方式来避免，我们可以想象这些方式，只是现在还不可能实现。

6. 多体问题

现在，我们将我们对量子理论的解释扩展到多体问题上。我们从两个粒子的薛定谔方程开始。（为简单起见，我们假定它们有相等的质量，但我们的处理显然可以推广到任意质量上。)

$$ih\frac{\partial\psi}{\partial t}=-\frac{h^2}{2m}(\nabla_1^2\psi+\nabla_2^2\psi)+V(\boldsymbol{x}_1,\ \boldsymbol{x}_2)\psi$$

记 $\psi=R(\boldsymbol{x}_1,\ \boldsymbol{x}_2)\exp[iS(\boldsymbol{x}_1,\ \boldsymbol{x}_2)/h]$，$R^2=P$，我们得到

$$\frac{\partial P}{\partial t}+\frac{1}{m}[\nabla_1\cdot P\nabla_1 S+\nabla_2\cdot P\nabla_2 S]=0, \tag{16}$$

$$\frac{\partial S}{\partial t}+\frac{(\nabla_1 S)^2+(\nabla_2 S)^2}{2m}+V(\boldsymbol{x}_1,\ \boldsymbol{x}_2)-\frac{h^2}{2mR}[\nabla_1^2 R+\nabla_2^2 R]=0 \tag{17}$$

上面的公式恰是单体问题的三维类似方程(5)和(6)到六维的推广。因此在两体问题里，系统是用一个六维的薛定谔波和一个六维轨迹来描述的，两个粒子中的每一个的实际位置由此得到确定。这个轨迹的速度在与每个给定粒子关联的三维曲面上分别有分量 $\nabla_1 S/m$ 和 $\nabla_2 S/m$。$P(\boldsymbol{x}_1,\ \boldsymbol{x}_2)$ 现在有双重解释。首先，它定义了作用于每个粒子的"量子力学"势：

$$U(\boldsymbol{x}_1,\ \boldsymbol{x}_2)=-(h^2/2mR)[\nabla_1^2 R+\nabla_2^2 R].$$

这个势，除了包含经典推广的势 $V(\boldsymbol{x})$ 之外，还引入了一个额外的粒子之间的有效相互作用。其次，函数 $P(\boldsymbol{x}_1,\ \boldsymbol{x}_2)$ 可以自洽地被视为我们的六维系综的代表点 $(\boldsymbol{x}_1,\ \boldsymbol{x}_2)$ 的概率密度。

我们可以直接将上述内容扩展到任意数量的粒子上，这里我们将只引述结果。我们引入波函数，$\psi=R(\boldsymbol{x}_1,\ \boldsymbol{x}_2,\ \cdots\boldsymbol{x}_n)\exp[iS(\boldsymbol{x}_1,\ \boldsymbol{x}_2,\ \cdots\boldsymbol{x}_n)/h]$，定义 $3n$ 维轨迹，其中 n 是粒子数，它描述了系统中每个粒子的行为。第 i 粒子的速度是 $\boldsymbol{v}_i=\nabla_i S(\boldsymbol{x}_1,\ \boldsymbol{x}_2,\ \cdots\boldsymbol{x}_n)/m$。函数 $P(\boldsymbol{x}_1,\ \boldsymbol{x}_2,\ \cdots\boldsymbol{x}_n)=R^2$ 有两种解释。首先，它定义了一个"量子力学"势

$$U(\boldsymbol{x}_1,\ \boldsymbol{x}_2,\ \cdots,\ \boldsymbol{x}_n)=-\frac{h^2}{2mR}\sum_{s=1}^{n}\nabla_s^2 R(\boldsymbol{x}_1,\ \boldsymbol{x}_2,\ \cdots,\ \boldsymbol{x}_n). \tag{18}$$

其次，$P(\boldsymbol{x}_1,\ \boldsymbol{x}_2,\ \cdots,\ \boldsymbol{x}_n)$ 等于我们的 $3n$ 系综的代表点 $(\boldsymbol{x}_1,\ \boldsymbol{x}_2,\ \cdots,\ \boldsymbol{x}_n)$ 的概率密度。

这里我们看到，"有效势"$U(\boldsymbol{x}_1,\ \boldsymbol{x}_2,\ \cdots,\ \boldsymbol{x}_n)$ 作用在质点上相当于"多体"力产生的作用，因为任何两粒子之间的力主要取决于系统中每个其他粒子的位置。不相容原理给出了这种力的影响的一个例子。因此，如果波函数是反对称的，那么我们推断，"量子力学"力将阻止两个粒子到达空间中同一点，在这种情况下，我们必有 $P=0$。

7. 定态间的跃迁 —— 夫兰克-赫兹实验

我们的量子理论的解释将所有过程描述为基本上是因果性的和连续的。那么它是否能给出对诸如夫兰克-赫兹实验、光电效应和康普顿效应这些过程的正确描述呢？这些过程在要求根据能量和动量以不连续和不完全确定方式转移来解释方面似乎最引人注目。在本节中，我们将通过将我们建议的量子理论解释运用于对夫兰克-赫兹实验的分析来回答这个问题。这里我们将看到，能量从轰击粒子到原子中的电子的传递过程所表现出那种表观的不连续性是由“量子力学”势 $U=(-h^2/2m)\nabla^2R/R$ 带来的，当波强度变小时它不一定变小。因此，即使两个粒子之间的相互作用力非常弱，使得由这些粒子的相互作用产生的薛定谔波函数的扰动相对较小，这种扰动依然能够在很短的时间内带来粒子之间的能量和动量的非常大的传递。这意味着，如果我们只看最终结果，那么这一过程将呈现为不连续性。此外我们还将看到，能量传递的精确值是由每个粒子的初始位置和波函数的初始形式确定的。由于我们不可能以完全的精确性来实际预测或控制粒子的初始位置，因此我们也无法预测或控制这种实验的最终结果，实际上，我们只能预言给定结果的概率。由于粒子进入坐标$(\boldsymbol{x}_1,\boldsymbol{x}_2)$所述区域的概率正比于$R^2(\boldsymbol{x}_1,\boldsymbol{x}_2)$，因此我们得出结论：尽管低强度的薛定谔波可以带来大的能量转移，但这样的过程(如通常解释所述的那样)是极不可能的。

在论文Ⅱ的附录里，我们会看到，电磁场与带电物质的相互作用也存在类似的可能性。因此电磁波可以飞快地将一个完整的能量(和动量)量子传递给电子，即使这些电磁波弥散得非常稀疏，场强衰减到非常低的水平。我们可以用这种方式来解释光电效应和康普顿效应。因此，在我们的解释里，我们可以通过因果性和连续性模型来理解物质和光的那些性质，那种看似最令人信服的要求采用不连续和不完全决定论的假设来理解的也正是这些性质。

在讨论两个粒子之间相互作用的过程之前，先分析处在非平稳状态下的一个孤立的单粒子问题是方便的。由于场函数ψ是薛定谔方程的解，因此我们可以直接假设这个方程的稳态解，并以这种方式获得新的解。作为一个例子，让我们考虑两个解的叠加

$$\psi=C_1\psi_1(\boldsymbol{x})\exp(-iE_1t/h)+C_2\psi_2(\boldsymbol{x})\exp(-iE_2t/h),$$

这里C_1，C_2，ψ_1和ψ_2都是实的。因此，我们记$\psi_1=R_1$，$\psi_2=R_2$，并有

$$\psi=\exp[-i(E_1+E_2)t/2h]\{C_1R_1\exp[-i(E_1-E_2)t/2h]$$

$$+C_2R_2\exp[i(E_1-E_2)t/2h]\}.$$

记 $\psi=R\exp(iS/h)$，我们得到

$$R^2=C_1^2R_1^2(\boldsymbol{x})+C_2^2R_2^2(\boldsymbol{x})+2C_1C_2R_1(\boldsymbol{x})R_2(\boldsymbol{x})\cos[(E_1-E_2)t/2h],\quad(19)$$

$$\tan\left\{\frac{S+(E_1-E_2)t/2}{h}\right\}=\frac{C_2R_2(\boldsymbol{x})-C_1R_1(\boldsymbol{x})}{C_2R_2(\boldsymbol{x})+C_1R_1(\boldsymbol{x})}\tan\left\{\frac{(E_1-E_2)t}{2h}\right\}.\quad(20)$$

我们立即看到，粒子经受一个“量子力学”势 $U=(-h^2/2m)\nabla^2R/R$，它以角频率 $\omega=(E_1-E_2)/h$ 涨落，该粒子的能量 $E=-\partial S/\partial t$ 和动量 $\boldsymbol{p}=\nabla S$ 也以相同的角频率涨落。如果粒子恰好进入 R 很小的空间区域，那么这些涨落会变得非常剧烈。于是我们看到，在一般情况下，粒子在非平稳状态下的轨道是非常不规则和复杂的，类似于布朗运动而非类似于行星绕太阳的平滑轨道。

如果系统被隔离，这些涨落将继续下去。结果是相当合理的，因为众所周知，一个系统仅当它可以与另一个系统交换能量时才可以从一个定态跃迁到另一个定态。因此，为了解决定态之间的跃迁问题，我们必须引入能够与本系统交换能量的另一个系统。在本节中，我们将讨论夫兰克-赫兹实验。这里的“另一个系统”由一个入射粒子构成。为了举例说明，我们假设有能量 E_0 和波函数 $\psi_0(\boldsymbol{x})$ 的氢原子，它们受到能引起非弹性散射的粒子的轰击，之后原子的能量为 E_n，波函数为 $\psi_n(\boldsymbol{x})$。

首先，我们写出初态波函数 $\Psi_i(\boldsymbol{x},\boldsymbol{y},t)$。入射粒子的坐标由 $\boldsymbol{y}$ 表示，它必然带有一个波包，这个波包可以写为

$$f_0(\boldsymbol{y},t)=\int e^{i\boldsymbol{k}\cdot\boldsymbol{y}}f(\boldsymbol{k}-\boldsymbol{k}_0)\exp(-ihk^2t/2m)\,\mathrm{d}\boldsymbol{k}.\quad(21)$$

这个包的中心出现在作为 $\boldsymbol{k}$ 的函数的相位的极值处，或在 $\boldsymbol{y}=h\boldsymbol{k}_0t/m$ 处。

现在，正如通常解释的那样，首先我们将复合系统的入射波函数写成一个乘积

$$\Psi_i=\psi_0(\boldsymbol{x})\exp(-iE_0t/h)f_0(\boldsymbol{y},t).\quad(22)$$

现在让我们看看，按我们的理论解释，该如何理解这个波函数。正如本文第 6 节所指出的，波函数被认为是一个六维客观真实的场的数学表示，它能够生产作用在粒子上的力。我们还假设，一个六维的代表点由这两个粒子的坐标 $\boldsymbol{x}$ 和 $\boldsymbol{y}$ 来描述。现在我们看到，当复合波函数取式(22) 的形式，包含一个 $\boldsymbol{x}$ 函数和一个 $\boldsymbol{y}$ 函数的乘积时，这个六维系统能够正确地被视为由两个独立的三维子系统组成。为了证明这一点，我们记

$$\psi_0(\boldsymbol{x}) = R_0(x)\exp[iS_0(\boldsymbol{x})/h] \text{ 和}$$
$$f_0(\boldsymbol{y},\ t) = M_0(\boldsymbol{y},\ t)\exp[iN_0(\boldsymbol{y},\ t)/h].$$

于是我们得到粒子的速度

$$\mathrm{d}\boldsymbol{x}/\mathrm{d}t = (1/m)\nabla S_0(\boldsymbol{x});\ \mathrm{d}\boldsymbol{y}/\mathrm{d}t = (1/m)\nabla N_0(\boldsymbol{y},\ t), \tag{23}$$

和“量子力学”势

$$U = -\frac{h^2\{(\nabla_x^2 + \nabla_y^2)R(\boldsymbol{x},\ \boldsymbol{y})\}}{2mR(\boldsymbol{x},\ \boldsymbol{y})} = \frac{-h^2}{2m}\left\{\frac{\nabla^2 R_0(\boldsymbol{x})}{R_0(\boldsymbol{x})} + \frac{\nabla^2 M_0(\boldsymbol{y},\ t)}{M_0(\boldsymbol{y},\ t)}\right\}. \tag{24}$$

因此，粒子的速度是独立的，“量子力学”势简化为两项之和，一项只包括 $\boldsymbol{x}$，另一项只包括 $\boldsymbol{y}$。这意味着粒子的运动是独立的。此外，概率密度 $P = R_0^2(\boldsymbol{x}) \times M_0^2(\boldsymbol{y},\ t)$ 是 $\boldsymbol{x}$ 的函数和 $\boldsymbol{y}$ 的函数的乘积，这表明统计上 $\boldsymbol{x}$ 的分布与 $\boldsymbol{y}$ 的分布是相互独立的。于是我们得出结论，无论何时，当波函数可以表示为两个因子的乘积，每个因子只包含一个系统的坐标时，那么这两个系统是完全相互独立的。

一旦 $\boldsymbol{y}$ 空间的波包到达原子附近时，这两个系统便开始相互作用。如果我们解这个复合系统的薛定谔方程，我们将得到一个波函数，它可以表示成下面的级数：

$$\Psi = \Psi_i + \sum_n \psi_n(\boldsymbol{x})\exp(-iE_n t/h)f_n(\boldsymbol{y},\ t), \tag{25}$$

这里 $f_n(\boldsymbol{y},\ t)$ 是函数 $\psi_n(\boldsymbol{x})$ 的完备集的展开系数。波函数的渐近形式是①

$$\Psi = \Psi_i(\boldsymbol{x},\ \boldsymbol{y}) + \sum_n \psi_n(\boldsymbol{x})\exp\left(-\frac{iE_n t}{h}\right)\int f(\boldsymbol{k} - \boldsymbol{k}_0) \times \frac{\exp[ik_n \cdot r - (hk_n^2/2n)t]}{r} g_n(\theta,\ \phi,\ \boldsymbol{k})\mathrm{d}\boldsymbol{k}, \tag{26}$$

其中

$$h^2k_n^2/2m = (h^2k_0^2/2m) + E_0 - E_n \quad (\text{能量守恒}). \tag{27}$$

上述方程中的附加项代表向外走的波包，其中粒子速度 hk_n/m 与表示该处氢原子状态的波函数 $\psi_n(\boldsymbol{x})$ 有关。第 n 个波包的中心出现在

$$r_n = (hk_n/m)t. \tag{28}$$

很明显，因为速度取决于氢原子的量子数 n，这些波包中的每一个最终被分开的距离是如此之大，以至于这种分离是经典可描述的。

当波函数取式(25) 的形式，这个二粒子系统必须被描述为一个六维系统，

---

① N. F. Mott and H. W. Massey, *The Theory of Atomic Collisions* (Clarendon Press, Oxford, 1933).

而不是两个独立的三维子系统之和。在这个时候，如果我们试图将波函数表示成 $\psi(\boldsymbol{x}, \boldsymbol{y}) = R(\boldsymbol{x}, \boldsymbol{y}) \times \exp[iS(\boldsymbol{x}, \boldsymbol{y})/h]$，我们发现，由此产生的 R 和 S 的表达式以一种复杂的方式取决于 $\boldsymbol{x}$ 和 $\boldsymbol{y}$。粒子的动量，$p_1 = \nabla_x S(\boldsymbol{x}, \boldsymbol{y})$ 和 $p_2 = \nabla_y S(\boldsymbol{x}, \boldsymbol{y})$，因此变得密不可分地相互依存。"量子力学"势

$$U = -\frac{h^2}{2mR(\boldsymbol{x}, \boldsymbol{y})}(\nabla_x^2 R + \nabla_y^2 R)$$

不再适于表示为一项包含 $\boldsymbol{x}$ 另一项包含 $\boldsymbol{y}$ 的两项之和。概率密度 $R^2(\boldsymbol{x}, \boldsymbol{y})$ 也不再能写成 $\boldsymbol{x}$ 的函数与 $\boldsymbol{y}$ 的函数的乘积。由此我们得出结论：这两个粒子的概率分布不再是统计独立的。此外，粒子的运动非常复杂，因为此时 R 和 S 的表达式有点类似于我们从单粒子非定态的简单问题中所得到的那些表达式[见方程(19) 和(20)]。在该区域，被散射波 $\psi_n(\boldsymbol{x})f_n(\boldsymbol{y}, t)$ 有与入射波 $\psi_0(\boldsymbol{x})f_0(\boldsymbol{y}, t)$ 可比的振幅，函数 R 和 S，从而"量子力学"势和粒子动量，经历迅猛的涨落，不论是作为位置的函数还是作为时间的函数。由于量子力学势在分母上有 $R(\boldsymbol{x}, \boldsymbol{y}, t)$，因此在这个 R 很小的区域，这些涨落可能会变得非常大。如果这些粒子恰好进入这个区域，它们将在短时间内发生大量的能量和动量交换，即使经典势 $V(\boldsymbol{x}, \boldsymbol{y})$ 很小。然而，$V(\boldsymbol{x}, \boldsymbol{y})$ 的值很小意味着散射波的振幅 $f_n(\boldsymbol{y}, t)$ 也相对较小。由于涨落只在散射波振幅与入射波振幅可比的区域变大，并且由于粒子进入 $\boldsymbol{x}$，$\boldsymbol{y}$ 空间区域的概率正比于 $R^2(\boldsymbol{x}, \boldsymbol{y})$，因此很明显，当 $V(\boldsymbol{x}, \boldsymbol{y})$ 很小时，能量发生大的转移是不可能的(虽然总是可能的)。

在两个粒子之间发生相互作用时，它们的轨道将经受剧烈波动。然而最终，系统的行为会平静下来，并再次变得简单。在波函数取其渐近形式(26) 之后，对应不同的 n 值的波包得到经典可描述的分离，我们可以推断出，由于概率密度为 $|\psi|^2$，即出射粒子必然进入某个波包，并待在波包内(因为它无法待在两波包之间空间里，在此处的概率密度几同于零)。在计算粒子速度 $\boldsymbol{V}_1 = \nabla_x S/m$，$\boldsymbol{V}_2 = \nabla_y S/m$ 和量子力学势 $U = (-h^2/2mR)(\nabla_x^2 R + \nabla_y^2 R)$ 时，我们可以因此忽略实际包含出射粒子的波函数以外的所有部分。由此可知，该系统表现得就像它有波函数

$$\begin{aligned}\boldsymbol{\Psi}_n = \psi_n(\boldsymbol{x})\exp\left(\frac{iE_n t}{h}\right)\int & f(\boldsymbol{k} - \boldsymbol{k}_0) \\ & \times \frac{\exp\{i[k_n \cdot r - (hk_n^2 t/2m)t]\}}{r} g_n(\theta, \phi, \boldsymbol{k})\,\mathrm{d}\boldsymbol{k},\end{aligned} \tag{29}$$

其中 n 表示实际包含出射粒子的波包。这意味着，就实用目的而言，系统完整的波函数(26) 可以由式(29) 替代，后者对应于一个处于量子态 n 的原子内电子，并对应于一个相关能量为 $E_n' = h^2k_n^2/2m$ 的发射粒子。由于波函数是函数 $\boldsymbol{x}$ 和函数 $\boldsymbol{y}$ 的乘积，因此每个系统又一次表现出独立于其他系统的行为。波函数现在可以重整化，因为 Ψ_n 乘以一个常数不会造成一个量(例如粒子速度或“量子力学”的势)在物理上出现重大改变。正如第 5 节所证明的，当电子的波函数为 $\psi_n(\boldsymbol{x})\exp(-iE_nt/h)$ 时，其能量必定为 E_n。因此，我们已经获得对为什么能量总是按 $E_n - E_0$ 大小的量子转移的描述。

应当指出的是，虽然波包仍是分离的，但电子的能量不是量子化的，而是在一个范围内有连续的值，只是这个值涨落得厉害。相互作用结束后出现的只是它的最终能量值，这个值必定是量子化的。类似的结果用通常的解释也已获得，有人曾指出，由于不确定性原理，任何系统的能量，在完成散射过程后，只要经过足够长的时间，就都可以变得确定①。

原则上，出射粒子进入的实际波包是可以预测的，如果我们知道两个粒子的初始位置和复合系统的波函数的初始形式的话②。但实际上，粒子轨道是非常复杂的，而且非常敏感地依赖于这些初始位置的精确值。由于我们现在不知道如何精确地测量这些初始位置，因此我们还不能真正预测这种相互作用过程的结果。我们所能做到最好的是预言下述过程的概率：一个离开 n 量子态氢原子的出射粒子在给定的立体角进入第 n 个波包的概率。在这一预言过程中，我们用到这样一个事实：在 $\boldsymbol{x}$，$\boldsymbol{y}$ 空间的概率密度为 $|\psi(\boldsymbol{x}, \boldsymbol{y})|^2$，只要我们限定在第 n 个波包，我们就可以用波函数(29) 代替完整的波函数(26)，前者对应于实际包含粒子的波包。现在，通过定义，我们有 $\int|\psi_n(\boldsymbol{x})|^2 \mathrm{d}\boldsymbol{x} = 1$。然而，对应于第 n 个出射波包的空间区域上的剩余积分

$$\left|\int f(\boldsymbol{k} - \boldsymbol{k}_0)\,\frac{\exp\{i[k_nr - (hk_n^2/2m)\,t]\}}{r} g_n(\theta, \phi, \boldsymbol{k})\,\mathrm{d}\boldsymbol{k}\right|^2$$

给出的散射概率与采用通常的解释所得到的概率精确相同。于是我们得出结论，如果 ψ 满足薛定谔方程、$\boldsymbol{v} = \nabla S/m$、粒子的概率密度为 $P(\boldsymbol{x}, \boldsymbol{y}) = R^2(\boldsymbol{x}, \boldsymbol{y})$，那么从各方面看，我们得到的结果都与我们采用通常解释所得到的对这个问题的物

① 见参考文献 2，第 18 章第 19 节。

② 应指出，在通常解释中，我们假定没任何东西能决定单个散射过程的精确结果。相反，我们认为所有的描述都内在地、不可避免地是统计性的(见第 2 节)。

理预言完全相同。

剩下的只有一个问题，即证明：如果出射波包因后续安排没作用于原子中的电子，那么原子中的电子和散射粒子将继续独立地运动①。为了证明这两个粒子将继续独立运动，我们注意到，在所有的实践应用中，出射粒子很快便与经典描述的系统发生相互作用。这样的系统可以包括（例如）一大群与之碰撞的气体原子或容器器壁的原子。不管怎样，如果散射过程被观察到，那么出射粒子必然与经典描述的测量仪器有相互作用。现在，所有经典描述的系统都具有这样一种性质：它们包含了大量的内部“热力学”自由度，当出射粒子与系统发生相互作用时，这些内部自由度必然会被激发。因此出射粒子的波函数将与这些内部热力学自由度（用 y_1，y_2，$\cdots y_s$ 来表示）耦合。为了表示这种耦合，我们写出整个系统的波函数：

$$\psi = \sum_n \psi_n(\boldsymbol{x}) \exp(-iE_n t/h) f_n(\boldsymbol{y}, y_1, y_2, \cdots, y_s). \tag{30}$$

现在，当波函数采取这种形式后，$\boldsymbol{y}$ 空间中不同波包的叠加不足以产生不同 $\psi_n(\boldsymbol{x})$ 之间的干涉。要获得这种干涉，就有必要使波包 $f_n(\boldsymbol{y}, y_1, y_2, \cdots y_s)$ 在 $S+3$ 个维度（$\boldsymbol{y}$，y_1，y_2，$\cdots y_s$）的每一个维度上叠加。读者很容易通过下述事例来确信这一点：考虑一个典型事例，如出射粒子与金属壁碰撞，对于每个内部热力学坐标 y_1，y_2，$\cdots y_s$，波包 $f_n(\boldsymbol{y}, y_1, y_2, \cdots y_s)$ 中的两个绝对不可能叠加，即使它们成功地在 y 空间实现了重叠。这是因为每个波包对应于一个不同的粒子速度和不同的与金属壁碰撞的时刻。由于无数的内部热力学自由度是如此混乱复杂，很可能是 n 个波包里的每一个都与它们中的其他波包相互作用，它们会遇到各种不同的情况，这将使得复合波包 $f_n(\boldsymbol{y}, y_1, y_2, \cdots, y_s)$ 进入非常不同的 y_1，y_2，$\cdots$，y_s 空间区域。因此，就实际目的而言，我们可以忽略这样一种可能性：如果两个波包在 y 空间相遇，原子中的电子或出射粒子的运动将会受到影响②。

---

① 类似问题的处理，见参考文献 2，第 22 章第 11 节。

② 应当指出的是，同样的问题也出现在量子理论的通常解释里（参考文献 16），无论何时，只要两波包叠加，那么即使在通常的解释里，系统也必须在某种意义上被看成是同时包括两波包相对应的态。见参考文献 2，第 6 章和第 16 章第 25 节。一旦两波包获得了经典描述的分离，那么，在通常的解释里和我们的解释里，二者间发生明显干涉的概率将非常小，小到可与发生火上烧着的茶壶不是烧开而是冷冻起来的概率相比的境地。因此，就实际意义考虑，我们可以忽略氢原子中两种不同的可能的能量状态所对应的波包之间发生干涉的可能性。

8. 势垒的贯穿

根据经典物理学，粒子不可能穿透一个其势能大于粒子动能的势垒。在量子理论的通常解释中，粒子被认为能够以小的概率“漏”过势垒。然而在我们的量子理论解释中，薛定谔 ψ -场提供的势使它能够“骑”在势垒上，但只有少数粒子可能有带着它们穿越势垒而不回头的轨道。我们将仅用一般性术语来解释上述结果是如何得到的。由于粒子的运动受到 ψ -场的强烈影响，因此我们必须先借助“薛定谔方程”来求解这个场。最初，我们在势垒上有一个入射波包；由于概率密度等于 $|\psi(\boldsymbol{x})|^2$，因此粒子一定待在这个波包内的某个地方。当波包碰到排斥性势垒时，$\boldsymbol{y}$ 场经历了急剧变化，如果需要的话我们可以算出这个变化①，这里我们对其精确的形式不感兴趣。此时，“量子力学”势 $U=(-h^2/2m)\nabla^2R/R$ 也经历着类似于第 7 节所描述的与式(19)、(20) 和(25) 有关的快速、剧烈的涨落。粒子轨道于是变得非常复杂，并且由于势的时间依赖关系，变得对粒子位置与波包中心之间的精确的初始关系非常敏感。但最终，入射波包消失，并被两个波包所替代，其中一个是反射波包，另一个是强度小得多的透射波包。由于概率密度为 $|\psi(\boldsymbol{x})|^2$，粒子必须终止于这两个波包中的一个。另一波包，如第 7 节所述，可以被忽略掉。由于反射波包通常比透射波包强得多，因此我们得出结论，在波包处于势垒内期间，大部分的粒子轨道必然被“量子力学”势的剧烈涨落偏转掉。

9. 数学公式的可能的修正导致需要收集新的解释的实验证据

从许多例子中我们已经看到，并且在论文 Ⅱ 中我们还将证明，一般情况下，只要我们假设 ψ 满足薛定谔方程，且 $\boldsymbol{v}=\nabla S(\boldsymbol{x})/m$，而且我们有概率密度等于 $|\psi(\boldsymbol{x})|^2$ 的统计系综，那么我们的量子理论的解释就将导致与通常解释所得到的相同的物理结果。因此，表明需要采用我们的解释而非通常解释的证据只能来自实验，例如与 10^{-13} 厘米或更小距离相关的那些现象，这些现象在现有理论的基础上是无法得到充分理解的。然而在本文中，我们实际上没有提出任何具体的、用以区分我们的解释和通常解释的实验方法，而是仅限于说明这样的实验是可以想象的。

---

① 例如，见参考文献 2，第 11 章第 17 节和第 12 章第 18 节。

现在，有无穷多种修正理论的数学形式的方法都与我们的解释而非通常的解释一致。不过，在此我们仅限于建议两项修正，它们在第 4 节里曾提到过，即放弃假设 $\boldsymbol{v}$ 必须等于 $\nabla S(\boldsymbol{x})/m$，和放弃假设 ψ 必须满足薛定谔提出的通用的齐次线性方程。正如我们将看到的，放弃这两个假设里的任意一个，通常还要求我们放弃对粒子的统计系综的假设，放弃概率密度等于 $|\psi(\boldsymbol{x})|^2$。

我们首先注意到，在式(8a) 的右边加上一个可以想象的力项来修改粒子运动方程是符合我们的解释的。为了说明方便，让我们考虑一个力，它造成动量差 $\boldsymbol{p}-\nabla S(\boldsymbol{x})$ 随时间迅速衰减，其平均衰减时间为 $\tau=10^{-13}/c$ 秒，其中 c 是光速。为了取到这个结果，我们写出

$$m\frac{\mathrm{d}^2\boldsymbol{x}}{\mathrm{d}t^2}=-\nabla\left\{V(\boldsymbol{x})-\frac{h^2}{2m}\frac{\nabla^2R}{R}\right\}+f(\boldsymbol{p}-\nabla S(\boldsymbol{x})), \tag{31}$$

这里 $f(\boldsymbol{p}-\nabla S(\boldsymbol{x}))$ 被假定为是一个在 $\boldsymbol{p}=\nabla S(\boldsymbol{x})$ 时为零的函数。更一般地，我们将它取为这样一种形式，它代表着一种使 $\boldsymbol{p}-\nabla S(\boldsymbol{x})$ 随时间迅速衰减的力。此外，很明显，f 可以这样选择，它只在涉及到非常短的距离上时才重要(此时 $\nabla S(\boldsymbol{x})$ 将很大)。

如果正确的运动方程类似于式(31)，那么通常解释就只有在时间远大于 τ 时才是适用的，因为只有当这段时间过去后关系 $\boldsymbol{p}=\nabla S(\boldsymbol{x})$ 才是一种很好的近似。此外，很显然，通常的解释甚至不能说明理论的这种修正，因为它们包含了精确可定义的粒子变量，而这种变量不出现在通常的解释里。

现在我们来考虑修正，使支配 ψ 的方程是非齐次的。这种修正是

$$ih\psi/\partial t=H\psi+\xi(\boldsymbol{p}-\nabla S(\boldsymbol{x}_i)). \tag{32}$$

这里，H 是通常的哈密顿算符，$\boldsymbol{x}_i$ 代表粒子的实际位置，ξ 是 $\boldsymbol{p}=\nabla S(\boldsymbol{x}_i)$ 时为零的函数。现在，如果粒子运动方程选择如式(31) 的形式，使 $\boldsymbol{p}-\nabla S(\boldsymbol{x}_i)$ 随时间迅速衰减，那么在原子过程中，式(32) 中的非齐次项将成为小量可以忽略不计，因此薛定谔方程是一个很好的近似。然而，在距离很短、时间很短的过程中，非齐次性是很重要的，ψ-场，就像在电磁场的情形下那样，一定程度上取决于粒子的实际位置。

显然，式(32) 与量子理论的通常解释是不一致的。不仅如此，我们还可以对式(32) 作进一步概括，其方向是引入只在小距离上影响很大的非线性项。由于通常的解释是基于希尔伯特空间中“态矢量”的线性叠加这一假设，因此通常的解释不可能与单粒子理论的非线性方程相一致。在多粒子理论里，我们可以引

入算符来满足非线性薛定谔方程的推广；但这些算符最终是要对满足线性齐次薛定谔方程的波函数进行操作。

最后，我们重复一下在第 4 节给出的要点，即如果理论是按这里给出的某种方式进行推广，那么粒子的概率密度方程将不等于 $|\psi(\boldsymbol{x})|^2$。因此，通过实验对 $|\psi(\boldsymbol{x})|^2$ 和这种概率进行区分就变得可以想象了。而且用这种方式，我们可以得到对通常解释的实验证明，它只给出 $|\psi(\boldsymbol{x})|^2$ 的概率解释，这显然是不充分的。此外，我们将在第二篇文章中证明，按这里所建议的方法进行理论修正将允许我们同时对粒子的位置和动量进行测量，从而使不确定性原理可以违反。

致谢

作者感谢爱因斯坦博士给予的几次有趣而又富于刺激的讨论。

根据“隐”变量对量子理论的一个建议性解释(Ⅱ)[①]

戴维·玻姆[②]

在本文中，我们将证明，从前一篇文章发展的“隐”变量量子理论的物理解释的观点看，测量理论应如何来理解。我们发现，原则上，这些“隐”变量确定了每次单独测量过程的精确结果。但实际上，在我们现在知道如何进行的测量中，观察仪器对被观测系统存在不可预测且不可控制的干扰，因此，作为测量的可能精度的一种实际限制，我们仍可得到不确定性原理。但是，这种限制不是我们的解释的概念结构中所固有的。例如，我们将看到，正如上一篇文章所表明的，如果对于很短距离上的情形，量子理论的数学公式能够以某种方式得到修正，使得其结果与我们的解释一致，而不是与通常的解释一致，那么以无限的精度同时对位置和动量进行测量原则上是可能的。

对于爱因斯坦、波多尔斯基和罗森提出的关于远距离物体之间的量子力学相关性的起源的假想实验 —— 这是他们为批评通常的解释而提出的 —— 我们给出了一个简单的解释。

最后，我们证明了，冯·诺依曼关于量子理论与“隐”变量之间不自洽的证明不适用于我们的解释，因为这里预期的“隐”变量既取决于测量仪器的状态也依赖于被观测系统，因此超越了冯·诺依曼的假设的范围。

在两个附录里，我们对我们的解释所涉及的电磁场的问题进行了处理，并回应了某些额外的反对意见。这些意见起源于试图在量子水平上给出对单个系统的精确描述。

1. 引言

在前一篇论文[③]1(以下我们称之为论文Ⅰ)中，我们根据“隐”变量提出了一种对量子理论的解释。我们证明了，这种解释不仅提供了一种比通常的解释更广

---

① 承蒙美国物理学会许可重印自 D. Bohm, *Physical Review*, Volume **85**, Number 2, 1952.

② 曾供职于巴西圣保罗大学科学、哲学和文学学院。

③ D. Bohm, *Phys. Rev.* **84**, 166(1951).

泛的概念框架，而且它给出了三个相互一致的特殊假设。通过这些假设，我们得到了与量子理论的通常解释得到的完全相同的物理结果。这三个特殊假设是：(1)ψ-场满足薛定谔方程；(2) 如果我们将 ψ 写成 $\psi = R\exp(iS/h)$，那么粒子动量被限定为 $\boldsymbol{p} = \nabla S(\boldsymbol{x})$；(3) 我们有一个粒子位置的统计系综，其概率密度 $P = |\psi(\boldsymbol{x})|^2$。如果不做上述三项特定假设，那么我们将得到一种更一般的理论，但它无法与通常解释取得一致。因此论文 Ⅰ 建议，为了理解与距离 10^{-13} cm 及以下的空间尺度上的现象，这样的理论推广实际上可能是必须的，而它在原子尺度上产生的不一致或许是不重要的。

在本文里，我们将运用论文 Ⅰ 给出的量子理论的解释来发展一种测量理论，以便说明一旦我们做了如上所述的特定假设，那么对于所有测量结果，我们将给出如通常解释给出的一样的预言。但在我们的解释里，就不确定性原理而言，它不是作为一种对测量精度 —— 能够同时正确地给出动量和位置的精度 —— 设立的一种固有的限制，而是作为对这些量能够同时被测量的精度的一个实际限制。测量中的这种不确定性来自测量仪器对被测量系统的不可预知而且不可控制的干扰。但是，如果我们将这一理论按论文 Ⅰ 中第 4、9 节所建议的方式加以推广，那么这些干扰原则上都可以要么被除去，要么得到预测和控制，因此它们的影响都可以被校正。因此我们的解释是说明，违反不确定性原理的测量至少是可以想象的。

2. 测量的量子理论

现在，我们将展示如何用我们建议的量子理论的解释①来表示测量的量子理论。

在一般情况下，任何变量的测量都必须是通过待测系统与测量仪器之间的相互作用来进行的。测量仪器必须被构造成这样：待测系统的任何给定状态都将导致仪器处于某个状态范围。因此，这种相互作用在待测系统的状态与测量仪器的状态之间引入了一种相关性。这种关联的不确定性的范围可以称为测量的不确定性，或叫误差。

现在让我们考虑这样一种观察：我们测量一个电子所伴随的随机(厄米)"可观察量"Q。令 $\boldsymbol{x}$ 代表该电子的位置，y 代表宏观仪器的坐标(该坐标可以高于一

---

① 如何用通常解释来处理测量理论，见 D. Bohm, *Quantum Theory* (Prentice-Hall, Inc., New York, 1951), Chapter 22.

维)。现在，我们可以证明[2]，做一次脉冲测量足矣，即利用仪器与待测系统之间的一次很强的相互作用来测量即可，这个相互作用的时间非常短，以至于仪器和待测系统在未测量时的变化可以忽略不计。因此，至少在相互作用发生时，我们可以忽略二者单独存在时的相关的哈密顿量，我们仅需要保留表示相互作用的哈密顿量 H_1 即可。另外，如果该哈密顿算符被选定为仅与 Q 对易的量的函数，那么该相互作用过程将不会对可观察量 Q 产生不可控制的变化，而只会对不与 Q 对易的可观察量产生不可控的变化。但为使仪器和待测系统能够关联，H_1 必须依赖于包含 y 的算符。

为了说明这里所涉及的原理，我们来考虑下述相互作用哈密顿量：

$$H_1 = -aQp_y, \tag{1}$$

其中 a 是合适的常数，p_y 是共轭于 y 的动量。

现在，在我们的解释中，这个四维但客观真实的系统是由一个作为 $\boldsymbol{x}$ 和 y 的函数的波场和一个相应的四维代表点来描述的。这个代表点由电子的坐标 $\boldsymbol{x}$ 和仪器的坐标 y 规定。由于代表点的运动部分是由作用在电子和仪器变量上的 ψ-场产生的力决定，因此我们解决这个问题的第一步是计算 ψ-场。这可以通过求解带适当的边界条件的薛定谔方程来进行。

现在，在相互作用过程中，薛定谔方程近似为

$$ih\partial\psi/\partial t = -aQp_y\psi = (ia/h)Q\partial\psi/\partial y. \tag{2}$$

现在，用算符 Q 的本征函数的完备集 $\psi_q(\boldsymbol{x})$ 来展开 ψ 是方便的，这里 q 为 Q 的本征值。为简单计，我们假设 Q 的谱是离散的，虽然其结果很容易推广到连续谱的情形。记展开系数为 $f_q(y, t)$，我们得到

$$\psi(\boldsymbol{x}, y, t) = \sum\nolimits_q \psi_q(\boldsymbol{x})f_q(y, t). \tag{3}$$

注意到 $Q\psi_q(\boldsymbol{x}) = q\psi_q(\boldsymbol{x})$，容易验证式(2)可以简化为 $f_q(y, t)$ 的如下方程：

$$ih\partial f_q(y, t)/\partial t = (ia/h)qf_q(y, t) \tag{4}$$

如果 $f_q(y, t)$ 的初值是 $f_q^0(y)$，我们得到解

$$f_q(y, t) = f_q^0(y - aqt/h^2), \tag{5}$$

和

$$\psi(\boldsymbol{x}, y, t) = \sum\nolimits_q \psi_q(\boldsymbol{x})\, f_q^0(y - aqt/h^2). \tag{6}$$

现在，最初时仪器和电子都是独立的。如论文 I 的第7节所述，在我们的解释里(如同通常的解释)，独立系统必有波场 $\psi(\boldsymbol{x}, y, t)$，它等于 x 的函数与 y 的函数

的乘积。因此初始时我们有

$$\psi_0(\boldsymbol{x},\ y) = \psi_0(\boldsymbol{x})g_0(y) = g_0(y)\sum_q c_q\psi_q(\boldsymbol{x}), \tag{7}$$

这里 c_q 是 $\psi_q(\boldsymbol{x})$ 的(未知的)展开系数，$g_0(y)$ 是仪器坐标 y 的初始波函数。该波函数 $g_0(y)$ 取波包的形式。为方便计，我们假设这个波包的中心在 $y=0$ 处，其宽度为 Δy。通常，由于仪器是由经典理论来描述的，因此该波包的定义远不像不确定性原理设定的精度极限所允许的那么精确。

从式(7)和(3)，我们很容易导出 $f_q^0(y)=c_q g_0(y)$。将 $f_q^0(y)$ 的这个值代入式(6)，我们得到

$$\psi(\boldsymbol{x},\ y,\ t) = \sum_q c_q\psi_q(\boldsymbol{x})g_0(y - aqt/h^2). \tag{8}$$

方程(8)表明，相互作用已经引入了 q 和仪器坐标 y 之间的相关性。为了显示这种相关性在我们的量子理论解释中意味着什么，我们将采用在论文Ⅰ的第7节中发展出的某些论证方法。在那里这一方法用于处理涉及两个粒子在散射过程中相互作用的类似问题。首先，我们注意到，当电子和仪器相互作用时，波函数(8)变得非常复杂，因此如果将它表示为

$$\psi(\boldsymbol{x},\ y,\ t) = R(\boldsymbol{x},\ y,\ t)\exp[iS(\boldsymbol{x},\ y,\ t)/h],$$

那么作为位置和时间的函数的 R 和 S 将经历快速振荡。由此我们可知，“量子力学”势

$$U = (-h^2/2mR)(\nabla_x^2 R + \partial^2 R/\partial y^2),$$

经历剧烈涨落，特别是当 R 较小时。并且粒子的动量 $p=\nabla_x S(x,\ y,\ t)$ 和 $p_y=\partial S(\boldsymbol{x},\ y,\ t)/\partial y$ 也将经历剧烈复杂的涨落。但最终，如果相互作用的时间持续足够长，那么系统的这些行为都将变得简单，因为对应于 q 的不同的值的波包 $g_0(y-aqt/h^2)$ 将在 y 空间停止叠加。为了证明这一点，我们注意到在 y 空间里第 q 个波包的中心位于

$$y = aqt/h^2 \text{ 或 } q = h^2 y/at. \tag{9}$$

如果我们注意到相邻 q 值有间距 δq，那么我们将得到相邻波包的中心在 y 空间的间距为

$$\delta y = at\delta q/h^2. \tag{10}$$

很显然，如果相互作用强度 a 与其持续时间 t 的乘积足够大，那么 δy 就可比波包的宽度 Δy 大得多。这样不同 q 值所对应的波包将在 y 空间不再重叠。事实上，这个间距可以大到足以用经典理论来描述。

由于概率密度等于$|\psi|^2$，我们推断仪器变量y最终必然进入某个波包并在此后保持在该波包之内(因为它不进入波包之间的中间空间，它在此的概率几乎为零)。现在，仪器变量y所在的波包决定了实际的测量结果，当观察者观看仪器时，他将获得这个波包。其他波包(如论文 I 第7节所述)被忽略，因为它们既不影响作用在粒子坐标x和y上的量子力学势，也不影响粒子的动量$\boldsymbol{p}_x=\nabla_x S$和$p_y=\partial S/\partial y$。此外，波函数也可以重整化而不影响上述物理量。因此，就实用目的而言，我们可以将这个完整的波函数(8)替换为下述新的归一化波函数

$$\psi(\boldsymbol{x}, y)=\psi_q(\boldsymbol{x})g_0(y-aqt/h^2), \tag{11}$$

其中q现在对应于实际包含仪器变量y的波包。从这个波函数我们可以推断出，如论文 I 第7节所述，仪器和电子随后将各自独立行动。此外，由观察到的仪器坐标的近似值(误差$\Delta y \ll \delta y$)，借助于式(9)我们可以推知，就实际目的而言，由于电子的波函数可看成是$\psi_q(x)$，因此可观察量Q必定有确定的值q。然而，如果出现在式(8)、(9)、(10)和(11)中的乘积"$at\delta q/h^2$"小于Δy，那么Q就不可能得到明确的测量，因为对应于不同的q的波包会有重叠，而且测量不会有必要的精度。

最后，我们注意到，即使仪器波包随后出现重叠，这些结论也不会改变。对于仪器，变量y将不可避免地耦合到一大堆内部热力学自由度y_1，y_2，$\cdots y_s$上，这是诸如摩擦和布朗运动等效应的结果。如论文 I 第7节所述，只有当波包在y_1，y_2，$\cdots y_s$空间和y空间出现重叠，对应于不同q值的波包之间才有可能相互干扰。然而，从实际结果来看，这种重叠是不可能的，我们可以忽略这种永远不会发生的可能性。

3. 概率在测量中的作用——不确定性原理

原则上，测量的最终结果由复合系统的波函数的初始形态$\psi^0(\boldsymbol{x}, y)$，电子的初始位置$\boldsymbol{x}_0$和仪器变量$y_0$共同确定。但实际上，正如我们已经看到的，发生相互作用时轨道剧烈波动，而且对$\boldsymbol{x}$和y的精确的初始值非常敏感，而对这些初始值我们既不能预测也不能控制。我们所能实际预言的是在等同的初始条件下进行一系列类似实验所得到的概率密度为$|\psi(\boldsymbol{x}, y)|^2$。但是从这个信息我们只能够计算出在单次实验中$Q$的测量结果为特定数$q$的概率。为了获得给定$q$值的概率，我们只须在第$q$个波包邻域上对所有$\boldsymbol{x}$的值和所有$y$的值进行积分。由于波包不重叠，因此在这一邻域内$\psi$-场等于$c_q\psi_q(\boldsymbol{x})g_0(y-aqt/h^2)$[见式(8)]。按照

定义，$\psi_q(\boldsymbol{x})$ 和 $g_0(y)$ 都已归一化，因此粒子处在第 q 个波包的总概率为

$$P_q = |c_q|^2 \tag{12}$$

然而，以上只是我们从通常解释得到的结果。我们的结论是，对于所有可能的实验，我们的解释都能够给出与通常解释给出的相同的预测(前提当然是，只要我们做出引言中所说的特殊假设)。

现在让我们看看，就电子及其 ψ -场的状态而言，对可观察量 Q 的测量意味着什么。首先，我们注意到，与测量可观察量 Q 的仪器的相互作用过程将电子的 ψ 场从测量前的状态有效地转变成算符 Q 的本征函数 $\psi_q(\boldsymbol{x})$。正像我们所看到的，这个过程给出的 q 的精确值通常不是完全可预测或可控制的。然而，在 y 场已经转换成 $\psi_q(\boldsymbol{x})$ 之后，如果重复相同的测量，那么我们就可以预言(如通常解释里所做的一样)，我们将再次得到相同的 q 值以及相同的波函数 $\psi_q(\boldsymbol{x})$。然而，如果我们测量不与 Q 对易的可观察量“P”，那么这个测量结果实际上也是不可预知或不可控的。因为正如式(8)所示，ψ -场在与测量仪器相互作用后现在变成

$$\psi(\boldsymbol{x},\ z,\ t) = \sum_p a_{p,\ q}\phi_p(\boldsymbol{x})g_0(z - apt/h^2) \tag{13}$$

这里 $\phi_p(\boldsymbol{x})$ 是算符 P 的属于本征值 p 的本征函数，$a_{p,\ q}$ 是由下式定义的展开系数：

$$\psi_q(\boldsymbol{x}) = \sum_p a_{p,\ q}\phi_p(\boldsymbol{x}) \tag{14}$$

由于对应于不同 p 的波包最终在 z 空间完全分离开，因此像在测量 Q 的情形时一样，我们推得，实际上，这个波函数可以用下式取代

$$\psi = a_{pq}\phi_p(\boldsymbol{x})g_0(z - apt/h^2)$$

这里 p 现在表示仪器坐标 y 所占有的波包。正如测量 Q 时的情形，我们很快便明白，这个实验给出的 p 的精确值不可能是可预测或可控制的，p 的给定值的概率等于 $|a_{pq}|^2$。但这正是该过程的通常解释给出的结果。

很明显，如果两个“可观察量”P 和 Q 不对易，那么我们就无法在同一系统中对其进行同时测量。原因是每次测量都会干扰到系统，使其与测量另一个量所需的过程不相容。因此，测量 P 要求波场 ψ 成为 P 的本征函数，而测量 Q 要求波场 ψ 成为 Q 的本征函数，如果 P 和 Q 不对易，那么根据定义，就不存在可以同时成为二者的本征函数的 ψ -函数。这样，我们就明白了，在我们的解释里为什么互补的量的测量精度必然(如在通常解释中那样)受到不确定性原理的限定。

4. 作为"隐变量"的粒子的位置和动量

我们已经看到，在现在可以进行的测量里，我们不可能对粒子的精确位置进行推断，我们只能说粒子必处在$|\psi|$比较大的地方。同样，恰好在点 $\boldsymbol{x}$ 的粒子的动量由 $\boldsymbol{p} = \nabla S(\boldsymbol{x})$ 给出。因此在一般情况下，如果 x 未知，那么 $\boldsymbol{p}$ 的精确值也是不可推知的。因此，只要我们还限于这样的观察，那么粒子的位置和动量的精确值在一般情况下必然被视为"隐藏的"，因为我们目前还无法测量它们。但它们与物质的真实的和已经观察到的特性相联系，因为原则上它们(加上 ψ -场）确定了每个个体的实际测量结果。为了对比，我们在这里可以回顾一下理论的通常解释。它是说，虽然每次测量不可否认给出一个明确的数，但这个数字的实际值是由什么决定的我们并不知道。每次测量的结果被认为是以某种程度上固有的方式产生的，这种方式既难以形容亦无法详细分析。只有统计结果被认为是可预测的。但是在我们的解释里，我们认为，这种目前"隐藏的"、可精确定义的粒子的位置和动量决定了每次测量过程的结果，但在某种程度上，其精确的细节是如此复杂和不可控，而且对其了解又如此至少，以至于实际上我们不得不局限于对这些变量的值与测量的直接可观测结果之间关系的统计描述上。因此，目前我们无法获得存在精确可定义的粒子位置和动量的直接的实验证据。

5. 在我们的解释里，通常解释里的"可观察量"不是对系统的完整描述

在第 3 节我们看到，在对"可观察量"Q 的测量中，我们无法获得足够的信息来给出对电子的状态的一个完整的规定，因为我们无法推断粒子的动量和位置的精确值，而粒子的这种精确的位置和动量信息是(例如）我们对电子的未来行为做出精确预测所必需的。此外，可观察量的测量过程不提供任何关于测量发生前被测对象的现存状态的明确信息。因为经过这种测量，ψ -场已经转化为被测的"可观察量"Q 的既不可预知也不可控制的本征函数 $\psi_q(\boldsymbol{x})$。这意味着对"可观察量"的测量并非真正是对待测系统自身的物理性质的测量。相反，"可观察量"的值衡量的只是一种不是完全可预测和可控的可能性，这种可能性既属于测量仪器也属于被观测系统①。这种测量至多是在精度的经典水平上提供了明确的信息，在这个水平上由测量仪器引起的对 ψ -场的干扰可以忽略不计。因此通常说的"可

① 甚至在通常解释里，观察也必须被看成是产生这样一种可能性的度量。见文献2，第6章，第9节。

观察量”不是我们应当在精度的量子水平试图测量的量。在第 6 节我们会看到，下述做法是可以想象的：我们可以进行新的测量，其提供的不是“可观察量”的意义非常不明确的信息，而是系统的物理意义非常明确的属性，如粒子的位置和动量的实际值。

作为“可观察量”的意义相当间接和不明确的例子，我们来考虑有关电子动量的测量的问题。现在，按照通常的解释，我们总是可以测量动量“可观察量”而不改变动量的值。例如，借助于脉冲相互作用，这种作用仅涉及与动量算符 $\boldsymbol{p}_x$ 对易的算符，我们可获得其结果。为了表示这个测量，我们可以在式(1)中取 $H_1 = -a\boldsymbol{p}_x p_y$。但在我们的解释里，我们一般无法得出结论，认为这样的相互作用能使我们测得粒子的实际动量而不改变其值。事实上，在我们的解释中，不改变动量的值的粒子动量的测量只有在 ψ -场初始时取 $\exp(i\boldsymbol{p}\cdot\boldsymbol{x}/h)$ 这种特殊形式时才是可能的。但如果 ψ -场初始时取的是最一般的可能形式：

$$\psi = \sum_p a_1 \boldsymbol{p} \exp(i\boldsymbol{p}\cdot\boldsymbol{x}/h), \tag{15}$$

那么正如我们在第 2 和第 3 节中看到的，对“可观察量”p_x 的测量过程会有效地将电子的 ψ -场转换成

$$\exp(i\boldsymbol{p}_x/h) \tag{16}$$

我们得到的是 p_x 取给定值时的概率 $|a_p|^2$。当 ψ -场以这种方式改变时，大的动量值可以通过改变 ψ -场转移给粒子，即使相互作用的哈密顿量 H_1 与动量算符 $\boldsymbol{p}$ 对易。

作为例子，我们来考虑零角动量原子的定态。如论文Ⅰ的第5节所示，这种态的 ψ 场是实的，因此我们有

$$\boldsymbol{p} = \nabla S = 0,$$

因此，粒子是静止的。然而，我们从式(14)和(15)看到，如果这个动量“可观察量”被测量，那么如果对大的 $\boldsymbol{p}$ 值 ψ -场恰好有大的傅里叶系数 a_p，则我们就能够得到这个“可观察量”的大的值。其原因是，在与测量仪器的相互作用过程中，ψ -场将以这样一种方式改变：它可以给电子粒子相当大的动量，从而使该粒子与其 ψ -场的相互作用势能变成粒子的动能。

上述要点的一种更引人注目的示范是处于两个完全反射壁之间的“自由”粒子的问题。两壁间距为 L。在这种情况下，ψ -场的空间部分：

$$\psi = \sin(2\pi n\boldsymbol{x}/L)$$

其中 n 是整数，粒子的能量为

$$E=(1/2m)(nh/L)^2.$$

由于 ψ -场是实的，因此我们可知粒子是静止的。

现在，乍一看，这似乎令人费解：一个具有很高能量的粒子居然在两个壁之间的虚空空间中静止。然而，我们应该明白，该空间不是真的空空如也，而是含有一个客观上真实的 ψ -场，它可以作用于粒子。这种作用类似于(但显然不等同于)电磁场的作用，它可以使得粒子在这个看似"空"的封闭区域内产生一种非均匀运动。我们认为，在我们的问题里，这 ψ -场能够使粒子静止，并将其全部动能转变成与 ψ -场的相互作用势能。为了证明这一点，我们来计算这个 ψ -场的"量子力学势"：

$$U=\frac{-h^2}{2m}\frac{\nabla^2 R}{R}=\frac{-h^2}{2m}\frac{\nabla^2\psi}{\psi}=\frac{1}{2m}\left(\frac{nh}{L}\right)^2.$$

并注意到它正好等于总能量 E。

现在，正如我们看到的，对动量"可观察量"的任何测量必然以这样一种方式改变 ψ -场：通常是其部分(在我们的例子中则是所有的)势能转化为动能。作为这个一般结果的演示，我们可以用非常简单的方法来测量动量"可观察量"。我们突然移去围壁，然后来测量粒子在一个相当长的时间里走过的距离。我们可以用这个距离除以经历的时间来计算动量。如果(如同在量子理论的一般解释情形下那样)我们假设电子是"自由"的，那么我们能得出结论：只要我们做得足够快，使得在壁移除的瞬间粒子正好在壁附近原则上成为概率任意小的事件，那么除去壁的过程应当不造成动量的明显变化。但是在我们的解释里，壁的去除间接地改变了粒子的动量，这是因为它对 ψ -场有影响，并通过 ψ -场作用在粒子上。因此，在壁被除去后，两个向相反方向移动的波包开始形成，并最终在空间上变得完全分离。由于概率密度是 $|\psi|^2$，我们推断粒子必须终结于其中的一个波包。此外，读者会很容易确信，粒子的动量将非常接近于 $\pm nh/L$，正负号取决于粒子实际上进入哪个波包。正如在第 2 节中所述，不含粒子的波包随后被忽略。原则上，粒子的最终动量取决于 ψ -场的初始形态和粒子的初始位置。由于在实际过程中我们不知道后者，因此我们最好是预设粒子进入两个波包的任何一个的概率为 1/2。因此我们的结论是，这种对动量"可观察量"的测量将导致与通常解释所预言的相同的结果。然而，在测量发生前存在的实际的粒子动量数值上非常不同于动量"可观察量"所获得的值，而在通常的解释里，后者被称为"动量"。

6. 关于无限精度测量的可能性

我们看到，对所谓“可观察量”的测量，我们测量的并不是一个系统的很容易解释的特性。例如，动量“可观察量”通常与粒子的实际动量没有简单的关系。因此，考虑如何根据我们的解释来试着测量电子(及其 ψ -场)的具有物理意义的性质，即粒子的实际位置和动量，可能更有意义。对于这个问题，我们将证明，按照论文 Ⅰ 中第 4 和第 9 节所建议的，如果我们放弃 3 个相互一致的特殊假设，它们给出与量子理论的通常解释相同的结果，那么在我们的解释中，原则上粒子的位置和动量可以无限的精度同时得到测量。

现在，就我们的目的而言，可以充分证明，对系统的未来行为做出准确预言原则上是可能的。在我们的解释中，精确预言的充分条件，正如我们看到的，是我们能够让系统处于这样一种态下，其中 ψ -场和初始粒子的位置和动量都是精确已知的。业已表明，借助目前已知的方法，通过测量“可观察量”Q，我们可以将 ψ 场有效地转化为一种已知的形式 $\psi_q(\boldsymbol{x})$，但通常我们无法预言或控制粒子的准确位置和动量。如果我们现在能够做到不改变 ψ -场就能测量粒子的位置和动量，那么精确预言就是可能的。然而，第2、第3和第4节的论述表明，只要上述 3 项特殊假设是有效的，我们就不可能做到更精确地测量粒子的位置而不将 ψ 函数有效地转化成一种其定域性远远好于 $\psi_q(\boldsymbol{x})$ 的不完全可预测和可控的波包。因此，这种试图获得更精确的系统状态的定义的努力注定要失败。但很显然，这个困难源于这样一种情势：电子与仪器之间的相互作用势能 $V(\boldsymbol{x}, y)$ 起着两种作用：不仅引入了两个粒子之间的正比于 $V(\boldsymbol{x}, y)$ 的直接相互作用，而且还引入了这些粒子之间的间接相互作用，因为这个势也出现在支配 ψ 场的方程中。这种间接的相互作用可以包含快速、剧烈的涨落，甚至当 $V(\boldsymbol{x}, y)$ 很小时亦如此，由此导致我们失去对这种相互作用的控制，因为无论 $V(\boldsymbol{x}, y)$ 多么小，粒子的运动都可能发生非常剧烈的混乱复杂的扰动。

然而，如果我们放弃先前提到的 3 个特殊假设，那么在我们的概念结构里，所谓粒子间每一次的相互作用必然会使 ψ -场产生巨大的、不可控的变化就不是内在固有的。因此，对于论文 Ⅰ 的方程(31)，我们可以给出一个例子。我们假设作用在一个粒子上的力不一定伴随 ψ -场的相应变化。论文 Ⅰ 的方程(31)关心的只是单粒子系统，但类似的假设可用于两个或两个以上的粒子系统。在缺乏具体理论的情形下，我们的解释允许无限数量的这类修正，在小距离上，这类修正

可能是重要的，但在原子尺度上它们可以忽略不计。为简明起见，假设在某些与非常小距离有关的过程中，作用在仪器变量上的力为

$$F_x = ax,$$

这里 a 是常数。现在如果"a"足够大，大到足以使相互作用呈脉冲型的，那么我们就可以忽略在没有这种相互作用的情况下由力带来的 y 的所有变化。此外，为了说明所涉及的原理，我们可以做出与我们的解释相一致的假设，即作用在电子上的力为零。于是 y 的运动方程为

$$\ddot{y} = ax/m.$$

其解为

$$y = y_0 = (axt^2/2m) + \dot{y}_0 t,$$

其中 $\dot{y}_0$ 是仪器变量的初速度，y_0 是其初位置。现在，如果乘积 at^2 足够大，那么 $y - y_0$ 就将远远大于 y_0 和 $\dot{y}_0$ 的不确定性引起的 y 的不确定性。这样，$y - y_0$ 就将主要由粒子的位置 $\boldsymbol{x}$ 决定。于是我们可以想象，我们能够做到对 $\boldsymbol{x}$ 测量而不明显改变 $\boldsymbol{x}$，$\dot{\boldsymbol{x}}$ 和 ψ 函数。接着粒子的动量则可以从关系 $p = \nabla S(\boldsymbol{x})$ 得到。这里 S/h 是 ψ 函数的相位。因此，精确预言原则上是可能的。

7. 量子理论中统计系综的起源

现在我们将看到，即使不考虑论文 Ⅰ 和上一节所述的3项假设，我们能够精确地确定粒子的位置和动量，那么在原子水平上，我们能获得的也仍然只是概率密度等于 $|\psi|^2$ 的统计系综。之所以需要这样的系综是因为电子与经典系统(如气体体积、容器器壁、测量仪器器件等)之间的耦合(粒子与这些经典客体之间发生相互作用是必然的)具有混沌复杂的特性。正如我们在前面第2节和论文 Ⅰ 的第7节所看到的，在这一相互作用过程中，"量子力学"势经历了剧烈快速的涨落。这往往会使粒子轨道在 ψ-场可感知的整个区域里变得十分紊乱。此外，这些涨落因分子混沌效应而变得更加复杂。这些经典可描述系统的内部热力学自由度的数量非常之多，它们不可避免地会在相互作用过程中被激发。因此，即使粒子的初始变量能够有很好的定义，我们在实践中也会很快失去追踪粒子运动轨迹的任何可能性，并被迫转向某种统计理论。剩下的唯一问题是说明为什么概率密度最终应等于 $|\psi|^2$ 而非其他值。

要回答这个问题，我们首先注意到，概率密度为 $|\psi(\boldsymbol{x})|^2$ 的统计系综具有这样的特性：在原子尺度——在此我们的3项特殊假设成立——上占主要地位的

力的作用下，该特性会通过粒子的运动方程反映出来，一旦它要显现的话。剩下的唯一要证明的问题是，在上个自然段所述的这个十分紊乱复杂的力的作用下，对这个系综的任意偏离将使得系统衰变到概率密度为 $|\psi(\boldsymbol{x})|^2$ 的系综。这个问题与证明玻耳兹曼 H 定理所用的模型非常相似。这个定理表明，作为分子混沌的结果，任何系综均趋于平衡的吉布斯系综。这里我们不进行详细的论证，而只是建议，按类似的思路我们可以证明，在我们的问题里，任何系综都将衰变到概率密度为 $|\psi(\boldsymbol{x})|^2$ 的系综这一判断是合理的。这些论证表明，在我们的解释中，量子涨落和经典涨落(如布朗运动)基本上有相同的起源，即微观层面的混乱复杂的运动特征。

8. 爱因斯坦、波多尔斯基和罗森的假想实验

爱因斯坦、波多尔斯基和罗森的假想实验①基于这样一个事实：如果我们有两个粒子，其动量之和 $p=p_1+p_2$ 与其位置之差 $\xi=x_1-x_2$ 对易，那么我们因此可以定义一个波函数，其中 p 为零，而 ξ 具有给定值 a。这个波函数为

$$\psi=\delta(x_1-x_2-a). \tag{17}$$

在量子理论的通常解释里，p_1-p_2 和 x_1+x_2 完全由有以上波函数的系统确定。

整个假想实验事实上变成：观察者可以选择测量两个粒子中某一个的动量或是其位置。无论他测量这两个量中的哪一个，他都能够推断出另一个粒子的相应变量的明确的值，这是因为上述波函数意味着两个粒子的变量之间存在相关性。因此，如果他获知第一个粒子的位置 x_1，那么他就可以推断出第二个粒子的位置 $x_2=x-x_1$；但他失去了对两个粒子的动量进行推论的任何可能。另一方面，如果他测量的是第一个粒子的动量，得到值 p_1，那么他可以推断出第二粒子的动量值 $p_2=-p_1$；但他失去了推断粒子的位置信息的任何可能性。对此，爱因斯坦、波多尔斯基和罗森认为，这个结果本身可能是正确的，但他们不认为量子理论像通常解释的那样可以对这些相关性如何传播给出一个完整的描述。因此，如果这些粒子是经典粒子，那么我们可以很容易地理解其相关性的传播，因为每个粒子将简单地以与另一个的速度相反的速度运动。但在量子理论的通常解释中，不存在能够详细展示第二个粒子——我们假定它以某种方式与第一个粒子相互作用——如何运动的类似概念模型。第二个粒子因此能够获得的到底是对其位置

① Einstein, Podolsky, and Rosen, *Phys. Rev.* **47**, 777(1933).

的不可控的扰动，还是对其动量的不可控的扰动，取决于观察者决定对第一个粒子进行什么样的测量。但玻尔的观点是，我们就不该寻求这样的概念模型，我们能做的仅是接受这样的事实，这些相关性总会以某种方式出现。当然，我们必须注意到，这些过程的量子力学描述永远是自洽的，尽管它给不出一种精确可定义的对六维波场组合与六维空间里一条精确可定义的轨迹之间关系进行描述和分析的方法(见论文 Ⅰ 第6节)。如果波函数最初是由式(17) 描述，那么由于此时相位为零，两个粒子都处于静止状态。但它们可能的位置由一个系综来描述，其中 $x_1 - x_2 = a$。现在，如果我们测量第一个粒子的位置，我们便通过"量子力学" 力引入了对整个系统的波函数的不可控的涨落，这种涨落带来每个粒子的动量的相应的不可控的涨落。同样，如果我们测量第一个粒子的动量，那么通过"量子力学" 力引入对整个系统的波函数的不可控的涨落，并引起每个粒子的位置发生相应的不可控的涨落。因此可以说，"量子力学" 力通过 ψ -场瞬间将不可控的干扰从一个粒子传递到另一个。

这种力的传递以无限大速率进行意味着什么呢？在非相对论性理论里，它肯定不会造成困难。然而，在相对论性理论中，这个问题要复杂得多。首先我们注意到，只要第 2 节所述的 3 个特别假设成立，我们的解释就不会与相对论不一致，因为对于所有物理过程，它能给出与通常的解释相同的预言(在此后者与相对论是一致的)。在我们的解释里，尽管粒子之间的动量传输是瞬时完成的，但它与相对论不矛盾。其原因是没有信号可以这种方式进行。只有当存在某种实际测量手段，能够精确确定当第一个粒子没被观察时第二个粒子会怎么运动，这种动量传递才能够作为信号。但正如我们所看到的，只要量子理论的目前形式是有效的，这种信息就不可能得到。要获得这种信息，我们要求存在这样的条件(在 10^{-13} 厘米的距离尺度上，这种条件可能是存在的)：在这种条件下，量子理论的通常形式不成立(见第6节)，因此，粒子的位置和动量可同时精确测定。如果这样的条件存在，那么就有两种方式可避免上述矛盾。首先，适用于新场合的更普遍的物理规律可以是这样的，它们不允许粒子间的力的可控特性传播得比光还快。这样，洛伦兹协变就得以保留下来。其次，当通常的量子理论的解释不成立时，应用通常的洛伦兹协变的判据有可能不是很合适。即使考虑到引力理论，广义相对论表明，将光速作为速度的极限不一定是普适的。如果我们采用广义相对论的精神，就是说，寻求空间对在其间运动的物质的依赖性质，那么可以想象，度规，从而极限速度，可能会像依赖于引力张量 $g^{\mu,\nu}$ 一样依赖于 ψ -场。在经典极限下，这种对 ψ -场的依赖关系可以忽略，我们可以得到协变的通常形式。无论如何，对于在非常短的距离上对协变的相同形式的要求，现在还谈不上有坚实的实验基础。

总之，我们可以断言，在量子理论的目前形式表现正确的任何地方，我们的解释都不会出现与相对论的任何不一致。而在目前理论失效的地方，可能会有几种途径使得我们的解释可以继续处理如何取得与协变保持一致的问题。

与协变保持一致的处理的尝试有可能成为我们寻找新的物理定律的一个重要的启发性原则。

9. 按冯·诺依曼的论证，量子理论与隐变量是不相容的

冯·诺依曼①研究了以下问题：“如果对于能进行的每项实验，量子理论的目前的数学形式及其通常的概率解释假定能给出绝对正确的结果，那么我们是否能将这种量子力学概率理解为是关于隐参数的任何可以想象的分布？”冯·诺伊曼对这个问题的回答是否定的。但他的结论往往受到批评者的攻击。他们认为在他的证明里，他暗含了将讨论限定在过窄的一类隐参数范围内，而将本文提出的那些类型的隐参数排除在外。

为了证明上述陈述，我们简要地总结一下冯·诺依曼的证明。这个证明(始于其著作的第 167 页)认为，通常的量子力学概率计算法则意味着不可能存在“无色散状态”，即不存在所有可能的可观察量的值能够由待观测系统的物理参数同时确定的状态。例如，如果我们考虑两个非对易的可观察量 p 和 q，对此冯·诺依曼认为，如果我们假设待观测系统内存在一组隐参数，它能同时确定位置和动量“可观察量”的值，那么这将与计算量子力学概率的通常法则不一致。对于这个结论，我们是同意的。然而，在我们提出新的理论解释里，这个所谓的“可观察量”，正如我们在第 5 节所述，不单属于被观察系统的性质，而是这样一种势，其精确发展既取决于观测仪器也取决于被观测系统。事实上，当我们测量“可观察量”动量时，最终的结果既取决于动量测量仪器的“隐”参数，也取决于被观察电子的“隐”参数。同样，当我们测量“可观察量”位置时，最终的结果部分取决于位置测量仪器的“隐”参数。因此，用于计算动量测量的平均值的“隐”参数的统计分布将不同于用于计算位置测量的平均值的“隐”参数的统计分布。因此，

---

① J. von Neumann, *Mathematics Grundlagen der Quanienmecbanik* (Verlag. Julius Springer, Berlin, 1932).

冯·诺依曼关于单个“隐”参数的分布不可能与量子理论结果相一致的证明(见其著作第 171 页)与这里的讨论无关，因为在我们的关于这类测量的解释里，隐参数的分布随不同的互斥的实验安排而不同，这些不同的实验安排是进行不同的测量所必须的。在这一点上，我们与玻尔是一致的。玻尔曾反复强调测量仪器作为观察系统的不可分割的一部分的基本作用。但我们与玻尔不同的是，我们提出了一种原则上可对仪器的作用进行精确分析和描述的方法，而玻尔则认为，对测量过程的细节进行精确描述的概念原则上是不可能的。

最后，我们想强调的是，我们到目前为止所得出的结论仅针对按目前方法可进行的对所谓“可观察量”的测量。如果量子理论需要在小距离上进行修改，那么，如第 6 节所述，对粒子的实际位置和动量进行精确测量原则上是可行的。这里应当指出的是，这同样与冯·诺伊曼定理无关。因为在此我们正超越目前量子理论的一般形式的无限有效性的假设，而这个假设是他的证明中的不可或缺的组成部分。

10. 总结和结论

量子理论的通常解释意味着，我们必须放弃用单个精确定义的概念模型来描述一个独立系统的可能性。但我们提出了另一种解释，它不意味着这样的放弃，而是将我们引向这样一个方向：将量子力学系统看作由精确定义的粒子与给这个粒子施加力的作用的精确定义的 ψ -场的综合。在这样的空间尺度上 —— 在其中量子理论目前的数学形式体系是一个很好的近似 —— 我们不可能通过实验对这两种解释做出选择。但这种选择在 10^{-13} 厘米尺度上是可以想象的。在这个尺度上，目前理论的外推似乎已失效，而我们提出的新的解释则可以给出完全不同的预言。

目前，我们提出的新的解释提供了一种自洽但有别于通常假设的选择。通常的假设认为，在量子水平上，可能就不存在对实在的客观、可精确定义的描述。而在我们的描述里，量子水平上的客观实在性问题至少在原则上与经典水平上的这一问题没有本质上的不同，虽然单个系统特性的测量会出现新的问题，但这只需通过理论的改进就可以得到解决。在原子核的尺度上，这样一种可能的改进方式如第 6 节所述。在这方面，我们要指出的是，我们所测量的对象不仅依赖于可用仪器的类型，而且依赖于现有理论，后者决定着可用于将仪器的直接可观察的状态与待测系统的状态联系起来的推理类型。换言之，我们的认识论在很大程度上是由现有理论决定的。因此，根据现有理论，纯粹从认识论的角度推导出未来理论的可能形式的做法是不明智的。

量子理论的通常解释的发展似乎在很大程度上受到下述原则的指导：对于不能被观察的实体，不预设其可能存在。这一原则根植于19世纪“实证主义”或“经验主义”的普遍的哲学观点，代表了对我们应选择考虑的各种可能类型的理论加设了一条超越物理的限制①。这里采用“超越物理的”一词是经过考虑的，因为无论是从物理实验数据，还是从其数学表述，我们无法推断我们是不是永远不可能对那些其存在现在无法被观测到的实体进行观察。现在，我们没有理由反对为什么一定要避免一条超越物理的一般性原则，既然这一原则可以作为有用的工作假说。但前述的特定的超物理原则不可能是一个好的工作假说。在科学研究的历史上，这样的例子比比皆是：在某些对象或元素尚不能根据现有方法对其进行直接观察之前，我们先假设它们的存在是非常富有成效的。原子论就是这样的一个例子。我们先假定可能实际存在单个原子，并用以解释各种宏观物理结果。但我们也可以直接根据宏观物理的概念来理解而无须借助于存在原子的假设。因此19世纪的某些实证论者(尤其是马赫)纯粹基于哲学立场坚持认为，存在实际的单个原子的假定是不正确的，因为它们从来没有被观察到过。他们认为，原子理论应该被视为一种用以计算物质的各种可观察的大尺度性质的有趣方法。然而，那些认真对待原子假说的人们最终发现了存在个别原子的证据。他们坚持认为单个原子是存在的，即使还没有人观察到它们。现在我们可能正处在这种类似的境地：量子理论的通常解释不愿意考虑单个系统的波函数可能代表着客观实在的可能性，因为我们无法借助于现有的实验和理论观察到它们。

最后，作为仅将我们现在可以看到的归于实在的实证主义假说的一种替代理论，这里我们还要防止另一种假说。我们认为这种假设给出的结论更接近于人们从实际科学研究的一般经验出发所得出的结论。这个假说建立在这样一个简单假设的基础上：世界从整体上说是客观真实的，正如我们现在所知道的，它可以被正确地视为具有可精确描述和分析的无限复杂的结构。这种结构的模式似乎完全能够从人类的大小尺度水平上所做的实验反映出来，但它在每个层面上的反映是间接的，因此我们非常有可能最终推得整个结构在各个层级上的属性。我们决不应指望获得一种关于这一结构的完整理论，因为几乎可以肯定，存在的要素要比

---

① 19世纪实证论观点的主要典型当属马赫。现代实证主义者似乎已从这个极端立场上后退，但其哲学观点已为大多数现代理论物理学家含蓄地采纳。

我们在任何特定的科学发展阶段能够知道的多得多。但任何具体的要素原则上最终都能被发现，但我们永远做不到发现全部要素。当然，我们必须避免为每一种新现象假设一种新的要素。但认为只有那些现在可以观察到的要素才能为理论所接纳同样是严重的错误，因为理论的目的不仅是要将那些我们已经知道如何观测的观测结果联系起来，而且要提出进行新的观测建议并预言其结果。事实上，理论提出的新观测建议越好，其预言的观测结果越准确，就越是能够让我们确信，该理论很可能就是对物质的实际性质的好的表示，而不是仅仅是一个将已知事实关联起来的特定选出的实证体系。

附录1　光电效应和康普顿效应

在本附录中，我们将展示电磁场如何能够用我们的新的解释来描述。目的是能够对光电效应和康普顿效应进行处理。就我们的目的而言，这里采用满足 $\mathrm{div}\boldsymbol{A}=0$ 的规范就已经足够了，因此我们将只考虑电磁场的横向部分。因为在此规范下，场的纵向部分可以通过电荷密度用泊松方程完整地表示出来。在此，矢势的傅立叶解析式为

$$\boldsymbol{A}(\boldsymbol{x})=(4\pi/V)^{\frac{1}{2}}\sum_{\mathrm{k},\mu}\epsilon_{\mathrm{k},\mu}q_{\mathrm{k},\mu}e^{i\mathrm{k}\cdot x}. \tag{A1}$$

其中

$$q_{\mathrm{k},\mu}{}^{*}=q_{-\mathrm{k},\mu}.$$

$q_{\mathrm{k},\mu}$ 是电磁场的坐标，该场的振荡波数为 k，偏振方向为 μ，$\varepsilon_{\mathrm{k},\mu}$ 为垂直于 k 和 μ 的单位矢量，每一对 k 和 μ 对应于偏振的两个正交方向。V 是盒子的体积，我们假定它非常非常大。

我们还可以引入动量 $\Pi_{\mathrm{k},\mu}=\partial q_{\mathrm{k},\mu}^{*}/\partial t$，它正则共轭①于 $q_{\mathrm{k},\mu}$。对于电场的横向部分，我们有

$$\mathfrak{E}(\boldsymbol{x})=-\frac{1}{c}\frac{\partial\boldsymbol{A}(\boldsymbol{x})}{\partial t}=-\left(\frac{4\pi}{Vc^{2}}\right)^{\frac{1}{2}}\sum_{\mathrm{k},\mu}\epsilon_{\mathrm{k},\mu}\prod\nolimits_{\mathrm{k},\mu}^{*}e^{i\mathrm{k}\cdot\boldsymbol{x}}, \tag{A2}$$

对于磁场，

$$\mathfrak{H}(\boldsymbol{x})=\nabla\times\boldsymbol{A}=-(4\pi/V)^{\frac{1}{2}}i\sum_{\mathrm{k},\mu}(\boldsymbol{k}\times\epsilon_{\mathrm{k},\mu})q_{\mathrm{k},\mu}e^{i\mathrm{k}\cdot x}. \tag{A3}$$

辐射场的哈密顿量对应于各独立简谐振动的集合。其中每个的角频率为 $\omega=kc$。

---

① 见 G. Wentsel, *Quantum Theory of Fields* (Interscience Publishers, Inc., New York, 1948).

这个哈密顿量为

$$H^{(R)} = \sum_{k,\mu}\left(\prod_{k,\mu}\prod_{k,\mu}^{*} + k^2c^2q_{k,\mu}q_{k,\mu}^{*}\right). \tag{A4}$$

现在，在我们的量子理论的解释里，量 $q_{k,\mu}$ 预设为取矢势的 $\boldsymbol{k}$，μ 所对应的傅里叶分量的实际值，但就电子的情形而言，存在一个客观真实的超级场，它是所有电磁场坐标 $q_{k,\mu}$ 的函数。因此我们有

$$\psi^{(R)} = \psi^{R}(\cdots q_{k,\mu}\cdots). \tag{A5}$$

记 $\psi^{(R)} = R\exp(iS/h)$，我们得到(类比论文 Ⅰ 第 4 节)

$$\partial q_{k,\mu}/\partial t = \prod_{k,\mu}^{*} = \partial s/\partial q_{k,\mu}^{*} \tag{A6}$$

函数 $R(\cdots q_{k,\mu}\cdots)$ 有两种解释。第一种，它定义了出现在麦克斯韦方程组中的额外的量子力学项。为了看清这一项的出处，我们类比论文 Ⅰ 中的式(4) 写出电磁场的广义哈密顿-雅可比方程：

$$\frac{\partial s}{\partial t} + \sum_{k,\mu}\frac{\partial s}{\partial q_{k,\mu}}\frac{\partial s}{\partial q_{k,\mu}{}^{*}} + \sum_{k,\mu}(kc)^2 q_{k,\mu}q_{k,\mu}^{*} - \frac{h^2}{2R}\sum_{k,\mu}\frac{\partial^2 R(\cdots q_{k,\mu}\cdots)}{\partial q_{k,\mu}\partial q_{k,\mu}^{*}} = 0. \tag{A7}$$

由蕴含在式(A7) 里的哈密顿量导出的 $q_{k,\mu}$ 的运动方程变成

$$\ddot{q}_{k,\mu} + k^2c^2q_{k,\mu} = \frac{\partial}{\partial q_{k,\mu}^{*}}\left(\frac{h^2}{2R}\sum_{k',\mu'}\frac{\partial^2 R}{\partial q_{k',\mu'}\partial q_{k',\mu'}^{*}}\right). \tag{A8}$$

由于当右边为零时上式变成真空空间的麦克斯韦方程，因此我们看到，“量子力学”项可以深刻地调整电磁场的行为。事实上，正是这种调整使我们得以解释为什么振子 $q_{k,\mu}$ 能够迅速传输大量的能量和动量，即使 $q_{k,\mu}$ 非常小。因为当 $q_{k,\mu}$ 非常小时，式(A8) 的右边可以变得非常大。

R 的第二种解释是，正如论文 Ⅰ 的式(5)，它定义了一个保守的概率密度，每个 $q_{k,\mu}$ 都有一个确定的值。从这个事实我们看到，虽然当 R 很小时大量能量和动量可以转移到辐射振子上，但这一过程的概率却非常小(正如我们在论文 Ⅰ 的第 7 节所证明的那样)。

在最低能态(此时不出现能量子)，每个振子都处于基态。于是这个超级波场变为

$$\psi_0^{(R)} = \exp\left[-\sum_{k,\mu}\left(kcq_{k,\mu}q_{k,\mu}{}^{*} + \frac{1}{2}ikct\right)\right]. \tag{A9}$$

如果 k'，μ' 振子被激发到第 n 个量子态，那么超级波场变为

$$\psi^{(R)} = h_n(q_{k',\mu'})e^{-ink'ct}\psi_0^{(R)}, \tag{A10}$$

其中 h_n 是第 n 阶厄米多项式。正如在论文 Ⅰ 的第5节所证明的那样，这个系统的定态对应于量子化能量等于同一个值 $E=(n+1/2)hkc$，这个结果与通常解释所得到的结果一样。但在非定态情形，式(A7) 和(A8) 意味着每个振子的能量都能剧烈涨落，就像氢原子的非定态所显示的那样(见论文 Ⅰ 的第 7 节)。

在光电效应和康普顿效应里，我们特别感兴趣的非定态是这样的态：它相当于包含单个量子的电磁波包所对应的状态。这个态的超级波场是

$$\psi_p^{(R)} = \sum_{k,\mu} f_\mu(\boldsymbol{k}-\boldsymbol{k}_0)q_{k,\mu}e^{-ikct}\psi_0^{(R)}, \tag{A11}$$

其中 $f_\mu(\boldsymbol{k}-\boldsymbol{k}_0)$ 是这样的函数，它仅在 $k=k_0$ 附近时很大；一阶厄米多项式由 $q_{k,\mu}$ 代表，二者成正比。

为了证明式(A11) 表示的是一个电磁波包，我们可计算下述差：

$$\langle\Delta W\rangle_{Av} = \langle W\rangle_{Av} - \langle W_0\rangle_{Av}, \tag{A12}$$

这里 $\langle W(\boldsymbol{x})\rangle_{Av}$ 是实际出现的平均能量密度(对系综平均)，$\langle W_0(\boldsymbol{x})\rangle_{Av}$ 是(因为零点涨落) 甚至在基态也会出现的平均能量。我们有

$$\langle W(\boldsymbol{x})\rangle_{Av} = \iint\cdots\int\psi_p^{*(R)}(\cdots q_{k,\mu}\cdots)\times \frac{[\mathfrak{E}^2(\boldsymbol{x})+\mathfrak{H}^2(\boldsymbol{x})]}{8\pi}\psi_p^{(R)}(\cdots q_{k,\mu}\cdots)\times(\cdots dq_{k,\mu}\cdots), \tag{A13}$$

$$\langle W_0(\boldsymbol{x})\rangle_{Av} = \iint\cdots\int\psi_0^{*(R)}(\cdots q_{k,\mu}\cdots) \times\frac{[\mathfrak{E}^2(\boldsymbol{x})+\mathfrak{H}^2(\boldsymbol{x})]}{8\pi}\psi_0^{(R)}(\cdots q_{k,\mu}\cdots) \times(\cdots dq_{k,\mu}\cdots). \tag{A14}$$

从式(A2) 得到 $\mathfrak{E}(\boldsymbol{x})$，从式(A3) 得到 $\mathfrak{H}(\boldsymbol{x})$，从式(A10) 得到 $\psi_P^{(R)}$，从式(A9) 得到 $\psi_0^{(R)}$，我们很快就能证明

$$\langle\Delta W(\boldsymbol{x})\rangle_{Av} = \sum_{k,\mu}\sum_{k',\mu'} f_u(\boldsymbol{k}-\boldsymbol{k}_0)f_{\mu'}(\boldsymbol{k}'-\boldsymbol{k}_0) \times e^{i(\boldsymbol{k}+\boldsymbol{k}')\cdot\boldsymbol{x}}\epsilon_{k,\mu}\cdot\epsilon_{k',\mu'} \tag{A15}$$

这意味着，这个波包蕴含着对定域于某个区域内的零点能的出超，在这个区域内，波包函数 $g(\boldsymbol{x})$ 可计算：

$$g(\boldsymbol{x}) = \sum_{k,\mu} f_\mu(\boldsymbol{k}-\boldsymbol{k}_0)e^{ik\cdot x}\epsilon_{k,\mu}. \tag{A16}$$

现在我们准备处理光电效应和康普顿效应。整个处理工作类似于对夫兰克-赫兹实验的处理(见论文 Ⅰ 的第 7 节)。在此我们仅作简要叙述。我们由添加辐射哈密顿量 $H^{(R)}$ 开始，粒子的哈密顿量为

$$H^{(P)} = (1/2m)\left[\boldsymbol{p} - (e/c)\boldsymbol{A}(\boldsymbol{x})\right]^2. \tag{A17}$$

(我们将处理限定为非相对论性质。)光电效应对应于辐射振子从激发态跃迁到基态，同时原子中的电子被弹出，该电子的能量为 $E = h\nu - I$，其中 I 是原子的电离电势。初始超级波场，它对应于仅含一个量子的入射波包，加上基态原子[见式(A11)]，得

$$\begin{aligned}\psi_i = \psi_0(\boldsymbol{x})\exp(-iE_0t/h)\psi_0^{(R)}(\cdots q_{k,\mu}\cdots) \\ \times \sum_{k,\mu} f_\mu(\boldsymbol{k} - \boldsymbol{k}_0)q_{k,\mu}e^{-ikct}.\end{aligned} \tag{A18}$$

通过求解组合系统的薛定谔方程，我们得到一个类似于论文 Ⅰ 中式(26)的渐近波场，它所含的项对应于光电效应。这些必须添加到 ψ_i 中的项给出如下完整的超级场(渐近解)

$$\begin{aligned}\delta\psi_a = \psi_0^{(R)}(\cdots q_{k,\mu}\cdots)\sum_{k,\mu} f_\mu(\boldsymbol{k} - \boldsymbol{k}_0) \\ \times \frac{\exp[i\boldsymbol{k}' \cdot r - ih(k'^2/2m)t]}{r} g_u(\theta, \phi, k'),\end{aligned} \tag{A19}$$

其中出射电子的能量为 $E = h^2k'^2/2m = hkc + E_0$。函数 $g_\mu(\theta, \phi, k')$ 是与出射电子的 ψ-场相关的振幅。这个量可以从相互作用项 $-(e/c)\boldsymbol{p}\cdot\boldsymbol{A}(\boldsymbol{x})$ 的矩阵元计算得到，其方法很容易从通常的微扰理论导出。

出射电子波包的中心在 $r = (hk'/m)t$。最终，这个波包将与电子的初始波函数 $\psi_0(\boldsymbol{x})$ 完全分离。如果该电子碰巧进入向外传播的波包，那么初始波函数就可以相应地忽略。于是，从实际来看，系统的行为就如同由式(A9)给出的波场行为。由此我们可以得出结论，辐射场处于基态，而电子已被释放。正如通常的解释所做的那样，我们很容易证明，电子出现在 θ, ϕ 方向上的概率可以从 $|g_\mu(\theta, \phi, k')|^2$ 计算得到。

为了描述康普顿效应，我们只需要将出射电磁波所对应的项和出射电子所对应的项添加到超级波场上。这部分的渐近解为

$$\delta\psi_b = \psi_0^{(R)}(\cdots q_{k,\mu}\cdots)\sum_{k',\mu'} f_\mu(\boldsymbol{k}-\boldsymbol{k}_0) \times c_{k',\mu'}{}^{k,\mu} q_{k',\mu'} g_{k',\mu'}{}^{k,\mu}(\theta,\phi)\frac{e^{ik''r}}{r} \times \exp\left(-ik'ct-\frac{ihk''^2t}{2m}\right), \tag{A20}$$

其中

$$(h^2k''^2/2m) + hk'c = hkc + E_0.$$

量 $c_{k',\mu'}{}^{k,\mu}$ 正比于跃迁矩阵元，在这个跃迁中，$\boldsymbol{k}$，μ 的辐射振子从第一激发态回到基态，而 $\boldsymbol{k}'$，μ' 的振子从基态跃迁到第一激发态。这个矩阵元素主要是由哈密顿量里的项 $(e^2/8mc^2)A^2(\boldsymbol{x})$ 确定。

我们很容易看出，出射电子波包最终不但与初始波场 $\psi_i(\boldsymbol{x},\cdots,q_{k,\mu},\cdots)$ 完全分离，而且也与光电效应的波包 $\delta\psi_a$［定义见式(A19)］的波包完全分离。如果该电子碰巧进入这个波包，那么其他项均可忽略，系统的行为实际上就像一个出射电子，加上一个独立出射的光量子。读者很容易验证，光量子 $\boldsymbol{k}'$，μ' 随同电子出现在 θ，ϕ 方向上的概率与通常解释所给出的结果完全一样。

附录 2　对德布罗意和罗森提出的量子理论解释的讨论

在本文完成后，作者注意到两篇文章，它们提出的对量子理论的解释与本文建议的解释类似。第一篇是 L. 德布罗意的文章①，第二篇由 N. 罗森所写②。这两篇论文认为，如果我们写出 $\psi = R\exp(is/h)$，那么我们就可以将 R^2 看作具有速度 $\boldsymbol{v} = \nabla s/m$ 的粒子的概率密度。德布罗意将 ψ 场视为“引导”粒子的代理，因此称 ψ 为“导波”。两位作者由此得出结论，这种解释无法自洽地用于那些包含定态波函数的线性组合的场的情形。然而，正如我们将在本附录中所看到的，上述作者所遇到的困难是可以克服的，只要他们将这些想法贯彻下去就能得出合乎逻辑的结论。

在讨论粒子受到刚性转子的非弹性散射问题时，德布罗意的建议遭到泡利等人③的强烈反对。由于这个问题概念上等价于粒子受到氢原子的非弹性散射的问

① L. de Broglie, *An Introduction to the Study of Wave Mechanics* (E. P. Dutton and Company, Inc, New York, 1930)，见其中第 6，第 9 和第 10 章。

② N. Rosen, *J. Elisha Mitchel Sci. Soc.* 61, Nos. 1 and 2 (August, 1945).

③ 1927 年索尔维会议上的报告(Gauthiers-Villars et Cie., Paris, 1928)，见第 280 页。

题，而后者我们在论文 I 的第7节已经给予处理，因此我们将根据后一种例子来讨论泡利的反对意见。

现在，按照泡利的论证，该散射问题中的初始波函数应为 $\psi = \exp(i\boldsymbol{p}_0 \cdot \boldsymbol{y}/h)\psi_0(\boldsymbol{x})$。它对应于如下复合系统的定态：在该系统中，粒子的动量为 p_0，而氢原子处于基态，其波函数为 $\psi_0(\boldsymbol{x})$。入射粒子在与氢原子发生相互作用后，复合波函数可以表示为

$$\psi = \sum_n f_n(\boldsymbol{y})\psi_n(\boldsymbol{x}) \tag{B1}$$

这里 $\psi_n(\boldsymbol{x})$ 是氢原子被激发到第 n 激发态的波函数，$f_n(\boldsymbol{y})$ 是相伴的展开系数。容易证明①，$f_n(\boldsymbol{y})$ 取出射波的形式，$f_n(\boldsymbol{y}) \sim g_n(\theta, \phi)e^{iknr}/r$，这里 $(hkn)^2/2m = [(hk_0)^2/2m] + E_n - E_0$。现在，如果我们记 $\psi = R\exp(iS/h)$，我们会发现，粒子的动量 $p_x = \nabla_x S(\boldsymbol{x}, \boldsymbol{y})$ 和 $p_y = \nabla_y S(\boldsymbol{x}, \boldsymbol{y})$ 将发生剧烈涨落，其方式强烈依赖于每个粒子的位置。因此，无论是原子还是出射粒子都不会趋向定态。另一方面，我们从实验上知道，原子和出射粒子最终都将获得确定的(但无法预先估计的)能量值。因此泡利认为，德布罗意提出的解释是站不住脚的。德布罗意似乎也同意这个结论，因为他随后放弃了他的这项解释。

对于泡利的反对意见，我们的回答已包含在论文 I 的第7节以及本文的第2节里。众所周知，采用无穷大范围的入射平面波是一种过度的抽象，现实中无法实现。实际上，不论是 ψ-场的入射部分还是出射部分都将永远取有界波包的形式。此外，正如论文 I 第7节所示，不同 n 值所对应的所有波包会最终都将获得经典可描述的分离。出射粒子必将进入这些波包中的一个，并在此后留在该波包中，而氢原子则处于确定且关联的定态。因此可以看出，泡利的反对意见是建立在无限大平面波这种过于抽象的模型上的。

虽然上述意见已构成对泡利反对我们所建议的解释的完整回答，但在此我们希望将这一讨论稍稍做些展开，以便回应其他一些按类似思路提出的反对意见。针对这一点，我们可以说，即使波包是有界的，原则上通过对初始条件做适当调整也可以使它变得任意大。我们的解释预言，在入射 ψ 波与出射 ψ 波重叠的区域，每个粒子的动量将剧烈涨落，这是 ψ 场产生的“量子力学”势的相应涨落的结果。但问题是，这种涨落是否真的符合实验事实，尤其是因为原则上它们能出现在粒子的分隔距离远远大于“经典”相互作用势 $V(\boldsymbol{x}, \boldsymbol{y})$ 明显重要时所对应的

① N. F. Mott and H. S. W Massey, *The Theory of Atomic Collisions* (Clarendon Press, Oxford, 1933).

距离情形下。

为了证明这些涨落不与任何现有的实验事实相矛盾，我们首先要指出，即使对于通常的解释，在这里预设的条件下，即对于入射波包与出射波包重叠的情形，每个粒子的能量也不可能正确地被视为确定的。因为只要两个定态波函数之间存在可能的干扰，在某种意义上说，该系统就会表现得就像同时包含两种态①。在这种情况下，通常解释意味着无论哪个粒子都谈不上有精确定义的能量值。从这个波函数，我们只能预言如果对能量进行测量，它取某个确定的值的概率。另一方面，测量能量所需的实验条件在确定能量可能取某个确定值上起着关键性作用，因为测量仪器的作用破坏了这个波函数的对应于不同能量值的各部分之间的相干性②。

在我们的解释中，入射波包与出射波包的重叠并不意味着任何一个粒子的能量精确值没有意义，而是说这个值实际上是以不可预知和不可控制的方式剧烈涨落着。但当我们测量其中某个粒子的能量时，那么我们的解释给出的预言结果与通常解释给出的是一致的：每个粒子的能量将变得明确和恒定，这是能量测量仪器作用于被观察系统的结果。为了说明这是如何发生的，让我们假设氢原子的能量通过某种相互作用得到测量，其中“经典”势函数 V 为与氢原子中电子有关的变量以及与仪器有关的变量的函数，而不是与出射粒子有关的变量的函数。令 z 为测量仪器的坐标。于是如第 2 节所示，与测量氢原子能量的仪器之间的相互作用将使 ψ 函数(B1) 转换成

$$\psi = \sum_n f_n(\boldsymbol{y})\psi_n(\boldsymbol{x})g_0(z - aEnt/h^2) \qquad (B2)$$

现在，我们看到，如果乘积 at 大到足以使明确的测量成为可能，那么对应于不同 n 值的各波包最终将在 z 空间上获得经典描述的分离。仪器变量 z 必然进入这些波包中的某一个，此后，出于实际考虑，所有其他波包均可忽略。于是氢原子便处于有确定的和恒定能量的状态下，而出射粒子的能量则有一个相对明确且与某个常数相关的值。因此，我们发现，正如通常的解释，我们的解释的预测是，每当我们用现在可行的方法来测量两个粒子中某个粒子的能量时，我们总能得到一个明确、恒定的值。无论怎样，在入射波包与出射波包重叠，并且两个粒子都不与

① D. Bohm, *Quantum Theory* (Prinfice-Hall, Inc. New York, 1951)，第 16 章第 25 节.

② D. Bohm, *Quantum Theory* (Prinfice-Hall, Inc. New York, 1951)，第 6 章第 3 ~ 8 节，第 22 章第 8 ~ 10 节。

能量测量仪器相互作用的条件下，我们的解释明确指出，每个粒子的能量都将发生真实的涨落。不仅如此，这些涨落至少原则上是可观察的(例如，采用第6节所述方法)。同时，在仅限于现有观察方法的条件下，我们的解释所给出的预言与通常解释得到的完全相同，所以支持通常解释的实验不可能与我们的解释矛盾。

德布罗意在他的书①中提出了反对他自己原先提出的对量子理论的解释的意见。这些意见与泡利提出的意见非常相似。因此在这里我们没有必要详细回应德布罗意的观点，因为答案基本上与回应泡利的相同。但我们希望强调一点。德布罗意认为，不仅电子，而且光量子，都具有粒子特性。但本文建议的解释的自洽运用(如附录A所示)要求光量子被描述为电磁波包。而这种波包的唯一可精确定义的量就是其傅里叶分量——矢势的 $q_{k,\mu}$ 和相应的正则共轭动量 $\Pi_{k,\mu}$。这种波包有许多类似粒子的性质，包括在很大距离上快速传递一个完整的能量量子的能力。然而，它可能与存在“光子”粒子——每个光量子所伴随的粒子——的假设不一致。

现在我们来简要讨论罗森的文章②。罗森放弃了他提出的量子理论解释，原因是对驻波解释起来有困难。对于自由粒子在一个盒子里处于定态的情形，对此我们已经在第8节讨论过了，我们的解释给出的结论是，粒子仍静止不动。罗森不愿意接受这个结论，因为它似乎与通常解释不一致。后者认为，在这种状态下，电子应以相等的概率沿任一方向运动。为了回应罗森的观点，我们仅需再次指出，通常的解释给出的粒子在定态下的运动没有意义。它至多能预测我们得到给定结果的概率，如果我们测量速度的话。然而，正如我们在第8节所述，对于我们实际能取得的关于电子速度测量的过程，我们的解释同样能给出与通常解释精确相同的预测结果。然而，我们必须记住，“可观察量”动量的值，当它现在被“测量”后，不必一定等于它与测量仪器的相互作用之前的粒子动量。

我们认为，泡利、德布罗意和罗森提出的对量子理论的解释——它们与本文建议的解释类似——的异议，都可以采用我们这里提出的解释的每个方面的逻辑结论来回应。

---

①　见第380页文献①——中译者注。

②　见第380页文献①——中译者注。

论爱因斯坦、波多尔斯基和罗森的悖论

约翰·贝尔①

最初发表于《物理学》第1卷，195—200页(1964年)。

1. 引言

爱因斯坦、波多尔斯基和罗森(以下简称EPR)的悖论[1]提出了这样一个观点：量子力学不可能是一种完备的理论，应该由其他变量加以补足。这些额外的变量将恢复理论的因果关系和局域性[2]。在本文中，这一观点将被数学形式化，并表明，它与量子力学的统计预言不相容。正是局域性的要求，或更确切地说，一个系统的测量结果要求不受到远处另一个系统——二者在过去曾有过相互作用——的运行的影响，势必带来根本性困难。已有的尝试[3]表明，即使不考虑这种可分性或局域性要求，量子力学的"隐变量"解释也不可能成立。这些尝试已在别处得到检查[4]，并期待进一步检验。不仅如此，基本量子理论的隐变量解释[5]已被明确建立。事实上，任何具体的解释都有严重的非局域结构。根据本文所证明的结果，任何确切再现量子力学预言的这种理论都具有这种特征。

2. 公式

在玻姆和阿哈罗诺夫倡导的例子[6]中，EPR的观点如下。考虑一对自旋1/2的粒子，它们以某种方式形成自旋单态，并沿相反方向自由运动。我们可以对其进行测量，例如像斯特恩-盖拉赫实验那样，测量选定的自旋分量$\vec{\sigma}_1$和$\vec{\sigma}_2$。如果对分量$\vec{\sigma}_1 \cdot \vec{a}$的测量(这里$\vec{a}$是某个单位矢量)产生值$+1$，那么根据量子力学，对分量$\vec{\sigma}_2 \cdot \vec{a}$的测量必将产生值$-1$，反之亦然。现在我们提出假设[2]，它至少是一个值得考虑的假设，即如果两个测量量彼此相距很远，远到在一处磁体的取向不影响在另一处获得的结果。由于我们可以通过先测量$\vec{\sigma}_1$的同一分量来提前预告选定的$\vec{\sigma}_2$分量的测量结果，因此必然有结论：任何这样的测量结果实际上

① 本项工作得到美国原子能委员会的部分支持。本文成文于SLAC和CERN的学术休假中。

必然是预先就确定了的。由于初始量子力学波函数不确定一个单独测量的结果，因此这种预先确定性意味着量子力学态可能存在更完备的规定。

令这个更完备的规定由参数 λ 来表示。在下面的讨论中，λ 是代表一个变量还是一组变量甚至是一组函数，是离散变量还是连续变量，这无关紧要。因此我们就将 λ 记为一个连续参数。于是测量 $\vec{\sigma}_1 \cdot \vec{a}$ 的结果 A 由 $\vec{a}$ 和 λ 确定，测量 $\vec{\sigma}_2 \cdot \vec{b}$ 的结果 B 由 $\vec{b}$ 和 λ 确定，且

$$A(\vec{a},\ \lambda) = \pm 1,\ B(\vec{b},\ \lambda) = \pm 1. \tag{1}$$

于是关键性假设[2] 表述为，粒子 2 的结果 B 不依赖于粒子 1 的磁体的设置 $\vec{a}$，同样，A 也不依赖于 $\vec{b}$。

如果 $\rho(\lambda)$ 是 λ 的概率分布，那么两个分量 $\vec{\sigma}_1 \cdot \vec{a}$ 和 $\vec{\sigma}_2 \cdot \vec{b}$ 的乘积的期望值为

$$P(\vec{a},\ \vec{b}) = \int d\lambda \rho(\lambda) A(\vec{a},\ \lambda) B(\vec{b},\ \lambda). \tag{2}$$

这个结果应该就是量子力学的期望值，因为对于单态我们有

$$\langle \vec{\sigma}_1 \cdot \vec{a}\, \vec{\sigma}_2 \cdot \vec{b} \rangle = -\vec{a} \cdot \vec{b}. \tag{3}$$

但下面我们将证明，这是不可能的。

有些人可能更喜欢将公式中的隐变量分为两组，使得 A 依赖于一组，B 依赖于另一组。这种可能性已包含在上述推导中，因为 λ 代表任意多个变量，因此 A 和 B 的依赖关系是不受限制的。在爱因斯坦所设想的那类完备的物理理论中，隐变量将具有动力学意义并服从运动定律。因此，在某些合适的情形下，我们的 λ 可看成是这些变量的初值。

3. 证明

主要结果的证明是相当简单的。但在给出它之前，一些辅助性证明可能有助于正确看待这个结果。

首先，对于单个粒子自旋的测量结果给予一种隐变量的解释并不困难。假设我们有一个自旋 1/2 的粒子，它处于由单位矢量 $\vec{p}$ 表示极化方向的纯自旋态上。令隐变量为(例如)单位矢量 $\vec{\lambda}$，且半球上的均匀概率分布有 $\vec{\lambda} \cdot \vec{p} > 0$。规定分量 $\vec{\sigma} \cdot \vec{a}$ 的测量结果为

$$\vec{\lambda} \cdot \vec{a}' \text{ 的正负号}, \tag{4}$$

其中$\vec{a}'$为单位矢量，其方向取决于$\vec{a}$和$\vec{p}$的规定方式，符号函数根据其参数的符号取+1或-1。实际上，当$\lambda \cdot a' = 0$时这个结果是不确定的。但由于此时概率是零，因此我们不必为它作出特别规定。对$\vec{\lambda}$平均的期望值为

$$\langle \vec{\sigma} \cdot \vec{a} \rangle = 1 - 2\theta'/\pi, \tag{5}$$

其中θ'是$\vec{a}'$与$\vec{p}$之间的夹角。假设$\vec{a}'$是由$\vec{a}$绕$\vec{p}$转动到角度

$$1 - \frac{2\theta'}{\pi} = \cos\theta \tag{6}$$

得到的，其中θ'是$\vec{a}$与$\vec{p}$之间的夹角。那么我们便得到所要的结果

$$\langle \vec{\sigma} \cdot \vec{a} \rangle = \cos\theta. \tag{7}$$

因此，在这种简单情形下，就每次测量的结果由额外变量的值确定这一点来看，考虑到量子力学的统计特征的产生是因为这个变量的值在单个粒子测量情形下未知，因此解释起来并没有什么困难。

其次，在口头讨论如下问题

$$\left.\begin{aligned} P(\vec{a}, \vec{a}) &= -P(\vec{a}, -\vec{a}) = -1 \\ P(\vec{a}, \vec{b}) &= 0 \text{ 若 } \vec{a} \cdot \vec{b} = 0 \end{aligned}\right\} \tag{8}$$

时，以形式(2)来再现通常用到(3)的唯一特征时也没什么困难。

例如，现在令λ为单位矢量$\vec{\lambda}$，对于所有方向上的均匀概率分布，并取

$$\left.\begin{aligned} A(\vec{a}, \vec{\lambda}) &= \text{sign } \vec{a} \cdot \vec{\lambda} \\ B(a, b) &= -\text{sign } \vec{b} \cdot \vec{\lambda} \end{aligned}\right\} \tag{9}$$

它给出

$$P(\vec{a} \cdot \vec{b}) = -1 + \frac{2}{\pi}\theta, \tag{10}$$

其中θ是a与b之间的夹角，式(10)有性质(8)。为了比较，我们考虑修正理论[6]的结果。在该理论中，纯的单态在时间进程中被积态的各向同性的混合所替代。由此给出关联函数

$$-\frac{1}{3}\vec{a} \cdot \vec{b}. \tag{11}$$

在实验上，区分(10)与(3)要比区分(11)与(3)可能更不是容易。

与式(3)不同，函数(10)在最小值-1($\theta = 0$处)不是静止的。我们将看到，

这是式(2) 类型函数的特征。

第三，也是最后一点，如果(2) 中的结果 A 和 B 被允许分别依赖于 $\vec{b}$ 和 $\vec{a}$，同时也分别依赖于 $\vec{a}$ 和 $\vec{b}$，那么再现量子力学的关联(3) 并不困难。例如，在式(9) 中用 $\vec{a}'$ 替换 $\vec{a}$，这里 $\vec{a}'$ 获自 $\vec{a}$ 绕 $\vec{p}$ 转动到角度

$$1-\frac{2}{\pi}\theta' = \cos\theta,$$

其中 θ' 是 $\vec{a}'$ 与 $\vec{b}$ 之间的夹角。然而，对于给定的隐变量的值，在一处用磁体测得的结果现在依赖于远处另一个磁体，而这正是我们希望避免的结果。

4. 矛盾

现在来证明主要结果。因为 ρ 是归一化的概率分布，

$$\int \mathrm{d}\lambda\rho(\lambda) = 1, \tag{12}$$

并且由于性质(1)，(2) 中的 P 不可能小于 -1。它可以在 $\vec{a}=\vec{b}$ 处达到 -1 当且仅当

$$A(\vec{a},\ \lambda) = -B(\vec{a},\ \lambda), \tag{13}$$

除非处在一组零概率的点 λ。假设真的如此，那么式(2) 可改写为

$$P(\vec{a},\ \vec{b}) = -\int \mathrm{d}\lambda\rho(\lambda)A(\vec{a},\ \lambda)A(\vec{b},\ \lambda). \tag{14}$$

取 $\vec{c}$ 为另一个单位矢量，于是我们有

$$\begin{aligned} P(\vec{a},\ \vec{b}) - P(\vec{a},\ \vec{c}) &= -\int \mathrm{d}\lambda\rho(\lambda)[A(\vec{a},\ \lambda)A(\vec{b},\ \lambda) - A(\vec{a},\ \lambda)A(\vec{c},\ \lambda)] \\ &= \int \mathrm{d}\lambda\rho(\lambda)A(\vec{a},\ \lambda)A(\vec{b},\ \lambda)[A(\vec{b},\ \lambda)A(\vec{c},\ \lambda) - 1]. \end{aligned}$$

由(1) 知，有

$$|P(\vec{a},\ \vec{b}) - P(\vec{a},\ \vec{c})| \leqslant \int \mathrm{d}\lambda\rho(\lambda)[1 - A(\vec{b},\ \lambda)A(\vec{c},\ \lambda)],$$

右边第二项为 $P(\vec{b},\ \vec{c})$，故有

$$1 + P(\vec{b},\ \vec{c}) \geqslant |P(\vec{a},\ \vec{b}) - P(\vec{a},\ \vec{c})|. \tag{15}$$

除非 P 是恒定的，否则右手边通常是 $|\vec{b}-\vec{c}|$ 量级，对于小的 $|\vec{b}-\vec{c}|$。因此 $P(\vec{b},\ \vec{c})$ 在最小值 $-1(\vec{b}=\vec{c})$ 处不可能是静止的，也不可能等于量子力学

值(3)。

量子力学的相关性(3)也不可能由形式(2)任意逼近。这种形式证明可以设置如下。我们不必担心逼近在孤立点失效，因此让我们来考虑下列函数而不是(2)和(3)

$$\bar{P}(\vec{a},\ \vec{b}) \quad 和 \quad \overline{-\vec{a}\cdot\vec{b}},$$

其中字符顶上的“-”表示$P(\vec{a}',\ \vec{b}')$和$-\vec{a}',\ \vec{b}'$在$\vec{a}$和$\vec{b}$的规定的小角度内对$\vec{a}'$与$\vec{b}'$的独立平均值。假定对于所有的$\vec{a}$和$\vec{b}$，二者的差限定在ε范围内：

$$|\bar{P}(\vec{a},\ \vec{b}) + \vec{a}\cdot\vec{b}| \leqslant \varepsilon, \tag{16}$$

那么我们将证明，这个ε不可能任意小。

假设对所有a和b

$$|\overline{\vec{a}\cdot\vec{b}} - \vec{a}\cdot\vec{b}| \leqslant \delta, \tag{17}$$

于是由式(16)

$$|\bar{P}(\vec{a},\ \vec{b}) + \vec{a}\cdot\vec{b}| \leqslant \varepsilon + \delta, \tag{18}$$

从(2)

$$\bar{P}(\vec{a}\cdot\vec{b}) = \int d\lambda \rho(\lambda)\bar{A}(\vec{a},\ \lambda)\bar{B}(\vec{b},\ \lambda), \tag{19}$$

其中

$$|\bar{A}(\vec{a},\ \lambda)| \leqslant 1 \text{ 和 } |\bar{B}(\vec{b},\ \lambda)| \leqslant 1. \tag{20}$$

由式(18)和(19)，以及$\vec{a}=\vec{b}$，

$$d\lambda\rho(\lambda)[\bar{A}(\vec{b},\ \lambda)\bar{B}(\vec{b},\ \lambda) + 1] \leqslant \varepsilon + \delta, \tag{21}$$

由式(19)

$$\begin{aligned}\bar{P}(\vec{a},\ \vec{b}) - \bar{P}(\vec{a},\ \vec{c}) &= \int d\lambda\rho(\lambda)[\bar{A}(\vec{a},\ \lambda)\bar{B}(\vec{b},\ \lambda) - \bar{A}(\vec{a},\ \lambda)\bar{B}(\vec{c},\ \lambda)] \\ &= \int d\lambda\rho(\lambda)\bar{A}(\vec{a},\ \lambda)\bar{B}(\vec{b},\ \lambda)[1 + \bar{A}(\vec{b},\ \lambda)\bar{B}(\vec{c},\ \lambda)] \\ &\quad - \int d\lambda\rho(\lambda)\bar{A}(\vec{a},\ \lambda)\bar{B}(\vec{c},\ \lambda)[1 + \bar{A}(\vec{b},\ \lambda)\bar{B}(\vec{b},\ \lambda)].\end{aligned}$$

利用式(20)得到

$$\begin{aligned}|\bar{P}(\vec{a},\ \vec{b}) - \bar{P}(\vec{a},\ \vec{c})| \leqslant &\int d\lambda\alpha(\lambda)[1 + \bar{A}(\vec{b},\ \lambda)\bar{B}(\vec{c},\ \lambda)] \\ &+ \int d\lambda\rho(\lambda)[1 + \bar{A}(\vec{b},\ \lambda)\bar{B}(\vec{b},\ \lambda)].\end{aligned}$$

于是由式(19) 和(20)

$$|\overline{P}(\vec{a},\ \vec{b}) - \overline{P}(\vec{a},\ \vec{c})| \leqslant 1 + \overline{P}(\vec{b},\ \vec{c}) + \varepsilon + \delta.$$

最后，由式(18)，

$$|\vec{a} \cdot \vec{c} - \vec{a} \cdot \vec{b}| - 2(\varepsilon + \delta) \leqslant 1 - \vec{b} \cdot \vec{c} + 2(\varepsilon + \delta)$$

或

$$4(\varepsilon + \delta) \geqslant |\vec{a} \cdot \vec{c} - \vec{a} \cdot \vec{b}| + \vec{b} \cdot \vec{c} - 1. \tag{22}$$

举例，$\vec{a} \cdot \vec{c} = 0$，$\vec{a} \cdot \vec{b} = \vec{b} \cdot \vec{c} = 1/\sqrt{2}$，于是有

$$4(\varepsilon + \delta) \geqslant \sqrt{2} - 1.$$

因此，对于小的有限的 δ，ε 不可能任意小。

因此，量子力学期望值不可能由式(2) 来表示，无论是准确值还是任意逼近值。

5. 推广

上述例子有这样一个好处，它几乎不需要发挥想象力来设想实际的测量过程。如果我们采用更一般的形式方法，那么根据文献[7] 知，具有一套完备的本征态的厄米算符是一个“可观察量”，因此这里的结果很容易扩展到其他系统。如果两个系统具有维数大于 2 的状态空间，那么我们总能够考虑两维子空间，并以直积形式来定义算符$\vec{\sigma}_1$ 和$\vec{\sigma}_2$，其形式类似于本文上述讨论中所采用的形式，它们对于积子空间外的态为零。于是对于至少一个量子力学态，复合子空间里的“单” 态，量子力学的统计预言确实与具有可分性的预先确定不相容。

6. 结论

在这样一种理论 —— 其中参数被添加到量子力学里以便确定单次测量的结果，且不改变统计预言的结果 —— 下，必定存在一种机制，使得一处的测量装置的设置可以影响到另一处仪器的读数，不论二者相隔多远。此外，所涉信号必须瞬时传播，因此这样的理论不可能是洛伦兹不变的。

当然，如果量子力学的预言仅具有限的有效性，那么情况就不同了。可以想象，它们可能只适用于这样的实验，在其中仪器的设置必须提前到足够早，以便让它们能够用小于或等于光速的速度来交换信号，取得一些相互关系。在这方面，波姆和阿哈罗诺夫提出那类实验[6]，其中设置在粒子飞行过程中发生改

变，是至关重要的。

我要感谢 M. 班德尔博士和 J. K. 佩林博士就这个问题进行的非常有益的讨论。论文的第一稿是在布兰代斯大学期间写的，我要感谢那里的同事以及他们在威斯康星大学对此表现出的兴趣和热情。

参考文献

[1]A. EINSTEIN, N. ROSEN and B. PODOLSKY, *Phys. Rev.* **47**. 777(1935)；亦见 N. BOHR, *Ibid.* **48**, 696 (1935), W. H. FURRY, *Ibid.* **49**, 393 and 476 (1936), and D. R. INGLIS, *Rev. Mod. Phys.* **33**, 1 (1961).

[2] "But on one supposition we should, in my opinion, absolutely holdfast: the real factual situation of the system S_2 is independent of what is done with the system S_1, which is spatially separated from the former." A. EINSTEIN in *Albert Einstein, Philosopher Scientist*, (Edited by P. A. SCHILP) p. 85, Library of Living Philosophers, Evanston, Illinois (1949).

[3] J. VON NEUMANN, *Mathematishe Grundlagen der Quanten-mechanik. Verlag Julius-Springer*, Berlin (1932), [英译版: Princeton Univhersity Press (1955)]; J. M. JAUCH and C. PIRON, *Helv. Phys. Acta* **36**, 827 (1963).

[4] J. S. BELL, 待发表.

[5] D. BOHM, *Phys. Rev.* **85**, 166 and 180 (1952).

[6] D. BOHM and Y. AHARONOV, *Phys. Rev.* **108**, 1070 (1957).

[7] P. A. M. DIRAC, *The Principles of Quantum Mechanics* (3rd Ed.) p. 37. The Clarendon Press, Oxford (1947).

第 6 章

沃纳·海森伯和埃尔温·薛定谔建立的量子力学形式体系以及由保罗·狄拉克做出的向相对论领域的推广，为瞬时力作用下的物理系统的动力学的计算提供了一种途径。这一方法非常重要，但却不够完备。电子或其他带电粒子，在加速时会产生电磁辐射，同样，当电磁辐射作用于带电粒子时，粒子会加速。要理解量子粒子如何与电磁场相互作用，它们如何发射和吸收辐射，我们需要量子电动力学理论。量子力学的创始人很快就开始发展这个理论。

1927 年，狄拉克发表了题为"辐射的发射和吸收的量子理论"的文章，第一次尝试解决这一问题。为了发展完备的量子电动力学理论，狄拉克向经典理论寻求灵感。经典力学至少有两种独立的形式体系，分别称为拉格朗日方法和哈密顿方法。量子力学是按照经典哈密顿形式类推而来的，但众所周知，拉格朗日方法在建立相对论性理论方面要较容易些。既然电磁学是一种相对论赖以建立的理论，因此狄拉克希望能找到一种适用于量子力学的拉格朗日方法，由此可以容易地建立起量子电动力学理论。1932 年，狄拉克发表"量子力学的拉格朗日方法"一文，将拉格朗日方法应用到量子力学上。他的这一愿望被证明是正确的，狄拉克的文章构成了理查德·费曼和朱利安·施温格的量子电动力学的方法的基础。

同样是在 1932 年，狄拉克与合作者弗拉基米尔·福克和波利斯·波多尔斯基共同发表了"论量子电动力学"一文。在其中他们提供了一套量子电动力学形式体系，后来被证明，这套体系与 1930 年海森伯和泡利较早给出的理论是等价的。但很快人们就意识到，无论是狄拉克的还是海森伯-泡利的量子电动力学，都遇到一个严重的问题：这些理论的许多计算都将导致无穷大能量的预期。例如，在计算一个电子的能量时，必须将存储在其自身电场中的自能量包括在内。对于一个点粒子，表示这一项的数学积分是无穷大。这显然不是物理的，它表明理论上存在弱点。这些无穷大非常令人不安，以至于在接下来的十年里量子理论方面的各路精英一直在努力寻找一种方法来消除它们。1947 年，罗伯特·奥本海默在题为“电子理论”的文章中对这一工作的进展给予了总结。

从理论上去除无穷大的一种重要方法是由马克斯·玻恩和利奥波德·英费尔德在 1934 年发表的一篇文章里给出的。在这篇题为“新场论基础”的文章中，他们修正了支配电动力学理论的麦克斯韦方程组，使得点粒子的自能保持有限。正如爱因斯坦在建立相对论时设置了一个截止速度 —— 光速，任何东西都不可能大于光速运动，玻恩和英费尔德推测，可以设置一个尺度下限，小于这个尺度，电场不可能建立。他们修改麦克斯韦方程使之适用于这个假设。在下一章里我们将发现，这个假设是不必要的。在 20 世纪 40 年代后期，人们发展出了一种无须明显修改麦克斯韦方程的经典形式就可以调整无穷大的方法。

辐射的发射和吸收的量子理论

保罗·狄拉克

摘自《伦敦皇家学会文集》A 辑，114 卷，243 页(1927)

1. 引言和总结

新的量子理论 —— 基于这样的假设：动力学变量不服从乘法交换律 —— 现已被充分发展成一个相当完备的动力学理论。我们可以在数学上处理任何由若干个相互间具有瞬时作用力的粒子所组成的动力学系统问题，只要该系统可由一个哈密顿函数来描述。我们可以用相当确定的一般方法从物理上来理解这个数学问题。另一方面，到目前为止，对于量子电动力学则几乎还没有取得什么进展。还没人来正确处理这样的系统：其中的力是以光速传播而不是瞬间传递的。运动电子产生的电磁场，以及该电磁场对电子的反作用的问题，也都还没被触碰过。此外，如何使理论能够满足相对论原理所限定的所有要求还存在严重的困难，因为此处哈密顿函数已不再适用。当然，这种相对论性问题与前面的问题有关联，我们要么能同时回答所有这些问题，要么无法回答其中任何一个问题。然而，我们似乎有可能在非严格相对论性的运动学和动力学的基础上，建立一种比较令人满意的有关辐射体发出辐射和辐射场对发射系统的反作用的理论。这便是本论文的主要目标。之所以说这一理论是非相对论性的，是因为我们只是将时间看成一个 c-数，而不是处理成与空间坐标对称的变量。质量因速度引起的相对论性变化考虑起来并不困难。

这一理论的基本思想非常简单。考虑一个与辐射场相互作用的原子，为清楚起见，这里我们可以假设该辐射场被限定在一个封闭区域内，因此只有一组离散的自由度。将辐射分解到其傅里叶分量上，我们可以将每个分量的能量和相位看作描述该辐射场的动力学变量。因此，如果 E_r 是标号 r 的分量的能量，θ_r 是对应的相位(定义为时间，因为这个波有标准相位)，那么我们可以假设每一对 E_r 和 θ_r 构成一对正则共轭变量。在场与原子之间不存在相互作用的情况下，场加原子的整个系统由下述哈密顿量来描述：

$$H = \sum_r E_r + H_0 \tag{1}$$

这里 H 等于总能量，H_0 为原子本身的哈密顿量，因为变量 E_r 和 θ_r 显然满足正则运动方程

$$\dot{E}_r = -\frac{\partial H}{\partial \theta_r} = 0,\ \dot{\theta}_r = \frac{\partial H}{\partial E_r} = 1.$$

当存在辐射场与原子的相互作用时，可以考虑成在经典理论的基础上向哈密顿量(1) 添加一项相互作用项，式(1) 是由原子的变量与描述场的变量 E_r 和 θ_r 共同构成的函数。这个相互作用项会给出辐射对原子的影响以及原子对辐射场上的反应。

为了将类似的方法应用到量子理论，这里有必要假设：变量 E_r 和 θ_r 是满足标准的量子条件 $\theta_r E_r - E_r \theta_r = ih$ 等等的 q 量子数，其中 h 是普朗克常数的 $(2\pi)^{-1}$ 倍，像其他问题里的动力学变量一样。这一假设立即给出辐射的光量子的性质[1]。如果 ν_r 是 r 分量的频率，$2\pi\nu_r\theta_r$ 是角变量，那么其正则共轭 $E_r 2\pi\nu_r$ 只能假设为一组乘以不同倍 h 值的离散的数，这意味着 E_r 只能按量子 $(2\pi h)\nu_r$ 的整数倍变化。如果我们添加一个相互作用项(取其经典理论形式) 到哈密顿量(1) 里，那么这个问题可以根据量子力学法则得到解决，我们希望得到辐射与原子之间彼此相互作用的正确结果。它将表明，我们实际上得到了辐射的吸收与发射的正确法则，和爱因斯坦公式里正确的 A 和 B 的值。在笔者以前的理论里[2]，其中辐射分量的能量和相位都是 c 数，只有 B 是可以得到的，而原子对辐射的反应不可能被考虑。

本文还将表明，通过适当选取粒子的相互作用能，描述原子和电磁波之间相互作用的哈密顿量可以等同于描述原子与以光速运动且满足爱因斯坦-玻色统计的一组粒子之间相互作用的问题的哈密顿量。具有指定运动方向和能量(它在粒子的哈密顿量里被用作动力学变量) 的粒子数，等于相应的波描述的哈密顿量里的波的能量量子数。因此，在相互作用的波描述与光量子描述之间存在完全的一致性。实际上，我们将从光量子的观点出发来构建理论，并证明，哈密顿量自然转换成一种类似于波的形式。

1　类似的假设已经被玻恩和约丹所采用(*Z. f. Physik*，vol. **34**，p. 886(1925))，他们的目的是要将描述偶极辐射的经典公式代入量子理论。海森伯和约丹在计算黑体辐射场的能量涨落时也采用了这一假设(*Z. f. Physik*，vol. **35**，p. 606(1925))。

2　*Roy. Soc. Proc.*，A，vol. **112**，p. 661，§5(1926). 这后来被注 1 中的引文 Ⅰ 所引用。

借助于作者关于量子矩阵的一般变换理论[3]，上述理论的数学形式的发展已成为可能。由于我们把时间看作一个 c 数，因此可以在任意时刻运用动力学变量的值的概念。这个值是一个 q 数，可由一个广义“矩阵”来表示。所依据的矩阵类型有很多种，其中一些可能有连续范围的行和列，并且矩阵元素可能需要涉及某种类型的无穷大(由 δ 函数给出的类型[4])。矩阵的类型可以是：其中待求的任意一组对易的动力学系统的积分常数由对角矩阵表示，或其中一组对易的变量由指定时刻为对角阵的矩阵来表示[5]。表示 q 数的对角阵的对角元的值就是这些 q 数的本征值。笛卡儿坐标和动量一般会取从 $-\infty$ 到 $+\infty$ 的所有本征值，而作用量变量只有一组离散的本征值。(我们设定一条法则：用不带撇号的字母来表示动力学变量或 q 数，用带撇号的相同字母来表示其本征值。变换函数或本征函数是本征值的函数，而不是 q 数本身的函数，因此它们总是能被写成带撇号的变量。)

如果 $f(\xi,\eta)$ 是正则变量 ξ_k，η_k 的函数，表示任意时刻 t 时的 f 的矩阵可以毫无困难地写成这样的矩阵，其中 t 时刻的 ξ_k 都是对角阵，因为表示 t 时刻的 ξ_k 和 η_k 的矩阵都是已知的，即

$$\left.\begin{aligned}\xi_k(\xi'\xi'') &= \xi'_k\delta(\xi'\xi''),\\ \eta_k(\xi'\xi'') &= -ih\delta(\xi'_1-\xi''_1)\cdots\delta(\xi'_{k-1}-\xi''_{k-1})\delta'(\xi'_k-\xi''_k)\delta(\xi'_{k+1}-\xi''_{k+1})\cdots\end{aligned}\right\}\tag{2}$$

因此如果哈密顿量 H 作为 ξ_k 和 η_k 的函数来给出，那么我们立即可以写出矩阵 $H(\xi'\xi'')$。接下来我们能得到变换函数，譬如说 (ξ'/α')，它变换到矩阵类型 (α)，其中哈密顿量是对角阵，因为 (ξ'/α') 必须满足积分方程

$$\int H(\xi'\xi'')\mathrm{d}\xi''(\xi''/\alpha') = W(\alpha')\cdot(\xi'/\alpha'),\tag{3}$$

其本征值 $W(\alpha')$ 均为能级。这个方程就是关于本征函数 (ξ'/α') 的薛定谔波动方程。当 H 是 ξ_k 和 η_k 的简单的代数函数时，考虑到表示 ξ_k 和 η_k 的矩阵的特定方程(2)，上述方程变成常微分方程。方程(3)可以写成更一般的形式：

3　*Roy. Soc. Proc.*, A, vol. **113**, p. 621, §5(1927). 这后来被注 1 中的引文 Ⅱ 所引用。约丹已独立获得了一种基本等价的理论(*Z. f. Physik*, vol. **40**, p. 809(1927))。亦见 F. London, *Z. f. Physik*, vol. **40**, p. 193(1926)。

4　注 1 的引文 Ⅱ，§2.

5　我们可以有这样一种矩阵，其中一组对易的变量在任意时刻都由对角阵来表示，如果我们去掉条件——要求矩阵必须满足运动方程——的话。变换函数将这种矩阵变换到这样一种矩阵，其中所满足的运动方程将显在地包含时间。见注 1 的引文 Ⅱ，628 页。

$$\int H(\xi'\xi'')\mathrm{d}\xi''(\xi''/\alpha') = ih\partial(\xi'/\alpha')/\partial t, \tag{3'}$$

它可以运用于哈密顿量显含时间的系统。

我们可以有由这样的哈密顿量 H 规定的系统，这个 H 不能够表示成任意一组正则变量的代数函数，而是完全由矩阵 $H(\xi'\xi'')$ 来表示。这种问题也可以用眼下的方法来解，因为我们仍可以用式(3) 来得到能级和本征函数。我们会发现，描述光量子与原子系统相互作用的哈密顿量就是这种更一般的形式，因此相互作用在数学上是可以处理的，虽然我们没法在通常意义上谈论相互作用势能。

应看到，光波与光量子所伴随的德布罗意波或薛定谔波之间是有区别的。首先，光波总是实的，而沿规定方向传播的光量子所伴的德布罗意波则必须看成是包含一个虚指数。更重要的区别是它们的光强有着不同的解释。与单色光波相伴的单位体积的光量子数等于波的单位体积的能量除以单个光量子的能量 $(2\pi h)\nu$。而另一方面，幅度 a(乘有虚指数) 的单色德布罗意波必须理解成表示(对所有频率) 单位体积内 a^2 个光量子。这是解释矩阵分析的一般法则的一个特殊情形[6]，按照这一分析，如果(ξ'/α') 或 $\psi_{a'}(\xi'_k)$ 是原子系统(或简单粒子) 在态 α' 时变量 ξ_k 的本征函数，那么 $|\psi_{a'}(\xi'_k)|^2$ 就是每个 ξ_k 有值 ξ'_k 的概率(或当 ξ_k 有连续范围的本征值时，$|\psi_{a'}(\xi'_k)|^2\mathrm{d}\xi'_1\mathrm{d}\xi'_2\cdots$ 是每个 ξ_k 处在值 ξ'_k 与 $\xi'_k+\mathrm{d}\xi'_k$ 之间的概率)，这里假设系统的所有的相都是等概率的。只有当我们涉及满足爱因斯坦-玻色统计的粒子系综时，按第一种方式理解的波才会出在理论里。因此，电子不具有这种相伴的波。

2. 独立系统系综的微扰

现在我们来考虑一个原子系统受到任一微扰所产生的跃迁。我们将采取前述作者[7]所给出的方法。这种方法以一种简单方式给出一组方程，后者决定了在任一时刻系统处于非微扰系统的定态的概率。[8]当然，对于由彼此独立的系统组成的且所有系统都受到相同微扰的系综，这种方法立即给出系统的可能的数目。本节的目的是要证明，这些可能数目的变化率方程可以一种简单的方式写成哈密顿

6　注1的引文Ⅱ，§§6，7。

7　注1的引文Ⅰ.

8　玻恩最近已扩展了这一理论[*Z.f. Physik*, vol. **40**, p. 167(1926)]，其中考虑了微扰和跃迁所带来的定态的绝热变化。本文用不着这种扩展。

量的形式，它将在待建立的理论里得到进一步的发展。

令 H_0 是未扰动系统的哈密顿量，V 是扰动能量，它可以是动力学变量的任意函数，可以显含或不显含时间，因此受扰系统的哈密顿量是 $H = H_0 + V$。受扰系统的本征函数因此必定满足波动方程：

$$ih\partial\psi/\partial t = (H_0 + V)\psi,$$

这里 $(H_0 + V)$ 是算符。如果 $\psi = \sum_r a_r\psi_r$ 是这个方程满足固有初始条件的解，这里 ψ_r 是未扰动系统的本征函数，每个本征函数与一个下标 r 的定态相联系，a_r 只是时间的函数，那么 $|a_r|^2$ 便是系统在任意时刻处在态 r 的概率。a_r 在一开始就必须被归一化，并总是保持这种归一化。这一理论将直接运用到由 N 个类似的独立系统组成的系综上，如果我们用 $N^{1/2}$ 乘以每个 a_r 从而有 $\sum_r |a_r|^2 = N$ 的话。现在我们有：$|a_r|^2$ 是系统处在态 r 的可能的数目。

确定 a_r 的变化率的方程为[9]

$$ih\dot{a}_r = \sum_s V_{rs}a_s, \tag{4}$$

这里 V_{rs} 是表示 V 的矩阵的矩阵元。其共轭虚数方程为

$$-ih\dot{a}_r^* = \sum_s V_{rs}^* a_s^* = \sum_s a_s^* V_{sr}. \tag{4′}$$

如果我们将 a_r 与 iha_r^* 之间视为正则共轭关系，那么方程(4)和(4′)便有哈密顿量的形式，其哈密顿函数 $F_1 = \sum_{rs} a_r^* V_{rs} a_s$，即

$$\frac{\mathrm{d}a_r}{\mathrm{d}t} = \frac{1}{ih}\frac{\partial F_1}{\partial a_r^*},\quad ih\frac{\mathrm{d}a_r^*}{\mathrm{d}t} = -\frac{\partial F_1}{\partial a_r}.$$

我们可以通过切触变换将其变换到正则变量 N_r，ϕ_r：

$$a_r = N_r^{\frac{1}{2}}e^{-i\phi_r/h},\quad a_r^* = N_r^{\frac{1}{2}}e^{i\phi_r/h}.$$

这个变换给出的 N_r 和 ϕ_r 是实的，N_r 等于 $a_ra_r^* = |a_r|^2$，即系统处于态 r 的可能的数目，ϕ_r/h 是表示它们的本征函数的相位。哈密顿量 F_1 现在变为

$$F_1 = \sum_{rs} V_{rs}N_r^{\frac{1}{2}}N_s^{\frac{1}{2}}e^{i(\phi_r-\phi_s)/h}.$$

决定跃迁出现的变化率的方程有正则形式：

$$\dot{N}_r = -\frac{\partial F_1}{\partial\phi_r},\quad \dot{\phi}_r = \frac{\partial F_1}{\partial N_r}.$$

9　注 1 引文 Ⅰ 中的式(25)。

借助于量

$$b_r = a_r e^{-iW_r t/h}, \quad b_r^* = a_r^* e^{iW_r t/h},$$

我们可以得到一种将跃迁方程写成哈密顿量形式的更方便的方法。这里 W_r 是态 r 的能量，我们有 $|b_r|^2 = |a_r|^2$。对于 b_r，借助于式(4)，我们有

$$ih\dot{b}_r = W_r b_r + ih\dot{a}_r e^{-iW_r t/h} = W_r b_r + \sum_s V_{rs} b_s e^{i(W_s - W_r)t/h}.$$

如果我们令 $V_{rs} = v_{rs}\exp[i(W_r - W_s)t/h]$，这样当 V 不显含时间时，v_{rs} 是常数，上式简化为

$$ih\dot{b}_r = W_r b_r + \sum_s v_{rs} b_s = \sum_s H_{rs} b_s, \tag{5}$$

其中 $H_{rs} = W_r \delta_{rs} + v_{rs}$。它是去掉时间因子 $\exp[i(W_r - W_s)t/h]$ 的总哈密顿量 $H = H_0 + V$ 的矩阵元，因此当 H 不显含时间时，H_{rs} 是常数。方程(5) 与方程(4) 有相同的形式，故可按相同的方法得到哈密顿量形式。

应当指出，如果我们用一组规定了未扰动系统定态的变量来写出薛定谔方程，那么方程(5) 就可以直接得到。如果这些变量为 ξ_h，且 $H(\xi'\xi'')$ 表示总哈密顿量 H 在(ξ) 框架下的矩阵元，那么这个薛定谔方程可写成

$$ih\partial\psi(\xi')/\partial t = \sum_{\xi''} H(\xi'\xi'')\psi(\xi''), \tag{6}$$

其形式如同式(3′)。它仅仅在记法上不同于前面的方程(5)。在那里单个下标 r 表示定态而不是变量 ξ_k 的一组数值 ξ_k'，用 b_r 而不是用 $\psi(\xi')$。当哈密顿量取更一般的形式，即不能被表示为一组正则变量的代数函数，但仍可表示为矩阵 $H(\xi'\xi'')$ 或 H_{rs} 时，方程(6)，从而方程(5)，仍是可用的。

现在我们将 b_r 与 ihb_r^* 取为正则共轭变量而不是用 a_r 与 iha_r^*。这时方程(5) 及其共轭虚数方程将取这样的哈密顿形式，其哈密顿函数为

$$F = \sum_{rs} b_r^* H_{rs} b_s \tag{7}$$

处理一如以往，我们做切触变换

$$b_r = N_r^{\frac{1}{2}} e^{-i\theta_r/h}, \quad b_r^* = N_r^{\frac{1}{2}} e^{i\theta_r/h} \tag{8}$$

将它变换到新的正则变量 N_r，θ_r，同前面一样，这里 N_r 是系统处于态 r 的可能数目，θ_r 是新的相位。哈密顿量 F 现在变成

$$F = \sum_{rs} H_{rs} N_r^{\frac{1}{2}} N_r^{\frac{1}{2}} e^{i(\theta_r - \theta_s)/h},$$

N_r 和 θ_r 的变化率的方程将取正则形式

$$\dot{N}_r = -\frac{\partial F}{\partial \theta_r}, \quad \dot{\theta}_r = \frac{\partial F}{\partial N_r}.$$

哈密顿量可以写成

$$F = \sum_r W_r N_r + \sum_{rs} v_{rs} N_r^{\frac{1}{2}} N_s^{\frac{1}{2}} e^{i(\theta_r - \theta_s)/h}. \tag{9}$$

其中第一项 $\sum_r W_r N_r$ 是系综总的原能量，第二项可视为因微扰引起的附加能量。如果扰动为零，则相位 θ_r 随时间线性增长，而此前的相位 ϕ_r 在此情形下为常数。

3. 满足爱因斯坦-玻色统计的系综的微扰

根据前节，我们可以用正则变量和哈密顿运动方程来描述扰动对独立系统的系综的影响。自然，理论的发展要求这些正则变量为满足通常量子条件的 q 数而不是 c 数，以使其哈密顿运动方程成为真正的量子方程。现在哈密顿函数将给出薛定谔波动方程，它必须能够按通常的方式来解和解释。这个解释将不仅给出任意状态下系统的可能的数目，而且给出系统在任意状态下的任何给定分布的概率。这个概率实际上就等于满足适当的初始条件的波动方程的归一化解的模的平方。当然，我们可以直接从基本原理出发来计算任何给定分布的概率，只要系统是独立的，因为我们知道每个系统在任何特定状态下的概率。我们会发现，以这种方式直接计算出的概率与从波动方程解得的概率不一致，除非是特殊情形——系综只包含一个系统。在一般情况下，我们将表明，如果系统服从爱因斯坦-玻色统计而不是独立粒子统计，则波动方程将给出任何给定分布下正确的概率值。

我们假设 §2 中的变量 b_r 和 ihb_r^* 为满足如下量子条件的正则 q 数：

$$b_r \cdot ihb_r^* - ihb_r^* \cdot b_r = ih$$

或

$$b_r b_r^* - b_r^* b_r = 1,$$

和

$$b_r b_s - b_s b_r = 0,\ b_r^* b_s^* - b_s^* b_r^* = 0,$$

$$b_r b_s^* - b_s^* b_r = 0 (s \neq r).$$

变换公式(8) 现在必须写成量子形式：

$$\left.\begin{aligned} b_r &= (N_r + 1)^{\frac{1}{2}} e^{-i\theta_r/h} = e^{-i\theta_r/h} N_r^{\frac{1}{2}} \\ b_r^* &= N_r^{\frac{1}{2}} e^{i\theta_r/h} = e^{i\theta_r/h} (N_r + 1)^{\frac{1}{2}}, \end{aligned}\right\} \tag{10}$$

这样 N_r 和 θ_r 也可以是正则变量。这些公式表明，N_r 只能有不为零的整数本征值[10]，它使我们有理由按我们所选择的方式来认定变量为 q 数。现在，系统在不同状态下的数目是普通的量子数。

现在哈密顿量(7) 变为

$$\begin{aligned} F &= \sum_{rs} b_r^* H_{rs} b_s = \sum_{rs} N_r^{\frac{1}{2}} e^{i\theta_r/h} H_{rs}(N_s + 1)^{\frac{1}{2}} e^{-i\theta_r/h} \\ &= \sum_{rs} H_{rs} N_r^{\frac{1}{2}} (N_s + 1 - \delta_{rs})^{\frac{1}{2}} e^{i(\theta_r - \theta_s)/h}, \end{aligned} \tag{11}$$

其中 H_{rs} 仍是 c 数。我们可以按相应于式(9) 的形式来写出这个 F：

$$F = \sum_r W_r N_r + \sum_{rs} v_{rs} N_r^{\frac{1}{2}} (N_s + 1 - \delta_{rs})^{\frac{1}{2}} e^{i(\theta_r - \theta_s)/h}, \tag{11'}$$

它仍由原能量项 $\sum_r W_r N_r$ 和相互作用能量项组成。

按变量 N_r 写出的波动方程为[11]

$$ih \frac{\partial}{\partial t} \psi(N_1', N_2', N_s' \cdots) = F\psi(N_1', N_2', N_3' \cdots), \tag{12}$$

其中 F 是算符，F 中的每个 θ_r 均作对 $ih\partial/\partial N_r'$ 取平均理解。如果我们将算符 $\exp(\pm i\theta_r/h)$ 作用到变量 N'_1，N_2'，… 的任意函数 $f(N_1', N_2', \cdots, N_r', \cdots)$ 上，则结果为

$$\begin{aligned} e^{\pm i\theta_r/h} f(N_1', N_2', \cdots N_r', \cdots) &= e^{\mp \delta/\delta N_r'} f(N_1', N_2', \cdots N_r' \cdots) \\ &= f(N_1', N_2', \cdots N_r' \mp 1, \cdots). \end{aligned}$$

如果我们将这个法则用到式(12) 上并取 F 的式(11) 表达式，则得到[12]

$$\begin{aligned} & ih \frac{\partial}{\partial t} \psi(N_1', N_2', N_3' \cdots) = \\ & \sum_{rs} H_{rs} N_r'^{\frac{1}{2}} (N_s' + 1 - \delta_{rs})^{\frac{1}{2}} \psi(N_1', N_2', \cdots N_r' - 1, \cdots N_s' + 1, \cdots). \end{aligned} \tag{13}$$

我们从上式右边看到，在表示 F 的矩阵里，F 里包含 $\exp[i(\theta_r - \theta_s)/h]$ 的项只对那些与 N_r 减 1 或 N_s 加 1 的跃迁有关的矩阵元，即只对型如 $F(N_1', N_2', \cdots N_r', \cdots N_s'; N_1', N_2' \cdots N_r' - 1 \cdots N_s' + 1 \cdots)$ 的矩阵元有贡献。如果我们求得了式(13) 的归一化的(即有 $\sum_{N_1', N_2' \cdots} |\psi(N_1', N_2' \cdots)|^2 = 1$) 且满足固有初始条件的解 $\psi(N_1', N_2', \cdots)$，那么 $|\psi(N_1', N_2', \cdots)|^2$ 就是分布——N_1' 个系统处于态 1，N_2' 个系统处于态

10　见作者的文章 *Roy. Soc. Proc.*, A, vol. **111**, p. 281(1926)，§8。在那里取 c 数的地方在这里均取 q 数，因此称为 q 数的本征值更准确。

11　由定义知，我们一直假定表示定态的下标 r 取 1，2，3，…

12　当 $s = r$，$\psi(N_1', N_2' \cdots N_r' - 1 \cdots N_s' + 1)$ 取为对 $\psi(N_1' N_2' \cdots N_r \cdots)$ 的平均.

2，……—— 在任意时刻的概率。

首先考虑系综只有一个系统的情形。该系统处在态 q 的概率由这样的本征函数 $\psi(N_1', N_2', \cdots)$ 决定：除了 N_q' 等于 1，其他所有的 N' 均为零。我们将这个本征函数记为 $\psi\{q\}$ 。将它代入式(13) 的左边，则右边求和号下的项，除了 $r=q$ 的项外，其他项皆为零，于是我们得到

$$ih\frac{\partial}{\partial t}\psi\{q\} = \sum_r H_{qs}\psi\{s\},$$

它等同于式(5)，只是 $\psi\{q\}$ 取代了 b_q 的角色。它确立了这样一个事实：当系综里只有一项时，目前的理论等同于前节给出的理论。

现在考虑系综里有任意多个系统的情形，并假定它们均服从爱因斯坦-玻色统计。在通常处理时，这要求只考虑那些在各系统之间具有对称性的本征函数，这些本征函数本身就足以给出问题的全量子解。[13]现在我们得到了这些对称的本征函数的变化率方程，我们来证明它等价于方程(13)。

如果我们给每个系统一个标号 n，那么系综的哈密顿量为 $H_A=\sum_n H(n)$，这里 $H(n)$ 就是 §2 中由第 n 个系统的变量来表示的 $H(=H_0+V)$。系综的定态由数 $r_1, r_2, \cdots, r_n, \cdots$ 定义，它们是其中各系统所处定态的标号。用规定各定态的一组变量来表示系综的薛定谔方程有式(6) 的形式(用 H_A 而非 H)，我们可以用式(5) 的记法写出它：

$$ih\dot{b}(r_1r_2\cdots) = \sum_{s_1, s_2\cdots} H_A(r_1r_2\cdots; s_1s_2\cdots)b(s_1s_2\cdots), \tag{14}$$

这里 $H_A(r_1r_2\cdots; s_1s_2\cdots)$ 是 H_A 的一般矩阵元(去掉了时间因子)。当不止一个 s_n 异于相应的 r_n 时，该矩阵元为零；当 s_m 异于 r_m 且其他每个 s_n 等于 r_n 时，该矩阵元等于 $H_{r_m s_m}$；当每个 s_n 等于 r_n 时，该矩阵元等于 $\sum_n H_{r_n s_n}$。将这些值代入式(14) 得

$$\begin{aligned} ih\dot{b}(r_1r_2\cdots) = &\sum_m \sum_{s_m\neq r_m} H_{r_m s_m} b(r_1r_2\cdots r_{m-1}s_m r_{m+1}\cdots) \\ &+ \sum_n H_{r_n r_n} b(r_1r_2\cdots). \end{aligned} \tag{15}$$

现在我们必须将 $b(r_1r_2\cdots)$ 限定为变量 $r_1, r_2, \cdots$ 的对称函数以便得到爱因斯坦-玻色统计。这是允许的，因为如果 $b(r_1r_2\cdots)$ 在任何时候都是对称的，那么方程(15) 表明 $\dot{b}(r_1r_2\cdots)$ 在任何时候也都是对称的，因此 $b(r_1r_2\cdots)$ 将保持对称性。

13　注 1 的引文 Ⅰ，§3。

令 N_r 为处于态 r 的系统数。于是可用对称函数描述的系综的定态可由数 N_1，N_2，…，N_r，… 来规定，正如用数 r_1，r_2，…，r_n，… 来规定一样。这样我们便将方程(15) 变换为由 N_1，N_2，…，N_r，… 来表示的方程。我们无法实际地取新的本征函数 $b(N_1, N_2, \cdots)$ 等于老的 $b(r_1 r_2 \cdots)$，但必须取前者等于后者的若干倍，使得每一项都为关于相应变量的正确的归一化值。事实上，我们必定有

$$\sum_{r_1, r_2} \cdots |b(r_1, r_2, \cdots)|^2 = 1 = \sum_{N_1, N_2} \cdots |b(N_1, N_2, \cdots)|^2,$$

因此我们肯定可以取 $|b(N_1, N_2, \cdots)|^2$ 等于 $|b(r_1 r_2 \cdots)|^2$ 对数 r_1，r_2，… 的所有的值求和，使得有其中 $N_1 = 1$，$N_2 = 2$，…… 这个和有 $N!/N_1!N_2!\cdots$ 项，这里 $N = \sum_r N_r$ 是系统的总数，它们全相等，因为 $b(r_1 r_2 \cdots)$ 是变量 r_1，r_2，… 的对称函数。因此我们必然有

$$b(N_1, N_2 \cdots) = (N!/N_1!N_2!\cdots)^{\frac{1}{2}} b(r_1 r_2 \cdots).$$

如果我们对式(15) 做此代换，则等号左边变成 $ih(N_1!N_2!\cdots/N!)^{\frac{1}{2}}\dot{b}(N_1, N_2\cdots)$。在右边的第一项求和里，项 $H_{r_m s_m} b(r_1 r_2 \cdots r_{m-1} s_m r_{m+1} \cdots)$ 变成

$$\begin{aligned}&[N_1!N_2!\cdots(N_r-1)!\cdots(N_s+1)!\cdots/N!]^{\frac{1}{2}}\\&\times H_{rs} b(N_1, N_2 \cdots N_r - 1 \cdots N_s + 1 \cdots),\end{aligned} \tag{16}$$

这里我们已经用 r 代替了 r_m，用 s 代替了 s_m。这一项必定等于先对除 r 外的所有 s 的值求和，然后再对 r 求和，这里 r 取 r_1，r_2，… 的每一个值。因此式(16) 的每一项在求和中都有重复直到出现 N_r 倍的总和为止，故对式(15) 的右边有

$$\begin{aligned}&N_r[N_1!N_2!\cdots(N_r-1)!\cdots(N_s+1)!\cdots/N!]^{\frac{1}{2}}\\&\times H_{rs} b(N_1, N_2 \cdots N_r - 1 \cdots N_s + 1 \cdots)\\&= N_r^{\frac{1}{2}}(N_s+1)^{\frac{1}{2}}(N_1!N_2!\cdots/N!)^{\frac{1}{2}}\\&\times H_{rs} b(N_1, N_2 \cdots N_r - 1 \cdots N_s + 1 \cdots)\end{aligned}$$

最终，项 $\sum_n H_{r_n r_n} b(r_1 r_2 \cdots)$ 变成

$$\sum_r N_r H_{rr} \cdot b(r_1 r_2 \cdots) = \sum_r N_r H_{rr} \cdot (N_1!N_2!\cdots/N!)^{\frac{1}{2}} b(N_1, N_2 \cdots).$$

因此去掉因子 $(N_1!N_2\cdots/N!)^{1/2}$ 后，式(15) 变成

$$\begin{aligned}ih\dot{b}(N_1, N_2 \cdots) = \sum_r \sum_{s \neq r} & N_r^{\frac{1}{2}}(N_s+1)^{\frac{1}{2}}\\&\times H_{rs} b(N_1, N_2 \cdots N_r - 1 \cdots N_s + 1 \cdots)\end{aligned}$$

$$+\sum_r N_r H_{rr} b(N_1,\ N_2\cdots), \tag{17}$$

它与式(13)等同[除了式(17)中 N 省略了撇号这一点之外。当我们不要求 N 是 q 数时这是允许的]。由此我们认定，哈密顿量(11)描述了扰动对满足爱因斯坦-玻色统计的系综的影响。

4. 系综对扰动系统的反应

到目前为止，我们只考虑了那种可表示为扰动能量 V 可以加到受扰系统的哈密顿量里的扰动。V 只是系统的动力学变量的(也许还是时间的)函数。这个理论可以很容易地扩展到将扰动动力学系统与受扰系统之间的相互作用包括进来的扰动情形。这时我们需考虑受扰系统对扰动系统的反应。(当然，扰动系统与受扰系统之间并不真正存在区别，但做这种区分可带来方便。)

现在我们来考虑(譬如说)由正则变量 J_k，ω_k 描述的扰动系统。当该系统只有一个，且与之相互作用的受扰系统的系综内不存在系统间的相互作用，且满足爱因斯坦-玻色统计，那么 J 是其第一积分。总的哈密顿量将有形式：

$$H_T = H_{\mathrm{P}}(J) + \sum_n H(n),$$

这里 H_p 是扰动系统的哈密顿量(仅为 J 的函数)，$H(n)$ 等于原能量 $H_0(n)$ 加上系综内第 n 个系统的扰动能 $V(n)$。$H(n)$ 只是系综内第 n 个系统的变量和 J 以及 ω 的函数，不显含时间。

对应于式(14)的薛定谔方程现在为

$$i h \dot{b}(J',\ r_1 r_2\cdots) = \sum_{J''}\sum_{s_1,\ s_2\cdots} H_r(J',\ r_1 r_2\cdots;\ J'',\ s_1 s_2\cdots) b(J'',\ s_1 s_2\cdots),$$

其中本征函数 b 包含额外变量 J_k'。矩阵元 $H_T(J',\ r_1 r_2\cdots;\ J'',\ s_1 s_2\cdots)$ 现在总是常数。如同以前，当不止一个 s_n 异于相应的 r_n 时，该矩阵元为零。当 s_m 异于 r_m 且其他每个 s_n 等于 r_n 时，该矩阵元化简为 $H(J_{r_m}';\ J_{s_m}'')$，它是 $H = H_0 + V$(原能量加上系综的单个系统的扰动能)的 $(J_{r_m}';\ J_{s_m}'')$ 矩阵元(去掉了时间因子)。而当每个 s_n 等于 r_n 时，该矩阵元有值 $H_{\mathrm{P}}(J')\delta_{J'J''} + \sum_n H(J_{r_n}';\ J_{s_n}'')$。一如之前情形，如果将本征函数限定为关于变量 r_1，r_2，… 对称，那么我们将再次变换到变量 N_1，N_2，…，并得到如下结果：

$$i h \dot{b}(J',\ N_1',\ N_2'\cdots) = H_{\mathrm{p}}(J') b(J',\ N_1',\ N_2'\cdots)$$
$$+\sum_{J''}\sum_{r,\ s} N_r'^{\frac{1}{2}}(N_s' + 1 - \delta_{rs})^{\frac{1}{2}} H(J'r;\ J''s)$$

$$\times b(J',\ N'_1,\ N'_2 \cdots N'_r - 1 \cdots N'_s + 1 \cdots) \quad (18)$$

这便是对应于如下哈密顿函数的薛定谔方程：

$$F = H_{\mathrm{P}}(J) + \sum_{r,\ s} H_{rs} N_r^{\frac{1}{2}} (N_s + 1 - \delta_{rs})^{\frac{1}{2}} e^{i(\theta_1 - \theta_s)/h}, \quad (19)$$

其中 H_{rs} 现在是 J 和 ω 的函数，就是说，当在(J) 框架下用矩阵来表示时，其$(J'J'')$ 元是 $H(J'r;\ J''s)$。（应指出，H_{rs} 仍可与 N 和 θ 对易。）

因此，扰动系统与满足爱因斯坦-玻色统计的系综之间的相互作用可用形如式(19) 的哈密顿量来描述。鉴于矩阵元 $H(J'r;\ J''s)$ 包括两部分的和，一部分来自原能量 H_0，当 $J''_k = J'_k$ 且 $s = r$ 时，它等于 W_r，否则为零；另一部分来自相互作用能 V，它可记为 $v(J'r;\ J''s)$。因此我们有

$$H_{rs} = W_r \delta_{rs} + v_{rs},$$

这里 v_{rs} 是 J 和 ω 的这样的函数，它由这样的矩阵表示，该矩阵的$(J'J'')$ 矩阵元是 $v(J'r;\ J''s)$。于是式(19) 变成

$$F = H_{\mathrm{P}}(J) + \sum_r W_r N_r + \sum_{r,\ s} v_{rs} N_r^{\frac{1}{2}} (N_s + 1 - \delta_{rs})^{\frac{1}{2}} e^{i(\theta_1 - \theta_s)/h}. \quad (20)$$

因此哈密顿量是扰动系统的原能量 $\boldsymbol{H}_{\mathrm{P}}(J)$、受扰系统的原能量 $\sum_r W_r N_r$ 和扰动能 $\sum_{r,\ s} v_{rs} N_r^{1/2} (N_s + 1 - \delta_{rs})^{1/2} \exp[i(\theta_r - \theta_s)/h]$ 的总和。

5. 系统从一个态到同能量的另一个态的跃迁理论

在将前节的结果应用到光量子上之前，我们来考虑由型(19) 的哈密顿量所示问题的解。该问题的基本特征是，它指向这样一种动力学系统：在不显含时间的扰动能量的影响下，该系统能够从一个态跃迁到能量相同的其他态。玻恩所处理的原子系统与电子之间的碰撞问题就是这种类型的具体情形。玻恩的方法是去找到波动方程的一个周期解，问题采用碰撞电子的坐标架，平面坐标代表入射到原子系统的入射电子，碰撞后电子沿各个方向散射或衍射。玻恩假定，沿某一方向的任一频率的散射波的振幅的平方代表具有相应能量的电子被散射到该方向上的概率。

这种方法似乎不能以任何简单的方式扩展到系统从一个态跃迁到同能量的其他态的一般问题。而且目前也没有非常直接和具体的方法来说明波动方程的周期解是否适用于如碰撞这样的非周期的物理现象。（本文要给出的更确切的方法表明，玻恩的假设并不完全正确，它需要振幅的平方乘上一个特定因子。）

解决碰撞问题的另一种方法是找到波动方程的一个非周期解。该方程描述了

最初在整个空间中运动的、沿特定方向、具有特定频率的简谐平面波，它代表入射电子。随着时间流逝，必然出现沿其他方向运动的波，以使波动方程能保持满足。具有某一能量的电子被散射到某一方向上的概率将由这些波的相应的谐波分量的增长率确定。这种方法对这一过程的解释在数学上是很明确的，它等同于本文第 2 节开始时所给出的方法。

我们将这种方法运用到在扰动作用下，系统从一个态跃迁到同能量的其他态的一般问题。令 H_0 为未扰动系统的哈密顿量，V 是扰动能，它不显含时间。如果我们考虑的是一个连续范围的定态的情形，这些定态由未扰动运动的第一积分(譬如说) α_k 规定，那么，依据 §2 的方法，我们得到

$$ih\dot{a}(\alpha') = \int V(\alpha'\alpha'')\mathrm{d}\alpha'' \cdot a(\alpha''), \tag{21}$$

对应于式(4)。系统在任一时刻处于某个态——对于该态，每个 α_k 均处于 α_k' 和 $\alpha_k' + \mathrm{d}\alpha_k'$ 之间——的概率是 $|a(\alpha')|^2\mathrm{d}\alpha_1'\mathrm{d}\alpha_2'\cdots$。这里 $a(\alpha')$ 经过适当归一化且满足适当的初始条件。如果最初系统处于态 α^0，则我们必须将 $a(\alpha')$ 的初值取为形式 $a^0\delta(\alpha' - \alpha^0)$。我们将保持 a^0 的任意性，因为在目前情形下不方便对 $a(\alpha')$ 进行归一化。作为一级近似，我们可以用其初始值来替代式(21) 右边的 $a(\alpha'')$。由此给出

$$ih\dot{a}(\alpha') = a^0V(\alpha' - \alpha^0) = \alpha^0 v(\alpha'\alpha^0)e^{i[W(\alpha') - W(\alpha^0)]t/h},$$

这里 $v(\alpha'\alpha^0)$ 是常数，$W(\alpha')$ 是态 α' 的能量。因此

$$iha(\alpha') = \alpha^0\delta(\alpha' - \alpha^0) + a^0v(\alpha'\alpha^0)\frac{e^{i[W(\alpha') - W(\alpha^0)]t/h} - 1}{i[W(\alpha') - W(\alpha^0)]/h}. \tag{22}$$

对于 $W(\alpha')$ 明显不同于 $W(\alpha^0)$ 的 α'_k 的值，$a(\alpha')$ 是时间的周期函数，当扰动能量 V 小时其振幅小，因此对应于这些定态的本征函数不会被激发到可观的程度。另一方面，对于 $W(\alpha') = W(\alpha^0)$，但对某个 k，$\alpha_k' \neq \alpha_k^0$ 的 α_k'的值，$a(\alpha')$ 随时间均匀地增大，使得系统在任一时刻处于态 α' 的概率随时间的平方成比例地增加。物理上说，系统处于与初始原能量 $W(\alpha^0)$ 完全相同的原能量态的概率是不重要的，为无穷小。我们感兴趣的只是关于初始能量的小范围原能量值的概率积分，我们会发现，这个积分随时间呈线性增长，与普通概率法则相一致。

我们将变量 α_1，α_2，…，α_u 变换到这样一组变量，它们是 α 的这样的任意独立函数，其中每一个都是原能量 W，我们将这组变量记为 W，$\gamma_1\gamma_2$，…，γ_{u-1}。系统在任一时刻处于定态——对于该态，每个 γ_k 均处于 γ_k'和 $\gamma_k' + \mathrm{d}\gamma_k'$之间

—— 的概率现在(除了归一化因子) 等于

$$\mathrm{d}\gamma'_1 \cdot \mathrm{d}\gamma'_2 \cdots \mathrm{d}\gamma'_{u-1} \int |a(\alpha')|^2 \frac{\partial(\alpha'_1, \alpha'_2, \cdots, \alpha'_u)}{\partial(W', \gamma'_1, \cdots, \gamma'_{u-1})} \mathrm{d}W'. \tag{23}$$

对于与系统周期比起来较长的时间，我们会发现，几乎整个式(23) 的积分主要来自非常接近 $W^0 = W(\alpha^0)$ 的 W' 的贡献。令

$a(\alpha') = a(W', \gamma')$ 和 $\partial(\alpha'_1, \alpha'_2, \cdots, \alpha'_u)/\partial(W', \gamma'_1, \cdots, \gamma'_{u-1}) = J(W', \gamma')$.

于是对式(23) 的积分，我们发现，借助于式(22)(只要对某个 k 有 $\gamma'_k \neq \gamma^0_k$)，有

$$\begin{aligned}
&\int |a(W', \gamma')|^2 J(W', \gamma')\mathrm{d}W' \\
&= |a^0|^2 \int |v(W', \gamma'; W^0, \gamma^0)|^2 J(W', \gamma') \\
&\quad \times \frac{[e^{i(W'-W^0)t/h} - 1][e^{i(W'-W^0)t/h} - 1]}{(W' - W^0)^2} \mathrm{d}W' \\
&= 2|a^0|^2 \int |v(W', \gamma'; W^0, \gamma^0)|^2 J(W', \gamma') \\
&\quad \times [1 - \cos(W' - W^0)t/h]/(W' - W^0)^2 \cdot \mathrm{d}W' \\
&= 2|a^0|^2 t/h \cdot \int |v(W^0 + hx/t, \gamma'; W^0, \gamma^0)|^2 \\
&\quad \times J(W^0 + hx/t, \gamma')(1 - \cos x)/x^2 \cdot \mathrm{d}x,
\end{aligned}$$

如果我们做代换$(W' - W^0)t/h = x$ 的话。对于大的 t 值，上式简化为

$$\begin{aligned}
&2|a^0|^2 t/h \cdot |v(W^0, \gamma'; W^0, \gamma^0)|^2 J(W^0, \gamma') \int_{-\infty}^{\infty} (1 - \cos x)/x^2 \cdot \mathrm{d}x \\
&= 2\pi |a^0|^2 t/h \cdot |v(W^0, \gamma'; W^0, \gamma^0)|^2 J(W^0, \gamma').
\end{aligned}$$

单位时间跃迁到每个 γ_k 均处于 γ'_k和 $\gamma'_k + \mathrm{d}\gamma'_k$之间的态的概率因此为(忽略掉归一化因子)：

$$2\pi |a^0|^2/h \cdot |v(W^0, \gamma'; W^0, \gamma^0)|^2 J(W^0, \gamma')\mathrm{d}\gamma'_1 \cdot \mathrm{d}\gamma'_2 \cdots \mathrm{d}\gamma'_{u-1}, \tag{24}$$

它与扰动能量的跃迁的矩阵元的平方成正比。

将这个结果应用到简单的碰撞问题上，我们取 α 为碰撞电子的动量分量 p_x，p_y，p_z，取 γ 为 θ 和 ϕ，确定运动方向的角度。考虑到质量随速度的相对论性变化，如果我们令 P 表示电子由此产生的动量[等于$(p_x^2 + p_y^2 + p_z^2)^{1/2}$]，$E$ 表示其能量[等于$(m^2c^4 + P^2c^2)^{1/2}$]，m 为其静质量，则有雅可比量

$$J = \frac{\partial(p_x, p_y, p_z)}{\partial(E, \theta, \phi)} = \frac{EP}{c^2}\sin\theta.$$

因此表达式(24)的 $J(W^0, \gamma')$ 有值

$$J(W^0, \gamma') = E'P'\sin\theta'/c^2, \tag{25}$$

这里 E' 和 P' 分别指散射电子在总能量等于初始能量 W^0 时的能量值和动量值(即能量守恒所要求的值)。

现在我们必须来解释 $a(\alpha')$ 的初始值，即 $a^0\delta(\alpha'-\alpha^0)$，我们没有对其归一化。根据 §2，以 α_k 为变量的波函数为 $b(\alpha') = a(\alpha')e^{-iW't/h}$，因此其初始值为

$$a^0\delta(\alpha'-\alpha^0)e^{-iW't/h} = a^0\delta(p'_x - p^0_x)\delta(p'_y - p^0_y)\delta(p'_z - p^0_z)e^{-iW't/h}.$$

如果我们运用变换函数[14]

$$(x'/p') = 2(\pi h)^{-3/2}e^{i\sum_{xyz}p'_x x'/h},$$

和变换法则

$$\psi(x') = \int(x'/p')\psi(p')\mathrm{d}p'_x\mathrm{d}p'_y\mathrm{d}p'_x,$$

对于坐标系 x，y，z 下的初始波函数，我们便得到了值

$$a^0(2\pi h)^{-3/2}e^{i\sum_{xyz}p^0_x x'/h}e^{-iW't/h}.$$

它对应于单位体积内 $|a^0|^2(2\pi h)^{-3}$ 个电子的初始分布。由于其速度为 P^0c^2/E^0，故单位时间内以与其运动方向成直角打在单位表面上的电子数为 $|a^0|^2P^0c^2/(2\pi h)^3E^0$。将式(24)除以这个数，并借助于式(25)，我们得到

$$4\pi^2(2\pi h)^2\frac{E'E^0}{c^4}|v(p';p^0)|^2\frac{P'}{P^0}\sin\theta'\mathrm{d}\theta'\mathrm{d}\phi', \tag{26}$$

这是一个能量为 E' 的电子被散射到立体角 $\sin\theta'\mathrm{d}\theta'\mathrm{d}\phi'$ 时必需碰触的有效面积。这一结果与玻恩的结果差一个因子 $[(2\pi h)^2/2mE'](P'/P^0)$[15]。式(26)里因子 P'/P^0 是必需的，这一点能从细致平衡原理得到预言，因为因子 $|v(p';p^0)|^2$ 在正过程和逆过程之间是对称的。[16]

6. 应用到光量子

我们现在将 §4 的理论应用到系综内的系统为光量子的情形。这一理论之所以适用于这种情形，是因为光量子服从爱因斯坦-玻色统计且没有相互作用。当

14　为简明起见，这里符号 x 代表 x，y，z。

15　在最近的一篇文章[*Nachr. Gesell. d. Wiss.*, Gottingen, p. 146(1926)]里，玻恩利用基于守恒定理的分析解释，得到了一个与本文关于非相对论力学的结果相一致的结果。我很感激 N. 玻恩教授提前让我读到这项工作的副本。

16　见 Klein and Rosseland, *Z. f. Physik*, vol. **4**, p. 46(1921).

一个光量子以恒定的动量做直线运动时，它处于定态。因此，定态 r 可由光量子动量的 3 个分量和一个规定其偏振状态的变量来确定。我们假设：这些定态的数量有限，且彼此非常接近，因为我们不便于运用连续范围。光量子与原子系统的相互作用将由形如式(20) 的哈密顿量来描述，其中 $H_P(J)$ 是原子系统的单独的哈密顿量，系数 v_{rs} 目前未知。我们将证明，这种形式的哈密顿量，加上 v_{rs} 的任意性，将给出爱因斯坦的辐射的吸收与发射定律。

光量子有特殊性，就是它显然不能存在于某个定态即零状态下。此时它的动量，从而其能量，为零。当一个光量子被吸收时，我们可以认为它进入到这个零状态；当一个光量子被发射时，可以认为它从零状态跃迁到物理上可检验的某个态，这使得它看上去像是被产生出来。由于以这种方式产生的光量子的数量是无限的，因此我们必须假设，处在零态的光量子的数量为无穷大，故哈密顿量(20) 的 N_0 是无穷大。现在我们必须有 θ_0——N_0 的正则共轭变量 —— 为常数，因为

$$\dot{\theta}_0 = \partial F / \partial N_0 = W_0 + \text{包含 } N_0^{-\frac{1}{2}} \text{ 的项或} (N_0 + 1)^{-\frac{1}{2}}$$

且 W_0 为零。为使哈密顿量(20) 保持有限，有必要令系数 v_{r0}，v_{0r} 为无穷小。我们假设它们是这样的无穷小，使得 $v_{r0}N_0^{1/2}$ 和 $v_{0r}N_0^{1/2}$ 有限，以便使跃迁概率系数为有限值。为此我们令

$$v_{r0}(N_0 + 1)^{\frac{1}{2}} e^{-i\theta_0/h} = v_r, \qquad v_{0r}N_0^{\frac{1}{2}} e^{i\theta_0/h} = v_r^*,$$

这里 v_r 和 v_r^* 均有限且为共轭虚数。我们可以认为 v_r 和 v_r^* 只是原子系统的 J 和 ω 的函数，因为它们的因子$(N_0 + 1)^{1/2}\exp(-i\theta_0/h)$ 和 $N_0^{1/2}\exp(i\theta_0/h)$ 实际上是常数，N_0 的变化率与 N_0 本身比起来很小。这样哈密顿量(20) 变为

$$F = H_p(J) + \sum_r W_r N_r + \sum_{r\neq 0} [v_r \mathrm{N}_r^{\frac{1}{2}} e^{i\theta_r/h} + v_r^* (\mathrm{N}_r + 1)^{\frac{1}{2}} e^{-i\theta_r/h}] + \sum_{r\neq 0} \sum_{s\neq 0} v_{rs} \mathrm{N}_r^{\frac{1}{2}} (\mathrm{N}_s + 1 - \delta_{rs})^{\frac{1}{2}} e^{i(\theta_r - \theta_s)/h} \qquad (27)$$

光量子在态 r 被吸收的跃迁概率正比于该跃迁的哈密顿量的矩阵元的模的平方。这个矩阵元来自哈密顿量里的 $v_r N_r^{1/2}\exp(i\theta_r/h)$ 项，因此必正比于 $N'^{1/2}_r$。N'_r是跃迁之前态 r 上的光量子数。因此吸收过程的概率正比于 N'_r。同样，光量子在态 r 被发射的概率正比于$(N'_r + 1)$，光量子在态 r 被散射到 s 态的概率正比于 $N'_r(N'_r + 1)$。爱因斯坦和厄伦菲斯特考虑的更一般形态的辐射过程[17]，其中不止一个光量子同

17　*Z. f. Physik*，vol. **19**，p. 301(1923).

时参与作用过程，在目前这个理论下是不允许的。

为了建立单位定态光量子数与辐射强度之间的关系，我们考虑一个包含辐射的有限体积的封闭空间 A。对于给定偏振类型的、频率在 ν_r 到 $\nu_r + d\nu_r$ 范围内、运动方向位于立体角 $d\omega_r$（相对于态 r 的运动方向）的光量子，其定态数目为 $A\nu_r^2 d\nu_r d\omega_r/c^3$。处在这些定态的光量子的能量从而为 $N'_r \cdot 2\pi h\nu_r \cdot A\nu_r^2 d\nu_r d\omega_r/c^3$。它必定等于 $Ac^{-1}I_r d\nu_r d\omega_r$，在此 I_r 是态 r 的单位频率范围内辐射的强度。因此

$$I_r = N'_r(2\pi h)\nu_r^3/c^2, \tag{28}$$

所以，N'_r 正比于 I_r，$(N'_r + 1)$ 正比于 $I_r + (2\pi h)\nu_r^3/c^2$。这样我们得到：吸收过程的概率正比于 I_r，即单位频率范围内的入射光强度；发射过程的概率正比于 $I_r + (2\pi h)\nu_r^3/c^2$，这正是爱因斯坦的定律[18]。同样，光量子从态 r 被散射到态 s 的过程的概率正比于 $I_r[Ir + (2\pi h)\nu_r^3/c^2]$，这即是泡利给出的电子的辐射散射定律[19]。

7. 发射和吸收概率系数

现在我们从波的观点来考虑原子与辐射的相互作用。我们将辐射分解到其傅里叶分量，并假设分量的数量非常大但有限。给每个分量配上一个下标 r，假设有 σ_r 个分量与分量 r 的单位立体角单位频率范围内的特定偏振类型的辐射相关联。每个分量 r 可由选定的矢势 k_r 来描述，这里选择时使得标量势为零。根据忽略相对论效应的经典理论，现在添加到哈密顿量里的扰动项是 $c^{-1}\sum_r \kappa_r \dot{X}_r$，这里 X_r 是处于 κ_r 方向的原子的总偏振的分量，这个方向也是分量 r 的电矢量的方向。

根据 §1 的解释，我们可以假定这个场由正则变量 N_r，θ_r 来描述。这里 N_r 是分量 r 的能量量子数，θ_r 是其正则共轭相位，等于 §1 中 θ_r 的 $2\pi h\nu_r$ 倍。现在我们有 $\kappa_r = a_r\cos\theta_r/h$，这里 α_r 是 κ_r 的大小，它按下述方式与 N_r 相联系：单位时间内单位面积上分量 r 的能流为 $(1/2)\pi c^{-1}\alpha_r^2\nu_r^2$. 因此，在分量 r 的邻域内，单位频率间隔的辐射强度为 $I_r = (1/2)\pi c^{-1}a_r^2\nu_r^2\sigma_r$。将这个式子与式(28) 比较，我们得到 $a_r = 2(h\nu_r/c\sigma_r)^{1/2}N_r^{1/2}$，于是有

$$k_r = 2(h\nu_r/c\sigma_r)^{\frac{1}{2}}N_r^{\frac{1}{2}}\cos\theta_r/b$$

18　在本文的理论里，受激辐射与自发辐射的比值是爱因斯坦理论值的两倍。这是因为在本文的理论中，入射辐射的偏振分量只能激发相同偏振的辐射。而在爱因斯坦的理论里，两种偏振分量是放在一起处理的。这个解释也适用于散射过程。

19　Pauli，*Z. f. Physik*，vol. **18**，p. 272(1923).

按照经典理论，整个原子系统加辐射的哈密顿量现在是

$$F = H_p(J) + \sum_r (2\pi h\nu_r) N_r + 2c^{-1} \sum_r (h\nu_r / c\sigma_r)^{\frac{1}{2}} X_r N_r^{\frac{1}{2}} \cos \theta_r / h, \qquad (29)$$

其中 $H_P(J)$ 是原子单独的哈密顿量。在量子理论里，我们必须将变量 N_r 和 θ_r 看成像描述原子的 J_k 和 ω_k 那样的正则 q 数。现在，我们必须将式(29) 里的 $N_r^{1/2} \cos \theta_r / h$ 代换为如下实的 q 数：

$$\frac{1}{2}\{N_r^{\frac{1}{2}} e^{i\theta r/h} + e^{-i\theta r/h} N_r^{\frac{1}{2}}\} = \frac{1}{2}\{N_r^{\frac{1}{2}} e^{i\theta r/h} + (N_r + 1)^{\frac{1}{2}} e^{-i\theta r/h}\},$$

于是哈密顿量(29) 变成

$$F = H_p(J) + \sum_r (2\pi h\nu_r) N_r + h^{\frac{1}{2}} c^{-\frac{1}{2}} \sum_r (\nu_r / \sigma_r)^{\frac{1}{2}} X_r \{N_r^{\frac{1}{2}} e^{i\theta r/h} + (N_r + 1)^{\frac{1}{2}} e^{-i\theta r/h}\}. \qquad (30)$$

这是式(27) 的形式，其中

$$v_r = v_r^* = h^{\frac{1}{2}} c^{-\frac{1}{2}} (v_r / \sigma_r)^{\frac{1}{2}} \dot{X}_r$$

和

$$v_{rs} = 0 (r, s \neq 0). \qquad (31)$$

因此波动观点与光量子观点是一致的，都能给出光量子理论中未知相互作用系数 v_{rs} 的值。这些值不是那种能让我们将相互作用能表示成正则变量的代数函数。由于波动理论对 $r, s \neq 0$，给出 $v_{rs} = 0$，这似乎表明不存在直接的散射过程，但也可能是由于目前波动理论还不完善的缘故。

我们现在来证明，哈密顿量(30) 给出正确的爱因斯坦的A和B的表达式。首先我们必须对 §5 的分析做稍稍修改，以适用于系统有大量的离散定态而不是一个连续范围的情形。现在我们不用式(21) 而是用以下方程

$$ih\dot{a}(\alpha') = \sum_{\alpha''} V(\alpha'\alpha'') \alpha(\alpha'').$$

如果系统初始时处于态 α^0，我们必须将 $\alpha(\alpha')$ 的初值取为 $\delta_{\alpha'\alpha^0}$，它现在可以正确地归一化。由此在一阶近似下给出

$$ih\dot{a}(\alpha') = \mathrm{V}(\alpha'\alpha^0) = v(\alpha'\alpha^0) e^{i[W(\alpha') - W(\alpha^0)]t/h},$$

并有

$$iha(\alpha') = \delta_{\alpha'\alpha^0} + v(\alpha'\alpha^0) \frac{e^{i[W(\alpha') - W(\alpha^0)]t/h} - 1}{i[W(\alpha') - W(\alpha^0)]/h},$$

它对应于式(22)。像以前一样，如果我们转换到变量 $W, \gamma_1, \gamma_2, \cdots, \gamma_{u-1}$，我们得到(当 $\gamma' \neq \gamma^0$)

$$a(W'\gamma') = v(W', \gamma'; W^0, \gamma^0)[1 - e^{i(W'-W^0)t/h}]/(W' - W^0).$$

系统处在每个 γ_k 都等于 γ_k' 的态的概率为 $\sum_{W'}|a(W'\gamma')|^2$。如果各定态间距离都很小，且时间 t 也不是很大，那么我们可以用积分 $(\Delta W)^{-1}\int|a(W'\gamma')|^2 \mathrm{d}W'$ 来替代这个和，这里 ΔW 是能级间距。像以前一样计算这个积分，我们得到单位时间跃迁到一个每个 $\gamma_k = \gamma_k'$ 的态的概率

$$2\pi/h\Delta W \cdot |v(W^0, \gamma'; W^0, \gamma^0)|^2. \tag{32}$$

在应用这一结果时，我们可以将 γ 取为独立于总原能量 W 的任意一组变量，并连同 W 一起定义一个定态。

现在我们回到哈密顿量(30) 所定义的问题。考虑原子吸收一个态 r 的光量子从状态 J^0 跃迁到态 J' 的吸收过程。我们将变量 γ' 取为原子的变量 J' 加上定义被吸收量子的运动方向和偏振态而不是其能量的变量。矩阵元 $v(W^0, \gamma'; W^0, \gamma^0)$ 现在是

$$h^{1/2}c^{-3/2}(\nu_r/\sigma_r)^{1/2}\dot{X}_r(J^0J')N_r^0,$$

这里 $\dot{X}_r(J^0J')$ 是 $\dot{X}_r$ 的普通矩阵(J^0J') 的矩阵元。因此由式(32)，吸收过程的单位时间的概率为

$$\frac{2\pi}{h\Delta W} \cdot \frac{h\nu_r}{c^3\sigma_r}|\dot{X}_r(J^0J')|^2 N_r^0.$$

为了获得这个过程在光量子来自任何方向的立体角 $\mathrm{d}\omega$ 的概率，我们必须将上述表达式乘以处于立体角 $\mathrm{d}\omega$ 的光量子的所有可能的方向数，它等于 $\mathrm{d}\omega\sigma_r\Delta W/2\pi h$。由此给出

$$\mathrm{d}\omega\,\frac{\nu_r}{hc^3}|\dot{X}_r(J^0J')|^2 N_r^0 = \mathrm{d}\omega\,\frac{1}{2\pi h^2 c\nu_r^2}|\dot{X}_r(J^0J')|^2 I_r$$

其中用到了式(28)。因此，吸收过程的概率系数为 $1/2\pi h^2 c\nu_r^2 \cdot |\dot{X}_r(J^0J')|^2$，它与矩阵力学里通常的爱因斯坦吸收系数值一致。发射系数的一致性也可用相同的方式进行验证。

目前这个理论，既然能给出自发发射的适当解释，必然被认为也能给出辐射反应对发射系统的影响，并使我们能够计算谱线的自然宽度，如果我们能够克服与哈密顿量(30) 有关的波动问题的一般解的数学困难的话。这一理论还使我们能够理解为什么当光电子在极弱的入射辐射的作用下从原子发射出来这个过程不违反能量守恒定律。原子和辐射之间的相互作用能是一个 q 数，它不与原子单独

运动的第一积分对易，也不与辐射强度对易。因此我们不可能既用 c 数来确定这个能量，同时又确定原子的定态和辐射强度。特别是，我们不可能说，当入射辐射的强度趋于零时，相互作用能就一定趋于零。因此，总存在某个不可知的量的相互作用能，它提供了光电子的能量。

我要向玻尔教授表示感谢，他对这项工作感兴趣，并为此与我进行了许多次友好的讨论。

8. 总结

本文对由满足爱因斯坦-玻色统计力学的类似系统所构成的系综进行了处理，这种系统与另一个不同的系统存在相互作用，我们得到了描述这种运动的哈密顿函数。该理论被应用到光量子系综与普通原子的相互作用，并证明了爱因斯坦的辐射的发射和吸收定律。

接下来考虑原子与电磁波的相互作用，业已证明，如果我们将波的能量和相位取作满足适当的量子条件的 q 数而不是 c 数，那么哈密顿函数就将有与处理光量子时所用的相同的形式。本理论给出了爱因斯坦的 A 和 B 的正确表达式。

量子力学的拉格朗日量

保罗·狄拉克

摘自《苏联物理学杂志》第3卷(1)，1933年①

量子力学是在类比经典力学的哈密顿理论的基础上建立起来的。这是因为人们发现正则坐标和动量这种经典概念可以非常简单地类比到量子的情形，其结果是建立在这一概念上的整个经典哈密顿理论被事无巨细地移植到量子力学上来。

现在，拉格朗日提供了另一种经典动力学形式体系。这个体系要求依据坐标和速度而不是坐标和动量来展开分析。当然，这两种体系是密切相关的，但有理由相信，拉格朗日体系更为基本。

首先，拉格朗日方法允许我们集中所有的运动方程，并将它们表示成某个作用量函数的定态属性。(这个作用量函数恰是拉格朗日量的时间积分)。在哈密顿理论里就不存在对应的由坐标和动量来表示的作用量原理。其次，拉格朗日方法可以很容易地得到相对论性的表示，因为作用量函数是个相对论性不变量；而哈密顿方法形式上基本是非相对论性的，因为它需要有一个特定的时间变量作为哈密顿函数的正则共轭。

因为这些原因，将量子理论中对应的东西用经典理论的拉格朗日方法重新表述似乎是可取的。然而，稍作考虑即可知，我们不能指望用某种非常直接的方式就能够接过经典的拉格朗日方程。这些方程里包括拉格朗日量关于坐标和速度的偏导数，而在量子力学里，这些导数并没有意义。唯一可以进行的关于量子力学的动力学变量的微分过程是构成泊松括号，而这个过程导致哈密顿理论。②

因此，我们必须采用间接方式来寻求我们的量子拉格朗日理论。我们必须尝试采纳经典拉格朗日理论的思想，而不是经典拉格朗日理论的方程。

---

① 摘自 Physikalische Zeitschrift der Sowjetunion, *Band* 3 *Heft* 1 (1933)

② 对矩阵求偏导数的过程已由玻恩、海森伯和约丹给出(Born, Heisenberg and Jordan, *ZS. f. Physik* **35**, 561, 1926)。但这些过程没有给我们指明如何对动力学变量求导，因为它们不独立于所选择的表示。作为对量子动力学变量求导所涉困难的一个例子，我们来考虑满足如下关系的角动量的3个分量：

$$m_x m_y - m_y m_x = ihm_z$$

这里我们有 m_z 明确表示为 m_x 和 m_y 的函数，但它对 m_x 或 m_y 的偏导数没有意义。

1. 切触变换

拉格朗日理论与切触变换理论有着密切联系。因此，我们从讨论经典和量子切触转换之间的类比开始。令两组变量分别为p_r，q_r和P_r，$Q_r(r=1, 2, \cdots n)$，并假定q和Q都是独立的，因此可以用它们来表示动力学变量的任何函数。众所周知，在经典理论中，这种情形下的变换方程有如下形式

$$p_r=\frac{\partial S}{\partial q_r},\ P_r=\frac{\partial S}{\partial Q_r}, \tag{1}$$

这里S是q和Q的某个函数。

在量子理论中，我们可以取q是对角阵的表示，第二种表示是Q呈对角阵。连接这两种表示的是一个转换函数$(q'|Q')$。现在我们将证明，这个转换函数是$e^{tS/h}$的量子模拟。

如果α是量子理论中动力学变量的某个函数，那么它会有一个“混合”表示$(q'|\alpha|Q')$，它可以根据两种通常表示$(q'|\alpha|q'')$和$(Q'|\alpha|Q'')$里的任意一种来定义：

$$(q'|\alpha|Q')=\int(q'|\alpha|q'')\mathrm{d}q''(q''|Q')=\int(q'|Q'')\mathrm{d}Q''(Q''|\alpha|Q').$$

从二者中的第一个定义式我们得到

$$(q'|q_r|Q')=q_r'(q'|Q') \tag{2}$$

$$(q'|p_r|Q')=-ih\frac{\partial}{\partial q_r'}(q'|Q'). \tag{3}$$

从第二个定义式得到

$$(q'|Q_r|Q')=Q_r'(q'|Q') \tag{4}$$

$$(q'|p_r|Q')=ih\frac{\partial}{\partial Q_r'}(q'|Q'). \tag{5}$$

注意式(3)和(5)里的符号有区别。

方程(2)和(4)可概括为如下。令$f(q)$为q的任一函数，$g(Q)$为Q的任一函数。于是有

$$(q'|f(q)g(Q)|Q')=\iint(q'|f(q)|q'')\mathrm{d}q''(q''|Q'')\mathrm{d}Q''(Q''|g(Q)|Q')$$
$$=f(q')g(Q')(q'|Q').$$

此外，如果$f_k(q)$和$g_k(Q)(k=1, 2, \cdots, m)$分别表示$q$和$Q$的两组函数，则

$$\left(q' \middle| \sum_k f_k(q)\, g_k(Q) \middle| Q'\right) = \sum_k f_k(q') g_k(Q') \cdot (q' | Q').$$

因此如果 α 是动力学变量的函数，且假定它按“有序”方式被表示成 q 和 Q 的函数 $\alpha(qQ)$，即它由形为 $f(q)g(Q)$ 的项的和构成，那么我们将有

$$(q' | \alpha(qQ) | Q') = \alpha(q'Q')(q' | Q'). \tag{6}$$

这是一个非常漂亮的方程，它给出了算符函数 $\alpha(qQ)$ 与数值变量函数 $\alpha(q'Q')$ 之间的联系。

我们将这个结果运用到 $\alpha = p_r$ 上。得到

$$(q' | Q') = e^{iU/h}, \tag{7}$$

这里 U 是 q 和 Q 的新函数。我们从式(3) 得到：

$$(q' | p_r | Q') = \frac{\partial U(q'Q')}{\partial q'_r}(q' | Q').$$

将这个式子与式(6) 进行比较，我们得到

$$p_r = \frac{\partial U(qQ)}{\partial q_r}.$$

作为算符或动力学变量的方程，只要 $\partial U/\partial q_k$ 是有序的，上式即成立。同样，对 $\alpha = P_r$ 运用结果(6)，并利用式(5)，我们得到

$$p_r = -\frac{\partial U(qQ)}{\partial Q_r}.$$

只要 $\partial U/\partial Q_r$ 是有序的。这些方程与式(1) 同形，表明由式(7) 定义的 U 是对经典函数 S 的类比，这就是我们要证明的。

顺便说一句，我们同时获得了另一个定理，即只要对方程(1) 的右边做适当的解释，同时出于微分的目的，变量按经典方式处理，求导按序进行，那么在量子理论里方程(1) 也成立。约丹此前曾用不同的方法证明了这一定理。①

2. 拉格朗日量和作用量原理

经典理论的运动方程要求动力学变量以这样一种方式变化：它们在时刻 t 的值 q_t，p_t 在另一时刻 T 时的值 q_T，p_T 通过切触变换相联系。通过令 q，$p = q_t$，p_t；Q，$P = q_T$，p_T；S 等于从 T 到 t 的拉格朗日量的时间积分，这一变换可写成式(1) 的形式。在量子理论中，q_t，p_t 仍然通过切触变换与 q_T，p_T 相联系，连接两种表

---

① Jordan，*ZS. f. Physik* **38**，513，1926.

示的是一个变换函数$(q_t|q_T)$，这里说的两种表示是指q_t和q_T分别在其中呈对角阵。上一节的工作现在表现为

$$(q_t|q_T)\text{ 对应于 }\exp\left[i\int_T^t L\mathrm{d}t/h\right], \tag{8}$$

其中L是拉格朗日量。如果我们将T取得距t无限小距离，则我们得到如下结果

$$(q_{t+\mathrm{d}t}|q_t)\text{ 对应于 }\exp[iL\mathrm{d}t/h]. \tag{9}$$

转换函数(8)和(9)是量子理论中非常基本的东西。我们满意地发现，它们在经典理论里有相应的对应量——可用拉格朗日量简单表示的量。这里我们有著名结果——波函数的相位对应于经典理论中哈密顿原理函数——的自然延伸。类比式(9)暗示，我们应该将经典的拉格朗日量看成是时间t的坐标与时间$t+\mathrm{d}t$的坐标的函数，而不是坐标和速度的函数。

为简明起见，在本节的进一步讨论中，我们考虑一个自由度的情形，虽然这些论证也适用于一般情形。我们将采用符号

$$\exp\left[i\int_T^t L\mathrm{d}t/h\right]=A(tT),$$

使得$A(tT)$是$(q_t|q_T)$的经典类比。

假设我们通过引入时间间隔序列t_1，t_2，…，t_m将时间间隔$T\to t$分割成大量的小片段$T\to t_1$，$t_1\to t_2$，…，$t_{m-1}\to t_m$，$t_m\to t$。于是

$$A(tT)=A(tt_m)A(t_mt_{m-1})\cdots A(t_2t_1)A(t_1T). \tag{10}$$

在量子理论里现在我们有

$$(q_t|q_T)=\int(q_t|q_m)\mathrm{d}q_m(q_m|q_{m-1})\mathrm{d}q_{m-1}\cdots(q_2|q_1)\mathrm{d}q_1(q_1|q_T), \tag{11}$$

这里$q_k(k=1,2\cdots m)$表示时间序列t_k中的q。乍一看，方程(11)似乎并不正确地对应于方程(10)，因为式(11)的右边必须相乘之后积分，而式(10)的右边不存在积分。

让我们这样来考察这个差异：看看当t取得极其小的时候式(11)会变得怎样。从结果(8)和(9)我们看到，式(11)的被积函数必有$e^{iF/h}$的形式，这里F是q_T，q_1，q_2，$\cdots q_m$，q_t的函数，它在h趋于零时保持有限。现在让我们这样来分析这个q序列中间的一个，譬如说q_k：令其他元素固定，让q_k连续变化。由于h很小，因此通常F/h会变化得极为迅速。这意味着$e^{iF/h}$将在零值附近以很高的频率做周期性变化，其结果是该积分基本为零。因此在q_k的积分域里，唯一重要的

部分是对于 q_k 的较大的变化，所产生的 F 的变化却很小。这部分就是这样的点的邻域，其中 F 相对于 q_k 的小变化是稳定的。

我们可以将这个论证推广到式(11) 右边的每个变量的积分上，得到的结果是：积分域里唯一重要的一点是 F 对于所有的 q 的小的变化是稳定的。但是，将式(8) 运用到每个小的时间段上，我们看到 F 有(作为其经典类比)

$$\int_{t_m}^{t} L\mathrm{d}t + \int_{t_{m-1}}^{t_m} L\mathrm{d}t + \cdots + \int_{t_1}^{t_2} L\mathrm{d}t + \int_{T}^{t_1} L\mathrm{d}t = \int_{T}^{t} L\mathrm{d}t,$$

这正是经典力学对于所有间距 q 的小变化要求其为稳定的作用量函数。它表明，当 h 极其小时，方程(11) 过渡到经典的结果。

现在我们回到 h 不是非常小的一般情形。我们看到，与量子理论的情形比较可知，方程(10) 必须按下述方式来理解：每个量 A 必须被视为 q 的两倍时长的函数。右边不仅是 q_T 和 q_t 的函数，也是 q_1，q_2，$\cdots q_m$ 的函数。为了从它得到一个仅为 q_T 和 q_t 的函数，使之可以等同于左边，我们必须利用作用量原理将 q_1，q_2，$\cdots q_m$ 代换为它们的值。这种替代中间 q 的过程对应于对式(11) 中所有这些 q 的值的积分的过程。

方程(11) 包含作用量原理的量子类比，这一点从以下论证可以看得更清楚。从方程(11) 我们可以得出(相当平凡的) 判断：如果我们取定 q_T 和 q_t 的具体值，那么我们所考虑的任何一组中间 q 值的重要性取决于式(11) 右边积分中这组值的重要性。如果现在我们让 h 趋于零，这一陈述便过渡到经典陈述：如果取定 q_T 和 q_t 的具体值，那么我们所考虑的任何一组中间 q 值的重要性为零，除非这些值使作用量函数稳定。这一陈述是经典作用量原理公式化的一种方法。

3. 场动力学的应用

我们可以用拉格朗日方法来处理经典理论中振荡介质的问题。它是对粒子振荡的一种自然的概括。我们选择合适的场量或电势作为坐标。因此各坐标均为四时空变量 x，y，z，t 的函数，与此相对应，在粒子理论里，它只是一个变量 t 的函数。因此粒子理论里的 1 个独立变量 t 被推广到 4 个独立变量 x，y，z，t。①

① 习惯上，场动力学将具有两个不同的(x，y，z) 值但有相同的 t 值的场量看作两个不同的坐标，而不是看作同一坐标在独立变量域中的两个不同的点上的两个值，并且以这种方式保留了单个独立变量 t 的概念。这一观点对于用哈密顿量来处理时是必要的，但从文本采用的拉格朗日量处理的角度来看，最好是考虑到它更大的时空对称性。

我们在时空的每个点上引入拉格朗日密度，它必然是坐标和这些坐标关于 x，y，z，t 的一阶导数的函数，相当于粒子理论里的拉格朗日量是坐标和速度的函数。因此，拉格朗日密度在(四维)时空区域上的积分对区域内坐标的任何小的变化必然是稳定的，只要坐标在边界上保持不变。

现在很容易看出这一切的量子类比是什么。如果 S 是经典拉格朗日密度在某个时空区域上的积分，那么我们应当期望存在 $e^{iS/h}$ 的量子类比量，它对应于粒子理论里的 $(q_t|q_T)$。这个 $(q_t|q_T)$ 是它在所涉时间间隔的两端点上的坐标值的函数。因此我们预料，$e^{iS/h}$ 的量子类比量是时空区域边界上的坐标值的函数(实际上是泛函)。这个量子类比量将是一种"广义变换函数"。通常它无法像 $(q_t|q_T)$ 那样被理解成一组动力学坐标到另一组动力学坐标的变换，而是 $(q_t|q_T)$ 在下述意义上的四维推广。

对应于 $(q_t|q_T)$ 的组成法则

$$(q_t|q_T)=\int(q_t|q_1)\mathrm{d}q_1(q_1|q_T),\tag{12}$$

广义变换函数有下述组成法则。取一给定的时空区域，将它分成两部分。于是在整个区域上的广义变换函数等于这两部分上广义变换函数的乘积，积分对两部分共同边界上的所有坐标值进行。

反复应用式(12)给出式(11)，反复应用广义变换函数的相应法则使我们能够用类似的方法将任意区域上的广义变换函数与该区域被分割成的很小的子区域上的广义变换函数联系起来。这种联系包含了应用于场的作用量原理的量子类比。

变换函数 $(q_t|q_T)$ 的模的平方可以理解为：对于在较早时刻 T 的坐标观测给出结果 q_T 的状态，在随后的 t 时刻的坐标观测给出结果 q_t 的概率。而相应的广义变换函数的模的平方的意义则仅当广义变换函数针对由两个独立的(三维)曲面框定的时空区域才存在，这里每个曲面在空间方向上延伸到无穷远，并且完全处于顶点在该曲面上的任何光锥之外。广义变换函数的模的平方给出这样一些坐标的概率，这些坐标是指，对于它们在较早曲面上的所有点上给定了确定值的状态，它们在后来的曲面的所有点上具有指定的值。在此情形下，广义变换函数可以被看作一个将坐标和动量在其中一个曲面上的值与它们在另一曲面上的值联系起来的变换函数。

我们也可以将 $|(q_t|q_T)|^2$ 看成是给出这样一种状态的相对的先验概率：当我

们分别在时刻 T 和时刻 t 观察 q 时，分别得到结果 q_T 和 q_t 的状态(这里考虑到这样一个事实：早期的观测会改变状态并影响以后的观察)。相应地，我们可以将任何时空区域上的广义变换函数的模的平方看成是通过观察得到指定结果的相对的先验概率。这里说的观察是指对边界上所有点上的坐标的观察。这种解释要比前面的解释更为一般，因为它不需要对时空区域的形状加以限定。

剑桥大学圣约翰学院

论量子电动力学

保罗·狄拉克，V. A. 弗洛克，鲍里斯·波多尔斯基

《伦敦皇家学会论文集》114 卷(1927 年)243 页

本文第一部分用新方法给出了相对论量子力学的新形式①与海森伯和泡利的理论②的等价性证明，有关这种新形式在物理关系上的优越性及其进一步发展的建议在第二部分考虑。

第一部分　狄拉克理论与海森伯-泡利理论的等价性

§1. 最近，罗森菲尔德证明了③相对论量子力学的新形式等价于海森伯-泡利理论。然而，罗森菲尔德的证明不够清晰，而且没有揭示出两种理论之间关系的某些特征。为了帮助这一理论的进一步发展，我们在这里给出这种等价性的一个简化了的证明。

考虑一个具有哈密顿函数 H 的系统。它由 A 和 B 两部分组成，它们各自的哈密顿量分别为 H_a 和 H_b，相互作用势为 V，于是我们有

$$H = H_a + H_b + V, \tag{1}$$

其中

$$H_a = H_a(p_a q_a T); \qquad H_b = H_b(p_b q_b T);$$
$$V = V(p_a q_a p_b q_b T).$$

T 为整个系统的时间。整个系统的波函数将满足方程

$$(H - ih\partial/\partial T)\Psi(q_a q_b T) = 0. \tag{2}$$

其中 h 是普朗克常数除以 2π。并且 H 为所示变量的函数。

现在，对于要进行的正则变换有

$$\Psi^* = e^{\frac{i}{h}H_b T}\Psi \tag{3}$$

① Dirac, *Proc. Roy. Soc.*, A **136**, 453, 1932.

② Heisenberg and Pauli, *ZS.f. Physik*, **56**, 1, 1929 和 **59**, 168, 1930.

③ Rosenfeld, *ZS.f. Physik*, **76**, 729, 1932.

对此，动力学变量，譬如说 F，变换如下：

$$F^{*}=e^{\frac{i}{h}H_bT}Fe^{-\frac{i}{h}H_bT}, \tag{4}$$

式(2) 取如下形式

$$(H_a^{*}+V^{*}-ih\partial/\partial T)\Psi^{*}=0. \tag{5}$$

由于 H_a 与 H_b 对易，$H_a^{*}=H_a$。另一方面，由于变量之间的函数关系不受正则变换(3) 的影响，V^{*} 作为变换后变量 p^{*}，q^{*} 的函数与 V 作为 p，q 的函数有同样的形式。但 p_a 和 q_a 与 H_b 对易，故有 $p_a^{*}=p_a$，$q_a^{*}=q_a$。
因此

$$V^{*}=V(p_aq_ap_b^{*}q_b^{*}), \tag{6}$$

其中

$$\left.\begin{aligned}q_b^{*}&=e^{\frac{i}{h}H_bT}qbe^{-\frac{i}{h}H_bT}\\ p_b^{*}&=e^{\frac{i}{h}H_bT}pbe^{-\frac{i}{h}H_bT}\end{aligned}\right\}. \tag{7}$$

在 §7 中会证明，采用适当记号后，式(7) 等价于

$$\left.\begin{aligned}\partial q_b^{*}/\partial t&=\frac{i}{h}(H_bq_b^{*}-q_b^{*}H_b)\\ \partial p_b^{*}/\partial t&=\frac{i}{h}(H_bp_b^{*}-p_b^{*}H_b)\end{aligned}\right\}, \tag{8}$$

其中 t 是 B 部分的独立时间。

但这些只是 B 部分单独的运动方程，未受到 A 部分存在的干扰。

§2. 现在将 B 部分看作场，A 部分看作粒子。于是方程(8) 必等同于真空空间的麦克斯韦方程。方程(2) 则成为海森伯-泡利理论下的波动方程，而方程(5)，其中扰动由真空空间的电势表示，则是新理论下的波动方程。因此，该理论相当于单独处理系统的一部分，在某些问题中这样处理会更方便些。①

现在，H_a 可表示成离散粒子的哈密顿量之和。粒子之间的相互作用不包含在 H_a 内，因为它被取作粒子和场之间相互作用的结果。同样，V 是场和粒子之间相互作用的总和。因此，我们可以写成

① 某种程度上这是类比于弗伦克尔处理不完备系统的方法。见 Frenkel，*Sow. Phys.*，**1**，99，1932.

$$\left.\begin{aligned} &H_a = \sum_{s=1}^{n}(c\alpha_s \cdot p_s + m_s c^2 \alpha_s^{(4)}) = \sum_{s=1}^{n} H_s \\ \text{和} \\ &V^* = \sum_{s=1}^{n} V_s^* = \sum_{s=1}^{n} \Theta_s[\phi(r_s,\ T) - \alpha_s \cdot A(r_s,\ T)] \end{aligned}\right\} \quad (9)$$

其中 r_s 是第 s 个粒子的坐标，n 是粒子数。

方程(5) 取如下形式

$$\Big[\sum_{s=1}^{n}(H_s + V_s^*) - ih\partial/\partial T\Big]\,\Psi^*(r_s;\ J;\ T) = 0, \quad (10)$$

J 是描述场的变量。除了公共时间 T 和场时间 t，对每个粒子引入个别时间 $t_s = t_1,\ t_2,\ \cdots t_n$。方程(10) 满足下述方程组的通解

$$\left.\begin{aligned} &(R_s - ih\partial/\partial t_s)\psi^* = 0, \\ \text{其中}\quad &R_s = c\alpha_s \cdot p_s + m_s c^2 \alpha_s^4 + \varepsilon_s[\phi(r_s t_s) - \alpha_s \cdot A(r_s t_s)] \end{aligned}\right\} \quad (11)$$

$\psi^* = \psi^*(r_1 r_2 \cdots r_n;\ t_1 t_2 \cdots t_n;\ J)$，当所有的 t 都等于公共时间 T。

现在，方程(11) 是狄拉克理论下的方程。它们显然是相对论性不变的，并构成式(10) 的推广。这种明显的相对论不变性是通过引入每个粒子的单个时间来实现的。

§3. 为进一步发展，我们需要通过一些公式来对电磁场量子化，并采用振幅 $F(k)$，$F^+(k)$ 通过下述方程引入①

$$F = \left(\frac{1}{2\pi}\right)^{3/2}\int\{F(k)e^{-ic|k|t+ik\cdot r} + F^+(k)e^{+ic|k|t-ik\cdot r}\}\,\mathrm{d}k \quad (17)$$

其中 $r = (xyz)$ 是位置矢量，$k = (k_x k_y k_z)$ 是波矢，有振幅 $|k| = 2\pi/\lambda$，$\mathrm{d}k = \mathrm{d}k_x \mathrm{d}k_y \mathrm{d}k_z$，对 k 的各分量的积分从 $-\infty$ 积到 $+\infty$。根据振幅，运动方程可以写成

$$\left.\begin{aligned} P(k) &= \frac{i}{c}[k\phi(k) - |k|A(k)] = -\frac{1}{c}\mathfrak{E}(k) \\ P_0(k) &= \frac{i}{c}[\,|k|\phi(k) - k \cdot A(k)] \end{aligned}\right\} \quad (18)$$

另两个方程是这些方程的代数结果。

电势的对易法则为

① 公式的标号原文如此。标号(12) - (16) 见后文。—— 中译者注。

$$\left.\begin{aligned}\Phi^+(k)\Phi(k')-\Phi(k')\Phi^+(k)&=\frac{ch}{2|k|}\delta(k-k')\\A_i^+(k)A_{in}(k')-A_m(k')A_i^+(k)&=-\frac{ck}{2|k|}\delta_{lm}\delta(k-k')\end{aligned}\right\}\tag{19}$$

振幅的所有其他组合均对易。

第二部分　麦克斯韦电磁场情形

§4. 对于麦克斯韦电磁场的情形，下面的附加考虑是必要的。在获得场变量方面，除了常规的电磁场运动方程外，我们必须运用附加条件 $P_0=0$，或 $-cP_0=\operatorname{div}A+\dot{\Phi}/c=0$。这一条件不能被视为量子力学的方程，但可看作可容许的 ψ 函数的条件。例如，从下述事实可以看出，当视为量子力学方程时，$\operatorname{div}A+\dot{\Phi}/c=0$ 违反了对易法则。因此，只有那些满足下述条件的 ψ 可被视为物理上容许的：

$$-cP_0\psi=\left(\operatorname{div}A+\frac{1}{c}\dot{\Phi}\right)\psi=0\tag{20}$$

为此目的，福克和波多尔斯基得到了一些公式①。我们由拉格朗日函数开始：

$$L=\frac{1}{2}(\mathfrak{E}^2-\mathfrak{H}^2)-\frac{1}{2}\left(\operatorname{div}A+\frac{1}{c}\dot{\Phi}\right)^2\tag{12}$$

将势$(\Phi A_1A_2A_3)$取作坐标$(Q_0Q_1Q_2Q_3)$，保留通常关系：

$$\mathfrak{E}=-\operatorname{grad}\Phi-\frac{1}{c}\dot{A},\quad\mathfrak{H}=\operatorname{curl}A,\tag{13}$$

我们得到

$$\left.\begin{aligned}(P_1P_2P_3)=p&=-\frac{1}{c}\mathfrak{E};\\P_0&=-\frac{1}{c}\left(\operatorname{div}A+\frac{1}{c}\dot{\Phi}\right);\end{aligned}\right\}\tag{14}$$

和哈密顿量

① Fock and Podolsky, *Sow. Phys.*, **1**, 801, 1932，后为前述引文所引用。其他处理见 Jordan and Pauli, *ZS.f.Physik*, **47**, 151, 1928 或 Fermi, *Rend. Lincei*, **9**, 881, 1929. 拉格朗日量(12)与费米公式的差别仅在于差一个四维散度。

$$H = \frac{c^2}{2}(P^2 - P_0^2) + \frac{1}{2}\sum_{1,\ 2,\ 3}\left(\frac{\delta Q_1}{\delta x_2} - \frac{\delta Q_2}{\delta x_1}\right)^2 - cP_0\sum_{i=1}^{3}\frac{\delta Q_l}{\delta x_l} - cP \cdot \mathrm{grad}\ Q_0. \tag{15}$$

运动方程为①

$$\left.\begin{aligned} \dot{A} &= c^2 P - c\ \mathrm{grad}\ \Phi, \\ \dot{\phi} &= -c^2 P_0 - c\ \mathrm{div}\ A, \\ \dot{P} &= \Delta A - \mathrm{grad\ div}\ A - c\ \mathrm{grad}\ P_0, \\ \dot{P}_0 &= -c\ \mathrm{div}\ P. \end{aligned}\right\} \tag{16}$$

通过消去 P 和 P_0，方程(16) 给出关于电势 Φ 和 A 的达朗贝尔方程。为了获得真空空间的麦克斯韦方程，我们必须令 $P_0 = 0$。量子化法则用傅里叶积分幅度来表示。因此对于每个 $F = F(xyzt)$，利用式(18)，用振幅来表示，条件(20) 有如下形式：

$$i[k \cdot A(k) - |k|\Phi(k)]\psi = 0$$

和

$$-i[k \cdot A^+(k) - |k|\Phi^+(k)]\psi = 0. \tag{20'}$$

这里当然必须添加上波动方程

$$(H_b - ih\partial/\partial t)\psi = 0, \tag{21}$$

其中 H_b 是场的哈密顿量(如前所述)：

$$H_b = 2\int\{A^+(k) \cdot A(k) - \Phi^+(k)\Phi(k)\}\ |k^2|\,\mathrm{d}k, \tag{22}$$

如果大量的方程 $A\psi = 0$，$B\psi = 0$ 等同时得到满足，那么有 $(AB - BA)\psi = 0$。所有这些新方程必定是老方程的结果，即不必然给出关于 ψ 的新条件。这可以看作是对原始方程的自洽性的一个检验。将它运用到我们的式(20) 和(21) 上，我们有

$$\begin{aligned} &P_0(k)P_0^+(k') - P_0^+(K')P_0(k) \\ &= c^2[k \cdot A(k)k' \cdot A^+(k') - k' \cdot A^+(k')k \cdot A(k)] \\ &\quad + c^2|k||k'|[\Phi(k)\Phi^+(k') - \Phi^+(k')\Phi(k)] \end{aligned} \tag{23}$$

因为 A 与 Φ 对易。现在运用式(19) 的对易法则，我们有

---

① 场量上方的点表示对场时间 t 求导。

$$P_0(k)P_0^+(k') - P_0^+(k')P_0(k) = \frac{c^3h}{2|k|}\Big(\sum_{l,\ m} k_1 k_m \delta_{lm} - |k|^2\Big)\,\delta(k - k') = 0. \quad (24)$$

由于是量子力学方程的缘故，式(24) 是满足的。因此

$$[P_0(k)P_0^+(k') - P_0^+(k')P_0(k)]\psi = 0$$

不是关于 ψ 的条件。因此条件(20′) 是自洽的。由于 $P_0(k)$ 和 $P_0^+(k)$ 与 $\partial/\partial t$ 对易，因此为了用式(21) 检验式(20) 的自洽性，我们必须检验条件

$$(H_bP_0 - P_0H_b)\psi = 0. \quad (25)$$

然而，由于 $\dot{P}_0 = (i|h)(H_bP_0 - P_0H_b)$，式(25) 取形式 $\dot{P}_0\psi = 0$，或傅里叶分量

$$\dot{P}_0(k)\psi = - ic|k|P_0(k)\psi = 0,$$

和

$$\dot{P}_0^+(k)\psi = ic|k|P_0^+(k)\psi = 0.$$

但这些都只是条件(20′)。因此，条件(20) 和(21) 是一致的。

§5. 式(20) 的额外条件不是运动方程，而是施加在初始坐标和速度的“约束”，运动方程在所有时间上都保有这个约束。对于麦克斯韦电磁场的情形，该约束的存在是我们需要做 §4 开头所提到的额外考虑的原因。事实证明，当存在粒子时，我们必须修改这一限制，以便得到一些运动方程在所有时间都保有的东西。

就条件(20′) 而言，当应用于 ψ 时，与方程(11) 并不一致。然而我们不难看出，它们可以用一组稍微不同条件①来代替：

$$C(k)\psi = 0 \text{ 和 } C^+(k)\psi = 0 \quad (26')$$

其中

$$C(k) = i[k \cdot A(k) - |k|\phi(k)] + \frac{i}{2(2\pi)^{3/2}|k|}\sum_{s=1}^{n}\varepsilon_s e^{ic|k|t_s - ik\cdot r_s} \quad (27')$$

$C(k)$ 里那些未包含在 $-cP_0(k)$ 里的项都是粒子的坐标和时间的函数。它们与 $H_b - ih\partial/\partial t$ 对易，与 $P_0(k)$ 对易，也彼此对易。因此方程(26′) 彼此是自洽的，也与式(21) 一致。但仍有待证明的是，方程(26′) 与方程(11) 之间的一致性。其实 $C(k)$ 和 $C^+(k)$ 都与 $R_s - ih\partial/\partial t_s$ 对易。我们就 $C(k)$ 的情形来证明这一点。

① 在下面运算时我们将略去星花用 ψ 而不用 ψ^*。

按通常的方式，将 $AB-BA$ 记为$[A,B]$，我们看到，这足以证明

$$\left[C(k),\ p_s-\frac{\varepsilon_s}{c}A(r_st_s)\right]=0 \tag{28}$$

和

$$[C(k),\ ih\partial/\partial t_s-\varepsilon_s\Phi(r_st_s)]=0. \tag{29}$$

考虑到 $C(k)$ 的形式，上式分别变成

$$[k\cdot A(k),\ A(r_st_s)]-\frac{c}{2(2\pi)^{3/2}|k|}e^{ic|k|t_s}[e^{-ik\cdot r_s},\ p_s]=0. \tag{30}$$

和

$$[|k|\Phi(k),\ \Phi(r_st_s)]+\frac{1}{2(2\pi)^{3/2}|k|}e^{-ik\cdot r_s}[e^{ic|k|t_s},\ ih\partial/\partial t_s]=0. \tag{31}$$

现在，

$$[k\cdot A(k),\ A(r_st_s)]=\left(\frac{1}{2\pi}\right)^{3/2}\int[k\cdot A(k),\ A^+(k')]e^{ic|k'|t_s-ik'\cdot r_s}\mathrm{d}k',$$

这由式(17) 并因为 $A(k)$ 与 $A(k')$ 对易可知。利用对易公式并进行积分，得到

$$\frac{chk}{2(2\pi)^{3/2}|k|}e^{ic|k|t_s-ik\cdot r_s}. \tag{32}$$

另一方面，

$$[e^{-ik\cdot r_s},\ p_s]=h\ \mathrm{grad}\ e^{-ik\cdot r_s}=h\ ke^{-ik\cdot r_s} \tag{33}$$

因此式(30) 是满足的。同样，式(31) 也满足，因为

$$[|k|\Phi(k),\ \Phi(r_st_s)]=\frac{-ch}{2(2\pi)^{3/2}}e^{ic|k|t_s-ik\cdot r_s} \tag{34}$$

和

$$[e^{ic|k|t_s},\ ih\partial/\partial t_s]=ch|k|e^{ic|k|t_s}. \tag{35}$$

因此，条件(26′) 满足一致性的所有要求。我们可以证明，这些要求将 $C(k)$ 唯一地确定到仅差一个附加常数，如果它取 $i[k\cdot A(k)-|k|\Phi(k)]+f(r_st_s)$ 的形式的话。

§6. 现在我们来证明，对于场和每个粒子，分离时间的引入允许我们运用 §3 和前述文献给出的完全真空下的电动力学。除非是 §5 中讨论的变化。事实上，我们将证明，麦克斯韦电磁方程组，其中含有电流或电荷密度，将成为 ψ 函数的条件。

为方便起见，我们将所需的基本公式收集在一起。

真空电磁方程为

$$\mathfrak{E} = -\operatorname{grad}\Phi - \frac{1}{c}\operatorname{div}A,\ \mathfrak{H} = \operatorname{curl}A, \tag{13}$$

$$\Delta\Phi - \frac{1}{c^2}\ddot{\Phi} = 0,\ \Delta A - \frac{1}{c^2}\ddot{A} = 0. \tag{36}$$

波动方程为

$$\left.\begin{aligned} &(R_s - ih\partial/\partial t_s)\psi = 0, \\ &\text{其中} \\ &R_s = c\alpha_s \cdot p_s + m_s c^2 \alpha_S^{(4)} - \varepsilon_s \alpha_s \cdot A(r_s t_s) + \varepsilon_s \Phi(r_s t_s). \end{aligned}\right\} \tag{11}$$

ψ 函数的附加条件：

$$C(k)\psi = 0 \text{ 和 } C^+(k)\psi = 0, \tag{26'}$$

其中

$$\begin{aligned} C(k) = i[k \cdot A(k) - |k|\Phi(k)] \\ + \frac{i}{2(2\pi)^{3/2}|k|}\sum_{s-1}^{n} \varepsilon_s e^{ic|k|t_s - ik\cdot r_s}. \end{aligned} \tag{27'}$$

我们通过式(17) 将振幅 $C(k)$ 和 $C^+(k)$ 变换到 $C(r,\ t)$，从而变换掉最后两式。由此我们得到

$$C(r,\ t)\psi = 0 \tag{26}$$

和

$$C(r,\ t) = \operatorname{div}A + \frac{1}{c}\frac{\partial\Phi}{\partial t} - \sum_{s=1}^{n}\frac{\varepsilon_s}{4\pi}\Delta(X - X_s), \tag{27}$$

其中 X 和 X_s 分别是四维矢量 $X = (xyzt)$，$X_s = (x_s y_s z_s t_s)$，Δ 是所谓的不变量德尔塔函数①

$$\Delta(X) = \frac{1}{|r|}[\delta(|r| + ct) - \delta(|r| - ct)]. \tag{37}$$

从式(13) 立即有

$$\operatorname{div}\mathfrak{H} = 0 \qquad \text{和} \qquad \operatorname{curl}\mathfrak{E} + \frac{1}{c}\frac{\partial}{\partial t}\mathfrak{H} = 0. \tag{38}$$

因此这些式子在量子力学里均保持不变。运用式(13) 和(36) 以及条件(26)，我

① 见 Jordan and Pauli，*ZS.f. Physik*，**47**，159，1928.

们通过直接计算得到：

$$\left(\operatorname{curl}\mathfrak{H}-\frac{1}{c}\frac{\partial\mathfrak{E}}{\partial t}\right)\psi=\operatorname{grad}\sum_{s=1}^{n}\frac{\varepsilon_s}{4\pi}\Delta(X-X_s)\psi \tag{39}$$

和

$$(\operatorname{div}\mathfrak{E})\psi=-\frac{1}{c}\left(\frac{\partial}{\partial t}\sum_{s=1}^{n}\frac{\varepsilon_s}{4\pi}\Delta(X-X_s)\right)\psi. \tag{40}$$

现在，我们来考虑当取 $t=t_1=t_2=\cdots=t_n=T$ 时(在麦克斯韦方程里它们是隐含的，下面我们将其简写为 $t_s=T$)，这些式子将变成什么。

对于量 $f=f(tt_1t_2\cdots t_n)$，

$$\frac{\partial f(TTT\cdots T)}{\partial T}=\left[\left(\frac{\partial f}{\partial t}\right)+\left(\frac{\partial f}{\partial t_1}\right)+\cdots+\left(\frac{\partial f}{\partial t_n}\right)\right]_{t_s=T} \tag{41}$$

对于这 n 个导数 ∂/∂_s 里的每一个，我们有运动方程

$$\frac{\partial f}{\partial t_s}=\frac{i}{h}(R_sf-fR_s). \tag{42}$$

如果我们令 $f=A(r,\ t)$ 或 $f=\Phi(r,\ t)$，那么，由于二者均与 R_s 对易，故有 $\partial f/\partial t_s=0$，我们得到

$$\frac{\partial A}{\partial t}=\frac{\partial A}{\partial T}\quad 和 \quad \frac{\partial\Phi}{\partial t}=\frac{\partial\Phi}{\partial T} \tag{43}$$

于是有

$$\mathfrak{E}=-\frac{1}{c}\frac{\partial A}{\partial T}-\operatorname{grad}\Phi,\ \mathfrak{H}=\operatorname{curl}A, \tag{44}$$

因此场与势之间的联络形式得以保留。记住对 $t=t_s$，我们有 $\Delta(X-X_s)=0$，因此 $\operatorname{grad}\Delta(X-X_s)=0$，再由式(26)，(39) 和(40)，我们得到

$$\left(\operatorname{div}A+\frac{1}{c}\frac{\partial\Phi}{\partial T}\right)\psi=0, \tag{45}$$

和

$$\left(\operatorname{curl}\mathfrak{H}-\frac{1}{c}\frac{\partial\mathfrak{E}}{\partial t}\right)_{t_s=T}\psi=0, \tag{46}$$

和

$$(\operatorname{div}\mathfrak{E})\psi=-\sum_{s=1}^{n}\frac{\varepsilon_s}{4\pi}\left[\frac{1}{c}\frac{\partial}{\partial t}\Delta(X-X_s)\right]_{t=t_s}\psi. \tag{47}$$

为了进一步简化式(46)，我们必须利用式(41) 和(42)，由此得

$$\left(\frac{1}{c}\frac{\partial\mathfrak{E}}{\partial t}\right)_{t_s=T}=\frac{1}{c}\frac{\partial\mathfrak{E}}{\partial T}-\sum_{s=1}^{n}\frac{i}{ch}[R_s,\ \mathfrak{E}].\tag{48}$$

$[R_s,\ \mathfrak{E}]$ 容易计算，因为 R_s 里唯一不与 $\mathfrak{E}$ 对易的项是 $-\varepsilon_s\alpha_s\cdot A(r_st_s)$，而 $-\mathfrak{E}/c$ 是共轭于 A 的动量。由此我们得

$$[R_s,\ \mathfrak{E}]=ich\varepsilon_s\alpha_s\delta(r-r_s).\tag{49}$$

为了简化式(47)，我们只需要记住①

$$\left|\frac{1}{c}\frac{\partial}{\partial T}\Delta(\boldsymbol{X})\right|_{t=0}=-4\pi\delta(r).\tag{50}$$

至此，式(46) 和(47) 变成

$$\left(\mathrm{curl}\mathfrak{H}-\frac{1}{c}\frac{\partial\mathfrak{E}}{\partial T}\right)\psi=\sum_{s=1}^{n}\varepsilon_s\alpha_s\delta(r-r_s)\psi\tag{51}$$

和

$$(\mathrm{div}\mathfrak{E})\psi=\sum_{s=1}^{n}\varepsilon_s\delta(r-r_s)\psi.\tag{52}$$

它们正是剩下的麦克斯韦方程组，看起来就像是 ψ 条件。式(52) 是海森伯-泡利理论的附加条件。

§7. 我们现在要导出式(8)。为此我们需要记得，变换式(7) 是正则变换，它保留了变量之间以及运动方程之间的代数关系的形式。采用目前的符号，它们变成

$$\frac{\partial q_b^*}{\partial T}=\frac{i}{h}[H^*,\ q_b^*]_{t_s=T};\qquad\frac{\partial p_b^*}{\partial T}=\frac{i}{h}[H^*,\ p_b^*]_{t_s=T}\tag{53}$$

正如我们在公式(5) 后的讨论中看到的

$$H^*=H_a+H_b+V^*\tag{54}$$

由于 q_b 和 p_b 与 H_a 对易，q_b^* 和 p_b^* 与 H_a^* 对易，因此也与 H_a 对易。因此方程(53) 变成

$$\left.\begin{aligned}\frac{\partial q_b^*}{\partial T}&=\frac{i}{h}\{[H_b,\ q_b^*]+[V^*,\ q_b^*]\}_{t_s=T}\\\frac{\partial p_b^*}{\partial T}&=\frac{i}{h}\{[H_b,\ p_b^*]+[V^*,\ p_b^*]\}_{t_s=T}\end{aligned}\right\}\tag{55}$$

---

① Heisenber gund Pauli, *ZS. f. Physik*, **56**, 34, 1929.

另一方面，从式(41)和(42)我们有

$$\left.\begin{aligned}\frac{\partial q_b^*}{\partial T}&=\left\{\frac{\partial q_b^*}{\partial t}+\frac{i}{h}\sum_{s=1}^{n}[R_s,\ q_b^*]\right\}_{t_s=T}\\ &\text{和}\\ \frac{\partial p_b^*}{\partial T}&=\left\{\frac{\partial p_b^*}{\partial t}+\frac{i}{h}\sum_{s=1}^{n}[R_s,\ p_b^*]\right\}_{t_s=T}\end{aligned}\right\}\tag{56}$$

现在，R_s 里唯一不与 $p_b{}^*$ 和 $q_b{}^*$ 对易的项是 $V_b{}^*$，因此有

$$[R_s,\ q_b^*]=[V_s^*,\ q_b^*]\text{和}[R_s,\ p_b^*]=[V_s^*,\ p_b^*].\tag{57}$$

由于 $\sum V_s{}^*=V^*$，式(56)变成

$$\left.\begin{aligned}\frac{\partial q_b}{\partial T}&=\left\{\frac{\partial q_b^*}{\partial t}+\frac{i}{h}[V^*,\ q_b^*]\right\}_{t_s=T}\\ \frac{\partial p_b^*}{\partial T}&=\left\{\frac{\partial p_b^*}{\partial t}+\frac{i}{h}[V^*,\ p_b^*]\right\}_{t_s=T}\end{aligned}\right\}\tag{58}$$

比较式(55)和(58)，最终得到

$$\left.\begin{aligned}\left(\frac{\partial q_b^*}{\partial t}\right)_{t=T}&=\frac{i}{h}[H_b,\ q_b^*]_{t=T}\\ \left(\frac{\partial p_b^*}{\partial t}\right)_{t=T}&=\frac{i}{h}[H_b,\ p_b^*]_{t=T}\end{aligned}\right\}\tag{59}$$

这正是在更严格的运算符号系统下的式(8)。

剑桥、列宁格勒和哈尔科夫

新场论基础

马克斯·玻恩，利奥波德·英菲尔德①

《伦敦皇家学会论文集·A 辑·数学和物理学类论文》144 卷，852 号
(1934 年 3 月 29 日)，425—451 页

1. 引言

物质与电磁场的关系可以从两种相反的观点来解释：

第一种观点可称为一元论②。它假定只存在一种物理实体，即电磁场。物质粒子被认为是这种场的奇点，质量是一个由场能量来表示的衍生概念(电磁质量)。

第二种观点，或称二元论的观点，将场和粒子视为两种有着本质区别的不同客体。粒子是场的起源，它通过场起作用但不是场的一部分；粒子的特性是由特定常数 —— 质量 —— 来量度的惯性。

目前，几乎所有的物理学家都采用二元论的观点，这一观点得到了下述 3 个事实的支持：

1. 任何试图发展出一种一元论的尝试均告失败 —— 这些尝试具有两种本质上不同的倾向：(a) 由亥维赛德(Heaviside)、瑟尔(Searle) 和 J. J. 汤姆孙发起，并由亚伯拉罕、洛伦兹和其他人完成的理论，对电子的“形态”和运动学行为以及电荷密度的分布作了几何假设(例如亚伯拉罕的刚性电子，洛伦兹的收缩性电子等概念)，这些理论的失败是因为它们不得不引入非电磁性的凝聚力；(b) 米氏理论③，这种理论通过将麦克斯韦方程组推广到非线性化，在形式上避免了这种困难，这种尝试的失败在于米氏的场方程具有不可接受的属性，即场方程的解依赖于电势的绝对值。

---

① 洛克菲勒基金会研究员。我要感谢洛克菲勒基金会给我机会在剑桥工作。

② 这里“unitary”一词与爱因斯坦、外尔、爱丁顿等人所用的“酉”场论无关。那种场论所探讨的问题是如何将引力场理论和电磁场理论统一成一种非黎曼几何形态的理论。但应指出，爱丁顿在他的著作《相对论的数学理论》(剑桥出版社) § 101 节里给出的一些公式与本文的公式之间形式上存在明显的类似性，尽管二者的物理解释完全不同。

③ *Ann. Physik*, vol. **37**, p. 511 (1912); vol. **39**, p. 1 (1912); vol. **40**, p. 1 (1913). 亦见 Born, *GöttingerNachr*, p. 23 (1914).

2. 相对论的结果。质量对速度的观测依赖性绝非电磁质量的特性，而是可以通过变换定律导出。

3. 最后，但并非最不重要的，量子力学的巨大成功。就其目前的形式而言，基本上是基于二元论观点。这一理论始于对振子和库仑场中的粒子的研究，然后甚至将这些情形下发展出来的方法应用到电磁场，其傅立叶系数的性态就像谐振子。

但也有迹象表明，这种量子电动力学遇到了相当大的困难，它不足以解释几项事实。

这些困难主要与点电荷的自能呈无穷大这一事实①有关。这个无法解释的事实涉及基本粒子的存在性、核结构以及这些粒子向其他粒子或光子等的转化。

在所有这些情形下，有足够的证据表明，只要（麦克斯韦的或德布罗意波的）波长大于"电子半径"e^2/mc^2，那么目前的理论（由狄拉克的波动方程构成）就成立，但对于包含较短波长的波场，这一理论不成立。对于电子半径尺度下的这个表达式里不含普朗克常数这一点表明，首先，电磁定律必须修改；其次，量子法则可以适应新的场方程。

这些考虑连同对一元论伟大哲学思想的优越性的信念，导致我们最近尝试构造一种新的电动力学②。新理论基于两种相当不同的思想路线：新的电磁场论和新的量子力学处理方法。

在进一步发展这一理论的过程中，我们希望继续保持这两条线的分离。本文的目的是要为沿经典路径发展的新的场方程提供一个更深厚的基础而不触及量子理论的问题。

在上面提到的文献里，新的场论已经以一种饱含说服力的方式亮相。它假设麦克斯韦理论里的拉格朗日量

$$\mathrm{L} = \frac{1}{2} = (\boldsymbol{H}^2 - \boldsymbol{E}^2) \tag{1.1}$$

① 温策尔(Wentzel)试图用定义一个新的电性力作用到给定电场中的粒子上的办法来避开这一困难，见 *Z. Physik*, vol. **86**, p. 479, p. 635 (1933), vol. **87**, p. 726 (1934)。这个办法很巧妙，但过于做作并带来新的困难。

② Born, *Nature*, vol. **132**, p. 282 (1933); *Proc. Roy. Soc.*, *A*, vol. **143**, p. 410 (1934), 以及我在这里引用的其他文献。

(**E** 和 **H** 分别是电场和磁场的空间矢量) 由下述表达式取代①

$$\mathrm{L} = b^2\left(\sqrt{1 + \frac{1}{b^2}(\boldsymbol{H}^2 - \boldsymbol{E}^2)} - 1\right). \qquad (1.2)$$

这一修正的明确的物理思想陈述如下：

目前理论的失败可用如下陈述来表达：它违反了有限性原理。这一原理假定，一个令人满意的理论应该避免让物理量变得无穷大。将这一原理应用到速度上，便有了速度的上限为光速 c 的假设和用相对论性表达式 $mc^2(1-\sqrt{1-v^2/c^2})$ 取代自由粒子的牛顿作用量函数 $mv^2/2$ 的结果。将相同的条件应用到空间本身，我们便得到由爱因斯坦的宇宙理论引入的封闭空间的概念②。将它应用到电磁场，我们立即得到场强上限的假定和作用量函数(1.1) 到式(1.2) 的修正。

这种论证似乎很有说服力。但我们认为，这样一条重要的原理需要更深厚的基础，正如爱因斯坦的力学的更深厚的基础是由相对论的假设提供的一样。假定通过速度极限的思想我们找到了表达式 $mc^2(1-\sqrt{1-v^2/c^2})$，那么可以看出，它可以被写成如下形式

$$mc^2(1 - \mathrm{d}\tau/\mathrm{d}t),$$

这里

$$c^2\mathrm{d}\tau^2 = c^2\mathrm{d}t^2 - \mathrm{d}x^2 - \mathrm{d}y^2 - \mathrm{d}z^2,$$

因此它有这样一种特性：对所有那些 $\mathrm{d}\tau^2$ 是不变量的变换，$mc^2\mathrm{d}\tau/\mathrm{d}t$ 的时间积分是不变量。这个四维变换群要比具有下述特性的三维变换群大，这里所述的特性是指：牛顿函数

$$\frac{1}{2}mv^2 = \frac{1}{2}m(\mathrm{d}s/\mathrm{d}t)^2;\ \mathrm{d}s^2 = \mathrm{d}x^2 + \mathrm{d}y^2 + \mathrm{d}z^2,$$

的时间积分是不变量。

因此我们认为，我们应寻找这样的变换群，对这个群，新的拉格朗日表达式具有不变的时间-空间积分，且它要比旧的表达式(1.1) 更大。这个旧的群即著名的狭义相对论群，而不是广义相对论下的时空变换群③。现在令人非常满意的

---

① 见 Born and Infeld, *Nature*, vol. **132**, p. 1004 (1933).

② 见爱丁顿，《膨胀的宇宙》，剑桥出版社 1933 年版。

③ 函数 $\boldsymbol{L}$(1.1) 通过乘以 $\sqrt{-g}$ 来适用于广义相对论的做法是相当形式化的。任何表达式都可以这种方式变成广义不变量。

是，新的拉格朗日量属于这种广义相对论群。我们将证明，它可以从广义不变性假设加上几个明显的附加假设中推导出来。因此，新场论似乎是这种很一般的原理的结果，而旧场论不过是一种实用的近似，二者的关系恰似牛顿力学与爱因斯坦力学的关系。

在本文中，我们从这种一般性观点出发来发展出一整套理论。我们将不得不重复某些已发表文章里的公式。引力问题与量子理论问题之间的联系将稍后处理。

2. 不变量作用假设

我们从一般性原理开始。按照这一原理，自然界所有法则都必须表示为对所有时空变换具有共变性质的方程。然而，这并不就意味着引力在物理世界的构造中起着基本重要的作用。因此，我们忽略掉引力场，以便能够存在这样的坐标系，其中的度规张量 g_{kl} 具有它在狭义相对论里的值，甚至在电子的中心亦如此。但我们认为，自然法则均独立于时空坐标系的选择。

我们将时空坐标记为

$$x^1,\ x^2,\ x^3,\ x^4 = x,\ y,\ z,\ ct$$

像通常情形一样，微分 dx^k 被认为是一个反变矢量。我们可以借助于度规张量对指标进行升降。这里度规张量在任何笛卡尔坐标系下（如同在狭义相对论运用时的情形）具有如下形式

$$(g_{kl}) = \begin{bmatrix} -1 & 0 & 0 & 0 \\ 0 & -1 & 0 & 0 \\ 0 & 0 & -1 & 0 \\ 0 & 0 & 0 & 1 \end{bmatrix} = (\delta_{kl})\ . \tag{2.1}$$

它不是单位矩阵，因为对角线上有不同的正负号。因此，即使在狭义相对论的坐标系下，我们也必须对共变张量和反变张量作出区分。然而，在这种情况下，指标升降的规则是非常简单的。对指标 4 做此运算不改变该张量分量的值，而对指标 1，2，3 做此运算则仅改变正负号。

我们采用公认的惯例，即如果要对所有指标求和，则每个指标将出现两次。

为了得到自然法则，我们采用如下形式的最小作用量变分原理：

$$\delta\int \mathcal{L}\,d\tau = 0,\ (d\tau = dx^1 dx^2 dx^3 dx^4). \tag{2.2}$$

我们假设：作用量积分必须是一个不变量。我们必须找到满足该条件的 $\mathcal{L}$ 形式。

我们考虑一个共变张量场 a_{kl}。我们不假设 a_{kl} 的任何对称性质。现在的问题是如何定义 $\mathcal{L}$ 为 a_{kl} 的这样一种函数，它使式(2.2)为不变量。众所周知的答案是 $\mathcal{L}$ 必须具有如下形式①

$$\mathcal{L}=\sqrt{|a_{kl}|}；（|a_{kl}|\text{是 } a_{kl} \text{ 的行列式}）。\tag{2.3}$$

如果场由几个二阶张量确定，那么 $\mathcal{L}$ 可以是阶数为1/2的共变张量的行列式的任意齐次函数。

每个任意张量 a_{kl} 均可分解成对称的和反对称的两部分：

$$a_{kl}=g_{kl}+f_{kl},\ g_{kl}=g_{lk},\ f_{kl}=-f_{lk}.\tag{2.4}$$

对度规和电磁场同时进行描述的最简单的方法是引入一个任意（非对称）张量 a_{kl}。我们将它的对称部分 g_{kl} 等同于度规场，其反对称部分等同于电磁场②。

于是我们有下述3个表达式，它们乘以 $\mathrm{d}\tau$ 后均是不变量：

$$\sqrt{-|a_{kl}|}=\sqrt{-|g_{kl}+f_{kl}|},\ \sqrt{-|g_{kl}|},\ \sqrt{|f_{kl}|}\tag{2.5}$$

其中加入负号是为了取平方根的实值。因为由式(2.1)知，$|\delta_{kl}|=-1$，因此总有 $|g_{kl}|<0$。

对于 $\mathcal{L}$，最简单的假设是它为式(2.5)的任何线性函数：

$$\mathcal{L}=\sqrt{-|g_{kl}+f_{kl}|}+A\sqrt{-|g_{kl}|}+B\sqrt{|f_{kl}|}\tag{2.6}$$

但最后一项可省略。因为如果 f_{kl} 是势矢量的转动，那么正如我们假设的那样，其空间-时间积分可变换为一个面积分，且对场的变分方程没有影响③。因此，我们可以取

$$B=0.\tag{2.7}$$

我们需要另一个条件来求 A 的行列式。其选择是显而易见的。在笛卡儿坐标系并且 f_{kl} 取小的值的极限情形下，$\mathcal{L}$ 必须取经典表达式

① 见爱丁顿，《相对论的数学理论》，剑桥出版社1923年版，§48和101页。

证明很简单：利用雅可比行列式 $\boldsymbol{I}=\dfrac{\partial(\bar{x}^1\cdots\bar{x}^4)}{\partial(x^1\cdots x^4)}$ 作变换，于是 $\mathrm{d}\tau$ 变换为 $\mathrm{d}\bar{\tau}=\boldsymbol{I}\mathrm{d}\tau$，$|a_{kl}|$ 变换成 $|\bar{a}_{kl}|=|a_{kl}|\boldsymbol{I}^{-2}$，因为 $\mathrm{d}x^k$ 是反变矢量，故 a_{kl} 共变矢量。

② 爱因斯坦曾从仿射场论的角度考虑过这个假设，见 *Berl. Ber.*, pp. 75/37（1923）和 p. 414（1925）。

③ 请参阅爱丁顿，出处同前，§101。

$$\mathrm{L} = \frac{1}{4} f_{kl} f^{kl}. \tag{2.8}$$

现在我们告别一般坐标系，它已经引导我们得到了 $\mathcal{L}$ 的表达式(2.6)，我们在笛卡尔坐标系下来计算 $\mathcal{L}$。对此我们有 $g_{kl} = \delta_{kl}$[见式(2.1)]。

$$-|\delta_{kl} + f_{kl}| = -\begin{vmatrix} -1 & f_{12} & f_{13} & f_{14} \\ f_{21} & -1 & f_{23} & f_{24} \\ f_{31} & f_{32} & -1 & f_{34} \\ f_{41} & f_{42} & f_{43} & 1 \end{vmatrix}$$

$$= 1 + (f_{23}^2 + f_{31}^2 + f_{12}^2 - f_{14}^2 - f_{24}^2 - f_{34}^2)$$

$$- (f_{23} f_{14} + f_{31} f_{24} + f_{12} f_{34})^2$$

$$= 1 + (f_{23}^2 + f_{31}^2 + f_{12}^2 - f_{14}^2 - f_{24}^2 - f_{34}^2) - |f_{kl}|.$$

对于 f_{kl} 取小的值的情形，上式最后一项的行列式可忽略。于是仅当

$$\boldsymbol{A} = -1 \tag{2.9}$$

时，式(2.6) 变得等于式(2.8)。因此，我们有如下结果：

在一般坐标系下，电磁场的作用量函数为

$$\mathcal{L} = \sqrt{-|g_{kl} + f_{kl}|} - \sqrt{-|g_{kl}|}, \tag{2.10}$$

而在笛卡尔坐标系下有

$$\mathrm{L} = \sqrt{1 + F - G^2} - 1, \tag{2.11}$$

这里

$$F = f_{23}^2 + f_{31}^2 + f_{12}^2 - f_{14}^2 - f_{24}^2 - f_{34}^2 \tag{2.12}$$

$$G = f_{23} f_{14} + f_{31} f_{24} + f_{12} f_{34} \tag{2.13}$$

让我们回到一般坐标系下 $\mathcal{L}$ 的表达式。通常我们记

$$|g_{kl}| = g,$$

并将行列式 $|g_{kl} + f_{kl}|$ 展开成 f_{kl} 的幂级数。于是我们有

$$|g_{kl} + f_{kl}| = g + \phi(g_{kl}, f_{kl}) + |f_{kl}|.$$

$|g_{kl} + f_{kl}|$，g，$|f_{kl}|$ 以及因此 $\phi(g_{kl}, f_{kl})$ 的变换性质均相同。它们的变换方法同 g。如果我们写出

$$g + \phi + |f_{kl}| = g\left(1 + \frac{\phi}{g} + \frac{|f_{kl}|}{g}\right), \tag{2.14}$$

我们看到，式(2.14) 右边括号里的整个表达式是不变量。我们已经在测地坐标

系下计算了它们的值，并发现

$$\frac{\phi}{g}=\frac{1}{2}f_{kl}f^{kl}=F=\frac{1}{2}f_{kl}f_{ls}g^{lk}g^{sr}.$$

ϕ/g 是不变量。因此在任意坐标系下我们有

$$\left.\begin{aligned}&|g_{kl}+f_{kl}|=g(1+F-G^2)\\&\mathcal{L}=\sqrt{-g}(\sqrt{1+F-G^2}-1)\end{aligned}\right\}. \tag{2.15}$$

$$F=\frac{1}{2}f_{kl}f^{kl};\ G^2=\frac{|f_{kl}|}{-g}=\frac{(f_{23}f_{14}+f_{31}f_{24}+f_{12}f_{34})^2}{-g}. \tag{2.16}$$

这里 F 和 G 都是不变量。我们将 G 取为其不变性看上去一目了然的形式。为此我们来定义一个反对称张量 j^{sklm}，对于任意指标对，有①

$$j^{sklm}=\left\{\begin{array}{ll}\dfrac{1}{2\sqrt{-g}} & \text{如果 } sklm \text{ 取 1，2，3，4 的偶置换}\\ \dfrac{-1}{2\sqrt{-g}} & \text{如果 } sklm \text{ 取 1，2，3，4 的奇置换}\\ 0 & \text{对其他情形}\end{array}\right\}. \tag{2.17}$$

现在我们可以将 G 写成如下形式：

$$G=\frac{1}{4}j^{sklm}f_{sk}f_{lm}. \tag{2.18}$$

从最后这个公式我们可以导出 j^{sklm} 的张量性质。我们也可以将 G 写成如下形式：

$$G=\frac{1}{4}f_{sk}f^{*sk}, \tag{2.19}$$

这里 f^{*sk} 是对偶张量，其定义如下：

$$f^{*sk}=j^{sklm}f_{lm}, \tag{2.20}$$

即

$$\left.\begin{aligned}&f^{*23}=\frac{1}{\sqrt{-g}}f_{14},\ f^{*31}=\frac{1}{\sqrt{-g}}f_{24},\ f^{*12}=\frac{1}{\sqrt{-g}}f_{34}\\&f^{*14}=\frac{1}{\sqrt{-g}}f_{23},\ f^{*24}=\frac{1}{\sqrt{-g}}f_{31},\ f^{*34}=\frac{1}{\sqrt{-g}}f_{12}\end{aligned}\right\}, \tag{2.21}$$

或写成

---

① Einstein and Mayer，*Berl. Ber.*，p. 3(1932).

$$\left.\begin{array}{l} f_{23}^{*} = \sqrt{-g}\, f^{14},\ f_{31}^{*} = \sqrt{-g}\, f^{24},\ f_{12}^{*} = \sqrt{-g}\, f^{34} \\ f_{14}^{*} = \sqrt{-g}\, f^{23},\ f_{24}^{*} = \sqrt{-g}\, f^{31},\ f_{34}^{*} = \sqrt{-g}\, f^{12} \end{array}\right\}, \tag{2.22}$$

因为

$$f_{sk}^{*} = j_{sklm} f^{lm};\ j_{sklm} = g\, j^{sklm} = g_{as} g_{bk} g_{cl} g_{dm}\, j^{abcd}. \tag{2.23}$$

以后我们需要下列公式：

$$f^{*kl} f_{kl}^{*} = - f^{kl} f_{kl}, \tag{2.24}$$

$$j^{lsab} f_{ks} f_{ab} = f^{*ls} f_{ks} = G \delta_{k}^{l}, \tag{2.25}$$

$$f^{**ls} = - f^{ls}. \tag{2.26}$$

式(2.24)～(2.26)遵循上述给出的f_{kl}^{*}，f^{*kl}和G的定义。

由式(2.15)所表示的函数$\mathcal{L}$是满足一般不变性原理的最简单的拉格朗日量。但它不同于I中由G^2项所考虑的量。后者在f_{kl}中是四阶项，因此可忽略，奇点(即电子，见§6)的近邻域内情形除外。但I中采用的拉格朗日量也可以表示成一般的共变形式，因为G^2是行列式，即$|f_{kl}|$，因此

$$\int \left(\sqrt{-|g_{kl} + f_{kl}| + |f_{kl}|} - \sqrt{-|g_{kl}|} \right) \mathrm{d}\tau \tag{2.27}$$

也是不变量，在笛卡尔坐标系下它恰好有形式

$$\int (\sqrt{1 + F} - 1) \mathrm{d}\tau. \tag{2.28}$$

这些作用量原理中哪一个是正确的，这只能由其结果来定。我们取式(2.15)给出的表达式，然后令$G = 0$，就很容易回到式(2.27)或(2.28)。不管怎么说，统计问题的解对于这两种作用量函数是一样的，因为在此特定情形下我们有$G = 0$。

3. 作用量原理、场方程和守恒律

我们写出式(2.15)的一般形式

$$\mathcal{L} = \sqrt{-g}\mathrm{L} = \sqrt{-g}\mathrm{L}(g_{gl},\ F,\ G).$$

我们将看到，如果L是这些辐角的不变量函数，那么所有考虑都成立。通常，我们假定存在势矢ϕ_k，它满足

$$f_{kl} = \frac{\partial \phi_l}{\partial x^k} - \frac{\partial \phi_k}{\partial x^l}. \tag{3.1}$$

于是有恒等式

$$\frac{\partial f_{lm}}{\partial x^k} + \frac{\partial f_{mk}}{\partial x^l} + \frac{\partial f_{kl}}{\partial x^m} = 0, \tag{3.2}$$

由式(2.20)，上式可写成

$$\frac{\partial \sqrt{-g}\, f^{*kl}}{\partial x^l} = 0. \tag{3.2A}$$

我们引入第二个反对称场张量 p_{kl}，它对 f_{kl} 有这样一种关系，它类似于宏观物体的麦克斯韦理论里电介质位移和磁感应对场强所具有的关系：

$$\begin{aligned}\sqrt{-g}p^{kl} &= \frac{\partial \mathcal{L}}{\partial f_{kl}} = \sqrt{-g}\left(2\frac{\partial \mathrm{L}}{\partial F}f^{kl} + \frac{\partial \mathrm{L}}{\partial G}f^{*kl}\right) \\ &= \frac{(f^{kl} - Gf^{*kl})\sqrt{-g}}{\sqrt{1 + F - G^2}}.\end{aligned} \tag{3.3}$$

变分原理(2.2) 给出欧拉方程：

$$\frac{\partial \sqrt{-g}p^{kl}}{\partial x^l} = 0. \tag{3.4}$$

方程(3.2)[或(3.2A)]和(3.4) 均是完备的场方程组。

我们像在麦克斯韦理论里那样来证明守恒律的有效性。假定有一个测地坐标系，我们令式(3.2) 乘以 p^{lm}：

$$p^{lm}\left(\frac{\partial f_{lm}}{\partial x^k} + \frac{\partial f_{mk}}{\partial x^l} + \frac{\partial f_{kl}}{\partial x^m}\right) = 0. \tag{3.5}$$

在第二和第三项里，由于式(3.4) 的缘故，我们可以置 p^{lm} 于微分符号下；在第一项里，我们用 p^{lm} 的定义式(3.3)：

$$2\frac{\partial}{\partial x^l}(p^{lm}f_{mk}) + \frac{\partial \mathrm{L}}{\partial f_{lm}}\frac{\partial f_{lm}}{\partial x^k} = 0,$$

或

$$-2\frac{\partial}{\partial x^l}(p^{lm}f_{mk}) + 2\frac{\partial \mathrm{L}}{\partial x^k} = 0.$$

如果我们引入张量

$$T_k^l = \mathrm{L}\delta_k^l - p^{ml}f_{mk}, \tag{3.6}$$

这里

$$\delta_k^l = \begin{cases}1 \text{ 若 } k = l \\ 0 \text{ 若 } k \neq l\end{cases} \tag{3.7}$$

则我们有

$$\frac{\partial T_k^l}{\partial x^l}=0. \tag{3.8}$$

在任意坐标系下我们有

$$\frac{\partial\sqrt{-g}\ T_k^l}{\partial x^l}-\frac{1}{2}\sqrt{-g}\ T^{ab}\frac{\partial g_{ab}}{\partial x^k}=0, \tag{3.9}$$

或者，利用通常的共变微分符号：

$$T_{k/l}^l=0 \tag{3.9A}$$

于是由式(3.3) 和(2.25)，我们还可以将T_k^l 写成如下形式：

$$T_k^l=\mathrm{L}\delta_k^l-\frac{f^{ml}f_{mk}-G^2\delta_k^l}{\sqrt{1+F-G^2}}. \tag{3.6A}$$

4. 拉格朗日量和哈密顿量

$\mathcal{L}$ 可看成是 g^{kl} 和f_{kl} 的函数。我们将证明，$\frac{-2}{\sqrt{-g}}\frac{\partial\mathcal{L}}{\partial g^{kl}}$是能量-动量张量。我们发现，

$$\frac{\partial\sqrt{-g}}{\partial g^{kl}}=-\frac{1}{2}\sqrt{-g}\,g_{kl} \tag{4.1}$$

$$\frac{\partial F}{\partial g^{kl}}=g^{sr}f_{ks}f_{lr} \tag{4.2}$$

$$\frac{\partial G}{\partial g^{kl}}=\frac{1}{2}Gg_{kl}. \tag{4.3}$$

因此，

$$\begin{aligned}-2\frac{\partial\mathcal{L}}{\partial g^{kl}}&=\sqrt{-g}\left\{\mathrm{L}g_{kl}-2\left(\frac{\partial\mathrm{L}}{\partial F}\frac{\partial F}{\partial g^{kl}}+\frac{\partial\mathrm{L}}{\partial G}\frac{\partial G}{\partial g^{kl}}\right)\right\}\\&=\sqrt{-g}\left\{\mathrm{L}g_{kl}-\frac{f_{ks}f_{lr}g^{sr}-G^2g_{kl}}{\sqrt{1+F-G^2}}\right\}.\end{aligned} \tag{4.4}$$

由式(3.6A) 和(3.6)，

$$-2\frac{\partial\mathcal{L}}{\partial g^{kl}}=\sqrt{-g}\,T_{kl}=\sqrt{-g}\,(\mathrm{L}g_{kl}-f_{ks}p_{lr}g^{sr}). \tag{4.5}$$

现在，我们很容易将上述作用量原理推广到包含爱因斯坦引力定律的情形。

我们只需加上一个作用量积分项$\int R\sqrt{-g}\,\mathrm{d}\tau$，这里 R 是曲率标量。但在本文里我们不讨论与引力有关的问题。

$\mathscr{L}$ 被看成 g^{kl} 和 f_{kl} 的函数。但我们也可以将 $\mathscr{L}$ 表示成 g^{kl} 和 p_{kl} 的函数。可以证明，我们可以解下述关于 f^{kl} 的方程

$$p^{kl}=\frac{f^{kl}-Gf^{*kl}}{\sqrt{1+F-G^2}}\tag{3.3}$$

为此，我们得计算

$$\frac{1}{2}p^{*kl}p^{*}_{kl}=P,\tag{4.6}$$

$$\frac{1}{4}p^{kl}p^{*}_{kl}=Q,\tag{4.7}$$

即对应于 F 和 G 的 P 和 Q。由公式(3.3) 和(2.24) ~ (2.26)，我们得到

$$P=\frac{-F+G^2F+4G^2}{1+F-G^2}.\tag{4.8}$$

$$Q=G.\tag{4.9}$$

最后一个方程可以写成更对称的形式：

$$\frac{1+F-G^2}{1+G^2}=\frac{1+Q^2}{1+P-Q^2},\tag{4.8A}$$

$$G=Q.\tag{4.9A}$$

现在我们可以解方程(3.3) 了。由式(3.3) 和(2.26)，有

$$p^{*kl}=\frac{f^{*kl}+Gf^{kl}}{\sqrt{1+F-G^2}}.\tag{3.3A}$$

解(3.3) 和(3.3A) 我们得到[考虑到式(4.8A) 和(4.9A)]：

$$f^{kl}=\frac{p^{kl}+Qp^{*kl}}{\sqrt{1+P-Q^2}};\quad f^{*kl}=\frac{p^{*kl}-Qp^{kl}}{\sqrt{1+P-Q^2}}.\tag{4.10}$$

现在张量 f_{kl} 和 p_{kl} 可以完全对称地来处理。在作用量原理里我们用哈密顿量 H 来取代拉格朗日量 L：

$$\mathrm{H}=\mathrm{L}-\frac{1}{2}p^{kl}f_{kl},\tag{4.11}$$

这里 H 必须被理解为 g^{kl} 和 p_{kl} 的函数。由式(4.8)、(4.9) 和(4.10)，对作为 g^{kl} 和 p_{kl} 的函数的 H，有

$$\mathcal{H} = \mathrm{H}\sqrt{-g} = \sqrt{-g}(\sqrt{1+P-Q^2}-1), \tag{4.12}$$

且它可以表示成如下形式：

$$\mathcal{H} = \sqrt{-|g_{kl}+p_{kl}^*|} - \sqrt{-|g_{kl}|}. \tag{4.12a}$$

利用函数 H 我们可以得到与函数 L 情形下完全一样的场方程。我们看到，方程

$$p_{kl}^* = \frac{\partial\psi_l^*}{\partial x^k} - \frac{\partial\psi_k^*}{\partial x^l}(\psi_k^* = \text{反势矢}) \tag{4.13}$$

$$\sqrt{-g}\,f^{*kl} = \frac{\partial\mathcal{H}}{\partial p_{kl}^*} \tag{4.14}$$

$$\frac{\partial\sqrt{-g}\,f^{*kl}}{\partial x^l} = 0, \tag{4.15}$$

完全等价于方程(3.4)，(4.10) 和(3.2A)。

借助于 H 而非 L，能量-动量张量(3.6A) 还可以表示成

$$T_k^l = \mathrm{H}\delta_k^l - f^{*ml}p_{mk}^* = \left(\mathrm{L} - \frac{1}{2}p^{ab}f_{ab}\right)\delta_k^l - f^{*ml}p_{mk}^*. \tag{4.16}$$

这个表达式与式(3.6) 之间的等价性是显然的①，如果我们利用由式(2.21) 和(2.22) 导出的下述公式的话：

$$f^{*ml}p_{ml}^* = p^{ml}f_{mk} - \frac{1}{2}p^{ab}f_{ab}\delta_k^l. \tag{4.17}$$

一般来说，从含 $\mathcal{L}$，ϕ_k，f_{kl} 和 p_{kl} 的每一个方程，通过将这些量相应地变换到$\mathcal{H}$，ψ_k^*，p_{kl}^* 和f_{kl}^*，我们都能得到另一个正确的方程。

5. 空间矢量形式下的场方程

现在我们引入传统单位制而非自然单位制。我们用 **B**，**E** 和 **D**，**E** 来表示空间矢量，它们刻画了传统单位制下的电磁场。在笛卡尔坐标系下我们有

$$(x^1, x^2, x^3, x^4) \longrightarrow (x, y, z, ct) \tag{5.1}$$

$$(\phi_1, \phi_2, \phi_3, \phi_4) \longrightarrow (\boldsymbol{A}, \phi) \tag{5.2}$$

$$\left.\begin{matrix}(f_{23}, f_{31}, f_{12} \longrightarrow \boldsymbol{B} \\ f_{14}, f_{24}, f_{34}) \longrightarrow \boldsymbol{E}\end{matrix}\right\} \tag{5.3}$$

---

① 在 I 中曾讲过，借助于 **L** 和 **H** 得到的 T_k^l 的两种表示是不同的，这已经被证明是错的。

$$\left.\begin{array}{l}(p_{23},\ p_{31},\ p_{12} \longrightarrow \boldsymbol{H} \\ p_{14},\ p_{24},\ p_{34}) \longrightarrow \boldsymbol{D}\end{array}\right\} \tag{5.4}$$

传统单位制下的场强除以自然单位制下的场强所得的商可记为 b。这个具有场强量纲的常数可以称为绝对场。以后我们将确定 b 的值，这个值非常大，静电单位制下其量级在 10^{16}。

我们有

$$\mathrm{L} = \sqrt{1 + F - G^2} - 1, \tag{2.11}$$

$$F = \frac{1}{b^2}(\boldsymbol{B}^2 - \boldsymbol{E}^2); \qquad G = \frac{1}{b^2}(\boldsymbol{B} \cdot \boldsymbol{E}) \qquad (2.12\mathrm{A};\ 2.13\mathrm{A})$$

$$\left.\begin{aligned}\boldsymbol{H} &= b^2 \frac{\partial \mathrm{L}}{\partial \boldsymbol{B}} = \frac{\boldsymbol{B} - G\boldsymbol{E}}{\sqrt{1 + F - G^2}}, \\ \boldsymbol{D} &= b^2 \frac{\partial \mathrm{L}}{\partial \boldsymbol{E}} = \frac{\boldsymbol{E} - G\boldsymbol{B}}{\sqrt{1 + F - G^2}}.\end{aligned}\right\} \tag{3.3A}$$

$$\boldsymbol{B} = \mathrm{rot}\,\boldsymbol{A};\ \boldsymbol{E} = -\frac{1}{c}\frac{\partial \boldsymbol{A}}{\partial t} - \mathrm{grad}\phi \tag{3.1A}$$

$$\mathrm{rot}\,\boldsymbol{E} + \frac{1}{c}\frac{\partial \boldsymbol{B}}{\partial t} = 0;\ \mathrm{div}\,\boldsymbol{B} = 0; \tag{3.2B}$$

$$\mathrm{rot}\,\boldsymbol{H} + \frac{1}{c}\frac{\partial \boldsymbol{D}}{\partial t} = 0;\ \mathrm{div}\,\boldsymbol{D} = 0. \tag{3.4A}$$

场方程(3.2B)和(3.4A)形式上与关于具有介电常数和磁化率的物质的麦克斯韦方程一样，是场强的特定函数，但不考虑电荷和电流的空间分布。

对于能量-动量张量，我们有

$$\left(\frac{1}{4\pi}T^{kl}\right) = \begin{bmatrix} X_x & X_y & X_z & cG_x \\ Y_x & Y_y & Y_z & cG_y \\ Z_x & Z_y & Z_z & cG_z \\ \frac{1}{c}S_x & \frac{1}{c}S_y & \frac{1}{c}S_z & U \end{bmatrix} \tag{3.6A}$$

$$\left.\begin{aligned}4\pi X_x &= H_yB_y + H_zB_z - D_xE_x - b^2\mathrm{L}\\4\pi Y_x &= 4\pi X_y = - H_yB_x - D_xE_y\\\frac{4\pi}{c}S_x &= 4\pi cG_x = D_yB_x - D_yB_z\\4\pi U &= E_xE_x + D_yE_y + D_zE_z + b^2\mathrm{L}\end{aligned}\right\} \qquad (3.6B)$$

通过将 $\boldsymbol{L}$，$\boldsymbol{B}$，$\boldsymbol{E}$，$\boldsymbol{H}$，$\boldsymbol{D}$ 变换成 H，$\boldsymbol{H}$，$\boldsymbol{D}$，$\boldsymbol{B}$，$\boldsymbol{E}$，我们得到这些量的另一组表达式。

守恒律为

$$\left.\begin{aligned}\frac{\partial X_x}{\partial x} + \frac{\partial X_x}{\partial y} + \frac{\partial X_z}{\partial z} &= - \frac{1}{c^2}\frac{\partial S_x}{\partial t}\\\frac{\partial S_x}{\partial x} + \frac{\partial S_y}{\partial y} + \frac{\partial S_z}{\partial z} &= - \frac{\partial U}{\partial t}\end{aligned}\right\}. \qquad (3.8A)$$

函数 H 由下式给出：

$$\mathrm{H} = \sqrt{1 + P - Q^2} - 1 \qquad (4.12A)$$

$$P = \frac{1}{b^2}(\boldsymbol{D}^2 - \boldsymbol{H}^2)；\ Q = \frac{1}{b^2}(\boldsymbol{DH}). \qquad (4.6A)；(4.7A)$$

解(3.3A)，我们得到

$$\left.\begin{aligned}\boldsymbol{B} &= b^2\frac{\partial \mathrm{H}}{\partial \boldsymbol{H}} = \frac{\boldsymbol{H} + Q\boldsymbol{D}}{\sqrt{1 + P - Q^2}}\\\boldsymbol{E} &= b^2\frac{\partial \mathrm{H}}{\partial \boldsymbol{D}} = \frac{\boldsymbol{D} + Q\boldsymbol{H}}{\sqrt{1 + P - Q^2}}\end{aligned}\right\}. \qquad (3.10A)$$

6. 场方程的静态解

我们(在笛卡尔坐标系下)考虑 $\boldsymbol{B} = \boldsymbol{H} = 0$ 的静电情形，且所有其他场分量均与 t 无关。于是场方程简化为

$$\mathrm{rot}\ \boldsymbol{E} = 0, \qquad (6.1)$$

$$\mathrm{div}\ \boldsymbol{D} = 0. \qquad (6.2)$$

我们就中心对称的情形来解这个方程。于是式(6.2)简化为

$$\frac{\mathrm{d}}{\mathrm{d}r}(r^2D_r) = 0, \qquad (6.3)$$

式(6.3)有解

$$D_r = e/r^2. \tag{6.4}$$

在此情形下，场 **D** 与麦克斯韦理论里的解严格相同：**D** 的源是由下述曲面积分给出的点电荷：

$$4\pi e = \int D_r \mathrm{d}\sigma. \tag{6.5}$$

方程(6.1) 给出

$$E_r = -\frac{\mathrm{d}\phi}{\mathrm{d}r} = -\phi'(r) \tag{6.6}$$

且从式(3.3A) 得

$$D_r = \frac{E_r}{\sqrt{1-\frac{1}{b^2}E_r^2}} = \frac{\phi'(r)}{\sqrt{1-\frac{1}{b^2}\phi'^2}}. \tag{6.7}$$

式(6.4) 与(6.7) 合起来给出 $\phi(r)$ 的一阶微分方程，它有解

$$\phi(r) = \frac{e}{r_0} f\left(\frac{r}{r_0}\right); \ f(x) = \int_x^\infty \frac{\mathrm{d}y}{\sqrt{1+y^4}}; \ r_0 = \sqrt{\frac{e}{b}}. \tag{6.8}$$

这是点电荷 e 的基本电势，它必须取代库仑定律，后者是对 $x \gg 1$ 情形下的近似，正如我们立即看出的那样，但是新的势是处处有限的。

借助于替换 $x = \tan(\beta/2)$，我们得到

$$f(x) = \frac{1}{2}\int_{\bar{\beta}(x)}^{\pi} \frac{\mathrm{d}\beta}{\sqrt{1-\frac{1}{2}\sin^2\beta}} = f(0) - \frac{1}{2}F\left(\frac{1}{\sqrt{2}}, \bar{\beta}\right), \tag{6.9}$$

这里

$$\bar{\beta} = 2\arctan x, \tag{6.10}$$

$F(k, \beta)$ 是第一类雅可比椭圆积分，其中 $k = 1/\sqrt{2} = \sin(\pi/4)$（许多书里可查到此公式）①

$$F\left(\frac{1}{\sqrt{2}}, \bar{\beta}\right) = \int_0^{\bar{\beta}} \frac{\mathrm{d}\beta}{\sqrt{1-\frac{1}{2}\sin^2\beta}}. \tag{6.11}$$

① 例如，Jahnke-Emde，《函数表》(Teubner，1933)，第 127 页。

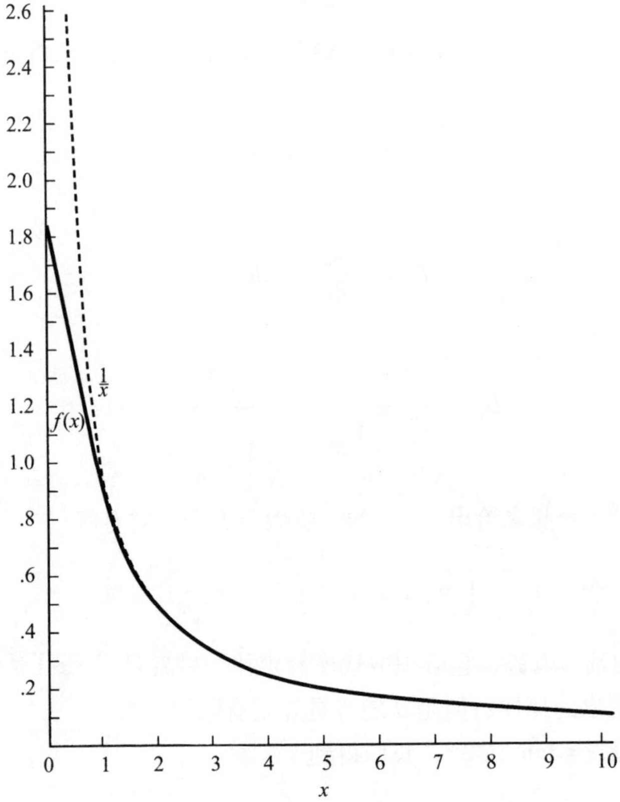

图 1

对 $x=0$，我们有

$$f(0)=F\left(\frac{1}{\sqrt{2}},\ \frac{1}{2}\pi\right)=1,8541. \tag{6.12}$$

势在中心处有最大值，该值为

$$\phi(0)=1,8541e/r_0. \tag{6.13}$$

函数 $f(x)$ 的图见图 1。它有非常类似于函数 arc cot x 的特性。例如，我们有

$$\bar{\beta}(1/x)=2\text{arc tan}(1/x)=2\left(\frac{1}{2}\pi-\text{arc tan } x\right)=\pi-\bar{\beta}(x);$$

另一方面，

$$F\left(\frac{1}{\sqrt{2}},\ \bar{\beta}\right)+F\left(\frac{1}{\sqrt{2}},\ \pi-\bar{\beta}\right)=F\left(\frac{1}{\sqrt{2}},\ \pi\right).$$

因此我们有

$$f(x)+f(1/x)=f(0). \tag{6.14}$$

因此，这足以计算从 $x=0$ 到 $x=1$ 或从 $\beta=0$ 到 $\beta=\pi/4$ 的 $f(x)$。

我们看到，$\boldsymbol{D}$ 场在 $r=0$ 处趋于无穷大；但 $\boldsymbol{E}$ 和 ϕ 则总是有限的。我们有

$$D_r=e/r^2, \tag{6.4}$$

$$E_r=\frac{e}{r_0^2\sqrt{1+(r/r_0)^4}}. \tag{6.15}$$

分量 E_x，E_y，E_z 在中心处是有限的，但在那里不连续。

7. 场源

在我们称之为二元论的旧的理论看来，由于它们认为物质和场本质上是不同的，因此理想的情形是假定粒子是点电荷，但由于存在无限大自能的问题，这是不可能的。因此我们有必要假定电子具有有限的直径并对其内部结构做任意假设，这导致我们在本文引言中指出的困难。在我们的理论里，这些困难不会出现。我们已经看到，p_{kl} 场（或 $\boldsymbol{D}$ 场）有一个奇点，它对应于作为场 $\boldsymbol{D}$ 的源的点电荷。$\boldsymbol{D}$ 和 $\boldsymbol{E}$ 只在距点电荷很大距离上（$r\gg r_0$）才是相同的，而在其邻近是不同的。我们可以将它们的商（它是 $\boldsymbol{E}$ 的函数）称为空间的"介电常数"。但是现在我们将表明，另一种解释也是可能的，它对应于旧的电子中电荷具有空间分布的观念。它包括取 div $\boldsymbol{E}$（而不是 div $\boldsymbol{D}=0$）作为电荷密度 ρ 的定义，这个电荷密度我们建议称为"自由电荷密度"。

现在，我们将场方程组写成以下公式：

$$\frac{\partial\sqrt{-g}\,p^{kl}}{\partial x^l}=0, \tag{3.4}$$

$$\frac{\partial f_{kl}}{\partial x^m}+\frac{\partial f_{lm}}{\partial x^k}+\frac{\partial f_{mk}}{\partial x^l}=0,\ \text{或}\qquad \frac{\partial\sqrt{-g}\,f^{*kl}}{\partial x^l}=0. \tag{3.2}$$

p^{kl} 是 f^{kl} 的给定函数。如果我们将 p^{kl} 的表达式（3.3）代入（3.4），其中 $\boldsymbol{L}$ 是不加指定，我们得到

$$\frac{\partial}{\partial x^l}\left\{\left(2\frac{\partial \mathrm{L}}{\partial F}f^{kl}+\frac{\partial \mathrm{L}}{\partial G}f^{*kl}\right)\sqrt{-g}\right\}=0 \tag{7.1}$$

现在我们可以将方程（7.1）写成如下形式：

$$\frac{\partial\sqrt{-g}\,f^{kl}}{\partial x^l} = 4\pi\rho^k\sqrt{-g}\,, \tag{7.2}$$

其中

$$-4\pi\rho^k = \frac{1}{2\partial\mathrm{L}/\partial\boldsymbol{F}}\left\{2f^{kl}\frac{\partial}{\partial x^l}\left(\frac{\partial\mathrm{L}}{\partial F}\right) + f^{*kl}\frac{\partial}{\partial x^l}\left(\frac{\partial\mathrm{L}}{\partial G}\right)\right\}. \tag{7.3}$$

方程(7.2) 和(3.2) 形式上均等同于洛伦兹理论里的方程。但这里有重要区别：ρ^k 不是时空坐标系下的给定函数，而是未知场强的函数。如果我们有上述方程组的解，那么我们就能够利用式(7.2) 或(7.3) 找出“自由电荷”或“自由电流”的密度。

我们立即看出，ρ^k 满足守恒律：

$$\frac{\partial\sqrt{-g}\rho^k}{\partial x^k} = 0. \tag{7.4}$$

它可由式(7.2) 得出，即从f^{kl} 的反对称性质得出，也可以用式(7.3) 来检验。在洛伦兹理论里，有电磁场的能量-动量张量，定义为

$$4\pi S_k^l = \frac{1}{2}\delta_k^l\boldsymbol{F} - f^{ls}f_{ks}\,, \tag{7.5}$$

但在电荷密度不为零的地方它的散度不为零。因此，为了在洛仑兹理论里保留守恒原理，有必要引入物质的能量-冲量张量 M^{kl}，其意义尚不清楚。张量 M_k^l 必须满足条件：$S_k^l + M_k^l$ 的散度为零。这个困难在我们的理论里不会出现。我们不必引入引入物质张量 M_k^l，因为守恒律对于能量-动量张量 T_k^l 总是满足的。然而，我们将证明，我们可以通过引入自由电荷来使守恒律

$$T^k_{s\,|\,k} = 0$$

变成洛伦兹理论中所用的形式，即

$$S^k_{s\,|\,k} = f^{sk}\rho_{k*} \tag{7.6}$$

计算类似于我们在 §3 中的那些计算。最简单的方法是取测地坐标系。于是我们有

$$\frac{\partial f^{kl}}{\partial x^l} = 4\pi\rho^k \tag{7.2A}$$

$$\frac{\partial f_{kl}}{\partial x^m} + \frac{\partial f_{lm}}{\partial x^k} + \frac{\partial f_{mk}}{\partial x^k} = 0. \tag{3.2}$$

式(3.2) 乘以f^{kl}，得到

$$\frac{1}{2}\frac{\partial}{\partial x^s}(f_{kl}f^{kl}) - 2\frac{\partial}{\partial x^l}(f^{lk}f_{sk}) = 2f_{sk}\frac{\partial f^{lk}}{\partial x^l}. \tag{7.7}$$

因此

$$\frac{1}{4}\frac{\partial}{\partial x^{s}}(f_{kl}f^{kl})-\frac{\partial}{\partial x^{l}}(f^{lk}f_{sk})=f_{sk}\rho^{k},\tag{7.8}$$

并考虑到式(7.5)，

$$\frac{\partial S_{s}^{k}}{\partial x^{k}}=f_{sk}\rho^{k}.\tag{7.9}$$

我们可以直接从守恒公式(3.8)并引入 T_{s}^{k} 的表达式(3.6)来导出同样的方程。在测地坐标系下，式(3.8)的形式为

$$\frac{\partial T_{s}^{k}}{\partial x^{k}}=0.\tag{3.8}$$

两种方法的结果是一样的。

现在我们来就L由式(2.15)给定形式的情形将方程具体化。由式(7.3)里的 ρ^{k} 我们得到

$$\begin{aligned}-4\pi\rho^{k}=\frac{1}{\sqrt{1+F-G^{2}}}\Big\{&f^{kl}\frac{\partial}{\partial x^{l}}\left(\frac{1}{\sqrt{1+F-G^{2}}}\right)\\&-f^{*kl}\frac{\partial}{\partial x^{l}}\left(\frac{1}{\sqrt{1+F-G^{2}}}\right)\Big\}.\end{aligned}\tag{7.10}$$

用空间矢量标记，

$$(\rho_{1},\ \rho_{2},\ \rho_{3},\ \rho_{4})\rightarrow\left(\frac{I}{c},\ \rho\right),$$

我们得到

$$\left.\begin{aligned}-4\pi\frac{I}{c}=&\frac{1}{\sqrt{1+F-G^{2}}}\Big\{\boldsymbol{B}\times\operatorname{grad}\left(\frac{1}{\sqrt{1+F-G^{2}}}\right)\\&-\boldsymbol{E}\times\operatorname{grad}\left(\frac{G}{\sqrt{1+F-G^{2}}}\right)\Big\}\\&+\frac{1}{c\sqrt{1+F-G^{2}}}\Big\{\boldsymbol{E}\frac{\partial}{\partial t}\left(\frac{1}{\sqrt{1+F-G^{2}}}\right)\\&-\boldsymbol{B}\frac{\partial}{\partial t}\left(\frac{G}{\sqrt{1+F-G^{2}}}\right)\Big\};\\4\pi\rho=&-\frac{1}{\sqrt{1+F-G^{2}}}\Big\{\boldsymbol{E}\cdot\operatorname{grad}\left(\frac{1}{\sqrt{1+F-G^{2}}}\right)\\&-\boldsymbol{B}\cdot\operatorname{grad}\left(\frac{1}{\sqrt{1+F-G^{2}}}\right)\Big\}\end{aligned}\right\}.\tag{7.10A}$$

现在我们将这里得到的结果应用到静态场的情形。在此情形下，$\boldsymbol{E}$ 总是有限的，并有非零的散度，它代表自由电荷。因此我们既可以将电子看成是点电荷，即 $\boldsymbol{D}(p_{kl})$ 场的源；也可以将其看成是空间电荷的连续分布，即 $\boldsymbol{E}(f_{kl})$ 场的源。容易证明，这两种情形下的总电荷(如所预料的那样)是一样的。

$$\int \mathrm{div}\, \boldsymbol{D}\, \mathrm{d}v \qquad 和 \qquad \int \mathrm{div}\, \boldsymbol{E}\, \mathrm{d}v$$

有相同的值，即 $4\pi e$. 第一个积分已经在 §6 中给出，对于第二个积分，我们有

$$E_r \sim \frac{e}{r^2} \text{ 当 } r \to \infty \text{ 时；}$$

可见 E_r 也处处有限。E_x，E_y，E_z 在原点也是有限的，对积分没贡献。因此，

$$\int \mathrm{div}\, \boldsymbol{E}\, \mathrm{d}v = 4\pi \int \rho \mathrm{d}v = 4\pi e.$$

现在我们来计算静态情形下自由电荷的分布。我们可以从式(7.10A)出发来计算，但从下述方程出发来计算则更容易：

$$\mathrm{div}\, \boldsymbol{E} = \frac{1}{r^2}\frac{\mathrm{d}}{\mathrm{d}r}(r^2 E_r) = 4\pi\rho, \tag{7.11}$$

其中

$$E_r = \frac{e}{r_0^2}\frac{1}{\sqrt{1 + (r/r_0)^4}}. \tag{6.15}$$

结果是

$$\rho = \frac{e}{2\pi r_0^3 \dfrac{r}{r_0}\left(1 + \left(\dfrac{r}{r_0}\right)^4\right)^{3/2}}. \tag{7.12}$$

对于 $r \gg r_0$，$p \propto r^{-7}$，因此 ρ 随 r 的增大下降得非常快。对于 $r < r_0$，$p \propto 1/r$，因此 $\rho \to \infty$，但 $r \to 0$ 时 $r^2\rho \to 0$。很容易验证 ρ 的空间积分等于 e。我们只需令 $r/r_0 = (\tan\phi)^{1/2}$：

$$\int \rho \mathrm{d}v = \frac{2e}{r_0^3}\int_0^\infty \frac{r^2 \mathrm{d}r}{\dfrac{r}{r_0}\left(1 + \dfrac{r^4}{r_0^4}\right)^{3/2}} = e\int_0^{\pi/2} \cos\phi \mathrm{d}y = e.$$

我们的理论将两种可能的场的面貌融合起来；真实点电荷与自由空间电荷密度完全是等价的。电子的这种图像正确还是那种图像正确的问题没有意义。这一点证实了在量子力学里已被证明产出如此丰硕结果的一个思想——我们在将宏观世

界里的概念运用到原子世界里时要十分小心，有可能发生这样的事：两个在宏观领域用起来相互矛盾的概念在微观物理学里却是相容的。

8. 点运动和点质量的洛伦兹方程

我们再来考虑静态电子的问题。我们要计算质量并根据可观察量来确定绝对场的常数 b。这里采用空间矢量记法是方便的。

根据式(3.6B)，能量-动量张量是

$$\left.\begin{aligned} 4\pi X_x &= -D_x E_x - b^2 \mathrm{L} = \frac{E_x^2}{\sqrt{1-1/b^2\boldsymbol{E}^2}} \\ &\quad - b^2\left(\sqrt{1-\frac{1}{b^2}\boldsymbol{E}^2}-1\right) \\ 4\pi X_y &= -D_x E_y = -\frac{E_x E_y}{\sqrt{1-1/b^2\boldsymbol{E}^2}} \\ S_x &= S_y = S_x = 0 \\ 4\pi U &= \boldsymbol{D}\cdot\boldsymbol{E} + b^2\mathrm{L} = b^2\mathrm{H} = b^2\left(\sqrt{1-\frac{1}{b^2}\boldsymbol{E}^2}-1\right) \\ &\quad + \frac{\boldsymbol{E}^2}{\sqrt{1-1/b^2\boldsymbol{E}^2}} = b^2\left(\frac{1}{\sqrt{1-1/b^2\boldsymbol{E}^2}}-1\right) \end{aligned}\right\} \tag{3.6C}$$

我们计算这些量的空间积分。显然我们有 $\mathrm{d}v = \mathrm{d}x\mathrm{d}y\mathrm{d}z$：

$$\begin{aligned} 4\pi\int X_x \mathrm{d}v &= 4\pi\int Y_y \mathrm{d}v = 4\pi\int Z_s \mathrm{d}v \\ &= -\frac{1}{3}\int\frac{\boldsymbol{E}^2}{\sqrt{1-1/b^2\boldsymbol{E}^2}}\mathrm{d}v - b^2\int\left(\sqrt{1-\frac{1}{b^2}\boldsymbol{E}^2}-1\right)\mathrm{d}v, \end{aligned} \tag{8.1}$$

$$\int X_y \mathrm{d}v = \int X_x \mathrm{d}v = \int Z_y \mathrm{d}v = 0. \tag{8.2}$$

由式(6.15)和(6.8)，得到

$$\int X_x \mathrm{d}v = b^2(I_1 - I_2), \tag{8.3}$$

这里

$$\left.\begin{aligned}I_1 &= \int_0^\infty \left(1 - \frac{x^2}{\sqrt{1+x^4}}\right) x^2 \mathrm{d}x \\ I_2 &= \frac{1}{3}\int_0^\infty \frac{\mathrm{d}x}{\sqrt{1+x^4}} = \frac{1}{3}f(0)\end{aligned}\right\} \tag{8.4}$$

积分 I_1 可通过分部积分变换为：

$$\begin{aligned}I_1 &= \frac{1}{3}\int_0^\infty \left(1 - \frac{x^2}{\sqrt{1+x^4}}\right) \frac{\mathrm{d}x^3}{\mathrm{d}x}\mathrm{d}x \\ &= \frac{1}{3}\left(1 - \frac{x^2}{\sqrt{1+x^4}}\right) x^3 \Big|_0^\infty + \frac{2}{3}\int_0^\infty \frac{x^4 \mathrm{d}x}{(1+x^4)^{3/2}}\end{aligned}$$

上式第一项为零，第二项可由再一次分部积分变为：

$$I_1 = -\frac{1}{3}\int_0^\infty x \frac{\mathrm{d}}{\mathrm{d}x}\left(\frac{1}{\sqrt{1+x^4}}\right) \mathrm{d}x = \frac{1}{3}\int_0^\infty \frac{\mathrm{d}x}{\sqrt{1+x^4}} = I_2 = \frac{1}{3}f(0).$$

这个结果是所谓的“劳厄定理”①：

$$\int X_x \mathrm{d}v = \int Y_y \mathrm{d}v = \int Z_z \mathrm{d}v = 0.$$

对于静态情形，在电子处于静止的坐标系中，张量 T_k^l 的所有分量的积分均为零，除了总能量：

$$E = \int U \mathrm{d}v = \frac{b^2}{4\pi}\int \mathrm{H}\ \mathrm{d}v. \tag{8.5}$$

由式(3.6c)、(6.15)和(8.4)，我们得到

$$E = m_0 c^2 = \delta r_0^3 (3I_2 - I_1) = \frac{e^2}{r_0} 2I_1 = \frac{2}{3}\frac{e^2}{r_0} f(0) = 1.2361\frac{e^2}{r_0}. \tag{8.6}$$

我们已经得到了电子的能量和质量的有限的值(带确定的数值因子)。这个关系允许我们完成我们关于在传统单位制下绝对场 b 的值的理论。因为式(8.6)给出了用电子电荷和质量表示的电子“半径”：

$$r_0 = 1.2361\frac{e^2}{m_0 c^2} = 2.28 \times 10^{-13}\ \mathrm{cm}. \tag{8.7}$$

和

$$b = \frac{e}{r_0^2} = 9.18 \times 10^{15}\ \text{静电单位} \tag{8.8}$$

① Mie, *Ann. physik*, vol. **40**, p. 1(1913).

这个场的巨大的幅度说明，除了与电子内部结构有关的地方(场强大小为 b 量级，空间距离或波长在 r_0 量级)外，在所有情形下，经典形式的麦克斯韦方程均可正确地运用。

可以证明，基本电荷的运动(外场借此起作用)满足明显推广后的洛伦兹经典方程。为了找出这一方程，这里我们将采用笛卡尔坐标系。

我们假定，在电子周围区域的外场强度与点电荷的原场(proper field)比起来非常小。我们将电子的原场记为

$$p_{kl}^{(0)},\ f_{kl}^{(0)}, \tag{8.9}$$

外场记为

$$p_{kl}^{(e)}=f_{kl}^{(e)}, \tag{8.10}$$

我们不考虑外场的场源。由这一假定知，在电子周围的球内有

$$p_{kl}^{(0)}\gg f_{kl}^{(e)};\ f_{kl}^{(0)}\gg f_{kl}^{(e)} \tag{8.11}$$

成立。显然由此可知，场方程的实解不可能与加上未扰动原场和外场所获得的解有很大的不同。因此我们构造一个球面 $S^{(0)}$，其中心位于 H 的奇点，其半径 $r^{(0)}$ 非常小，以便式(8.11)在球面内总是满足的。但同时球的半径 $r^{(0)}$ 与电子半径相比又很大，使得我们假定麦克斯韦方程组在球面上和球面外均成立。

我们进一步假定，加速度(世界线的曲率)不是太大，即我们可以这样来选取半径——使 $S^{(0)}$ 内的场 $p_{kl}^{(0)}$ 基本上等同于均匀运动电荷 e 的场，且该半径可以通过洛伦兹变换从 §7 的公式推导出来。现在我们将积分

$$\int \mathrm{H}\,\mathrm{d}\tau \tag{8.12}$$

分成两部分：对应于球 $S^{(0)}$ 的部分和空间 R 的剩余部分。在 $S^{(0)}$ 内我们有

$$\left.\begin{aligned}\mathrm{H}&=\sqrt{1-\frac{1}{2}p_{kl}p^{kl}}-1\\&=\sqrt{1-\frac{1}{2}p_{kl}^{(0)}p^{(0)kl}-p_{kl}^{(0)}f^{(e)kl}-\frac{1}{2}f_{kl}^{(e)}f^{(e)kl}}-1\\Q&=0\end{aligned}\right\} \tag{8.13}$$

对应于式(8.11)，我们可认为项 $f_{kl}^{(0)}f^{(0)kl}$ 为一阶小量(与 $p_{kl}^{(0)}P^{(0)kl}$ 相比)，$f_{kl}^{(e)}f^{(e)kl}$ 为二阶小量，后面的项均可忽略。然后通过展开式(8.13)并利用式(4.14)，我们有

$$\mathrm{H}=\sqrt{1-\frac{1}{2}p_{kl}^{(0)}p^{(0)kl}}-1-\frac{1}{2}f_{kl}^{(0)}f^{(e)kl}, \tag{8.14}$$

该式在球面 $S^{(0)}$ 内成立。我们可以将式(8.14)写成另一种形式：

$$\left.\begin{aligned}&\mathrm{H}=\mathrm{H}^{(0)}-\frac{1}{2}f_{kl}^{0}f^{(e)kl}-\frac{1}{4}f_{kl}^{(e)}f^{(e)kl}\\&\mathrm{H}^{(0)}=\sqrt{1-\frac{1}{2}p_{kl}^{(0)}p^{(0)kl}}-1\end{aligned}\right\}\tag{8.15}$$

式(8.15)仅在二阶项上不同于式(8.14)。但式(8.15)不仅在球面内成立，而且在球面外也成立。根据关于 $r^{(0)}$ 的假设，方程(8.15)在 R 内取如下形式：

$$\begin{aligned}\mathrm{H}&=-\frac{1}{4}p_{kl}^{(0)}p^{(0)kl}-\frac{1}{2}f_{kl}^{(0)}f^{(e)kl}-\frac{1}{4}f_{kl}^{(e)}f^{(e)kl}\\&=-\frac{1}{4}f_{kl}^{(0)}f^{(0)kl}-\frac{1}{2}f_{kl}^{(e)}f^{(0)kl}-\frac{1}{4}f_{kl}^{(e)}f^{(e)kl}.\end{aligned}\tag{8.16}$$

但这是麦克斯韦理论里 H 的著名表达式(L =- H)。因此式(8.15)在球面 $S^{(0)}$ 内如同在 R 内一样成立。我们有

$$\int\mathrm{H}\mathrm{d}\tau=\int\mathrm{H}^{(0)}\mathrm{d}\tau-\frac{1}{2}\int f_{kl}^{(0)}f^{(e)kl}\mathrm{d}\tau-\frac{1}{4}\int f_{kl}^{(e)}f^{(e)kl}\mathrm{d}\tau.\tag{8.17}$$

我们引入记号

$$4\pi\Lambda=\int\mathrm{H}^{(0)}\mathrm{d}v-\frac{1}{2}\int f_{kl}^{(0)}f^{(e)kl}\mathrm{d}v-\frac{1}{4}\int f_{kl}^{(e)}f^{(e)kl}\mathrm{d}v,\tag{8.18}$$

并由作用量原理有

$$\delta\int\Lambda\mathrm{d}t=0.\tag{8.19}$$

式(8.17)里的积分

$$\int f_{kl}^{(e)kl}f^{(e)kl}\mathrm{d}\tau\tag{8.20}$$

为零，因为

$$\frac{\partial f^{(e)kl}}{\partial x^{l}}=0,\ (\rho_{k}^{(e)}=0).\tag{8.21}$$

由于我们选取的是点电荷在其中静止的坐标系，因此 $\int\mathrm{H}^{(0)}\mathrm{d}v$ 正比于质量，我们有

$$\int\mathrm{H}^{(0)}\mathrm{d}v=m_0c^2\int\sqrt{1-\boldsymbol{v}^2/c^2}\,\mathrm{d}v,\tag{8.22}$$

其中 $\boldsymbol{v}$ 是电子中心的速度。对于式(8.17)的第二项积分，我们有

$$f_{kl}^{(e)} = \frac{\partial \phi_l^{(e)}}{\partial x^k} - \frac{\partial \phi_l^{(e)}}{\partial x^l}, \tag{8.23}$$

经分部积分，并利用$\frac{\partial f^{(0)kl}}{\partial x^l} = 4\pi\rho^k$，我们有

$$\frac{1}{2}\int f^{(0)kl} f_{kl}^{(e)} \mathrm{d}v\mathrm{d}t = -4\pi\int \phi_l^{(e)}\rho^l \mathrm{d}v\mathrm{d}t. \tag{8.24}$$

附加的对无穷大曲面的曲面积分可忽略，因为它对变分(8.19) 没贡献。

结果是

$$\Lambda = m_0 c^2\sqrt{1-\boldsymbol{v}^2/c^2} - \int \phi_l^{(e)}\rho^l \mathrm{d}v. \tag{8.25}$$

我们将式(8.25) 写成空间矢量的形式：

$$\Lambda = m_0 c^2\sqrt{1-\boldsymbol{v}^2/c^2} - \int \phi^{(e)}\rho \mathrm{d}v + \frac{1}{c}\int \boldsymbol{A}I\mathrm{d}v. \tag{8.25A}$$

因此电子表现得就像一个具有质量 m_0，受到外场$f_{kl}^{(e)}$ 作用①的力学系统。②

如果外场的势在所考虑电子周围的区域基本上是常数，那么该区域的直径与 r_0 相比就是大的，我们得到的不是式(8.25)，而是

$$\int \Lambda \mathrm{d}t = \int m_0 c^2\sqrt{1-\boldsymbol{v}^2/c^2} + e(\phi^{(e)} - \boldsymbol{v}\boldsymbol{A}^{(e)}/c), \tag{8.26}$$

它完全等价于洛伦兹运动方程。但我们的公式(8.25) 对非常数的场也成立。任何场都能按傅里叶分量或基波进行剖分。我们认为这些分量的每一个都是分开的，取 Z 轴平行于波的传播方向，我们可以假设 $\phi_s^{(e)}$ 正比于 $e^{2\pi jz/\lambda}$。于是我们看到，这个傅里叶分量给出了对形式(8.26) 的积分(8.25) 的贡献，这里 $\phi_s^{(e)}$ 现在是这个分量的幅度，e 已经被下述“有效”电荷 $\bar{e}$ 取代：

---

① I 中所用的推导运动方程的方法不正确。它从形为

$$\delta\int \mathrm{L}\mathrm{d}\tau = 0 \qquad (\text{而非 } \delta\int \mathrm{H}\mathrm{d}\tau = 0);$$

的作用量原理出发，然后在展开式中出现的不是系数$f_{kl}^{(0)}$ 而是 $p_{kl}^{(0)}$，它在电子中心变得无穷大。因此空间积分的变换是不允许的。在一阶近似下我们有

$$p_{kl} = p_{kl}^{(0)} + p_{kl}^{(e)}$$

而非

$$f_{kl} = f_{kl}^{(0)} + f_{kl}^{(e)}.$$

上述推导中的错误也可以从关于质量的错误结果中表现出来(数值因子是这里给出的一半)。

② Born, *Ann. Physik*, vol. **28**, p. 571 (1909); Pauli, *Relativitätsheorie*, p. 642 (Teubner).

$$\bar{e} = \int \rho e^{2\pi iz/\lambda} \mathrm{d}v.$$

利用式(7.12) 给出的 ρ 的表达式，并令 $z = r \cos\theta$，有

$$\mathrm{d}v = r^2 \sin\theta \ \mathrm{d}\theta \ \mathrm{d}\phi \ \mathrm{d}r$$

我们有

$$\bar{e} = \frac{e}{r_0^3}\int_0^\infty \int_0^\pi \frac{r^2 \mathrm{d}r}{\frac{r}{r_0}\left(1+\frac{r^4}{r_0^4}\right)^{3/2}} e^{\frac{2\pi ir}{\lambda}\cos\theta} \sin\theta \ \mathrm{d}\theta$$

对 θ 的积分可以积出来，我们可以记

$$\bar{e} = eg\left(\frac{2\pi r_0}{\lambda}\right); \ g(x) = \frac{2}{x}\int_0^\infty \frac{\sin xy}{(1+y^4)^{\frac{3}{2}}}\mathrm{d}y.$$

对于波长大于 r_0 的波，我们可以令 $\bar{e} = e$，因为 $g(0) = 1$。但随着波长减小，有效电荷趋于零，正像 $g(x)$ 表所列那样：

$g(x)$ 表①

x	$g(x)$	x	$g(x)$
0	1	1.25	0.796
0.1	0.988	1.50	0.730
0.2	0.984	1.75	0.659
0.3	0.968	2.00	0.588
0.4	0.959	2.25	0.526
0.5	0.949	2.50	0.457
0.6	0.929	3.00	0.347
0.7	0.917	3.50	0.252
0.8	0.901	4.00	0.186
0.9	0.880	5.00	0.094
1.0	0.856		

这种减小在 $x \sim 1$ 或 $\lambda \sim 2\pi r_0$ 时变得显著。对于大的 x，我们有 $g(x) \approx 2/x^2$。如果我们引入对应于波长 λ 的量子能量 $E = hc/\lambda$，那么由式(8.6) 我们有

$$x = \frac{2\pi r_0}{\lambda} = 1.236 \frac{2\pi}{hc}\frac{E}{m_0c^2} = \frac{1.236}{137.1}\frac{E}{m_0c^2} = \frac{1}{111}\frac{E}{m_0c^2}.$$

① 由 Devonshire 先生计算。

$x = 1$ 对应于差不多 100 $mc^2 = 5 \times 10^7$ 静电伏特的量子能量。对于大于这个值的能量，电子与其他电子(或由这些电子激发的光波）的相互作用就会变得比公认理论计算的值要小。这个结果似乎可由宇宙线的令人惊诧的巨大穿透性来确认①。

9. 结语

新场论可以看成是对旧的质量的电磁起源思想的再生。场方程可以从假设 —— 存在“绝对场”b，它是所有场分量的自然单位，是纯电场的上限 —— 中推导出来。从相对论变换的观点看，这一理论可以建立在这样的假设基础上：场由非对称张量 a_{kl} 来表示，拉格朗日量是这一张量的行列式的平方根；a_{kl} 的对称部分 g_{kl} 表示度规场，非对称部分 f_{kl} 表示电磁场。场方程具有可极化介质的麦克斯韦方程的形式，这种介质的介电常数和磁化率是场分量的特殊函数。能量和动量守恒律可以被推导出来。具有球对称性质的静态解对应于具有有限能量(或质量）的电子；真实电荷可被认为是集中于一个点，但也有可能引入具有空间分布律的自由电荷。电子在外场中的运动遵从洛伦兹型的法则，即力是场与自由电荷密度的乘积的积分。由此可知，对于短波长(电子半径量级）的交变场，力呈下降态势，这与我们对高频(宇宙）射线的穿透力的观察是一致的。

① Born，*Nature*，vol. **133**，p. 63 (1934).

电子理论

罗伯特·奥本海默

摘自 *Rapports du & Conseil de Physique*, *Solvay*, p. 269 (1950)

在这篇报告中，我将尝试对电动力学在去年的发展提出一种说明。我无意给出完整的形式体系，而是打算撷取这一发展的基本逻辑要点，至少是提出其中一些可能是悬而未决的问题。这些问题关系到我们对最近的理论发展范围的评价以及它们在物理理论中的地位。我将报告分为 3 个部分：(1) 有关电动力学的以往工作的简要总结；(2) 对理论方面的最新发展的逻辑和程序的说明；(3) 关于这些发展应用到核问题和对电动力学的封闭性问题的一系列评述和问题。

1. 历史

我们所关心的问题可追溯到狄拉克的、海森伯和泡利[1] 关于量子电动力学的最初工作。这一理论 —— 它力图探讨电磁场及其与物质相互作用的互补性的结果 —— 导致我们在理解辐射的发射、吸收和散射等过程方面取得很大成功，并导致对静态场和光量子现象的描述取得了和谐的综合。但几乎是在上述认识的同时[2]，它也导致了一些似是而非的结果，其中的一个例子是光谱项和谱线的无穷大位移。人们认识到，这些结果与经典理论中点电子的无穷大电磁惯性类似。根据经典理论，以不同的平均速度运动的电子应当有无穷大位移的能量。然而，还没有人尝试对此予以定量解释，也没有人以严肃的方式提出这样的问题：是否能将新的、典型的、明显有别于惯性效应的有限部分与无穷大位移分隔开来。事实上，这样的处理程序在发现正负电子对产生之前几乎不可能进行。我们对量子电动力学中奇点这一实际问题的理解与点电子与场的相互作用的经典类比之间相差甚远。在前者，场和真空里的电荷涨落 —— 这个概念显然不存在经典对应量 —— 起着决定性作用；而另一方面，对产生的现象 —— 这种现象严重制约了点电子模型在与康普顿波长 h/mc 可比的小距离上的适用性 —— 在一定程度上减缓了，虽然不能解决，无穷大电磁惯性的问题和电子电荷分布不稳定的问题。最后这一点最先是由韦斯柯夫[3] 通过自能计算搞清楚的，并因派斯[4] 和坂田[5] 的下述发现而得到进一步强调：在 e^2 的量级上(在此限定下我们将不断地回归)，通过引入小幅且作用范围基本上任意小的力（它对应于一个新的场，具有任意高的静止质量的量子），电子的自能可以有限的，而且确实很小，其稳定性是有保证的。[6]

另一方面，尽管从经典理论上看显得很陌生，真空涨落的决定性作用也许最先是由罗森菲尔德关于光量子的（无穷大）引力能量的计算[7]展现的 —— 尽管是以一种高度学术的方式。一般认为，这一观点随着电子-正电子场的电流涨落所导致的光子自能的发现，以及这种场的（无穷大）极化率的相关问题的出现而得到继承。在这里，重整化的概念被第一次引入。事实上，真空的无穷大极化率只是指这样一种情形：其中电荷的经典定义应该是可能的（弱的慢变场）；如果极化率是有限的，那么线性常数项就无法被直接测量，也不能在任何经典可解释的实验中得到测量；能够被测量的只是“真实”电荷与感应电荷的叠加态。因此我们很自然地忽略掉真空的无穷大线性常数极化率，而改为重视这个极化率在快速变化时和在强场下的有限偏差[8]。直接测量这些偏差的尝试没有成功；它们与描述兰姆-雷瑟福能级移位[9]的那些量存在密切联系，但它们太弱而且正负号不对，因而无法解释这里的观察结果[10]。但重整化处理和这里应用于电荷的哲学是要证明，就明显扩展到电子质量而言，它们是新的发展的起点。

在应用到能级移位的问题上，这些发展 —— 在过去 15 年里随时都可能进行着 —— 对实验验证是一个刺激和驱策。然而，在其他密切相关的问题上，取得的结果与理解兰姆-雷瑟福移位和施温格对电子旋磁比的修正所需的那些量基本相同。

因此存在这样一个问题 —— 这个问题最早由布洛赫、诺德谢克[11]，以及泡利和菲尔兹[12]进行了研究 —— 那就是如何利用静电势 V 对（速度 v 的）慢电子的散射做辐射修正。电磁惯性的贡献在非相对论计算中很容易消除，而在做相对论处理时，则仅在自旋 1/2（而非零自旋）电荷的情形下包含一些微妙的关系[13]。甚至有人指出[14]，新的辐射效应可以归结为一个小的补偿性的势：

$$\sim\left(\frac{2}{3}\right)\left(\frac{e^2}{\hbar c}\right)\left(\frac{\hbar}{mc}\right)^2\Delta V\ln\left(\frac{c}{v}\right)\tag{1}$$

（其中 e，$\hbar$，m，c 各有其约定的意义。）当然这给出了对兰姆移位的基本解释。

另一方面，文献（15）预示了电子的反常 g 值：在介子理论中，甚至对于中性介子，核子自旋与介子涨落之间的耦合将给出中子和质子磁矩总和的一个不同于（在非相对论性估计下小于）核磁子的值。

然而，在关于电子相互作用的实验出现之前，这些问题很难引起严肃的关注；人们的兴趣只在探索是否有可能得到一种对电动力学的自洽、合理的修正，使得这一理论不论是在强场下还是对于短波长，都能通过引入这种修正使得自能有限且电子稳定，从而保持其与经验一致。在这方面我们已决定性地证明，发展出一种令人满意的经典理论不足以解决问题，我们必须有一种能够直接处理具体的量子涨落和正负电子对生产[6] 等现象的理论。在连续统理论的框架下，狄拉克建议用所谓的"可局域化"理论[16] 来处理点相互作用——但这样一种令人满意的理论还没找到。人们可能怀疑，在这个框架内，这一理论是否真的能够做到按电子电荷 e 的各阶幂次展开。另一方面，如前所述，很多理论又都能够给出到 e^2 阶的令人满意的自洽结果。

由电动力学研究给出的更一般的观点认为：虽然出现在解中的奇点表明这不是一个完全一致的理论，但这个理论本身的结构并没有给出对场强、最小长度的最高频率，以及超出这个极限理论将不再适用的指示。最后这句话特别适用于实际的电子——适用于狄拉克的耦合到麦克斯韦场的正负电子场理论。对于具有较低和较高自旋的粒子，确实会出现一些粗略的、必然是模棱两可极限频率和场的迹象。

对于这些纯粹的理论研究结果，经验上存在相应的佐证。尽管有大量搜寻，但没有可靠的证据表明电子和伽玛射线的行为与理论的期望有任何偏离。确实，β 衰变的耦合极其微弱。而伽马射线和电子则与介子和核物质存在弱的电磁相互作用。然而，所有这些都没能在其特征明显的应用领域给出对目前理论的修正。它们只不过表明，对于非常小的(核的)距离和非常高的能量，电子理论和电动力学将不再与其他关于原子现象的理论有清晰的区别。在电子和电磁场理论中，我们必须处理一种几乎封闭、几乎完整的系统，然而正是在这种系统中我们看到，完全封闭的缺失将我们带离了仍然存在于其中的矛盾。

2. 程序

现在的问题是，在何种程度上我们可以隔开、识别并暂缓考虑像电子的质量和电荷这样的量？对于这些量，目前的理论还只能给出无穷大的结果——这些量即便有限，也很难与我们关于在其中比值 $e^2/\hbar c$ 不可能取任意值的世界的经验相比较。我们能够指望与经验相比较的只有电荷和场的耦合的其他结果的总特性。对此我们需要问：对于它们，理论给出的能是有限的、明确的且与实验一致的结果吗?

根据这些标准判断，最初的方法肯定是令人鼓舞的，但不充分。它们后来都寿终正寝了，因为到目前为止，所有这些方法都有严重的局限性：忽略了相对论效应、反冲和对的形成，都是按 e 的幂次展开，但都只展开到 e^2 阶。我们对相关问题进行了计算(例如，对辐射的散射校正，见 Lewis[17]；对兰姆移位，见 Lamb and Kroll[18]；Weisskopf and French[19]；Bethe[20]；对电子的 g 值，见 Luttinger[21])。我们还将电子的电磁质量、电子电荷和外场感应的电荷、光量子质量等计算到相同的阶；最后我们求解电荷和质量的这些变化对上述问题的影响，并试图将相应的项从直接计算中删去。这样的程序无疑是令人满意的 —— 如果只是麻烦但所有的量都是有限的和明确的话。事实上，由于质量和电荷修正一般都是由对数发散积分表现出来，因此对电子在外场中的行为，上述程序都可获得有限的，但不一定是唯一的或正确的反应性修正。特殊技巧是必须的，例如拉廷格(Luttinger)对电子反常旋磁比的推导中就隐含着这一点，如果结果不仅合理，而且明确和充分的话。由于在更复杂的问题里，在计算 e 的更高阶的表达式时，这个简单程序变得越来越含糊不清，其结果变得越来越依赖于对洛伦兹标架和规范的选择，因此我们需要更强有力的方法。这些方法的发展可分成两步，第一步主要是施温格的贡献，第二步则几乎完全是由施温格做出的[22]。

第一步是引入表示的变化，即切触变换。对于不受外场约束的单个电子，在没有光量子的情形下，这个变换可根据经典可测量的电荷 e 和质量 m 来描述电子，这里完全消除了电子与电磁场和正负电子对场的涨落之间的“虚拟”相互作用。在非相对论极限情形下，就像克拉默的报告[23]中所讨论，并由贝特更充分的描述[24]所给出的那样，这种变换无须展开就可以严格计算到 e 的所有阶。事实上，这个幺正变换由下式给出

$$U = \exp \frac{e}{mc}[Z \cdot \nabla] \tag{2}$$

其中 Z 是电磁场减去电子的准静态场的(横向)赫兹矢量。当我们将这个公式应用到外场中的电子问题上时，它产生的反应性修正在频率 $\nu > mc^2/\hbar$ 时不收敛，由此表明我们需要充分考虑典型的相对论效应。

这种概括其实很简单。但这里的基本要点是 e 的幂级数展开不再是可以避免的。这不仅是因为这里不存在如式(2)这样的简单的解，而且还因为这里存在对产生和湮灭，以及光量子之间彼此相互作用的可能性。单电子的或单光子的态的

定义本质上取决于问题的展开式。[25] 但不管怎样，到目前为止，这项工作只进行到将 $e^2/\hbar c$ 当小量来处理，基本上只包括该量的一阶修正。

在这种形式下，切触变换显然产生了：

(a) 电子的电磁惯性中的无穷大项；

(b) 模棱两可的光量子自能；

(c) 对单电子或单光子没有其他影响；

(d) 电子、正电子和光子之间的 e^2 阶相互作用，在该阶下，分别对应于熟悉的莫勒(Møller) 相互作用、康普顿效应和对生产的概率；

(e) 无穷大的真空极化率；

(f) 外部电磁场的熟悉的频率依赖型有限极化率；

(g) 电子的发射和吸收概率等价于狄拉克关于外部电磁场中电子行为的理论所给出的结果；

(h) 电子的有效电荷和电流分布的新的 e^2 阶反应性修正。前者对应于零总补偿电荷，后者对应于分布在阶 $\hbar/mc$ 维度上的 $e^3/\hbar c$ 阶电流，它包括附加势 I 和附加磁矩

$$\left(\frac{e^2}{2\pi\hbar c}\right)\left(\frac{e\hbar}{2mc}\right)(\vec{\sigma})$$

作为特殊的(非相对论) 极限情形。

如果这种计算能够进行到 e 的高次幂，那么它们将导致电子电荷和质量的更进一步的重整化，导致所有“虚拟” 相互作用的依次被消除，并在 $e^2/\hbar c$ 的幂次展开的形式下给出反应性修正，并给出对生产、碰撞、散射等过程的跃迁概率。不过，在这样的程序可得到之前，或者说，在物理上感兴趣的上述新的项(h) 被视为正确的之前，我们还需要有新的发展。这是由于以下原因：结果(h) 一般并不独立于规范和洛伦兹标架。历史上这一点最先是通过做下述比较发现的：将均匀静磁场 H 的附加磁相互作用能

$$\left(\frac{e^2}{2\pi\hbar c}\right)\left(\frac{e\hbar}{2mc}\right)(\vec{\sigma}\cdot\vec{H})$$

与均匀电场 E 中随电子出现的附加(虚) 电偶极相互作用能相比较。后者由静电标势

$$\left(\frac{e^2}{2\pi\hbar c}\right)\left(\frac{e\hbar}{2mc}\right)i\rho_2(\vec{\sigma}\cdot\vec{E})$$

导出一个明显的非协变的结果。

现在能够肯定的是：量子电动力学的基本方程是规范的和洛伦兹协变的。但从严格意义上说，它们没有可展开成 e 的各阶幂的解。如果我们希望探索这些解，须记住在后来的理论里，某些无穷大项将不再是无穷大，我们需要一种确认这些项的协变方法。对于这一点，不仅是场方程本身，而是整个近似方法和解在各阶段都必须保持是协变的。这意味着我们熟悉的哈密顿量的方法——它建立在固定的洛伦兹标架 $t=$ 常数上——必须放弃；在（对于给定的 e 的阶次）所有项得到确认，以及与电荷和质量的定义有关的那些量得到确认和归类之前，无论是洛伦兹标架还是规范，都不可能得到确定。当然，在实际计算跃迁概率和反应性修正时，或在确定场的定态（可当作静态处理）时，并在对此进行反应性修正时，引入明确的坐标系和规范，对这些不再是奇异的、完全确定的项来说，没有任何困难。

至少在 e^2 阶上，我们可以发展出不止一个的协变公式。对此，施蒂克尔伯格的四维扰动理论[26] 似乎提供了一个合适的切入点，费曼的相关算法[27] 也具有相同的作用。但最初由朝永振一郎提出[28]，后经施温格[22] 独立发展和运用的方法，除了其实用性，似乎在通用性和概念上的完全一致性方面具有很强的优势。戴森[29] 已证明，费曼的算法可以从朝永振一郎的方程中导出。

做到这一点的最简单的方法就是从耦合的狄拉克-麦克斯韦场的运动方程出发。这些方程都是规范的和洛伦兹协变的。对易法则——我们通过它引入典型的量子特征——可以很容易地被改写成协变形式来证明：(1) 在彼此的光锥之外的点上，所有场量对易；(2) 对于超曲面上某个可变点的场变量的对易子，对任意类空超曲面的积分都将产生一个简单的有限值，对该超曲面上固定点上的另一个场变量的对易子给出另一个有限值。

在这种海森伯表象下，态矢量当然是恒定的；由类时间隔分开的场量对易子，取决于耦合运动方程的解，而不能是先验已知的。对于以 e 的幂次出现的解，不论是严格解还是近似解，都没有取得直接的进展①。但简单地变到由朝永振一郎引入、被施温格称为"相互作用表象"的混合表象后，我们有可能进行类似于哈密顿理论中幂级数切触变换的协变变换。

所涉表象的改变是一个切触变换。它将系统变换到一个其中态矢不再恒定的系统，但如果其中各场之间没有耦合，即如果基本电荷 $e=0$，那么在变换后的系

① 作者注，1956年。杨和菲尔德曼得到了海森伯运动方程的近似解，见 *Phys. Rev.*，**79**，972，1950；Källén，*Arkiv För Fysik*，**2**，371，1950.

统中态矢将是恒定的。这种表象的基础是无耦合场方程的解，这些解连同它们在所有相对位置上的对易子当然都是已知的。这种变换直接给出朝永振一郎的关于态矢 ψ 变分的方程：

$$ih\frac{\delta\psi}{\delta\sigma}=-\frac{1}{c}j^{\mu(p)}A_{\mu}^{(p)}\psi \tag{3}$$

这里 σ 是过 P 点的任意类空曲面。$\delta\psi$ 是 ψ 当 σ 在 P 点附近有一个小的变化时的变分；$\delta\sigma$ 是变化曲面与不变曲面之间的四维体积；$A_{\mu}^{(P)}$ 是 P 点上四矢量电磁势的算符；$j^{\mu(P)}$ 是在同一点的电子-正电子四矢量电流密度（电荷对称的）算子。

在判断这些方法的适用范围时，要注意到，在零自旋（标量场而不是狄拉克电子对场）带电粒子理论里，朝永振一郎方程不具有简单的形式(3)；作用在等式右边 ψ 上的算符显式地包含了一个任意类时单位矢量。[30]

施温格的方案是尽可能从式(3)的右边消除 e，e^2 等各阶项。如前所述，只有“虚”跃迁可以通过切触变换来消除；实变换当然仍然存在，但跃迁振幅最终是由反应性修正来调整的。

除了质量和电荷修正具有明显的协变形式外，对于光量子自能还出现了一个新的特点。光量子自能现在以这样的因子乘积的形式出现，其中一个因子在不变性基础上必然为零，另一个为无穷大因子。只要这一项是可识别的，它必然在任何规范和洛伦兹不变的公式里为零，在第一次进行这些计算时，令它为零是可能的。甚至即使在这里，如果我们试图直接计算一个零因子与无穷大积分的乘积，得到的结果仍然是不确定的，既可能是无穷大，也可以是有限的值。[31] 在派斯研究的问题里曾出现类似的情况，当时他直接计算电子静系下的应力。结果得到值 $(-e^2/2\pi\hbar c)mc^2$，而不是取零值。而对于由 f 量子假说要求收敛的理论，甚至对于任意高的 f 量子质量，在这个 e^2 阶上，作为保持一致的零值极限，这里立刻要求取零值。这些例子，并非要强调对这些公式的有用性的怀疑，只是强调了在不考虑具体坐标系的情形下确认和评估这些项和充分利用理论的协变性的重要性。

在 e^2 阶上，我们再次发现了上述(a)至(h)各项结果。新的反应性项的协变性现在很明显；它们作为补偿电流——对应于扩展到电子所在位置的光锥内部的阶数为 $e^3/\hbar c$，空间维数为 $\sim\hbar/mc$ 的电荷分布（但总电荷为零）——这一点表现得更为清楚。反之，它们也可以被解释为对外场的相对阶数 $e^2/\hbar c$ 和静态范围 $\hbar/mc$ 的修正。这个补偿电流有可能使得外场中的电子立即得到简单处理（这里无论是电子的速度，还是场的导数都应处理成小量），并在一定程度上（至少是在场可以做经典描述的程度上）给出对发射、吸收和散射过程的修正[32]；对莫勒相互作用和对生产的反应性修正，在不做 e^4 阶水平上的切触变换的条件下可能无法实现，因为这些无法包含在场的经典描述内的交换效应必然被期望出现。

目前，就我了解，反应性修正与 H 的 S 能级位移的一致程度在 1%，这是目前实验精度的极限。对于氦离子，考虑到电子的 g 因子修正，这种一致性同样在实验的精度范围内，但在这种情形下，精度没有那么高。

3. 问题

这个发展的总结尽管简短，但不影响我们提出以下一些问题：

(1) 这种发展能够以如下方式进一步进行到更高阶吗：(a) 以有限的结果，(b) 以唯一的结果，(c) 以与实验相一致的结果？

(2) 这个程序可以与 e 的展开无关的方式严格进行吗？

(3) 在这个理论里，唯有那些并非有限的量才是类似于电子的电磁惯性和电荷的极化效应的量，后者无法在该理论的框架内直接测得，满足这一点的条件有多一般？这个条件对于具有其他自旋的带电粒子是否仍成立？

(4) 这些方法能够应用于核子的汤川介子场吗？具有耦合常数的幂级数结果完全收敛吗？修正能改善与经验的一致性吗？我们能否预料，当耦合很强时，一定存在某种程度上与麦克斯韦-汤川的有效类比？

(5) 在什么意义上，或是在什么程度上，电动力学——狄拉克的电子对和电磁场理论——是“封闭的”？

能够用来回答这一系列问题的经验还非常少。到目前为止，对于高于 e^2 的电子问题我们还缺乏完整的处理方法，虽然初步研究(33) 表明，在此物理上有趣的修正仍将是有限的。

有关介子场的经验仍然是非常有限的。利用赝标量理论，这种情形(34) 确实已经表明，中子的磁矩是有限的（但这对目前的技术发展不起作用），中子和质子的磁矩之和减去核磁子（这是对电子的反常 g 值的类比）与中子磁矩同一量级，有限，但与经验不相符。质子-中子质量差是无穷大且正负号错误；到核力的反应性修正——形式上类似于对莫勒相互作用的修正——尚未得到评估。尽管有这些挫折，但在没有进一步证据的情形下来评价似乎显得过早。

然而，这一点是很有诱惑力的，那就是假定电动力学的这些新成就——其范围扩大到远远超出此前认为可能的程度 —— 本身可以被追溯到一个相当简单的一般特征。正如我们已经指出的，无论从形式上，还是从物理方面，电动力学都是一个接近封闭的主题。局限于很小距离上的变化，甚至在典型的相对论范围 $E \sim mc^2$ 都不具有明显效应，已足以给出自洽的理论。事实上，只有弱的和远程的相互作用似乎才能让我们离开电动力学领域，进入到介子、原子核和其他基本粒子领域。对于那些(也可以用狄拉克场来描述的）介子，它们也显示出仅有微弱的非电磁相互作用，我们也许可以预期类似的成功。但一般来说对于介子和核子，我们是处在一个很新的世界，其中几乎完全封闭的特性使得电动力学难以有所作为。电动力学也不是完全封闭的这一局面，不仅由事实 —— 对有限的 $e^2/\hbar c$，目前的理论是不自洽的 —— 得到说明，而且同样可由以下事实来说明：存在那些与其他物质形式的小的相互作用，对于这些物质形式，我们最终必须找到线索，无论是出于一致性考虑，还是出于电子电荷的实际值的考虑。

我希望，甚至这些猜测也足以作为一种刺激和进一步讨论的导引。

参考文献

[1] Heisenberg and Pauli，*Zeits. f. Physik.*，**56**，1，1929.

[2] J. R. Oppenheimer，*Phys. Rev.*，**35**，461，1930.

[3] V. Weisskopf，*Zeits. f. Physik.*，**90**，817，1934.

[4] A. Pais，*Verhandelingen Roy Ac.*，*Amsterdam*，**19**，1，1946.

[5] Sakata and Hara，*Progr Theor. Phys.*，**2**，30，1947.

[6] 关于理论状态的最近的综述，见 A. Pais，*Developments in the Theory of the Electron*，Princeton University Press，1948。

[7] L. Rosenfeld，*Zeits. f. Physik.*，**65**，589，1930.

[8] 一般性处理：R. Serber，*Phys. Rev*，**48**，49，1938， 和 V. Weisskopf，*Kgl. Dansk. Vidensk. Selskab. Math. -fys. Medd.*，**14**，6，1936。

[9] Lamb and Retherford，*Phys. Rev*，**72**，241，1947.

[10] E. Uehling，*Phys. Rev.*，**48**，55，1935.

[11] Bloch and Nordsieck，*Phys. Rev*，**52**，54，1937.

[12] Pauli and Fierz，*Il Nuovo Cimento*，**15**，167，1938.

[13] S. Dancoff，*Phys. Rev*，**55**，959，1939；H. Lewis，*Phys. Rev.*，**73**，173，198.

[14] Shelter Island Conference，June，1947.

[15] Fröhlich，Heitler and Kemmer，*Proc. Roy Soc.*，A**166**，154，1938

[16] P. Dirac，*Phys. Rev.*，**73**，1092，1948.

[17] H. Lewis, *Phys. Rev*, **73**, 173, 1948.

[18] Lamb and Kroll, *Phys. Rev.*, 待发表。

[19] Weisskopf and French, *Phys. Rev*, 待发表。

[20] H. Bethe, *Phys. Rev.*, **72**, 339, 1947.

[21] P. Luttinger, *Phys. Rev.*, **74**, 893, 1948.

[22] J. Schwinger, *Phys. Rev.*, **74**, 1439, 1948, 待发表。

[23] 第 8 届索尔维会议报告。

[24] 第 8 届索尔维会议报告。

[25] 这一点看起来非常令人惊奇，如果我们写出朝永振一郎方程 Ⅲ 的下述显式解的话：

$$\psi(\sigma) = \text{“exp”}\left[\frac{i}{hc}\int_{\sigma_0}^{\sigma} j_\mu A^\mu \mathrm{d}_4 x\right]\psi(\sigma_0)$$

为了定义这个“exp”，我们现在只有做幂级数近似，这里 $j_\mu A^\mu$ 在不同时空点的非对易因子的阶数可以得到简单的规定(例如，后面的因子放在左边)。参见 F. J. Dyson, *Phys. Rev.*, 待发表。

[26] Stueckelberg, *An/n. der Phys.*, **21**, 367, 1934.

[27] R. Feynman, *Phys. Rev.*, **74**, 1430, 1948.

[28] S. Tomonaga, *Progr. Theor. Phys*, **1**, 27, 109, 1946.

[29] F. Dyson, *Phys. Rev.*, 待发表。

[30] Kanesawa and Tomonaga, *Progr. Theor. Phys.*, **3**, 1, 107, 1948.

[31] G. Wentzel, *Phys. Rev.*, **74**, 1070, 1948.

[32] 例如，见泡利在本次会议上报告的有关康普顿效应在长波长下修正的结果。

[33] F. Dyson, *Phys. Rev.*, 待发表。

* 作者附记，1956。戴森确实回答了问题 1(a) 和 1(b)，见 Dyson, *Phys. Rev.*, **75**, 1736, 1949.

[34] K. Case, *Phys. Rev.*, **74**, 1884, 1948.

第 7 章

1947 年，威利斯·兰姆和罗伯特·雷瑟福发表了题为“用微波方法研究氢原子的精细结构”的文章。在这篇文章中，他们描述了用微波电磁辐射所展示的氢原子的两个态$^2S_{1/2}$和$^2P_{1/2}$之间能量的一个小的移位。在狄拉克的相对论量子理论中，处于这两个态的电子应当有相同的能量。因此这个能量移位的事实明确表明，现有理论是不完整的，我们需要量子电动力学。兰姆和雷瑟福发现，$^2S_{1/2}$能级比$^2P_{1/2}$能级略高。该能量差对应的光子频率约为1 058 兆赫或波长 28 厘米，现在被称为兰姆移位。

在兰姆和雷瑟福的文章发表后，汉斯·贝特提出了一个解释。在题为“能级的电磁移位”的文章中，他证明了，兰姆移位是束缚在氢原子中的电子与其自身的电磁场相互作用的结果。用今天的术语来说就是，电子发射一个光子后又迅速吸收了它。由此带来的一个净的影响就是电子的位置略微改变，这种改变扰动了库仑力，引起能量状态发生微小的移位。在狄拉克、海森伯和泡利提出的量子电动力学理论里，对电子与其自身电场的相互作用的计算结果表明，有一项是无穷大，这在最后一章中会提到。贝特建议，可以考虑计算中包含了一个其所测得的静质量为无穷大的自由电子来去除结果中的无穷大。将发散的束缚电子项减去发散的自由电子项，这个无穷大就可以被去除，得到有限的计算结果。贝特进行了计算，所得到的兰姆移位的预言值与观测值符合得非常好。如何在计算中去除无穷大能量的想法形成了重整化量子理论的基础，对此我们将在下一章予以介绍。测量兰姆移位成为解释上需要超越狄拉克的相对论量子理论的第一个实验，它为朝永振一郎、施温格和费曼在接下来的几年里完成量子电动力学的建立搭建了舞台。

用微波方法研究氢原子的精细结构①

威利斯·E. 兰姆，罗伯特·C. 雷瑟福

最简单的原子 —— 氢原子 —— 的光谱具有精细结构②。根据狄拉克关于电子在库仑场中运动的波动方程，这种精细结构源于质量随速度的相对论性变化和自旋- 轨道耦合的综合影响。它被认为是狄拉克理论的伟大胜利之一，因为它给出了能级的“正确的”精细结构。然而，实验上试图通过对巴尔末线系的研究来获得细节上的真实确认却因为低的或 $n = 2$ 的态的能级劈裂小而谱线的多普勒效应相对较大而遭到挫折。不同的光谱工作者在验证理论预言③时得出的结果不一样，与理论值的差异④高达 8%。我们显然需要更准确的信息来提供对正确的相对论波动方程的形式的精妙的检验，以及因原子与辐射场耦合而引起的谱线位移的可能信息，提供基本粒子 —— 电子和质子 —— 之间的非库仑相互作用的性质的线索。

计算给出的能级 $2^2P_{1/2}$ 与 $2^2P_{3/2}$ 之间的间距是 0.365 cm^{-1}，对应的波长为 2.74 厘米。战时在 3 厘米波段的微波技术的巨大进步使我们有可能采用新的物理工具来研究氢原子的 $n = 2$ 的精细结构的状态。但稍作考虑即可明白，要想通过气体放电来检测受激 H 原子对射频辐射的直接吸收是非常困难的，因为受激原子的数量少，大部分辐射能量都被电子吸收掉了。与之不同，我们发现了一种方法，它利用的是 $2^2S_{1/2}$ 能级的新特性。根据狄拉克理论，这个态的能量正好与态 $2^2P_{1/2}$(两个 P 态中能量较低的那个）的能量重合。在没有外电场时，S 态是亚稳态。由跃迁的选择定则 $\Delta L = \pm 1$ 知，到基态 $1^2S_{1/2}$ 的辐射跃迁是禁戒的。布莱特和特勒的计算⑤表明，

---

① 承蒙美国物理学会许可重印自 Lamb & Rutherford, *Physical Review*, Volume **72**, p. 241, 1947.

* * 本文的发表得到了纽约哥伦比亚大学欧内斯特·开普顿·亚当斯物理研究基金的协助。本项工作受信号公司的资助，项目合同号：W 36 - 039 *sc* - 32003.

② 简明的解释见 H. E. White, *Introduction to Atomic Spectra* (McGraw-Hill Book Company, New York, 1934), 第 8 章.

③ J. W. Drinkwater, O. Richardson, and W. E. Williams, *Proc. Rov. Soc.* **174**, 164 (1940).

④ W. V. Houston, *Phys. Rev.* 51, 446 (1937); R. C. Williams, *Phys. Rev.* **54**, 558 (1938); S. Pasternack, *Phys. Rev.* 54, 1113 (1938) 已根据 S 能级的上移位(约 0.03 cm^{-1}) 分析了这些结果。

⑤ H. A. Bethe in *Handbucb der Physik*, Vol. **24**/1, §43.

最有可能的衰变机制是寿命为 1/7 秒的双量子发射。与之对比，非稳态的 2^2P 态的寿命只有 1.6×10^{-9} 秒。存在外电场时，由于斯塔克效应混合了 S 和 P 能级导致复合态迅速衰减，亚稳态的数量大大减少①。如果要说原因，应是 $2^2S_{1/2}$ 能级不完全与 $2^2P_{1/2}$ 的能级重合，态对外场的脆弱性将减小。这种偶然简并的去除可能起因于理论缺陷，也可能缘于能级在外磁场中的塞曼分裂。

简言之，我们所采取的实验安排如下：分子氢在钨炉中热分解，出射的原子束经狭缝进入交叉轰击区受到电子流的横向轰击。其中大约有一亿分之一的原子被激发到亚稳的 $2^2S_{1/2}$ 态。这些亚稳原子(带有小的反冲偏转)移出轰击区打在金属靶上打出电子从而被检测到。电子电流用 FP－54 静电计管和一个灵敏电流计测量。

如果亚稳态原子束受到扰动场的作用跃迁到 2^2P 态，那么原子在移动一个非常小的距离过程中将衰变。其结果是束电流将减小，因为检测器不对基态原子做出响应。这种跃迁既可以通过在源和检测器之间的某处设置静电场来诱导，也可以通过射频辐射来诱导，此时 $h\nu$ 对应于 $2^2S_{1/2}$ 的一个塞曼分量与 $2^2P_{1/2}$ 或 $2^2P_{3/2}$ 中的一个之间的能量差。这种测量提供了一种精确确定 $2^2S_{1/2}$ 态相对于 P 态位置的方法，并能给出两态之间的距离。

我们从静电计上观察到 10^{-14} 安培量级的电流，它必定归因于亚稳态氢原子。静电场的强猝灭效应已被观察到，对此所必需的电压梯度对磁场强度有一个合理的依赖关系。

我们还观察到，在不同的磁场下，在波长为(2.4～18.5)厘米范围内，亚稳态原子束流强度存在衰减。在测量中，射频波的频率是固定的，检流计电流因射频干扰而引起的变化被确定为磁场强度的函数。典型的检流计电流对磁场的曲线如图 1 所示。在图 2 中，我们还绘制了在10 000 兆周／秒附近共振磁场随频率变化的曲线。图中实线是理论计算给出的塞曼效应曲线，通过与观测点的比较，计算曲线(虚线)下移了1 000 兆周／秒。结果清楚地表明，与理论预期相反但与帕斯德奈克的假设[3] 基本一致，$2^2S_{1/2}$ 态高于 $2^2P_{1/2}$ 约1 000 兆周／秒。(0.033 厘米或自旋引起的相对论性双线的9% 左右。)较低频率的跃迁 $2^2S_{1/2}(m=1/2)\rightarrow{}^2P_{1/2}(m=\pm1/2)$ 也被观察到，也与 $2^2S_{1/2}$ 的移位一致。与目前的精度下，我们尚未发现狄拉克理论与 P 能级的双线之间存在任何差异。(根据对这一移位的大部分可想象的理论解释，这种双线将不受 S 和 P 态的相对位置的影响。)随着探测器的灵敏度、磁场的均匀性

① G. Breit and E. Teller, *Astrophys. J.* **91**, 215(1940).

和校准水平的提高，有希望能在至少 10 兆周/秒的精度上确定 S 能级相对于每个 P 能级的移位。通过这些频率的添加，对于有关双线的理论公式 $\Delta\nu = (1/16)\alpha^2 R$ 的假设，我们有可能在 0.1% 的精度水平上测量精细结构常数的平方与里德伯频率的乘积。

将这一方法稍作扩展，就有希望确定 $2^2S_{1/2}$ 态的超精细结构。所有这些测量都可以重复用于氘和其他类氢原子。

对本项实验和方法的理论细节的更详细的说明正在准备中，它将包含这之后的更精确的数据。

这里所描述的实验结果曾在美国国家科学院主办的 1947 年 6 月 1—3 日在谢尔特岛举行的量子力学基础会议上得到讨论。

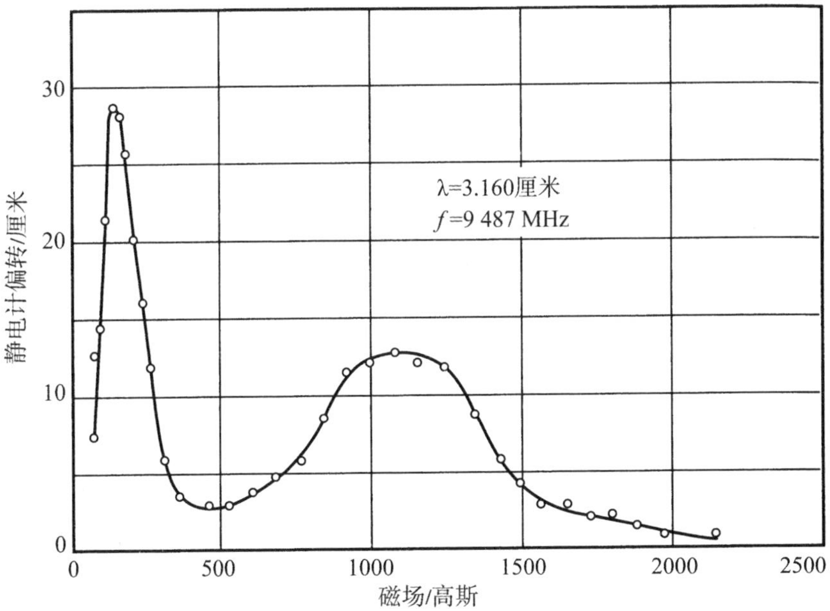

图 1　典型的作为磁场函数的电流计偏转曲线。该曲线是微波辐射干扰引起的。磁场通过翻转线圈被校准，并可承受一定的误差，它在很大程度上可通过更精密的装置来消除。曲线的宽度可能是由于以下原因：(1) ^2P 态的 100 兆周/秒的辐射线宽度，(2) ^2S 态的超精细分裂，相当于约 88 兆周/秒，(3) 过强的辐射强度的使用，致使线的尾翼给出增强了的吸收，(4) 磁场的不均匀性。没有观察到从态 $2^2S_{1/2}(m = -1/2)$ 的跃迁，这种状态下的原子可能被杂散电场抑制了，因为与 ^2P 态的塞曼线形更接近严格简并的缘故。

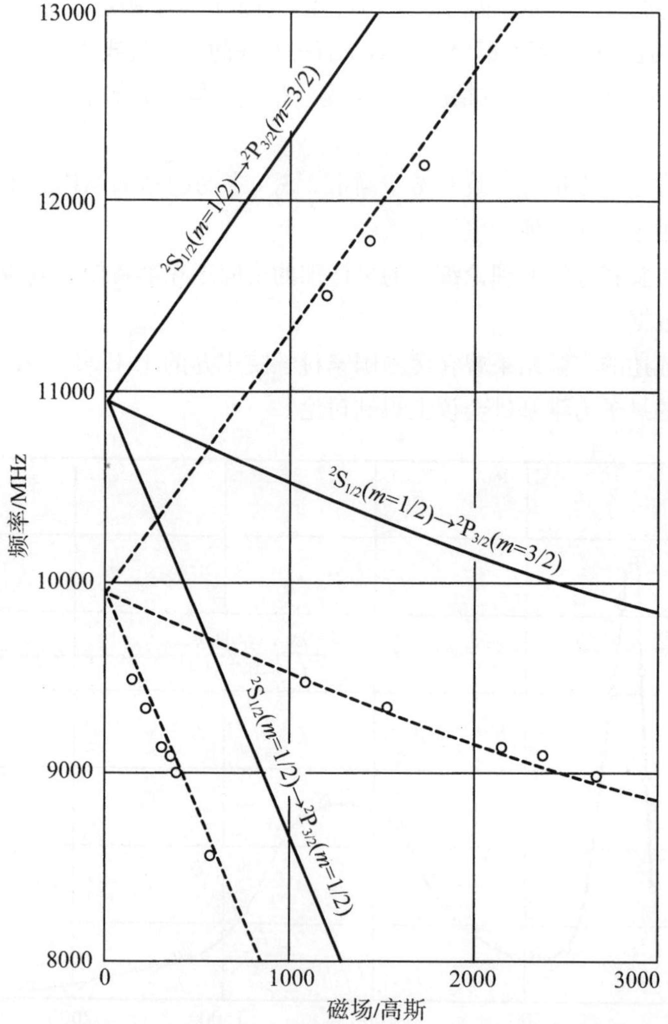

图 2　不同频率下共振磁场的实验值如图中圆点所示。实线显示的是理论上预期的 3 种变化，虚线由将实线下移1 000 兆周 / 秒得到。这仅仅是为了便于比较，不意味着它是“最佳拟合”。曲线仅覆盖实验数据所在的小部分频率和磁场范围，但完整的曲线在小尺度上无法清楚地显示出来，其余数据表示的移位与1 000 兆周时的情形完全一致。

能级的电磁移位①

汉斯·贝特

兰姆和雷瑟福②通过非常漂亮的实验表明，氢的第二量子态的精细结构不符合狄拉克理论的预言。2S能级，根据狄拉克理论，应该与$2^2P_{1/2}$能级重合，但实际上高于后者约0.033(厘米)$^{-1}$或1 000兆赫。这种差异一直受到光谱测量结果③，④的质疑。然而，理论上至今没有给出令人满意的解释。肯布尔和普雷桑，以及帕斯特奈克⑤表明，2S能级的移位不能用合理幅度的核相互作用来解释，尤林研究了狄拉克空穴理论中的“真空极化”效应⑥，发现这种效应也太小了，此外其正负号也不对。

施温格和韦斯科普夫，以及奥本海默提出了一种可能的解释：能级的移位可能是电子与辐射场相互作用的结果。在所有现有的理论中，这种移位表现为无穷大，因此总是被忽略。然而利用电磁质量效应，我们有可能识别出这种能级移位的最强烈的(线性)发散项，对于束缚电子和自由电子，这种电磁质量必定是存在的。这种效应被正确地视为已将电子的观测质量包含在内，因此我们必须从理论表达式中，即从具有相同平均动能的自由电子的相应式子中，将其减去。这样在非相对论性理论中，结果只是对数(而不是线性)发散：因此可以预期，在空穴理论里，其中主项(电子的自能)仅呈对数发散，在减去自由电子的表达式后，结果将是收敛的⑦。这将为对束缚电子的能级移位做出有效贡献的光的频率设置一个有效的mc^2量级的上限。我没有进行相对论性的计算，但我将假设存在

① 承蒙美国物理学会许可重印自Bethe，*Physical Review*，Volume **72**，p. 339，1947. ©1947，by the American Physical Soceity.

② *Phys. Rev.* **72**，241 (1947).

③ W. V. Houston，*Phys. Rev.* **51**，446 (1937).

④ R. C. Williams，*Phys. Rev.* **54**，558 (1938).

⑤ E. C. Kemble and R. D. Present，*Phys. Rev.* **44**，1031 (1932)；S. Pasternack，*Phys. Rev.* **54**，1113 (1938).

⑥ E. A. Uehling，*Phys. Rev.* **48**，55 (1935).

⑦ 正是施温格和韦斯科普夫第一次提出空穴理论肯定可以用于得到该问题的收敛。

这样一个有效的相对论性极限。

普通的辐射理论给出 m 量子态下电子自能的下述结果，这种自能源自该电子与横向电磁波的相互作用：

$$W = -(2e^2/3\pi hc^3) \times \int_0^K k\mathrm{d}k \sum_n |v_{mn}^2|(E_n - E_m + k), \tag{1}$$

其中 $k = kw$ 是量子的能量，v 是非相对论性理论下电子的速度，由下式给出

$$\boldsymbol{v} = \boldsymbol{p}/m = (h/im)\nabla. \tag{2}$$

在相对论性理论里，$\boldsymbol{v}$ 应由 $c\boldsymbol{\alpha}$ 替代，$\boldsymbol{\alpha}$ 是狄拉克算符。这里延迟已被略去，实际上我们可以证明这么做没有实质性区别。在式(1) 里，求和对所有的原子态 n 进行，积分对所有的量子能量 k 进行，k 的最大值 K 待后面讨论。

对自由电子，$\boldsymbol{v}$ 只有对角线元素，式(1) 被替换为

$$W_0 = -(2e^2/3\pi hc^3)\int k\mathrm{d}k\boldsymbol{v}^2/k. \tag{3}$$

这个表达式表示动量不变的电子的动能因电磁质量被添加到电子的质量上而引起的变化。这个电磁质量已经包含在电子质量的实验值里，因此，式(3) 对能量的贡献应忽略不计。对于束缚电子，$\boldsymbol{v}^2$ 应由其期望值$(\boldsymbol{v}^2)_{mm}$ 代替。但 $\boldsymbol{v}$ 的矩阵元满足求和法则

$$\sum_n |v_{mn}|^2 = (v^2)_{mm}. \tag{4}$$

因此，自能的相关部分变成了

$$W' = W - W_0 = +\frac{2e^2}{3\pi hc^3} \times \int_0^K \mathrm{d}k \sum_n \frac{|\boldsymbol{v}_{mn}|^2(E_n - E_m)}{(E_n - E_m + k)}. \tag{5}$$

我们将它看作是辐射相互作用带来的能级的真实移位。

式(5) 先对 k 积分是方便的。假设 K 与原子所有的能量差 $E_n - E_m$ 相比很大，

$$W' = \frac{2e^2}{3\pi hc^3}\sum_n |v_{mn}|^2(E_n - E_m)\ln\frac{K}{|E_n - E_m|}. \tag{6}$$

(如果 $E_n - E_m$ 是负的，那么很容易看出，我们必须取积分的主值，就像在式(6) 里做的一样。) 由于我们期望相对论将提供频率 k 的自然截断，因此在式(6) 里我们假设

$$K \approx mc^2. \tag{7}$$

(这并不意味着在式(2) 和(3) 里有同样的限制。) 因此式(6) 中对数的自变量是非常大的，对此，在一阶近似下我们似乎可以将这个对数视为常数(独立于 n)。

为此，我们应计算

$$A=\sum_n A_{nm}=\sum_n |p_{nm}|^2(E_n-E_m). \quad (8)$$

这个和是众所周知的，对于核电荷数 Z 的原子，它为

$$\begin{aligned}A&=\sum |p_{nm}|^2(E_n-E_m)=-h^2\int\psi_m^*\nabla V\cdot\nabla\psi_m\mathrm{d}\tau\\&=\frac{1}{2}h^2\int\nabla^2V\psi_m^2\mathrm{d}\tau=2\pi h^2e^2Z\psi_m^2(0).\end{aligned} \quad (9)$$

对于角动量 $l\neq0$ 的任何电子，核的波函数为零；因此总和 $A=0$。例如对于2P 能级，负贡献 A_{1s2p} 与所有来自其他跃迁的正贡献平衡。然而，对于 $l=0$ 的态，

$$\psi_m^2(0)=(Z/na)^3/\pi, \quad (10)$$

其中 n 是主量子数，a 是玻尔半径。

将式(10) 和(9) 代入式(6)，并利用原子常数之间的关系，对 S 态我们得到

$$W_{ns}'=\frac{8}{3\pi}\left(\frac{e^2}{hc}\right)^3Ry\frac{Z^4}{n^3}\ln\frac{K}{(E_n-E_m)_{Av}} \quad (11)$$

其中 Ry 是氢的基态电离能。2P 态的移位忽略不计，式(11) 里的对数用值大约 -0.04 取代，这样氢的 2S 态的平均激发能 $(E_n-E_m)_{AV}$ 可由数值计算得到①，为 $17.8Ry$，一个非常大的值。用这个值和 $K=mc^2$，得到对数的值为 7.63，我们发现

$$W_{ne}'=136\ln[K/(E_n-E_m)]=1\,040\text{ 兆周} \quad (12)$$

这与实测值 1 000 兆周非常吻合。

通过相对论性计算给出极限 K 正在进行中。但即使没有 K 的确切知识，这种一致性也已足够好，使我们对基本理论有信心。这表明

(1) 与辐射相互作用产生的能级移位是一种真实的效应，具有有限的幅度；

(2) 点电子的无限大的电磁质量的影响可以通过适当识别狄拉克辐射理论中的项来消除；

(3) 对能级移位的精确的实验和理论研究可以确立相对论效应(例如，狄拉克空穴理论)。这些效应与式(11) 中的对数比较可知属同一量级。

如果目前的理论是正确的，那么能级移位大致应随 Z^4 增加，但不会变化得这么快，因为 $(E_n-E_m)_{AV}$ 的变化是对数型的。例如，对 He^+，2S 能级的移位应

---

① 我在此感谢斯特恩博士和斯图尔德女士为此所做的数值计算。

该是氢的约 13 倍，其值为 0. 43 cm^{-1}，而 3S 能级的移位约 0. 13 cm^{-1}。对于 X 射线能级 LI 和 LII，这种效应会与屏蔽效应叠加，后者起到部分补偿作用。对屏蔽效应的准确的理论计算正在进行中，我们希望能够确立这一点。

本文在 1947 年 6 月 2 日至 4 日在爱尔兰谢尔特召开的理论物理学会议上得到了广泛讨论。作者对国家科学院主办的这次富于激励的会议表示感谢。

第 8 章

正如我们所看到的，在 20 世纪 30 年代和 40 年代的大部分时间里，能量无限大的问题一直阻挠着量子电动力学的发展。1947 年，汉斯・贝特想出了一种在电子自能的计算中剔除掉无穷大的方法。他的计算虽然是非相对论性的，但为后来朝永振一郎、朱利安・施温格和理查德・费曼各自独立地提出相对论性量子电动力学铺设了阶梯。这种在量子电动力学计算中去除无穷大能量的方法现在称为重正化。重正化的基本思路是设置一个能量截断，并仔细地取极限让这个截断趋向无穷大。能量截断相当于设定了一个标长。小于这个标长，场的变化即被忽略。较高的截止能量对应于较短的标长。借助于这个有限的标长，数学上那些造成无穷大能量的项便可以得到调整，变得有限。最重要的是，它们抵消了其他一些也会产生无穷大能量的项。让这些麻烦的项令人放心地相互抵消，同时让标长趋近于零（取极限），通过采取这样一种方式，我们就能够让计算值始终保持有限。

施温格的和朝永的量子电动力学方法相似，现在已合而为一。另一方面，费曼的方法则完全不同。施温格的做法更直接地基于以前的工作，但其中所涉的数学非常复杂，以至于让人难以看清基本的物理过程。事实上，弗里曼・戴森就曾说过，它是“这样一种方法，其所需的技巧除了施温格之外没人能做到①”。费曼的方法就直观得多。他构建了一种图形表示——即所谓费曼图——来处理问题，并提出了一套描述如何解释这种图示的规则。采用这些规则，我们就能够在遇到某个特定跃迁需要计算其贡献的概率时建立起数学表达式。1948 年，戴森发表了一篇论文，证明了朝永、施温格和费曼的方法是等价的。顺便说一句，因为费曼发表他的这一成果较为滞后，因此戴森的证明甚至出现在费曼正式发表他的方法之前。

---

① Jagdish Mehra and Helmut Rechenberg, *The Historical Development of Quantum Theory*. Springer, p. 1099. (2001)

在发展求解量子电动力学问题的方法的过程中，费曼在约翰·惠勒的启发下，给出了正电子的一种新的解释。他们声称，正电子是电子的一种时间上的回溯运动。在此之前人们已经知道，物质和反物质相互作用的总的结果是两者湮灭并生产高能光子。在费曼的方法中，正电子-电子对的湮灭可以理解为单个电子与电磁场之间的相互作用，这个电磁场以两个光子的形式出现，然后在时间上倒转方向——即成为该事件中的正电子。虽然电子在时间上向后运动似乎很奇怪，但实际上这一过程完全等价于一个正电子在时间上的前进。

重正化方法也不是没有批评者。它依赖于在当时仍属不易被人理解的数学。保罗·狄拉克就重正化概念曾说道："这不是理智的数学。理智的数学包括如何忽略小量——它不会仅仅因为一个量趋于无穷大你不想要它就忽略掉它①!"但不管怎么说，重正化了的量子电动力学是有史以来最成功的理论之一，它的预言与观测结果的相符程度的精度之高令人吃惊。

① Helge Kragh (1990). *Dirac: A Scientific Biography*, Cambridge University Press, p. 184. （中译本：《狄拉克：科学和人生》，肖明、龙芸、刘丹译，湖南科学技术出版社，2009 年第 1 版。——译注）

关于波场的量子理论的相对论性不变量的表述

朝永振一郎

《理论物理学进展》，I 卷，第 27 页(1946 年)①

1. 普通量子理论下的波场表述

最近汤川[1] 对有关波场的量子理论基础给予了全面论述。他在文章中指出了一个事实，即量子场论的现有形式仍不完全是相对论性的。

令 $v(x, y, z)$ 是规定一个场的物理量，$\lambda(x, y, z)$ 为其正则共轭。那么量子理论要求其对易关系具有如下形式：

$$\begin{cases}[v(x, y, z, t), v(x', y', z', t)] = [\lambda(x, y, z, t), \lambda(x', y', z', t)] = 0 \\ [v(x, y, z, t), \lambda(x', y', z', t)] = i\hbar\delta(x - x')\delta(y - y')\delta(z - z'),\end{cases} \tag{1}$$

(1)②

但这些很大程度上都属于非相对论性的形式。

公式(1) 给出了不同的点(x, y, z) 和(x', y', z') 上的量在同一时刻 t 时的对易关系。然而，所谓“不同的点在同一时刻” 的概念只有在我们定义了某个确定的洛伦兹参照系后才有明确的意义。因此，这不是一个相对论性不变量的概念。

另外，表示系统状态的 ψ 矢量的薛定谔方程具有如下形式：

$$\left(\overline{H} + \frac{\hbar}{i}\frac{\partial}{\partial t}\right)\psi = 0, \tag{2}$$

其中$\overline{H}$ 是表示场的总能量的算符。这个场可由 v 和 λ 的函数的空间积分来表示。由于我们这里采用的是薛定谔绘景，因此 v 和 λ 是两个不依赖于时间的算符。在这种绘景下，表示态的矢量是时间的函数，其对 t 的依赖关系由公式(2) 确定。

微分方程(2) 同样是非相对论性的。在这个方程中，时间变量 t 与空间坐标 x，y 和 z 截然不同。这种状况与下述事实紧密关联：概率幅的概念与相对论不相容。

---

① 译自 *Bull. I. P. C. R.* (*Riken-iho*)，**22**(1943)，545，原文献为日文。

② $[A, B] = AB - BA$. 我们假定该场遵从玻色统计。这里的处理也可以应用于费米统计。

众所周知，矢量ψ作为概率幅具有以下物理意义：假设这种表象使得该场量$v(x, y, z)$呈对角线排布。令$\psi[v'(x, y, z)]$为ψ在这种表象下的表示式①，于是表示式$\psi[v'(x, y, z)]$称为概率幅，并且其绝对平方

$$W[v'(x, y, z)] = |\psi[v'(x, y, z)]|^2 \tag{3}$$

给出了$v(x, y, z)$在t时刻有指定泛函形式$v'(x, y, z)$的相对概率。换句话说：假设某个平行于xyz平面的平面②与时间轴相截于t，于是该场在该平面上有指定泛函形式$v'(x, y, z)$的概率便由公式(3)给出。

正如我们看到的，平行于xyz平面的平面在这里起着显著作用。但这样的平面只在特定参照系下有定义。因此，概率幅在时空世界里不是一个相对论性不变量的概念。

2. 四维对易关系式

如上所述，波场的量子理论定律所表示的物理量之间的数学关系通常只有在特定的洛伦兹参照系下才有意义。但既然理论的全部内容已被证明应当是相对论性不变的，那么就一定能够建立起基于相对论时空意义概念上的理论。因此，在汤川的论述中，他要求采用狄拉克[2]所给出的思想，将概率幅的概念推广到与相对论相容的情形。下面我们将证明，按照这些思路，将现有理论必要且充分地推广到相对论下的情形是可能的。然而，我们的结果虽然不像狄拉克和汤川秀树所预期的那么具有一般性，但足已满足相对论性理论所必需的普适性。

为简单起见，我们假设只有两个场彼此相互作用。更多数目的场的情形可按同样的方式处理。令v_1和v_2为这两个场的表示，相应的正则共轭分别为λ_1和λ_2，于是这些量之间必满足下述对易关系：

$$\begin{cases}[v_r(x, y, z, t), v_s(x', y', z', t)] = 0 \\ [\lambda_r(x, y, z, t), \lambda_s(x', y', z', t)] = 0 \qquad r, s = 1, 2 \\ [v_r(x, y, z, t), \lambda_s(x', y', z', t)] = i\hbar\delta(x - x')\delta(y - y')\delta(z - z')\delta_{rs}\end{cases} \tag{4}$$

ψ矢量满足薛定谔方程

① 我们用方括号来定义一个泛函。因此$\psi[v'(x, y, z)]$意味着ψ是可变函数$v'(x, y, z)$的泛函。当我们用普通括号( )时，例如$\psi(v'(x, y, z))$，我们是将ψ看成函数$v'(x, y, z)$的普通函数。例如，能量密度写成$H(v(x, y, z), \lambda(x, y, z))$，它也是$x, y, z$的函数。而总能量$H = \int H(v(x, y, z), \lambda(x, y, z))\mathrm{d}v$则是$v(x, y, z)$和$\lambda(x, y, z)$的泛函，写成$\overline{H}[v(x, y, z), \lambda(x, y, z)]$。

② 我们将四维时空世界下的三维流形简称为“曲面”。

$$\left(\overline{H}_1+\overline{H}_2+\overline{H}_{12}+\frac{\hbar}{i}\frac{\partial}{\partial t}\right)\psi=0 \tag{5}$$

其中$\overline{H}_1$和$\overline{H}_2$分别是第一个场和第二个场的能量平均值。$\overline{H}_1$由关于v_1和λ_1的函数的空间积分给出，$\overline{H}_2$由关于v_2和λ_2的函数的空间积分给出。此外，$\overline{H}_{12}$是两个场之间的相互作用能，由关于v_1，λ_1和v_2，λ_2的函数的空间积分给出。我们假设：(i) $\overline{H}_{12}$的被积函数，即相互作用能量密度，是标量；(ii) 两个不同的空间点(但在相同时刻) 之间的能量密度可彼此互易。在一般情况下，这两个事实遵从于单一假设：拉格朗日量中的相互作用项不包含v_1和v_2的时间导数。

如果该能量密度表示为$\overline{H}_{12}$，那么我们有

$$\overline{H}_{12}=\int H_{12}\mathrm{d}x\mathrm{d}y\mathrm{d}z \tag{6}$$

由于我们这里采用的是薛定谔绘景，因此H_1，H_2和H_{12}中的量v和λ都是与时间无关的算符。

至此，我们只是总结了众所周知的事实。现在，作为构建相对论性理论的第一步，我们假设幺正算符

$$U=\exp\left\{\frac{i}{\hbar}(\overline{H}_1+\overline{H}_2)t\right\} \tag{7}$$

并引入下列关于v和λ的幺正变换以及相应的关于ψ的变换：

$$\begin{cases}V_r=U_{v_r}U^{-1}, \quad \Lambda_r=U\lambda_rU^{-1} \\ \Psi=U\psi\end{cases} \quad r=1,\ 2 \tag{8}$$

如上所述，(5) 式中的v和λ都是与时间无关的量。但由它们经由式(8) 导出的V和Λ则通过U包含t。因此，它们通过下式而依赖于t：

$$\begin{cases}i\hbar\dot{V}_r=V_r\overline{H}_r-\overline{H}_rV_r \\ i\hbar\Lambda_r=\Lambda_r\overline{H}_r-\overline{H}_r\Lambda_r\end{cases} \tag{9}$$

这些方程对洛伦兹变换必然具有协变形式，因为当它们独自存在没有相互作用时它们只是各自场的场方程。

现在，这些“真空方程”(场在单独存在时必须满足的方程) 的解，连同对易关系(4)，给出以下形式的关系：

$$\begin{cases}[V_r(x,\ y,\ z,\ t),\ V_s(x',\ y',\ z',\ t)]=A_{rs}(x-x',\ y-y',\ z-z',\ t-t') \\ [\Lambda_r(x,\ y,\ z,\ t),\ \Lambda_s(x',\ y',\ z',\ t)]=B_{rs}(x-x',\ y-y',\ z-z',\ t-t') \\ [V_r(x,\ y,\ z,\ t),\ \Lambda_s(x',\ y',\ z',\ t)]=C_{rs}(x-x',\ y-y',\ z-z',\ t-t')\end{cases} \tag{10}$$

其中 A_{rs}，B_{rs} 和 C_{rs} 是所谓四维德尔塔函数及其导数的复合函数[3]。我们通常用 $D_r(x, y, z, t)$，$r=1, 2$ 来表示这些四维 δ 函数，它们定义如下：

$$D_r(x, y, z, t)=\frac{1}{16\pi^3}\iiint\left\{\frac{e^{i(k_x x+k_y y+k_z z+ck_r t)}}{ik_r}-\frac{e^{i(k_x x+k_y y+k_z z-ck_r t)}}{ik_r}\right\}\mathrm{d}k_x\mathrm{d}k_y\mathrm{d}k_z, \tag{11}$$

其中

$$k_r=\sqrt{k_x^2+k_y^2+k_z^2+\chi_r^2}, \tag{12}$$

χ_r 是到场点 r 的特征常数。可以很容易地证明，这些函数都是相对论不变的①。

与式(4) 对照可知，式(10) 给出的两个不同世界点(x, y, z, t) 和(x', y', z', t) 的场之间存在对易关系，因此它同样不含有同时性的概念。因此，式(10) 是充分相对论性的，没有预先假定任何特定的参考系。我们称式(10) 为四维形式的对易关系。

这里将提及 $D(x, y, z, t)$ 的一个特性：当世界点(x, y, z, t) 位于其顶点位于原点的光锥之外时，则 $D(x, y, z, t)$ 等价于为零：

$$D(x, y, z, t)=0 \qquad \text{对于 } x^2+y^2+z^2-c^2t^2>0. \tag{13}$$

从(13) 式可直接得出，如果世界点(x', y', z', t) 位于顶点在世界点(x, y, z, t) 的光锥之外，则式(10) 的右边永远为零。也就是说：假设两个世界点 P 和 P'，当它们位于彼此的光锥之外时，P 的场量和 P' 的场量彼此可对易。

3. 薛定谔方程的推广

接下来，我们来观察由 ψ 通过酉变换 U 得到的矢量 Ψ。从式(5)、(7) 和(8) 我们看到，这个 Ψ(视其为 t 的函数) 满足下式：

$$\left\{\int H_{12}(V_1(x, y, z, t), \Lambda_1(x, y, z, t), V_2(x, y, z, t), \Lambda_2(x, y, z, t))\mathrm{d}x\mathrm{d}y\mathrm{d}z+\frac{\hbar}{i}\frac{\partial}{\partial t}\right\}\Psi=0. \tag{14}$$

我们可以看出，t 在这里所起的作用也与 x，y 和 z 的作用明显不同：这里平行于

---

① 假定 k 空间(k_x, k_y, k_z) 上曲面由方程 $k^2=k_x^2+k_y^2+k_z^2+x^2$ 定义。那么这个曲面在此空间内具有不变量的意义，因为 $k_x^2+k_y^2+k_z^2-k^2$ 在洛伦兹变换下是不变的。该曲面面元的面积由下式给出：

$$\mathrm{d}s=\sqrt{\left(\frac{\partial k}{\partial k_x}\right)^2+\left(\frac{\partial k}{\partial k_y}\right)^2+\left(\frac{\partial k}{\partial k_z}\right)^2-1}\,\mathrm{d}k_x\mathrm{d}k_y\mathrm{d}k_z=x\frac{\mathrm{d}k_x\mathrm{d}k_y\mathrm{d}k_z}{k}$$

现在，既然 ds 具有不变量的意义，因此我们可以得出结论$(\mathrm{d}k_x\mathrm{d}k_y\mathrm{d}k_z)/k$ 是不变量，这意味着由(11) 式定义的函数也是不变量。

xyz 平面的平面也具有特殊重要性。因此，我们必须以某种方式消除理论上的这种不理想的特性。

这种改进可以用类似于狄拉克在建立所谓量子力学的多时理论[4] 时所采用的方法来进行。现在，我们来回顾一下这个方法。

含 N 个与电磁场相互作用的带电粒子的体系的薛定谔方程由下式给出

$$\left\{\overline{H}_{el} + \sum_{n=1}^{N} H_n(q_n,\ p_n,\ \mathbf{a}(q_n)) + \frac{\hbar}{i}\frac{\partial}{\partial t}\right\}\psi = 0 \tag{15}$$

这里 $\overline{H}_{el}$ 指电磁场的能量，H_n 代表第 n 个粒子的能量。除了第 n 个粒子的动能外，H_n 还通过 $\mathbf{a}(q_n)$ 包含了该粒子与场之间的相互作用能，q_n 是该粒子的坐标，$\mathbf{a}$ 是场的势。式(15) 中的 p_n 是第 n 个粒子的动量。

现在我们来考虑幺正算符

$$u = \exp\left(\frac{i}{\hbar}\overline{H}_{el}t\right) \tag{16}$$

并引入 $\mathbf{a}$ 的幺正变换：

$$\mathbf{u} = u\mathbf{a}u^{-1} \tag{17}$$

和 ψ 的相应变换：

$$\Phi = u\psi \tag{18}$$

于是我们看到，Φ 满足方程

$$\left\{\sum_{n=1}^{N} H_n(q_n,\ p_n,\ \mathbf{u}(q_n,\ t)) + \frac{\hbar}{i}\frac{\partial}{\partial t}\right\}\Phi = 0 \tag{19}$$

与 $\mathbf{a}$(它在薛定谔绘景下是与时间无关的) 不同，$\mathbf{u}$ 经由 u 包含 t。为了强调这一点，我们明确将 t 写成 $\mathbf{u}$ 的自变量。我们可以证明，$\mathbf{u}$ 满足真空下的麦克斯韦方程(准确地讲，我们需要特别考虑方程 $\mathrm{div}\mathbf{E} = 0$)。

公式(19) 是多时理论的起点。在这一理论中，我们引入函数 $\Phi(q_1t_1,\ q_2t_2,\ldots,\ q_Nt_N)$——其所含的多变量时间 $t_1,\ t_2,\ldots,\ t_N$ 的数目与粒子数目一样多——来取代仅包含一个时间变量的函数 $\Phi(q_1,\ q_2,\ldots,\ q_N,\ t)$①，并假设 $\Phi(q_1t_1,\ q_2t_2,\ldots,\ q_Nt_N)$ 同时满足下述方程：

$$\left\{H_n(q_n,\ p_n,\ \mathbf{u}(q_n,\ t)) + \frac{\hbar}{i}\frac{\partial}{\partial t_n}\right\}\Phi(q_1t_1,\ q_2t_2,\ \cdots,\ q_Nt_N) = 0,$$

① 这里我们假定表象为使坐标 $q_l,\ q_2,\ldots,\ q_N$ 呈对角线排布。因此矢量 Φ 可用这些坐标的函数来表示。

$$n = 1, 2, \cdots, N \tag{20}$$

这里，$\Phi(t_1, t_2, \ldots, t_N)$ 作为多时理论的基本量，与普通概率幅 $\Phi(t)$ 有以下关系：

$$\Phi(t) = \Phi(t, t, \ldots, t). \tag{21}$$

现在，联立方程组(20) 可以有解，当且仅当 N^2 个条件

$$(H_n H_n' - H_n' H_n)\Phi(q_1 t_1, q_2 t_2, \ldots, q_N t_N) = 0 \tag{22}$$

对所有的 n 和 n' 都满足。如果世界点$(q_n t_n)$ 位于顶点在点$(q_n' t_n')$ 上的光锥之外，我们可以证明 $H_n H_n' - H_n' H_n = 0$。其结果是，满足式(20) 的函数在下述区域中存在

$$(q_n - q_n')^2 - c^2(t_n - t_n')^2 \geqslant 0, \tag{23}$$

上式对所有的 n 和 n' 的值均成立。

根据布洛赫[5]，当 $\Phi(q_1 t_1, q_2 t_2, \ldots, q_N t_N)$ 的自变量均取自式(23) 给定的区域时，我们可以给出 Φ 的物理意义。即

$$W(q_1 t_1, q_2 t_2, \ldots, q_N t_N) = |\Phi(q_1 t_1, q_2 t_2, \ldots, q_N t_N)|^2 \tag{24}$$

给出了在测量时发现第一个粒子在时刻 t_1 取值 q_1，第二个粒子在时刻 t_2 取值 q_2，……，第 N 个粒子在时刻 t_N 取值 q_N 的相对概率。

这就是量子力学多时理论的形式体系。现在，我们回到我们的主题。如果我们将公式(14) 与多时间理论的公式(19) 进行比较，会发现这两个方程之间有着显著的相似性。在式(19) 中，变量是代表着粒子的下标 n，而在式(14) 中，变量是表示空间位置的 x，y 和 z。此外，Φ 是 N 个独立变量 $q_1, q_2, \ldots, q_N$ 的函数，q_n 给出第 n 个粒子的位置，而 Ψ 是无穷多个“独立变量”$v_1(x, y, z)$ 和 $v_2(x, y, z)$ 的泛函，$v_1(x, y, z)$ 和 $v_2(x, y, z)$ 给出位置(x, y, z) 处的各场。在式(14) 中，与式(19) 中 $\sum_n H_n$ 项对应的是积分 $\int H_{12}\mathrm{d}x\mathrm{d}y\mathrm{d}z$。其中式(19) 中的下标 n 的取值为 1，2，3，…，N；相应地，式(14) 中的变量 x，y 和 z 则连续地取从 $-\infty$ 到 $+\infty$ 的所有值。

这种相似性暗示我们可以引入无穷多个时间变量 t_{xyz}(我们可称之为局部时间①)，空间的每一个位置(x, y, z) 都有一个这样的时间变量，就像我们对每一个粒子引入一个粒子时间，从而有 N 个时间变量 $t_1, t_2, \ldots, t_N$ 一样。二者的唯一区别是，在我们现在的情形下，我们有无穷多个时间变量；而在普通的多时理论

① 这种局部时间的概念由 Stueckelberg 偶然引入[6]。

中，我们只用 N 个时间变量。

相应于从采用一个时间变量的函数转变到采用 N 个时间变量的函数，现在我们必须考虑如何从采用 $\Psi(t)$ 转变到采用无穷多个时间变量 t_{xyz} 的 $\Psi(t_{xyz})$。

现在我们将 t_{xyz} 看作 (x, y, z) 的函数，并考虑其变化 ε_{xyz}，它只在点 (x_0, y_0, z_0) 附近的一个很小的邻域 V_0 中不等于零。我们将 $\Psi(t_{xyz})$ 关于变量 $t_{x_0y_0z_0}$ 的偏微分系数定义如下：

$$\frac{\delta\Psi}{\delta t_{x_0y_0z_0}}=\lim_{\substack{\varepsilon\to 0\\ V_0\to 0}}\frac{\Psi[t_{xyz}+\epsilon_{xyz}]-\Psi[t_{xyz}]}{\iiint\varepsilon_{xyz}\mathrm{d}x\mathrm{d}y\mathrm{d}z}. \tag{25}$$

然后推广式(14)，并将

$$\left\{H_{12}(x, y, z, t)+\frac{\hbar}{i}\frac{\delta}{\delta t_{xyz}}\right\}\Psi=0. \tag{26}$$

这个与 N 个方程(20) 相对应的无穷多个方程的联立方程组作为我们理论的基本方程。为了简单起见，在式(26) 中我们用 $H_{12}(x, y, z, t)$ 来代替 $H_{12}(V_1(x, y, z, t), V_2(x, y, z, t), \cdots)$。在一般情况下，对于关于 V 和 Λ 的函数 $F(V, \Lambda)$，我们简写为 $F(x, y, z, t)$ 而不是 $F(V(x, y, z, t_{xyz}), \Lambda(x, y, z, t_{xyz}))$，或更简单地记为 $F(P)$，P 表示坐标 (x, y, z, t_{xyz}) 的世界点。因此 $F(P')$ 是指 $F(x', y', z', t')$，或更准确地说，$F(V(x', y', z', t_{x'y'z'}), (x', y', z', t_{x'y'z'}))$。

现在我们用式(26) 作为我们理论的基础。对于 H_{12} 中的 $V_1(P)$，$V_2(P)$，$\Lambda_1(P)$ 和 $\Lambda_2(P)$，对易关系(10) 式成立，其中 $D(x, y, z, t)$ 仍具有性质式(13)。作为结果，我们有

$$H_{12}(P)H_{12}(P')-H_{12}(P')H_{12}(P)=0, \tag{27}$$

这里 P 点距 P' 点有有限距离且 P' 在以 P 为顶点的光锥之外。另外，由我们的假设(ii) 可知，当 P 和 P' 是沿类空方向行进的两个相邻的点时，关系式(27) 也成立。因此，方程组(26) 是可积的，这里曲面由公式 $t=t_{xyz}$ 定义，且认为作为 x，y 和 z 的函数的 t_{xyz} 是类空的。

按这种方式，时空世界中可变曲面的泛函可由偏微分方程(26) 来确定。与多时理论下的关系式(21) 相对应，当曲面退化为平行于 xyz 平面的平面时，$\Psi[t_{xyz}]$ 退化为普通的 $\Psi(t)$。

因变量曲面 $t=t_{xyz}$ 可以取时空世界里的任何(类空) 形式，我们不必预设任何洛伦兹参照系来定义这个曲面。因此，这种 $\Psi[t_{xyz}]$ 是一个相对论性的不变量概

念。该曲面必须是类空的这一限制条件不带来任何麻烦，因为曲面是类空的还是类时的并不依赖于参考系统的特定选择。从相对论的观点看，像狄拉克和汤川所要求的那样，允许类时曲面作为可变曲面是没必要的。因此，我们认为，上面引入的 $\Psi[t_{xyz}]$ 已经是普通 ψ 矢量足够推广，并认为场的量子理论态①由该泛函矢量表示。

设 C 为由等式 $t=t_{xyz}$ 定义的曲面。于是 Ψ 是曲面 C 的泛函。我们将它记为 $\Psi[C]$。我们在 C 上取一点 P，其坐标为 (x, y, z, t_{xyz})，并假设有另一曲面 C'，它除了 P 的一个小邻域外其他部分与 C 重叠。我们用 $\mathrm{d}w_p$ 来表示 C 和 C' 之间的某个小体积。于是我们可将式(25) 写成如下形式：

$$\frac{\delta\Psi[C]}{\delta C_p}=\lim_{C'\to C}\frac{\Psi[C']-\Psi[C]}{\mathrm{d}\omega_p}. \tag{28}$$

于是式(26) 可以写成如下形式：

$$\left\{H_{12}(P)+\frac{\hbar}{i}\frac{\delta}{\delta Cp}\right\}\Psi[C]=0. \tag{29}$$

现在，这个方程(29) 具有完美的时空形式。首先，根据我们的假设(i)，H_{12} 是标量；其次，包含在 H_{12} 中的 $V(P)$ 和 $\Lambda(P)$ 之间的对易关系具有(10) 式那样的四维形式；最后，由式(28) 定义的微商 $\delta/\delta C_P$ 完全独立于任何参考系。

由式(29) 得出的一个直接的结论是：$\Psi[C']$ 可按下述无穷小变换从 $\Psi[C]$ 得到：

$$\Psi[C']=\left\{1-\frac{i}{\hbar}H_{12}(P)\mathrm{d}\omega_P\right\}\Psi[C]. \tag{30}$$

当时空世界里的两个曲面 C_1 和 C_2 之间存在有限距离时，我们只需要重复运用这种无穷小变换就可以从 $\Psi[C_1]$ 得到 $\Psi[C_2]$。因此有

$$\Psi[C_2]=\prod_{C_1}^{C_2}\left\{1-\frac{i}{\hbar}H_{12}(P)\mathrm{d}\omega_P\right\}\Psi[C_1]. \tag{31}$$

该公式的意义如下：我们将 C_1 和 C_2 之间的世界区域分割成小面元 $\mathrm{d}\omega_p$(每个世界元必须由两个类空曲面所围)。对每个世界元做无穷小变换 $1-\frac{i}{\hbar}H_{12}(P)\mathrm{d}\omega_P$。然后取这些变换的乘积，因子的序取从 C_1 到 C_2。于是这个积变换将 $\Psi[C_1]$ 变换为 $\Psi[C_2]$。

---

① “态”这个词在这里是在相对论性时空意义下说的，见狄拉克的书(第 2 版) 第 6 节。

这里曲面 C_1 和 C_2 都必须是类空的，但除此之外，它们可以有任何形式和任何构形。因此 C_2 不必一定在 C_1 之后，C_1 和 C_2 甚至可以彼此交叉。

形式(31) 的关系由海森伯引入[7]。它可以看作是广义薛定谔方程(29) 的积分形式。

4. 广义概率幅

现在，我们必须给出泛函 $\Psi[C]$ 的物理意义。为此，我们可以采用类似于布洛赫在处理普通多时理论时所采用的方法。我们的情形除了有无穷多的时间变量这一点之外，还有一点与布洛赫不同。那就是在后者的情形下，式(16) 中的幺正算符 u 是与坐标 q_1，q_2，…，q_N 可对易的，而在我们的情形下，u 不是与场量 $v_1(x, y, z)$ 和 $v_2(x, y, z)$ 可对易的。注意到这种差异，并通过一些手段(例如采用海森伯和泡利所用的方法[8]) 将连续无穷小看成是可数无穷小的极限，那么布洛赫的方法也可以几乎不加任何修正就应用到这里。这里我们将只给出一些结果。

我们假设各场均处于由矢量 $\Psi[C]$ 所表示的态。假设我们对时空世界曲面 C_1 的每个点的函数 $f(v_1, v_2, \lambda_1, \lambda_2)$ 进行测量。令 P_1 为 C_1 上的可变点，于是，如果 $f(P_1)$ 在 P_1 的任意两个“值”可彼此对易，那么对这两点的每一个的 f 所做的测量都不会干扰到另一个。我们的第一个结论是说，在这种情况下，$f(P_1)$ 的期望值由下式给出

$$\overline{f(P_1)} = ((\Psi[C_1], f(P_1)\Psi[C_1])). \tag{32}$$

其中，$f(P_1)$ 是指 $f(V_1(P_1), \cdots)$。根据我们在第 8 页上的惯例，由双括号括起的符号 $((A, B))$ 表示两个矢量 A 和 B 的标量积，在连续多自由度的情形下，由两个函数的乘积的积分来表示此标量积是不可能的。为此，我们必须将连续无穷大替换为至少是可数的无穷大。

更一般地，我们假设一个独立可变函数 $f(P_1)$［这里 $f(P_1)$ 是 P_1 的函数］的泛函为 $F[f(P_1)]$，那么该 F 的期望值由下式给出

$$\overline{F[f(P_1)]} = ((\Psi[C_1], F[f(P_1)]\Psi[C_1])) \tag{33}$$

一个物理上有趣的 F 是投影算子 $M[v_1'(P_1), v_2'(P_1); V_1(P_1), V_2(P_1)]$，属于 $V_1(P_1)$，$V_2(P_1)$ 的“本征值”$v_1'(P_1)$，$v_2'(P_1)$。于是它的期望值

$$\begin{aligned}&\overline{M[v_1'(P_1), v_2'(P_1); V_1(P_1), V_2(P_1)]}\\&\quad = ((\Psi[C_1], M[v'_1(P_1), v'_2(P_1); V_1(P_1), V_2(P_1)]\Psi[C_1]))\end{aligned} \tag{34}$$

给出了场1和场2在曲面 C_1 上分别具有函数形式 $v_1'(P_1)$ 和 $v_2'(P_1)$ 的概率。由于 C_1 被假定为类空的，因此泛函 M 的测量是可能的（在 C_1 的所有点上对 $V_1(P_1)$ 和 $V_2(P_1)$ 的测量就是对 M 的测量）。

到目前为止，我们一直没有提到 $\Psi[C]$ 的表象。现在我们用一种特殊的表象，其中 $V_1(P_1)$ 在 C_1 上的所有点上都同时是对角的。只要曲面 C_1 是类空的，那么让所有的 $V_1(P_1)$ 和 $V_2(P_1)$ 呈对角线排布总是可能的。在这种表象下，$\Psi[C_1]$ 由属于 $V_1(P_1)$ 和 $V_2(P_1)$ 的"本征值"$v_1'(P_1)$ 和 $v_2'(P_1)$ 的泛函 $\Psi[v_1'(P_1), v_2'(P_1), C_1]$ 表示。在此表象下，投影算子 M 具有这样对角线形式，使得式(34)被简化如下

$$\begin{aligned} W[v_1'(P_1), v_2'(P_1)] &= \overline{M[v_1'(P_1), v_2'(P_1); V_1(P_1), V_2(P_1)]} \\ &= |\Psi[v_1'(P_1), v_2'(P_1); C_1]|^2. \end{aligned} \tag{35}$$

在这个意义上，我们可以将 $\Psi[v_1'(P_1), v_2'(P_1), C_1]$ 称为"广义概率幅"。

5. 广义变换泛函

上面我们已经论述了在 $\Psi[C_1]$ 和 $\Psi[C_2]$ 之间有关系式(31)成立，其中 C_1 和 C_2 是时空世界里的两个类空曲面。由此我们看到，变换算符

$$T[C_2; C_1] = \prod_{C_1}^{C_2}\left(1 - \frac{i}{\hbar}H_{12}\mathrm{d}\omega\right) \tag{36}$$

起着重要作用。显然，这个算符也具有时空的含义。

正如 ψ 矢量 —— 概率幅 —— 的特定表示具有鲜明的物理意义一样，这里也有一个特定的表示，其中变换算符 $T[C_2; C_1]$ 的表示式具有不同的物理意义。

现在我们引入 $T[C_2; C_1]$ 的混合表示，其行是这样一种表示，其中 $V_1(P_1)$ 和 $V_2(P_1)$ 在 C_1 的所有点上成为对角线，其列的表示为 $V_1(P_2)$ 和 $V_2(P_2)$ 在 C_2 上的所有点变成对角线。我们将该表示记为

$$[v_1''(P_2), v_2''(P_2) \mid T[C_2; C_1] \mid v_1'(P_1), v_2'(P_1)]. \tag{37*}$$

或更简单地记为：

$$[v_1''(P_2), v_2''(P_2) \mid v_1'(P_1), v_2'(P_1)]. \qquad (38)①$$

如果在这里讨论关系式(35)，我们看到，我们可以给这种表示的矩阵元以如下含义：我们在 C_2 的所有点上测量场量 V_1 和 V_2，此时场取这样的方式，它们

---

① 由于矩阵元是 $v(P)$ 的泛函，因此这里采用方括号。

在 C_1 的所有点上确有值 $v_1'(P_1)$ 和 $v_2'(P_1)$。于是

$$W[v_1''(P_2),\ v_2''(P_2);\ v_1'(P_1),\ v_2'(P_1)]$$
$$=|[v_1''(P_2),\ v_2''(P_2)\mid v_1'(P_1),\ v_2'(P_1)]|^2 \tag{39}$$

给出我们从该测量上得到结果 $v_1''(P_2)$ 和 $v_2''(P_2)$ 的概率。在这个命题里，我们假定 C_2 位于 C_1 之后。

由这个物理解释，我们可以认为矩阵元(37) 或(38)—— 它们被认作 $v_1'(P_1)$，$v_2'(P_1)$ 的泛函 —— 是对普通变换函数$(q_{t_2}''|q_{t_1}')$ 的推广。

作为特例，有可能发生这样的情形：C_2 与 C_1 分开的那部分大小分别只是 S_2 和 S_1，C_1 和 C_2 的其余部分彼此重叠。

在这种情况下，$T[C_2;\ C_1]$ 的矩阵元仅依赖于曲面 C_2 和 C_1 的分开部分 S_2 和 S_1 的场值。在这种情况下，我们为计算 $T[C_2;\ C_1]$ 而取式(36) 的乘积时，仅需要考虑由 S_1 和 S_2 所包围那部分闭区间，从而有

$$T[S_2;\ S_1]=\prod_{S_1}^{S_2}\left(1-\frac{i}{\hbar}H_{12}\mathrm{d}\omega\right). \tag{40}$$

这个 T 的混合表示的矩阵元是 $v_1'(p_1)$，$v_2'(p_1)$ 和 $v_1''(p_2)$，$v_2''(p_2)$ 的泛函，其中 p_1 表示 S_1 部分上的移动点，p_2 表示 S_2 部分上的移动点。该矩阵不依赖于曲面 C_1 和 C_2 的其余部分的场量。

$T[S_2;\ S_1]$ 的作为 $v_1'(p_1)$，$v_2'(p_1)$ 和 $v_1''(p_2)$，$v_2''(p_2)$ 的泛函的矩阵元具有狄拉克的广义变换泛函的属性。但在定义我们的广义变换泛函时，我们不得不将曲面 S_1 和 S_2 限定为类空的，而狄拉克在定义他的广义变换泛函时则还要求曲面是类时的。但如上所述，从相对论观点看，狄拉克的这种要求是多余的。

还需要对$[v_1''(P_2),\ v_2''(P_2)\mid v_1'(P_1),\ v_2'(P_1)]$ 的物理解释做些说明。我们不必假设 C_2 位于 C_1 之后，颠倒过来也可以。我们同样可以得到式(39) 中 W 的物理意义：我们在 C_2 的所有点上测量场量 V_1 和 V_2，此时场取这样的方式，它们在 C_1 的所有点上确有值 $v_1'(P_1)$ 和 $v_2'(P_1)$，如果该场被剩下直到 C_1 没在 C_2 之前被测量的话。于是 W 给出我们在 C_2 上进行这种测量得到 $v_1''(P_2)$ 和 $v_2''(P_2)$ 的概率。

6. 结束语

因此，我们已经证明，波场的量子理论确实可以取这样一种形式，它直接揭示了该理论在洛伦兹变换下的不变性。量子场论的通常表述之所以不理想，其原因在于它是以一种过分类似于普通的非相对论力学的方式建立起来的。在场量子

理论的这种普通表述中，理论被分割成两个不同的部分：一部分给出在同一时刻不同的量之间的运动学关系，另一部分则确定在不同时刻各量之间的因果关系。从而使得对易关系(1) 属于前一部分，而薛定谔方程(2) 则属于后一部分。

如前所述，理论以这样的方式被分成两部分是非常不合相对论的，因为“同一时刻”的概念在这里扮演着独特角色。

在我们的表述中，理论也被分成两部分，但现在这种分离是在它处引入的。有一节给出了当场单独存在时其行为法则，另一节则给出了确定这种行为因相互作用而出现偏差的法则。这种将理论分离的方式可以相对论性地进行。

理论通过这种方式虽然可得到更令人满意的形式，但并没有添入新的内容。因此，理论中著名的发散困难也被我们的理论继承下来。事实上，我们的基本方程(29) 只允许灾难性的解，这一点可直接从下述事实看出来：在算符 $H_{12}(P)$ 中，由于场在零点处的振幅非零，因此不可避免地是无穷大。因此，为了除去这个根本性的困难，理论需要更深层次的修正。

可以预料，这种理论上的修正有可能通过对相互作用概念的某种修改来导入，因为我们在处理非相互作用场的时候没有遇到过这种困难。这一修改可能得到的结果是，理论被分离成两部分，一部分描述自由场，另一部分用于描述相互作用，同时一些不确定性也将被引入。这一点似乎从下述事实得到暗示：当我们以令人满意的相对论方式来表述量子场论时，这种分离方式已经作为理论的基本要素显露出来。

东京教育大学　物理系

参考文献

[1]H. Yukawa, *Kagaku*, **12**, 251, 282 and 322, 1942.
[2]P. A. M. Dirac, *Phys. Z. USSR.*, **3**, 64, 1933.
[3]W. Pauli, *Solvay Berichte*, 1939.
[4]P. A. M. Dirac, *Proc. Roy. Soc. London*, **136**, 453, 1932.
[5]F. Bloch, *Phys. Z. USSR.*, **5**, 301, 1943.
[6]E. Stueckelberg, *Helv Phys. Acta*, **11**, 225, §5, 1938.
[7]W. Heisenberg, *Z. Phys.*, **110**, 251, 1938.
[8]W. Heisenberg and W. Pauli, *Z. Phys.*, **56**, 1, 1929.

量子电动力学的时空协变方法①

理查德·费曼

本文做了两件事：(1) 证明了电动力学中复杂过程的矩阵元的书写可以得到很大的简化。进而，本文提出了一种物理学观点，根据这一观点，我们可以直接写出具体问题的矩阵元。但作为对传统电动力学的简单复述，复杂过程的矩阵元仍是发散的。(2) 通过更改电子的短程相互作用来对电动力学进行修正。现在，除了与真空极化有关的问题外，所有矩阵元都是有限的了。有关真空极化的问题，采用泡利和贝特建议的方法进行计算，同样能给出有限的结果。唯一对这一修正敏感的效应是电子的质量和电荷的改变。这种变化无法直接被观察到。直接可观察到的现象对所采用的修正的细节不敏感(极高能量的情形除外)。对于这种现象，我们可取修正区间趋于零时的极限。其结果与施温格的结果一致。因此，这一完备的、毫不含糊且可认为是自洽的方法可用于计算所有涉及电子和光子的过程。

这种表达式书写方式的简化出于对总体时空观的强调。这种时空观来自对电动力学方程的解的研究。文中对这一观点与更传统的哈密顿观点之间的联系进行了讨论。如果我们坚持采用方程的哈密顿形式，那么将很难进行这种修正。

这一方法也适用于服从克莱因-戈登方程的电荷，以及各种有关核力的介子理论。文中给出了演示性例证。尽管对所有介子理论来说，一种类似于电动力学里所运用的修正可以使所有矩阵元变得有限，但对其中的某些理论，所有可直接观察的现象对修正的细节不敏感这一点不再成立。

在较为简单的情形下，采用附录所描述的方法，可以使出现在矩阵元里的积分的实际计算变得较容易。

本文应看作是前一篇文章②(I) 的续篇。在前一篇文章中，我们通过直接处

① 经美国物理学会许可重印自 Feynman, *Physical Review*, Volume **76**, 769(1949).

② R. P. Feynman, *Phys. Rev.* **76**, 749(1949). 以后称该文为(I)。

理哈密顿微分方程的解，对不考虑相互作用的电子的运动进行了分析。本文则将这一技术运用于包含相互作用的问题，这样，量子电动力学问题的解可以用一些简单的项来表示。

对于量子电动力学的大多数实际计算，解通常用矩阵元来表示。该矩阵呈 $e^2/\hbar c$ 的幂次展开形式，级数中越靠后的项包含的虚量子的数目越多。由此可见，复杂过程的这些矩阵元的书写应能够得到相当大程度的简化。不仅如此，展开式的每一项不仅可直接写出，而且可运用类似于文章(I)的时空观的物理学观点直接予以理解。本文的目的即是要描述清楚如何做到这一点。我们还将讨论如何处理现在这些矩阵元中的发散积分的方法。

公式的简化主要源自这样一个事实：以前的方法不必要地将物理上紧密联系的过程拆分成单独的项。例如，在两个电子交换量子的问题上就存在两项，分别对应于电子是发射还是吸收量子。但在本文考虑的虚态里，时序关系并不重要，唯有矩阵元中算符的顺序必须保持不变。另外，我们从文章(I)中已经看到，产生虚粒子对的过程可以和仅涉及正能量电子的过程合起来。进而纵波和横波的效应可以合在一起。以前将它们分开是基于非相对论的考虑(这反映为中间态只有表观的动量守恒而没有能量守恒)。当这些项被合在一起并得到简化后，结果的相对论不变性就不言自明了。

我们先来讨论瞬时相互作用粒子的薛定谔方程的时空解。其结果可直接推广到相对论性电子的推迟相互作用上，并且我们用这种方法来表示量子电动力学的定律。这之后我们便能看出任意过程的矩阵元是如何被直接写出来的，特别是如何写出自能的表达式。

到目前为止，我们除了用另一套术语重述了传统的电动力学外并无建树。因此自能仍是发散的。下面我们对电荷间的相互作用进行修正①，并证明自能是收敛的，它相当于对电子质量的修正。在质量得到修正后，其他真实过程就都是有限的了，并对相互作用的“截断”宽度不敏感。②

不幸的是，所提出的这种修正在理论上并不能完全令人满意(它导致了能量守恒方面的某些困难)。但是，我们似乎可以自洽且令人满意地将所有真实过程

---

① 关于对经典物理学中这种修正的讨论，见 R. P. Feynman, *Phys. Rev.* **74** 939(1948)，以后称该文为(A)。

② 对该方法及其结果的一个简明综述，见 R. P. Feynman, *Phys. Rev.* **74** 1430(1948)，以后称该文为(B)。

的矩阵元定义为这里的计算在截断宽度趋于零时的极限情形。泡利和贝特提出了一种类似的计算方法可用于真空极化问题(导致电荷的重整化)，但同样，其收敛规则的严格的物理基础并不清楚。

在质量和电荷重整化后，对所有真实过程都可以取截断宽度的极限。其结果与施温格的结果①是等价的。施温格没有明确采用收敛因子，他的方法是将质量和电荷的相应的修正项等同于它们计算前的值，并将它们从真实过程的表达式中去掉。这样做的好处是表明了计算结果与取截断的具体方法无关。

另一方面，积分的许多性质是用不变量传播函数形式的性质来分析的。但有一种性质是积分值为无穷大，而且我们不清楚它会使论证的推导失效到何种程度。前述方法在实用上的一个好处是，只要直接计算另一些发散积分就可以较为容易地解决这种模糊性。尽管如此，但收敛因子是否会破坏理论的物理自洽性这一点并不十分清楚。虽然两种方法在极限情形下是一致的，但两者在理论上似乎都不能令人彻底地满意。不过，现在我们似乎找到了一种用于计算量子电动力学里物理过程到任意阶的完备的、明确的方法。

由于我们能够写出任何物理问题的解，因此我们有了一种可自立的完备理论。但从理论上看，这一理论在如下两方面尚欠完备：首先，虽然可以写出 $e^2/\hbar c$ 阶次不断增加的每一项，但我们需要的是找到某种方法，能够很快以有限形式来表示所有的 $e^2/\hbar c$ 阶次。其次，尽管从物理上看，所得结果与传统的电动力学的结果等价，但其数学证明尚付阙如。我们将在下一篇文章中解决这两个问题②(亦可见戴森的文章 ①)。

这个理论的发展过程概述如下。《当代物理评论》(*Reviews of Modern Physics*)的文章 ② 描述了如何用量子力学的拉格朗日形式来表达传统的电动力学。谐振子场的运动可以被积分积出来(文献 ② 的第 13 节对此有描述)，其结果是粒子推迟相互作用的表达式。接下来我们通过与经典情形类比可直接得到对 δ 函数相互作用的修正③。但这仍不完备，因为拉格朗日方法只对服从非相对论薛定谔方程的粒子才是有效的。因此它必须根据狄拉克方程和产生粒子对现象的要求予以修

① J. Schwinger, *Phys. Rev.* **74**, 1439(1948), *Phys. Rev.* **75**, 651(1949). 戴森给出了对这种等价性的证明，见 F. J. Dyson, *Phys. Rev.* **75**, 486(1949).

② R. P. Feynman, *Rev. Mod. Phys.* **20** 367(1948). H. J. Groenewold 对将方此法应用于电动力学作了详细描述，见 *Koninklijke Nederlandsche Akademic van Weteschappen*, *Proceedings* Vol. LII, **3**(226)1949.

③ 关于经典物理学里这种修正的讨论，见 R. P. Feynman, *Phys. Rev.* **74** 939(1948)，以后称该文为(A)。

正才可用。文章(I) 通过重新解释空穴理论已经使这种修正变得较为容易。最后，为实际计算考虑，该表达式被展开为 $e^2/\hbar c$ 的幂级数。显然，级数的每一项都有简单的物理意义。由于这个结果要比其推导更易于理解，因此在本文中最好是先给出这一结果。为使这头两篇文章尽可能完备，物理上尽可能合理，且不依赖拉格朗日方法(因为一般人对它不熟悉)，本文作者花去了大量时间。我们知道，这样一种描述不可能让人确信其正确性，要让人确信，就需要推导。但另一方面，要想使简单的东西保持其简单，证明的推导就只能留到另一篇文章里去了。

本文还对将这些方法应用到各种介子理论的可能性进行简短讨论。零自旋带电粒子运动所遵从的克莱因-戈登方程的相应公式也在此给出。附录还给出了计算较简单过程矩阵元中出现的积分的方法。

这里采用的看待电荷相互作用的观点不同于普通场论的观点。此外，必须将熟悉的量子力学的哈密顿形式与这里采用的全时空观点进行比较。因此，本文的第一节集中讨论这些观点之间的关系。

1. 与哈密顿方法的比较

电动力学可以用两种等价且互补的方法来研究。一种描述的是场的行为(麦克斯韦方程组)，另一种描述的是相隔一定距离的两个电荷之间的直接相互作用(尽管存在时间上的推迟)(李纳-维谢尔解)。按照后一种观点，光被看成是光源中电荷与吸收体电荷之间的一种相互作用。这是一种不切实际的观点，因为许多种源都可产生同一种效应。场的观点将这些过程分成两类较简单的问题：光的产生和光的吸收。但另一方面，当涉及粒子的近碰撞(或它们与自身的相互作用)时，场的观点就显得不大实用了。因为此时发射源和吸收体不是那么容易区分，两者间存在紧密的量子交换。此时场与粒子的运动之间是如此的紧密相连，以至于不宜将这个问题分成两个方面，而是应当作为一种直接相互作用过程来考虑。概言之，场的观点对于解决涉及真实量子的问题最实用；而相互作用观点对于讨论有关虚量子的问题最佳。本文中我们强调的是相互作用观点，首先是因为人们对它不够熟悉，需要更多的讨论；其次是因为我们要处理的问题的重要方面是虚粒子效应。

哈密顿方法不适用于表示相隔一定距离的电荷之间的直接作用，因为这种作用具有推迟性。哈密顿方法能够根据体系的目前状况来描述它的未来。如果我们已知力学量完备集合的当前的值，那么这些量在下一瞬时的值就可计算出来。但如果粒子相互作用是一种推迟了的相互作用，我们就不能简单地根据粒子当前的已知运动状态来预言其未来的运动状态。我们还必须知道粒子过去的运动状态，因为从相互作用的观点看，过去的行为可以影响到其未来的运动。当然，在哈密顿电动力学里，这一点是这样来做到的：除了要求知道粒子的当前运动状态之外，还要求详细说明一系列新变量（场谐振子的坐标）的值，以便跟踪粒子过去的运动状况，从而确定其未来的行为。哈密顿量的运用迫使人们采用场的观点而非相互作用的观点。

在许多问题中，例如在粒子的近碰撞情形下，我们并不关心各个事件发生的时序。即使我们能够说清楚在碰撞的各个瞬间的状况，系统是如何从一个瞬间演进到下一个瞬间的，我们对此也没多大兴趣。时序概念只对发生在长时间上的事件有用，对于这类事件，我们能够很容易地从这段时间内得到信息。而对于碰撞，将过程作为一个整体来处理则要容易得多①。两个电子碰撞的莫勒（Møller）相互作用矩阵本质上并不比非相对论性的卢瑟福公式更复杂，但从量子电动力学得到前者所用的数学工具要比得到后者所需的带 e^2/r_{12} 相互作用的薛定谔方程复杂得多。差别仅在于，后者的相互作用是瞬时的，因而哈密顿方法不需要额外的变量，而在前者的相对论情形下，相互作用是推迟了的，因此哈密顿方法相当复杂。

我们将讨论方程的解，而不是给出该解的时间微分方程。我们发现，由于这些解所允许的全时空性质，因此理解推迟相互作用的解实际上和理解瞬时相互作用的解一样容易。

进而，相对论性不变性是自明的。方程的哈密顿形式可以从目前的瞬时状态发展出未来的状态。但是对于处于相对运动的不同观察者来说，这个瞬时的含义是不同的，因此其所对应的三维时空截面也不同。这样，不同的观察者的时间分析是不一样的。他们的哈密顿方程以不同方式演化这一过程。但这些差别无关紧要，因为方程的解在任何时空坐标系下都相同。如果放弃哈密顿方法，相对论和量子力学就可以实现最自然的结合。

在下一节里，我们通过研究处于瞬时库仑势［方程(2)］相互作用中的非相对论粒子的薛定谔方程的解来说明这些要点。当解被修正到包含相互作用的推迟效

① 这是海森伯 S 矩阵理论的观点。

应和电子的相对论性质后，我们便得到量子电动力学定律的表达式[方程(4)]。

2. 电荷之间的相互作用

我们采用文章(I) 的方法来研究两个粒子之间的相互作用，所用符号同(I)。首先考虑薛定谔方程[I 中的式(1)] 描述的非相对论情形。给定时刻的波函数是每个粒子的坐标 x_a 和 x_b 的函数 $\psi(\boldsymbol{x}_a, \boldsymbol{x}_b, t)$。因此称 $K(\boldsymbol{x}_a, \boldsymbol{x}_b, t; \boldsymbol{x}'_a, \boldsymbol{x}'_b, t')$ 为 t' 时刻在位置 $\boldsymbol{x}'_a$ 的粒子 a 在 t 时刻到达位置 $\boldsymbol{x}_a$，同时 t' 时刻在位置 $\boldsymbol{x}'_b$ 的粒子 b 在 t 时刻到达位置 x_b 的振幅。如果粒子是自由的，没有相互作用，则有

$$K(\boldsymbol{x}_a, \boldsymbol{x}_b, t; \boldsymbol{x}'_a, \boldsymbol{x}'_b, t') = K_{0a}(\boldsymbol{x}_a, t; \boldsymbol{x}'_a, t')K_{0b}(\boldsymbol{x}_b, t; \boldsymbol{x}'_b, t')$$

其中 K_{0a} 是粒子 a 自由时的 K_0 函数。在此情形下，我们显然可以定义一个类似于 K 的量，但对它来说，粒子 a 和 b 的时间 t 无需相同(t' 也一样)，例如

$$K_0(3, 4; 1, 2) = K_{0a}(3, 1)K_{0b}(4, 2) \tag{1}$$

可看作是 t_1 时刻在位置 $\boldsymbol{x}_1$ 的粒子 a 在 t_3 时刻到达位置 $\boldsymbol{x}_3$，同时 t_2 时刻在位置 $\boldsymbol{x}_2$ 的粒子 b 在 t_4 时刻到达位置 $\boldsymbol{x}_4$ 的振幅。

当粒子存在相互作用时，则仅当 t_1 与 t_2 之间相互作用为零，同时 t_3 与 t_4 之间相互作用也为零时，我们才能够严格定义量 $K(3, 4; 1, 2)$。真实物理系统中的情形并非如此。但这个概念有很大的好处，因此我们将继续使用它。为此，设想在 t_1 与 t_2 之间和 t_3 与 t_4 之间可忽略相互作用效应。对于实际问题，这意味着时间间隔 $t_3 - t_1$ 和 $t_4 - t_2$ 要选择得如此之长，以至于在端点附近，额外的相互作用效应相对很小。例如，在散射问题中，在起始时刻和终了时刻，粒子分开的距离是如此之大，以至于在这些时刻的相互作用可以忽略。同样，能量值也可由相位在足够长的时间间隔上的平均变化率确定，这个时间间隔是如此之长以至于起始和终了的误差均可忽略不计。由于任何物理问题过程都可按散射过程来定义，因此就一般的理论意义而言，采用这种近似我们并未失去多少东西。如果不这么做，则不易研究相对论性的相互作用粒子，因为相隔一定距离的事件的绝对同时性不可能以不变的方式来定义，就是说，当 $\boldsymbol{x}_1 \neq \boldsymbol{x}_3$ 时，取 $t_1 = t_3$ 是没有意义的。老的量子电动力学所建立的复杂结构实质上就是要避开这一近似。我们则希望将电动力学描述成粒子间的推迟了的相互作用。如果我们能够通过近似来给予 $K(3, 4; 1, 2)$ 的意义，那么这种相互作用的结果就可以很简单地表示出来。

为了看清这一点是如何做到的，我们不妨先假设这种相互作用仅由库仑势 e^2/r 给定，其中 r 是粒子间距离。如果这个相互作用只是在 t_0 时刻的一个很短的

时间间隔 Δt_0 内起作用，则可以精确计算出 $K(3,4;1,2)$ 的一级修正，即将文章(I) 中的式(9) 直接推广到两个粒子的情形：

$$K^{(1)}(3,4;1,2)=-ie^2\iint K_{0a}(3,5)K_{0b}(4,6)r_{56}^{-1}\times K_{0a}(5,1)K_{0b}(6,2)\mathrm{d}^3\boldsymbol{x}_5\mathrm{d}^3\boldsymbol{x}_6\Delta t_0,$$

其中 $t_5=t_6=t_0$。如果这个势在全部时间上均起作用(因此除非 $t_4=t_3$，$t_1=t_2$，否则严格来说 K 没有意义)，那么一级效应可通过对 t_0 积分求得。如果包括进一个德尔塔函数 $\delta(t_5-t_6)$ 以确保仅当 $t_5=t_6$ 时才有贡献，我们也可将这个积分写成是对 t_5 和 t_6 的积分。因此，这时相互作用的一级效应是(将 t_5-t_6 记为 t_{56})：

$$K^{(1)}(3,4;1,2)=-ie^2\iint K_{0a}(3,5)K_{0b}(4,6)r_{56}^{-1}\times\delta(t_{56})K_{0a}(5,1)K_{0b}(6,2)\mathrm{d}\tau_5\mathrm{d}\tau_6,\tag{2}$$

其中 $\mathrm{d}\tau=\mathrm{d}^3\boldsymbol{x}\mathrm{d}t$.

然而，我们知道，在经典电动力学中，库仑势不是瞬时作用，而是推迟一个时间 r_{56}(这里取光速为 1 的单位)。这提示我们，式(2) 中的 $r_{56}^{-1}\delta(t_{56})$ 可用类似于 $r_{56}^{-1}\delta(t_{56}-r_{56})$ 这样的因子来替换，以表示 b 对 a 作用的延迟。

这种做法被证明不十分正确①，因为当用光子来表示这种相互作用时，光子必定只有正能量，而 $\delta(t_{56}-r_{56})$ 的傅里叶变换却包含正负号两种频率，因此必须用下述 $\delta_+(t_{56}-r_{56})$ 来替代它：

$$\delta_+(x)=\int_0^\infty e^{-i\omega x}\mathrm{d}\omega/\pi=\lim_{\varepsilon\to 0}\frac{(\pi i)^{-1}}{x-i\varepsilon}=\delta(x)+(\pi ix)^{-1}.\tag{3}$$

这要与 $r_{56}^{-1}\delta_+(-t_{56}-r_{56})$ 一起平均，后者在 $t_5<t_6$ 时出现，且对应于 a 发射量子，b 吸收该量子。因为

$$(2r)^{-1}(\delta_+(t-r)+\delta_+(-t-r))=\delta_+(t^2-r^2),$$

这意味着 $r_{56}^{-1}\delta(t_{56})$ 被 $\delta_+(s_{56}^2)$ 所取代，这里 $s_{56}^2=t_{56}^2-r_{56}^2$ 是点 5 与点 6 之间相对论性不变间距的平方。由于在经典电动力学里也存在通过矢势的相互作用，因此完整的相互作用[见文献 A，式(I)] 应当是$(1-(\boldsymbol{v}_5\cdot\boldsymbol{v}_6)\delta_+(s_{56}^2))$，或在相对论情形下取如下形式

---

① 这种做法与表示粒子 a 对粒子 b 作用的效应项一样，会导致一种在经典极限下通过半超前势和半滞后势相互作用的理论。从经典理论上看，这种做法等价于没有光可以逃逸的密闭盒中的纯推迟效应[例如，见文献 A 或 J. A. Wheeler and R. P. Feynman, *Rev. Mod. Phys.* **17**, 157(1945)]。在量子力学中也有类似的定理，但在此讨论这些就偏离本文主题太远了。

$$(1-\alpha_a\cdot\alpha_b)\delta_+(s_{56}^2)=\beta_a\beta_b\gamma_{a\mu}\gamma_{b\mu}\delta_+(s_{56}^2).$$

因此我们有服从狄拉克方程的电子，

$$K^{(1)}(3,\ 4;\ 1,\ 2)=-ie^2\iint K_{+a}(3,\ 5)K_{+b}(4,\ 6)\gamma_{a\mu}\gamma_{b\mu}\times\delta_+(s_{56}^2)K_{+a}(5,\ 1)K_{+b}(6,\ 2)\mathrm{d}\tau_5\mathrm{d}\tau_6,\qquad(4)$$

其中 $\gamma_{a\mu}$ 和 $\gamma_{b\mu}$ 是狄拉克矩阵，它们分别作用于粒子 a 和 b 的旋量［因子 $\beta_a\beta_b$ 已被吸收进 K_+ 的定义中，见 I 中式(17)］。

这便是我们的电动力学基本方程。它描述了两个电子之间交换一个量子的效应(因此是 e^2 的一级项)。它将作为一个原型，由它出发我们能够写出两个电子之间交换两个或多个量子，或电子与其自身相互作用时的相应的量。这是传统电动力学的结果。相对论不变性很清楚。由于我们对 μ 求和，因此它以相对论性对称的形式将纵波和横波的效应都包括在内。

现在我们来解释式(4)，以便能够写出高阶项。它可以这样来理解(见图1)：粒子 a 从1到3同时粒子 b 从2到4的振幅被修正到一级，因为它们交换了一个量子。因此，粒子 a 可以跑到5［振幅 $K_+(5,\ 1)$］放出一个量子(纵的、横的或标量的 $\gamma_{a\mu}$) 然后行进到3($K_+(3,\ 5)$)。同时粒子 b 跑到6($K_+(6,\ 2)$) 吸收了这个量子($\gamma_{b\mu}$) 并行进到 4($K_+(4,\ 6)$)。与此同时量子由 5 跑到 6 并有振幅 $\delta_+(S_{56}^2)$。我们必须对所有可能的量子极化 μ 以及发射5和吸收6的位置和时间进行求和。实际上，如果 $t_5>t_6$，则称粒子 a 吸收粒子 b 发射更为恰当，但我们不必在意这些事情，因为所有这些交换都包含在式(4) 中。

基于同样的推理，我们可以写出 e^2 的高阶修正项或包括更多电子(它们之间相互作用或粒子对之间相互作用) 的修正项。后面我们将举例予以说明。在后续文章里，我们将从传统量子电动力学中将它们推导出来。

当考虑到泡利原理后，由式(4) 计算自由电子正能态之间的跃迁矩阵元便得到两个电子的莫勒散射。

对于存在相互作用的电荷，其所遵循的不相容原理与非相互作用电荷的情形(见文章I) 是完全一样的。例如，对于两个电荷，我们只需计算 $K(3,\ 4;\ 1,\ 2)-K(4,\ 3;\ 1,\ 2)$ 来得到电荷到达 3 和 4 时的净振幅。中间态无须考虑。用这个公式可以直接导出巴巴(Bhabha) 所讨论的电子被正电子散射的干涉效应。该公式运用于正电子的解释同文章 I 的讨论。

由于我们主要关心的是虚量子过程，因此我们不对始末态中涉及真实量子的

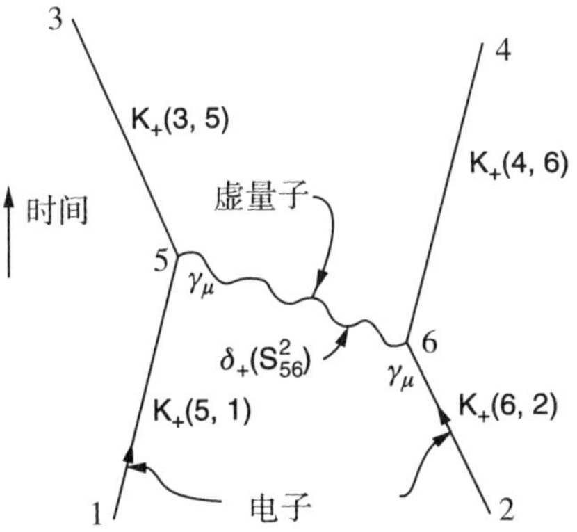

图 1　基本相互作用(4) 式在两个电子之间交换一个量子。

过程做细致分析，而只满足于陈述运用于这些过程的规则①。正如所料，分析的结果是，采用与讨论虚量子过程同样的推理，真实量子过程可以被包含进来，只要其中的量按通常方式归一化以表示一个量子即可。例如，一个从 1 走到 2 的电子吸收一个量子，该量子的（经适当归一化了的）矢势为 $c_\mu\exp(-i\boldsymbol{k}\cdot\boldsymbol{x})=C_\mu(\boldsymbol{x})$，那么该电子的振幅即为文章(I) 中式(13) 给出的散射表达式，只是其中的势 $\mathbf{A}(5)$ 替换为 $\mathbf{C}(3)$。每个量子只参与相互作用一次（要么被发射要么被吸收）。只有在包含不止一个量子的情形下，才会出现像(I) 中式(14) 那样的项。在所有情形下，中间态的量子的玻色统计均不考虑。唯一的统计效应是初态或末态权重的变化。如果初态时有若干个全同量子，那么这个态的权重即为这些量子全不相同时的态的权重的 $1/n!$ 倍（末态类似）。

---

① 虽然在由式(4) 导出的表达式里量子都是虚的，但实际上这并非理论限制。这里应指出，由式(4) 导出真实量子的正确规则的一种方法是：在一个密闭系统中，所有量子都可认为是虚的（即它们有已知的源并最终被吸收）。因此在这样的系统中，目前的描述是完备的并等价于传统描述。特别是，可推导出爱因斯坦系数 A 和 B 的关系。有关真实量子表达式的一种更实用直接的推导将在后续文章中给出。还可以指出，式(4) 可重写成描述势 $A_\mu(5)=e^2\int K_+(4,6)\delta_+(s_{56}^2)\gamma_\mu\times K_+(6,2)\mathrm{d}\tau_6$ 对 a 的作用 $K^{(1)}(3,1)=i\int K_+(3,5)\times A(5)K_+(5,1)\mathrm{d}\tau_5$。这里 $A_\mu(5)$ 是麦克斯韦方程 $-\Box^2A_\mu=4\pi j_\mu$ 的解，其中“电流”$j_\mu(6)=e^2K_+(4,6)\gamma_\mu K_+(6,2)$ 产生自粒子 b 从 2 跑到 4。这是因为 δ_+ 满足下式：

$$-\Box_2^2\delta+(s_{21}^2)=4\pi\delta(2,1) \qquad (5)$$

3. 自能问题

有了表示一对电荷的相互作用的项，我们还必须有表示电荷与自身相互作用的类似的项。因为在某些情形下，根据文章Ⅰ知，两个看上去不同的电子也可以被看成是一个电子(一个电子以正负电子对的形式产生，同时电子对中的正电子又注定要与另一个电子一起湮灭，即属这种情形)。因此，这类电子之间的相互作用必然相当于存在一个电子作用于自身的可能性①。

这种相互作用是自能问题的核心。考虑一个电子在无其他外力作用的自由区域中对自身的作用(近似到 e^2 的一级项)。单个粒子由1跑到2的振幅 $K(2,1)$ 与 $K_+(2,1)$ 相差一个由下式表示的 e^2 的一级项：

$$K^{(1)}(2,1)=-ie^2\iint K_+(2,4)\gamma_\mu K_+(4,3)\gamma_\mu \times K_+(3,1)\mathrm{d}\tau_3\mathrm{d}\tau_4\delta_+(s_{43}^2). \tag{6}$$

之所以会出现这一项，是因为电子不是直接由1到2，而是先到3($K_+(3,1)$)(见图2)，发射一个量子(γ_μ)，再到4($K_+(4,3)$)，吸收了该量子(γ_μ)，最后到达2($K_+(2,4)$)。这个量子必然会从3到4($\delta_+(s_{43}^2)$)。

这一项与自由电子的自能之间以如下方式相联系。假定初始时刻 t_1 我们有一个处于态 $f(1)$ 的电子，我们将 $f(1)$ 想象成自由粒子的狄拉克方程的正能量解。经过长时间间隔 t_2-t_1 之后，微扰改变了波函数，于是这个波函数可看成是自由粒子解的叠加(实际上它只包含 f)。包含 $g(2)$ 的振幅可以像文章Ⅰ中式(21)那样来计算。因此矩阵的对角元($g=f$)是

$$\iint \tilde{f}(2)\beta K^{(1)}(2,1)\beta f(1)\mathrm{d}^3\boldsymbol{x}_1\mathrm{d}^3\boldsymbol{x}_2. \tag{7}$$

时间间隔 $T=(t_2-t_1)$(以及要积分的空间体积)必须取得很大，因为这些表达式都只是近似的(类似于两个电荷相互作用的情形)②。这是因为，例如，我们没有处理好 t_2 之前发射、又在 t_2 之后被重新吸收的量子。

如果将式(6)中的 $K^{(1)}(2,1)$ 代入式(7)，则该曲面积分就可以如同得到文章Ⅰ中的式(22)那样进行，得到

---

① 这些考虑似乎不同于惠勒和费曼之前提出的电子不作用于自身的观点[J. A. Wheeler and R. P. Feynman, *Rev. Mod. Phys.* **17**, 157(1945)]，它们将是量子电动力学的成功的概念。

② 前述文献5对此进行过讨论。那里指出，如果存在推迟的自作用，则波函数概念便失去准确性。

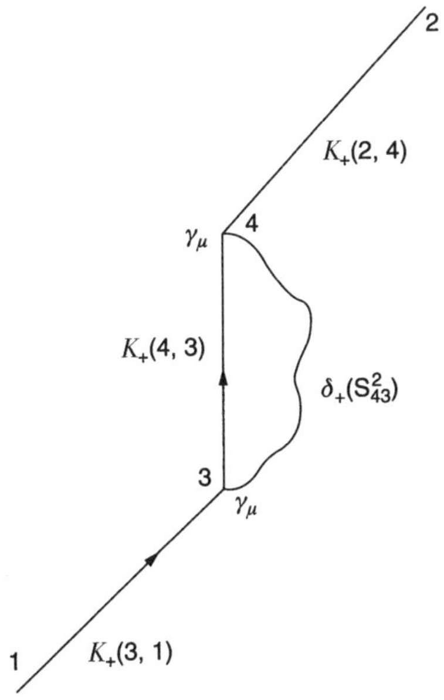

图 2　电子与自身的相互作用，式(6)。

$$-ie^2\iint \tilde{f}(4)\gamma_\mu K_+(4,\ 3)\gamma_\mu f(3)\delta_+(s_{43}^2)\mathrm{d}\tau_3\mathrm{d}\tau_4. \tag{8}$$

令 $f(1)=u\exp(-i\boldsymbol{p}\cdot\boldsymbol{x})$ 为平面波，其中 p_μ 是电子的能量(p_4)和动量($\boldsymbol{p}^2=m^2$)，u 是一个 4 指标的常数，则式(8) 变成

$$-ie^2\iint(\tilde{u}\gamma_\mu K_+(4,\ 3)\gamma_\mu u)\exp(i\boldsymbol{p}\cdot(\boldsymbol{x}_4-\boldsymbol{x}_2))\delta_+(s_{43}^2)\mathrm{d}\tau_3\mathrm{d}\tau_4.$$

积分区间为体积 V 和时间间隔 T。由于 $K_+(4,\ 3)$ 只取决于点 4 与点 3 的坐标差 $x_{43\mu}$，因此在 4 上的积分的结果(除了该区域表面处附近之外) 与 3 无关。因此在 3 上的积分的结果为 VT 量级。由于波函数被归一化到单位体积，因此该结果正比于 V。如果波函数被归一化到体积 V，则结果只与 T 成正比。这是意料之中的，因为如果这个结果等价于能量的变化 ΔE，则 f 在 t_2 时刻的振幅改变了一个因子 $\exp(-i\Delta E(t_2-t_1))$，或近似到差值 $-i\Delta E\cdot T$ 的一级项。

于是，我们有

$$\Delta E=e^2\int(\tilde{u}\gamma_\mu K_+(4,\ 3)\gamma_\mu u)\exp(i\boldsymbol{p}\cdot\boldsymbol{x}_{43})\delta_+(s_{43}^2)\mathrm{d}\tau_4, \tag{9}$$

积分遍及整个时空 $\mathrm{d}\tau_4$。这个表达式马上即可简化。在解释式(9) 时我们已不言

而喻地假设了波函数可归一化使得 $u^* u = (\tilde{u}\gamma_4 u) = 1$。因此可将方程的左边写成 $(\Delta E)(\tilde{u}\gamma_4 u)$ 而使得该方程与归一化无关。由于$(\tilde{u}\gamma_4 u) = (E/m)(\tilde{u}u)$ 且 $m\Delta m = E\Delta E$，因此方程左边也可写成 $\Delta m(\tilde{u}u)$，其中 Δm 是等价的电子质量的变化。在此形式下，相对论性不变性是显然的。

我们同样可以按此方式得到氢原子中电子能移的表达式。这只需将式(8) 中的 K_+ 替换为 $K_+^{(V)}$（这里 $K_+^{(V)}$ 是电子在原子势场 $\boldsymbol{V}=\beta e^2/r$ 中的精确核函），同时 f 替换为原子态的(空间和时间的) 波函数即可。一般来说，结果 ΔE 不是实数，其虚部是负的，并产生一个随时间按 $\exp(-i\Delta E\cdot T)$ 的形式指数下降的振幅。这是因为我们要求的振幅是这样一种振幅：场中的原子起初无光子，经过时间间隔 T 后仍无光子。如果原子处于能够辐射的态，则这个振幅就必定随时间衰减。计算表明，ΔE 的虚部的确给出了正确的原子态的辐射率。对于基态和自由电子，这个辐射率为零。

在非相对论区域，ΔE 的表达式可像贝特所做的那样①被计算出来。在相对论性区域(点 4 和 3 的距离非常小，至多相距一个康普顿波长的距离)，式(8) 中出现的 $K_+^{(V)}$，在 $\boldsymbol{V}$ 的一级近似下，可以被 K_+ 加上文章 I 中式(13) 给出的 $K_+^{(1)}(2,1)$ 来取代。这样，这个问题便变得非常类似于下面要讨论的无辐射散射问题。

4. 动量和能量空间中的表达式

式(9) 的计算，以及由此问题引出的所有其他更加复杂的表达式的计算，如果用动量和能量作为变量而不是用空间和时间做变量的话，将会简单得多。为此，我们需要对 $\delta_+(s_{21}^2)$ 作傅里叶变换：

$$-\delta_+(s_{21}^2) = \pi^{-1}\int \exp(-i\boldsymbol{k}\cdot\boldsymbol{x}_{21})\boldsymbol{k}^{-2}\mathrm{d}^4k, \tag{10}$$

上式可由式(3) 和(5) 推得，或从文章 I 的式(32) 得到(其中 $m^2=0$ 时的 $I_+(2,1)$ 即为 I 中式(34) 中的 $\delta_+(s_{21}^2)$)。其中 $\boldsymbol{k}^{-2}$ 是指$(\boldsymbol{k}\cdot\boldsymbol{k})^{-1}$，或更确切地说，是$(\boldsymbol{k}\cdot\boldsymbol{k}+i\delta)^{-1}$ 在 $\delta\to 0$ 时的极限。此外，$\mathrm{d}^4k=(2\pi)^{-2}\mathrm{d}k_1\mathrm{d}k_2\mathrm{d}k_3\mathrm{d}k_4$。如果我们将量子想象成零质量的粒子，那么我们便可以制订一个普适的规则：所有的极点都可以通过认为粒子和量子的质量都有无穷小的负的虚部来解决。

---

① H. A. Bether, *Phys. Rev.* **72**, 339(1947).

运用这些结果，我们看到，自能(9) 是矩阵

$$(e^2\pi i)\int\gamma_\mu(\boldsymbol{p}-\boldsymbol{k}-m)^{-1}\gamma_\mu\boldsymbol{k}^{-2}\mathrm{d}^4k \tag{11}$$

的 $\tilde{u}$ 和 u 之间的矩阵元，其中我们已用了 K_+ 的傅里叶变换形式的表达式[文章 I 中的式(31)]。这个自能形式要比(9) 式较易计算。

这个式子可通过下述图像(图3) 来理解：动量$\boldsymbol{p}$的电子释放出(γ_μ) 一个动量为 $\boldsymbol{k}$ 的量子，然后以动量 $\boldsymbol{p}-\boldsymbol{k}$ 行进到下一事件[因子$(\boldsymbol{p}-\boldsymbol{k}-m)^{-1}$]——吸收该量子(另一个 γ_μ)。量子传播的幅度是 $\boldsymbol{k}^{-2}$。(每个虚量子有一个因子 $e^2/\pi i$。) 对所有量子进行积分。动量为 $\boldsymbol{p}$ 的电子之所以按 $1/(\boldsymbol{p}-m)$ 传播，是因为这个算符是狄拉克方程算符的逆算符，我们正要解这个方程。同样，光按 $1/\boldsymbol{k}^2$ 传播，因为它是光的波动方程的达朗贝尔算符的逆算符。第一个 γ_μ 代表产生矢势的流，第二个 γ_μ 是速度算符，当外场作用在电子上时，在狄拉克方程中矢势要与这个算符相乘。

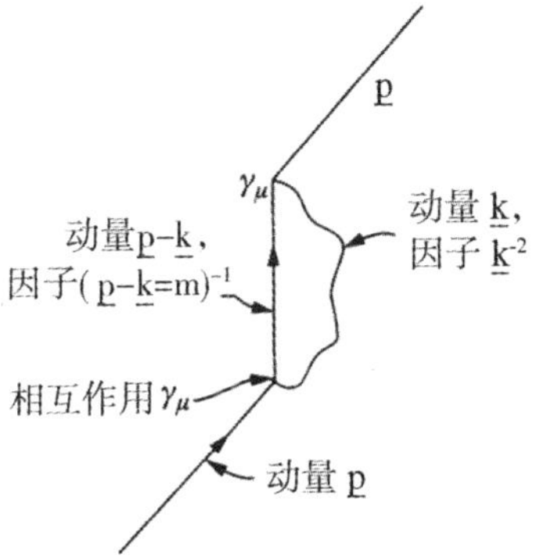

图 3　电子与自身的相互作用。动量空间下，式(11)。

采用同样的推理，其他问题也可以在动量空间下直接得到解决。例如，考虑势 $A=A_\mu\gamma_\mu$ 在时空中以 $\exp(-i\boldsymbol{q}\cdot\boldsymbol{x})$ 形式变化的散射问题。动量为$\boldsymbol{p}_1=p_{1\mu}\gamma_\mu$ 的初态电子被偏转到态 $\boldsymbol{p}_2$，$\boldsymbol{p}_2=\boldsymbol{p}_1+\boldsymbol{q}$. 零级答案是态 1 与态 2 之间的矩阵元。下一步我们要求由于辐射一个虚量子而带来的(e^2 的) 一级辐射修正。发生这种情形可能有几种方式。第一种方式如图 4(a) 所示，其矩阵为

$$(e^2/\pi i)\int\gamma_\mu(\boldsymbol{p}_2-\boldsymbol{k}-m)^{-1}\boldsymbol{a}(\boldsymbol{p}_1-\boldsymbol{k}-m)^{-1}\gamma_\mu\boldsymbol{k}^{-2}\mathrm{d}^4k. \tag{12}$$

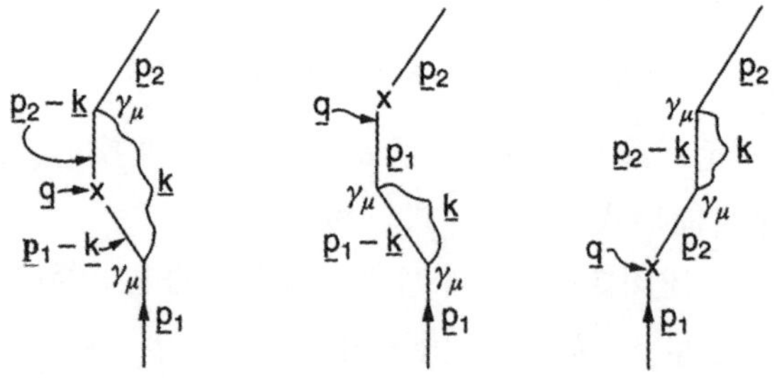

（a）式（12）　　（b）式（13）　（c）式（14）

图 4　动量空间下散射的辐射修正。

在此情形下，首先①，电子发射(γ_μ)一个动量$\boldsymbol{k}$的量子，之后电子动量为$\boldsymbol{p}_1-\boldsymbol{k}$并以因子$(\boldsymbol{p}_1-\boldsymbol{k}-m)^{-1}$传播。接下来，它被势(矩阵 a) 散射，动量增加$\boldsymbol{q}$，并以新的动量传播[因子$(\boldsymbol{p}_2-\boldsymbol{k}-m)^{-1}$]直到该量子被再吸收($\gamma_\mu$)。这个量子从发射处传播到吸收处($\boldsymbol{k}^{-2}$)。我们对所有量子积分($\mathrm{d}^4k$)并对极化$\boldsymbol{\mu}$求和。可以证明，当对$k_4$积分后，结果正好等于文章 B 中对同一过程给出的式(16) 和(17)，其中不同的项来自被积函数(12) 的极点的留数。

如果量子的发射和吸收都发生在电子被散射之前，则如图 4(b) 所示。

$$(e^2/\pi i)\int \boldsymbol{a}(\boldsymbol{p}_1-m)^{-1}\gamma_\mu(\boldsymbol{p}_1-\boldsymbol{k}-m)^{-1}\gamma_\mu\boldsymbol{k}^{-2}\mathrm{d}^4k, \tag{13}$$

如果量子的发射和吸收都发生在电子被散射之后，则如图 4(c) 所示。

$$(e^2/\pi i)\int \gamma_\nu(\boldsymbol{p}_2-\boldsymbol{k}-m)^{-1}\gamma_\mu(\boldsymbol{p}_2-m)^{-1}\mathrm{a}\boldsymbol{k}^2\mathrm{d}^4k. \tag{14}$$

这些项具体讨论如下。

现在我们已经对虚过程的矩阵元形式实现了简化。初末态中有众多实量子的过程不会引起任何问题(假设已经得到正确地归一化)。例如，考虑下述过程的康普顿效应[图 5(a)]，其中一个处于$\boldsymbol{p}_1$态的电子吸收了一个动量为$\boldsymbol{q}_1$，极化矢量为$\boldsymbol{e}_{1\mu}$的量子，因此其相互作用为$\boldsymbol{e}_{1\mu}\gamma_\mu=\boldsymbol{e}_1$，随后又发射了第二个动量为$-\boldsymbol{q}_2$，极化矢量为$\boldsymbol{e}_2$的量子并到达动量为$\boldsymbol{p}_2$的末态。这个过程的矩阵是$\boldsymbol{e}_2(\boldsymbol{p}_1+\boldsymbol{q}_1-m)^{-1}\boldsymbol{e}_1$。因此康普顿效应的总矩阵为

① 这里说的“首先”“其次”等用语不是指真正的时间顺序，而是指事件沿电子轨道的前后次序，更准确地说，是表达式中矩阵元出现的次序。

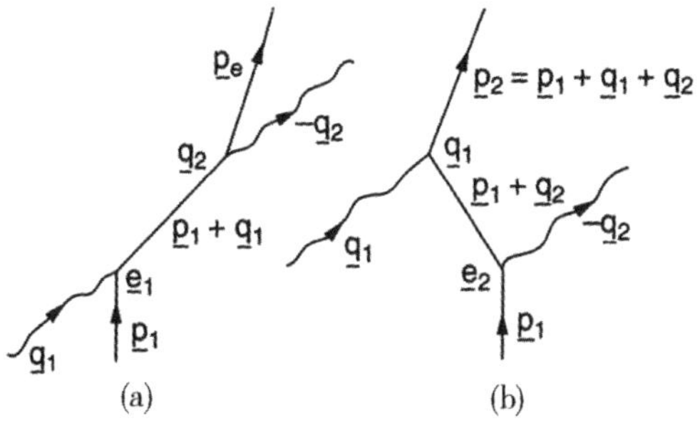

图 5　康普顿效应，公式(15)。

$$\boldsymbol{e}_2(\boldsymbol{p}_1 + \boldsymbol{q}_1 - m)^{-1}\boldsymbol{e}_1 + \boldsymbol{e}_1(\boldsymbol{p}_1 + \boldsymbol{q}_2 - m)^{-1}\boldsymbol{e}_3, \tag{15}$$

因 $\boldsymbol{e}_2$ 的发射而出现的第二项也可以放在 $\boldsymbol{e}_1$ 的吸收的前面[图 5(b)]。我们取电子在初末态($\boldsymbol{p}_1 + \boldsymbol{q}_1 = \boldsymbol{p}_2 - \boldsymbol{q}_2$)之间的矩阵元便得到克莱因–仁科(Klein-Nishina)公式。正负电子对湮灭并发射两个量子的过程等也可由同样的矩阵给出，但其中正电子态 $\boldsymbol{p}$ 的时间分量是负的。量子是发射还是吸收，取决于 $\boldsymbol{q}$ 的时间分量是正的还是负的。

5. 虚量子过程的收敛性

正如前文指出的，这些表达式不过是传统量子电动力学的再现。因此其中许多式子是没有意义的。例如，如果付诸计算，则自能表达式(9)或(11)就会给出无穷大的结果。显然，这种无穷大源自 $K_+(4, 3)$ 和 $\delta_+(s_{43}^2)$ 中的 δ 函数的奇点的重合。而正是在这个地方，我们确有必要与传统的电动力学分道扬镳，这种背离绝不仅仅是用简单形式来重写表达式。

我们打算采用类似于前一篇文章(A)中对经典电动力学进行修改的方法来对量子电动力学作出修正。在那里，出现在相互作用的作用量里的 $\delta(s_{12}^2)$ 用 $f(s_{12}^2)$ 来代替，这里 $f(x)$ 是一个分布宽度很窄但高度很高的函数。

在量子理论里明显对应的修正是用新函数 $f_+(s^2)$ 来取代出现在量子力学相互作用中的 $\delta_+(s^2)$。我们可以假设，如果经典的 $f(s_{12}^2)$ 的傅里叶变换是 $F(\boldsymbol{k}^2)\exp(-i\boldsymbol{k}\cdot\boldsymbol{x}_{12})\mathrm{d}^4k$ 对所有的 $\boldsymbol{k}$ 积分，那么 $f_+(s^2)$ 的傅里叶变换就是同样的函数积分，只不过在 $t_2 > t_1$ 时仅取对正频率 k_4 的积分，在 $t_2 < t_1$ 时仅取对负频率

k_4 的积分，这与 $\delta_+(s^2)$ 和 $\delta(s^2)$ 之间的关系类似。函数 $f(s^2)=f(\boldsymbol{x}\cdot\boldsymbol{x})$ 可以写成①

$$f(\boldsymbol{x}\cdot\boldsymbol{x})=(2\pi)^{-2}\int_{k_4=0}^{\infty}\int\sin(k_4|x_4|)\cos(\boldsymbol{K}\cdot\boldsymbol{x})\mathrm{d}k_4\mathrm{d}^3\boldsymbol{K}g(\boldsymbol{k}\cdot\boldsymbol{k}),$$

其中 $g(\boldsymbol{k}\cdot\boldsymbol{k})$ 是 $k_4{}^{-1}$ 乘以振子密度，且对于正的 k_4，它可以表示成[参见 A，式(16)]：

$$g(\boldsymbol{k}^2)=\int_0^{\infty}(\delta(\boldsymbol{k}^2)-\delta(\boldsymbol{k}^2-\lambda^2))G(\lambda)\mathrm{d}\lambda,$$

其中 $\int_0^{\infty}G(\lambda)\mathrm{d}\lambda=1$ 且 G 包括了与 m 相比大的 λ 的值。它直接意味着，动量 $\boldsymbol{k}$ 的量子的传播幅度为

$$-F_+(\boldsymbol{k}^3)=\pi^{-1}\int_0^{\infty}(\boldsymbol{k}^{-2}-(\boldsymbol{k}^2-\lambda^2)^{-1}G(\lambda)\mathrm{d}\lambda,$$

而不是 $\boldsymbol{k}^{-2}$。就是说，$f_+(\boldsymbol{k}^2)=-\pi^{-1}\boldsymbol{k}^{-2}C(\boldsymbol{k}^2)$，

$$-f_+(s_{12}^2)=\pi^{-1}\int\exp(-i\boldsymbol{k}\cdot\boldsymbol{x}_{12})\boldsymbol{k}^{-2}C(\boldsymbol{k}^2)\mathrm{d}^4k. \tag{16}$$

对中间量子的每个积分(原先它被包括在因子 $d^4k/\boldsymbol{k}^2$ 里) 现在补上了一个收敛因子 $C(\boldsymbol{k}^2)$：

$$C(\boldsymbol{k}^2)=\int_0^{\infty}-\lambda^2(\boldsymbol{k}^2-\lambda^2)^{-1}G(\lambda)\mathrm{d}\lambda. \tag{17}$$

极点定义用 $\boldsymbol{k}^2+i\delta$ 并取极限 $\delta\to 0$ 取代了 $\boldsymbol{k}^2$。即 λ^2 可以被认为有一个无穷小的负的虚部。

函数 $f_+(s_{12}^2)$ 在光锥上仍可以有不连续的值。这对狄拉克电子没影响。但对于满足克莱因-戈登方程的粒子，相互作用包括了势的梯度，如果 f 有不连续性，则这个势仍会给出 δ 函数。f 在光锥上的值没有不连续性的条件意味着当 $\boldsymbol{k}^2$ 趋于无穷大时 $\boldsymbol{k}^2C(\boldsymbol{k}^2)$ 趋于零。用 $G(\lambda)$ 表示，这个条件是

$$\int_0^{\infty}\lambda^2G(\lambda)\mathrm{d}\lambda=0. \tag{18}$$

在讨论真空极化的积分的收敛性时还会用到这个条件。

现在，自能的表达式是

① 文章 A 中式(16) 前的式子给出的这一关系是不正确的。

$$(e^2/\pi i)\int\gamma_\mu(\boldsymbol{p}-\boldsymbol{k}-m)^{-1}\gamma_\mu\boldsymbol{k}^{-2}\mathrm{d}^4kC(\boldsymbol{k}^2),\tag{19}$$

由于$C(\boldsymbol{k}^2)$下降得至少和$1/\boldsymbol{k}^2$一样快，因此上述积分收敛。从实用上说，我们以后假定$C(\boldsymbol{k}^2)$就是$-\lambda^2/(\boldsymbol{k}^2-\lambda^2)$，这意味着以后我们可以取对$\lambda$值的某种[带权重$G(\lambda)\mathrm{d}\lambda$的]平均。由于在所有过程中，至少在代表电子传播的形为$(\boldsymbol{p}-\boldsymbol{k}-m)^{-1}$的额外因子中，都包含着场中量子的动量，因此我们可以预料，所有带有收敛因子的这类积分都收敛，所有这些过程的结果都将是有限的并且是确定的（下面要讨论的带有闭环的过程除外，在这些过程里，发散的积分是对电子的动量进行而不是对量子的动量进行）。

在式(19)的积分中，代入$C(\boldsymbol{k}^2)=-\lambda^2(\boldsymbol{k}^2-\lambda^2)^{-1}$，并注意到$\boldsymbol{p}^2=m^2$，$\lambda\gg m$，同时舍去$m/\lambda$量级的项，得到（参见附录 A）：

$$(e^2/2\pi)\left[4m\left(\ln(\lambda/m)+\frac{1}{2}\right)-\boldsymbol{p}(\ln(\lambda/m)+5/4)\right].\tag{20}$$

当应用到动量为$\boldsymbol{p}$且满足$\boldsymbol{p}u=mu$的电子态时，上式给出质量的变化[见文章 B 中式(9)]：

$$\Delta m=m(e^2/2\pi)\left(3\ln(\lambda/m)+\frac{3}{4}\right).\tag{21}$$

6. 散射的辐射修正

现在我们可以完成对散射的辐射修正的讨论了。我们在积分里包括了收敛因子$C(\boldsymbol{k}^2)$，因此积分对大的$\boldsymbol{k}$收敛。但由于著名的红外灾难，积分(12)仍不收敛。因此，（像文章 B 中讨论的那样）计算这个积分值时假设光子具有小质量$\lambda_{\min}\ll m\ll\lambda$。于是积分变成

$$(e^2/\pi i)\int\gamma_\mu(\boldsymbol{p}_2-\boldsymbol{k}-m)^{-1}\boldsymbol{a}(\boldsymbol{p}_1-\boldsymbol{k}-m)^{-1}$$
$$\times\gamma_\mu(\boldsymbol{k}^2-\gamma_{\min}^2)^{-1}\mathrm{d}^4kC(\boldsymbol{k}^2-\lambda_{\min}^2),$$

积分后（参见附录 B）给出$(e^2/2\pi)$乘以下式

$$\left[2\left(\ln\frac{m}{\lambda_{\min}}-1\right)\left(1-\frac{2\theta}{\tan2\theta}\right)+\theta\tan\theta\right.$$
$$\left.+\frac{4}{\tan2\theta}\int_0^\theta\alpha\tan\alpha\mathrm{d}\alpha\right]\boldsymbol{a}+\frac{1}{4m}(\boldsymbol{qa}-\boldsymbol{aq})\frac{2\theta}{\sin2\theta}+r\boldsymbol{a},\tag{22}$$

其中$(\boldsymbol{q}^2)^{1/2}=2m$。我们已经假设，矩阵作用在动量分别为$\boldsymbol{p}_1$和$\boldsymbol{p}_2=\boldsymbol{p}_1+\boldsymbol{q}$的两个

态之间，并忽略了 $\boldsymbol{\lambda}_{\min}/m$，$m/\boldsymbol{\lambda}$ 和 $\boldsymbol{q}^2/\boldsymbol{\lambda}^2$ 量级的项。这里唯一依赖于收敛因子的项是 $\boldsymbol{ra}$，其中

$$\boldsymbol{r} = \ln(\lambda/m) + 9/4 - 2\ln(m/\lambda_{\min}). \tag{23}$$

正如我们一会儿会看到的那样，另一些项(13) 和(14) 给出的贡献恰好抵消掉 $\boldsymbol{ra}$ 项。剩余项(对小 $\boldsymbol{q}$) 为

$$(e^2/4\pi)\left(\frac{1}{2m}(\boldsymbol{qa}-\boldsymbol{aq}) + \frac{4\boldsymbol{q}^2}{3m^2}\boldsymbol{a}\left(\ln\frac{m}{\boldsymbol{\lambda}_{\min}} - \frac{3}{8}\right)\right). \tag{24}$$

它反映了磁矩的变化和兰姆位移(详细解释见文章 B①)。

现在，我们必须研究剩余项(13) 和(14) 式。式(13)［在乘以 $C(\boldsymbol{k}^2)$ 后］可对 $\boldsymbol{k}$ 进行积分，因为它只包含自能的积分(19)，并且结果被允许对初态 u_1 进行运算(故有 $\boldsymbol{p}_1 u_1 = m u_1$)。因此因子 $\boldsymbol{a}(\boldsymbol{p}_1 - m)^{-1}$ 恰好是 Δm。但如果我们现在就试图展开 $1/(\boldsymbol{p}_1 = m) = (\boldsymbol{p}_1 + m)/(\boldsymbol{p}_1^2 - m^2)$，我们就会得到无穷大的结果，因为 $\boldsymbol{p}_1^2 = m^2$。然而，这正是物理上所预期的。因为量子可以在散射前的任意时刻被辐射出来并被吸收掉。这个过程使处于态 1 的电子的质量有一变化，因此相应地能量变化 ΔE，振幅变化(近似到 ΔE 的一级) $-i\Delta Et$，这里 t 是作用时间，是无穷大，就是说，这一项的主要效应会被质量变化 Δm 的效应抵消掉。

这一情形可用下述方法来分析。我们假设，趋近散射势 $\boldsymbol{a}$ 的电子不是在无限长的时间里都是自由的，而是在遥远的过去已遭受势 $\boldsymbol{b}$ 的散射。如果我们仅限于讨论 Δm 的效应和在两次这样的散射之间虚辐射一个量子的效应，则每个效应都是有限的，尽管很大，而且它们的差是确定的。从 $\boldsymbol{b}$ 到 $\boldsymbol{a}$ 的传播由下述矩阵表示：

$$\boldsymbol{a}(\boldsymbol{p}' - m)^{-1}\boldsymbol{b} \tag{25}$$

其中我们可以对 $\boldsymbol{p}'$ 积分(取决于具体情形)。(如果 $\boldsymbol{b}$ 到 $\boldsymbol{a}$ 的时间很长，能量近乎是确定的，那么 $\boldsymbol{p}'^2$ 就非常接近于 m^2。)

---

① 文章 B 中式(19) 给出的结果是错的，这一点韦斯科普夫(V. F. Weisskopf) 和弗伦奇(J. B. French) 在与作者的私人通信中反复向作者指出过。在 1948 年初，他们与作者同时完成的计算结果与此不同。弗伦奇最后指出，虽然 B 中无辐射散射的表达式(18) 或(24) 以上是正确的，但它被错误地结合到贝特的非相对论结果上了。他指出道，作者所用的关系式 $\ln 2k_{\max} - 1 = \ln\lambda_{\min}$ 应为 $\ln 2k_{\max} - 5/6 = \ln\lambda_{\min}$。这导致在 B 的式(19) 的对数中要加一项 $-(1/6)$，这样，结果才与弗伦奇和维斯科夫的结果一致，见 J. B. French and V. F. Weisskopf, *Phys. Rev.* **75**, 1240(1949) 和 N. H. Kroll and W. E. Lamb, *Phys. Rev.* **75**, 388(1949)。作者对因这个错误而严重地推迟了弗伦奇的结果的发表负有责任，感到十分抱歉。这个附注算是一种适时的道歉。

我们来比较虚量子和质量变化 Δm 二者对矩阵(25)的效应。虚量子效应为

$$(e^2/\pi i)\int \boldsymbol{a}(\boldsymbol{p}'-m)^{-1}\gamma_\mu(\boldsymbol{p}'-\boldsymbol{k}-m)^{-1}\times\gamma_\mu(\boldsymbol{p}'-m)^{-1}\boldsymbol{b}\boldsymbol{k}^{-2}\mathrm{d}^4kC(\boldsymbol{k}^2) \tag{26}$$

而质量变化效应可写成

$$\boldsymbol{a}(\boldsymbol{p}'-m)^{-1}\Delta m(\boldsymbol{p}'-m)^{-1}\boldsymbol{b} \tag{27}$$

我们对式(26)与(27)的差感兴趣。作此比较的一个简便直接的方法是计算式(26)对 $\boldsymbol{k}$ 的积分然后减去式(27)。其中 Δm 由式(21)给出。剩余的可表示为 $-r(\boldsymbol{p}'^2)$ 乘以非微扰幅度(25)：

$$-r(\boldsymbol{p}'^2)\boldsymbol{a}(\boldsymbol{p}'-m)^{-1}\boldsymbol{b} \tag{28}$$

如果在式(25)中用 $(1-\frac{1}{2}r(\boldsymbol{p}'^2))\boldsymbol{a}$ 和 $(1-\frac{1}{2}\boldsymbol{r}(\boldsymbol{p}'^2))\boldsymbol{b}$ 来分别替代势 $\boldsymbol{a}$ 和 $\boldsymbol{b}$，我们将得到同样的结果(在这一级下)。因此，在此极限下，当 $\boldsymbol{p}'^2\to m^2$ 时，对散射的净效应是 $-\frac{1}{2}\boldsymbol{ra}$，其中 $\boldsymbol{r}$ 是 $\boldsymbol{p}'^2\to m^2$ 时 $\boldsymbol{r}(\boldsymbol{p}'^2)$ 的极限(假设积分已取红外截断)。可以看出，这个结果与式(23)给出的结果相同。相同的这个 $-\frac{1}{2}\boldsymbol{ra}$ 项源自散射(14)后的虚跃迁，使得式(22)的整个 $\boldsymbol{ra}$ 项被抵消。

无需直接计算，按下述方法也可以看出为什么 $\boldsymbol{r}$ 正是式(12)在 $\boldsymbol{q}^2=0$ 时的值：我们令 $\boldsymbol{p}$ 是在 $\boldsymbol{p}'$ 方向上长度为 m 的矢量，这样，如果 $\boldsymbol{p}'^2=m^2(1+\varepsilon)^2$，则我们有 $\boldsymbol{p}'=(1+\varepsilon)\boldsymbol{p}$，将 ε 取得非常小，为 T^{-1} 量级，这里 T 是散射 $\boldsymbol{b}$ 与 $\boldsymbol{a}$ 之间的时间间隔。由于 $(\boldsymbol{p}'-m)^{-1}=(\boldsymbol{p}'+m)/(\boldsymbol{p}'^2-m^2)\approx(\boldsymbol{p}+m)/2m^2\varepsilon$，因此式(25)的量是 ε^{-1} 或 T 的量级。我们来计算当 $\varepsilon\to 0$ 时仅近似到自身量级 ε^{-1} 的修正。式(27)这一项可近似写成①

$$(e^2/\pi i)\int \boldsymbol{a}(\boldsymbol{p}'-m)^{-1}\gamma_\mu(\boldsymbol{p}-\boldsymbol{k}-m)^{-1}\times\gamma_\mu(\boldsymbol{p}'-m)^{-1}\boldsymbol{b}\boldsymbol{k}^{-2}\mathrm{d}^4kC(\boldsymbol{k}^2)$$

---

① 这个表达式不是精确的，因为仅当 $\boldsymbol{p}$ 作用于这样的态——在该态下 $\boldsymbol{p}$ 可以被 m 替代——时，Δm 代之以式(19)的积分才是有效的。但由此引起的误差是 $\boldsymbol{a}(\boldsymbol{p}'-m)^{-1}(\boldsymbol{p}-m)(\boldsymbol{p}'-m)^{-1}\boldsymbol{b}$ 量级，它等于 $\boldsymbol{a}((1+\varepsilon)\boldsymbol{p}+m)(\boldsymbol{p}-m)\times((1+\varepsilon)\boldsymbol{p}+m)\boldsymbol{p}(2\varepsilon+\varepsilon^2)^{-2}m^{-4}$。但因为 $\boldsymbol{p}^2=m^2$，我们有 $\boldsymbol{p}(\boldsymbol{p}-m)=-m(\boldsymbol{p}-m)=(\boldsymbol{p}-m)\boldsymbol{p}$，因此净结果近似为 $\boldsymbol{a}(\boldsymbol{p}-m)\boldsymbol{b}/4m^2$，即不是 $1/\varepsilon$ 的量级，而是更小，因此这一效应在极限下被舍掉。

这里 Δm 采用了式(19) 的表达式。因此两个效应的净贡献近似为：①

$$-(e^2/\pi i)\int \boldsymbol{a}(\boldsymbol{p}'-m)^{-1}\gamma_\mu(\boldsymbol{p}-\boldsymbol{k}-m)^{-1}\varepsilon\boldsymbol{p}(\boldsymbol{p}-\boldsymbol{k}-m)^{-1}$$
$$\times\gamma_\mu(\boldsymbol{p}'-m)^{-1}\boldsymbol{b}\boldsymbol{k}^{-2}\mathrm{d}^4kC(\boldsymbol{k}^2).$$

现在这一项是 $1/\varepsilon$(量级(因为 $\boldsymbol{p}'-m)^{-1}\approx(\boldsymbol{p}+m)\times(2m^2\varepsilon)^{-1}$，因此是此极限下我们所要的项。与式(28) 比较给出 $\boldsymbol{r}$ 的表达式：

$$(\boldsymbol{p}_1+m)/2m\int\gamma_\mu(\boldsymbol{p}_1-\boldsymbol{k}-m)^{-1}(\boldsymbol{p}_1m^{-1})(\boldsymbol{p}_1-\boldsymbol{k}-m)^{-1}\times\gamma_\mu\boldsymbol{k}^{-2}\mathrm{d}^4kC(\boldsymbol{k}^2). \tag{29}$$

这个积分可以直接计算。因为它与积分(12) 式相同，只不过 $\boldsymbol{q}=0$ 且 $\boldsymbol{a}$ 用 $\boldsymbol{p}_1/m$ 来取代。因此其结果为 $\boldsymbol{r}\cdot(\boldsymbol{p}_1/m)$。当它作用于态 u_1 时便得到 $\boldsymbol{r}$，因为 $\boldsymbol{p}_1u_1=mu_1$。出于同样的理由，式(29) 中的项 $(\boldsymbol{p}_1+m)/2m$ 等于 1，于是只剩下式(23) 里的 $-\boldsymbol{r}$②。

对于由自由电子引发的更复杂的问题，在发生其他过程之前，有同样类型的项是源自虚辐射和虚吸收效应。因此，它们直接导致同样的因子 $\boldsymbol{r}$，故可直接用表达式(23)，并且对每个问题都不必重新计算这些重整化积分。

在这个对散射的辐射修正问题中，净结果对截断不敏感。这意味着，通过在积分前重新安排各项，就可以完全避免使用收敛因子(例如，参见 Levis③)。用这里给出的方法来解题是为了演示如何运用收敛因子。即使实际上这些收敛因子并不必要，但是它们因为下述原因能使分析变得方便些：在试图重新排列其他发散项时少了些麻烦和模棱两可。

式(16) 和(17) 给出的用 f_+ 来取代 δ_+ 不取决于与经典问题的类比。在经典极限情形下，只有 δ_+ 的实部(即 δ) 容易解释。但用什么来取代 δ_+ 的虚部 $1/(\pi s^2)$ 呢？我们在此[在确定式(17) 的极点位置时] 的选择是任意的，而且几乎肯定是

① 我们已经(在一级近似下) 用了一般表达式(对任意算符 A，B 均成立)：

$$(A+B)^{-1}=A^{-1}-A^{-1}BA^{-1}+A^{-1}BA^{-1}BA^{-1}-\cdots$$

并取 $A=\boldsymbol{p}-\boldsymbol{k}-m$，$B=\boldsymbol{p}'-\boldsymbol{p}=\varepsilon\boldsymbol{p}$ 来展开 $(\boldsymbol{p}'-\boldsymbol{k}-m)^{-1}$ 和 $(\boldsymbol{p}-\boldsymbol{k}-m)^{-1}$ 的差。

② 当直接变换到目前采用的记号时，文章 B 中的重整化项(14) 和(15) 式不是式(29) 的两倍，而是给出这里的表达式，其中中间因子 $\boldsymbol{p}_1m^{-1}$ 被 $m\gamma_4/E_1$ 取代，这里 $E_1=\boldsymbol{p}_{1\mu}(\mu=4)$。故积分后给出 $\boldsymbol{ra}((\boldsymbol{p}_1+m)/2m)(m\gamma_4/E_1)$ 或 $\boldsymbol{ra}-\boldsymbol{ra}(m\gamma_4/E_1)(\boldsymbol{p}_1-m)/2m$(因为 $\boldsymbol{p}_1\gamma_4+\gamma_4\boldsymbol{p}_1=2E_1$)，它正好就是 $\boldsymbol{ra}$(因为 $\boldsymbol{p}_1u_1=mu_1$)。

③ H. W. Lewis, *Phys. Rev.* **73**, 173(1948).

不正确的。如果要计算原子的辐射阻尼，像式(8) 的虚部，则结果稍许取决于函数f_+。另一方面，距离光源很远地方的辐射光则与f_+ 无关。远处吸收体吸收的总能量不能决定源的能量损失。这种情形类似于在经典理论中整个 f 函数是否只包含推迟的贡献(见文章 A，附录)。我们希望得到的不是文章 A 中类似于$\langle F\rangle_{\mathrm{ret}}$ 的部分。这个问题正在研究中。

我们因此可以说，试图找到一种自洽的量子电动力学的修正方法的工作尚未完成(亦可参见下述闭环问题)。可以证明，f_+ 的任何保证能量守恒的正确形式或许都不能同时使得自能的积分为有限量。考虑到简化量子电动力学过程的计算方法有着更广泛的应用，因此我们在完成对f_+ 的正确形式的分析之前先发表本文。由于所讨论的能量的差在 $\lambda\to\infty$ 的极限情形下趋于消失，因此我们可以采用这样的立场：正确的物理也许在质量重整化后令 $\lambda\to\infty$ 才能得到。我没有证明这一过程的数学自洽性，但它令人满意所依据的预设是很强的。(f_+ 的令人满意的形式能被找到的依据也是很强的。)

7. 真空极化问题

在分析散射的辐射修正时，有一项没考虑。我们可以假设势的变化如 $a_\mu\exp(-i\boldsymbol{q}\cdot\boldsymbol{x})$，它产生一对动量为$\boldsymbol{p}_a$ 和 $-\boldsymbol{p}_b$ 的正负电子(见图6)。这个电子对随后湮灭，辐射出一个动量为 $\boldsymbol{q}=\boldsymbol{q}_b-\boldsymbol{q}_a$ 的量子，这个量子将处于态 1 的原初电子散射到态 2。此过程(以及由重排各个事件的时序而得到的可能的其他过程) 的矩阵元是

$$-(e^2/\pi i)(\tilde{u}_2\gamma_\mu u_1)\int Sp[(\boldsymbol{p}_a+\boldsymbol{q}-m)^{-1}\times\gamma_\mu(\boldsymbol{p}_a-m)^{-1}\gamma_\mu]\mathrm{d}^4p_a\boldsymbol{q}^{-2}C(\boldsymbol{q}^2)a_v. \tag{30}$$

这是因为势产生的这个电子对的振幅正比于 $a_v\gamma_v$，动量为$\boldsymbol{p}_a$ 和 $-(\boldsymbol{p}_a+\boldsymbol{q})$ 的电子从这里行进到湮灭处，产生一个量子(因子 γ_μ)，它传播[因子 $\boldsymbol{q}^{-2}C(\boldsymbol{q}^2)$] 到另一电子处并被后者吸收[$\gamma_\mu$ 在原初电子的态 1 与态 2 之间的矩阵元$(\tilde{u}_2\gamma_2u_1)$]。虚电子的所有动量和自旋态都是允许的，这意味着要计算矩阵的迹并对 d^4p_a 积分。

可以想象，正负电子的闭环路径产生一个电流

$$4\pi J_\mu a_v, \tag{31}$$

它就是作用在第二个电子上的量子的源，量

$$J_{\mu\nu}=-(e^2/\pi i)\int Sp[(\boldsymbol{p}+\boldsymbol{q}-m)^{-1}\times\gamma_\mu(\boldsymbol{p}-m)^{-1}\gamma_\mu]\mathrm{d}^4p \tag{32}$$

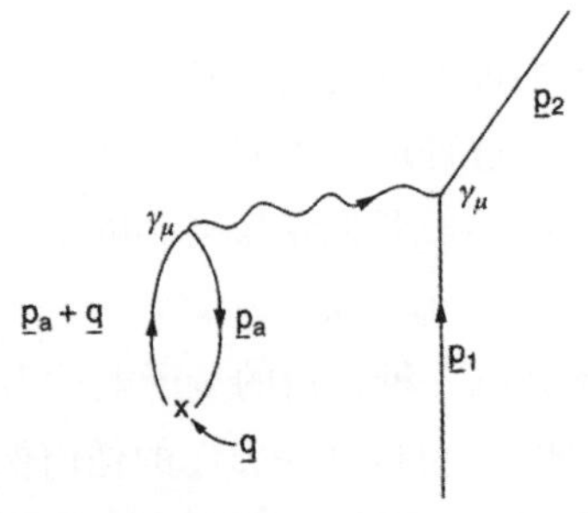

图 6　散射的真空极化效应，式(30)。

则是对这个真空极化问题的刻画。

我们立刻可以看出，$J_{\mu\nu}$ 发散得很厉害。将 δ 换成 f，可以改变电流 j_μ 对散射电子作用的振幅，但阻止不了积分(32) 的发散及其效应。

避开这一困难的方法是一目了然的。我们来考虑一个给定电子从某个时空区域到另一个时空区域 —— 即从电子源到测量它的仪器 —— 的所有可能的路径。从这个观点看，导致式(32) 的闭环路径是不自然的。我们可以假定，只有那些从源出发连续地运动到探测器的路径(包括可能的多次反射) 才是有意义的。因此闭环应当排除掉。我们已经发现，在不变的势场中运动的电子可以做到这一点。

但这样一种建议必然会遇到某些问题。闭环通常是电动力学中空穴理论的结果。在另一些过程中，它们被要求用来保持概率的守恒。势不产生电子对的概率不等于1，它对1的偏差源自 $J_{\mu\nu}$ 的虚部。再者，如果不存在闭环，那么电子对一旦产生就无法彼此湮灭，光与光的散射就会是零，等等。虽然我们无法从实验上确认这些现象，但它似乎表明闭环还是必须的。可以肯定的是，相互作用粒子的概率守恒等问题，如同固定势中的其他问题一样，总有可能得到解决。但由于缺少样板，因此可预料，真空极化的困难不是那么容易绕过去。①

文章 B 中讨论的另一种过程是认定前述的函数 $K_+(2, 1)$ 是不正确的，应代之以修正后的 K_+'，它在光锥上没有奇异性。这样做的结果是为每一个对电子动

① 有意思的是，对兰姆位移的计算已精确到足以让人确信，所预言的源自真空极化的 20MHz 频率实际上确实存在。

量的积分提供了一项收敛因子 $C(\boldsymbol{p}^2-m^2)$①。这将使式(32) 的被积函数乘上 $C(\boldsymbol{p}^2-m^2)C((\boldsymbol{p}+\boldsymbol{q})^2-m^2)$，因为原来的积分是 $\delta(\boldsymbol{p}_a-\boldsymbol{p}_b+\boldsymbol{q})\mathrm{d}^4p_a\mathrm{d}^4p_b$，$\boldsymbol{p}_a$ 和 $\boldsymbol{p}_b$ 都有收敛因子。现在积分是收敛了，但结果并不令人满意。②

我们期望电流(31) 是守恒的，就是说，$q_\mu j_\mu=0$ 或 $q_\mu J_{\mu\nu}=0$。我们还期望如果 a 是一个梯度，或是 $a_\nu=q_\nu$ 再乘以一个常数，就没有电流。这导致条件 $J_{\mu\nu}q_\nu=0$。由于 $J_{\mu\nu}$ 是对称的，这条件等价于 $q_\mu J_{\mu\nu}=0$。但当表达式(32) 带着这种收敛因子积分时，它不满足这个条件。如果将核函(kernel) 由 K 改为另一个不满足狄拉克方程的 K'，那么我们将失去规范不变性，因而也就失去了电流守恒和理论的一般自洽性。

可以看出，最好是直接从式(32) 来计算 $J_{\mu\nu}q_\nu$。迹中的表达式变成 $(\boldsymbol{p}+\boldsymbol{q}-m)^{-1}\boldsymbol{q}(\boldsymbol{p}-m)^{-1}\gamma_\mu$，它可以写成两项之差：$(\boldsymbol{p}-m)^{-1}\gamma_\mu-(\boldsymbol{p}+\boldsymbol{q}-m)^{-1}\gamma_\mu$。如果积分 d^4p 不含收敛因子，那么这两项的每一项均给出同样的结果，这是因为第一项可以通过移动 $\boldsymbol{p}$ 的原点而变成第二项，即 $\boldsymbol{p}'=\boldsymbol{p}+\boldsymbol{q}$。这不会导致它们在式(32) 中相消，因为收敛因子会因代换而改变。

贝特和泡利已经找到了一种使式(32) 收敛而又不破坏规范不变性的方法。光的收敛因子可以看作是各种质量(有些的贡献是负的) 的量子的效应的叠加。同样，如果我们取因子 $C(\boldsymbol{p}^2-m^2)=-\boldsymbol{\lambda}^2(\boldsymbol{p}^2-m^2-\boldsymbol{\lambda}^2)^{-1}$，使得 $(\boldsymbol{p}^2-m^2)^{-1}C(\boldsymbol{p}^2-m^2)=(\boldsymbol{p}^2-m^2)^{-1}-(\boldsymbol{p}^2-m^2-\boldsymbol{\lambda}^2)^{-1}$。这对于电子相当于取质量为 m 和取质量为 $(\boldsymbol{\lambda}^2+m^2)^{1/2}$ 的结果的差。但是我们对它们与光子之间相互作用的每一次传播已经都取了这个差。他们则提出，电子一旦以一定质量产生出来之后，将以这个质量继续在所有势相互作用过程中传播，直到它闭合它的环。就是说，如果对 $\boldsymbol{p}$ 的某个有限区域积分式(32) 所得的量称为 $J_{\mu\nu}(m^2)$，而对 $\boldsymbol{p}$ 的同一有限区域做相应的积分，只是用 $(\boldsymbol{\lambda}^2+m^2)^{1/2}$ 取代了 m，由此得到的量称为 $J_{\mu\nu}(m^2+\boldsymbol{\lambda}^2)$，则我们应计算

$$J_{\mu\nu}^P=\int_0^\infty[J_{\mu n}(m^2)-J_{\mu\nu}(m^2+\boldsymbol{\lambda}^2)]G(\boldsymbol{\lambda})\mathrm{d}\boldsymbol{\lambda}, \tag{32'}$$

---

① 这项修正也可使自能和无辐射散射积分变得有限，即使对于辐射我们不做 δ_+ 到 f_+ 的代换[因而对于量子不存在收敛因子 $C(\boldsymbol{k}^2)$]。详见文章 B。

② 下面给出的式(33) 增加了一项外，对 $C(\boldsymbol{k}^2)=-\lambda^2(\boldsymbol{k}^2-\lambda^2)^{-1}$ 还有一项 $\frac{1}{4}(\lambda^3-2\mu^2+\frac{1}{3}\boldsymbol{q}^2)\delta_{\mu\nu}$，它不是规范不变量。(另外，电荷重整化在对数上加了 $-7/6$。)

其中函数 $G(\lambda)$ 满足 $\int_0^\infty G(\lambda)\mathrm{d}\lambda=1$ 和 $\int_0^\infty G(\lambda)\lambda^2\mathrm{d}\lambda=0$。于是在 $J_{\mu\nu}^{p}$ 的表达式中，$\boldsymbol{p}$ 的积分区域可以延伸到无穷，因为现在这个积分收敛。应用这个方法，该积分的结果是下式乘以 $G(\lambda)$ 后对 $\mathrm{d}\lambda$ 积分(详见附录 C)：

$$J_{\mu\nu}^{P}=-\frac{e^2}{\pi}(q_\mu q_\nu-\delta_{\mu\nu}\boldsymbol{q}^2)\times\left(-\frac{1}{3}\ln\frac{\lambda^2}{m^2}-\left[\frac{(4m^2+2\boldsymbol{q}^2)}{3\boldsymbol{q}^2}\left(1-\frac{\theta}{\tan\theta}\right)-\frac{1}{9}\right]\right),\tag{33}$$

其中 $\boldsymbol{q}^2=4m^2\sin^2\theta$。

规范不变性是清楚的，因为 $q_\mu(q_\mu q_\nu-\boldsymbol{q}^2\delta_{\mu\nu})=0$。在零散度势 $(q_\mu q_\nu-\delta_{\mu\nu}\boldsymbol{q}^2)a_\nu$ 上的运算就是 $-q^2a_\mu$ 势的达朗贝尔算符，即产生这个势的电流。因此项 $-\frac{1}{3}(\ln(\lambda^2/m^2))(q_\mu q_\nu-\boldsymbol{q}^2\delta_{\mu\nu})$ 给出一个电流，它正比于产生势的电流。电荷的变化应有同样的效应，这样我们就有了 e^2 与实验上观察到的电荷 $e^2+\Delta(e^2)$ 之间的差 $\Delta(e^2)$，它类似于 m 与观察到的质量之间的差。这个电荷对截断有对数型依赖关系 $\Delta(e^2)/e^2=-(2e^2/3\pi)\ln(\lambda/m)$。而在对电荷进行重整化之后，就再也没有对截断的敏感效应了。

这一步完成之后，式(33)最终剩下的项包含了通常的真空极化效应①。对自由光量子($\boldsymbol{q}^2=0$)它是零。对小的 $\boldsymbol{q}^2$，它按 $(2/15)\boldsymbol{q}^2$ 方式变化(在兰姆效应中，对数里增加了 $-1/5$)；对于 $\boldsymbol{q}^2>(2m)^2$，它是复数，其虚部代表了由下述事实所要求的振幅衰减——能产生粒子对的势($(\boldsymbol{q}^2)^{1/2}>2m$)不产生量子的概率随时间递减。[为了做必要的解析延拓，想象 m 有一小的负虚部，于是随着 $\boldsymbol{q}^2$ 由小于 $4m^2$ 变到大于 $4m^2$，$(1-\boldsymbol{q}^2/4m^2-1)^{1/2}$ 变成 $-i(\boldsymbol{q}^2/4m^2-1)^{1/2}$。于是 $\theta=\pi/2+iu$，其中 $\sin hu=(q^2/4m^2-1)^{1/2}$，$-1/\tan\theta=i\tan hu=i(\boldsymbol{q}^2-4m^2)^{1/2}(\boldsymbol{q}^2)^{-1/2}$。]

包含众多量子或势相互作用的数目大于 2 的闭环不会产生任何问题。相互作用的闭环数为奇数的贡献为零(文章 I 文献 9)。众所周知，4 次或更多次相互作用的积分收敛，即使积分中不含收敛因子。这种情形与自能的情形类似。一旦单个闭环的简单问题得到解决，那么对更复杂的过程，就不存在进一步的发散

① E. A. Uehling, *Phys. Rev.* 48, 55(1935); R. Serber, *Phys. Rev.* 48, 49(1935).

困难①。

8. 纵波

在量子电动力学的通常形式下，纵波和横波是分别处理的。另外，条件 $(\partial A_\mu/\partial x_\mu)\psi=0$ 附带作为补充条件。在目前的这种形式下，无需加以专门的考虑，因为我们在处理方程 $-\square^2 A_\mu=4\pi j_\mu$ 的解时，电流 j_μ 是守恒的，$\partial j_\mu/\partial x_\mu=0$。这意味着至少 $\square^2(\partial A_\mu/\partial x_\mu)=0$，事实上，我们的解也满足 $\partial A_\mu/\partial x_\mu=0$。

为了证明这一点，我们来考虑发射(实的或虚的)光子的振幅，并证明该振幅的散度为零。发射沿 μ 方向极化(对于光，也译作“偏振”，下同 —— 中译者注)的光子的振幅包含 γ_μ 的矩阵元，因此，我们必须证明相应的 $q_\mu\gamma_\mu=\boldsymbol{q}$ 的矩阵元为零。例如，对于一级效应，我们需要知道 $\boldsymbol{q}$ 在两个态($\boldsymbol{p}_1$ 和 $\boldsymbol{p}_2=\boldsymbol{p}_1+\boldsymbol{q}$)之间的矩阵元。但由于 $\boldsymbol{q}=\boldsymbol{p}_2-\boldsymbol{p}_1$ 且 $(\tilde{u}_2\boldsymbol{p}_1u_1)=m(\tilde{u}_2u_1)=(\tilde{u}_2\boldsymbol{p}_2u_1)$，故该矩阵元为零。这正是在此情形下所要证明的。对于更复杂的情形，相应的矩阵元也为零。(主要是因为有下式(34)的关系，例如，对于康普顿效应，可以在矩阵(15)中尝试令 $\boldsymbol{e}_2=\boldsymbol{q}_2$。)

为了一般性地证明这一点。设 $\boldsymbol{a}_i(i=1,\cdots,N)$ 为携有动量 $\boldsymbol{q}_i$ 的平面波扰动势的集合(例如其中某些波可能发射或吸收不同的量子)，考虑由动量 $\boldsymbol{p}_0$ 的态跃迁到动量 $\boldsymbol{p}_N$ 的态的矩阵，诸如 $\boldsymbol{a}_N\prod_{t=1}^{N-1}(\boldsymbol{p}_i-m)^{-1}\boldsymbol{a}_i$，其中 $\boldsymbol{p}_i=\boldsymbol{p}_{i-1}+\boldsymbol{q}_i$(在此乘积中，$i$ 大的项写在左边)。最一般的矩阵元就是它们的线性组合。接下来考虑在下列情形下态 $\boldsymbol{p}_0$ 和态 $\boldsymbol{p}_N+\boldsymbol{q}$ 之间的矩阵，其中不仅有 $\boldsymbol{a}_i$ 的作用，而且还有另一个势 $\boldsymbol{a}\exp(-i\boldsymbol{q}\cdot\boldsymbol{x})$ 的作用，这里 $\boldsymbol{a}=\boldsymbol{q}$。这个势可以先于所有 $\boldsymbol{a}_i$ 的作用，在此情形下，它给出 $\boldsymbol{a}_N\prod(\boldsymbol{p}_i+\boldsymbol{q}-m)^{-1}\boldsymbol{a}_i(\boldsymbol{p}_0+\boldsymbol{q}-m)^{-1}\boldsymbol{q}$。这个量等价于 $\boldsymbol{a}_N\prod(\boldsymbol{p}_i+\boldsymbol{q}-m)^{-1}\boldsymbol{a}_i$，这是因为当作用于初态时，$\boldsymbol{p}_0$ 等价于 m，故 $(\boldsymbol{p}_0+\boldsymbol{q}-m)^{-1}\boldsymbol{q}$ 等价于 $(\boldsymbol{p}_0+\boldsymbol{q}-m)^{-1}(\boldsymbol{p}_0+\boldsymbol{q}-m)$。同样，如果它在所有的势之后作用，将给出 $\boldsymbol{q}(\boldsymbol{p}_N-m)^{-1}\boldsymbol{a}_N\prod(\boldsymbol{p}_i-m)^{-1}\boldsymbol{a}_i$，它等价于 $-\boldsymbol{a}_N\prod(\boldsymbol{p}_i-m)^{-1}\boldsymbol{a}_i$，因为 $(\boldsymbol{p}_N+\boldsymbol{q}-m)$ 在末态给出零。此外，对于每一个 k，它可以在势 $\boldsymbol{a}_k$ 和 $\boldsymbol{a}_{k+1}$ 之间作用，给出

① 存在完全没有外部相互作用的闭环。例如，虚拟产生一正负电子对，同时伴有光子，接着对发生湮灭，同时吸收了该光子。这种闭环不予考虑，因为它们不与任何东西发生相互作用且完全不可观察。它们有可能通过不相容原理产生的任何间接效应都已经包括在内。

$$\sum_{k=1}^{N-1} \boldsymbol{a}_N \prod_{i=k+1}^{N-1} (\boldsymbol{p}_i + \boldsymbol{q} - m)^{-1} \boldsymbol{a}_i (\boldsymbol{p}_k + \boldsymbol{q} - m)^{-1}$$
$$\times \boldsymbol{q} (\boldsymbol{p}_k - m)^{-1} \boldsymbol{a}_k \prod_{i=1}^{k-1} (\boldsymbol{p}_j - m)^{-1} \boldsymbol{a}_j$$

但是

$$(\boldsymbol{p}_k + \boldsymbol{q} - m)^{-1} \boldsymbol{q} (\boldsymbol{p}_k - m)^{-1} = (\boldsymbol{p}_k - m)^{-1} - (\boldsymbol{p}_k + \boldsymbol{q} - m)^{-1}, \quad (34)$$

因此上述求和可拆分成两个和之差，其中第一个通过将$\boldsymbol{k}$代换为$\boldsymbol{k}-1$而变成另一个。因此这个求和只剩下求和域两端的项

$$+ \boldsymbol{a}_N \prod_{i=1}^{N-1} (\boldsymbol{p}_i - m)^{-1} \boldsymbol{a}_i - \boldsymbol{a}_N \prod_{i=1}^{N-1} (\boldsymbol{p}_i + \boldsymbol{q} - m)^{-1} \boldsymbol{a}_i$$

它们抵消了当初讨论的两项，这样净效应为零。因此，发生的任何波将都满足$\partial A_\mu / \partial x_\mu = 0$。同样，由于纵波(即$A_\mu = \partial\phi / \partial x_\mu$或$\boldsymbol{a} = \boldsymbol{q}$的波)不可能被吸收，因此它不起作用。(我们曾提及，势$A_\mu = \partial\phi / \partial x_\mu$对狄拉克电子不起作用，因为变换$\psi' = \exp(-i\phi)\psi$可以将它去掉。在坐标表示下利用分部积分也容易看出这一点。)

这一点有一个很实用的推论：在计算非偏振光的跃迁概率时，我们可以让平方矩阵对所有4个极化方向而非仅两个特定极化矢量求和。这样，假设某个过程中光在e_μ方向上偏振的矩阵元是$e_\mu M_\mu$，如果该光有波矢q_μ，则由前述讨论知，$q_\mu M_\mu = 0$。对于沿z方向传播的非偏振光，我们通常计算$M_x^2 + M_y^2$，但是现在我们可以对$M_x^2 + M_y^2 + M_z^2 - M_t^2$求和，因为对于自由量子，$q_t = q_z$，$q_\mu M_\mu$意味着$M_t = M_z$。这表明非偏振光是一个相对论性不变的概念，它允许在计算这种光的截面时作某种简化。

另外，虚量子通过诸如$\gamma_\mu \cdots \gamma_\mu \boldsymbol{k}^{-2} \mathrm{d}^4 k$这样的项相互作用，实过程对应于虚过程公式中的极点。当$\boldsymbol{k}^2 = 0$时，出现极点，但它初看起来就像是对$\gamma_\mu \cdots \gamma_\mu$的所有4个$\mu$的值求和，就好像我们有4种极化而不是两种。现在清楚了，只有垂直于$\boldsymbol{k}$的两种极化是有效的。

当然，通常纵向虚光子和标量虚光子(导致瞬时库仑势)的湮灭也可以像这样进行(虽然这不是特别有用)。在虚跃迁里，典型的项是$\gamma_\mu \cdots \gamma_\mu \boldsymbol{k}^{-2} \mathrm{d}^4 k$，这里省略号“…”表示某些中间矩阵。我们来选择$\mu$的值，时间$t$，$\boldsymbol{k}$的矢量部分$\boldsymbol{K}$的方向和两个正交方向1，2。对这两个1，2我们将不改变表达式，因为它们由横量子代表。但我们必须找出$(\gamma_\mu \cdots \gamma_\mu) - (\gamma_K \cdots \gamma_K)$。现在$\boldsymbol{k} = k_4 \gamma_t - K\gamma_K$，这里$K =$

$(\boldsymbol{K}\cdot\boldsymbol{K})^{1/2}$，前面我们已证明，$\boldsymbol{k}$ 取代 γ_μ 得零①。因此 $K\gamma_K$ 等价于 $k_4\gamma_t$，并有

$$(\gamma_t\cdots\gamma_t)-(\gamma_K\cdots\gamma_K)=((K^2-k_4^2)/K^2)(\gamma_t\cdots\gamma_y).$$

这样，再乘以 $\boldsymbol{k}^{-2}\mathrm{d}^4k=\mathrm{d}^4k(k_4{}^2-K^2)^{-1}$ 后，净效应为 $-(\gamma_t\cdots\gamma_t)\mathrm{d}^4k/K^2$。$\gamma_t$ 恰意味着标量波，即由电荷密度产生的势。$1/K^2$ 不包含 k_4 意味着 k_4 可以先积分，导致一瞬时相互作用，而 $\mathrm{d}^3\boldsymbol{K}/K^2$ 正好是库仑势 $1/\boldsymbol{r}$ 的动量表象。

9. 克莱因-戈登方程

这些方法可迅速推广到满足克莱因-戈登方程的零自旋粒子上，②

$$\square^2\psi-m^2\psi=i\partial(A_\mu\psi)/\partial x_\mu+iA_\mu\partial\psi/\partial x_\mu-A_\mu A_\mu\psi. \tag{35}$$

现在重要的核函是 $I_+(2,1)$，其定义见文章 I 的式(32)。对于自由粒子，波函数 $\psi(2)$ 满足 $\square^2\psi-m^2\psi=0$。在时空区域内的点 2，它由下式给出

$$\psi(2)=\int[\psi(1)\partial I_+(2,1)/\partial x_{1\mu}-(\partial\psi/\partial x_{1\mu})I_+(2,1)]N_\mu(1)\mathrm{d}^3V_1,$$

（运用证明格林定理的方法即可证明）该积分遍及整个区域的三维曲面边界(其法向矢量为 N_μ)。只有 ψ 的正频率分量贡献自相对于 2 点的时间超前曲面，而 ψ 的负频率分量贡献自相对于 2 点为未来的曲面。通过直接与狄拉克情形相比较可知，这些量可被解释成电子和正电子。

式(35) 的右边可看成是新的波源，并可写出一系列项来表示高阶过程的矩

---

① 当两个 γ_μ 作用于同一个粒子时需要十分小心。定义 $\boldsymbol{x}=k_4\gamma_t+K\gamma_K$，并考虑$(\boldsymbol{k}\cdots\boldsymbol{x})+(\boldsymbol{x}\cdots\boldsymbol{k})$。如果一个受到动量为 $-\boldsymbol{k}$ 的势作用的系统又受到另一个动量为 $\boldsymbol{k}$ 的势的扰动，就会出现这一项(在第二项 $\boldsymbol{x}\cdots\boldsymbol{k}$ 中，中间因子的动量反号没有影响，因为我们最后要对所有的 $\boldsymbol{k}$ 积分)。因此如上所述，结果是零，但又因为 $(\boldsymbol{k}\cdots\boldsymbol{x})+(\boldsymbol{x}\cdots\boldsymbol{k})=k_4{}^2(\gamma_\mu\cdots\gamma_\mu)-K^2(\gamma_K\cdots\gamma_K)$，故我们仍可得出结论：$(\gamma_K\cdots\gamma_K)=k_4{}^2K^{-2}(\gamma_\mu\cdots\gamma_\mu)$。

② 本节讨论的方程是从文献 5 的第 14 节的克莱因-戈登方程的公式系统推导出来的。在本节里，函数 ψ 只有一个分量且不是旋量。另一种使方程对自旋为零和自旋为 1 都成立的形式方法是采用凯默-达芬(Kemmer-Duffin) 矩阵 β_μ。这个矩阵满足下列对易关系：

$$\beta_\mu\beta_\nu\beta_\sigma+\beta_\sigma\beta_\nu\beta_\mu=\delta_{\mu\nu}\beta_\sigma\beta_{\sigma\nu}\beta_\mu.$$

对于任意 a_μ，如果我们将其理解为 $a_\mu\beta_\mu$，而非 $a_\mu\gamma_\mu$，则所有动量空间下的公式都将与自旋 1/2 的公式保持形式上的一致。其中的例外是分母$(\boldsymbol{p}-m)^{-1}$ 应有理化为$(p+m)(p^2-m^2)^{-1}$，因为 $\boldsymbol{p}^2$ 已不再等于数 $p\cdot p$。但 $\boldsymbol{p}^3$ 等于数$(\boldsymbol{p}\cdot\boldsymbol{p})\boldsymbol{p}$，因此$(\boldsymbol{p}-m)^{-1}$ 可理解为$(m\boldsymbol{p}+m^2+\boldsymbol{p}^2-\boldsymbol{p}\cdot\boldsymbol{p})(\boldsymbol{p}\cdot\boldsymbol{p}-m^2)^{-1}m^{-1}$。这意味着在坐标空间下函数 $K_+(2,1)$ 满足的方程为 $K_+(2,1)=[(i\nabla_2+m)-m^{-1}(\nabla_2+\square_2^2)]iI_+(2,1)$，其中 $\nabla_2=\beta_\mu\partial/\partial x_{2\mu}$。这完全是因为多分量波函数 ψ(对于自旋0，分量数是5；对于自旋1，是10) 满足$(i\nabla-m)\psi=\boldsymbol{a}\psi$，它在形式上与狄拉克方程相同。参见 W. Pauli, *Mod. Phys.*, 13, 203(1940).

阵元。这里只有一点是新的：通过 $A_\mu A_\mu$ 项两个量子可以同时作用。例如，假定有3个量子或势 $a_\mu \exp(-i\boldsymbol{q}_a \cdot x)$，$b_\mu \exp(-i\boldsymbol{q}_b \cdot x)$ 和 $c_\mu \exp(-i\boldsymbol{q}_c \cdot x)$ 依次作用到初始动量为 $p_{0\mu}$ 的某个粒子上，使得有 $\boldsymbol{p}_a = \boldsymbol{p}_0 + \boldsymbol{q}_a$，$\boldsymbol{p}_b = \boldsymbol{p}_a + \boldsymbol{q}_b$，最后的动量是 $\boldsymbol{p}_c = \boldsymbol{p}_b + \boldsymbol{q}_c$。矩阵元是三项之和($\boldsymbol{p}^2 = \boldsymbol{p}_\mu \boldsymbol{p}_\mu$)(如图7所示)。

$$
\begin{aligned}
&(\boldsymbol{p}_c \cdot \boldsymbol{c} + \boldsymbol{p}_b \cdot \boldsymbol{c})(\boldsymbol{p}_b^2 - m^2)^{-1}(\boldsymbol{p}_b \cdot \boldsymbol{b} + \boldsymbol{p}_a \cdot \boldsymbol{b}) \\
&\times (\boldsymbol{p}_a^2 - m^2)^{-1}(\boldsymbol{p}_a \cdot \boldsymbol{b} + \boldsymbol{p}_0 \cdot \boldsymbol{a}) \\
&-(\boldsymbol{p}_c \cdot \boldsymbol{c} + \boldsymbol{p}_b \cdot \boldsymbol{c})(\boldsymbol{p}_b^2 - m^2)^{-1}(\boldsymbol{b} \cdot \boldsymbol{a}) - (\boldsymbol{c} \cdot \boldsymbol{b}) \\
&\times (\boldsymbol{p}_a^2 - m^2)^{-1}(\boldsymbol{p}_a \cdot \boldsymbol{a} + \boldsymbol{p}_0 \cdot \boldsymbol{a}) \qquad (36)
\end{aligned}
$$

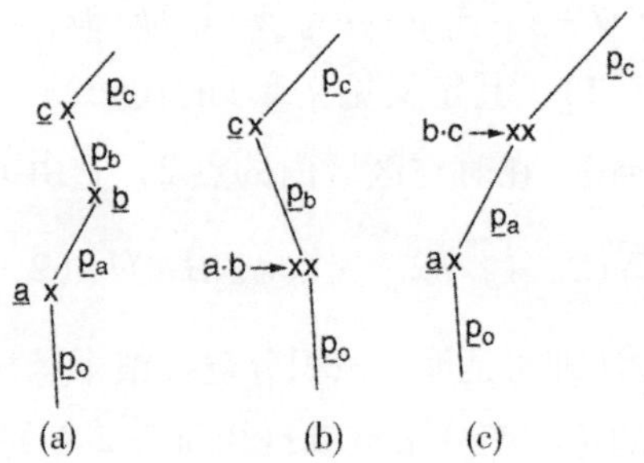

图7　3种势(式(36))下的克莱因-戈登粒子。例如，现在与电磁场耦合的是 $\boldsymbol{p}_0 \cdot \boldsymbol{a} + \boldsymbol{p}_0 \cdot \boldsymbol{a}$，并出现了一种同时有两个量子的 $\boldsymbol{a} \cdot \boldsymbol{b}$ 相互作用的新的可能性(b)。对于动量 $\boldsymbol{p}_\mu$ 的粒子，现在传播因子为$(\boldsymbol{p} \cdot \boldsymbol{p} - \boldsymbol{m}^2)^{-1}$。

第一项来自每个势通过微扰 $i\partial(A_\mu\psi)/\partial x_\mu + iA_\mu\partial\psi/\partial x_\mu$ 的作用。在动量空间中，这些梯度算符分别相当于势 A_μ 作用后和作用前的动量。上式第二项来自 b_μ 和 a_μ 在同一时刻的作用，源自图7(a)中的 $A_\mu A_\mu$ 项。b_μ 和 a_μ 一起携带动量 $q_{b\mu} + q_{a\mu}$，这样，在 $\boldsymbol{b} \cdot \boldsymbol{a}$ 作用后，动量为 $\boldsymbol{p}_0 + \boldsymbol{q}_a + \boldsymbol{q}_b$ 或 $\boldsymbol{p}_b$。最后一项来自 c_μ 和 b_μ 以类似方式的共同作用。因此项 $A_\mu A_\mu$ 允许一类新的过程，在此过程中，两个量子可以同时被发射(或被同时吸收，或一个发射一个吸收)。对于我们假设的次序 $\boldsymbol{a}$，$\boldsymbol{b}$，$\boldsymbol{c}$ 没有 $\boldsymbol{a} \cdot \boldsymbol{c}$ 的项。在实际问题中，还会有另外一些项，它们像式(36)但量子 $\boldsymbol{a}$，$\boldsymbol{b}$，$\boldsymbol{c}$ 作用的顺序变了。在这些项里，或可会出现 $\boldsymbol{a} \cdot \boldsymbol{c}$ 项。

作为一个例子，动量 p_μ 的粒子的自能为

$$
\begin{aligned}
&(e^2/2\pi i m)\int[(2\boldsymbol{p} - k)_\mu((\boldsymbol{p} - \boldsymbol{k}^2) - m^2)^{-1} \\
&\times (2\boldsymbol{p} - k)_\mu - \delta_{\mu\mu}]\mathrm{d}^4 k \boldsymbol{K}^{-2} C(\boldsymbol{k}^2),
\end{aligned}
$$

其中 $\delta_{\mu\nu}$ 来自 $A_\mu A_\mu$ 项，表示同时发射和吸收同一个虚量子的可能性。在没有 $C(\boldsymbol{k}^2)$ 时，这个积分二次发散；即使 $C(\boldsymbol{k}^2)=-\lambda^2/(k^2-\lambda^2)$，该积分也不收敛。因为相互作用是通过势的梯度进行的，所以我们必须采用更强的收敛因子，例如 $C(\boldsymbol{k}^2)=\lambda^4/(k^2-\lambda^2)^{-2}$，或一般地，采用满足 $\int_0^\infty \lambda^2 G(\lambda)\mathrm{d}\lambda=0$ 的式(17)。在此情形下，自能收敛但依赖于截断 λ 的平方，而且与 m 相比不一定小。质量重整化后，如同狄拉克方程一样，散射的辐射修正对截断不敏感。

当存在几个粒子时，我们可以通过下述法则得到玻色统计，即如果两个过程导致同一个态但两电子交换，则它们的振幅相加（而不是像费米统计那样相减）。在此情形下，我们可以用文献 I（附录）对狄拉克电子所运用的方法来论证，它等价于泡利和维斯科夫给出的二次量子化处理。玻色统计意味着闭环对真空极化的贡献的正负号与费米情形相反（见文献 I），为($\boldsymbol{p}_b=\boldsymbol{p}_a+\boldsymbol{q}$)：

$$J_{\mu\nu}=\frac{e^2}{2\pi i m}\int[(p_{b\mu}+p_{a\mu})(p_{b\nu}+p_{a\nu})(\boldsymbol{p}_a^2-m^2)^{-1}$$
$$\times(\boldsymbol{p}_b^2-m^2)^{-1}-\delta_{\mu\nu}(\boldsymbol{p}_a^2-m^2)^{-1}-\delta_{\mu\nu}(\boldsymbol{p}_b^2-m^2)^{-1}]\mathrm{d}^4p_a$$

给出

$$J_{\mu\nu}^p=\frac{e^2}{\pi}(q_\mu q_\nu-\delta_{\mu\nu}\boldsymbol{q}^2)$$
$$\times\left[\frac{1}{6}\ln\frac{\lambda^2}{m^2}+\frac{1}{9}-\frac{(4m^2-\boldsymbol{q}^2)}{3\boldsymbol{q}^2}\left(1-\frac{\theta}{\tan\theta}\right)\right]$$

式中符号同式(33)。对于$(\boldsymbol{q}^2)^{1/2}>2m$，虚部也是正的，表示发现末态是真空的概率的减少，且与对产生的概率有关。费米统计则会给出概率增加（如所预料，电荷重整化也与费米情形反号）。

10. 应用于介子理论

业已发展起来用于描述介子和核子相互作用的理论可以容易地用这里给出的语言来表述。对于有关的各种理论，我们可以很容易地计算到最低一级，但其结果与实验结果的一致性尚付阙如。从定量上看，很可能我们目前的所有公式都不令人满意。因此在此简述一下可用的方法我们就满足了。

通常假定核子满足狄拉克方程，因此动量为 $\boldsymbol{p}$ 的核子的传播因子是$(\boldsymbol{p}-M)^{-1}$，这里 M 是核子质量（这意味着核子可以成对产生）。其次是假设核子与介子相互作用，不同的理论给出的这种相互作用的形式各异。

首先，我们来考虑中性介子的情形。最接近电动力学的是具有矢量耦合的矢量介子理论。这里，当介子在μ方向被“极化”时，介子的发射和吸收因子是$g\gamma_\mu$。因子g是“介子荷”，替代电荷e。处于中间态的动量为$\boldsymbol{q}$的介子的传播幅度为$(\boldsymbol{q}^2-\mu^2)^{-1}$(而不是像光的情形下为$\boldsymbol{q}^{-2}$)，这里$\mu$是介子质量。如同电动力学下的情形，这里也采用收敛因子$C(\boldsymbol{q}^2-\mu^2)$来使必要的积分收敛。对于具有标量耦合的标量介子，唯一的变化是在发射和吸收中用1代替了γ_μ。不再有极化方向μ及其求和。对于赝标量介子，赝标量耦合用$\gamma_5=i\gamma_x\gamma_y\gamma_z\gamma_t$替代了$\gamma_\mu$。例如，在这一理论中，动量为$\boldsymbol{p}$的核子的自能矩阵是

$$(g^2/\pi i)\int\gamma_5(\boldsymbol{p}-\boldsymbol{k}-M)^{-1}\gamma_5\mathrm{d}^4k(\boldsymbol{k}^2-\mu^2)^{-1}C(\boldsymbol{k}^2-\mu^2).$$

其他类型的介子理论则用其他表达式(例如对虚介子用对所有下标μ和ν求和的$(\gamma_\mu\gamma_\nu-\gamma_\nu\gamma_\mu)/2$)来替代$\gamma_\mu$。标量介子的矢量耦合出自用$\mu^{-1}\boldsymbol{q}$来替代$\gamma_\mu$，这里$\boldsymbol{q}$是核子的末态动量减去其初态动量，即被吸收介子的动量，或辐射介子的动量的负值。众所周知，这种中性介子理论对所有过程给出的都是零，正如我们在电动力学里讨论纵波时所证明的那样。赝标量介子的赝矢量耦合相当于用$\mu^{-1}\gamma_5\boldsymbol{q}$来替代$\gamma_\mu$，而矢量介子的张量耦合相当于用$(2\mu)^{-1}(\gamma_u\boldsymbol{q}-\boldsymbol{q}\gamma_\mu)$来替代$\gamma_\mu$。对于真实过程来说，这些额外的梯度包含了产生更高阶发散的风险。例如，$\gamma_5\boldsymbol{q}$带来中子和电子的对数发散型相互作用①。虽然这些发散可以用足够强的收敛因子来处理，但结果却对所用的收敛方法和截断值λ的大小十分敏感。对于低阶过程，$\mu^{-1}\gamma_5\boldsymbol{q}$等价于赝标量相互作用$2M\mu^{-1}\gamma_5$，因为如果矩阵取在动量分别为$\boldsymbol{p}_1$和$\boldsymbol{p}_2=\boldsymbol{p}_1+\boldsymbol{q}$的核子自由粒子波函数之间，则我们有

$$(\tilde{u}_2\gamma_5\boldsymbol{q}u_1)=(\tilde{u}_2\gamma_5(\boldsymbol{p}_2-\boldsymbol{p}_1)u_1)=-(\tilde{u}_2\boldsymbol{p}_2\gamma_5u_1)$$
$$-(\tilde{u}_2\gamma_5\boldsymbol{p}_1u_1)=-2M(\tilde{u}_2\gamma_5u_1)$$

由于γ_5与$\boldsymbol{p}_2$反对易，且$\boldsymbol{p}_2$对态2的作用等价于乘以M，$\boldsymbol{p}_1$对态1的作用也等价于乘以M。这表明，γ_5的相互作用在非相对论极限下非常弱(例如，对于自由核子，γ_5的期望值为零)，但因为${\gamma_5}^2=1$并不小，因此赝标量理论的二阶相互作用要比其一阶相互作用更重要。因此选择赝标量耦合常数来拟合核力时应当将这些重要的二阶过程包括进来②。对于低阶过程，赝标量耦合与赝矢量耦合等价，但

---

① M. Slotnick and W: Heitler, *Phys. Rev.* **75**, 1645(1949).

② H. A. Bethe, *Bull. Am. Phys. Soc.* **24**, 3, Z3(Washington, 1949).

当赝标量理论给出其最重要的效应时，这种等价关系不再成立。因此，对于主要的实际问题，这些理论将给出十分不同的结果。

在计算核子因虚介子效应而被中性矢量介子场(γ_μ)散射的修正(这种情形与电动力学中的情形十分相似)时，所得结果无需截断即收敛，且结果仅与介子的势的梯度有关。而带标量(1)或赝标量(γ_μ)的中性介子，结果呈对数发散，因此必须有截断。但对截断敏感的部分直接正比于介子势。因此它可以通过对介子荷进行重整化来去除掉。在重整化之后，结果只与介子势的梯度有关，且本质上与截断点无关。这个附加的介子荷的重整化源自介子产生的虚核子对，类似于电动力学里的真空极化。但标量介子和赝标量介子理论与电动力学的进一步区别在于，极化还给出感应电流中正比于介子势的一项，因此它表示的是介子质量的另外一种重整化，这种重整化通常以二次方形式依赖于截断。

接下来考虑没有电磁场情形下的带电介子。我们可以一种显性的方式引入同位旋算符。(特别是用$\tau_i\gamma_5$①来取代γ_5，并对$i=1$，2求和，这里$\tau_1=\tau_++\tau_-$，$\tau_2=i(\tau_+-\tau_-)$，τ_+将中子变成质子(τ_+作用在质子上等于零)，τ_-将质子变成中子。)对于实际问题，这样做较为容易：为了写出矩阵元，不论是质子还是中子，在图上沿着粒子线走。这样就排除了某些过程。例如，在负介子被中子从$\boldsymbol{q}_1$散射到$\boldsymbol{q}_2$的过程中，介子$\boldsymbol{q}_2$必须先发射(算符顺序，不是时间顺序)，因为中子不变成质子是不可能吸收这个负介子$\boldsymbol{q}_1$的。就是说，与克莱因-仁科公式(15)比起来，只有与第二项[见图5(b)]相类似的项才会出现在中子对负介子的散射过程中，只有与第一项[见图5(a)]相类似的项才会出现在中子对正介子的散射过程中。

一给定荷的介子源是不守恒的，因为中子可以发射负介子(譬如说发射一个负介子)变成质子，但质子却不能再发射负介子。在讨论纵向电磁波时我们证明了微扰$\boldsymbol{q}$得到的结果是零，但这个证明在这里不成立。由此得出推论：如果矢量介子的相互作用用γ_μ表示，那么它将不满足势的散度为零的条件。如果要避免出现具有势的非零散度的真实介子的发射，相互作用就得取为：对发射，取

① 原文为$\tau_i\gamma-5$可能有错，今从张邦固译本改之。——译注

$\gamma_\mu - \mu^{-2}q_\mu \boldsymbol{q}$；对于吸收，取 γ_μ。①（在中性介子情形下，修正项 $\mu^{-2}q_\mu \boldsymbol{q}$ 给出零。）辐射与吸收的不对称性只是表观的，因为很清楚，这与从原初的 $\gamma_\mu \cdots \gamma_\mu$ 减去一项 $\mu^{-2}\boldsymbol{q}\cdots\boldsymbol{q}$ 是一样的。就是说，如果忽略 $-\mu^{-2}q_\mu \boldsymbol{q}$ 项，理论描述的就是1自旋介子和0自旋介子的组合。经矢量耦合 $\boldsymbol{q}$ 耦合的0自旋介子在减去项 $\mu^{-2}\boldsymbol{q}\cdots\boldsymbol{q}$ 后被除去。

两个额外的梯度 $\boldsymbol{q}\cdots\boldsymbol{q}$ 使得积分发散问题变得更严重。（例如，两个质子之间的相互作用相当于交换两个带电矢量介子，如果直接计算的话，这种相互作用以二次方形式依赖于截断。）在这种形式下，我们倾向于直接选择 $\gamma_\mu \cdots \gamma_\mu$ 并接受自旋为零的介子的混合。但在传统的形式体系下，似乎会导致自旋为零分量有负能量。这表明介子场二次量子化的方法要比目前的方法有优势。在二次量子化方法里，正负号的错误很明显，而在这里，我们似乎能够写出看似没有问题但却给出荒谬结果的表达式。对于带电介子和中性介子，带有赝矢量耦合的赝矢量介子相当于对吸收用 $\gamma_5(\gamma_\mu - \mu^{-2}q_\mu \boldsymbol{q})$ 对发射用 $\gamma_5\gamma_\mu$。

在存在电磁场时，只要核子是质子，它与场的相互作用的描述方式与电子的情形一样。标量或赝标量介子的相互作用则与服从仁科-戈登方程的粒子一样。这里，重要的是采用贝特和泡利的计算方法，就是说，虚介子在与电磁场的整个相互作用期间被认为具有相同的"质量"。质量 μ 和 $(\mu^2 + \lambda^2)^{1/2}$ 的结果被减去，其差值对函数 $G(\lambda)\mathrm{d}\lambda$ 积分。对电磁相互作用之间的每个介子传播不提供单独的收敛因子，否则规范不变性就得不到保证。当耦合包括如 $\gamma_5 \boldsymbol{q}$② 这样的梯度时，

---

① 矢量介子场的势 φ_μ 满足

$$-\partial/\partial x_\nu(\partial\varphi_\mu/\partial x_\nu - \partial\varphi_\nu/\partial x_\mu) - \mu^2\varphi_\mu = -4\pi s_\mu,$$

这里 s_μ（该介子源）是 γ_μ 在中子态与质子态之间的矩阵元。两边取散度 $\partial/\partial x_\mu$，得到 $\partial\varphi_\nu/\partial x_\nu = 4\pi\mu^{-2}\partial s_\nu/\partial x_\nu$，因此原方程可改写成

$$\Box^2\varphi_\mu - \mu^2\varphi_\mu = -4\pi(s_\mu + \mu^{-2}\partial/\partial x_\mu(\partial s_\nu/\partial x_\nu))$$

在动量表象下，右边给出 $\gamma_\mu - \mu^{-2}q_\mu q_\nu \gamma_\nu$，左边导致 $(\boldsymbol{q}^2 - \mu^2)^{-1}$，最后对于吸收，拉格朗日量中相互作用项 $s_\mu\varphi_\mu$ 给出 γ_μ。

按照这种做法继续下去，会发现自旋为1的粒子一般可用四矢量 u_μ 来表示（对于动量 $\boldsymbol{q}$ 的自由粒子，满足 $q \cdot u = 0$）。动量 q 的虚粒子从态 ν 到态 μ 的传播由 4×4 矩阵（或张量）$p_{\mu\nu} = (\delta_{\mu\nu} - \mu^2 q_\mu q_\nu) \times (\boldsymbol{q}^2 - \mu^2)^{-1}$ 来表示。电磁势 $\boldsymbol{a}\exp(i\boldsymbol{k}\cdot\boldsymbol{x})$ 的一级相互作用（出自普罗卡(Proca)方程）相当于乘以矩阵 $E_{\mu\nu} = (\boldsymbol{q}_2 \cdot \boldsymbol{a} + \boldsymbol{q}_1 \cdot \boldsymbol{a})\delta_{\mu\nu} - q_{2\nu}a_\mu - q_{1\mu}a_\nu$，这里 $\boldsymbol{q}_1$ 和 $\boldsymbol{q}_2 = \boldsymbol{q}_1 + \boldsymbol{k}$ 分别是相互作用前和后的动量。最后，两个势 $\boldsymbol{a}$，$\boldsymbol{b}$ 可以同时作用，其相应的矩阵是 $E'_{\mu\nu} = -(\boldsymbol{a}\cdot\boldsymbol{b})\delta_{\mu\nu} + b_\mu a_\nu$。

② 原文为 $\gamma - 5q$ 可能有错，今从张邦固译本改之。—— 译注

这里 $\boldsymbol{q}$ 是核子的末态动量减去初态动量，矢势 $\boldsymbol{A}$ 必须从质子动量上减去。就是说，存在一个附加的耦合 $\pm\gamma_5\boldsymbol{A}$(当路径箭头由质子指向中子时取正号，反之取负号)，它代表同时发射(或吸收)介子和光子的新的可能性。

正的虚介子的发射或负的虚介子的吸收由同一项表示，其电荷的正负号就像正负电子一样由瞬时关系决定。

作者特别感谢 H. A. 贝特教授在处理真空极化问题时对得到有限且规范不变性的结果的方法的解释。作者还要感谢贝特教授对本文手稿的批评，以及在这项工作进展过程中给予的无数次讨论。作者感谢 J. 阿什金教授仔细阅读了手稿。

附录

在这个附录中，我们将演示直接计算电动力学问题中出现的较简单的积分的方法。较复杂过程中出现的积分给出相当复杂的函数，但采用这里给出的方法来研究一个积分与另一个积分的关系，以及它们用较简单的积分来表示的式子可能是方便的。

作为一个典型问题，我们来考虑出现在一阶无辐射散射问题中的积分(12)：

$$\int\gamma_\mu(\boldsymbol{p}_2-\boldsymbol{k}-m)^{-1}\boldsymbol{a}(\boldsymbol{p}_1-\boldsymbol{k}-m)^{-1}\gamma_\mu\boldsymbol{k}^{-2}\mathrm{d}^4kC(\boldsymbol{k}^2),\tag{1a}$$

这里我们将 $C(\boldsymbol{k}^2)$ 取为典型的 $-\lambda^2(\boldsymbol{k}^2-\lambda^2)^{-1}$，$\mathrm{d}^4k$ 是指 $(2\pi)^{-1}\mathrm{d}k_1\mathrm{d}k_2\mathrm{d}k_3\mathrm{d}k_4$. 我们先有理化因子 $(\boldsymbol{p}-\boldsymbol{k}-m)^{-1}=(\boldsymbol{p}-\boldsymbol{k}+m)[(\boldsymbol{p}-\boldsymbol{k})^2+m^2]^{-1}$，得到

$$\int\gamma_\mu(\boldsymbol{p}_2-\boldsymbol{k}+m)\boldsymbol{a}(\boldsymbol{p}_1-\boldsymbol{k}+m)\gamma_\mu\boldsymbol{k}^{-2}\mathrm{d}^4kC(\boldsymbol{k}^2)$$
$$\times((\boldsymbol{p}_1-\boldsymbol{k})^2-m^2)^{-1}((\boldsymbol{p}_2-\boldsymbol{k})^2-m^2)^{-1}\tag{2a}$$

这个矩阵表达式可以简化。先积分再简化似乎较好。由于 $\boldsymbol{AB}=2AB-\boldsymbol{BA}$，其中 $A\cdot B=A_\mu B_\mu$ 是与所有矩阵对易的一个数，因此我们发现，如果 R 是任意一个表示式，$\boldsymbol{A}$ 是一个矢量，那么由于 $\gamma_\mu\boldsymbol{A}=-\boldsymbol{A}\gamma_\mu+2\boldsymbol{A}_\mu$，故有

$$\gamma_\mu\boldsymbol{A}R\gamma_\mu=-\boldsymbol{A}\gamma_\mu R\gamma_\mu+2R\boldsymbol{A}.\tag{3a}$$

因此两个 γ_μ 之间的表达式可以通过归纳法化简。特别有用的是

$$\begin{aligned}\gamma_\mu\gamma_\mu&=4\\\gamma_\mu\boldsymbol{A}\gamma_\mu&=-2\boldsymbol{A}\\\gamma_\mu\boldsymbol{AB}\gamma_\mu&=2(\boldsymbol{AB}+\boldsymbol{BA})=4A\cdot B\\\gamma_\mu\boldsymbol{ABC}\gamma_\mu&=-2\boldsymbol{CBA},\end{aligned}\tag{4a}$$

其中 $\boldsymbol{A}$，$\boldsymbol{B}$，$\boldsymbol{C}$ 是任意 3 个矢量矩阵(即 4 个 γ_μ 的线性组合)。

为了计算式(2a)中的积分，我们可将这个积分写成三项之和(因为 $\boldsymbol{k}=k_\sigma\gamma_\sigma$)：

$$\gamma_\mu(\boldsymbol{p}_2+m)\boldsymbol{a}(\boldsymbol{p}_1+m)\gamma_\mu J_1-[\gamma_\mu\gamma_\sigma\boldsymbol{a}(\boldsymbol{p}_1+m)\gamma_\mu + \gamma_\mu(\boldsymbol{p}_2+m)\boldsymbol{a}\gamma_\sigma\gamma_\mu]J_2+\gamma_\mu\gamma_\sigma\boldsymbol{a}\gamma_\iota\gamma_\mu J_3, \tag{5a}$$

其中

$$J(1;\ 2;\ 3)=\int(1;\ k_\sigma;\ k_\sigma k_\tau)\boldsymbol{k}^{-2}\mathrm{d}^4kC(\boldsymbol{k}^2) \times((\boldsymbol{p}_2-\boldsymbol{k})^2-m^2)^{-1}((\boldsymbol{p}_1-\boldsymbol{k})^2-m^2)^{-1}. \tag{6a}$$

就是说，$(1;\ k_\sigma;\ k_\sigma k_\tau)$ 中的 1 对应于 J_1；k_σ 对应于 J_2；$k_\sigma k_\tau$ 对应于 J_3。

更复杂的一阶过程包括更多的像 $[(p_3-\boldsymbol{k})^2-m^2]^{-1}$ 这样的因子，而且以 $k_\sigma k_\tau k_\nu\cdots$ 形式出现在分子里的 $\boldsymbol{k}$ 的数量相应增多。包含两个或更多个虚量子的高阶过程包括类似的积分，但其因子可能包括 $\boldsymbol{k}+\boldsymbol{k}'$ 而不只是 $\boldsymbol{k}$，并且积分扩展到对 $\boldsymbol{k}^{-2}\mathrm{d}^4kC(\boldsymbol{k}^2)\boldsymbol{k}'^{-2}\mathrm{d}^4k'C(\boldsymbol{k}'^2)$ 进行。它们可以用类似于一阶积分中所采用的方法来简化。

因子 $(\boldsymbol{p}-\boldsymbol{k})^2-m^2$ 可以写成

$$(\boldsymbol{p}-\boldsymbol{k})^2-m^2=\boldsymbol{k}^2-2p\cdot k-\Delta, \tag{7a}$$

其中 $\Delta=m^2-\boldsymbol{p}^2$，$\Delta_1={m_1}^2-\boldsymbol{p}_1^2$，等等。我们可以考虑处理更一般的情形，其中不同的分母无须有相同的质量 m 的值。具体到式(6a)，$\boldsymbol{p}_1^2=m^2$，故 $\Delta_1=0$，但我们希望考虑更一般的情形。

现在对因子 $C(\boldsymbol{k}^2)/\boldsymbol{k}^2$，我们用 $-\lambda^2(\boldsymbol{k}^2-\lambda^2)^{-1}\boldsymbol{k}^{-2}$，它可以写成

$$-\lambda^2/(\boldsymbol{k}^2-\lambda^2)\boldsymbol{k}^2=\boldsymbol{k}^{-2}C(\boldsymbol{k}^2)=-\int_0^{\lambda^2}\mathrm{d}L(\boldsymbol{k}^2-L)^{-2}. \tag{8a}$$

因此我们用 $(\boldsymbol{k}^2-L)^{-2}$ 来替代 $\boldsymbol{k}^{-2}C(\boldsymbol{k}^2)$，最后再将结果对 L 从 0 到 λ^2 积分。对许多实际问题，我们可以认为 λ^2 与 m^2 或 $\boldsymbol{p}^2$ 相比非常大。当初始积分即使没有收敛因子也仍然收敛时，这一点显然也是成立的，因为 L 积分即使 λ^2 到无穷大也是收敛的。如果在积分里存在红外灾难，我们只需认为量子具有小质量 $\lambda_{\min}$，并将对 L 的积分取从 $\lambda_{\min}$ 积到 λ^2 而不是从 0 积到 λ^2。

接着我们得做如下形式的积分：

$$\int(1;\ k_\sigma;\ k_\sigma k_\tau\mathrm{d}^4k(\boldsymbol{k}^2-L)^{-2}(\boldsymbol{k}^2-2\boldsymbol{p}_1\cdot\boldsymbol{k}-\Delta_1)^{-1}\times(\boldsymbol{k}^2-2\boldsymbol{p}_2\cdot\boldsymbol{k}-\Delta_2)^{-1}, \tag{9a}$$

其中$(1;\ k_\sigma;\ k_\sigma k_\tau)$表示在不同情形下该括号所在位置可以代之以 1 或 k_σ 或 $k_\sigma k_\tau$。在更复杂的问题里，可能有更多的因子$(\boldsymbol{k}^2-2\boldsymbol{p}_i\cdot\boldsymbol{k}-\Delta_i)^{-1}$或这些因子的其他次幂$(\boldsymbol{k}^2-L)^{-2}$可以看成是这种因子在$\boldsymbol{p}_i=0$，$\Delta_i=L$情形下的特例，或在分子里有更多的如$k_\sigma k_\tau k_\rho\cdots$这样的因子。所有因子里的极点均由假设——$L$和$\Delta$有负的无穷小虚部——而得到确定。

我们将运用归纳法来做这种逐次复杂的积分。我们从最简单的收敛积分开始，证明

$$\int \mathrm{d}^4k(\boldsymbol{k}^2-L)^{-3}=(8iL)^{-1}. \tag{10a}$$

由于这个积分是$\int(2\pi)^{-2}\mathrm{d}k_4\mathrm{d}^3\boldsymbol{K}(k_4^2-\boldsymbol{K}\cdot\boldsymbol{K}-L)^{-3}$，这里矢量$\boldsymbol{K}$的大小为$K=(\boldsymbol{K}\cdot\boldsymbol{K})^{1/2}$，其分量为$k_1$，$k_2$，$k_3$。对$k_4$的积分表明，在$k_4=+(K^2+L)^{1/2}$和$k_4=-(K^2+L)^{1/2}$处有两个三阶极点。根据我们的定义，想象$L$有小的负虚部，故只有第一个极点在实轴之下。围道可取此轴下方的无穷大半圆闭合，而无须改变积分值，因为在此极限下半圆的贡献为零。因此围道收缩到极点$k_4=+(K^2+L)^{1/2}$并且k_4的积分为$-2\pi i$乘以这个极点的留数。记$k_4=+(K^2+L)^{1/2}+\varepsilon$，并按$\varepsilon$的幂次展开$(k_4-K^2-L)^{-3}=\varepsilon^{-3}(\varepsilon+2(K^2+L)^{1/2})^{-3}$留数，作为$\varepsilon^{-1}$项的系数，看得出为$6(2(K^2+L)^{1/2})^{-5}$因此我们的积分为

$$-(3i/32\pi)\int_0^\infty 4\pi K^2\mathrm{d}K(K^2+L)^{-5/2}=(3/8i)(1/3L)$$

式(10a)得证。

我们还可以从$\boldsymbol{k}$空间的对称性得到$\int k_\sigma\mathrm{d}^4k(\boldsymbol{k}^2-L)^{-3}=0$。将此结果写成

$$(8i)\int(1;\ k_\sigma)\mathrm{d}^4k(\boldsymbol{k}^2-L)^{-3}=(1;\ 0)L^{-1}, \tag{11a}$$

其中括号$(1;\ k_\sigma)$和$(1;\ 0)$内的项对应着使用。

将$\boldsymbol{k}=\boldsymbol{k}'-\boldsymbol{p}$代入式(11a)，并令$L-\boldsymbol{p}^2=\Delta$，可证明

$$(8i)\int(1;\ k_\sigma)\mathrm{d}^4k(\boldsymbol{k}^2-2\boldsymbol{p}\cdot\boldsymbol{k}-\Delta)^{-3}=(1;\ p_\sigma)(\boldsymbol{p}^2+\Delta)^{-1}. \tag{12a}$$

将式(12a)两边对Δ微分或对p_τ微分，直接得到

$$(24i)\int(1;\ k_\sigma;\ k_\sigma k_\tau)\mathrm{d}^4k(\boldsymbol{k}^2-2\boldsymbol{p}\cdot\boldsymbol{k}-\Delta)^{-4}$$

$$= -\left(1;\ p_\sigma;\ p_\sigma p_\tau - \frac{1}{2}\delta_{\sigma\tau}(\boldsymbol{p}^2 + \Delta)\right)(\boldsymbol{p}^2 + \Delta)^{-2}. \tag{13a}$$

进一步微分直接给出一系列在分子中包含更多的 k 因子和在分母中包含 $(\boldsymbol{k}^2 - 2\boldsymbol{p} \cdot \boldsymbol{k} - \Delta)$ 的更高次幂的积分。

至此，积分仅为分母上含一个因子的情形。为了得到含两个因子的结果，我们利用恒等式

$$\boldsymbol{a}^{-1}\boldsymbol{b}^{-1} = \int_0^1 \mathrm{d}x(\boldsymbol{a}x + \boldsymbol{b}(1 - x))^{-2} \tag{14a}$$

（这是施温格在某项包含高斯积分的工作中建议的。）它将两个倒数的乘积表示为积分区间从 0 到 1 的参数积分，因此将两个因子的积分用一个因子来表示。对于 $\boldsymbol{a}$，$\boldsymbol{b}$ 的其他次幂，我们利用下面类似的恒等式：

$$\boldsymbol{a}^{-2}\boldsymbol{b}^{-1} = \int_0^1 2x\mathrm{d}x(\boldsymbol{a}x + \boldsymbol{b}(1 - x))^{-3} \tag{15a}$$

它们可由式(14a) 对 $\boldsymbol{a}$ 或 $\boldsymbol{b}$ 取一系列微分导出。为进行如下的积分

$$(8i)\int(1;\ k_\sigma)\mathrm{d}^4k(\boldsymbol{k}^2 - 2\boldsymbol{p}_1 \cdot \boldsymbol{k} - \Delta_1)^{-2}(\boldsymbol{k}^2 - 2\boldsymbol{p}_2 \cdot \boldsymbol{k} - \Delta_2)^{-1} \tag{16a}$$

利用式(15a) 写出

$$(\boldsymbol{k}^2 - 2\boldsymbol{p}_1 \cdot \boldsymbol{k} - \Delta_1)^{-2}(\boldsymbol{k}^2 - 2\boldsymbol{p}_2 \cdot \boldsymbol{k} - \Delta_2)^{-1}$$
$$= \int_0^1 2x\mathrm{d}x(\boldsymbol{k}^2 - 2\boldsymbol{p}_x \cdot \boldsymbol{k} - \Delta_x)^{-3},$$

其中

$$\boldsymbol{p}_x = x\boldsymbol{p}_1 + (1 - x)\boldsymbol{p}_2 \text{ 和 } \Delta_x = x\Delta_1 + (1 - x)\Delta_2, \tag{17a}$$

（注意，Δ_x 不等于 $m^2 - \boldsymbol{p}_x^{\ 2}$，）因此式(16a) 是

$$(8i)\int_0^1 2x\mathrm{d}x(1;\ k_\sigma)\mathrm{d}^4k(\boldsymbol{k}^2 - 2\boldsymbol{p}_x \cdot \boldsymbol{k}\Delta_x)^{-3}$$

现在我们可以用式(12a) 来计算它，即

$$(16a) = \int_0^1(1;\ p_{x\sigma})2x\mathrm{d}x(\boldsymbol{p}_x^2 + \Delta_x)^{-1}, \tag{18a}$$

这里 $\boldsymbol{p}_x$，Δ_x 由式(17a) 给定。式(18a) 的积分是基本的多项式之比的积分，分母为 x 的二次方。虽然其一般表示式容易得到，但它是非常复杂的根式和对数的组合。

通过对参数微分，我们还可以得到其他积分。例如式(16a) 和(18a) 对 Δ_2 或 $p_{2\tau}$ 微分，给出

$$(8i)\int(1;\ k_\sigma;\ k_\sigma k_\tau)\mathrm{d}^4k(\boldsymbol{k}^2-2\boldsymbol{p}_1\cdot\boldsymbol{k}-\Delta_1)^{-2}$$
$$\times(\boldsymbol{k}^2-2\boldsymbol{p}_2\cdot\boldsymbol{k}-\Delta_2)^{-2}$$
$$=-\int_0^1\left(1;\ p_{x\sigma};\ p_{x\sigma}p_{x\tau}-\frac{1}{2}\delta_{\sigma\tau}(x^2\boldsymbol{p}^2+\Delta_x)\right)\tag{19a}$$
$$\times 2x(1-x)\mathrm{d}x(\boldsymbol{p}_x^2+\Delta_x)^{-2},$$

我们在再次得到基本积分。

作为例子，我们来考虑第二个因子恰为$(\boldsymbol{k}^2-L)^{-2}$，第一个因子中令$\boldsymbol{p}_1=\boldsymbol{p}$，$\Delta_1=\Delta$的情形。于是$\boldsymbol{p}_x=x\boldsymbol{p}$，$\Delta_x=x\Delta+(1-x)L$。结果是

$$(8i)\int(1;\ k_\sigma;\ k_\sigma k_\tau)\mathrm{d}^4k(\boldsymbol{k}^2-L)^{-2}(\boldsymbol{k}^2-2\boldsymbol{p}\cdot\boldsymbol{k}-\Delta)^{-2}$$
$$=-\int_0^1\left(1;\ xp_\sigma;\ x^2p_\sigma p_\tau-\frac{1}{2}\delta_{\sigma\tau}(x^2\boldsymbol{p}^2+\Delta_x)\right)$$
$$\times 2x(1-x)\mathrm{d}x(x^2\boldsymbol{p}^2+\Delta_x)^{-2}.\tag{20a}$$

有 3 个因子的积分可以再用式(14a) 化简到含两因子的积分。因此它们给出带两参数的积分(例如，见下述对散射的辐射修正的应用)。

本文给出的计算方法在运用到较低阶过程时是貌似简单的。当过程的阶次不断增加时，复杂性和难度增大得很快，目前形式的这些方法很快就会变得不适用。

A. 自能

自能积分式(19) 为

$$(e^2/\pi i)\int\gamma_\mu(\boldsymbol{p}-\boldsymbol{k}-m)^{-1}\gamma_\mu\boldsymbol{k}^{-2}\mathrm{d}^4kC(\boldsymbol{k}^2),\tag{19}$$

因此我们需要[利用式(8a) 的原理] 找出下式的 L 从 0 到 λ^2 的积分

$$\int\gamma_\mu(\boldsymbol{p}-\boldsymbol{k}+m)\gamma_\mu\mathrm{d}^4k(\boldsymbol{k}^2-L)^{-2}(\boldsymbol{k}^2-2\boldsymbol{p}\cdot\boldsymbol{k})^{-1},$$

由于当$\boldsymbol{p}^2=m^2$时，$(\boldsymbol{p}-\boldsymbol{k})^2-m^2=\boldsymbol{k}^2-2\boldsymbol{p}\cdot\boldsymbol{k}$。这是式(16a) 在$\Delta_1=L$，$\boldsymbol{p}_1=0$；$\Delta_2=0$，$\boldsymbol{p}_2=\boldsymbol{p}$的形式，因此式(18a) 给出(因有$\boldsymbol{p}_x=(1-x)\boldsymbol{p}$，$\Delta_x=xL$)

$$(8i)\int(1;\ k_\sigma)\mathrm{d}^4k(\boldsymbol{k}^2-L)^{-2}(\boldsymbol{k}^2-2\boldsymbol{p}\cdot\boldsymbol{k})^{-1}$$
$$=\int_0^1(1;\ (1-x)p_\sigma)2x\mathrm{d}x((1-x)^2m_x^2L)^{-1},$$

或像式(8) 那样进行 L 上的积分,

$$(8i)\int(1;\ k_\sigma)\,\mathrm{d}^4k\boldsymbol{k}^{-2}C(\boldsymbol{k}^2)(\boldsymbol{k}^2-2\boldsymbol{p}\cdot\boldsymbol{k})^{-1}$$
$$=\int_0^1(1;\ (1-x)p_\sigma)2\mathrm{d}x\ln\frac{x\lambda^2+(1-x)^2m^2}{(1-x)^2m^2}.$$

现在假定 $\lambda^2\gg m^2$, 在对数的真数部分里, 相较于 $x\lambda^2$ 我们忽略掉 $(1-x)^2m^2$, 于是真数部分变成 $(\lambda^2/m^2)(x/(1-x)^2)$。由于 $\int_0^1\mathrm{d}x\ln(x(1-x)^{-2})=1$ 且 $\int_0^1(1-x)\mathrm{d}x\ln(x(1-x)^{-2})=-(1/4)$, 得到

$$(8i)\int(1;\ \boldsymbol{k}_\sigma)\boldsymbol{k}^{-2}C(\boldsymbol{k}^2)\mathrm{d}^4k(\boldsymbol{k}^2-2\boldsymbol{p}\cdot\boldsymbol{k})^{-1}$$
$$=\left(2\ln\frac{\lambda^2}{m^2}+2;\ p_\sigma\left(\ln\frac{\lambda^2}{m^2}-\frac{1}{2}\right)\right),$$

故代入式(19)[在式(19) 里的 $(\boldsymbol{p}-\boldsymbol{k}-m)^{-1}$ 代换为 $(\boldsymbol{p}-\boldsymbol{k}+m)(\boldsymbol{k}^2-2\boldsymbol{p}\cdot\boldsymbol{k})^{-1}$ 之后] 给出

$$(19)=(e^2/8\pi)\gamma_\mu\left[(\boldsymbol{p}+m)(2\ln(\lambda^2/m^2)+2)\right.$$
$$\left.-\boldsymbol{p}\left(\ln(\lambda^2/m^2)-\frac{1}{2}\right)\right]\gamma_\mu$$
$$=(e^2/8\pi)[8m(\ln(\lambda^2/m^2)+1)-\boldsymbol{p}(2\ln(\lambda^2m^2)+5)],\tag{20}$$

其中用式(4a) 去掉了 γ_μ。在将 $\boldsymbol{p}$ 用 m 替代后, 上式便与正文中式(20) 一致。

B. 对散射的修正

正如我们之前讨论过的, 无辐射散射中的项(12), 在对矩阵分母有理化并利用 $\boldsymbol{p}_1^2=\boldsymbol{p}_2^2=m^2$ 之后, 需要对式(19a) 进行积分。这是一个有 3 个分母的积分, 我们需要分两步来进行。首先, 用参数 y 将因子 $(\boldsymbol{k}^2-2\boldsymbol{p}_1\cdot\boldsymbol{k})$ 和 $(\boldsymbol{k}^2-2\boldsymbol{p}_2\cdot\boldsymbol{k})$ 合并, 由式(14)

$$(\boldsymbol{k}^2-2\boldsymbol{p}_1\cdot\boldsymbol{k})^{-1}(\boldsymbol{k}^2-2\boldsymbol{p}_2\cdot\boldsymbol{k})^{-1}=\int_0^1\mathrm{d}y(\boldsymbol{k}^2-2\boldsymbol{p}_y\cdot\boldsymbol{k})^{-2},$$

其中

$$\boldsymbol{p}_y=y\boldsymbol{p}_1+(1-y)\boldsymbol{p}_2.\tag{21a}$$

因此我们需要求积分

$$(8i)\int(1;\ k_\sigma;\ k_\sigma k_\tau)\mathrm{d}^4k(\boldsymbol{k}^2-L)^{-2}(\boldsymbol{k}^2-2\boldsymbol{p}_y\cdot\boldsymbol{k})^{-2},\tag{22a}$$

为此我们求 y 从 0 到 1 的积分。接下来由 $\boldsymbol{p}=\boldsymbol{p}_x$，$\Delta=0$ 我们立即从式(20a) 得到积分(22a)：

$$(22\mathrm{a})=-\int_0^1\int_0^1\left(1;\ xp_{y\sigma};\ x^2p_{y\sigma}p_{y\tau}-\frac{1}{2}\delta_{\sigma\tau}(x^2p_y^2+(1-x)L)\right)$$
$$\times 2x(1-x)\mathrm{d}x(x^2p_y^2+L(1-x))^{-2}\mathrm{d}y.$$

现在我们回到按式(8a) 的要求在 L 上的积分。对大的 L，$(1;\ k_\sigma;\ k_\sigma k_\tau)$ 中的第一项(1) 处理起来不困难，但如果令 L 等于 0，则有结果 $x^{-2}p_y^{-2}$，当 $x\to 0$ 时，它导致对 x 的积分发散。这种红外灾难可用 L 积分的下限 $\lambda^2_{\min}$ 来分析。对最后一项，L 的上限必须取为 λ^2。假定 $\lambda^2_{\min}\ll p_y^2\ll\lambda^2$，则 x 积分仍稀松平常，同自能的情形一样。我们发现

$$-(8i)\int(\boldsymbol{k}^2-\lambda^2_{\min})^{-1}\mathrm{d}^4kC(\boldsymbol{k}^2-\lambda^2_{\min})(\boldsymbol{k}^2-2\boldsymbol{p}_1\cdot\boldsymbol{k})^{-1}$$
$$\times(\boldsymbol{k}^2-2\boldsymbol{p}_2\cdot\boldsymbol{k})^{-1}=\int_0^1p_y^{-2}\mathrm{d}y\ \ln(p_y^2/\lambda^2_{\min})\tag{23a}$$

$$-(8i)\int k_\sigma\boldsymbol{k}^{-2}\mathrm{d}^4kC(\boldsymbol{k}^2)(\boldsymbol{k}^2-2\boldsymbol{p}_1\cdot\boldsymbol{k})^{-1}(\boldsymbol{k}^2-2\boldsymbol{p}_2\cdot\boldsymbol{k})^{-1}$$
$$=2\int_0^1p_{y\sigma}p_y^{-2}\mathrm{d}y\tag{24a}$$

$$-(8i)\int k_\sigma k_\tau\boldsymbol{k}^{-2}\mathrm{d}^4kC(\boldsymbol{k}^2)(\boldsymbol{k}^2-2\boldsymbol{p}_1\cdot\boldsymbol{k})^{-1}(\boldsymbol{k}^2-2\boldsymbol{p}_2\cdot\boldsymbol{k})^{-1}$$
$$=\int_0^1p_{y\sigma}p_{y\tau}p_y^{-2}\mathrm{d}y-\frac{1}{2}\delta_{\sigma\tau}\int_0^1\mathrm{d}y\ \ln(\lambda^2p_y^{-2})+\frac{1}{4}\delta_{\sigma\tau}.\tag{25a}$$

对 y 的积分给出

$$\int_0^1p_y^{-2}\mathrm{d}y\ \ln(p_y^2\lambda^{-2}_{\min})=4(m^2\sin 2\theta)^{-1}$$
$$\times\left[\theta\ln(m\lambda^{-1}_{\min})-\int_0^\theta\alpha\ \tan\alpha\mathrm{d}\alpha\right]\tag{26a}$$

$$\int_0^1p_{y\sigma}p_y^{-2}\mathrm{d}y=\theta(m^2\sin 2\theta)^{-1}(p_{1\sigma}+p_{2\sigma})\tag{27a}$$

$$\int_0^1p_{y\sigma}p_{y\tau}p_y^{-2}\mathrm{d}y=\theta(2m^2\sin 2\theta)^{-1}$$
$$\times(p_{1\sigma}+p_{1\tau}(p_{2\sigma}+p_{2\tau})+\boldsymbol{q}^{-2}q_\sigma q_\tau(1-\theta\operatorname{ctn}\theta)\tag{28a}$$

$$\int_0^1 \mathrm{d}y\ \ln(\lambda^2 p_y^{-2}) = \ln(\lambda^2/m^2) + 2(1-\theta\operatorname{ctn}\theta). \tag{29a}$$

这些对y的积分按如下方法进行。由于$\boldsymbol{p}_2=\boldsymbol{p}_1+\boldsymbol{q}$，这里$\boldsymbol{q}$是势所携带的动量，由$\boldsymbol{p}_2^2=\boldsymbol{p}_1^2=m^2$知，$2\boldsymbol{p}_1\cdot\boldsymbol{q}=-\boldsymbol{q}^2$，故由$\boldsymbol{p}_y=\boldsymbol{p}_1+\boldsymbol{q}(1-y)$得$\boldsymbol{p}_y{}^2=m^2-\boldsymbol{q}^2y(1-y)$。做代换$2y-1=\tan\theta$，这里$\theta$由$4m^2\sin^2\theta=\boldsymbol{q}^2$定义。这个代换很有用，因为它意味着$\boldsymbol{p}_y{}^2=m^2\sec^2\alpha/\sec^2\theta$，$\boldsymbol{p}_y{}^{-2}\mathrm{d}y=(m^2\sin2\theta)^{-1}\mathrm{d}\alpha$ 这里α的取值从$-\theta$到$+\theta$。

将这些结果代入原始的散射公式(2a)，给出式(22)。它已多次利用下述事实而得到简化：$\boldsymbol{p}_1$作用到初态上得到m，同样，$\boldsymbol{p}_2$出现在左边时可用m代替。(这样，化简：

$$\begin{aligned}\gamma_\mu\boldsymbol{p}_2\boldsymbol{a}\boldsymbol{p}_1\gamma_\mu &= -2\boldsymbol{p}_1\boldsymbol{a}\boldsymbol{p}_2(\text{这一步由(4a)得})\\ &= -2(\boldsymbol{p}_2-\boldsymbol{q})\boldsymbol{a}(\boldsymbol{p}_1+\boldsymbol{q}) = -2(m-\boldsymbol{q})\boldsymbol{a}(m+\boldsymbol{q}).\end{aligned}$$

由于$\boldsymbol{q}=\boldsymbol{p}_2-\boldsymbol{p}_1=m-m$有零矩阵元，故像$\boldsymbol{qaq}=-\boldsymbol{q}^2\boldsymbol{a}+2(\boldsymbol{a}\cdot\boldsymbol{q})\boldsymbol{q}$的项等价于$-\boldsymbol{q}^2\boldsymbol{a}$。)重整化项要求特殊情形$\boldsymbol{q}=0$的相应的积分。

C. 真空极化

在真空极化问题里，$J_{\mu\nu}$的表达式(32)和(32′)要求计算积分

$$J_{\mu\nu}(m^2)=\frac{e^2}{\pi i}\int Sp\left[\gamma_\mu\left(\boldsymbol{p}-\frac{1}{2}\boldsymbol{q}+m\right)\gamma_\mu\boldsymbol{p}+\frac{1}{2}\boldsymbol{q}+m\right]\mathrm{d}^4p$$
$$\times\left(\left(\boldsymbol{p}-\frac{1}{2}\boldsymbol{q}\right)^2-m^2\right)^{-1}\left(\left(\boldsymbol{p}+\frac{1}{2}\boldsymbol{q}\right)^2-m^2\right)^{-1}, \tag{32}$$

这里我们将$\boldsymbol{p}$代换为$\boldsymbol{p}-\boldsymbol{q}/2$，以便在某种程度上简化计算。我们将通过研究下述积分来演示这一计算方法：

$$I(m^2)=\int p_\sigma p_\tau\mathrm{d}^4p\left(\left(\boldsymbol{p}-\frac{1}{2}\boldsymbol{q}\right)^2-m^2\right)^{-1}\left(\left(\boldsymbol{p}+\frac{1}{2}\boldsymbol{q}\right)^2-m^2\right)^{-1}.$$

分母中的因子$\boldsymbol{p}^2-\boldsymbol{p}\cdot\boldsymbol{q}-m^2+\boldsymbol{q}^2/4$和$\boldsymbol{p}^2+\boldsymbol{p}\cdot\boldsymbol{q}-m^2+\boldsymbol{q}^2/4$像通常一样由式(8a)合在一起，但出于对称性考虑，我们做代换$x=(1+\eta)/2$，$(1-x)=(1-\eta)/2$，并对η从-1到$+1$积分：

$$I(m^2)=\int_{-1}^{+1}p_\sigma p_\tau\mathrm{d}^4p\left(\boldsymbol{p}^2-\eta\boldsymbol{p}\cdot\boldsymbol{q}-m^2+\frac{1}{4}\boldsymbol{q}^2\right)^{-2}\mathrm{d}\eta/2. \tag{30a}$$

但对$\boldsymbol{p}$的积分，因其严重发散，没有排在我们的积分表里。但正像在第7节对式(32′)所讨论的那样，我们不需要求$I(m^2)$，而只要求$\int_0^\infty[I(m^2)-I(m^2+$

$\lambda^2)]G(\lambda)\mathrm{d}\lambda$。我们可以这样来计算差 $I(m^2)-I(m^2+\lambda^2)$：先计算 I 在点 m^2+L 对 m^2 的导数 $I(m^2+L)$，然后再对 L 从 0 到 λ^2 积分。将式(30a) 对 m^2 求导得到

$$I'(m^2+L)=\int_{-1}^{+1}p_\sigma p_\tau \mathrm{d}^4p\left(\boldsymbol{p}^2-\eta\boldsymbol{p}\cdot\boldsymbol{q}-m^2-L+\frac{1}{4}\boldsymbol{q}^2\right)^{-3}\mathrm{d}\eta.$$

这仍是发散的，但我们可以再次求导，得到

$$\begin{aligned}&I''(m^2+L)\\&=3\int_{-1}^{+1}p_\sigma p_\tau \mathrm{d}^4p\left(\boldsymbol{p}^2-\eta\boldsymbol{p}\cdot\boldsymbol{q}-m^2-L+\frac{1}{4}\boldsymbol{q}^2\right)^{-4}\mathrm{d}\eta\\&=-(8i)^{-1}\int_{-1}^{+1}\left(\frac{1}{4}\eta^2q_\sigma q_\tau D^{-2}-\frac{1}{2}\delta_{\sigma\gamma}D^{-1}\right)\mathrm{d}\eta,\end{aligned}\tag{31a}$$

其中 $D=(\eta^2-1)\boldsymbol{q}^2/4+m^2+L)$，现在它收敛了，并可利用式(13a) 和 $\boldsymbol{p}=\eta\boldsymbol{q}/2$ 及 $\Delta=m^2+L-\boldsymbol{q}^2/4$ 将它计算出来。现在为求 I'，并且我们可以像对待不定积分那样求 I'' 对 L 的积分，并且我们可以选择任何方便的任意常数。这是因为 I' 中的常数 C 意味着在 $I(m^2)-I(m^2+\lambda^2)$ 中的项 $-C\lambda^2$ 为零，因为我们要对结果与 $G(\lambda)\mathrm{d}\lambda$ 的乘积进行积分，并有 $\int_0^\infty\lambda^2G(\lambda)\mathrm{d}\lambda=0$。这意味着式(31a) 里对 L 的积分中出现的对数不会出现问题。我们可以取

$$I'(m^2+L)=(8i)^{-1}\int_{-1}^{+1}\left[\frac{1}{4}\eta^2q_\sigma q_\tau D^{-1}+\frac{1}{2}\delta_{\sigma\tau}\ln D\right]\mathrm{d}\eta+C\delta_{\sigma\tau},$$

继续对 L 积分，最后再对 η 积分，都不会出现新的问题。其结果是

$$\begin{aligned}&-(8i)\int p_\sigma p_\tau \mathrm{d}^4p\left(\left(\boldsymbol{p}-\frac{1}{2}\boldsymbol{q}\right)^2-m^2\right)^{-1}\left(\left(\boldsymbol{p}+\frac{1}{2}\boldsymbol{q}\right)^2-m^2\right)^{-1}\\&=(q_\sigma q_\tau-\delta_{\sigma\tau}\boldsymbol{q}^2)\left[\frac{1}{9}-\frac{(4m^2-\boldsymbol{q}^2)}{3\boldsymbol{q}^2}\left(1-\frac{\theta}{\tan\theta}\right)+\frac{1}{6}\ln\frac{\lambda^2}{m^2}\right]\\&\quad+\delta_{\sigma\tau}[(\lambda^2+m^2)\ln(\lambda^2m^{-2}+1)-C'\lambda^2],\end{aligned}\tag{32a}$$

其中我们假设了 $\lambda^2\gg m^2$，并将某些项归入任意常数 C'，它独立于 λ^2(但原则上可能依赖于 $\boldsymbol{q}^2$)，并在对 $G(\lambda)\mathrm{d}\lambda$ 积分后被除去。我们已设 $\boldsymbol{q}^2=4m^2\sin^2\theta$。

分母中含 m^2 的积分也可以非常类似的方式得到。当然在计算 I' 和 I'' 时也必须对 m^2 微分。其结果是

$$-(8i)\int m^2\mathrm{d}^4p\left(\left(\boldsymbol{p}-\frac{1}{2}\boldsymbol{q}\right)^2-m^2\right)^{-1}\left(\left(\boldsymbol{p}+\frac{1}{2}\boldsymbol{q}\right)^2-m^2\right)^{-1}$$

$$= 4m^2(1 - \theta\mathrm{ctn}\theta) - \boldsymbol{q}^2/3 + 2(\lambda^2 + m^2)$$
$$\times \ln(\lambda^2 m^{-2} + 1) - C''\lambda^2, \tag{33a}$$

其中含另一个不重要的 C''。完整问题需要进一步积分：

$$-(8i)\int(1;\ p_\sigma)\mathrm{d}^4 p\left(\left(\boldsymbol{p} - \frac{1}{2}\boldsymbol{q}\right)^2 - m^2\right)^{-1}\left(\left(\boldsymbol{p} + \frac{1}{2}\boldsymbol{q}\right)^2 - m^2\right)^{-1}$$
$$= (1,\ 0)(4(1 - \theta\mathrm{ctn}\theta) + 2\ln(\lambda^2 m^{-2})). \tag{34a}$$

当然，积分(34a) 乘以 m^2 的值不同于式(33a)，因为右边的结果实际上不等于左边的积分，而是等于它们的实际值减去它们在 $m^2 = m^2 + \lambda^2$ 时的值。

将这些量按式(32) 的要求组合起来，略去常数 C' 和 C''，然后求矩阵的迹，便得到式(33)。迹的计算按通常方式进行，注意到 γ 矩阵的奇数的迹为零，且对任意 A，B 有 $Sp(AB) = Sp(BA)$。$Sp(1) = 4$，我们还有

$$\frac{1}{2}Sp[(\boldsymbol{p}_1 + m_1)(\boldsymbol{p}_2 - m_2)] = \boldsymbol{p}_1 \cdot \boldsymbol{p}_2 - m_1 m_2, \tag{35a}$$

$$\frac{1}{2}Sp[(\boldsymbol{p}_1 + m_1)(\boldsymbol{p}_2 - m_2)(\boldsymbol{p}_4 - m_4)]$$
$$= (\boldsymbol{p}_1 \cdot \boldsymbol{p}_2 - m_1 m_2)(\boldsymbol{p}_3 \cdot \boldsymbol{p}_4 - m_3 m_4)$$
$$- (\boldsymbol{p}_1 \cdot \boldsymbol{p}_3 - m_1 m_3)(\boldsymbol{p}_2 \cdot \boldsymbol{p}_4 - m_2 m_4)$$
$$+ (\boldsymbol{p} - 1 \cdot \boldsymbol{p}_4 - m_1 m_4)(\boldsymbol{p}_2 \cdot \boldsymbol{p}_3 - m_2 m_3), \tag{36a}$$

其中 $\boldsymbol{p}_i$，m_i 分别为任意四矢量和常数。

有趣的是 $\lambda^2\ln\lambda^2$ 量级的项没了，因此电荷重整化仅以对数形式取决于 λ^2。这对于某些介子理论是不成立的。电动力学的发散性较温和也许是独特的。

D. 更复杂的问题

复杂问题的矩阵元可以通过类似于对待简单问题的方式来处理。我们给出 3 个事例：对莫勒散射、康普顿散射和中子与电磁场相互作用的高阶修正。

对于莫勒散射，考虑两个电子，一个处于动量 $\boldsymbol{p}_1$ 的态 u_1，另一个处于动量 $\boldsymbol{p}_2$ 的态 u_2。后来它们被发现分别处于 u_3，$\boldsymbol{p}_3$；u_4，$\boldsymbol{p}_4$。这是可以发生的(在 $e^2/\hbar c$ 的一级近似下)，因为它们按式(4) 的方式(见图 1) 交换一个动量为 $\boldsymbol{q} = \boldsymbol{p}_1 - \boldsymbol{p}_3 = \boldsymbol{p}_4 - \boldsymbol{p}_2$ 的量子。这个过程的矩阵元正比于[将式(4) 变换到动量空间]：

$$(\tilde{u}_4\gamma_\mu u_2)(\tilde{u}_3\gamma_\mu u_1)\boldsymbol{q}^{-2} \tag{37a}$$

我们讨论将式(37a) 修正到 $e^2/\hbar c$ 的下一级。(还有可能通过交换动量为 $\boldsymbol{p}_3 - \boldsymbol{p}_2$ 的

量子，使得处于 2 的电子跑到 3，处于 1 的电子跑到 4。按照不相容原理，必须从式(37a) 减去这个过程的振幅 $(\tilde{u}_4\gamma_\mu u_1)(\tilde{u}_3\gamma_\mu u_2)(\boldsymbol{p}_3-\boldsymbol{p}_2)^{-2}$。类似的情形对每一级都存在，因此我们只需仔细考虑对式(37a) 的修正，对 3，4 之间交换的相同的项放到最后去处理。）调整式(37a) 的一个理由是两个量子可按照图 8a 的方式交换。所有这类交换的总的矩阵元为

$$(e^2/\pi i)\int(\tilde{u}_3\gamma_\mu(\boldsymbol{p}_1-\boldsymbol{k}-m)^{-1}\gamma_\mu u_1)$$
$$\times(\tilde{u}_4\gamma_\mu(\boldsymbol{p}_2+\boldsymbol{k}-m)^{-1}\gamma_\mu u_2)\cdot\boldsymbol{k}^{-2}(\boldsymbol{q}-\boldsymbol{k})^{-2}\mathrm{d}^4k, \tag{38a}$$

由图和一般法则清楚地可知：动量 $\boldsymbol{p}$ 的电子在相互作用 γ_μ 之间的贡献是 $(\boldsymbol{p}-m)^{-1}$，动量 $\boldsymbol{k}$ 的量子贡献为 $\boldsymbol{k}^{-2}$。在对 d^4k 积分，并对 μ 和 ν 求和时，我们将图 8(a) 的所有类型的图加起来。如果电子 2 吸收动量 k 的量子 γ_μ 的时间晚于吸收动量 $\boldsymbol{q}-\boldsymbol{k}$ 的量子 γ_ν 的时间，则对应于虚态 $\boldsymbol{p}_2+\boldsymbol{k}$ 的是正电子(因此式(38a) 包含了 30 多项传统分析方法)。

在对所有这些可能的情形积分时，我们已经考虑了图 8(a) 的所有可能的保持事件沿轨迹的顺序的变形。但我们没有包括图 8(b) 的相应的可能性，它们的贡献是

$$(e^2/\pi i)\int(\tilde{u}_3\gamma_\mu(\boldsymbol{p}_1-\boldsymbol{k}-m)^{-1}\gamma_\mu u_1)$$
$$\times(\tilde{u}_4\gamma_\mu(\boldsymbol{p}_2+\boldsymbol{q}-\boldsymbol{k}-m)^{-1}\gamma_\mu u_2)\boldsymbol{k}^{-2}(\boldsymbol{q}-\boldsymbol{k})^{-2}\mathrm{d}^4k, \tag{39a}$$

这一点由标记图很容易得到确认。一个事件所有可能出现的贡献方式都被加进来。这意味着我们等权重将所有拓扑上不同的图所对应的积分相加。

到同一级近似的还有图 8(d) 的可能性，它给出

$$(e^2/\pi i)\int(\tilde{u}_3\gamma_\mu(\boldsymbol{p}_2-\boldsymbol{k}-m)^{-1}\gamma_\mu(\boldsymbol{p}_1-\boldsymbol{k}-m)^{-1}\gamma_\mu u_1)$$
$$\times(\tilde{u}_4\gamma_\mu u_2)\boldsymbol{k}^{-2}\boldsymbol{q}^{-2}\mathrm{d}^4k$$

这个对 $\boldsymbol{k}$ 的积分正是对散射的辐射修正的积分(12)，我们已经算出了它。这一项可以和重整化项组合起来，后者源自质量改变效应与图 8(f) 和图 8(g) 所对应的项的差。对图 8(e)，8(h) 和 8(i) 可以做类似的分析。

最后，图(8c) 这一项显然与真空极化问题有关，并且积分后给出正比于 $(\tilde{u}_4\gamma_\mu u_2)(\tilde{u}_3\gamma_\mu u_1)J_{\mu\nu}\boldsymbol{q}^{-4}$ 的项。如果电荷被重整化，则式(33) 里 $J_{\mu\nu}$ 的 $\ln(\lambda/m)$ 项被忽略，这样就不存在依赖于截断的项。

唯一需要我们求的新的积分是收敛积分(38a) 和(39a)。它们可以通过分母

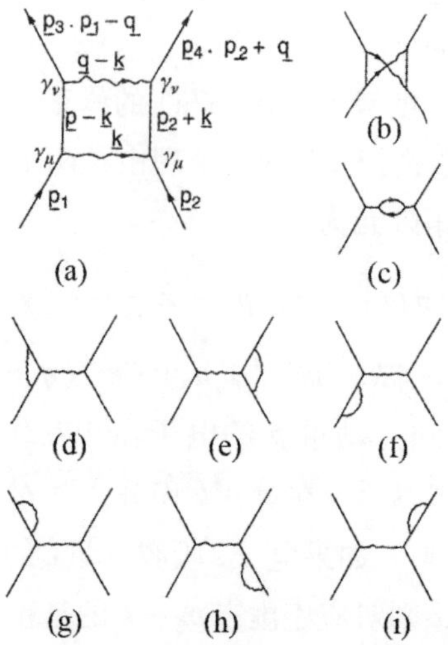

图 8　两个电子在$(e^2/\hbar c)^2$级上的相互作用。我们将包含两个虚量子的图的贡献相加，附录 D。

有理化并通过式(14a)组合起来而得到简化。例如，式(38a)包含因子$(\boldsymbol{k}^2-2\boldsymbol{p}_1\cdot\boldsymbol{k})^{-1}(\boldsymbol{k}^2+2\boldsymbol{p}_2\cdot\boldsymbol{k})^{-1}k^{-2}(\boldsymbol{q}^2+\boldsymbol{k}^2-2\boldsymbol{q}\cdot\boldsymbol{k})^{-2}$。前两项可以通过式(14a)来组合，记作参数 x；后两项通过式(15a)对 b 的微分来得到一个表达式，我们称其为参数 y。由此得到因子$(\boldsymbol{k}^2-2\boldsymbol{p}_x\cdot\boldsymbol{k})^{-2}(\boldsymbol{k}^2+y\boldsymbol{q}^2-2y\boldsymbol{q}\cdot\boldsymbol{k})^{-4}$，于是对 d^4k 的积分现在包含两个因子，可以用本附录前面给出的方法来计算。接下来对参数 x 和 y 的积分非常复杂，还没有详细地计算出来。

对带电介子的情形，常常可以大大减少项数。例如，对交换两个介子而产生的质子间相互作用，只存在图 8(b) 所对应的项。图 8(a) 的项(例如) 是不可能的，因为如果第一个质子发射一个正的介子，第二个质子不可能吸收它，因为只有中子才能吸收正介子。

作为第二个例子，我们考虑对康普顿散射的辐射修正。从式(15) 和图 5 可见，这种散射由两项来表示，因此我们可考虑分别对每一项进行修正。图 9 显示了对图 5(a) 的项修正后的各项类型。称虚量子的动量为 $\boldsymbol{k}$，图 9(a) 给出一个积分

$$\int\gamma_\mu(\boldsymbol{p}_2-\boldsymbol{k}-m)^{-1}\boldsymbol{e}_2(\boldsymbol{p}_1+\boldsymbol{q}_1-\boldsymbol{k}-m)^{-1}\boldsymbol{e}_1 \times(\boldsymbol{p}_1-\boldsymbol{k}-m)^{-1}\gamma_\mu\boldsymbol{k}^{-2}\mathrm{d}^4k.$$

它无需截断即收敛，并可用本附录所述方法约化。

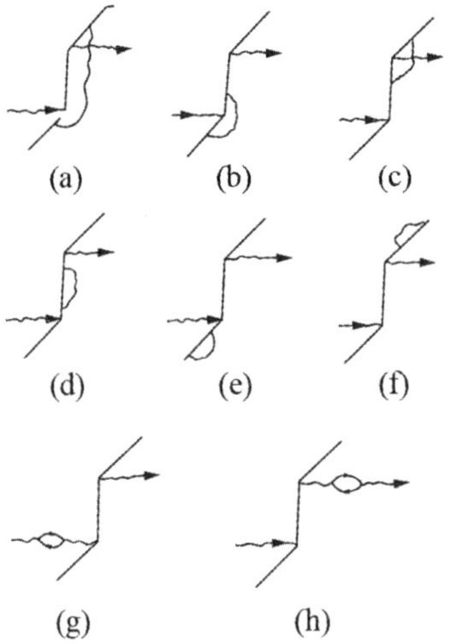

图 9　对图 5a 的康普顿散射的辐射修正，附录 D。

其他项相对较容易计算。图 9 的 b 项和 c 项与辐射修正密切相关（虽然计算起来更困难，因为其中一个态不是自由电子的态，$(\boldsymbol{p}_1+\boldsymbol{q})^2\neq m^2$）。e，f 项是重整化项。d 项必须减去质量 Δm 的效应，就像式(26)和(27)在 $\boldsymbol{p}'=\boldsymbol{p}_1+\boldsymbol{q}$，$\boldsymbol{a}=\boldsymbol{e}_2$，$\boldsymbol{b}=\boldsymbol{e}_1$ 时导致式(28)时所做的分析那样。g，h 项为零，因为对于自由光子 $\boldsymbol{q}_1^2=0$，$\boldsymbol{q}_2^2=0$，真空极化效应为零。总的结果对截断 λ 不敏感。

这个结果表明，红外灾难对修正效应影响最大。当在 $\lambda_{\min}$ 处实施截断时，正比于 $\ln(m/\lambda_{\min})$ 的该效应为

$$(e^2/\pi)\ln(m/\lambda_{\min})(1-2\theta\operatorname{ctn}2\theta), \tag{40a}$$

乘以未修正时的振幅，其中 $(\boldsymbol{p}_2-\boldsymbol{p}_1)^2=4m^2\sin^2\theta$。这与散射偏转 $\boldsymbol{p}_2-\boldsymbol{p}_1$ 时的辐射修正相同。它在物理上很清楚，因为长波长量子不受短寿命的中间态的影响。红外效应源自于场的最终的调整①：即场从碰撞前动量为 $\boldsymbol{p}_1$ 的电子所刻画的渐近库伦场调整到碰撞后沿新方向运动的 $\boldsymbol{p}_2$ 的电子所刻画的渐近库伦场。

辐射修正的完整的表达式是一种包含超越积分的非常复杂的表达式。

作为最后一个例子，我们来考虑中子因可以发射虚的负介子而引起的与电磁

① F. Bloch and A. Nordsieck, *Phys. Rev.*, **52**, 54(1937).

场的相互作用。我们选择带赝矢耦合的赝标量介子作为例子。电磁场$\boldsymbol{A}=\boldsymbol{a}\exp(-i\boldsymbol{q}\cdot\boldsymbol{x})$引起的振幅变化决定了这个场对中子的散射。在小$\boldsymbol{q}$极限下，它将会出现$\boldsymbol{qa}-\boldsymbol{aq}$的变化，这个量表示具有磁矩的粒子的相互作用。电子与中子之间的一阶相互作用由考虑在电子与中子之间交换一个量子的同样的计算给出。在此情形下，a_μ等于$\boldsymbol{q}^{-2}$乘以γ_μ在电子的初态与模态之间的矩阵元，这两个态的动量之差为$\boldsymbol{q}$。

这种相互作用之所以能够出现，是因为动量$\boldsymbol{p}_1$的中子发射一个负介子变成质子，这个质子与电磁场相互作用然后吸收该介子(图10(a))。这个过程的矩阵为$(\boldsymbol{p}_2=\boldsymbol{p}_1+\boldsymbol{q})$，

$$\int(\gamma_5\boldsymbol{k}(\boldsymbol{p}_2-\boldsymbol{k}-M)^{-1}\boldsymbol{a}(\boldsymbol{p}_1-\boldsymbol{k}-M)^{-1}(\gamma_5\boldsymbol{k})(\boldsymbol{k}^2-\mu^2)^{-1}\mathrm{d}^4k. \tag{41a}$$

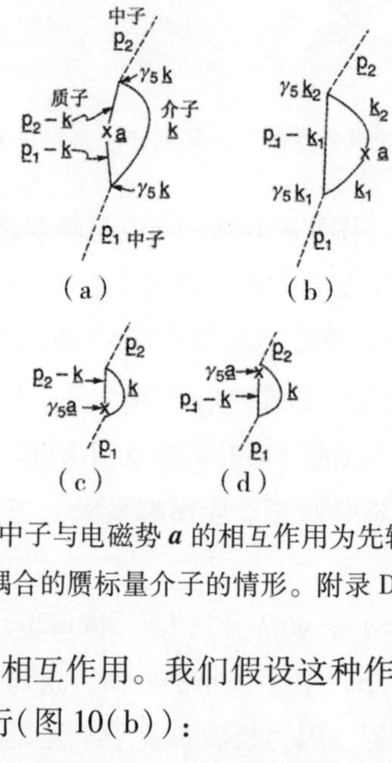

图10　按照介子理论，中子与电磁势$\boldsymbol{a}$的相互作用为先辐射一个虚的带电介子。这个图展示了一个带赝矢耦合的赝标量介子的情形。附录D。

此外介子也可能与场发生相互作用。我们假设这种作用以满足克莱因-戈登方程(35)的标量势的方式进行(图10(b))：

$$-\int(\gamma_5\boldsymbol{k}_2)(\boldsymbol{p}_1-\boldsymbol{k}_1-M)^{-1}(\gamma_5\boldsymbol{k}_1)(\boldsymbol{k}_2^2-\mu^2)^{-1}$$
$$\times(\boldsymbol{k}_2\cdot\boldsymbol{a}+\boldsymbol{k}_1\cdot\boldsymbol{a})(\boldsymbol{k}_1^2-\mu^2)^{-1}\mathrm{d}^4k_1, \tag{42a}$$

其中我们已经令$\boldsymbol{k}_2=\boldsymbol{k}_1+\boldsymbol{q}$。正负号的变化是因为虚介子是负的。最后还有两项来自赝矢耦合的$\gamma_5\boldsymbol{a}$部分(图10(c)，10(d))：

$$\int(\gamma_5\boldsymbol{k})(\boldsymbol{p}_2-\boldsymbol{k}-M)^{-1}(\gamma_5\boldsymbol{a})(\boldsymbol{k}^2-\mu^2)^{-1}\mathrm{d}^4k \tag{43a}$$

和

$$\int(\gamma_5\boldsymbol{a})(\boldsymbol{p}_1-\boldsymbol{k}-M)^{-1}(\gamma_5\boldsymbol{k})(\boldsymbol{k}^2-\mu^2)^{-1}\mathrm{d}^4k, \tag{44a}$$

按关于介子理论那一节所讨论的方法运用收敛因子，每个积分都可计算，然后再将结果加起来。按 $\boldsymbol{q}$ 的幂次展开，第一项给出中子的磁矩，它对截断不敏感；下一项给出慢电子被中子散射的散射振幅，它以对数形式依赖于截断。

这些表达式在积分前可以进行某些简化和合并。这会使得积分变得稍微容易些，并能显示与赝矢耦合情形的关系。例如，在式(41a) 里，最后的 $\gamma_5\boldsymbol{k}$ 可以写成 $\gamma_5(\boldsymbol{k}-\boldsymbol{p}_1+M)$，因为当作用到初态时有 $\boldsymbol{p}_1=M$。又因为 γ_5 与 $\boldsymbol{p}_1$ 和 $\boldsymbol{k}$ 都反对易，故 $\gamma_5\boldsymbol{k}$ 又可以写成$(\boldsymbol{p}_1-\boldsymbol{k}-M)\gamma_5+2m\gamma_5$。其中第一项与$(\boldsymbol{p}_1-\boldsymbol{k}-M)^{-1}$ 相消，给出的项恰与式(43a) 相消。用类似的方式，式(41a) 里的主因子 $\gamma_5\boldsymbol{k}$ 可写成 $-2M\gamma_5-\gamma_5(\boldsymbol{p}_2-\boldsymbol{k}-M)$，其中第二项可进一步简化为不含$(\boldsymbol{p}_2-\boldsymbol{k}-M)^{-1}$ 因子的项，并可与式(44a) 中的类似项合并。我们可以类似的方式化简式(42a) 中的 $\gamma_5\boldsymbol{k}_1$ 和 $\gamma_5\boldsymbol{k}_2$。最后得到如同式(41a) 和(42a) 中的项，但带的是赝矢耦合 $2M\gamma_5$ 而不是 $\gamma_5\boldsymbol{k}$，没有如式(43a) 和(44a) 中的项，其余项表示赝矢耦合与赝标耦合效应的差。赝标项对截断的依赖关系不敏感，但差值项以对数形式依赖于截断。这个差值项影响到电子-中子相互作用，但不影响中子的磁矩。

质子与电磁势的相互作用可做类似的分析。甚至在中性介子的情形也存在虚介子对质子的电磁性质的影响。这与电子因虚光子散射的辐射修正处理类似。由带电介子引起的质子和中子的磁矩的和等于由相应的介子理论计算给出的质子的磁矩。事实上，通过图的比较容易看出，对于任意的 $\boldsymbol{q}$，按照中性介子理论计算得到的电磁势一阶近似下的质子散射矩阵，等于 —— 如果介子是带电的 —— 中子矩阵与质子矩阵的和。对于任何类型的介子耦合或其混合，上述结论在耦合的所有阶次上(略去中子与质子的质量差) 都是正确的。

正电子的理论①

理查德·费曼

正电子和负电子在给定外电势下的行为问题，其中忽略掉它们之间的相互作用，通过重新解读狄拉克方程的解(而非空穴理论)而得到了分析。根据波函数的边界条件，我们可以写出这个问题的完整的解。这个解自动包含了所有可能的虚(实)粒子对的生成和湮灭以及普通的散射过程，包括不同项的正确的相对正负号。

在这个解里，“负能态”以这样一种形式出现：它可以(如斯特科尔伯格所做的那样)被描绘成时空上由外电势发出的时间上退行的波。实验上看，这种波相当于一个趋近电势并与电子一起湮灭的正电子。一个在外场中时间上前行的粒子(电子)既可以被散射到时间上前行的方向(普通散射)，也可以被散射到时间上退行的方向(电子对湮灭)。而时间上退行的粒子(正电子)，既可以被散射到时间上退行的方向(正电子散射)，也可以被散射到时间上前行的方向(电子对湮灭)。我们在直到势的任意阶近似下分析了这样一个粒子从初态跃迁到末态的振幅②。分析中考虑该粒子可能经历的一系列这样的散射。

包含许多这种粒子的过程的振幅是每个粒子的跃迁振幅的乘积。不相容原理要求，对所有那些差别只在交换粒子的完整过程，我们选择振幅反对称的组合。似乎只有采用不相容原理，才能得到自洽的解释。对于中间态，不需要考虑不相容原理。对于彼此间无相互作用的电荷，不会出现真空问题。但在预期量子电动力学的应用时，这些过程都得到了分析。

结果还是用动量-能量变量来表示。本文方法与空穴理论的二次量子化的等价性证明见附录。

---

① 经美国物理学会许可重印自 Feynman, *Physical Review*, Volume **76**, 749(1949).

② 本文中“振幅”均应理解为概率幅。—— 中译者注。

1. 引言

这是一组有关量子电动力学问题的解的处理方法文章中的第一篇。主要原则是直接处理哈密顿微分方程的解而不是这些方程本身。在此我们仅处理电子和正电子在给定外部势场下的运动。在第二篇论文中，我们考虑这些粒子之间的相互作用，即量子电动力学。

对于固定势场下的电荷问题，通常是运用空穴理论的思想，采用电子场的二次量子化的方法来处理。而在本文中我们将证明，通过合适的选择和对狄拉克方程的解的解释，这个问题同样可以用另一种方法来处理，其方法本质上并不比处理一个或多个粒子的薛定谔方法更复杂。从传统的电子场的观点看，各种产生和湮灭算符是必须的，因为粒子数不守恒，即，正负电子对可以产生或湮灭。另一方面，电荷是守恒的，这表明，如果我们遵循电荷而不是粒子的思路来处理，结果可以得到简化。

在经典相对论的近似下，电子对的产生(电子 A、正电子 B) 可以用从产生点 1 发出的两条世界线来表示。正电子的世界线将持续到它与另一个电子 C 在世界点 2 发生湮灭为止。于是在时间 t_1 和 t_2 之间有 3 条世界线，在 t_1 之前和 t_2 之后各有 1 条。但世界线 C，B 和 A 一起形成一条连续的线，尽管这条连续线的“正电子部分”B 在时间上是向后退行的。我们跟踪电荷而不是粒子，这相当于将这条连续的世界线看成一个整体而不是其各部分。这就好像一架轰炸机低空飞过一条路，驾驶员突然看到 3 条路，但只有当其中两条连接在一起并消失后，他才意识到他只是飞越过一条之字形的路。

这种全局时空观使得许多问题可以大大简化。我们可以同时考虑若干个过程，而这些过程通常必须逐个分开来考虑。例如，当我们考虑一个电子受到一个势场的散射过程时，我们自然地考虑到虚粒子对产生的影响。同样，描述电子的世界线在势场内偏转的狄拉克方程，也可以描述(且方式也很简单) 那种偏转大到足以使世界线在时间上反向从而相当于粒子对湮灭的情形。从量子力学角度看，世界线的方向被波的传播方向所取代。

这种观点完全不同于哈密顿方法，后者认为未来是对过去的连续不断的发展。在这里，我们想象整个时空的历史全都展现在眼前，我们只注意到它的连续不断的增加部分。就散射问题而言，对全部散射过程的总体视角类似于海森伯的 S 矩阵的观点。在散射过程中，事件的时序 —— 哈密顿微分方程特别重视的分析细节——是无关紧要的。这些观点之间的关系将在第二篇论文的引言中做更充分的讨论，其中我们将分析更复杂的相互作用情形。

这一思路的发展源于这样一种想法：在非相对论量子力学里，一个给定过程的振幅可以看作是每条可能的时空路径振幅的总和①。鉴于在经典物理学中，正电子可以看作是电子沿世界线向过去的退行，因此在相对论的情形下，我们设法去除路径必须总是沿一个时间方向的限制。业已发现，从更熟悉的物理观点即散射波的观点看，结果可能更容易理解。本文即采用这一观点。在重新解释了狄拉克方程的物理意义之后，我们证明了它与二次量子化的等价性。②

首先，我们用薛定谔方程作为例子来讨论哈密顿微分方程与其解的关系。接下来我们以类似的方法来处理狄拉克方程，讨论其解如何能够被解释适用于正电子。这种解释要变得自洽，必须要求电子服从不相容原理。（服从克莱因-戈登方程的电荷可以类似的方式来描述，但在此自洽性显然需要它们满足玻色统计。）③本文还描述了对计算矩阵元非常有用的动量-能量变量表示。附录中给出了本文的方法与空穴理论的二次量子化方法的等价性的证明。

2. 薛定谔方程的格林函数解法

我们先简要讨论非相对论性波动方程与其解的关系，然后将这一思想推广到满足狄拉克方程的相对论性粒子，并在随后的论文里推广到具有相互作用的相对论粒子，即量子电动力学。

薛定谔方程

$$i\partial\psi/\partial t = H\psi \tag{1}$$

描述了波函数 ψ 在算符 $\exp(-iH\Delta t)$ 的作用下在无穷小时间间隔 Δt 里的变化。我们也可以问，如果 $\psi(\boldsymbol{x}_1, t_1)$ 是 $\boldsymbol{x}_1$ 点在时刻 t_1 时的波函数，那么在时刻 $t_2 > t_1$ 时的波函数是什么？答案是它总是可以写成

$$\psi(\boldsymbol{x}_2, t_2) = \int K(\boldsymbol{x}_2, t_2; \boldsymbol{x}_1, t_1)\psi(\boldsymbol{x}_1, t_1)\mathrm{d}^3\boldsymbol{x}_1, \tag{2}$$

其中 K 是线性方程(1)的格林函数。（我们仅限于考虑坐标 $\boldsymbol{x}$ 的单个粒子，但该方

---

① R. P. Feynman, *Rev. Mod. Phys.* **20**, 367(1948).

② 戴森已经证明，整个过程（包括光子相互作用）与施温格和朝永振一郎的工作等价。见 F. J. Dyson, *Phys. Rev.*, **75**, 486(1949).

③ 这些是泡利给出的自旋与统计的一般关系的特例. 见 W. Pauli, *Phys. Rev.*, **58**, 716(1940).

程显然更具普遍性。）如果 H 是一个本征值为 E_n、本征函数为 ϕ_n 的常算符，则 $\psi(\boldsymbol{x}, t_1)$ 可展开为 $\sum_n C_n\phi_n(\boldsymbol{x})$，而 $\psi(\boldsymbol{x}, t_2)=\exp(-iE_n(t_2-t_1))\times C_n\phi_n(\boldsymbol{x})$。由于 $C_n=\int\phi_n^*(\boldsymbol{x}_1)\psi(\boldsymbol{x}_1, t_1)\mathrm{d}^3\boldsymbol{x}_1$，故在此情形下我们发现，对于 $t_2>t_1$（我们将 $\boldsymbol{x}_1$，t_1 记为 1，$\boldsymbol{x}_2$，t_2 记为 2）有

$$K(2, 1)=\sum_n\phi_n(\boldsymbol{x}_2)\phi_n^*(\boldsymbol{x}_1)\exp(-iE_n(t_2-t_1)). \tag{3}$$

我们发现，对于 $t_2<t_1$，定义 $K(2, 1)=0$ 是方便的（式(2) 对于 $t_2<t_1$ 不适用）。很容易证明，一般来说 K 可由下式的解来定义：

$$(i\partial/\partial t_2-H_2)K(2, 1)=i\delta(2, 1) \tag{4}$$

它在 $t_2<t_1$ 时为零，其中 $\delta(2, 1)=\delta(t_2-t_1)\delta(x_2-x_1)\delta(y_2-y_1)\delta(z_2-z_1)$，$H_2$ 的下标 2 意味着算符作用在 $K(2, 1)$ 的 2 的变量上。当 H 不是常数时，式(2) 和 (4) 仍成立，但 K 的计算不像式(3) 那么容易。①

我们可以称 $K(2, 1)$ 为从 $\boldsymbol{x}_1$，t_1 出发到达 $\boldsymbol{x}_2$，t_2 的总振幅。（它源自这两个点之间每条时空路径的的振幅 $\exp(iS)$ 的叠加，其中 S 是沿该路径的作用量。）如果一个粒子在 t_1 时刻处在 $\psi(\boldsymbol{x}_1, t_1)$ 态，那么在 t_2 时刻发现粒子处在 $\chi(\boldsymbol{x}_2, t_2)$ 态的跃迁振幅为

$$\int\chi^*(2)K(2, 1)\psi(1)\mathrm{d}^3\boldsymbol{x}_1\mathrm{d}^3\boldsymbol{x}_2. \tag{5}$$

一个量子力学系统可以由函数 K 描述，也可以等价地由产生 K 的哈密顿量 H 来描述。在某些方面，用 K 描述更容易运用也更直观。我们最终希望能够从这个角度来讨论量子电动力学。

为了更熟悉函数 K 及其观点，我们考虑一个简单的微扰问题。想象我们有一个处于弱的势场 $U(\boldsymbol{x}, t)$ 的粒子，这个函数是位置和时间的函数。我们来计算 $K(2, 1)$ 仅当 U 对于 t_1 和 t_2 之间的 t 不为零。我们将 K 按 U 的升幂展开：

$$K(2, 1)=K_0(2, 1)+K^{(1)}(2, 1)+K^{(2)}(2, 1)+\cdots. \tag{6}$$

---

① 对于非相对论性自由粒子，$\phi_n(\boldsymbol{x})=\exp(-i\boldsymbol{p}\cdot\boldsymbol{x})$，$E_n=p^2/2m$，众所周知，此时式(3) 给出：对 $t_2>t_1$，

$$K_0(2, 1)=\int\exp[-(i\boldsymbol{p}\cdot\boldsymbol{x}_1-i\boldsymbol{p}\cdot\boldsymbol{x}_2)-i\boldsymbol{p}^2(t_2-t_1)/2m]\mathrm{d}^3p(2\pi)^{-3}$$

$$=(2\pi im^{-1}(t_2-t_1))^{-1}\exp\left(\frac{1}{2}im(\boldsymbol{x}_2-\boldsymbol{x}_1)^2(t_2-t_1)^{-1}\right);$$

对 $t_2<t_1$，$K_0=0$.

对 U 的零阶项，K 是自由粒子的格林函数 $K_0(2,\ 1)$。为了研究一阶修正项 $K^{(1)}(2,\ 1)$，我们首先考虑 U 在某个无穷小时间间隔 Δt_3（在时刻 t_3 到 $t_3+\Delta t_3$ 之间，$t_1<t_3<t_2$）不为零的情形。如果 $\psi(1)$ 是 $(\boldsymbol{x}_1,\ t_1)$ 点的波函数，则 $(\boldsymbol{x}_3,\ t_3)$ 点的波函数为

$$\psi(3)=\int K_0(3,\ 1)\psi(1)\mathrm{d}^3\boldsymbol{x}_1. \tag{7}$$

这是因为从 t_1 到 t_3 粒子是自由的。对于短时间隔 Δt_3，我们解(1) 得到

$$\begin{aligned}\psi(\boldsymbol{x},\ t_3+\Delta t_3)&=\exp(-iH\Delta t_3)\psi(\boldsymbol{x},\ t_3)\\&=(1-iH_0\Delta t_3-iU\Delta t_3)\psi(\boldsymbol{x},\ t_3).\end{aligned}$$

这里我们令 $H=H_0+U$，H_0 是自由粒子的哈密顿量。因此 $\psi(\boldsymbol{x},\ t_3+\Delta t_3)$ 不同于势场为零时的态函数，即 $(1-iH_0\Delta t_3)\psi(\boldsymbol{x},\ t_3)$，二者相差一个增量

$$\Delta\psi=-iU(\boldsymbol{x}_3,\ t_3)\cdot\psi(\boldsymbol{x}_3,\ t_3)\Delta t_3, \tag{8}$$

我们称这个量为势散射振幅。2 点的波函数由下式给出

$$\psi(\boldsymbol{x}_2,\ t_2)=\int K_0(\boldsymbol{x}_2,\ t_2;\ \boldsymbol{x}_3,\ t_3+\Delta t_3)\psi(\boldsymbol{x}_3,\ t_3+\Delta t_3)\mathrm{d}^3\boldsymbol{x}_3.$$

这是因为在 $t_3+\Delta t_3$ 后粒子又是自由的。因此，在 2 点由势引起的波函数的改变为（将式(7) 代入(8)，再将式(8) 代入 $\psi(\boldsymbol{x}_2,\ t_2)$ 的方程）：

$$\Delta\psi(2)=-i\int K_0(2,\ 3)U(3)K_0(3,\ 1)\psi(1)\mathrm{d}^3\boldsymbol{x}_1\mathrm{d}^3\boldsymbol{x}_3\Delta t_3.$$

在此情形下，势可以在较长一段时间内存在。我们可以将它的影响看作是在每个 Δt_3 区间的影响的叠加，这样总的效应可通过对 t_3 和 $\boldsymbol{x}_3$ 的积分得到。从 K 的定义式(2) 我们有

$$K^{(1)}(2,\ 1)=-i\int K_0(2,\ 3)U(3)K_0(3,\ 1)\mathrm{d}\tau_3. \tag{9}$$

这个积分现在可以扩展到所有的空间和时间上，$\mathrm{d}\tau_3=\mathrm{d}\boldsymbol{x}_3\mathrm{d}t_3$。如果 t_3 是在 t_1 到 t_2 的范围以外，那么该积分自然没有贡献，因为按照我们的定义，对于 $t_2<t_1$，$K_0(2,\ 1)=0$。

我们可以这样来理解式(6) 和(9) 的结果。我们可以想象一个粒子像自由粒子那样在势 U 的散射作用下从一点移动到另一点。因此，从 1 到 2 的总振幅可以看成是各条可能路径的振幅的总和。它可以直接从 1 到 2（振幅 $K_0(2,\ 1)$，给出式(6) 的零阶项）。或从 1 到 3[见图 1(a)，振幅 $K_0(3,\ 1)$]，被势散射到那儿[单位体积内单位时间的散射振幅 $-iU(3)$]，然后再从 3 到 2[振幅 $K_0(2,\ 3)$]。这在任何一点 3 都有可能会发生，因此对所有这些可能路径求和得到式(9)。

另外，粒子可能被势散射两次[图 1(b)]。粒子从 1 被势$[-iU(3)]$散射到 3[振幅 $K_0(3,1)$]，然后在那里又被势$[-iU(4)]$散射到 4[振幅 $K_0(4,3)$]，最后从 4 回到 2[振幅 $K_0(4,2)$]。对 3，4 所有可能的地点和时间求和，便得到对总振幅 $K^{(2)}(2,1)$ 的二阶贡献：

$$(-i)^2\iint K_0(2,4)U(4)K_0(4,3)\times U(3)K_0(3,1)\mathrm{d}\tau_3\mathrm{d}\tau_4. \tag{10}$$

如同式(9) 一样，这一点很容易直接从式(1) 得到验证。显然我们按此写出展开式(6) 的任何一项。①

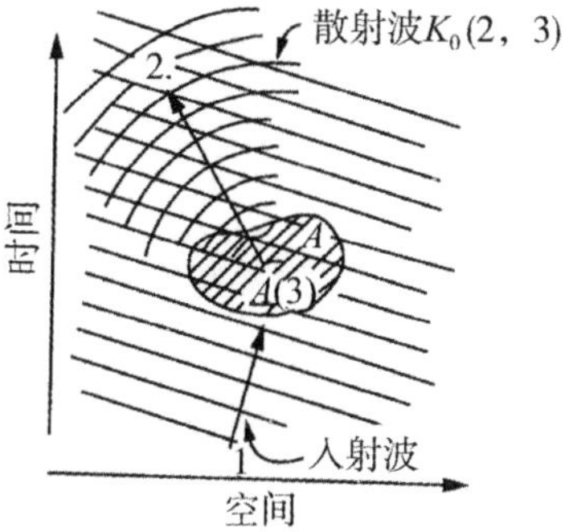

（a）一阶方程（9）

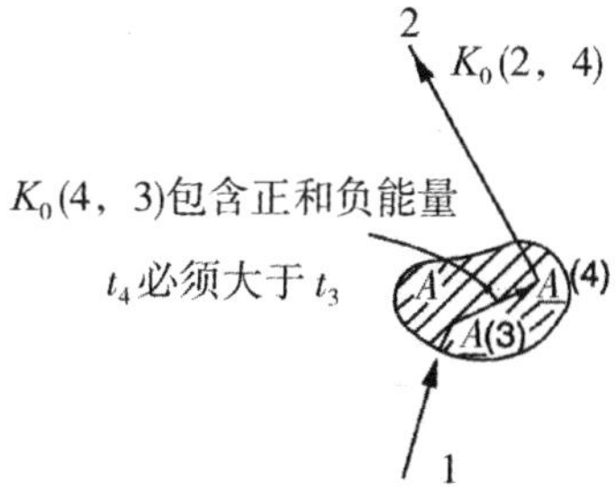

（b）二阶方程（10）

图 1　薛定谔方程(和狄拉克方程) 可以直观地描述平面波被势场连续散射的事实。图 1(a) 展示了一阶的情形。$K_0(2,3)$ 是自由粒子从 3 出发到达 2 的振幅。阴影区表示存在势 A 的区域，A 在 3 的散射振幅是 $-\mathrm{i}A(3)/\mathrm{cm}^3\mathrm{sec}$(方程 9)。图 1(b) 展示的是二阶过程[方程(10)]，在 3 处被散射的波又在 4 处被散射。然而，在狄拉克单电子理论里，$\boldsymbol{K}_0(4,3)$ 表示从 3 到 4 的具有正能量和负能量的电子。这一点通过选择不同的散射传播子 $\boldsymbol{K}_+(4,3)$ 可得到弥补，见图 2。

---

① 通过逐级近似，我们可以直接解积分方程(在式(1) 中取 $H=H_0+U$，在式(4) 中取 $H=H_0$ 即可直接求得)

$$\psi(2)=-i\int K_0(2,3)U(3)\psi(3)\mathrm{d}\tau_3+\int K_0(2,1)\psi(1)\mathrm{d}^3\boldsymbol{x}_1,$$

其中第一项积分扩展到全空间和大于第二项中 t_1 的所有时间，且 $t_2>t_1$。

3. 狄拉克方程的处理

现在我们将上一节的方法推广应用到狄拉克方程上。要做的似乎就是将以前方程中的 H 看成是狄拉克哈密顿量，ψ 为有 4 个指标(对每个粒子) 的符号。这样，K_0 仍然可由式(3) 或(4) 来定义，现在是一个作用于初始波函数，给出末态波函数的 4×4 矩阵。在式(10) 里，$U(3)$ 可以推广为 $A_4(3)-\boldsymbol{\alpha}\cdot\boldsymbol{A}(3)$，其中 A_4，$\boldsymbol{A}$ 分别是标量和矢势(乘上电子电荷 e)，$\boldsymbol{\alpha}$ 是狄拉克矩阵。

为了讨论这个问题，我们定义一个方便的相对论性记号。我们用符号 x_μ 代表四矢量($\boldsymbol{x}$，t)，这里 $\mu=1，2，3，4$ 且 $x_4=t$ 是实的。这样，矢量势和标量势(乘以 e)$\boldsymbol{A}$，A_4 合起来记为 A_μ。四矩阵 $\beta\boldsymbol{\alpha}$，β 可视为具有与四矢量 γ_μ 一样的变换(我们的 γ_μ 与泡利的符号相比差一个因子 i，且后者 $\mu=1，2，3$)。我们采用求和约定 $a_\mu b_\mu=a_4b_4-a_1b_1-a_2b_2-a_3b_3=\boldsymbol{a}\cdot\boldsymbol{b}$。特别是，如果 a_μ 是某个任意四矢量(但不是矩阵)，那么我们记 $\boldsymbol{a}=a_\mu\gamma_\mu$，因此 $\boldsymbol{a}$ 是一个与矢量关联的矩阵(我们经常用 $\boldsymbol{a}$ 来代替 a_μ 作为矢量的记号)。γ_μ 满足 $\gamma_\mu\gamma_\nu+\gamma_\nu\gamma_\mu=2\delta_{\mu\nu}$，这里 $\delta_{44}=+1$，$\delta_{11}=\delta_{22}=\delta_{33}=-1$。其他的 $\delta_{\mu\nu}$ 等于零。作为我们求和约定的结果，$\delta_{\mu\nu}a_\nu=a_\mu$ 和 $\delta_{\mu\mu}=4$。注意，$\boldsymbol{ab}+\boldsymbol{ba}=2\boldsymbol{a}\cdot\boldsymbol{b}$，且 $\boldsymbol{a}^2=a_\mu a_\mu=\boldsymbol{a}\cdot\boldsymbol{a}$ 是一个纯粹的数。符号 $\partial/\partial x_\mu$ 对 $\mu=4$ 意味着 $\partial/\partial t$；对 $\mu=1，2，3$ 分别意味着 $-\partial/\partial x$，$-\partial/\partial y$ 和 $-\partial/\partial z$。我们令 $\nabla=\gamma_\mu\partial/\partial x_\mu=\beta\partial/\partial t+\beta\boldsymbol{\alpha}\cdot\nabla$。以后我们想象——纯粹出于相对论的方便——式(3) 的 ϕ_n^* 用其共轭 $\tilde{\phi}_n=\phi_n^*\beta$ 来取代。

因此，在外场 $\boldsymbol{A}=A_\mu\gamma_\mu$ 中质量为 m 的粒子的狄拉克方程为

$$(i\nabla-m)\psi=\boldsymbol{A}\psi. \tag{11}$$

决定自由粒子传播的式(4) 变为

$$(i\nabla_2-m)K_+(2，1)=i\delta(2，1), \tag{12}$$

∇_2 的下标 2 表示对坐标 $x_{2\mu}$ 微商。在 $K_+(2，1)$ 和 $\delta(2，1)$ 里的 2 也指的是 $x_{2\mu}$。

函数在 $K_+(2，1)$ 是定义在无场情形下的。如果势 $\boldsymbol{A}$ 起着类似的作用，则可定义 $K_+^{(A)}(2，1)$。它与 $K_+(2，1)$ 的差由类似于式(9) 的一阶修正给出，即

$$K_+^{(1)}(2，1)=-i\int K_+(2，3)\boldsymbol{A}(3)K_+(3，1)\mathrm{d}\tau_3 \tag{13}$$

代表一个自由粒子从 1 被势(现在这个势由 $\boldsymbol{A}(3)$ 而非 $U(3)$ 表示) 散射到 3，继而作为自由粒子到 2 的振幅。类似于式(10) 的二阶修正是

$$K_+^{(2)}(2,\ 1)=-\iint K_+(2,\ 4)\boldsymbol{A}(4)\times K_+(4,\ 3)\boldsymbol{A}(3)K_+(3,\ 1)\mathrm{d}\tau_4\mathrm{d}\tau_3 \tag{14}$$

等等。一般地，$K_+^{(A)}$ 满足

$$(i\nabla_2-\boldsymbol{A}(2)-m)K_+^{(A)}(2,\ 1)=i\delta(2,\ 1). \tag{15}$$

式(13)，(14) 是 $K_+^{(A)}$ 同样满足下述积分方程的幂级数展开式的后续项：

$$K_+^{(A)}(2,\ 1)=K_+(2,\ 1)-i\int K_+(2,\ 3)\boldsymbol{A}(3)K_+^{(A)}(3,\ 1)\mathrm{d}\tau_3 \tag{16}$$

现在我们希望选择式(12) 的特解为 $K_+=K_0$，其中当 $t_2<t_1$ 时 $K_0(2,\ 1)=$ 零；当 $t_2>t_1$ 时 K_0 由式(3) 给出，其中 ϕ_n 和 E_n 分别是满足狄拉克方程的粒子的本征函数和本征能量，且 ϕ_n^* 由 $\tilde{\phi}_n$ 代替。

然而，由此选择产生的公式有缺陷，它们适用于狄拉克的单电子理论但不适用于正电子空穴理论。例如，考虑如图1(a) 中在小的时空区域3 中被势散射后的电子。单电子理论认为(在式(3) 中令 $K_+=K_0$)，散射振幅在另一个点 2 点将以正的和负的能量继续沿时间的正方向运动，即有正的和负的相位变化率。没有波被散射到比散射时间早的时间上去。这些都是 $K_0(2,\ 3)$ 的属性。

另一方面，根据正电子理论，散射后的电子不可能有负能量态。因此 $K_+=K_0$ 的选择不能令人满意。但式(12) 有其他解。我们这样来选取这个解，它将 $K_+(2,\ 1)$ 定义为当 $t_2>t_1$ 时 $K_+(2,\ 1)$ 为仅对式(3) 的所有正能量求和。现在，为使这种表示完备，这个新的解必须对所有时间满足式(12)。因此它必与老的解 K_0 相差一个齐次狄拉克方程的解。从定义可以很清楚地看出，只要 $t_2>t_1$，差 K_0-K_+ 就是式(3) 对所有负能量态的总和。但这个差必须在所有时间都是齐次狄拉克方程的解，因此必然在 $t_2<t_1$ 时也由同样的负能态之和来表示。由于在此情形下 $K_0=0$，这表明新的传播子 $K_+(2,\ 1)$ 在 $t_2<t_1$ 时是式(3) 对所有负能量的求和的负值，即

$$K_+(2,\ 1)=\begin{cases}\displaystyle\sum_{\text{正}E_n}\phi_n(2)\bar{\phi}_n(1)\exp(-iE_n(t_2-t_1)) & \text{对 } t_2>t_1\\ \displaystyle-\sum_{\text{负}E_n}\phi_n(2)\bar{\phi}_n(1)\exp(-iE_n(t_2-t_1)) & \text{对 } t_2<t_1.\end{cases} \tag{17}$$

有了这个对 K_+ 的选择，现在像式(13) 和(14) 这样的方程将给出与正电子空穴理论等价的结果。

例如，根据正电子理论，式(14) 是最初从 1 点出发的一个电子被发现处于 2

点的正确的二阶表达式。这一点从图 2 可以看出。作为一个特例，假设 $t_2 > t_1$，且仅在 $t_2 - t_1$ 区间内势不为零，故 t_4 和 t_3 都处在 t_1 和 t_2 之间。

首先假设 $t_4 > t_3$[图 2(b)]。于是(因为 $t_3 > t_1$) 最初处于正能态的电子假定以此态[由 $K_+(3, 1)$] 传播到位置 3，并在那里被散射[$\boldsymbol{A}(3)$]，它一定是作为正能量的电子行进到位置 4。式(14) 对此做了正确的描述，因为对于 $t_4 > t_3$，$K_+(4, 3)$ 的展开式中只包含正能量部分。在 4 电子被散射后行进到 2，此过程中电子仍具有正能态，因为 $t_2 > t_4$。

在正电子理论中，由于可能存在虚粒子对的生产，故存在额外的贡献(图 2(c))。粒子对可以在位置 4 由势 $\boldsymbol{A}(4)$ 产生，其中的电子后来被发现处在位置 2。正电子(或者说孔穴) 则行进到位置 3，并在那里与 1 点过来的电子发生湮灭。

这种替代已经作为 $t_4 < t_3$ 时的贡献包含在式(14) 中，对它的研究使我们能够解释 $t_4 < t_3$ 时的 $K_+(4, 3)$。因子 $K_+(2, 4)$ 描述了(在 4 处电子对生产后) 从 4 到 2 行进的电子。同样，$K_+(3, 1)$ 表示电子从 1 行进到 3。因此 $K_+(4, 3)$ 必定代表从 4 传播到 3 的正电子或空穴。这是非常明确的。事实上，在空穴理论里，空穴以负能量电子的方式表现出来，反映为在 $t_4 < t_3$ 时 $K_+(4, 3)$ 仅为(负的) 负能量分量的总和。在空穴理论里，这些中间态的真实能量当然是正的。这一点在这里也对，因为在定义 $K_+(4, 3)$ 的式(17) 里，相位 $\exp[-iE_n(t_4 - t_3)]$ 里的 E_n 是负的，但 $t_4 - t_3$ 同样也是负的。因此，这部分随 t_3 以 $\exp[-i|E_n|(t_3 - t_4)]$ 方式变化的贡献，就像将中间态能量看成 $|E_n|$ 时一样。在计算 $K_+(4, 3)$ 时整个求和结果取负值这一事实反映了，在空穴理论中，按照泡利不相容原理，振幅要反号，以及到达 2 的电子已经与海中的一个电子发生了交换这一事实①。在这一级和更高级近似上，涉及虚拟对的所有过程都可以这样来正确描述。

如式(14) 这样的表达式仍然可以被描述为电子从 1 到 3($K_+(3, 1)$) 的一段路径，在 3 被 $\boldsymbol{A}(3)$ 散射，进行到 4($K_+(4, 3)$)，再次被 $\boldsymbol{A}(4)$ 散射，最终到达 2。然而，这里的散射时间上可以指向未来也可以指向过去，一个时间上向后传播的电子等同为一个正电子。

因此这表明，被势散射产生的负能量成分可被看成是波从散射点传播到过

① 人们经常提到，对此过程单电子理论明白给出与空穴理论相同的矩阵元。问题在于解释，特别是用对其他过程(如自能) 也能给出正确结果的方式来解释。

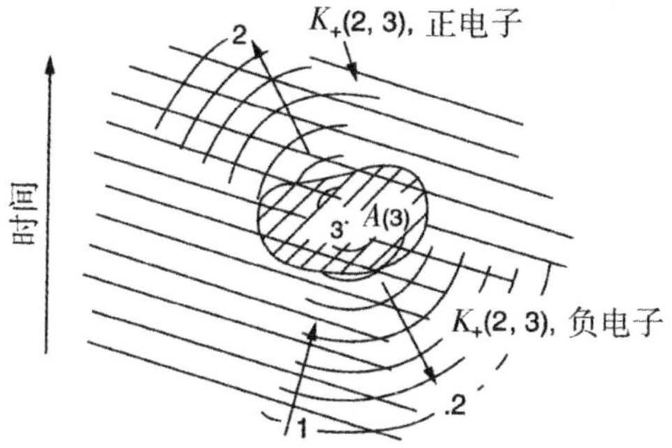

（a）一阶近似，式（13）

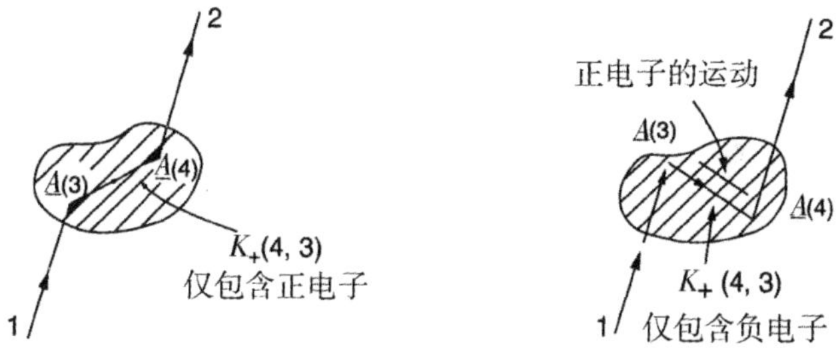

（b）虚散射 $t_4<t_3$　　（c）虚电子对 $t_4<t_3$

二阶近似，式（14）

图 2　狄拉克方程允许另一个解 $K_+(2,\ 1)$，如果我们认为被势散射的波可以看作是时间上后退的话(如图 2(a))。过程(b)，(c) 可理解成二阶近似过程。在过程(c)，可能在 4 处产生一对虚电子对，正电子行进到 3 被湮灭。这个过程可以想象成类似于(b) 的普通散射，只是此时电子在时间上被逆向散射从 3 到 4。在(a) 中，从 3 到 2′ 的散射波表示一个正电子可能从 3 到达 2′，并与 1 处来的电子发生湮灭。这一观点被证明与空穴理论等价：电子在时间上的退行相当于正电子。

去，这种波代表一个正电子与势场中电子发生湮灭的传播①。

利用这一解释，真实的电子对生产的过程也能得到正确描述(见图 3)。例

① 正电子可用固有时与真实时间反向的电子来表示这一想法已得到本文作者和其他人的讨论，特别是见 E. C. C. Stückelberg，*Helv. Phys. Acta* **15**，23(1942)；R. P. Feynman，*Phys. Rev.*，**74**，939(1948). 经典上，当一个粒子沿轨道运动时，作用量(固有时) 持续增大。这一事实反映在量子力学上表现为，当粒子从一个散射点行进到下一个散射点时，其相位 $|E_n||t_2-t_1|$ 总是增大。

如，在式(13)中，如果$t_1 < t_3 < t_2$，那么该方程给出如下过程的振幅：如果在t_1时刻有一个电子出现在位置1，然后在t_2时刻恰好有一个电子出现(已在3处被散射)，而且它将出现在位置2。另一方面，如果$t_2 < t_3$，例如，如果$t_2 = t_1 < t_3$，那么同样的表达式给出如下过程的振幅：一正负电子对——电子在1处，正电子在2处——将在3处湮灭，随后没有粒子存在。同样，如果t_2和t_1大于t_3，则我们能找到一对正负电子——电子在2处，正电子在3处由$\boldsymbol{A}(3)$从真空中产生——的(负)振幅。如果$t_1 > t_3 > t_2$，那么式(13)描述了正电子的散射。所有这些振幅都是相对于真空保持其真空的振幅而言的，后者取为1。(这一点将在后面详细讨论。)

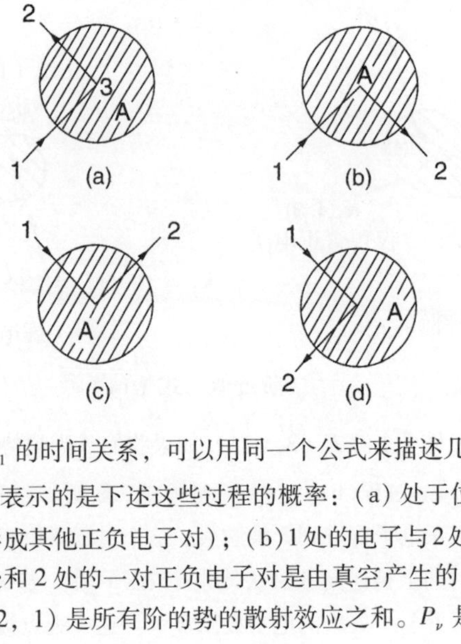

图3　根据与变量t_2，t_1的时间关系，可以用同一个公式来描述几个不同的过程。因此，$P_\nu \mid K_+^{(A)}(2, 1) \mid^2$表示的是下述这些过程的概率：(a)处于位置1的电子被散射到2处(并且真空中不形成其他正负电子对)；(b)1处的电子与2处的正电子湮灭，没留下任何东西；(c)1处和2处的一对正负电子对是由真空产生的；(d)2处的正电子被散射到1处。($K_+^{(A)}(2, 1)$是所有阶的势的散射效应之和。P_ν是归一化常数。)

容易求得与式(2)类似的公式①：

① 在式(12)的右边乘以$(-i\nabla_1 - m)$并注意到$\nabla_1\delta(2, 1) = -\nabla_2\delta(2, 1)$，我们可证明$K_+(2, 1)$也满足

$$K_+(2, 1)(-i\nabla_1 - m) = i\delta(2, 1),$$

这里∇_1作用于$K_+(2, 1)$的变量1上，但它写在这个函数的后面以保持γ矩阵有正确的顺序。用$\psi(1)$乘以这个方程，用$K_+(2, 1)$乘以式(11)($A = 0$，令其变量为1)，两式相减，并对时空区域积分，左边的积分可变换为该区域的曲面积分。右边的积分为$\psi(2)$，如果2点位于该区域内的话，否则为零。(我们无需关心三维曲面包含光线从而没有唯一法线的情形，因为这些点可以取的远离2点，使得它们的贡献为零。)

$$\psi(2)=\int K_{+}(2,1)N(1)\psi(1)\mathrm{d}^3V_1,\tag{18}$$

其中 d^3V_1 是包含 2 处的时空区域中三维闭曲面的体积元，$N(1)$ 是 $N_\mu(1)\gamma_\mu$，这里 $N_\mu(1)$ 是点 1 指向内部的曲面的单位法线。就是说，如果波函数 $\psi(2)$（在此指自由粒子）在一个包围四维区域的曲面上有确定的值，那么它在该区域内任意一点的值就被确定了。

为了解释这一点，我们考虑这样一种情形：三维曲面主要由 t_2 之前某时刻（譬如说 $t=0$）的所有空间，以及 $T>t_2$ 时刻的所有空间构成。连接这些曲面使之完全封闭的柱面可以取得远离 $\boldsymbol{x}_2$ 从而没有明显贡献（因为 $K_+(2,1)$ 在类空方向上呈指数下降）。因此，如果 $\gamma_4=\beta$，由于内法线 N 将是 β 和 $-\beta$，故有

$$\psi(2)=\int K_{+}(2,1)\beta\psi(1)\mathrm{d}^3\boldsymbol{x}_1-\int K_{+}(2,1')\beta\psi(1')\mathrm{d}^3\boldsymbol{x}_{1'},\tag{19}$$

这里 $t_1=0$，$t'=T$。只有 $\psi(1)$ 的正能量（电子）分量对第一项积分有贡献，同时只有 $\psi(1')$ 的负能量（正电子）分量对第二项积分有贡献。就是说，在 2 点找到电荷的振幅由两项共同确定：在测量之前找到电子的振幅和在测量之后找到正电子的振幅。这一点可以被解释为，即使在仅含一个电荷的问题里，当我们只知道较早时刻的电子（或正电子）的振幅时，那么要知晓该电荷在 2 点的振幅也是无法确定的。最初可能不存在电子，而只是在测量中（或其他外场作用下）产生了一电子对。这种意外的振幅是由在未来发现正电子的振幅确定的。

我们也可以得到如式（5）这样的跃迁振幅的表达式。例如，如果在 $t=0$ 时我们有一个电子点处在波函数 $f(x)$ 所描述的（正能）态，那么在 $t=T$ 时刻发现它处在（正能量）波函数 $g(x)$ 的振幅是多大？在 $t=0$ 之后在任意位置上发现电子的振幅由式（19）给定，此时 $\psi(1)$ 应替换为 $f(\boldsymbol{x})$，第二项积分为零。因此，类似于式（5），发现电子处在 $g(\boldsymbol{x})$ 态的跃迁矩阵元为（$t_2=T$，$t_1=0$）

$$\int\bar{g}(\boldsymbol{x}_2)\beta K_{+}(2,1)\beta f(\boldsymbol{x}_1)\mathrm{d}^3\boldsymbol{x}_1\mathrm{d}^3\boldsymbol{x}_2,\tag{20}$$

因为 $g^*=\bar{g}\beta$。

如果在 0 和 T 之间的时间间隔里在某处有势作用，则用 $K_+^{(A)}$ 取代 K_+。因此，从式（13）知跃迁振幅的一阶效应是

$$-i\int\bar{g}(\boldsymbol{x}_2)\beta K_{+}(2,3)\mathbf{A}(3)K_{+}(3,1)\beta f(\boldsymbol{x}_1)\mathrm{d}^3\boldsymbol{x}_1\mathrm{d}^3\boldsymbol{x}_2.\tag{21}$$

像这样的表达式可以简化，并且可以采用下述方法来去除相对论计算中很不方便的三维面积分。为此，我们不是用给定的 $t_1=0$ 时刻的波函数 $f(\boldsymbol{x})$ 去定义一

个态，而是用四变量($\boldsymbol{x}_1$, t_1) 函数$f(1)$ 来定义这个态。$f(1)$ 是自由粒子方程对所有 t_1 的解，且对 $t_1=0$，$f(1)=f(\boldsymbol{x}_1)$。同样，末态可以用全时空上的函数 $g(2)$ 来定义。于是，由于$\int K_+(3, 1)\beta f(\boldsymbol{x}_1)\mathrm{d}^3\boldsymbol{x}_1=f(3)$ 和$\int \bar{g}(\boldsymbol{x}_2)\beta\mathrm{d}^3\boldsymbol{x}_2K_+(2, 3)=\bar{g}(3)$，我们的面积分便得以进行，其结果是

$$-i\int \bar{g}(3)\boldsymbol{A}(3)f(3)\mathrm{d}\tau_3, \tag{22}$$

现在，积分是对所有时空进行的。二阶跃迁振幅[从式(14)] 为

$$-\iint \bar{g}(2)\boldsymbol{A}(2)K_+(2, 1)\boldsymbol{A}(1)f(1)\mathrm{d}\tau_1\mathrm{d}\tau_2, \tag{23}$$

对于振幅$f(1)$ 的粒子，到达 1 点，受到散射[$\boldsymbol{A}(1)$]，之后行进到 2 点[$K_+(2, 1)$]，再次被散射[$\boldsymbol{A}(2)$]，然后我们要求它处在态$g(2)$ 的振幅。如果$g(2)$ 是负能态，则我们要解的是处于 $f(1)$ 的电子与处于 $g(2)$ 的正电子湮灭的问题，等等。

我们一直在强调散射问题，但很明显，电子在固定势 $\boldsymbol{V}$ 下的运动，例如在氢原子中的运动，也可以得到处理。如果我们先将它看作散射问题，我们就可以求它的振幅 $\phi_k(1)$，这个振幅是原初具有自由波函数的电子在势场 $\boldsymbol{V}$ 中被散射 k 次(或是顺时或是逆时) 后到达 1 点的振幅，再经过一次散射，其后的散射振幅为

$$\phi_{k+1}(2)=-i\int K_+(2, 1)\boldsymbol{V}(1)\phi_k(1)\mathrm{d}\tau_1. \tag{24}$$

不论是直接到达1点，还是经过多次散射到达1点，通过式(24) 对k从0到∞(求和，得到总振幅

$$\psi(1)=\sum_{k=0}^{\infty}\phi_k(1)$$

的方程为

$$\psi(2)=\phi_0(2)-i\int K_+(2, 1)\boldsymbol{V}(1)\psi(1)\mathrm{d}\tau_1. \tag{25}$$

如果看作是一个定态问题，我们希望能找到导致 ψ 的周期运动的初始条件 ϕ_0(或最好就是 ψ)。当然，最实际的做法是求解狄拉克方程，

$$(i\nabla-m)\psi(1)=\boldsymbol{V}(1)\psi(1), \tag{26}$$

这可以用 $i\nabla_2-m$ 作用于式(25) 的两边，从而消去 ϕ_0，并利用式(12) 来推得。这说明了两种观点之间的关系。

对于许多问题，总的势 $\boldsymbol{A}+\boldsymbol{V}$ 可以被方便地分成一个固定的 $\boldsymbol{V}$ 和另一个看成

是微扰的$\boldsymbol{A}$。如果用$\boldsymbol{V}$代替$\boldsymbol{A}$然后像式(16)那样来定义$K_{+}^{(V)}$，并用$K_{+}^{(V)}$取代K_{+}，函数$f(1)$和$g(2)$用狄拉克方程(26)的所有空间和时间的解(而非自由粒子波函数)来替代，那么像式(23)这样的表达式依然是有效和有用的。

4. 含多个电荷的问题

下一步我们希望考虑有两个(或多个)分立电荷的情形(包括它们在虚态中可能产生的电子对)。在下一篇论文中，我们讨论这些电荷之间的相互作用，这里我们假设它们无相互作用。在此情形下，每个粒子的行为均独立于其他粒子。我们可以预料，如果我们有两个粒子a和b，那么a粒子由$\boldsymbol{x}_1$，t_1走到$\boldsymbol{x}_3$，t_3，b粒子由$\boldsymbol{x}_2$，t_2走到$\boldsymbol{x}_4$，t_4的振幅是如下乘积

$$K(3,4;1,2)=K_{+a}(3,1)K_{+b}(4,2).$$

下标a和b只是表明出现在K_{+}中的矩阵分别作用于a粒子和b粒子的狄拉克四分量旋量(这个波函数现在有16个指标)。在势场中，K_{+a}和K_{+b}变成$K_{+a}^{(A)}$和$K_{+b}^{(A)}$，这里$K_{+a}^{(A)}$是对单粒子定义和计算的。它们之间对易。此后我们省略掉a和b；出现在传播子中的时空变量足以确定它们所作用的对象。

然而，粒子是全同的，并且满足不相容原理。这一原理只需要计算$K(3,4;1,2)-K(4,3;1,2)$即可得到电荷到达3，4点的净振幅。(假设是这样来归一化：例如当对3和4点积分时，由于电子是全同的，因此积分结果要除以2。)这种表达式对于正电子也是正确的(图4)。例如，最初分别在$\boldsymbol{x}_1$，$\boldsymbol{x}_4$(例如$t_1=t_4$)的一个电子和一个正电子，后来分别处在$\boldsymbol{x}_3$，$\boldsymbol{x}_2$($t_2=t_3>t_1$)的振幅由相同的表达式给出

$$K_{+}^{(A)}(3,1)K_{+}^{(A)}(4,2)-k_{+}^{(A)}(4,1)K_{+}^{(A)}(3,2), \tag{27}$$

第一项代表电子从1点到3点、正电子从4点到2点的振幅(图4(c))，而第二项表示正负电子对分别在1，4点湮灭、又在3，2点被发现为势场中新产生的电子对的干扰振幅。这种情形显然可以推广到几个粒子的情形。每个粒子有一个额外的因子$K_{+}^{(A)}$，并且总是取反对称组合。

对于中间态，不需要考虑不相容原理。作为例子，我们再次考虑表达式(14)在$t_2>t_1$的情形。假设$t_4<t_3$，这时的情形(图2(c))可看成是一对正负电子在4点产生，电子运动到2点，正电子运动到3点并与那里的来自1点的电子发生湮灭。可能有人反对说，如果4点产生的电子恰巧与来自1点的电子同态，那么由不相容原理知这个过程不可能发生，我们不应该将它包含进式(14)内。但

我们将看到，考虑不相容原理还需要有另一个变化，因此总效果是不必考虑不相容原理。

我们计算的振幅是相对于t_1时的真空到t_2仍为真空的振幅而言的。我们感兴趣的在1点存在一个电子时这个振幅的变化。现在，我们可以想象真空中发生这样一个过程：在4点产生一对正负电子后，接着这同一对正负电子在3点湮灭(我们称这种过程为闭环路径)。但如果空间存在一个真实的处于态1的电子，那么从真空中产生处于态1电子的这些对产生现在必须被排除掉。因此，我们必须从我们的相对振幅中减去这个过程所对应的项。但这恰恰是复述了刚才论证的被认为不应该包含在式(14)里的量，从K_+的定义知，这一项前面自动带有必要的负号。显然，更简单的做法是在中间态下完全不考虑不相容原理。

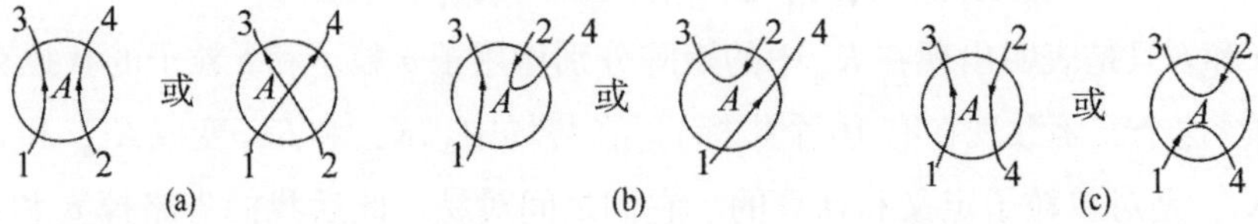

图4　涉及两个分离电荷(及其可能产生的虚电子对)的问题。概率为$P_v\mid K_+^{(A)}(3,\ 1)K_+^{(A)}(4,\ 2)-K_+^{(A)}(4,\ 1)K_+^{(A)}(3,\ 2)\mid^2$的下属过程包括：(a)在1和2处的电子被散射到3和4点(没有正负电子对形成)。(b)开始时一个电子在1点，之后势场中形成一个正负电子对，正电子在2点，电子在3，4点。(c)在1，4有一电子对，在3，2也有一电子对，等等。不相容原理要求，涉及交换两个电子的过程的振幅应被减去。

所有的振幅都是相对的，它们的平方给出了各种现象的相对概率。如果我们将每个概率乘以P_v即得到绝对概率。P_v是最初没有粒子、到终了也没有任何东西的真实概率。这个量P_v可以通过对相对概率的归一化计算出来，做法是使得所有相互排斥的可能情形的概率的总和为1。(例如，如果我们从真空出发，我们可以计算仍为真空的相对概率(等于1)，也可以计算产生一对正负电子、两对正负电子等的相对概率，其总和是P_v^{-1}。)以这种形式来表述的理论是完备的，不存在发散问题。真实过程与真空中所发生的事件是完全独立的。

然而，当我们在下一篇论文里处理电荷之间的相互作用时，情况则不是这么简单。真空的虚电子有可能与真实电子发生电磁相互作用。因此，在下一节里我们分析真空中发生的过程，其中将讨论获得P_v的独立方法。

5. 真空问题

获得绝对振幅的另一种方法是将所有振幅乘以 C_v—— 真空到真空的振幅，即初态和末态均没有粒子的绝对振幅。如果在此期间没有势的作用，我们可假设 $C_v=1$，否则，C_v 的计算如下。它不等于 1，因为(例如) 真空可以产生一正负电子对，并最终相互湮灭。这样的路径在空时图上表现为一个闭环。我们称所有这类单闭环的振幅的总和为 L。在一阶近似下，L 为

$$L^{(1)}=-\frac{1}{2}\iint Sp[K_+(1,2)\boldsymbol{A}(1)\times K_+(1,2)\boldsymbol{A}(2)]\mathrm{d}\tau_1\mathrm{d}\tau_2. \tag{28}$$

这是因为(例如) 在 1 点可以产生正负电子对，电子和正电子都走到 2 并在那里湮灭。式中求迹 Sp 是因为我们必须对这个正负电子对所有可能的自旋进行求和。因子 1/2 源自于同一个闭环可以被视为从任一势处开始，取负号是因为相互作用量是每一个 $-i\boldsymbol{A}$。下一阶近似项为：①

$$L^{(2)}=+(i/3)\iiint Sp(K_+(2,1)\boldsymbol{A}(1)\times K_+(1,3)\boldsymbol{A}(3)K_+(3,2)\boldsymbol{A}(2)]\mathrm{d}\tau_1\mathrm{d}\tau_2\mathrm{d}\tau_3,$$

所有这些项的和给出 L。②

除了这些单环，还有可能存在两个独立的正负电子对产生出来，再逐个自行湮灭的情形。也就是说，真空中有可能形成两个闭环，这时对振幅的贡献恰是每个闭环单独考虑时贡献的乘积。所有这些对环(对这些虚态我们仍可以不考虑不相容原理) 的总贡献是 $L^2/2$，因为在 L^2 的计算中每一对闭环被计算了两次。因此

---

① 这一项实际上为零，我们可以这样来看：在求迹运算中，所有 γ 矩阵可以反号。$K_+(2,1)$ 里 γ 的反号使 $K_+(2,1)$ 变成 $K_+(1,2)$ 的转置，因此所有因子和变量的序都反过来。由于积分是对所有的 τ_1，τ_2 和 τ_3 进行，因此这种反号不带来任何影响，只是多出了 A 的符号改变引起的$(-1)^{-3}$。因此迹等于其自身的负数。带奇数个势相互作用量的闭环给出零。物理上，这是因为对于每个闭环，电子可以沿一条路径绕圈，也可以沿相反的路径绕圈。我们必须将二者的振幅相加。但电子的反向运动让它看上去像一个正电荷的行为，因此每个相互作用变号，因此如果相互作用的数目是奇数，其和为零。这个定理见 W. H. Furry, *Phys. Rev.* **51**, 125(1937).

② 由于第 n 项里含因子 $1/n$，因此 L 的表达式很难用 $K_+^{(A)}$ 切实地表示出来。但是，L 因势的小变动 ΔA 引起的扰动 ΔL 容易表示出来。这时因 ΔA 能够出现在 n 个势的任何一个里，故因子$(1/n)$ 被抵消。式(13) 和(14) 对 n 求和，并利用式(16)，得到结果

$$\Delta L=i\int Sp[(K_+^{(A)}(1,1)-K_+(1,1))\Delta A(1)]\mathrm{d}\tau_1. \tag{29}$$

项 $K_+(1,1)$ 实际上积分为零。

总的真空-真空振幅为

$$C_v = 1 - L + L^2/2 - L^3/6 + \dots = \exp(-L), \tag{30}$$

各项分别表示0个、1个、2个……闭环的振幅。单环对 C_v 的贡献为 $-L$，这个事实是泡利原理的结果。例如，考虑产生两对粒子的情形。这两对粒子后来自我湮灭，因而我们有两个环。在给定的时间内，电子可以互换形成一种 8 字形图，这是一个单环。互换必然改变贡献的符号，这一事实要求出现在 C_v 里的项有不同的正负号。(不相容原理也以类似的方式起作用：对产生的振幅是 $-K_+$ 而不是 $+K_+$。) 对称统计将导致

$$C_v = 1 + L + L^2/2 = \exp(+L).$$

量 L 有一个无限大的虚部(来自 $L^{(1)}$，高阶项都是有限的)。我们将在下一篇论文里将它与真空极化联系起来讨论。它不影响归一化常数，因为由式(30) 知，真空-真空的概率由下式给出：

$$P_v = |C_v|^2 = \exp(-2 \cdot L\text{的实部}),$$

这个值与我们直接计算重整化概率得出的结果一致。由狄拉克方程和 K_+ 的属性知，L 的实部是正的，因此 P_v 小于1。玻色统计给出 $C_v = \exp(+L)$，相应的 P_v 值大于1。如果这些量像我们这里所做的来解释，似乎毫无意义。我们对 K_+ 的选择显然需要遵从不相容原理。

服从克莱因-戈登方程的电荷同样可以用这里讨论的针对狄拉克电子的方法来处理。在下一篇论文中我们将详细讨论如何做到这一点。对这个方程 L 的实部是负的，因此在这种情况下，出于自洽我们似乎需要采用玻色统计。

6. 能量动量表象

在一些问题中，矩阵元的实际计算往往用动量和能量变量而不是空间和时间变量来简化。这是因为函数 $K_+(2, 1)$ 相当复杂，但我们可以发现，其傅里叶变换 $(i/4\pi)(\boldsymbol{p} - m)^{-1}$ 是很简单的，即

$$K_+(2, 1) = (i/4\pi^2)\int(\boldsymbol{p} - m)^{-1}\exp(-i\boldsymbol{p} \cdot \boldsymbol{x}_{21})\mathrm{d}^4 p, \tag{31}$$

其中 $\boldsymbol{p} \cdot \boldsymbol{x}_{21} = \boldsymbol{p} \cdot \boldsymbol{x}_2 - \boldsymbol{p} \cdot \boldsymbol{x}_1 = p_\mu x_{2\mu} - p_\mu x_{1\mu}$，$\boldsymbol{p} = p_\mu \gamma_\mu$，$\mathrm{d}^4 p = (2\pi)^{-2} \cdot \mathrm{d}p_1 \mathrm{d}p_2 \mathrm{d}p_3 \mathrm{d}p_4$，积分对所有 $\boldsymbol{p}$ 进行。从式(12) 也可以立即得知这是正确的，因为在能量(p_4) 和动量($p_{1,2,3}$) 空间下 $i\nabla - m$ 的表示是 $\boldsymbol{p} - m$，$\delta(2, 1)$ 的变换是常数。逆矩阵 $(\boldsymbol{p} - m)^{-1}$ 可表示成 $(\boldsymbol{p} + m)(\boldsymbol{p}^2 - m^2)^{-1}$，因为 $\boldsymbol{p}^2 - m^2 = (\boldsymbol{p} - m)(\boldsymbol{p} +$

m) 是一个不含 γ 矩阵的纯数。因此如果我们愿意，我们可以写成

$$K_+(2,1)=i(i\nabla_2+m)I_+(2,1),$$

其中

$$I_+(2,1)=(2\pi)^{-2}\int(\boldsymbol{p}^2-m^2)^{-1}\exp(-i\boldsymbol{p}\cdot\boldsymbol{x}_{21})\mathrm{d}^4p, \quad (32)$$

不是矩阵算符而是一个满足下式的函数：

$$\Box_2^2 I_+(2,1)-m^2I_+(2,1)=\delta(2,1), \quad (33)$$

其中 $-\Box_2^2=(\nabla_2)^2=(\partial/\partial x_{2\mu})(\partial/\partial x_{2\mu})$.

积分(31) 和(32) 尚未完全确定，因为当 $\boldsymbol{p}^2-m^2=0$ 时，被积函数中有极点。我们可以通过下述法则来定义这些极点的计算：m 被认为有一个无限小的负虚部。就是说，将 m 用 $m-i\delta$ 取代，再从上方取 $\delta\to0$ 的极限。我们可以先通过对 p_4 积分计算 K_+ 来看清这一点。如果我们令 $E=+(m^2+p_1{}^2+p_2{}^2+p_3{}^2)^{1/2}$，则对 p_4 积分基本上等同于

$$\int\exp(-ip_4(t_2-t_1))\mathrm{d}p_4(p_4^2-E^2)^{-1}$$

这个积分在 $p_4=+E$ 和 $p_4=-E$ 处有极点。用 $m-i\delta$ 替代 m 意味着 E 有一个小的负虚部；第一个极点在实轴下方，第二个在实轴上方。现在如果 $t_2-t_1>0$，那么围道可以取实轴下方的半圆构成，从而由极点 $p_4=+E$ 给出留数 $-(2E)^{-1}\exp[iE(t_2-t_1)]$。如果 $t_2-t_1<0$，则必须取上半圆，极点为 $p_4=-E$。因此在每一种情况下，函数按另一种定义(17) 所要求的那样变化。

式(12) 的其他的解源自其他规定。例如，如果在因子 $(\boldsymbol{p}^2-m^2)^{-1}$ 里 p_4 被认为具有正的虚部，则 K_+ 变成由狄拉克单电子的传播子 K_0 取代。在 $t_2-t_1<0$ 时它为零。显然这个函数为①($\boldsymbol{x}$, $t=x_{21\mu}$)

$$I_+(\boldsymbol{x},t)=-(4\pi)^{-1}\delta(s^2)+(m/8\pi s)H_1^{(2)}(ms), \quad (34)$$

其中对于 $t^2>\boldsymbol{x}^2$，$s=+(t^2-\boldsymbol{x}^2)^{1/2}$；对于 $t^2<\boldsymbol{x}^2$，$s=-i(\boldsymbol{x}^2-t^2)^{1/2}$，$H_1^{(2)}$ 是汉克尔函数，$\delta(s^2)$ 是 s^2 的狄拉克 δ 函数。其渐近行为如 $\exp(-ims)$，在类空方向上呈指数衰减。②

---

① $I_+(\boldsymbol{x},t)$ 是 $(2i)^{-1}(D_1(\boldsymbol{x},t)-iD(\boldsymbol{x},t))$，其中 D_1，D 分别是泡利定义的函数，见 W. Pauli, *Rev. Mod. Phys.*, **13**, 203(1941).

② 如果这里的 m 也带 $-i\delta$，那么函数 I_+ 对无穷大的正负时间均趋于零。这一点对于一般分析里为使无穷远曲面避免复杂性是有用的。

通过这样的变换，很容易计算出式(22)，(23) 这样的矩阵元。动量 $\boldsymbol{p}_1$ 的电子的自由粒子波函数为 $u_1\exp(-i\boldsymbol{p}_1\cdot\boldsymbol{x})$，其中 u_1 是满足狄拉克方程 $\boldsymbol{p}_1u_1 = mu_1$(从而有 $\boldsymbol{p}^2 = m^2$) 的常旋量。来自态($\boldsymbol{p}_1$，u_1) 到动量 $\boldsymbol{p}_2$，旋量 u_2 的态的矩阵元(22) 是 $-4\pi^2 i(\bar{u}_2\boldsymbol{a}(\boldsymbol{q})u_1)$，在此我们采用了 $\boldsymbol{A}$ 的傅里叶积分的展开式

$$\boldsymbol{A}(1) = \int\boldsymbol{a}(\boldsymbol{q})\exp(-i\boldsymbol{q}\cdot\boldsymbol{x}_1)\mathrm{d}^4q,$$

并取动量 $\boldsymbol{q} = \boldsymbol{p}_2 - \boldsymbol{p}_1$ 的分量。

二阶项(23) 是下式在 u_1 和 u_2 之间的矩阵元

$$-4\pi^2 i\int(\boldsymbol{a}(\boldsymbol{p}_2-\boldsymbol{p}_1-\boldsymbol{q})(p_1+\boldsymbol{q}-m)^{-1}\boldsymbol{a}(\boldsymbol{q})\mathrm{d}^4q, \tag{35}$$

这是因为动量 $\boldsymbol{p}_1$ 的电子可以从势 $\mathbf{a}(\boldsymbol{q})$ 得到 $\boldsymbol{q}$，以动量 $\boldsymbol{p}_1+\boldsymbol{q}$ 传播[因子$(\boldsymbol{p}_1+\boldsymbol{q}-m)^{-1}$]，直到被势 $\boldsymbol{a}(\boldsymbol{p}_2-\boldsymbol{p}_1-\boldsymbol{q})$ 再次散射，得到剩余的动量 $\boldsymbol{p}_2-\boldsymbol{p}_1-\boldsymbol{q}$，使总动量等于 $\boldsymbol{p}_2$。由于 $\boldsymbol{q}$ 的所有取值都是可能的，因此我们需要对 $\boldsymbol{q}$ 积分。

这些相同的矩阵可直接应用到正电子的问题上，因为如果(譬如说)$\boldsymbol{p}_1$ 的时间分量是负的，那么这个态就表示一个四动量 $-\boldsymbol{p}_1$ 的正电子，如果 $\boldsymbol{p}_2$ 是一个电子，即具有正的时间分量，则我们描述的是对生产，等等。

一个矩阵元为$(\bar{u}_2Mu_1)$ 的事件的概率正比于其绝对值的平方。它也可以写成$(\bar{u}_1\bar{M}u_2)(\bar{u}_2Mu_1)$，其中 $\bar{M}$ 是这样的 M：将 M 中所有算符的作用顺序反过来，并将明确写出的 i 改为 $-i$($\bar{M}$ 是 β 乘以 βM 的复共轭转置)。对于许多问题，我们不关心末态的自旋。因此我们可以将概率对两个自旋方向所对应的两个 u_2 求和。这不是一个完备的集合，因为 $\boldsymbol{p}_2$ 有另一个特征值 $-m$。为了能够对所有的态求和，我们可以插入投影算符$(2m)^{-1}(\boldsymbol{p}_2+m)$，对从 $\boldsymbol{p}_1$，u_1 到 $\boldsymbol{p}_2$，任意自旋的态的跃迁概率为$(2m)^{-1}(\bar{u}_1\bar{M}(\boldsymbol{p}_2+m)Mu_1)$。如果入射态是非极化的，我们也可以对其自旋求和，得到

$$(2m)^{-2}Sp[(\boldsymbol{p}_1+m]\bar{M}(\boldsymbol{p}_2+m)M], \tag{36}$$

这是动量 $\boldsymbol{p}_1$，任意自旋的电子跃迁到 $\boldsymbol{p}_2$ 的(两倍) 概率。这些表达式对正电子也成立，只要入射的是带负能量的 $\boldsymbol{p}$。这种情形可按照上面讨论的时序关系来解释。(我们用的函数归一化到$(\bar{u}u)=1$，而不是传统的$(\bar{u}\beta u)=(u^*u)=1$。按我们的单位制，$(\bar{u}\beta u)=$能量 $/m$，因此求得的概率必须通过适当的因素加以修正。)

作者曾与许多人就这个主题进行过富于成果的讨论尤其是 H. A. 贝特和 F. J. 戴森，为此作者对他们表示感谢。

附录

a. 源自二次量子化的推导

在本节中，我们将证明这个理论与正电子的空穴理论的等价性①。根据在给定势下电子场的二次量子化理论②，这个场在任意时刻的状态可用满足下式的波函数χ 来表示

$$i\partial_x/\partial t = H_x,$$

其中 $H=\int\psi^*(\boldsymbol{x})(\alpha\cdot(-i\nabla-\boldsymbol{A})+A_4+m\beta)\psi(\boldsymbol{x})\mathrm{d}^3\boldsymbol{x}$ 和 $\psi(\boldsymbol{x})$ 是在 $\boldsymbol{x}$ 位置湮灭一个电子的算符，而 $\psi^*(\boldsymbol{x})$ 是相应的产生算符。我们考虑这样一种情况：在 $t=0$ 时，有些电子处在普通旋量函数 $f_1(\boldsymbol{x})$，$f_2(\boldsymbol{x})$，… 所表示的态。假定这些态是正交的，并且其中有些是正电子。这些正电子用负能海的空穴来描述，而那些通常会填充空穴的电子则具有波函数 $p_1(\boldsymbol{x})$，$p_2(\boldsymbol{x})$，… 我们要问，在时间 T，我们发现电子处在态 $g_1(\boldsymbol{x})$，$g_2(\boldsymbol{x})$，… 且空穴处于态 $q_1(\boldsymbol{x})$，$q_2(\boldsymbol{x})$，… 的振幅是多大？如果表示这种情况的初始和末态矢量分别为χ_i 和χ_f，我们希望计算矩阵元

$$R=\left(\chi_f^*\exp(-i\int_0^T)H\mathrm{d}t)\chi_i\right)=(X_f^*S_{\chi_i}). \tag{37}$$

我们假定，势 $\boldsymbol{A}$ 仅在 0 到 T 之间的时间内不为零，因此在这段时间内可定义真空。如果χ_0 代表真空状态(即所有负能态都被填满，所有正能态为空)，且如果我们在 $t=0$ 时有真空，那么在 T 时刻仍有真空的振幅为

$$C_v=(\chi_0^*S_{\chi 0}), \tag{38}$$

其中 S 表示 $\exp\left(-i\int_0^T H\mathrm{d}t\right)$。我们的问题是计算 R，并证明，它是一个乘以 C_v 的简单因子，这个因子以前述方式包含 $K_+^{(A)}$ 函数。

为此我们先用χ_0 来表示χ_i。算符

$$\boldsymbol{\Phi}^*=\int\boldsymbol{\Psi}^*(\boldsymbol{x})\phi(\boldsymbol{x})\mathrm{d}^3\boldsymbol{x} \tag{39}$$

产生一个波函数为 $\phi(\boldsymbol{x})$ 的电子。与此类似，$\boldsymbol{\Phi}=\int\phi^*(\boldsymbol{x})\times\boldsymbol{\Psi}(\boldsymbol{x})\mathrm{d}^3\boldsymbol{x}$ 湮灭一个波

---

① 见本书 P540 页注②。

② 例如，见 G. Wentzel, *Einfuhrung in die quanten-theorie der Wellenfelder*(Franz Deuticke Leipzig, 1943), Chapter V.

函数为 $\boldsymbol{\phi}(\boldsymbol{x})$ 的电子。因此初态 χ_i 是 $\chi_i = F_1^* F_2^* \cdots P_1 P_2 \cdots \chi_0$，而末态为 $G_1^* G_2^* \cdots Q_1 Q_2 \cdots \chi_0$，其中 F_i，G_i，P_i，Q_i 是像由式(39) 定义的 Φ 那样的算符，只不过其中的 ϕ 替换为 f_i，g_i，p_i，q_i。如果我们产生处于态 f_1，f_2，… 的电子，并在态 p_1，p_2，… 下将其湮灭，从而由真空得到初态，那么我们必然会发现

$$R = (\chi_0^* \ldots\ Q_2^* Q_1^* \ldots\ G_2 G_1 S F_1^* F_2 \ldots\ P_1 P_2 \ldots\ \chi_0). \tag{40}$$

为了化简，我们需要采用 Φ^* 算符与 S 之间的对易关系。为此，考虑 $\exp(-i\int_0^t H\mathrm{d}t')\Phi^* \times \exp(+i\int_0^t H\mathrm{d}t')$，将这个量按 $\Phi^*(\boldsymbol{x})$ 展开，得到 $\int \Psi^*(\boldsymbol{x})\phi(\boldsymbol{x}, t)\mathrm{d}^3\boldsymbol{x}$。[它定义了 $\phi(\boldsymbol{x}, t)$] 现在，将该式乘以

$$\exp(+i\int_0^t H\mathrm{d}t')\ldots\exp(-i\int_0^t H\mathrm{d}t')$$

得到

$$\int \Psi^*(\boldsymbol{x})\phi(\boldsymbol{x})\mathrm{d}^3\boldsymbol{x} = \int \Psi^*(\boldsymbol{x}, t)\phi(\boldsymbol{x}, t)\mathrm{d}^3\boldsymbol{x} \tag{41}$$

其中我们将 $\Psi(\boldsymbol{x}, t)$ 定义为 $\Psi(\boldsymbol{x}, t) = \exp(+i\int_0^t H\mathrm{d}t')\Psi(\boldsymbol{x}) \times \exp(-i\int_0^t H\mathrm{d}t')$。众所周知，$\Psi(\boldsymbol{x}, t')$ 满足狄拉克方程(将 $\Psi(x, t)$ 对 t 微分，并利用 H 和 Ψ 之间的对易关系)：

$$i\partial\Psi(\boldsymbol{x}, t)/\partial t = (\boldsymbol{\alpha}\cdot(-i\nabla - \mathbf{A}) + A_4 + m\beta)\Psi(\boldsymbol{x}, t). \tag{42}$$

从而 $\phi(\boldsymbol{x}, t)$ 也必然满足狄拉克方程(将式(41) 对 t 微分，并利用式(42) 和分部积分)。

这样，如果 $\phi(\boldsymbol{x}, T)$ 是 T 时刻狄拉克方程的解，它在 $t = 0$ 时为 $\phi(\boldsymbol{x})$，且如果我们定义 $\Phi^* = \int \Psi^*(\boldsymbol{x})\phi(\boldsymbol{x})\mathrm{d}^3\boldsymbol{x}$，$\Phi'^* = \int \Psi^*(\boldsymbol{x})\phi(\boldsymbol{x}, T)\mathrm{d}^3\boldsymbol{x}$，那么 $\Phi'^* = S\Phi^* S^{-1}$，或

$$S\Phi^* = \Phi'^* S. \tag{43}$$

现在我们可以用一个简单的例子来说明上述证明所依据的原理。假定初始时和终了我们都恰好只有一个电子，并要求

$$r = (\chi_0^* G S F^* \chi_0). \tag{44}$$

我们可以利用式(43) 通过算符 S 来替换掉 F^*：$SF^* = F'^* S$。在 $F'^* = \int \Psi^*(\boldsymbol{x}) f'(\boldsymbol{x})\mathrm{d}^3\boldsymbol{x}$ 里，f' 是由 $t = 0$ 的 $f(\boldsymbol{x})$ 产生的 T 时刻的波函数。于是有

$$r = (\chi_0^* GF'^* S\chi_0) = \int g^*(\boldsymbol{x}) f'(\boldsymbol{x}) \mathrm{d}^3\boldsymbol{x} \cdot C_v - (\chi_0^* F'^* GS\chi_0), \tag{45}$$

其中第二项表达式利用了 C_v 的定义式(38) 式以及一般的对易关系：

$$GF^* + F^* G = \int g^*(\boldsymbol{x}) f(\boldsymbol{x}) \mathrm{d}^3\boldsymbol{x}.$$

它是 $\Psi(\boldsymbol{x})$ 的性质的一个结果(另一些结果是 $FG = -GF$，$F^* G^* = -G^* F^*$)。现在，式(45) 的最后一项里的$\chi_0^* F'^*$ 是 $F'\chi_0$ 的复共轭。因此如果f' 仅包含正能分量，那么 $F'\chi_0$ 将等于零。我们就将 r 简化为一个乘以 C_v 的因子。然而，正如这里计算给出的那样，f' 包含势 $\boldsymbol{A}$ 产生的负能分量，因此上述方法必须稍加修正。

在通过算符 S 替换掉 F^* 之前，我们加上另一个算符 F''^*，它源自仅包含负能分量的函数 $f''(\boldsymbol{x})$，而且 $f''(\boldsymbol{x})$ 要选得使 f' 仅包含正能分量。就是说我们希望

$$S(F_{\text{pos}}^* + F_{\text{neg}}''^*) = F_{\text{pos}}'^* S, \tag{46}$$

这里下标“pos”和“neg”分别表示算符中所包含的能量分量的“正”和“负”。现在我们可以采用形式

$$SF_{\text{pos}}^* = F_{\text{pos}}'^* S - SF_{\text{neg}}''^*. \tag{47}$$

在一个电子的情形，这种替代使得 r 变成两项：

$$r = (\chi_0^* GF_{\text{pos}}'^* S\chi_0) - (X_0^* GSF_{\text{neg}}''^* \chi_0),$$

其中第一项简化为

$$r = \int g^*(\boldsymbol{x}) f'_{\text{pos}}(\boldsymbol{x}) \mathrm{d}^3\boldsymbol{x} \cdot C_r,$$

如上所述，现在 $F'_{\text{pos}}\chi_0$ 为零，而第二项为零是因为产生算符 $F_{\text{neg}}''^*$ 在所有负能态都填满的情形下作用于真空态给出零。这一点是这个论证的中心思想。

式(46) 提出的问题是：给定 0 时刻的函数 $f_{\text{pos}}(\boldsymbol{x})$，如何找到负能分量的量 f''_{neg}，使得它加到前者上之后使狄拉克方程在 T 时刻的解只有正能分量 f'_{pos}？这是一个传播子 $K_+^{(A)}$ 被设定的边值问题。我们知道初态的正能分量 f_{pos} 和末态的负能分量(零值)。因此末态的正能分量为[由式(19)]：

$$f'_{\text{pos}}(\boldsymbol{x}_2) = \int K_+^{(A)}(2, 1)\beta f_{\text{pos}}(\boldsymbol{x}_1) \mathrm{d}^3\boldsymbol{x}_1, \tag{48}$$

这里 $t_2 = T$，$t_1 = 0$。类似地，初态的负能分量为

$$f'_{\text{neg}}(\boldsymbol{x}_2) = \int K_+^{(A)}(2, 1)\beta f_{\text{pos}}(\boldsymbol{x}_1) \mathrm{d}^3\boldsymbol{x}_1 - f_{\text{pos}}(x_2), \tag{49}$$

这里 t_2 从上方趋近于零，且 $t_1 = 0$。减去 $f_{\text{pos}}(\boldsymbol{x}_2)$ 是为了当 $t_2 \to 0$ 时 $f''_{\text{neg}}(x_2)$ 中只含有从势场返回的波，而没有在 t_2 时刻直接从 $K_+^{(A)}(2, 1)$ 的 $K_+(2, 1)$ 部分到达的

波。我们也可以将上式写成

$$f''_{\text{neg}}(\boldsymbol{x}_2)=\int[K_+^{(A)}(2,1)-K_+(2,1)]\beta f_{\text{pos}}(\boldsymbol{x}_1)\mathrm{d}^3\boldsymbol{x}_1. \tag{50}$$

因此，对单电子问题，$r=f_g^*(\boldsymbol{x})f'_{\text{pos}}(\boldsymbol{x})\mathrm{d}^3\boldsymbol{x}\cdot C_r$，由式(48)得到

$$r=C_v\int g^*(\boldsymbol{x}_2)K_+^{(A)}(2,1)\beta f(\boldsymbol{x}_1)\mathrm{d}^3\boldsymbol{x}_1\mathrm{d}^3\boldsymbol{x}_2,$$

正如所料，这与前节的推导(即在式(20)中用 $K_+^{(A)}$ 替代 K_+)是一致的。

这个证明很容易扩展到更一般的表达式 R[式(40)]上。它可以用归纳法来分析。首先，我们用式(47)那样的关系取代 F_1^*，得到两项

$$R=(\chi_0^*\ldots Q_2^*Q_1^*\ldots G_2G_1F'^*_{1\,\text{pos}}SF_2^*\ldots P_1P_2\ldots\chi_0)$$
$$-(\chi_0^*\ldots Q_2^*Q_1^*\ldots G_2G_1SF''^*_{1\,\text{neg}}F_2^*\ldots P_1P_2\ldots\chi_0).$$

在第一项里，交换 $F'^*_{1\text{pos}}$ 和 G_1 的次序，产生一个附加项：$fg_1^*(\boldsymbol{x})f'_{1\text{pos}}(\boldsymbol{x})\mathrm{d}^3\boldsymbol{x}$ 乘以一个在初态和末态中少一个电子的表达式。接下来 $F'^*_{1\,\text{pos}}$ 再与 G_2 交换次序，产生附加项 $-fg_2(\boldsymbol{x})f'_{1\text{pos}}(\boldsymbol{x})\mathrm{d}^3\boldsymbol{x}$ 乘以类似的表达式，等等，最后换到 Q_1^*，因为与 Q_1^* 反对易，因此可移至与 χ_0^* 并排，而得到零值。第二项可做类似的处理：通过与 F_2^* 等的反对易，将 $F''^*_{1\text{neg}}$ 逐渐向后对易直到 P_1。然后与 P_1 交换产生一个较简单的附加项，它有因子 $\mp\int p_1^*(\boldsymbol{x})f''_{1\text{neg}}(\boldsymbol{x})\mathrm{d}^3\boldsymbol{x}$，或由式(49)，写成($t_2=t_1=0$)

$$\mp\int p_1^*(\boldsymbol{x}_2)K_+^{(A)}(2,1)\beta f_1(\boldsymbol{x}_1)\mathrm{d}^3\boldsymbol{x}_1\mathrm{d}^3\boldsymbol{x}_2,$$

(式(49)中额外的 $f_1(\boldsymbol{x}_2)$ 因其与 $p_1(\boldsymbol{x}_2)$ 正交而给出零。)如所预料，它描述了电子 f_1 和正电子 p_1 对的湮灭。F''^*_{neg} 以这种方式相继移过各个 P 直到它作用到 χ_0 上给出零。就这样，R 带着两个预料中的因子(以及由不相容原理所要求的正负相间的正负号)被约化成包含两个较小算符的较简单的项，其中的算符还可以采用类似方法用 F_2^* 等来进一步约化。在所有的 F^* 被用过之后，还可以用类似方法对 Q^* 作进一步约化。采用类似于式(46)到(49)的关系，它们以相反的方向移过 S，同时产生一个 0 时刻的纯负能量算符。在所有这些操作进行完毕之后，我们最后得到所期望的因子乘以 C_v(假设初末态的净电荷是相同的)。

按此方式，我们写出电子在给定势下运动的一般性问题的解。因子 C_v 由归一化得到。然而对于光子场，我们希望能得到 C_v 的根据势给出的显性表达式。这由式(30)和(29)给定，容易证明，按照二次量子化理论，这也是正确的。

b. 真空问题分析

我们将通过对一系列问题的归纳，用二次量子化方法来计算 C_v。这些问题的每一个都包含更像是我们所希望的那种势分布。假设有这样一个问题，它在时间 t 处于 t_0 与 T 之间时有相同的势，在时间从 0 到 t_0 时势为零。我们知道该问题的 C_v，并称 t_0 时刻的为 $C_v(t_0)$，相应的哈密顿量为 H_{t_0}，所有单环的贡献总和为 $L(t_0)$。于是，对 $t_0=T$，我们在所有时间段有零势，没有电子对可以产生，$L(T)=0$，$C_v(T)=1$。当 $t_0=0$ 时，就是我们的全部问题，此时 $C_v(0)$ 就是式(38)所定义的 C_v。一般来说我们有

$$C_v(t_0)=\left(\chi_0^*\exp\left(-i\int_0^T H_{t_0}\mathrm{d}t\right)\chi_0\right)$$

$$=\left(\chi_0^*\exp\left(-i\int_{t_0}^T H_{t_0}\mathrm{d}t\right)\chi_0\right),$$

由于对于 $t<t_0$，H_{t_0} 等同于常数真空哈密顿量 H_T，χ_0 是 H_T 的本征函数，其本征值(真空能)可以取为零。

$C_v(t_0-\Delta t_0)$ 的值源自哈密顿量 $H_{t_0-\Delta t_0}$，$H_{t_0-\Delta t_0}$ 不同于 H_{t_0} 之处在于在短暂的时间间隔 Δt_0 期间多了一个附加的势。因此，在 Δt_0 的一阶近似下我们有：

$$C_v(t_0-\Delta t_0)=\left(\chi_0^*\exp\left(-i\int_{t_0-\Delta t_0}^T H_{t_0-\Delta t_0}\mathrm{d}t\right)\chi_0\right)$$

$$=\left(\chi_0^*\exp\left(-i\int_{t_0}^T H_{t_0}\mathrm{d}t\right)\left[1-i\Delta t_0\int\boldsymbol{\Psi}^*(\boldsymbol{x})\right.\right.$$

$$\left.\left.\times(-\alpha\cdot\boldsymbol{A}(\boldsymbol{x},t_0)+A_4(\boldsymbol{x},t_0))\boldsymbol{\Psi}(\boldsymbol{x})\mathrm{d}^3\boldsymbol{x}\right]\chi_0)\right)$$

由此我们得到 C_v 的微商表达式

$$-\mathrm{d}C_v(t_0)/\mathrm{d}t_0=-i\left(\chi_0^*\exp\left(-i\int_{t_0}^T H_{t_0}\mathrm{d}t\right)\right.$$
$$\left.\times\int\boldsymbol{\Psi}^*(\boldsymbol{x})\beta\boldsymbol{A}(\boldsymbol{x},t_0)\boldsymbol{\Psi}(\boldsymbol{x})\mathrm{d}^3\boldsymbol{x}\chi_0\right).\tag{51}$$

采用类似于约化 R 的方法，我们可将上式简化为一个简单因子乘以 $C_v(t_0)$。算符 $\boldsymbol{\Psi}$ 可以想象成被分为两部分 $\boldsymbol{\Psi}_{\mathrm{pos}}$ 和 $\boldsymbol{\Psi}_{\mathrm{neg}}$，分别作用于正、负能态。$\boldsymbol{\Psi}_{\mathrm{pos}}$ 作用于 χ_0 给出零，这样我们在电流密度上就只有两项：$\boldsymbol{\Psi}^*_{\mathrm{pos}}\beta\boldsymbol{A}\boldsymbol{\Psi}_{\mathrm{neg}}$ 和 $\boldsymbol{\Psi}^*_{\mathrm{neg}}\beta\boldsymbol{A}\boldsymbol{\Psi}_{\mathrm{neg}}$。后者 $\boldsymbol{\Psi}^*_{\mathrm{neg}}\beta\boldsymbol{A}\boldsymbol{\Psi}_{\mathrm{neg}}$ 正是在所有负能态中所取的 $\beta\boldsymbol{A}$ 的期望值($-\boldsymbol{\Psi}_{neg}\beta\boldsymbol{A}\boldsymbol{\Psi}^*_{neg}$ 作用于 χ_0 给出零)。这是海中电子的真空期望电流的效应，我们将按传统做法从原始的哈密顿

量中减去这一项。

剩下一项 $\boldsymbol{\Psi}_{pos}^{*}\beta\boldsymbol{A}\boldsymbol{\Psi}_{neg}$，或其等价的 $\boldsymbol{\Psi}_{pos}^{*}\beta\boldsymbol{A}\boldsymbol{\Psi}$，可看成是 $\boldsymbol{\Psi}^{*}(\boldsymbol{x})f_{pos}(\boldsymbol{x})$，其中 $f_{pos}(\boldsymbol{x})$ 是算符 $\beta\boldsymbol{A}\boldsymbol{\Psi}(\boldsymbol{x})$ 的正能部分。现在这个算符 $\boldsymbol{\Psi}^{*}(\boldsymbol{x})f_{pos}(\boldsymbol{x})$，或更准确的说是其中的 $\boldsymbol{\Psi}^{*}(\boldsymbol{x})$ 部分，在 f 是函数时可以按与式(47)完全类似的方式与 $\exp\left(-i\int_{t_0}^{T}H\mathrm{d}t\right)$ 交换推移。(另一种推导方法来自如下考虑：满足狄拉克方程的 $\boldsymbol{\Psi}(x, t)$ 也满足与此等价的线积分方程。)这样，由式(48)、(50)，式(51)可写成

$$\begin{aligned}-dC_v(t_0)/\mathrm{d}t_0 =& -i\left(\chi_0^{*}\iint\boldsymbol{\Psi}^{*}(\boldsymbol{x}_2)K_{+}^{(A)}(2,1)\right.\\ &\left.\times\exp\left(-i\int_{t_0}^{T}H\mathrm{d}t\right)\boldsymbol{A}(1)\boldsymbol{\Psi}(x_1)\mathrm{d}^3\boldsymbol{x}_1\mathrm{d}^3\boldsymbol{x}_2\chi_0\right)\\ &+i\left(\chi_0^{*}\exp\left(-i\int_{t_0}^{T}H\mathrm{d}t\right)\iint\boldsymbol{\Psi}^{*}(\boldsymbol{x}_2)[K_{+}^{(A)}(2,1)\right.\\ &\left.-K_{+}(2,1)]A(1)\boldsymbol{\Psi}(\boldsymbol{x}_1)\mathrm{d}^3\boldsymbol{x}_1\mathrm{d}^3\boldsymbol{x}_2\chi_0\right),\end{aligned}$$

其中第一项里，$t_2=T$，第二项里 $t_2\to t_0=t_1$。$K_{+}^{(A)}$ 里的($\boldsymbol{A}$)是指 t_0 之后的势 $\boldsymbol{A}$。第一项等于零，因为它仅包含[自 $K_{+}^{(A)}(2,1)$]$\boldsymbol{\Psi}^{*}$ 的正能部分，它作用于 χ_0^{*} 给出零。第二项里只有 $\boldsymbol{\Psi}^{*}(\boldsymbol{x}_2)^{*}$ 的负能部分。因此如果 $\boldsymbol{\Psi}^{*}(x_2)$ 与 $\boldsymbol{\Psi}(x_1)$ 交换次序，它作用于 χ_0 也将给出零，因此由通常的 $\boldsymbol{\Psi}^{*}$ 与 $\boldsymbol{\Psi}$ 的对易关系，只有项

$$-\mathrm{d}C_v(t_0)/\mathrm{d}t_0=+i\int Sp[K_{+}^{(A)}(1,1)-K_{+}(1,1))\boldsymbol{A}(1)]\mathrm{d}^3\boldsymbol{x}_1\cdot C_v(t_0)\quad(52)$$

会剩下。

根据式(29)(文献10)，式(52)中的因子 $C_v(t_0)$ 乘以 $-\Delta t_0$ 恰为 $L(t_0-\Delta t_0)-L(t_0)$，因为这个差源自短时间隔 Δt_0 期间的附加势 $\Delta\boldsymbol{A}=\boldsymbol{A}$。因此 $-\mathrm{d}C_v(t_0)/\mathrm{d}t_0=+(\mathrm{d}L(t_0)/\mathrm{d}t_0)C_v(t_0)$，故从 $t_0=T$ 到 $t_0=0$ 积分给出式(30)。

由二次量子化的电磁场理论出发，运用非常类似的原理，可以推导出下篇论文里的量子电动力学方程。运用与这里分析狄拉克电子的方法基本相同的方法，我们可以分析克莱因-戈登方程的泡利-韦斯柯夫理论。

朝永振一郎、施温格和费曼的辐射理论[①]

弗里曼·戴森

本文概述了量子电动力学主题的统一发展，体现了朝永振一郎-施温格理论以及费曼辐射理论的主要特征。通过对高阶辐射反应和真空极化现象的讨论，本文将这些论文作者取得的这一理论做了推广。然而，高阶处理是一个程序而不是一种确定性理论，因为本文没有尝试对这些处理的收敛性作一般性证明。

得到的主要结果是：(1) 费曼和施温格理论的等价性的演示，(2) 对施温格理论应用于具体问题的过程作了相当程度的简化，且问题越复杂，简化越彻底。

1. 引言

由于朝永振一郎[②]、施温格[③]和费曼[④]等人最近的各自独立的发现，量子电动力学的主题已经取得了两个非常显著的进步。一方面，理论在基础和应用两方面已按照完全的相对论的表述方式而得到简化；另一方面，发散困难至少已得到部分克服。在迄今发表的报告里，重点自然都放在了这些进展的第二个方面，而对第一个方面的关注力度则因为新方法具备解决旧有理论无法解决的问题的能力而变得乏力，致使对该方法的简化被问题的复杂性掩盖了。此外，费曼的理论在表述上与施温格和朝永的理论有着如此深刻的差异，且其内容发表的又是如此之少，以至于其独特的优势不为采用其他表述的学者注意到。费曼理论的优点是简洁，易于应用，而朝永-施温格理论的优势在于理论上的一般性和完备性。

---

① 经美国物理学会许可重印，Dyson，*Physical Review*，Volume **75**，p. 486，1949. © 1949 by the American Physical Society.

② Sin-itiro Tomonaga，*Prog. Theoret. Phys.* **1**，27(1946)；Koba，Tati，and Tomonaga，*Prog. Theoret. Phys.* **2**，101 198(1947)；S. Kanesawa and S. Tomonaga，*Prog. Theoret. Phys.* **3**，1，101(1948)；S. Tomonaga，*Phys. Rev.* 74，224(1948).

③ Julian Schwinger，*Phys. Rev.* **73**，416(1948)；*Phys. Rev.* **74**，1439(1948). 对这一理论给予完整阐述的另几篇论文正在出版过程中。

④ R. P. Feynman，*Rev. Mod. Phys.* **20**，367(1948)；*Phys. Rev.* **74**，939，1430(1948)；J. A. Wheeler and R. P. Feynman，*Rev. Mod. Phys.* **17**，157(1945). 这些文章描述了费曼理论发展的早期阶段，这方面的内容发表的很少。

本文旨在展示施温格理论如何能够以纳入费曼思想的方式来应用到具体问题。为使论文具有合理的自洽性，有必要遵循朝永振一郎的方法来概述理论的基础。本文无意成为这一理论完备说明的替代，这一完备的阐述不久将由施温格发表。这里的重点在理论的应用，至于规范不变性和发散性等重大理论问题将不予详细考虑。本文的主要结果是给出用于计算放射性反应的一般性公式。通过将辐射相互作用作为小扰动来处理，我们可以基于电子的运动将放射性反应计算到所需的任意近似度。这些公式将以施温格的符号系统来表示，但它与费曼先前给出的结果本质上是一样的。因此本文的贡献在于这样两个方面：第一，简化施温格理论使之便于进行计算；第二，证明各种理论在共同的应用领域上的等价性。①

2. 理论基础概述

相对论性量子力学是非相对论量子力学的一种特殊情形。为了明确数学理论与物理测量结果之间的关系，采用非相对论术语是很方便的。在量子电动力学里，动力学变量是电磁势 $A_\mu(\boldsymbol{r})$ 和电子-正电子旋量场 $\Psi_\alpha(\boldsymbol{r})$。在每个空间点 $\boldsymbol{r}$，每个场的每个分量都是一个独立变量。在量子力学的薛定谔表示中，每个动力学变量都是与时间无关的算符，它们作用于系统的态矢 Φ。Φ(波函数或抽象矢量)的性质无需规定，其基本特性是，对于特定时刻系统的 Φ，系统在该时刻的所有测量结果都是统计上确定的。Φ 随时间的变化由薛定谔方程给出：

$$i\hbar[\partial/\partial t]\Phi = \left\{\int H(\boldsymbol{r})\,\mathrm{d}\tau\right\}\Phi, \tag{1}$$

其中 $H(\boldsymbol{r})$ 是表示系统在点 $\boldsymbol{r}$ 处的总能量密度的算符。(1) 式的通解是

$$\Phi(t) = \exp\{[-it/\hbar]\int H(\boldsymbol{r})\,\mathrm{d}\tau\}\Phi_0, \tag{2}$$

其中 Φ_0 是任意恒定态矢量。

在相对论系统中，最常见的测量不是同时对不同空间点的场量进行测量，而更可能是在不同时刻对不同的空间点的场量进行测量。只要待测量的时空点位于彼此的光锥之外，测量就不会相互干扰。因此，最全面的一般类型测量是在 $t(\boldsymbol{r})$

① 本文完成后，作者收到了由 Z. Koba 和 G. Takeda 发表在《理论物理学进展》上的一篇通信(*Progress of Theoretical Physics*，**3**，205(1948))。该文落款日期是1948年5月22日。文中简述了处理放射性问题的方法，该方法类似于本文给出的方法。

将该方法运用到计算克莱因-仁科公式的二阶辐射修正项的结果得到陈述。朝永教授及其助手的尚未发表的所有文章均完成于1946年底前。这些日本学者的隔绝状态无疑构成了理论物理学的严重损失。

时刻对每个空间点 r 的场量进行测量，点$(\boldsymbol{r}, t(\boldsymbol{r}))$的时空轨迹形成一个三维类空曲面 σ(即其上的每一对点都被一条类空间隔隔开)。这种测量被称为“在 σ 上对系统的观察”。我们很容易看出测得的结果将是什么。在每个点 $\boldsymbol{r}'$ 上，对于系统的某个态，其态矢 $\Phi(t(\boldsymbol{r}'))$ 由式(2) 给出，场量被测量。但 $\boldsymbol{r}'$ 处的所有可观察量都是算符，它们与异于 $\boldsymbol{r}'$ 的每个点 $\boldsymbol{r}$ 上的能量密度算符 $H(\boldsymbol{r})$ 对易。由量子力学的一般原理可知，如果 B 是一个与 A 对易的幺正算符，那么对于任何态 Φ，A 在 Φ 上的测量结果与在态 $B\Phi$ 上的测量结果是一样的。因此，如果系统的态满足

$$\Phi(\sigma) = \exp\left\{-[i/\hbar]\int t(\boldsymbol{r})H(\boldsymbol{r})\,\mathrm{d}\tau\right\}\Phi_0, \tag{3}$$

且它与 $\Phi(t(\boldsymbol{r}'))$ 只差一个与场量对易的幺正因子，那么 $\boldsymbol{r}'$ 点的场量对态 $\Phi(t(\boldsymbol{r}'))$ 的测量结果就都是相同的。这里一个重要的事实是，态矢 $\Phi(\sigma)$ 仅依赖于 σ 而不依赖于 r'。由此我们得到结论：在 σ 上对系统的观察所得结果完全取决于由式(3) 给定的态矢 $\Phi(\sigma)$ 对系统的作用。

薛定谔方程的朝永-施温格形式为式(3) 的微分形式。假设曲面 σ 在点 $\boldsymbol{r}$ 附近稍稍变形为曲面 σ'，将二者分开的时空体积为 V。那么所得的商

$$[\Phi(\sigma') - \Phi(\sigma)]/V$$

在 $V\to 0$ 时将趋于极限，我们用 $\partial\Phi/\partial\sigma(\boldsymbol{r})$ 来表示这个极限，并称它为 Φ 在点 $\boldsymbol{r}$ 处关于 σ 的导数。由式(3) 我们有

$$i\hbar c[\partial\Phi/\partial\sigma/(\boldsymbol{r})] = \boldsymbol{H}(r)\Phi, \tag{4}$$

事实上，式(3) 是式(4) 的通解。

如公式(4) 的方程的全部意义取决于陈述“一个系统有一个常态矢 Φ_0”所具有的物理意义。在目前情况下，这句话意味着“在任何给定空间点上场量测量的结果与时间无关。”这种说法显然不是相对论性的，因此式(4) 不论外观如何，都是一个非相对论性方程。

引入一个新的态矢 Ψ—— 它是相对论性不变量 —— 的最简单的方法是要求陈述“一个系统有一个常态矢 Ψ”是指“一个系统由光子、电子和正电子组成，它们自由通过空间而不发生相互作用或受到外部扰动。”为此目的，令

$$H(\boldsymbol{r}) = H_0(\boldsymbol{r}) + H_1(\boldsymbol{r}), \tag{5}$$

其中 H_0 为自由电磁场和电子电场的能量密度，H_1 是它们之间的相互作用以及可能存在的与外部扰动力之间的相互作用。于是，具有常态矢 Ψ 的系统是这样一个

系统，其 H_1 恒等于零；由式(3) 知，这样的系统对应于 Φ 具有如下形式

$$\Phi(\sigma)=T(\sigma)\Phi_0,\ T(\sigma)=\exp\left\{-[i/\hbar]\int t(\boldsymbol{r})H_0(\boldsymbol{r})\mathrm{d}\tau\right\}. \tag{6}$$

因此，通常它与如下形式是一致的：

$$\Phi(\sigma)=T(\sigma)\Psi(\sigma), \tag{7}$$

从而对于一个系统，我们总可以根据老的 Φ 来确定新的态矢 Ψ。Ψ 满足的微分方程通过式(4)、(5)、(6) 和(7) 来获得，其形式为

$$i\hbar c[\partial\Psi/\partial\sigma(\boldsymbol{r})]=(T(\sigma))^{-1}H_1(r)T(\sigma)\Psi. \tag{8}$$

现在如果 $q(\boldsymbol{r})$ 是与时间无关的任意场算符，则算符

$$q(x_0)=(T(\sigma))^{-1}q(\boldsymbol{r})T(\sigma)$$

恰是相应的通常在量子电动力学里所定义的与时间有关的算符①。它是空时点 x_0 的函数，其坐标是$(\boldsymbol{r},\ ct(\boldsymbol{r}))$，但由于 $H_1(\boldsymbol{r})$ 与 $H_0(\boldsymbol{r}')$ 在 $\boldsymbol{r}'\neq\boldsymbol{r}$ 时对易，因此对于所有过该点的曲面 σ，该函数均相同。因此式(8) 可写成

$$i\hbar c[\partial\Psi/\partial\sigma(x_0)]=H_1(x_0)\Psi, \tag{9}$$

其中 $H_1(x_0)$ 是与时间有关的形式下的两个场之间以及它们与外力之间相互作用的能量密度。式(9) 左边代表该系统对自由运动粒子系统的偏离程度，是一个相对论性不变量；$H_1(x_0)$ 也是一个不变量，由此避免了成为旧理论不令人满意的特点之一，在旧理论中，不变量 H_1 被加到非不变量 H_0 中。方程(9) 是朝永-薛定谔理论的出发点。

3. 微扰理论的引入

方程(9) 可以显式求解。为此我们不妨引入一个充满整个时空的单参数类空曲面族，使得该曲面族中有一个且仅有一个曲面 $\sigma(x)$ 过给定点 x。令 σ_0，σ_1, σ_2,… 是该曲面族中的一个曲面序列，它从 σ_0 开始，以小的步长稳步走向过去。记

$$\int_{\sigma_1}^{\sigma_0}H_1(x)\mathrm{d}x$$

为 $H_1(x)$ 在 σ_1 和 σ_0 之间的四维体积的积分，类似地，

$$\int_{-\infty}^{\sigma_0}H_1(x)\mathrm{d}x,\ \int_{\sigma_0}^{\infty}H_1(x)\mathrm{d}x$$

① 例如，见 Gregor Wentzel, *Einführung in die Quantentheorie der Wellenfelder*(Franz Deuticke, Wien, 1943), pp. 18 - 26.

分别表示整个体积从 σ_0 到过去和从 σ_0 到未来的积分。考虑到算符

$$U = U(\sigma_0) = \left(1 - [i/\hbar c]\int_{\sigma_1}^{\sigma_0} H_1(x)\,dx\right) \times \left(1 - [i/\hbar c]\int_{\sigma_1}^{\sigma_0} H_1(x)\,dx\right)\cdots, \tag{10}$$

该乘积持续趋于无穷大，故曲面 σ_0，σ_1, … 在极限处取为无限接近。U 满足微分方程：

$$i\hbar c[\partial U/\partial\sigma(x_0)] = H_1(x_0)U, \tag{11}$$

则方程(9) 的一般解是

$$\Psi(\sigma) = U(\sigma)\Psi_0, \tag{12}$$

其中 Ψ_0 是常矢量。

将乘积(10) 式按 H_1 的升幂展开，得到一序列：

$$U = 1 + (i/\hbar c)^2\int_{-\infty}^{\sigma_0} H_1(x)\,dx_1 + (-i/\hbar c) \times \int_{-\infty}^{\sigma_0} dx_1\int_{-\infty}^{\sigma(x_1)} H_1(x_1)H_1(x_2)\,dx_2 + \ldots. \tag{13}$$

此外，由(10) 式知 U 显然是幺正的，且有

$$U^{-1} = \overline{U} = 1 + (i/\hbar c)\int_{-\infty}^{\sigma_0} H_1(x_1)\,dx_1 + (i/\hbar c)^2 \times \int_{-\infty}^{\sigma_0} dx_1\int_{-\infty}^{\sigma(x_1)} H_1(x_2)H_1(x_1)\,dx_2 + \ldots. \tag{14}$$

不难验证，U 仅是 σ_0 的函数，与 σ_0 作为其中之一的曲面族无关。采用序列(13) 和(14) 的有限项数，忽略高阶项，在新理论中它等效于旧的电动力学的微扰理论。

由式(10) 在无限远未来取 σ_0 所得到的算符 $U(\infty)$ 是这样一种变换算符，它将系统在无穷远过去的态(譬如说代表会聚的粒子流) 变换到无穷远未来的相同的态(粒子相互作用后或被散射到其最终的外部所看到的分布)。这个算符有仅对应于系统实变换(即保持能量和动量不变的变换) 的矩阵元。它与海森伯的 S 矩阵是等价的。①

① Werner Heisenberg, *Zeits. f. Physik* **120**, 513(1943), **120**, 673(1943), and *Zeits. f. Naturforschung* **1**, 608(1946).

4. 辐射相互作用的消除

在大多数电动力学的问题里，能量密度 $H_1(x)$ 被分为两部分：

$$H_1(x_0)=H^i(x_0)+H^e(x_0), \tag{15}$$

$$H^i(x_0)=-[1/c]j_\mu(x_0)A_\mu(x_0), \tag{16}$$

第一部分是两个场彼此之间的相互作用能，第二项是由外力产生的能量。通常不允许将 H^e 处理成像上一节里那样的小扰动。相反，单独的 H^i 可被处理成微扰项，目的是要在系统的运动方程中的原初位置上消除 H^i 而留下 H^e。

算符 $S(\sigma)$ 和 $S(\infty)$ 通过将 $U(\sigma)$ 和 $U(\infty)$ 中的 H_1 替换为 H^i 来定义。因此 $S(\sigma)$ 满足方程

$$i\hbar c[\partial S/\partial\sigma(x_0)]=H^i(x_0)S. \tag{17}$$

假设现在通过下述替换来引入一个新的态矢 $\Omega(\sigma)$：

$$\Psi(\sigma)=S(\sigma)\Omega(\sigma). \tag{18}$$

由式(9)、(15)、(17) 和(18)，$\Omega(\sigma)$ 的运动方程为

$$i\hbar c[\partial\Omega/\partial\sigma(x_0)]=(S(\sigma))^{-1}H^e(x_0)S(\sigma)\Omega.. \tag{19}$$

由此实现辐射相互作用的消除。但问题"如何来解释新的态矢 $\Omega(\sigma)$？"仍然存在。

从式(19) 看得很清楚，具有常数 Ω 的系统是电子、正电子和光子等系统，它们在相互作用的影响下运动，但不存在外场。在实际存在两个或两个以上粒子的系统中，一般情况下，它们之间相互作用本身就会导致发生真实的迁移和散射过程。对于这种系统，用一个常数态矢来表示一个包含相互作用效应的运动状态是相当"非物理的"，因此，对于这样的系统，新的表示没有简单的解释。不过，最重要的系统是那些实际仅存在一个粒子，且它与真空场的相互作用仅产生虚过程的系统。在这种情况下，该粒子，包括它与真空的所有相互作用效应，表现为一种无外场情形下的自由粒子的运动，这时用一个常数态矢来表示这种运动状态就非常合乎情理。因此，我们可以说方程(19) 右侧的算符

$$H_T(x_0)=(S(\sigma))^{-1}H^e(x_0)S(\sigma), \tag{20}$$

表示一个物理粒子与外场的相互作用，包括辐射修正。因此方程(19) 描述的是外场中单个物理粒子偏离由常数态矢表示的运动的程度，即偏离观察到的"自由"粒子运动的程度。

如果一个其态矢为常数 Ω 的系统不随时间的流逝而历经真实的迁移，则称该

态矢 Ω 是“稳定的”。更确切地说，Ω 是稳定的当且仅当它满足方程

$$S(\infty)\Omega = \Omega. \tag{21}$$

按照一般法则，单粒子态是稳定的，而多粒子态则是不稳定的。但这一法则有两个重要资质。

首先，相互作用式(20) 本身几乎总是导致从稳态向不稳定态变动。例如，如果初态是由质子场中的一个电子组成，H_T 将具有电子转移到新的状态并伴有光子发射的矩阵元，而且这种转移在实际过程中是重要的。因此，虽然对于稳态理论解释很简单，但它不可能不考虑不稳定态。

第二，如果一个单粒子态(迄今为止都限定为) 必须是稳定的，那么 $S(\sigma)$ 的定义就必须修改。这是因为 $S(\infty)$ 包括了电子的电磁自能的影响，而这种自能给出的 $S(\infty)$ 的预期值在单电子态下不等于1(实际上是无穷大)，致使式(21) 不能被满足。如果我们试图用具有像“裸”电子静质量那样的特征静质量的波场来表示带有电磁自能的被观察电子，我们就会犯这样的错误。为了纠正这一错误，令 δ_m 表示电子的电磁能量，即“裸”电子的静质量与被观察电子的静质量的差值。这时能量密度 $H(\boldsymbol{r})$ 的划分不用(5) 式，而是用下述形式

$$H(\boldsymbol{r}) = [H_0(\boldsymbol{r}) + \delta mc^2\psi^*(\boldsymbol{r})\beta\psi(\boldsymbol{r})] + [H_1(\boldsymbol{r}) - \delta mc^2\psi^*(\boldsymbol{r})\beta\psi(\boldsymbol{r})]$$

上式右边第一个括号表示自由电磁场的和具有被观测电子静质量的电子场的能量密度，需要用它而不是 $T(\sigma)$ 的定义式(6) 中的 $H_0(\boldsymbol{r})$。因此，需要用到第二个括号而不是方程(8) 中 $H_1(\boldsymbol{r})$。

因此 $S(\sigma)$ 的定义必须改为用下式来替代 $H^i(x_0)$：①*

$$H^1(x_0) = H^i(x_0) + H^s(x_0) = H^i(x_0) - \delta_m c^2\bar{\psi}(x_0)\psi(x_0) \tag{22}$$

δ_m 的值可以调整，以便抵消 $S(\infty)$ 中的自能效应(这只是形式调整，因为其值实际上是无穷大)，这样方程(21) 对于单电子态是有效的。对于光子，自能无需这种调整，因为正如薛定谔所证明的，光子自能被证明恒为零。

上述关于自能问题的讨论只给出了一个大概，但你会发现对于理论的实际应用来说这已足够。施温格在他即将出版的论文里将给出关于用于处理这个问题的理论假设的更全面深入的讨论。此外，我们必须认识到，总体上说，只要还会出现发散，理论就不可能给出一个令人满意的最终形式，但这些发散都可以被巧妙

① 这里采用施温格记号 $\bar{\psi} = \psi^*\beta$。

* 下式等号左边的 H^1 应改为 H^I。—— 中译者注

地避开；因此，目前的处理应被看成是由其可否成功应用来判断，而不是从理论推导上来判断。

本论文截至目前的重要结果是方程(19)和对态矢 Ω 的解释。系统的态矢 Ψ 可被解释为一个波函数，它给出自由电子、正电子和光子的各种可能状态中取任一一组特定占有数的概率幅。粗略地讲，系统在给定曲面 σ 上具有给定 Ψ 的态矢 Ω 是这样一种 Ψ，如果它在相互作用 $H^1(x_0)$ 的单独影响下 σ 在 Ψ 上到达给定的 Ψ，则系统在无穷远过去有 Ψ。

由于 Ω 的定义对过去和未来是不对称的，因此我们可以通过修改 Ω 的定义中的时间方向来定义一个新的态矢 Ω'。因此，系统在给定曲面 σ 上具有给定 Ψ 的态矢 Ω' 是这样的 Ψ，如果它在相互作用 $H^1(x_0)$ 的单独影响下连续移动的话，则系统在无穷远未来达到 Ψ。更简单地说，Ω' 可由如下方程定义

$$\Omega'(\sigma) = S(\infty)\Omega(\sigma) \tag{23}$$

由于 $S(\infty)$ 是独立于 σ 的幺正算符，因此态矢 Ω 和 Ω' 实际上只在两种不同的表述下或坐标系下才是相同的。此外，对于任何稳态，由式(21)可知，二者是全同的。

5. 施温格和费曼理论的基本公式

施温格理论直接从方程(19)和(20)入手，其目的是计算由态矢 Ω 规定的各态之间的“有效外部势能”H_T 的矩阵元。实际考虑的态总有一些是非常简单的 Ω，例如，Ω 表示这样的系统，其中仅有一个或两个自由粒子态有占据数1，剩余自由粒子态的占据数为0。通过类比式(13)知，$S(\sigma_0)$ 由下式给出

$$S(\sigma_0) = 1 + (-i/\hbar c)\int_{-\infty}^{\sigma_0} H^I(x_1)\,\mathrm{d}x_1 + (-i/\hbar c)^2 \times \int_{-\infty}^{\sigma_0}\mathrm{d}x_1\int_{-\infty}^{\sigma(x_1)} H^I(x_1)H^I(x_2)\,\mathrm{d}x_2 + \dots, \tag{24}$$

且通过类似于式(14)的相应表达式可得 $S(\sigma_0)^{-1}$。将这些序列代入式(20)，立刻有

$$H_T(x_0) = \sum_{n=0}^{\infty}(i/\hbar c)^n\int_{-\infty}^{\sigma(x_0)}\mathrm{d}x_1\int_{-\infty}^{\sigma(x_1)}\mathrm{d}x_2\dots\int_{-\infty}^{\sigma(x_{n-1})}\mathrm{d}x_n \times [H^I(x_n),[\dots,[H^I(x_2),[H^I(x_1),H^\sigma(x_0)]]\dots]]. \tag{25}$$

在这个公式中，对易子的重复作用是施温格理论的特征，它们的演化产生出既冗长又非常困难的分析。施温格采用该序列的前三项可以计算外场中电子运动方程

的二阶辐射修正，所得结果与实验结果之间有令人满意的一致性。在本文中，我们将不对施温格理论作进一步发展，原则上用式(25)可以将电子运动方程的辐射修正计算到所期望的任何阶数的近似。

在费曼理论里，基本原则是保持过去和未来之间的对称性。因此算符 H_T 的矩阵元是以一种“混合表示”来计算的，即矩阵元通过态矢 Ω_1 规定的初态与态矢 Ω'_2 规定的末态来计算。在施温格表示里，这两种态之间的 H_T 的矩阵元是

$$\Omega_2^{*} H_T \Omega_1 = \Omega_2^{*\prime} S(\infty) H_T \Omega_1, \tag{26}$$

因此在混合表示里，替代 H_T 的算符是

$$H_F(x_0) = S(\infty) H_T(x_0) = S(\infty)(S(\sigma))^{-1} H^e(x_0) S(\sigma). \tag{27}$$

回到 $S(\sigma)$ 最初的类似于式(10)的乘积定义，显然，$S(\infty)\times(S(\sigma))^{-1}$ 即为从 $S(\sigma)$ 通过交换过去和未来得到的算符。因此，

$$\begin{aligned} R(\sigma) = S(\infty)(S(\sigma))^{-1} = 1 + (-i/\hbar c) \\ \times \int_\sigma^\infty H^I(x_1)\mathrm{d}x_1 + (-i/\hbar c)^2 \int_\sigma^\infty \mathrm{d}x_1 \\ \times \int_{\sigma(x_1)}^\infty H^I(x_2) H^I(x_1)\mathrm{d}x_2 + \dots . \end{aligned} \tag{28}$$

这种混合表示的物理意义并不十分深奥。事实上，混合表示通常被用来描述玻恩近似失效情形下核场中电子的韧致辐射过程。韧致辐射过程是电子从库仑波函数描述的向内是平面波向外是球面波的态，到库仑波函数描述的向内是球面波向外是平面波的态的辐射跃迁。这里初态和末态分属于不同的正交波函数系，因此跃迁矩阵元按混合表示来计算。在费曼理论里，情形类似，只是辐射相互作用的角色和外部(或库仑)场的角色被互换：辐射相互作用而不是库仑场被用于调整初态和末态的态矢(波函数)；外场，而不是辐射相互作用，引起这些态矢之间的跃迁。

费曼理论有一种额外的简化能力。因为如果矩阵元通过两个态来计算，二者中有一个是稳定的(这包括到目前为止考虑的所有情形)，故混合表示简化成一种普通表示。例如，在处理像外场中电子的运动方程的辐射修正这样的单粒子问题时出现的就是这种情形。在此情形下，算符 $H_F(x_0)$，虽然一般来说即便不是厄米的，也可被看作是一种作用在粒子上的有效的外部势能(在这些词的普通意义下)。

本节将通过对费曼理论基本公式(31)的推导来得出结论。这一推导与施温

格理论中式(25)的推导类似。如果

$$F_1(x_1),\ldots,\ F_n(x_n)$$

分别是定义在时空点 x_1，⋯，x_n 上的任一算符，于是

$$P(F_1(x_1),\ldots,\ F_n(x_n)) \tag{29}$$

表示这些算符的乘积，作用顺序取从右到左，曲面 $\sigma(x_1),\ldots,\sigma(x_n)$ 依次出现。在这种记法的大多数应用中，$F_i(x_i)$ 与 $F_j(x_j)$ 彼此对易，只要 x_i 和 x_j 位于光锥之外。如果出现的正是这种情形，那么很容易看出，式(29)仅是点 x_1，⋯，x_n 的函数，与曲面 $\sigma(x_i)$ 无关。现在考虑积分

$$I_n=\int_{-\infty}^{\infty}\mathrm{d}x_1\ldots\int_{-\infty}^{\infty}\mathrm{d}x_n P(H^e(x_0),\ H^I(x_1),\ldots,\ H^I(x_n))$$

由于被积函数是点 x_1，⋯，x_n 的对称函数，因此该积分的值恰是 $n!$ 乘以按如下方式所得到的积分：对于每一个 i，限定对点集点 x_1，⋯，x_n 的积分时序为先 $\sigma(x_{i+1})$ 再 $\sigma(x_i)$。于是被限积分可进一步分为 $(n+1)$ 项，第 j 项为对那些具有如下属性的点集积分：$\sigma(x_0)$ 位于 $\sigma(x_{j-1})$ 与 $\sigma(x_j)$ 之间（对 $j=1$ 和 $j=n+1$ 作明显调整）。因此，

$$\begin{aligned}I_n=n!\ &\sum_{j=1}^{n+1}\int_{-\infty}^{\sigma(x_0)}\mathrm{d}x_j\ldots\int_{-\infty}^{\sigma(x_n-1)}\mathrm{d}x_n\\&\times\int_{\sigma(x_0)}^{\infty}\mathrm{d}x_{j-1}\ldots\int_{\sigma(x_2)}^{\infty}\mathrm{d}x_1\times H^I(x_1)\ldots\\&H^I(x_{j-1})H^e(x_0)H^I(x_j)\ldots\ H^I(x_n).\end{aligned} \tag{30}$$

现在，如果将序列(24)和(28)代入式(27)，则积分的和看上去恰似式(30)。因此最后有

$$\begin{aligned}H_F(x_0)&=\sum_{n=0}^{\infty}(-i/\hbar c)^n[1/n!\ ]I_n\\&=\sum_{n=0}^{\infty}(-i/\hbar c)^n[1/n!\ ]\int_{-\infty}^{\infty}\mathrm{d}x_1\ldots\int_{-\infty}^{\infty}\mathrm{d}x_n\\&\times P(H^e(x_0),\ H^I(x_1),\ldots,\ H^I(x_n)).\end{aligned} \tag{31}$$

通过这个公式，算符 $H_F(x_0)$ 获得了正当性，因为现在这个算符是仅以点 x_0 而非曲面 σ 的函数出现。费曼理论的进一步发展主要涉及不同初态和末态之间式(31)的矩阵元的计算。

作为通过用式(27)的单位矩阵替代 H^e 得到的式(31)的一个特例

$$S(\infty)=\sum_{n=0}^{\infty}(-i/\hbar c)^{n}[1/n!]\int_{-\infty}^{\infty}\mathrm{d}x_1\ldots\int_{-\infty}^{\infty}\mathrm{d}x_n$$
$$\times P(H^{I}(x_1),\ldots,H^{I}(x_n)). \qquad (32)$$

6. 矩阵元计算

在本节里，我们对将前述理论应用到一般性问题进行说明。最终目的是要得到一组法则，根据这组法则，两给定态之间的算符(31) 的矩阵元可以适于数值计算的形式立即自动地写出来。存在这样一组法则是费曼辐射理论的基础；本节将从朝永-施温格理论的基础出发对这一法则进行推导，并证明这两种理论是等价的。

为了避免过于冗长复杂，所考虑的矩阵元的类型将在两个方面予以限定。首先，假设外部势能为

$$H^{e}(x_0)=-[1/c]j_{\mu}(x_0)\boldsymbol{A}_{\mu}^{e}(x_0),$$

也就是说，电子-正电子场与电磁势 $\boldsymbol{A}_{\mu}^{e}(x_0)$ 的相互作用能是空间和时间的给定的数值函数；其次，将只考虑矩阵元从仅有一个电子没有正电子或光子的态 A 跃迁到相同性质的另一个态 B。这些限制不是这一理论所必须的，引入只是为了方便，以便清楚地说明所涉及的原理。

电子-正电子场算符可写成

$$\Psi_{\alpha}(x)=\sum_{u}\Phi_{u\alpha}(x)a_{u}, \qquad (34)$$

其中 $\Phi_{u\alpha}(x)$ 是自由电子和正电子的旋量波函数，a_u 是电子的湮没算符和正电子的产生算符。同样，伴随算符

$$\bar{\psi}_{a}(x)\sum_{u}\overline{\Phi}_{u\alpha}(x)\bar{a}_{u}, \qquad (35)$$

其中 $\bar{a}_u$ 是正电子的湮没算符和电子的产生算符。电磁场算符为

$$\boldsymbol{A}_{\mu}(x)\sum_{v}=(\boldsymbol{A}_{v\mu}(x)b_{v}+\boldsymbol{A}_{v\mu}^{*}(x)\bar{b}_{v}), \qquad (36)$$

这里 b_v 和 $\bar{b}_v$ 分别是光子的湮没算符和产生算符。电子场的电荷-电流 4 -矢量为

$$j_{\mu}(x)=iec\bar{\psi}(x)\gamma_{\mu}\psi(x); \qquad (37)$$

严格说来，这个表达式应当对下式是反对称的①

① 见 Wolfgang Pauli, *Rev. Mod. Phys.* **13**, 203(1941), Eq. (96), p. 224.

$$j_\mu(x)=\frac{1}{2}iec\{\overline{\psi}_\alpha(x)\psi_\beta(x)-\psi_\beta(x)\overline{\psi}_\alpha(x)\}(\gamma_\mu)_{\alpha\beta}, \quad (38)$$

但以后我们将看到，在本理论中这不是必要的。

考虑式(31)的第 n 个积分中出现的乘积 P。令其记为 P_n。由式(16)、(22)、(33)和(37)可以看出，P_n 是 $(n+1)$ 算符 Ψ_α、$(n+1)$ 算符 $\bar{\psi}_\alpha$ 和不大于 n 的算符 A_μ 的乘积的总和，并乘以不同数值因子。将因子 ψ_α、$\bar{\psi}_\alpha$ 和 A_μ 的乘积记为 Q_n，不对下标 α 和 μ 求和，以便使 P_n 表为 Q_n 的各项的和。于是 Q_n 具有形式(略去指标)：

$$Q_n=\bar{\psi}(x_{i_0})\psi(x_{i_0})\bar{\psi}(x_{i_1})\psi(x_{i_1})\cdots\bar{\psi}(x_{i_n})\psi(x_{i_n})\times A(x_{j_1})\cdots A(x_{j_m}), \quad (39)$$

其中 i_0，i_1,…，i_n 是整数0，1,…，n 的某种置换，j_1,…，j_m 是整数1，…，n 中部分而非全部数字按某种排序的置换。由于算符 $\bar{\psi}$ 和 ψ 彼此不对易，因此保持这些因子的顺序显得特别重要。由式(34)、(35)和(36)知，Q_n 的每个因子均为产生算符和湮没算符和，因此 Q_n 本身是产生算符和湮没算符的乘积之和。

现在考虑在何种条件下，对于跃迁 $A\to B$，产生算符和湮没算符的乘积可以给出非零矩阵元。显然，湮没算符之一必湮没 A 态下的电子，产生算符之一必产生 B 态下的电子，而其余算符必定可划分成对，每一对的两个算符一个产生粒子另一个湮没同一粒子。不同粒子的产生算符和湮没算符总是对易或反对易的(如果至少有一个是光子算符，属前者；如果两个都是电子-正电子算符，属后者)。因此，如果在所有涉及不同粒子的乘积里出现的是两个单算符和不同的算符对，那么乘积中各因子的顺序可以改变，以便将两个单算符和每对中的两个算符合起来，而不改变乘积的值，但正负号会因下述情形有变化 —— 如果对电子和正电子算符的顺序做交换的次数为奇数的话。在某个单算符和相同粒子的单算符对的情形下，不难验证，因子的序会有相同的改变，只要记住算符划分成对不再是唯一的，对于每一种可能的对的划分和加在一起的结果，序都必须做出改变。

由以上考虑可知，对于 $A\to B$ 的跃迁，$\boldsymbol{Q}_n$ 的矩阵元是所有贡献项的和，每项贡献由 $\boldsymbol{Q}_n$ 的因子被划分成两个单算符和算符对的具体方式产生。这种类型的典型贡献项记为 M。算符对的两个算符必须分别是相同粒子的产生算符和湮没算符，所以必须是一个 $\bar{\psi}$ 和一个 ψ 或是两个 A；两个单算符必须是一个 $\bar{\psi}$ 和一个 ψ。因此 M 由这样来规定：固定一个整数 k，整数0，1，…，n 的置换 r_0，r_1,…，r_n，整数 j_1,…，j_m 划分成对 (s_1, t_1)，(s_2, t_2)，…，(s_h, t_h)。显然 $m=2h$ 必是一个偶数；M 通过下述方式获得：对单因子取 $\bar{\psi}(x_k)$ 和 $\psi(x_{r_k})$；对相伴因子对取

$(\overline{\psi}(x_k), \psi(x_{r_i}))(i=1, 2,\dots, k-1, k+1,\dots, n)$ 和 $(A(x_{s_i}), A(x_{t_i}))(i=1, 2,\dots, h)$。在计算 M 时，Q_n 因子的序首先被置换，以便将两个单因子和每一对的两个成员合并在一起，但在每个算符对中不得改变因子的序。容易看出，这个过程的结果是

$$Q'_n = \varepsilon P(\bar{\psi}(x_0), \psi(x_{r_0}))\cdots P(\bar{\psi}(x_n), \psi(x_{r_n})) \times P(A(x_{s_1}), A(x_{t_1}))\cdots P(A(x_{s_h}), A(x_{t_h})), \tag{40}$$

插入因子 ε 根据 $\overline{\psi}$ 和 ψ 在式(39)和(40)中的置换为偶数还是奇数而取值 ±1。于是在式(40)中，每一个两相伴因子(不是两个单因子)的乘积独立地被该过程所涉及的矩阵元的和替换，这里的过程是指相同粒子的连续产生和湮没。

假设给出的是像 $A_\mu(x)A_\nu(y)$ 这样的双线性算符，那么相同粒子的接续的产生和湮没过程所涉及的矩阵元的和恰好就是通常所说的算符的“真空期望值”，施温格计算过这种和。实际上这个量是(注意，这里用了海维赛德符号)：

$$\langle A_\mu(x)A_\nu(y)\rangle_0 = \frac{1}{2}\hbar c\delta_{\mu\nu}\{D^{(1)} + iD\}(x-y),$$

其中 $D^{(1)}$ 和 D 是施温格的不变的 D 函数。这些函数的定义将不在这里给出，因为可以证明，$P(A_\mu(x), A_\nu(y))$ 的真空期望值取相当简单的形式。即

$$\langle P(A_\mu(x), A_\nu(y))\rangle_0 = \frac{1}{2}\hbar c\delta_{\mu\nu}D_F(x-y), \tag{41}$$

其中 D_F 是费曼引入的 D 函数类型。$D_F(x)$ 是 x 的偶函数，由积分展开式知

$$D_F(x) = -[i/2\pi^2]\int_0^\infty \exp[i\alpha x^2]\mathrm{d}\alpha, \tag{42}$$

其中 x^2 表示的 4-向矢量 x 的不变长度的平方。类似地，由施温格的结果我们有

$$\langle p(\overline{\psi}_\alpha(x), \psi_\beta(y))\rangle_0 = \frac{1}{2}\eta(x, y)S_{F\beta\alpha}(x-y), \tag{43}$$

这里

$$S_{F\beta\alpha}(x) = -(\gamma_\mu(\partial/\partial x_\mu) + \kappa_0)_{\beta\alpha}\Delta_F(x), \tag{44}$$

κ_0 是电子的康普顿波长的倒数，$\eta(x, y)$ 根据 $\sigma(x)$ 在时间上是早于还是晚于 $\sigma(y)$ 而取 -1 或 $+1$，Δ_F 是带积分展开的函数：

$$\Delta_F(x) = -[i/2\pi^2]\int_0^\infty \exp[i\alpha x^2 - i\kappa_0^2/4\alpha]\mathrm{d}\alpha. \tag{45}$$

将式(41)和(44)代入式(40)，矩阵元 M 取如下形式(仍省去 Q_n 的因子 $\bar{\psi}$、ψ 和 A

的指标)：

$$M=\epsilon\prod_{i\neq k}\left(\frac{1}{2}\eta(x_i,\ x_{ri})S_F(x_i-x_{r_i})\right)$$
$$\times\prod_j\left(\frac{1}{2}\hbar cD_F(x_{s_j},\ x_{t_i})\right)P(\overline{\psi}(x_k),\ \psi(x_{r_k})).\qquad(46)$$

单因子 $\bar{\psi}$ 和 ψ 方便地留在算符的形式里，因为引起 $A\rightarrow B$ 跃迁的这些算符的矩阵元取决于电子处于态 A 和 B。此外，因子 $\bar{\psi}(x_k)$ 和 $\psi(x_{rk})$ 的顺序不重要，因为它们彼此反对易；因此可写成

$$P(\overline{\psi}(x_k),\ \psi(x_{r_k}))=\eta(x_k,\ x_{r_k})\overline{\psi}(x_k)\psi(x_{r_k}),$$

因此，式(46) 可改写成

$$M=\epsilon'\prod_{i\neq k}\left(\frac{1}{2}S_F(x_i-x_{r_i})\right)\prod_j\left(\frac{1}{2}\hbar cD_F(x_{s_j}-x_{t_j})\right)\times\overline{\psi}(x_k)\psi(x_{r_i}),\qquad(47)$$

其中

$$\epsilon'=\epsilon\prod_i\eta(x_i,\ x_{r_i}).\qquad(48)$$

现在，式(48) 的乘积等于$(-1)^p$，其中 p 是式(40) 中 P 括号出现在 $\bar{\psi}$ 的左侧的次数。由公式(40) 后 ε 的定义知，ε' 的取值根据 $\bar{\psi}$ 和 ψ 在式(39) 与下式

$$\overline{\psi}(x_0)\psi(x_{r_0})\ldots\ \overline{\psi}(x_n)\psi(x_{r_n})\qquad(49)$$

之间的置换是偶数还是奇数而取 +1 或 −1。但式(39) 可通过对下述表达式

$$\overline{\psi}(x_0)\psi(x_{r_0})\ldots\ \overline{\psi}(x_n)\psi(x_n)\qquad(50)$$

的偶数次置换导出，式(49) 和(50) 之间因子是偶数还是奇数根据整数 0，1，…，n 的置换 r_0，…，r_n 是偶数还是奇数而定。因此最后，式(47) 中 ϵ' 是取 +1 还是 −1 由 r_0，…，r_n 的置换是偶数还是奇数而定。重要的是 ϵ' 只取决于矩阵元 M 的类型，与点 x_0，…，x_n 无关。因此，它可以提取到式(31) 的积分号之外。

上述分析的一个结果是判断出，对于出现在 H^e 和 H^i 里的电荷-电流算符应该用式(37) 而不是式(38)。已经证明，在每一个像 M 这样的矩阵元里，式(38) 里的因子 $\bar{\psi}$ 和 ψ 可自由置换，因此式(38) 可被式(37) 所取代，但由两因子组成相伴算符对的情形除外。在此特殊情形下，M 将算符 $j_\mu(x_i)$ 在某一点 x_i 的真空期望值作为一个因子包含在内，根据正确公式(38)，这个期望值为零，虽然它按式(37) 趋于无穷大；因此，在此特殊情形下矩阵元始终是零。结论是，对于每个

$i \neq k$，只有那些整数 r_i 不等于 i 的矩阵元能被计算，且将式(37) 用于这些矩阵元是正确的。

为了写出 $A \to B$ 跃迁的式(31) 的矩阵元，我们只需这样来取所有的积 Q_n，用式(47) 给出的相应的矩阵元 M 的和来替换每一项，将各项重排成由导出的 P_n 的形式，最后代回到序列(31)。这样，式(31) 的矩阵元的计算问题原则上是可解的。但下一节我们将说明，如何用简单得多也实用得多的方法来简化这个解。

7. 矩阵元的图形表示

令式(31) 中的整数 n 和乘积 P_n 暂且固定。点 x_0，x_1，…，x_n 可用画在一张纸上的 $(n+1)$ 个点来表示。于是上一节中描述的矩阵元 M 可用图示的方式表示如下。对每一对 $i \neq k$ 的相伴因子对$(\bar{\psi}(x_i), \psi(x_{r_i}))$，画一条带方向的线，线的方向从点 x_i 指向点 x_{r_i}；对单因子 $\bar{\psi}(x_k)$，$\psi(x_{r_k})$，画一条从点 x_k 指向图的边缘的线，和一条从图的边缘指向 x_{r_k} 的线。对每一对因子$(A(x_{s_i}), A(x_{t_i}))$，画一条无方向的连线将点 x_{s_i} 和 x_{t_i} 连起来。所有的点和线构成的完备集合称为 M 的“图”。显然，矩阵元和图形之间存在一一对应关系，对 $i \neq k$ 的 $r_i - i$ 矩阵元的排除对应于图中对那些连接点到其自身的线的排除。图中的有向线段称为“电子线”，无向线段称为“光子线”。

过图中每一点行经两条电子线，因此，电子线一起形成一个含有顶点 x_k 和 x_{r_k} 的开口多边形，以及可能众多的闭合多边形。闭合多边形称为“闭环”，其边的数量由 l 表示。现在，整数 0，…，n 的置换 r_0，…，r_n 显然由 $(l+1)$ 个单独的循环置换构成。循环置换的奇偶性由其元素数目是奇数还是偶数决定。因此，置换 r_0，…，r_n 的奇偶性等于包含在其中的偶数循环的个数的奇偶性。但其中奇数循环的个数的奇偶性则明显等同于元素总的数目 $(n+1)$ 的奇偶性。总的循环数是 $(l+1)$，因此偶数循环的数目的奇偶性为 $(l-n)$。由前述知，式(47) 的 ε' 仅由置换 r_0，…，r_n 的奇偶性确定，因此由上述论证我们得到以下简单公式

$$\varepsilon' = (-1)^{i-n}. \tag{51}$$

这个公式是本理论的一个结果。它很容易通过费曼所采用的那种直观的考虑来获得。

在费曼的理论里，对应于特定矩阵元的图形不仅仅是一种计算的辅助手段，而应视为一种产生该矩阵元的物理过程的图像。例如，连接 x_1 到 x_2 的电子线代表电子可能在 x_2 处产生并在 x_1 处湮灭。这种图像的解释显然与这一方法是一致

的，在费曼手里，它已被用作导出本文所给出的大多数结果的基础。限于篇幅，这里不再对费曼的这些想法作进一步详细讨论。

乘积 P_n 对应于有限数量的图。对于其中的一个图，我们可用 G 来表示。对于适度的 n 值，所有可能的 G 可以毫无困难地枚举出来。每个 G 的贡献 $C(G)$ 对应于被计算的式(31) 中的一个矩阵元素。

图 G 可能是断开的，因此它可以被划分为子图，每个子图是连通的，没有线从一个子图的某一点连接到另一个子图的某个点。在这种情况下，显然从式(47) 知，$C(G)$ 为每个子图单独导出的因子的乘积。包含点 x_0 的子图 G_1 称为 G 的“基本部分”，其余的 G_2 称为 G 的“次要部分”。现在我们可以按点 x_k 和 x_{r_k} 是在 G_2 内还是在 G_1 内(两个点显然必须都位于同一子图内) 而分成两种情况来考虑。在第一种情形下，$C(G)$ 的因子 $C(G_2)$ 可通过比较式(31) 和(32) 来给出发生 $A\to B$ 跃迁时对算符 $S(\infty)$ 的矩阵元的贡献看出来。现在，令 G 在所有可能的、具有相同的 G_1 和不同的 G_2 的图形中变化，所有这些 G 的贡献总和是一个常数 $C(G_1)$ 乘以 $A\to B$ 跃迁时算符 $S(\infty)$ 的总矩阵元。但对于单粒子态，由式(21) 知算符 $S(\infty)$ 等价于恒等算子，并对于 $A\to B$ 跃迁相应地给出零矩阵元。因此，对于点 x_k 和 x_{r_k} 处于 G_2 内的断开的 G，它对式(31) 的矩阵元为零贡献，通过进一步的考虑可略去。当 x_k 和 x_{r_k} 处于 G_1 内时，我们仍可以对由给定的 G_1 和所有可能的 G_2 组成的全部的 G 求和来得到 $C(G)$。但此时连通图 G_1 本身被包含在总和内。在此情形下，所有 $C(G)$ 的和被证明恰好等于 $C(G_1)$ 乘以 $S(\infty)$ 的真空期望值。但是真空状态作为一种定态，满足式(21)，故该期望值等于 1。因此，$C(G)$ 的总和减小到单项 $C(G_1)$，从而断开图形可再次从考虑中删去。

从物理观点看，断开图的消除有点不足道，因为这些图仅仅源自这样一个事实：有意义物理过程总是同时伴有众多完全无关的真空场的涨落。但是，类似的论证现在可用来消除一类更重要的图，即那些包含自能效应的图。图 G 的“自能部分”定义如下：它是一个由一个或多个不包括 x_0 点的顶点以及连接这些定点的线构成的集合，它与 G 的剩余部分(或与图的边缘) 的连接仅由两条电子线或由一条或两条光子线构成。定性来看，我们可以假定 G 有一个自能部分 F，它与其周围的连接仅通过一条在 x_1 点进入 F 的电子线和另一条在 x_2 点离开 F 的电子线。对于光子线连接的情形可以做完全类似的处理。点 x_1 和 x_2 可以是同一点也可以是不同点。从 G 可以得到“简化图” G_0，做法是完全略去 F，并加入 x_1 点的入射线和 x_2 点的出射线构成 G_0 中的单电子线。新构成的线记为 λ。反过来说，给定 G_0

和 λ，也存在完好确定的图 G 的集合 Γ。这里 G 与 G_0 和 λ 以这样一种方式相联系：G_0 本身也被认为属于 Γ。现在我们将证明，Γ 的所有图形对式(31) 的矩阵元的贡献 $C(G)$ 之和 $C(\Gamma)$ 可以简化到单个一项 $C'(G_0)$。

例如，假设 G_0 中的线 λ 由点 x_3 引出到图的边缘结束。那么对于电子产生系统进入状态 B 的情形，$C(G_0)$ 是这样一个积分，其被积函数包含下式的矩阵元

$$\bar{\psi}_\alpha(x_3), \tag{52}$$

令该产生电子的动量-能量 4 -矢量为 p，式(52) 的矩阵元的形式为

$$Y_\alpha(x_3) = a_\alpha \exp[-i(p \cdot x_3)/\hbar], \tag{53}$$

其中 a_α 独立于 x_3。现在考虑总和 $C(\Gamma)$。由对式(31) 的分析知，$C(\Gamma)$ 可通过下式代换算符(52) 从 $C(G_0)$ 得到：

$$\begin{aligned}&\sum_{n=0}^{\infty}(-i/\hbar c)^n[1/n!]\int_{-\infty}^{\infty}\mathrm{d}y_1,\dots,\int_{-\infty}^{\infty}\mathrm{d}y_n\\ &\times P(\bar{\psi}_\alpha(x_3), H^I(y_1),\dots, H^I(y_n)).\end{aligned} \tag{54}$$

（当然，这是 Γ 的图的特殊性质的结果。）我们需要计算从真空状态 O 跃迁到状态 B(即发射一个电子系统进入状态 B) 时式(54) 的矩阵元。这个矩阵元记为 Z_α。$C(\Gamma)$ 包含 Z_α 就如同 $C(G_0)$ 包含式(53)。现在 Z_α 的计算可以像对式(47) 中具有相同的一般性质的项进行求和那样来进行。它将有如下形式

$$Z_\alpha = \sum_i \int_{-\infty}^{\infty} K_i^{\alpha\beta}(y_i - x_3) Y_\beta(y_i)\,\mathrm{d}y_i,$$

其中一个重要事实是 K_i 仅为 y_i 和 x_3 之间的坐标差的函数。由式(53) 知，这意味着

$$Z_\alpha = R_{\alpha\beta}(p) Y_\beta(x_3), \tag{55}$$

其中 R 独立于 x_3。从相对论不变性考虑，R 必有如下形式：

$$\delta_{\beta\alpha}R_1(p^2) + (p_\mu \gamma_\mu)_{\beta\alpha} R_2(p^2),$$

其中 p^2 是 4 -矢量 p 的不变量长度的平方。但由于矩阵元(53) 是狄拉克方程的解，

$$p^2 = -\hbar^2\kappa_0^2,\ (p_\mu\gamma_\mu)_{\beta\alpha} Y_\beta = i\hbar\kappa_0 Y_\alpha,$$

于是式(55) 简化为

$$Z_\alpha = R_1 Y_\alpha(x_3),$$

其中 R_1 是绝对不变量。因此在这种情况下，总和 $C(\Gamma)$ 正是 $C'(G_0)$，这个 $C'(G_0)$ 通过下式代换从 $C(G_0)$ 得到：

$$\overline{\psi}(x_3) \to R_1 \overline{\psi}(x_3). \tag{56}$$

在线λ从图的边缘导入图G_0到点x_1的情形下，很明显，$C(\Gamma)$将类似地通过下式代换从$C(G_0)$得到

$$\psi(x_3) \to R_1^* \psi(x_3). \tag{57}$$

还存在这样的情形，其中λ从G_0的一个顶点x_3到另一个定点x_4。在此情形下，$C(G_0)$在其被积函数中包含函数

$$\frac{1}{2}\eta(x_3,\ x_4) S_{F\beta\alpha}(x_3 - x_4), \tag{58}$$

由式(43)知，它是算符

$$P(\overline{\psi}_\alpha(x_3),\ \psi_\beta(x_4)) \tag{59}$$

的真空期望值。现在由类似于式(54)，$C(\Gamma)$将通过下式代换式(59)从$C(G_0)$得到

$$\sum_{n=0}^{\infty}(-i/\hbar c)^n [1/n!\ ]\int_{-\infty}^{\infty} \mathrm{d}y_1 \dots \int_{-\infty}^{\infty} \mathrm{d}y_n$$
$$\times P(\overline{\psi}_\alpha(x_3),\ \psi_\beta(x_4),\ H^I(y_1), \dots,\ H^I(y_n)), \tag{60}$$

这个算符的真空期望值将由下式表示：

$$\frac{1}{2}\eta(x_3,\ x_4) S'_{F\beta\alpha}(x_3,\ x_4). \tag{61}$$

由第6节的方法，式(61)可以展开成形如式(47)那样的一系列项。这里不对这种展开做详细讨论，但很容易看出，它导致一种形如式(61)的表式，其中$S'_F(x)$是4-矢量x的某个普适函数。我们不可能像前面Z_α被简化成Y_α的倍数那样将式(61)简化成式(58)的数值倍数。相反，我们可以预期将它做如下形式的一系列展开：

$$\begin{aligned} S_{F\beta\alpha}(x) = & (R_2 + a_1(\Box^2 - \kappa_0^2) + a_2(\Box^2 - \kappa_0^2)^2 + \dots\ ) S_{F\beta\alpha}(x) \\ & + (b_1 + b_2(\Box^2 - \kappa_0^2) + \dots\ ) \\ & \times (\gamma_\mu [\partial/\partial x_\mu] - \kappa_0)_{\beta\gamma} S_{F\gamma\alpha}(x), \end{aligned} \tag{62}$$

其中$\Box^2$是达朗贝尔算符，a和b是数值系数。在此情形下，$C(\Gamma)$将等于从$C(G_0)$通过如下代换获得的$C'(G_0)$：

$$S_F(x_3 - x_4) \to S'_F(x_3 - x_4). \tag{63}$$

将同样的方法运用到带自能部分、通过两条光子线连接到周边的图G上，总和$C(\Gamma)$将作为来自简化图G_0的单一贡献$C'(G_0)$得到，$C'(G_0)$由$C(G_0)$通过如下

代换给出：

$$D_F(x_3 - x_4) \to D'_F(x_3 - x_4). \tag{64}$$

函数 D'_F 由下述条件定义：

$$\frac{1}{2}\hbar c\delta_{\mu\nu}D'_F(x_3 - x_4) \tag{65}$$

是如下算符的真空期望值：

$$\sum_{n=0}^{\infty}(-i/\hbar c)^n[1/n!\ ]\int_{-\infty}^{\infty}\mathrm{d}y_1\cdots\int_{-\infty}^{\infty}\mathrm{d}y_n$$
$$\times P(A_\mu(x_3),\ A_\nu(x_4),\ H^I(y_i),\ldots,\ H^I(y_n)), \tag{66}$$

并且可以展开成序列

$$D'_F(x) = (R_3 + c_1\Box^2 + c_2(\Box^2)^2 + \ldots\ )D_F(x). \tag{67}$$

最后，不难看出，对于带自能部分、由一条光子线连接到周边的图 G，总和 $C(\Gamma)$ 将恒为零，所以这种图可以在考虑中完全略去。

作为上述证明的结果，带自能部分的图的贡献 $C(G)$ 总可以由简化图 G_0 得出的调整了的贡献 $C'(G_0)$ 来替代。一个给定的 G 可以用不止一种方法来简化，给出不同的 G_0，但如果简化的过程被重复有限次，那么我们将获得 G_0，它是“完全简化了的”，不包含自能部分，由 G 唯一地确定。完全简化图对式(31) 的矩阵元的贡献 $C'(G_0)$ 现在可以像求式(47) 的表达式的积分总和那样来计算，但所做的代换(56)、(57)、(63) 或(64) 对应于 G_0 的每一条线。做完这些后，式(31) 的矩阵元就可以通过一次性并且仅此一次地考虑每个完全简化图来正确地计算。

带自能部分的图的消除是这一理论中最重要的简化。因为根据式(22)，H^I 包含负的部分 H^S，后者将在式(31) 的展开式里产生许多附加项。但如果每个这种项都被看成(譬如说) 在被积函数中包含因子 $H^S(x_i)$，那么对应于该项的每个图就都将包含仅由两条电子线连接到图的其他部分的点 x_i，这个点通过自身构成图的自能部分。因此，在计算矩阵元时，所有包含 H^S 的项都可从式(31) 中略去。略去这些项的直观理由是它们只是被引入用来抵消 H^i 里产生的高阶自能项，而 H^i 本身也被舍去；前一段的分析是这种论据的更精确形式。如果用物理语言来叙述，这个论据还可以更简洁：由于 δ_m 是不可观察量，因此它不可能出现在可观察现象的最终描述中。

8. 真空极化和电荷重整化

现在的问题是：新函数 D'_F 和 S'_F 以及常数 R_1 的物理意义是什么？一般而

言，答案是明确的。图的自能部分所代表的物理过程已被从计算中排除，但这些过程不完全是由不可观测的单粒子与其自身场的相互作用构成的，因此它们不能完全被当作“自能过程”划去。此外，这些过程包括真空极化现象，即真空中粒子的感生电荷对带电粒子周围的场的调整。因此，计算中出现的 D_F'，S_F' 和 R_1 可以被看作是对隐含在现在被忽略的过程中的真空极化现象的明确表示。

在本理论中，有两种真空极化。一种由外部场感应产生，另一种由量子化电子和光子场本身产生。它们分别称为“外部的”和“内部的”。只有内部极化其能够通过代换式(56)、(57)、(63)和(64)显性地表示出来，外部极化被包括在内。

为了形成函数 D_F' 的具体图像，我们注意到，在经典电动力学里，函数 $D_F(y-z)$ 表示位于 y 的点电荷的推迟势作用在 z 点的点电荷上，与 z 点的点电荷的推迟势作用在 y 点的点电荷上二者之和。因此，D_F 可不严格地称为“两点电荷之间的电磁相互作用”。因此在目前这个半经典的图像中，D_F' 是两点电荷之间的电磁相互作用，但包括了每个电荷在真空中感应出的电荷分布效应。

真空极化的完整现象，按迄今为止的理解，被包含在函数 D_F' 的上述图像内。没有什么留待 S_F' 来表示。因此，本理论的一个重要结论是，性质上存在第二类现象，它包含在本文所述的真空极化项里，但不同于通常意义上的真空极化。这种第二类现象的性质最好是通过一个例子来说明。

一个电子被另一个电子散射可以用二者间的势能作用（穆勒相互作用）来表示。如果一个电子位于 y，另一个位于 z，则如上所解释的，通常的真空极化效应是在这个势能里用 D_F' 取代因子 D_F。现在考虑康普顿效应（或电子被光子散射效应）的一种类似但非正统的表示。如果电子位于 y 而光子位于 z，那么散射同样可用势能来表示，只是现在势能里包含了算符 $S_F(y-z)$ 这个因子。这个势是交换势，因为在相互作用之后，电子必须被看成位于 z 而光子位于 y。但这并不减损其效用。通过与 4-矢量电荷-电流密度 j_μ 它与势 D_F 相互作用——类比，我们可用下式来定义一个旋量康普顿效应密度 u_α：

$$u_\alpha(x)=A_\mu(x)(\gamma_\mu)_{\alpha\beta}\psi_\beta(x),$$

其伴随旋量由下式表示：

$$\bar{u}_\alpha(x)=\bar{\psi}_\beta(x)(\gamma_\mu)_{\beta\alpha}A_\mu(x).$$

这些旋量不是直接可观察量，但康普顿效应可以像一种其大小正比于 $S_F(y-z)$ 的交换势一样得到充分描述，这个势使得位于 y 点的康普顿效应密度与位于 z 点的伴随密度之间产生相互作用。第二类真空极化现象就可以用这种从 S_F 到 S'_F 的势的形式的变化来描述。因此，通过给定位置上的给定的康普顿效应密度元在其附近感应出真空中的附加康普顿效应密度元，我们就能够给出这种现象的物理描述。

对于这两种内部真空极化，函数 D_F 和 S_F，除了形状有改变之外，现在还要分别乘以数值(实际上发散的)因子 R_3 和 R_2，式(31)的矩阵元也要乘以数值因子 $R_1R_1^*$。然而我们认为(这一点只在二阶项上得到验证)，式(31)中的所有 n 阶矩阵元都将仅以下述乘积的形式包含这些因子：

$$(eR_2R_3^{\frac{1}{2}})^n;$$

这个陈述包括来自序列(62)和(67)的高阶项的贡献。这里 e 定义为常数。该常数通过式(37)出现在基本相互作用(16)中。现在，对 e 的唯一可能的实验测定方法是通过对式(31)的各个不同的矩阵元的所述效应进行测量，因此直接测量的量不是 e 而是 $eR_2R_3^{1/2}$。因此，在实践中，字母 e 被用来表示这个待测的量，乘子 R 不再显性地出现在式(31)的矩阵元中。字母 e 的这种含义上的变化称为“电荷重整化”，并且是必不可少的，如果 e 被当作待观察的电子的电荷来识别的话。作为重整化的结果，式(56)、(57)、(62)和(67)中的发散系数 R_1，R_2 和 R_3 用 1 代替，高阶系数 a，b 和 c 用只包含重整化电荷 e 的表达式替代。

物理上说，由势 A_μ^e 引起的外部真空极化只是第一类内部极化的一个特例，可以用非常类似的方法来处理。描述外部极化效应的图有一个“外部极化部分”，即包含点 x_0 和仅由单光子线与图的其他部分相连接的部分。这种图可以通过完全略去极化部分并用 x_0 来重新命名单光子线的另一端来“简化”。通过类似于第 7 节的讨论我们得出结论：在式(31)的矩阵元的计算中，我们只须考虑简化图；外部极化效应能够显性地表示出来，如果在计入这些图的贡献时有下式代换

$$A_\mu^e(x) \to A_\mu^{e'}(x) \tag{68}$$

成立的话。经过势等于 1 的重整化之后，类似于电荷重整化的结果，调整后的势 $A_\mu^{e'}$ 取形式

$$A_\mu^{e'}(x) = (1 + c_1\Box^2 + c_2(\Box^2)^2 + \dots)A_\mu^e(x), \tag{69}$$

其中系数同式(67)。

为了确定函数 D'_F，S'_F 和 $A_\mu^{e'}$，我们有必要回到式(60)和(66)。算符(60)和(66)的真空期望值的确定与式(31)中矩阵元的计算属同类问题，算符(60)和(66)里的不同的项必须再次拆分，用图表来表示，并给予详细分析。然而，由

于 D'_F 和 S'_F 是普适函数，这种进一步分析只需进行一次就可以适用于所有问题。

施温格理论的一项重大成就是它对真空极化（至少是第一类的）现象，以及诸如式(66)的算符的真空期望值给予了明确解释。在做出这一解释时，理论上出现了一些深刻的问题，其中尤其值得关注的是理论的规范不变性问题，对此我们不在这里多讨论了。对于这些问题的施温格解，读者可参看他即将发表的论文。施温格的论证无须做太大改变就可以纳入本文的框架。

在克服了原理上的困难后，施温格就阶数为 $\alpha(=e^2/4\pi\hbar c)$（亥维赛德单位制下）的项进一步计算了函数 D'_F。特别是，他发现式(67)和(69)中系数 c_1 的值在此阶上为 $(-\alpha/15\pi\kappa_0^2)$。①我们希望在本文的后续论文中发表关于函数 S'_F 的类似计算结果。有关分析过于复杂，不在此赘述。

9. 结果总结

在本节里，我们对前几页给出的截至目前的实际计算结果进行汇总。实际上，这个摘要包括将费曼的辐射理论应用到某一类问题上的一组法则。

假设一个电子在外场中运动，其相互作用能由式(33)给出。因此，计算电子运动所采用的相互作用能（包括所有阶的辐射修正）为

$$\begin{aligned}H_E(x_0) &= \sum_{n=0}^{\infty}(-i/\hbar c)^n[1/n!]J_n\\ &= \sum_{n=0}^{\infty}(-i/\hbar c)^n[1/n!]\int_{-\infty}^{\infty}\mathrm{d}x_1\ldots\int_{-\infty}^{\infty}\mathrm{d}x_n\\ &\quad\times P(H^e(x_0),H^i(x_1),\ldots,H^i(x_n)),\end{aligned}\tag{70}$$

其中 H^i 由式(16)给定，P 的表示如式(29)中所定义。

为了找出对作用于电子的势的第 n 阶有效辐射修正，我们有必要计算从一个单电子状态跃迁到另一个状态时 J_n 的矩阵元。这些矩阵元可以非常方便地写成 $\bar{\psi}$ 和 ψ 的双线性算符 K_n 的形式，单电子跃迁的 $\bar{\psi}$ 和 ψ 的矩阵元与待定矩阵元相同。事实上，算符 K_n 本身已经是待定的矩阵元，如果包含在其中的 $\bar{\psi}$ 和 ψ 被视为单电子波函数的话。

---

① 施温格的这个结果与那些早期给出的、理论上不甚满意的对真空极化的处理结果是一致的。有关这些早期结果的最好的论述见 V. F Weisskopf, *Kgl. Danske Sels. Math. -Fys. Medd.* 14, No. 6(1936)。

为了写出 K_n，首先应将 J_n 的被积函数 P_n 用其因子 $\bar{\psi}$、ψ 和 A 来表示，所有下标均有明确指向，并将表达式(37) 用于 j_μ。所有具有 $(n+1)$ 个顶点的可能的图 G 现在都画成如第 7 节所述的形式，略去断开的图(带自能部分的图) 和带外部真空极化部分的图。我们发现，在每个图中，在每个顶点上都有两条电子线和一条光子线，除非是 x_0 点，在这种点上只有两条电子线。此外，这样的图只能对偶数 n 才存在。K_n 是每个 G 的贡献 $K(G)$ 的总和。

对于给定的 G，$K(G)$ 通过下述变换由 J_n 给出。首先，对于 G 中连接 x 和 y 的每条光子线，利用下式替换 P'_n 内的两个因子 $A_\mu(x)A_\mu(y)$(不考虑其位置)：

$$\frac{1}{2}\hbar c\delta_{\mu\nu}D'_F(x-y), \tag{71}$$

这里 D'_F 由式(67) 令 $R_3=1$ 给出，函数 D_F 由式(42) 定义。其次，对于 G 中将 x 连到 y 的每条电子线，利用下式替换 P_n 内的两个因子 $\bar{\psi}_\alpha(x)\psi_\beta(y)$(不考虑其位置)：

$$\frac{1}{2}S'_{F\beta\alpha}(x-y) \tag{72}$$

这里 S'_F 由式(62) 令 $R_2=1$ 给出，函数 S_F 由式(44) 和(45) 定义。第三，用 $\bar{\psi}_\gamma(z)\psi_\delta(w)$ 按此顺序替换 P_n 中剩下的两个因子 $P(\bar{\psi}_\gamma(z)\psi_\delta(w))$。第四，用下式给出的 $A_\mu^{e'}(x_0)$ 替换 $A_\mu^e(x_0)$：

$$A_\mu^{e'}(x)=A_\mu^e(x)-[\alpha/15\pi\kappa_0^2]\Box^2A_\mu^e(x) \tag{73}$$

或者，更一般地，用式(69) 做这种代换。第五，用 $(-1)^l$ 乘以整个式子，这里 l 为 G 中的闭环数目(见第 7 节定义)。

对于的较小 n 值，上述法则可以很快写出 K_n。应当指出，如果我们计算了 K_n，并且如果我们不希望包含高于 n 阶的效应，那么式(71)、(72) 和(73) 里的 D'_F、S'_F 和 $A_\mu^{e'}$ 就可以约化为简单函数 D_F，S_F 和 A_μ^e。此外，J_n 的被积函数是 x_1，…，x_n 的对称函数，因此，仅由顶点 x_1，…，x_n 的重新排号所给出的不同的图对 K_n 的贡献相同，不必单独考虑。

这些法则可以扩展到包括比单电子跃迁更一般的式(70) 的矩阵元的计算上而没有本质上的困难。必须要考虑的是这时图会有两个以上的“松弛端点” 来表示不止一个粒子参与的过程。本文不对这种扩展进行处理，主要是因为它会引出很多过于繁琐的公式。

10. 例子：二阶辐射修正

作为前节处理程序法则的一种展示，我们将这些法则用于写出电子在外场下运动的二阶辐射修正项。令外场的能量为

$$-[1/c]j_\mu(x_0)A_\mu^e(x_0). \tag{74}$$

于是，存在一个二阶修正项

$$U=[\alpha/15\pi\kappa_0^2][1/c]j_\mu(x_0)\Box^2A_\mu^e(x_0),$$

它由零阶项(74) 里代入式(73) 产生。这便是著名的真空极化项，或称尤林(Uehling) 项①。

其余的二阶项源于式(70) 的二阶部分 J_2。写成展开形式，

$$J_2=ie^3\int_{-\infty}^{\infty}\mathrm{d}x_1\int_{-\infty}^{\infty}\mathrm{d}x_2P(\bar{\psi}_\alpha(x_0)(\gamma_\lambda)_{\alpha\beta}\psi_\beta A_\lambda^e(x_0),$$
$$\times\bar{\psi}_\gamma(x_1)(\gamma_\mu)_{\gamma\delta}\psi_\delta(x_1)A_\mu(x_1),\ \bar{\psi}_\epsilon(x_2)(\gamma_\nu)_{\epsilon\xi}\psi_\xi(x_2)A_\nu(x_2)).$$

接着，所有可容许的带 3 个顶点 x_0，x_1，x_2 的图都可以画出来。我们很容易看出，只有两个这样的图，G 以及交换 x_1 和 x_2 所得的相同的图如图 1 所示。图中实线是电子线，虚线为光子线。贡献度 $K(G)$ 按第 9 节所述法则通过代换从 J_2 得到。在此情形下 $l=0$，式(71)、(72) 和(73) 里的撇号可以略去，因为这里只需二阶项。$K(G)$ 里的被积函数可以重新组合成矩阵积的形式，下标 α，…，ξ 略去不写。然后，对第二个图乘以因子2，于是由 J_2 得到对式(74) 的完整的二阶修正变成

$$L=-i[e^3/8\hbar c]\int_{-\infty}^{\infty}\mathrm{d}x_1\int_{-\infty}^{\infty}\mathrm{d}x_2D_F(x_1-x_2)A_\mu^e(x_0)$$
$$\times\bar{\psi}(x_1)\gamma_\nu S_F(x_0-x_1)\gamma_\mu S_F(x_2-x_0)\gamma_\nu\psi(x_2).$$

正是这一项给出了兰姆-雷瑟福谱线移位② —— 电子的反常磁矩③和氢的基态谱线的反常超精细分裂④。

以上表达式 L 形式上要比施温格得到的相应表达式简单，但很容易看出两者是等价的。特别是，在进行兰姆移位的数值计算时，上述表达式并不带来计算量

① Robert Serber, *Phys. Rev.* **48**, 49(1935); *E. A. Uehling*, *Phys. Rev.* **48**, 55(1935).

② V. E. Lamb and R. C. Retherford, *Phys. Rev.* **72**, 241(1947).

③ P. Kusch and H. M. *Foley*, *Phys. Rev.* **74**, 250(1948).

④ J. E. Nafe and E. B. Nelson, *Phys. Rev.* **73**, 718(1948); Aage Bohr, *Phys. Rev.* **73**, 1109(1948).

的大幅减少。它的优点主要在于较容易写出来。

最后，笔者要对纽约联邦基金提供的经费支持表示感谢，同时感谢施温格教授和费曼教授在富于启发的讲座中提出了各自的理论。

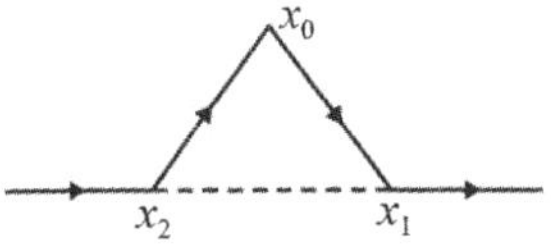

图 1

校样附记

（对第 2 节）。第 2 节中对朝永方法的证明过于简单化了，不够周全。式(3) 的推导中有一个错误。$H(r)$ 中的导数给出 $H(r)$ 与 r' 处场量之间的非对易性质，其中 r 为 σ 上无限靠近 r' 的一点。这段论证应更改如下。Φ 仅对平直曲面 $t(r)=t$ 有定义，对于这种曲面，式(3) 和(6) 是正确的。Ψ 由式(12) 和(10) 定义在一般曲面上，并可验证满足式(9)。对于平直曲面，Φ 和 Ψ 之间通过式(7) 相联系。最后，由于 H_1 不包括 H 中的导数，因此导出式(3) 的论证可以正确地运用于证明：对一般的 σ 态矢 $\Psi(\sigma)$ 将完整地描述 σ 上的系统的观察结果。

（对第 3 节）。类似于第 3 节中叙述的协变微扰理论在此前已由施蒂克尔伯格发展。见 E. C. G. Stueckelberg, *Ann. d. Phys.* **21**, 367(1934)；*Nature*, **153**, 143(1944)。

（对第 5 节）。施温格的“有效势”不是式(25) 给出的 H_T，而是 $H'_T = QH_TQ^{-1}$。这里 Q 是 $S(\infty)$ 的“平方根”，它由二项式定理对 $[S(\infty)]^{1/2}$ 做展开得到。其物理意义是，施温格既不用 Ω 也不用 Ω' 来规定状态，而是用中间态矢 $\Omega'' = Q\Omega = Q^{-1}\Omega'$ 来规定。这个中间态矢的定义是对过去和未来对称的。H'_T 对过去和未来也是对称的。对于单粒子态，H_T 和 H'_T 是相同的。

式(32) 可以非常简单地直接从 $S(\infty)$ 的积的展开式获得。

（对第 7 节）。式(62) 是不正确的。函数 S'_F 的性态良好，但它的傅里叶变换对频率有对数关系，这使我们不可能对式(62) 做精确的展开。

（对第 10 节）。项 L 仍包含两个发散的部分。一个是“红外灾难”，可用标准方法除去；另一项是“紫外”发散，必须通过额外的电荷重整化来解释，或者最好是用第 8 节计算给出的电荷重整化部分来抵消。

第 9 章

在本章中，我们给出了两个系列讲座的讲义和一个对若干量子理论创始人的历史回顾。在 1925 年至 1926 年间，马克斯·玻恩在麻省理工学院开设了一个题为“原子动力学问题”的系列讲座。当时海森伯在玻恩的帮助下刚提出第一个原子的量子理论没多久，而且在此期间薛定谔发表了他的量子力学的波动理论。因此这些讲座介绍的都是当时最新的原子理论。玻恩从介绍经典力学理论开始，接下来给出玻尔的原子模型是如何来解释氢原子的。他解释了为什么玻尔模型在运用到包括氦的其他元素是不成功的。最后，他提出了新的量子理论的矩阵方法，并说明了如何得出不确定性原理赖以成立的基本对易关系。在系列讲座的进行过程中，其他研究者提出了一系列新的见解。例如，泡利引入了自旋量子数，薛定谔和狄拉克的量子理论体系。看着玻恩的想法随着新量子理论的完善而不断演变，是很有趣的。

本章的第二篇文章是物理学家乔治·伽莫夫写的关于他与量子理论奠基者一起工作的经历和历史回顾。在 20 世纪 20 年代末，伽莫夫获得了奖学金得以去哥本哈根尼尔斯·玻尔研究所学习。在那里，他曾与量子理论的许多位伟大先驱一起工作，这其中当然包括玻尔本人。在“物理学风云激荡三十年”一文中，他从一个参与者的视角展现了量子理论的历史发展。文中叙述了有关这些伟大思想家们的许多趣闻轶事，为读者提供了关于这一深奥迷人领域的令人耳目一新的风采。

本章的最后一个部分是保罗·狄拉克在叶史瓦大学做的 4 次有关量子理论发展的讲座。在第一讲里，狄拉克从经典力学的哈密顿形式体系开始，并说明了如何通过运用量子化原理来发展量子力学。在第二讲里，通过证明如何从经典场论得到量子场论，狄拉克将第一讲的方法做了推广。狄拉克最终关心的是如何获得一个可以将爱因斯坦的广义相对论包括进来的量子理论。从广义相对论我们知道，引力会使空间弯曲，因此狄拉克想知道是否有可能得到一种建立在曲面上的相对论性量子理论。在第三讲里，狄拉克检查了这个问题，并做出决定，一般而言，不可能得到曲面上的相对论性量子理论。最后，他证明了，有可能发展出一种平面上的相对论量子理论。因此，我们可以得到一种与狭义相对论相容而不是与广义相对论相容的量子理论。寻找与广义相对论相容的量子理论或称为量子引力理论仍是物理学中的一个未解决的问题。找到这种理论(或许)是理论物理学的首要目标。目前，最受青睐的一种量子引力理论称为弦理论，但弦理论是否就是对实在的准确描述这一点仍有待证明。审视在未来几年里哪一种量子引力理论最能说明我们的宇宙将是有趣的，因为一旦这个理论被发现，我们将第一次有了对所有已知的物理定律的一个基本理解。

原子动力学问题①

马克斯·玻恩

前　言

构成本书的这些讲座内容是按它们自1925年11月14日至1926年1月22日期间在麻省理工学院所做讲座的原样呈现的，没作任何润色加工。笔者无意将它们变成教科书——这样的教科书已经足够多了——而宁愿当作对我自己从事的那些物理学领域现状的一种论述，对此我相信，我能够对这些领域做一个全面的阐述。允许我准备这些内容的时间很短，我既无法寻求完整性，也不能对细枝末节考虑得那么周全。我的目的是给出方法、研究对象以及最重要的结果。我避开了文献引用，只是偶尔提及某些论文作者。借此机会我请求所有那些我略去其名字的同事原谅。

有关格点理论的内容基本上来自我的书《固体原子理论》的某些章节的摘要，以及关于这一课题的后续工作。同样，这之前有关原子结构的讲座内容主要来自我的书《原子力学》，但我很快就过渡到不同的观点。在我开始这门课程的讲授时，海森伯关于新量子理论的第一篇论文才刚刚发表。在这篇文章里，他的精妙处理给量子理论带来了一个全新的转折。约丹和我合写的文章②——其中我们认识到，矩阵运算是表述海森伯思想的最适当的方法——当时正在出版过程中，我们三人合写的第三篇论文③的手稿也几乎接近完成。虽然我心里毫无疑问地认为，这第三篇论文中所包含的结果表明新方法较老方法优越，但我不打算直接从新量子力学讲起。这么做不仅否定了本应归功于玻尔的伟大成就，而且甚至

① 这篇作品最初由麻省理工学院于1926年发表。

② 指M. Born and P. Jordan, *Zeitschr. f. Phys.* **34**, 858(1925). ——译者注

③ 指M. Born, W. Heisenberg, and P. Jordan, *Zeitschr. f. Phys.* **35**, 557(1925). 这里说的“第三篇论文”是指就该相关主题发表的第三篇文章，不是说3人合作发表过3篇文章。——译者注

无法使读者领会到这一思想的自然和神奇的发展。因此我将这么开始本课程的讲述：先给出玻尔理论作为对经典力学的应用，并突出强调其弱点和概念上的困难。应当指出(这也许是多余的)，这只是完成了建立一个新概念的必要性，并且这么说并非是要对玻尔的不朽的工作提出敌意的批评。随着研究的深入，新方法的进一步成就引起了我的注意。我会在讲座中引入一些这方面的概念。泡利的氢原子理论就是一个很好的例子。其他人的工作，例如由 N. 维纳和我自己发展起来的根据算符的一般运算来处理非周期过程的理论，我会给出一个梗概。这部分不过就是对我们理论物理学家最感兴趣的一系列问题的科学结果的报告。

我的这篇讲义的原文是用德文写的。后由 W. P. 阿利斯博士和汉斯・穆勒先生翻译成英文，我做了通读。F. W. 西尔斯先生修订了第二部分；最后，M. S. 巴亚尔塔博士为了验证公式，并使文章符合英语阅读习惯，又对全文进行了仔细的通读。在此我要对所有这些先生们表示衷心的感谢，他们在修订这篇作品上花了大量的精力，牺牲了很多宝贵时间；我还要对助理院长 H. E. 洛布德尔先生表示感谢，他在监督出版的工作方面付出了大量心血。

我觉得这本书能在麻省理工学院出版是一项很高的荣誉。为此，我衷心感谢 S. W. 斯特拉顿校长和物理系系主任 C. L. 诺顿教授。我还要感谢保罗・海曼斯教授，在我在麻省理工学院逗留的这三个月期间，他不仅热情地为我的妻子和我安排住宿，而且还允许我使用他的办公室。我希望通过这本小书表达我由衷的谢意。

马克斯・玻恩
麻省理工学院
1926 年 1 月

系列 1

原子结构

第 1 讲

经典连续体理论与量子理论的比较；有关原子结构的主要实验结果；量子理论的一般原理；例子。

今天，无论何处，物理学都是基于原子理论。通过实验和理论研究，我们已经确信，物质不是无限可分的，而是存在不可进一步划分的最终的物质基元。但它不是化学家的原子，我们曾笃信这种原子是“不可分割的”，但实际上，它们是一种由更小的基元所组成的非常复杂的结构。从最近的研究所形成的观点看，这些更小的基元是电的原子 ——(负的) 电子和(正的) 质子。可以想象，在以后时代，科学还会改变其观点，并深入到更小的基元中去；在这种情形下，原子论的哲学意义将不再被高度重视。最后的单元将不再有任何绝对意义，而只是对科学的当前状态的一种量度。但我不认为是这样。我相信，我们有指望不必从事这种无穷尽的划分，我们已接近这种有限划分链的末端，也许我们甚至已经达到了末端。可以如此乐观的理由与其说在于新物理学所赋予的原子、质子和电子等实在的实验证据，毋宁说在于支配带电基本粒子的相互作用规律的特殊性质。这些规律确实有一种让我们得出我们已接近最终形式体系的结论的属性。

这种说法可能显得过于大胆，因为所有时代的全部哲学告诉我们，人类的知识是不完整的，每一点知识的取得都是以新的谜团为代价的。截至目前，不论是在物理学还是在其他科学领域，本时代所宣称的绝对正确的每一项结果，在几年、几十年或几百年后，都被否定掉了，因为新的研究带来了新的知识，况且我们已习惯于认为真实的自然规律只是一种无法实现的理想，对此所谓的物理学定律只能逐次逼近。现在，当我说今天的原子论的定律的具体公式有一个带有某种终极意义的特征时，我的意思是它不适合采用我们的逐次逼近方法来认识，我有必要对此给出解释。原子所拥有的这种特殊性就是以整数面貌出现。我们自认为不仅是在任何物体内，例如一个金属片内，存在有限数量的原子或电子，而且进一步认为单个原子的性质和若干原子之间的相互作用过程都能用整数来描述。这是量子理论的实质。这一理论的根本重要性不仅在于其实际应用，而且最重要的是在于它的哲学影响。为了说明这一思想，我们考虑一个在一条直线上自由移动的小物体。根据通常的想法，它可以在任何时间处于任何位置。要确定这一点，我们给出从 0 点起测得的坐标 x。

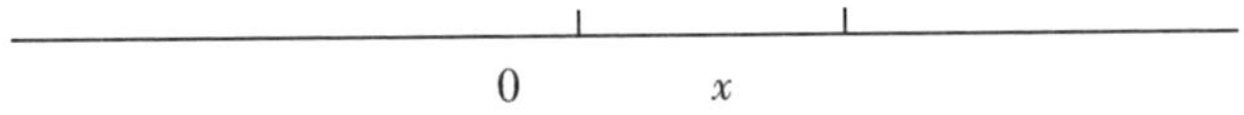

图 1

但这个位置的精确度完全取决于观察的实验手段。如果 x 可连续变化，那么更精确的测量可以给出小数点后面的下一位小数。但在原子情形下，条件似乎是不同于此。如果我们可以将这个物体视为无穷小，并令其仅占据某个离散的点的话，我们就能够比较它们的性态。我们用数字 1，2，3，…… 来表示这些离散的点，因此，坐标 x 只能取值 1，2，3，…，而不能取例如 1/2 或 3. 7。这实际上就是所谓的量子数的性态，今天我们就用它们来描述原子的状态。如果这种处理始终能够成立，那么我们显然就已站在了新知识的面前。如果 x 的值只能是严格的整数，那么这个数一旦确定就不能变了。如果 x 被确定肯定不等于 1，也不等于 3 或 4，也不等于任何更大的整数，那么 x 的值只可能等于 2，再精确的测量也不能改变任何东西。因此我们的定律陈述中有某种确定的要素，并且似乎存在这样一种倾向：当定律需要表示整数之间的关系时，这些定律便获得了这种重要的终极特征。因此，我可以毫不夸张地说，1900 年，当普朗克第一次给出他的量子理论时，就标志着关于自然的一种全新概念的开始。

物质理论，就目前的处理方式而言，依然很缺乏这种极端的观点。为了强调这一点，我们再来考虑处于标有坐标 x 的直线上的物体。对此通常的量子论对应于这样一种条件，x 被允许取一切可能的连续值，但 x 的那些整数值则通过所谓量子化条件被挑出来作为恒定状态。这种概念完全不能令人满意。出于这个原因，我们在哥廷根一直力求发现一种新的量子论表述方式，在这种表述下，只出现这些整数的 x 值，其间的分数值没有任何意义。这一理论在下述意义上已得到确认：存在于旧量子论中的某些基本困难在新理论下已不再出现。另一方面，计算相当复杂。因此我不准备从新理论来开始我的讲座课程，而是先对旧理论作一简短的回顾。我们先来回顾一下对于原子结构最重要的几项实验研究。

第一项是由勒纳德和卢瑟福所发展的概念：原子是由一个带正电的核和绕其转动的带负电的电子构成的。最简单的原子，氢，就是由一个电子绕最简单的核——一个质子——构成的。每个质子都具有与电子相同的电荷 $e = 4.77 \times 10^{10}$ 静电单位，但它们的质量不同，二者的质量比为 1 830∶1。其他原子的核的结构复杂，它们都由质子和电子组成，正如放射性现象所展示的那样。但在这些讲座里，我们将不讨论这些核的结构，而是将它们处理成带电荷的质点，所带电荷是上述电荷 e 的整数 Z 倍。这个数 Z 称为原子序数，它决定了该元素在元素周期系中的位置。对于中性的原子，电子的数量也是 Z；对于负离子，电子的数量大于 Z；对于正离子则小于 Z。

使电子束缚在核上的力肯定是电性力。这已为勒纳德关于阴极射线的散射的实验以及卢瑟福和他的学生对 α 射线的散射实验所证明。这些实验表明，在这一理论中，在所涉量级的距离上，力的库仑定律成立。

但纯粹的电性力的假设有困难。有这么一条数学定理指出，一个电荷体系不可能达到稳定平衡。因此卢瑟福被迫假定电子是围绕原子核以这样的方式转动：转动引起的离心力与电性力平衡。但如果我们将电磁定律应用于这个系统就会知道，它必然要辐射能量，直到电子落入核为止。第二个困难源于气体的动理学理论。我们知道，在正常情况下，每个气体分子或原子与其他分子或原子的碰撞大约是100 000 000 次每秒。如果普通力学定律在此成立，那么就可以预期，电子轨道在每次碰撞后都会有轻微的变化，这些变化会累加到这样一个程度，1 秒钟后，系统就将有重大改变。但我们知道，每个分子都具有一组确定的属性。因此我们需要找出一条稳定性原理，而这条原理显然不可能从普通力学定律导出。

尼尔斯·玻尔已经通过将量子论的法则运用到原子系统给出了这条原理。这些法则是由马克斯·普朗克在研究热辐射定律时发展出来的。他证明了，如果我们采用普通的能量无限可分的假定，那么就不可能解释黑体辐射的能谱分布；但是如果我们假设能量是以有限大小的量子状态存在的，那么就可以解释这个分布。这里，能量子的大小为 $h\nu$，其中 ν 是辐射的频率，h 是常数，$h = 6.54 \times 10^{-27}$ 尔格·秒。这一闪光的思想已在物理学的发展上结出了最为丰硕的成果，因为业已表明，常数 h 和量子 $h\nu$ 在许多现象中发挥着重要作用。在光电效应里，光电子的动能由 $m\nu^2/2 = h\nu$ 给出，其中 ν 是入射辐射的频率。由爱因斯坦提出的这个公式已得到密立根等人的实验证实，它是存在量子的第一个直接证据。其次还有很多其他类似的实验，我只提一下其中的一组：弗兰克和赫兹最先进行了旨在调查电子的动能与该电子与原子碰撞所发出的光的频率之间关系的实验，后来这项研究又为康普顿、福特、莫勒和其他许多美国物理学家所发展。

所有这些实验表明，特定频率的辐射的产生需要有确定量的动能。尼尔斯·玻尔曾提出，这项法则不仅对动能与辐射之间的关系成立，而且对所有形式的能量与辐射之间的关系成立。凭借这一假设，他为孤立原子 —— 如惰性气体原子 —— 的线光谱(即一组单色光波) 发射这一事实找到了一种非常简单的解释。他假定爱因斯坦定律可以这样的方式应用到谱线的发射上：当系统失去一定量的内能 $W_1 - W_2$ 时，所发射的光的频率 ν 与此能量损失的关系由下式给出：

$$W_1 - W_2 = h\nu. \tag{1}$$

为了解释原子的整个光谱线系，玻尔假设存在一系列所谓的“定态”，在这些状态下，原子可以不辐射因而能量无损失而存在。原子在这些态下的总能量分别为 W_1，W_2，……。每根谱线的频率现在表示为两项 W_1/h 与 W_2/h 的差，从而与光学里公认的里兹组合原理公式完全一致。同时，这一假说还解决了前面提到的原子系统的稳定性的困难，因为原子从一个定态变到另一个定态所需要的能量很大，要大于常温下热扰动所能提供的能量，因此原子能够维持状态不变。

这些假设不仅直接与经典动力学相抵触，而且缺乏新理论的确切定律的知识，我们尽可能采用经典法则来寻求出路，当它们无法给出结果时就设法改造它们。现在的主要问题已变成如何确定定态及其能量。但首先我们得根据爱因斯坦的思路证明，玻尔的原理足以给出对普朗克黑体辐射公式的一个非常简单的推导。

考虑两个定态 W_1 和 $W_2(W_1 > W_2)$。在统计平衡下，各态上的粒子数分别为 N_1 和 N_2。于是由玻尔兹曼原理：

$$\frac{N_2}{N_1} = \frac{e^{-W_2/kT}}{e^{-W_1/kT}} = e^{\frac{(W_1 - W_2)}{kT}},$$

并利用玻尔的频率条件(1) 我们得到：

$$\frac{N_2}{N_1} = e^{\frac{h\nu}{kT}}.$$

在经典理论里，原子系统与辐射的相互作用有以下 3 种过程：

1. 如果原子处在较高能态，那么它将通过辐射自发失去能量。

2. 外部辐射场是从原子那里得到还是减少能量，取决于它所构成的波的相位和振幅。我们称这些过程为：

（1）正吸收，如果原子获得能量的话，

（2）负吸收，如果原子通过与外场的作用失去能量的话。

在后两种情形下，这些过程对能量改变的贡献正比于能量密度 ρ_ν。

在类比到这些过程时，我们假定 3 个相应过程均为齐性相互作用。在两个能级 W_1 和 W_2 之间出现下列跃迁：

1. 通过从 W_1 到 W_2 的变化，能量自发减少。伴随这些跃迁而出现的辐射频率既正比于初态 W_1 下的粒子数 N_1，也取决于终态。因此，我们可将这些跃迁的数目写成

$$A_{12}N_1.$$

2a. 由于辐射场作用（从 W_2 跃迁到 W_1）能量增加。同样，我们可将跃迁的粒子数写成

$$B_{21}N_2\rho_\nu.$$

2b. 由于辐射场作用（从 W_1 跃迁到 W_2）能量减少。故跃迁的粒子数为

$$B_{12}N_1\rho_\nu.$$

对于两个定态 W_1 和 W_2 之间的统计平衡，要求有

$$A_{12}N_1 = (B_{21}N_2 - B_{12}N_1)\rho_\nu,$$

由此有

$$\rho_\nu = \frac{A_{12}}{\left(B_{21}\dfrac{N_2}{N_1} - B_{12}\right)} = \frac{A_{12}}{B_{21}e^{\frac{h\nu}{kT}} - B_{12}}. \tag{2}$$

自然地，我们假设经典法则是量子法则的极限情形。在这里，这种极限情形就是高温下，此时 $h\nu$ 相比于 kT 是小量。在此条件下，公式（2）可过渡到经典的瑞利-金斯公式：

$$\rho_\nu = \frac{8\pi}{c^3}\nu^2 kT.$$

对于大的 T（2）的值，有下式成立：

$$\rho_\nu = \frac{A_{12}}{\left(B_{21} - B_{12} + B_{21}\frac{h\nu}{kT} + \cdots\right)}.$$

如果取

$$B_{12} = B_{21},$$

且

$$\frac{A_{12}}{B_{12}} = \frac{8\pi}{c^3}\nu^3 h.$$

将这些值代入公式(2)，我们便得到普朗克辐射公式：

$$\rho_\nu = \frac{8\pi h}{c^3} \cdot \frac{\nu^3}{(e^{\frac{h\nu}{kT}} - 1)}.$$

我们看到，普朗克公式的有效性基本与定态的确定无关。

现在我们来考虑定态确定的问题。最简单的辐射系统模型是谐振子模型，其运动方程为

$$m\ddot{q} + \kappa q = 0.$$

这里 q 是动点到平衡点的距离，m 是振子质量，κ 是一个与自然振荡频率 ν_0 有关的常数，二者的关系为

$$\kappa = m(2\pi\nu_0)^2.$$

满足这个方程的点的运动与单色光波波场中的场矢量的运动有密切关系。因此我们可立即假设这种线性振子的频率与辐射光的频率相同；于是由玻尔的频率条件(1) 式可知，振子的各定态能量之间必然要相差一个 $h\nu_0$，就是说，对于适当选择的加性常数，我们有

$$W_0 = 0,\ W_1 = h\nu_0,\ W_2 = 2h\nu_0\cdots,\ W_n = nh\nu_0\cdots$$

在一个自由度的情形下，该运动完全取决于能量，因此在这个简单例子中，定态是完全已知的，

$$q = \sqrt{\frac{W}{2\pi m\nu_0^2}}\cos(2\pi\nu_0 t + \delta).$$

从能级系统出发，通过取所有可能的能级差，我们可以导出全部谱线系，

$$\nu = \frac{1}{h}(nh\nu_0 - kh\nu_0) = \nu_0(n - k).$$

我们看到，就辐射频率而言，玻尔原理不仅能像经典理论那样给出基频 ν_0，而且能给出倍频 $\nu_0(n-k)$。但在这个线性振子的简单例子中，我们应当期望两种理论能给出完全一样的结果，因此我们需要一条新的原理来去除多余的倍频。玻尔已经用他命名的对应原理提供了这一原理。他作了这样一个假定(我们已经用过)，量子法则必须在极限情形下能够过渡到经典法则。如果振子有很大的能

量，就是说，如果 n 可以取得很大，那么相邻两个能级之间的能量差比起能级本身的绝对值来说就非常小，这样，W_n 的值的序列就可以近似地看成是连续变化的，如同经典理论下情形一样。因此，玻尔假设，经典理论在此极限下仍是近似有效的。因此辐射光可以用经典方法来计算，光矢量正比于振荡系统的电矩。在一个坐标 q 的情形下，这个矩是 eq，这里 e 是动点的电荷，对于振子我们有

$$eq = e\sqrt{\frac{W}{2\pi m\nu_0^2}}\cos(2\pi\nu_0 t + \delta).$$

在一般情形下，电矩是无穷多项同形的傅里叶级数。该序列各项系数的平方是对倍频中相应频率的光强的量度；这个测量在量子理论中也是近似成立的。由此我们得到对小量子数下谱线强度的粗略估计。但在一种情形下我们可以期待这一法则给出严格的结果，这就是当傅里叶系数恒等于零时的情形。于是我们可以假设，响应频率完全不辐射，相应的跃迁也不出现。在我们的情形下，我们看到，这个傅里叶级数只有一项，对应于跃迁 $n - k = 1$。这样，玻尔的对应原理将频率数化简到经典理论下的情形。这个例子似乎过于平凡，但我们将会看到，在其他情形下它能给出关于可能的跃迁的有价值的信息。

现在我们来讨论较复杂的系统。首先讨论只有一个自由度但任意能量函数的情形。在这种系统中，通常我们有周期运动，如果排除掉趋向无穷大的那些轨道的话，因此坐标 q 可以展开成时间 t 的傅里叶级数。有人可能会想到，我们可以像振子情形那样，通过让能量等于 $h\nu$ 的整数倍来确定定态，这里 $T = 1/\nu$ 是运动的周期，即完成回转一周所需的时间。但我们将看到，考虑到另一条原理，就是下面提到的厄伦费斯特的绝热假说，这是不可能的。

我们考虑外力对原子系统的作用。存在两种极限情形：恒力和高频振荡力。我们知道，在第二种情形下，经典力学无法应用，因为光的作用在于产生跃迁或量子跳变，而后者是无法用经典理论来描述的。但假如我们研究的是力的作用相对于内部运动变化的很慢的情形，那么由定态假设可知，这种力既可以不起作用，也可以导致量子跳变；我们很自然假设后一种情形在力的变化逐渐减小时将变得越来越不可能。由此我们看到，适合确定定态的量必须具有不受慢变力改变的特性。厄伦费斯特称这种量为“绝热不变量”，这是他通过与热力学里类似的量进行类比提出的。问题是这种量是否能在经典力学里被发现。在线性振子的情形下，能量不具有这种特性，因为频率 ν 在缓变力的影响下不是常量，但可以证明，商 W/ν 是一个绝热不变量。实际上，振子定态的确定可以通过给这个商以一

系列离散值 $0h$，$1h$，$2h$，… 来公式化。本讲座的目的之一就是为每一种原子系统找出绝热不变量。我们将证明，它们不仅对简单周期系统存在，而且对于更大的一类所谓多重周期系也存在。

周期的性质与量子理论的法则有紧密联系。所有可归结到转动和振动的过程都属于这一类。因此，我们首先要系统研究的问题就是最一般的具有周期性的系统。

第 2 讲

力学的一般性引言；正则方程和正则变换。

通过最小作用量原理，力学法则可有最简形式，即哈密顿公式：

$$\int_{t_1}^{t_2} L\mathrm{d}t = \text{常数。} \tag{1}$$

在这个公式里，所谓的拉格朗日函数 L 是坐标和速度分量的函数，积分路径取从 t_1 时刻的给定点 Q_1 到 t_2 时刻的给定点 Q_2 之间所有路径中的最短极值路径。这个公式有一个好处，就是它不依赖于坐标系。以后我们用广义独立坐标 q_1，q_2，⋯进行运算。对公式(1) 取变分，由变分原理我们得到欧拉-拉格朗日形式的运动方程：

$$\frac{\mathrm{d}}{\mathrm{d}t}\frac{\partial L}{\partial \dot{q}_k} - \frac{\partial L}{\partial q_k} = 0. \tag{2}$$

现在，我们给出下述 3 种重要情形下 L 的表达式：

1. 在伽利略-牛顿力学中，

$$L = T - U.$$

这里 T 是动能，U 是势能。令 $\boldsymbol{v_k}$ 为速度矢量，m_k 为质量，我们有

$$T = \frac{1}{2}\sum_k m_k \boldsymbol{v}_k^2,$$

方程(2) 取牛顿形式，

$$\frac{\mathrm{d}}{\mathrm{d}t}(m_k \boldsymbol{v}_k) = \boldsymbol{F_k}, \tag{3}$$

这里力的分量 $\boldsymbol{F_k}$ 由 U 的坐标微商获得：

$$F_{kx} = -\frac{\partial U}{\partial x_k}\cdots.$$

2. 在爱因斯坦的相对论性力学下，我们有

$$L = T^{\times} - U$$

这里

$$T^{\times}=\sum_{k} m_{k}^{0} c^{2}\left(1-\sqrt{1-\left(\boldsymbol{v}_{k} / c\right)^{2}}\right), \tag{4}$$

m_k^0 是静质量，v_k 是速度大小，c 是光速。这里 $T^{\times}$ 不同于动能

$$T=\sum_{k} m_{k}^{0} c^{2}\left(\frac{1}{\sqrt{1-\left(\boldsymbol{v}_{k} / c\right)^{2}}}-1\right). \tag{5}$$

在此情形下，运动方程也可以写成方程(3) 的形式，如果质量与速度有下述关系的话：

$$m_{k}=\frac{m_{k}^{0}}{\sqrt{1-\left(\frac{\boldsymbol{v}_{k}}{c}\right)^{2}}}. \tag{6}$$

3. 如果有磁力作用于系统，我们有

$$L=T-U-\frac{1}{c} \sum_{k} e_{k} \boldsymbol{A}_{k} \cdot \boldsymbol{v}_{k}, \tag{7}$$

这里 e_k 是粒子的电荷，$\boldsymbol{A}_k$ 是磁场对这个系统位形的矢势。

运动方程是关于时间的二阶量，但为方便起见，我们经常将其写为两个一阶方程。对此哈密顿给出如下对称形式：

在坐标之外，引入如下的未知函数：

$$p_{k}=\frac{\partial L}{\partial \dot{q}_{k}}. \tag{8}$$

并且不用 $L(q_1, \dot{q}_1, q_2, \dot{q}_2 \cdots)$，而是改用函数

$$H\left(q_{1}, p_{1}, q_{2}, p_{2} \cdots\right)=\sum_{k} p_{k} \dot{q}_{k}-L. \tag{9}$$

最小作用量原理现在写为

$$\int_{t_{1}}^{t_{2}}\left[\sum_{k} p_{k} \dot{q}_{k}-H\left(q_{1}, p_{1} \cdots\right)\right] \mathrm{d}_{t} \text{ 等于常数。} \tag{10}$$

欧拉-拉格朗日方程取对称形式：

$$\begin{cases}\dot{q}_{k}=\dfrac{\partial H}{\partial p_{k}} \\ \dot{p}_{k}=-\dfrac{\partial H}{\partial q_{k}}.\end{cases} \tag{11}$$

如果哈密顿函数 H 显性地依赖于时间 t，则方程(11) 也成立。如果不是这样，则我们有

$$\frac{\mathrm{d}H}{\mathrm{d}t} = \sum_k \left(\frac{\partial H}{\partial q_k}\dot{q}_k + \frac{\partial H}{\partial p_k}\dot{p}_k\right) = 0$$

或

$$H = 常数。\tag{12}$$

现在我们来讨论 H 在上述 3 种情形下的物理意义。

1. 在伽利略-牛顿力学里，其中 T 是速度分量的齐次平方函数，按照欧拉定理，

$$2T = \sum_k \frac{\partial T}{\partial \dot{q}_k}\dot{q}_k = \sum_k \frac{\partial L}{\partial \dot{q}_k}\dot{q}_k = \sum_k p_k\dot{q}_k.$$

因此，根据(9) 式和 $L = T - U$，我们有

$$H = T + U.$$

因此 H 是总能量，式(12) 就是能量守恒定律。这个式子仅对“惯性系统” 成立，对坐标加速系统不成立。对这种系统，例如在一个转动系统中，H 是常数，但不表示能量。

2. 在相对论性力学里，我们通过简单计算发现

$$H = \sum_k m_k^0 c^2\left(\frac{1}{\sqrt{1 - \left(\frac{v_k}{c}\right)^2}} - 1\right) + U = T + U.$$

这里 H 也是总能量。

如果想用动量来表示，我们发现，由动量矢量与速度矢量分量之间关系

$$\boldsymbol{p}_k = m_k\boldsymbol{v}_k = \frac{m_k^0\boldsymbol{v}_k}{\sqrt{1 - \left(\frac{v_k}{c}\right)^2}}.$$

消去 $\boldsymbol{v}_k$，即得

$$H = \sum_k m_k^0 c^2\left(\sqrt{1 + \frac{p_k^2}{(m_k^0)^2c^2}} - 1\right) + U.\tag{13}$$

3. 在磁场下，动量与速度之间没有简单的正比关系，但

$$\boldsymbol{p}_k = m_k\boldsymbol{v}_k - \frac{e_k}{c}\boldsymbol{A}_k,$$

甚至在此情形下，H 也是总能量

$$H = T + U.$$

引入动量，我们发现现在 H 的表示式更加复杂

$$H=\sum_k\left(\frac{p_k^2}{2m_k}+\frac{e_k}{cm_k}\boldsymbol{A}_k\cdot\boldsymbol{p}_k+\frac{e_k^2}{2m_kc^2}\boldsymbol{A}_k\cdot\boldsymbol{A}_k\right)+U. \tag{14}$$

在开始对正则方程进行一般积分之前，我们先来考虑几种简单情形。如果哈密顿函数 H 与坐标(如 q_1) 无关，

$$H=H(p_1,\ q_2,\ p_2,\ \cdots,\ t),$$

则从正则方程我们得到

$$\dot{p}_1=0.$$

因此有

$$p_1=\text{常数}。$$

这样我们就已经找到这些方程的一个积分。例如当 q_1 为绕过刚体引力中心的转轴的转角时就是这种情形。此时该坐标称为“循环”变量。在此情形下容易证明，p_1 是系统关于该轴的动量矩。

还可能出现 H 与所有坐标 q_k 均无关的情形：

$$H(p_1p_2\cdots t).$$

这时由下式知正则方程完全可积：

$$\begin{aligned}\dot{p}_k&=0 & p_k&=\alpha_k\\ \dot{q}_k&=\frac{\partial H}{\partial p_k}=\omega_k & q_k&=\omega_kt+\beta_k\end{aligned} \tag{15}$$

这里 ω_k 是系统的特征常数，α_k 是 β_k 是积分常数。

我们看到，如果我们能找到使 H 仅依赖于动量的坐标，则力学问题有解。这就是我们下面要采用的积分方法。现在的困难是这类变量不可能通过仅对 q_k 作简单的点变换就能找到，而必须同时对 q_k 和 p_k 作变换。

现在我们就来找出不改变正则方程形式的对 q_k 和 p_k 的所有变换。这种变换称为“正则变换”。如果最小作用量原理(1) 在下述变换下不改变其形式，则这个条件显然满足：

$$p_k=p_k(\bar{q}_1,\ \bar{q}_2\cdots\bar{p}_1,\ \bar{p}_2,\ \cdots,\ t)$$

和

$$q_k=q_k(\bar{q}_1,\ \bar{q}_2\cdots\bar{p}_1,\ \bar{p}_2,\ \cdots,\ t)$$

换句话说，如果求和

$$\sum_k p_k\dot{q}_k-H(q_1,\ p_1,\ \cdots,\ t)$$

与新坐标系下的相应表达式相差一个总的关于时间微商的量，即有

$$\left[\sum_k p_k\dot{q}_k - H(q_1,\ p_1,\ \cdots t)\right] - \left[\sum_k \bar{p}_k\dot{\bar{q}}_k - H(\bar{q}_1,\ \bar{p}_1,\ \cdots t)\right] = \frac{\mathrm{d}V}{\mathrm{d}t}, \qquad (16)$$

那么上述条件就能满足。这个方程很容易满足。我们取 V 为关于新老坐标和时间的任意函数

$$V(q_1,\ \bar{q}_1,\ \cdots t).$$

通过比较 $\dot{q}_k$ 和 $\dot{\bar{q}}_k$ 的系数，我们得到：

$$\begin{cases} p_k = \dfrac{\partial}{\partial q_k}V(q_1,\ \bar{q}_1,\ \cdots t) \\ \bar{p}_k = -\dfrac{\partial}{\partial \bar{q}_k}V(q_1,\ \bar{q}_1,\ \cdots t) \\ H = \overline{H} - \dfrac{\partial}{\partial t}V(q_1,\ \bar{q}_1,\ \cdots t). \end{cases} \qquad (17)$$

用 q_k，p_k 来表示 $\bar{q}_k$，$\bar{p}_k$ 我们即得到所想要的变换。但通过采用其他独立变量而不是 q_k，$\bar{q}_k$，我们还可以给出这些变换的其他形式。总共有 4 种这样可能的组合，从中我们可以选取一种用 q_k，$\bar{p}_k$ 作为独立变量的形式。为此我们用下式取代 V：

$$V - \sum_k \bar{p}_k\bar{q}_k$$

像 V 一样，这个量显然也是任意函数，这里认为 V 是 $\bar{q}_k$，$\bar{p}_k$ 的函数。于是我们得到

$$\left[\sum_k p_k\dot{q}_k - H(q_1,\ p_1,\ \cdots t)\right] - \left[-\sum_k \bar{q}_k\dot{\bar{p}}_k - \overline{H}(\bar{q}_1,\ \bar{p}_1,\ \cdots t)\right]$$

$$= \frac{\mathrm{d}}{\mathrm{d}t}V(q_1,\ \bar{p}_1,\ \cdots t),$$

因此，通过比较系数，得到

$$\begin{cases} p_k = \dfrac{\partial}{\partial q_k}V(q_1,\ \bar{p}_1,\ \cdots t) \\ \bar{q}_k = \dfrac{\partial}{\partial \bar{p}_k}V(q_1,\ \bar{p}_1,\ \cdots t) \\ H = \overline{H} - \dfrac{\partial}{\partial t}V(q_1,\ \bar{p}_1,\ \cdots t) \end{cases} \qquad (18)$$

我们用几个例子来说明这个方程。

函数

$$V = q_1\bar{p}_1 + q_2\bar{p}_2$$

给出恒等变换

$$q_1 = \bar{q}_1,\ p_1 = \bar{p}_1,\ q_2 = \bar{q}_2,\ p_2 = \bar{p}_2.$$

函数

$$V = q_1\bar{p}_1 \pm q_1\bar{p}_2 + q_2\bar{p}_2$$

给出

$$\begin{cases} q_1 = \bar{q}_1 & p_1 = p_1 \pm \bar{p}_2 \\ q_2 = \bar{q}_2 \pm \bar{q}_1 & p_2 = \bar{p}_2. \end{cases}$$

对于 3 对变量，函数：

$$V = q_1(\bar{p}_1 + \bar{p}_2 + \bar{p}_3) + q_2(\bar{p}_1 + \bar{p}_3) + q_3\bar{p}_3$$

给出变换

$$q_1 = \bar{q}_1,\ p_1 = \bar{p}_1 + \bar{p}_2 + \bar{p}_3;$$

$$q_2 = \bar{q}_2 - \bar{q}_1,\ p_2 = \bar{p}_2 + \bar{p}_3;$$

$$q_3 = \bar{q}_3 - \bar{q}_2,\ p_3 = \bar{p}_3.$$

在这些例子中，坐标和脉冲变换到自身。其一般条件是 V 应为 q 和 $\bar{p}$ 的线性函数：

$$V = \sum_{i,\ k} \alpha_{ik} q_i \bar{p}_k + \sum_k \beta_k q_k + \sum_k \gamma_k \bar{p}_k.$$

于是我们有

$$p_i = \sum_k \alpha_{ik}\bar{p}_k + \beta_k$$

$$\bar{q}_i = \sum_k \alpha_{ki} q_k + \gamma_i.$$

如果 β_i 和 γ_i 为零，则有

$$\sum_k p_k q_k = \sum_{k,\ l} \alpha_{kl}\bar{p}_l q_k = \sum_l \bar{q}_l \bar{p}_l.$$

这个变换是线性、齐次且逆步的。这个群属于直角变换情形，例如直角坐标系的转动。

我们得到了点变换，这是一种 q_k 到自身的变换，如果 V 是 $\bar{p}$ 的线性函数的话：

$$V = \sum_k f_k(q_1, q_2, \cdots)\bar{p}_k + g(q_1, q_2, \cdots)$$

即

$$\begin{cases} p_k = \sum_l \dfrac{\partial f_l}{\partial q_k}\bar{p}_l + \dfrac{\partial g}{\partial q_k} \\ \bar{q}_k = f_k(q_1, q_2, \cdots) \end{cases}$$

同时我们有相应的关于动量的关系。

作为一个例子，我们给出直角坐标到球极坐标的变换。这里我们令

$$-V = p_x r\cos\phi\sin\theta + p_y r\sin\phi\sin\theta + p_z r\cos\theta,$$

于是得到

$$\begin{cases} x = r\cos\phi\sin\theta & p_r = p_x\cos\phi\sin\theta + p_y\sin\phi\sin\theta + p_z\cos\theta \\ y = r\sin\phi\sin\theta & p_\phi = -p_x r\sin\phi\sin\theta + p_y r\cos\phi\sin\theta \\ z = r\cos\theta & p_\theta = p_x r\cos\phi\cos\theta + p_y r\sin\phi\cos\theta - p_z r\sin\theta. \end{cases}$$

表达式 $p_x^2 + p_y^2 + p_z^2$ 变换为

$$p_r^2 + \frac{1}{r_2}p_\theta^2 + \frac{1}{r^2\sin^2\theta}p_\phi^2.$$

作为正则变换的第一种形式的例子，其中 V 依赖于 q 和 $\bar{q}$，我们取

$$V = \frac{c}{2}q^2\cot\bar{q},$$

于是有

$$p = cq\cot\bar{q}$$

$$\bar{p} = \frac{c}{2}q^2\frac{1}{\sin^2\bar{q}}$$

或

$$q = \sqrt{\frac{2\bar{p}}{c}}\sin\bar{q}$$

$$p = \sqrt{2c\bar{p}}\cos\bar{q}.$$

因此表达式

$$\frac{1}{2}(p^2 + c^2q^2)$$

是到 $c\bar{p}$ 的变换。

这个例子可用来解释正则变换如何被用于运动方程的积分。对此我们考虑满足下式的谐振子：

$$T = \frac{m}{2}\dot{q}^2,\ U = \frac{\kappa}{2}q^2.$$

因此有

$$H = \frac{p^2}{2m} + \frac{\kappa}{2}q^2 = \frac{1}{2m}(p^2 + m\kappa q^2).$$

如果在最后这个变换中令 $c^2 = m\kappa$，那么 H 变换到 $c\bar{p}/m$。这就是问题的解。由于现在 $\bar{q} = \phi$ 是循环变量，因此我们有

$$\bar{p} = \alpha$$

$$\bar{q} = \phi = \omega t + \beta, \qquad \omega = \frac{\partial H}{\partial \bar{p}} = \frac{c}{m} = \sqrt{\frac{\kappa}{m}}.$$

在原初的坐标系下，运动由下式表示：

$$q = \sqrt{\frac{2\alpha}{m\omega}}\sin(\omega t + \beta)$$

$$H = \omega\alpha.$$

第 3 讲

哈密顿-雅可比偏微分方程；作用量和角变量；量子条件。

同样，现在我们可以考虑最一般的情形。我们假设 H 不显性地依赖于时间 t。我们用 α_k 标记常动量，作为时间的线性函数的新变量记为 ϕ_k，自由度数记为 f。然后我们来确定函数

$$S(q_1, q_2, \cdots q_f, \alpha_1, \alpha_2, \cdots, \alpha_f),$$

为此，通过变换

$$\begin{cases} p_k = \dfrac{\partial}{\partial q_k} S(q_1, q_2, \cdots q_f, \alpha_1, \alpha_2, \cdots, \alpha_f) \\ \phi_k = \dfrac{\partial}{\partial \alpha_k} S(q_1, q_2, \cdots, q_f, \alpha_1, \alpha_2, \cdots, \alpha_f) \end{cases} \tag{1}$$

H 变成仅依赖于 α_k 的函数，

$$W(\alpha_1, \alpha_2, \cdots, \alpha_f)$$

在下式中用其值替代 p_k：

$$H(q_1, q_2, \cdots, p_1, p_2, \cdots)$$

我们得到条件

$$H\left(q_1, q_2, \cdots, q_f, \frac{\partial S}{\partial q_1}, \frac{\partial S}{\partial q_2}, \cdots, \frac{\partial S}{\partial q_f}\right) = W(\alpha_1, \alpha_2, \cdots, \alpha_f) \tag{2}$$

这个表达式可看成是确定 S 的偏微分方程。问题现在变成确定这个方程的所谓全积分，即对依赖于 $f-1$ 个任意常数 $\alpha_2, \cdots, \alpha_f$ 的积分，这里 α_1 恒等于 W，或如果不存在以这种方式特定的 α_1，那么我们就必须找到一个依赖于 f 个任意常数 $\alpha_1, \alpha_2, \cdots, \alpha_f$ 的积分，其中存在关系：

$$W = W(\alpha_1 \cdots \alpha_f)$$

于是运动由下式表示：

$$\phi_k = \omega_k t + \beta_k, \qquad \omega_k = \frac{\partial W}{\partial \alpha_k}, \tag{3}$$

我们称方程(2) 为哈密顿-雅可比偏微分方程，S 称作用量函数。S 的重要性质叙述如下：我们有

$$dS = \sum_k \frac{\partial S}{\partial q_k} dq_k = \sum p_k dq_k$$

因此，S 是一个线积分，积分路径取从固定点 Q_0 到动点 Q：

$$S = \int_{Q_0}^{Q} \sum_k p_k dq_k. \tag{4}$$

在伽利略-牛顿力学下，它有简单的意义，因为在此情形下，

$$2T = \sum_k p_k \dot{q}_k,$$

故我们有

$$S = 2\int_{t_0}^{t} T dt = 2\bar{T}(t - t_0), \tag{5}$$

这里 $\bar{T}$ 是 T 的时间平均。

我们已经看到，量子理论与运动的周期性质有密切关系。事实上，玻尔理论只允许对能够通过谐波分析分解成周期性分量的运动定义定态。天体物理学家称这种运动为“条件周期运动”。我们倾向于称其为“多重周期运动”。这些运动按如下方式定义：通过如下正则变换有可能引入异于变量 q_k，p_k 的新变量 w_k，I_k：

$$p_k = \frac{\partial}{\partial q_k} S(q_1, I_1, q_2, I_2 \cdots q_f, I_f)$$

$$w_k = \frac{\partial}{\partial I_k} S(q_1, I_1, q_2, I_2 \cdots q_f, I_f)$$

它们满足如下条件：

（A）系统的位置周期性地依赖于 w_k，且基础周期为 1。就是说，如果 q_k 唯一地由系统位置决定，那么它们就能展开成傅里叶级数：

$$q_k = \sum_\tau C_\tau^{(k)} e^{2\pi i(w\tau)}$$

这里 τ 表示一系列整数 τ_1，τ_2，…，τ_f，并设

$$(w\tau) = w_1\tau_1 + w_2\tau_2 + \cdots + w_f\tau_f.$$

如果某个 q_k 是角度，那么它就不是唯一地由系统位置决定，而只能在某个常数的倍数范围（例如 2π）内确定。因此上述周期性条件在除了该常数倍数外也是成立的。

（B）哈密顿函数可以变换成仅依赖于 I_k 的函数 W。

对此，各个 I 是常数，w 是时间 t 的线性函数，

$$w_k = \nu_k t + \beta_k.$$

因此 q 可由带以下频率的 t 的三角级数来表示：

$$\nu_1\tau_1 + \nu_2\tau_2 + \cdots + \nu_f\tau_f$$

这里，由前述结果知，

$$\nu_k = \frac{\partial W}{\partial I_k},$$

w_k，I_k 也不唯一地由这些条件决定。例如，我们可以取

$$\bar{w}_k = w_k + f(I_1 \cdots I_f)$$

和

$$\bar{I}_k = I_k + C_k.$$

这些公式构成一个正则变换，它们显然与条件(A)和(B)也是相容的。为了排除这种不确定性，我们进一步设定条件：

(C) 函数

$$S^{\times} = S - \sum_k w_k I_k$$

为 w_k 的周期 1 的周期函数：

$$S^{\times} = \sum_{\tau} C_{\tau}^{\times} e^{2\pi i(w\tau)}$$

因此这个正则变换还可以借助函数 $S^{\times}$ 表示成下述形式：

$$p_k = \frac{\partial}{\partial q_k} S^{\times}\,(q_1 \cdots q_f,\ w_1 \cdots w_f)$$

$$I_k = -\frac{\partial}{\partial w_k} S^{\times}\,(q_1 \cdots q_f,\ w_1 \cdots w_f).$$

事实上，我们可以严格证明，w_k，I_k(它们分别称作角变量和作用量变量)本质上唯一地由条件(A)，(B)和(C)决定。"本质"的意思表示如下：如果作如下形式的正则变换

$$w_k = \sum_l c_{kl} \bar{w}_l$$

$$I_k = \sum_l c_{lk} \bar{I}_l$$

这里 c 是满足行列式 $|c_{kl}| = \pm 1$ 的整数，所有条件(A)，(B)和(C)仍满足。然而，撇开这种不确定性，当力学系统是非退化的时，即当 ν_k 不存在如下形式的恒等关系时，w_k，I_k 在所有情形下确实被唯一地确定：

$$\nu_1\tau_1 + \nu_2\tau_2 + \cdots + \nu_f\tau_f = 0$$

其中 τ_k 是整数。

这个定理最先是由比格尔斯(Burgers) 给出的，但他的证明不充分。严格证明可在我的书《原子力学》里找到。这个证明是由我的助手 F. 洪德给出的。这种在确定 I_k 时的任意性——除了行列式等于 ±1 的整数变换外，I_k 是确定的——对于应用到量子力学具有根本的重要性，因为正是这些量等于普朗克常数 h 的整数倍：

$$I_1 = n_1 h,\ I_2 = n_2 h,\ \cdots I_f = n_f h,$$

从这些方程也可以导出 $\bar{I}_k$ 是 h 的整数倍。

第 4 讲

绝热不变量；对应原理。

为了证明这种量化方法的合理性，我们必须首先证明 I 是绝热不变量。这个定理的一般性证明最先是由比格尔斯(Burgers) 和克鲁特科夫(Krutkow) 概述的。后来的更严格的证明是由劳厄、狄拉克、约丹和我自己给出的。在这里我不给出这些相当复杂的考虑，而只是用谐振子的例子来说明 I 的意义及其绝热不变性。利用哈密顿函数

$$H = \frac{1}{2m}(p^2 + m\kappa q^2),$$

然后再利用正则变换，我们已经找到了上述振子问题的一个解，虽然它不满足条件(A)，(B) 和(C)，但我们很容易通过将其变换到满足这些条件的形式。这只需设

$$\phi = 2\pi w,\ \alpha = \frac{I}{2\pi}$$

即可。这样该变换为

$$q = \sqrt{\frac{I}{\pi m\omega}}\sin 2\pi w,\ p = \sqrt{\frac{Im\omega}{\pi}}\cos 2\pi w,$$

能量函数变为

$$H = W = \omega\alpha = \frac{\omega}{2\pi}I = \nu I,$$

这里

$$\omega = 2\pi\nu$$

且

$$w = \nu t + \delta,\ \nu = \frac{\mathrm{d}W}{\mathrm{d}I}.$$

由于 q 是 w 的周期为 1 的周期函数，且 H 仅依赖于 I，因此条件(A) 和(B) 满足。为了看清(C) 是否也满足，我们只需记住正则变换通过下述函数

$$V=\frac{m\omega}{2}q^2\cot 2\pi w$$

和公式

$$p=\frac{\partial V}{\partial q},\ I=\frac{\partial V}{\partial w}$$

就可找到。因此这个 V 等价于前述的 $S^{\times}$。它可以写成如下形式：

$$V=S^{\times}=\frac{I}{2\pi m\omega}\sin 2\pi w\cos 2\pi w,$$

由于它是周期性的，因此条件(C) 也满足。

量子条件

$$I=nh$$

因此给出能级，

$$W=nh\nu$$

与普朗克假设一致。为了确认 $I=W/\nu$ 确实是绝热不变量，我们用做小幅度摆动的摆来表示振子。令 m 是摆锤的质量，l 是摆长，g 是引力加速度。假设现在摆长 l 缓慢改变，我们来计算 W 和 ν 如何变化。使摆长张开 ϕ 角的力是引力的分量 $mg\cos\phi=mg(1-\phi^2/2)$，离心力 $ml\dot{\phi}^2$。因此摆长提升所做的功为

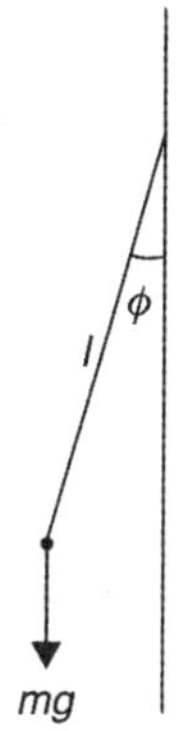

图 2

$$A=-mg\int(1-\phi^2/2)\mathrm{d}l-ml\int\dot{\phi}^2\mathrm{d}l. \tag{1}$$

如果提升的过程足够缓慢，比起摆的周期已不具周期性，那么我们就可以引入一个平均振幅，并可以将其写成

$$\mathrm{d}A=-mg\left(1-\frac{\overline{\phi}^2}{2}\right)\mathrm{d}l-ml\overline{\dot{\phi}}^2\mathrm{d}l,$$

这里字符顶上一横表示对周期的平均。所做的功现在分为两项：$-mg\mathrm{d}l$ 是摆锤升高所做的功，第二项

$$\mathrm{d}W=\left(\frac{mg}{2}\overline{\phi}^2-ml\overline{\dot{\phi}}^2\right)\mathrm{d}l$$

是振子能量的增加。现在我们知道，对于谐振：

$$\frac{W}{2}=\frac{m}{2}l^2\overline{\dot{\phi}}=\frac{m}{2}gl\overline{\phi}^2$$

故有

$$dW = -\frac{W}{2l}dl.$$

现在，由于 ν 正比于 $1/\sqrt{l}$，因此 $d\nu/\nu = -dl/2l$ 且

$$\frac{dW}{W} = \frac{d\nu}{\nu},$$

由此，经积分得

$$\frac{W}{\nu} = \text{常数}$$

由此定理得证。绝热不变量的一般性证明基本由类似考虑构成。

作为另一个重要例子，我们来考虑旋转体。即绕轴旋转的物体。如果 A 是对转轴的转动惯量，ϕ 是转过的角度，那么我们有

$$H = \frac{A}{2}\dot{\phi}^2.$$

于是对于相应于 ϕ 的动量 p 有

$$p = A\dot{\phi}.$$

p 是角动量，我们有

$$H = \frac{p^2}{2A}.$$

因此 ϕ 是一个循环变量，且

$$p = \text{常数}.$$

如果我们设 $\phi = 2\pi w$，则系统位置是 w 的周期为 1 的周期函数。正则变换

$$(\phi,\ p) \to (w,\ I)$$

显然可由函数 $S = \phi I/2\pi$ 刻画，并具有形式

$$p = \frac{\partial S}{\partial \phi} = \frac{I}{2\pi},\quad w = \frac{\partial S}{\partial I} = \frac{\phi}{2\pi},$$

因此，$S^{\times} = S - wI = 0$ 是周期函数。最后，我们得到

$$H = W = \frac{I^2}{8\pi^2 A}.$$

条件(A)，(B) 和(C) 得到满足，我们得设

$$I = h\nu,$$

它给出能级

$$W = \frac{h}{8\pi^2 A} n^2. \tag{3}$$

这个模型被用于解释分子的带状谱。如果一个分子绕一固定轴转动，按照玻尔理论，其辐射频率由关系式 $\nu = (W_m - W_n)/h = h(m^2 - n^2)/8\pi^2 A$ 给出，但正如在振子的情形，由这个公式给出的不同频率的数目太大。我们必须根据对应原理从中挑出某些频率。为此我们考虑转子电矩的一个分量。显然，在此情形下，运动也是由简谐振动给出，因此我们像上面一样得出结论，不存在 n 改变 ± 1(即 $n - m = \pm 1$) 以外的其他跃迁。引入这项限定条件，我们得到，对于辐射频率(令 $m - n = 1$，或 $m = n + 1$)：

$$\nu = \frac{h}{8\pi^2 A}((n+1)^2 - n^2) = \frac{h}{8\pi^2 A}(2n + 1)$$

$$\nu = \frac{h}{4\pi^2 A}\left(n + \frac{1}{2}\right).$$

转子本身的转动频率由下式给出：

$$\nu_0 = \frac{\mathrm{d}W}{\mathrm{d}I} = \frac{I}{4\pi^2 A} = \frac{nh}{4\pi^2 A}.$$

因此，随着 n 增加，转动频率与辐射频率之间的差将变得越来越小。在两种情形下，我们都有等距的频率序列，事实上，转动分子所辐射的带状谱看起来就相当于这一序列的一级近似。

我们不再深究这个问题，而是来考虑根据对应原理存在的频率与经典计算给出的谱线强度以及根据量子理论给出的相应的量之间的一般关系。我们来考虑具有(类似于坐标展开) 傅里叶展开的系统的电矩：

$$\boldsymbol{M} = \sum_k e_k \boldsymbol{r}_k = \sum_k \boldsymbol{C}_\tau e^{2\pi i(w\tau)} = \sum_r \boldsymbol{C}_\tau e^{2\pi i[(v\tau)t + (\delta_r)]}. \tag{4}$$

频率可以写成

$$\nu_{cl} = (\nu\tau) = \sum_k \nu_k \tau_k = \sum_k \tau_k \frac{\partial W}{\partial I_k}. \tag{5}$$

令定态由下式确定：

$$I_k^{(1)} = n_k^{(1)} h,$$

另一个为

$$I_k^{(2)} = n_k^{(2)} h,$$

于是我们可以考虑在 f 维的 I_k 空间下由直线连接的两个点

$$I_k = I_k^{(1)} + \tau_k \lambda ; \quad 0 \leqslant \lambda \leqslant h$$

这里

$$\tau_k = n_k^{(2)} - n_k^{(1)}.$$

于是

$$\frac{\mathrm{d}I_k}{\mathrm{d}\lambda} = \tau_k$$

及

$$\nu_{cl} = \sum_k \frac{\partial W}{\partial I_k} \cdot \frac{\mathrm{d}I_k}{\mathrm{d}t} = \frac{\mathrm{d}W}{\mathrm{d}\lambda}.$$

另一方面，量子频率为

$$\nu_{qu} = \frac{W_1 - W_2}{h}. \tag{6}$$

经典频率与量子频率之间的关系就如同导数与差分比值之间的关系。也可以将量子论的频率看作是经典频率的线平均，见下式：

$$\nu_{qu} = \frac{1}{h}\int \mathrm{d}W = \frac{1}{h}\int_0^h \frac{\mathrm{d}W}{\mathrm{d}\lambda} d\lambda = \frac{1}{h}\int_0^h \nu_{cl} \mathrm{d}\lambda. \tag{7}$$

如果量子数的变化比起这些数本身很小，那么 ν_{qu} 和 ν_{cl} 的表示式之间的差异就非常小。至于强度，我们预期它们近乎像量 $|\boldsymbol{C}_\tau|^2$ 那样变化，这里 $\boldsymbol{C}_\tau$ 是 I_k 和 $\tau_k = n_k^{(1)} - n_k^{(2)} = (I_k^{(1)} - I_k^{(2)})/h$ 的函数。由此可见，这一陈述只在 n_k 很大时有明确意义，因为只有在这种情形下，我们在 $\boldsymbol{C}_\tau(I) = \boldsymbol{C}_{n(1)-n(2)}(n)$ 中设 n 是等于初始的 $n^{(1)}$ 还是等于末态的 $n^{(2)}$ 才无关紧要。另一方面，这一陈述只有在 $\boldsymbol{C}_\tau(I)$ 对所有 I 恒等于零时才有唯一的意义。这时我们认为 τ 的跳变不出现。在其他情形下，困难可以通过取 $\boldsymbol{C}_t(I)$ 对始末态之间的 I 值的适当平均来避免。通过这种方法，克拉默已经成功地给出了对某些情形下的观测结果的令人满意的表示。原则上，我们不在量子理论里去寻找这里所给出形式的谱线强度的唯一确定方式，这一点是不令人满意的。这是导致我们去寻求新量子理论体系的主要原因之一，在新理论里，这个困难被克服了。

第 5 讲

简并系统；长期微扰；量子积分。

现在我们来考虑简并情形，到目前为止，我们一直没触及这一主题。所谓简并就是在下述形式的 I_k 中存在恒等关系：

$$(\nu\tau) = \nu_1\tau_1 + \nu_2\tau_2 + \cdots + \nu_n\tau_n = 0. \tag{1}$$

这时我们的唯一性定理不再成立，也不再可能给出如下形式的量子条件：

$$I_k = n_k h.$$

例如，两个自由度的谐振子就是这种情形。

$$H = \frac{1}{2m}(p_x^2 + p_y^2) + \frac{m}{2}(\omega_x^2 x^2 + \omega_y^2 y^2)$$

这个运动方程的解可以立即写出来，因为两个坐标可分开，我们有

$$x = \sqrt{\frac{I_x}{\pi\omega_x m}}\sin 2\pi w_x,\ p_x = \sqrt{\frac{\omega_x m I_x}{\pi}}\cos 2\pi w_x,$$

$$y = \sqrt{\frac{I_y}{\pi\omega_y m}}\sin 2\pi w_y,\ p_y = \sqrt{\frac{\omega_y m I_y}{\pi}}\cos 2\pi w_y.$$

这里 I_x，w_x；I_y，w_y 是作用量和角变量的两共轭对。现在如果 w_x 与 w_y 之间是不可通约的，则下式给出的运动方程轨迹

$$w_x = \omega_x t + \delta_x,\ w_y = \omega_y t + \delta_y$$

形成所谓的李萨如图(图 3)。在这种图里，轨迹可以任意接近的方式走过矩形中的任意一点。但如果存在如下关系

$$\tau_x\omega_x + \tau_y\omega_y = 0,$$

例如若有(图 4)

$$\omega_x = \omega_y = \omega_0 = 2\pi\nu_0,$$

那么轨道是简单周期性的(椭圆)。现在我们可以任意旋转坐标系而不改变解的形式。但这么做时矩形的边在连续变化，因此$\sqrt{I_z}$ 和$\sqrt{I_y}$ 的大小在连续变化，它们与原先不变条件下的大小仅相差一个常数因子 $1/\sqrt{\pi\omega m}$。因此我们不可能将 I_x 和 I_y 设为正比于整数 n_x，n_y。但矩形的对角线(它等于这两个量的平方根)

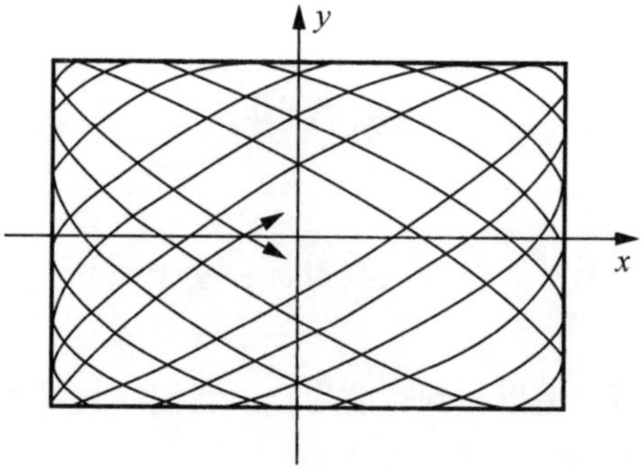

图 3

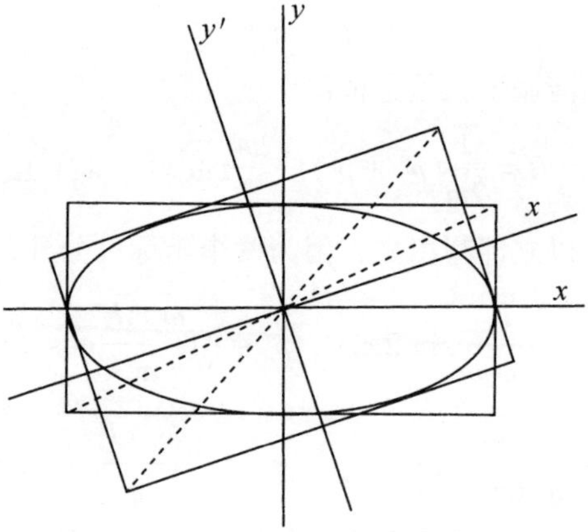

图 4

$$(\sqrt{I_x})^2 + (\sqrt{I_y})^2 = I_x + I_y = I,$$

是转动下的不变量。因此我们设

$$I_x + I_y = nh,$$

因此总能量

$$W = \frac{\omega_0}{2\pi}(I_x + I_y) = \nu_0 I$$

是唯一确定的。$W = nh\nu_0$ 有与线性振子完全相同的值。我们可将其行为描述如下：如果我们引入两个新变量 $I_x + I_y = I$ 和 $I_x - I_y = I'$ 而不是用 I_x 和 I_y，那么与新变量对应的两个新的共轭角变量 w 和 w' 的频率为

$$\nu = \frac{dW}{dI} = \nu_0,\quad \nu' = \frac{dW}{dI'} = 0,$$

我们只能对 I 进行量子化，出现在 W 里的只有它，因此也只有它对应于不为零的频率。

一般有下述法则成立：在简并情形下，通过行列式等于 ±1 的线性整数变换，我们总能得到如下结论：$H = W$ 仅依赖于 I 变量的整数 s，这些变量之间不存在可通约的关系。我们称这样的变量为 I_α。这些变量对应于 s 个不为零的频率 ν_α，而另外$(f-s)$ 个频率 ν_ρ 为零。只有这种变量 I_α 等于 h 的整数倍。玻尔称 s 为系统的周期度。

显然，我们可以通过引入微扰力来提高系统的周期度，例如将系统置于电场或磁场下。于是原初的能量函数(我们用 H_0 来表示) 增加了附加能量，我们称这个附加能量为“微扰能”，用 λH_1 来表示，这里 λ 是对附加能量大小的一个量度。如果扰动很小，即如果 λ 很小，那么处理起来就很简单，即加到原先简并的系统上的新运动可以计算出来。扰动能的影响只是让 w，I 的幅度发生微小变化，但这种影响对这两种变量是不同的。对于角变量 w_ρ，它在未扰动系统下有零频率，因此是常量，现在随频率缓变，其大小正比于 λ。另一种角变量 w_α 将仅经历其自身频率的一个小的变化。如果我们取未扰动系统的 w^0，I^0 作为扰动问题的初始变量，那么我们有

$$H = H_0(I_\alpha^0) + \lambda H_1(I_\alpha^0,\ \omega_\alpha^0;\ I_\rho^0,\ w_\rho^0)\ ,\tag{2}$$

在 w_ρ^0 的一个周期里，w_α^0 将转过许多个周期。因此，我们可取对 ω_α^0 的平均来做如下近似：

$$\overline{H} = H_0(I_\alpha^0) + \lambda \overline{H}_1(I_\alpha^0,\ I_\rho^0,\ w_\rho^0)\ .\tag{3}$$

这个函数可看成是相对于以前简并变量 I_ρ^0，ω_ρ^0 的新的运动问题的能量函数。它需要解运动方程：

$$\dot{w}_\rho^0 = \lambda \frac{\partial \overline{H}_1}{\partial I_\rho^0},\quad \dot{I}_\rho^0 = -\lambda \frac{\partial \overline{H}_1}{\partial w_\rho^0},\tag{4}$$

即，要找出正则变换

$$(I_\rho^0,\ w_\rho^0) \rightarrow (I_\rho,\ w_\rho)$$

使得 $\overline{H}_1$ 被变换到仅依赖于 I 的函数 W_1，即(I_α^0 在此记为 I_α)：

$$H = W_0(I_\alpha) + \lambda W_1(I_\alpha,\ I_\rho)\ .$$

于是扰动频率为

$$\nu_\alpha = \frac{\partial W_0}{\partial I_\alpha} + \lambda \frac{\partial W_1}{\partial I_\alpha},\ \nu_\rho = \lambda \frac{\partial W_1}{\partial I_\rho}.$$

在天体力学里，频率 ν_ρ 的缓变运动称为“长期微扰”。

我们只讨论在给定情形下如何能实际找到角变量和作用量变量的问题。分离变量法会经常用到：如果我们能找到正则变量 p_k，q_k 使得哈密顿-雅可比微分方程可通过下述设定来求解：

$$S = S_1(q_1) + S_2(q_2) + \cdots + S_f(q_f), \tag{5}$$

则

$$p_k = \frac{\partial S_k}{\partial q_k} \tag{6}$$

仅为 q_k 的函数，我们可以证明，取一个周期下的积分

$$I_k = \int_0 p_k dq_k = \int_0 \frac{\partial S_k}{\partial q_k} dq_k \tag{7}$$

是作用量变量。函数 $S_k(q_k)$ 还取决于这些常数 I_k。应用正则变换，其中 I_k 为新的作用量变量，相应的新的角变量定义为

$$w_k = \frac{\partial S}{\partial I_k} = \sum_l \frac{\partial S_1}{\partial I_k}, \tag{8}$$

由于 S 满足哈密顿-雅可比微分方程，因此 H 被变换到函数 $W(I_1 \cdots I_f)$，且条件 (A) 满足。

如果坐标 q_k 在两极限点之间有一变动，而其他坐标保持不变，则变量 w_k 的变化为

$$\Delta_h w_k = \int_0 \frac{\partial w_k}{\partial q_h} \mathrm{d} q_h,$$

现在，

$$\frac{\partial w_k}{\partial q_h} = \sum_l \frac{\partial^2 S_l}{\partial I_k \partial q_h} = \frac{\partial}{\partial I_k} \sum_l \frac{\partial S_l}{\partial q_h} = \frac{\partial}{\partial I_k} \frac{\partial S_h}{\partial q_h}$$

因此

$$\Delta_h w_k = \frac{\partial}{\partial I_k} \int_0 \frac{\partial S_h}{\partial q_h} \mathrm{d} q_h = \frac{\partial I_h}{\partial I_k} = \begin{cases} 1 & \text{对 } h = k \\ 0 & \text{对 } h \neq k. \end{cases} \tag{9}$$

如果 q 空间下的任意点 $q_1^0 \cdots q_f^0$（其在 w 空间下的对应点为 $w_1^0 \cdots w_f^0$）描述了一条闭曲线，那么点 w 就不必回到其原位置，而是到由形为 $w_k^0 + (\tau_1 w_1^0 + \cdots + \tau_f w_f^0)$ 的

表示式给定的终点，这里 τ 是整数。因此 q 是 w 的周期函数，其基础周期为 1。由此条件(B) 成立。

按照 I_k 的定义，q_k 每变化一个周期且其他变量保持不变，S 便增大。正如 w_k 同时增大 1，函数 $S^{\times} = S - \sum_k w_k I_k$ 保持不变。因此，它是周期性的，故有条件(C) 成立，这样我们就证明了 w 和 I 是角变量和作用量变量。

许多作者通过这种积分定义引入量子，但在我看来，正如玻尔指出的那样，通过周期性质，即通过(A)、(B) 和(C)3 个条件来一般地定义它更好。

第 6 讲

玻尔的氢原子理论；相对论效应和精细结构；斯塔克效应和塞曼效应。

有了这些一般性考虑之后，现在我们将其应用到原子结构理论上去。如你所知，玻尔正是通过氢原子发展了他的概念。在氢原子的情形下，我们有一个核和一个电子，就是说，两体问题可以简化成单体问题：一个点绕一个固定的引力中心的运动。如果取球极坐标系(r, ϕ, θ)，核位于原点，电子绕核运动，并且令

$$\frac{1}{\mu}=\frac{1}{M}+\frac{1}{m},$$

这里 M 是核的质量，m 是电子的质量，我们有

$$H=\frac{\mu}{2}(\dot{r}^2+r^2\dot{\theta}^2+r^2\phi^2\sin^2\theta)+U(r).$$

带 Z 个电荷的核与一个电子之间的库仑力的势能为

$$U(r)=-\frac{Ze^2}{r},$$

但我们也可以考虑具有任意函数 $U(r)$ 的一般中心力。

引入动量，我们得到

$$H=\frac{1}{2\mu}\left(p_r^2+\frac{1}{r^2}p_0^2+\frac{p_\phi^2}{r^2\sin^2\theta}\right)+U(r). \tag{1}$$

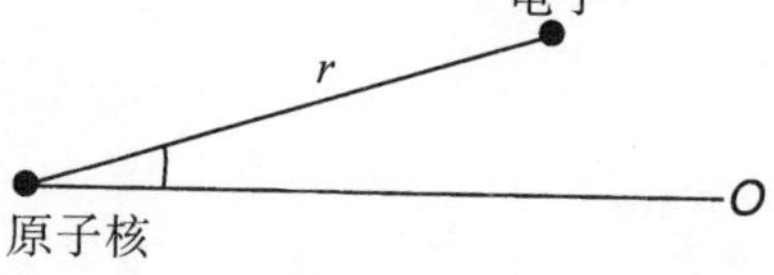

图 5

通过分离变量，很容易求解相应的哈密顿-雅可比微分方程。在库伦定律的情形下，我们得到著名的开普勒运动。其中量子理论考虑的唯一的周期轨道 —— 椭圆。我们立即可以看出，该运动的 3 个自由度有两个被简并掉了，因此只剩下简谐周期运动。因此只需要一个作用量 I 和一个量子化条件。计算表明，I 与椭圆的

主轴 a 有关：

$$a=\frac{I^2}{4\pi^2\mu e^2 Z}.$$

对于能量，我们有

$$W=\frac{2\pi^2\mu c^4 Z^2}{I^2}. \tag{2}$$

如果将椭圆的两个轴取为坐标系的轴，则运动可由简谐傅里叶级数表示：

$$\begin{aligned}\frac{x}{a}&=-\frac{3}{2}\varepsilon+\sum_{\tau=1}^{\infty}C_\tau(\varepsilon)\cos 2\pi w\tau\\ \frac{y}{a}&=\sum_{\tau=1}^{\infty}D_\tau(\varepsilon)\sin 2\pi w\tau.\end{aligned} \tag{3}$$

其中系数是偏心率 ε 的连续函数。除了因子 2π，角变量 w 是天文学家所说的“平近点角”。

这些是玻尔氢原子理论的起始公式。令

$$I=nh$$

和

$$R=\frac{2\pi^2\mu c^4}{h^3}, \tag{4}$$

他发现

$$W=-\frac{RhZ^2}{n^2}. \tag{5}$$

由此得到辐射光的频率：

$$\nu=\frac{1}{h}(W_1-W_2)=RZ^2\left(\frac{1}{n_2^2}-\frac{1}{n_1^2}\right). \tag{6}$$

对于氢原子，$Z=1$，这个公式事实上给出氢的所有谱线，特别是巴耳末线系（$n_2=2$）：

$$\nu=R_H\left(\frac{1}{4}-\frac{1}{n_1^2}\right)\qquad n_1=3,\ 4,\ 5\cdots.$$

这个公式不仅给出对 n_2 的依赖关系，而且更重要的是给出了 R_H 的正确值。为了计算这个常数值，我们用下式来取代 μ：

$$\mu=\frac{mM}{m+M}=m\frac{1}{\left(1+\frac{m}{M}\right)}.$$

因此我们也可以写成

$$R_H = R_\infty \frac{1}{1+\frac{m}{M}}, \quad R_\infty = \frac{2\pi^2 me^4}{h^3} = 3.28 \times 10^{15}\ \mathrm{s}^{-1},$$

其中，e，m 和 h 分别用最佳实验值代替。忽略掉小量 m/M 因子，其值约为 1/1 830，并除以光速 $c = 3 \times 10^{10}\mathrm{cm\ s}^{-1}$，我们得到，

$$\frac{R_H}{c} = \frac{3.28 \times 10^{15}}{c} = 1.09 \times 10^5\ \mathrm{cm}^{-1},$$

而光谱测量给出的是 109 678 cm^{-1}。

由 $n_2=1$，$n_2=2$，$n_2=3$，$n_2=4$，$n_2=5$ 给出的线系也都分别由莱曼、帕邢和布喇开测得。不仅如此，玻尔理论还得到了类氢原子的谱线系的证实。一直以来，人们均将其看成是氢的谱线，直到玻尔给出它是 $Z=2$ 的结果，才确认它属于电离了的氦，

$$\nu = 4R_{He}\left(\frac{1}{n_2^2} - \frac{1}{n_1^2}\right) = R_{He}\left(\frac{1}{\left(\frac{n_2}{2}\right)^2} - \frac{1}{\left(\frac{n_1}{2}\right)^2}\right).$$

现在因子 m/M 要比氢原子情形小4倍，因为氦原子要重4倍。因此，同样 n_1 和 n_2 的谱线并不严格与氢谱线重合。实验上已观察到这种差异，并且我们现在已经肯定这个谱是电离氦的谱，这是玻尔理论的最漂亮的结果。

玻尔理论对其他所有谱的说明可以简明地概括为这样一种尝试：认为它们都可以看作是对氢原子谱的修正。处理办法可分为两条路径。其一是计算对氢原子的二次效应的影响：考虑质量对速度的依赖关系，给出谱线的精细结构，然后考虑外电场和外磁场的影响（斯塔克效应和塞曼效应）。第二条路径导向对其他原子的研究，并结合这一研究导向对原子间关系和元素周期系的系统的理论研究。我们先来看第一条路径。

索末菲第一个指出并研究了这样一种概念：相对论要求所带来的质量变化必然对光谱有影响。他用第一讲里给出的下述相对论性能量函数取代经典能量函数：

$$H = m_0c^2\left[\sqrt{1+\frac{p^2}{m_0c^2}} - 1\right] - \frac{e^2Z}{r}. \tag{7}$$

考虑到这种效应是小量，因此取到 p^2/m_0c^2 的指数展开式的一阶项就足够了，

故有

$$H = H_0 + H_1,$$

这里 H_0 是经典能量函数，而

$$H_1 = -\frac{1}{8m_0^3c^2}(p_x^2 + p_y^2 + p_z^2)^2$$

是微扰函数。

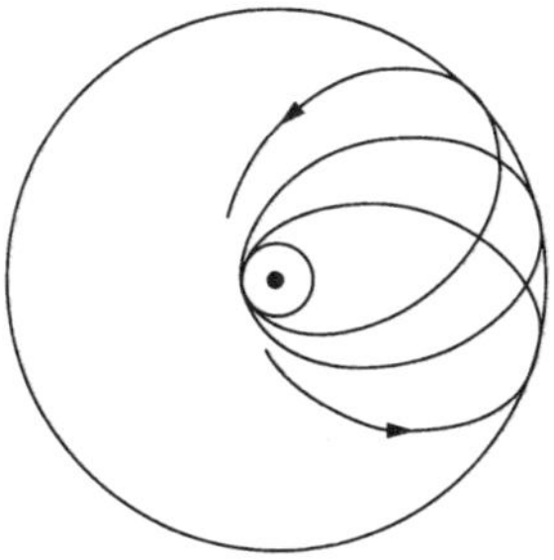

图 6

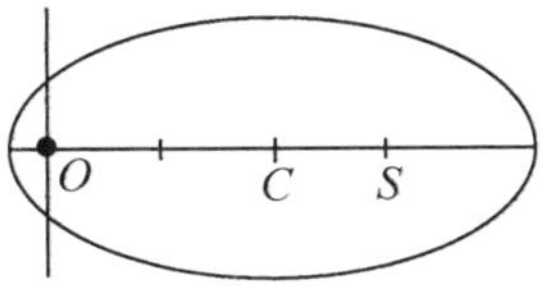

图 7

面积定律在相对论力学中也成立。因此轨道是平面的，但这个平面轨道不再是简单的周期性椭圆，而是被变换成“玫瑰”图形。这种运动也可以描述为一种其主轴在做匀速转动的椭圆运动。通过采用长期微扰的方法，并令函数 H_1 对未扰动轨道取平均(见下式)，我们找出了近日点进动的规律。

$$\overline{H}_1 = -\frac{RhZ^2}{n^2}\frac{\alpha^2 Z^2}{n^2}\left(\frac{I}{I'} - \frac{3}{4}\right), \tag{8}$$

其中

$$\alpha = \frac{2\pi e^2}{hc} = 7.29 \times 10^{-3}$$

是数值常数，I' 是共轭于主轴方位角 w' 的角变量，它与偏心率 ε 有下述简单关系：

$$I' = I\sqrt{1-\varepsilon^2}.$$

由于 w' 没出现在 H_1 里，因此它是个循环变量，我们有新的量子条件：

$$I' = kh. \tag{9}$$

k 称为角量子数，以便与主量子数 n 区别开来。k 总是小于或等于 n。总能量变为

$$W = -\frac{RhZ^2}{n^2}\left[1+\frac{\alpha^2Z^2}{n^2}\left(\frac{n}{k}-\frac{3}{4}\right)\right]. \tag{10}$$

这个公式表示，未扰动谱的每一项都可以分解成一系列的子项，它对应于值 $k = 1, 2, \cdots, n$。由此给出谱线的一系列劈裂线：

$$\nu = \frac{1}{h}[W(n_1, k_1) - W(n_2, k_2)],$$

其中 k 的变动只能取 ±1，因为由 $I' = kh$ 决定的近日点的转动是简谐运动。谱线的这种劈裂是由索末菲预言的，并在实验上得到氢和氦离子光谱的所确认，不仅是谱线的数目，而且是分离的绝对距离，均得到实验证实。①克拉默还通过对应原理计算了谱线的强度，发现与观测结果符合得非常好。

外电场的影响，即斯塔克效应，可按完全类似的方法来处理。在此情形下，微扰能量为

$$H_1 = eEz, \tag{11}$$

其中 z 是电子的坐标，这里外电场 E 的方向沿 z 轴。因此我们只需要计算 z 的平均值。它不仅取决于轨道平面上椭圆主轴的位置，而且还取决于这个平面的空间取向。但可以证明，这个长期微扰问题可以简化为一个自由度的问题。计算给出能量：

$$W = -\frac{RhZ^2}{n^2} \pm \frac{3Eh^2}{8\pi^2\mu eZ}nn_e, \tag{12}$$

这里 n_e 是一个在 $-(n-1)$ 到 $(n-1)$ 之间变化的新量子数。这一运动本身可以这样来描述：如果我们计算轨道电子的电“引力中心”S，即其坐标对回转运动的平均值，那么我们会发现，这个点在主轴上沿到远日点方向离核(原点)O 距离 $3a\varepsilon/2$ 位置处。考虑到长期微扰，这个点在垂直于电场 E 的平面上做简谐运动，因此 n_e 只能改变 ±1。这样谱线的劈裂就完全确定了，并与实验结果很好地一致，也与克拉默计算的谱线强度一致。

---

① 对于氢，定量结果还没完全确定。

对于塞曼效应，计算更简单，而且可以对带任意多个电子的原子进行。早先给出的磁场中的能量表达式为(忽略掉第 2 讲式(14) 中含场强平方的项)：

$$H = H_0 + \frac{e}{c\mu}\sum \boldsymbol{A} \cdot \boldsymbol{p} \tag{13}$$

这里 H_0 是未扰动系统的能量。均匀场的矢势为

$$\boldsymbol{A} = \frac{1}{2}H \times \boldsymbol{r}.$$

因此

$$\sum \boldsymbol{A} \cdot \boldsymbol{p} = \frac{1}{2}\sum H \times \boldsymbol{r} \cdot \boldsymbol{p} = \frac{1}{2}H\sum \boldsymbol{r} \times \boldsymbol{p} = \frac{1}{2}|H|p_{\phi},$$

其中 P_{ϕ} 是角动量 $\boldsymbol{P} = \sum \boldsymbol{r} \times \boldsymbol{p}$ 平行于外场的分量。对于未扰动系统，这个角动量在幅度 $|\boldsymbol{P}|$ 和方向上均为常量。容易看出，$2\pi|\boldsymbol{P}|$ 是一个作用量积分。因此可取

$$2\pi|\boldsymbol{P}| = jh. \tag{14}$$

$\boldsymbol{P}$ 的分量也是常量，但它们显然共轭于简并的角变量。在磁场内，角 ϕ—— 它确定了由场决定的平面的位置和相对于平行于场方向的固定平面的角动量 —— 的简并被去除，系统沿外场方向进动。很容易看出，P_{ϕ} 共轭于 ϕ。因此我们有新的量子化条件：

$$2\pi P_{\phi} = mh. \tag{15}$$

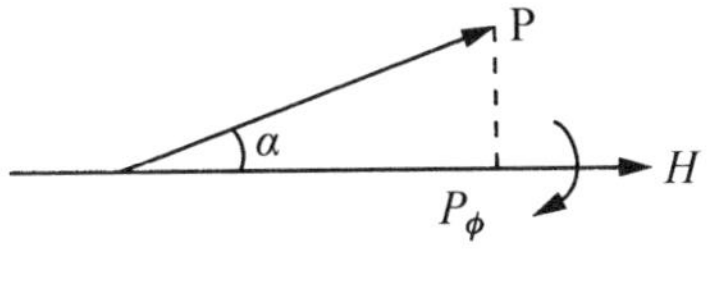

图 8

如果设 α 为角动量与外场方向之间的夹角，则显然有

$$\cos\alpha = \frac{P_{\phi}}{|\boldsymbol{P}|} = \frac{m}{j}.$$

因此角动量的取向相对于外场方向只能取 $(2j + 1)$ 个不同方向 $(m = -j, \cdots, +j)$。我们遵循索末菲的叫法称这个结果为“取向量子化”。

能量为

$$H = W_0 \pm \frac{eh}{4\pi\mu c}|H|m, \tag{16}$$

因此角动量的轴旋转的次数，即所谓“拉莫尔频率”，为

$$\nu_m = \frac{\partial H}{\partial 2\pi P\phi} = \frac{1}{h}\frac{\partial H}{\partial m} = \frac{e|H|}{4\pi\mu c} = 4.70 \times 10^{-5}|H| \text{ cm}^{-1}. \quad (17)$$

进动不影响电子在平行于外场方向上的运动分量。因此电矩的 z 分量没有附加项，平行于 z 方向振荡的光对应于 m 不变化的跃迁。但垂直于外场的运动分量将因沿某个方向的转动而改变，因此辐射出的光必然被分解成两个方向相反的圆偏振的波，它对应于下述跃迁

$$m \rightarrow m \pm 1.$$

由此我们得到了完整的经典的塞曼三分量。但这个结果与实验有矛盾，因为在大多数情形下，谱线是以远为复杂的方式劈裂的。对此玻尔目前的理论无法给予解释。按照这一理论，我们可以对所有情形下的所有做正常拉莫尔进动和正常三分裂谱线的原子做出预言。学界已经做出了许多努力来更新理论。从索末菲的研究开始，朗德已经成功地将观察到的塞曼劈裂的大部分谱线分解成各项，并找出了它们与元素周期系的关系。海森伯、泡利和其他许多人也已进一步研究了这个问题。所有这些研究的基本结果是，所谓“反常” 塞曼效应 —— 但它实际上是正常情形 —— 在我们目前发展的半经典理论中没有容身之处。

正面结果是，塞曼效应与核的外壳层电子结构紧密关联，这些电子都有相应的固定量子数的轨道。下一讲我们将按照玻尔的方法，来研究原子核外电子轨道的排布问题。玻尔将这些谱都看成是对氢光谱的修正。

第 7 讲

氦原子理论的几种尝试极其失败的原因；玻尔关于较高原子序数原子的结构的半经典理论；光电子和谱线的里德伯-里兹公式；谱系的分类；非激发态下碱金属原子的主量子数。

找出确切的原子结构理论的最明显的方法，也许是从元素周期系的氢开始，循序渐进地考虑最简单原子，氦、锂等。有人已经做过这种尝试，但甚至从氢原子到氦原子的第一步尝试就被证明是不成功的。氦原子是三体问题的一个例子：一个核带两个电子。众所周知，三体问题曾让天文学家大为困惑，至今仍无法解析地给出这种运动的表达式(展开式)，使我们可以一览所有时间下天体的行为。在原子结构的情形下，条件更不乐观，因为在天体力学里，至少还有这样一个优势，那就是中心天体的吸引力远远大于其他天体间的引力，例如，相对于太阳的巨大质量优势，其他天体间的引力都可以看成是小“微扰”。但在原子力学里，电荷间的所有吸引和排斥都是同量级的。另一方面，原子问题也有其独特的优势，那就是根据量子力学假设，只有某些“定态”轨道需要考虑。业已证明，量子条件只允许非常简单类型的轨道，因为它们排除了某些振荡模式。

基于这一结果，人们已经尝试去找出氦原子的定态轨道，并计算了其能级。研究路径沿两个方向：一些研究者(玻尔、克拉默、范·弗莱克)考虑的是氦原子的正常态，另一些人(范·弗莱克、玻恩和海森堡)则研究激发态(就是一个电子处在离核最近的轨道上，其他电子处在远离核的轨道上)。但两拨计算都没给出正确的结果：计算给出的正常态的能量与实验结果(正常氦原子的电离能)明显不符；计算给出的激发态的项系，不论是定性上还是定量上，也都与观测结果迥异。

毕竟，没有其他结果可以预期，因为频率条件的有效性就足以决定性地表明，谈及原子过程，经典理论(几何学、运动学、力学、电动力学等)的定律都是不正确的。在某些简单情形下，例如单个电子的情形，它们能给出部分正确的结果，这个事实要比这些定律在更复杂的多电子情形下失效更让人感到不可思议。理论在有几个电子之间相互作用情形下的失效显然与下述事实有关：我们知道，电子对光波的反应是根本无法用经典理论来解释的，因为后者产生量子跃迁。在几个电子构成的系统中，每个电子都处在其他电子的振荡场下，且这些场的周期大小与光波的周期大小同量级，因此我们没有理由预期，电子对这种振荡场应当做出经典的反应。这一观点为我们的下述理解提供了基础：为什么在许多单电子情形下，我们用经典理论能够得到正确结果。

考虑到这些困难，玻尔放弃了构建一种真正的演绎理论的尝试，而是通过对事实的解释，尤其是涉及光谱、化学和原子的磁特性的事实的解释，其中涉及电子的布置，来做出发现，并取得了最大的成功。起点是这样一项观察事实，即某些原子的光谱相当类似于氢的光谱。其谱线，或者更准确地说，形成线系的光谱项，相当类似于氢原子线系的光谱项R/n^2。例如里德伯的结果显示，在许多情形下，形为$R/(n+\delta)^2$（δ为常数）的表达式足以表示这些光谱项。碱金属便属这种情形。铜、银和金的部分谱线以及其他类似情形——所有那些具有相同的化学特性，即外壳层有一个很容易脱离的电子的情形，都属于这种情形。玻尔由此得出结论，所有这些光谱，如同氢光谱一样，是由一个电子——“光电子①”——的跃迁生产的。但这种电子不是围绕一个简单的原子核转动，而是围绕一个由原子核和所有剩余电子构成的“原子实”转动。如果这个光电子受到越来越强烈的激发，即被提升至更高能级，那么总的分离状态就会逐渐达到所谓电离状态，剩下的这个原子实便成为“离子”。这种论证与刘易斯、朗缪尔和科塞尔等化学家给出的结果是一致的。根据这些理论，碱金属离子具有与相邻的惰性气体原子相同的结构，后者是最稳定的封闭的电子组态。

现在可以看出，处于较低定态上的光电子的轨道必定贯穿原子实，否则光谱项将明显不同于氢原子的光谱项而不是差异很小。此外，人们从电解质理论和极性晶体理论已经知晓离子的半径，因此通过下面将要给出的方法，我们可以估计，光电子的轨道必然贯穿原子实（薛定谔，波尔）。

在这个“贯穿轨道”假设下，所采取的步骤是与普通力学不相容的，因为根据量子化法则，我们必须假设这个光电子的轨道是完全周期性的，但这一点从普通力学的观点看是无法理解的，因为它涉及与内电子的密集相互作用。我们有必要假设，整个电子结构在每一个量子化状态下都是严格周期性的，而力学方程是否存在这样的解是非常值得怀疑的。尽管如此，如果我们希望在我们的理论范围

① 现在将这种电子统称为“价电子”。——中译者注

内来描述光电子的路径，那么多多少少都得按照玻尔的思路去做，单纯就形式而言，就是用中心力来取代原子实对电子的作用，并完全忽略电子对原子实的反应。于是，单就电子来说，能量守恒定律总是满足的，接下来我们要做的就是处理一个单体问题。在此角动量守恒仍成立，且轨道是平面的。

我们可以按照玻尔的思路证明，这些光谱项必然可以近似地用里德伯型的 —— 或更准确地说，里兹型的 —— 公式来表示，假定原子实的大小与光电子的轨道尺寸相比很小的话。轨道在原子实外的部分与开普勒椭圆略有不同，而内部部分则是曲率半径很小的卵圆形，因为在这里电子进入了一个强的核引力的区域(图 9)。

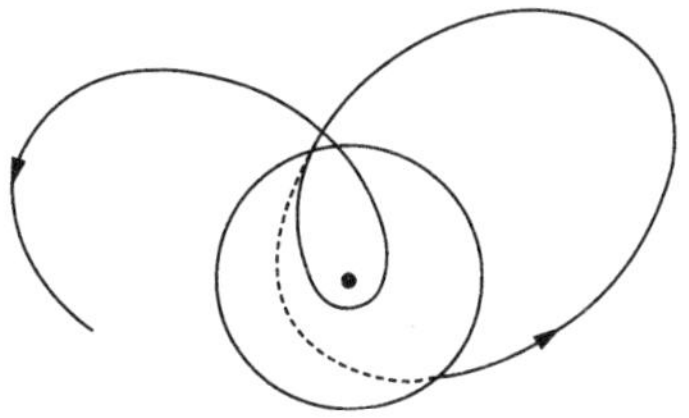

图 9

如果我们用一个椭圆来替代轨道的外部部分，那么其能量变为

$$W = -\frac{RhZ^{\times 2}}{n^{\times 2}}. \tag{1}$$

在这个式子里，$n^{\times}$ 依赖于远日点距离 $2a^{\times}$，其具体方式与前述的其他量子轨道相同，即

$$a^{\times} = \frac{h^2}{4\pi^2\mu e^2 Z^{\times}} n^{\times 2}, \tag{2}$$

$Z^{\times}$ 是“有效核电荷数”，即核的电荷数与离子的屏蔽电子数之差。$n^{\times}$ 不必是整数，因为它不是整个轨道的主量子数；如果我们称后者为 n，那么从远日点到下一次回归到该点的运动频率由下式给出：

$$\nu = \frac{\partial W}{\partial I} = \frac{1}{h}\frac{\partial W}{\partial n}. \tag{3}$$

考虑到我们已假设原子实是小的，那么整个轨道的转动时间 $1/\nu$ 略不同于用椭圆取代实际轨道所得的转动时间。后者为

$$\nu^{\times} = \frac{1}{h}\frac{\partial W}{\partial n^{\times}} = \frac{2RZ^{\times 2}}{n^{\times 3}}. \tag{4}$$

因此我们设

$$\frac{1}{\nu} = \frac{1}{\nu^{\times}} + b \quad 或者 \quad \frac{\nu^{\times}}{\nu} = 1 + b\nu^{\times} = 1 + \frac{2RbZ^{\times 2}}{n^{\times 3}}$$

并认为 b 近似为常数。于是我们得到

$$\frac{\mathrm{d}n}{\mathrm{d}n^{\times}} = \frac{\nu^{\times}}{\nu} = 1 + \frac{2RbZ^{\times}}{n^{\times 3}},$$

对其积分给出

$$n = n^{\times} - \delta_1 - \frac{\delta_2}{n^{\times 2}},$$

近似解得 $n^{\times}$：

$$n^{\times} = n + \delta_1 + \frac{\delta_2}{n^2} + \cdots, \tag{5}$$

这里 δ_1 是积分常数。$\delta_2 = RbZ^{\times 2}$ 由力学系统决定。自然，δ_1 也取决于系统的第二个量子数，因为中心力场下的运动是双周期的。其中一个周期是已经考虑过的，即电子以主量子数 n 从近日点转回到近日点的运动；第二个周期是近日点本身在以量子数 k 转动，因此 hk 是电子的角动量，近日点的旋转是简谐运动，因此 k 只能改变 ± 1，如同氢原子的相对论性修正一样。δ_1 是 k 的函数；这一点也可以通过相对简单的考虑大致看出来。

对于光谱项的值的表达式，我们已经通过这种方式找到：

$$\frac{W}{h} = -\frac{RZ^{\times 2}}{(n + \delta_1(k) + \delta_1/n^2 + \cdots)^2}, \tag{6}$$

它与里德伯给出的（含 δ_1 的式子）和里兹给出的（含 δ_1 和 δ_2 的式子）半经验公式相当一致。

由于 k 可以取不同的值，因此每个原子可以有几个光谱项系。事实上，考虑到 k 的选择定则（$k \to k \pm 1$），我们应当认为，后者可以这样来分类，使得线系的各项只能与邻系的项复合。事实确实如此。通常我们按下述方式对线系的项进行分类：

$1s$	$2s$	$3s$	$4s$	$5s\cdots$
	$2p$	$3p$	$4p$	$5p\cdots$
		$3d$	$4d$	$5d\cdots$
			$4f$	$5f\cdots$

这里 s 项只能与 p 项复合，p 项可与 s 项和 d 项复合等等。由此我们得出与索末菲相同的结论：下列对应原理成立：

$$\begin{array}{ccccc} & s & p & d & f \\ k = & 1 & 2 & 3 & 4 \end{array}$$

现在我们来确定所有观测到的线系的主量子数。为此我们必须先确定路径是否属贯穿轨道。我们由观测到的项 W/h 按下述公式来计算有效量子数 $n^{\times}$：

$$n^{\times} = Z^{\times}\sqrt{\frac{Rh}{W}}.$$

由于远日点已知，即取代路径的椭圆主轴 $2a^{\times}$。此外，这个椭圆的参数 $2P$ 也是已知的。这个参数按下式依赖于 k 的值：

$$P = \frac{h^2}{4\pi^2\mu e^2 Z^{\times}}k^2.$$

因此，整个等价椭圆近似是已知的，我们可以确定它是否贯穿原子实，其大小可由离子体积得到。如果按此方法得到的是路径整个地在原子实外，那么里德伯修正 δ_1 就很小，$n^{\times}$ 近似于整数。是否属于这种情形就看 n 能否取 $n^{\times}$ 的下一个整数。事实上，对应于外轨道的所有项 $d(k = 3)$、$f(k = 4)$…… 都表现出这种性态。

另一方面，s 项（$k = 1$）和 p 项（$k = 2$）通常对应于贯穿轨道。这里 $n^{\times}$ 与整数相差很远。$\delta_1(k)$ 很大，通常大于 1 或 2。δ_1 的实际确定需要近似公式，因为其推导通常采用粗略的假设就足够了。在每一种情形下，主量子数 n 都能相当明确地被确定。

正常态的主量子数通常是最感兴趣的。最重要的结果可以归纳如下：对于每一种碱金属原子（氢包括在内），光电子的正常态的主量子数增加 1：

	H	Li	Na	K	Rb	Cs…
$n =$	1	2	3	4	5	6…

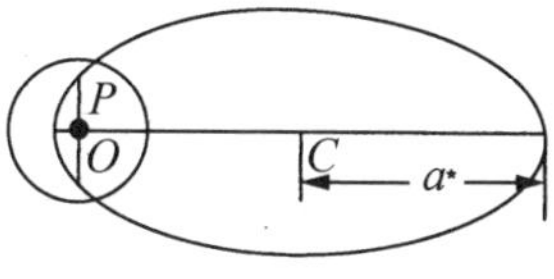

图 10

第 8 讲

玻尔的原子连续建构原理；弧光谱和火花谱；X 射线谱；玻尔的定态满壳层电子数表。

玻尔的周期系的构造基于这样一个假设：每一种原子都可在前一种已构造好的原子的离子上加入 1 个电子来得到。这一假设依赖于从前一种原子导出眼下这种原子结构的可能性。首先我们假设第二种原子的原子实具有与第一种原子相同的结构，然后，基于对里德伯常数的简单估计，我们可以看出这个光谱是否与它们的值相矛盾。我们知道，在许多情形下，火花谱，即那种由电离原子产生的光谱，是由一个绕原子实转动的光电子产生的，这个原子实的结构类似于原子序数前两位的具有相同电子数的原子的结构。我们从索末菲和科塞尔给出的所谓“光谱位移定律”就可以理解这一点。中性原子谱（通常因其产生的最便捷手段是电弧而称其为“弧光谱”）的结构类似于下一个较高原子序数的原子的一次电离火花谱，或再下一个原子的二次电离的火花谱等等，它们之间的差别仅在于里德伯常数 R 必须由 $4R$，$9R$，…… 或一般地由 $Z^{\times 2}R$ 所取代。我们已经将这个规则运用到最简单的例子上，在这些例子中，光谱的对应关系是相当精确的，我们这里谈的是 H，He^{+}，Li^{++}，…… 或由引入任意的核电荷 Z 的光谱。

随着元素周期系的延伸，电子组态一经形成便被其越来越深地埋入原子内。现在，X 射线谱提供了一种检测原子内部结构的手段。根据科塞尔的理论，这些谱的产生依赖于下述过程：由于所有的量子轨道都是（可以说）完满的，因此电子不可能从一个轨道跳到另一个轨道。电子要被除去就必须预先得到能量（电子轰击或吸收 X 射线）。然后其他电子可以从较高轨道自由地落入留下的空穴，同时发射出 X 射线。X 射线谱就是这样产生的。根据被去除的电子是否有主量子数 $n=1, 2, 3\cdots$ 我们将这个电子被替换时所发射出的谱线命名为 K，L，M，…… 线。并根据替代电子的初始位置，将这些线标以 K_α，K_β，$\cdots L_\alpha$，L_β，$\cdots$ 或用新的量子数来命名。这种概念的正确性可以通过观察来检验，对于 X 线，里兹组合原理必定成立。当然，频率所依赖的能量差值直接由所谓的吸收限给出。在原子的吸收谱中，必然存在明锐的极限或“边”，它们按能量量子 $h\nu$ 是大于还是小于驱离轨道电子到无穷远所需的脱出功将频率分开。X 射线谱系就是按这种方式像可见光光谱一样被严格确定。

如果我们将 X 射线谱项看成是原子序数 Z 的函数，那么通常我们会得到一条光滑曲线。这条曲线最先是由莫塞莱和达尔文发现的，它仅在引入电子的地方（该处具有不连续性）出现轻微的曲折。通过这种方式，我们可以验证从光谱研究得出的电子的排布。对观测到的 X 谱的这种讨论的主要结果是：电子绝不是最先填入 $n=1$ 轨道，然后是 $n=2$ 轨道，$n=3$ 轨道，等等，而很可能是在 $n=4$ 轨道上已经有电子，随后新的具有大的角量子数 k 的电子去填充内壳层，例如 $n=3$ 轨道。这个结论可以部分地从光谱学推断出来，部分从化学上的证据得出。如果两种相邻元素，只是内层电子的数量不同，例如 $n=3$ 轨道上的电子数相差 1，而外层电子数，即 $n=4$ 轨道上的电子数保持恒定(例如都是 2 个)，那么我们应能预料，这些元素的化学性质非常相似。在元素周期系的第四列里我们就有这样的一组相似的元素：Sc，Ti，…，Ni，它们都具有顺磁性或铁磁性的共同性质。更显著的是稀土元素，它们在各方面都很相似。这从下述图 11 的元素周期系可以看出。

作为这些考虑的结果，我们给出玻尔的电子排布表(图 12)。

从中我们看到电子壳层 $n=3$，$k=1$，2(8 个电子填满) 是如何过渡到从钪（Sc，$Z=21$）开始增加的 $n=3$，$k=3$ 壳层的。同样的规律也出现在 $n=4$ 的钇（Y，$Z=39$）和 $n=5$ 的镧(La，$Z=57$）上。

X 射线谱证实了这样一个假设：内壳层的变化始于这些元素。在反映 X 射线谱项与原子序数之间关系的曲线上，在原子序数 $Z=21$，39，57 等处存在明显的曲折，其他地方都相当平滑(图 13)。

因此，我们可以认为玻尔的电子壳层排布是正确的，尽管目前我们只考虑了 n，k 量子数。

对于导致这些简单规律的动力学我们还一无所知。首先，我们无法从力学上解释为什么具有特定主量子数 n 的特定壳层会被有限个电子“填满”，先是 2，然后是 8，18，同样，我们也无法解释为什么由 k 定义的支壳层也只能被确定数目的电子占据。

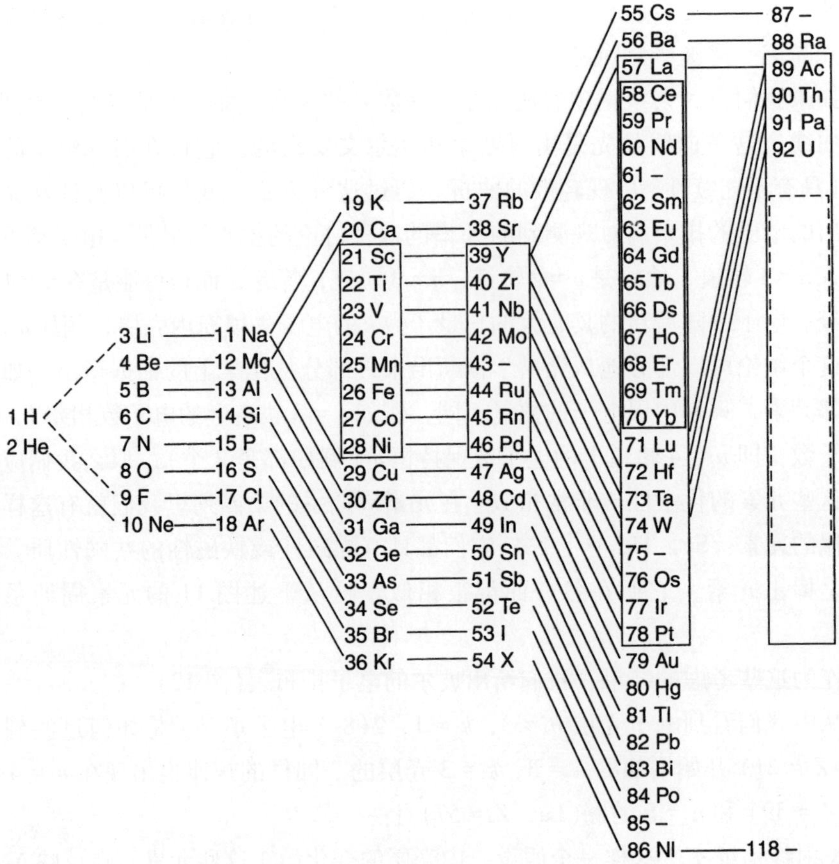
1 H
2 He
3 Li
4 Be
5 B
6 C
7 N
8 O
9 F
10 Ne
11 Na
12 Mg
13 Al
14 Si
15 P
16 S
17 Cl
18 Ar
19 K
20 Ca
21 Sc
22 Ti
23 V
24 Cr
25 Mn
26 Fe
27 Co
28 Ni
29 Cu
30 Zn
31 Ga
32 Ge
33 As
34 Se
35 Br
36 Kr
37 Rb
38 Sr
39 Y
40 Zr
41 Nb
42 Mo
43 –
44 Ru
45 Rn
46 Pd
47 Ag
48 Cd
49 In
50 Sn
51 Sb
52 Te
53 I
54 X
55 Cs
56 Ba
57 La
58 Ce
59 Pr
60 Nd
61 –
62 Sm
63 Eu
64 Gd
65 Tb
66 Ds
67 Ho
68 Er
69 Tm
70 Yb
71 Lu
72 Hf
73 Ta
74 W
75 –
76 Os
77 Ir
78 Pt
79 Au
80 Hg
81 Tl
82 Pb
83 Bi
84 Po
85 –
86 Nl
87 –
88 Ra
89 Ac
90 Th
91 Pa
92 U
118 –

图 11

	1_1	$2_1\,2_2$	$3_1\,3_2\,3_3$	$4_1\,4_2\,4_3\,4_4$	$5_1\,5_2\,5_3\,5_4\,5_5$	$6_1\,6_2\,6_3\,6_4\,6_5\,6_6$	$7_1\,7_2$
1 H	1						
2 He	2						
3 Li	2	1					
4 Be	2	2					
5 B	2	2 1					
6 C	2	2 (2)					
– –	–	– –					
10 Ne	2	8					
11 Na	2	8	1				
12 Mg	2	8	2				
13 Al	2	8	2 1				
14 Si	2	8	2 (2)				
– –	–	– –	– –				
18 Ar	2	8	8				
19 K	2	8	8	1			
20 Ca	2	8	8	2			
21 Sc	2	8	8 1	(2)			
22 Ti	2	8	8 2	(2)			
– –	–	– –	– – –	–			
29 Cu	2	8	18	1			
30 Zn	2	8	18	2			
31 Ga	2	8	18	2 1			
– –	–	– –	– – –	– –			
36 Kr	2	8	18	8			
37 Rb	2	8	18	8	1		
38 Sr	2	8	18	8	2		
39 Y	2	8	18	8 1	(2)		
40 Zr	2	8	18	8 2	(2)		
– –	–	– –	– – –	– – –	–		
47 Ag	2	8	18	18	1		
48 Cd	2	8	18	18	2		
49 In	2	8	18	18	2 1		
– –	–	– –	– – –	– – –	– –		
54 X	8	8	18	18	8		
55 Cs	2	8	18	18	8	1	
56 Ba	2	8	18	18	8	2	
57 La	2	8	18	18	8 1	(2)	
58 Ce	2	8	18	18 1	8 1	(2)	
59 Pr	2	8	18	18 2	8 1	(2)	
– –	–	– –	– – –	– – – –	– – –	–	
71 Cp	2	8	18	32	8 1	(2)	
72 Hf	2	8	18	32	8 2	(2)	
– –	–	– –	– – –	– – – –	– – –	–	
79 Au	2	8	18	32	18	1	
80 Hg	2	8	18	32	18	2	
81 Tl	2	8	18	32	18	2 1	
– –	–	– –	– – –	– – – –	– – –	– –	
86 Nt	2	8	18	32	18	8	
87 –	2	8	18	32	18	8	1
88 Ra	2	8	18	32	18	8	2
89 Ac	2	8	18	32	18	8 1	(2)
90 Th	2	8	18	32	18	8 2	(2)
– –	–	– –	– – –	– – – –	– – –	– – –	–
– –	–	– –	– – –	– – – –	– – – –	– – –	– –
118 –	2	8	18	32	32	18	8

图 12

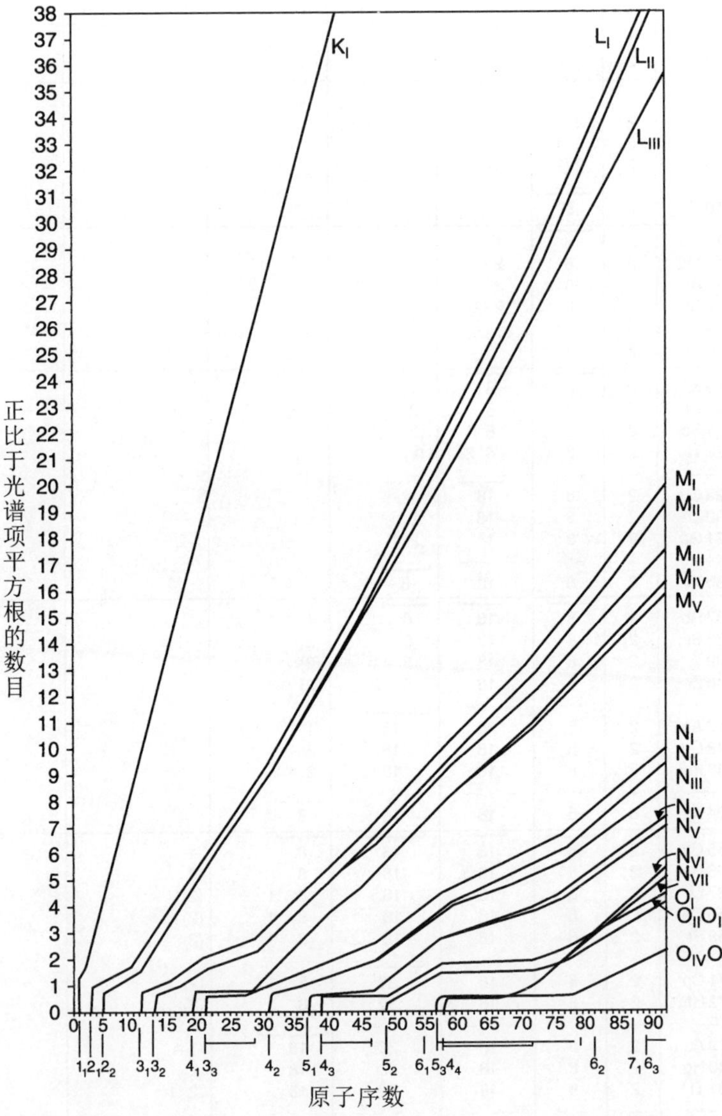
正比于光谱项平方根的数目
原子序数
K_I
L_I
L_{II}
L_{III}
M_I
M_{II}
M_{III}
M_{IV}
M_V
N_I
N_{II}
N_{III}
N_{IV}
N_V
N_{VI}
N_{VII}
O_I
$O_{II}O_{III}$
$O_{IV}O_V$
1_1 2_1 2_2 3_1 3_2 4_1 3_3 4_2 5_1 4_3 5_2 6_1 5_3 4_4 6_2 7_1 6_3

图 13

第 9 讲

索末菲内部量子数；利用原子角动量进行解释的尝试；经典理论的失效；谱规则的形式说明；周期系中副族元素的斯托纳定义；泡利对电子的 4 个量子数的引入；泡利的不等量子数原理；形式理论的进展。

前面描述的原子的观点最近因对所谓多重谱线的研究而有了很大进展。我们在此认为的看似简单的许多谱线实际上都是多重线。例如，钠的 D 线是二重的。索末菲最先引入新的内部量子数 j 并给出了此量子数的选择定则，从而解决了这些线的光谱项问题。光电子存在第三个量子数的可能性由下述事实指明，它有三个自由度：这一点只需假定原子实不是球对称的，而只是轴对称的即可知。于是光电子不再是在中心力场下运动，其轨道也不再是平面的，而是 —— 在一阶近似下 —— 可以这样来描述其运动：假定电子单次转过一圈的轨道仍是平面的，且具有角动量 k，因此这个轨道和原子实(可看成是一个刚体系统) 的轴一起，构成一种角动量 R 围绕空间指向固定的总动量 J 的进动。容易证明，K，R，J 都是对应于相应转角的作用量变量。因此我们设

$$K = kh,\ R = rh,\ J = jh,$$

这里 k 是光电子在其轨道上的角量子数(前已引入)。量子数 r 刻画的是原子实的结构。给定 r 和 k，j 的取值就只能在 $|k - r|$ 和 $|k + r|$ 之间。作为进动动量，j 只能跳变：

$$j \to \begin{cases} j-1 \\ j \\ j+1 \end{cases}$$

这里跳变 $j \to j \pm 1$ 对应于垂直于 J 轴的电矩的振荡，$j \to j$ 对应于平行于 J 轴的电矩振荡。

由此我们可以来解释多重性。索末菲根据经验发现的内部量子数的选择定则与理论给出的一致，但是给定 k 和 r 后的 j 的分量数目并未得到实验上的确认。例如，我们喜欢拿惰性气体举例，这种原子当然是高度对称的，角动量为零，因此与碱金属原子的原子实相同。这样它们应该不显示区别。如果我们假定惰性气体的 $r = 1$，j 的值在

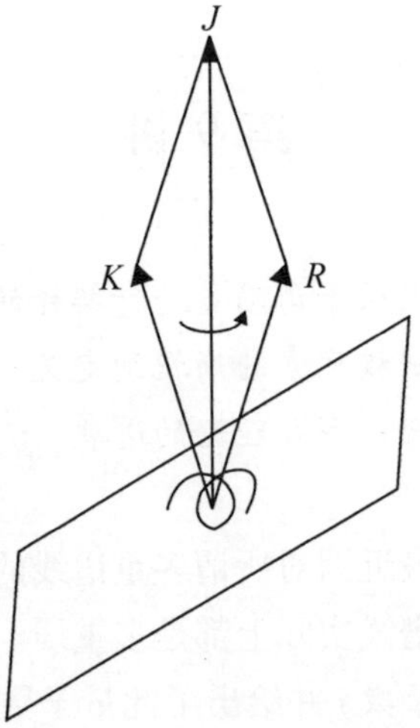

图 14

$k-1$ 和 $k+1$ 之间，因此 $j=k-1$，$j=k$ 和 $j=k+1$。但碱金属原子没有三重线。在 s 态（$k=1$）下，它们是单线，在其他态（$k=2,\ 3,\ \cdots$）下是双线。

这违反了玻尔的选择定则。由一个离子和一个加入的电子共同构成的系统的可能的状态数，不等于离子的状态数与该电子可能的轨道数之积，而是要少 1。玻尔称这是一种“非力学约束”，并一再强调，这是与力学规律之间最重要的差别。通过引入半量子数……，$-3/2$，$-1/2$，$+1/2$，$+3/2$，……和一条神秘的法则，这一困难已在形式上被克服。

如果一个力学“逻辑”系统导致量子数

$$-3,\ -2,\ -1,\ 0,\ +1,\ +2,\ +3$$

那么，利用这条法则，我们用下述给定序列来替换上面这个序列：

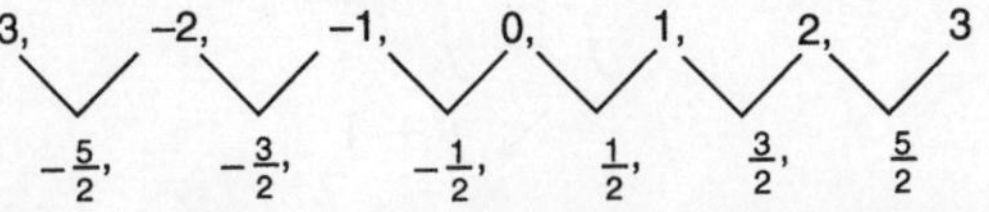

在这个序列里，项数少了一项。这样，碱金属的双线就得到了“解释”。计及电子轨道的惰性气体的原子实（$r=1$）的 3 个位置则仅给出两个 j 值：

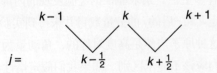

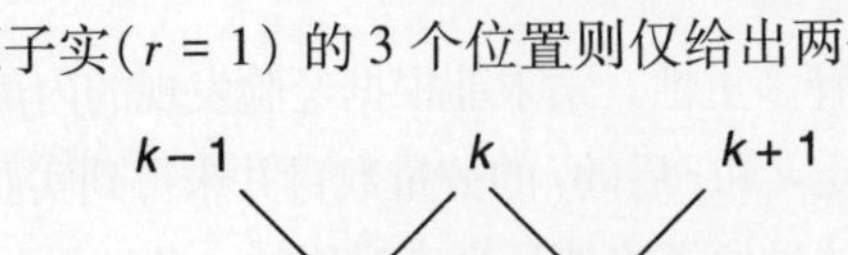

j 的绝对值自然是任意的。这里不采用 $j = k - 1/2$ 和 $j = k + 1/2$，而是可以用 $j = k - 1$，k，或其他使用方便的归一化方法来表示。重要的只是 j 取值的数目。

反常塞曼效应与此非常类似。这里对于总角动量 $hj/2\pi$ 的原子，经典理论给出磁场下有 $(2j + 1)$ 个取向，即磁量子数 m 取遍从 $-j$ 到 $+j$ 的所有值。然而事实上，只存在 $2j$ 个项，对应于下图：

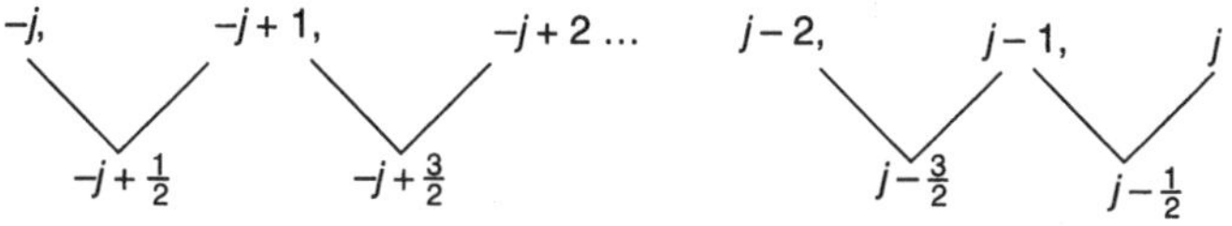

在谱的系统化方面，依此方法已取得重要进展。现在我们对此作一简明评述。

斯托纳对玻尔的周期系理论做了重要推广。他认识到，惰性气体原子的闭合电子组态的电子可以按下述组群来排列：

	n	壳层电子数
He······	1	2 = 2
Ne······	2	8 = 2 + 2 + 4
Ar······	3	8 = 2 + 2 + 4
Kr······	4	18 = 2 + 2 + 4 + 4 + 6
Xe······	5	18 = 2 + 2 + 4 + 4 + 6
Em······	6	32 = 2 + 2 + 4 + 4 + 6 + 6 + 8

$$\begin{array}{lccc} j = 1 & \underbrace{1\quad 2} & \underbrace{2\quad 3} & \underbrace{3\quad 4} \\ k = 1 & 2 & 3 & 4 \end{array}$$

每组满壳层电子数除以 2，我们即得到“量子数 j”的数目。对于每一个 $j > 1$，相邻两个 j 的值合起来构成一个更大的组，其“量子数 k”等于较大的 j 值。按这种方法，量子数与电子数之间便建立起了一一对应关系。斯托纳能够证明，玻尔理论的这种发展可以给出对原子多种性质的解释，特别是其光谱和 X 射线谱。

这里仅给出一例。电离了的碳原子 C^+ 有双线谱，福勒已对其进行了分析。这个谱的对应于到基态轨道的跃迁线给出该轨道的信息，即关于单次电离碳原子 C^+ 的正常态的信息。玻尔最初认为碳原子有 4 个同等的 $n = 2$，$k = 1$ 的电子，因为化学事实似乎要求这种同等性。于是 C^+ 离子剩下 3 个同等的 $n = 2$，$k = 1$ 的电子。斯托纳的方案明显给出的是碳原子有 2 个 $n = 2$，$k = 1$ 的电子和 2 个 $n = 2$，$k = 2$ 的电子。前者束缚得更紧些，因为它们具有椭圆轨道。因此离子 C^+ 有 2 个

$n=2$，$k=1$的电子和1个$n=2$，$k=2$的电子。后者的跃迁给出C^+的谱。因此基态轨道必定由其组合显示为p项($k=2$)。事实上，观察确认了这个结果而不是玻尔原初的假设。在上面(57页)的表里，这个结果已经被考虑进去。这里我们不能再深入到进一步的细节了。

泡利证明了斯托纳的排列是非常一般的原理的结果。他从下述假设出发来考虑问题：光谱行为像是一个具有四个量子数的电子的行为，就是说，除了至今所用的3个量子数n，k，j之外，还存在第四个量子数m，它决定了磁分离。到现在为止，j被理解为电子的角动量与原子实的角动量的合成。泡利放弃了这个概念，而将所有四个量子数都归结到一个电子上。困难在于，按照我们通常的概念，电子只有3个自由度。后面我们将看到，量子理论的最新发展似乎导致第四个自由度，即电子的角向旋转。我们暂且将其物理解释放在一边，先来简单描述一下泡利的方法。他的量子数按稍许不同于我们前面引入的方法来归一化。他的n和k用法与通常的一样，只是用k_1来表示后者，用k_2来表示j，k_2总是只取两个值：$k_2=k_1-1$和$k_2=k_1$。因此，每个单个电子的行为就像碱金属的光电子，并给出双线。这对于磁量子数m同样也成立。对于碱金属原子，根据观察结果，m取$2k_2$个不同的值——这一点可以从我们的神秘法则得到证明，如果k_2可以解释为总动量的话。因此，属于给定k_1的所有项总共取$2(k_1-1)+2k_1=2(2k_1-1)$个值。泡利后来认为，玻尔通过连续步骤建立原子的方法可以按这种方式持续下去。可能的态的数量就是原子实的态的数目与新添加的电子的数目之和(量子数的恒常性)。例如，如果我们从碱金属过渡到邻近的碱土金属原子，那么前者的双线系统就会变成单线和三线谱系。在单线谱系下，一个具有给定n，k_1的态被分解成$1\times(2k_1-1)$个项，而三线系则被分解成$3(2k_1-1)$个项。这在目前被解释成这样：在强场下，不论什么机制，光电子在每一种情形下总对应有$(2k_1-1)$个取向，而原子实则在单线情形下只有一个取向，在三线情形下有3个取向。后者与恒常性原理相矛盾，因为自由的碱金属原子在非激发态(k_1-1的s态)下只能有两个这样的取向。原子的总的$4(2k_1-1)$个态可以这样来解释：作为自由碱金属原子，原子实可以有两个态和光电子；而普通的碱金属有$4(2k_1-1)$个态。对应原理可以一般性地给出，但在此我们略去所有细节，只考虑泡利的概念与斯托纳的周期系分类之间的关系。

泡利发现，后者等价于这样一条一般性原理：原子里的任意两个电子从不具有完全相同的4个量子数：n，k_1，k_2，m。如果n，k_1，k_2给定，那么如前所述，

m 的可能取值的数目为 $2k_2$。因此，“同等”电子的最大数目，即具有相同 n，k_1，k_2 的数目，也只能是 $2k_2$，否则这两个电子的 m 就变得相同了。如果量子数 k_2 就是斯托纳的 j，后者对每个 k(或 k_1) 取值也是 k，$k-1$，那么斯托纳的分类被证明就是泡利原理的结果。因此理论的目标就是如何来理解泡利原理，即要么能从量子力学的定律中导出它，要么能说明它属于不可证明的基本假设。

进一步发展可简述如下：按照泡利原理，电子结合进系统时应维持其自身的量子数不变。但这种系统的能量，不论是原子实，一群外电子，还是整个原子，都仅依赖于这个单电子的量子数的具体值。因此我们必须在单电子的量子数与电子群的合量子数之间做出区分。如果这个电子群等同于整个原子，那么合量子数便确定了光谱项，从而确定了光谱。支配这个合量子数的法则主要来源于经验。值得一提的是下面这条理论导向原理。帕邢和巴克发现，在强磁场下，多重谱的塞曼分量彼此间有位移，使得它们对应于正常劈裂(拉莫尔频率)。这一点在理论上可以通过下述假设来解释：在磁场能量远大于电子间相互作用能的情形下，每个电子的运动实际上是彼此独立地进行的。因此，电子以正常拉莫尔频率进动。由此可知，在强磁场中，磁量子数表现为相加的性质，所得的结构正是基于这一概念。

拉塞尔和桑德斯的研究对这一概念的发展非常有帮助。我们已经知道，根据格策(Götze)，这些线的出现对应于 p 项与其他 p' 项的组合，因此具有相同的角量子数。玻尔曾通过假设两个电子同时跃迁来解释这一点。在此，运动的简谐性质 —— 从中我们得出选择定则 $k \to k \pm 1$—— 失去了。拉塞尔和桑德斯发现，存在负的 p' 项，它对应于比电离所需能量更高的原子态。通过引入同时跃迁电子的组合量子数，然后将这个电子系统与原子实的关系按光电子与碱金属原子的原子实之间关系的相同方式来处理，他们能够解释他们的观察结果。海森伯系统地发展了这一方法，洪德则将这一方法应用到众多光谱的实际解释中。洪德成功地完整分析了从钪开始，到铁、钴、镍族结束的磁性原子系列，不仅推断出正常状态下电子基团的完备的个数，而且还粗略解释了光谱的特征。

到了这一步，我们已走到了由玻尔的基本概念发展而来的道路尽头。我们已经有充足的材料。现在是理论家再次主动采取行动，打下真正的原子动力学基础的时候了。海森伯在不久前发现了开启这扇大门的密钥。这扇门已经关闭了太久，它将我们关在了原子法则领域之外。在他的简短的论文中，主流物理学思想得到了明确的表述，但由于缺乏合适的数学准备，只能举例说明。而约丹和我已在矩阵运算里找到了所需的这种数学装备。不久之后，正像我后来才知道的，狄拉克也找到了一种与我们的方法等价的算法，但他没注意到他的算法与通常的矩阵理论的等价性。

第10讲

新量子论引言；坐标的矩阵表示；矩阵运算的基本法则。

在寻求理论重建的一系列努力中，必须记住，软弱的治标不治本的措施是无法克服目前所遇到的严重困难的，而且这种改变必须从根上开始。我们有必要寻求一种一般性原则，一种哲学思想，这在其他同类情形下已被证明是成功的。我们回顾相对论之前的年代，当时运动物体的电动力学所面临的困难与今天原子论所遇到的困难类似。随后爱因斯坦找到了一条克服困难的出路，指出，现有理论所运用的概念并不符合物理世界中可观察到的任何现象，这个概念就是同时性的概念。他证明了，要建立起不同地点所发生的两个事件的同时性是根本不可能的，我们需要一种新的定义，规定明确的测量方法。爱因斯坦给出了一种测量方法，它不仅适用于光的传播定律，而且适用于一般的电磁现象。它的成功证明这种方法是合理的，而且它包含了这么一条初始原理：自然界的真实规律都是关于基本可观察量之间的幅度关系。如果在我们的理论里出现了缺乏这种特性的幅度，那么它就是理论有缺陷的症状。相对论的发展已证明这一理念的丰富内涵。因此，如果我们试图用独立于坐标系的不变量形式来陈述自然定律，那么所要的表达式里就不能包含不可观测量的大小。类似的情形也存在于物理学的其他分支。

在原子理论的情形下，作为基本要素，我们肯定已经引入了其可观测性非常可疑的量的大小，例如电子的位置、速度和周期。而我们真正想要通过理论计算得到的，并可通过实验观察到的量，是由此推得的能级和所发射的光的频率。原子(原子体积)的平均半径也是可观察量，它们可以由气体动理论方法或其他类似的方法来确定。另一方面，没有人能有办法确定电子在其轨道上的周期，或在给定时刻电子的位置。而且似乎也没有希望认为这在将来某一天会有可能，因为要确定长度或时间，就需要量尺和时钟。而这两者都是由原子构成的，因此在原子层面上是无效的。我们有必要看清以下几点：所有原子量级的幅度的测量均依赖于间接的结论；但只有当这些结论所依据的思路本身前后一致，且与我们的经验的某些区域相协调时，它们才是重要的。但是我们迄今所考虑的原子结构的情形显然不是这样。我已经呼吁关注那些理论失效的地方。

在这个阶段，整个放弃用诸如给定时刻的“电子的坐标”这样的量来描述原子，而代之以可观测量的幅度似乎是合理的。属于后者的，除了能级(通过电子碰撞直接可测得)和频率(既可从能级推得也可直接测得)之外，还有发射波的强度和偏振。因此从现在起，我们采取的观点是，元波是描述原子过程的主要数据；所有其他的量都将从它们导出。考虑到康普顿效应，我们就能够很好地理解这一观点要比电子运动的假设更可行。

如果频率为 ν 的 X 射线波撞上自由电子或束缚松散的电子时，它可以在各个方向上将作用传递给后者。同时发出一个次级 X 辐射，其频率 ν' 取决于方位角。根据康普顿和德拜的研究结果，如果这个波在碰撞前后的能量分别为 $h\nu$，$h\nu'$；动量分别为 $h\nu/c$，$h\nu'/c$，然后将能量守恒律和碰撞定律应用到光量子和电子上，那么其过程就可以得到定量解释。但如果我们从波动理论的角度来考虑该过程，则频率的变化必须被解释成一个多普勒效应。对波中心的速度的计算将在初始 X 射线的方向上而不是在电子的方向上给出非常大的值。因此，我们遇到了这样一种情形：电子的运动和波中心的运动不重合。在经典理论里，发射的波是由电子运动的谐波分量确定的，这当然是绝对无法解释的。因此，我们面临一个新的事实，它迫使我们决定，到底是电子的运动还是波应被视为主要作用。如果这对于波与波的相互作用也是这种情形，那么基于这种假设的所有理论就被证明都不能令人满意。

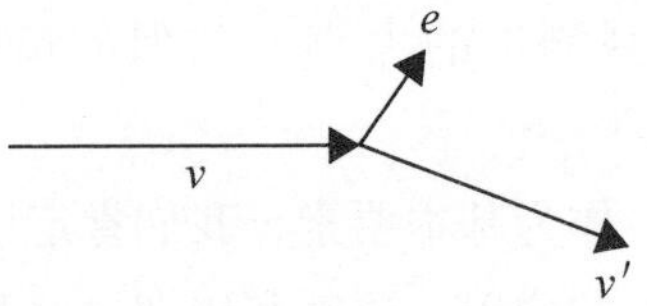

图 15

首先，我们考虑这样一些过程，它们在经典理论中对应于由坐标 q 的傅里叶级数给定的一维运动：

$$q(t)=\sum_r q_r e^{2\pi i\nu r t}. \tag{1}$$

现在我们考虑的不是 $q(t)$ 的运动，而是所有元振荡组

$$q_r e^{2\pi i\nu r t}.$$

我们设法改造它们，使得它们适于表示原子实际的波，而不是运动的高次谐波。

因此频率不是用一般的谐波($\nu\tau$)来表示，而是根据里兹的组合原理表示为

如下序列中每两项之差：

$$\frac{W_1}{h}, \frac{W_2}{h}, \frac{W_3}{h}\cdots.$$

因此我们记为

$$\nu(nm) = \frac{1}{h}(W_n - W_m). \tag{2}$$

对于每一个 $n \to m$ 的跃迁所对应的振幅和相位，我们用复振幅来表示：

$$q(nm) = |q(nm)| e^{i\delta(nm)}. \tag{3}$$

所有可能的振荡的集合可以排序成一个方阵来表示：

$$\begin{Vmatrix} q(11)e^{2\pi i\nu(11)t} & q(12)e^{2\pi i\nu(12)t}\cdots\cdots\cdots\cdots \\ q(21)e^{2\pi i\nu(21)t} & q(22)e^{2\pi i\nu(11)t}\cdots\cdots\cdots\cdots \\ \cdots\cdots\cdots\cdots & \cdots\cdots\cdots\cdots \end{Vmatrix}$$

我们将其缩写为

$$q = (q(nm)e^{2\pi i\nu(nm)\ t}) = (|q(nm)| e^{2\pi i\nu(nm)t + i\delta(nm)}). \tag{4}$$

为使这个阵列对应于一个实的傅里叶级数 $q(t)$，必须加上条件 $\delta(mn) = -\delta(nm)$，或等价地，$q(nm)$ 通过交换 m 和 n 变换到其共轭 $q^*(nm)$，即

$$q(mn) = q^*(nm) \tag{5}$$

因为对一个实的傅里叶级数，相应的关系 $C_{-r} = C_r^*$ 成立。

因此元振荡的流形自然由两维阵列来表示，而一个运动的谐波流形由一维序列来表示：

$$C_1 e^{2\pi i\nu t},\ C_2 e^{2\pi i 2\nu t},\ C_3 e^{2\pi i 3\nu t\cdots}.$$

正是出于这个理由，在迄今给出的理论里，需要同时考虑整个运动序列，即定态，它通过另一个指标，即量子数 n 来区分，由此 C 和 ν 成为 n 的函数。按这种方式找到的序列既没有正确的频率也不是跃迁的简单和唯一的对应项。

现在我们必须找出确定振幅 $q(nm)$ 的和频率 $\nu(nm)$ 的法则。为此目的，我们利用这样一个原则：按照尽可能类似于经典力学法则的方式来构造新法则。鉴于条件周期运动的经典理论可以定性地解释许多量子现象，因此要点不是要推翻力学，而是如何通过元波将经典几何和经典动理学改造成新的表示方法。

作为经典力学的最简单的例子，我们来考虑这种振子。我们已经熟悉了这样一个事实：一旦势能 $(k/2)q^2(t)$ 已知，一切皆定。势能也可用元波来表示，因为傅里叶级数的平方仍是傅里叶级数：

$$q^2(t) = \left(\sum_\tau C_\tau e^{2\pi i\nu\tau t} \right)^2 = \sum_\tau D_\tau e^{2\pi i\nu\tau t}, \tag{6}$$

其中

$$D_\tau = \sum_\sigma C_\sigma C_{\tau-\sigma}.$$

因此量 D_τ 的集合代表函数 $q^2(t)$，正如同集合 C_t 代表函数 $q(t)$。这可以按下述方式转换成我们的方阵：我们问，对于 $q(nm)$，能否找到一种乘法律，通过它，我们可以从每个阵列 q 构造出一个新的阵列，我们将其记为 q^2，但其中并不出现新的频率？后一条件是必要的，它相当于经典理论的定理：傅里叶级数的平方，或两个具有相同基频的这种级数的乘积，仍是具有相同基频的傅里叶级数。

从数学观点看，这个问题可通过寻找方阵来解答，就是将它看成是一个矩阵，然后运用已知的矩阵乘法法则。两个矩阵

$$a = (a(nm)), \ b = (b(nm))$$

的乘积定义为这样一个矩阵：

$$c = (c(nm)) = \left(\sum_k a(nk) b(km) \right) = ab. \tag{7}$$

如果我们将这一法则运用到元波 q 的阵列上，并将它与另一具有相同频率 $\nu(nm)$ 的阵列 p 相乘，我们得到

$$qp = \left(\sum_k q(nk) e^{2\pi i\nu(nk)t} p(km) e^{2\pi i\nu(km)t} \right),$$

而且我们有

$$\nu(nk) + \nu(km) = \frac{1}{h}(W_n - W_k) + \frac{1}{h}(W_k - W_m)$$
$$= \frac{1}{h}(W_n - W_m) = \nu(nm).$$

因此

$$qp = \left(\sum_k q(nk) p(km) e^{2\pi i\nu(nm)t} \right); \tag{8}$$

就是说，这种符号乘积有相同频率作为其因子。这个公式是对取得两个傅里叶级数之积的傅里叶系数的法则的重要推广。我们看到，矩阵的乘法律与里兹的组合原理有非常密切的联系。

现在我们给出矩阵运算的基本法则。加法和减法法则可通过对每个元素做相应运算来进行：

$$a \pm b = (a(mn)) \pm b(mn)). \tag{9}$$

通过去掉因子 $e^{2\pi i\nu t}$，上述记法还可以进一步简化。因此矩阵 $q=(q(nm))$ 代表了一个坐标。

矩阵对时间的导数仍是矩阵：

$$\dot{q}=(2\pi i\nu(nm)q(nm)), \tag{10}$$

同样，这里指数因子被略去。矩阵的微分运算也可以根据矩阵的乘法来进行。为此目的，我们引入单位矩阵：

$$1=\left\|\begin{matrix}1 & 0 & 0\cdots\\ 0 & 1 & 0\cdots\\ 0 & 0 & 1\cdots\\ \cdots\cdots & & \end{matrix}\right\|=(\delta_{nm}), \tag{11}$$

其中

$$\delta_{nm}=\begin{cases}1 & 若\ n=m\\ 0 & 若\ n\neq m.\end{cases}$$

由此我们得到对角阵

$$W=(W(nm))=(W_n\delta_{nm})=\left\|\begin{matrix}W_1 & 0 & 0 & 0\cdots\\ 0 & W_2 & 0 & 0\cdots\\ 0 & 0 & W_3 & 0\cdots\\ \cdots\cdots & & & \end{matrix}\right\| \tag{12}$$

现在我们用矩阵 $(q(nm))$ 来乘这个矩阵。在此我们给出一条对于理论发展极为重要的定理，即矩阵的乘法是不对易的。我们有

$$Wq=\left(\sum_k W(nk)q(km)\right)=\left(W_n\sum_k\delta_{nk}q(km)\right)=(W_nq(nm)),$$

但

$$qW=\left(\sum_k q(nk)W(km)\right)=\left(\sum_k q(nk)W_k\delta_{km}\right)=(W_mq(nm)).$$

如果我们取二者的差

$$Wq-qW=((W_n-W_m)q(nm)), \tag{13}$$

我们看到，从里兹组合原理，

$$\nu(nm)=\frac{1}{h}(W_n-W_m),$$

直接有公式：

$$\dot{q}=\frac{2\pi i}{h}(Wq-qW). \tag{14}$$

第 11 讲

由对应关系看对易法则及其合理性；矩阵函数及其对矩阵变元的微分。

现在我们在尽量少改变的原则下试着将经典力学转变成矩阵形式。每个坐标矩阵 q 对应于一个动量矩阵 p。通过这些矩阵，并利用矩阵的加法和乘法法则(在某些情形下可能需要重复无穷多次)，我们来给出哈密顿函数 H，并建立起类似于正则微分方程的公式。这里我们再次遇到乘积非对易的困难，即 qp 通常不等于 pq。正是在这一点上，量子理论显露出其真面目。条件

$$pq - qp = \frac{h}{2\pi i} \tag{1}$$

仍必须引入，在此普朗克常数 h 与该理论的基础密切相关。这种关系可以被证明是合理的，即在大的量子数的情形下，它变得与周期系统的量子条件相同。这种极限情形可以更准确地描述如下：我们考虑大的 m 和 n 的值，并假定所有 $q(mn)$ 和 $p(mn)$ 都极其小，除非 $|m-n|=\tau$ 与 m 和 n 相比是小量。为简单起见，我们仅考虑 $p=\mu\dot{q}$ 的情形，故有

$$p(mn) = 2\pi i\mu\nu(mn)q(mn).$$

我们专门考虑量子条件(1) 的对角元

$$\sum_k (p(nk)q(kn) - q(nk)p(kn)) = \frac{h}{2\pi i} \tag{2}$$

或

$$\sum_k \nu(nk)\,|q(nk)|^2 = -\frac{h}{8\pi^2\mu}.$$

对此我们可以写成

$$\sum_{\tau>0}(\nu(n,\ n+\tau)\,|q(n,\ n+\tau)|^2 + \nu(n,\ n-\tau)\,|q(n,\ n-\tau)|^2) = -\frac{h}{8\pi^2\mu}$$

或(由于 $\nu(mn) = -\nu(nm)$)

$$\sum_{\tau>0}(\nu(n+\tau,\ n)\,|q(n+\tau,\ n)|^2 + \nu(n,\ n-\tau)\,|q(n,\ n-\tau)|^2) = \frac{h}{8\pi^2\mu}.$$

如果我们代入

$$f_\tau(n)=\nu(n,\ n-t)\,|q(n,\ n-\tau)|^2.$$

则上式可以写成

$$\sum_{\tau>0}\tau.\ \frac{f_\tau(n+\tau)-f_\tau(n)}{\tau}=\frac{h}{8\pi^2\mu}.$$

如果令 $n\gg\tau$，我们即得到经典公式。代入 $nh=I$，得到

$$\nu(n,\ n-\tau)=\tau\,\frac{W(n)-W(n-\tau)}{\tau h}\rightarrow\frac{\mathrm{d}W}{\mathrm{d}I}=\tau\nu \tag{3}$$

这即是 τ 次谐波的经典频率。此外，相应的振幅为

$$q(n,\ n-\tau)\rightarrow q\tau(I).$$

因此有

$$f_\tau(n)\rightarrow f_\tau(I)=\nu\tau\,|q_\tau(I)|^2$$

以及

$$\frac{1}{8\pi^2\mu}=\sum_{\tau>0}\tau\,\frac{f_\tau(n+\tau)-f_\tau(n)}{h\tau}\rightarrow\sum_{\tau>0}\tau\,\frac{\partial}{\partial I}f_\tau(I). \tag{4}$$

但这个公式就是玻尔理论的量子条件

$$\int_0 p\mathrm{d}q=I=hn,$$

因为如果我们设

$$q(t)=\sum_\tau q\tau e^{2\pi i\nu\tau t}$$

我们便得到

$$I=\mu\int_0^{\frac{1}{\nu}}\dot{q}^2\mathrm{d}t=-\mu(2\pi)^2\int_{0\tau,\ \sigma=-\infty}^{\frac{1}{\nu}}\nu\sigma q_\tau q_\sigma e^{2\pi i\nu(\tau+\sigma)t}\mathrm{d}t$$
$$=4\pi^2\mu\cdot 2\sum_{\tau>0}\tau^2\nu q_\tau q_{-\tau}=8\pi^2\mu\sum_{\tau>0}\tau\cdot\nu\tau\,|q_\tau|^2$$

以及对 I 的微分

$$\frac{1}{8\pi^2\mu}=\sum_{\tau>0}\tau\,\frac{\partial}{\partial I}\nu\tau\,|q_\tau|^2=\sum_{\tau>0}\tau\,\frac{\partial}{\partial I}f_\tau(I), \tag{5}$$

这与上述极限情形是一致的。

在某种意义上，这些对应关系表明基本关系(1) 的对角元是合理的。为了尽可能贴近对易性，我们可以合理地取除了对角元以外其他元素均为零。由于这种对易法则，矩阵运算变得确定。因此我们可以重复利用乘法和加法规则来构造 p 和 q 的函数。

例如我们有谐振子的能量函数（质量 $=\mu$）：

$$H=\frac{1}{2\mu}p^2+\frac{\kappa}{2}q^2. \tag{6}$$

为了得到正则方程，我们首先必须引入微分运算。矩阵函数$f(x)$关于矩阵元x的导数定义为

$$\frac{\mathrm{d}f}{\mathrm{d}x}=\lim_{\alpha\to 0}\frac{f(x+\alpha)-f(x)}{\alpha}, \tag{7}$$

这里$\alpha(mn)$是数字α与单位矩阵的乘积：

$$\alpha(mn)=\alpha\delta_{mn}.$$

该矩阵的乘法，或其倒数

$$\alpha^{-1}(mn)=\frac{1}{\alpha}\delta_{mn}$$

是对易的，因此我们的定义具有唯一性。例如我们有

$$\frac{\mathrm{d}x}{\mathrm{d}x}(mn)=\lim_{\alpha\to 0}\frac{1}{\alpha}[x(mn)+\alpha\delta_{mn}-x(mn)]=\delta_{mn}.$$

即

$$\frac{\mathrm{d}x}{\mathrm{d}x}=1.$$

类似地，

$$\frac{\mathrm{d}x^2}{\mathrm{d}x}(mn)=\lim_{\alpha\to 0}\frac{1}{\alpha}\Big[\sum_k(x_{mk}+\alpha\delta_{mk})(x_{kn}+\alpha\delta_{kn})-\sum_k x_{mk}x_{kn}\Big]=2x_{mn}$$

即

$$\frac{\mathrm{d}x^2}{\mathrm{d}x}=2x.$$

乘法法则

$$\frac{\mathrm{d}}{\mathrm{d}x}(\phi\psi)=\phi\frac{\mathrm{d}\psi}{\mathrm{d}x}+\frac{\mathrm{d}\phi}{\mathrm{d}x}\psi \tag{8}$$

可像普通运算一样来证明：

$$\begin{aligned}\frac{\mathrm{d}}{\mathrm{d}x}(\phi\psi)&=\lim_{\alpha\to 0}\frac{1}{\alpha}[\phi(x+\alpha)\psi(x+\alpha)-\phi(x)\psi(x)]\\&=\lim_{\alpha\to 0}\frac{1}{\alpha}[\phi(x+\alpha)\psi(x+\alpha)-\phi(x+\alpha)\psi(x)\\&\quad+\phi(x+\alpha)\psi(x)-\phi(x)\psi(x)]\end{aligned}$$

$$= \phi \frac{d\psi}{dx} + \frac{d\phi}{dx}\psi$$

由此可以看出，ϕ，ψ 的顺序必须保持。由此我们立刻导出：

$$\frac{dx^n}{dx} = nx^{n-1},$$

由此可见，所有普通微分运算法则皆成立。有几个变元的矩阵函数 $f(x_1, x_2, \cdots)$ 对其中一个变元(譬如 x_1) 的偏导数可通过将微分定义仅应用于 x_1，同时令其他变元 x_2，x_3，$\cdots$ 保持不变来获得。

第 12 讲

力学正则方程；能量守恒和“频率条件”的证明；正则变换；准哈密顿-雅可比微分方程。

现在我们写出正则方程

$$\left.\begin{aligned}\dot{q} &= \frac{\partial H}{\partial p}\\ \dot{p} &= -\frac{\partial H}{\partial p}\end{aligned}\right\} \tag{1}$$

实际上它们由无数个方程(对无数个未知量)构成，因为左右两边的矩阵必须有对等的元素。

为了建立能量守恒定律，我们需要下述引理：令$f(qp)$为关于p和q的任意矩阵函数，于是

$$\left.\begin{aligned}fq - qf &= \frac{h}{2\pi i}\frac{\partial f}{\partial p}\\ pf - fp &= \frac{h}{2\pi i}\frac{\partial f}{\partial q}\end{aligned}\right\} \tag{2}$$

成立。为证明这些关系，我们先假定它们对任意两个给定函数ϕ和ψ成立，然后来证明它们对$\phi+\psi$和$\phi\psi$也成立。对于$\phi+\psi$，这很显然；对于$\phi\psi$，我们有下述简单运算

$$\begin{aligned}\phi\psi q - q\phi\psi &= \phi(\psi q - q\psi) + (\phi q - q\phi)\psi\\ &= \frac{h}{2\pi i}\left(\phi\frac{\partial\psi}{\partial p} + \frac{\partial\phi}{\partial p}\psi\right) = \frac{h}{2\pi i}\frac{\partial}{\partial p}\phi\psi\end{aligned}$$

对$p\phi\psi-\phi\psi p$同样有类似的结果。由于上述关系对$f=p$和$f=q$成立，因此它们对每个函数都成立，因为这些函数都是在对矩阵的重复运算基础上定义的。

由第 10 讲的式(14)和本讲的式(2)，我们可以将正则方程(1)写成

$$\left.\begin{aligned}Wq - qW &= Hq - qH\\ Wp - pW &= Hp - pH\end{aligned}\right\} \tag{3}$$

或

$$(W - H)q - q(W - H) = 0$$
$$(W - H)p - p(W - H) = 0.$$

故 $W - H$ 与 p 和 q 是可对易的，因此也与 p 和 q 的任意函数可对易，特别是与 $H(pq)$ 可对易。因此有

$$(W - H)H - H(W - H) = 0$$

或

$$WH - HW = 0.$$

成立。由此并考虑到第 10 讲的式(14)，得到

$$\dot{H} = 0 \tag{4}$$

这样我们就证明了能量守恒。H 因此似乎是对角阵：

$$H(nm) = \begin{cases} H_n & 对\ n = m \\ 0 & 对\ n \neq m \end{cases} \tag{5}$$

对于矩阵元，式(3) 的第一个式可写成

$$q(nm)(W_n - W_m) = q(nm)(H_n - H_m).$$

因此

$$H_n - H_m = W_n - W_m = h\nu(nm). \tag{6}$$

这样，作为假设的推论，我们便得到了玻尔的频率条件。通过适当选择任意常数，我们可代入

$$H_n = H_m, \tag{7}$$

它赋予里兹组合原理更精确的爱因斯坦-玻尔频率条件的意义。

整个证明也可以反过来。我们知道，能量守恒原理和频率条件是正确的，因此如果能量函数 H 作为两个变量 P 和 Q 的解析函数给定，那么只要

$$PQ - QP = \frac{h}{2\pi i}$$

成立，就有正则方程

$$\dot{Q} = \frac{\partial H}{\partial P},\ \dot{P} = \frac{\partial H}{\partial Q}$$

成立。这个推断之所以成立，是因为表达式 $HP - PH$ 和 $HQ - QH$ 总可以(如我们所知) 按两种方式来理解：要么作为 H 的偏导数，或者当 H 是常数时，作为 Q 或 P 关于时间的导数。因此，我们由正则变换 $pq \rightarrow PQ$ 知，

$$pq - qp = PQ - QP = \frac{h}{2\pi i}, \tag{8}$$

因此正则方程对 p，q 成立，对 P，Q 也成立。

满足这个条件的一个一般性变换为

$$\left.\begin{aligned} P &= SpS^{-1} \\ Q &= SqS^{-1} \end{aligned}\right\} \tag{9}$$

这里 S 是任意矩阵。这可能是最一般的正则变换了。它具有简单性质：对任一函数 $f(PQ)$，关系

$$f(PQ) = Sf(pq)S^{-1} \tag{10}$$

成立。这里 $f(pq)$ 源自 $f(PQ)$，由 p 代换 P，q 代换 Q 但不改变函数形式而得。我们将证明，如果这一定理对两个函数 ϕ，ψ 成立，那么它对 $\phi+\psi$ 和 $\phi\psi$ 也成立。对于 $\phi+\psi$，这很显然；对于 $\phi\psi$，我们有

$$\phi(PQ)\psi(PQ) = S\phi(pq)S^{-1}S\psi(pq)S^{-1} = S\phi(pq)\psi(pq)S^{-1}.$$

由于该命题对 $f=p$ 或 $f=q$ 成立，因此它对所有解析函数一般来说都成立。

正则变换的重要性是基于下述定理：如果给定任意一对变量 p_0，q_0，它们满足条件

$$p_0q_0 - q_0p_0 = \frac{h}{2\pi i},$$

那么我们就能够将关于能量函数 $H(pq)$ 的正则方程的积分问题简化成下述问题：求待定函数 S，使

$$H(pq) = SH(p_0q_0)S^{-1} = W \tag{11}$$

变成对角阵。于是正则方程的解具有下述形式

$$p = Sp_0S^{-1}, \quad q = Sq_0S^{-1}.$$

由此我们完成了对哈密顿-雅可比微分方程的类比。$\boldsymbol{S}$ 相当于作用量函数。

第 13 讲

谐振子的例子；微扰理论。

现在让我们通过一个例子来说明这些抽象的考虑。为此目的我们取谐振子，它有

$$H=\frac{p^2}{2\mu}+\frac{\kappa}{2}q^2. \tag{1}$$

正则方程为

$$\dot{q}=\frac{p}{\mu},\ \dot{p}=-\kappa q, \tag{2}$$

通过消去 p 并由代换 $\frac{\kappa}{\mu}=(2\pi\nu_0)^2$，得到

$$\ddot{q}+(2\pi\nu_0)^2q=0, \tag{3}$$

或更简明地

$$[\nu^2(nm)-\nu_0^2]q(nm)=0. \tag{4}$$

此式加上对易关系，给出

$$\sum_k[\nu(nk)-\nu(km)]q(nk)q(km)=\begin{cases}-\dfrac{h}{4\pi^2\mu} & \text{若 } n=m\\ 0 & \text{若 } n\neq m\end{cases} \tag{5}$$

由运动方程知，$\boldsymbol{q}(nm)$ 不为零仅当

$$\boldsymbol{\nu}(nm)=\frac{1}{h}(W_n-W_m)=\pm\nu_0. \tag{6}$$

因此，在矩阵的第 m 行里，至多有两个不为零的元素，即有

$$W_n=W_m+h\nu_0 \text{ 或 } W_n=W_m-h\nu_0.$$

显然，矩阵对角元的顺序不重要。如果我们对行和列做同样的置换，所有矩阵方程都不会变化。因此我们可以任意地取 $W_m=W_0$，并将 W_0 的“邻值”$W_0+h\nu_0$ 和 $W_0-h\nu_0$ 记为 W_1 和 W_{-1}。它们每一个又有相差 $h\nu_0$ 的邻值，等等。由此我们得到一个能级的算术级数：

$$W_n=W_0\pm nh\nu_0. \tag{7}$$

对易关系(5) 的对角元给出

$$\begin{aligned}\frac{h}{8\pi^2\mu} &= -\sum_k \nu(nk)\,|q(nk)|^2 \\ &= \nu_0[\,|q(n,\ n+1)|^2 - |q(n,\ n-1)|^2\,].\end{aligned} \tag{8}$$

由此知，$|q(n,\ n+1)|^2$ 也构成一个公差为 $h/8\pi^2\mu\nu_0$ 的算术级数。由于所有这些项均为正，因此级数必止于某一点。因此我们有

$$|q(1,\ 0)|^2 = \frac{h}{8\pi^2\mu\nu_0}$$

$$|q(n+1,\ n)|^2 = |q(n,\ n-1)|^2 + \frac{h}{8\pi^2\mu\nu_0},\ n=,\ 1,\ 2,\ 3\cdots,$$

因此

$$|q(n+1,\ n)|^2 = (n+1)\frac{h}{8\pi^2\mu\nu_0}. \tag{9}$$

显然，矩阵 $pq - qp$ 的所有其他元素实际上均为零。我们进一步来证明能量守恒：

$$H(nm) = 4\pi^2\mu\sum_k[\nu_0^2 - \nu(nk)\nu(km)]q(nk)q(km). \tag{10}$$

对于 $n \neq m$，上式为零，因此有

$$\begin{aligned}H(nn) &= 4\pi^2\mu\nu_0^2[\,|q(n+1,\ n)|^2 + |q(n,\ n-1)|^2\,] \\ &= h\nu_0\frac{1}{2}(2n+1) = h\nu_0(n+\frac{1}{2}).\end{aligned} \tag{11}$$

上面引入的量 W_0 因此有值 $h\nu_0/2$。绝对零点的能量，这个已由普朗克和能斯特在量子论的统计问题里考虑过的因子，在这里很自然地出现了。

对于复振幅，有公式

$$q(n+1,\ n)e^{2\pi i\nu_0 t} = \sqrt{\frac{h}{8\pi^2\mu\nu_0}(n+1)}\,e^{i(2\pi\nu_0 t+\phi_n)} \tag{12}$$

这个式子里包含了任意相位 ϕ_n，它对于振子的统计行为十分重要。此外，式(12) 对于大的 n 值过渡到经典公式

$$q(t) = \sqrt{\frac{I}{8\pi^2\mu\nu_0}}\,e^{i(2\pi\nu_0 t+\phi)},\ I = hn. \tag{13}$$

谐振子理论可作为计算更一般的系统的起点，如果我们将这些系统看成是由前者通过某个参数的变分导出的话。所需的处理可类比经典微扰理论的做法的进行。

我们假定给定的能量为参数 λ 的幂级数形式：

$$H = H_0(pq) + \lambda H_1(pq) + \lambda^2 H_2(pq) + \cdots. \tag{14}$$

求解由 $H_0(pq)$ 定义的力学问题。我们知道解 p_0，q_0 满足下述条件：

$$p_0 q_0 - q_0 p_0 = \frac{h}{2\pi i},$$

对此 $H_0(p_0 q_0)$ 变成对角阵 W^0。现在我们试着来确定变换 S，使之如果有

$$p = S p_0 S^{-1},\ q = S q_0 S^{-1}, \tag{15}$$

则 $H(pq)$ 变换到对角阵 W。这意味着 S 满足哈密顿-雅可比方程

$$H(pq) = SH(p_0 q_0) S^{-1} = W \tag{16}$$

为了解这个方程，我们令

$$\left.\begin{aligned} W &= W^0 + \lambda W^{(1)} + \lambda^2 W^{(2)} + \cdots \\ S &= 1 + \lambda S_1 + \lambda^2 S_2 + \cdots \end{aligned}\right\} \tag{17}$$

于是有

$$S^{-1} = 1 - \lambda S_1 + \lambda^2 (S_1^2 - S_2) - \cdots + \cdots.$$

代入方程(16)，有

$$\begin{aligned} &(1 + \lambda S_1 + \lambda^2 S_2 + \cdots)(H_0(p_0 q_0) + \lambda H_1(p_0 q_0) + \lambda^2 H_2(p_0 q_0) + \cdots) \\ &\quad (1 - \lambda S_1 + \lambda^2 (S_1^2 - S_2) + \cdots) = W^0 + \lambda W^{(1)} + \lambda^2 W^{(2)} + \cdots. \end{aligned}$$

令 λ 的同幂次的系数相等，我们得到下述近似方程组：

$$\left.\begin{aligned} &H_0(p_0 q_0) = W^0 \\ &S_1 H_0 - H_0 S_1 + H_1 = W^{(1)} \\ &S_2 H_0 - H_0 S_2 + H_0 S_1^2 - S_1 H_0 S_1 + S_1 H_1 - H_1 S_1 + H_2 = W^{(2)} \\ &\cdots\cdots\cdots\cdots\cdots\cdots\cdots\cdots\cdots\cdots\cdots\cdots \\ &S_r H_0 - H_0 S_r + F_r(H_0, \cdots H_r, S_0, \cdots S_{r-1}) = W^{(r)} \end{aligned}\right\} \tag{18}$$

其中 H_0，H_1，$\cdots$ 均为 p_0，q_0 的函数。

第一个方程显然满足。其他方程可以类比经典理论的情形来解：为了确定能量常数，首先给出能量均值，因为

$$S_r H_0 - H_0 S_r = -(W^0 S_r - S_r W^0)$$

没有对角项。因此通常有

$$W^{(r)} = \bar{F}_r, \qquad 即\ W_n^{(r)} = F_r(nn).$$

此外，我们有

$$W_n^0 S_r(mn) - W_m^0 S_r(mn) + F_r(mn) = 0,\ m \neq n$$

或

$$S_r(mn)=\frac{F_r(mn)}{h\nu_0(mn)}(1-\delta_{mn}), \tag{19}$$

这里 $\nu_0(mn)$ 是未扰动运动的频率。

这个解满足条件

$$S\tilde{S}^*=1 \tag{20}$$

其中符号“~”表示行和列的转置，“*”表示共轭复量的代换。由于 S 只能通过近似值 S_1，S_2，… 的连续运算来得到，因此这个关系只能通过连续步骤来证明。我们限定做第一步。如果我们必须有

$$S\tilde{S}^*=(1+\lambda S_1+\cdots)(1+\lambda\tilde{S}_1^*+\cdots)=1,$$

那么

$$S_1+\tilde{S}_1^*=0,$$

但我们的一般公式(19) 给出

$$S_1(mn)=\frac{H_1(mn)}{h\nu_0(mn)}(1-\delta_{mn}),$$

因此有

$$\tilde{S}_1^*(mn)=S_1^*(nm)=\frac{H_1^*(nm)}{h\nu_0(nm)}(1-\delta_{mn}), \tag{21}$$

由于 H_1 是厄米矩阵，故有

$$H_1^*(nm)=H_1(mn),$$

从而有

$$\tilde{S}_1^*(mn)=\frac{H_1(mn)}{-h\nu_0(mn)}(1-\delta_{mn})=-S_1(mn).$$

关系 $S\tilde{S}^*=1$ 的重要性源自这样一个事实：矩阵 p，q 的厄米性质是这种关系的结果。法则

$$(ab)^{\sim}=\tilde{b}\tilde{a} \tag{22}$$

成立，因为这很容易从乘积运算的定义导出：

$$\sum_k a(nk)b(km)=\sum_k\tilde{b}(mk)\tilde{a}(kn)$$

由此我们有

$$q^*=S^*q_0^*(S^*)^{-1}=\tilde{S}^{-1}\tilde{q}_0\tilde{S}=\tilde{q}, \tag{23}$$

对 p 也有类似的结果。

如果我们设

$$\left.\begin{aligned} q &= q_0 + \lambda q_1 + \cdots = (1 + \lambda S_1 + \cdots) q_0 (1 - \lambda S_1 + \cdots) \\ p &= p_0 + \lambda p_1 + \cdots = (1 + \lambda S_1 + \cdots) p_0 (1 - \lambda S_1 + \cdots) \end{aligned}\right\}$$

那么作为一阶近似，我们有

$$\left.\begin{aligned} q_1 &= S_1 q_0 - q_0 S_1, \\ p_1 &= S_1 p_0 - p_0 S_1. \end{aligned}\right\}$$

或更明确地，

$$\left.\begin{aligned} q_1(mn) &= \frac{1}{h} \sum_k{}' \left(\frac{H_1(mk) q_0(kn)}{\nu_0(mk)} - \frac{q_0(mk) H_0(kn)}{\nu_0(kn)} \right) \\ p_1(mn) &= \frac{1}{h} \sum_k{}' \left(\frac{H_1(mk) p_0(kn)}{\nu_0(mk)} - \frac{p_0(mk) H_0(kn)}{\nu_0(kn)} \right). \end{aligned}\right\} \tag{24}$$

对于能量，作为二阶近似，我们得到

$$W^{(2)} = \overline{H_0 S_1^2} - \overline{S_1 H_0 S_1} + \overline{S_1 H_1} - \overline{H_1 S_1} + \overline{H_2},$$

或

$$\left.\begin{aligned} W_n^{(2)} &= \sum_k{}' (W_n^0 S_1(nk) S_1(kn) - S_1(nk) S_1(kn) W_k^0 \\ &\quad + S_1(nk) H_1(kn) - H_1(nk) S_1(kn)) + H_2(nn) \\ W_n^{(2)} &= H_2(nn) + \frac{1}{h} \sum_k{}' \frac{H_1(nk) H_1(kn)}{\nu_0(nk)}. \end{aligned}\right\} \tag{25}$$

第 14 讲

量子理论中外力的意义和对应的微扰公式；微扰公式在色散理论中的应用。

在讨论这些公式的意义之前，我们来考虑显含时间 t 的哈密顿函数这种更一般的情形。形式上看，在 $H(t, p, q)$ 中通过引入新坐标 q^0（它对应于动量 p^0）而不是 t，这种情形很容易处理。考虑哈密顿函数

$$H^{\times} = H(q^0, p, q) + p^0 \tag{1}$$

q^0，p^0 所对应的正则方程：

$$\dot{q}^0 = \frac{\partial H^{\times}}{\partial p^0} = 1,\ \dot{p}^0 = -\frac{\partial H^{\times}}{\partial q^0} = -\frac{\partial H}{\partial t}, \tag{2}$$

其中第一个式子表明 q^0 是时间，第二个式子定义了 p^0。

但进一步考虑便引起严重的困难。引入显含时间 t 的函数 H 有明显的物理意义：系统 A 对作用于其上的其他系统 B 的反应非常小，可忽略不计，那些依赖于这些外部系统 B 的量可认为都有相同的时间函数，就像不存在系统 A 一样。在经典理论里，两个系统之间的相互作用仅取决于两者的瞬时作用，其条件是耦合能量很小。但在量子理论里，事情明显不是这样。在这里，反应——正如我们的微扰公式所表明的那样——不仅依赖于系统的瞬时状态，而且依赖于该系统所包含的所有状态，公式里出现的乘积包含对所有状态的求和。由（作为时间函数给出的）系统 B 的运动引起的对系统 A 的扰动能够被考虑的条件限定为这样一种近似：属于 B 的量在扰动函数 H_1 中只以线性微扰量形式出现。高阶近似即使是在弱耦合情形下都没有意义。但如果我们做这样一个假设：所考虑的系统 A 的能量比起外部系统 B 来可忽略不计，那么在量子理论中忽略高阶近似就是合理的。

这里我们限定只考虑一阶近似 q_1，p_1。我们来考虑由 H_0 定义的系统受到电场 E 作用这一具体情形。在一级近似下扰动函数为

$$H_1 = eq_0E. \tag{3}$$

据前述，E 可视为一时间函数。如果我们现在考虑的是频率为 ν 的单色光波

$$E = E_0\cos 2\pi\nu t,$$

因此有

$$H_1 = eE_0q_0\cos 2\pi\nu t = \frac{1}{2}eE_0q_0(e^{2\pi i\nu t} + e^{-2\pi i\nu t}),$$

于是我们得到坐标扰动量

$$q_1(mn) = \frac{E_0e}{2h}\sum_k\left(\frac{q_0(mk)q_0(kn)}{\nu_0(mk) + \nu} - \frac{q_0(mk)q_0(kn)}{\nu_0(kn) + \nu}\right),$$

或由于 $p_1 = \mu\dot{q}_1$，

$$q_1(mn) = \frac{E_0e}{2h \cdot 2\pi i\mu}\sum_k \frac{q_0(mk)p_0(kn) - p_0(mk)q_0(kn)}{(\nu_0(mk) + \nu)(\nu_0(kn) + \nu)}. \tag{4}$$

特别地，对于对角线项，我们有

$$q_1(nn) = -\frac{E_0e}{2h \cdot 2\pi i\mu}\sum_k \frac{q_0(nk)p_0(kn) - p_0(nk)q_0(kn)}{\nu_0^2(nk) - \nu^2}. \tag{5}$$

场 $\boldsymbol{E}$ 产生的极化可通过 q_1 乘以电荷 e 来得到，然后用已知方法即可求得折射率。

这个 $q_1(nn)$ 公式包含了克拉默的色散理论，它由对应关系确立。为了理解其意义，我们回顾一下色散理论与多周期系统的量子理论之间的关系。当光波作用到这样一个系统上时，电子轨道起着振子的作用。这些受迫振荡的共振点显然都处于轨道的傅里叶分析给出的谐波节点上。德拜曾试图利用图 16 所示的模型来计算氢分子的色散公式，索末菲将这种处理扩展到更一般的电子沿环分布的分子模型上。如果他们发现理论结果与测得的折射系数有好的一致性的话，那只是因为测量范围远离特征共振点。这个公式的不正确性已经由下述事实可知：某些共振点有虚的本征频率，这始终是运动不稳定的一个信号。从下述事实这一点可以看得更明显：共振点与系统按量子理论发射的频率没有关系。但事情很清楚，实际发射的频率必然决定着共振或色散曲线，而不是光学上不可观察的定态的高次谐波。

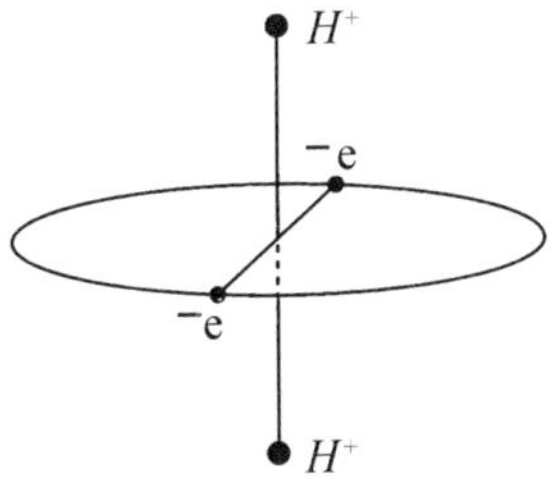

图 16

从这个意义上说，色散理论迈向合理变化的第一步是由拉登堡做出的。他的色散公式基本包括了上述 $q_1(nn)$ 表达式(5) 中那些 $n < k$ 的项，因此这些项对应于“向上跃迁”，就是说，对应于吸收过程。拉登堡还发现了色散公式中分子 $|q_0(nk)|^2\nu_0(kn)$ 与态 n 和 k 之间的跃迁概率(这个概率曾出现在爱因斯坦推导普朗克公式的过程中)之间的关系。

克拉默已经给出 $q_1(nn)$ 的完整表达式，其中还考虑了辐射项($n > k$)。由于

$$\nu_0(kn) = -\nu_0(nk)$$

这些项对色散给出“负的”贡献，克拉默的公式有一个很大的好处，就是对于要考虑交变场对多周期系的影响的情形，它可以化简到经典公式。因此，它满足对应原理。

常电场的情形(斯塔克效应)，正如原始公式所表示的，被泡利用于估计汞原子的谱线强度。这些谱线在自然状态下不出现(因这时 $q_0(nm) = 0$)，它们是最先被场激发起来的[$q_1(nm) \neq 0$]。

克拉默的工作表明，一般来说，扰动能量不可能依赖于未扰动系统的经典频率，而是取决于量子频率。这一点最近已经得到薛定谔关于某些线谱(例如铝)的实际结构的工作的确认。借助于对应关系，我得到了扰动能 $W^{(2)}$ 的表达式[第13讲式(25)]。通过类似考虑，海森伯和克拉默还发现并讨论了光波的表达式 $q_1(nm)$[第14讲式(4)]。它们相当于这样一种现象：频率ν的光不仅受到同频的光的散射(经典理论情形)，而且还受到其他颜色的光[属于复合频率$\nu \pm \nu_0(nk)$]的散射。思梅卡尔(Smekal) 曾用光量子概念考虑过这种现象。

最后，我们来考虑激发光的非常高频率的极限情形：

$$\nu \gg |\nu_0(mk)|, \ \nu \gg |\nu(kn)|.$$

由此我们得到

$$q_1 = -\frac{E_0 e}{2h \cdot 2\pi i \nu^2 \mu}(p_0 q_0 - q_0 p_0),$$

因为

$$p_0 q_0 - q_0 p_0 = \frac{h}{2\pi i},$$

因此

$$q_1 = \frac{E_0 e}{8\pi^2 \nu^2 \mu}. \tag{6}$$

将它与同一电场 $E_0\cos 2\pi\nu t$ 引起的自由电子激发相比较。这里我们必须取对应于矩阵元素的部分$\frac{1}{2}E_0e^{2\pi i\nu t}$。我们有微分方程

$$\mu\ddot{q}=\frac{1}{2}eE_0e^{2\pi i\nu t},$$

其解为

$$q_1=\frac{E_0e}{8\pi^2\nu^2\mu}.$$

因此，我们的量子对易法则可以理解为这样一种条件：对于足够高的频率 ν，电子表现出经典理论下的行为，这时频率 ν 的散射光有正确的光强，复合频率的散射光为零。由这个条件出发，库恩和托马斯发现了一个等价于前述对易法则的公式，他们和雷奇(Reiche) 一起将它运用到色散问题上。

第 15 讲

不止一个自由度的系统；对易法则；准哈密顿-雅可比理论；简并系统。

现在我们来考虑 f 个自由度的系统。通过适当推广，它们可以用 $2f$ 维矩阵来表示：

$$\left.\begin{aligned} q_k &= (q_k(n_1,\ n_2,\ \cdots n_f;\ m_1,\ m_2,\ \cdots m_f)) \\ p_k &= (p_k(n_1,\ n_2,\ \cdots n_f;\ m_1,\ m_2,\ \cdots m_f)) \end{aligned}\right\} \tag{1}$$

这种表示有时非常方便和清楚，但不是完全必须的。我们总可以想象将一个矩阵写成二维形式。然后，正像在一个自由度的情形下所示的，与老的理论相比，由行的排列给定的定态的表达式是相当不重要的。因此我们总是能将一个 $2f$ 维矩阵变换成二维矩阵。例如我们可将一个 4 维矩阵 $q(n_1,\ n_2,\ m_1,\ m_2)$ 写成如下形式：

$$q = \left\| \begin{matrix} q(1,\ 1;\ 1,\ 1)q(1,\ 1;\ 1,\ 2)\cdots q(1,\ 1;\ 2,\ 1)q(1,\ 1;\ 2,\ 2)\cdots \\ q(1,\ 2;\ 1,\ 1)q(1,\ 2;\ 1,\ 2)\cdots q(1,\ 2;\ 2,\ 1)q(1,\ 2;\ 2,\ 2)\cdots \\ \cdots\cdots\cdots\cdots\cdots\cdots\cdots\cdots\cdots\cdots\cdots\cdots \\ q(2,\ 1;\ 1,\ 1)q(2,\ 1;\ 1,\ 2)\cdots q(2,\ 1;\ 2,\ 1)q(2,\ 1;\ 2,\ 2)\cdots \\ q(2,\ 2;\ 1,\ 1)q(2,\ 2;\ 1,\ 2)\cdots q(2,\ 2;\ 2,\ 1)q(2,\ 2;\ 2,\ 2)\cdots \\ \cdots\cdots\cdots\cdots\cdots\cdots\cdots\cdots\cdots\cdots\cdots\cdots \end{matrix} \right\|$$

加法和乘法的定义明显独立于指标的序。因此矩阵运算法则可像以前一样运用。因此我们可以定义一个哈密顿函数

$$H(q_1\cdots q_f,\ p\cdots p_f)$$

并有运动方程

$$\dot{q}_k = \frac{\partial H}{\partial p_k},\ \dot{p}_k = -\frac{\partial H}{\partial q_k}. \tag{2}$$

量子对易法则是基本的。我们立即做如下推广：

$$\left.\begin{aligned} p_k q_l - q_l p_k &= \frac{h}{2\pi i}\delta_{kl} \\ p_k p_l - p_l p_k &= 0 \\ q_k q_l - q_l q_k &= 0 \end{aligned}\right\} \tag{3}$$

一如以往，对任意函数 $f(q_1, \cdots q_f, p_1, \cdots p_f)$ 我们有

$$\left.\begin{aligned} p_k f - f p_k &= \frac{h}{2\pi i}\frac{\partial f}{\partial q_k} \\ f q_k - q_k f &= \frac{h}{2\pi i}\frac{\partial f}{\partial p_k} \end{aligned}\right\} \tag{4}$$

因此能量守恒和频率条件的证明一如以往，正则变换的概念亦同样：

$$p_k = Sp_k^0 S^{-1}, \quad q_k = Sq_k^0 S^{-1} \tag{5}$$

哈密顿-雅可比方程：

$$H(pq) = SH(p_0 q_0) S^{-1} = W. \tag{6}$$

对易法则的数量众多带来一个问题：这样确定的 p_k，q_k 是否能满足所有条件？很容易看出，不是所有条件方程都是独立的。例如，单从正则运动方程我们有

$$\frac{\mathrm{d}}{\mathrm{d}t}\sum_k (p_k q_k - q_k p_k) = 0$$

满足所有条件的可能性的一般性证明可通过微扰理论给出，从具有如下能量函数的未扰动系统出发

$$H_0(pq) = \sum_{k=1}^{f} H^{(k)}(p_k q_k)$$

它包含 f 个未耦合的系统。我们用二维矩阵 q_k^0，p_k^0 来表示这些系统的运动。如果形式上我们将这 f 个未耦合的系统看成一个 f 个自由度的系统，那么 q_k^0，p_k^0 就可由 $2f$ 维的矩阵来表示，对此有下述关系成立：

$$\left.\begin{aligned} q_k^0(n_1\cdots n_f,\ m_1\cdots m_f) &= \delta_k q_k^0(n_k m_k) \\ p_k^0(n_1\cdots n_f,\ m_1\cdots m_f) &= \delta_k q_k^0(n_k m_k) \end{aligned}\right\}$$

其中

$$\left.\begin{aligned} \delta_k &= 1 \quad 若\ n_j = m_j\ 对每一个\ j\ 除了\ j = k \\ \delta_k &= 0 \quad 若\ j \neq k,\ n_j \neq m_j. \end{aligned}\right\}$$

由这些关系我们首先得到如下关系：

$$\left.\begin{aligned} p_k^0 q_l^0 - q_l^0 p_k^0 &= 0 \\ p_k^0 p_l^0 - p_l^0 p_k^0 &= 0 \\ q_k^0 q_l^0 - q_l^0 q_k^0 &= 0 \end{aligned}\right\} \text{对 } l \neq k \tag{7}$$

接下来，最初由二维矩阵给出的关系：

$$p_k^0 q_k^0 - q_k^0 p_k^0 = \frac{h}{2\pi i} \tag{8}$$

对 $2f$ 维矩阵也是成立的。

如果现在耦合系统的哈密顿函数为

$$H = H_0 + \lambda H_1 + \lambda^2 H_2 + \cdots, \tag{9}$$

那么我们就已经证明了未扰动系统的解存在，它满足所有对易关系。如果我们进一步假定系统 H_0 不是简并的，就是说，在 H_0(通过引入 q_k^0，p_k^0) 给出的对角阵 W^0 里，没有两个对角元是相等的，那么，通过前述的连续近似的方法，我们就能发现受扰系统的的运动。我们设

$$q_k = S q_k^0 S^{-1}，p_k = S p_k^0 S^{-1},$$
$$S = 1 + \lambda S_1 + \lambda^2 S_2 + \cdots,$$

其中 S 由下述方程确定：

$$SH(p^0 q^0) S^{-1} = W,$$

对易关系和运动方程显然是满足的，因此所需的证明就完成了。

这些对易关系也是 q_k，p_k 的线性正交变换下的不变量。对此我们设

$$\begin{aligned} q_k' &= \sum_l a_{kl} q_l \quad \sum_l a_{kl} a_{jl} = \delta_{kj} \\ p_k' &= \sum_l a_{kl} p_l, \end{aligned} \tag{10}$$

于是有

$$p_k' q_l' - q_l' p_k' = \sum_{ij} a_{ki} a_{lj} (p_i q_j - q_j p_i) = \frac{h}{2\pi i} \sum_j a_{kj} a_{lj} = \frac{h}{2\pi i} \delta_{kl}$$

以及类似的其他关系。因此，我们假定，如果这些基本关系在笛卡尔坐标系下成立，那么它们在任何这类线性正交系下均成立。

现在，我们得循序渐进地来研究简并系统，就是那种有几个相同的 W_n 值，从而几个频率 $\nu(nm)$ 等于零的系统。能量的恒常性 $\dot{H} = 0$ 仍可从运动方程和对易关系导出，但现在一般不再能从 $\dot{H} = 0$ 得到 H 是对角阵的结论，因此无法给出对频率定理的证明。仅有运动方程和对易关系不足以唯一地确定系统的性质，我们

需要有对基本方程的进一步约束。显然，这种约束必定是这样：作为基本方程，对易关系和

$$H = W = \text{对角阵} \tag{11}$$

应当成立。于是对简并系统，频率条件的有效性也得到保证。

虽然，除了个别情形，能量由这些条件唯一地确定，但坐标 q_k 不是唯一确定的。在非简并系统中，正像我们在谐振子的例子中看到的，只有某个相位常数是任意的；每个定态对应一个频率。而在简并系统中，则存在大量的不确定性，这些不确定性显然与一种不稳定性有关，它允许任意小的外部扰动产生有限的坐标变化。但我们可以证明，即使那样，辐射光的偏振所依赖的那些系统性质只能连续变化，这一事实被海森伯称为“谱的稳定性”。我们不进一步讨论这个问题了。

第 16 讲

角动量守恒；轴对称系统和角动量的轴向分量的量子化。

我们迄今所考虑的基本原理的应用都是针对几种完全已知的特别简单的情形，它们被用作计算微扰的起点。为此目的，我们研究了谐振子这个特例。现在我们必须发展对基本方程进行直接积分的一般方法。这些方法与在经典力学中所用的那些方法是相同的，即利用能量函数 H 的一般性质来求积分。为此，作为不显含时间的 H 的性质的结果，我们已经导出了能量守恒。现在我们要来推导动量守恒和动量矩守恒，有关 H 的假设仍与普通力学里的相同。积分方法也与推导能量守恒时的类似。运动方程考虑采用矩阵元的形式，即对无穷多个变量由无穷多个方程构成方程组：通常每个方程都包含无穷多个变量。我们由函数 $A(pq)$ 开始，根据基本方程，它是常数，由此非简并系统的对角阵被确定。如果 $\phi(pq)$ 是一任意函数，那么差

$$\phi A - A\phi = \psi$$

就可以用对易法则计算出来。但由于 A 是对角阵，每个方程仅包含 ϕ 和 ψ 的元素的一个，除 A 的两个对角元素之外。

在伽利略-牛顿力学里，以及在爱因斯坦的（相对论）力学里：

$$H = H'(p) + H''(q) \tag{1}$$

动量分量为

$$\left.\begin{aligned} p_x &= \sum_{k=1}^{3} p_{kx} \\ p_y &= \sum_{k=1}^{3} p_{ky} \\ p_z &= \sum_{k=1}^{3} p_{kz} \end{aligned}\right\} \tag{2}$$

角动量分量为

$$\left.\begin{aligned} M_x &= \sum_{k=1}^{3}(q_{ky}p_{kz} - p_{ky}q_{kz}) \\ M_y &= \sum_{k=1}^{3}(q_{kz}p_{kx} - p_{kz}q_{kx}) \\ M_z &= \sum_{k=1}^{3}(q_{kx}p_{ky} - p_{kx}q_{ky}) \end{aligned}\right\} \tag{3}$$

如果现在取对时间的导数，那么需要注意的是，因为按我们关于 H 的假设，所有的 $\dot{p}_{kx}\cdots$ 仅依赖于 $q_{kx}\cdots$，所有的 $\dot{q}_{kx}\cdots$ 仅依赖于 $p_{kx}\cdots$，因此可以看出，所有这些导数都具有 $\phi(q)+\psi(p)$ 的形式。既然所有的 q 和所有的 p 都可相互交换，那么所有这些表达式在与经典力学相同的条件下就都为零。因此如同经典理论下的情形一样，引力中心的匀速运动定理和角动量守恒定理(面积定理) 均严格成立。

现在让我们建立表达式

$$\begin{aligned} M_xM_y - M_yM_x &= \sum_{k,\ l}[(q_{ky}p_{kz} - p_{ky}q_{kz})(q_{lz}p_{lx} - p_{lz}q_{lx}) \\ &\quad - (q_{kz}p_{kx} - p_{kz}q_{kx})(q_{ly}p_{lz} - p_{ly}q_{lz})] \\ &= \sum_{k,\ l}[q_{ky}p_{lx}(p_{kz}p_{lz} - q_{lz}p_{kz}) \\ &\quad + p_{ky}q_{lx}(q_{kz}p_{lz} - p_{lz}q_{lz})] \\ &= -\frac{h}{2\pi i}\sum_{k}(q_{kx}p_{ky} - p_{kx}q_{ky}), \end{aligned}$$

因此有

$$M_xM_y - M_yM_x = -M_z\epsilon,\ \epsilon = \frac{h}{2\pi i}. \tag{4}$$

由此可见，面积定理，像在经典力学中一样，不论是对一个轴还是对 3 个轴均成立。

现在假设系统仅由离散的能级组成，并且系统是非简并的，面积定理对某个角动量成立，例如 $\overline{M}_x = 0$。例如当作用在原子上的外力是关于 z 轴对称的时就是这种情形。于是 M_z 是对角阵，单个元素 M_{xn} 就可以解释成原子在相应的某个态下关于 z 轴的角动量。

从 M_x，M_y，M_z 的定义和对易法则，可导出下述矩阵方程：

$$\left.\begin{aligned} q_{lx}M_z - M_z q_{lx} &= +\epsilon q_{ly} \\ q_{ly}M_z - M_z q_{ly} &= -\epsilon q_{lx} \\ q_{lz}M_z - M_z q_{lz} &= 0 \end{aligned}\right\} \tag{5}$$

因为

$$M_z(nm) = \delta_{nm}M_{zn},$$

因此这些表达式可写成

$$\left.\begin{aligned} q_{lx}(nm)(M_{zn} - M_{zm}) &= +\epsilon q_{ly}(nm) \\ q_{ly}(nm)(M_{zn} - M_{zm}) &= -\epsilon q_{lx}(nm) \\ q_{lz}(nm)(M_{zn} - M_{zm}) &= 0 \end{aligned}\right\} \tag{6}$$

在玻尔理论的语境下，方程组(6) 表示：对于角动量 M_{zn} 改变的跃迁，$q_{lz}(nm)=0$，因此辐射光的振动面垂直于 z 轴；对于角动量 M_{zn} 不改变的跃迁，$q_{lx}(nm)=0$，$q_{ly}(nm)=0$，因此辐射光平行于 z 轴振荡。不仅如此，在前一种情形下，

$$\left[(M_{zn} - M_{zm})^2 - \frac{h^2}{4\pi^2}\right] q_{l\eta}(nm) = 0,\ \eta = x,\ y. \tag{7}$$

就是说，对每一个跃迁，M_{zn} 的变化要么为零，要么为 $\pm h/2\pi$。在前一种情形下，辐射光的线性偏振平行于 z 轴；在后一种情形下，辐射光绕 z 轴做圆偏振。因此 M_{zn} 可表示为

$$M_{zn} = \frac{h}{2\pi}(n_1 - C),\ n_1 = \cdots -2,\ -1,\ 0,\ 1,\ 2\cdots. \tag{8}$$

如果存在这样的态，其中角动量不存在上述级数，那么这些态之间就不可能存在跃迁或相互作用，它们属于上述级数。

从这些结果可以看出，指数 n 可分裂成两个分量，一个是已经引入的 n_1，另一个是有不同于 n_1 级数的 n_2。这样，我们的矩阵就变成四维的了，前已导出的“偏振法则”等价于下式：

$$\left.\begin{aligned} q_{lx}(nm) &= \delta_{1,\,|n_1-m_1|}\, q_{lx}(nm) \\ q_{ly}(nm) &= \delta_{1,\,|n_1-m_1|}\, q_{ly}(nm) \\ q_{lz}(nm) &= \delta_{n1,\,m_1}\, q_{lz}(nm) \\ q_{lx}(n_1,\ n_2;\ n_1 \pm 1,\ m_2) &\mp i q_{ly}(n_1,\ n_2;\ n_1 \pm 1,\ m_2) = 0 \end{aligned}\right\} \tag{9}$$

如果我们用 p_{lx}，p_{ly}，p_{lz} 或 M_x，M_y，M_z 来代替 q_{lx}，q_{ly}，q_{lz}，所有这些关系仍成立。

特别是我们有

$$\left.\begin{aligned} M_x(nm) &= \delta_{1,\,|n_1-m_1|} M_x(nm) \\ M_y(nm) &= \delta_{1,\,|n_1-m_1|} M_y(nm) \\ M_x(n_1,\ n_2;\ n_1 \pm 1,\ m_2) &\mp iM_z(n_1,\ n_2;\ n_1 \pm 1,\ m_2) = 0 \end{aligned}\right\}$$

我们进一步需要下述导出的对易关系：如果

$$q_l^2 = q_l^2 = q_{lx}^2 + q_{ly}^2 + q_{lz}^2,\ \boldsymbol{M}^2 = M^2 = M_x^2 = M_y^2 = M_z^2,$$

那么简单计算给出

$$\left.\begin{aligned} q_l^2 M_z - M_z q_l^2 &= 0 \\ M^2 M_z - M_z M^2 &= 0 \end{aligned}\right\} \tag{10}$$

这意味着，q_l^2 和 M^2 均是关于量子数 n_1 的对角阵。

两个分量 M_x 和 M_y 也可以是常数，但永远都不可能是对角阵。因为由

$$M_y M_z - M_z M_y = -\epsilon M_x$$

或

$$M_y(nm)(M_{zn} - M_{zm}) = -\epsilon M_x(nm)$$

知，对于 $M_y(nm)=M_y\delta_{nm}$，M_x 恒等于零，因此 M_y 和 M_z 也恒等于零。具有这种恒矢量 $\boldsymbol{M}$ 的系统，例如空间中自由运动的系统，必然是简并的。

现在考虑具有下述能量函数的系统：

$$H = H_0 + \lambda H_1 + \cdots$$

这里我们给出下述假设：对于 $\lambda = 0$，面积定理在 3 个方向上均成立；对于 $\lambda \neq 0$，系统不是简并的，但 M_z 是常数，能量 H_0 不依赖于 n_1。例如，处在场强正比于 λ 的轴对称场下的原子就属于这种情形。这项研究还导致确定关于具有能量函数 H_0 的简并系统的信息，其中独立于 λ 的受扰系统的每一项性质，或优先方向 z 的选择，对 $\lambda = 0$ 必须保持有效。

按照我们的假设，对于 $\lambda = 0$，沿所有 3 个方向面积定理均成立，$\dot{M}_x$，$\dot{M}_y$，从而 $\mathrm{d}/\mathrm{d}t(M^2)$，都没有不含 λ 的项。因此

$$\left.\begin{aligned} \nu_0(nm)M_x^0(nm) &= 0 \\ \nu_0(nm)M_y^0(nm) &= 0 \\ \nu_0(nm)(M^0)^2(nm) &= 0. \end{aligned}\right\} \tag{11}$$

由于我们进一步假定了 $H_0 = W^0$ 独立于量子数 n_1，因此我们有

$$\nu_0(n_1,\ n_2;\ m_1,\ n_2) = W_{m2}^0 - W_{m2}^0 = 0$$

$$\nu_0(n_1,\ n_2;\ m_1,\ n_2) = W_{n2}^0 - W_{m2}^0 \neq 0 \text{ 对 } n_2 \neq m_2,$$

由此，

$$\left.\begin{aligned} M_x^0(nm) &= \delta_{n_2m_2} M_x^0(nm) \\ M_y^0(nm) &= \delta_{n_2m_2} M_y^0(nm) \\ (M^0)^2(nm) &= \delta_{n_2m_2}(M^0)^2(nm) \end{aligned}\right\}. \tag{12}$$

早前曾证明，M^2 通常是关于 n_1 的对角阵，现在我们又证明了$(M^0)^2$ 是关于量子数 n_1，n_2 的对角阵。它们对$(M_x^0)^2 + (M_y^0)^2(M^0)^2 - M_z^2$ 同样成立。现在

$$\begin{aligned} (M_x^0)^2(n_1n_2m_1m_2) &= \sum_{k_1k_2} M_x^0(n_1n_2k_1k_2) M_x^0(k_1k_2m_1m_2) \\ &= \delta_{n_2m_2} \sum_{k_1} M_x^0(n_1n_2k_1n_1) M_x^0(k_1n_2m_1n_2) \end{aligned}$$

和

$$\begin{aligned} &((M_x^0)^2 + (M_y^0)^2)(n_1n_2m_1m_2) \\ &= \delta_{n_1m_1}\delta_{n_2m_2} \sum_{k_1} \{ M_x^0(n_1n_2k_1n_2) M_x^0(k_1n_2n_1n_2) \\ &\quad + M_y^0(n_1n_2k_1n_2) M_y^0(k_1n_2n_1n_2) \} \\ &= \delta_{n_1m_1}\delta_{n_2m_2} \sum_{kl} [\, |M_x^0(n_1n_2k_1n_2)|^2 + |M_y^0(n_1n_2k_1n_2)|^2] \end{aligned} \tag{13}$$

因此$(M^0)^2 - M_z^2$ 的对角项总是正的。由于$(M^0)^2$ 不依赖于 n_1，对于给定的 n_2，有给定的$(M_{n2}^0)^2$，因此 $M_{znl}^2 = (\frac{h}{2\pi})^2(n_1 + C)^2$ 的可能值得数目是有限的。换句话说，对于给定的 n_2，值 n_1 的数目是有限的。因此和

$$\begin{aligned} &\sum_{k_1k_2} M_x^0(n_1,\ n_2;\ k_1,\ k_2) M_y^0(k_1,\ k_2;\ m_1,\ m_2) \\ &= \delta_{n_2m_2} \sum_{k_1} M_x^0(n_1,\ n_2;\ k_1,\ n_2) M_y^0(k_1,\ n_2;\ m_1,\ n_2) \end{aligned}$$

只有有限数目的项。这个和是 $M_x^0M_y^0$ 的元素。如果我们现在以同样方式构成 $M_y^0M_x^0$，然后对固定的 n_2 令下述方程对 n_1 求和

$$-\epsilon M_z^0 = M_x^0M_y^0 - M_y^0M_x^0,$$

这个和的右边为零，因为通常对项数有限的矩阵，ab 的对角线的和等于 ba 的对角线的和：

$$\sum_{n}\Big(\sum_{k}a(nk)b(kn)\Big)=\sum_{n}\Big(\sum_{k}b(nk)a(kn)\Big)$$

因此，

$$\sum_{n_1}M_z=\frac{h}{2\pi}\sum_{n_1}(n_1+C)=0. \tag{14}$$

这个式子对 n_1 级数的所有项均成立。因此，对固定的 n_2，n_1 的可能的值总是构成关于原点对称的级数。因此(n_1+C)跑遍有限数列的所有整数 $\cdots -2,\ -1,\ 0,\ 1,\ 2,\ \cdots$ 或半整数 $\cdots -3/2,\ -1/2,\ +1/2,\ +3/2,\ \cdots$

在文献里，m(磁量子数)被用来替代(n_1+C)。因此我们这就证明了，由 $M_z=h/2\pi$ 的对角项定义的量子数要么是整数，要么是半整数，且选择定则

$$m\to\begin{cases}m+1\\ m\\ m-1\end{cases} \tag{15}$$

成立。

这个结果似乎并不比多周期系统的经典理论结果好多少，但我们应当记住的是，在经典理论里，某些轨道频率必须用额外的不相容法则来剔除。例如在氢原子理论里，导致电子与核之间碰撞的轨道被排除。而在我们的理论里，这样的额外法则是不必要的，这个事实必须被看作前进的必须的一步。这一点必须添加到对半整数量子数和整数量子数的完全证明里，这一点在理论上还没得到解释，但正如已经指出的，必要的经验事实导致对前者的引入。

第 17 讲

作为轴对称系统极限情形的自由系统；总角动量的量子化；与取向量子化理论的比较；谱线塞曼分量的强度；对塞曼劈裂理论的评论。

我相信，上一讲推导中所展示的细节足以说明清楚了这种方法。从现在起，我主要强调结果。按照同样的推理我们得到了新的量子数j，在极限$\lambda \to 0$的情形下，它按如下方式决定了M^2的对角项

$$M^2 \text{ 对角线上各项} = \left(\frac{h}{2\pi}\right)^2 j(j+1). \tag{1}$$

此外，j还等于量子数m的最大值，因此是整数或半整数。选择定则

$$j \to \begin{cases} j+1 \\ j \\ j-1 \end{cases} \tag{2}$$

成立。其证明基本类似于经典理论中的情形。在后者的情形下，我们引入一个新的直角坐标系，其z轴与老坐标系重合，且角动量方向固定。关于总角动量的考虑非常类似于轴对称情形下对M_z的考虑。所形成的坐标矩阵的线性叠加形式上相当于在给定位置上坐标系的转动(z轴平行于角动量)。由这些表达式得到的方程有有限个矩阵元素，其类型类似于以前坐标系下得到的结果，只是当时是对M^2而不是M_z。利用恒等式，由M_z和M得到

$$\begin{aligned}(M_x + iM_y)(M_x - iM_y) &= M_x^2 + M_y^2 - i(M_xM_y - M_yM_x) \\ &= M^2 - M_z^2 + i\epsilon M_2,\end{aligned}$$

对M_x和M_y[第 16 讲中式(3) 和(4)] 上述关系变成

$$\left.\begin{aligned}(M_x + iM_y)(j,\ m-1;\ j,\ m) &= \frac{1}{2}\frac{h}{2\pi}\sqrt{j(j+1) - m(m-1)} \\ (M_x - iM_y)(j,\ m;\ j,\ m-1) &= \frac{1}{2}\frac{h}{2\pi}\sqrt{j(j+1) - m(m-1)}\end{aligned}\right\} \tag{3}$$

根据量子数m，j来显性地表示坐标q_{lx}，q_{ly}，q_{lz}也是可能的。如果对j的 3 种可能的跃迁分别写出，那么这个结果可以表述得最清楚：

$$j\to j\left\{\begin{aligned}&(q_{lx}+iq_{ly})(j,\ m-1;\ j,\ m)\\&\quad=A\frac{1}{2}\sqrt{j(j+1)-m(m-1)}\\&(q_{lx}-iq_{ly})(j,\ m;\ j,\ m-1)\\&\quad=A\frac{1}{2}\sqrt{j(j+1)-m(m-1)}\\&q_{lz}(j,\ m)=Am\end{aligned}\right\}\tag{4}$$

$$j\to j-1\left\{\begin{aligned}&(q_{lx}+iq_{ly})(j,\ m-1;\ j-1,\ m)\\&\quad=B\frac{1}{2}\sqrt{(j-m)(j-m+1)}\\&(q_{lx}-iq_{ly})(j,\ m;\ j-1,\ m-1)\\&\quad=-B\frac{1}{2}\sqrt{(j+m)(j+m-1)}\\&q_{lz}(j,\ m;\ j-1,\ m)=B\sqrt{j^2-m^2}\end{aligned}\right\}\tag{5}$$

$$j\to j+1\left\{\begin{aligned}&(q_{lx}+iq_{ly})(j,\ m;\ j+1,\ m+1)\\&\quad=C\frac{1}{2}\sqrt{(j+m+2)(j+m+1)}\\&(q_{lx}-iq_{ly})(j,\ m;\ j+1,\ m-1)\\&\quad=C\frac{1}{2}\sqrt{(j-m+2)(j-m+1)}\\&q_{lz}(j,\ m;\ j+1,\ m)=C\sqrt{(j+1)^2-m^2}\end{aligned}\right\}\tag{6}$$

其中 A，B，C 分别以某种方式取决于系统的其他量子数。

这些表达式，如同前面(第 14 讲) 给出的微扰公式和色散公式一样，在用我们的理论导出它们之前，曾通过对应原理的考虑得到过。这一点从公式(4) 的 $j\to j$ 的情形过渡到取大量子数 m，j 的极限情形最容易看出。这时 l 相对于 m，j 可忽略掉，我们发现，两个圆偏振和一个线偏振三者的强度的比值为：

$$
\begin{aligned}
&|q_{lx}+iq_{ly}|^2 : |q_{lx}-iq_{ly}|^2 : |q_{lz}|^2\\
&=\frac{1}{4}(j^2-m^2) : \frac{1}{4}(j^2-m^2) : m^2\\
&=\frac{1}{4}(M^2-M_z^2) : \frac{1}{4}(M^2-M_z^2) : M_z^2\\
&=\frac{1}{4}(M_x^2+M_y^2) : \frac{1}{4}(M_x^2+M_y^2) : M_z^2,
\end{aligned}
\tag{7}
$$

这里 M，M_x，M_y，M_z 分别是系统在 m，j 的量子态下的总角动量及其各分量。但这些公式都可以按下述方式由经典理论获得：

考虑这样一种电子的运动，它可由引力 S 的电性中心的运动来表示。将 S 的运动分解成一个平行于角动量 $\boldsymbol{M}$ 的线偏振分量和两个方向相反地绕垂直于 $\boldsymbol{M}$ 的轴转动的圆偏振分量，第一个分量单独对应于跃迁 $j\to j$，另两个对应于跃迁 $j\to j\pm 1$。平行于 $\boldsymbol{M}$ 的线偏振振子由下式给出：

$$
\left.\begin{aligned}
q_x &= a\sin\omega t\cos\phi\sin\theta\\
q_y &= a\sin\omega t\sin\phi\sin\theta\\
q_z &= a\sin\omega t\cos\theta
\end{aligned}\right\},
$$

这里 ϕ，θ 分别是在固定坐标系下 M 取向的极角坐标。xy 平面上的运动可以分解成两个沿相反方向的转动，

$$
\left.\begin{aligned}
q_x &= q_x' + q_x''\\
q_y &= q_y' + q_y''
\end{aligned}\right\}
$$

这里

$$
\left\{\begin{aligned}
q_x' &= \frac{a}{2}\sin\theta\sin(\omega t+\phi),\ q_x'' = \frac{a}{2}\sin\theta\sin(\omega t-\phi)\\
q_y' &= \frac{a}{2}\sin\theta\sin(\omega t+\phi),\ q_y'' = \frac{a}{2}\sin\theta\sin(\omega t-\phi)
\end{aligned}\right\}
$$

这两个分量对应于跃迁 $m\to m\pm 1$，而分量 q_z 对应于跃迁 $m\to m$。它们的强度比正比于

$$
q_x'^2+q_y'^2 : q_x''^2+q_y''^2 : q_z^2 = \frac{a^2}{4}\sin^2\theta : \frac{a^2}{4}\sin^2\theta : a^2\cos^2\theta. \tag{8}
$$

如果现在沿 z 方向有一个弱的外场，那么整个原子就将缓慢地绕这个方向转动。两个圆偏振分量的圆频率因此缓慢地变化，强度亦如此，但在无限弱场的极限情

形下，这些变化可忽略。于是我们有

$$M_z = M\cos\theta,\ \sqrt{M_x^2 + M_y^2} = M\sin\theta.$$

如果这些公式按上述关系引入，那么上面给出的公式(8) 就是通过新量子理论得到的严格的公式(4) 的极限值。$j \to j \pm 1$ 的情形可以类似的方式来解释。

事实上，历史地看，进展的取得正相反。人们从经典运动出发，先找到强度公式，它对于大量子数是正确的，但对于较小的 m 和 j 需要修正。这种修正已找到多种途径。古德斯密特和克勒尼希用过所谓的“边界原理”，即当跃迁的两个态中有一个态消失时辐射强度必须为零。我们在上边曾指出，j 是 m 的最大值，因此，所有跃迁的强度，对这个 j 保持不变；但如果我们设 $m = j + 1$ 的话，则强度变到零。可以看出，我们的公式满足这个条件。

研究这些强度定律的第一个动机是实验上对塞曼效应的各分量的相对亮度的研究。这些研究，在奥恩斯坦(Ornstein) 的指导下，由莫尔、比尔格斯、道格勒和其他人等进行。乌得勒支的这些研究者最先找到了塞曼效应强度的整数经验定律，给出了他们计算的简单法则。其理论发展如上所述。

我们的公式正好符合弱磁场下原子的情形。一条谱线被磁场分裂成各分量的数目和位置理论上还不能够计算出来。我们将在后面再回到这个问题上来。但如果考虑由实验给定的分裂谱线系，我们便可从中读出 j 的值。因此，从中间开始，平行于外场振荡的塞曼分量($m \to m$) 被分配半整数或整数，最大的 m 值等于 j。我们已经得到每条线对应的 m 和 j 的值，因此可以用我们的公式来计算相对强度。通过与观察的比较已经证实了这一理论的正确性。

正如所述，谱线的实际磁分裂不是由现有理论给出的那样。因为如果场强下的线性项取

$$\frac{e}{2\mu c}|\boldsymbol{H}|M_z$$

的形式，在能量的磁附加项里我们只考虑这一项，那么根据我们的 M_z 公式，通常我们得到等距的光谱项序列：

$$\frac{e}{4\pi\mu c}|\boldsymbol{H}|m = \nu_m m,$$

这里正常间距 ν_m 对应于经典拉莫尔进动。但实验上，这个间距被发现为 $g\nu_m$。在朗德的工作里，这个作为刻画相应谱线的量子数的函数的数字 g 由经验确定。所有试图从经典模型导出这些 g 的公式的努力得到的都是类似的公式，但没有一个

是正确的。在这些公式里，除了其他的量，还有角动量的平方 M^2。到目前为止，这个平方项一直由 $(jh/2\pi)^2$ 代替，但朗德的经验公式总是要求用表达式 $j(j+1)$ 而不是 j^2。我们新的量子理论给出的是 $M^2=(h/2\pi)^2 j(j+1)$，这种一致性鼓励我们做进一步研究。

现在我们必须将注意力转移到新的要点上，这就是如何将这种新理论与经典理论区分开来，而且新理论有可能导致"粉饰的"拉莫尔定理无效——这个新要点是在磁能表达式里忽略 $\boldsymbol{H}^2$ 项。在经典理论里，对于小尺寸的轨道，这些项可以肯定被忽略，但对于大尺寸或双曲线路径轨道则不能忽略。在一个自由电子的极限情形下，转动周期恰是正常拉莫尔进动周期的两倍。在量子力学里，所有这些轨道，远的或近的，都如此紧密地与特定的运动学和几何联系在一起，以至于忽视 $\boldsymbol{H}^2$ 的理由不再明显，因为甚至从非激发态到自由电子跃迁的概率都总是很大。对于振子，我们当然有正常塞曼效应。但对于有核原子，内外轨道之间的内在联系有可能导致不同的结果。另一方面，反对这种解释，特别是对反常塞曼效应和光谱线的多重结构之间的内在联系，也有若干有力的论据。这里似乎需要新的物理概念。这样的概念已经由乌伦贝克和古德斯米特制定出，但在这里我只能指出这一点。泡利从对多重性的研究入手，已经得出结论，每个电子拥有的不是3个量子数(如同对应于其自由度数目)，而是4个。到目前为止，这些结果还只是被看成纯粹形式上的东西，有被淘汰的可能。但是，乌伦贝克和古德斯米特对这一假说很重视。他们将其归因于电子的本征转动，和由第四个量子数确定的相应的磁场。海森伯和约丹的初步计算表明，这种概念形成了反常塞曼效应的严格的理论基础，但我在此无法给出这方面的进一步的细节。

第 18 讲

氢原子的泡利理论。

现在我们要面对全新理论的关键性问题：氢原子的性质能得到解释吗？让我们回顾一下历史：对氢原子光谱（巴耳末公式）的解释曾是玻尔理论第一项大的成功，而且从此留下了它的基调。如果新理论在此失败，那么不管它有多少概念上的好处，它都将被抛弃，但正如泡利证明了的，它成功地经受住了这项检验。这里我只能给出些基本想法及其发展的结果，因为有些还没发表。

在描述开普勒运动的经典理论里，习惯是采用极坐标来运算。这种方法在此失效，因为作为矩阵我们无法考虑角变量。泡利通过采用直角坐标系并引入一个附加的坐标——极向矢量 $\boldsymbol{r}$——避开了这一困难。$\boldsymbol{r}$ 与 x，y，z 之间有下述关系：

$$\boldsymbol{r}^2 = x^2 + y^2 + z^2.$$

我们先用经典模型来解释这种处理。我们有能量函数

$$H = \frac{1}{2\mu}\boldsymbol{p}^2 - \frac{Ze^2}{r} \tag{1}$$

和运动方程

$$\dot{\boldsymbol{r}} = \frac{1}{\mu}\boldsymbol{p}, \qquad \dot{\boldsymbol{p}} = -\frac{Ze^2\boldsymbol{r}}{r^3}. \tag{2}$$

由这两式知，角动量

$$\boldsymbol{M} = \boldsymbol{r} \times \boldsymbol{p} \tag{3}$$

是关于时间的常数。进一步，由此利用下式

$$\boldsymbol{M} \times \boldsymbol{r} = (\boldsymbol{r} \times \boldsymbol{p}) \times \boldsymbol{r} = \boldsymbol{p}r^2 - (\boldsymbol{p} \cdot \boldsymbol{r})\boldsymbol{r},$$

知矢量

$$\boldsymbol{A} = \frac{1}{Ze^2\mu}\boldsymbol{M} \times \boldsymbol{p} + \frac{\boldsymbol{r}}{r} \tag{4}$$

也是关于时间的常数。令 $M = |\boldsymbol{M}|$，我们立刻得到

$$\boldsymbol{A} \cdot \boldsymbol{r} = -\frac{1}{Ze^2\mu}M^2 + r,$$

它是一个圆锥方程。如果我们取曲线所在平面为 xy 面，取 $\boldsymbol{A}$ 的方向为 x 轴的方

向，即有

$$\left.\begin{array}{ll} x = r\cos\phi & A_x = |\boldsymbol{A}| = A \\ y = r\sin\phi & A_y = 0 \\ z = 0 & A_z = 0 \end{array}\right\}$$

我们得到

$$Ar\cos\phi = -\frac{M^2}{Ze^2\mu} + r$$

或

$$r = \frac{M^2}{Ze^2\mu}\left(\frac{1}{1 - A\cos\phi}\right).$$

因此 A 是偏心率，我们发现对能量有

$$W\frac{2}{Z^2e^4\mu}M^2 = A^2 - 1. \tag{5}$$

在矩阵力学里，这种计算在仅有小变化的情形下可以重复进行。

矩阵 x，y，z，r 都是可相互对易的，动量矩阵 p_x，p_y，p_z，p_r 亦如此。下面这些也是对易的：

$$x \text{ 与 } p_y,\ p_z,\ \cdots \qquad p_x \text{ 与 } y,\ z,\ \cdots$$

但

$$p_x x - x p_x = \frac{h}{2\pi i}, \ldots.$$

能量和运动方程同上。如之前在一般情形下所述，从后者我们立刻知角动量是关于的时间的常量。

进一步可以证明，矢量

$$\boldsymbol{A} = \frac{1}{Ze^2\mu}\frac{1}{2}(\boldsymbol{M}\times\boldsymbol{p} + \boldsymbol{p}\times\boldsymbol{M}) + \frac{\boldsymbol{r}}{r}$$

是时间常量。为了证明这一点，我们需要进行较长的计算，还需要用到二阶对易关系，例如

$$yM_z - M_z y = -\frac{h}{2\pi i}x, \qquad M_y z - zM_y = \frac{h}{2\pi i}$$

$$\cdots\cdots\cdots\cdots \qquad \cdots\cdots\cdots\cdots$$

$$p_x r - r p_x = \frac{h}{2\pi i}\frac{x}{r}, \cdots.$$

$$p_x \frac{x}{r} - \frac{x}{r}p_x = \frac{h}{2\pi i}\frac{y^2 - z^2}{r^3}, \cdots \quad p_x \frac{y}{r} - \frac{y}{r}p_x = -\frac{h}{2\pi i}\frac{xy}{r^3}.$$

对时间的导数可通过下述公式进行变换：

$$\frac{\mathrm{d}}{\mathrm{d}t}\frac{x}{r} = \frac{2\pi i}{h}\left(W\frac{x}{r} - \frac{x}{r}W\right) = \frac{2\pi i}{h}\frac{1}{2\mu}\left(p^2\frac{x}{r} - \frac{x}{r}p^2\right).$$

现在的问题是找出常矢量 $\boldsymbol{M}$ 和 $\boldsymbol{A}$。对此有下述对易关系成立：

$$\left.\begin{aligned} M_x M_y - M_y M_x &= -\frac{h}{2\pi i}M_z \cdots \\ A_x M_y - M_y A_x &= -\frac{h}{2\pi i}A_z \cdots \\ A_x A_y - A_y A_x &= -\frac{h}{2\pi i}A_z \cdots \end{aligned}\right\} \tag{6}$$

$$A_x A_y - A_y A_x = \frac{h}{2\pi i}\frac{2}{\mu Z^2 e^4}W M_z \cdots, \tag{7}$$

最后，找到下述方程

$$\left(M^2 + \frac{h^2}{4\pi^2}\right)\frac{2}{\mu Z^2 e^4}W = A^2 - 1. \tag{8}$$

这个方程与对应的经典方程差别仅在于 M^2 项里增添了一项$(h^2/4\pi^2)$。这恰是新理论的一个重要特征。

在这些方程的解里，W 总是对角阵，但如之前在一般情形下所述，矢量矩阵 $\boldsymbol{p}$，$\boldsymbol{A}$ 的常数分量不是对角阵。按照我们以前的结果，除了 W，p_z 和 p^2 是对角阵外，这个必要条件还有一个明确的意义，即力的弱的轴对称扰动场的增加，其能量依赖于 p_z 和 p。

前述(第16讲)方法现在同样可用来确定矢量$\boldsymbol{p}$。这样式(6)严格等同于第16讲里的式(4)和(5)，不同的只是坐标 q_{lx}，q_{ly}，q_{lz} 被代换为 A_x，A_y，A_z。量子数 n_1，n_2 现在通常用符号 k 和 m 来表示。其中 k 决定了总角动量(以前用 j 表示)，m 是其 z 分量。于是我们有

$$p_z(k, m; k, m) = \frac{h}{2\pi}m, \quad p^2 = \frac{h^2}{4\pi^2}k(k+1)$$

$$|p_x(k, m; k, m\pm 1)|^2 = |p_y(k, m; k, m\pm 1)|^2$$

$$= \frac{1}{4} \frac{h^2}{4\pi^2} [k(k+1) - m(m+1)] \tag{9}$$

这里 m 取遍从 $-k$ 到 $+k$ 的所有整数和半整数。进一步我们得到关于 A_x，A_y，A_z 的表达式，它们非常类似于以前的关于 q_{lx}，q_{ly}，q_{lz} 的表达式，例如，我们有下式：

$$|A_x(k+1, m; k, m \pm 1)|^2 = |A_y(k+1, m; k, m \pm 1)|^2$$
$$= \frac{1}{4} C(k+1, k)(k \mp m)(k \mp m + 1)$$

$$|A_z(k+1, m; k, m)|^2 = C(k+1, k)((k+1)^2 - m^2).$$

在式(7) 中考虑一给定的 W 和最小的 k 的可能值。深入讨论表明，当且仅当 m 等于零时这个方程组能满足，因此 $k_{min} = 0$。其中包含了 k 和 m 的整数性。

对于函数 $C(k+1, k) = C(k, k+1)$，式(7) 进一步给出方程

$$(2k-1)C(k, k-1) - (2k+3)C(k+1, k) = \frac{|W|}{Rh}, \ k \neq 0.$$

这里 W 假定是负数，即电子轨道是椭圆而不是双曲线；R 是里德伯常数。我们得到这个方程的解：

$$C(k+1, k) = \frac{|W|}{Rh} \frac{(k_m - k)(k_m + k + 2)}{(2k+1)(2k+3)},$$

其中 k_m 是给定 $|W|$ 情形下 k 的最大值。现在我们有 $\boldsymbol{A}$ 的分量，即

$$A^2 = A_x^2 + A_y^2 + A_z^2$$

的值。它为

$$\begin{aligned} A^2(k, m; k, m) &= (k+1)(2k+3)C(k+1, k) \\ &\quad + k(2k-1)C(k, k-1) \\ &= \frac{|W|}{Rh}[k_m^2 + 2k_m - k(k+1)]. \end{aligned} \tag{10}$$

最终从式(8) 得到：

$$1 = \frac{|W|}{Rh}(k_m + 1)^2.$$

如果我们记 $n = k_m + 1$，那么这个 n 就相当于玻尔理论中的主量子数，取值 1，2，3，… 对于给定的 n，k 的值为 $k = 0, 1, 2, \cdots, n-1$。因此我们有巴耳末公式

$$W = -\frac{Rh}{n^2} (n = 1, 2, 3\cdots) \tag{11}$$

并同时证明了每一项是如何通过因加入弱的微扰力而分裂去除简并的。这种分裂由 $k=0$，1，2，…，$n-1$；$m=-k$，$-k+1$，…，1，…，$k-1$，k。

新理论的一个特征是不出现 $k=n$ 的值。特别是在非激发态时，这导致 $n=1$，$k=0$，从而有 $m=0$。换句话说，正常态不是磁性的。但这个结果必须修正，如果我们接受乌伦贝克和古德斯米特的旋转磁电子的话。

泡利采用类似方法成功推导出氢原子的斯塔克效应。在此情形下也无须附设额外条件。这种方法对在任意方向上有电场和磁场(交叉场)作用的情形也成立。也正是在这里多重周期系统的经典理论遇到很大困难，因为此时谐波频率由两个基本周期(电频率 ν_c 和磁拉莫尔频率 ν_m)构成，因此，当两个场变化时会出现长期可公度性问题，它有如下形式方程

$$\tau_1\nu_e+\tau_2\nu_m=0,$$

这里 τ_1 和 τ_2 都是整数。这意味着(例如电场的)任意小的绝热变化都将引起简并。厄伦菲斯特的绝热假说将不再有效，因此量子法则将变得有疑问。而在新理论中，所有这些困难都消失了。

泡利还研究了(质量的相对论变化)精细结构理论，但还没完全成功。

第 19 讲

与哈密顿形式理论的联系；非周期运动和连续谱。

现在让我们来考察非周期运动，例如氢原子的双曲轨道运动，是否能用新理论来处理。人们先验地认为，周期性过程和非周期性过程的处理没有本质的不同，因为在基本方程里并没有显性地出现周期性条件。矩阵概念可以立刻推广到允许非周期过程的表示。指数 n，m 只需看成是连续变量，矩阵乘积定义为如下积分即可

$$pq = (\int p(nk)q(km)\mathrm{d}k),$$

但如果我们试图将单位阵的概念推广到包括这些连续矩阵，困难就会立刻显现。这是必然的，因为在对易关系中单位阵造成

$$pq - qp = \frac{h}{2\pi i}1. \tag{1}$$

被认作单位阵的函数 $f(nm)$ 对 $n \neq m$ 为零，对 $n = m$ 为无穷大。这样的话，积分

$$\iint(nk)\,\mathrm{d}k \text{ 和} \iint(kn)\,\mathrm{d}k$$

变成 1，于是

$$qf = (\int q(nk)f(km)\mathrm{d}k)) = (q(nk)) = q,$$

同时有 $fq = q$。显然，用这种非常见函数进行运算不方便。为了绕过这一困难，我们下面讨论一种按完全不同的思路给出的方法。

在经典理论里，已知的处理振荡系统的理论与二次型理论紧密相关。当势能以“确定的”变量的二次形式(即不变号)出现时，系统就会出现振荡。例如，对两个变量 x，y，

$$U = \frac{1}{2}(a_{11}x^2 + 2a_{12}xy + a_{22}y^2).$$

利用下面的线性变换将这种形式变换成平方和的形式，我们就可以最简单的方式得到振荡：

$$x = h_{11}\xi + h_{12}\eta$$
$$y = h_{21}\xi + h_{22}\eta.$$

现在我们试着将这种变换运用到动能 $T = \frac{m}{2}(\dot{x}^2 + \dot{y}^2)$ 上，它已经是一个平方和，保留这一特征并将其变换为

$$T = \frac{m}{2}(\dot{\xi}^2 + \dot{\eta}^2).$$

因为速度可以像坐标一样以同样的方式变换，故我们有条件：线性变换必须保留量 $x^2 + y^2$ 的不变性，即

$$x^2 + y^2 = \xi^2 + \eta^2.$$

这种变换称为“正交”变换。几何上看，它们相当于坐标系在 xy 平面上绕原点的转动，因为在这种转动下，距离 r 或 $r^2 = x^2 + y^2$ 是不变量。这样，如下形式的方程

$$a_{11}x^2 + 2a_{12}xy + a_{22}y^2 = 2U = \text{常数}.$$

等号左边明确表示一个中心位于原点的椭圆。这个椭圆有两个主轴 a，b。如果将它们取作 $\xi\eta$ 轴，那么椭圆方程 $\frac{\xi^2}{a^2} + \frac{\eta^2}{b^2}$ 变成

$$2U = \kappa_1\xi^2 + \kappa_2\eta^2,$$

这里 $a^2 = 2U/\kappa_1$，$b^2 = 2U/\kappa_2$，这样我们就得到了想要的表示式。运动方程现在变为

$$m\ddot{\xi} + \kappa_1\xi = 0, \quad m\ddot{\eta} + \kappa_2\eta = 0,$$

因此，频率为

$$\nu_1 = \frac{1}{2\pi}\sqrt{\frac{\kappa_1}{m}} = \frac{1}{2\pi a}\sqrt{\frac{2U}{m}}$$
$$\nu_2 = \frac{1}{2\pi}\sqrt{\frac{\kappa_2}{m}} = \frac{1}{2\pi b}\sqrt{\frac{2U}{m}}.$$

类似关系对任意多个自由度均成立。

以前，为了说明线谱，人们尝试构建各种将观察到的谱线认作本征频率的力学系统，但它们都无法给出有用的结果，换句话说，它们都不能给出由已知基本粒子(质子和电子) 构成、受已知定律支配的振荡系统，或对它们进行合理的调整并具有这些频率。

在我们的新理论中，同样有二次型主轴与频率之间的关系，只是这里不是观察到的频率，而是以光谱项或能级的值的形式出现。这些关系以某种哈密顿形式的倒易轴的形式出现。频率则表现为光谱项的差。

每个矩阵 $a=(a(nm))$ 对应于两个变量系统的双线性形式

$$A(xy)=\sum_{m,\ n}a(nm)x_nJ_m. \tag{2}$$

如果一个矩阵是埃尔米特型的，

$$\widetilde{a}=a^*,\ a=(mn)=a^*(nm), \tag{3}$$

这里“~”表示行列互换，符号“*”表示复共轭，于是形式 A 为实值，如果我们将变量 y_n 设为 x_n 的共轭值的话：

$$A(xx^*)=\sum_{n,\ m}a(nm)x_nx_m^*\ \text{是实的。} \tag{4}$$

容易证明，这里同样有$(ab)^{\sim}=\tilde{b}\tilde{a}$。对 x_n 运用线性变换：

$$x_n=\sum_{l}v(ln)y_l, \tag{5}$$

加上复矩阵 $v=(v(ln))$，双线性形式 A 变换成

$$A(xx^*)=B(yy^*)=\sum_{n,\ m}b(nm)y_ny_m^*,$$

其中

$$b(nm)=\sum_{k,\ l}v(nk)a(kl)v^*(ml)$$

或用矩阵符号表示为

$$b=va\tilde{v}^*. \tag{6}$$

矩阵 b 被认为是 a 的变换。矩阵 b 也是埃尔米特型的，因为

$$\tilde{b}=v^*\tilde{a}\tilde{v}=v^*a^*\tilde{v}=b^*. \tag{7}$$

矩阵 v 被认为是正交阵，如果相应的变换给出的厄米单位形式：

$$E(xx^*)=\sum_{n}x_nx_n^*$$

是不变量的话。根据前述结果这显然为真，当且仅当

$$v\tilde{v}^*=1\ \text{或}\ \tilde{v}^*=v^{-1}. \tag{8}$$

对于有限数目的变量，针对实二次型的定理通常对厄米形式同样成立。这里也总存在正交主轴变换将 A 变换到序列和的形式：

$$A(xx^*)=\sum_{n}W_ny_ny_n^*.$$

对于矩阵，这意味着存在具有如下性质的矩阵 v：

$$v\tilde{v}^* = 1 \text{ 和 } va\tilde{v}^* = vav^{-1} = W, \tag{9}$$

其中 $W = (W_n \delta_{mn})$ 是对角阵。

对迄今所研究的所有无穷矩阵也存在类似定理。情形可以是，在这些方程的右边，对于公式中相应的每一项积分分量，n 除了可以取离散值外，还可以取连续级数。量 W_n 称为“特征值”，它们全体构成该形式的“数学”谱，这种谱由“点”谱和“间隔”谱组成。正如前述，以及我们将要证明的，这种谱等同于物理上的“光谱项谱”，而“频谱”可通过差的关系从前者得到。

沿主轴的变换立刻给出动力学问题的解，这个问题可以归纳为：设满足对易关系的坐标和动量系统（例如那些非耦合振子系统）的 q_k^0，p_k^0 给定。我们必定可找到变换 $(q_k^0 p_k^0) \to (q_k p_k)$，它保留对易关系(1) 为不变量并将能量变换到对角阵。根据前述定理，存在一个正交阵 S，它具有如下性质：

$$S\tilde{S}^* = 1 \qquad S^* S = 1$$

且通过变换

$$\left.\begin{aligned} p_k &= S p_k^0 \tilde{S}^* = S p_k^0 S^{-1} \\ q_k &= S q_k^0 \tilde{S}^* = S q_k^0 S^{-1} \end{aligned}\right\} \tag{10}$$

使得

(1) p_k^0，q_k^0 的厄米性质在 p_k，q_k 上得到保留；

(2) 对易关系保持不变；

(3) 能量被变换成对角阵

$$H(pq) = SH(p^0 q^0) S^{-1} = W. \tag{11}$$

添加“变换矩阵和 W 值级数可以有连续部分”这一条是重要的。希尔伯特和黑林格针对某些种类的无穷矩阵（属于所谓的“有界形式”）已经证明了这一点。通常人们先验地认为我们的矩阵不满足有界形式条件。能量值 W 或形如 W/h 的连续级数因此得到。相应地，在坐标矩阵中还存在 3 种元素：

(1) m 和 n 都属于 W 的离散值序列的元素。这些元素对应于周期轨道之间的跃迁，给出线谱。

(2) n 属于 W 的离散值序列，但 m 属于其连续序列或相反的元素。这些元素对应于周期轨道与非周期轨道之间的跃迁，给出线谱系之外的那些已知的连续谱。

(3) n 和 m 都属于 W 的连续值序列的元素。这些元素对应于两个非周期轨道之间的跃迁，给出正常的连续谱。

然而，基于这一理论对连续谱进行实际数学计算是不可能的，原因是这种计算太过复杂，更实际的考虑是收敛上的困难。这些积分是反常的或干脆是发散的。这与下述事实有关：非周期运动在距离无穷远的极限情形下渐近地趋向均匀直线运动。这种运动显然没有周期性，表现为最大的奇异性。它不适于用矩阵来表示，即使为此我们可以动用连续矩阵。

第 20 讲

为改善对非周期运动的处理，用一般的算符运算来取代矩阵运算；总结。

在非周期直线运动的情形下，我们必须采用另一种由维纳和我最近开发的处理办法。这里只给出这种方法的基本思路。如前所述，厄米形式可以与每个矩阵相关联，前面所用的形式的线性变换为

$$x_n = \sum_l \nu(ln) y_l. \tag{1}$$

于是两个矩阵的乘积相当于这样的两个变换的连续运用：

$$x_n = \sum_k q(nk) y_k, \quad y_k = \sum p(km) z_m.$$

它们合起来给出

$$x_n = \sum_m qp(nm) z_m, \tag{2}$$

其中

$$qp(nm) = \sum_k q(nk) p(km).$$

正如所看到的，在这里矩阵不是作为“量”或“量的系统”的一部分，而是作为一个算符被包括进来的。这个算符从量 y_1，y_2，… 的无穷系统产生出另一个系统 x_1，x_2，…。这些量精确的物理意义现在还很模糊。因此算符的积分可以被替换为矩阵运算，如果按下述方式来应用这种方法，将得到丰硕的结果：量 x_1，x_2，… 的无穷系统可定义一个具有连续范围的变量的函数，例如这些量可以作为傅立叶级数的系数。用这个函数而不是用系数来进行运算有好处，因为这样的话我们可以对整个微积分进行处置，差分方程或积分方程替代了无穷多变量的无穷多个联立方程。在特定条件下，这些方程即使在原始级数表示崩溃的情形下仍有解。当然这里不采用傅立叶级数，而是用一般的三角级数的形式：

$$x(t) = \sum_n x_n e^{\frac{2\pi i}{b} w_n t}. \tag{3}$$

系数 x_n 由函数 $x(t)$ 通过取平均

$$x_n = \lim_{T\to\infty} \frac{1}{2T} \int_{-T}^{T} x(s) e^{-\frac{2\pi t}{h} W_n s} \mathrm{d}s. \tag{4}$$

确定。我们不是用矩阵 $q=(q(mn))$，而是用两个变量的函数

$$q(t,\ s)=\sum_{mn}q_{mn}e^{\frac{2\pi i}{h}(W_m t-W_n s)} \tag{5}$$

以及推导出的“平均算符”：

$$q=\left(\lim_{T\to\infty}\frac{1}{2T}\int_{-T}^{T}q(t,\ s)\mathrm{d}s\ldots\right). \tag{6}$$

容易证明，算符的乘积(算符的连续应用）相当于矩阵的乘积。但算符的显性表示是不必要的。一般来说，考虑线性算符，即满足下列简单公式的算符就足够了：

$$q(x(t)+y(t))=qx(t)+qy(t).$$

因此，算符乘以 t 的函数，算符关于 t 的微分和积分，其结果全都是算符。特别重要的是微分算符 $D=\mathrm{d}/\mathrm{d}t$。

在一定条件下，矩阵可以与算符关联。这种矩阵的能级序列不是按指数 m，n 来排，而是按能量值本身的相对大小来排。与算符 q 对应的矩阵元素定义为

$$q(V,\ W)=\lim_{T\to\infty}\frac{1}{2T}\int_{-T}^{T}e^{-\frac{2\pi i}{h}Vt}qe^{\frac{2\pi i}{h}Wt}\mathrm{d}t. \tag{7}$$

在许多情形下，这个矩阵不存在，虽然一行元素的和存在

$$q(t,\ W)=e^{-\frac{2\pi i}{h}Wt}qe^{\frac{2\pi i}{h}Wt}. \tag{8}$$

例如对于算符 D，

$$q(V,\ W)=\lim_{T\to\infty}\frac{1}{2T}\int_{-T}^{T}e^{\frac{2\pi i}{h}We^{\frac{2\pi i}{h}(W-V)t}}$$

$$\mathrm{d}t=\begin{cases}\dfrac{2\pi i}{h}W & 若\ V=W\\ 0 & 其他\end{cases},$$

因此 $q(V,\ W)$ 作为连续函数确实不存在。如果 W 是离散值，那么 $q(V,\ W)$ 是对角阵$(W_n\delta_{nm})$。但一行元素的和

$$q(t,\ W)=\frac{2\pi i}{h}W$$

始终存在。从这个例子可以看出，算符方法是如何在矩阵表示行不通的情形下对问题进行处理的。

该方法的更详尽的处理还没有得到证明。我只想说，我们能证明，在谐振子的情形下，算符微积分能给出与矩阵运算相同的结果。不仅如此，它还可以处理

匀速直线运动，而矩阵运算对此完全行不通。对氢原子双曲轨道以及类似情形下的角动量定理的研究，还正在进行中。

最后，我想补充一些一般性意见。对于第一个问题：是否有可能将物理定律都具体化为这个新理论中的公式，原子内的过程是否可以设想成空间和时间中的一种存在？明确的答复是，只有当我们可以看到新理论的一切结果时，而这或许只有当新的原理被发现后，才有可能。但可以肯定的是，通常的空间和时间概念与新定律的性质不严格兼容。

例如我们来考虑氢原子。经典理论不仅给出电子的轨道，而且似乎还确定了电子在每个时刻的位置。但在新理论中，一个态的能量和动量矩可以给定，但似乎不可能进一步给出这个态的几何轨道的描述，更不可能给出电子在任一时刻的位置。普通意义下的空间点和时间点是不存在的。这些概念只能在极限情形下随后引入。

另一方面，在我看来，在新理论中，我们可以使用“轨道”，甚至“椭圆形”、“双曲形”等术语，如果我们同意对它们予以合理的解释，并通过它们来理解量子过程(这些过程超出了经典理论给出的轨道、椭圆、双曲线等概念所描述的极限）的话。这么做不仅在术语使用上带来方便，而且表达了以下事实：比起物理事物的世界，我们想象力的世界要狭窄得多，其逻辑结构更为特殊。我们的想象力受到可能的物理过程的极限情形的限制。这种哲学观点并不新鲜——自哥白尼以来，它一直是物理学的指导思想，而且在相对论中它表现得如此突出，以至于哲学被迫对这一理论采取明确的立场。在量子理论情形，这一指导原则被认为起着更加主导的作用，但有无数证据表明，简单的否定要比它在处理相对论时更困难。

只有理论的进一步拓展，这可能会非常费力，才能说明上面给出的那些原则是否真的足以解释原子结构。即使我们倾向于将信仰加入到这种可能性里，但必须记住，这只是解开量子理论的谜团的第一步。我们的理论给出了系统的可能状态，但没有任何指标能够说明系统是否处于给定的状态。能给出的至多是跃迁的概率。然而，一个系统在特定时间和地点处于某个态的表述可能是有意义的，但我们目前的理论还不允许我们揭示其意义。这也是光量子问题遇到的情形。这里，康普顿效应、博特和盖革、康普顿和西蒙的相关实验表明，光的能量和动量像一个弹丸一样在原子之间穿行。但是干涉的存在，即光与光的叠加会消光的事实，也是肯定的。现在还看不出这两种观点如何调和，或电磁场的矩阵表示是否会得到进一步的结果。用新方法来处理空腔辐射的统计的尝试已使得经典理论下的严重矛盾得到消除。许多令人费解的问题仍无法被本讲座包括进来。

在新量子理论的进一步发展过程中，物理学家不可能免除数学家的帮助。我希望，数学和物理学之间的紧密联系 —— 在两者的最好时期物理学曾占统治地位 —— 能反转方向，以便驱散笼罩在物理学头上的神秘乌云。然而，数学家的活动必定无法像在相对论情形下那样让他走得足够远。在相对论的情形，数学家推理的清晰性已经被纯粹思辨的结构遮蔽得如此严实，以至于到了不可能从整体上看清楚的程度。单个晶体是透明的，但一大堆晶体碎片堆在一起则是不透明的。甚至理论物理学家都必须接受这样一种理念的指导：与事实世界保持尽可能接近的接触。只有这样，新理论才有生命力，才能够孕育新生命。

物理学风云激荡三十年
—— 量子理论的故事（节选第 1 章和第 4 章）

乔治·伽莫夫
插图：作者

第 1 章

马克斯·普朗克的革命性断言——光只能以某种离散的能量包形式发出和吸收——可以追溯到更早时期路德维希·玻尔兹曼、詹姆斯·克拉克·麦克斯韦、乔赛亚·威拉德·吉布斯和其他一些人对固体材料的热性质的统计描述的研究。热的动理学理论认为，热是构成各种材料的无数单个分子的无规运动的结果。由于跟踪每个参与热运动的单个分子的运动是不可能的（也没有意义），因此热现象的数学描述必然用的是统计学方法。正如政府的经济学家不会想去知道农夫李四到底种了多少亩地，养了多少头猪一样，物理学家也不关心大量单个分子构成的分子系统中某个特定气体分子的具体位置或速度。这里关心的，或者说对于一个国家的经济，或对于气体的观测宏观行为，重要的是大量农民或众多分子的平均值。

统计力学的基本定律之一，即研究参与随机运动的众多单个粒子的物理性质的平均值所需的法则，是所谓“能量均分定理”。它可以由牛顿力学法则从数学上推导出来。这个定理指出：通过相互碰撞来交换能量的大量单个粒子所构成的系综的总能量将等量地（平均）分配到每个粒子上。如果所有粒子都是相同的，例如像氧气或氖气这样的单纯气体，那么平均来看，所有粒子都会有相同的速度和动能。如果将系统的总能量写成 E，总的粒子数记为 N，则我们可以说，每个粒子的平均能量为 E/N。如果我们有几种粒子的集合（如两种或多种不同气体混合物），则其中质量较大的分子将具有较小的速度，从而平均来看，它们的动能（正比于质量与速度平方的乘积）与那些较轻的分子的动能相同。

例如，我们来考虑氢气和氧气的混合物。氧分子的质量是氢分子的 16 倍，因此它的平均速度只有后者的 $1/\sqrt{16}=1/4$。①

虽然均分定律支配着大数系统中能量在众多粒子上的平均分布，但单个粒子的速度和能量可能偏离这个平均值，这种现象称为统计涨落。涨落也可以进行数学处理，由此产生的曲线显示了在给定温度下粒子的速度大于或小于这个平均值的相对数量。J. 麦克斯韦最先计算了这种曲线，并用他的名字予以命名。图 1 显示了 3 种不同气体温度下的这种曲线。统计方法用于研究分子热运动在解释物体的热性能，特别是在气体的情形下，取得了非常大的成功。在应用到气体情形时，这一理论由于以下事实而得以大大简化：气体分子可以在空间自由运动，而不是像在液体和固体的情形下被紧紧地包裹在一起。

1. 统计力学与热辐射

到 19 世纪末，鉴于统计方法有助于理解物体的热性能，瑞利勋爵和詹姆斯·金斯爵士试图将统计方法扩展到用于处理热辐射问题。所有加热了的材料都会发出不同波长的电磁波。当物体温度低于（譬如）水的沸点时，它所发射出的辐射的波长相当长。这些波不会被我们眼睛的视网膜所感知（即它们是看不见的），但会被我们的皮肤吸收，给我们温暖的感觉，因此我们称之为热或红外辐射。当物体的温度升高到约 600℃（电加热灶的特征温度）时，我们可以看见物体发出微弱的红色光。在 2 000℃（如电灯泡的灯丝的情形）下，辐射体发出明亮的白色

① 由于动能是质量与速度平方的乘积，因此如果质量增加了 16 倍而速度减小了 4 倍，那么这个积不变。事实上，$4^2=16$.

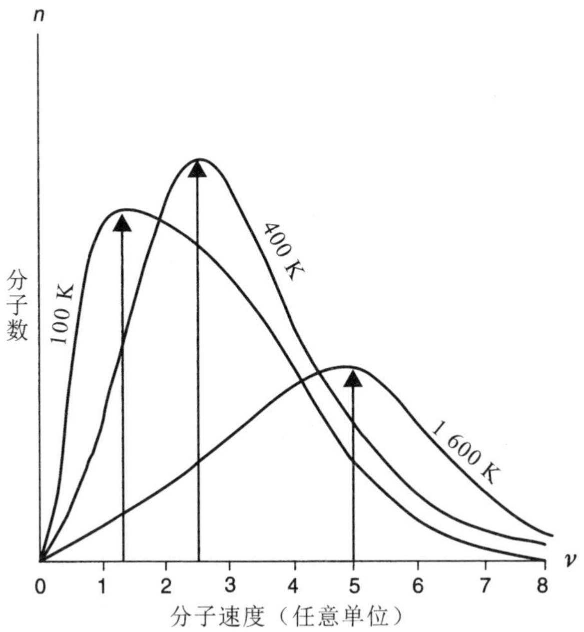

图 1　麦克斯韦分布：3 种不同温度 100 K，400 K，1 600 K 下不同速度 ν 的分子数对速度的分布。由于容器中的分子数是恒定的，因此所述 3 条曲线下的面积是相同的。由图可见，分子的平均速度与绝对温度的平方根成正比。

光，其中包含整个可见光辐射光谱 —— 从红色到紫色的所有波长。在像电弧这样的更高温度的情形，4 000℃，辐射体发射出的主要是不可见的紫外辐射，其强度随着温度的进一步上升而急剧增加。在每个给定的温度下，都有一个最大辐射强度所对应的主要振动频率，并且随着温度升高，这个主要频率会变得越来越高。图 2 图示了这种情形。图中给出了 3 个不同温度下光谱强度的分布。

比较图 1 和图 2 的曲线我们注意到，二者定性上呈显著的相似性。在图 1 的情形下，温度的升高使曲线的最大值移向较高的分子速度，在图 2 的情形下则是曲线的最大值移向较高的辐射频率。这种相似性促使瑞利和金斯将在气体的情形下已被证明非常成功的能量均分原理应用于热辐射，也就是说，他们假设总的可用的辐射能量被平均分配到所有可能的振动频率上。然而，这种尝试导致了一种灾难性的后果！麻烦在于，尽管单个分子构成的气体与电磁振荡形成的热辐射之间具有诸多相似性，但二者之间存在一种巨大差异：在给定封闭空间里气体分子的数目总是有限的，尽管非常非常的大，但在同一个封闭空间里，可能的电磁振荡频率的数目则始终是无限的。要理解这一点，我们必须记住，在一个封闭立方体积内，波的运动模式是由其节点位于器壁上的不同驻波叠加形成的。

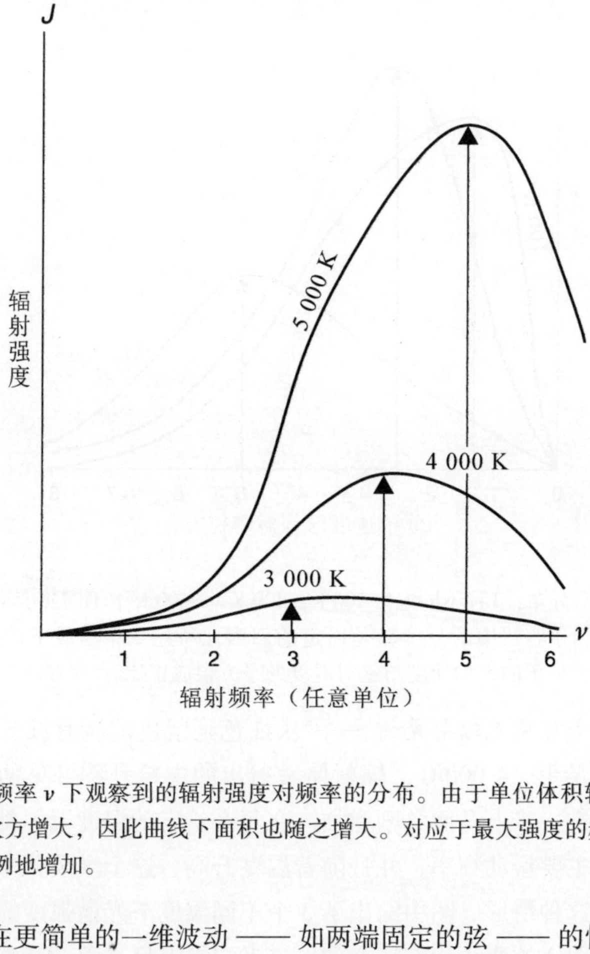

图2　不同频率 ν 下观察到的辐射强度对频率的分布。由于单位体积辐射能随绝对温度 T 的4次方增大，因此曲线下面积也随之增大。对应于最大强度的频率随绝对温度升高成比例地增加。

这种情形在更简单的一维波动——如两端固定的弦——的情形下可以看得更明白。由于弦的两端不能移动，因此唯一可能的振动如图3所示。它们对应于音乐术语中弦振动的基音和泛音。整个弦长度上可以有1个半波，2个半波，3个半波，10个半波，……，一百个，一千个，一百万个，十亿个……乃至任意数目的半波。不同的泛音对应的振动频率为基频的二倍频、三倍频、十倍频、一百倍频、一百万倍频、十亿倍频……

三维容器(例如立方体)里的驻波的情形类似，虽然稍微更复杂些，同样导致无限数量的不同的振动，其越来越短的波长对应于越来越高的频率。因此，如

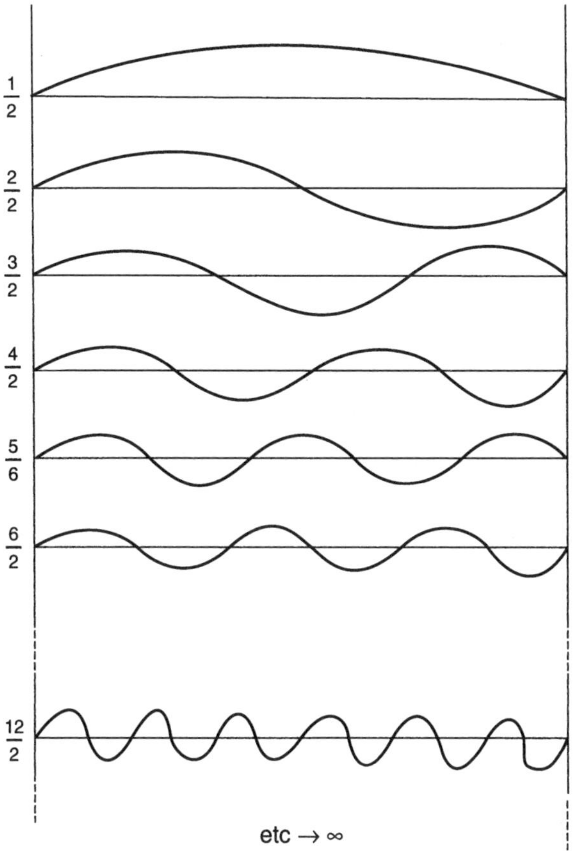

图 3　一维连续体(例如小提琴的弦)的基音及其高倍泛音。

果 E 是容器内可获得的总辐射能，那么能量均分原理将导致每个单独的振动将被分配得到 E/∞ 的无限小的能量的结论！这一结论的矛盾性质是显而易见的，但我们可以通过下面的讨论让它变得更尖锐。

假设我们有一个立方体容器，不妨称为“金斯魔方”，其内壁由对入射光具有100% 的反射的理想镜面构成。当然，这样的反射镜并不存在，也制造不出来。即使是最好的反射镜也会吸收一小部分入射光。但我们在理论讨论中可以用这种理想镜面的概念来作为高质量镜面的极限情形。这样一种推理，即我们考虑采用诸如这样的理想镜面、无摩擦表面、失重的木棒等理想化物体会导致什么样的实验结果的思考方法，称为“思想实验”。这种思考方式也常用于理论物理学的其他各分支。如果我们在金斯魔方的器壁上开一个小窗口，照进一些光，然后迅速关闭理想快门，于是进来的光会无限期地留在空腔内，并在理想镜面器壁之间来来回回地反射。当我们在某个时刻打开快门时，我们会看到逸出一道闪光。这种情形原则上与泵些气体到密闭容器中然后再让它释放出来是相同的。氢气可以在一个玻璃容器内滞留无限长时间，就是这样一种理想情形。但氢气不能在由金属钯制成的容器中长时间保存，因为人们都知道氢分子很容易通过扩散从这种金属材料中逸出。我们也不能用玻璃容器来保存氢氟酸，因为它会与玻璃器壁发生化学反应。因此不管怎么说，具有理想镜面器壁的金斯魔方都是一件十分神奇的物件！

但是，密封在容器内的气体与密封在容器内的辐射之间还是有些差异。由于分子不是数学上的点，而是具有一定的直径大小，它们会经历无数次相互碰撞，在这过程中它们的能量可以互换，因此，如果我们向容器中注入一些热气体和一些冷气体，那么分子之间的相互碰撞很快就会使快的分子慢下来，使原本慢的分子被加快，从而实现按照能量均分原理来分布能量。在由点状分子组成的理想气体的情形下(当然这不是自然界中一种真实的存在)，相互碰撞将不存在，因此热的气体组分仍将保持热状态，而冷的气体组分则维持冷的状态。然而，理想气体分子之间的能量交换可以通过向容器中注入一个或多个具有有限大小直径的粒子(布朗粒子)来激励。通过与这些粒子碰撞，快的点状分子将传递它们的能量给这些粒子，然后这些粒子再与那些慢的点状分子碰撞将能量传递给后者。

光波的情形就不同了，因为两束光的路径相互交叉不会以任何方式影响彼此的传播。①因此，为了促使不同波长的驻波之间的能量交换，我们必须向容器内引入能够吸收并重新发射所有可能的波长的小颗粒，这样才能够使所有可能的振动之间实现能量交换。普通的黑体，如木炭，就具有这种属性，至少在光谱的可见光波段是这样，因此我们可以想象存在这样的“理想黑体”，其行为对所有可能的波长都一样。向金斯魔方内放置一些这种理想烟尘，我们就能解决能量交换的问题。

现在我们来进行思想实验。我们向一个原本真空的金斯魔方内注入一定量的给定波长的辐射(譬如红光)。注入后的当下，容器内将只有从一壁延伸到另一壁的红色驻波，这时所有其他的振动模式都还不存在。这就好比你在钢琴上按下

① 为了不至于招致那些知识远多于理解这里的讨论所必需的知识的人的反对，我在此指出，按照当代的量子电动力学，由于电子对的形成，肯定会出现光与光之间的某些散射。但金斯和普朗克并不知道这一点。

一个键。实际上，如果乐器的不同的弦之间只有非常微弱的能量交换，那么这个乐音将持续下去，直到弦上传递出的所有能量都因阻尼而衰减掉为止。但如果弦上的能量通过弦马造成泄漏，则其他弦也将开始振动，直到（根据能量均分定理）所有 88 根弦都具有总能量的 1/88 能量为止。

图 4　具有无数琴键的钢琴。它所发出的音从超声波一路延伸到无限大频率区域。能量均分定理要求由音乐家敲击给某个低频键的所有能量一路传播到人耳听不到的超声区域！

但如果我们将一架钢琴作为金斯魔方的一个相当好的类比的代表，那么它必将有许多琴键，其音域超出任何界限一直延伸到超声波区域（图 4）。因此传送给可闻区域的一根弦的能量既会向右传播到更高的音域，也会失声于无穷远的超声波振动区域。由这种钢琴演奏的一首音乐会变成一个刺耳的尖叫。同样，注入到金斯魔方的红光能量会变成蓝光、紫光、紫外光、X 射线、γ 射线等乃至无穷。坐在这样的壁炉前将是愚蠢的，因为煤渣燃烧所发出的温暖的红光很快就会变成由裂变产物所发出的危险的高频辐射！

对于钢琴演奏家来说，能量失控进入高音区不代表任何真正的危险，这不仅是因为键盘上的高音有限，更主要的是因为，正如之前所提到的，每根弦的振动很快就会被衰减，不允许哪怕是一小部分能量被转移到邻近的弦上。而在辐射能量的情形下，情况就要严重得多，而且，如果能量均分定理在此情形下成立的话，那么锅炉的门一敞开，就将成为极好的 X 射线和 γ 射线源。显然，一定有某种东西是与 19 世纪物理学所持的论点相悖的，我们必须做出一些重大改变来避免这种紫外灾难。这种灾难只是理论上的预料，现实中从没有出现过。

2. 马克斯 · 普朗克和能量量子

辐射热力学问题是由马克斯 · 普朗克解决的，他是一位 100% 的经典物理学家（这并不是对他的指责）。正是他最先提出了我们今天所称的近代物理学。在世纪之交，即在 1900 年 12 月 14 日召开的德国物理学年会上，普朗克提出了他对这个问题的想法。他的想法是如此不同寻常，如此的荒唐，以至于连他自己都不敢相信它们，尽管它们在听众中和整个物理学世界里引起了强烈的振奋。

马克斯 · 普朗克于 1858 年出生于德国基尔，随后与家人一起搬到了慕尼黑。他在慕尼黑就读于马克西米利体育馆高中，毕业后进入了慕尼黑大学，在那里学了 3 年的物理学。次年，他进入柏林大学继续深造，在那里他开始与当时的大物理学家赫尔曼 · 冯 · 亥姆霍兹、古斯塔夫 · 基尔霍夫和鲁道夫 · 克劳修斯接触，并学得了很多有关热的理论，专业术语叫热力学。回到慕尼黑后，他提交了一篇有关热力学第二定律的博士论文，并于 1879 年获得博士学位。随后他成为那所大学的一位辅导员。6 年后，他在基尔接受了副教授的教职。1889 年，他移居到柏林大学担任副教授，并于 1892 年成为全职教授。在那个时候，全职教授在德国是最高的学术职位。普朗克在这个职位上一直干到 70 岁退休。退休后，他继续他的学术活动，并发表公开演讲，直到他接近 90 岁时去世。他的最后两篇文献（《科学自传》和《物理学的因果关系概念》）发表于 1947 年，即他去世的那一年。

普朗克是他那个时代的典型的德国教授 —— 严谨，可能还有点迂腐，但并不缺乏温暖的人情味，这一点在他与阿诺德 · 索末菲的书信中有具体体现。索末菲当时在尼尔斯 · 玻尔手下工作，正将量子理论应用到原子结构上。关于普朗克的量子概念，索末菲在给他的一封信中写道：

你开垦了这片处女地，
我唯一能做的就是摘取花朵。

对此普朗克回答道：

你摘花 —— 好，我也摘花
然后让它们合在一块儿；

让我们公平地交换彼此的花朵，
将它们装束成亮丽的花环。①

由于他的科学成就，普朗克获得了许多学术荣誉。1894 年，他成为普鲁士科学院院士；1926 年当选为伦敦皇家学会外籍会员。虽然他在天文学领域没做出过任何贡献，但却有一颗新发现的小行星被命名为普朗克星。

终其一生，马克斯·普朗克几乎把全部热情都抛洒在了热力学问题上。他发表的许多篇论文是如此重要，足以让他在 34 岁就赢得了柏林大学全职教授的尊贵地位。但他在科学研究上的真正突破还要属对能量量子的发现，为此，1918 年，在他 60 岁时，他被授予诺贝尔物理学奖。60 岁对于从事普通职业或专业的人来说不算太晚，但就理论物理学家来说，通常他们最重要的工作都是在 25 岁前后做出的，这时他不仅有时间充分学习现有的理论，而且他的大脑对构思新颖大胆的革命性思想仍足够敏锐。例如，艾萨克·牛顿提出万有引力定律是在 23 岁；爱因斯坦创建他的相对论是在 26 岁；尼尔斯·玻尔发表他的原子结构理论是在 27 岁。某种程度上说，本书作者也是在 24 岁的年纪发表了其在原子核的天然和人工嬗变方面最重要的工作。普朗克在演讲中说道，根据他的相当复杂的计算，由瑞利和金斯给出的似是而非的结论可以得到修正，紫外灾难的危险是可以避免的，前提是下述假设成立：电磁波（包括光波）的能量只能以某种离散的波包，或称为量子，的形式存在，每个波包的能量多少直接正比于相应的频率。

在统计物理学领域，理论计算都非常难懂，但通过检视图 5 所示的图，我们可以弄明白普朗克假设是怎样“阻止”辐射能泄漏到频谱的无限高频域的。

在这个图中，“一维”金斯魔方里可能的频率以“1，2，3，4，…”的形式标在横坐标轴上；可以被分配给每个可能的频率的振动能取为纵坐标轴。根据经典物理学，能量可取任何值（即可以是过频率 1，2，3，… 的垂线上的任何一点），因此在统计学上能量均分定理导致能量可以分布在所有可能的频率上。而普朗克假设则只允许能量取一组离散值，等于 1，2，3，… 它们对应于给定频率的能量波包。由于假定每个波包中所含能量正比于频率，因此我们得到由图中大的黑点所示的允许的能量值。频率越高，低于给定极限的可能的能量值的个数就越少，这一事实限制了高频振荡占用较多能量的能力。其结果是，高频振荡可取的能量

① M. 普朗克著，《科学自传》，F. 盖诺译。纽约：哲学文库（1949）。

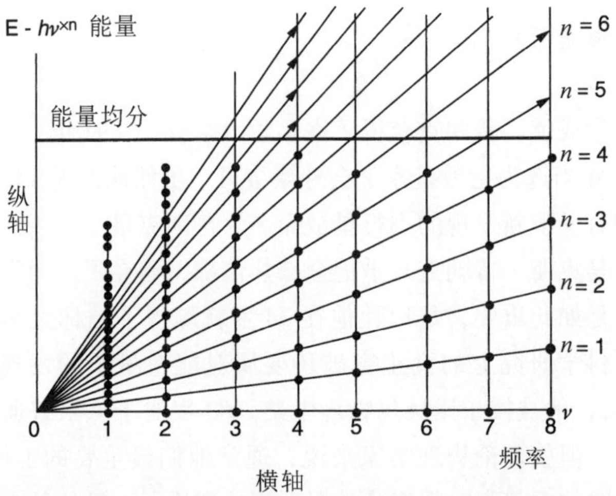

图5　根据普朗克假设，对应于每个频率 ν 的能量必须是 $h\nu$ 的整数倍，那么情形将与前图中所示的情形大不相同。例如，对于 $\nu = 4$，有8个可能的振动状态，而对于 $\nu = 8$，则只有4个。这种限制大大减少了高频下可能的振荡数目，从而剔除了金斯的悖论。

数量变得极为有限，尽管频率可取到无穷大，一切各就其位。

有人对此会说，“谎言，善意的谎言，玩弄统计数据”，但在普朗克的情形下，统计结果证明他的计算非常符合事实。他得到的关于热辐射频谱能量分布的理论公式与图2所示的观察结果完全一致。

与瑞利-金斯公式给出的曲线翘到天上去，要求总能量无限大不同，普朗克公式给出的曲线在高频端是下降的，其形状与实测曲线完全一致。普朗克假设辐射量子的能量含量与频率成正比，可以写成：

$$E = h\nu,$$

其中 ν（希腊字母 NU）是频率，h 是称为“普朗克常数”或“量子常数”的通用常数。为了使普朗克的理论曲线与观察曲线保持一致，h 就必须取某个确定的值，在厘米—克—秒单位制下，这个值是 6.77×10^{-27}①。

这个量的数值非常之小，使得量子理论在我们日常生活中遇到的大尺度现象中并不重要，而是只出现在原子尺度上所发生的过程的研究中。

① 量子常数 h 的物理量纲是能量与时间的乘积，或写为[尔格·秒]（在厘米—克—秒制下）。在经典力学里它以“作用量”闻名。许多重要原理里都会出现作用量概念，例如“哈密顿最小作用量原理”。

3. 光量子和光电效应

量子精灵出了魔瓶，马克斯·普朗克自己是怕得要死，他宁愿相信能量波包是源自光波本身的性质，而不是源自原子可仅以某些离散的量来发出和吸收辐射这种内在属性。辐射就像是黄油，可以在杂货店里按四分之一磅一份的数量购买或进货，虽然黄油实际上可以按任何所需的量存在（尽管肯定不少于一个分子！）。在普朗克最初提出这个概念后仅仅只过了 5 年，光量子就被确立为一种不依赖于原子对它发射或吸收机制的独立存在的物理实体。迈出这一步的是爱因斯坦在 1905 年发表的一篇文章。这一年里他还发表了第一篇有关相对论的文章。爱因斯坦指出，在空间中存在自由来去的光量子是解释光电效应这一经验法则的必要条件。光电效应是说，电子可以因金属表面受到紫光或紫外线的照射而从金属表面发射出来。

演示光电效应的一种基本布置如图 6(a) 所示。该装置由一个带负电荷的普通验电器和一块与之相连的干净的金属极板 P 组成。当弧光灯 A 发出的光——含有丰富的紫光和紫外线——照在极板上时，人们可观测到验电器的箔叶 L 合拢，表示验电器在放电。美国物理学家罗伯特·密立根（1868—1953）等不止一次证实确有负粒子（电子）从金属板中放出。如果在弧光灯与金属板之间放上一块玻璃板，用来吸收紫外线，则没有电子放出。这个确凿的证据表明，正是射线的作用引起电子的发射。用于更仔细研究光电效应规律的较复杂的实验装置见图 6(b)。它包括：

（1）一个石英（或氟化物）棱镜（可透过紫外线）和一个允许所需的单色辐射波长穿过的狭缝。

（2）一套设有不同大小的楔形开口的转动盘，用来调节辐射强度的变化。

（3）一个类似于无线电装置中电子管的真空容器。其中的极板 P（光电子发射基板）与栅网 G 之间加载有可变的电位。如果栅网上加的是负电位，且栅网与极板之间的电位差等于或大于光电子的动能（用电子伏特表示），那么就不会有电流流过。反之则有电流流过，其强度可由电流表 GAL 来测量。通过这种安排，我们可以测得由给定强度和波长（或频率）的入射光打出的电子的数目和动能。

对不同金属所产生的光电效应进行研究后得出两个简单的规律：

Ⅰ. 对于给定频率但强度不同的光，光电子的能量保持恒定，而其数量的增加与光的强度成正比［图 7(a)］。

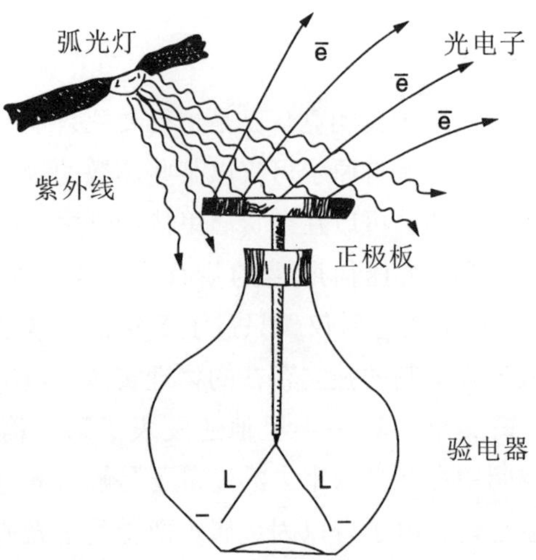

(a)

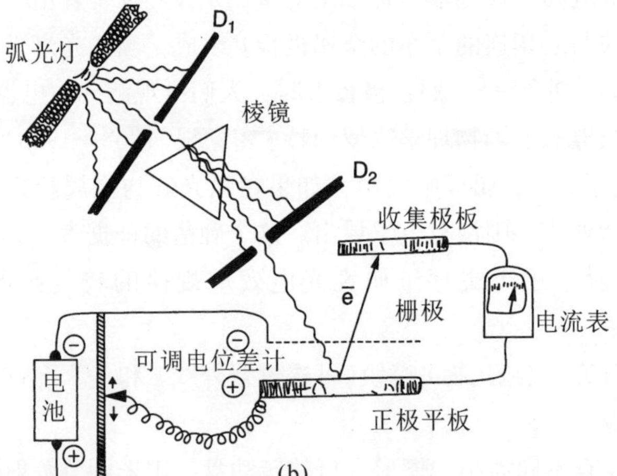

(b)

图6　光电效应的实验研究。(a) 演示光电效应的一种原始方法。由弧光灯发出的紫外线辐射照在与验电器相连的金属极板上打出电子。从而使原本带负电荷相互排斥的两箔叶 L 失去电荷而合拢。(b) 给出的是现代演示方法。弧光灯发出的紫外线辐射经过棱镜色散，只有其中某个选定频率的光被允许穿过狭缝照在极板上。转动棱镜就可以选择不同的单色光让其照到极板上。打出的光电子的能量可通过测量极板与收集极板之间受否有电流来给出，只有能量足够大的光电子才能克服极板与栅极之间的电压，穿过栅极打在收集板上形成电流。

Ⅱ. 对于不同频率的光，只有当频率超过某个阈值 ν_0 后才有光电子发射出来。而且这个阈值对于不同的金属是不同的。超过这个频率阈值后，光电子的能量呈线性增加，且正比于入射光频率与金属的临界频率 ν_0 之间的频差［图 7(b)］。

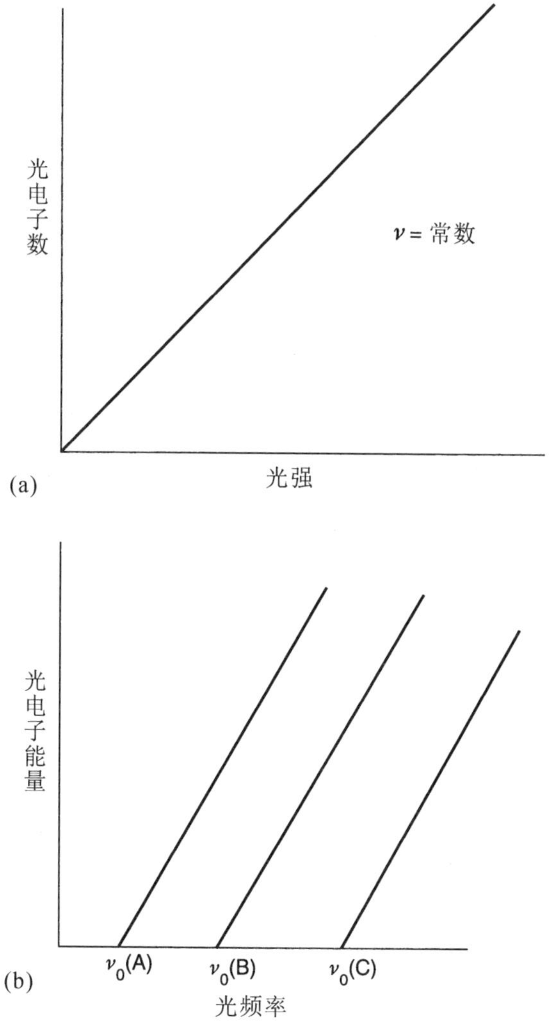

图 7　光电效应规律。图(a) 给出的是光电子的数目作为入射单色光强度的函数；图(b) 给出的是对于 3 种不同的金属(A，B 和 C)，光电子的能量是入射单色光的频率的函数。

这些确凿的事实不可能在光的经典理论的基础上解释。在某些方面，它们甚至是矛盾的。众所周知，光是短的电磁波，且光强增大必定意味着在空间传播的振荡电场和磁场力增强。既然电子表观上是由电场力的作用被从金属表面打出来的，那么它们的能量应随光强的增大而提高，而不是保持恒定。另外，在光的经典电磁理论中，没有理由预期光电子的能量对入射光的频率存在线性依赖关系。

爱因斯坦采用普朗克的光量子想法，并假设它们在空间飞行时是以独立的能量波包这样一种实体存在的，由此便能够对光电效应的这两条经验规律给予完美的解释。他将光电效应的基本作用看作是一个入射光量子与金属中的一个携带电流的导电电子之间碰撞的结果。在发生碰撞后，光量子消失，将它的全部能量传递给金属表面的电导电子。但是，电子为了从表面脱出进入自由空间，必须消耗一定量的能量使自身脱离金属离子的吸引。这个能量，即有些误导地被命名为“功函数”，对于不同的金属是不同的，通常我们用一个符号 W 来表示。于是一个光电子要脱离金属所需的动能 K 为：

$$k = h(\nu - \nu_0) = h\nu - W$$

其中 v_0 是临界频率，低于该频率的光不会引起光电效应。这一图像立刻解释了从实验中得出的这两条定律。如果入射光的频率保持恒定，则每个光量子所含的能量保持不变，而光强的增大只会导致光量子数量的相应增加。因而有更多的光电子被发射出来，但它们每一个都具有与以前相同的能量。上面给出的 K 作为 V 的函数的公式解释了图 7(b) 所示的实验结果。由此我们可以预言，对于所有金属，这些直线的斜率应该都是相同的，其数值等于 h。爱因斯坦的光电效应图像所得出的推论与实验结果完全一致，光量子的实在性已无可怀疑。

康普顿效应

关于光量子的实在性的实验验证是由美国物理学家阿瑟·康普顿在1923年进行的一项重要的实验给出的。康普顿想要研究的是光量子与在空间自由运动的电子之间的碰撞。理想的情形似乎是通过向电子束发送一束光我们就能观察到这种碰撞。但不幸的是，即使是用当时可得到的最强的电子束来做这一实验，其电子的数量仍是如此之少，以至于我们必须等上几个世纪才能有一次单个的碰撞。康普顿用 X 射线解决了这一困难。这种量子携带的能量非常大，因为它的频率非常高。与每个 X 射线量子携带的能量相比，使电子被束缚在轻元素原子中的结合能可以忽略不计，我们可以把它们(电子) 看作是不受束缚的，是相当自由的。这样，我们便可将光量子与电子之间的自由碰撞看作是两个弹性球之间的碰撞，并由此可预料，被散射的 X 射线的能量（从而其频率）将随散射角的增加而减小。康普顿的实验结果（图 8）既与这一理论预言完全一致，也与在能量守恒和动量守恒基础上导出的两个弹性球碰撞的公式完全一致。这种一致性进一步确认了光量子的存在。

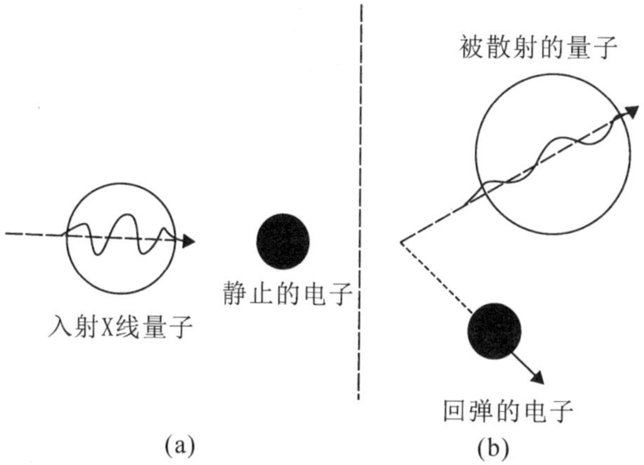

图 8　X 射线的康普顿散射。请注意，由于能量给了电子，X 射线量子的波长在碰撞后会变长。

第 4 章

1. 德布罗意和格点波

路易·维克多·德·德布罗意于 1892 年出生在迪耶普，在他兄长去世后成为德布罗意王子。德布罗意有着非比寻常的科学生涯。在索邦大学读书的时候，他决定此生就研究中世纪历史了，但第一次世界大战的爆发使他投笔从戎，加入了法国陆军。作为一个受过教育的人，他被安排到当时最新颖的部队 —— 无线电通信部队。于是他将兴趣迅速从哥特式教堂转向电磁波。1925 年，他提交了他的博士论文①。这篇论文中提出的一些对玻尔原初的原子结构理论的修正的思想是如此具有革命性，以至于大多数物理学家都很怀疑其正确性，事实上，有些学者就将德布罗意的理论称为一幕“法国喜剧”(*la ComéAdie Française*)。

由于在战争期间从事无线电波研究，加之对室内乐有很高的鉴赏力，德布罗意看待原子的角度与众不同。他将原子看成是某种因其不同的结构而能够发出特定基音和一系列和声的乐器。鉴于当时玻尔的电子轨道已基本确立为是对原子不同的量子态的表征，因此他选择将它们作为他的波动理论的基本模型。他想象，沿着给定轨道运动的每个电子都伴有某种神秘的、延展到整个轨道的领波(pilot waves，现称德布罗意波)。第一量子轨道上仅有一个波动周期，第二条轨道上有

① 论文题目：《量子理论研究》，导师保罗·朗之万。这篇论文也是德布罗意 1929 年荣获诺贝尔物理学奖的获奖论文。—— 译注

两个波动周期，第三条上有 3 个……。因此第一道波的波长必然等于第一量子轨道的长度 $2\pi r_1$，第二道波的波长必然等于第二轨道长度的二分之一，即 $(1/2)2\pi r_2$ 以此类推。一般地，第 n 量子轨道上载有波长为 $(1/n)2\pi r_n$ 的 n 个周期的波。

正如我们在第二章看到的，第 n 轨道的玻尔原子半径为

$$r_n = \frac{1}{4\pi^2}\frac{h^2}{me^2}n^2,$$

由轨道运动的离心力与带电粒子间静电引力之间的平衡可知：

$$\frac{m\nu_n^2}{r_n} = \frac{e^2}{r_n^2}$$

或

$$e^2 = m\nu_n^2 r_n,$$

将 e^2 的这个值代入原公式，我们得到

$$r_n = \frac{1}{4\pi^2}\frac{h^2n^2}{m}\cdot\frac{1}{m\nu_n^2 r_n}$$

或

$$(2\pi r_n)^2 = \frac{h^2n^2}{m^2\nu_n^2},$$

对等式两边开平方根，我们最终得到：

$$2\pi r_n = n\frac{h}{m\nu_n},$$

因此，如果伴随电子的波的波长(等于普朗克常数 h 除以粒子的机械动量 mv，则有

$$\lambda = h/m\nu.$$

由此，德布罗意能够满意地实现他的愿望：以 1，2，3…… 这样一种自然的方式引入的波完全契合第一、第二、第三 …… 玻尔量子轨道(图 19)。给出的结果在数学上等价于玻尔原初的量子化条件，物理上唯一不同的就是引入了一个新概念：电子沿玻尔量子轨道的运动伴有神秘的波，其波长由运动粒子的质量和速度确定。如果说这些波代表着某种物理实在的话，那么在空间中自由运动的粒子也应伴有这种波。在这种情况下，它们的存在与否可通过实验来直接检验。实际上，如果电子的运动总是由德布罗意波引导，那么在适当的条件下，电子束应该

显示出类似于光束所具有的那种衍射现象。按照德布罗意公式，由几千伏电压加速的电子束(这通常在实验室实验中就会用到）所伴随的领波波长约为 10^{-8} 厘米，这相当于普通 X 射线的波长。如果用普通的光学光栅来做这种衍射实验，这个波长就显得太短了，当我们可用标准的 X 射线光谱技术来进行这一研究。在这一方法中，入射光束被晶体表面反射。晶体的相邻晶格间距离大约是 10^{-8} 厘米，因此对短波长的波可起到衍射光栅对可见光所起的作用(图20)。英国的乔治·汤姆孙爵士(J. J. 汤姆孙爵士之子）和美国的 G. 戴维森和 L. H. 革末同时独立地进行了该项实验。他们采用类似于布拉格父子当年所用的晶体衍射实验安排，只是用给定速度的电子束取代了 X 射线束。在实验中，在反射束路径上插入的屏幕(或照相底板）上清晰地显示出特征衍射图案，并且衍射宽度随入射电子的速度的增加或减小而变宽或变窄。在所有情况下，测得的波长与德布罗意公式给出的结果完全一致。因此，德布罗意波成为一个不争的物理实在，虽然没有人知道它们到底是什么。

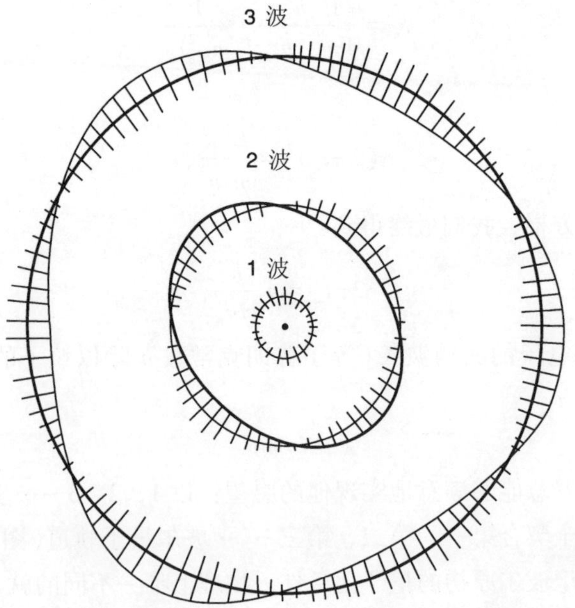

图 19　德布罗意波与玻尔原子模型的量子轨道之间的匹配关系。

后来，德国物理学家奥托·斯特恩用原子束证明了衍射现象的存在。由于原

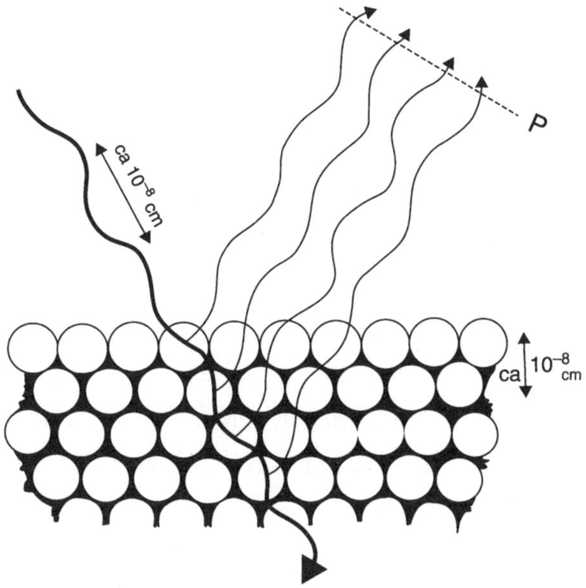

图 20　入射波，不论是短的电磁波(X 射线)，还是与快电子束相关联的德布罗意波，在穿过连续的晶格层时会产生子波。在显示屏上出现的是亮的干涉条纹还是暗的干涉条纹，取决于入射角。(P 是相位平面)。

子的质量是电子质量的数千倍，因此在相同的速度下它们的德布罗意波预料将更短。为了让原子的德布罗意波长与晶体晶格层之间的距离(约 10^{-8} 厘米) 可比，斯特恩决定利用原子的热运动，因为他通过改变气体温度就可以简单地调节原子速度。气源由一个周身绕满加热电阻丝的柱形陶瓷容器构成。在密闭容器的一端开有一个小孔，被加热的原子由此逃出来以其热速度进入一个更大的真空容器中，并打到设在其飞行路径上的晶体上。以不同方向反射的原子粘附在由液态空气冷却的金属板上，不同的板上的原子的数目可由复杂的化学痕量分析方法来计数，然后将散射到不同方向上的原子数目对散射角的关系绘制成图。斯特恩再次得到了与德布罗意公式给出的波长完全一致的完美的衍射图案。当容器的温度变化时，衍射的宽度也跟着变得更宽或更窄。

我二十多岁在剑桥大学与卢瑟福一起工作时，曾决定去巴黎度圣诞节(此前我还从未去过那里)，于是我写信给德布罗意，说我很想拜会他，一起讨论一些有关量子理论的问题。他回信说，学校要放假了，但他很乐意在他家里接待我。他住在时尚的巴黎郊区塞纳河畔讷伊的一所宏伟的豪宅里。一位气宇轩昂的管家为我开的门。

“我想见德布罗意教授。”

“您是说要见德·德布罗意先生？”管家询问道。

“是的，德·德布罗意，”我说道，管家将我领了进来。

德布罗意穿着绸缎便装外套在他陈设豪华的书房里接见了我。我们开始谈论物理学。他不会说英语，而我的法语又很差。但也算是心有灵犀吧，我一边用蹩脚的法语，一边在纸上写着公式，好歹向他表达清楚了我想说的话，并了解了他的意见。不到一年后，德布罗意来伦敦英国皇家学会发表演讲，我自然是听众之一。他用完美的英语 —— 只带有轻微的法国口音 —— 做了一篇堪称辉煌的演讲。由此我懂得他的另一个原则：当外国人来到法国后，他们必须说法语。

若干年后，当我正打算去欧洲旅行时，德布罗意希望我能来庞加莱研究所做一次特别演讲，他是这个所的所长。于是我决定好好准备一下。我计划在乘船横渡大西洋时用我(仍很)蹩脚的法语将讲稿写下来，然后到巴黎后找个人帮着修改一下，并用它作为讲义。但正像大家都知道的那样，海上航行中会有很多让人分心的事儿，所有美好的愿望都会化为泡影。在索邦大学演讲时我不得不毫无准备地面对听众。演讲尽管结结巴巴，但我的法国同行们听得聚精会神，每个人都听懂了我所说的话。讲座结束后，我对德布罗意抱歉道，我没能按原计划写下经过修订的法文讲稿。“我的上帝！”他感叹道，“幸好你没这么做。”

德布罗意对我讲了著名的英国物理学家R. H. 福勒来这里进行演讲的事儿。众所周知，由于英语是世界上最通用的语言，因此英国人认为所有外国人都应该学习这种语言，而他们自己则不需要学习任何别种语言。由于在索邦大学做讲座必须用法语，因此福勒不得不准备好演讲的英文文本，并提前将它寄给德布罗意，由后者亲自翻译成法语。因此，福勒用法语演讲，用的是打印的法文文本。德布罗意说，演讲结束后一大群学生来找他，“教授先生，”他们说道，“我们都听糊涂了。我们原本以为福勒教授会用英语来演讲，我们的英语水平足以听明白他讲的东西。但他却没说英语，而是用某种其他语言，我们也不知道他用的是什么语言。”“外星人的语言！”德布罗意补充道，“我不得不告诉他们福勒教授用的是法语！”

2. 薛定谔波动方程

虽然德布罗意提出了原子层次的粒子运动是由某种神秘的领波引导的这一革命性的想法，但他推进这一工作的速度太慢，没能将其发展成严格的数学理论。

1926 年，即在德布罗意的论文发表后大约一年，奥地利物理学家埃尔温 · 薛定谔写了篇文章。他在文章中给出了描述德布罗意波的一般性公式，并证明它对各类电子运动均有效。与德布罗意的原子模型类似于一把非比寻常的弦乐器（或更确切地说，一组振动着的不同直径的同心金属环）不同，薛定谔模型更像是一件打击乐器。在他的原子模型里，振动发生在围绕原子核的整个空间上。

考虑一个扁平的类似于钹那样的中心固定的金属圆盘［图 21（a）］。如果你敲击它，它就会开始振动 —— 其边缘呈周期性地上下运动［图 21（b）］。它还存在如图 21（c）所示的较为复杂的振动（泛音），这时板的中心和所有位于中心到边缘之间某个圆周上的点（由图中粗线标出）均呈静止状态，从而，当该圆周内的材料质点向上运动时，圈外的材料质点则向下运动，反之亦然。弹性振动面的不动点和线称为节点的点和线。我们可以通过画出对应于环绕中心结点的两个或更多个节点圆圈的泛音振动来扩展图 21（c）。

除了这些“径向”振动之外，还存在“周向”振动，这时波节线呈穿过中心的直线，如图 21（d）、（e）所示，其中箭头指示的是该振动膜相对于水平平衡位置的起伏。自然，给定的振动膜可以同时存在径向和周向的振动。运动的复杂状态可由两个整数 n_r 和 n_ϕ 来表征，它们分别给出径向和周向节线的数目。

接下来考虑更复杂的三维振动，例如在一个充满空气的刚性金属球内的声波。在这种情形下，有必要引入第三种节线，相应地有表示其数目的第三个整数 n_1。

许多年前声学理论就研究过这种振动，特别是赫尔曼 · 冯 · 亥姆霍兹在上个世纪所做的对密闭在刚性金属球（亥姆霍兹共振器）中的空气振动的详细研究。他在球体上钻了个小孔，让外部声音进入，然后用一个可以发出纯音的警报器来发声。警报器的音高可通过改变警报器转盘的转速来连续变化。当警报器的声频恰好与球内空气的某个可能的振动频率一致时，我们就可以观察到共振。这些实验得到的结果与声波的波动方程给出的数学解完全一致，只是太复杂我们就不在本书中讨论了。

薛定谔给出的德布罗意波的波动方程与描述声波和光波（即电磁波）传播的著名的波动方程非常相似，只是有一点困扰了人们好些年，就是到底是什么在振动。我们将在下一章再回到这个问题上来。

氢原子中一个电子围绕一个质子转动的情形就有点类似于刚性球内密闭空气的振动。但在亥姆霍兹共振器的情形下，刚性壁阻止了气体膨胀逸出，与此不

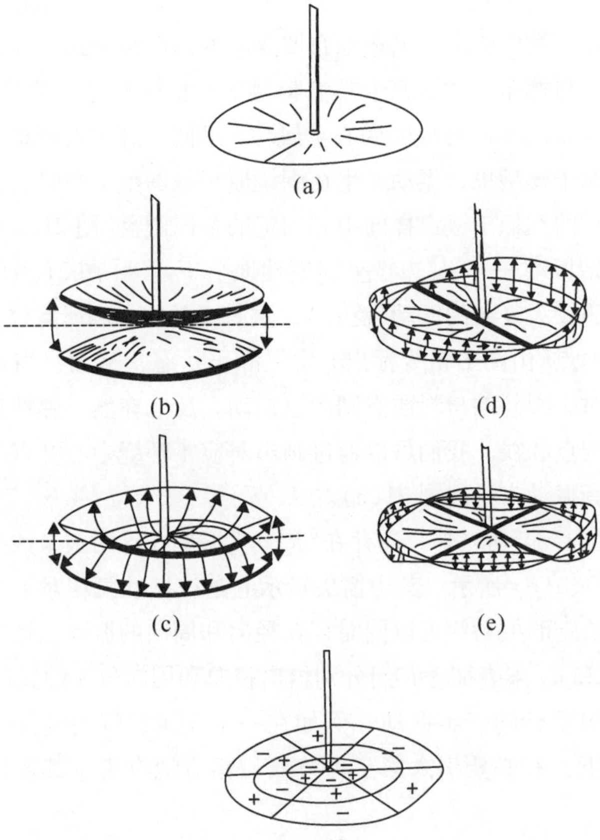

图 21　中心固定的弹性圆盘的多种振动模式：(a) 静止状态；(b) 节点在中心；(c) 节点构成一个圆周；(d) 一条径向波节线；(e) 两条径向波节线；(f) 3 条径向和 2 个圆形波节线。

同，原子中的电子受到中心核的电吸引力，当电子离中心越来越远时，这个力将减慢其转动，并在超出其动能许可的极限时停止其运动。图 22 给出了这两种情形下的状态。左图的"势阱"(即某一点附近势能的大小) 类似于一个圆筒井，右图看起来更像一个地面上的漏斗形的孔。水平线表示量子化的能量水平，其中最低的水平线对应于所述粒子可具有的最低能量。将图 22(b) 与第 2 章的图 12 进行比较可以发现，按薛定谔方程计算得到的氢原子的能级与由以前的玻尔量子轨道理论得到的结果是相同的。但在物理方面则完全不同。与后者给出的是点状电子

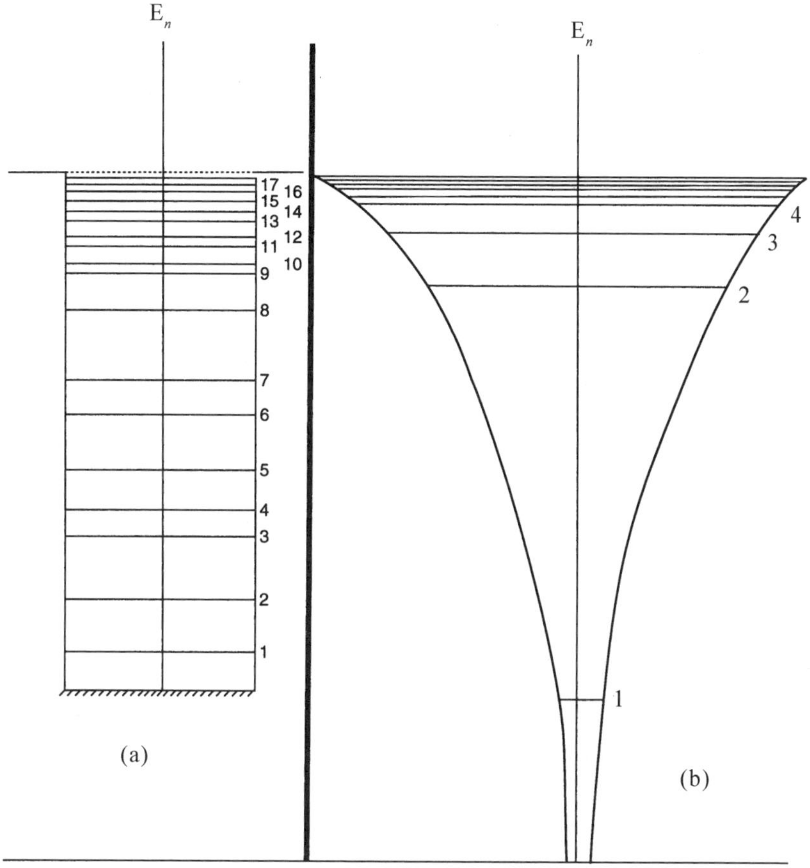

图 22　(a) 矩形势阱表示的量子能级，(b) 漏斗形势阱表示的量子能级。

走过的清晰的圆形和椭圆形轨道不同，现在我们得到的是由某种东西作多重形状振动所表示的胖原子，在早年的波动力学里，这种振动因为没有更好的名字而被称为 ψ 函数。

这里必须指出，图 22(a) 中所示的矩形势阱分布对于描述原子核中质子和中子的运动非常有用，玛丽亚·格佩特·迈耶和汉斯·詹森曾各自独立地成功将其用于解释原子核的能级和放射性核素的 γ 射线谱的起源。

不同 ψ 振动模式的频率并不对应于原子发射的光波频率，而是对应于不同量子态的能量值除以 h。因此，两种振动模式[譬如说(ψ_m 和(ψ_n)] 激发所发射的频谱谱线具有下述复合频率：

$$\nu_{m,n}=\frac{E_m}{h}-\frac{E_n}{h}=\frac{(E_m-E_n)}{h}.$$

它等同于玻尔给出的原子的束缚电子从能级 E_m 跃迁到较低能级 E_n 时发出的光量子的频率。

3. 应用波动力学

波动力学除了能够为玻尔原初的量子轨道概念提供更理性的基础，并消除某些误解之外，还可以解释一些远非旧量子论可以解释的现象。正如我们在第 2 章提到的，本书作者和由罗纳德·格尼和爱德华·康登组成的研究小组曾各自独立地成功将薛定谔的波动方程用于解释放射性元素的 α 粒子辐射，它们穿入其他较轻元素的原子核引起元素的衰变。为了理解这一非常复杂的现象，我们将原子核比之为高墙环绕的堡垒。在核物理里，这种城墙被称为“势垒”。由于原子核和 α 粒子都带正电荷，因此 α 粒子接近原子核时存在很强的库仑斥力①。在这个力的作用下，射向核的 α 粒子在撞击核之前将停下来并返回。另一方面，作为各种原子核的核内组成部分的 α 粒子因受到非常强的核力(类似于普通液体的凝聚力)的吸引而无法脱出。但核力只有在粒子紧密堆积时才起作用，而且是一种彼此直接接触作用。这两个力合起来形成势垒来阻止内部粒子的逃逸和外部粒子的进入，除非粒子的动能高到足以翻过势垒的顶部。

卢瑟福通过实验发现，各种放射性元素(如铀和镭)放出的 α 粒子的动能要比翻越势垒峰值所需的能量小得多。人们还了解到，当 α 粒子以小于势垒峰值的动能从外部射向原子核时，它们往往能够贯穿原子核，产生人为核转变。根据经典力学的基本原理，这两种现象是绝对不可能的，因此既不存在产生 α 粒子的自发核衰变，也不可能存在 α 粒子轰击下的人工核转变。但这二者却都在实验中被观察到!

如果我们从波动力学的角度来看待这一现象，那情形就完全不同了，因为粒子的运动由德布罗意的领波支配。要理解波动力学如何解释这些在经典理论看来不可能的事件，我们应记住，波动力学对经典牛顿力学的关系就好比波动光学对老的几何光学。根据斯涅尔定律，以某个入射角 i 投射到玻璃表面上光线[图 23(a)] 将以较小的角度 r 被折射，并满足折射条件 $\sin i/\sin r=n$，其中 n 是玻璃

① 在早期电学研究中，法国物理学家库仑发现，两带电粒子之间的力正比于其电荷的乘积，反比于二者间距离的平方，这就是著名的库仑定律。

的折射率。如果我们反过来[图 23(b)]，让光线透过玻璃出射到空气中，那么折射角将比入射角大，我们有 $\sin i/\sin r = 1/n$。因此，如果光线是以大于某个临界值的入射角入射玻璃与空气之间的界面的话，该光线将不会进入空气中，而是会完全反射回玻璃内。而光的波动理论看待这个问题的方式则不同。作全反射的光波不是被两种物质之间的数学边界反射，而是贯穿到第二媒质(在本例中就是空气)达几个波长 λ 的深度，然后被折回到原始媒质[图 23(c)]。因此，如果我们在几个波长远的地方(对于可见光情形，几微米)放置另一块平板玻璃，那么某些进入空气的光将达到该玻璃的表面，并继续沿原方向传播[图 23(d)]。这种现象的理论可以在一个世纪前出版的光学书中找到，它是许多大学光学课程的标准示范。

同样，引导 α 粒子和其他原子尺度的粒子运动的德布罗意波可穿越经典牛顿力学认为这些粒子无法穿越的空间，因此 α 粒子、质子等可以越过其势能高度大于入射粒子能量的势垒。但穿越的概率只对原子质量的粒子才有物理意义，而且势垒宽度不超过 10^{-12} 或 10^{-13} 厘米宽。我们取铀核为例。铀核的 α 粒子衰变概率约为 10^{10} 年放出一个 α 粒子。被囚禁在铀势垒内的 α 粒子差不多每秒钟撞击垒壁 10^{21} 次，这意味着 α 粒子撞击一次逃逸的概率为 $1/(10^{10}\times 3\times 10^{7}\times 10^{21})\approx 1/(3\times 10^{38})$(这里 3×10^{7} 秒是一年的秒数)。同样，一颗原子尺度的弹丸一次就射入核的可能性也非常非常小，但如果存在大量的核之间的碰撞，那么可能性就会大增。1929 年，弗里茨·豪特曼和罗伯特·阿特金森证明，剧烈热运动引起的核碰撞，即所谓热核反应，正是太阳等恒星的能量的来源。物理学家现在正努力要实现所谓“受控热核反应”，这将为我们提供既便宜，而且取之不尽、用之不竭的无环境危害的核能源。如果牛顿的经典力学没有被替换德布罗意-薛定谔的波动力学所替代，所有这一切都将是不可能的。

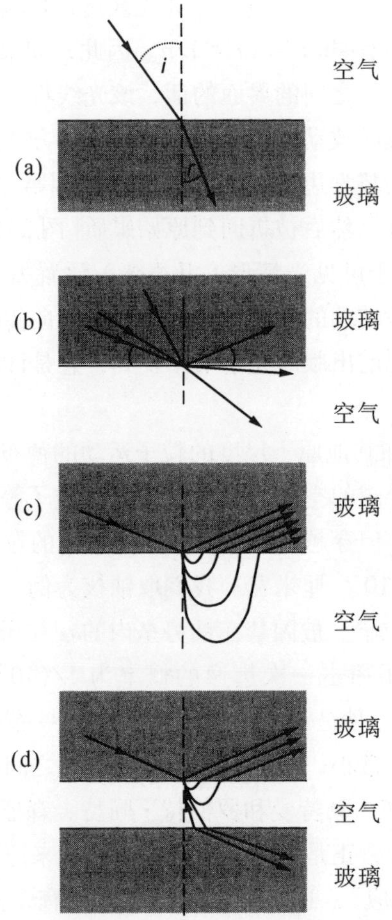

图 23　波动力学和波动光学的类比。(a) 我们熟悉的光折射图像：光从光疏介质进入光密介质。(b) 相反的情形：光从光密介质进入光疏介质，这时如果入射角超过某一临界值，光就会被界面完全反射回来。(c) 根据光的波动理论，反射不是发生在两个媒质的数学界面上，而是发生在几个波长厚的薄层内。因此，(d) 如果在距第一层光密介质几个波长远的位置上放置第二层光密介质，那么上述的一部分入射光将不被全反射，而是会渗透到第二层光密介质中沿原来的方向传播。类似地，根据波动力学，某些粒子可以贯穿经典力学所禁止穿越的区域，其势垒要高于粒子的原始动能。

量子力学讲义(节选)[①]

保罗·狄拉克

第 1 讲
哈密顿方法

我很高兴能来到叶史瓦大学，有机会在这里向你们讲授我多年来一直在用的数学方法。我想先用几句话来描述一下这些方法的一般对象。

在原子理论中，我们必须处理各种场。有一些场是我们非常熟悉的，像电磁场和引力场。但近来，我们遇到许多其他形式的场，因为根据德布罗意和薛定谔的一般性概念，每个粒子都伴有波，这些波可以被认为是一个场。因此，我们在原子物理学里有一个如何建立起一种描述各场之间彼此相互作用的理论的一般性问题。我们需要一种符合量子力学原理的理论，但要得到这样一种理论相当困难。

如果我们仔细审视相应的经典力学，这一理论可视为量子力学在普朗克常数 $\hbar$ 趋于零时的形式，那么我们就能够得到一种简单得多的理论。你很容易看出我们该在经典力学基础上做些什么事情。这也正是我将在这个讲座里要谈的关于经典力学的主要内容。

现在，你可能会认为这么做真的不够好，因为经典力学没有好到足以来描述大自然。既然大自然需要用量子力学来描述，我们为什么还要费劲来重温经典力学？这么说吧，量子场论，在我看来，遇到了相当大的困难。到目前为止，人们只能够针对几种相当简单的场(它们之间仅具简单的相互作用) 建立起各种量子

① 承蒙多佛出版社许可重印。

场论。很可能这些相互间仅具简单相互作用的场根本不足以描述大自然。我们从这些量子场论中所取得的成果是相当有限的。我们不断遇到困难，一直想扩展这一理论的基础，考虑是否存在采用更一般的场的可能性。例如，我们希望考虑是否存在这样一种可能性：麦克斯韦方程不是精确有效的。当我们距离产生场的电荷非常近时，我们可能不得不修改麦克斯韦的场论，从而使之成为一种非线性的电动力学。这只是这种推广的一个例子，它让我们看到，在我们目前的这种对原子理论的场的基本概念、基本力和基本特征茫然无知的状态下，这么做是有利可图的。

为了能够从处理这种更一般的场的问题开始，我们必须重温经典理论。现在，如果我们能够将经典理论写成哈密顿量的形式，那么我们总是能够运用某种标准规则来得到量子理论的一阶近似。我的这个讲座将主要关注如何将一般经典理论变成哈密顿量的形式这个问题。当我们在此取得成功后，我们便走上了得到精确的量子理论的康庄大道。不管怎么说，我们有了一阶近似理论。

当然，这项工作被认为只是全部工作的初步阶段。这一工作的最终结果是必须建立一个精确的量子理论。它面临着相当严重的困难，这些困难均与基本性质有关，对此人们已经困扰了很多年。有些人对从哈密顿经典力学过渡到量子力学所遇到的困难印象非常深刻，以至于认为由哈密顿经典理论带来的整个工作方法也许就是一种坏的方法。特别是在过去几年里，人们一直试图建立一种能获得量子场论的替代方法。在这方面他们已经取得相当可观的进展。他们已得到了新理论必须满足的若干条件。不过我仍然觉得，虽然这些替代方法在解释实验结果方面已取得长足进步，但不会导致问题的最终解决。我觉得这些替代方法总是丢失了一些东西，而这些东西我们只能从哈密顿理论的工作中得到，或者从哈密顿理论概念的一般化过程中得到。所以我的观点是，哈密顿理论对于量子理论确实非常重要。

实际上，如果不采用哈密顿方法，我们甚至无法解决量子理论中一些最简单的问题，例如得到氢的巴尔末公式的问题，这个问题可是量子力学的发端。因此哈密顿方法是一种非常基本的方法，在我看来，从哈密顿理论出发来展开工作实在是很必要，所以我想和你们谈谈我们能将哈密顿方法发展到哪一步。

我想以一种最基本的方式开始，就是将作用量原理作为出发点。也就是说，我假定有这么一个作用量积分，它取决于运动，当我们改变运动，并设定了这个作用量积分必须满足的条件后，我们便得到运动方程。从作用量原理出发的方法有一个很大的好处，就是我们可以很容易地使理论符合相对论原理。我们需要我们的原子理论遵从相对论，因为通常我们处理的都是高速运动的粒子。

如果我们想将引力场引进来，那么我们还必须使我们的理论符合广义相对论原理，这意味着我们将与非平直的时空打交道。现在引力场在原子物理学里还不是非常重要，因为引力与原子过程中出现的其他种类的力比起来非常弱，因此从实用的角度出发我们可以忽略引力场。最近几年，人们一直致力于在一定程度上将引力场引入到量子理论里，但我认为，这项工作的主要目的是希望引入引力场以解决一些困难。但就我们目前所知，这种希望没有实现，引入引力场似乎还增加了困难，而不是消除困难。所以目前来说将引力场引入原子理论实无必要。然而，我将要描述的方法是一种强大的数学方法，不论引力场存在与否它都有效。

我们从下述作用量积分开始

$$I = \int L \mathrm{d}t. \tag{1-1}$$

它表现为一个时间积分，被积函数 L 是拉格朗日量。所以在作用量原理里我们有一个拉格朗日量。我们必须考虑如何从这个拉格朗日量过渡到哈密顿量。当我们得到了哈密顿量之后，我们便迈出了量子理论的第一步。

你可能想知道，我们是否可以不以哈密顿量为起点，省去这项由作用量积分开始，从中得到拉格朗日量，并由这个拉氏量过渡到哈密顿量等一系列工作。我们之所以不愿意走此捷径，是因为对于一个用哈密顿量建立起来的相对论性理论，要给其条件相当不易。而根据作用量积分，我们很容易给出相对论性理论的条件：我们仅需要求这个作用量积分是不变量即可。我们很容易构造出无数个作用量积分为不变量的例子。它们会自动导致符合相对论性质的运动方程，因此从这个作用量积分出发的任何发展也必将满足相对论的要求。

当我们有了哈密顿量后，我们可以运用标准方法来得到量子理论的一阶近似，如果我们走运，我们或可继续走下去，得到一个精确的量子理论。你可能又会嘀咕，我们是否能在某种程度上走个捷径。难道我们就不能完全绕过哈密顿量，直接从拉格朗日量得到量子理论？是的，对一些简单的例子你确实可以做到这一点。例如对于物理学里的一些简单的场，其拉格朗日量是速度的二次函数，在非相对论性粒子动力学里我们用的就是类似的拉格朗日量。对于这些例子，人们已经找到直接从拉格朗日量导出量子理论的一些方法。然而，拉格朗日量是速度的二次函数这个限制相当严苛。我想做的就是避开这种限制，用一种仅为速度的非常一般的函数的拉格朗日量来构筑理论。为了得到这种一般形式，它将适用于(例如)我前面提到的非线性电动力学，我不认为我们能以任何方式绕过由作用量积分开始，先得到拉格朗日量，再从拉格朗日量导出哈密顿量，最后从哈密顿量得到量子理论的步骤。这条路径正是我在这门课中要讨论的内容。

为了以一种简单的表达方式开始，我想先讨论只有有限数目自由度的动力学理论，比如你熟悉的粒子动力学。从这种有限数目的自由度过渡到场论所需的无限多自由度的情形仅仅是一个形式上的问题。

我们从有限数目的自由度开始，我们用 q 来表示动力学坐标。其一般形式是 q_n，$n=1$，…，N，N 是自由度的数目。然后我们有速度 $\mathrm{d}q_n/\mathrm{d}t=\dot{q}_n$。拉格朗日量是坐标和速度的函数 $L=L(q,\ \dot{q})$。

在此，你可能会对时间变量在公式中的重要性感到有点不适应。应当说，只要引入拉格朗日量，我们就会遇到时间变量。它还会出现在速度里，可以说从拉格朗日量过渡到哈密顿量的所有工作都涉及一个特定的时间变量。因此从相对论的角度看，我们是在挑选出一个特定的观察者，并以这个观察者的时间来设立我们的整个形式体系。当然，这对于相对论者来说并不是真的非常到位，因为他更愿意将所有的观察者都置于同样的地位。然而，这正是目前这个形式体系的特点，我看不出有谁能够避免这一点，如果他想坚持让拉格朗日是坐标和速度的任何函数这一一般性的话。我们可以肯定的是，这一理论在内容上是相对论性的，虽然方程的形式，由于在理论主体中含有特定的时间，因而表观上不是相对论性的。

现在让我们来发展这种拉格朗日动力学，并将其过渡到哈密顿动力学。从采用广义坐标的角度看，只要涉及到动力学，我们就可以尽可能地遵循已有的思路。因此从作用量积分的变分我们得到拉格朗日运动方程：

$$\frac{\mathrm{d}}{\mathrm{d}t}\left(\frac{\partial L}{\partial \dot{q}_n}\right)=\frac{\partial L}{\partial q_n}. \tag{1-2}$$

为了过渡到哈密顿形式体系，我们引入动量变量 p_n，它定义为

$$p_n=\frac{\partial L}{\partial \dot{q}_n}. \tag{1-3}$$

现在，在通常的动力学理论里，我们假设动量是与速度无关的函数，但这个假设对于我们要进行的应用来说过于严苛了。我们想令这些动量不是独立于速度的函数。在这种情况下，存在某种与动量变量有关的关系，即 $\phi\ (q,\ \ p)=0$。

可以有若干个这种类型的独立关系，如果有的话，我们用下标 $m=1$，2，…，M 予以区分，由此我们有

$$\phi_m(q,\ p)=0. \tag{1-4}$$

q 和 p 均为哈密顿理论的动力学变量。它们由关系式(1－4) 联系在一起，这个关系式称为哈密顿形式体系的主约束。这一术语是由伯格曼提出的，我认为这个概念很到位。

现在让我们考虑量 $p_n\dot{q}_n-L$。(重复下标意指对该下标的所有值求和。) 让我们对坐标和速度变量 q 和 $\dot{q}$ 取一小的变化。这些变化将导致动量变量 p 发生变化，这些变化的结果是[由式(1－3)]:

$$\delta(p_n\dot{q}_n-L)=\delta p_n\dot{q}_n+p_n\delta\dot{q}-\left(\frac{\partial L}{\partial q_n}\right)\delta q_n-\left(\frac{\partial L}{\partial\dot{q}_n}\right)\delta\dot{q}_n=\delta p_n\dot{q}_n-\left(\frac{\partial L}{\partial q_n}\right)\delta q_n. \tag{1-5}$$

现在你看到，$p_n\dot{q}_n-L$ 这个量的变化只包含 q 和 p 的变化，而不涉及速度的变化。这意味着 $p_n\dot{q}_n-L$ 可以用 q 和 p 表示而与速度无关。这种表示方式称为哈密顿量 H。

然而，这样定义的哈密顿量不是唯一确定的，因为我们可以给它添加上 ϕ 的任意线性组合，反正它为零。因此，我们可以过渡到另一个哈密顿量

$$H^*=H+c_m\phi_m. \tag{1-6}$$

其中量 c_m 是系数，它可以是 q 和 p 任意函数。H^* 与 H 作用完全一样。我们的理论无法区分 H 与 H^*。哈密顿量不是唯一确定的。

我们从式(1－5) 看到，

$$\delta H=\dot{q}_n\delta p_n-\left(\frac{\partial L}{\partial q_n}\right)\delta q_n.$$

这个方程对满足约束条件(1－4) 的 q 和 p 的任意变化均成立。q 和 p 不能独立变化，因为它们受到式(1－4) 的约束，但对于满足式(1－4) 的 q 和 p 的任意变化，这个方程成立。对带约束的变分方程运用一般变分计算方法，并借助式(1－2) 和(1－3)，我们推得

$$\dot{q}=\frac{\partial H}{\partial p_n}+u_m\frac{\partial\phi_m}{\partial p_n} \tag{1-7}$$

和

$$-\frac{\partial L}{\partial q_n}=\frac{\partial H}{\partial q_n}+u_m\frac{\partial\phi_m}{\partial q_n}$$

或 $$p_n = -\frac{\partial H}{\partial q_n} - \mu_m \frac{\partial \phi_m}{\partial p_n}, \tag{1-8}$$

其中 u_m 是未知系数。这里我们有哈密顿运动方程，它们描述变量 q 和 p 如何随时间变化，但这些方程包含未知系数 u_m。

引入某种形式体系是方便的，它可使我们简明地写出这些方程，这种形式体系便是泊松括号。它组成如下：如果我们有两个关于 q 和 p 的函数，譬如说 $f(q, p)$ 和 $g(q, p)$，它们有如下定义的泊松括号 $[f, g]$：

$$[f, g] = \frac{\partial f}{\partial q_n}\frac{\partial g}{\partial p_n} - \frac{\partial f}{\partial p_n}\frac{\partial g}{\partial q_n}. \tag{1-9}$$

由定义可知，泊松括号具有如下性质，即 $[f, g]$ 对 f 和 g 是反对称的：

$$[f, g] = -[g, f]. \tag{1-10}$$

泊松括号对其中的任意一项都是线性的：

$$[f_1 + f_2, g] = [f_1, g] + [f_2, g]，\text{等}; \tag{1-11}$$

我们还有乘积律：

$$[f_1 f_2, g] = f_1[f_2, g] + [f_1, g]f_2. \tag{1-12}$$

最后，我们有称为雅可比恒等式的关系式，它将 3 个量联系在一起：

$$[f, [g, h]] + [g, [h, f]] + [h, [f, g]] = 0. \tag{1-13}$$

借助于泊松括号，我们可以重写运动方程。对于 q 和 p 的任意函数 g，我们有

$$\dot{g} = \frac{\partial g}{\partial q_n}\dot{q}_n + \frac{\partial g}{\partial p_n}\dot{p}_n. \tag{1-14}$$

如果用式（1－7）和（1－8）代换掉 q_n 和 p_n，我们发现式（1－14）恰好是

$$\dot{g} = [g, H] + u_m[g, \phi_m]. \tag{1-15}$$

因此，所有的运动方程均可用泊松括号的形式精确地写出来。

如果我们对泊松括号的概念做一定程度的扩充，那么我们就可以用更简明的形式来写出它们。因为我已经定义了泊松括号，它们只对能够用 q 和 p 来表示的量 f 和 g 有意义。对于那些更一般的量，如不能用 q 和 p 来表示的广义速度变量，就无法与另一个量一起构成泊松括号。让我们来扩展泊松括号的意义。假设对于任意两个量存在这样的泊松括号，且它们满足式(1－10)、(1－11)、(1－12) 和 (1－13) 等运算法则，但当其中的量不是 q 和 p 的函数时它们是不确定的。

于是我们可将式(1－15) 写成

$$\dot{g} = [g, H + u_m\phi_m]. \tag{1-16}$$

这里你看到，系数 u 出现在泊松括号的一个变元下。系数 u_m 不是 q 和 p 的函数，因此我们不能用定义式(1－9)来确定式(1－16)的泊松括号。但我们可以利用式(1－10)、(1－11)、(1－12)和(1－13)等运算法则来继续泊松括号的运算。例如利用加法律(1－11)，我们有

$$[g, H+\mu_m\phi_m]=[g, H]+[g, u_m\phi_m]. \tag{1-17}$$

利用乘法律(1－12)得

$$[g, u_m\phi_m]=[g, u_m]\phi_m+u_m[g, \phi_m]. \tag{1-18}$$

式(1－18)的最后一项是有定义的，因为 g 和 ϕ_m 均为 q 和 p 的函数。泊松括号 $[g, u_m]$ 没定义，但它所乘的是等于零的某个数 ϕ_m，因此式(1－18)右边第一项为零。结果是

$$[g, H+u_m\phi_m]=[g, H]+u_m[g, \phi_m], \tag{1-19}$$

从而式（1－16）与式（1－15）同。

在运用泊松括号时有一件事我们必须十分小心：我们有约束(1－4)，但在进行泊松括号运算前必须不使用这些约束中的某一个。如果不遵守这一点，我们将会得到一个错误的结果。因此，我们将它设为一条规则，即在我们运用约束方程之前泊松括号必须计算完毕。为了提醒我们在形式体系中的这条规则，我将约束(1－4)写成带不同等号"≈"的方程。因此，约束条件写成

$$\phi_m\approx 0. \tag{1-20}$$

我称这些方程为弱方程，以区别于通常的所谓强方程。

我们只能在搞定我们感兴趣的所有的泊松括号后才能利用式(1－20)。根据这条规则，泊松括号(1－19)是很明确的，我们有可能将运动方程(1－16)写成非常简洁的形式：

$$\dot{g}\approx[g, H_t], \tag{1-21}$$

其中的哈密顿量我称为总哈密顿量，

$$H_T=H+u_m\phi_m. \tag{1-22}$$

现在我们来考察这些运动方程的结果。首先，存在某些一致性条件。我们有若干个量 ϕ，它们在所有时间上必须为零。我们可以取 g 等于某个 ϕ 来运用到运动方程(1－21)或(1－15)。我们知道，一致性要求 $\dot{g}$ 必为零，这样我们便得到了某些一致性条件。我们来看看它们都什么样。在式(1－15)中取 $g=\phi_m$ 及 $\dot{g}=0$，我们有

$$[\phi_m, H]+u_{m'}[\phi_m, \phi_{m'}]\approx 0. \tag{1-23}$$

这里我们有很多一致性条件，每个对应一个 m 值。我们必须检查这些条件，看看它们导致什么结果。它们有可能直接导致某种不一致性，它们可能会导致 $1=0$。如果发生这种情况，这意味着我们原来的拉格朗日量给出的拉格朗日运动方程是不自洽的。我们很容易构造一个仅有一个自由度的例子。如果我们取 $L=q$，于是拉格朗日运动方程(1-2)立即给出 $1=0$。所以你看到，我们不能完全任意地取拉格朗日量。我们必须给它设定条件，使拉格朗日运动方程不包含不一致性。在这一限制下，方程(1-23)可分为3类。

第一类方程约化到 $0=0$，即借助于主约束，它满足恒等性。

第二类方程约化为一个与 u 无关的方程，因此只包含 q 和 p。这种方程必定独立于主约束，否则它便是第一类。因此它有形式

$$\chi(q, p)=0. \tag{1-24}$$

最后一类方程如式(1-23)，它不可能约化为上两种，因此给出对 u 的条件。

第一类我们不用再麻烦了。第二类中的每一个方程都意味着对哈密顿量的变量有另一个约束。以这种方式出现的约束称为*次约束*。它们不同于主约束，区别在于主约束仅是定义动量变量的方程(1-3)的结果，而对于次约束，我们还必须充分利用拉格朗日运动方程。

如果我们的理论里有一项次约束，那么我们便得到另一个一致性条件，因为根据运动方程(1-15)我们可以算出 $\dot{X}$。我们要求 $\dot{\chi}\approx 0$。这样我们得到另一个方程

$$[\chi, H]+u_m[\chi, \phi_m]\approx 0. \tag{1-25}$$

这个方程必须被视为与式(1-23)具有同等地位。我们必须再次看清它属于3种类型中的哪一类。如果它是第二类，那么我们必须做进一步推算，因为我们有另一个次约束。像这样做下去直到我们已经用尽所有的一致性条件，最终结果将是，我们得到一系列型如式(1-24)的次约束和一系列关于型如式(1-23)的 u 系数的条件。

在许多方面，次约束具有与主约束同等的地位。为方便起见，将它们记为：

$$\phi_k\approx 0,\ k=M+1,\ldots,\ M+K \tag{1-26}$$

其中 K 是次约束的总数。形式上它们应写成与主约束相同的弱方程，因为它们也是在泊松括号计算完以后才能运用的方程。因此所有约束都可以写成

$$\phi_j\approx 0,\ j=1,\ldots,\ M+K\equiv J. \tag{1-27}$$

现在我们来仔细检查余下的第三类方程。我们必须看清它们对系数 u 设定了怎样的条件。这些方程是

$$[\phi_j, H] + u_m[\phi_j, \phi_m] \approx 0. \qquad (1-28)$$

其中 m 为从 1 到 M 求和，j 取从 1 到 J 的任何值，这些方程包含了关于系数 u 的条件，就目前而言，它们不能约化到约束方程。

让我们从下述观点来审视这些方程。我们假设 u 都是未知数，在式(1－28)里我们有一系列含这些未知数 u 的非齐次线性方程，其系数是 q 和 p 的函数。让我们看看这些方程的一个解，它给出作为 q 和 p 的函数的 u，譬如说

$$u_m = U_m(q, p). \qquad (1-29)$$

这种类型的解必定存在，因为如果不存在这样的解，那么这将意味着拉格朗日运动方程是不自洽的，我们不包括这种情况。

但这个解不是唯一的。如果我们有这样一个解，我们可以给它添上式(1－28) 所伴的齐次方程的任意解 $V_m(q, p)$：

$$V_m[\phi_j, \phi_m] = 0, \qquad (1-30)$$

它给出非齐次方程(1－28) 的另一个解。我们最想要的是式(1－28) 的通解，这意味着我们必须考虑式(1－30) 的所有的独立解，我们将其记为 $V_m(q, p)$，$a = 1, \ldots, A$。于是式(1－28) 的通解为

$$u_m = U_m + v_a V_{am}, \qquad (1-31)$$

这里系数 v_a 可以是任意的。

我们将这些 u 的表示式代入理论式(1－22) 的总哈密顿量。于是总哈密顿量变为

$$H_T = H + U_m\phi_m + v_a V_{am}\phi_m. \qquad (1-32)$$

我们可以将它写成

$$H_T = H' + \nu_a\phi_a, \qquad (1-33)$$

其中

$$H' = H + U_m\phi_m \qquad (1-33')$$

及

$$\phi_a = V_{am}\phi_m \qquad (1-34)$$

根据这个总哈密顿量（1－33），我们仍有运动方程（1－21）。

作为这种分析的一个结果，我们已经满足理论要求的所有一致性，但我们仍然有任意系数 v。系数 v 的数目通常少于系数 u 的数目。u 不是任意的，而是必须

满足一致性条件，而 v 则是任意系数。我们可以将 v 取成时间的任意函数，同时仍不失满足我们的动力学理论的所有要求。

这提供了一种不同于我们在基本动力学里所的熟悉的广义哈密顿形式体系。在给定初始条件的运动方程的通解里有任意的时间函数。这些任意时间函数必然意味着我们正在使用一种包含任意特性的数学框架，例如，一个在某种程度上我们可以任意选择的坐标系，或是电动力学里的规范。数学框架的这种随意性带来的结果是，在未来的时刻动力学变量不完全由初始动力学变量决定，通解通中存在任意函数本身就表明了这一点。

我们需要一些术语，它们可使我们评估出现在表达式中的各量之间的关系。我发现以下术语是有用的。我将一个作为 q 和 p 的函数的动力学变量 R 定义为第一类的，如果它对于所有的 ϕ 有零泊松括号：

$$[R, \phi_j] \approx 0, \ j = 1, \dots, J. \tag{1-35}$$

这些条件如果弱成立就很充分了。否则 R 是第二类的。如果 R 是第一类的，那么 $[R, \phi_j]$ 必强等于 ϕ 的某个线性函数，因为在目前的理论里，弱等于零就是强等于 ϕ 的某个线性函数。根据定义，ϕ 是唯一弱等于零的独立的量。所以我们有强方程组

$$[R, \phi_j] = r_{jj'}\phi_{j'}. \tag{1-36}$$

在做进一步推导之前，我先来证明一条定理。

定理：两个第一类变量的泊松括号仍是第一类的。

证明：令 R，S 是第一类变量，于是除式（1-36）之外，我们有

$$[S, \phi_j] = s_{jj'}\phi_{j'}. \tag{1-36′}$$

我们来构造一个$[[R, S], \phi_j]$。我们可以用雅可比恒等式(1-13) 来计算这个泊松括号：

$$\begin{aligned}[[R, S], \phi_j] &= [[R, \phi_j], S] - [[S, \phi_j], R] \\ &= [r_{jj'}\phi_{j'}, S] - [s_{jj'}\phi_{j'}, R] \\ &= r_{jj'}[\phi_{j'}, S][r_{jj'}, S]\phi_{j'} - s_{jj'}[\phi_{j'}, R] - [s_{jj'}R]\phi_{j'} \\ &\approx 0\end{aligned}$$

其中用到式(1-36)、(1-36′)、乘积法则(1-12) 和(1-20)。整个括号弱等于零，这样我们就证明了$[R, S]$ 是第一类的。

我们已经有了 4 种不同的约束。我们可将这些约束分成第一类和第二类，且这种分类与主约束和次约束之间的分类无关。

我想你应该注意到，式(1－33′)给出的H'和式(1－34)给出的ϕ_a都是第一类的。用ϕ_a和ϕ_j组成泊松括号，由式(1－34)，我们得到$V_{am}[\phi_m,\phi_j]$加弱零项。由于V_{am}被定义为满足式(1－30)，故ϕ_a是第一类。类似地，由式(1－28)和关于u_m的U_m知，H'也是第一类的。因此式(1－33)给出的是根据第一类哈密顿量H'和某个第一类的ϕ构成的总哈密顿量。

当然，ϕ的任何线性组合都是另一个约束。如果我们取主约束的线性组合，我们便得到另一个主约束。所以每个ϕ_a都是主约束，而且它还是第一类的。因此最后的情况是，我们的总哈密顿量由第一类哈密顿量加上第一类主约束的线性组合构成。

出现在运动方程的通解里的独立的、任意的时间函数的个数等于下标a取值的数目。这个数等于独立的第一类主约束的数目，因为所有独立的第一类主约束都包含在总和(1－33)内。

这是一般情形。我们从拉格朗日运动方程出发，通过哈密顿量和给出一致性条件，已经导出了这一点。

从实用的观点看，我们可以从作用量积分的一般变换性质出发，看出运动方程的通解里会出现什么样的任意时间函数。这些时间函数里的每一个必然对应于某个第一类主约束。因此，我们无需对泊松括号做详细计算就可以看出我们能有的是哪个第一类主约束。在这一理论的实际应用中，采用这种方法明显可使我们省去大量工作。

我想再深入一点，将理论向前再推进一步。让我们试着从物理上理解这一过程：从给定的初始变量出发，求得运动方程的一个包含任意函数的通解。我们所需的初始变量是q和p。我们不必知道系数v的初始值。这些初始条件描述了物理学家所称的系统的*初始物理状态*。物理状态由q和p确定，而不是由系数v确定。

现在，初始状态必然决定了以后各时间点的状态。但以后各时间点上的q和p并不是由初态唯一确定的，因为我们有任意函数v在起作用。这意味着，物理状态并不由一组q和p唯一地确定，即使一组q和p唯一地确定了一个状态。必然存在q和p的几种选择，它们对应于同一个态。所以我们有一个如何寻找对应于一个特定物理状态的所有q和p的组合的问题。

能从一个初态演化到某个特定时刻的所有q和p的值必然对应于该时刻同一个物理状态。我们取q和p在时间$t=0$时的值为初始值，考虑经过短暂的δ_t时间后q和p的值是多少。对于一般的动力学变量g，其初值为g_0，则它在δ_t时刻的

值为

$$\begin{aligned} g(\delta t) &= g_0 + \dot{g}\delta t \\ &= g_0 + [g, H_T]\delta t \\ &= g_0 + \delta_t\{[g, H'] + v_a[g, \phi_a]\}. \end{aligned} \quad (1-37)$$

系数 v 是完全任意的，由我们取定。假定我们给这些系数取不同值 v'，这将给出一个不同的 $g(\delta_t)$，其差值为

$$\Delta g(\delta t) = \delta t(v_a - v'_a)[g, \phi_a]. \quad (1-38)$$

我们可以将它写成

$$\Delta g(\delta t) = \varepsilon_a[g, \phi_a], \quad (1-39)$$

这里

$$\varepsilon_a = \delta t(v_a - v'_a) \quad (1-40)$$

是一个小的任意数，小是因为系数 δt，任意是由于 v，v 本身就是任意的。我们可以按照式(1-39)的法则来改变所有的哈密顿变量，新的哈密顿量变量描述的还是同一个态。哈密顿量的这个变化在于用生成函数 $\varepsilon_a\phi_a$ 来做无穷小切触变换。于是我们得出结论：在理论中首次以第一类主约束面目出现的 ϕ_a 有这样的含义：作为无穷小切触变换的生成函数，它们导致 q 和 p 的变化，但这种变化不影响物理状态。

然而，这并非故事的结束。我们可以沿着这个方向继续深入下去。假设我们连续两次做切触变换。首先是用生成函数 $\varepsilon_a\phi_a$ 做切触变换，再用生成函数 $\gamma_{a'}\phi_{a'}$ 做切触变换，这里 γ 是某个新的小系数。最终我们得到

$$g' = g_0 + \varepsilon_a[g, \phi_a] + \gamma_{a'}[g + \varepsilon_a[g, \phi_a], \phi_{a'}]. \quad (1-41)$$

（我保留了包含乘积 $\varepsilon\gamma$ 的二阶项，但我略去包含 ε^2 或 γ^2 的二阶项。这是合法的，也是充分的。之所以这么做是因为我不想写出得到所需结果之外的那些不需要的项。）如果我们以反序方式连续两次运用切触变换，最终我们将得到

$$g'' = g_0 + \gamma_{a'}[g, \phi_{a'}] + \varepsilon_a[g + \gamma_{a'}[g, \phi_{a'}], \phi_a]. \quad (1-42)$$

现在我们让这两个量相减。其差为

$$\Delta g = \varepsilon_a\gamma_{a'}\{[[g, \phi_a], \phi_{a'}] - [[g, \phi_{a'}], \phi_a]\}. \quad (1-43)$$

运用雅可比恒等式，这个差值化简为

$$\Delta g = \varepsilon_a\gamma_{a'}[g, [\phi_a, \phi_{a'}]]. \quad (1-44)$$

这个 Δg 必然也对应于不涉及物理状态任何变化的 q 和 p 的变化，因为这个变化是由两个单独的过程构成的，它们每个都不包含物理状态的任何变化。因此我们看

到，我们可以将

$$[\phi_a, \phi_{a'}] \tag{1-45}$$

作为无穷小切触变换的生成函数，它同样不会导致物理状态的变化。

现在 ϕ_a 都是第一类的：它们的泊松括号是弱零，因此强等于 ϕ 的某个线性函数。由前面所证明的定理知，两个第一类的量的泊松括号是第一类的，因此这个 ϕ 的线性函数必为第一类的。由此我们看到，我们由此得到的变换，对应于物理状态不变的变换，是使生成函数为第一类约束的变换。这些变换比我们以前有过的变换更一般的唯一之处是我们以前得到的生成函数均被限定为第一类主约束。而我们现在得到的变换可以是第一类的次约束。计算结果表明，我们可以有第一类的次约束来作为无穷小切触变换的生成函数，它导致 q 和 p 的变化，但不改变物理状态。

为完整起见，我们还需要做点进一步的工作。我们应当证明，第一类哈密顿量 H' 与第一类 ϕ 的泊松括号 $[H', \phi_a]$ ϕ 仍是第一类约束的线性函数。它还能被被证明是不改变物理状态的无穷小切触变换的可能的生成元。

最后的结果是，动力学变量的那些不改变物理状态的变换是无穷小切触变换，其中的生成函数是第一类的主约束或可能是第一类的次约束。通过过程(1－45) 或 $[H', \phi_a]$，我们可以找出很多第一类的次约束。我认为事情很可能是这样，所有第一类次约束都应包括在不改变物理状态的变换内，但我还没能证明它。但我也还没有找到一个反例，即存在一种第一类的次约束，它能产生物理状态的变化。

第 2 讲
量子化问题

我们被引导到这样一个概念，存在 q 和 p 的某种变化，它们不对应于状态的变化，但它们同样有作为生成元的第一类次约束。这表明，我们必须推广运动方程，以便容许当动力学变量 g 随时间变化时，变分不仅由式(1－21) 给出，而且还有不对应于状态改变的变分。因此我们应该考虑一种更一般的运动方程

$$\dot{g} = [g,\ H_E]. \tag{2-1}$$

它带扩展了的哈密顿量 H_E，这个量由以前的哈密顿量 H_T 加上所有那些不改变状态的生成元(带任意系数) 构成：

$$H_E = H_T + v'_{a'}\phi_{a'}. \tag{2-2}$$

这些不包含在 H_T 内的生成元 $\phi_{a'}$ 将是第一类次约束。哈密顿量里的这些额外的项的存在将造成 g 的进一步改变，但 g 的这些额外的变化并不对应于状态的任何变化，所以它们应该是被包括在内的，即使我们没有直接从拉格朗日量出发计算出这些进一步的变化。

因此这是一般的哈密顿理论。正如我已经发展的那样，这一理论适用于有限数量的自由度，但我们可以很容易地将其扩展到无限数量自由度的情形下。表示自由度的下标是 $n = 1,\ \cdots,\ N$；我们很容易令 N 为无穷大。我们还可以令自由度的数量为连续无穷大而对其作进一步推广。也就是说，我们可以像有 q 和 p 那样有变量 q_x 和 p_x，这里 x 是下标，它可以在一个连续范围上取所有的值。如果我们用这个连续的 x 做计算，那么我们就必须将之前所有工作中的对 n 的求和转变成积分。以前的工作都可以直接采取这种改变。

只有一个方程我们会觉得有点不同，这就是定义动量变量的方程：

$$p_n = \frac{\mathrm{d}L}{\mathrm{d}\dot{q}_n}. \tag{1-3}$$

如果 n 在一个连续范围内取值，那么我们必须将此偏微分理解为这样一个偏函数微分的过程，这个过程可以严格采用如下方式进行：在拉格朗日量里令速度变动一个小量 $\delta\dot{q}$，然后令

$$\delta L = \int p_x \delta \dot{q}_x. \tag{2-3}$$

出现在 δL 的被积函数里的 $\delta \dot{q}$ 的系数被定义为 p_x。

在给出了这个一般性的抽象理论之后，我认为给出一个简单的例子来说明将是有帮助的。我就拿麦克斯韦的电磁场作为一个例子。电磁场是由电势 A_μ 来定义的。现在动力学坐标由某时刻所有空间点上的势组成。也就是说，动力学坐标由 $A_{\mu x}$ 组成，其中下标 x 代表特定时刻 x^0 时三维空间点的3个坐标 x^1， x^2， x^3(不是相对论里采用的4个 x)。由此我们有动力学速度，它是动力学坐标的时间导数，我将用逗号前的下标0来表示这些速度分量。

前面有逗号的下标表示对该广义坐标的微分：

$$\xi_{,\mu} = \frac{d\xi}{dx^\mu}. \tag{2-4}$$

我们要处理的是狭义相对论下的情形，因此我们可根据狭义相对论的法则来提升和降低这些指标：如果我们提升或降低指标1，2或3，则该变量变号；如果提升或降低指标0，则不变号。

对于麦克斯韦电动力学我们有拉格朗日量，如果我们采用亥维赛德单位的话，

$$L = -\frac{1}{4}\int F_{\mu\nu} F^{\mu\nu} d^3x. \tag{2-5}$$

这里 d^3x 指 dx^1，dx^2，dx^3，积分在三维空间上进行，$F_{\mu\nu}$ 是场量，由势按下述方式定义：

$$F_{\mu\nu} = A_{\nu,\mu} - A_{\mu,\nu}, \tag{2-6}$$

这个 L 是拉格朗日量，因为它的时间积分是麦克斯韦场的作用量积分。

现在我们取这个拉格朗日量，并运用我们的形式体系法则过渡到哈密顿量。首先我们引入动量。这可以通过取拉氏量中的速度的变分来做到。如果我们对速度取变分，我们有

$$\delta L = -\frac{1}{2}\int F^{\mu\nu} \delta F_{\mu\nu} d^3x.$$

$$= \int F^{\mu 0} \delta A_{\mu,0} d^3x. \tag{2-7}$$

现在动量 B^μ 定义为

$$\delta L = \int B^\mu \delta A_{\mu 0} d^3x. \tag{2-8}$$

这些动量满足基本的泊松括号关系：

$$[A_{\mu x},\ B^{\nu}_{x'}] = g^{\nu}_{\mu}\delta^3(x - x');\ \mu,\ \nu = 0,\ 1,\ 2,\ 3. \tag{2-9}$$

在这个公式里，A 在三维空间的 x 点取值，B 在三维空间的 x' 点取值。g^{v}_{μ} 是克罗内克德尔塔函数。$\delta^3(x - x')$ 是 $x - x'$ 的三维德尔塔函数。

我们比较式(2－7) 和(2－8)，从而得到

$$B^{\mu} = F^{\mu 0}. \tag{2-10}$$

现在看出，$F^{\mu\nu}$ 是反对称的：

$$F^{\mu\nu} = - F^{\nu\mu}. \tag{2-11}$$

因此如果在式(2－10) 里我们令 $\mu = 0$，那么我们得到零。因此 B^0_x 等于零。这是主约束。我们将它写成弱方程：

$$B^0_x \approx 0. \tag{2-12}$$

其他 3 个动量 $B^r(r = 1,\ 2,\ 3)$ 恰等于电场分量。

我应该提醒你们，式(2－12) 不只是一个主约束：这个主约束有整个三重无穷大，因为下标 x 代表的是三维空间中的一个点；x 的每个值都给我们一个不同的主约束。

现在让我们来引入哈密顿量。我们按通常方式对其定义如下：

$$\begin{aligned} H &= \int B^{\mu}A_{\mu,\ 0}\mathrm{d}^3x - L \\ &= \int\left(F^{r0}A_{r,\ 0} + \frac{1}{4}F^{rs}F_{rs} + \frac{1}{2}F^{r0}F_{r0}\right)\mathrm{d}^3x \\ &= \int\left(\frac{1}{4}F^{rs}F_{rs} - \frac{1}{2}F^{r0}F_{r0} + F^{r0}A_{0,\ r}\right)\mathrm{d}^3x \\ &= \int\left(\frac{1}{4}F^{rs}F_{rs} + \frac{1}{4}B^rB^r - A_0B^r_{,\ r}\right)\mathrm{d}^3x. \end{aligned} \tag{2-13}$$

我已经对式(2－13) 的最后一项做了分部积分以得到它现在这种形式。现在，我们有了一个哈密顿量的表达式，它不涉及任何速度。它只包含动力学坐标和动量。F_{rs} 确实包含了电势的偏微分，但它偏只包含对 x^1，x^2，x^3 的偏微分。它不引入任何速度。这些偏导数都是动力学坐标的函数。

现在我们可以借助于主约束(2－12) 给出一致性条件。因为它们必须在所有时间都得到满足，故$[B^0,\ H]$ 必须为零。这导致方程

$$B^r_{,\ r} \approx 0. \tag{2-14}$$

这又是一个约束，因为其中不含速度。但这是个次约束，它以这种方式出现在麦

克斯韦理论中。如果我们进一步检查一致性关系，我们必须求

$$[B^r_{,\,r},\ H] = 0. \qquad (2-15)$$

我们发现，它简化为 0 = 0。它没给出什么新东西，但却是自动满足的。因此我们必须得到问题中的所有约束。式(2-12) 给出了主约束，式(2-14) 给出了次约束。

现在我们要看看它们是第一类的还是第二类的。我们很容易看出，它们都是第一类的。B_0 是动量变量。它们彼此都构成零泊松括号。$B^r_{,\,r}$ 和 B_0 彼此间也有零泊松括号。$B^r_{,\,rx}$ 和 $B^r_{,\,rx'}$ 彼此间也有零泊松括号。所有这些量都是第一类约束。麦克斯韦电动力学里没有第二类约束。

H 的表达式(2-13) 是第一类的，所以这个 H 可以取作式(1-33) 里的 H'。现在让我们看看总的哈密顿量是什么：

$$H_T = \int\left(\frac{1}{4}F^{rs}F_{rs} + \frac{1}{2}B_rB_r\right)\mathrm{d}^3x - \int A_0B^r_{,\,r}\mathrm{d}^3x + \int v_xB^0\mathrm{d}^3x. \qquad (2-16)$$

这个 v_x 是三维空间中每一点上的任意系数。我们只是增加了带任意系数的第一类主约束，这就是我们为得到总的哈密顿量必须按照法则要求的东西。

根据这个总哈密顿量，我们有标准形式的运动方程

$$\dot{g} \approx [g,\ H_T]\cdot \qquad (1-21)$$

这里的 g 既可以是三维空间某点 x 处的场量，也可以是三维空间不同点上的场量的函数。例如，它可以是三维空间上的积分。这个 g 可以是整个三维空间上的 q 和 p 的完全一般性的函数。

我们可以取 $g = A_0$，于是我们得到

$$A_{0,\,0} = v, \qquad (2-17)$$

这是因为 A_0 与除了式(2-16) 中最后一项里的 B_0 外的一切量构成零泊松括号。这使得出现在总哈密顿量里的任意系数 v_x 有了这样的意义：它是 A_0 的时间导数。

现在，为了得到物理上允许的最一般的运动，我们必须过渡到扩展了的哈密顿量。为此我们添加上带任意系数 u_x 的第一类次约束。这给出了扩展的哈密顿量：

$$H_E = H_T + \int u_xB^r_{,\,r}\mathrm{d}^3x. \qquad (2-18)$$

将这个额外的项引入哈密顿量，使我们能有更一般的运动。它提供了反映规范变换性质的 q 和 p 的更多的变化。当 q 和 p 的这个额外变化被引入后，它将给出又一组 q 和 p，而这组新的 q 和 p 必然对应于相同的状态。

这便是我们根据我们的法则求得的麦克斯韦理论的哈密顿形式的结果。当我们到达这个阶段后，我们看到存在一种可能的简化。之所以存在这种简化是因为变量 A_0，B_0 不具有任何物理意义。让我们看看关于 A_0 和 B_0 运动方程能告诉我们什么。在所有时刻 $B_0 = 0$。我们对此不感兴趣。A_0 是某个这样的量，其时间导数是任意的。我们对此也不感兴趣。因此我们对变量 A_0 和 B_0 没有任何兴趣。我们可以把它们从理论中删去，这将导致一个简化的哈密顿形式体系，在那里我们有较少的自由度，但仍然保留所有物理上感兴趣的的自由度。

为了抛弃变量 A_0 和 B_0，我们从哈密顿量里去掉 $v_x B^0$ 这一项。这一项的作用仅仅是允许 A_0 任意变化。H_T 里的 $-A_0 B^r{}_{,r}$ 这一项可以与扩展哈密顿量的 $u_x B^r{}_{,r}$ 结合起来。系数 u_x 无论怎样都是任意系数。当我们将这两项结合起来后，这个 u_x 正好被 $u'_x = u_x - A_0$ 替代，后者也是任意的。这样我们就有了新的哈密顿量：

$$H = \int\left(\frac{1}{4}F^{rs}F_{rs} + \frac{1}{2}B_r B_r\right)\mathrm{d}^3x + \int u'_x B^r{}_{,r}\mathrm{d}^3x. \qquad (2-19)$$

这个哈密顿量足给出关于所有物理上感兴趣的变量的运动方程。变量 A_0 和 B_0 不再出现在其中。这是麦克斯韦理论的最简形式的哈密顿量。

现在，我们通常在量子电动力学中所用的哈密顿量与这里给出的不太一样。通常用的是基于最初由费米建立的一种理论。费米理论包括了这样一个基于势的限定条件：

$$A^{\mu}{}_{,\mu} = 0. \qquad (2-20)$$

在其规范中出现这个限制是完全允许的。而我这里给出的哈密顿理论不包括这个限制，所以它允许一种完全通用的规范。因此它是一种有点不同于费米形式体系的形式体系。这种形式体系充分显示了麦克斯韦理论的变换能力，当我们对规范做了完全一般性的改变后，我们便能看清这一点。这种麦克斯韦理论让我们对主约束和次约束有了一个基本概念。

现在我想回到一般理论上来，考虑如何量子化哈密顿理论的问题。为了讨论这个量子化的问题，让我们先看看这样一种情形：没有第二类约束，所有的约束都是第一类的。我们将动力学坐标 q 和动量 p 变成满足对易关系的算符，这种对易关系对应于经典理论里的泊松括号。这相当简单。于是我们建立起薛定谔方程

$$i\hbar\frac{\mathrm{d}\psi}{\mathrm{d}t} = H'\psi. \qquad (2-21)$$

ψ 是 q 和 p 所要运算的波函数。H' 是我们理论的第一类哈密顿量。

我们进一步对这个波函数设定附加条件：

$$\phi_j \psi = 0. \tag{2-22}$$

因此我们的每一项约束都导致对该波函数的一个补充条件。(记住，现在约束都是第一类的。)

我们现在要做的第一件事情就是看看这些 ψ 的方程是否互相一致。我们取两个补充条件来看看它们是否一致。我们取式(2-22)和

$$\phi_{j'} \psi = 0. \tag{2-22'}$$

如果我们用 $\phi_{j'}$ 乘以式(2-22)，我们得到

$$\phi_{j'} \phi_j \psi = 0. \tag{2-23}$$

如果我们用 ϕ_j 乘以式(2-22′)，我们得到

$$\phi_j \phi_{j'} \psi = 0. \tag{2-23'}$$

我们将这两项相减，得到

$$[\phi_j, \ \phi_{j'}]\psi = 0. \tag{2-24}$$

对 ψ 的这个进一步条件是一致性所必须的。现在我们不想对 ψ 设置任何新的条件了。我们要让对 ψ 的所有条件都列入式(2-22)中。就是说，我们要让式(2-24)成为式(2-22)的结果。这意味着我们要求

$$[\phi_j, \ \phi_{j'}] = c_{jj'j''} \phi_{j''}. \tag{2-25}$$

如果式(2-25)成立，那么式(2-24)就是式(2-22)的结果，而不是对波函数的一种新的条件。

现在我们知道，在经典理论里，所有的 ϕ 都是第一类的，这意味着在经典理论里，任何两个 ϕ 的泊松括号都是 ϕ 的一个线性组合。当我们过渡到量子理论后，我们必须有一个类似的方程，它对对易子成立，但这并不意味着系数 c 都要在左边。因为通常 c 是坐标和动量的函数，在量子理论中不与 ϕ 对易。而且只有在 c 在左边时式(2-24)才是式(2-22)的结果。

当我们在量子理论中设置量 ϕ 时，可能会引入某种随意性。相应的经典表达式中可能包含某些在量子理论中不对易的量，因此在量子理论中我们需要确定因子的顺序。我们必须试着安排这些因子的顺序，以便使式(2-25)对所有系数都在左边成立。如果我们做不到这一点，那么我们就得加置补充条件，使得所有条件都相互一致。如果我们不能做到这一点，那将很不幸，我们将无法给出精确的量子理论。不管怎么说，我们好歹有了一阶近似的量子理论，因为如果我们只在普朗克常数 $\hbar$ 的精度量级上(忽略 $\hbar^2$ 量级的量)看待这些方程，那么它们是成

立的。

我只讨论彼此相互一致的补充条件。要检查这些补充条件是否与薛定谔方程一致，我们还需要有类似的讨论。如果开始时 ψ 满足附加条件(2－24)，并根据薛定谔方程令 ψ 随时间变化，过很短的一段时间后，我们要问，ψ 是否仍然满足附加条件？我们可以给出这种情形下的必要条件，得到

$$[\phi_j,\ H]\psi = 0, \qquad (2-26)$$

这意味着 $[\phi_j,\ H]$ 必为 ϕ 的某个线性函数：

$$[\phi_j,\ H]\psi = b_{jj'}\phi_{j'}, \qquad (2-27)$$

如果我们得不到新的补充条件的话。我们又有一个方程，我们知道它在经典理论中是完全成立的。ϕ_j 和 H 都是第一类的，所以它们的泊松括号弱为零，因此在经典理论里，这个泊松括号强等于 ϕ 的某个线性函数。我们必须再次试着安排事情，以便在相应的量子方程中所有的系数都在左边。这是获得精确的量子理论所必须的。在一般情况下，为了能够得到它，我们需要一点点运气。

现在让我们考虑如何量子化具有第二类约束的哈密顿理论。让我们先从一个简单的例子来思考这个问题。最简单的例子是我们有两个第二类约束，

$$q_1 = 0 \text{ 和 } p_1 \approx 0. \qquad (2-28)$$

如果理论中出现了 2 个这样的约束，那么它们的泊松括号不为零，所以它们是第二类的。当我们过渡到量子理论时，我们能拿它们怎么办呢？我们不能像对第一类约束那样将式(2-28)作为波函数的附加条件。如果我们试图令 $q_1\psi = 0$，$p_1\psi = 0$，那么我们立刻遇到矛盾，因为我们会有

$$(q_1p_1 - p_1q_1)\psi = i\hbar\psi = 0,$$

而这是不成立的。我们必须采取不同的方案。

在这个简单的例子中，该采取什么方案是非常明显的。如果变量 q_1 和 p_1 都被限定为零，那么我们对它们不感兴趣。所以自由度 1 是不重要的。我们可以干脆抛弃自由度 1，用其他自由度干活。这意味着泊松括号有不同的定义。在经典理论中，我们必须按泊松括号的定义来工作：

$$[\xi,\ \eta] = \frac{\partial\xi}{\partial q_n}\frac{\partial\eta}{\partial p_n} - \frac{\partial\xi}{\partial p_n}\frac{\partial\eta}{\partial q_n} \qquad \text{对 } n = 2,\ \cdots N \text{ 求和.} \qquad (2-29)$$

这将是充分的，因为它会处理所有物理上感兴趣的变量。然后我们可以取 q_1 和 p_1 恒等于零。这里没有矛盾，我们可以过渡到量子理论，只需将自由度设为从 2 开始：$n = 2,\ \cdots,\ N$。

在这个简单的例子中，我们需要做的是建立一种量子理论，这是相当明显的。现在让我们试着将它推广。假设我们有 $p_1 \approx 0$，$q_1 \approx f(q_r, p_r)$，$r = 2, \cdots, N$，这里f是所有其他的q和p的函数。如果我们用$f(q_r, p_r)$取代哈密顿量里和其他所有约束里的q_1，那么我们就可以舍弃自由度数1。再强调一遍，我们可以忘掉自由度1，只用其他自由度来计算，并用这些其他的自由度过渡到量子理论。同时，我们必须用式(2-29)类型的泊松括号，即仅用其他自由度。

这就是我们用来量子化包含第二类约束的理论的思想。第二类约束的存在意味着存在某些物理上不重要的自由度。我们必须剔除这些自由度，并建立新的、仅由那些物理上重要的自由度构成的泊松括号。然后根据这些新的泊松括号，我们可以过渡到量子理论。我想讨论一下执行这一步骤的一般程序。

眼下，我们将回到经典理论。我们有一系列约束 $\phi_j \approx 0$，其中一些是第一类的，一些是第二类的。我们可以用这些约束的独立线性组合来取代它们，这样做与原始约束的作用是一样的。我们试着以这样一种方式来取线性组合：将尽可能多的约束变成第一类的。可能会有一些无法通过其线性组合变成第一类的第二类约束。我称这些剩下的第二类约束为χ_s，$s = 1, \cdots, S$。S是这些剩下的第二类约束的数目。

我们取这些残存的第二类约束，并将它们彼此构成泊松括号，然后将这些泊松括号排列成行列式Δ：

$$\Delta = \begin{vmatrix} 0 & [\chi_1, \chi_2] & [\chi_1, \chi_3] & \cdots & [\chi_1, \chi_s] \\ [\chi_2, \chi_1] & 0 & [\chi_2, \chi_3] & \cdots & [\chi_2, \chi_s] \\ \vdots & \vdots & \vdots & & \vdots \\ [\chi_s, \chi_1] & [\chi_s, \chi_2] & [\chi_s, \chi_3] & \cdots & \vdots \end{vmatrix}$$

现在我来证明一个定理。

定理：行列式Δ不等于零，甚至不是弱等于零。

证明：假设该行列式等于零。我将证明这样就会有矛盾。如果行列式为零，那么它的某个秩 $T < S$。现在让我们建立行列式A：

$$A = \begin{vmatrix} \chi_1 & 0 & [\chi_1, \chi_2] & \cdots & [\chi_1, \chi_T] \\ \chi_2 & [\chi_2, \chi_1] & 0 & & [\chi_2, \chi_T] \\ \vdots & \vdots & \vdots & & \vdots \\ \chi_{T+1} & [\chi_{T+1}, \chi_1] & [\chi_{T+1}, \chi_2] & \cdots & [\chi_{T+1}, \chi_T] \end{vmatrix}$$

A有 $T + 1$ 行和列。$T + 1$ 可以等于S，也可以小于S。如果我们按第一列元素来

扩张 A，我们可以用该列的每一个元素乘以 Δ 的每个子行列式。现在我不想让所有这些子式为零。它们全都为零是可能的。在这种情况下，我会以不同的方式来选择 A 的行和列上的元素 χ。A 中肯定存在某种选择 χ 的方式使得子式不为零，这是因为 Δ 的秩为 T。所以我们可以这样来选取 χ，使得第一列元素的系数不全为零。

现在我将证明：A 与任何一个 ϕ 构成的泊松括号为零。如果我们用 ϕ 和一个行列式构成泊松括号，我们可以这样来得到结果：用 ϕ 和该行列式的第一列构成泊松括号，加上 ϕ 与该行列式的第二列构成泊松括号，等等。因此，

$$[\phi, A] = \begin{vmatrix} [\phi, \chi_1] & 0 & \cdots \\ [\phi, \chi_2] & [\chi_2, \chi_1] & \cdots \\ \vdots & \vdots & \\ [\phi, \chi_{T+1}] & [\chi_{T+1}, \chi_1] & \cdots \end{vmatrix} + \begin{vmatrix} \chi_1 & 0 & \cdots \\ \chi_2 & [\phi, [\chi_2, \chi_1]] & \cdots \\ \vdots & \vdots & \\ \chi_{T+1} & [\phi, [\chi_{T+1}, \chi_1]] & \cdots \end{vmatrix} + \begin{vmatrix} \chi_1 & 0 & [\phi, [\chi_1, \chi_2]] & \cdots \\ \chi_2 & [\chi_2, \chi_1] & 0 & \cdots \\ \vdots & \vdots & \vdots & \\ \chi_{T+1} & [\chi_{T+1}, \chi_1] & [\phi, [\chi_{T+1}, \chi_2]] & \cdots \end{vmatrix} + \cdots.$$

这看起来相当复杂，但我们很容易看出，这些行列式的每一个均为零。首先，等号右边第一个行列式为零：如果 ϕ 是第一类的，那么第一列为零；如果 ϕ 是第二类，那么 ϕ 是 χ 之一，我们有这样一个行列式，它是有 $T+1$ 行和列的行列式 Δ 的一部分。但 Δ 的秩为 T，所以具有 $T+1$ 行和列的 Δ 的任何部分为零。现在，右边的第二个行列式是弱零，因为第一列是弱零。类似地，所有其他的行列式都为零。其结果是，整个右边为弱零。因此，A 是这样一个量，它与每一个 ϕ 构成的泊松括号弱零。

此外，我们可以依据第一列元素来扩展行列式 A，使 A 成为 χ 的线性组合。这样，我们有结果：χ 的特定的线性组合与所有的 ϕ 构成的泊松括号为零。这意味着 χ 的这个线性组合是第一类的。这违背了我们的假设——我们已经把尽可能

多的χ 变成第一类。定理得证。

顺便说一句，我们看到，不能变成第一类的残存的χ 的数量必然是偶数，因为行列式 Δ 是反对称的。任何具有奇数个行和列的反对称行列式为零。该行列式不为零，因此它必定有偶数个行和列。

由于该行列式Δ不为零，我们可以引入其行列式为Δ的矩阵的倒数$c_{ss'}$。我们将矩阵 $c_{ss'}$ 定义为

$$c_{ss'}[\chi_{s'}, \chi_{s''}] = \delta_{ss''}. \tag{2-30}$$

现在我们按照本形式体系来定义新的泊松括号：任何两个量 ξ，η 的新的泊松括号定义为

$$[\xi, \eta]^* = [\xi, \eta] - [\xi, \chi_s]c_{ss'}[\chi_{s'}, \eta] \tag{2-31}$$

我们很容易查证，以这种方式定义的新泊松括号满足泊松括号通常满足的法则：$[\xi, \eta]^*$ 是关于 ξ 和 η 反对称的，对 ξ 是线性的，对 η 是线性的，满足乘法分配律$[\xi_1\xi_2, \eta]^* = \xi_1[\xi_2\eta]^* + [\xi_1, \eta]^*\xi_2$，服从雅可比恒等式$[[\xi, \eta]^*, \zeta]^* + [[\eta, \zeta]^*\xi]^* + [[\zeta, \xi]^*, \eta]^* = 0$。我不知道有什么简洁的方法来证明新泊松括号的雅可比恒等式。如果你仅根据定义来做代换，用复杂的方式来证明，你确实会发现所有的项相互抵消掉，该式左边等于零。我觉得应该有某种巧妙的方法能证明它，但我一直没能找到它。我在《加拿大数学期刊》上的文章[*Canadian Journal of Mathematics*，**2**，147 (1950)] 给出了直接证明的方法。该问题已由伯格曼处理[*Bergmann*，*Physical Review*，**98**，531 (1955)]。

现在让我们看看对这些新的泊松括号我们能做什么。首先，我想你已经注意到，用新泊松括号写出的运动方程与老的泊松括号写出的一样有效。

$$[g, H_T]^* = [g, H_T] - (g, \chi_s)c_{ss'}[\chi_{s'}, H_T] \approx [g, H_T],$$

因为由于 H_T 是第一类的，故所有项 $[\chi_{s'}, H_T]$ 弱为零。因此，我们可以写成

$$\dot{g} \approx [g, H_T]^*.$$

现在，如果我们取关于q和p的任一函数ξ，将它与某个χ(例如$\chi_{s''}$)一起构成新的泊松括号，我们有

$$\begin{aligned}[\xi, \chi_{s''}]^* &= [\xi, \chi_{s''}] - [\xi, \chi_s]c_{ss''}[\chi_{s'}, \chi_{s''}]\\ &= [\xi, \chi_{s''}] - [\xi, \chi_s]\delta_{ss''}\\ &= 0.\end{aligned} \tag{2-30}$$

因此，在计算新的泊松括号之前，我们可以令$\chi = 0$。这意味着该方程

$$\chi_s = 0, \tag{2-32}$$

可以被认为是一个强方程。

我们用这种方式修改我们的经典理论，引进这些新的泊松括号，为过渡到量子理论打下基础。我们这样来过渡到量子理论：通过取对易关系来替代终止新的泊松括号关系，并取强方程式(2－32) 作为量子理论的算符之间的方程。剩下的弱方程，这些都是第一类的，再次变成波函数的补充条件。这样局面就退化为之前仅有第一类 ϕ 的情形。我们因此又有了量子化我们的一般经典哈密顿理论的方法。当然，我们同样需要一点点运气，以便将所有系数都安排到一致性条件的左边。

这样就给出了量子化的一般方法。你会注意到，当我们过渡到量子理论后，主约束与次约束之间的区别不再重要。主约束与次约束之间的区别不是根本性的。它在很大程度上取决于我们开始时所用的原始的拉格朗日量。一旦我们过渡到哈密顿形式体系，我们真的可以忘掉主约束与次约束之间的区别。第一类约束与第二类约束之间的区别是非常重要的。我们必须尽可能多的地将约束化为第一类的，并引入新的泊松括号，它使我们能够将残存的第二类约束处理成强方程。

第 3 讲
曲面上的量子化

我们从经典的作用量原理出发。我们取作用量积分为洛伦兹不变的。这一作用量给了我们一个拉格朗日量。然后我们从拉格朗日量过渡到哈密顿量，再通过遵循一定的法则过渡到量子理论。其结果是，从经典场论出发，通过作用量原理的描述，我们最终得到量子场论。现在你可能认为这样就完成了我们的工作，但是仍然有一个重要的问题有待解决：这样获得的量子场理论是相对论性的理论吗？为了讨论这一点，我们可以仅限于在狭义相对论框架下讨论。我们还得考虑我们的量子理论是否与狭义相对论一致。

我们从作用量原理出发，我们要求这个作用量应是洛伦兹不变量。这足以保证我们的经典理论是相对论性的。从洛伦兹作用量原理得到的运动方程必定是相对论性的方程。但当我们将这些运动方程变成哈密顿形式后，我们受到该理论的四维对称性的困扰。我们将我们的方程写成如下形式：

$$\dot{g} \approx [g,\ H_T]. \tag{1-21}$$

这里字母 g 顶上的点表示 $\mathrm{d}g/\mathrm{d}t$，t 指的是绝对时间，因此哈密顿形式的经典运动方程明显不是相对论性的，但我们知道在某种程度上它们一定是相对论性的，因为它们遵从相对论的假设。

然而，当我们过渡到量子理论时，我们正在作出新的假设。我们在经典理论中所拥有的 H_T 表达式不能唯一地确定量子哈密顿量。在量子理论中，我们必须要解决不对易因子的作用顺序问题。在选择这个顺序时我们会有一定的自由，所以我们是做新的假设。这些新假设可能会干扰到理论的相对论不变性，因此，用这种方法得到的量子场论不一定是与相对论相一致的。我们现在要面对的问题是如何确保我们的量子理论是相对论性的理论。

为此，我们必须回到最初的原理。现在仅考虑一个时间变量来指称一个特定的观察者已不再是充分的了，我们必须考虑不同的观察者之间存在相对运动的情形。我们必须建立一种可以平等地适用于任何一个观察者的量子理论，也就是说，它应适用于任何时间轴。为了得到一个包含所有不同时间轴的理论，我们得先得到相应的经典理论，然后再通过标准的规则将经典理论过渡到量子理论。

我想先回到我们发展哈密顿理论的起点，来考虑一种特定的情形。我们最开始是取拉格朗日量L，它是动力学坐标q和速度$\dot{q}$的函数，引入动量，然后引入哈密顿量。让我们考虑这样一种情形：L对于$\dot{q}$是一阶齐次的，于是由欧拉定理知

$$\dot{q}_n \frac{\partial L}{\partial \dot{q}_n} = L. \qquad (3-1)$$

它告诉我们，$p_n\dot{q}_n - L = 0$。因此，在这个特定情形下，我们得到一个等于零的哈密顿量。

在此情形下，我们必然得到主约束。主约束肯定存在，因为p是速度的零级齐次函数。因此p只是速度比的函数，p的数目等于自由度的数目N，速度比的数目为$(N-1)$。由$(N-1)$个速度比构成的N个函数不可能是相互独立的。必然至少有一个p和q的函数等于零，因此必然至少有一个主约束。也可能会有一个以上。我们还可以看到，如果我们有完全由零哈密顿量表示的运动，那么我们必然有至少一个第一类的主约束。

对于总哈密顿量，我们有式(1-33)：

$$H_T = H' + v_a\phi_a.$$

H'必为第一类哈密顿量，因为0肯定是第一类量，我们可以取$H'=0$. 现在我们的总哈密顿量已经完全由第一类主约束加任意系数建立起来：

$$H_T = v_a\phi_a, \qquad (3-2)$$

上式表明，必然存在至少一个第一类主约束，如果我们有任何运动的话。

现在我们的运动方程可以写成

$$\dot{g} \approx v_a[g, \phi_a].$$

我们可以看到，g可以乘以一个因子，因为既然系数v是任意的，那么我们就可以用一个因子乘上它们。如果我们用一个因子乘以$\mathrm{d}g/\mathrm{d}t$，这意味着我们有不同的时间尺度。因此现在我们的哈密顿运动方程的时间尺度是任意的。我们可以引入另一个时间变量τ来代替t，用τ给出的运动方程为

$$\frac{\mathrm{d}g}{\mathrm{d}\tau} \approx v'_a[g, \phi_a]. \qquad (3-3)$$

因此，现在我们有了哈密顿形式的运动方程，其中没有绝对的时间变量。任何随t单调增的变量都可以作为时间，运动方程都将有相同的形式。因此，这种哈密顿量H'为零、其中每个哈密顿量都弱等于零的哈密顿理论的特征就是没有绝对

时间。

我们还可以从作用量原理的角度来看待这个问题。如果 I 是作用量积分，那么

$$I = \int L(q,\ \dot{q})\,\mathrm{d}t = \int L\left(\frac{\mathrm{d}q}{\mathrm{d}\tau}\mathrm{d}\tau\right),\tag{3 - 4}$$

因为 L 是 $\mathrm{d}g/\mathrm{d}t$ 的一阶齐次函数。因此，我们可以用 τ 来表示这个作用量积分，其形式与用 t 来表示完全相同。这表明，从作用量原理得到的运动方程在从 t 变换到 τ 时必定是不变的。运动方程不依赖于任何绝对时间。

因此我们有一种特殊形式的哈密顿理论，但事实上这种形式并不真的那么特殊，因为从任何哈密顿量出发，我们始终都将时间变量视作一个额外的坐标，并将该理论转化为一种哈密顿量弱等于零的形式。这样做的一般规则是：我们取 t，令它等于另一个动力学坐标 q_0。我们建立一个新的拉格朗日量

$$\begin{aligned} L^* &= \frac{\mathrm{d}q_0}{\mathrm{d}\tau}L\left(q,\ \frac{\mathrm{d}q/\mathrm{d}\tau}{\mathrm{d}q_0/\mathrm{d}\tau}\right) \\ &= L^*\left(q_k,\ \frac{\mathrm{d}q_k}{\mathrm{d}\tau}\right),\ k = 0,\ 1,\ 2,\ldots,\ N \end{aligned}\tag{3 - 5}$$

L^* 要比原始的 L 多包含 1 个自由度。L^* 不等于 L，但

$$\int L^*\,\mathrm{d}\tau = \int L\mathrm{d}t.$$

因此，无论是对 L^* 和 τ 还是对 L 和 t，作用量是相同的。所以对任何动力学系统，我们都可以将时间视为一个额外的坐标 q_0，然后过渡到一种新的拉格朗日量 L^*，它包含一个额外的自由度，并且对速度是一阶齐次的。L^* 提供了一个弱等于零的哈密顿量。

这种特殊的哈密顿量弱等于零的哈密顿形式体系正是我们需要的相对论性的理论，因为在相对论性理论里，我们不希望有一个特定的时间起着特殊作用，我们想要的是一种可能的平权的时间 τ_0。让我们具体看看如何运用这个想法。

我们希望考虑在规定时间内不同的观察者所看到的状态。现在，如果我们建立一幅如图 1 所示的空时图，那么在某时刻的状态就是指在三维平直类空曲面 S_1 上的物理条件，这个曲面垂直于时间轴。不同时刻的状态相当于不同曲面 S_2、$S_3\cdots$ 上的物理条件。现在我们想引入对不同的观察者而言的其他时间轴，那么这个状态，相对于其他时间轴，将包括其他平直类空曲面 S_1' 上的物理条件。我们希望有这样一种哈密顿理论，它能使我们从状态 S_1(譬如说) 传递到 S_1'。从曲面

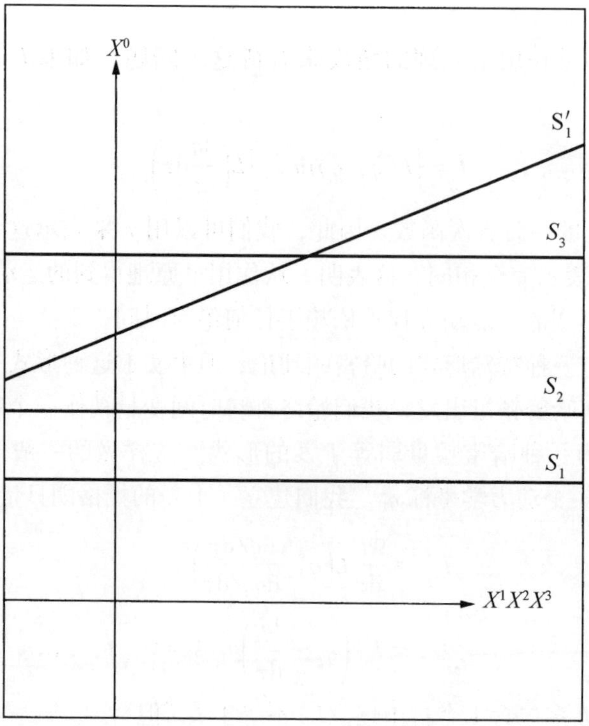

图 1

S_1 上的给定初始条件出发，运用运动方程，我们肯定能够过渡到曲面 S_1' 上的物理条件。因此，态的运动必定有 4 个自由度，一个自由度对应于曲面平行于自身的运动，其他 3 个自由度对应于该平直曲面在取向上的一般变化。这意味着，将有 4 个任意函数出现在我们试图获得的运动方程的解里。因此，我们需要的哈密顿理论(至少) 有 4 个第一类的主约束。

可能还有其他第一类主约束，如果存在其他种类自由度的运动的话，例如，如果我们有可能用到的电动力学的规范变换。为了简化讨论，我将忽略可能存在的其他第一类主约束，只考虑相对论所要求的那些主约束。

我们可以继续在这些平直的类空曲面上建立我们的理论，这些曲面可以有 4 个自由度的运动，但我想先考虑一种更一般的理论，在其中我们认为态是定义在任意弯曲的类空曲面(如图 2 中的 S 所示) 上的。这代表了时空中的一个三维曲面，这个时空具有处处类空的特性，这是说，该曲面的法线必须位于光锥之内。我们可以建立一种哈密顿理论，它能告诉我们，当我们从一个弯曲的类空曲面走到邻近的另一个类空曲面时，物理条件是如何变化的。

现在，引入弯曲曲面意味着引入了某种从狭义相对论的观点看没有必要的东西。但如果我们想要引入广义相对论和引力场，那么在这些曲面工作就变得非常有必要了。但对于狭义相对论，曲面确实是不重要的。然而，我之所以乐于在现阶段，甚至在讨论狭义相对论性的理论时，就引入它们，是因为我觉得在这些弯曲曲面上解释理论的基本思想要比在平直曲面上讲解更容易理解。这是因为，采用这些弯曲曲面，我们可以使曲面做如图 2 中 δS 所示的局部变形，并在这些局部变形的曲面上讨论运动方程。

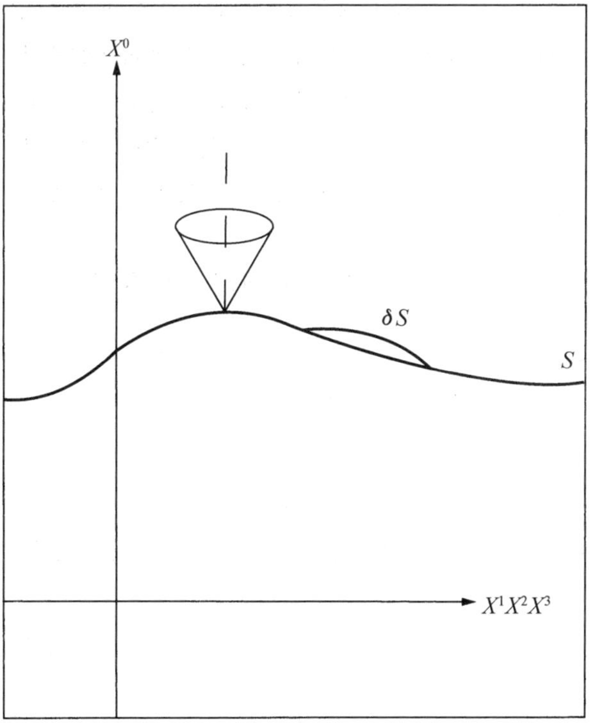

图 2

现在，一种实施办法是将我们的作用量积分建立在一组弯曲曲面(如 S) 上，取两相邻曲面之间的作用量的大小，将它除以表示这两个曲面之间距离的参数 $\delta\tau$，把这个作用量的大小作为我们的拉格朗日量，然后运用我们的标准方法从拉格朗日量过渡到哈密顿量。这个拉格朗日量必然是速度的一阶齐次函数，关于时间参数 τ，它规定了从一个类空曲面到相邻曲面的通道，它会导致一个哈密顿量弱等于零的哈密顿理论。

然而，我不想详细论述我们如何从作用量原理出发来得到所有结果的所有过程。我想走个捷径，直接讨论最终的哈密顿理论的形式。仅从我们关于类空曲面的知识中，我们就可以得到关于这种哈密顿理论的形式的相当多的信息。这些知识包括，对于类空间曲面，只要它仍保持是类空的，就必定存在任意运动的自由。这种类空曲面运动的自由必然对应于哈密顿理论里的第一类主约束。对于可以建立的曲面的每种类型的基本运动，都存在一个第一类的主约束。我将从这一观点出发来发展这个理论。

首先，我们需要引入合适的动力学变量。我们用3个曲线坐标$(x^1, x^2, x^3)=(x^r)$来描述类空曲面S上的点。为了固定这个类空曲面在时空中的位置，我们引入另一组坐标$y_\Lambda(\Lambda=0, 1, 2, 3)$。在狭义相对论中，我们可以将其取为直角坐标系。（我用大写希腊字母下标Λ表示y坐标，用小写字母角标r表示x坐标。）x^r的4个函数y_Λ规定了时空中的曲面S，也规定了其参数化，即坐标系x^1，x^2，x^3。

我们可以将这些y_Λ用作动力学坐标q。如果我们有下式

$$y_{\Lambda, r}=\frac{\partial y_\Lambda}{\partial x^r}, \ (r=1, 2, 3) \tag{3-6}$$

它是动力学坐标q的函数。

$$\dot{y}_\Lambda=\frac{\partial y_\Lambda}{\partial \tau}, \tag{3-7}$$

τ作为从一个曲面变到邻近曲面的参数，将是一个速度$\dot{q}$。因此y_Λ是描述曲面所需的动力学坐标，$\dot{y}_\Lambda$是速度。

我们需要引入与这些动力学坐标共轭的动量变量w_Λ，这些动量变量将通过下述泊松括号关系与坐标联系起来：

$$[y_{\Lambda x}, w_{\Gamma x'}]=g_{\Lambda\Gamma}\delta^3(x-x'). \tag{3-8}$$

我们需要其他变量来描述该问题中的物理场。如果我们处理的是一个标量场V，则对所有的x^1，x^2，x^3的值，$V(x)$将为我们提供进一步的动力学坐标q。$V_{,r}$将是q的函数。$\partial V/\partial\tau$将是一个速度。V的任何方向上的导数可以用$\partial V/\partial\tau$和$V_{,r}$的项来表示，因此可用动力学坐标和速度来表示。拉格朗日量将包括V在一般方向上的微分，因此也是动力学坐标和速度的函数。对于每一个V，我们将需要共轭动量U，它满足泊松括号条件：

$$[V(x),\ U(x')] = \delta^3(x - x'). \qquad (3-9)$$

这就是我们对标量场的处理。对于矢量、张量或旋量场，处理方法类似，只是需要引入必要的额外的下标。对此我就不细述了。

现在，让我们看看哈密顿量是什么样子的。哈密顿量必须是型如式(3-2)的第一类主约束的线性函数。首先，我来解释第一类主约束是什么样子。必然存在允许曲面任意变形的第一类主约束。它们必须包含共轭于 y 的变量 w，以便使 y 变化。它们还将包括其他场量。我们可以将它们表示成如下形式：

$$w_\Lambda + K_\Lambda \approx 0, \qquad (3-10)$$

其中 K_Λ 是哈密顿变量 q 和 p(但不包含 w) 的某个函数。

现在我们可以断言，哈密顿量只是所有的量(3-10) 的任意线性函数：

$$H_T = \int c^\Lambda (w_\Lambda + K_\Lambda)\,\mathrm{d}^3x. \qquad (3-11)$$

这是对3个 x 的积分，它们规定了曲面上的一点。c 是3个 x 和时间的任意函数。

一般的运动方程当然是 $\dot{g} = [g,\ H_T]$，我们可以通过取这个运动方程并将它应用到 g 等于 y 变量之一来得到系数 c_Λ 的意义。对于在某个特定点 x^1，x^2，x^3 上 $g = y_\Lambda$，我们得到

$$\dot{y}_\Lambda = \left[y_\Lambda,\ \int c'^\Gamma (w'_\Gamma + K'_\Gamma)\,\mathrm{d}^3x'\right]$$

$$= \int c'^\Gamma [y_\Lambda,\ w'_\Gamma + K'_\Gamma]\,\mathrm{d}^3x. \qquad (3-12)$$

这里场量 c^Γ，w^Γ 和 K_Γ 表示这些量在点 $X^{1'}$，$X^{2'}$，$X^{3'}$ 上的值。y_Λ 与 K'_Γ 有零泊松括号，因为 K'_Γ 独立于 w，因此我们只需考虑 y_Λ 与 $w'_\Gamma = w_\Gamma(x')$ 的泊松括号。它给出德尔塔函数，故有

$$\dot{y}_\Lambda = c_\Lambda. \qquad (3-13)$$

因此，系数 c_Λ 是速度变量，它告诉我们曲面如何随参数 τ 变化。通过任意选定这些 c_Λ 我们可以得到曲面随 τ 的任意变化。

这样我们就知道了对于由弯曲曲面上的状态来表示的场论，其哈密顿量是什么样的。

我们可以通过将其中出现的矢量分解成垂直于曲面和平行于曲面的分量来更深入地分析这个哈密顿量。如果我们有这么一个矢量 ξ_Λ，我们可以从 ξ_Λ 得到一个法向分量

$$\xi_\perp = \xi_\Lambda l^\Lambda,$$

其中 l^{Λ} 是法向单位矢量，和一个切向分量(在 x 坐标系下)：

$$\xi_r = \xi_{\Lambda} y^{\Lambda}_{,r}.$$

l 由 $y^{\Lambda}_{,r}$ 决定，因此是动力学坐标的函数。任何矢量都可按这种方式分解成曲面法向上的和切向上的分量。我们有标量积法则：

$$\xi_{\Lambda}\eta^{\Lambda} = \xi_{\perp}\eta_{\perp} + \gamma^{rs}\xi_r\eta_s, \tag{3-14}$$

这里 $\gamma_{rs}\mathrm{d}x^r\mathrm{d}x^s$ 是曲面在 x 坐标系下的度规。γ^{rs} 是 γ_{rs} 的逆矩阵(r, $s = 1, 2, 3$)。

利用标量积法则(3－14)，我们可以依据 w 和 K 的切向和法向分量来表示我们的总哈密顿量：

$$\begin{aligned} H_T &= \int \dot{y}^{\Lambda}(w_{\Lambda} + K_{\Lambda})\,\mathrm{d}^3x \\ &= \int (\dot{y}_{\perp}(w_{\perp} + K_{\perp}) + \gamma^{rs}\dot{y}_r(w_s + K_s))\,\mathrm{d}^3x. \end{aligned} \tag{3-15}$$

这里 $\dot{y} = \dot{y}^{\Lambda}l_{\Lambda}$ 和 $\dot{y}_r = \dot{y}^{\Lambda}y_{\Lambda,r}$。

我们需要式 (3－15) 中法向分量和切向分量之间的泊松括号关系。我先写出 w 的不同分量的泊松括号关系。当然我们有

$$[w_{\Lambda}, w'_{\Gamma}] = 0, \tag{3-16}$$

这是对外坐标 y 而言。但当我们将 w 分解成法向分量和切向分量后，它们彼此之间不再有零泊松括号。通过直接计算我们很容易给出这个泊松括号。对此我不想具体演算下去。我只想提及一下，这个计算可从我的文章[*Canadian Journal of Mathematics*, 3, 1 (1951)] 里找到。其结果是

$$[w_r, w'_s] = w_s\delta_{,r}(x - x') + w'_r\delta_{,s}(x - x'), \tag{3-17}$$

$$[w_{\perp}, w'_r] = w'_{\perp}\delta_{,r}(x - x') \tag{3-18}$$

$$[w_{\perp}, w'_{\perp}] = -2w^r\delta_{,r}(x - x') - w^r_{,r}\delta(x - x') \tag{3-19}$$

现在我们知道,

$$\text{对}\ \mu,\ \nu = r,\ s\ \text{或}\ \perp,\ [w_{\mu} + K_{\mu}, w'_{\nu} + K'_{\nu}] \approx 0. \tag{3-20}$$

我们推得

$$\begin{aligned} [w_r + K_r, w'_s + K'_s] = &(w_s + K_s)\delta_{,r}(x - x') \\ &+ (w'_r + K'_r)\delta_{,s}(x - x') \end{aligned} \tag{3-21}$$

$$[w_{\perp} + K_{\perp}, w'_r + K'_r] = (w'_{\perp} + K'_{\perp})\delta_{,r}(x - x') \tag{3-22}$$

$$\begin{aligned} [w_{\perp} + K_{\perp}, w'_{\perp} + K'_r] = &-2(w^r + K^r)\delta_{,r}(x - x') \\ &-(w^r + K^r)_{,r}\delta(x - x') \end{aligned} \tag{3-23}$$

这些结果可以从 w 的法向分量和切向分量的定义中直接得到，但我们也可以从下述论证中更简洁地得到。由于 $w_r + K_r$，$w_\perp + K_\perp$ 都是第一类的，因此它们的泊松括号都是弱等于零。因此

$$[w_r + K'_r,\ w'_s + K'_s],\ [W_\perp + K_\perp,\ w'_r + K'_r] \text{ 和 } [w_\perp + K_\perp,\ w'_\perp + K'_\perp]$$

必全都弱等于零。现在我们可以推知它们强等于什么了。我们必须在式（3－21)、(3－22）和（3－23）的每一个的等号右边放上一个弱等于零的量，因此这个量必由 $w_r + K_r$ 和 $w_\perp + K_\perp$ 带某个系数构成。通过计算等号右边含 w 的项，我们可进一步看清这些系数是什么。按照式(3－17)、(3－18）和(3－19)，含 w 的项只能产生自由 w 和 w 构成的泊松括号。取泊松括号 $[w,\ K']$ 将不会给出任何含 w 的项，因为这意味着取动量 w 与某个非 w 的动力学坐标和动量的函数之间的泊松括号，因此它不包含 w 动量变量。因此出现在式(3－21）右边的变量只能是出现在式(3－17）右边的变量。我们必须设定式(3－21）右边的某些项，以便使总的表达式弱等于零。这里该放置什么量这一点已经很清楚，那就是 $(w_s + K_s)\cdot\delta_{,r}(x - x') + (w'_r + K'_r)\delta_{,s}(x - x')$。对式(3－22）和（3－23）的右边也是同样的处理。

要注意的下一件事是，哈密顿量(3－15）中的项 $w_s + K_s$ 对应于这样一种运动：在其中我们改变曲面中的坐标架但不使该曲面变动。这相当于在曲面上的每个点沿与曲面相切的方向运动。

我们令 $\dot{y}_\perp = 0$，这意味着我们取曲面在垂直于自身的方向上没有运动，而是仅仅使曲面坐标变化，于是我们有如下类型的运动方程：

$$\dot{g} = \int \gamma^{rs}\dot{y}_r[g,\ w_s + K_s]\,\mathrm{d}^3x. \tag{3－24}$$

这必是运动方程，它告诉我们，当我们改变曲面上的坐标系而不移动曲面本身时，g 是如何变化的。现在，g 的这种变化必是微不足道的，这一点仅从动力学变量 g 的几何性质就可以推断出来。如果 g 是一个标量，那么我们知道当我们改变坐标系 x^1，x^2，x^3 时 g 将如何变化。如果 g 是矢量或张量的分量，那么 g 的变化就将复杂得多，但我们仍然可以计算出来。如果 g 是旋量，情形类似。在任何情况下，g 的这种变化都不是大事儿。这意味着 K_s 可以仅由几何参数来确定。

我来给出一两个例子。对于带共轭动量 U 的标量场 V，K_r 中有一项

$$V_{,r}U \tag{3－25}$$

对于矢量场，比如说三维矢量 A_s，其共轭为 B^s，K_r 中有一项

$$A_{s,\ r}B^{s} - (A_{r}B^{s})_{,\ s}. \tag{3-26}$$

对于张量亦有类似结果，对于旋量只是结果更复杂而已。式(3－26)的第一项是A_s随坐标系改变而伴随的平移变化，第二项是A_s随坐标系改变而伴随的转动变化。在式(3－25)的标量情形下就没有转动这一项。

对于出现在问题里的所有不同类型的场，我们总可以通过添加所需的贡献项来得到总的K_r。其结果是，仅从几何参数我们就可以求得K的切向分量。在这种方式中我们可以看到，K的切向分量在物理上不具有真实的重要性，它只与数学技术有关。物理上真正重要的是式(3－15)中K的法向分量。K的这个法向分量与w的法向分量相加给出与曲面在垂直于自身方向上的运动相伴的第一类约束。这在动力学上是很重要的。

求得这些曲面上的哈密顿理论的问题包括寻找到满足所需的泊松括号关系(3－21)、(3－22)和(3－23)的K的表达式。K的切向分量可以从几何参数给出，这一点我已作讨论，当我们计算完毕，我们自然会发现，它满足第一个泊松括号关系(3－21)。第二个泊松括号(3－22)线性地包含$K_\perp$。这个泊松括号关系将被满足作为标量密度条件的任何$K_\perp$所满足。这个泊松括号关系真实地告诉我们，如果量$K_\perp$在坐标系X^1，X^2，X^3改变时有适当的变化，那么这个泊松括号关系将满足。有困难的是第三个，即$K_\perp$的二次型。因此在弯曲的类空曲面上建立哈密顿场论的问题约化为求K的法向分量的问题。这个法向分量是一个标量密度且满足泊松括号关系(3－23)。

发现K的这种法向分量的方法之一是从洛仑兹不变的作用量原理出发来求取。我们可以从作用量原理中获得K的所有分量。如果我们这么做，那么我们得到的K的切向分量不一定等同于式(3－25)和(3－26)里的项所给出的量，因为它们可能相差一个切触变换。但我们可以通过重写作用量原理，向其添加一个完美的微分项来消除这种切触变换。这不会影响到运动方程。通过对作用量原理做这种改变，我们可以将由作用量原理给出的K的切向分量安排得与由简单运用几何参数得到的值精确地一致。然后，我们运用从作用量原理过渡到哈密顿量的一般方法就能够找到K的法向分量。如果作用量原理是相对论性的，那么以这种方式获得的K的法向分量必然满足条件(3－23)。

现在我们可以讨论过渡到量子理论的途径了。量子化包括将量w和K里的变量变成算子。现在我们必须仔细地看清我们是如何定义w的切向和法向分量的。我选择如下的方式来定义它们：

$$w_r = y_{\Lambda,r} w^{\Lambda}, \tag{3-27}$$

将动量变量 w 置于右边。(在量子理论里，你会看到，结果是不同的，它们依赖于我们是将 w 置于右边还是左边。) 类似地，

$$w_{\perp} = l_{\Lambda} w^{\Lambda}. \tag{3-28}$$

于是这两个量有了清楚的定义。

现在，在量子力学里，我们有弱方程 $w_r + K_r \approx 0$，$w_{\perp} + K_{\perp} \approx 0$，它们提供了波函数的补充条件：

$$(w_r + K_r)\psi = 0, \tag{3-29}$$

$$(w_{\perp} + K_{\perp})\psi = 0, \tag{3-30}$$

这两个条件相应于式(2－22)。我们要求这些补充条件是自洽的。根据式(2－25)，我们必须安排得使得在对易关系(3-21)、(3-22)和(3-23)里，等号右边的系数位于约束关系的前面(左边)。

在式(3－21)的切向分量的情形下，如果我们选择好 K_r 中因子的顺序，使得动量变量总是在右边，那么这个条件是适合的。现在，在式(3－21)里，我们有一系列的量，它们与动量变量成线性关系(这些动量变量处于右边)。任何两个这样的量的对易子仍将与动量变量成线性关系(这些动量变量处于右边)。因此，我们总是有处于右边的动量变量，我们总会有因子以我们所希望的顺序出现。

现在我们来考虑引入 $K_{\perp}$ 的问题。对它的处置可不简单。$K_{\perp}$ 通常包括非对易因子的乘积，我们要安排这些因子的顺序，使式(3-22)和(3-23)得到满足，并且使系数出现在等号右侧每一项的左边。式(3－22)处置起来仍相当简单。如果我们简单地取 $K_{\perp}$ 为一个标量密度，那么一切都与所需的一致，因为我们有 $w_{\perp} + K_{\perp}$ 出现在右侧，它没有不与它对易的系数；唯一的系数是 δ 函数，它是一个数。

但关系(3－23)是个麻烦。就量子理论的目的而言，我应该在这里更明确地写出右边各项：

$$\begin{aligned}[w_{\perp} + K_{\perp},\ w'_{\perp} + K'_{\perp}] &= -2\gamma^{rs}(w_s + K_s)\delta_{,r}(x - x') \\ &\quad - (\gamma^{rs}(w_s = K_s))_{,r}\delta(x - x')\end{aligned} \tag{3-31}$$

我已经写明了系数 γ^{rs} 出现在每一项的左边，这正是我们需要的这些系数在量子理论中的正确位置。

在一般弯曲曲面上建立量子场论的问题包括找到 $K_{\perp}$，使这个泊松括号关系

(3－31) 成立(系数 γ^{rs} 出现在左边)。如果我们满足式(3－31)，则补充条件(3－30) 就是彼此一致的，我们已经有式(3－29) 彼此一致，式(3－30) 与式(3－29) 一致。

我们已经制订的量子理论的条件是相对论性的。我们需要一点点运气才能够满足这些条件。但我们不可能总能够满足它们。有一条重要的一般性原则，它告诉我们，当我们让 $K_\perp$ 满足这些条件和某些其他条件后，我们就可以轻松地构建其他的 $K_\perp$ 来满足这些条件。让我们假设我们有一个解，其中的 $K_\perp$ 仅涉及不可微的动量变量和可微的动力学坐标。有许多简单的场，其中 $K_\perp$ 确实满足泊松括号关系(3－22) 和(3－23)，并确实具有这种简单的特性。于是，我们可以向 $K_\perp$ 增加一个不可微坐标 q 的函数。就是说，我们取一个新的 $K_\perp$

$$K_\perp^* = K_\perp + \phi(q)$$

然后我们看到，$K_\perp$ 加上这个 ϕ 后只能通过引入一个德尔塔函数的倍数来影响式(3－31) 的右手边。对引入的德尔塔函数我们不能做微分，因为额外的项来自 $\phi(q)$ 与不可微动量变量的泊松括号。因此 $K_\perp$ 加上 ϕ 后对式(3－31) 的右手边的唯一效应是可以加置一个德尔塔函数的倍数。但右边的 x 与 x' 之间必须是反对称的，因为左边的 x 与 x' 之间明显是反对称的。因此这一点阻止了我们仅向式(3－31) 的右边添加德尔塔函数的倍数的做法。这样它完全不改变。因此，如果原始的 $K_\perp$ 满足泊松括号关系式(3－31)，则新的 $K_\perp$ 也能满足它。

为了完成证明，还有另外一个因素需要考虑。ϕ 也可能包括 $\Gamma = \sqrt{-\det g_{rs}}$。我们发现，$[w_\perp, \Gamma']$ 包含不可微的 $\delta(x - x')$(我们只能求到这儿)，因此我们可以将 Γ 引入 ϕ 而不影响到这个参数。事实上，我们必须引入 Γ 以便确保式(3－22) 成立，它要求 $K_\perp^*$ 和 $K_\perp$ 都是标量密度。我们必须引入 Γ 的合适的幂次使 ϕ 为标量密度。

这是一种在实践中经常用于引入场之间的相互作用而不干扰到理论的相对论性质的方法。对于各种简单的场，这些条件都是满足的。我们有所需的那么一点点运气，我们可以引入(所描述特性简单的) 场之间的相互作用，并使量子理论具有相对论性的条件得以保留。

在有些例子中，我们就没有这么好的运气，我们无法安排 $K_\perp$ 的因子使式(3－31) 的系数被置于左边，因此我们不知道如何量子化用于描述弯曲曲面上状态的理论。但实际上，当我们试图在曲面上建立我们的量子理论时，我们所做的努力远大于所需的。就得到与狭义相对论相容的理论而言，我们只需定义在平直曲面上的状态就很充分了。这将包含一些关于 K_Γ 的条件，这些条件要比我这里制订的条件好办得多。我们无须满足我这里制订的那些要求就可满足这些不太苛刻的条件。

玻恩-英菲尔德的电动力学就提供了这样一个例子。这种电动力学是对基于不同的作用量积分的麦克斯韦电动力学的一种修正。在麦克斯韦理论里，作用量积分与麦氏理论针对的是弱场这一点是一致的，但它不同于针对强场的作用量积分。玻恩-英菲尔德的这种电动力学给出了一个经典的 $K_\perp$，它包含平方根。正是这种性质使它看起来似乎不可能满足在弯曲曲面上建立相对论性量子理论所必需的条件。然而，它看起来确实有可能将相对论性量子理论建立在平直的曲面上，因为这里所需的条件不严苛。

第 4 讲
平直曲面上的量子化

我们一直在求解时空中一般性的类空弯曲曲面上的状态。这里我仅总结一下我们得到的结果。这就是用这些态给出的公式化了的相对论性量子场论的条件。我们引入变量来描述曲面，它由该曲面上每个点 $x^r = (x^1, x^2, x^3)$ 的 4 个坐标 Y^Λ 构成。x 构成曲面上的曲线坐标系。而 y 则是动力学坐标并存在与之共轭的动量 $w_\Lambda(x)$，这个动量也是 x 的函数。随后我们得到大量的第一类的主约束，它们出现在哈密顿形式体系里，并具有如下性质：

$$w_\Lambda + K_\Lambda \approx 0. \tag{3 - 10}$$

这里 K 独立于 w，但可以是其他哈密顿变量的函数。K 包括现在已知的各种物理场。我们通过将约束分解成曲面的切向分量和法向分量来分析这些约束。切向分量为

$$w_r + K_r \approx 0, \tag{4 - 1}$$

法向分量为

$$w_\perp + K_\perp \approx 0. \tag{4 - 2}$$

有了这个分析，我们发现，K_r能够仅从几何考虑来确定。K_r 一望便知是相当平常的，它与这样的变换相联系，即在这种变换下，曲面坐标变动，但曲面本身不动。第一类约束(4-2) 与所述曲面在垂直于自身的法向上的运动相关联，这在物理上是重要的。

泊松括号关系(3-21)、(3-22) 和(3-23) 必须满足一致性条件。有些泊松括号关系仅包含 K_r，当 K_r 根据几何要求被选定时它们自动成立。有些一致性条件与$K_\perp$ 呈线性关系，只要我们将$K_\perp$ 选为标量密度，它们自动成立。于是最后我们有呈 $K_\perp$ 的平方的一致性条件，这些都是重要的约束条件，它们不可能由普通参数来满足。

这些重要的一致性条件可以在经典理论中成立，如果我们从洛伦兹不变的作用量原理出发来计算，并按照从作用量原理过渡到哈密顿量的标准规则来计算 $K_\perp$ 的话。于是得到相对论性量子场论的问题约化为适当选取出现在量子 $K_\perp$ 中的

非对易因子的问题。这种选取应使得量子的一致性条件得到满足，这意味着空间 (x^1, x^2, x^3) 中两点上的两个量(4－2) 的对易子必须是这些约束与出现在左边的系数的线性组合。要满足这些量子一致性条件通常相当困难。事实证明，在某些简单的例子中我们可以满足它们，但在更复杂的例子中，要满足它们似乎是不可能的。由此导致结论：对于定义在一般弯曲曲面上的态，我们不可能建立起针对这些更一般的场的量子理论。

我要提请注意，量 K 有一个简单的物理意义。K_r 可以解释为动量密度，$K_\perp$ 为能量密度。所以这个由哈密尔顿变量表示的动量密度是一个仅从问题的几何性质就可以轻松搞定的量，而能量密度则是一个重要的物理量，我们必须正确地选择(使之满足某些对易关系) 以便满足相对论的要求。

即使我们无法将量子理论建立在一般的弯曲曲面上的态上，但我们仍有可能用定义在平直曲面上的态来建立这一理论。

只要通过设置从前述的弯曲曲面变到平直曲面的条件，我们就可以得到相应的经典理论。这个条件可陈述如下：所述曲面由 $Y_\Lambda(x)$ 规定；为使曲面平直，我们要求这些函数应具有如下形式：

$$y_\Lambda(x) = a_\Lambda + b_{\Lambda r}x^r, \tag{4－3}$$

其中 a 和 b 独立于 x。这将导致所述曲面是平直的，并且坐标系 x^r 是平直坐标系。目前我们不设置要求坐标系 x^r 是正交坐标系的条件。我在稍晚一些时候再引入这一条件。所以现在我们是在通用的、倾斜的直线轴 x^r 的坐标架下工作。

现在，我们已经用量 a_Λ，$b_{\Lambda r}$ 确定了曲面。这些量将出现在确定曲面所需的动力学变量里。我们现在有的这些量远远少于以前。事实上，这里只有 4 + 12 = 16 个变量。我们用这 16 个动力学坐标而不是用以前的 $Y_\Lambda(x)$ 来确定曲面，而后者意味着要用 $4\cdot\infty^3$ 个动力学坐标。

当我们以这种方式限定曲面时，我们可以将这种限制视为为我们的哈密顿形式体系引入了许多约束，这些约束用16个坐标表示了 $4\cdot\infty^3$ 个动力学坐标。这些约束将是第二类的。它们的存在意味着曲面的有效自由度的数量从 $4\cdot\infty^3$ 减少到 16 个，非常明显的减少!

在前一讲中，我给了处理第二类约束的通用技术。有效自由度数量的减少导致泊松括号的新定义。在我们目前的情形下，约束条件足够简单，我们可以采用更直接的方法而无需这种通用技术。事实上，当我们减少了描述曲面的有效自由度的数量后，我们可以直接计算理论中尚存的有效动量变量。

凭借这种方式所限定的动力学坐标，我们有由下式限定的速度：

$$\dot{y}_\Lambda = \dot{a}_\Lambda + b_{\Lambda r}x^r. \tag{4-4}$$

变量字母顶上的点表示该变量对某个参数 τ 微分。当 τ 变化时，这个平直曲面发生变化，既有平行于自身的平移，也有其方向的改变。因此描述曲面的运动需要四个自由度，我们取作为参数 τ 的函数的 a_Λ，$b_{\Lambda r}$ 来表示这种运动。

总哈密顿量现在为

$$\begin{aligned} H_T &= \int \dot{y}^\Lambda(w_\Lambda + K_\Lambda)\mathrm{d}^3x \\ &= \dot{a}^\Lambda\int(w_\Lambda + K_\Lambda)\mathrm{d}^3x + b_r^\Lambda\int x^r(w_\Lambda + K_\Lambda)\mathrm{d}^3x. \end{aligned} \tag{4-5}$$

（我在积分号外取量 $\dot{a}^\Lambda$，b_r^Λ，因为它们独立于变量 x。）式(4-5) 仅通过积分组合 $\int w_\Lambda \mathrm{d}^3x$ 和 $\int x^r w_\Lambda \mathrm{d}^3x$ 包含变量 w。这里我们有 16 个 w 的组合，它们是新的动量变量，共轭于 16 个变量 a，b，后者现在是描述曲面所需的。

我们还是用这些量的法向和切向分量来表示 H_T：

$$\begin{aligned} H_T = {} & \dot{a}^\Lambda l_\Lambda\int(w_\perp + K_\perp)\mathrm{d}^3x + \dot{a}^\Lambda b_{\Lambda r}\int(w^r + K^r)\mathrm{d}^3x \\ & + b_r^\Lambda l_\Lambda\int x^r(w_\perp + K_\perp)\mathrm{d}^3x + b_{\Lambda r}b_s^\Lambda\int x^r(w^s + K^s)\mathrm{d}^3x. \end{aligned} \tag{4-6}$$

现在让我们引入条件——正交的 x^r 坐标系。这意味着

$$b_{\Lambda r}b_s^\Lambda = g_{rs} = -\delta_{rs}. \tag{4-7}$$

将式(4-7) 对 τ 微分，得

$$b_{\Lambda r}b_s^\Lambda + b_{\Lambda s}b_r^\Lambda = 0. \tag{4-8}$$

（我已经相当自由地提升了指标 Λ，因为 Λ 坐标系恰是狭义相对论的坐标系。）这个方程告诉我们，$b_{\Lambda r}b_s^\Lambda$ 在 r 和 s 之间是反对称的。因此式(4-6) 的最后一项等于

$$\frac{1}{2}b_{\Lambda r}b_s^\Lambda\int\{x^r(w^s + K^s) - x^3(w^r + K^r)\}\mathrm{d}^3x.$$

现在你看到，我们不像以前那样 H_T 里有那么多的 w 的线性组合。残留的唯一的 w 的线性组合为：

$$P_\perp \equiv \int w_\perp \mathrm{d}^3x. \tag{4-9}$$

$$P_r \equiv \int w_r \mathrm{d}^3x. \tag{4-10}$$

以及

$$M_{r\perp} \equiv \int x^r w_\perp \, \mathrm{d}^3 x \tag{4-11}$$

和

$$M_{rs} \equiv \int (x_r w_s - x_s w_r)\, \mathrm{d}^3 x. \tag{4-12}$$

(现在我已经相当自由地提升和降低了指标 r，因为它们都是指直线正交轴。) 这些是动量变量，它们共轭于确定曲面所需的变量。此处曲面被限定直角坐标系下的平面。

包括在式(4-9)、(4-10)、(4-11) 和(4-12) 里的整个动量变量组可以写成 P_μ 和 $M_{\mu\nu} = -M_{\nu\mu}$，其中下标 μ 和 ν 取 4 个值，值 0 与法向分量相关联，值 1，2，3 与 3 个 x 相关联。μ 和 ν 是 x 坐标系下的小下标，与此相区分，Λ 是指固定的 y 坐标系。

现在，动量变量减少到只有 10 个，与这 10 个动量变量相对应，我们有 10 个第一类主约束，我们可以将其写成

$$P_\mu + p_\mu \approx 0, \tag{4-13}$$

$$M_{\mu\nu} + m_{\mu\nu} \approx 0, \tag{4-14}$$

其中

$$p_\perp \equiv \int K_\perp \, \mathrm{d}^3 x, \tag{4-15}$$

$$p_r \equiv \int K_r \mathrm{d}^3 x, \tag{4-16}$$

$$m_{r\perp} \equiv \int x_r K_\perp \, \mathrm{d}^3 x \tag{4-17}$$

和

$$m_{rs} \equiv \int (x_r K_s - x_s K_r)\, \mathrm{d}^3 x. \tag{4-18}$$

现在我们有 10 个第一类主约束，它们与平面的运动有关。在第 3 讲里我说过，我们需要 4 个第一类主约束(3-10) 来规定一个平面的一般运动。现在我们看到，4 显然是不够的。4 已被增加到 10，因为该平面垂直于自身的和改变其取向的 4 种基本运动不构成一个群。要使这些基本运动构成一个群，我们必须将自由度数从 4 扩展到 10。这个群的额外的 6 个成员包括该平面的平移和旋转，这些运动仅影响到平面内的坐标系而不影响作为一个整体的平面本身。这样，我们得到了包含 10 个第一类主约束的哈密顿理论。

我们现在来讨论一致性条件。这个条件是泊松括号关系要求所有约束必须是第一类约束。我们先来讨论动量变量 P_μ 和 $M_{\mu\nu}$ 之间的泊松括号关系。这两个变量的定义由式(4-9)至(4-12)给出。我们知道，在 w 变量之间有泊松括号关系(3-17)、(3-18)和(3-19)。因此我们可以计算出 P 和 M 变量之间的泊松括号关系。我们不必真的去计算所有这些式子来确定 P 和 M 之间的泊松括号关系。认识到这些变量正对应于四维平直时空中的平动和转动算子就已足够了，因此它们的泊松括号关系必然正好对应于平动和转动算子之间的对易关系。无论是哪种方式，我们都得到如下泊松括号关系：

$$[P_\mu,\ P_\nu]=0, \tag{4-19}$$

它表示不同平移之间的对易。

$$[P_\mu,\ M_{\rho\sigma}]=g_{\mu\rho}P_\sigma-g_{\mu\sigma}P_\rho \tag{4-20}$$

和

$$[M_{\mu\nu},\ M_{\rho\sigma}]=-g_{\mu\rho}M_{\nu\sigma}+g_{\nu\rho}M_{\mu\sigma}+g_{\mu\sigma}M_{\nu\rho}-g_{\nu\sigma}M_{\mu\rho}. \tag{4-21}$$

现在我们来考虑方程(4-13)和(4-14)为第一类的要求。它们中任何两个的泊松括号必为弱零的某个量，因此必为它们的线性组合。因此，我们得到这些泊松括号关系：

$$[P_\mu+p_\mu,\ P_\nu+p_\nu]=0, \tag{4-22}$$

$$[P_\mu+p_\mu,\ M_{\mu\sigma}+m_{\mu\sigma}]=g_{\mu\rho}(P_\sigma+p_\sigma)-g_{\mu\sigma}(P_\rho+p_\rho) \tag{4-23}$$

和

$$\begin{aligned}[M_{\mu\nu}+m_{\mu\nu},\ M_{\rho\sigma}+m_{\rho\sigma}]=&-g_{\mu\rho}(M_{\nu\sigma}+m_{\nu\sigma})+g_{\nu\rho}(M_{\mu\sigma}+m_{\mu\sigma})\\&+g_{\mu\sigma}(M_{\nu\rho}+m_{\nu\rho})\\&-g_{\nu\sigma}(M_{\mu\rho}+m_{\mu\rho}).\end{aligned} \tag{4-24}$$

获取这些关系的论据是，在等号右边，对于每一种情形，我们不得不放置某个弱等于零的量，我们知道右边的项包含动量变量 P，M，因为这些项只能源自动量与动量的泊松括号，因此由式(4-19)、(4-20)和(4-21)给出。(在式(3-21)、(3-22)和(3-23)的曲线情形下，我已经用相同的论证方法论证过，因此这里就没有必要再给出细节。例如，参见式(4-23)是如何得来的论证过程。包含 P 的项与式(4-20)中的情形相同。它们来自 P 和 M 的泊松括号。其余的项是为了使总表达式弱等于零而填上的。)式(4-22)、(4-23)和(4-24)即是对一致性的要求。

我们可以作进一步的简化，而这种简化在曲线坐标的情况下是无法进行的。

具体做法是：我们假设我们可以将基本场量选择得只与 x 坐标系有关。它们是曲面上特定 x 点上的场量，我们可以选择得使其完全独立于 y 坐标系。于是量 $K_\perp$，K_r 也将独立于 y 坐标系，这意味着它们与变量 P，M 具有零泊松括号。因此在每个变量 p，m 之间和每个 P，M 之间我们都有零泊松括号。

这个条件使我们能够自然选择动力学变量来描述现有的物理场。当我们在弯曲曲面上计算时就不能做这种简化，因为确定度规的 g_{rs} 变量将出现在 $K_\perp$，K_r 里。结果是我们无法以不包含 y 坐标系的方式建立起这些关系，因为 y 坐标会出现在 g_{rs} 变量里。然而，对于平直曲面，我们就可以做这种简化，并使方程式(4-22)、(4-23) 和(4-24) 被简化到

$$[p_\mu,\ p_\nu] = 0, \tag{4 - 25}$$

$$[p_\mu,\ m_{\rho\sigma}] = g_{\mu\rho}p_\sigma - g_{\mu\sigma}p_\rho \tag{4 - 26}$$

和

$$[m_{\mu\nu},\ m_{\rho\sigma}] = - g_{\mu\rho}m_{\nu\sigma} + g_{\nu\rho}m_{\mu\sigma} + g_{\mu\sigma}m_{\nu\rho} - g_{\nu\sigma}m_{\mu\rho}. \tag{4 - 27}$$

P 和 M 已经从这些方程中消失了，因此现在一致性条件只包含场变量，而不包含引入用于描述曲面的变量。事实上，这些条件只是说，p，m 应满足与平直时空中的平移和旋转算符相对应的泊松括号关系。建立一个相对论性场论的问题现在约化为寻找量 p，m 以满足泊松括号关系(4-25)、(4-26) 和(4-27)。

请记住，这些量是根据能量密度 $K_\perp$ 和动量密度 K_r 来定义的。动量密度的表达式与曲线坐标下的情形相同。它仅由几何参数确定。这样我们的问题进一步简化为寻找能量密度 $K_\perp$，从而给出量 p，m 使得泊松括号关系(4-25)、(4-26) 和(4-27) 得到满足。

如果我们从洛伦兹不变的作用量积分出发来计算，并采用标准的哈密顿方法从这个作用量积分推出 $K_\perp$，那么 $K_\perp$ 将自动满足经典理论的这些要求，于是求得相对论性量子场论的问题进而约化为适当选择出现在 $K_\perp$ 里的因子的顺序，以满足量子理论里的方程(4-25)、(4-26) 和(4-27) 的问题。这里泊松括号变成对易子，p，m 包含非对易量。

让我们看看式(4-25)、(4-26) 和(4-27)，并依据 K 将具体值代入 p 和 m。于是你看到，这些条件里的某些个将独立于 $K_\perp$。当我们适当选择 K_r 使之符合几何要求后，这些都是自动满足的。有些条件与 $K_\perp$ 成线性关系。当我们将 $K_\perp$ 取为 x 空间中的三维标量密度时，这些条件便成立。因此满足这些条件与 $K_\perp$ 成线性关系不存在任何问题。麻烦的是那些以 $K_\perp$ 的平方出现的条件。它们有以下形式：

$$[\int x_r K_\perp \mathrm{d}^3x, \int K'_\perp \mathrm{d}^3x'] = \int K_r \mathrm{d}^3x, \tag{4-28}$$

（这个方程来自式(4－26)，其中我们令 $\mu=\perp$，$\rho=r$，$\sigma=-\perp$。）

$$[\int x_r K_\perp \mathrm{d}^3x, \int x'_s K'_\perp \mathrm{d}^3x'] = -\int (x_r K_s - x_r K_r)\mathrm{d}^3x. \tag{4-29}$$

（从(4－27)，我们取 $\nu=\perp$，$\sigma=-\perp$.）因此，当我们考虑到因子的非对易性后，得到相对论性量子场论的问题现在便简化为寻找满足条件(4－28)和(4－29)的能量密度 $K_\perp$ 的问题。

我们可以对这些条件做进一步的分析。考虑到将某一点的 $K_\perp$ 与另一点的 $K'_\perp$ 联系起来的泊松括号为包含德尔塔函数及其导数的各项之和：

$$[K_\perp, K'_\perp] = a\delta + 2b_r\delta_r + c_{rs}\delta_{,rs} + \dots, \tag{4-30}$$

（这个 δ 函数是包含第一个点的 3 个 x 坐标和第二个点的 3 个 x' 坐标的三维 δ 函数。）这里 $a=a(x)$，$b=b(x)$，$c=c(x)$，…… 它们可以有包含 x' 的系数，但只有在对该序列较早的系数做某种变化后我们才能用含 x 的系数代替它们。x 和 x' 之间不存在基本的不对称性，唯一的不对称是方程的书写方式。

式(4－30)是连接两点的能量密度之间的一般关系。对于很多例子，包括所有的更一般的场，不会出现高于二阶的德尔塔函数的导数。我们来进一步检验这个例证。

假定高于二阶的导数不出现。这意味着序列(4－30)终止于第三项。在这种特殊情况下，我们可以利用泊松括号(4－30)对 x 和 x' 两点反对称的条件来得到关于系数 a，b，c 的很多信息。交换式(4－30)中的 x 和 x'，我们得到

$$\begin{aligned}[K'_\perp, K_\perp] &= a'\delta - 2b'_r\delta_{,r} + c'_{rs}\delta_{,rs}\\ &= a'\delta - 2(b'_r\delta)_{,r} + (c'_{rs}\delta)_{,rs}\end{aligned}$$

（由于 $\partial b_r(x')/\partial x'=0$ 等.）

$$\begin{aligned}&= a\delta - 2(b_r\delta)_{,r} + (c_{rs}\delta)_{,rs}\\ &= (a - 2b_{r,r} + c_{rs,rs})\delta + (-2b_r + 2c_{rs,r})\delta_{,r} + c_{rs}\delta_{,rs}.\end{aligned} \tag{4-31}$$

式(4－31)必然恒等于负的式(4－30)。为使 $\delta_{,rs}$ 的系数一致，我们必有

$$c_{rs} = 0. \tag{4-32}$$

这样就使得 $\delta_{,r}$ 的系数取得一致。最后，为使 δ 的系数一致，我们必有

$$a = b_{r,r}. \tag{4-33}$$

由此给出方程

$$[K_\perp, K'_\perp] = 2b_r\delta_{,r} + b_{r,r}\delta. \tag{4-34}$$

现在让我们对式（4－28）和（4－29）做代换。它们变成：

$$\begin{aligned}\int K_r \mathrm{d}^3x &= \iint x_r(2b_s\delta_{,s} + b_{s,s}\delta)\mathrm{d}^3x\mathrm{d}^3x' \\ &= \int x_r b_{s,s}\mathrm{d}^3x \\ &= \int b_r \mathrm{d}^3x.\end{aligned} \tag{4-35}$$

（注意到 $x_{r,s} = \partial x_r/\partial x^3 = -\delta_{rs}$.）

$$\begin{aligned}-\int(x_rK_s - x_sK_r)\mathrm{d}^3x &= \iint x_rx'_s(2b_t\delta_{,t} + b_{t,t}\delta)\mathrm{d}^3x\,\mathrm{d}^3x' \\ &= \int(-2x_rb_s + x_rx_sb_{t,t})\mathrm{d}^3x \\ &= \int(-x_rb_s + x_xb_r)\mathrm{d}^3x.\end{aligned} \tag{4-36}$$

这便是我们的一致性条件化简后的形式。我们看到，取 $b_r = K_r$，它们是成立的。但这不是最普遍的通解，一般来说我们可以取

$$b_r = K_r = \theta_{rs,s}, \tag{4-37}$$

只要量 θ_{rs} 满足如下条件：

$$\int(\theta_{rs} - \theta_{sr})\mathrm{d}^3x = 0. \tag{4-38}$$

因此 θ 可以有对称的部分，其反对称性的部分必定发散。

这给出了相对论性场论的一般要求。我们必须找到满足泊松括号(4－34)的能量密度 $K_\perp$，其中的 b_r 与动量密度由式(4－37)联系起来。如果我们从洛伦兹不变的作用量得到能量密度，那么在经典理论里这个条件肯定会满足。但它未必在量子理论中成立，因为因子的作用顺序可能是错误的。只有当我们能够将能量密度的因子选择得使式(4－34)、(4－37)精确成立，我们才有相对论性量子理论。这里给出的量子理论成为相对论性理论的条件不像我们从一般弯曲曲面上定义的态上得到的那么严格。

我想通过玻恩-英菲尔德电动力学这个实例来说明这一点。这是一种在弱场下与麦克斯韦电动力学相一致的电动力学，但它在强场下不同于后者。(我们现在所称的电磁场量都是用定义在电子电荷和电子的经典半径基础上的绝对单位制，因此我们可以讨论强场和弱场。）玻恩-英菲尔德电动力学的一般方程源自作用量原理：

$$I=\int\sqrt{-\det(g_{\mu\nu}+F_{\mu\nu})}\,\mathrm{d}^4x. \tag{4-39}$$

在这个阶段我们可以采用曲线坐标。$g_{\mu\nu}$ 提供了这些曲线坐标下的度规，$F_{\mu\nu}$ 给出了绝对单位制下的电磁场。

我们可以通过一般程序从这个作用量积分得到哈密顿量。结果在这个哈密顿量里，我们除了有描述该曲面所需的变量，还有动力学坐标 A_r，$r=1, 2, 3$。A_0 被证明像在麦克斯韦场中一样是一个不重要的变量。与 A_r 共轭的动量 D^r 是电感应分量，并满足泊松括号关系：

$$[A_r, D'^s]=g_r^s\delta(x-x'). \tag{4-40}$$

可以证明，在哈密顿量中，我们只有 A 出现在其旋度里，即出现在下述场量里：

$$B^r=\frac{1}{2}\varepsilon^{rst}F_{st}=\varepsilon^{rst}A_{t,s}. \tag{4-41}$$

当$(rst)=(1, 2, 3)$ 时 $\varepsilon^{rst}=1$，并对指标呈反对称。B 和 D 之间的对易关系是

$$[B^r, D'^s]=\varepsilon^{rst}\delta_{,t}(x-x'). \tag{4-42}$$

动量密度现在有值：

$$K_r=F_{rs}D^s. \tag{4-43}$$

这和麦克斯韦理论里的一样。这与一般性原理 —— 动量密度仅取决于几何参数，即取决于我们所采用的场的几何特性，作用量原理对此并不重要 —— 是一致的。

现在能量密度有值

$$K_\perp=\{\Gamma^2-\gamma_{rs}(D^rD^s+B^rB^s\}-\gamma^{rs}F_{rt}F_{su}D^tD^u\}^{1/2}.$$

这里 γ_{rs} 是三维曲面上的度规，且

$$-\Gamma^2=\det\gamma_{rs}. \tag{4-45}$$

如果我们在弯曲曲面上计算，那么我们要求 $K_\perp$ 满足泊松括号关系(3-31)。在经典理论中，这是必然的，因为它是由洛伦兹不变的作用量积分导出的。但我们无法让它满足所需的量子理论中的对易关系。$K_\perp$ 的表达式里有一个平方根，这使得它很难用于计算。我们基本上看不到什么希望能使系数 γ^{rs} 出现在左边的对易关系正确成立。因此似乎不可能用定义在一般曲面上的态来得到玻恩-英菲尔德量子电动力学。

然而，让我们回到平直的曲面上来。为此目的，我们需要给出泊松括号关系(4-34)。现在我们知道这些条件在经典理论中都是正确的。因此，我们必然有

泊松括号关系：

$$[K_{\perp}, K'_{\perp}] = 2K_r\delta_{,r} + K_{r,r}\delta. \tag{4-46}$$

我们不必做仔细计算就可以看出，它在量子理论里也必然是成立的，因为 K_r 完全是由量 D^s 和 B^t 建立起来的。当我们在量子理论下工作时，D 和 B 将以特定的顺序出现，但如果 D 和 B 是取自同一点，那么它们全都是彼此对易的。我们从式(4-42) 看到，如果我们取 $x' = x$，则得到

$$[B^r, D^s] = \varepsilon^{rst}\delta_{,t}(0) = 0. \tag{4-47}$$

(δ 函数在零点的导数被视为零。) 因此，我们不会遇到 K_r 里出现 D 和 B 非对易的麻烦。因此我们必然得到经典表达式，因此一致性条件是满足的。

因此对于玻恩–英费尔德电动力学，量子理论的一致性条件在平直曲面上是满足的，但它们在弯曲曲面上不满足。这在物理上意味着，对于玻恩–英费尔德电动力学的量子理论，我们可以建立起与狭义相对论相容的基本方程，但如果我们想建立与广义相对论相容的量子理论就会有困难。

这样我们就完成了对相对论性量子理论的一致性要求的讨论。然而，尽管我们满足了这些一致性要求，我们仍没能克服所有困难。在我们面前仍有一些相当艰巨的困难有待解决。如果我们处理的是一个包含有限数量自由度的系统，那么我们应能够克服所有的困难，这时解关于 ψ 的微分方程是很简单的问题。但对于场论，我们有无穷多的自由度，这个无穷大会导致麻烦。而且通常就是它引起麻烦。

我们必须求解关于包含无穷多变量的未知量 —— 波函数 ψ 的方程。解这种方程的通常方法是采用微扰方法，其中的波函数按某个小参数的幂次展开，我们试着逐步得到一个解。但通常方程在求解到某一步时会遇到积分发散的困难。

人们在解决这个问题上已经做了大量工作，他们已经找到了一些用于处理这些发散积分的方法。这些发散积分给物理学家带来很大麻烦，即使从数学上看它们也是不合理的。我们已经建立起重整化技术，这种技术允许我们场论的某些情形下去掉无穷大。

因此，甚至当我们在形式上满足了一致性要求后，我们仍然存在如下的困难：我们可能不知道如何求得满足所需补充条件的波动方程的解。即使我们可以得到这样的解，也还存在如何为这些解引入标量积的问题，这意味着我们得像在处理希尔伯特空间下的矢量那样来对待这些解。在我们能够根据量子力学的物理解释的标准法则来得到波函数的物理解释之前，我们有必要引入这些标积。对于

满足补充条件的波函数，我们有必要采用这种标积，但对于不符合补充条件的一般波函数，我们不必担心标积。对于这些一般性的波函数，我们还没有办法来定义它们的标积，但这并不重要。量子力学的物理解释要求的是，仅对于满足所有补充条件的波函数要求存在标积。

你看，要得到与量子力学相联系的哈密顿理论，我们还有相当艰巨的困难。对于经典力学而言，这种方法似乎比较完备，我们确切知道面临的情况到底如何。但是对量子力学，我们对这一问题的认识才刚刚起步。即使当补充条件形式上一致时，求解依然有困难，并且还可能存在如何引入标量积的困难。

困难相当严重，它们已使得一些物理学家质疑整个哈密顿方法。好些物理学家正在试图建立一种不采用哈密顿量的量子场论。他们的一般方法是引入一些物理上重要的量，然后利用公认的一般原理来给这些量设置条件。他们希望最终能够为这些有物理意义的量设置足够多的条件，以便能够计算这些量。他们离实现这一目标仍然很遥远。我自己的看法是，完全撇开哈密顿方法是不可能的。从经典力学的观点看，哈密顿方法主导着力学。当然也可能我们从经典力学过渡到量子力学的思路有问题。但我仍然认为，在未来的量子理论里，一定存在某种哈密顿理论相当的东西，即使其形式与目前的形式不尽相同。

我已经给出了发展到目前为止的哈密顿方法。这是一种相当一般且有效的方法。它可以适用于各种各样的问题。它可以用于场中含奇异性(点或面）的问题。有关哈密顿理论发展的总体思路是要找到一个作用量I，它包含一些参数q，使得当我们改变q时，δl与δq之间呈线性关系。要运用本讲座给出的处理方法，令δl与δq呈线性关系是必不可少的。

当我们面临奇异性时，引入线性的方法是在曲线坐标架下工作，而不是改变给出奇点或奇异曲面的位置的任何方程。例如，如果我们处理的是由方程$f(x)=0$确定的某个奇异曲面，那么我们必须有一条变分原理，要求$f(x)$不变。如果我们允许$f(x)$改变，如果我们将f本身视为由某个q决定的，那么我们就得不到δl与δq之间的线性关系。但我们可以让$f(x)$对某个曲线坐标系x保持固定，我们可以通过改变曲线坐标系同时令函数f不变来改变曲面。因此，我在这里讨论的一般方法对于经典理论是非常有效的。但当我们过渡到量子化理论时，我们会遇到前面所述的困难。

致谢

本书是在一大批有才华的学者的帮助下完成的。他们在本书出版的不同阶段提供了相应的帮助。这其中我最要感谢的是乔尔·奥尔雷德、戴维·戈德堡、伦纳德·姆洛迪诺夫和卡伦·佩莱斯。

译后记

霍金选编的这本量子力学经典原始文献集基本囊括了量子力学建立过程中最重要的原创性文献。在这里我们看到，对于史上颇有争议的哥本哈根学派与哥廷根学派对量子力学建立的贡献之争，霍金在文献采纳上给予了很好的平衡。但译者也有一些不解，例如对提出微观客体的波粒二象性这一重要概念的德布罗意的论文或文章却没有收录；对泡利的导师、重要的量子力学奠基人之一索末菲的贡献也没有留出一星半点的介绍。但为了取得严谨性与可读性之间的平衡，却收录了前辈大家的一些讲义并节选了伽莫夫的科普名著。

洋洋近百万字，终于译完了。在此搁笔之际，有些中文翻译上的事情需要交代清楚。

作为经典，本文集中的好些文章已有中文译本。这为本书的翻译提供了很大便利。很多带有作者强烈的个人用语色彩的语句，或冗长，或过短，在参看前人的翻译后茅塞顿开。对此译者不敢掠美，特将参考过的文献开列如下：

1.2　爱因斯坦：关于光的产生和转化的一个启发性观点，许良英等译，《爱因斯坦文集》第二卷，商务印书馆，2009 年 12 月第 2 版。

2.2　玻尔：论原子和分子的结构，戈革译，《尼尔斯·玻尔集》第 2 卷，华东师范大学出版社，2012 年 6 月第 1 版。

2.3　玻尔：原子结构（诺奖获奖致辞），戈革译，《尼尔斯·玻尔集》第 4 卷，华东师范大学出版社，2012 年 6 月第 1 版；万绍宁译，《诺贝尔奖讲演全集》物理学 I 卷，福建人民出版社，2003 年 10 月第 1 版。

3.2　海森伯：量子力学的发展（诺奖获奖致辞），万绍宁译，《诺贝尔奖讲演全集》物理学 I 卷，福建人民出版社，2003 年 10 月第 1 版。

3.3　薛定谔：作为本征值问题的量子化，胡新和译，《薛定谔讲演录》，北京大学出版社，2007 年 10 月第 1 版。

4.3　泡利：不相容原理与量子力学（诺奖获奖致辞），刘明、胡炳勋译，

《诺贝尔奖讲演全集》物理学I卷，福建人民出版社，2003年10月第1版。

5.1 玻恩：量子力学的统计解释（诺奖获奖致辞），刘明译，《诺贝尔奖讲演全集》物理学II卷，福建人民出版社，2003年10月第1版。侯德彭、蒋贻安译，《我这一代物理学》，商务印书馆，1964年第1版。

5.3 爱因斯坦、波多尔斯基、罗森：能认为量子力学对物理实在的描述是完备的吗？许良英等译，《爱因斯坦文集》第一卷，商务印书馆，2009年12月第2版。

5.4 玻尔：能认为量子力学对物理实在的描述是完备的吗？戈革译，《尼尔斯·玻尔集》第7卷，华东师范大学出版社，2012年6月第1版.

8.2 费曼：量子电动力学的时空协变方法，张邦固译，费曼著，《量子电动力学讲义》，高等教育出版社，2013年5月第1版。

8.3 费曼：正电子理论，张邦固译，费曼著，《量子电动力学讲义》，高等教育出版社，2013年5月第1版。

另外，还有一点必须提及的是本书的公式、字符和注录的规范性问题。正如霍金在“编者注记”（见目录页末）中所说：“……我们不试图将作者采用的独特用法、拼写或发音做符合现代规范的处理，或作彼此一致的处理。”中文版作为对原始文献的尊重，也将遵循这一原则，只作文字转译，不作统一处理（虽然有些记法上做了统一规范）。

译书虽小道，甘苦寸心知。虽然有这些前贤的助益，但翻译中仍不免有很多理解不到位的地方，错漏难免于万一。请读者于随手翻检之余不吝指出，来信请发到电子邮箱：whwang@ mail. tsinghua. edu. cn.

2016年12月5日于北京回龙观

图书在版编目（CIP）数据

物质构成之梦/(英) 史蒂芬·霍金编评；王文浩译. —长沙：湖南科学技术出版社，2020. 12（科学经典品读丛书）
书名原文：The Dreams That Stuff Is Made Of
ISBN 978-7-5710-0740-9

Ⅰ. ①物… Ⅱ. ①史… ②王… Ⅲ. ①量子力学—文集
Ⅳ. ①O413. 1-53

中国版本图书馆 CIP 数据核字（2020）第 170113 号

科学经典品读丛书
WUZHI GOUCHENG ZHI MENG
物质构成之梦
编 评 者：(英) 史蒂芬·霍金
译　　者：王文浩
责任编辑：孙桂均　吴　炜　李　蓓　杨　波
出版发行：湖南科学技术出版社
社　　址：长沙市湘雅路 276 号
　　http：//www. hnstp. com
湖南科学技术出版社天猫旗舰店
　　http：//hnkjcbs. tmall. com
印　　刷：长沙鸿发印务实业有限公司
厂　　址：长沙县黄花镇工业园3号
邮　　编：410137
版　　次：2020 年 12 月第 1 版
印　　次：2020 年 12 月第 1 次印刷
开　　本：710mm×1000mm　1/16
印　　张：48. 75
字　　数：846 千字
书　　号：ISBN 978-7-5710-0740-9
定　　价：248.00 元